AF232708

Bibliothèque de
DICTIONNAIRES-MANUELS-ILLUSTRÉS

DICTIONNAIRE-MANUEL-ILLUSTRÉ

DES

SCIENCES USUELLES

Astronomie, Mécanique, Art militaire,
Physique, Météorologie, Chimie, Biologie, Anatomie, Physiologie,
Zoologie, Botanique, Géologie, Minéralogie, Microbiologie,
Médecine, Hygiène, Agriculture, Industrie.

2 500 gravures

PAR

E. BOUANT

Ancien élève de l'École normale supérieure,
Agrégé des sciences physiques, professeur au lycée Charlemagne.

Troisième édition

ARMAND COLIN ET Cie, ÉDITEURS

5, RUE DE MÉZIÈRES, PARIS

1894

PRÉFACE

Ce livre n'est pas un dictionnaire scientifique complet ; le nombre des mots qu'il renferme est relativement restreint. En l'écrivant, l'auteur s'est proposé de fournir, sur les différentes branches des applications des sciences, les renseignements rapides dont on a constamment besoin.

Depuis le commencement du xix° siècle, la science a tout envahi, refoulant chaque jour davantage la routine et l'empirisme. L'agriculteur est devenu chimiste et mécanicien ; il analyse ses terres, ses récoltes, et fabrique des engrais artificiels dont il fait varier la composition suivant la nature du sol et celle de la plante ; il sème, arrose, moissonne, bat et parfois même laboure à la mécanique ; il modifie presque à son gré, par une sélection patiente, la forme, la structure interne, la musculature, la peau, les conditions d'accroissement de ses animaux domestiques, pour en tirer à volonté du travail, de la viande, de la laine. Le médecin possède des instruments qui lui permettent de voir, d'entendre ce qui se passe dans le corps de ses malades ; les anciens remèdes, délaissés, sont remplacés par des extraits rigoureusement dosés, dont les effets peuvent être prévus presque mathématiquement. La recherche des causes premières permet déjà, dans un grand nombre de cas, de combattre le mal dans son origine, et non plus seulement dans ses manifestations ; et il en résultera, dans un avenir plus ou moins lointain, la disparition de plus d'une maladie. Il serait aisé de démontrer que des modifications de même importance se sont produites dans toutes les branches de l'activité humaine.

Les sciences sont donc aujourd'hui partout, et il n'est plus possible à personne d'en ignorer complètement les premiers principes. La *machine à vapeur*, le *télégraphe*, le *téléphone*, la *photographie*, la *lumière électrique*... sont entrés si bien dans notre vie de tous les jours, que nous en devons connaître le fonctionnement. Pouvons-nous davantage ignorer le mode d'action des *microbes*, qui nous dévorent, des remèdes nouveaux, *morphine*, *antipyrine*, *cocaïne*,... dont nous usons tous les jours, quand nous n'en abusons pas ?

Un **Dictionnaire** seul, à cause de la facilité des recherches qu'il permet, est susceptible de fournir des renseignements rapides sur des sujets si divers. Les dictionnaires scientifiques déjà existants sont nombreux, et plusieurs sont excellents. Mais tous, dictionnaires spéciaux ou dictionnaires généraux, sont des ouvrages considérables ; ils consacrent à chaque sujet des développements étendus, dont la lecture exige par suite une véritable étude. Nous avons pensé qu'il y avait lieu de faire, non pas mieux, mais autre chose.

Le modeste ouvrage que nous présentons aujourd'hui au public a certainement un mérite : il est court. Nous avons fait tous nos efforts pour qu'il en ait un autre : être clair. Chacun des sujets qui s'y trouve traité forme un tout, de telle manière que la lecture du mot correspondant satisfasse immédiatement la curiosité du lecteur, sans l'obliger à de nouvelles recherches. Les mots techniques peu connus sont soigneusement évités ; on a tâché d'employer toujours le langage courant.

Partout, comme on peut en juger à première vue, des vignettes facilitent singulièrement la compréhension du texte. La plupart des plantes utiles ou nuisibles de nos pays, et beaucoup de celles des pays étrangers, sont représentées; il en est de même des animaux. Les détails de l'organisation du corps humain sont l'objet d'un grand nombre de gravures; on n'a pas oublié non plus de montrer les appareils industriels, les instruments agricoles, les armes, dont le mécanisme est étudié en détail. Chaque fois que la nécessité s'en fait sentir, des figures d'ensemble, composées avec le plus grand soin, indiquent, indépendamment du texte, les dispositions relatives et les noms des diverses parties d'un tout. A ces figures d'ensemble se joignent des figures groupées, non moins précieuses; d'un seul coup d'œil nous pouvons comparer les différentes races de chevaux, de bœufs,... sauvages ou domestiques, les différents genres de *singes*, les différentes familles d'*oiseaux*, les différents embranchements d'*animaux*... une planche nous montre l'architecture des oiseaux (*nids*), une autre résume la vie des *abeilles*.

La matière scientifique est trop vaste pour qu'il ait été possible de la faire entrer tout entière dans un cadre aussi étroit : il a fallu faire un choix. Mais on s'est efforcé de ne rien omettre de ce qui peut présenter quelque intérêt général.

Dans les **Sciences physiques**, nous avons examiné successivement les *principes fondamentaux* et les *applications* de ces principes à l'*hygiène*, aux nombreuses branches de l'*industrie*, à la *météorologie*, à l'*art de la guerre* et à celui des *communications lointaines*, etc..

Dans les **Sciences naturelles** nous avons donné la description rapide, et surtout la représentation par le dessin, des *animaux*, des *plantes* et des *minéraux* considérés dans leur aspect général et dans le détail de leurs organes essentiels. Les produits utiles que nous en retirons ont été énumérés avec soin : animaux domestiques, végétaux alimentaires, médicinaux ou industriels, ont été passés en revue. Des sciences naturelles, nous pouvons rapprocher la *médecine*, qui n'a pas été oubliée.

Les **Sciences mathématiques** ont été nécessairement sacrifiées; ce n'est pas dans un dictionnaire qu'on peut apprendre l'*arithmétique*, l'*algèbre*, la *géométrie*, la *trigonométrie*... Mais, parmi les sciences mathématiques appliquées, il en est qui sont moins arides; nous n'avons eu garde d'oublier l'étude des *astres*, de leur constitution, de leurs mouvements relatifs, non plus que celle des *machines* les plus simples, telles que *leviers, balances, engrenages*...

Mais nous ne pouvons tout citer.

Est-il besoin d'ajouter que notre petite encyclopédie scientifique peut être mise entre les mains de tous? Elle ne renferme ni un mot, ni un dessin, dont puisse s'alarmer la susceptibilité la plus délicate.

Quelque soin que l'on ait mis à la rédaction de ce petit livre, et au choix des matières qu'il renferme, il s'y trouve certainement des omissions et peut-être des erreurs. L'auteur sera reconnaissant aux lecteurs qui voudront bien les lui signaler.

E. BOUANT.

Nota. — *Les mots marqués d'un astérisque* ('), *dans le cours de cet ouvrage, sont l'objet d'une étude spéciale à leur ordre alphabétique.*

DICTIONNAIRE

DES

SCIENCES USUELLES

A

abatage. — Ce mot désigne les divers procédés employés pour tuer les animaux destinés à l'alimentation. — Bœuf : On attache l'animal, la tête près du sol, et on l'assomme d'un grand coup de *merlin* appliqué entre les deux cornes (*fig.*); l'animal tombe étourdi, on l'achève, si c'est nécessaire, par un second ou un troisième coup. On saigne aussitôt en fendant la peau à l'encolure et en enfonçant dans la poitrine un couteau qui

Abatage du bœuf. — Un coup de *merlin* est appliqué entre les deux cornes.

ouvre les grosses artères; on coupe les jambes, on enlève la peau et on vide la bête. Le tout dure 25 minutes. — Veau, mouton : La bête, étendue vivante sur une table, est saignée par une large entaille faite au cou (*fig.*). — Porc : On saigne en enfonçant dans le cou une lame étroite; on enlève les meilleures soies pour en faire des pinceaux; on flambe avec un feu de paille, puis on racle la peau pour achever de la nettoyer. — Lapin : On suspend la bête par les pattes de derrière et on applique obliquement à la nuque un violent coup de la main droite. — Oies, canards : On tranche le

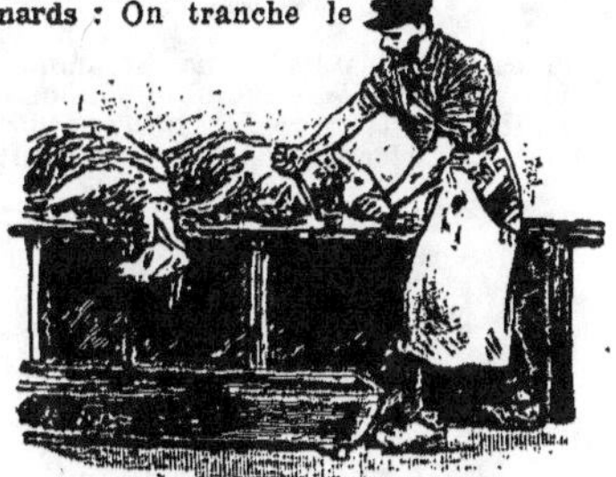

Abatage du mouton. — Une large entaille est faite au cou.

cou avec un couperet. — Poules, dindons : On ouvre avec un couteau les

Abatage du cheval en vue d'une opération chirurgicale. — On tire sur la corde, et le cheval, entravé, s'abat.

gros vaisseaux du cou, derrière la tête. Le mot *abatage* désigne aussi l'ensemble des procédés employés pour renverser et maintenir à terre un animal qui doit être soumis à une opération chirurgicale (*fig.*).

abcès. — Amas de *pus* (ou d'*humeur*) situé plus ou moins profondément dans le corps; la formation

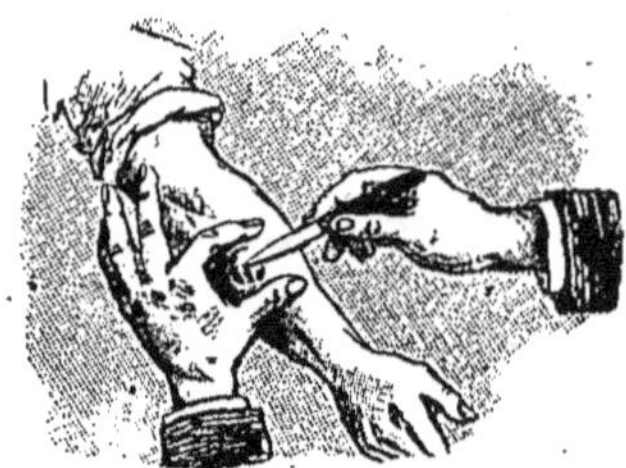

Ouverture d'un abcès au bistouri, par le médecin.

de ce pus résulte d'une inflammation interne. *Abcès chaud* si l'inflammation a été rapide; *abcès froid* si elle a été lente. Au début, on ressent

chairs d'un corps étranger, ou après une maladie grave. — Au début, on diminue la douleur par l'immobilité, en tenant la partie malade dans une position élevée, pour chasser le sang; on met des cataplasmes de farine de lin. Quand l'abcès est formé, le médecin l'ouvre au bistouri (*fig.*); puis on met d'autres cataplasmes ou bien on fait un pansement à l'acide phénique étendu d'eau. L'abcès nécessite ordinairement l'intervention du médecin.

abdomen. — Cavité qui renferme une partie des organes de la nutrition, et en particulier le canal digestif : c'est ce qu'on nomme *le ventre*. Il est limité en haut par le *diaphragme*, en bas par les os du bassin, sur les côtés par le contours du corps (*fig.*). Chez les animaux invertébrés, comme les *insectes*, l'abdomen est souvent complètement séparé du thorax par un rétrécissement. Chez les *reptiles* et les *poissons*, il occupe au contraire la presque totalité de la cavité intérieure du corps. — L'abdomen est le siège de nombreuses maladies, maladies de l'*estomac*, du *foie*, des *intes-*

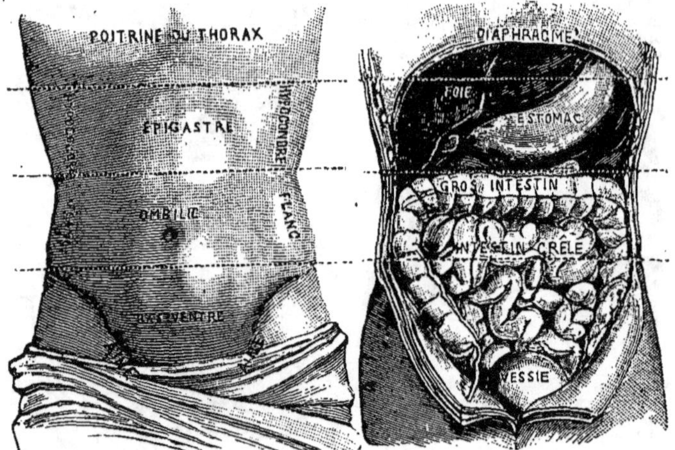

L'abdomen, vue extérieure et vue intérieure. — L'*abdomen* est divisé en trois régions : *l'épigastre*, l'*ombilic* et le *bas-ventre*. La *poitrine* est séparée de l'épigastre par la voûte que forme le *diaphragme*.

des douleurs vives, des élancements. Quand l'abcès est formé, les douleurs deviennent sourdes; il y a enflure, avec fluctuation sous la pression des doigts. — L'abcès vient à la suite d'un coup, de l'introduction dans les

tins, de la *rate*, des *reins*, de la *vessie*: *hernies*, *hydropisie*, *péritonite*, etc. Les *maux de ventre*, *coliques*, proviennent des organes renfermés dans l'abdomen. Les maladies de l'abdomen sont souvent graves.

abeille. — Insecte *hyménoptère* à aiguillon venimeux; se distingue des guêpes en ce qu'elle a les pattes disposées pour ramasser le pollen des fleurs. Nombreuses espèces; aiment les vallées arrosées, les prairies artificielles, les bruyères, les plantes aromatiques. Dans les espèces vivant en société, l'essaim se compose de trois sortes d'individus, tous ailés : mâles, femelles et neutres ou ouvrières (*fig.*).

L'*abeille commune* ou *mouche à miel*, s'établit volontiers dans des ru-

miel qui a servi à sa nourriture; ensuite les ouvrières remplissent les alvéoles du *miel* qu'elles vont butiner sur les fleurs. Dans d'autres cellules, la femelle pond des *œufs*, desquels sortent les *larves* ou *couvains* (*fig.*), qui sont nourris de miel par les ouvrières. Les larves filent un cocon dans lequel elles se transforment en *nymphes* (*fig.*); après

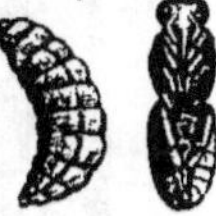

Larve. Nymphe.
Abeille.

Mâle, sans aiguillon (gr. nat.).

Reine, avec aiguillon (gr. nat.).

Ouvrière, avec aiguillon (gr. nat.).

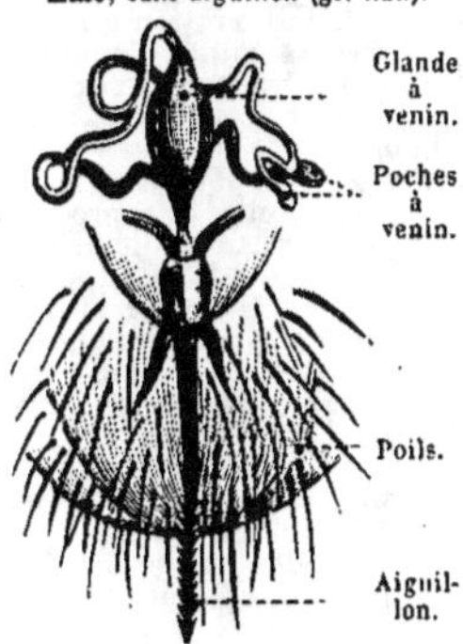

Abeille. — Appareil venimeux très grossi.

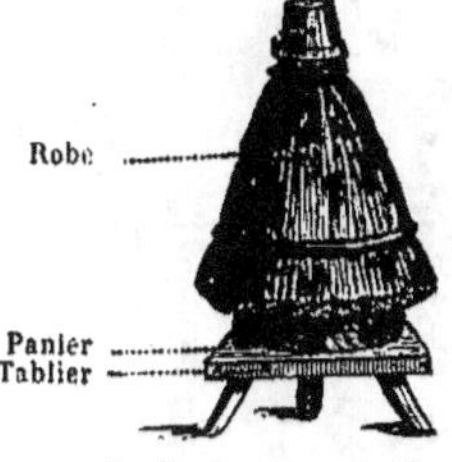

Ruche. — Les abeilles entrent dans leur *ruche* par une petite ouverture pratiquée au bas du panier.

Ruche. — Coupe verticale d'une ruche montrant la disposition des rayons de cire, qui contiennent le *miel* et le *couvain*.

ches placées auprès de nos demeures. L'essaim renferme de 15 à 30,000 *ouvrières* qui construisent les *alvéoles* (*fig.*), récoltent le miel et la cire, élèvent les larves; 600 à 800 *mâles* ou *faux-bourdons*, et une seule *femelle* ou *reine*. Les ouvrières construisent les alvéoles avec la *cire*; cette cire sort par des canaux débouchant entre les anneaux de l'abdomen; elle provient d'une transformation, dans le corps de l'insecte, du

Alvéoles. — Les *alvéoles* de cire (ou *cellules*) ont une forme hexagonale.

15 à 20 jours, les insectes ailés sortent des cellules. Quand arrive l'hiver, les faux-bourdons sont morts; les ouvrières et la reine s'enferment et ne prennent plus de nourriture; au printemps, elles mangent la provision de miel de l'année précédente.

Les abeilles sont d'une grande utilité : elles nous donnent le *miel* et la *cire*. De plus, en allant butiner, elles portent le pollen des fleurs sur les pistils et assurent la fécondation des plantes; les récoltes des céréales et des arbres fruitiers sont grandement accrues par le voisinage des ruches. On aurait tout avantage à ne pas autant négliger l'élevage des abeilles.

Piqûre douloureuse, déterminant une

Essaimage. — Quand la ruche est trop peuplée, un *essaim* en part, au printemps. On le poursuit et on le captive.

Récolte du miel. — Pour récolter le *miel*, on insuffle dans la ruche de la fumée de *chiffons* pour endormir les abeilles; cette pratique est mauvaise: les ruches perfectionnées permettent de l'éviter.

Récolte du miel (*suite*). — Quand les abeilles sont engourdies par la fumée, on fait la récolte d'une partie des rayons.

forte enflure. Après une piqûre, on doit regarder attentivement, *enlever d'abord la glande à venin* fixée à l'aiguillon (*fig.*), extraire l'aiguillon ensuite, laver à l'eau vinaigrée, ou à l'alcali volatil étendu d'eau, ou à l'alcool, ou à l'eau de Cologne, ou bien encore frotter avec du persil écrasé.

aberration (latin; *ab*, loin; *errare*, errer). — *En optique*, on nomme *aberration de sphéricité* le défaut qu'ont les *miroirs courbes* et les *lentilles* de ne pas faire converger exactement,

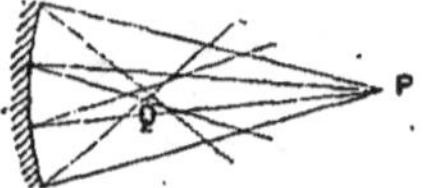

Aberration dans les miroirs.

en un même point Q, les rayons lumineux venant d'un point lumineux P (*fig.*). Il résulte de l'aberration que les images des différents points d'un objet empiètent un peu les unes sur les autres, ce qui nuit à la netteté de l'image de l'objet.

De plus, l'image n'est pas exactement semblable à l'objet; elle le reproduit toujours avec une certaine déformation. Ces défauts sont d'autant plus sensibles, que la courbure du miroir ou de la lentille est plus prononcée. Pour les *phares*, on remédie à cet inconvénient par une construction spéciale dite *lentilles à échelons*.

On nomme, dans les lentilles, *aberration de réfrangibilité* ou *aberration chromatique* le défaut qu'ont ces instruments de donner des images irisées sur les bords par suite d'une décom-

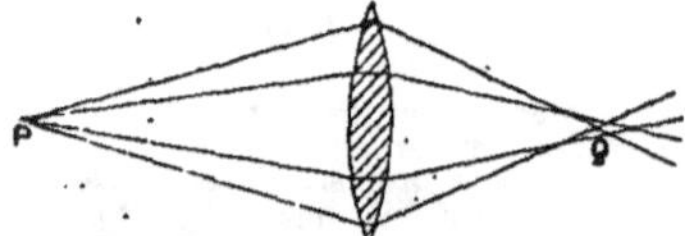

Aberration dans les lentilles.

position de la lumière blanche (voy. dispersion, lentille, achromatisme).

En *astronomie*, on nomme *aberration des astres* une illusion d'optique qui fait que les étoiles nous paraissent décrire de petites ellipses dans le ciel, dans le courant d'une année. Cette illusion est due au mouvement de translation de la terre et à la vitesse de propagation de la lumière depuis l'étoile jusqu'à nous. Le phénomène de l'aberration ne peut être mis en évidence que par des mesures très précises, prises à l'aide de la lunette astronomique.

ablette. — Petit *poisson* d'eau douce ; vit en bande dans toutes les rivières de France (*fig.*) ; se nourrit d'insectes ; chair peu estimée. Les

Ablette (0ᵐ,18 de longueur).

écailles servent à faire un vernis (*essence d'Orient*) employé à la fabrication des perles fausses.

ablution. — Lavage, à l'eau

Ablution. — Comment on fait une *ablution* à un enfant.

froide ou chaude, d'une ou de plusieurs parties du corps. Des ablutions fré-

Ablution. — Comment on se fait à soi-même une *ablution*.

quentes sont indispensables à la propreté du corps et au plein exercice des fonctions de la peau. Sauf pour les enfants en bas âge, les vieillards et les malades, des ablutions générales à *l'eau froide*, été comme hiver, constituent le meilleur mode d'endurcissement contre le froid et le meilleur remède contre un grand nombre d'affections.

On opère, dans une grande cuvette en zinc, avec une grosse éponge (*fig.*).

Il faut faire l'ablution très rapide-

Ablution. — Comment on se frictionne soi-même après une *ablution*.

ment, immédiatement au sortir du lit, ou après un exercice qui a mis le corps légèrement en moiteur ; on fait ensuite une friction sèche avec un linge rude (*fig.*), on s'habille rapidement et on prend un peu d'exercice pour faciliter la réaction.

abricotier. — Arbre de la famille des *rosacées* (*fig.*). Taille moyenne,

Abricotier (hauteur en croissance libre, 4 mètres). — Port de l'arbre et rameau fleuri.

floraison précoce, aussi la fructification est-elle souvent compromise par les gelées printanières ; sa culture est surtout importante en Auvergne. *L'abricot* est indigeste ; on doit en manger avec modération.

1.

absinthe. — Plante vivace de la famille des *composées;* 5 à 9 décimètres de hauteur; fleurs en épis peu fournis, jaunes; on les récolte en juillet; terrains arides de nos climats d'Europe. Cette plante est cultivée en grand dans le midi de la France (*fig.*). Toutes les parties de la plante ont une saveur amère, une odeur forte, aromatique, pénétrante. Les feuilles et les fleurs sont employées en médecine comme fébrifuges, excitants, toniques et vermifuges.

Absinthe (hauteur : 0ᵐ,60). — Port de la plante et rameau fleuri.

La liqueur d'**absinthe** vient de la distillation de l'alcool dans lequel macèrent les fleurs et les feuilles; on ajoute : *citronnelle, hysope, anis vert, badiane, fenouil, coriandre, racine d'angélique;* on colore avec du safran.

Etendue d'eau, cette liqueur se trouble par la précipitation des essences qui étaient en dissolution dans l'alcool.

L'usage de l'absinthe conduit souvent à l'abus; l'action sur l'économie est funeste (perte de l'appétit, tremblements, hallucinations, convulsions, abêtissement) à cause des propriétés toxiques de diverses essences qui y sont contenues. Les *absinthes fines* sont peut-être plus toxiques encore que les *absinthes communes.*

absorption. — En physiologie, on nomme *absorption* le dernier acte de la digestion. Les aliments, liquéfiés dans le canal digestif par l'action successive de la *salive,* du *suc gastrique,* de la *bile,* du *suc pancréatique* et du *suc intestinal,* forment une masse fluide nommée *chyle.* Ils passent alors à travers les parois de l'intestin et arrivent à des vaisseaux très petits nommés *veines intestinales* et *vaisseaux chylifères.* L'absorption est plus rapide pour les substances qui prennent le chemin des veines intestinales que pour celles qui s'engagent dans les chylifères. Une fois absorbées, les substances alimentaires forment le sang, et elles sont rapidement transportées dans toutes les parties du corps; chaque organe puise constamment dans le sang, ainsi formé, les matériaux nécessaires à l'entretien de sa vie.

Outre l'absorption des aliments digérés, on désigne encore, en physiologie, sous le nom d'absorption, la pénétration de diverses substances à travers la peau (absorption cutanée), et le passage de l'oxygène dans le sang, à travers les bronches (absorption pulmonaire), qui constitue un des actes de la respiration (voy. **peau** et **respiration**).

abstinence. — L'*abstinence* complète de tout aliment solide ou liquide est rapidement mortelle chez l'homme et les animaux supérieurs; les animaux à sang froid supportent mieux le jeûne. Les mammifères hibernants (ours, marmotte) restent plusieurs semaines sans prendre de nourriture. Chez l'homme, l'abstinence absolue produit une diminution de poids, la perte des forces, les troubles nerveux, le délire; la mort arrive après une durée qui varie de quelques jours à plusieurs semaines. L'abstinence partielle peut soutenir l'existence pendant fort longtemps. Après l'abstinence, les aliments doivent être pris avec beaucoup de modération.

acacia. — Groupe de plantes de

Fruit.   *Rameau.*

Acacia d'Arabie, l'un des arbres producteurs de la gomme arabique (hauteur : 12 mètres).

la famille des *légumineuses,* vivant

dans les pays chauds. Les acacias de nos pays sont en réalité des *robiniers*. Les vrais acacias ont le feuillage très léger; le fruit est une gousse analogue au haricot (*fig.*). Les *gommes** (arabique, du Sénégal,...) nous sont fournies par des acacias; de même le *cachou** Le bois des acacias est dur, souvent de belle couleur. Certains acacias sont cultivés comme plantes d'agrément (voy. **mimosa**).

académie. — Société de littérateurs, de savants, d'artistes. En France, la grande société nommée **Institut** se compose de la réunion de cinq Académies : — 1° **Académie française** (Richelieu, 1635), comprenant 40 membres; — 2° **Académie des Inscriptions et Belles-Lettres** (Colbert, 1663), 40 membres ; — 3° **Académie des Sciences morales et politiques** (Convention, 1797), 40 membres répartis en cinq sections : philosophie, morale, législation, économie politique et histoire générale, droit public; — 4° **Académie des sciences** (Colbert, 1663), 65 membres répartis en onze sections : géométrie, mécanique, astronomie, géographie et navigation, physique générale, chimie, minéralogie, botanique, économie rurale et art vétérinaire, anatomie et zoologie, médecine et chirurgie; — 5° **Académie des Beaux-Arts** (Mazarin, 1648), 40 membres, peintres, sculpteurs, architectes, graveurs, musiciens.

L'**Académie de médecine** est une société en dehors de l'Institut (Louis XVIII, 1820), 100 membres titulaires, répartis en onze sections.

Chacune de ces sociétés élit elle-même ses membres, à mesure qu'il se produit des vacances par suite de décès.

On nomme aussi *Académie* une division universitaire qui a à sa tête un *recteur*. Le territoire de la France est divisé en 17 académies dont les sièges sont à : Paris, Aix, Besançon, Bordeaux, Caen, Chambéry, Clermont, Dijon, Grenoble, Lille, Lyon, Montpellier, Nancy, Poitiers, Rennes, Toulouse, Alger.

L'Opéra de Paris est appelé officiellement **Académie nationale de musique et de danse**.

acajou. — Grand arbre de l'Amérique tropicale. Bois très dur, de couleur rose jaunâtre, qui devient rouge foncé à l'air; très employé en ébénisterie, surtout pour le placage.

acanthe. — Plante herbacée cultivée dans les jardins pour ses grands épis et pour ses feuilles élégantes (*fig.*). La *feuille d'acanthe* sert de modèle, en architecture, pour l'ornement principal du chapiteau d'ordre corinthien. Les racines et les feuilles d'acanthe sont employées en médecine.

Acanthe à larges feuilles (hauteur totale, 2ᵐ).

acarus. — Très petits insectes de la classe des araignées et dont une espèce, le *sarcopte*, est la cause de la *gale* (*fig.*). Voy. aussi **mite**.

accélération. — L'*accélération* d'un mouvement est la quantité dont augmente la vitesse de ce mouvement pendant une seconde.

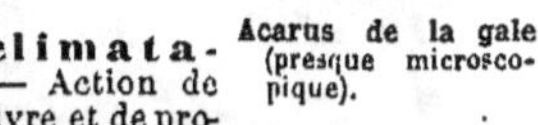

Acarus de la gale (presque microscopique).

acclimatation. — Action de faire vivre et de propager une race humaine, animale ou végétale, transportée de son climat originaire sous un climat différent.

Le problème de l'*acclimatation* est important pour l'homme, si souvent forcé de s'expatrier. C'est une acclimatation qu'il faut à l'homme de la ville pour venir à la campagne, à celui de la campagne pour venir à la ville : mais acclimatation facile, demandant simplement quelques précautions. L'homme du Midi qui vient au Nord a à craindre les maladies des organes de la respiration; celui du Nord qui va au Midi devient anémique et doit redouter les maladies endémiques des pays chauds.

L'acclimatation de la race est plus difficile encore que celle de l'individu. Elle est complète quand les familles transportées peuvent vivre de la vie commune et se propager sans mélange de sang indigène, de façon que les naissances l'emportent sur les décès.

L'acclimatation des animaux présente aussi de l'intérêt. Dans l'Amérique du Sud, on a introduit le porc, le cheval, l'âne, le mouton, la chèvre, le bœuf, le chat... Sous l'influence d'un nouveau climat, ces espèces ont éprouvé des modifications, et ont donné naissance à des races nouvelles. De même les plantes sont susceptibles de changer de climat.

Au point de vue agricole, l'acclimatation d'espèces nouvelles, animales ou végétales, est subordonnée à la question de savoir si ces espèces donneront des produits plus abondants et à meilleur compte que les animaux déjà domestiqués ou que les végétaux déjà cultivés.

accumulateur. — Appareil électrique constitué par deux lames de plomb plongées dans un vase renfermant de l'eau acidulée. Quand on y fait

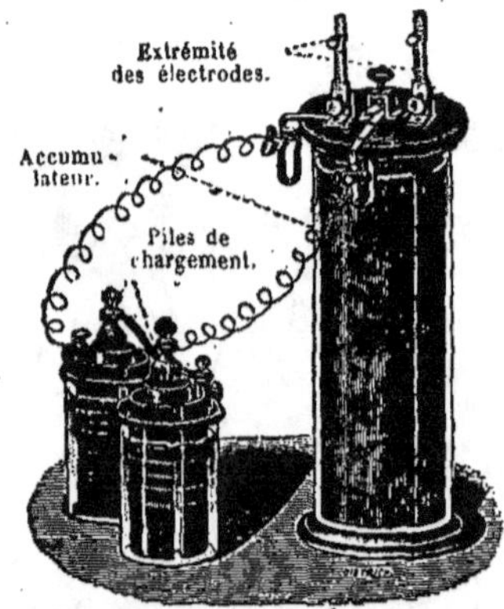

Accumulateur. — On le charge à l'aide d'une pile ou d'une machine dynamo-électrique.

passer un courant électrique (*fig.*), il s'y produit des réactions chimiques grâce auxquelles l'appareil devient capable de régénérer plus tard, et quand on le veut, une quantité d'électricité presque égale à celle qui lui a été fournie (*fig.*). L'accumulateur peut donc être *chargé* dans une usine, puis transporté à l'endroit où il doit agir. Chargé à l'aide d'une machine dynamo-électrique, il fournit de l'électricité à meilleur compte que les piles, tout en étant moins encombrant. Les accumulateurs sont employés pour l'éclairage

électrique, la galvanoplastie, le fonc-

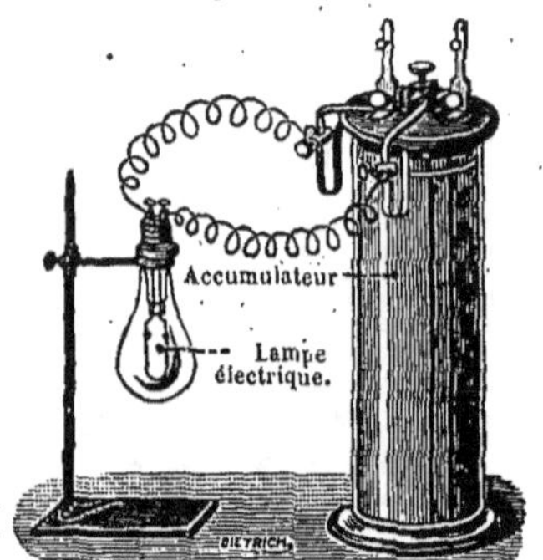

Accumulateur. — En se déchargeant, l'accumulateur fait fonctionner une lampe électrique.

tionnement des moteurs électriques.

acérinées. — Plantes *dicotylédones dialypétales* à corolle et à étamines fixées à un réceptacle commun, ovaires libres, feuilles opposées, fleurs en grappes ou en cimes terminales, à cinq sépales, cinq pétales. Ces plantes renferment en général une sève sucrée, de laquelle on extrait du sucre ou une boisson fermentée. Exemple : les diverses espèces d'*érables*.

acétate. — Combinaison de l'*acide acétique* avec une *base*. Un grand nombre d'acétates sont employés en médecine comme *purgatifs, fondants, stimulants, diurétiques*. L'acétate d'alumine est très employé en teinture comme *mordant*. L'acétate de cuivre (verdet, vert-de-gris) sert aussi dans la teinture et l'impression des tissus. L'acétate de plomb entre dans la composition de divers vernis, de matières colorantes ; il sert à la préparation du blanc de plomb (voy. **plomb**) ; un autre acétate de plomb constitue l'*extrait de Saturne* des pharmaciens, avec lequel on fait l'*eau blanche*.

acétique (acide). — Substance très acide qui est la partie active du *vinaigre*. L'industrie en prépare de grandes quantités par divers procédés. En particulier, on en obtient par distillation du bois en vase clos (*fig.*) ; on le désigne alors sous le nom d'*acide pyroligneux* ou *vinaigre de bois*. L'acide acétique est employé en photographie ; il intervient dans la préparation de cosmétiques, de vinaigres de toilette, de divers sels appelés des *acétates*, de l'aniline, du cirage ; en médecine il sert comme caustique.

Le *vinaigre*, qui est de l'acide acé-

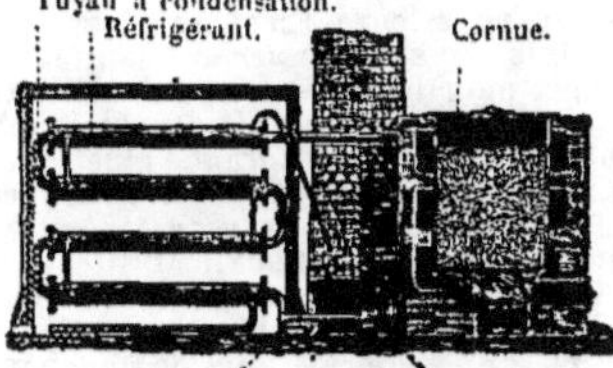

Distillation du bois en vase clos pour la préparation de l'*acide acétique*, dit *pyroligneux*.

tique faible, employé surtout dans l'a-
limentation comme condiment, se pré-

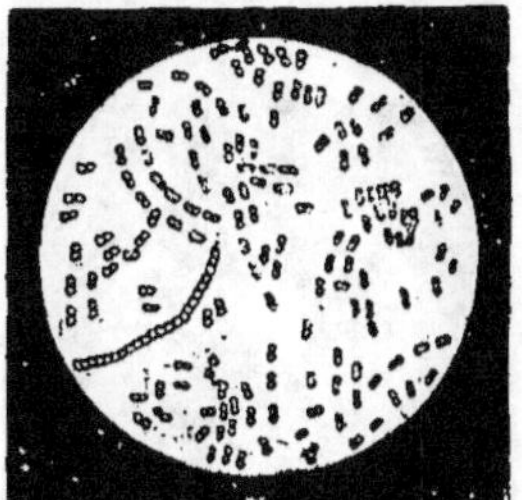

Mycoderma aceti. — Le vin s'aigrit
au contact de l'air, par l'action d'un
ferment microscopique, nommé *mycoderma aceti*.

parait autrefois uniquement en faisant
aigrir le vin (*fig.*); aujourd'hui on le

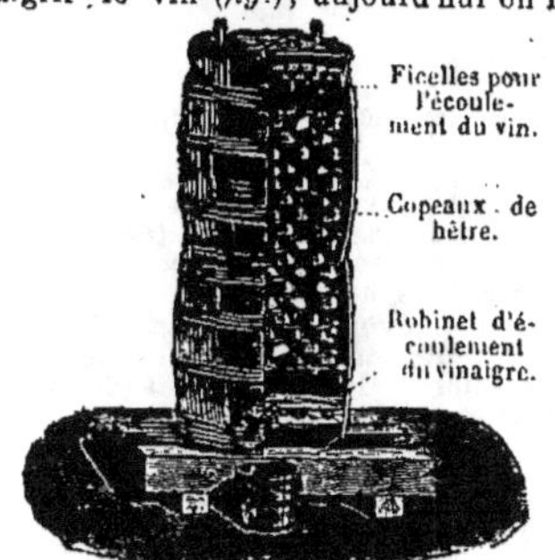

Fabrication du vinaigre. — Pour faire aigrir le vin plus rapidement, on le fait
s'écouler doucement sur des copeaux de
hêtre superposés dans un tonneau, et
destinés à augmenter la surface de contact avec l'air.

fabrique souvent avec l'acide acétique

plus fort, dont il est question ci-dessus.
Le vinaigre de bonne qualité contribue
à rendre les mets plus appétissants, à
favoriser la digestion; il doit être pris
avec modération.

ache. — Nom donné vulgairement
à plusieurs plantes, telles que la
petite ciguë (ache des chiens), le *persil* (ache d'eau), le *céleri* sauvage
(ache douce). On met dans les vêtements,
pour les préserver des insectes pendant
l'été, une sorte de persil qu'on nomme
ache des rochers. Toutes les plantes
nommées *aches* sont plus ou moins
analogues au persil, et font partie de
la famille des *ombellifères*.

achillée. — Herbe de la famille
des *composées*, qu'on trouve dans les
prairies de France. Les espèces en sont
nombreuses, et plu-
sieurs sont culti-
vées comme plantes
ornementales. L'a-
chillée mille-feuilles
(*fig.*) est un bon
fourrage; elle don-
ne aussi de belles
pelouses, des mas-
sifs dans les jar-
dins. Elle est très
commune dans les
lieux incultes; on
se sert de ses som-
mités pilées pour
le pansement des
plaies, à cause du
tannin qui s'y trou-
ve contenu. Il en
est de même de
l'achillée naine. La
plus belle achillée
ornementale est

Achillée mille-feuilles
(hauteur, 0ᵐ,80).

l'achillée à feuilles de filipendule, qui
a de belles fleurs jaunes.

achromatisme. — Les lunettes
d'approche, lorgnettes, donnent sou-

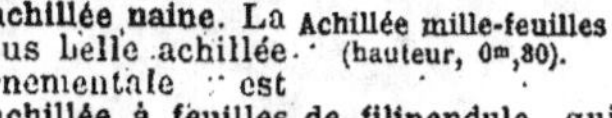

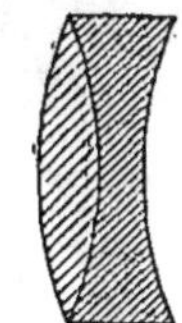

Lentille achroma-
tique. — Une
*lentille achro-
matique*, consti-
tuée par la réu-
nion de deux ou
trois lentilles
simples, donne
des images qui
ne sont pas iri-
sées.

vent des images colorées sur les bords
des nuances de l'arc-en-ciel (voy. **aberration**); mais, par une combinaison
convenable des lentilles (*fig.*), on peut
rendre les instruments *achromatiques*,
c'est-à-dire enlever ces colorations
gênantes.

acide. — Corps ayant la saveur caractéristique du vinaigre, faisant passer au rouge la coloration de l'infusion de violettes dans l'eau. Les uns sont gazeux (*acides carbonique, sulfureux, sulfhydrique, fluorhydrique*) ; d'autres liquides (*acides acétique, sulfurique, azotique*) ; d'autres solides (*acides borique, silicique, oxalique, tartrique*). En dissolution étendue dans l'eau, certains d'entre eux constituent souvent des boissons rafraîchissantes ; concentrés, ce sont des caustiques violents, et par suite des poisons énergiques, dont on combat les effets par l'absorption de la *magnésie calcinée*, délayée dans l'eau.

Les *acides* se combinent aux *bases* pour donner des *sels*. Ainsi le *sulfate de cuivre* est une combinaison d'acide sulfurique et d'oxyde de cuivre.

acier. — L'*acier* est du fer qui renferme de 5 à 20 millièmes de charbon.

Aspect du fer, avec un grain plus fin ; il est plus léger, plus flexible, plus dur, plus facilement fusible, plus malléable ; en un mot c'est un fer de qualité supérieure. En outre, il est susceptible de se *tremper* : chauffé au rouge, puis brusquement refroidi par immersion dans l'eau, il acquiert une dureté extrême et une grande élasticité. L'acier trempé, chauffé de nouveau et refroidi lentement, *se recuit*, c'est-à-dire qu'il reprend sa malléabilité.

On prépare l'acier de bien des manières. Le plus souvent on part de la *fonte* qui renferme plus de charbon, et on brûle une partie de ce charbon par une opération nommée *affinage*. L'appareil Bessemer (*fig.*) permet de préparer en une seule opération 10,000 kilogr. d'acier fondu. L'*acier de cémentation* se prépare en chauffant du fer pendant longtemps au contact d'une couche de charbon (*fig.*); puis on le fait passer au laminoir pour le rendre plus homogène, et enfin on le fond pour avoir l'*acier fondu*. L'acier de cémentation fondu est le meilleur des aciers ; il sert surtout dans la coutellerie fine.

Les usages de l'acier augmentent chaque jour ; on en fabrique les objets de coutellerie, les armes, les ressorts de montre, les tôles pour chaudières des machines à vapeur, les rails de voies ferrées, les canons.

acné. — Maladie de la peau caractérisée par des *pustules* rouges, suppurant lentement, qui apparaissent surtout au visage. Le traitement exige un régime sévère, adoucissant, avec privation de vin, de café, liqueurs ; préparations mercurielles, pommades soufrées. La *couperose* est la forme la plus bénigne de l'acné.

aconit. — Belle plante vivace (*renonculacées*); les fleurs forment un joli épi jaune ou bleu (*fig.*). Pousse spontanément dans les montagnes de France, cultivée pour la beauté de ses fleurs.

Aconit (hauteur, 1^m).

Toutes ses parties, mais surtout les racines, renferment un principe vénéneux. On en retire l'*aconitine*, on en fait la *teinture d'aconit*, employée en médecine contre rhumatismes, maladies fébriles, affections du cœur et des voies respiratoires. Dans les empoisonnements par l'aconit, on emploie des vomitifs, puis des boissons mucilagineuses et acidulées.

acore. — L'*acore*, ou *jonc odorant*, ou *roseau*, est une plante très répan-

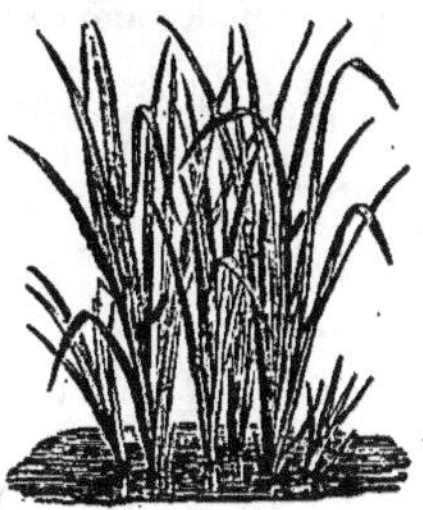

Acore odorant (hauteur, 1^m).

due dans les marais de France (*fig.*). La racine est comestible ; elle est employée en médecine comme excitante, sudorifique et stomachique. C'est avec l'acore qu'on donne à l'*eau-de-vie de Dantzig* son goût particulier. On cultive l'acore dans les jardins, sur le bord des pièces d'eau.

acotylédone. — Voy. **cryptogame**.

acoustique. — Partie de la physique qui s'occupe des *sons*. — On

Cornet acoustique.

nomme **cornet acoustique** (*fig.*) un instrument destiné à faire converger les vibrations sonores sur le *tympan* des personnes dures d'oreille. — Les

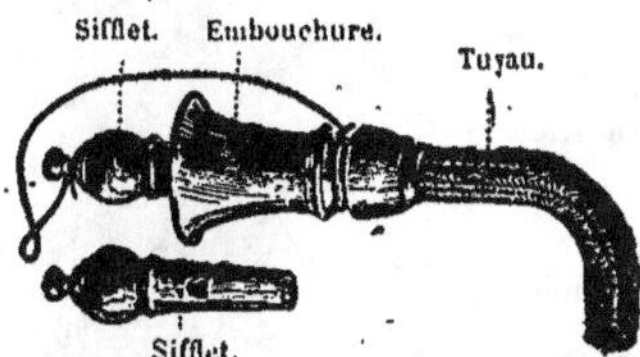

Tuyau acoustique. — Se compose d'un long tuyau portant, à chaque extrémité, une embouchure munie d'un sifflet ; le sifflet sert d'avertisseur ; pour parler et écouter, on enlève le sifflet.

tuyaux acoustiques (*fig.*) sont des tuyaux de grande longueur servant à porter le son au loin ; un embout est placé à chaque extrémité ; on parle dans l'un et on écoute par l'autre.

actinie (grec: *actin*, rayon). — Genre d'animaux marins (*zoophytes* ou *rayonnés*). Corps cylindrique, avec un pied musculeux permettant le déplacement ; tentacules très colorés, disposés régulièrement autour de la bouche, ce qui fait ressembler l'animal à une fleur (*anémone de mer*) (*fig.*); vivent de mollusques, de vers, de crustacés. Se trouvent sur les côtes, attachés aux rochers.

adénite (grec : *aden*, glande). — *Inflammation* des ganglions lymphatiques vulgairement nommés *glandes*; cette inflammation est due ordinairement

Actinie. — Exemple : *anémone* de mer.*

à une écorchure, une blessure de la peau, sur le trajet des vaisseaux lymphatiques qui aboutissent au ganglion. Une écorchure à la main fait gonfler les ganglions de l'aisselle. Souvent l'inflammation conduit à une suppuration; il faut donc ne pas négliger de la faire soigner par le médecin.

aérage. — L'air pur est nécessaire à la vie. L'air confiné, vicié par l'acide carbonique et les émanations animales, est très nuisible. Il faut donc aérer. Le renouvellement de l'air dans les appartements devrait être d'au moins 10 mètres cubes par *personne* et par *heure.*

L'inclinaison de la flamme montre l'appel d'air.

Ouverture intérieure du tuyau d'appel. B

Ouverture extérieure du tuyau d'appel. A

Ventilation par une cheminée. — L'air vicié de l'appartement s'échappe par le tuyau de la cheminée, par suite du tirage. L'air pur de l'extérieur pénètre par le *tuyau* d'appel A, et se répand dans l'appartement par l'extrémité B.

Malheureusement on compte uniquement sur l'aération par les fentes des portes et des fenêtres, ce qui n'est pas assez; il faut donc ouvrir le plus souvent et le plus longtemps possible. La nuit, on doit ouvrir toutes les portes de communication des pièces les unes avec les autres.

A ces moyens naturels de *ventilation*, il faudrait en ajouter d'artificiels. En hiver, les cheminées sont d'excellents appareils de ventilation, mais ils pro-

duisent des vents coulis (*fig.*). Le mieux est de pratiquer des conduits spéciaux pour la ventilation, et de ne laisser entrer l'air extérieur qu'après en avoir élevé la température au moyen de la chaleur même du foyer. En été, on peut ventiler les ateliers par une

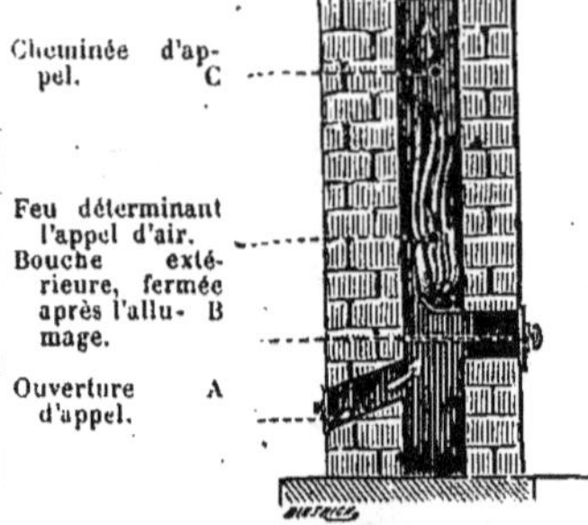

Cheminée d'appel. C

Feu déterminant l'appel d'air. Bouche extérieure, fermée après l'allumage. B

Ouverture d'appel. A

Ventilation par une cheminée d'appel. — Le feu étant allumé, on ferme la bouche B. L'air intérieur est alors appelé en A par le tirage, et se répand au dehors par C.

cheminée d'appel, dans l'intérieur de laquelle on entretient un peu de feu (*fig.*). Dans les grands établissements, les appareils de ventilation sont souvent très compliqués (voy. **air confiné**).

aérolithe (grec : *aèr*, air; *lithos*, pierre). — On voit souvent dans le ciel, pendant la nuit, un point lumineux qui se déplace rapidement et disparaît: c'est ce qu'on nomme une *étoile filante*. On pense que les étoiles filantes sont de petits corps planétaires circulant autour du soleil; quand ils pénètrent dans l'atmosphère terrestre, le frottement contre l'air les rend lumineux. Les étoiles filantes sont abondantes surtout vers le 10 août et le 12 novembre. — Les grosses étoiles filantes se nomment *bolides.*

Quand ces *astéroïdes* s'approchent trop de la surface de la terre, ils sont attirés par elle et tombent sur le sol avec une grande vitesse; on entend parfois alors des détonations comme si la pierre, trop chauffée, avait éclaté. Les bolides qui tombent sur le sol se nomment *aérolithes* ou *pierres météoriques.*

On reconnaît les pierres tombées du ciel à leur aspect et leur composition chimique; elles renferment toutes du fer en grande quantité, puis du nickel, du chrome, du phosphore et divers silicates. Le plus gros aérolithe connu a été trouvé au Groënland; il pèse 25,000 kilog. et consiste essentiellement en fer météorique.

aérostat (grec : *aèr*, air; *statos,* arrêté). — Un *ballon* très léger, rempli d'un gaz moins dense que l'air, s'élève dans l'atmosphère comme un bouchon

Montgolfière. — Les premiers *aérostats* étaient gonflés à *l'air chaud.*

Aérostat. — On gonfle maintenant les *aérostats* avec du *gaz d'éclairage* ou du *gaz hydrogène.*

dans l'eau, conformément au principe d'Archimède. La première expérience a été faite en 1783 par les frères Mongol-

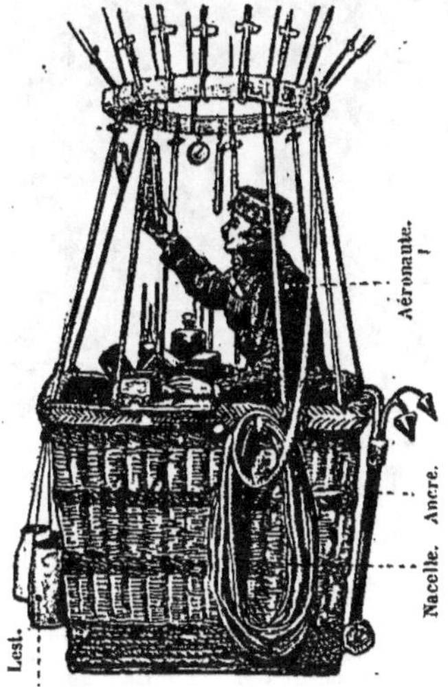

Nacelle. — La *nacelle,* attachée sous l'*aérostat*, porte l'*aéronaute*, ses instruments d'aérostation, et ses appareils à observations scientifiques.

fier, fabricants de papier à Annonay. Les *aérostats*, d'abord nommés *montgolfières*, peuvent être gonflés à l'air chaud (*fig.*), au gaz d'éclairage (2 fois plus léger que l'air) ou au gaz hydrogène (14 fois plus léger que l'air) (*fig.*). Un aérostat, gonflé de 1000 mètres cubes d'hydrogène, peut soulever un poids de 1100 kilogrammes, enveloppe, nacelle et aéronautes compris.

Direction des aérostats. — Abandonné à lui-même, l'aérostat suit la direction du vent. L'aéronaute ne peut que monter ou descendre en jetant du lest ou en laissant partir du gaz. Pour la première fois, en 1884, deux officiers français, Krebs et Renard, ont pu diriger un aérostat et revenir à leur point de départ; leurs expériences ont été faites au parc de Chalais, à Meudon (Seine-et-Oise). Leur ballon a la forme d'un gros cigare; il est long de 50 mètres. A l'avant de la nacelle est une grande hélice, mise en mouvement dans l'air à l'aide d'une machine motrice électrique actionnée par une pile; à l'arrière est un gouvernail (*fig.*).

Ballon captif. — Les ballons captifs des enfants sont gonflés avec du gaz d'éclairage ou du gaz hydrogène.

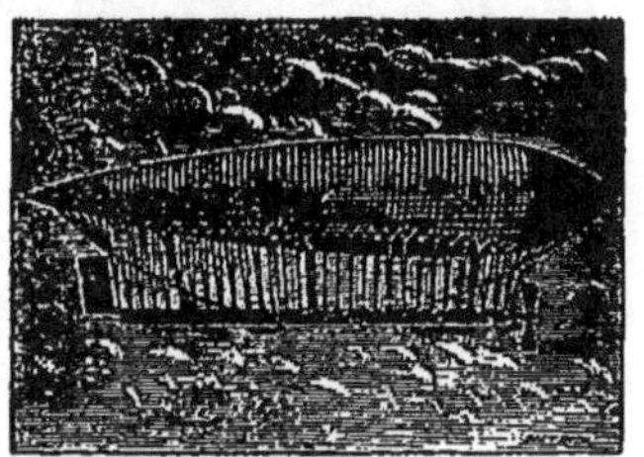

Ballon dirigeable de Krebs et Renard.

On peut ainsi donner au ballon une vitesse de 9 mètres par seconde, qui lui permet de remonter tout vent moins rapide que 9 mètres. Par un vent plus fort on peut encore se diriger en *tirant des bordées*. Mais la machine s'épuise vite; elle ne peut pas fonctionner plus de deux heures.

agami. — Grand *échassier* originaire de l'Amérique méridionale. Il y a été domestiqué et sert pour ainsi dire de chien de garde ; il surveille et même protège la basse-cour contre les oiseaux de proie (*fig.*).

agaric.—Voy. **champignons.**

agate. — Pierre siliceuse (voy. **silice**) colorée de nuances vives et délicates, généralement variées dans le même échantillon ; elle est susceptible d'un beau poli. On s'en sert pour la

Agami
(hauteur 0ᵐ,70).

joaillerie et l'ornementation ; on en fabrique des cachets, des boucles d'oreilles, des tabatières. On y grave des sujets artistiques ; les agates gravées ont une grande valeur ; à cause de leur *dureté* et de leur *inaltérabilité*, elles peuvent se conserver indéfiniment. Les agates les moins fines sont employées à faire de belles billes pour les enfants, et des mortiers qui servent à pulvériser les matières dures. La *cornaline* est une variété d'agate. Le *jaspe*, très commun en Italie, est aussi une agate ; il est employé dans la décoration pour pierre d'ornement, et surtout pour la composition des fameuses *mosaïques* de Rome et de Florence.

agave. — *Plante monocotylédone* ayant le port de l'aloès, cultivée dans

Agave (hauteur totale, 10ᵐ).

les régions chaudes de l'Amérique et de l'Europe (*fig.*). Les feuilles atteignent 3 mètres de longueur. On en retire une liqueur sucrée (*vin de Pulque*) qu'on

fait fermenter. Des feuilles, on extrait une matière textile (*pite* ou, improprement, *aloès*) avec laquelle on fait des cordes, des sacs, de la pâte à papier.

âge des animaux. — On a peu de moyens de reconnaître l'âge des animaux. Chez les insectes, les batraciens, on a les métamorphoses ; chez les oiseaux et certains mammifères, des changements de coloration. Pour les mammifères, on a des indices dans l'examen des dents, des cornes, des sabots, du pelage (voy. **cheval**). Certains animaux vivent quelques heures ; d'autres (poissons, mammifères) atteignent parfois des centaines d'années.

âge des végétaux. — La durée de la vie des végétaux est très variable. Il y a des plantes *annuelles*, d'autres *bisannuelles*. Les plantes *vivaces* poussent chaque année une tige qui disparaît, tandis que la racine

If de la Haye-de-Routot (Eure). — La circonférence du tronc est de 12ᵐ ; son âge est évalué à 1,400 ans.

continue à vivre. Les plantes *ligneuses* ont une tige plus ou moins ramifiée, qui augmente de taille pendant de nombreuses années (*fig.*) : certaines vivent plus de vingt siècles (chênes, platanes, tilleuls, châtaigniers, ormes, cèdres, et surtout baobabs et séquoias des régions tropicales).

Il est aisé de déterminer l'âge des arbres *dicotylédones*. Le nombre des années est égal au nombre des couches ligneuses concentriques que présente la section transversale de la tige. Cependant on peut se tromper, car deux couches peuvent parfois se former la même année ; et d'autre part les couches ne sont pas toujours bien distinctes (*fig.*).

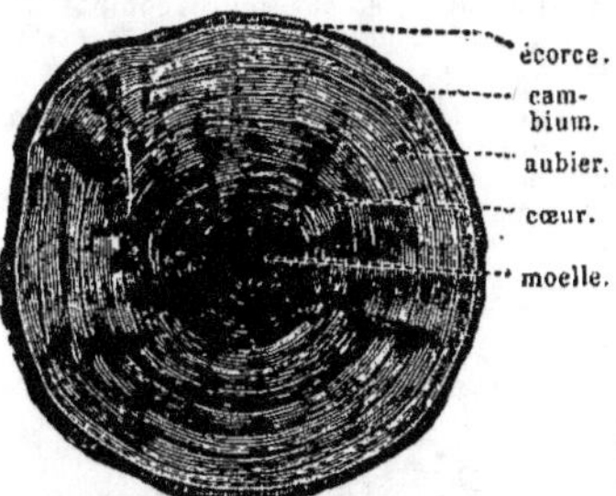

Coupe transversale d'un tronc d'arbre.— Chaque couche successive marque une année.

âges de l'homme. — Les âges sont les périodes naturelles et successives de la vie humaine :

1° **Première enfance**, jusqu'à deux ans, terme habituel de la première dentition (voy. **dents**);

2° **Seconde enfance**, jusqu'à sept ans, début de la seconde dentition ;

3° **Troisième enfance**, jusqu'à quatorze ans.

Pendant ces trois périodes, accroissement continu en poids et en taille (voy. **croissance**); sensibilité au froid et à l'humidité ; nécessité d'une alimentation bien réglée, d'un travail modéré, d'un sommeil prolongé. Les jeux au grand air sont alors préférables à la gymnastique proprement dite. Les maladies à craindre sont : troubles digestifs, croup, coqueluche, ophtalmie purulente, méningite, convulsions, vers, rachitisme, scrofule, rougeole, scarlatine, oreillons, danse de St-Guy.

4° **Adolescence**, jusqu'à 22 ou 24 ans. La croissance s'achève, les formes s'accentuent, la barbe pousse. Nécessité d'une alimentation abondante, d'un sommeil réparateur ; gymnastique, équitation, escrime, natation, pour accroître le développement des forces. L'excès de travail intellectuel prédispose à la fièvre typhoïde et aux maladies nerveuses. On doit redouter aussi les angines, les fièvres éruptives, l'anémie ;

5° **Age viril**, jusqu'à 45 ans. Maximum de force, d'activité physique et morale ;

6° **Age de déclin**, jusqu'à 60 ans. Commencement de diminution des forces physiques ;

7° **Vieillesse**, détérioration progressive des organes ; diminution de la taille, du poids, des forces, de l'appétit ; sommeil irrégulier ; la peau se ride, les cheveux et les dents tombent, les sens deviennent plus obtus ; affaiblissement des facultés intellectuelles. A craindre les maladies des voies digestives, des organes de la respiration, les maladies inflammatoires. Nombreuses précautions à prendre ; le vieillard doit se garder du froid et de l'humidité ; grande sobriété, habitudes régulières, exercices modérés ;

8° **Décrépitude sénile**, dernier degré de la vieillesse, anéantissement progressif de l'être physique et moral. Cet état est relativement rare, car on meurt bien plus souvent de maladie que de vieillesse.

âges préhistoriques. — On divise les âges préhistoriques en *âge de pierre*, *âge de bronze*, *âge de fer*.

L'*âge de pierre* commence à l'apparition de l'homme sur la terre, à l'é-

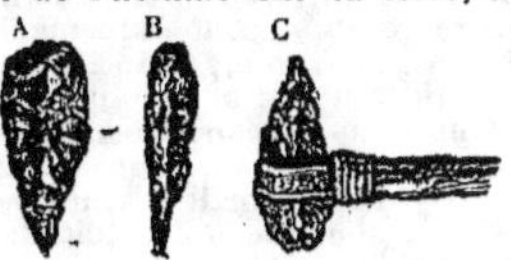

Hache en silex taillé. — A, vue de face ; B, de profil ; C, même hache emmanchée à un morceau de bois de chêne.

poque tertiaire, avant les derniers grands changements du globe ; se prolonge si avant que l'on voit l'usage du silex, dans l'Europe centrale, arriver jusqu'au moment de la domination romaine. Pendant cette longue période les animaux et les plantes éprouvent de profondes modifications. On voit d'abord l'*ours des cavernes*, le *mammouth*, le *renne*, l'*aurochs* et successivement tous nos animaux domestiques actuels. Les instruments en silex (*fig.*), d'abord grossiers, affectent successivement des formes très variées ; ils se polissent. Les poteries apparaissent, d'abord mal cuites, puis plus parfaites.

Hache en silex poli.

L'*âge de bronze* arrive, avec des haches qui gardent la forme des haches de pierre (*fig.*), puis des outils et des armes variés.

Enfin l'*âge du fer* ne remonte pas au delà de l'époque historique.

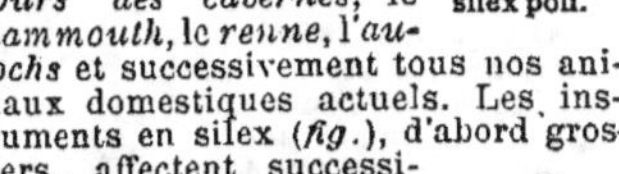

Hache de bronze emmanchée.

Ces trois âges ne se sont pas succédé, ils ont, dans des régions diverses, existé tous les trois à la fois.

agouti. — Mammifère rongeur analogue au lièvre, abondant dans l'Amérique du Sud (*fig.*). Fait de grands

Agouti (hauteur, 0ᵐ,50).

dégâts dans les jardins et les plantations de cannes à sucre. On mange sa chair; on utilise sa fourrure.

agriculture (latin : *ager*, champ; *cultor*, qui cultive). — Art de tirer de la terre, le plus économiquement possible, la plus grande quantité possible de produits utiles à l'homme, et dans les conditions qui conviennent le mieux à sa consommation. Dans l'agriculture, il y a une partie essentiellement *pratique*, soumise à des lois scientifiques qui constituent ce qu'on nomme l'*agronomie*. La pratique de l'agriculture est presque aussi ancienne que le monde.

A l'*agriculture* proprement dite, ou culture des champs, il faut rattacher l'*horticulture*, la *sylviculture*, l'*arboriculture*, la *viticulture*, la *zootechnie*, l'*économie rurale*, ou science de l'exploitation des propriétés foncières consacrées à la culture. Nous ne parlons pas de la physique, de la chimie, de la mécanique, de l'art vétérinaire, et de tant d'autres sciences qui, sans être des sciences agricoles, ont cependant de nombreuses applications en agriculture.

agripaume. — Plante de la famille des *labiées*, commune en été sur les bords des chemins, dans les bois montueux (*fig.*). Utilisée en médecine contre les maladies d'estomac et les maladies de cœur.

agronomie (grec : *agros*, champ; *nomos*, loi). — Théorie de l'agriculture; cette science cherche à établir les lois de la production des matières organiques, végétales ou animales, en empruntant le secours de toutes les autres sciences. L'agriculteur devient un agronome lorsqu'il renonce à suivre aveuglément une pratique tradition-

Agripaume (hauteur, 0ᵐ,80).

nelle pour raisonner ses procédés d'exploitation et se rendre compte de leurs motifs, de leurs avantages et de leurs inconvénients.

agrostide. — Plante vivace de la famille des *graminées*; redoutée comme mauvaise herbe dans les champs cultivés (*agrostide de chien*,

Agrostide vulgaire (hauteur, 0ᵐ,30).

agrostide jouet du vent). Plusieurs espèces constituent un excellent fourrage (*agrostide vulgaire* (*fig.*) et *agrostide blanche*). L'*agrostide nébuleuse* est cultivée dans les jardins sous le nom de *capillaire* (certaines fougères portent aussi le nom de *capillaire*).

aigle. — Oiseau *rapace diurne* (*fig.*); grande taille, vol puissant, grande force musculaire : on a vu des aigles emporter des agneaux et des enfants. On en trouve dans toutes les régions montagneuses du globe, et particulièrement de la France. Vit isolé, par couple, nichant dans les rochers, sur

Aigle royal (longueur, 1ᵐ).

une aire de branchages qui lui sert toute sa vie. Se nourrit de proies vivantes. Pond 2 œufs; incubation 50 jours. Nombreuses espèces. Animal essentiellement nuisible à cause de

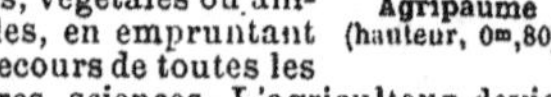

la chasse qu'il fait à toutes sortes de gibiers.

aigreur. — Petite quantité d'un liquide acide qui remonte de l'estomac, surtout après les repas. Plusieurs maladies d'estomac provoquent des aigreurs. Les personnes qui ont des aigreurs ont parfois une haleine qui présente une forte odeur acide. L'eau et les pastilles de Vichy font souvent passer les aigreurs.

aigue-marine. — Pierre précieuse d'un vert bleuâtre.

aiguille à coudre. — Une aiguille à coudre passe entre les mains de 90 ouvriers avant d'être terminée. On la fait en fil de fer. On commence, par prendre le fil, en vérifier la grosseur, l'enrouler sur un treuil, le couper en petits morceaux, redresser ces morceaux, les empointer à un bout, percer le *chas* à l'autre, polir la tête (en tout 20 opérations); puis on soumet les aiguilles à la *cémentation*, opération qui transforme le fer en acier; on trempe, on recuit (12 opérations). Il faut alors polir, ce qui se fait par 6 ouvriers, prenant chacun chaque aiguille 8 à 10 fois (60 opérations); il y a enfin le triage et la mise en paquets.

aiguille des chemins de fer. — On a souvent, dans les chemins de fer, à faire passer un train d'une voie sur une autre. On y arrive par des

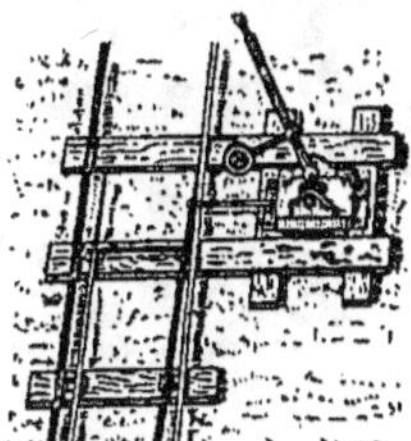

Aiguille de chemin de fer. — Le train, qui vient du haut, prend l'une ou l'autre voie, selon la position du levier.

aiguilles placées au point de rencontre de deux voies; les aiguilles se composent de deux bouts de rails mobiles pouvant être placés, à l'aide d'un levier, dans le prolongement de l'une ou de l'autre voie, à volonté (*fig.*).

ail. — Plante herbacée (*liliacées*): bulbe composé de plusieurs gousses enfermées dans une tunique commune (*fig.*); odeur spéciale et forte. C'est un condiment très employé, surtout dans le midi de l'Europe; assaisonnement sain, excitant, mais dont on ne doit

pas abuser. A l'inconvénient de donner une odeur forte à l'haleine. Employé en médecine comme vermifuge.

Bulbe de l'ail.

ailante. — Grand arbre improprement appelé *vernis du Japon* (*fig.*). Importé de Chine en 1751; aujourd'hui bien acclimaté chez nous. On le plante dans les jardins et les promenades, malgré l'odeur désagréable de ses

Ailante (hauteur, 20ᵐ).

fleurs. Un ver à soie, importé en Europe en 1860, est susceptible de vivre et de faire son cocon sur l'arbre sans exiger aucun soin; ce nouveau ver n'a pas donné chez nous des produits satisfaisants.

aile. — Chez les *oiseaux* les ailes ont une grande perfection; elles sont portées par les membres supérieurs; les os du bras (humérus), de l'avant-bras (radius et cubitus), portent les plumes (*fig.*). Ces plumes se nomment *pennes*; les plus longues sont insérées sur les petits os de la main (*pennes primaires*, généralement au nombre de dix); les autres (*pennes secondaires*) sont moins longues et insérées à l'avant-bras; de plus, la base des pennes est revêtue d'une couche de petites plumes appelée *couverture*.

Chez les **chéiroptères** les ailes sont

constituées par un repli de la peau allant du cou aux membres postérieurs (*fig.*).

Chez les insectes les ailes sont dis-

Aile d'oiseau.

tinctes des membres destinés à la marche; elles sont au dos du thorax (*fig.*).

Certaines ailes sont impropres au

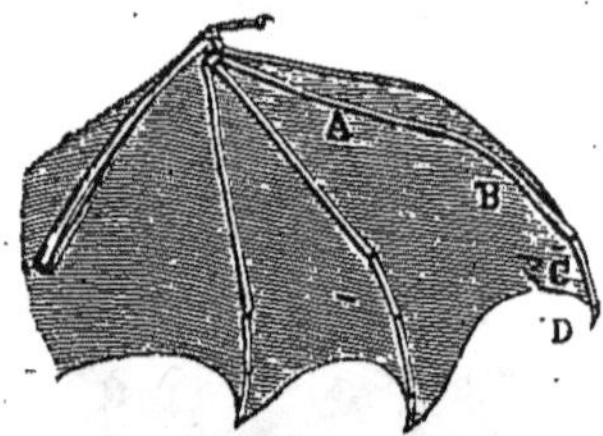

Aile de chéiroptères (*chauve-souris*). — A, B, C, D sont les phalanges.

vol. Les autruches et les pingouins, parmi les oiseaux, ont des ailes trop

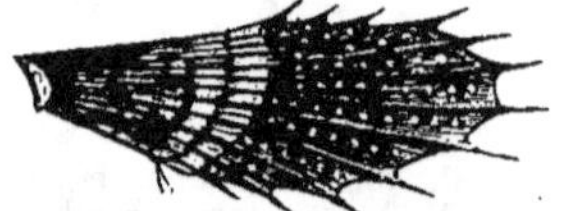

Aile d'un poisson volant (*dactyloptère*). — Elle est formée par la nageoire pectorale, qui a pris un grand développement.

faibles, et ne peuvent voler. Les galéopithèques, chez les chéiroptères, ont

bonds de grande longueur. Les grandes nageoires de certains poissons, dits poissons volants, agissent à peu près de même (*fig.*).

Aile d'insectes (*libellule*). — Elle est formée par une mince membrane, soutenue par des nervures analogues à celles d'une feuille.

aimant. — Certains échantillons de minerai de fer (Suède) attirent le fer et l'acier : on les nomme *pierres d'aimants, aimants naturels* (*fig.* 1). Les aimants naturels, frottés contre des barreaux d'acier, leur communiquent,

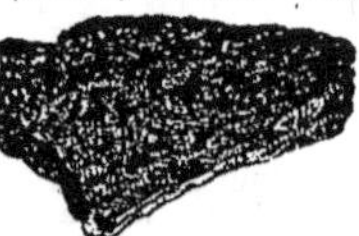

1. Pierre d'aimant. — Elle attire la limaille de fer en certains points.

leur propriété et les transforment en *aimants artificiels*. L'acier est le seul corps auquel on puisse communiquer le pouvoir magnétique d'une manière permanente (*fig.* 2).

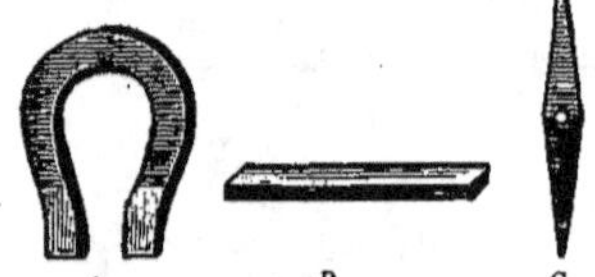

2. Aimants artificiels. — On peut communiquer par frottement la propriété magnétique à un morceau d'acier, ayant la forme d'un *fer à cheval* A, d'un *barreau rectiligne* B, d'une *aiguille* en losange C.

La propriété magnétique est concentrée en deux points, aux extrémités du barreau : ces points sont les *pôles*, séparés par une ligne neutre. On donne

3-4-5. Pôles et ligne neutre. — Un aimant artificiel attire la limaille de fer à ses deux extrémités, ou *pôles* A ; mais il n'attire pas en son milieu (B et C).

des ailes qui servent de parachute et permettent à l'animal de faire des aux aimants la forme d'un *fer à cheval*, ou d'un losange très allongé, qu'on suspend en équilibre sur la pointe d'une aiguille : on a alors *l'aiguille aimantée (fig. 5.)*

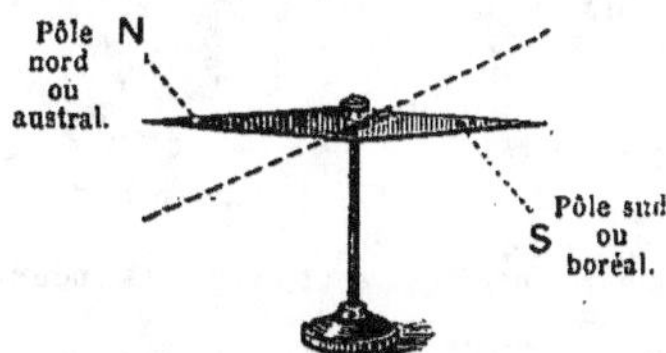

4. Attraction à distance. — L'attraction a lieu même à travers une lame de carton, de verre. Un petit morceau de fer, placé sur la lame, suit les mouvements de l'aimant placé au-dessous.

Abandonnée à elle-même, une aiguille aimantée se place toujours dans la même direction, voisine de celle du

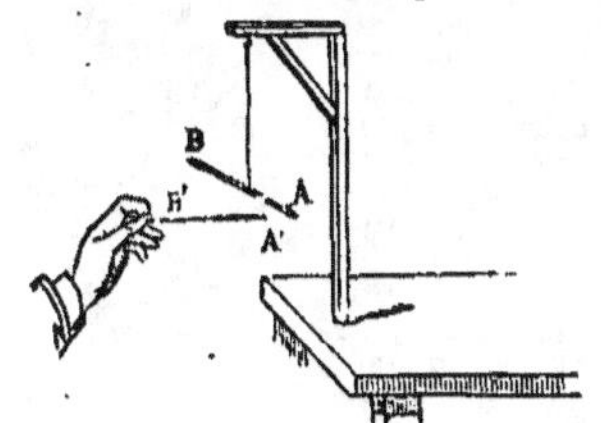

5. Action de la terre. — Une *aiguille aimantée,* suspendue à un pivot, prend d'elle-même une direction voisine de celle du nord au sud.

nord au sud. On nomme *pôle austral*

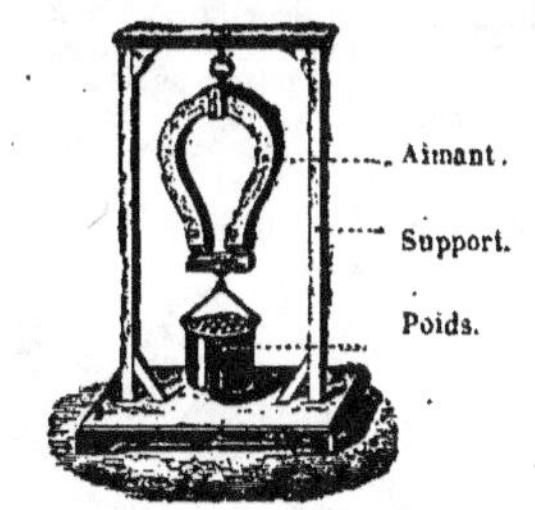

6. Action mutuelle. — Les aimants agissent les uns sur les autres. Les pôles de *même nom* se repoussent, les pôles de *nom contraire* s'attirent.

l'extrémité qui va vers le *nord*, et *pôle*

7. Force d'attraction. — Pour entretenir la puissance d'un aimant, il est bon de le maintenir constamment chargé.

boréal celle qui va vers le *sud*. Ces dénominations contradictoires viennent d'une ancienne hypothèse faite pour expliquer l'action de la terre. Les aimants agissent les uns sur les autres (*fig.* 6). Un aimant, agissant sur un morceau de fer, lui donne la propriété d'attirer la limaille. Mais cette aimantation du fer ne dure pas; dès que l'aimant s'éloigne, le morceau de fer perd toutes ses propriétés magnétiques. Voy. **boussole, électro-aimant.**

aine. — Pli oblique situé entre le ventre et la cuisse. Sous ce pli passent un grand nombre de vaisseaux qui se rendent du tronc dans les jambes, aussi cette région du corps est-elle délicate et sujette à bien des maladies, *abcès, tumeurs, hernies, engorgement* des ganglions lymphatiques; les *plaies* de l'aine sont souvent graves. L'intervention du médecin doit être demandée chaque fois qu'un symptôme alarmant apparaît dans l'aine.

air atmosphérique. — L'air entoure notre globe sur une épaisseur d'au moins 60 kilomètres. Au niveau du sol, il pèse à peu près 1gr.29 par litre; quand on s'élève, le poids du litre d'air diminue, parce que les couches successives sont de moins en moins comprimées par le poids des couches surincombantes. Le poids de l'air est la cause de la *pression atmosphérique.*

Cent grammes d'air contiennent : *azote* 76gr.6; *oxygène* 22gr.8; plus un peu de *vapeur d'eau, d'acide carbonique* et des quantités très faibles de *principes divers.* Chacun de ces éléments a son rôle. L'*oxygène* est indispensable à la respiration des animaux, aux combustions; l'*azote* et l'*acide carbonique* servent à la nutrition des plantes; la *vapeur d'eau,* cause des pluies, est aussi indispensable aux végétaux. Parmi les *autres principes,* en quantités presque impondérables, l'*ammoniaque,* l'*acide azotique* ont un rôle dans la végétation; certains *germes* sont les agents nécessaires des fermentations et des putréfactions; d'autres déterminent et propagent les maladies infectieuses. Outre son rôle dans la vie des animaux et des plantes, dans les modifications des minéraux et des matières organiques mortes, l'air a des nombreux usages (moulins à vent, ventilateurs, usages de l'air comprimé, opérations industrielles dans lesquelles on fait intervenir l'air, telles que fabrication du vinaigre, de l'acide sulfurique). Voy. **aération, air confiné,** respiration.

air comprimé. — On peut comprimer fortement l'air dans des réservoirs. Il est alors employé comme force motrice dans l'industrie pour serrer les freins d'un train en marche, faire avancer les aiguilles des horloges pneumatiques à Paris, faire fonctionner le télégraphe pneumatique à Paris. Les ouvriers qui travaillent au fond de l'eau, dans des cloches à plongeurs ou des scaphandres, sont entourés d'air comprimé. La respiration dans l'air comprimé est parfois utilisée comme moyen de traitement de l'asthme, de la phtisie pulmonaire, de l'anémie.

air confiné. — La composition de l'*air confiné* s'altère rapidement, soit par les combustions, soit par la respiration de l'homme et des animaux. Il perd de l'*oxygène*, se charge d'*acide carbonique*, de *vapeur d'eau* et d'*émanations animales*. L'air exhalé par

Air confiné. — Il est très mauvais de coucher dans une alcôve.

la respiration d'une personne saine renferme un poison violent qui rend à la longue l'atmosphère toxique. La viciation est encore plus rapide s'il se produit des combustions par les appareils d'éclairage. Les appareils de chauffage bien disposés produisent au contraire un aérage; mais si le tirage est insuffisant, il se forme de l'oxyde de carbone, très toxique. L'air peut aussi être vicié par les végétaux dont les feuilles, pendant la nuit, dégagent de l'acide carbonique, et dont les fleurs émettent des parfums souvent dangereux (voy. **aérage**).

air raréfié. — Employé dans certaines opérations chimiques et industrielles (préparation du sucre). Sur les montagnes, l'air est raréfié. Certains malades éprouvent de bons effets de la respiration de l'air raréfié qu'on trouve aux altitudes comprises entre 1 000 et 2 000 mètres. Aux très gran-

des hauteurs, au contraire, la respiration devient pénible (palpitations, nausées, vomissements, faiblesse, puis asphyxie); de là le *mal des montagnes*, éprouvé par ceux qui font de grandes ascensions. Des aéronautes (Sivel, Crocé-Spinelli) ont trouvé la mort par asphyxie dans les hautes régions de l'atmosphère.

airelle. — Arbrisseau (*raisin des bois, brindelle*) dont les baies, d'un bleu noirâtre, acidulées, se mangent crues ou confites (*fig.*). Très abondante en Russie, où on en fait une grande consommation, sous diverses formes. Plusieurs espèces sont cultivées pour ornement.

Airelle (haut. 0m,50).

ajonc. — Arbrisseau épineux (*papilionacées*) abondant en France (*fig.*). Employé comme clôture pour les champs; sert de combustible dans les pays de landes; comme litière, l'ajonc donne un bon fumier. En Bretagne, il est cultivé en grand comme fourrage; pour que les animaux puissent le manger, il faut le broyer soit au pilon, soit avec des broyeurs mécaniques.

Ajonc (haut. 1 à 2 mètres).

alambic. — Voy. distillation.

albâtre. — L'*albâtre calcaire* est du carbonate de chaux, presque aussi dur que le marbre; l'*albâtre gypseux*, moins estimé, est du sulfate de chaux, très tendre. Ces deux pierres sont demi-transparentes, tantôt jaunâtres, tantôt très blanches. On en fait des vases destinés à l'ornementation.

albatros. — Très gros oiseau *palmipède* des mers du Sud. Lourd et massif, très robuste, vol puissant, grande voracité(*fig.*).

Albatros (long. 1m,25).

albinos (latin : *albus*, blanc). —

Personnes dont les cheveux, les poils, la peau ne renferment aucun principe colorant; peau d'un blanc mat, poils blancs, iris de l'œil rosé, pupille rouge; chairs généralement flasques. L'iris de l'œil, n'étant pas coloré, laisse filtrer la lumière, ce qui rend la vue faible; les albinos voient mieux dans une demi-obscurité qu'en plein jour. Cette infirmité est souvent héréditaire.

Le rat, le lapin, le cochon d'Inde, les poules, les canards sont souvent albinos.

albumine (latin : *albus*, blanc, à cause du *blanc* d'œuf, qui contient l'albumine). — Substance organique qu'on trouve dans le blanc d'œuf, le sang, le lait, et dans les graines des céréales et des légumineuses, dans divers sucs végétaux. Le blanc d'œuf contient presque uniquement de l'albumine et de l'eau.

Sèche, c'est un solide jaunâtre, sans saveur, ni odeur, soluble dans l'eau. Elle est coagulée de sa dissolution, et précipitée par les acides, l'alcool, le tannin. Se putréfie vite au contact de l'humidité.

Joue un rôle important dans l'alimentation ; sert au collage des vins, au raffinage du sucre, est employée en teinture. On l'extrait des œufs ; les jaunes sont vendus aux pâtissiers, aux cultivateurs qui engraissent des volailles et des veaux ; ils servent aussi en mégisserie.

albuminoïde. — On donne le nom de *substance albuminoïde* ou *protéique* aux substances analogues à l'albumine ; se rencontrent surtout dans les animaux (*albumine, fibrine, caséine, osséine, légumine, pepsine...*). Toutes renferment de l'azote, ce qui leur donne une grande importance comme substances alimentaires. Très facilement putrescibles, à moins qu'elles ne soient sèches.

albuminurie. — Maladie dans laquelle l'urine renferme de l'albumine. Cette urine, chauffée aussitôt après son émission, se trouble par suite de la coagulation de l'albumine : cette constatation, si simple en apparence, ne peut être faite avec certitude que par le pharmacien ou le médecin. Quand elle survient à la suite de la scarlatine, de l'érysipèle, l'albuminurie est ordinairement passagère et sans gravité. Chronique, elle indique des désordres intérieurs graves. Le traitement varie selon la cause présumée de la maladie.

alcali. — Corps à saveur âcre et caustique, verdissant l'infusion de violette ; soluble dans l'eau ; capable de se combiner aux acides pour donner des sels. Tels sont la *potasse*, la *soude* (solides), et l'*ammoniaque* (gazeux). — Sont employés à l'extérieur comme caustiques ; à l'intérieur, ce sont des poisons violents dont on combat les effets par l'absorption d'eau vinaigrée.

alcaloïde. — On donne le nom d'*alcaloïde*, ou *alcali organique*, à des composés azotés retirés des animaux ou des végétaux, ou fabriqués artificiellement, et qui ont les propriétés des *bases*. Saveur très amère : se combinent aux acides pour donner des sels. L'*aniline* est un alcaloïde artificiel, qu'on ne trouve pas dans la nature ; dans les animaux on trouve la *créatine*, l'*urée*; dans les végétaux, la *morphine*, la *codéine*, la *narcotine*, le *quinine*, la *strychnine*, la *cocaïne*, etc.

Tous les alcaloïdes végétaux ont une action énergique sur l'économie. La plupart sont des poisons très violents. Le pavot, le tabac, la digitale, la jusquiame, l'aconit; la belladone, la ciguë... sont redoutables à cause des alcaloïdes qu'ils renferment. Fort employés en médecine, à faible dose ; beaucoup sont des remèdes précieux, remplaçant avantageusement les substances dont ils proviennent parce qu'ils s'administrent et se dosent beaucoup plus facilement. Dans les cas d'empoisonnement, le tannin et les substances végétales qui en contiennent sont les meilleurs antidotes.

alcarazas. — Carafe en terre poreuse, pour rafraîchir l'eau. Le liquide suinte lentement à travers les

Alcarazas. — A défaut d'alcarazas, on peut rafraîchir l'eau d'une carafe en entourant celle-ci d'une serviette mouillée.

parois du vase, et vient s'évaporer à la surface, rafraîchissant notablement l'eau intérieure (*fig.*). Les alcarazas vendus en France sont ordinairement mauvais. A défaut d'alcarazas, on peut entourer une carafe d'une serviette mouillée (*fig.*) et la placer dans un courant d'air.

alcool. — L'*alcool ordinaire*, ou

esprit de vin, est connu depuis une haute antiquité. Liquide incolore, odeur vive, enivrante, saveur chaude et brûlante ; plus léger que l'eau ; bout à 78°, se congèle à — 130°. Très inflammable ; flamme peu éclairante, très chaude.

Origine. — Se forme dans la *fermentation* du sucre. Les *jus sucrés* du *raisin,* de la *pomme,* de la *poire,* de beaucoup de *fruits,* donnent, par fermentation, des boissons alcooliques (vin, cidre, poiré) dont on peut retirer l'alcool par distillation. Les *jus de canne* et de *betterave,* les *mélasses* qui restent comme résidu de la fabrication du sucre fournissent aussi de l'alcool par fermentation. Les matières riches en amidon ou en fécule (*céréales, pommes de terre...*), peuvent donner naissance d'abord à du sucre, puis à de l'alcool. L'alcool a donc de nombreuses origines.

Extraction. — Dans tous les cas, il faut séparer l'alcool de l'eau avec lequel il est mélangé, et des différentes substances qui se trouvent dans cette eau en même temps que lui. La séparation se fait par *distillation,* parce que l'alcool est plus volatil que les autres substances, qui restent en grande partie dans la chaudière. Une seconde distillation donne de l'alcool plus concentré, ou *rectifié.* Les appareils industriels de dis-

de la pomme de terre. Dans cette production, la France tient le premier

Distillation du *vin* ou du *cidre* dans les campagnes, en vue d'en retirer *l'alcool.*

rang pour la qualité et la quantité (2 millions d'hectolitres par an, dont

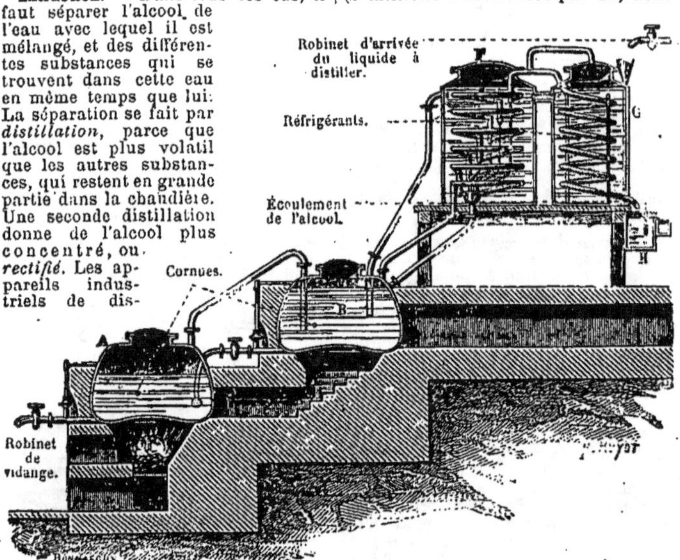

Appareil Laugier, pour l'extraction industrielle de l'alcool. — Le liquide à distiller arrive par le robinet supérieur dans le vase G ; il sert d'abord à refroidir les serpentins. Il s'échauffe progressivement et passe successivement dans le second vase F, puis dans la première cornue B et enfin dans la seconde A. A mesure qu'il descend, il s'échauffe et perd son alcool, qui, par des tuyaux, remonte en vapeur jusque dans les serpentins supérieurs, et va s'écouler définitivement par l'extrémité du dernier serpentin dans le récipient H.

tillation sont fort complexes (*fig.*). La plus grande partie de l'alcool est retirée de la betterave, des grains et

30 000 seulement proviennent du vin).

Usages. — Les diverses sortes commerciales sont : *esprit 3/7*, qui marque 95° à l'alcoomètre ; *esprit 3/6*, qui marque 90° ; *eaux-de-vie*, qui marquent de 52 à 59°. Les alcools bien épurés (dits *bon goût*) servent pour alcooliser les vins faibles et les vins d'exportation, pour préparer les liqueurs et les fruits à l'eau-de-vie ; on en fait aussi du vinaigre. Les alcools moins bien épurés servent à faire des vernis, à conserver les pièces anatomiques, à traiter les plantes pour en extraire les alcaloïdes, à alimenter les lampes à alcool, à dissoudre diverses substances, à fabriquer l'éther, le collodion... On s'en sert beaucoup en parfumerie

alcoométrie (*Alcool* et grec : *metron*, mesure). — Pour avoir le degré d'un alcool ou d'une eau-de-vie, il suffit d'y plonger l'*alcoomètre centésimal* de Gay-Lussac. Pour les vins, cidres, liqueurs qui renferment autre chose que de l'alcool et de l'eau, on isole l'alcool par distillation. On se sert pour cela de l'appareil de Salleron (*fig.*). On met la liqueur dans l'éprouvette jusqu'au trait supérieur, et on la verse dans le petit ballon, puis on distille, en recevant le produit de la distillation dans l'éprouvette. Quand celle-ci est pleine jusqu'à la division 1/2, on peut être assuré que tout l'alcool est distillé. On

Avant l'alcoolisme.

Après l'alcoolisme.

Les ravages de l'alcoolisme.

diverses eaux de toilette) et en pharmacie. Les *teintures alcooliques* sont des médicaments liquides renfermant diverses substances en dissolution dans l'alcool.

alcoolisme. — Empoisonnement aigu ou chronique produit par l'abus des boissons alcooliques, et surtout des alcools impurs et des liqueurs toxiques (principalement l'absinthe) (*fig.*) L'*alcoolisme aigu* est une forme exagérée de l'ivresse, venant à la suite de grands excès de liqueurs fortes ; on combat l'accès par alcali volatil, sinapisme, opium, éther, bains froids, selon les cas ; l'accès peut se terminer par la mort. L'*alcoolisme chronique* provient de l'abus prolongé des boissons alcooliques, même lorsque cet abus ne va jamais jusqu'à l'ivresse ; troubles gastriques et nerveux ; se termine parfois par la folie. Le traitement consiste en une suppression progressive des boissons alcooliques, puis en un traitement hygiénique. L'alcoolisme est une des causes les plus graves de la folie et de l'abrutissement.

alcoomètre. — Voy. aréomètre.

arrête l'opération, on achève de remplir jusqu'à la seconde division avec de l'eau distillée, de manière à reformer le

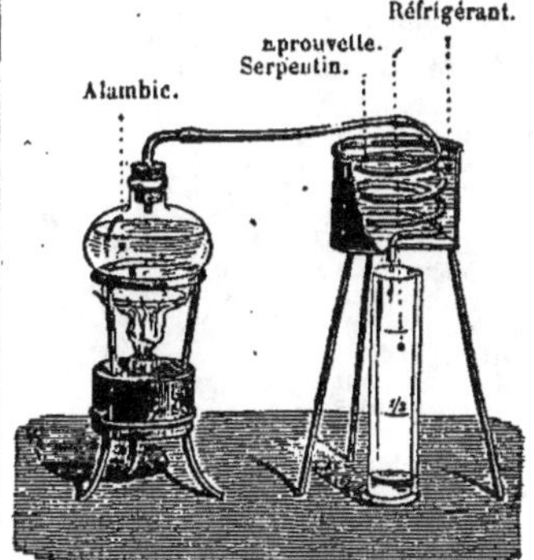

Appareil de Salleron pour l'essai des liquides alcooliques.

volume du liquide primitif et on plonge l'alcoomètre.

alcôve. — Il est impossible que l'air soit bien renouvelé dans une alcôve ; aussi est-il très malsain d'y coucher. Maux de tête, gêne de la respiration, embarras de la circulation, sommeil agité, tels sont les inconvénients des lits placés dans les alcôves ; ils entraînent souvent une altération lente de la santé, dont on cherche bien loin la cause.

alfa. — Plantes vivaces (*graminées*) qui croissent spontanément en Algérie, et donnent des produits textiles d'une grande importance (*fig.*). Les deux principales espèces sont le *ligée* (bas-fonds un peu frais) et la *stipe* (sols secs et pierreux). Feuilles longues, tenaces ; graines disposées en épis. L'alfa croît spontanément en Tunisie et en Algérie (tout le plateau supérieur du département d'Oran en est couvert). Employé surtout pour la fabrication du papier. On coupe les feuilles de juillet à octobre, en fauchant au ras du sol : Sert aussi comme fourrage pour les chevaux et les bœufs ; on en fait des objets dits de *sparterie ;* sert au chauffage des fours ; on en fait la toiture des cabanes, des liens de toutes sortes, les bâts des bêtes de somme, des paniers, tapis, nattes, sacs ; les fibres sont même tissées pour faire de la toile et des vêtements.

Alfa.

alfénide. — Voy. maillechort.

algues. — Plantes *cryptogames* sans racines, qui se présentent souvent sous forme de lames étalées, aplaties et rubanées, ou de cylindres ; elles vivent dans les eaux douces ou salées, et sur la terre humide ; elles puisent directement et par toute leur surface, dans l'air, l'eau ou sur le sol, les matériaux nécessaires à leur accroissement ; elles sont ordinairement colorées. Certaines algues sont constituées simplement par des amas de cellules microscopiques qui donnent à la terre, aux murs humides, une coloration verte ou rouge ; d'autres sont des filaments verts, flottant sur l'eau. La reproduction se fait par des œufs ou des spores.

La famille des algues est considérable et renferme des espèces importantes. Quelques-unes servent à l'alimentation. Les plus importantes en Europe sont les *fucus* ou *varechs* ou *goémons* (*fig.*), recueillis sur le bord de la mer ; elles servent à l'alimentation des porcs, à la fumure des terres (Saintonge, Bretagne, Normandie). Séchées, elles sont employées comme combustible. Des

Algue. — *Fucus :* abondant sur les côtes de France.

Algue. — *Fucus* fixé sur les rochers ; abondant sur les côtes de France.

Algue. — *Coralline,* très répandue sur les côtes d'Europe, est, en grosses touffes, fixée sur les rochers.

cendres des varechs, on retire du *carbonate de soude* et de l'*iode.*

Parmi les algues plus simples, citons : les *protococcus*, petites cellules globuleuses vertes ou rouges, suivant l'espèce, qu'on aperçoit sur les murs humides ; les *bactéries*, en forme de bâtonnets incolores qui provoquent la putréfaction ou amènent des maladies graves ; les *diatomées*, petites algues à carapace siliceuse, qui pullulent dans les ruisseaux, et leur donnent une couleur jaune d'ocre. Ce sont des amas de carapaces de diatomées qui forment le tripoli.

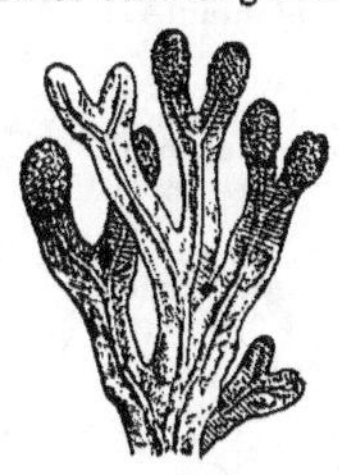

Algue. — *Fucus vésiculeux ;* certaines ramifications sont terminées par des renflements en massue qui contiennent les organes reproducteurs (Long., 0^m,50). Abonde sur les côtes de France, dans l'Océan et dans la Méditerranée.

alidade. — Instrument qui sert à viser dans la direction d'un signal (*fig.*). Aux deux extrémités d'une règle de cuivre s'élèvent perpendiculairement deux lames de cuivre percées cha-

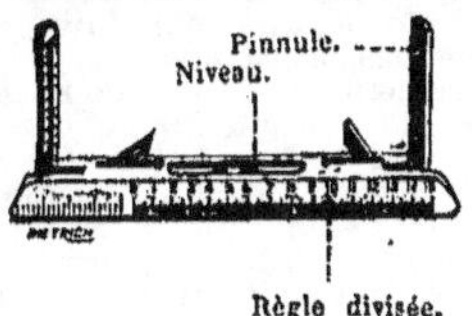

Alidade.

cune d'une fente nommée *pinnule*. Vers le haut de l'une et vers le bas de l'autre, la fente s'élargit en formant une fenêtre traversée verticalement par un fil fin. Pour viser un signal vertical, on regarde par une des fentes, et on tourne l'alidade jusqu'à ce qu'on aperçoive le signal le long du fil de la fenêtre de l'autre pinnule. L'alidade est alors exactement dans la direction du signal.

aliénation mentale. — C'est le terme le plus général sous lequel on désigne les maladies caractérisées par la perte de la raison. L'aliénation mentale provient le plus souvent d'une mauvaise conformation du cerveau, ou d'une maladie chronique de cet organe ; c'est, par suite, une infirmité ou une maladie. Comme tous les infirmes et tous les malades, les aliénés ont une vie moyenne moins longue que celle des personnes en bonne santé. Pour les diverses formes de l'aliénation mentale (voy. **folie**, **démence**, **manie**, **mélancolie**, **idiotie**, **imbécillité**).

aliment. — L'aliment est une substance (minérale ou organique) qui, introduite dans l'économie par les voies digestives, sert à compenser les pertes que nous subissons journellement. Une substance, pour être un aliment, doit : 1° n'être pas réfractaire à l'action de l'estomac ; 2° contenir des matières utiles au corps ; 3° exciter par son aspect et son goût un degré suffisant d'appétence et de désir. Les aliments minéraux sont peu nombreux (*sel marin*). Les aliments organiques se divisent en *aliments non azotés* (sucres, fécules, graisses, huiles), et *aliments azotés*, ou *albuminoïdes* (viandes, sang, œufs, lait, fromage, gluten du blé). Les aliments azotés sont considérés comme particulièrement propres à entretenir les tissus constitutifs du corps, et à nous donner la force ; les aliments non azotés sont considérés comme destinés à être brûlés dans la respiration. Le mélange des deux sortes d'aliments est indispensable à l'entretien de la vie (voy. **alimentation**).

La plupart des aliments qui nous sont fournis par les animaux ou les plantes sont des aliments complexes, renfermant des matières azotées et des matières non azotées. Ainsi le *pain* contient les deux sortes de matières (*gluten*, ou aliment azoté, *amidon*, ou aliment non azoté) ; aussi peut-il, à la rigueur, suffire à lui seul à l'alimentation.

alimentation. — Pourvoir à l'alimentation d'un animal ou d'un végétal, c'est lui fournir tous les aliments dont il a besoin pour croître, et réparer les pertes que le corps fait chaque jour. Nous parlerons seulement de l'homme ; il lui faut simplement une alimentation d'entretien et de travail ; l'enfant doit avoir aussi de quoi pourvoir à son accroissement. L'homme qui travaille doit manger plus que l'oisif. Le travail intellectuel exige une alimentation aussi abondante que le travail physique, mais différemment constituée (aliments très nourrissants, c'est-à-dire ayant une grande valeur alimentaire sous un petit volume) ; l'homme des champs, de meilleur appétit, digère plus aisément une quantité plus grande d'aliments moins nutritifs. Par le froid, l'alimentation doit être abondante, riche en viande et en graisses ; par la chaleur, les aliments féculents et sucrés sont préférables.

Pour qu'une alimentation soit complète, il faut qu'elle contienne tous les éléments de nos tissus. Ces éléments se trouvent tout aussi bien avec une alimentation végétale qu'avec une alimentation animale; mais l'expérience montre que le régime mixte, végétal et animal, est préférable pour l'homme.

Il semble démontré que la ration alimentaire d'entretien d'un homme oisif doit contenir au minimum, par 24 heures, 20 grammes d'*azote* et 300 grammes de *carbone*. En mangeant seulement du pain, il en faudrait 2 kilos pour avoir les 20 grammes d'azote, et on aurait alors un grand excès de carbone. En mangeant seulement de la viande, il en faudrait 3 kilos pour avoir 300 grammes de charbon, et on aurait un grand excès d'azote. On a des proportions plus convenables, fatiguant moins l'estomac, avec 1 kilo de pain et 300 grammes de viande.

Pour un homme qui travaille, la ration doit être augmentée à peu près d'un tiers.

Dans la constitution d'une bonne ration alimentaire, on doit en outre s'occuper de la plus ou moins grande digestibilité des aliments; ainsi les fèves sont plus riches en azote que la viande, et cependant elles réparent moins bien les forces.

alisier. — Arbre de la famille des *rosacées* (*fig.*) commun dans beaucoup de forêts de France, recherché dans les parcs à cause de ses nombreuses fleurs.

Alisier (hauteur, 10 mètres).

Fruit comestible. Le bois, très dur, est fort employé en ébénisterie, marqueterie, tabletterie, lutherie; il sert aussi pour les gros objets de charronnage, car il a une grande solidité.

alisma. — L'*alisma*, ou *plantain d'eau* (*fig.*), est une plante aquatique monocotylédone dont les feuilles ont une certaine ressemblance avec celles du plantain. On la rencontre dans les marais de France; elle renferme un suc âcre, et était jadis préconisée comme remède contre la rage.

Inflorescence de l'alisma.

alizarine. — Matière colorante contenue dans la racine de *garance* et extraite autrefois de cette racine, pour la teinture en rouge. On la prépare aujourd'hui artificiellement à l'aide de l'*anthracène*. La teinture en alizarine est aussi belle et aussi solide que celle en garance. Aussi fabrique-t-on d'énormes quantités d'alizarine, tandis que la culture de la garance est délaissée.

allaitement. — L'allaitement est l'alimentation de la première enfance; il doit durer plusieurs mois, à l'exclusion de toute autre nourriture.

L'**allaitement maternel** est de beaucoup le meilleur, à cause de la concordance qui existe entre le lait de la mère et les besoins du nourrisson. Le lait de la mère, venu à l'époque de la naissance, se modifie à mesure que grandit l'enfant. De plus, les soins de la mère sont toujours plus attentifs. L'allaitement maternel doit être pratiqué toutes les fois que la santé de la mère le permet.

L'*allaitement par une nourrice* est le meilleur après celui de la mère.

L'*allaitement par une chèvre ou une chienne* est difficile et rarement pratiqué; d'ailleurs le lait des animaux diffère assez de celui de la femme pour ne pas être aussi favorable à la santé de l'enfant.

L'**allaitement artificiel** *au biberon* est beaucoup moins bon. Il exige de grandes précautions pour que l'enfant ait toujours le le même lait, et à la même température (*fig.*). Il nécessite aussi une propreté scrupuleuse. L'enfant

Biberon.

nourri au biberon doit prendre de 1 litre à 1 litre et demi de lait par jour.

Dans l'allaitement maternel, ou par une nourrice, l'enfant bien portant prend 60 ou 80 grammes de lait chaque fois qu'on le met au sein, dans les premiers mois; vers 5 mois, il en prend 250 grammes, et arrive à 1,500 grammes par jour. L'alimentation de la mère qui nourrit doit être de digestion facile, de bonne qualité, abondante, mais sans excès. De plus le repos physique et moral, le sommeil tranquille de la mère sont indispensables à la santé de l'enfant.

alliage. — Mélange de métaux, par voie de fusion entre eux. Les propriétés des alliages procèdent toujours de celles des métaux constituants. Au point de vue usuel, ce sont des métaux nouveaux, dont on fait varier presque a volonté les propriétés avec les proportions des éléments constituants. Leur importance est grande. Le *bronze*, le *laiton*, le *maillechort* sont des alliages.

alligator. — Voy. crocodile.

allumettes chimiques. — Jusqu'en 1840, le *briquet* fut d'un usage universel pour avoir du feu. Les premières *allumettes chimiques*, prenant

Allumette soufrée.

Allumette phosphorique.

Allumette à phosphore rouge.

Allumette sans phosphore.

Allumette bougie.

Allumette tison.

Différentes formes d'allumettes chimiques.

feu directement par frottement, datent de 1832. Aujourd'hui on en fabrique annuellement en France pour 80 millions de francs.

Les plus usitées sont celles au *phosphore*, corps très inflammable, mais malheureusement poison redoutable. Une allumette au phosphore est constituée par un petit morceau de bois tendre qu'on a trempé d'abord dans du soufre fondu, pour le rendre plus combustible, et dans une pâte phosphorée. Cette pâte est un mélange de phosphore, d'eau, de colle, de sable fin, d'oxyde de plomb et d'une matière colorante. L'inflammabilité par frottement est due au phosphore; le sable augmente le frottement; le rôle des autres substances est secondaire.

On fait aussi des allumettes au *phosphore rouge* (*fig.*), variété moins dangereuse, présentant moins de chances d'empoisonnement et d'incendie. Mais elles ne peuvent s'allumer que sur un frottoir spécial.

alluvion (latin : *ad*, et *luere*, arroser). — On nomme *alluvion* les matières déposées par les eaux. Ainsi le Rhône, en arrivant dans le lac de Genève, y porte, en même temps que ses eaux, des matières solides pulvérulentes arrachées aux montagnes du cours supérieur. Ces matières se déposent au fond du lac, dont la profondeur diminue ainsi de plus en plus. Dans un grand nombre de siècles, le lac de Genève sera remplacé par une plaine d'*alluvions* que traversera le Rhône. De même les rivières, surtout après les crues, déposent des alluvions au fond de leur lit; les plaines basses, quand elles sont inondées, reçoivent aussi un *limon* qui est formé des alluvions de la rivière. Les *terrains d'alluvions*, déposés dans la suite des siècles par les eaux des rivières, comptent parmi ceux dont l'agriculture tire le meilleur parti. L'Egypte doit son inépuisable fertilité aux alluvions que lui apporte chaque année le Nil dans ses crues périodiques.

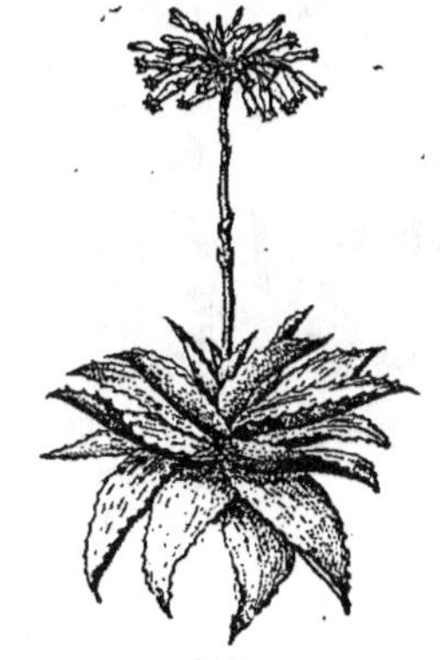

Aloès.

aloès. — Plante vivace (*liliacées*)

à feuilles grasses et charnues, des pays chauds ; cultivée comme plante d'ornement dans les jardins d'Europe ; il en existe de nombreuses espèces (*fig.*).

Des feuilles on retire un suc avec lequel on prépare la substance connue en médecine sous le nom d'aloès, employée comme purgatif et anthelminthique. Cette substance a un goût amer et une odeur aromatique ; elle nous arrive surtout d'Asie et de l'Afrique méridionale. On donne souvent par erreur le nom d'aloès à une fibre textile provenant de l'*agave* d'Amérique.

alose. — Poisson de mer peu épais, comprimé, grande bouche, couleur claire, grandes écailles (*fig.*). Se trouve sur presque toutes les côtes d'Europe. Au printemps, l'*alose*

Alose (Longueur, 0ᵐ,35).

remonte les eaux douces pour frayer. Se nourrit de vers, insectes, petits poissons. Chair assez estimée. La pêche dans les rivières de France se fait de mars en juin.

alouette. — Oiseau *passereau* très commun en France (Beauce, Champagne, Brie) ; habite les champs ; préfère les sols pierreux (*fig.*). Pond par terre, dans un nid très grossier (*fig.*), 4 à 5 œufs grisâtres, tachetés de brun ; 15 jours d'incubation.

Alouette huppée.
(Longueur, 0ᵐ,15.)

A deux semaines les petits mangent seuls et quittent la mère, bien qu'ils ne puissent pas encore voler. Jeune, l'alouette vit d'insectes ; puis elle devient granivore.

Nid d'alouette.

A l'approche de l'hiver, beaucoup vont en Afrique ; d'autres restent en France. Plutôt utile que nuisible, car elle mange les graines des mauvaises herbes. Gibier très estimé, souvent désigné par les chasseurs sous le nom de *mauviette*. Plusieurs espèces (*alouette lulu, calandre, cochevis*).

alpaga. — Voy. lama.

altise. — Insectes *coléoptères* ravageant plusieurs sortes de plantes cultivées (*fig.*) ; nombreuses espèces, toutes très petites (*puces de terre, tiquets, pucerons, puces de jardin, puces de vigne...*). S'attaquent surtout aux feuilles, en mangeant la pellicule inférieure, et formant des galeries tournantes. — L'*altise pota-*

L'altise
(grandeur
réelle).

Altise potagère (grossie).
— Elle s'attaque aux
feuilles du colza.

gère, n'ayant pas 4 millimètres de longueur, attaque les choux, raves, radis, les champs de colza ; l'*altise du chou* dévaste les choux ; l'*altise des bois* vit dans les bois et les potagers ; l'*altise de la vigne*, plus

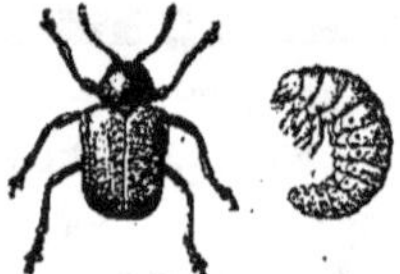

Altise de la vigne (grossie),
avec sa larve.

grosse, mais encore très petite, infeste surtout les vignobles d'Espagne et du midi de la France. Un grand nombre de moyens de défense ont été successivement préconisés contre ces insectes malfaisants.

alucite. — Petit insecte *lépidoptère* (*fig.*). La femelle dépose des œufs

Alucite (grossie).

Alucite
(long., 6ᵐᵐ),
vraie grandeur.

dans les grains de blé, avant la moisson. A l'éclosion la chenille mange le grain. Des récoltes ont été entièrement détruites par l'alucite. La farine faite

Grains de blé attaqués par l'alucite.

avec des céréales envahies par l'alucite a des propriétés vésicantes qui peuvent déterminer des accidents; de plus elle est grise et a un goût de vermine.

alumine. — Combinaison d'*oxygène* et d'*aluminium*. On rencontre dans la nature diverses variétés d'alumine, soit pure et incolore (*émeri*, *corindon*), soit colorée très vivement par de très petites quantités de matières étrangères (*saphir*, *rubis*, *topaze orientale*, *améthyste*).

aluminium. — Métal extrêmement répandu dans la nature; c'est un des éléments constituants de toutes les *terres argileuses*. Malheureusement son extraction industrielle est pénible, et par suite son prix est élevé; il est à espérer que ce prix baissera beaucoup quelque jour, et alors l'aluminium prendra une grande importance. Brillant, inaltérable à l'air, très solide, très facile à travailler; très léger. A cause de son prix élevé on n'en fait encore que des bijoux, médailles, incrustations pour meubles...

Le *bronze d'aluminium* (90 parties de cuivre et 10 parties d'aluminium) a l'éclat de l'or; employé en orfèvrerie et aussi dans certains appareils de physique et d'industrie.

L'*argile*, l'*alun* sont des composés importants de l'aluminium.

alun. — Combinaison de l'*acide sulfurique* avec de l'*alumine* et de la

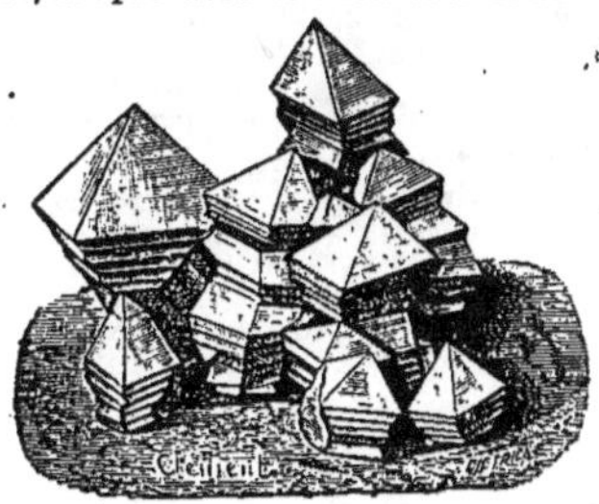

Cristaux d'alun.

potasse (*fig.*). C'est un sel incolore, goût astringent, soluble dans l'eau. Se pré-

parc à l'aide de diverses substances qu'on trouve dans la nature. Usages importants. Sert comme *mordant* dans la teinture et l'impression des tissus, la fabrication des papiers peints. Entre dans la composition de la pâte des papiers à écrire. Additionné au plâtre, il donne le *stuc*. Antiseptique, il sert à

Alun calciné, obtenu en chauffant l'alun cristallisé.

conserver la colle forte et les peaux avec leurs poils. Utilisé en médecine comme caustique et astringent (maladies de la bouche et de la gorge, cautérisation des plaies, nettoyage des ulcères); dans ce cas on l'emploie *calciné*, c'est-à-dire privé d'eau par l'action de la chaleur.

amadou. — Matière végétale très combustible, fournie par un champignon, le *bolet amadouvier*, qui croît sur les vieux chênes (*fig.*). Ce champi-

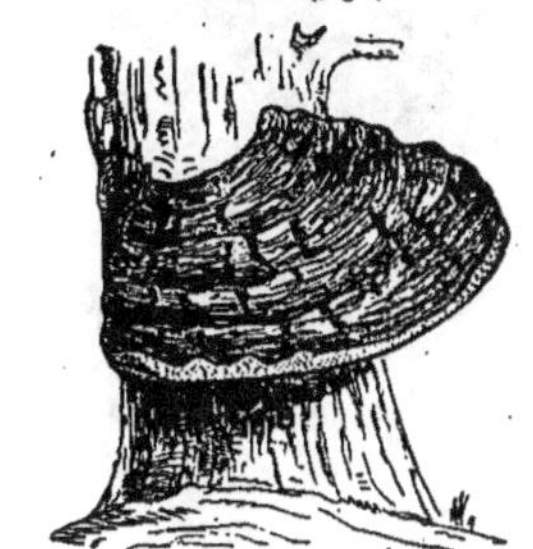

Bolet amadouvier. — Champignon avec lequel on fabrique l'amadou.

gnon est coupé en tranches minces, battu avec un maillet, mis à bouillir dans une dissolution de salpêtre, et roulé dans de la poudre à canon, pour augmenter son inflammabilité.

amande. — On donne plusieurs sens à ce mot. 1° Il désigne les parties internes de toute *graine* : cotylédons, embryon, albumen. 2° En arboriculture, c'est la graine des fruits charnus à une seule graine, renfermée dans un noyau osseux : graines du pêcher, abricotier, noisetier... 3° Enfin on nomme amande le fruit de l'amandier.

amandes amères (*essence d'*). — Liquide incolore, odeur agréable, saveur brûlante. On l'extrait du tourteau qui reste après l'extraction de l'huile d'amandes; on arrose ce tourteau avec de l'eau et on distille. Employée en parfumerie pour aromatiser les extraits d'odeur, les savons, les pommades ; entre dans plusieurs préparations pharmaceutiques.

amandes douces (*huile d'*). — On comprime à froid les amandes douces ou amères, et il en sort une huile presque inodore, jaune clair, de saveur agréable. Sert en médecine comme émollient et laxatif.

amandes (*pâte d'*). — Pâte constituée par la farine que l'on obtient en desséchant les tourteaux qui restent après la fabrication de l'huile d'amandes. Sert de cosmétique ; on y ajoute alors souvent des huiles ou des essences parfumées.

amandier. — Arbre fruitier (*rosacées*) cultivé surtout en Espagne, en Italie et dans le midi de la France; on en connaît plusieurs espèces (*fig.*).

Amandier (hauteur, 7 mètres), avec un rameau fleuri.

Cultivé surtout avec succès dans les terres calcaires et sèches, et sur les sols exposés au vent, de sorte que la floraison soit plus retardée et que les gelées printanières soient moins à craindre. Le bois de l'amandier est employé en ébénisterie; c'est un excellent combustible. Le commerce de ses fruits a une grande importance. On distingue l'*amande amère* qui ne comprend qu'une seule variété, et l'*amande douce*, dont les variétés sont nombreuses (*princesse*, *des dames*, *commune*, *pistache*). Employées à l'alimentation; elles entrent aussi dans un grand nombre de préparations pharmaceutiques, ménagères et industrielles (dragées, pralines, nougats, massepains, liqueur d'amandes, lait d'amandes, sirop d'orgeat, huile d'amandes douces, pâte d'amandes, essence d'amandes amères).

amarante. — Genre de plantes dont plusieurs espèces sont cultivées dans les jardins pour la beauté de leur feuillage et surtout de leurs fleurs.

Amarante crête de coq (hauteur, 0m,75).

Telle est l'*amarante crête de coq* dont les fleurs jaunes ou rouges sont disposées en éventail (*fig.*).

amaryllis. — Genre de plantes *monocotylédones*, abondantes dans les régions chaudes (*fig.*); cultivées dans nos jardins pour la beauté de leurs fleurs. La plupart des espèces sont vénéneuses.

amaurose (grec : *amaurosis*, obscurcissement). — Affaiblissement ou perte de la vue dont la cause est en dehors de l'œil : compression du nerf optique par une tumeur, ataxie locomotrice; abus de l'alcool, du tabac, etc.

ambre. — Diverses substances portent ce nom.

L'**ambre gris** est un corps solide, de couleur plus ou moins foncée, facile à fondre, très combustible, odeur fort agréable. Se rencontre flottant sur la mer dans les régions très chaudes (Sumatra, Moluques, Madagascar, Brésil, Chine, Japon, côte de Coromandel). Provient sans doute des intestins du *cachalot*. Sert en parfumerie (*teinture d'ambre*, dissolution d'ambre dans l'alcool ; *peau d'Espagne*, préparation renfermant de l'ambre gris, et servant à parfumer le linge).

L'ambre jaune, matière toute différente, se trouve dans la terre (Prusse orientale) ; solide, dur, cassant, jaune, sans odeur ; c'est une résine fossile. On en fait des colliers, boucles d'oreilles, pommes de cannes, embouchures de pipes.

Amaryllis belladone (hauteur, 0m,40).

amendement. — Substances que l'on ajoute aux terres défectueuses pour rapprocher leur composition de la composition normale. Le *labourage*, le *drainage*, l'*irrigation*, l'*écobuage*, sont des opérations mécaniques qui peuvent être considérées comme des amendements. Mais on réserve plus spécialement ce nom au *chaulage*, *marnage*, *plâtrage* destinés à amender les terres qui manquent de *calcaire*. — Quand une terre manquant d'argile repose sur un sous-sol argileux, on peut l'amender par des labourages profonds (Sologne) ; on peut aussi, quand cela est possible, l'irriguer en temps d'inondation, de façon à ce que le limon argileux amené par la rivière se dépose à sa surface. Aux terres qui manquent de *terreau*, on mélange quelquefois des terres marécageuses très riches en terreau (Beauce).

amentacées. — Plantes *dicotylédones* *apétales* dont les fleurs à étamines sont disposées en chatons ; ce sont toujours des arbres (*fig*.). Les espèces sont nombreuses et importantes par leurs applications ; elles nous fournis-

Amentacées. — Dans le saule (famille des *amentacées*), les fleurs n'ont ni calice, ni corolle ; de plus les étamines et les pistils sont portés par des pieds différents. — Les fleurs à étamines A sont réunies en chaton B ; chaque fleur est constituée par deux étamines et une petite écaille.

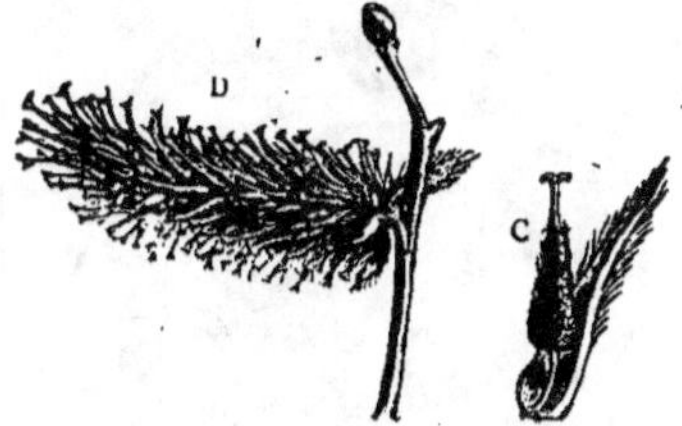

Amentacées. — Les fleurs à pistils C sont également réunies en chatons D ; chaque ovaire est accompagné d'une petite écaille.

sent des substances comestibles, des bois d'ébénisterie, de construction, de chauffage. Exemple : chêne, châtaignier, noisetier, charme, hêtre, noyer, bouleau, aune, saule, peuplier.

amer de bœuf. — Bile de bœuf employée par les dégraisseurs pour enlever les taches de graisse dans les tissus altérables par les alcalis et le savon. Employé en aquarelle pour donner plus de brillant aux couleurs.

amer. — Médicament de saveur amère, employé en médecine comme stomachique, comme fébrifuge, et pouvant donner de l'appétit.

améthyste. — Pierre précieuse violette, formée de *quartz*, coloré par un peu d'oxyde de manganèse. On la taille pour la joaillerie ; elle n'a pas une grande valeur. Se rencontre surtout au Brésil et à Madagascar. L'*améthyste orientale*, ou variété violette du *corindon*, est plus belle et a plus de valeur.

amiante. — Matière minérale filamenteuse aussi nommée *asbeste*, qu'on trouve en petits amas dans la terre (Ecosse, Corse, Pyrénées, Alpes). Cette matière peut être tissée ; on en fabrique des toiles et surtout des papiers incombustibles, des mèches de lampes. Usages très restreints. Les anciens en faisaient des linceuls pour les personnages dont ils voulaient recueillir les cendres sans mélange.

amidon. — L'*amidon*, ou *fécule*, est très répandu dans les végétaux. On le trouve dans les *racines* (carotte, guimauve), les *tubercules* (pomme de terre, patate), les *bulbes* (lis, tulipe), la *moelle* (palmier), les *fruits* (chêne, châtaignier), les *graines* (blé, avoine, maïs, riz). C'est une poudre blanche composée de granules microscopiques de forme variable. Au contact de l'eau chaude, ces grains se gonflent et donnent l'*empois*. En regardant au micros-

Grains d'amidon : les plus gros n'ont pas deux dixièmes de millimètre de longueur.

cope, on reconnaît l'origine de l'amidon, à cause de la différence de forme des grains d'une plante à l'autre (*fig.*). Les substances exotiques appelées *arrow-root, sagou*,... sont aussi des fécules.

On extrait l'amidon ou fécule, de plusieurs manières. Pour le blé, on

Grain d'amidon gonflé par l'eau.

peut prendre la farine, en faire une pâte ferme avec de l'eau, et malaxer sous un filet d'eau ; l'amidon est entraîné par l'eau et le gluten reste dans la main. Puis l'amidon se dépose au fond du vase. Pour la pomme de terre, on râpe dans l'eau, et on laisse déposer la fécule (*fig.*).

Usages importants. En cuisine, on

Fécule de pommes de terre.
(Préparation).

se sert de la *fécule de pomme de terre*, du *sagou*, du *tapioca*, de l'*arrow-root*. L'amidon sert à apprêter les tissus neufs, à empeser le linge, à fabriquer la *colle de pâte*, la *dextrine*, la *glucose*.

ammoniaque. — Le *gaz ammoniac* est une combinaison de l'*azote* avec l'*hydrogène*. Il est incolore et a une odeur forte bien connue ; il est extrêmement soluble dans l'eau, et c'est sa dissolution qu'on utilise sous le nom d'*ammoniaque* ou d'*alcali volatil*. Ce gaz prend naissance dans la putréfaction de toutes les matières organiques azotées (fosses d'aisance, fromage trop fait) ; les sels ammoniacaux qui prennent naissance dans la putréfaction des excréments des animaux constituent la partie la plus active du fumier de ferme. Se forme aussi dans la décomposition par la chaleur des matières organiques azotées. L'industrie le retire surtout des résidus de la fabrication du gaz d'éclairage.

L'ammoniaque sert en teinture, dans la préparation des perles fausses, dans la fabrication de la soude ; rend des services en médecine comme caustique et excitant ; employée contre les piqûres des insectes et les morsures des vipères. On fait respirer le gaz, ou on fait boire un peu de sa dissolution pour combattre la syncope, le vertige, l'asphyxie par certains gaz, pour dissiper l'ivresse et le météorisme des bestiaux. Employée sans ménagement, elle est toxique.

Se combine aux acides pour former des sels (*chlorhydrate, sulfate, carbonate, azotate d'ammoniaque*) utilisés dans un grand nombre de circonstances, et en particulier dans la préparation des *engrais* dits *chimiques*.

ammonite. — Coquille fossile en forme de spirale plane, appelée aussi *cercle d'Ammon*; les dimensions en sont extrêmement variables (*fig.*).

Ammonite.

amourette. — Nom vulgaire donné à quelques plantes des champs se faisant remarquer par un port gracieux (*fig.*).

ampélidées. — Plantes *dicotylédones dialypétales* à corolle et à étamines fixées à un réceptacle commun, ovaire libre, fleurs en grappes; le fruit est une baie. On ne compte, dans cette famille, qu'une espèce importante : la vigne, qui fait la richesse de la France.

ampère. — Voy. électriques (*unités*).

ampoule. — Les *ampoules* de la peau apparaissent à la suite de brûlures ou quand les pieds ou les mains ont subi une pression forte et répétée; si la pression a été brusque, l'ampoule est noire, à cause du sang qui se mêle au liquide. On doit se garder d'écorcher les ampoules; on donne issue au liquide en piquant à deux ou trois endroits avec une aiguille, et on colle par dessus du papier gommé, ou du papier brouillard enduit de cérat.

Amourette
(haut., 0m,50).

amputation. — L'*amputation*, c'est-à-dire l'ablation d'un membre,

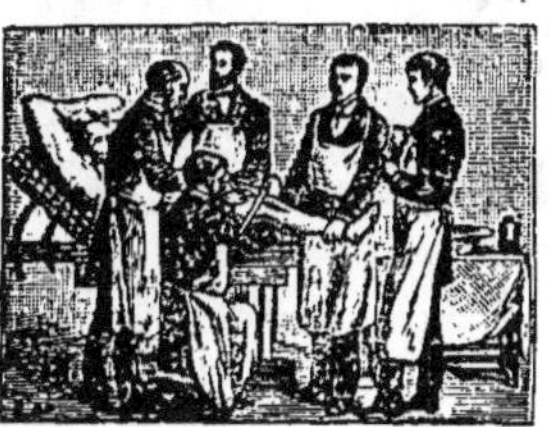
Amputation de la cuisse. — Le malade est endormi, posé sur un lit spécial. Le chirurgien à genou fait avec un couteau une entaille circulaire autour de la cuisse ; un aide tient la scie destinée à scier l'os.

d'un organe ou d'un tissu, se fait

dans le cas où la lésion est de nature à entraîner la mort (fractures compliquées, gangrène, carie des os...) ou quand on ne peut espérer qu'une guérison trop lointaine et, plus rarement, dans les cas de difformité. Les amputations des membres ont d'autant plus de chances de réussir qu'elles sont pratiquées plus loin du tronc. Les instruments dont on se sert sont des couteaux, une scie pour les os, des pinces pour serrer les artères, des fils pour les lier et tous les appareils nécessaires au pansement. Plusieurs aides sont indispensables (*fig.*). Le malade est presque toujours endormi par le chloroforme.

Plusieurs méthodes sont employées; en voici une, la *méthode circulaire* (*fig.*).

Amputation de la cuisse, par la méthode circulaire.

On coupe d'abord la peau circulairement, on la relève de deux travers de doigts, puis on coupe les chairs jusqu'à l'os, que l'on scie. Enfin on rabat la peau sur le moignon et on fait le pansement.

Après le pansement, on relève les forces du malade par une médication tonique tout en combattant la fièvre et les accidents nerveux, toujours à craindre.

amygdale (latin : *amygdala*, amande, à cause de la forme de cette

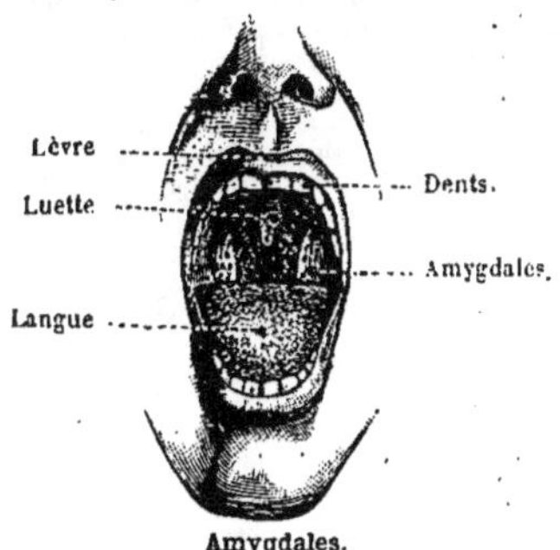

Amygdales.

glande). — Glandes situées au fond de

la bouche, entre les piliers du voile du palais; longueur 13 à 18 millimètres, forme d'une amande (*fig.*). Elles sécrètent un liquide visqueux qui facilite le glissement des aliments qu'on avale. Les amygdales sont très sensibles au froid, et sont le siège d'une inflammation très fréquente (*amygdalite*); l'amygdalite est le plus fréquent des *maux de gorge*. Elle se soigne par des vomitifs, des cataplasmes tièdes autour du cou, des bains de pieds sinapisés, des gargarismes adoucissants. Quand

Ablation des amygdales.

l'amygdalite s'aggrave, on a un abcès de l'amygdale, ou *esquinancie*, maladie assez grave. Les amygdales sont souvent le siège d'une hypertrophie qui nécessite leur ablation (*fig.*); cette opération n'offre pas de danger.

amygdalite. — Voy. amygdale.

analeptique. — Substance alimentaire employée pour rétablir les forces diminuées par les privations, par les excès ou par les maladies (lait, fécules, chocolat, gelées de viande, bouillon, œufs, viandes blanches, vieux vin de Bordeaux). Les médicaments *toniques* sont aussi *analeptiques*.

analgésine. — Voy. antipyrine.

ananas. — Plante *monocotylédone* cultivée en pleine terre dans toutes les régions chaudes du globe, et en serre dans tous les autres pays, particulièrement aux Açores (*fig.*). Le fruit a la forme d'un très gros cône de pin, il est de couleur jaune, et a un goût très délicat. L'*ananas* est consommé en nature, ou sous forme de compote et de conserve. Avec le jus on fait de la limonade ou, par fermentation, une liqueur alcoolique. Il y a une

Ananas
(long. de fruit, 0^m,25).

exportation considérable d'ananas des îles Lucayes ou de Bahama, de Cuba, de la Jamaïque. Le commerce des ananas conservés est assez important.

anche. — Sorte d'embouchure pour faire résonner les tuyaux sonores (*fig.*). Elle est constituée par une languette placée devant une ouverture à peu près de même grandeur; quand arrive le vent, cette languette vibre et fait parler le tuyau. L'embouchure de la clarinette est une anche. Dans le cor, le cornet à piston et tous les instruments analogues, les lèvres du musicien font fonction d'anche : elles vibrent comme la languette de la clarinette.

Embouchure à anche (clarinette, hautbois).

anchois. — Petit poisson de mer au corps allongé (*fig.*); se trouve dans

Anchois (longueur, 0^m,15).

les mers d'Europe; très commun dans la Méditerranée. Vient en grandes bandes frayer sur les rivages; pêche assez importante. Se conserve salé ou à l'huile.

ancre. — Les *ancres* (*fig.*) qui servent à fixer les navires sont de poids très variable; elles pèsent jusqu'à plusieurs milliers de kilogrammes. Les

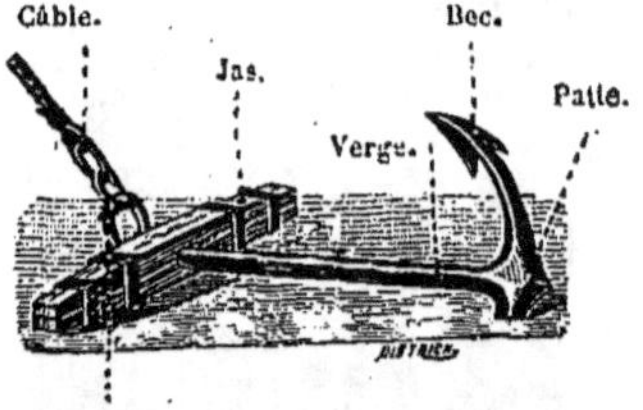

Ancre.

forts bâtiments de guerre ont généralement cinq ancres à peu près de même dimension pour le mouillage, et plusieurs autres moins fortes. On les place au dehors, sur les côtés du navire. La fabrication des ancres demande des soins spéciaux, pour conserver au fer toute sa ténacité.

ancolie. — Plante rustique de la famille des *renonculacées*. Nombreuses espèces, cultivées dans les jardins pour la beauté de leurs fleurs, qui a été très augmentée par les horticulteurs. Les ancolies sauvages sont

Ancolie vulgaire (hauteur, 0m,50).

assez communes dans les bois montueux de l'Europe centrale (*fig.*).

âne. — Mammifère voisin du cheval

Hémione (Asie) (hauteur, 1m40).

(ordre des *jumentés*, famille des *solipèdes*); formes plus lourdes, oreilles

Ane de Gascogne (hauteur, 1m,40).

plus longues, queue plus courte et garnie de crins seulement à son extrémité; sur les épaules, deux bandes

noires forment une sorte de croix. Provient probablement de la région du Haut-Nil.

Anes sauvages. — L'*hémione* (*fig.*) de la haute Asie et de la Mongolie a une robe grisâtre avec une large raie noire sur le dos; vit en petites bandes; animal vigoureux, rapide, difficile à dres-

Onagre (Asie) (hauteur, 1m,30).

ser; chair délicate, cuir solide. L'*onagre* (*fig.*) d'Asie est plus facile à dresser; très utile aux habitants des steppes; chair très délicate. L'*âne d'Afrique* est peu différent des précédents.

Anes domestiques. — La domestication de l'âne est fort ancienne. Répandu surtout dans le midi de l'Europe et le nord de l'Afrique; supporte mal les grands froids. Chair assez délicate. Animal de somme et de trait,

Ane du Poîtou (hauteur, 1m,35).

docile, intelligent, sobre, très rustique; a le pied très sûr dans les mauvais chemins, ce qui le rend précieux dans les pays montagneux. Cuir solide (tambours, cribles, tamis, gros parchemins); lait recommandé aux personnes malades. de la poitrine.

L'ànesse porte onze mois ; met bas un seul petit. La vie d'un âne peut dépasser 50 ans. Il y a en France 400 000 ânes ; il y en a beaucoup plus en Espagne et dans le nord de l'Afrique. Nos meilleures races françaises sont celles de Gascogne (*fig.*) et de Poitou (*fig.*).

On reconnaît l'âge par l'inspection des dents. Comme l'usure est· moins rapide que chez le cheval, il faut compter une ou deux années de plus à l'âne qu'au cheval, pour le même état de la dentition. (Voy. **cheval.**)

anémie (grec : *a*, privatif, et *nïma*, sang). — Etat morbide caractérisé par une insuffisance de la qualité ou de la quantité du sang ; dépend de causes multiples. L'anémie survient, chez les personnes délicates ou nerveuses, à la suite d'une alimentation insuffisante ou malsaine, d'un exercice insuffisant, d'un excès de travail intellectuel, du séjour habituel dans l'air confiné ou vicié. D'autres fois l'anémie vient à la suite de maladies graves, et surtout de maladies de l'estomac.

Ses caractères sont : teint pâle ; conjonctives, lèvres et gencives décolorées ; bouffées de chaleur, palpitations, essoufflement, vertiges, syncopes, troubles digestifs. L'anémie aggrave toutes les maladies et prédispose à la phtisie pulmonaire.

On traite l'anémie par une bonne hygiène : nourriture choisie, exercice suffisant, grand air, hydrothérapie, bains de mer, préparations ferrugineuses ou arsenicales.

L'*anémie du cerveau*, qui se produit quand cet organe ne reçoit pas assez de sang, amène une grande faiblesse et une impossibilité de tout travail intellectuel.

anémomètre (grec : *anémon*, vent, *métron*, mesuré). — Instrument destiné à mesurer la vitesse du vent ; il est ordinairement accompagné d'une *girouette*, qui en indiqué la direction (*fig.*).

Anémomètre.

anémone. — Plante de la famille des *renonculacées*, qui croît dans les régions froides et tempérées. Les anémones sauvages sont vénéneuses, surtout à l'état frais. Plusieurs espèces sont cultivées comme plantes d'ornement ; elles fleurissent dès le printemps, et même en hiver (*fig.*).

Anémone couronnée (hauteur, 0m,30).

anémone de mer. — Animal *rayonné cœlentéré* qui vit toujours fixé à des rochers sous-marins. Les anémones sont souvent revêtues de brillantes couleurs et semblent dés fleurs semées au fond de la mer. Leurs bras, très nombreux, se rétractent et disparaissent dans le corps au moindre contact (*fig.*).

Anémone de mer (hauteur, 0m,10).

anesthésie. — L'*anesthésie*, ou privation de sensibilité, peut être gé-

Anesthésie. — Appareil Lefort pour l'anesthésie générale, par le *chloroforme*. Dans un cornet en maillechort .se trouve une.éponge imbibée de chloroforme ; des trous percés sur les parois permettent l'entrée de l'air, qui se mêle aux vapeurs de.chloroforme.

nérale ou locale; tantôt elle est un effet de maladie, tantôt elle est le résultat de l'emploi d'un agent susceptible de l'engendrer. On l'emploie intentionnellement dans le but de supprimer pour un temps la sensibilité, ce qui permet de faire disparaître la douleur dans les opérations chirurgicales.

L'anesthésie chirurgicale générale a été obtenue en 1846 par les Américains Jackson et Norton au moyen de l'inhalation de vapeurs d'*éther*. On emploie aujourd'hui davantage le *chloroforme*, et aussi, pour les opérations de très courte durée (extraction des dents), le gaz *protoxyde d'azote* (*fig.*).

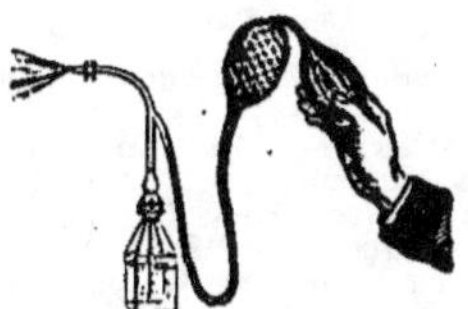

Anesthésie. — *Pulvérisateur* pour projeter l'*éther* ou le *chloroforme* sur un organe, et produire l'anesthésie locale.

L'anesthésie locale se produit par un refroidissement énergique, par une pulvérisation d'éther sur la partie malade, par un courant d'acide carbonique, et par la *cocaïne* (*fig.*).

anesthésique. — On nomme ainsi toute substance dont l'action sur l'économie a pour effet de diminuer, et même de supprimer momentanément la sensibilité. Ces agents sont employés en médecine. Au point de vue chronologique, le *protoxyde d'azote* est le premier anesthésique connu; puis vinrent l'*éther*, le *chloroforme*, la *cocaïne* et d'autres, moins fréquemment employés.

anévrisme. — Tumeur pleine de sang liquide ou caillé, provenant de la dilatation ou de la rupture d'une artère. Les *anévrismes* se produisent spontanément, ou à la suite de la blessure d'une artère. On peut les rencontrer partout où se trouvent de grosses artères, mais surtout dans la partie supérieure de la poitrine, au voisinage du cœur. Très souvent le gonflement est apparent à l'extérieur. Il arrive fréquemment que la rupture brusque de cette tumeur pleine de sang détermine une mort foudroyante. La guérison des anévrismes est relativement rare, surtout quand il s'agit de ceux voisins du cœur (*fig.*).

Anévrisme. — En A, dilatation d'une artère constituant l'anévrisme; en B, apparence extérieure de l'anévrisme du cou

angélique. — Plante commune dans les bois de France (*ombellifères*), où elle fleurit au fort de l'été ; employée en teinture, en tannerie, et aussi en médecine. L'espèce la plus utile est l'*archangélique officinale*, cultivée en France, où elle atteint 1ᵐ,50 de hauteur (*fig.*) ; toutes les parties de

Archangélique officinale (hauteur, 1ᵐ,50).

cette plante sont très aromatiques. La tige, confite dans le sucre, est recherchée en confiserie (Clermont-Ferrand est le centre de la production de l'angélique). On utilise aussi les feuilles et les graines. L'infusion de racine d'angélique est un excellent digestif.

angine. — Inflammation de la muqueuse de l'arrière-bouche et du larynx. L'angine simple, ou vulgairement mal de gorge, se reconnaît à ce que la gorge est rouge, sans plaques blanches ; c'est ce qu'on nomme aussi *amygdalite* ; on traite par un vomitif, des cataplasmes au cou, des gargarismes adoucissants, et on se tient au chaud. L'angine apparaît dans un grand nombre de maladies (érysipèle, scarlatine, rougeole, etc.). La forme de beaucoup la plus grave de l'angine est l'angine **couenneuse** (ou *diphtérie*), inflammation du gosier caractérisée par la formation de membranes ou couennes sur les amygdales, la luette et le palais ; elle débute par le frisson, la diminution de l'appétit, et peut se terminer par la suffocation, quand les couennes augmentent d'épaisseur, ou l'empoisonnement du sang, qui détermine bientôt la mort (voy. aussi **croup**). L'angine couenneuse est fréquente surtout chez les enfants ; épidémique et contagieuse ; les précautions à prendre pour éviter la contagion sont très minutieuses. L'intervention du médecin est toujours urgente ; en attendant son arrivée, il est bon de donner un vomitif (sirop d'ipéca).

On nomme **angine de poitrine** une maladie toute différente, caractérisée par une douleur violente qui part du cœur pour s'étendre dans diverses directions, et revenant par accès.

Angora. — Ville d'Asie Mineure dans laquelle on trouve trois espèces animales à longs poils soyeux.

Lapin d'Angora.

jusqu'à quatre récoltes de poils par an.

anguille. — Poisson des eaux douces ou saumâtres, dont le poids peut atteindre 4 kilog. (*fig.*). Se trouve dans presque toute l'Europe, dans les eaux peu profondes, à fond vaseux. En automne, elle se rend à la mer pour frayer ; au printemps, les jeunes, presque aussi ténus que des fils, remontent les rivières en troupes

Chat d'Angora.

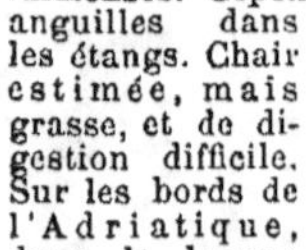

Chèvres d'Angora.

Le **chat d'Angora** (*fig.*) a des poils assez longs pour que ceux du ventre touchent à terre. Il est le plus souvent blanc.

La **chèvre d'Angora** (*fig.*) a des poils qui ont jusqu'à 75 centimètres de longueur ; on en fait des tissus se rapprochant beaucoup de ceux de soie. Chaque bête donne environ 2 kilogrammes de cette laine fine et soyeuse, très recherchée pour la confection des velours pour meubles. De la peau, on fait de beaux tapis de pied.

Le **lapin d'Angora** (*fig.*), généralement d'un blanc grisâtre, donne un poil

immenses. Cependant on trouve des anguilles dans les étangs. Chair estimée, mais grasse, et de digestion difficile. Sur les bords de l'Adriatique, dans la lagune de Comacchio, on

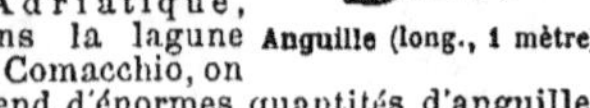

Anguille (long., 1 mètre).

prend d'énormes quantités d'anguilles que l'on conserve après cuisson.

anguillule. — Vers cylindriques, rétrécis en arrière, dont un certain nombre sont parasites des végétaux. *L'anguillule du blé*, longue de 2 à 3 millimètres, amène l'altération du blé connue sous le nom de *nielle*. Si on sème du blé niellé, les anguillules sortent et montent dans la tige à mesure qu'elle s'élève, pour entrer dans le grain nouveau aussitôt qu'il sera formé. On connaît aussi une *anguillule* qui attaque l'oignon, une qui attaque les échalotes, le seigle, la luzerne, le trèfle; une qui attaque la betterave, diminuant à la fois, dans une proportion considérable, le poids de la récolte et son rendement en sucre.

angusture. — Ecorce employée en médecine comme stimulante et fébrifuge, qui provient d'un grand arbre de l'Amérique du Sud. Une autre écorce, nommée *fausse angusture*, provient du *vomiquier*, arbre des Indes qui donne la *noix vomique*; la fausse angusture contient de la *strychnine*, et est par suite un poison violent.

aniline. — L'un des liquides les plus importants de l'industrie actuelle. On prépare l'*aniline* en traitant la *benzine* par l'acide azotique, qui la transforme en *nitrobenzine*. Puis la nitrobenzine est soumise à l'ac-

bon marché (*rosaniline*, *fuchsine*, *violets d'aniline*, *bleu de Lyon*, *bleu lumière*, *vert lumière*, *noir d'aniline*, etc.). Ces matières colorantes servent dans la teinture, l'impression des tissus, la fabrication des papiers peints, la lithographie, l'imprimerie, la coloration d'une foule d'objets.

animaux. — Les animaux présentent entre eux de grandes dissemblances dans les organes, et une grande variété d'aspect. De là la nécessité d'une *classification* qui rapproche les uns des autres les animaux les moins dissemblables. On a d'abord groupé les animaux en cinq grands *embranchements* ou types de forme générale, de telle sorte que tous les animaux d'un même embranchement sont conformés d'après le même plan fondamental. Ces embranchements sont :

1° Les **vertébrés**, possédant, à l'intérieur du corps, des *os* sur lesquels s'insèrent les muscles destinés à produire les mouvements; corps symétrique des deux côtés; *au plus* quatre membres (*âne*, *poisson*, *serpent*, etc.) (*fig.*);

2° Les **annelés**, soutenus par des anneaux successifs, généralement assez

Type de vertébré : âne.

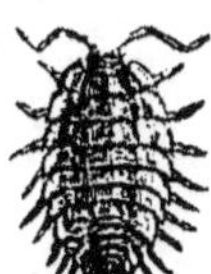

Type d'annelé : cloporte.

Type de mollusque : escargot.

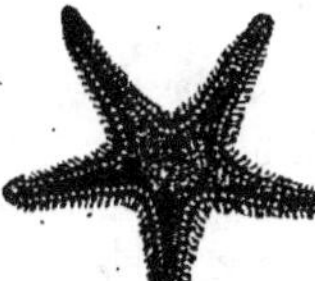

Type de rayonné : étoile de mer.

Type de protozoaire : noctiluque miliaire.

tion combinée de la limaille de fer et de l'acide acétique, ce qui donne l'aniline. Liquide brun, combustible, toxique. L'aniline donne naissance, par divers traitements, à un grand nombre de matières colorantes d'une pureté et d'un éclat incomparables, en même temps que d'un extrême

durs, sur lesquels s'attachent les muscles; c'est comme un squelette extérieur; corps symétrique des deux côtés; peuvent avoir un grand nombre de pattes (*cloporte*, *mouches*, *mille-pieds*, etc.) (*fig.*);

3° Les **mollusques**, au corps mou, souvent protégé par une coquille calcaire (*limace, escargot*, etc.) (*fig.*) ;

4° Les **rayonnés**; d'une organisation plus rudimentaire ; symétrie autour d'un point central (*étoile de mer, anémone*, etc.) (*fig*) ;

5° Les **protozoaires**, beaucoup plus simples encore, conduisant à la limite, souvent indistincte, du règne végétal et du règne animal (*noctiluque*) (*fig.*).

anis. — Plante annuelle (*ombellifères*) dont le fruit, gros comme la tête d'une épingle, a une odeur aromatique et une saveur sucrée (*fig.*); cultivé en

Anis (hauteur, 0ᵐ,35).

France (Touraine, Languedoc, Provence). Les graines sont employées en médecine pour stimuler les voies digestives, en infusion; elles entrent aussi dans certains bonbons et gâteaux. L'*essence d'anis*, retirée des graines, est employée en médecine pour masquer la saveur des médicaments; elle sert à la préparation des liqueurs (absinthe). — L'*anisette* est une liqueur alcoolique sucrée, aromatisée principalement avec de la graine d'anis.

ankylose. — Diminution ou impossibilité des mouvements d'une articulation. Survient souvent quand, à la suite d'une blessure, un membre est resté longtemps dans une immobilité complète. On arrive le plus ordinairement à la guérison par des frictions, des douches, des eaux minérales, aidées d'une gymnastique rationnelle par laquelle on fait faire, à l'aide d'appareils spéciaux, des mouvements progressifs au membre malade (*fig.*).

année. — Temps que met la terre à tourner autour du soleil. La durée de l'année ainsi définie est de 365 jours, 5 heures, 48 minutes, 50 secondes. Mais en pratique, l'*année commune*, ou *année civile*, doit forcément contenir un nombre entier de jours. On l'a donc fixée à 365 jours, avec, tous les quatre ans, une *année bissextile* qui a 366 jours. Une année est bissextile quand son millésime est divisible par 4. Tous les 4 ans on a donc un total de 1,461 jours, tandis que 4 années solaires forment seulement 1,460 jours, 23 heures, 15 minutes et 20 secondes ; d'où un retard croissant tous les quatre ans du soleil sur l'année civile. On rattrape cette différence en supprimant trois jours tous les quatre cents ans ; sur quatre années séculaires, qui devraient être bissextiles d'après la règle ci-dessus, une seule l'est, celle dont le millésime est divisible par quatre après la suppression des deux zéros : ainsi l'année 1900 ne sera pas bissextile, mais l'année 2000 le sera. Notre année civile commence le 1ᵉʳ janvier ; elle est divisée en douze *mois*. (Voy. aussi **calendrier**.)

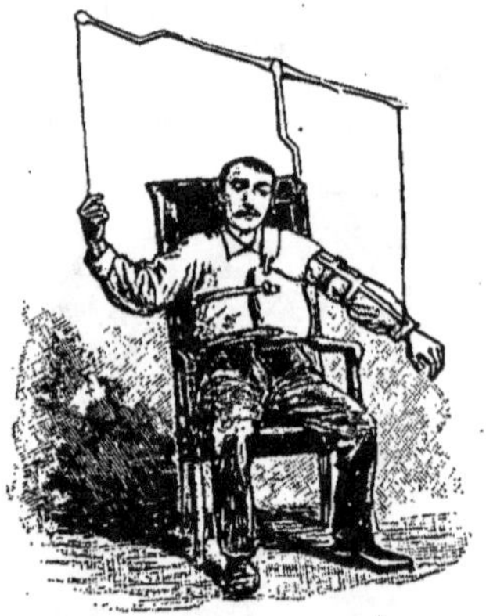

Ankylose. — Appareil pour mettre en mouvement un bras ankylosé à l'épaule.

annelés. — Pour les caractères distinctifs de l'embranchement des annelés (voy. **animaux**). L'organisation intérieure des annelés diffère beaucoup de celle des vertébrés. Ni cerveau, ni moelle épinière ; le *système nerveux* se compose d'une chaîne avec des renflements d'où partent les nerfs. L'*appareil digestif* a des intestins très courts; la bouche a ordinairement plusieurs paires de mâchoires destinées à saisir et à broyer les aliments; ces mâchoires sont en dehors de la bouche ; dans l'intérieur de l'estomac sont parfois des dents (écrevisse) qui continuent la mastication. *Sang* blanc, ou légèrement coloré, cœur à une seule cavité, ou même pas de cœur du tout. *Respi*- | *goudron de houille*. Sert à préparer des quantités considérables d'*alizarine* artificielle.

TYPES D'ANNELÉS

Types d'insectes : hanneton, papillon, libellule.

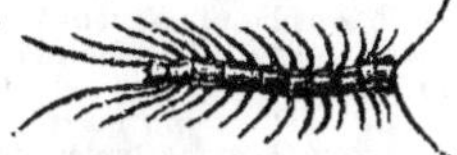

Types de myriapodes : mille-pattes, scolopendre.

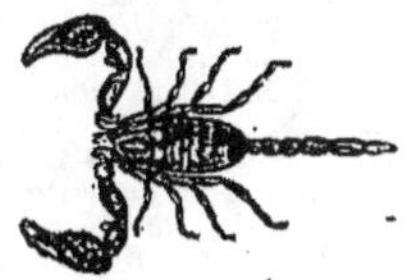

Types d'arachnides : araignée, scorpion.

Type de crustacé : écrevisse.

Types de vers : ver de terre, sangsue.

ration tantôt dans l'air et tantôt dans l'eau.

On divise les *annelés* en cinq classes: *insectes* *, *myriapodes* *, *arachnides* *, *crustacés* *, *vers* * (*fig*.).

annélides. — Voy. ver.

anthère. — Voy. fleur.

anthracène (grec : *anthrax*, charbon). — Corps solide, se présentant en feuillets légers ; odeur faible, mais désagréable ; combustible. Se retire du

anthracite. — Charbon de terre d'origine végétale, analogue à la *houille*. Brûle difficilement et avec décrépitation, sans fumée ni odeur et avec une très courte flamme. On le trouve surtout dans l'Amérique du Nord, en Angleterre et un peu dans le midi de la France. Après la houille, c'est le plus important des combustibles minéraux.

anthrax (grec : *anthrax*, charbon, à cause de la couleur noire de la tumeur). — Tumeur inflammatoire de la peau, analogue au *furoncle*, mais plus grave. Cette tumeur est dure, non pointue, très rouge, brûlante, extrêmement douloureuse, accompagnée de frisson, de fièvre, de courbature, d'abattement. Se rencontre surtout sur la nuque, ou les parties supérieures du dos. La peau se perce en plusieurs endroits, et il sort un pus sanguinolent, puis un *bourbillon*, comme dans le furoncle. On traite d'abord par des cataplasmes, puis on ouvre au bistouri. L'anthrax atteint surtout les organisations affaiblies par les privations ou une maladie générale, telle que le diabète. L'anthrax est une maladie grave.

antilope. — Mammifère *ruminant* qu'on rencontre dans presque toutes les parties du monde. Formes élancées, cornes creuses et persistantes comme celles des bœufs. Vivent souvent en grandes bandes. Chair estimée.

Les principales espèces sont le *capricorne de l'Inde* (*fig.*), le *capricorne d'Europe*, la *gazelle* des steppes du nord de l'Afrique (*fig.*), l'*antilope noir du Cap* (*fig.*), l'*oryx de Nubie*, le *canna d'Afrique* (*fig.*), dont le poids peut dépasser 400 kilos, le *gnou d'Afrique* (*fig.*), et enfin le *chamois d'Europe* (*fig.*). Ce dernier animal, de petite taille, est d'un brun roux, avec le ventre clair ; la femelle a des cornes, comme le mâle. Se trouve dans les Alpes, et plus rarement dans le Caucase. L'*isard* n'est pas autre chose que le chamois des Pyrénées. Ces animaux vivent dans les hautes régions, à la limite des neiges éternelles ; leur chasse est très périlleuse. Chair estimée, peau employée dans la ganterie et utilisée pour le nettoyage des métaux.

antimoine. — Métal qu'on retire d'un minerai (*sulfure d'antimoine*) assez abondant en Angleterre, dans l'Europe centrale, au Mexique, en Sibérie, à Bornéo ; rare en France (Puy-de-Dôme, Ariège, Gard, Vendée). Ce métal est blanc bleuâtre, dur, cassant ; entre dans la composition de l'alliage pour caractères d'imprimerie (plomb, cuivre, antimoine), du *métal anglais* (étain, cuivre, antimoine). Le *métal anglais* est brillant comme l'argent ; on lui conserve son éclat par des frictions au rouge d'Angleterre mélangé d'huile. Quelques corps composés dans lesquels entre l'antimoine ont une certaine importance, et en particulier l'*émétique*.

antipyrine (grec : *anti*, contre ; *pur*, feu). — Substance préparée à l'aide de l'*aniline*, à laquelle on fait subir diverses transformations successives. C'est une poudre blanche, à saveur amère, qui est, depuis 1883, fort employée en médecine, à cause de la propriété qu'elle a de combattre avec succès la douleur, et d'abaisser la température du corps dans certaines fièvres. On lui donne aussi fort souvent en France le nom d'*analgésine*.

antiphlogistique (grec : *anti*, contre ; *phlogistos*, brûlé). — Moyen employé pour combattre les inflammations aiguës (diète, saignée, tisanes émollientes, mucilagineuses, acidulées ; bains, cataplasmes, vomitifs, applications réfrigérantes...).

antiscorbutique (*anti*, contre ; *scorbut*). — Remède qui guérit le scorbut (racines de raifort, feuilles de cochléaria, de cresson, de trèfle d'eau). On s'en sert pour la confection du *sirop* et du *vin antiscorbutiques*.

antiseptique (grec : *anti*, contre ; *septicos*, putréfaction). — Substance capable de préserver les matières organiques de la putréfaction. Tels sont les *sels de mercure*, les *sels de cuivre*, de *zinc*, de *plomb*, d'*argent*, l'*acide arsénieux*, l'*éther*, l'*alcool*, le *chloroforme*, les *essences*, le *phénol*, la *créosote*, le *tannin*, le *chlore*, etc. On connaît les antiseptiques depuis fort longtemps, puisque les Egyptiens *embaumaient* les corps avec des substances destinées à en assurer la conservation. Aujourd'hui les antiseptiques sont d'un usage constant dans un grand nombre de métiers insalubres, dans les amphithéâtres d'anatomie, dans la conservation de certains produits alimentaires et surtout dans la conservation du bois. Ils interviennent constamment dans la pratique chirurgicale, pour s'opposer à l'infection purulente des plaies. Pour conserver les aliments on se sert, naturellement, d'antiseptiques non vénéneux (sucre, alcool, sel marin, vinaigre, eau renfermant un peu d'acide phénique, de créosote).

antispasmodique (grec : *anti*, contre ; *spasmos*, contraction). — Médicament qui calme les troubles du système nerveux ; on les emploie contre les spasmes, les convulsions, les névralgies (camphre, éther, sels de zinc, de cuivre, d'argent, un grand nombre de plantes, assa fœtida, ambre gris, musc, eau de mélisse, eau de fleurs d'oranger...).

aorte. — Voy. artère.

apéritif (latin : *aperire*, ouvrir). — Moyen propre à ouvrir l'appétit. L'exercice physique, le changement d'air sont les meilleurs apéritifs. La

Capricorne de l'Inde (hauteur, 0m,80).

Gazelle d'Afrique (hauteur, 0m,66).

Antilope noir du Cap (hauteur, 1m,20).

Canna d'Afrique (hauteur, 2m).

Gnou d'Afrique (hauteur, 1m,15).

Chamois d'Europe (hauteur, 0m,75).

médecine utilise comme apéritif un grand nombre de substances amères : *quinquina, gentiane, écorce d'oranges amères, quassia, rhubarbe, columbo, houblon...* Les *eaux minérales,* la *bière,* prises en mangeant, sont aussi des apéritifs. Il en est de même des boissons appelées *absinthe, vermouth, bitter,...* ; mais il convient, plus encore pour les personnes mal portantes que pour les autres, de s'abstenir aussi complètement que possible de ces substances dangereuses.

aphasie (grec : *a,* privatif; *phasis,* parole). — Trouble de la parole. L'aphasique, tout en sachant parfaitement ce qu'il pense, ne peut le dire ; il prononce des syllabes étranges ou des mots qui n'ont aucun sens. Cette maladie provient d'une lésion de cerveau ; quand le malade est guéri de la lésion, il faut pour ainsi dire lui réapprendre à parler.

aphonie (grec : *a,* privatif; *phôné,* voix). — Impossibilité d'émettre des sons ; se distingue du mutisme en ce que le muet peut produire des sons, mais non articulés. Provient d'une paralysie des cordes vocales, ou d'une cause, telle qu'un rétrécissement de la trachée, qui supprime le courant d'air nécessaire à l'émission de la voix.

aphte. — Petite ulcération blanchâtre de la muqueuse de la bouche ; s'observe surtout chez les nouveaunés. Se traite par des lotions émollientes ; les caustiques souvent employés (alun, azotate d'argent),... ne donnent pas toujours de bons résultats.

aponévrose. — Membrane qui entoure les muscles et les protège. Chaque muscle est entouré par une *aponévrose* qui, aux deux extrémités du muscle, se confond avec le *tendon.*

apophyse (grec : *apo,* de; *phunaï,* naître). — Saillie des os, ordinaire-

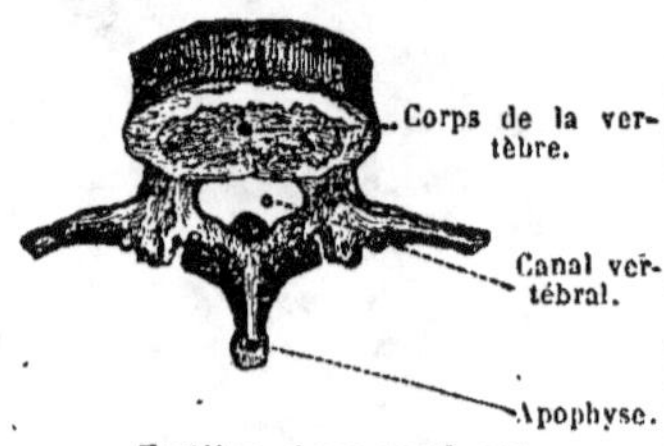

Vertèbre et ses apophyses

ment destinée à servir d'intersection à des muscles. Ainsi, dans la vertèbre représentée ci-contre, les nombreuses saillies qui partent du corps de la vertèbre sont des apophyses.

apoplexie (grec : *apoplesso,* je frappe de stupeur). — Cessation brusque de l'activité cérébrale, avec conservation de la respiration et de la circulation, due à une altération spontanée d'une ou de plusieurs régions du cerveau. La cause est le plus souvent une *hémorragie cérébrale.* L'apoplexie se distingue de la syncope en ce que le cœur continue à battre avec activité. L'apoplectique doit être débarrassé de ses vêtements, couché sur un lit dans une chambre bien aérée ; on applique des sinapismes aux jambes, on administre des lavements purgatifs. On dit que l'*apoplexie* est *foudroyante* quand le malade meurt en quelques minutes ou quelques heures sans avoir repris connaissance. Le plus souvent la connaissance revient, puis l'intelligence et la sensibilité, mais il reste dans un côté du corps une paralysie qui tantôt cesse assez vite, tantôt persiste jusqu'à la fin de l'existence. Une première attaque est souvent suivie, à des intervalles plus ou moins éloignés, de plusieurs autres.

appareil. — En chirurgie, l'ensemble des *bandages* et des dispositions mécaniques destinés au pansement des blessures. En particulier, dans le

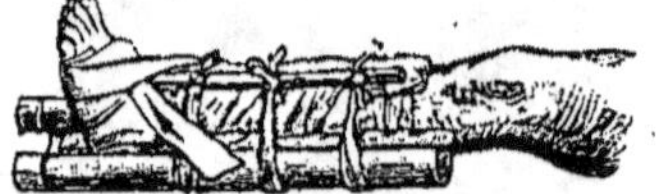

Appareil pour la *fracture de la jambe.*

traitement des fractures, les appareils servent à maintenir les fragments des os dans leur position normale, de manière qu'il ne puisse se produire aucun déplacement (*fig.*).

appétit. — Désir de manger qu'éprouvent les personnes en bonne santé quand arrive l'heure habituelle du repas ; c'est le premier degré de la *faim,* ou besoin impérieux de manger. L'*appétit* est nécessaire à la facilité de la digestion ; des aliments pris à contrecœur sont rarement bien digérés. La régularité dans l'heure des repas, la modération dans chacun d'eux sont les conditions les plus indispensables à la conservation de l'appétit ; ajoutons que l'alimentation, tout en étant très régulière en quantité, devra être aussi variée que possible, et on devra éviter de faire de petits repas supplémentaires, aussi légers qu'ils soient, à toute heure du jour. Les exercices physiques, et en particulier la promenade , excitent l'appétit; une vie trop sédentaire risque de le faire disparaître.

Parfois l'appétit prend une exagération maladive ; c'est alors la *boulimie*, symptôme qu'on observe dans plusieurs maladies (diabète, gastralgie, aliénation mentale, vers solitaire, etc.). Bien plus souvent l'appétit disparaît et est remplacé par l'*inappétence* ou même le *dégoût;* cette perte de l'appétit est très fréquemment l'un des premiers indices d'une maladie qui commence; d'autres fois elle provient d'excès, de grandes fatigues, d'une vie trop sédentaire, etc., et dans ce cas une bonne hygiène aura raison du mal.

Dans certaines maladies, l'appétit est sujet à des perversions singulières qui porteraient les malades à manger les aliments les plus inusités, si on n'y mettait obstacle.

ara. — Les *aras* sont des oiseaux *grimpeurs* voisins des perroquets (*fig.*). Ils s'en distinguent par une plus grande taille, une queue plus longue et plus pointue, des joues privées de plumes.

Ara bleu (longueur totale, y compris la queue, 0^m,80).

Habitent les tropiques dans le nouveau monde ; vont en grandes troupes, mangeant des graines et des fruits. Ce sont les plus beaux des perroquets, mais ils ont une voix très désagréable ; leurs couleurs sont très riches ; l'ara macao atteint un mètre de longueur totale.

arachide. — L'*arachide* ou *pistache de terre*, importée de l'Amérique méridionale, est actuellement cultivée en Espagne et dans le midi de la France (*fig.*). C'est une plante herbacée annuelle dont les ovaires, aussitôt après leur fécondation, pénètrent dans le sol pour se développer et y achever

leur maturation. Des graines de cette plante, on tire une huile grasse d'un goût assez agréable, qui peut être

Arachide (hauteur, 0^m,35).

employée pour la cuisine à la place de l'huile d'olive, bien qu'elle rancisse beaucoup plus vite. Sert surtout à la fabrication des savons.

arachnides. — Animaux *arthropodes* comprenant les *araignées*, les *faucheurs*, les *scorpions* et les *mites*. Ils ressemblent beaucoup aux insectes, mais s'en distinguent par le nombre des pattes, qui est toujours de huit ; de plus, la tête ne forme qu'une seule pièce avec le thorax (*fig.*).

araignée. — *Arachnide **, se rapprochant beaucoup des insectes.

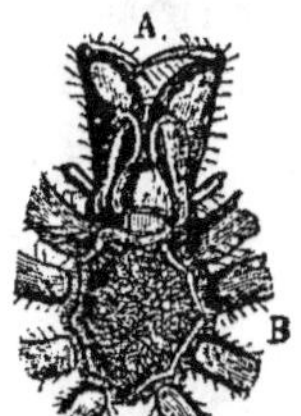

Arachnides. — L'a-raignée, type des arachnides ; huit pattes ; la tête et le corselet sont confondus en une seule masse.

Appareil vénéneux de l'araignée. — A, crochets vénéneux, grossis ; B, corselet (vu en dessous) d'où partent les huit pattes.

Les mâles sont plus petits que les femelles. Les araignées sont carnassières; elles sécrètent un venin qu'elles inoculent dans les morsures qu'elles font à leurs victimes, de façon à les engourdir et à les mettre hors d'état de se défendre. Elles pondent des œufs, desquels sortent des petits qui ont immédiatement leur forme définitive : il n'y a pas de métamorphoses.

Les araignées se nourrissent de proies vivantes dont elles s'emparent ordinairement à l'aide de *toiles* qu'elles tendent sur leur passage. L'intérieur du corps renferme des glandes sécré-

Mygale (araignée de l'Amérique), terrassant un jeune oiseau (longueur totale, y compris les pattes, 0ᵐ,18).

tant une substance visqueuse, qui sort par les trous nommés *filières*, et se solidifie à l'air pour constituer les *fils* à l'aide desquels est tissée la toile.

Les araignées sont plutôt utiles que nuisibles. Leur morsure ne produit chez l'homme qu'une inflammation tout à fait bénigne et très peu douloureuse. Il ne faut faire d'exception que pour certaines espèces tropicales ; encore ces espèces ne sont-elles pas réellement dangereuses. On connaît un assez grand nombre d'espèces. La *mygale* du Brésil a un corps long de 18 centimètres, en y comprenant les pattes ; elle est assez

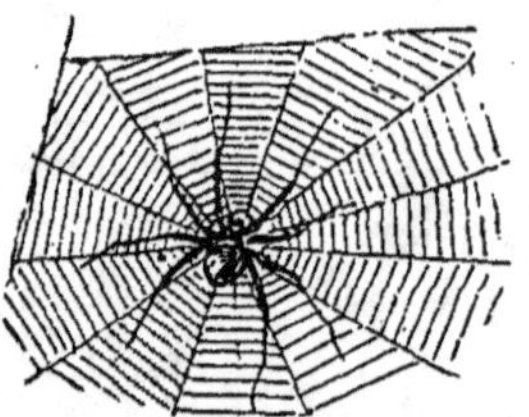

Araignée domestique et sa toile.

forte pour s'attaquer même aux petits oiseaux (*fig.*) ; elle se construit un nid dans la terre, et sort la nuit pour chercher sa nourriture. La *tarentule* de l'Europe méridionale ne construit pas non plus de toile ; elle ne mérite en aucune façon sa mauvaise réputation. Notre *araignée domestique*, au contraire, est sédentaire et prend les mouches dans sa toile. Les *galéodes* sont de grosses araignées velues, qui passent à tort pour dangereuses ; ils font leur proie de petits

animaux qu'ils chassent pendant la nuit ; ils habitent l'Afrique, le sud de l'Europe et de l'Asie (*fig.*).

Tarentule (*araignée*) (longueur totale, y compris les pattes, 0ᵐ,08).

Galéode (*araignée*) (longueur totale, y compris les pattes, 0ᵐ,10).

araignée d'eau. — L'*araignée d'eau*, ou *corsaire*, est un petit insecte

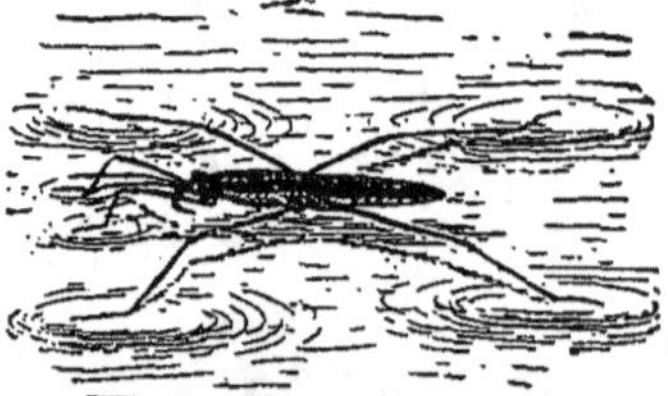

Araignée d'eau, grandeur naturelle.

diptère voisin des punaises, carnassier. On rencontre les corsaires marchant légèrement à la surface des eaux des étangs (*fig.*).

arboriculture. — Art de cultiver les arbres, arbrisseaux et arbustes. Ne relève la plupart du temps que de l'empirisme, tandis qu'il devrait s'appuyer toujours sur des connaissances scientifiques. On distingue l'*arboriculture forestière* (culture des bois et des forêts, plantation des haies vives, des oseraies) ; *arboriculture d'ornement* (parcs et jardins, promenades publiques) ; *arboriculture économique* (culture des arbres industriels ou agricoles, tels que mûriers, arbrisseaux à parfums...) ; *arboriculture fruitière* (vergers, jardins fruitiers, vignobles).

arbousier. — Végétal de la famille

Arbousier, rameau fleuri.

des *bruyères* dont les fruits, assez semblables aux fraises, sont comestibles. Ainsi l'arbousier commun, ou *arbousier des Pyrénées*, a reçu le nom d'*arbre aux fraises* (*fig.*).

arc-en-ciel. — Arc lumineux, présentant les couleurs du *spectre solaire*, qu'on voit apparaître dans le ciel quand un nuage se résout en pluie, dans la région du ciel opposée à celle qui est occupée par le soleil, et que ce

Arc-en-ciel.

nuage est frappé par les rayons solaires (*fig.*).

L'arc-en-ciel est un *spectre solaire* dans lequel les gouttes de pluie jouent le rôle de *prismes*. Les rayons solaires entrent dans les gouttes de pluie, y pénètrent par *réfraction*, subissent au fond des gouttelettes une réflexion et ressortent pour revenir du côté du soleil. Mais ces rayons ont été dispersés par leur passage à travers l'eau et ont pris les couleurs du spectre. Ceci nous montre que, pour voir un arc-en-ciel, il faut tourner le dos au soleil et regarder devant soi, vers les nuages sur lesquels il doit se produire. On peut aussi voir, en se plaçant comme il vient d'être dit, un arc-en-ciel dans les gouttes qui tombent d'une cascade ou d'un jet d'eau.

Archimède (principe d'). — Quand un solide est plongé dans un liquide, ce dernier exerce, sur tous les points du corps plongé, des pressions analogues à celles qu'il exerce sur les parois du vase (voy. **pression dans les liquides**). L'ensemble de toutes ces pressions a une valeur qui a été déterminée par Archimède.

Le **principe d'Archimède** s'énonce ainsi : *Un corps plongé dans un liquide subit de la part de ce dernier une poussée verticale dirigée de bas en haut, et égale au poids du volume de liquide qu'il déplace.* On dit aussi, en termes plus rapides : *Un corps plongé dans un liquide perd une partie de son poids égale au poids du liquide déplacé.* Ainsi un morceau de

fer du poids de 7kil,8, qui a un volume de 1 décimètre cube, perd dans l'eau 1 kilog. de son poids, car il déplace 1 décimètre cube d'eau, qui pèse 1 kilog.

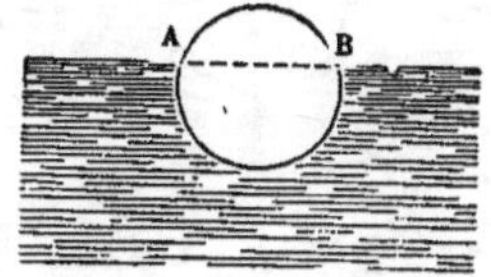

Principe d'Archimède (*corps flottants*). — Le poids de la mince sphère creuse, en fer, qui flotte sur l'eau, est égal au poids d'eau qui la remplirait jusqu'au niveau A B.

Voilà pourquoi les solides nous semblent plus légers quand ils sont dans l'eau (*fig.*).

Corps flottants. — La poussée qu'exerce un liquide sur un corps plongé peut être plus grande ou plus petite que le poids du corps ; elle peut aussi lui être égale. — 1° La densité du corps est supérieure à celle du liquide ; la poussée est alors inférieure au poids, le corps va au fond. — 2° La densité du corps est égale à celle du liquide ; la poussée est donc égale au poids, et le corps reste en équilibre au sein du liquide, sans monter ni descendre. — 3° La densité du corps est inférieure à celle du liquide. La poussée est supérieure au poids, et le corps monte vers la surface. Arrivé en haut, il émerge en partie, jusqu'à ce que la poussée ait assez diminué pour être devenue égale au poids (*fig.*). Donc : *Quand un corps flotte à la surface d'un liquide, il déplace un volume de liquide dont le poids est égal au sien.* Lorsqu'un corps flotte à la surface d'un liquide, son équilibre est d'autant plus stable que le centre de gravité du corps flottant est situé plus bas : il faut toujours tenir compte de cette circonstance dans le chargement des na-

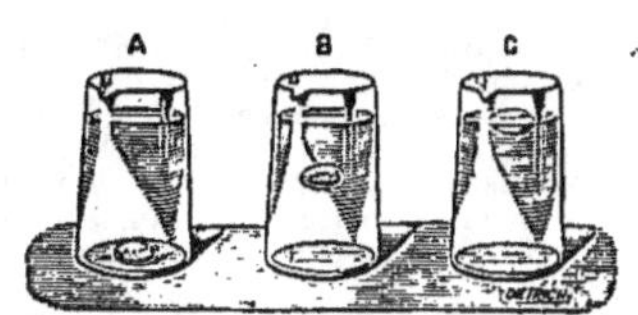

Principe d'Archimède. — Un œuf frais A est plus dense que l'eau, il va au fond ; il est aussi dense que l'eau un peu salée B et reste au sein du liquide ; il est moins dense que l'eau fortement salée C et monte à la surface.

vires. Certains insectes, plus lourds que l'eau, peuvent marcher sur le liquide sans y enfoncer. Cela tient à un phénomène de *capillarité*[*]. Les

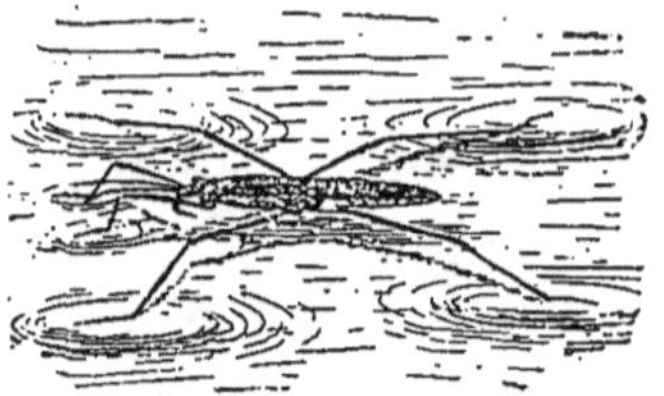

Principe d'Archimède (corps flottant). — C'est conformément au principe d'Archimède que certains insectes (ex. *araignée d'eau*) peuvent marcher sur l'eau.

Ardoisière des environs d'Angers.

pattes grasses de l'insecte ne sont pas mouillées par l'eau ; elles causent alors une dépression et l'animal est en équilibre lorsque les dépressions sont telles, que l'eau qui les remplirait pèse autant que lui (*fig.*).

ardoise. — Roche siliceuse qui se divise aisément en minces feuillets, très propres à former des toitures légères et solides. En France on trouve des ardoises dans les Ardennes et près d'Angers. Les carrières d'ardoises des environs d'Angers atteignent une profondeur de 150 mètres (*fig.*). Les blocs, détachés par le pic et les coins, sont élevés jusqu'au niveau du sol dans des caisses rectangulaires au moyen de manèges mus par des chevaux. Les ardoises donnent des toitures très légères ; on en fait en outre des cuves de toutes sortes, des urinoirs, des carrelages, des che-

minées, des tables, des marches d'escaliers.

aréomètre (grec : *araïos*, léger ; *métron*, mesure). — Plusieurs instruments portent ce nom. Les seuls importants sont ceux dits *à poids constant*. Ils servent à indiquer rapidement le degré de concentration de divers liquides. Un aréomètre se compose d'un cylindre ou d'une boule de verre lestée à sa partie inférieure, et terminée à sa partie supérieure par une tige étroite, graduée. Plongé dans un liquide, l'appareil flotte verticalement, et s'enfonce d'autant plus que le liquide est moins dense, comme l'indique le *principe d'Archimède*[*]. Puisque la tige est graduée en parties d'égale longueur, il est aisé de dire si tel liquide est plus ou moins dense que tel autre, suivant que l'instrument s'enfonce moins ou plus dans le premier que dans le second. Pour que les différents aréo-

Ardoise : elle se divise en lames minces sous l'action du ciseau.

mètres donnent des indications comparables entre elles, il n'est pas nécessaire qu'ils soient tous de même grandeur ni de même poids, il suffit qu'ils portent tous une graduation basée sur les mêmes conventions.

La *graduation de Baumé* est actuellement la plus employée ; les instruments qui la portent, s'appellent **aréomètres de Baumé**. Les aréomètres de Baumé portent les noms de *pèse-esprits*, *pèse-sels*, *pèse-acides*, *pèse-lait*, selon leur destination (*fig.*). Il n'est pas d'instruments qui soient d'un usage plus fréquent.

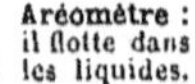

Aréomètre : il flotte dans les liquides.

Alcoomètre de Gay-Lussac. — L'alcoomètre de

Gay-Lussac a la même forme que l'aréomètre de Baumé, mais il est gradué d'une façon plus rationnelle. Son usage ne s'applique qu'à un seul

trairé l'argent de ses minerais sont très divers, et généralement laborieux, à cause de la pauvreté du minerai, toujours mélangé à une quantité

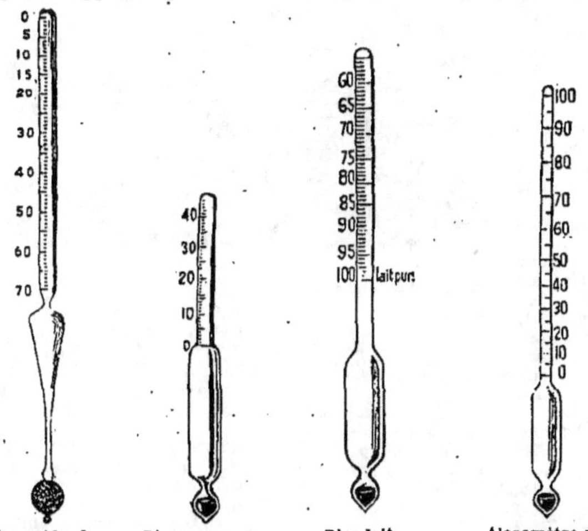

Pèse-acide, de Baumé.

Pèse-esprit, de Baumé.

Pèse-lait.

Alcoomètre de Gay-Lussac.

liquide, mais il donne sur ce liquide une indication complète. Plongé dans un mélange d'alcool et d'eau (qui ne renferme aucune autre substance), il indique de suite la teneur du mélange en alcool. S'il s'enfonce jusqu'à la division 78 dans de l'esprit de vin, cela signifie que 100 litres de cet esprit de vin renferment 78 litres d'alcool pur, le reste étant de l'eau (*fig.*).

argent. — Métal précieux qu'on trouve fréquemment dans la terre, allié à un peu d'or, de cuivre, de plomb... ; mais on le retire en plus grande quantité du *sulfure d'argent*. Le cuivre , le plomb, extraits de certains de leurs minerais, contiennent assez d'argent pour qu'on puisse en retirer ce métal avantageusement (*fig.*).

Extraction. —
Les procédés qui permettent d'ex-

considérable d'autres pierres. Ainsi on mêle d'abord le minerai avec du sel marin, puis on le remue longuement avec du fer, et enfin avec du mercure ; il se produit diverses réactions chimiques qui conduisent à un amalgame liquide facile à séparer des impuretés ; quand on chauffe ensuite cet amalgame, le mercure s'évapore et l'argent reste seul, presque pur. La production de l'argent est devenue très considérable, surtout depuis 1871, par suite de la découverte de mines très riches en Amérique (Mexique, Chili, Pérou) ; on en retire aussi d'Australie ; l'Europe en fournit peu. La production totale, en 1886, a dépassé 3 millions de kilogrammes. — L'argent est un métal blanc, très ductile, très malléable ; on a pu obtenir, avec la filière, un fil d'argent long de 130 mètres, et dont le poids

Écoulement du plomb argentifère.

Alliage de cuivre, de plomb et d'argent.

Extraction de l'argent du cuivre argentifère. — Le *cuivre* qui renferme de l'*argent* est additionné de plomb, et coulé en grosses rondelles C. Ces rondelles, doucement chauffées, laissent écouler le plomb, qui entraine avec lui tout l'argent. Le *plomb argentifère* ainsi obtenu est traité comme il est dit ci-contre.

était de 5 centigrammes; le martelage produit des feuilles de 3/1000 de millimètre d'épaisseur, à travers lesquelles passe une belle lumière bleue. Ce métal est susceptible d'un très beau poli il se conserve très bien à l'air sans se ternir, à moins que l'air ne renferme, ce qui arrive souvent, un peu d'acide sulfhydrique.

Le prix de l'argent est trop élevé pour que ce métal ait des usages bien nombreux; il sert principalement, allié à un peu de cuivre qui lui donne plus de dureté, dans la fabrication des monnaies, dans la bijouterie et l'orfèvrerie. Il est appliqué, à l'état pur, à la surface des métaux moins précieux, et particulièrement du

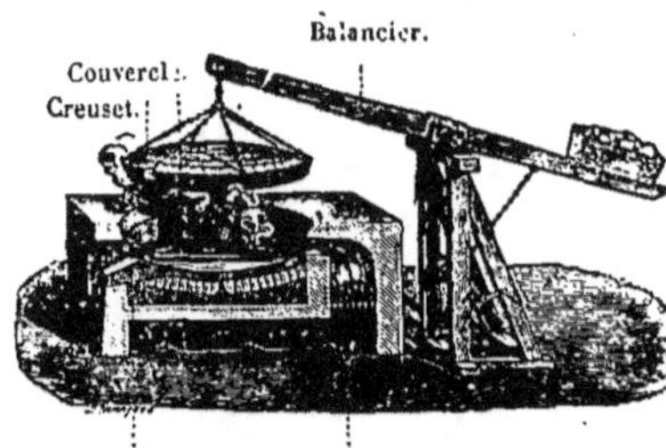

Écoulement de la litharge. Foyer.

Extraction de l'argent du plomb argentifère. — Dans le creuset A B on met le *plomb argentifère*, et on chauffe; le plomb s'oxyde, se transforme en oxyde de plomb, ou *litharge*, qui s'écoule à l'état liquide par le canal O, et bientôt l'argent reste seul.

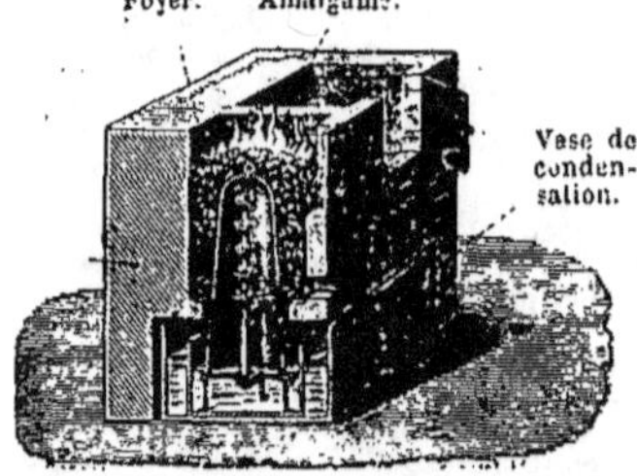

Extraction de l'argent. — L'*amalgame* obtenu dans le traitement du *minerai* est chauffé sous une cloche; le mercure se volatilise et ses vapeurs vont se condenser dans l'eau qui est à la partie inférieure : l'argent reste dans les coupelles.

cuivre (voy. **argenture**); il sert aussi à l'argenture des glaces et à la préparation de l'*azotate d'argent* (voy. plus bas).

Parmi les **composés de l'argent**, deux ont une certaine importance. L'*azotate d'argent*, qu'on obtient en dissolvant l'argent dans l'acide azotique. Fondu, il constitue la *pierre infernale*, caustique énergique, mais très vénéneux; en dissolution, il est employé pour marquer le linge, car les matières organiques le décomposent et donnent une tache noire et indélébile d'argent pulvérulent. La décomposition rapide de l'azotate d'argent par les matières organiques est aussi utilisée dans l'argenture du verre : elle explique pourquoi ce sel noircit la peau. La photographie consomme beaucoup d'azotate d'argent. L'autre composé est le *chlorure d'argent*, qu'on obtient en décomposant l'azotate d'argent par le chlorure de sodium. A cause de sa rapide décomposition par la lumière, il est fort employé en photographie.

argenture. — C'est l'application de l'argent en couche mince et adhérente à la surface des métaux communs (et quelquefois des objets non métalliques). Cet art a actuellement une très grande importance. Plusieurs procédés étaient autrefois employés; aujourd'hui on se sert presque uniquement du procédé par le courant électrique (*fig.*).

Argenture galvanique.

L'objet à argenter, très bien nettoyé, est plongé dans un *bain d'argent* (dissolution dans l'eau d'un composé nommé *cyanure d'argent et de potassium*); à une petite distance, on plonge dans le bain une lame d'argent; on attache l'objet au pôle négatif d'une pile, et la lame d'argent au pôle positif. Le courant passe à travers le bain et y détermine des actions chimiques qui déposent une mince couche d'argent sur l'objet.

La quantité de métal précieux actuellement employée à l'argenture atteint pour le monde entier 150 000 kilogrammes, ce qui représente une valeur d'environ 30 millions de francs. — On argente aussi le verre; l'ancien étamage des glaces au moyen de l'amalgame d'étain est coûteux et fort insalubre, car il expose les ouvriers aux vapeurs dangereuses du mercure. Aujourd'hui on remplace beaucoup cet étamage par une argenture pratiquée au moyen d'un procédé chimique : c'est plus économique, plus solide, moins insalubre pour les ouvriers.

argile. — Les *argiles* sont des matières terreuses très tendres, fines, douces, homogènes, blanches ou grisâtres dans l'état de pureté, et qui jouissent plus ou moins de la propriété de faire pâte avec l'eau et d'acquérir alors une certaine plasticité. Séchée, cette pâte conserve la forme qui lui a été donnée, et l'argile reprend sa consistance et ses propriétés primitives. Mais si on la chauffe fortement, elle subit une transformation complète. La plasticité disparaît et on a une pierre dure, inaltérable par l'air et l'eau. C'est à cause de cette propriété que les argiles sont employées à la fabrication des briques, faïences, porcelaines.

Les argiles sont essentiellement formées par un *silicate d'alumine hydraté*, mêlé à des proportions variables de plusieurs substances étrangères qui produisent des colorations diverses, et font varier la fusibilité et la plasticité de la pâte. C'est ainsi qu'on a les *argiles plastiques*, très pures, dont la meilleure est le *kaolin* (Chine, Saxe, Russie, Angleterre, France); les *argiles figulines*, moins pures, très abondantes en France; les *argiles smectiques*, avides de matières grasses, et employées pour cette raison au dégraissage des draps; les *argiles mélangées*, très impures, telles que l'*ocre*, le *rouge d'Angleterre*, la *marne*. Chacune de ces variétés a ses usages spéciaux.

argonaute. — Mollusque *céphalopode* des mers intertropicales; la femelle a une coquille, le mâle, beaucoup plus petit, n'en a pas (*fig.*). Cette

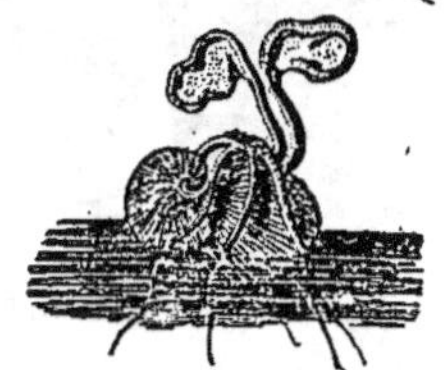

Argonaute (longueur totale, 0m,30).

coquille, très mince, n'est pas adhérente au corps de l'animal; au moment de la ponte et pendant l'incubation, elle sert de réceptacle aux œufs.

argus. — Ce nom a été donné à un grand nombre d'animaux : plusieurs poissons, plusieurs reptiles, une araignée, un insecte, un mollusque et un

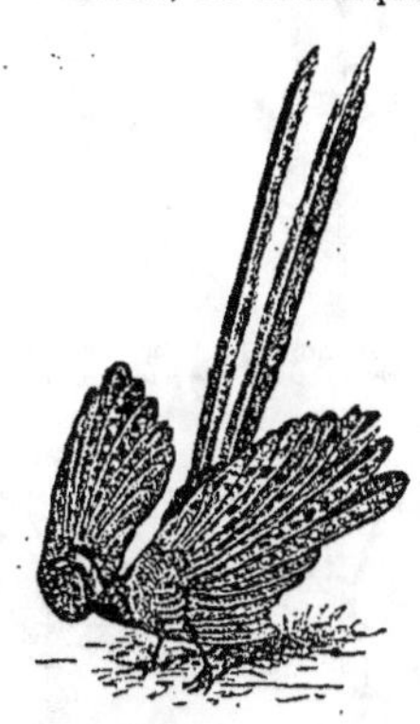

Argus (longueur totale, 1m,50).

oiseau. Ce dernier est un bel animal voisin du *faisan*, vivant en Asie, dans les forêts de Java, de Sumatra, de la presqu'île de Malacca et de divers points de l'Inde (*fig.*).

aristoloche. — Plante *dicotylédone*, herbacée, vivace, dont les fleurs ont généralement une odeur forte et désagréable: Nombreuses espèces, répandues dans les régions chaudes et tempérées des deux hémisphères; cultivées surtout comme plantes grimpantes d'ornement (*fig.*). L'*aristoloche clématite* est commune dans les terres calcaires incultes, les vignes; les buissons. Les diverses espèces sont employées en médecine comme dépuratives apéritives, toniques, et contre la morsure des serpents. Les infusions, les poudres d'aristoloche ne doivent être prises

Aristoloche (*rameau fleuri*). — La longueur de la tige grimpante peut atteindre plusieurs mètres.

qu'à petite dose et sur l'ordonnance du médecin.

Armoise. — Plante de la famille des *composées*, contenant un principe

Armoise commune (hauteur, 1ᵐ). — Rameau fleuri, avec détails d'une feuille et d'une fleur.

amer et une huile aromatique dont les propriétés toniques sont utilisées en médecine. Les espèces, arbrisseaux ou herbes, en sont nombreuses. L'*absinthe*, l'*estragon*, l'*aurone* ou *citronnelle*, etc., sont des armoises. L'*armoise commune* (*fig.*) se rencontre dans toute la France ; on emploie ses sommités fleuries, en infusion, comme antispasmodique, tonique, vulnéraire. L'*armoise de Judée* donne le *semencontra*. L'*armoise en épis* est très estimée en Suisse comme vulnéraire.

armure. — En arboriculture on nomme *armure* tout appareil destiné à préserver les arbres contre les animaux, les hommes et les divers chocs qu'ils seraient exposés à recevoir. Nous représentons ici divers systèmes d'armures (*fig.*).

arnica. — Plante de la famille des *composées*. L'espèce la plus importante est l'*arnica des montagnes* (*bétoine des montagnes*, *tabac des Vosges*) qui croît surtout dans les Alpes, et qu'on cultive dans les jardins (*fig.*) ; c'est une herbe

vivace, peu élevée ; les fleurs ont une odeur forte, un goût âcre et aromatique ; on emploie sa racine en décoction et ses fleurs en infusion, comme diurétique, tonique, fébrifuge. Mais c'est surtout un vulnéraire très populaire ; la *teinture d'arnica* est une infusion des fleurs dans l'alcool ; elle est bien loin de posséder la vertu qu'on lui attribue de guérir rapidement les blessures et les coups, mais elle est tout au moins inoffensive.

arpentage. — Art de mesurer la surface d'un terrain. On mesure certaines dimensions de la figure que forme le terrain, et on trouve son aire par les règles que donne la géométrie. Cette mesure peut être effectuée soit directement sur le terrain, soit sur un

Armures pour préserver les arbres.

plan. Les instruments ordinairement employés dans l'arpentage sont les

Arnica des montagnes (hauteur totale, 0ᵐ,10).

jalons, la *chaîne d'arpenteur*, les *fiches*, l'*équerre d'arpenteur*.

Supposons, par exemple, qu'un

terrain ait la forme ci-dessous (*fig.*); on le décompose en *triangles* et *trapèzes* en jalonnant les lignes tracées en pointillé sur la figure. Puis on mesure avec la chaîne les longueurs BB', HH', CC',

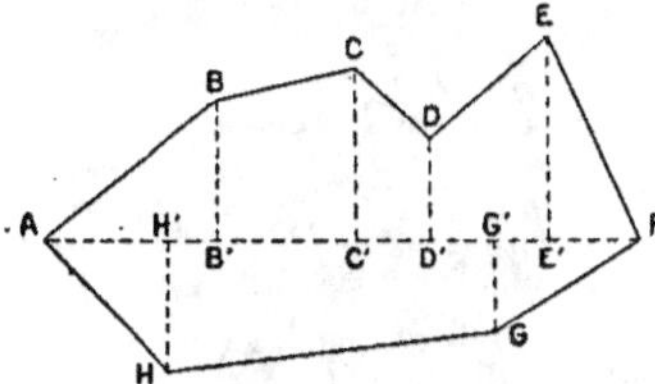

Arpentage. — Pour l'*arpentage*, on divise, à l'aide de l'équerre et de jalons, le terrain en triangles et trapèzes.

...et AB', AH', B'C', C'D'... La géométrie permet alors d'avoir les aires. La surface d'un triangle tel que ABB' s'obtient en effet en prenant la moitié du produit AB' $\times$ BB', et la surface d'un trapèze tel que BB'CC' s'obtient en prenant la moitié du produit (BB' + CC') $\times$ B'C'. Dans ces opérations on se sert de l'équerre d'arpenteur pour abaisser les perpendiculaires BB', CC' sur la grande ligne AF qu'on nomme *directrice*.

arrête-bœuf. — L'*arrête-bœuf*, aussi nommé *ononide*, *bugrane*, est une plante de la famille des *légumineuses* qu'on rencontre abondamment

Arrête-bœuf (hauteur, 0m,40). Rameau fleuri.

dans les moissons et sur les terrains non cultivés; la tige en est très épineuse. Les racines, longues et résistantes, arrêtent les attelages lorsqu'on laboure les champs qui en sont infestés. Les moutons, les chèvres et les ânes en mangent les feuilles (*fig.*).

arroche. — Plante de la famille des *chénopodées*; il en existe plusieurs espèces, dont les unes sont employées comme plantes potagères, et d'autres comme plantes d'ornement. L'*arroche*

Arroche des jardins (hauteur, 2 mètres).

des *jardins* (*follette*, *bonne-dame*) atteint 2 mètres de hauteur; elle peut, comme légume, remplacer les épinards (*fig.*).

arsenic. — Ce métalloïde se rencontre dans la nature en combinaison avec le fer, le nickel et surtout le soufre; il se trouve des arséniures dans les eaux minérales du Mont-Dore, de Vichy, de Plombières. C'est un solide gris, ayant l'éclat métallique; il n'a guère d'importance par lui-même : cependant, sous le nom de *poudre à mouches*, il sert à la destruction de ces insectes. — Quelques-uns de ses composés ontplus d'importance. *L'acide arsénieux*, composé d'arsenic et d'oxygène, est le corps connu vulgairement sous le nom *d'arsenic;* c'est un solide blanc, sans odeur, à saveur désagréable, mais peu prononcée. On le prépare en faisant brûler des minerais riches en arsenic; le métalloïde brûle et donne ainsi l'acide arsénieux qui se dépose dans des tuyaux. Ce corps a de nombreux usages. Il entre dans la composition de plusieurs couleurs. Il sert souvent en médecine ; pris à faible dose, pendant longtemps, il facilite la respiration et augmente les apparences de la santé. Mais c'est un poison très violent, de même que les composés dans lesquels il se trouve contenu; pour cette cause on en fait la *mort aux rats*, le *savon de Bécœur* (pour préserver des insectes les animaux empaillés). Les empoisonnements accidentels ou criminels par l'acide arsénieux sont très fréquents ; comme antidotes on administre de l'hydrate de péroxyde de fer, ou de la magnésie légèrement calcinée.

arsénicophage (*arsenic* et grec : *phago*, je mange). — Mangeur d'*arsenic*. Les montagnards de plusieurs provinces d'Autriche prennent l'habitude d'absorber progressivement des quantités chaque jour croissantes d'acide arsénieux (vulgairement arsenic); cette pratique favorise grandement la respiration dans les ascensions des montagnes, mais elle ne va pas sans quelques dangers. On fait aussi absorber de l'arsenic aux chevaux pour rendre leur robe plus luisante, leur donner l'écume à la bouche et faciliter la respiration.

artère. — Vaisseau sanguin destiné à conduire le sang du cœur vers les organes. Du *cœur* (*fig.*) de

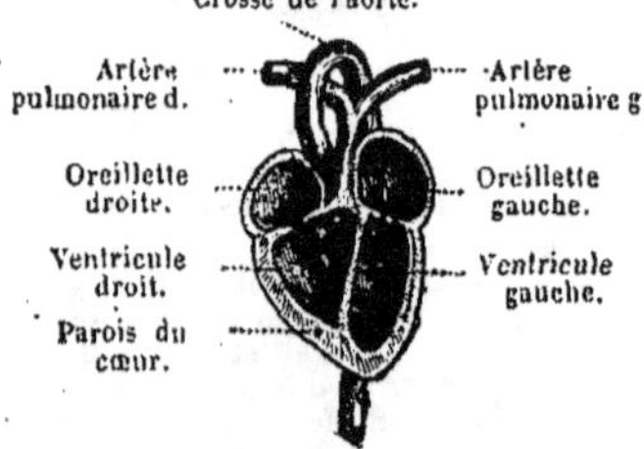

Artères partant du cœur.

l'homme et des animaux mammifères partent deux grosses artères. Du ventricule droit part l'*artère pulmonaire*, chargée de porter, du cœur aux poumons, le sang veineux revenu des extrémités : elle a naturellement une très faible longueur, puisque les poumons sont très voisins du cœur. Du ventricule gauche part l'*artère aorte* qui conduit le sang du cœur dans tous les organes. L'artère aorte remonte d'abord, puis se recourbe pour former la *crosse de l'aorte* et descend ensuite derrière le cœur ; des différentes parties de l'aorte partent les artères secondaires qui vont se ramifiant de plus en plus dans le corps (*fig.*). Les dernières ramifications des artères sont extrêmement fines, on les nomme les *capillaires* (*fig.*) ; ces capillaires donnent naissance aux *veines*, qui ramèneront le sang au cœur.

Les artères sont des tubes cylindriques dont les parois sont formées

par trois tuniques superposées ; la plus importante et la plus épaisse de ces enveloppes est celle du milieu, qui est élastique; et permet au vais-

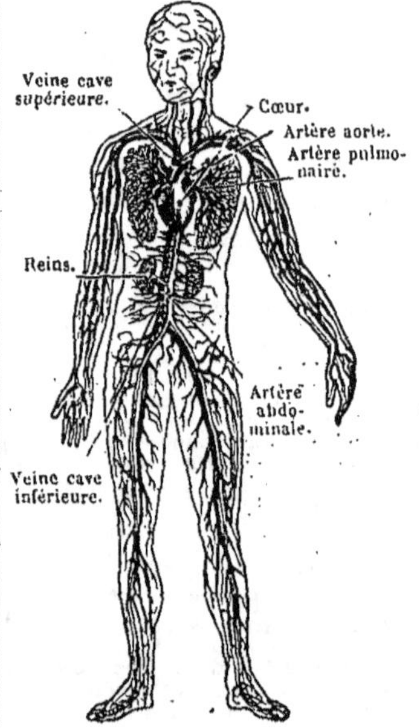

Circulation du sang dans les artères et dans les veines.

seau de conserver toujours sa forme et d'aider à la circulation du sang en continuant les mouvements de com-

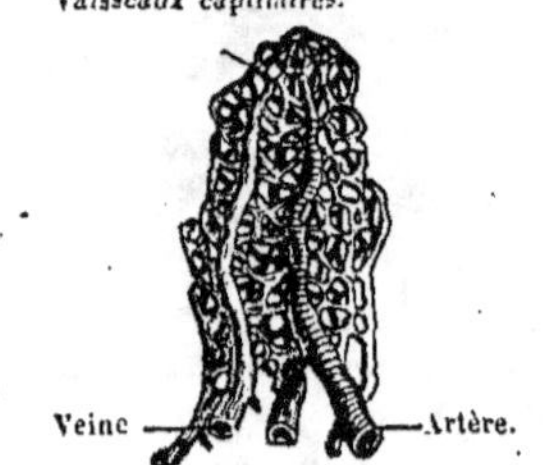

Ramifications très grossies des artères et des veines.

pression du cœur (voy. **circulation**). Les artères sont ordinairement situées dans les parties profondes, aussi loin que possible de la surface, et se trouvent ainsi mieux protégées. Les maladies des artères sont assez graves, et particulièrement la dilatation ou la rupture de la membrane moyenne (*anévrisme* *).

Les blessures des artères, par exemple les coupures, déterminent une hémorragie abondante et qui peut être dangereuse ; quand une coupure a atteint une artère, on le reconnaît à ce que le sang qui sort est très rouge, et qu'il s'échappe par un jet saccadé (*fig.*). L'intervention du mé-

Blessure des artères. — On fait une ligature au-dessus de la blessure.

decin, qui pratique la *ligature* de l'artère, est alors en général nécessaire (voy. hémorragie).

artésien (puits). — Voy. vases communicants.

arthrite (grec : *arthron*, articulation). — Inflammation des *articulations*, provenant d'un coup, d'un excès de travail, ou d'une cause interne. Quand elle provient d'un coup ou d'un excès de travail, elle est accompagnée de gonflement, de douleur, de chaleur, elle reste, sans se déplacer, dans l'articulation où elle a pris naissance. On la combat par le repos, des sangsues, des bains et des cataplasmes émollients ; si le mal tend à devenir chronique, on emploie des cautérisations au fer rouge. Quand l'arthrite provient d'une cause interne, elle constitue le rhumatisme articulaire.

artichaut. — Plante cultivée, de la famille des *composées*, provenant sans doute du cardon sauvage. La partie de cette plante que l'on utilise dans l'alimentation est le réceptacle floral non encore épanoui. Le *fond*, ou cul de l'artichaut, est le réceptacle charnu destiné à porter les fleurs ; les *feuilles* sont les bractées qui protègent les fleurs avant leur développement ; enfin le *foin* est justement constitué

par les fleurs non encore complètement formées. Nos figures représentent un pied d'artichaut, un artichaut complètement fleuri, puis la coupe d'une tête d'artichaut (*fig.*).

Pied d'artichaut (hauteur, 1 mètre).

On multiplie les artichauts par graines, ou plus souvent par des

Artichaut fleuri.

œilletons pris à de vieux pieds. La culture des artichauts demande beaucoup de soins. Elle est pratiquée dans toutes les parties de la France, aussi peut-on consommer cette plante pendant toute l'année (en janvier ceux d'Algérie, puis ceux de Provence, du Languedoc, d'Angers et enfin ceux de Bretagne).

Coupe d'une tête d'artichaut.

articulation. — Mode d'union des os entre eux. Quand les articulations sont immobiles on dit qu'il y a *suture* ; c'est ce qui arrive pour les os du crâne qui sont simplement juxtaposés par leurs bords, ou engrenés les uns avec les autres par des dentelures. Plus souvent les articulations sont mobiles; alors les surfaces osseuses qui se mettent en contact ont une forme qui permet l'emboîtement (*fig.*);

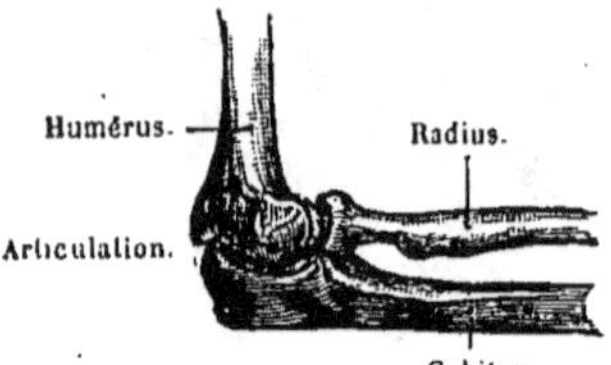

Articulation du coude.

ainsi la tête du *fémur* s'applique dans une cavité hémisphérique de l'*os iliaque* où elle se meut librement. Mais ces surfaces ne sont pas directement en contact; il y a entre elles divers tissus destinés à faciliter les mouvements et à donner de la solidité à l'articulation. Les os articulés sont recouverts de *cartilages* blancs qui amortissent les chocs; puis des *ligaments* très résistants maintiennent les surfaces l'une près de l'autre, sans leur permettre de s'éloigner; enfin les *membranes synoviales*, sortes de sacs clos remplis d'une sérosité onctueuse, la synovie, sont interposées entre les surfaces d'articulation pour empêcher les frottements des os l'un contre l'autre.

Les articulations sont sujettes à un grand nombre de maladies ou d'accidents. Tantôt la synovie devient trop abondante (*hydarthrose* '), tantôt elle

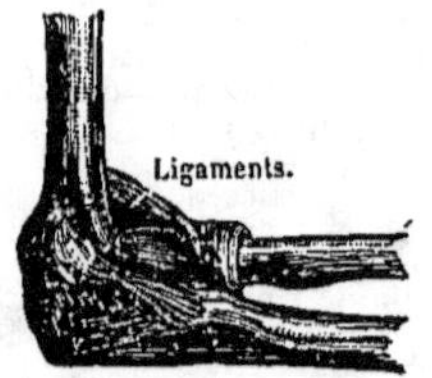

Articulation du coude et ses ligaments.

ne l'est pas assez, par suite d'une inflammation (*arthrite* ' et *rhumatisme* ' articulaire*). Quand l'inflammation de l'articulation est chronique on a une *coxalgie* ', ou *tumeur blanche*. Enfin des coups, des mouvements trop violents des articulations déterminent des *contusions*, des *plaies*, des *entorses* ', des *luxations* '. Toutes ces maladies exigent impérieusement l'intervention du médecin, car les articulations sont des organes délicats, qu'il faut soigner de très près; le soin le plus essentiel dans tous ces cas est le repos absolu de l'articulation malade.

articulés. — Animaux dont le corps est divisé extérieurement en segments ou anneaux, et chez lesquels la peau durcie forme une sorte de squelette extérieur sur lequel s'insèrent les muscles. Les *articulés* renferment tous les animaux formant les quatre premières classes de l'embranchement des *annelés*, c'est-à-dire les *insectes*, les *myriapodes*, les *arachnides* et les *crustacés* (voy. **annelés**).

artocarpe (grec : *artos* pain; *carpos*, fruit). — L'*artocarpe*, ou *arbre à pain*, est un grand arbre de la famille des *urticées*, cultivé dans les Moluques et en Océanie. C'est un arbre extrêmement précieux dans les régions chaudes (*fig.*). De ses fleurs mâles on fait de l'amadou, avec sa seconde écorce on fait des tissus; on utilise son bois pour les constructions qu'on recouvre avec ses feuilles; toutes les parties du végétal renferment un suc laiteux servant à faire de la glu. Le fruit, de la grosseur d'une tête d'homme, est constitué

Artocarpe (hauteur, 20ᵐ). Rameau avec fruit.

en grande partie par une excellente fécule; ce fruit, bouilli ou grillé, a un goût assez agréable; c'est la base de la nourriture d'un grand nombre de peuplades. — Plusieurs autres espèces d'*artocarpes* donnent des produits estimés dans les régions chaudes.

arum. — Les *arums* (ou *gouets*) sont des plantes herbacées. L'*arum vulgaire* est très commun en France (*fig.*), où il porte une foule de noms différents (*langue de bœuf, pied de veau, serpentaire...*). Se trouve surtout dans les endroits frais et ombragés; avec les feuilles et les racines on fait des infusions purgatives; de la racine desséchée on retire de l'amidon avec lequel on fait des galettes, ou qu'on donne à manger aux porcs;

on s'en sert aussi pour blanchir le linge. Certaines espèces d'arums four-

Arum vulgaire (hauteur 0ᵐ,35). — Fleur, feuille et fruit.

nissent de belles plantes d'ornement.

asa ou **assa fœtida**. — Gomme-résine provenant d'une plante de la famille des *ombellifères* qui croît en Perse et dans l'Hindoustan. A une saveur âcre et une odeur extrêmement fétide; les Asiatiques s'en servent cependant comme condiment. Quelquefois employée en médecine comme antispasmodique.

asaret. — Plante croissant en Europe dans les lieux humides et ombragés (*fig.*). On la nomme vulgaireme n t *r o n d e l l e*, *oreille d'homme*, *cabaret*. Elle est petite, herbacée. La racine odorante, âcre, amère et nauséeuse, peut remplacer l'ipécacuanha comme vomitif; les feuilles sont très purgatives.

Asaret (hauteur, 0ᵐ,20).

La médecine utilise l'asaret comme sternutatoire.

ascaride (grec : *ascariseïn*, sautiller). — Vers blanc ou jaunâtre, cylindrique, aminci aux deux extrémités, qui vit dans l'intestin des animaux vertébrés. On en connaît un grand nombre d'espèces. Ces animaux se reproduisent par des œufs, mais le mode d'éclosion est peu connu. La principale espèce, l'*ascaride lombri-*

coïde (*fig.*), se trouve dans l'intestin grêle de l'homme; sa longueur peut dépasser 25 centimètres. On le trouve surtout chez les enfants âgés de 3 à 10 ans, et principalement chez les enfants faibles. Sa présence peut

Ascaride lombricoïde (*ver intestinal*) (longueur, 0ᵐ,25).

donner lieu à divers accidents nerveux; en particulier, ces vers peuvent remonter dans l'estomac et même dans la trachée et les bronches, et déterminer l'asphyxie. On les combat avec succès par divers vermifuges : calomel, tanaisie, semen-contra.

ascension droite. — Voy. coordonnées équatoriales.

asperge. — Plante potagère de la famille des *liliacées*; sa culture se fait en grand dans presque toute la France. L'asperge cultivée comestible se compose d'une tige souterraine fournissant des turions ou bourgeons, qui sortent de terre et deviennent les tiges aériennes de la plante, destinées à porter de petites fleurs, puis des fruits rouges arrondis (*fig.*).

Ce sont les turions, coupés dès qu'ils

Rameau d'asperge avec les fruits (hauteur totale de la plante, 1ᵐ,50).

sortent de terre, qui constituent l'*asperge* livrée à la consommation.

On connaît un grand nombre de variétés d'asperges. On les obtient par graines; ces graines fournissent des petites plantes, ou *griffes* (*fig.*), qu'on plante ensuite en lignes. La culture des asperges demande beaucoup de soins; elle se trouve en particulier très bien d'être faite en même temps

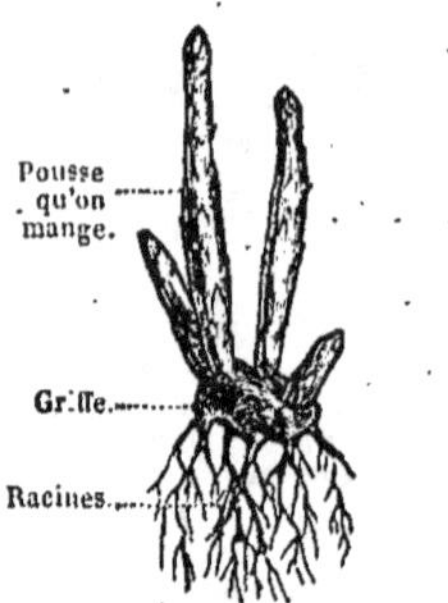

Pied d'asperges. — *La griffe* se ramifie sous le sol; sur ces ramifications se trouvent des *yeux*, d'où sortent d'autres asperges, comme sur le pied.

que celle de la vigne. A Argenteuil, près Paris, on plante jusqu'à 5,000 griffes d'asperge par hectare de vigne, ce qui donne une récolte considérable. Une plantation d'asperges peut donner

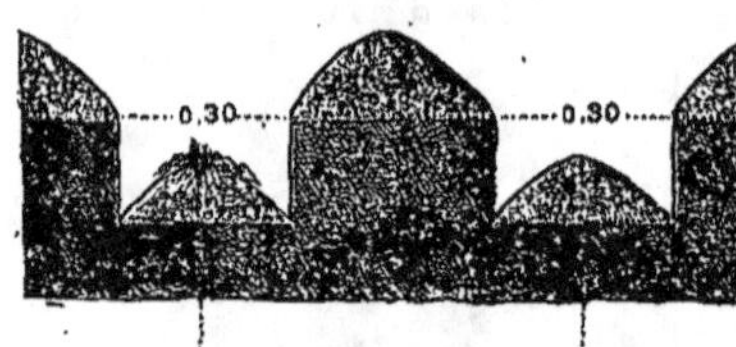

Plantation des griffes d'asperge.

un bon rapport pendant plus de 10 ans. L'asperge est un aliment sain et de bonne nature, mais son usage communique aux urines une odeur forte et désagréable. Les pointes servent à faire du sirop dont on se sert comme médicament diurétique. On consomme annuellement, à Paris, 15 millions de kilogrammes d'asperges.

asphalte. — L'asphalte (*bitume de Judée, baume de momie*) est un corps d'origine organique, solide, noir, compact, fusible et combustible. On le trouve sur les bords de la mer Morte, et dans certains terrains, mélangé à du sable et du calcaire. Les Egyptiens l'utilisaient pour la conservation des cadavres. Les usages en sont aujourd'hui très restreints; il est employé en particulier dans certains procédés de gravure photographique.

asphodèle. — Herbe vivace de

Asphodèle (hauteur, 1 mètre).

la famille des *liliacées*, commune dans le midi de l'Europe (*fig.*). On en connaît un grand nombre d'espèces, employées surtout pour l'ornementation des jardins. La racine, qui est tubéreuse dans certaines espèces, serait capable de servir à la fabrication de l'alcool; elle donne une farine comestible.

asphyxie (grec : *a*, privatif; *sphuxis*, pulsation). — Etat de mort apparente provenant de la suspension de la fonction respiratoire, amenant successivement celle de toutes les autres et enfin la mort réelle. Dans l'asphyxie, le sang devient noir, la face et les extrémités prennent une coloration violette, la sensibilité disparaît, puis tous les phénomènes vitaux sont supprimés les uns après les autres. Tout cela vient de la diminution de la quantité d'oxygène libre contenue dans le sang, et de l'accumulation de l'acide carbonique.

Causes de l'asphyxie. — L'asphyxie peut être due à ce que l'air ne pénètre plus dans les poumons : asphyxie par submersion dans l'eau, par pendaison, strangulation, par introduction d'un corps étranger dans les voies respiratoires, asphyxie survenant dans le cours de maladies qui produisent des lésions capables d'empêcher l'arrivée de l'air, telles que *pneumonie, pleurésie, paralysie des muscles respira-*

toires, croup, etc. Elle peut aussi résulter de l'immersion dans un gaz d'ailleurs non toxique ou peu toxique, mais dans lequel la quantité d'oxygène est trop faible ou la quantité d'acide carbonique trop forte (azote, hydrogène, acide carbonique, etc.). Quand intervient un gaz fortement toxique, comme l'acide sulfhydrique ou l'oxyde de carbone, il n'y a plus asphyxie à proprement parler, mais empoisonnement.

Soins à donner. — Dans les cas d'asphyxie, les soins à donner immédia-

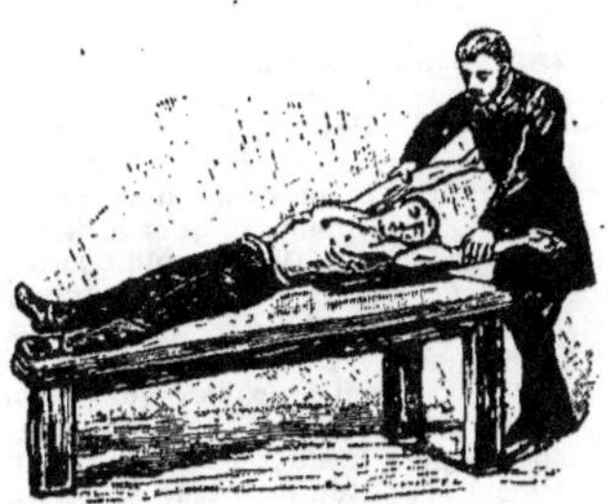

Asphyxie. — *Respiration artificielle :* la poitrine s'emplit d'air.

tement consistent à tout faire pour rétablir la respiration et les battements du cœur. D'abord on éloignera la cause du mal, et on placera le malade au grand air, horizontalement, la tête un peu élevée, en enlevant tous les vêtements susceptibles d'apporter une

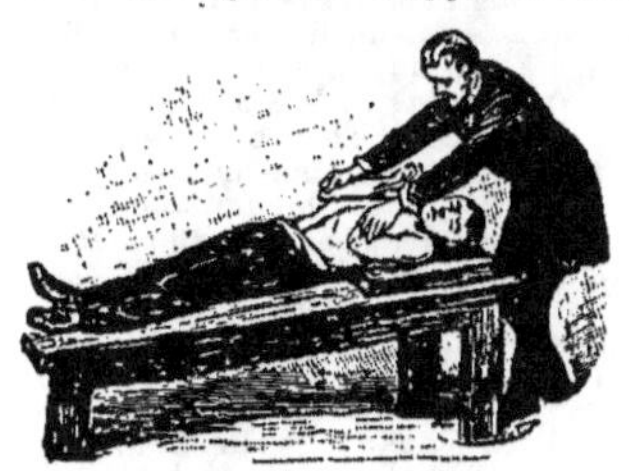

Asphyxie. — *Respiration artificielle :* la poitrine se vide d'air.

gêne quelconque. On insuffle alors de l'air dans les poumons, avec force, mais par intermittence, et cela soit de bouche à bouche, soit avec un tuyau quelconque; on tâchera d'éveiller la sensibilité par des frictions sèches et stimulantes, avec des linges rudes; on fera respirer de l'ammoniaque ou de l'éther; on jettera de l'eau froide à la figure; on entourera le corps de couvertures chaudes. Et pendant tout ce temps on pratiquera la *respiration artificielle* (*fig.*). La manière la plus simple d'opérer est la suivante : saisissez les deux bras au-dessus du coude, et élevez-les jusqu'à ce qu'ils soient étendus au-dessus de la tête. Abaissez ensuite les bras du malade et les pressez d'une façon continue et avec ménagement contre la poitrine. Ces mouvements doivent être répétés lentement, de façon à faire 12 à 15 inspirations et autant d'expirations artificielles par minute. On a vu des asphyxiés rappelés à la vie après plusieurs heures de respiration artificielle.

aspic. — Plusieurs serpents venimeux ont successivement porté le nom d'aspic. Aujourd'hui on réserve ce nom pour désigner une espèce de *vipère*.

assainissement. — L'assainissement a pour but de faire disparaître les causes d'insalubrité. On assainit les appartements par une ventilation active; une ville, en y perçant de larges rues et en y plantant des arbres, en faisant disparaître les logements humides et trop petits, en ménageant un écoulement rapide des eaux ménagères, en adoptant un système rationnel de vidange et en y répandant l'eau potable à profusion. On assainit une contrée marécageuse en déterminant par un moyen quelconque l'écoulement des eaux. Quand des bâtiments, des voitures, des vêtements ont été infectés par les vermines, les miasmes..., on les assainit par une désinfection au *chlore*, au *chlorure de chaux*, au *sulfate de fer*, à *l'acide phénique*, etc.

assolement. — Quand une plante est cultivée plusieurs fois de suite dans le même champ, elle fournit des récoltes de plus en plus faibles. Aussi a-t-on l'habitude d'alterner les cultures dans une terre; c'est cette alternance qui constitue l'*assolement* (*fig.*). Le principe des assolements est de faire suivre une récolte qui enlève au sol certains éléments minéraux, par une récolte qui demande à la terre des éléments minéraux différents, ou bien encore par une récolte qui puise dans l'atmosphère la plus grande partie des minéraux nécessaires à son développement.

On nomme justement plantes *épuisantes* celles qui dépouillent la terre d'une partie de ses éléments de fertilité, parce qu'elles vivent plus aux dépens de la couche arable qu'aux dépens de l'atmosphère, et parce qu'il faut un certain laps de temps pour que les principes minéraux enlevés au sol s'y reforment en quantités suffisantes. D'autres plantes sont au contraire regardées comme *fertilisantes :* ce sont celles qui vivent plus aux dépens de l'air qu'aux dépens de la couche arable. L'alternance bien comprise de ces deux genres de plantes cultivées peut non seulement maintenir la fertilité naturelle du sol, mais encore accroître et porter à son maximum sa force productive : tout bon assolement doit arriver à ce résultat.

astérie (grec : *astèr*, astre). — Animal zoophyte nommé aussi *étoile de mer*, à cause de sa forme (*fig.*). La bouche, qui sert en même temps d'anus, est au milieu; les organes de la vision sont à l'extrémité des bras; des pieds rudimentaires sont sur les rayons. Les astéries rampent au fond de la mer, où elles se nourrissent de mollusques. Elles présentent le plus souvent dans leur existence des métamorphoses assez compliquées. Le nombre des espèces est assez grand; la taille est variable.

Astérie ou Étoile de mer.

astéroïdes. — Les *astéroïdes*, nommés aussi *planètes télescopiques*, constituent un groupe de très petites **planètes**, dont l'orbite est comprise entre celle de Mars et de Jupiter (voy. **planète**). On en connaît actuellement plus de 200, dont aucune n'est visible à l'œil nu. La plus grosse des planètes télescopiques est 2 000 fois plus petite que la terre; elles ont une durée de révolution moyenne de 5 ans. On admet que tous ces corps sont les débris d'une planète primitive qui aurait fait explosion.

asthme. — Maladie dont le siège est dans les nerfs qui commandent les mouvements nécessaires à la respiration. Elle est caractérisée par une grande gêne dans la respiration, une oppression qui arrive par accès, une toux pénible et suffocante. Puis les accès se calment, sont suivis d'une expectoration abondante. L'asthme est une maladie chronique, héréditaire, qui amène souvent à sa suite des maladies des bronches et du cœur. On la combat par des précautions hygiéniques (éviter le froid, l'humidité, les odeurs), par des remèdes dont les plus usités sont la belladone et le bromure de potassium.

asticot. — Nom vulgaire qu'on donne aux larves d'un grand nombre de mouches. Ces larves se présentent sous forme de vers blancs, sans pattes, mais doués de mouvements très vifs. Elles se développent en abondance dans les matières animales en décomposition sur lesquelles les mouches ont pu déposer leurs œufs. Les asticots sont employés comme appât pour la pêche, et pour la nourriture des volailles.

astragale. — Plante de la famille des *légumineuses*, qu'on rencontre dans toutes les régions tempérées, mais surtout en Orient et dans l'Asie centrale. On en connaît de nombreuses espèces, dont quelques-unes ont des usages médicinaux, tandis que d'autres sont cultivées dans nos jardins comme plantes d'ornement.

L'astragale vraie (Perse, Asie Mineure) est un petit arbuste qui fournit la *gomme adragante**.

L'astragale fausse réglisse (environs de Paris) constitue un assez bon fourrage; ses racines peuvent remplacer celle de la *réglisse**.

Une autre espèce, qui croît également en France, l'astragalus bæticus, produit des graines qui constituent un succédané du café.

astringent (latin : *astringere*, resserrer). — Les substances dites astringentes sont celles qui resserrent les tissus avec lesquels on les met en contact. Les médicaments employés comme astringents sont très nombreux; on les utilise à l'intérieur et à l'extérieur. Tels sont les acides plus ou moins étendus, les sels de plomb, de zinc, de fer, de cuivre, le tannin, l'acide gallique et les substances riches en tannin (ratanhia, noix de galle, quinquina, coing, cachou...).

asystolie. — Maladie du cœur qui consiste dans la diminution des contractions des ventricules, et par suite dans une insuffisance de la circulation du sang. Cette maladie survient à la suite d'une maladie grave qui a diminué fortement la force du sujet; les autres maladies du cœur conduisent fréquemment à l'asystolie, qui détermine la mort.

atavisme (latin : *atavus*, aïeul). — Tendance qu'ont les êtres vivants de transmettre à leur descendance, sans les avoir communiquées à leurs enfants, les propriétés qui les caractérisent. Les exemples d'atavisme sont surtout très nombreux chez les plantes; les plantes hybrides ont une tendance très prononcée à retourner à la forme, soit du mâle qui a fourni le pollen, soit de la femelle qui a fourni l'ovule. Quand un organisme s'écarte du type primitif par suite de procédés de culture, il tend toujours à y revenir si ces procédés de culture viennent à lui faire défaut. L'atavisme est bien démontré aussi chez les animaux, et on observe fréquemment des ressemblances entre certaines personnes et leurs ancêtres éloignés (voy. **hérédité**).

ataxie (grec : *ataxia*, désordre). — Irrégularité, soit dans l'accomplissement de certains phénomènes physiologiques (ataxie des mouvements de locomotion), soit dans la marche de certaines maladies. — *L'ataxie locomotrice* provient d'une maladie de la moelle épinière. Elle débute par l'affaiblissement de la vue, des névralgies, des bourdonnements d'oreilles, puis des douleurs très fortes qui parcourent brusquement les extrémités. Enfin arrivent les troubles de la locomotion ; le malade ne sait plus marcher, et dans l'obscurité il lui est impossible de faire mouvoir ses jambes. La maladie s'aggrave plus ou moins rapidement, les mouvements deviennent de plus en plus difficiles, et la mort survient après plusieurs années de souffrances. Les cas de guérison sont extrêmement rares. Tous les traitements successivement employés n'ont donné que des résultats très incomplets.

athrepsie (grec : *athreptos*, non nourri). — Maladie des enfants nouveau-nés, due au défaut de nutrition et caractérisée par des selles verdâtres, des vomissements, un amaigrissement extrême, des ulcérations aux jambes. Au début, on combat la diarrhée par des soins hygiéniques, une bonne alimentation, le sous-nitrate de bismuth. Cette maladie se termine très fréquemment par la mort.

atmosphère. — Voy. **pression atmosphérique** et **manomètre**.

atrophie (grec : *atrophia*, sans nourriture). — Dépérissement progressif d'un organe ou d'un tissu dans lequel la nutrition ne se fait plus normalement. Ainsi l'*amaigrissement* est une atrophie du tissu adipeux. La diminution progressive du poids chez les vieillards résulte d'une atrophie du corps entier. L'atrophie est plus grave quand il y a disparition complète des éléments, avec substitution d'éléments nouveaux qui ne sont pas aptes à remplir les fonctions normales. L'atrophie n'est pas toujours une maladie (amaigrissement des vieillards, amaigrissement des animaux hibernants). L'atrophie maladive survient à la suite

Atrophie du bras.

d'affections graves (fièvres, diarrhées chroniques, diabète, défaut de nourriture, fatigues longtemps prolongées); le traitement varie avec la cause du mal (*fig.*). L'*atrophie du cœur* résulte de nombreuses causes d'affaiblissement de cet organe : elle est incurable.

atropine. — Alcaloïde qu'on retire de la *belladone*. C'est un poison très violent, dont l'absorption est rapide; 8 à 10 centigrammes sont suffisants pour donner en quelques heures la mort à un homme. Certains animaux sont réfractaires à l'action de ce poison ; le lapin peut impunément se nourrir de feuilles de belladone : sa chair devient alors un poison pour l'homme. Comme antidotes de l'atropine on a conseillé le tannin, le charbon animal, l'iode, sans que l'action de ces agents ait été bien démontrée. — La médecine utilise beaucoup l'atropine comme calmant, et aussi dans le traitement de certaines maladies des yeux.

attacus. — On a donné ce nom à divers papillons (famille des *lépidoptères*) dont les chenilles construisent de volumineux cocons, faits d'une soie susceptible d'être utilisée. La soie de plusieurs attacus est en effet l'objet d'un commerce assez important en Chine. L'*attacus mylitta* est élevé dans l'Inde anglaise pour la fabrication des tissus; il donne la soie dite *tussah* qui fait, paraît-il, la solidité des foulards du pays; le papillon a 15 centimètres d'envergure. L'*attacus yama-maï* est le ver à soie du chêne du Japon. L'*attacus cynthia*, ou ver à soie de l'*ailante* *, est élevé en grand dans tout le nord de la Chine ; la chenille,

Attacus cynthia, ou *ver d soie de l'ailante* (larve et cocon).

longue de 8 centimètres, est d'un beau vert émeraude ; elle ne craint pas la

Attacus cynthia (papillon).

pluie et prospère très bien sur les arbres mêmes (*fig*.).

attraction. — Voy. électricité, magnétisme, gravitation universelle.

attrape-mouche. — Nom donné a plusieurs plantes, entre autres la *dionée*, dont les fleurs ou les feuilles se ferment au contact des petits insectes qui viennent s'y poser, de façon à les retenir. Ces petits animaux meurent dans leur prison, et une partie au moins de leur substance est absorbée par la plante, à laquelle elle sert de nourriture.

aubépine. — Arbrisseau de la famille des *rosacées*, nommé aussi *épine blanche* (*fig*.). Cet arbrisseau vit très longtemps et peut alors devenir véritablement un arbre. On le cultive en buissons qui forment d'excellentes clôtures, solides, durables et s'opposant très efficacement au passage des animaux, à cause des nombreuses épines dont la plante est armée. Belles petites fleurs blanches, fruits rouges. Les boutons floraux peuvent être mangés en salade ; les fruits, très recherchés des oiseaux, sont parfois employés à faire une boisson alcoolique ; l'écorce sert dans le tannage et la teinture ; le bois, très dur et très lourd, est employé à faire de petits objets demandant beaucoup de résistance ; les menus branchages forment d'excellents fagots pour le chauffage. — Plusieurs variétés obtenues par culture sont recherchées pour leurs belles fleurs.

Aubépine. — Quand elle est isolée, sa hauteur peut atteindre 10 mètres.

aubergine. — Plante annuelle de la famille des *solanées*, originaire de l'Asie, on la cultive aujourd'hui dans presque toute la France, et surtout dans le Midi (*fig*.). On en connaît un grand nombre de variétés. Le fruit est une grosse baie allongée dont la couleur varie, selon les variétés, du violet au rouge, du blanc au jaune. Bien mûre, l'aubergine constitue un mets recherché qu'on mange cuit et assaisonné de diverses manières.

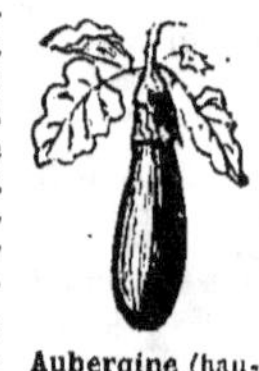

Aubergine (hauteur, 0ᵐ,50).

aune. — Arbres de la famille des *amentacées*. Les fleurs, disposées en chatons, sont les unes mâles, les autres femelles ; le fruit est petit et

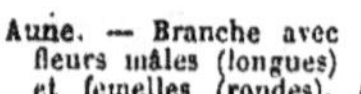

Aune. — Branche avec fleurs mâles (longues) et femelles (rondes).

Aune (haut., 25 mètres).

contient une seule graine. Toutes les

espèces d'aune peuvent croître dans nos climats. L'*aune commun* (*fig.*) prospère surtout dans les terrains humides; il peut arriver à 25 mètres de hauteur. Bon bois blanc pour les travaux de menuiserie et d'ébénisterie; brûle rapidement et est recherché pour le chauffage des fours. L'écorce, riche en tannin, est employée dans le tannage et la teinture.

aunée. — Herbe vivace de la famille des *composées* (*fig.*): nombreuses espèces croissant en France. La *grande aunée* atteint un mètre de hauteur; les fleurs sont d'un beau jaune vif. La racine, amère, est employée en médecine.

Aunée (hauteur, 1 mètre).

aurone. — Plante de la famille des *composées*, nommée aussi *citronnelle*, voisine de l'*armoise*; arbrisseau dont la hauteur peut aller à un mètre (*fig.*). Aromatique; cultivée dans les jardins pour son odeur; employée en médecine comme vermifuge. On en met parfois dans les caisses de vêtements, pendant l'été, pour les préserver des mites; de là le nom de *garderobe* qui lui est parfois donné.

Aurone (hauteur, 1 mètre)

auscultation (latin : *auscultare*, écouter). — Action d'écouter attenti-

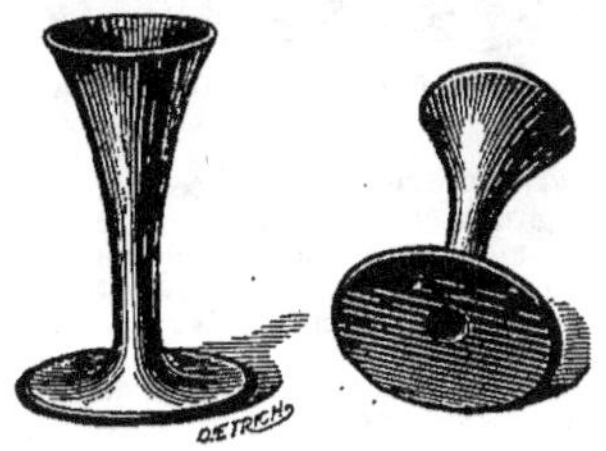

Stéthoscope pour auscultation.

vement, et à l'aide de tous les moyens possibles, les bruits, normaux et anor-

maux, qui se produisent dans nos organes, à l'état de santé ou de maladie L'auscultation est surtout appliquée aux bruits de la circulation du sang et de la respiration. Elle se fait en appliquant simplement l'oreille sur les différentes parties des parois qui renferment l'organe à explorer. Ou bien on se sert, comme intermédiaire, d'un instrument nommé *stéthoscope* (*fig.*). Pour réussir en auscultation, il faut avoir une profonde connaissance des bruits habituels dans l'état sain et de leurs modifications selon les diverses maladies.

autoplastie (grec : *autos*, soi-même, *plassein*, faire). — Restauration d'un organe détruit au moyen d'une partie saine empruntée à l'indi-

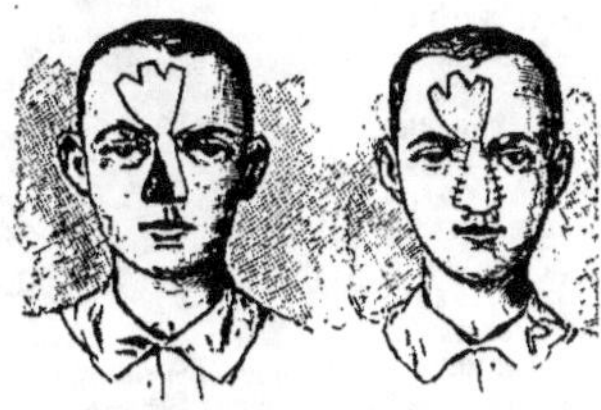

Autoplastie du nez, à l'aide de la peau du front; la peau détachée du front sert à reformer le nez. (Rhinoplastie.)

vidu même. C'est ainsi que, dans le cas de perte du nez, on fait un nez artificiel à l'aide de la peau du front (*fig.*) ou de la peau du bras du malade.

automne. — (Voyez saisons). L'automne est une saison d'humidité et de commencement de froid. On y fait les dernières récoltes (vendange, poires, pommes, betteraves, pommes de terre), — on fait les labours et les semailles pour les plantes qui doivent passer l'hiver en terre (blé). Au point de vue de la santé, c'est l'époque des rhumes, maux de gorge de toute nature, bronchites, pleurésies, rhumatismes. Les autres maladies sont relativement rares. On doit, pendant les mois d'automne, se garder surtout de l'humidité et des variations souvent si brusques de la température. Il convient de ne pas trop tarder à quitter les vêtements d'été.

autour. — Oiseau *rapace diurne* aux ailes assez longues, à la queue grande et arrondie, dos d'un brun noirâtre, ventre blanc régulièrement rayé de brun (*fig.*). Niche sur les arbres élevés. Les œufs sont d'un vert blanchâtre, avec des taches jaunes ; coquille rugueuse. Très nuisible, car il chasse beaucoup les oiseaux et en particulier les pigeons ; s'attaque aussi aux mammifères (rat, lièvre, lapin).

Autour commun (longueur, 0m,40).

L'*autour épervier* est plus petit que l'autour ordinaire (*fig*).

autruche. — L'*autruche* est un grand oiseau *coureur* qui se distingue par un corps volumineux, un cou presque nu, des jambes longues, robustes, sans plumes. Le mâle a les plumes du tronc

Autour épervier (longueur (0m,33).

très noires, celles des ailes et de la queue d'un blanc éclatant. La femelle est moins belle. Le poids atteint 75 kilos. Habite tous les steppes de l'Afrique et les déserts qui renferment au moins quelques oasis. Vit en troupes parfois considérables. Elle est incapable de voler, mais la rapidité de sa course est surprenante ; elle rivalise aisément avec le cheval de course ; elle est capable de franchir sans arrêt au moins 200 kilomètres en 10 heures. Se nourrit principalement de substances végétales ; avale tous les objets qu'elle rencontre, même les objets les moins comestibles.

Les autruches pondent à plusieurs dans le même nid, simple trou creusé dans le sable ; le mâle couve les œufs pendant la nuit ; le jour il les recouvre de sable et les abandonne au soleil. La grosseur des œufs est variable ; ils pèsent en moyenne 1442 grammes, ce qui est la valeur de 24 œufs de poule ; ils sont blancs. L'incubation dure de 6 à 7 semaines. Les petits quittent le nid dès la naissance.

L'autruche est l'objet de chasses très actives. On l'élève aussi en captivité comme oiseau d'agrément ; se reproduit en captivité. Chair savoureuse ; on utilise la graisse, on mange les œufs ; les plumes, fort belles, sont l'objet d'un très grand commerce.

Au Cap, on élève actuellement les autruches en grand, en vue du commerce des plumes ; une seule autruche mâle, bien soignée, donne en une année pour 2 000 francs de plumes. Enfin les autruches peuvent, à l'occasion, servir de bêtes de somme (*fig.*).

L'autruche d'Afrique courant (hauteur totale, 2m,50).

Des autruches, il faut rapprocher les **nandous** (*fig.*), qui

Nandou (hauteur totale, 1m,60).

Casoar à casque (hauteur totale, 1m,60).

sont les autruches d'Amérique ; et les casoars, plus trapus (*fig.*).

Récolte des plumes de l'autruche domestique du Cap.

avalanche. — Masse de neige qui se détache des flancs supérieurs d'une montagne sous l'influence du vent ou d'un changement de température, et qui glisse rapidement sur la pente, augmentant de grosseur à mesure qu'elle s'avance. L'avalanche s'accroît en route des rochers arrachés au sol et devient capable de renverser tout ce qu'elle rencontre, et d'ensevelir des villages entiers.

On s'oppose aux ravages des avalanches par des plantations d'arbres qui fixent la neige au sol et en empêchent le glissement; quand les plantations sont impossibles, des murs très solides, construits sur la route habituelle des avalanches, les arrètent ou les font aller dans une direction où les dégâts sont moins à redouter. Les *avalanches d'hiver* consistent en des tourbillons de neige dure et sont plus redoutables pour les voyageurs que les *avalanches de printemps*.

avant-bras. — Partie du membre supérieur de l'homme comprise entre

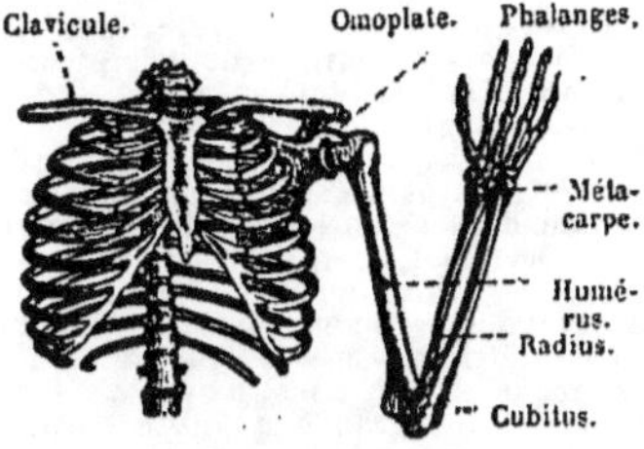

Membre supérieur : bras, avant-bras et main.

le coude et le poignet. Il renferme deux os, le *cubitus* du côté du petit doigt, et le *radius* du côté du pouce,

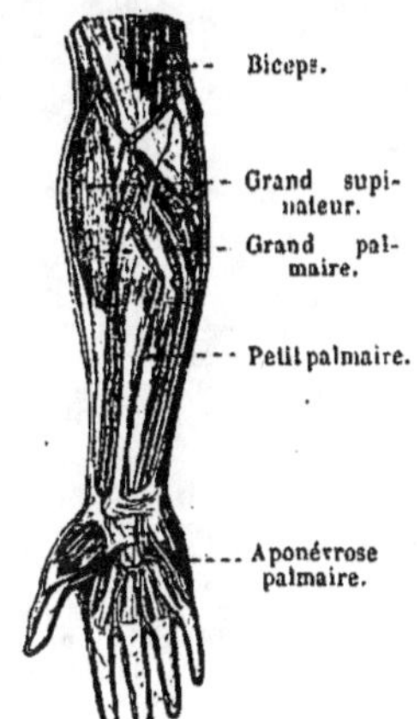

Principaux muscles du membre supérieur.

20 muscles lui donnent un grand nombre de mouvements divers; il y a, en outre, bien entendu, des veines, des artères, des vaisseaux lymphatiques et des nerfs. Par rapport au bras, les mouvements de lavant-bras

sont des mouvements de haut en bas et de bas en haut, et des mouvements de torsion (*fig.*).

Chez les animaux mammifères, l'avant-bras est la région du membre antérieur située entre le genou et l'épaule, car c'est là que se trouvent le cubitus et le radius.

aveugle. — La cécité peut être native ou accidentelle; elle n'est pas toujours incurable. La cécité native provient d'un défaut de l'œil, tel que l'occlusion des paupières, l'adhérence de l'iris avec la cornée... La cécité accidentelle peut survenir dans une foule de circonstances : blessures aux yeux; vive réverbération de la lumière sur les sables ou les neiges, supportée pendant très longtemps; suite de petite vérole; maladies propres à l'œil, tel que *amaurose*, *cataracte*, *ophthalmies* répétées, etc.

La cécité est ordinairement suivie d'un développement surprenant des autres sens, tact, ouïe, odorat, qui suppléent alors, dans une certaine mesure, à la vue absente. C'est depuis 1780 seulement qu'on s'est occupé de tirer les aveugles de la dégradation intellectuelle et morale dans laquelle ils avaient été laissés jusqu'à cette époque; de nos jours, les aveugles peuvent recevoir une instruction complète, grâce à des méthodes spéciales d'enseignement.

Il y a, en France, à peu près 40 000 aveugles, c'est-à-dire à peu près un par 1 000 habitants.

Chez certaines espèces animales, les organes de la vue sont complétement atrophiés ou très rudimentaires et cette cécité est quelquefois acquise par l'influence du milieu dans lequel vivent ces espèces; cela arrive en particulier chez beaucoup d'insectes qui vivent au fond des cavernes, dans l'obscurité.

avicule. — Mollusque bivalve dont on connaît un grand nombre d'espèces, vivant dans toutes les mers.

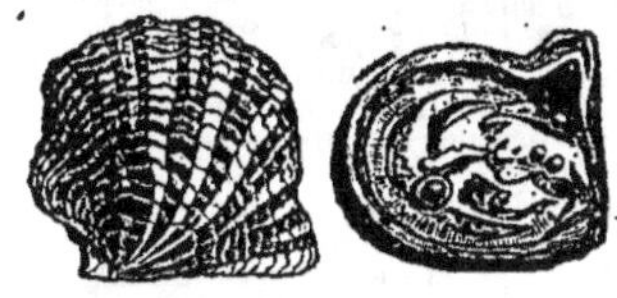

Avicule (diamètre, 0^m,15).

La plus célèbre, l'*aronde aux perles*, fournit une nacre très estimée; c'est dans cette avicule qu'on trouve les

perles fines (Ceylan, golfe Persique) ;
elle habite aussi la Méditerranée. (*fig.*).

avocette. — Oiseau de l'ordre
des *échassiers*, voyageur, recherchant
surtout les pays froids. On le trouve
au bord de la mer, à l'embouchure des

Avocette (longueur, 0m,50).

fleuves, cherchant sa nourriture dans
la vase avec son bec long et recourbé.
La femelle fait son nid sur terre, et
pond 3 ou 4 œufs. L'avocette commune,
blanche avec des bandes noires, est un
des plus beaux oiseaux des côtes de
l'Océan (*fig.*).

avoine. — Plante de la famille des
graminées ; les espèces sont fort nombreuses, mais trois seulement sont cultivées pour les graines qui servent à la
nourriture des che-
vaux et, exceptionnel-
lement, à faire du
pain. D'autres avoines
sont des fourrages,
d'autres des plantes
nuisibles. L'*avoine
commune*, dont les
variétés sont nom-
breuses, est dans tou-
tes les régions tempé-
rées ; elle craint les
fortes chaleurs et les
grands froids ; pros-
père à peu près dans
tous les terrains et
peut succéder à toutes
les cultures (*fig.*).

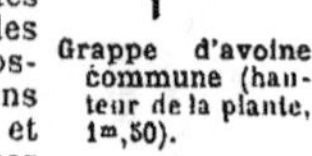

Grappe d'avoine
commune (hau-
teur de la plante,
1m,50).

L'avoine est employée pour la nourriture des chevaux et des autres animaux domestiques dans tous les pays
tempérés ; estimée pour ses propriétés
excitantes et stimulantes ; augmente
le lait des bêtes laitières. La paille
d'avoine, très riche en matières nutritives, sert à la nourriture des bestiaux.
Avec la balle d'avoine, on fait des pail-

lasses pour les enfants et les infirmes.
Diverses variétés sont cultivées comme
fourrage.

La *folle avoine* est une espèce très
nuisible à l'agriculture, car elle est
rustique, vigoureuse et pousse avant
toutes les autres céréales ; sa destruction est très difficile car ses graines
tombent sur le sol avant la récolte.
L'*avoine à chapelets*, ou *chiendent à
perles*, n'est pas moins nuisible ;
elle est très envahissante et se propage
à l'aide de sa racine vivace.

axonge.— L'*axonge*, ou *saindoux*,
est la graisse extraite de l'épiploon
du porc. Elle est blanche, molle, sans
odeur, saveur fade ; elle fond à 37 degrés.
Très employée dans la préparation des
aliments, la pharmacie, la parfumerie
(pommades et fabrication des savons
fins). Sert aussi pour graisser les harnais, les instruments, les roues.
L'axonge du commerce est souvent
mêlée à des graisses de qualité inférieure ; on trouve aussi moyen d'y incorporer une grande quantité d'eau.

azotates. — Les *azotates* sont des
combinaisons de l'acide azotique avec
des oxydes métalliques ; ainsi l'azotate
de cuivre est une combinaison d'acide
azotique et d'oxyde de cuivre. Ce sont
des corps solides, solubles dans l'eau,
qui *fusent* sur les charbons ardents,
parce qu'ils lui donnent de l'oxygène qui
active sa combustion. — Les azotates
sont peu répandus dans la nature, où
on ne trouve guère que les azotates de
potasse (salpêtre), de soude (salpêtre
du Chili), de chaux, de magnésie.
Parmi les azotates les plus importants
utilisés dans les arts, citons l'*azotate
de potasse* (voy. salpêtre), l'*azotate de
soude*, employé à la fabrication du
salpêtre, l'*azotate d'argent*, ou *pierre
infernale*, employé comme caustique
en médecine, et surtout utilisé en photographie.

azote (grec : *a*, privatif ; *zoé*, vie).
— Gaz incolore, inodore, insipide, très
difficilement liquéfiable ; il n'entretient
ni la combustion ni la respiration.
L'*azote* forme presque les quatre cinquièmes du poids de l'air ; quand on
veut l'isoler, on fait passer lentement
l'air sur de la tournure de cuivre
chauffée au rouge ; l'oxygène de l'air
est absorbé par le cuivre, et l'azote
passe seul.

L'azote n'a pour ainsi dire pas d'u-
sages proprement dits, mais il joue un
rôle essentiel dans la nature, comme
les trois autres éléments principaux
de l'air, oxygène, acide carbonique et
vapeur d'eau. Il entre en effet dans la
constitution d'un grand nombre de

principes animaux et végétaux. Dans les animaux et les végétaux, l'azote, uni à l'oxygène, à l'hydrogène et au carbone, forme des alcaloïdes (quinine, strychnine...), des matières colorantes et des matières albuminoïdes (albumine, fibrine, caséine, gluten). L'azote

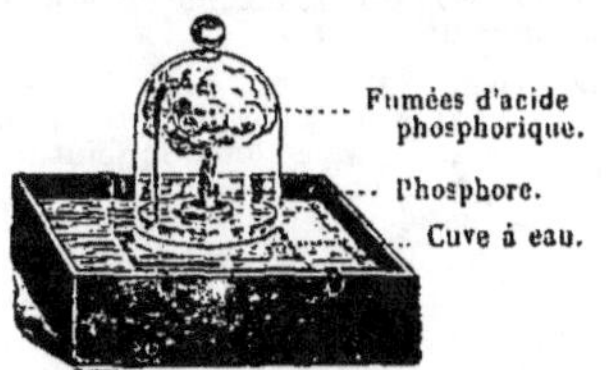

Azote (extraction de l'azote de l'air).

nécessaire à la formation de toutes ces substances est emprunté par les animaux aux végétaux qui leur servent d'aliments ; et les végétaux le puisent dans les engrais et dans l'atmosphère. L'azote de l'air n'a pas seulement un

Azote. — Une souris introduite dans une cloche remplie d'azote, ne tarde pas à y périr, faute d'oxygène.

rôle modérateur des actions oxydantes de l'oxygène, il est lui-même actif, directement absorbé par les végétaux.

Parmi les composés minéraux de l'azote, plusieurs sont très importants : ammoniaque, acide azotique, divers azotates.

azote (*protoxyde d'*). — Gaz incolore, inodore, à saveur sucrée, découvert en 1770 par Priestley. C'est un composé formé par l'union de l'azote et de l'oxygène ; on le prépare en décomposant l'azotate d'ammoniaque par la chaleur. N'est pas vénéneux, mais il n'entretient pas la respiration ; une inhalation prolongée de ce gaz pur détermine l'asphyxie. Seulement l'asphyxie est précédée d'une surexcita-

tion générale, sorte d'ivresse agréable accompagnée d'hallucinations et d'idées riantes (de là son nom de *gaz hilarant*) ; bientôt après apparaît une insensibilité complète qui cesse dès que les menaces d'asphyxie forcent à suspendre l'inhalation. Cette insensibilité de courte durée permet de l'employer comme anesthésique pour l'extraction des dents (*fig.*). Pour cet usage

Anesthésie par le protoxyde d'azote

il est livré au commerce à l'état liquide, dans des vases métalliques très résistants, munis de robinets spéciaux pour le débit du gaz. Paul Bert a proposé de l'employer dans les opérations de longue durée ; il conseille de faire respirer au malade un mélange d'oxygène et de protoxyde renfermant, sous une pression totale de 920 millimètres, une pression individuelle de 780 millimètres de protoxyde et une pression individuelle de 140 millimètres d'oxygène. De la sorte, le mélange renferme assez de gaz hilarant pour anesthésier, et assez d'oxygène pour entretenir la respiration ; on n'a plus à craindre l'asphyxie, et on peut entretenir l'insensibilité aussi longtemps qu'on le veut.

azotique (*acide*). — Ce liquide, nommé aussi *acide nitrique, eau-forte, esprit de nitre*, est un composé d'azote et d'une forte proportion d'oxygène. L'industrie en prépare de très grandes quantités en chauffant l'*azotate de soude* au contact de l'*acide sulfurique* (*fig.*).

C'est un liquide incolore, qui émet à l'air des fumées blanches quand il est très concentré, et des vapeurs piquantes. Il attaque vivement tous les métaux, sauf l'or et le platine ; le métal se dissout dans l'acide, en même temps qu'il se dégage un gaz rouge très dangereux nommé *vapeurs rutilantes*.

Les matières organiques sont également attaquées, et détruites, ou transformées en d'autres ; ainsi l'acide concentré, versé sur l'essence de térébenthine, en détermine l'inflammation immédiate ; étendu d'eau, l'acide azotique colore en jaune la peau, la soie, la laine. Il attaque la glycérine pour la transformer en *nitroglycérine*, le coton pour le transformer en *fulmicoton*, la benzine pour la transformer en *nitrobenzine*.

On se sert de l'acide azotique dans

Préparation de l'acide azotique ordinaire. — Dans l'industrie, on prépare l'acide azotique en traitant l'azotate de soude par l'acide sulfurique ; l'acide vient se rendre dans des bonbonnes en grès au fond desquelles se trouve un peu d'eau.

le travail ou la préparation d'un grand nombre de métaux, pour graver l'acier et le cuivre (*gravure à l'eau-forte*),

dans la gravure sur pierre (*gravure lithographique*), dans la teinture, dans la préparation d'un grand nombre de composés importants (*acide sulfurique, azotate d'argent, fuchsine, fulmicoton, dynamite, acide picrique, fulminate de mercure, nitrobenzine*). La médecine l'utilise comme caustique et astringent.

azuline. — Belle matière colorante bleue préparée à l'aide de l'*aniline*. Elle est très employée dans la teinture de la soie, et donne des bleus à la fois brillants, solides et à bon marché.

azurage. — Opération qui a pour but de faire disparaître la teinte un peu jaune que présente souvent le linge après le lavage. Se fait en plongeant ce linge dans de l'eau légèrement teintée en bleu à l'aide de préparations qui consistent en sulfate d'indigo, mélangé soit avec de la gomme et de la fécule, soit avec de la gomme, du sulfate de soude, du blanc de Meudon ou de Troyes (*bleus cuivrés ou bronzés, bleus en pierre, tablettes et pastilles rayées, bleus célestes, bleus nouveaux, bleus solubles, bleus Bellard ou de Saxe, bleus en boules*).

B

bactéries. — *Ferments* sur la nature desquels on n'est pas bien fixé, puisqu'on ne sait pas si ce sont des animaux ou des végétaux. Ainsi le ferment qui fait aigrir le vin et le transforme en vinaigre est une bactérie. Ce ferment vit et se développe à la surface du vin. Voy. **microbes.**

badianier. — Plante dicotylédone dont le fruit, nommé *badiane* ou *anis étoilé*, à un parfum très agréable, en même temps qu'il est tonique et stimulant. Ce fruit entre dans la préparation de l'*anisette* et de l'*absinthe* ; les feuilles sont employées pour faire des infusions stimulantes. Selon les espèces, le badianier

Badianier de la Chine, ou *anis étoilé* (hauteur de la plante entière, 4 mètres).

est un arbre ou un arbrisseau ; il est cultivé surtout en Chine, au Japon, dans les Indes et dans l'Amérique du Sud (*fig.*).

baguenaudier. — Arbrisseau de la famille des *papilionacées*, qui croît surtout dans les parties chaudes de l'Europe. Ses feuilles, très amères, sont purgatives.

baie. — Tout fruit mou, renfermant plusieurs graines situées au milieu d'une pulpe plus ou moins abondante. Ex. *Raisin, groseille, orange, citron, pomme, poire, citrouille, melon, belladone, houx, sureau, lierre.*

bâillement. — Inspiration lente et profonde, la bouche grande ouverte, à laquelle succède une expiration lente et graduée. Le *bâillement* survient chaque fois qu'une cause physique (fatigue) ou morale (ennui, anxiété) a déterminé un ralentissement de la respiration ; il a pour résultat d'introduire dans les poumons une grande quantité d'air. C'est d'ailleurs un acte instinctif, presque spasmodique et, de plus, contagieux. Le bâillement peut amener la luxation de la mâchoire inférieure.

bain. — Le *bain* est tantôt hygiénique, tantôt thérapeutique. Les bains hygiéniques sont destinés à maintenir la peau propre et à lui permettre par suite de remplir ses diverses fonctions. Ils doivent être *tièdes*, c'est-à-dire d'une température comprise entre 29 et 34°, et ne guère se prolonger au delà de 30 minutes; on évitera de les prendre par un temps froid, à moins que ce ne soit à domicile. Un bain trop *chaud* augmente la

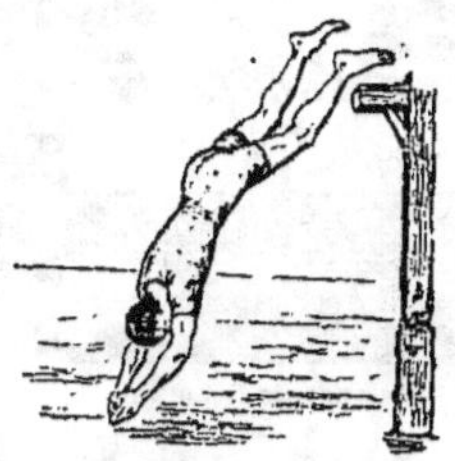

Bains. — Il est indispensable d'entrer brusquement à l'eau.

transpiration de la peau, détermine une excitation générale bientôt suivie d'affaiblissement; il est dangereux surtout pour les tempéraments sanguins. Un bain trop *froid*, au-dessous de 28°, doit être aussi évité.

La médecine use beaucoup des bains, bains très chauds, tièdes, frais, ou même très froids; bains composés, dans lesquels on a introduit certaines substances. Mais le médecin seul peut décider de leur opportunité.

Pour prendre un bain, même un bain de pied, il faut n'avoir pas mangé depuis au moins 3 heures.

Bains de mer et de rivière. — Les bains froids de mer et de rivière sont utiles aux personnes en bonne santé pendant les chaleurs de l'été; ils sont toniques, fortifiants, donnent de l'appétit; ils sont nuisibles aux personnes faibles, nerveuses, irritables, aux enfants très jeunes et aux vieillards. Leur durée ne doit jamais dépasser 20 minutes. Il est bon de les faire suivre de frictions sèches énergiques, et d'un peu d'exercice. Ils peuvent être pris sans danger *le corps étant en sueur*, pourvu que leur durée ne soit pas trop grande : c'est même alors qu'ils font le plus de bien. Les bains de mer sont plus énergiques que ceux de rivière; l'eau de mer est une véritable eau minérale. On doit éviter de

les prendre au moment de la grosse chaleur, comme au moment de la fraîcheur; on se déshabillera rapidement et on se mettra à l'eau très vite, le corps étant un peu en moiteur (*fig.*). On prendra beaucoup de mouvement dans l'eau et on sortira au bout de quelques minutes. Il faudra ensuite s'essuyer rudement, s'habiller vite et faire une promenade.

balaline. — Insecte *coléoptère* nommé aussi *charançon des noisettes* (*fig.*). En juin, la femelle perce

Balaline (longueur totale, 0m,01).

la coque encore tendre des noisettes, et dépose un œuf dans chaque fruit. Quand la larve est éclose, elle mange

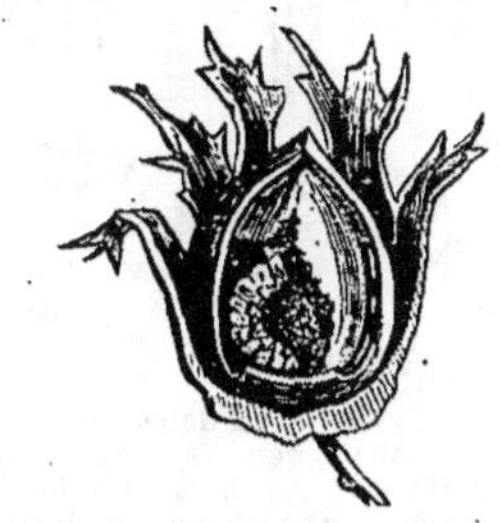

Noisette ouverte, montrant la larve

l'amande (*fig.*). Quand la larve est développée, elle creuse un trou rond dans la coque, sort et va s'enfoncer

Noisette entière, montrant le trou par leque l'insecte est sorti.

dans le sol pour y passer l'hiver. Au printemps elle se transforme en insecte parfait.

balance. — La *balance* est destinée à peser les corps, c'est-à-dire à comparer les poids des différents corps à celui d'un autre convenablement choisi (gramme et ses multiples ou sous-multiples).

La **balance** commune est un *levier* du premier genre (voy. **levier**). Ce levier, soutenu par un *couteau* placé exactement en son milieu, forme ce qu'on nomme le *fléau*, présentant deux *bras*

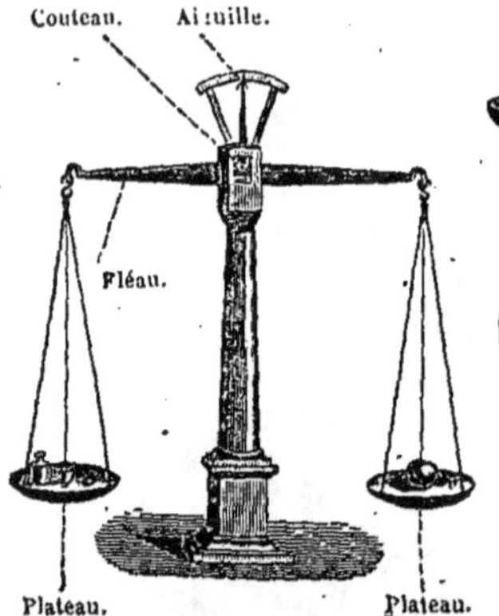

Balance commune.

de leviers égaux ; aux deux extrémités du fléau sont suspendus les *plateaux*, qui doivent être de même poids. Une *aiguille* portée par le milieu du fléau se meut devant un cadran et montre si la balance est en équilibre dans la position horizontale (*fig.*).

Chacun sait comment on se sert d'une balance.

Pour qu'une balance soit bonne, il faut qu'elle soit *sensible*, c'est-à-dire qu'elle s'incline, quand on l'a une fois mise en équilibre, sous l'influence d'une surcharge très petite ajoutée dans un des plateaux. Une balance de ménage doit être sensible au gramme ; les petites balances de précision des laboratoires sont parfois sensibles au dixième de milligramme.

En outre, la balance doit être *juste*, c'est-à-dire que des poids égaux, placés dans les plateaux, doivent amener le fléau à la position horizontale. On peut cependant faire des pesées exactes avec une balance fausse, pourvu qu'elle soit sensible. Dans l'un des plateaux on met le corps à peser, et dans l'autre on ajoute une tare quelconque (par exemple du plomb de chasse), jusqu'à ce qu'il y ait équilibre.

On enlève alors le corps, sans toucher à la tare, et on le remplace par des poids marqués, ajoutés jusqu'à ce que l'équilibre soit rétabli. Ces poids qui ont remplacé le corps donnent son *poids exact*, que la balance soit juste ou fausse.

On a donné à la balance commune une forme plus commode, celle dite **balance anglaise** ou mieux **balance de Roberval**. Les plateaux, au lieu d'être suspendus au-dessous du fléau, sont

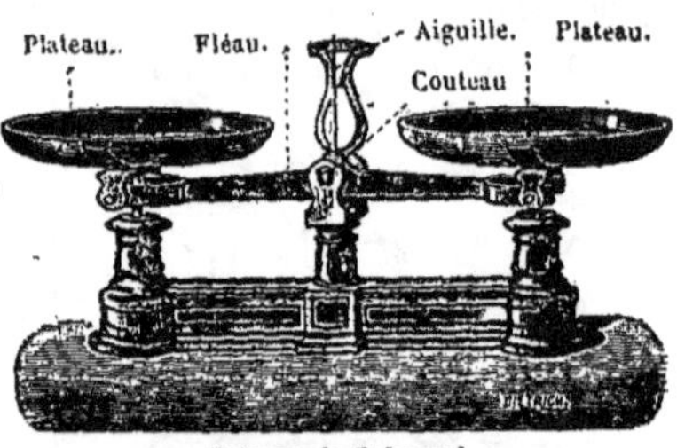

Balance de Roberval.

posés sur les extrémités des bras du levier. On n'est plus alors gêné par les cordons (*fig.*).

Pour les gros poids, on remplace la balance par la **bascule** (*fig.*). La bascule est aussi constituée par un levier du premier genre, mais dont les deux bras sont inégaux. Le fléau est constitué par un levier très résistant qui repose sur un support par un couteau. A l'extrémité du *grand bras* est fixé le plateau qui recevra les poids ; à l'extrémité du *petit bras*, *dix fois moins long*, est attachée une plate-

Bascule.

forme sur laquelle on déposera le corps à peser. Grâce à cette disposition, le rapport entre le poids du corps et celui des poids marqués sera, au moment de l'équilibre, de 10 à 1. Pour avoir le poids d'un corps à l'aide d'une bascule, il faut donc multiplier par 10 la valeur des poids marqués qui lui font équilibre.

La **balance romaine**, moins sensible que la balance ordinaire, est d'un usage plus simple; elle a surtout l'avantage de peser tous les objets à l'aide d'un seul poids. C'est encore un levier du premier genre, mais dont l'un des bras a une longueur variable, puisque le poids peut se déplacer le long

Balance romaine.

de ce bras. On tient l'appareil à la main par un anneau ; on suspend le corps à un crochet qui est à l'extrémité du petit bras de levier. Le long de l'autre bras, on déplace un poids unique, ce qui revient à faire varier la longueur de ce bras ; en face de la position à laquelle s'arrête le poids au moment de l'équilibre, on trouve inscrit un nombre qui indique le poids du corps.

Les grandes bascules, comme celles des chemins de fer, réunissent en un seul appareil la bascule ordinaire et la romaine.

Plus simples encore sont les **pesons à ressort** (*fig.*), ou **dynamomètres**. A un ressort d'acier recourbé sont attachées deux tiges métalliques dont l'une monte, tandis que l'autre descend. On tient à la main une des tiges, par un anneau, et on suspend le corps à l'autre, par un crochet. Le poids du corps fait fléchir le ressort dont les deux branches se rapprochent l'une de l'autre. Ce rapprochement est indiqué par des numéros marqués le long des tiges métalliques. Le numéro en face duquel s'arrête un point de

Peson.

repère fixe marqué sur une des tiges donne le poids du corps suspendu. Le peson est économique, peu encombrant ; il n'est pas très précis. On lui a donné diverses formes.

Dans l'industrie, on emploie des *dynamomètres* puissants pour mesurer non plus des poids, mais des efforts considérables, comme par exemple l'effort qu'il faut exercer sur un câble pour le rompre.

balbuzard. — Oiseau *rapace diurne*, d'assez grande taille; ventre blanc, dos jaune. Il est commun en France ; niche sur les rochers escarpés, les grands arbres ; se nourrit presque exclusivement de poissons. Animal nuisible, qu'on cherche à détruire en le prenant au piège (*fig.*).

Balbuzard (longueur totale, 0m, 60).

baleine. — La *baleine* se distingue des autres *cétacés* par la disposition de sa bouche (*fig.*). La mâchoire supé-

Baleine (longueur, 25 à 35 mètres).

rieure, en forme de carène, est garnie latéralement de lames de corne fibreuses, élastiques, disposées comme les dents d'un peigne ; ces lames se nomment les fanons. Quand l'animal ferme sa bouche, qui est énorme, il engloutit une grande quantité d'eau, avec les petits animaux qui s'y trouvent renfermés ; les fanons forment comme un crible, qui laisse sortir l'eau et retient la proie vivante. La baleine a une taille considérable, 20 à 36 mètres de longueur, le poids pouvant atteindre 150,000 kilos. La tête est énorme, la bouche largement fendue, avec deux évents. Cet animal habite principalement les mers glaciales ; il est presque toujours isolé, changeant de région avec la saison. Il nage très vite, sortant de temps en temps à moitié de l'eau pour respirer ; il peut plonger pendant plus de 25 minutes. Sa nourriture se compose uniquement de très petits animaux marins, céphalopodes, zoophytes, mollusques, annélides, dont il avale parfois des millions dans une seule bouchée ; l'œsophage, très étroit, ne livrerait pas passage à de gros poissons. On poursuit spécialement la baleine pour son huile et ses fanons. Une baleine de 20 mètres de long et pesant 78,400 kilos, a 33,000 kilos de graisse, qui fournissent 27,000 kilos d'huile ; elle donne en outre 1,080 kilos de fanons. Les peuples du Nord mangent la chair de la baleine ; ils boivent son huile comme nous buvons du vin.

Malgré ce rendement énorme, la *pêche de la baleine* est de moins en

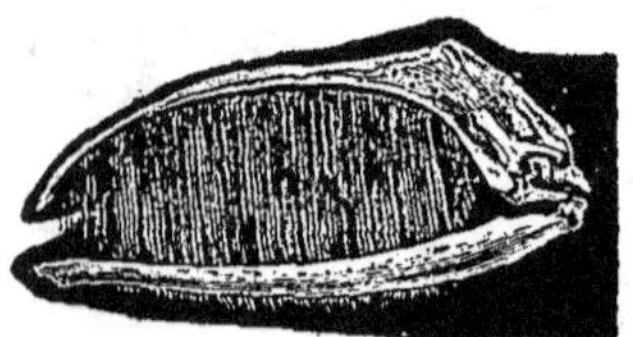

Tête de la baleine dont la peau et la chair ont été enlevées, de manière à montrer les os des deux mâchoires. — De la mâchoire supérieure descendent les fanons.

moins rémunératrice, car le nombre de ces cétacés devient de moins en moins considérable. Voici comment on procède. Le bâtiment baleinier, arrivé dans les régions polaires, se met à la recherche d'une baleine ; quand un animal est signalé, on lance les canots à la mer et on tâche de l'approcher. On lance alors un harpon dont le fer est attaché à une très longue corde. Atteinte, la baleine plonge en déroulant la corde avec une grande rapidité : c'est à ce moment que la barque est en danger de chavirer. Bientôt la baleine remonte pour respirer ; on s'en

Balisier (hauteur, 2 mètres).

approche de nouveau et la harponne une seconde fois ; quand elle est hors d'état de fuir, on l'achève à coups de hache. On la tire alors vers le navire, on la dépèce, et on enlève les fanons et

la graisse qu'on chauffe pour en retirer l'huile. Le reste est rejeté.

La *baleine franche* ou *boréale*, la *baleine australe*, et le *rorqual*, plus effilé, mais aussi long, sont les principales espèces de ce groupe. Le rorqual produit peu d'huile et ses fanons ont peu d'élasticité.

balisier. — Plante vivace, *mono-cotylédone*, cultivée surtout pour l'ornementation des grands jardins. Les feuilles en sont grandes et les fleurs, disposées en grappes à la partie supérieure, se montrent depuis juillet jusqu'aux gelées (*fig.*). Aux Indes, les feuilles servent à faire des paniers et à envelopper les denrées alimentaires.

balsamine. — Plante ornementale cultivée dans nos jardins ; les fleurs forment une grappe allongée ; le fruit

Balsamine (hauteur, 0m,35).

est composé d'une capsule oblongue qui éclate à la maturité, de sorte que les graines sont projetées au loin (*fig.*).

bambou. — *Graminée* arborescente des pays chauds ; on en connaît de nombreuses espèces, cultivées en grand en Asie, en Amérique, en Afrique. La plus importante est le *bambou commun* (*fig.*), ou roseau des Indes, dont le chaume, gros comme le bras, est très dur et peut s'élever à plus de 12 mètres ; on en fait des charpentes, des clôtures, des vases, des cannes, des charrettes, des meubles, etc. Les jeunes

Bambou (hauteur, 10 mètres).

pousses sont mangées en Chine comme légume. Le jus sucré des jeunes tiges sert à préparer une boisson fermentée. On cultive le bambou commun en Algérie.

bananier. — Grande plante herbacée et vivace qui peut atteindre plusieurs mètres de hauteur, et a le port et l'aspect du palmier (*fig.*). Ses fruits, les *bananes*, sont gros et longs, disposés en grappe, et ont une chair blanche, riche en amidon. Ces fruits sont un des éléments importants de l'alimentation dans les régions tropicales; après les avoir fait cuire sous la cendre, on les mange comme du pain; on peut les apprêter de diverses autres manières et

Bananier (hauteur, 5 mètres).

les conserver à l'état sec. La banane serait susceptible de servir avantageusement à la fabrication du sucre.

Certaines espèces, comme le *bananier abaca*, sont cultivées pour la matière textile fournie par les feuilles; le chanvre de Manille, qui nous vient des îles Philippines, est fourni par cette espèce; les cordages en chanvre de Manille sont très résistants. Dans nos climats on cultive certaines espèces comme plantes ornementales.

bandage. — Les bandages, généralement formés de longues *bandes* de

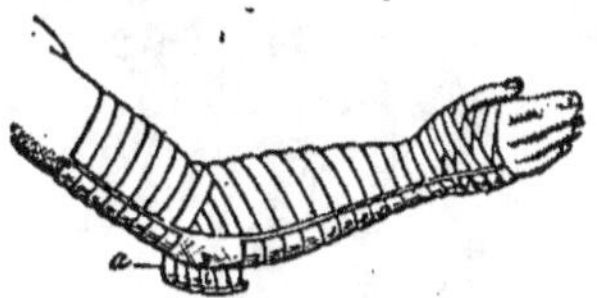

Bandage du bras.

toile et de *compresses* ', sont destinés à exercer une pression pour diminuer

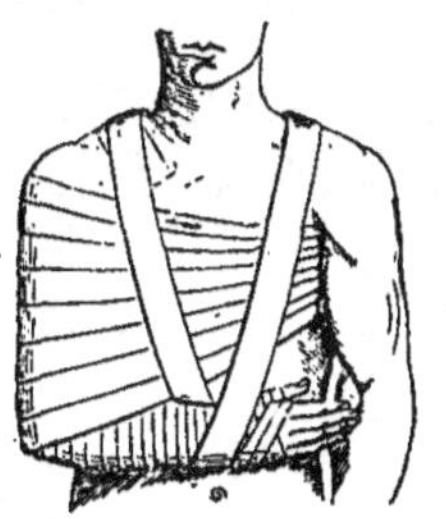

Bandage et immobilisation du bras.

un gonflement, ou à maintenir solidement en place les diverses pièces d'un pansement. L'enlacement de la bande de toile varie selon la place

Bandage de la tête.

qu'occupe le bandage. Quand le bandage doit maintenir solidement la partie malade, et demeurer longtemps en place, on imprègne la dernière couche d'une substance capable de se solidifier, telle que la *dextrine*, le *plâtre*, l'*amidon*, la *gélatine*, etc.; le bandage est alors comme d'une seule pièce (*fig.*).

On nomme aussi bandage une ceinture élastique d'acier destinée à contenir les *hernies* '.

baobab. — Arbre gigantesque de l'Asie et de l'Afrique tropicales, de la famille des *malvacées*; on en connaît qui ont un grand nombre de siècles d'existence (*fig.*). Toutes les parties du baobab sont utilisées.

Baobab (hauteur du tronc, 4 mètres; circonférence du tronc, 30 mètres; hauteur totale, 30 mètres).

bar. — Poisson marin, analogue à la perche, commun sur les côtes de

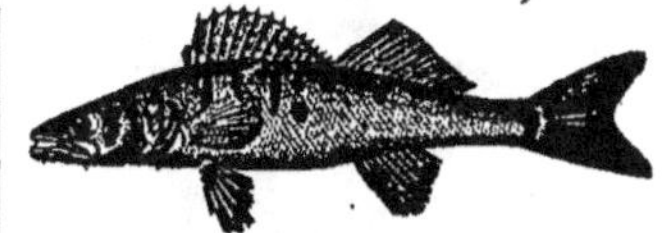

Bar commun (longueur, 0m,70).

France et d'Angleterre; on le pêche

aussi dans la Méditerranée. Son corps est assez allongé, sa bouche grande. Très vorace, il se nourrit de poissons, de vers, de crustacés ; à la fin de l'été il vient frayer sur le rivage. Sa taille atteint 1 mètre, sa chair est très estimée (*fig.*).

barbarée. — Herbe vivace de la famille des *crucifères*, qu'on rencontre dans les climats tempérés. Beaucoup d'espèces fournissent des feuilles comestibles, qu'on mange cuites ou en salade (*cresson des vignes, cressonnette, roquette*, etc.).

barbe. — Comme les cheveux, la *barbe* offre de grandes variétés de couleur, de longueur, de finesse, selon la race, le climat, le tempérament et la manière de vivre. La manière de porter la barbe a toujours été une affaire de mode. Ainsi les Egyptiens se rasaient, tandis que les Assyriens laissaient pousser leur barbe. Les Grecs ne commencèrent à se raser qu'au temps d'Alexandre. Les Francs portaient une moustache, avec une barbe courte et tressée ; Charlemagne et les Carlovingiens portèrent la barbe de plus en plus courte ; elle fut entièrement rasée sous les rois Capétiens. François I" fit adopter la mode des cheveux courts et des barbes longues, mode à laquelle nous sommes aujourd'hui presque revenus, quoique beaucoup de personnes continuent encore à se raser.

Au point de vue hygiénique, la barbe est un grand préservatif contre la carie des dents et les névralgies.

La barbe ne pousse guère qu'à la vingtième année ; cependant elle blanchit ordinairement avant les cheveux. D'ailleurs il y a des relations entre la barbe et les cheveux. L'habitude de porter la barbe rend plus précoce la chute des cheveux ; la beauté des barbes turques tient en partie à ce que la tête des musulmans est rase ; l'exubérance des cheveux chez la femme dépend peut-être de l'absence de la barbe.

barbeau. — Poisson d'eau douce analogue à la carpe (voy. ce mot) ; son corps est élégant, étroit, allongé, fait

Barbeau (longueur, 0ᵐ,50).

pour une natation rapide ; de chaque côté de la bouche sont deux grands barbillons, éloignés l'un de l'autre.

Les écailles sont petites. La longueur peut atteindre 60 centimètres, et le poids 7 à 8 kilos. Se trouve dans presque toutes les eaux douces de l'Europe centrale et méridionale. Se plaît surtout dans les eaux rapides ; il vit de petits poissons, de vers, d'insectes, de mollusques et de substances végétales en décomposition. Chair blanche, et d'un goût assez agréable ; les œufs sont quelquefois toxiques, mais plus souvent inoffensifs (*fig.*).

barbue. — Poisson plat, voisin du *turbot*, d'une chair très délicate ; très commun sur les côtes de France.

bardane. — Herbe de la famille des *composées*, croissant dans les régions tempérées d'Europe et d'Asie. La *grande bardane*, qui peut atteindre

Bardane (hauteur, 2 mètres).

2 mètres de hauteur, se multiplie spontanément très vite, et est considérée comme plante nuisible. Cependant le bétail la mange quand elle est jeune et sa racine est comestible pour l'homme (*fig.*). La *bardane géante* du Japon est cultivée pour ses racines, qu'on consomme comme le salsifis.

baromètre (grec : *baros*, poids ; *metron*, mesure). — Le *baromètre* a été imaginé en 1643 par Torricelli, disciple de Galilée. Il prit un tube de verre d'environ un mètre de long, fermé à une extrémité, ouvert à l'autre.

Après l'avoir rempli de mercure, il ferma l'extrémité ouverte avec le doigt, et l'introduisit dans un bain de mercure. Ayant alors enlevé le doigt, il put constater que le mercure descendait dans le tube pour s'arrêter à une distance verticale de 76 centimètres au-dessus du mercure de la cuvette (*fig.*).

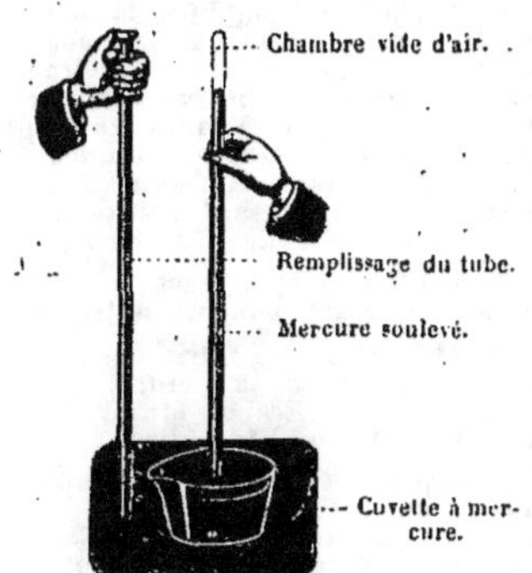

Expérience de Torricelli.

C'est la pression atmosphérique (voy. ce mot) sur le mercure de la cuvette qui soutient ainsi le liquide dans le tube ; la pression atmosphérique est donc justement capable de faire équilibre à la hauteur de mercure soulevée. C'est parce qu'il n'y a rien au-dessus du mercure, pas d'air, pas de pression qui contre-balance la pression atmosphérique, que le mercure est soulevé. Si on perçait en haut du tube une petite ouverture, l'air, entrant par là, exercerait une pression capable de contre-balancer la pression atmosphérique, et aussitôt le mercure du tube s'abaisserait au niveau de celui de la cuvette. Nous savons qu'au sommet d'une montagne la pression atmosphérique est moindre qu'à la base ; la hauteur de mercure soulevée dans le tube doit donc y être moindre ; c'est ce qui arrive. De même si on remplaçait dans le tube le mercure par de l'eau, qui est 13 fois 1/2 plus légère, l'eau serait soulevée à une hauteur 13 fois 1/2 plus grande, c'est-à-dire à $10^m,33$. Pascal l'a vérifié par l'expérience.

Variations de la hauteur du mercure soulevé. — La hauteur du mercure soulevé dans le tube de Torricelli diminue, à mesure qu'on s'élève. Au niveau de la mer elle a sa plus grande valeur, qui est en moyenne de 76 centimètres. Il existe, entre l'altitude du lieu d'observation et la hauteur du mercure dans le tube, une relation qui a été trouvée par Laplace. Avec cette relation on peut, quand on a mesuré la pression atmosphérique en haut et en bas d'une montagne, calculer la hauteur de la montagne. Ce procédé est très fréquemment employé. — En outre, d'un jour à l'autre, d'une heure à l'autre, la pression atmosphérique varie dans chaque lieu. Ces variations, qui ne dépassent pas 3 ou 4 centimètres, tiennent aux courants d'air qui se produisent constamment dans l'atmosphère sous le nom de vents, et aussi à l'humidité, dont la quantité est variable (voy. **pression barométrique**).

Baromètre. — Le baromètre est un instrument destiné à mesurer les variations de la pression atmosphérique. Il est généralement constitué par un tube de Torricelli muni d'une graduation permettant de mesurer, facilement et avec une grande exactitude, la hauteur du mercure soulevé (*fig.*). Les cons-

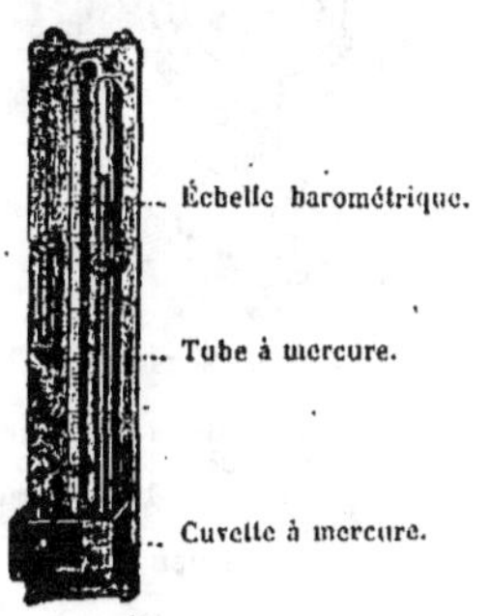

Baromètre normal.

tructeurs donnent à la graduation des dispositions très diverses, ayant toutes pour but de rendre la mesure de la pression aussi exacte et aussi facile que possible. Ce sont ces dispositions qui différencient les uns des autres les divers baromètres (baromètre de Fortin, baromètre à siphon). Le *baromètre à cadran* (*fig.*), qui n'est pourtant pas très précis, est peut-être le plus usité chez les gens du monde ; à l'aide d'une poulie, d'un fil et d'un contrepoids, les mouvements du mercure y sont communiqués à une aiguille qui tourne autour d'un cadran sur lequel on a inscrit les pressions. Les indications que donne cet instrument sur les variations de temps sont fort souvent en défaut (voy. **pression atmosphérique**).

Tous ces instruments ne donnent

exactement la pression atmosphérique que si le tube de Torricelli ne renferme pas du tout d'air. Pour vérifier si l'appareil est en bon état on incline doucement l'appareil, de façon à ce que le mercure s'élève jusqu'au som-

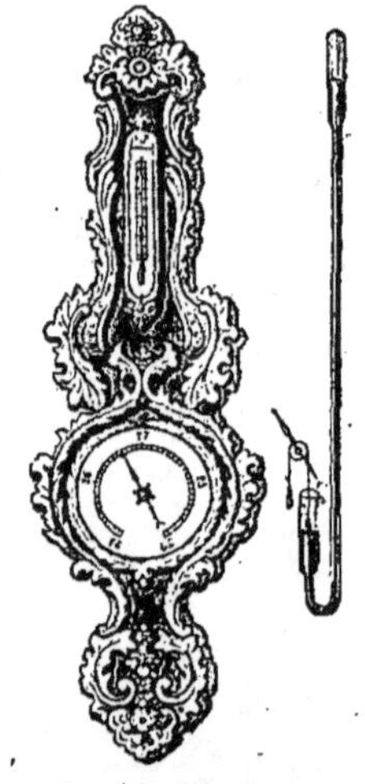

Baromètre à cadran.

met du tube : on entend alors un bruit sec, analogue à celui du marteau d'eau. S'il y avait de l'air, le bruit serait modifié et deviendrait sourd, ou même disparaîtrait complètement.

Baromètre anéroïde.

Baromètres métalliques (*fig.*). — On construit depuis quelques années des baromètres dits métalliques qui diffè-

rent essentiellement des baromètres de Torricelli. Un tube métallique en laiton très flexible est complètement vide d'air et hermétiquement clos. Ce tube est contourné en forme de croissant; le croissant se ferme un peu plus quand la pression atmosphérique augmente, et s'ouvre quand elle diminue. Ces mouvements des extrémités du croissant sont amplifiés et communiqués à une aiguille qui se meut sur un cadran. La graduation du cadran se fait par comparaison avec les indications d'un baromètre ordinaire à mercure. Les baromètres métalliques ont l'avantage d'être peu fragiles, légers, essentiellement portatifs; leurs indications ne sont jamais très précises.

barre. — Voy. fleuve, pour un sens, et **mascaret** pour un autre sens.

bartavelle. — Perdrix des montagnes, voisine de la perdrix rouge; assez rare en France (Jura, Alpes, Pyrénées, monts d'Auvergne).

basalte. — Pierre noire, compacte, dure, très lourde, dans laquelle sont enchassés souvent de petits cristaux. Elle est produite par la lave solidifiée des anciens volcans; dans la solidification qui a suivi le refroidissement, la couche de basalte s'est souvent fendillée d'une manière régulière, de façon à former de grandes colonnades de prismes hexagonaux, que l'on rencontre en Auvergne, en Islande (*fig.*). Quoique

Colonnade basaltique de Fingall, dans les îles Hébrides.

dur, le basalte s'altère facilement à l'air et constitue, par suite, une mauvaise pierre de construction.

baselle. — Plante de la famille des *chénopodées*, cultivée pour ses feuilles, qui se mangent comme les épinards; on en connaît plusieurs espèces; les tiges, sarmenteuses, atteignent jusqu'à 2 mètres de hauteur.

basilic. — Plante annuelle de la famille des *labiées*, originaire des pays chauds. Cultivée pour son odeur, ou comme condiment et aromate, à la manière du thym. On en connaît un grand nombre d'espèces, toutes de petites dimensions.

bassia. — Arbre des Indes, dont toutes les parties sont utilisées. Le bois sert aux constructions; le suc du tronc sert comme remède; l'écorce est employée contre les vers et la vermine; les rameaux et les branches servent de flambeaux; les feuilles sont comestibles, et on en fait une grande consommation, sous les formes les plus diverses. Fermentées, ces feuilles fournissent de l'alcool. Des fleurs on retire du sucre; les fruits sont alimentaires.

batraciens (grec : *batracos*, grenouille). — Les *batraciens* forment la quatrième classe des vertébrés. Ils sont caractérisés par les métamorphoses qu'ils subissent après leur naissance (*fig.*). Dans leur jeune âge, ils

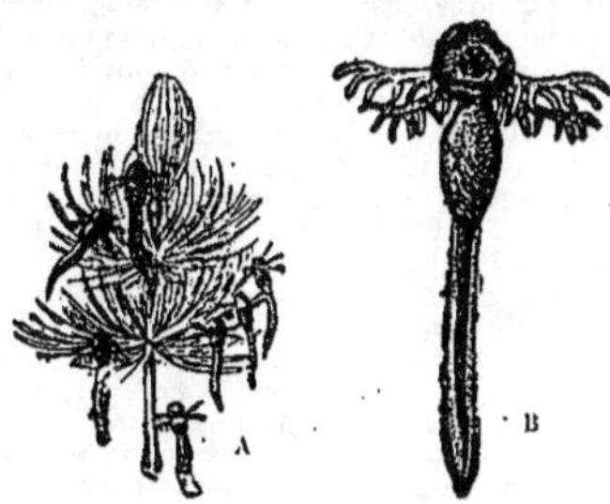

Les **métamorphoses successives d'un batracien** (exemple *grenouille*). — Le jeune têtard a d'abord ses branchies à l'extérieur (A, têtard grandeur naturelle ; B, têtard grossi).

ont l'organisation des poissons, respirant par des *branchies*, et quand ils sont arrivés à l'âge adulte ils ont l'organisation des reptiles, respirant par

Têtard : Les branchies extérieures disparaissent.

les poumons. Leur peau est généralement nue. Ils sont à température variable, leur température suivant de près celle du milieu ambiant. Ils vivent dans les eaux douces. Comme les rep-

tiles, ils sont ovipares ou ovovipares. La bouche, généralement large, est le plus souvent munie de dents sur les os des mâchoires et du palais. Leur régime est constitué, à l'état adulte, de petits animaux vivants. Le *coassement* des batraciens est parfois assez fort pour être entendu de fort loin.

La reproduction se fait le plus souvent par des œufs. Ces œufs sont déposés dans l'eau, entourés d'une substance albumineuse qui se gonfle dans l'eau; ils sont tantôt fixés isolément

Têtard *plus âgé :* Les deux pattes de derrière apparaissent.

sur les plantes aquatiques, tantôt en masses ou en longs cordons. Après la naissance les petits subissent des métamorphoses plus ou moins considérables.

Plusieurs batraciens sécrètent du venin. Celui du crapaud et de la sala-

Têtard *plus âgé :* les deux pattes de devant apparaissent à leur tour.

mandre est un suc laiteux dont l'inoculation amène rapidement la mort d'un oiseau ou même d'un chien, mais il n'a jamais occasionné celle d'un homme. Les grenouilles ont un venin cutané légèrement irritant qui, mis sur la conjonctive, peut déterminer l'inflammation de cette membrane. Certaines tribus de l'Inde et de l'Amérique empoisonnent leurs flèches avec le venin de quelques espèces de rainettes.

Têtard prêt à devenir grenouille : la queue va disparaître complètement.

Nous indiquerons seulement quelques espèces de batraciens, parmi les 400 espèces actuellement connues.

Rainettes. — Les *rainettes* (*fig.*) se distinguent par leurs doigts dont l'extrémité est élargie en forme de disque, qui leur permet de se soutenir sur les arbres, et même sur les feuilles les plus lisses. La *rainette verte*, ou *rainette commune*, est connue en

France, surtout sur le littoral de la Méditerranée. C'est un bien petit animal, car sa longueur ne dépasse guère 3 centimètres; le dos est d'un beau vert, le ventre blanc; la peau est très lisse. Le coassement du mâle est très

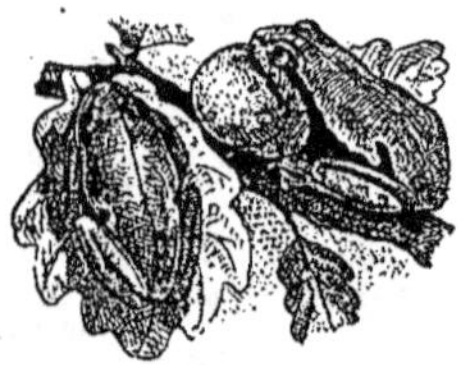

Rainette verte (longueur 3 centimètres). — La gorge du mâle se gonfle énormément quand il coasse.

bruyant. Les métamorphoses sont celles que nous allons indiquer pour la grenouille. La rainette pond dans l'eau, car les petits, à leur naissance, doivent vivre comme des poissons, mais l'animal adulte vit dans les arbres, où il fait une grande destruction d'insectes nuisibles. En été, la rainette vit dans les bois humides et les potagers; en hiver, elle s'enfonce dans la vase pour dormir pendant plusieurs mois.

Crapauds. — Les crapauds (*fig.*) ont une forme trapue, une peau rugueuse; de même que les rainettes, ils vivent

Crapaud (longueur parfois supérieure à 0m,20).

peu dans l'eau. Leur mâchoire supérieure est dépourvue de dents. Le corps porte un certain nombre de glandes à venin, de chaque côté du cou. Le jour, ils s'abritent sous les pierres, dans le creux des arbres; la nuit, ils chassent les articulés et les mollusques. La femelle pond autour des plantes aquatiques; les petits ont des métamorphoses comme ceux des grenouilles. Malgré leur apparence répugnante, les crapauds rendent des services dans les jardins en mangeant les vers, les chenilles, les limaces, les insectes. Le *crapaud vulgaire* est commun dans toute la France; on le trouve un peu partout en été; il dort en hiver. Exceptionnellement, il peut atteindre 30 centimètres de longueur. Le *crapaud vert* est moins ré-

pandu. Les crapauds sont des animaux utiles à l'agriculture; ils sont absolument inoffensifs et le venin sécrété par leur peau sert uniquement à les défendre contre leurs ennemis. Les nombreuses légendes relatives au crapaud sont dénuées de fondement.

Grenouilles. — Les grenouilles (*fig.*) se distinguent par une bouche largement fendue, des mâchoires munies de petites dents, une langue forte, de grandes pattes qui leur permettent de sauter avec facilité. En été, elles vivent dans l'eau et sur les bords; en hiver

Grenouille (longueur, 8 à 10 centimètres).

elles s'engourdissent en grand nombre dans la vase. Elles pondent un grand nombre d'œufs qu'elles déposent dans les eaux peu profondes. La larve qui sort de l'œuf se nomme *têtard*. Le têtard naissant est très petit; sa tête, très grosse, est confondue avec le ventre, qui se prolonge en une queue aplatie. Au bout de 15 jours ce petit animal singulier prend deux pattes, puis quatre, la queue persistant encore. Au bout de deux ou trois mois, le têtard change de peau, et il prend tout à fait la forme d'une grenouille, avec un petit reste de queue qui tombera bientôt. En même temps, les branchies sont remplacées par des poumons; l'animal ne peut plus respirer dans l'eau. La grenouille la plus commune en France, qu'on rencontre partout, est la *grenouille verte*, à la peau lisse, aux doigts palmés; elle peut atteindre jusqu'à 22 centimètres, y compris les pattes. Elle ne s'éloigne jamais de l'eau, vivant d'insectes, de petits mollusques, de vers. Sa chair est très délicate et elle a une certaine importance au point de vue alimentaire. La *grenouille rousse*, plus massive, moins grosse, moins répandue que la précédente, s'écarte davantage de l'eau, elle se nourrit de vers, d'insectes et de mollusques; à son tour elle est chassée par les oiseaux et les serpents.

Pipas. — Ces batraciens ont un aspect analogue à celui des crapauds, mais plus disgracieux encore. On les trouve à la Guyane. Après la ponte, le mâle place sur le dos de sa femelle les œufs qu'elle vient de pondre; ceux-ci éclosent dans les boursouflures de la peau, où la larve subit ses métamorphoses.

Salamandres.—Les salamandres (*fig.*) ont une forme bien différente de celle des espèces précédentes. Leur corps est allongé, luisant; elles ont quatre pieds, quatre doigts à ceux de devant, cinq à ceux de derrière, sans ongles, une queue longue, le plus souvent aplatie sur les côtés. Elles ont donné lieu à un grand nombre de fables dont aucune n'est justifiée. La *salamandre terrestre* est d'un noir foncé avec des taches jaunes ; sa longueur est de 20 centimètres. Elle donne naissance à des petits munis de pieds et de branchies ; ensuite les petits prennent des

Salamandre terrestre (longueur, 0m,15).

poumons. Elle vit sur terre, dans les endroits humides, mais va pondre dans l'eau. Mange des larves, des insectes, des mollusques. On la trouve en France un peu partout.

Tritons. — Les *tritons* ou *salamandres d'eau* (*fig.*) sont plus aquatiques. Ils ont la peau lisse, molle, granuleuse, une longue queue aplatie.

Triton *à crête* et triton *sans crête* (vulgairement *Salamandre d'eau* ; longueur, 0m,15).

Maladroits sur terre, ils sont au contraire très vifs dans l'eau des marais. La femelle dépose ses œufs un à un sur les feuilles des plantes aquatiques, en ayant la précaution de les y coller et de replier sur chacun d'eux la feuille qui devra les protéger. Le *triton à crête* a 15 centimètres de long ; le mâle porte une crête sur le dos ; il est commun dans les mares et les étangs. Ce triton, et les autres espèces de France, se nourrissent de vers, d'insectes, de mollusques aquatiques. Le venin sécrété par les glandes que ces tritons portent sous le corps est assez actif ; une faible quantité suffit pour tuer les mammifères relativement gros. Il faut, pour agir ainsi, que le venin soit porté dans le torrent circulatoire. Cependant, si les doigts en étaient imprégnés, il faudrait éviter de les porter aux yeux, car ce liquide est assez caustique pour déterminer l'inflammation des muqueuses.

Protées. — Ce sont des animaux aquatiques qu'on trouve surtout en Amérique. Une espèce vit dans les eaux souterraines de l'Istrie et de la Carniole ; ce protée est aveugle ; il a un corps très allongé, avec quatre pattes.

Sirènes. — Deux pattes seulement ; se rencontrent dans les eaux stagnantes de l'Amérique du Sud.

Cécilies. — Ces batraciens ont la forme des serpents ; ils ont le corps cylindrique, privé de membres ; les yeux sont presque cachés sous la peau ou manquent ; la peau est écailleuse ; les dents sont longues, aiguës, recourbées en arrière. Les métamorphoses s'accomplissent avant la naissance. Ces animaux, longs seulement de 10 à 12 centimètres, vivent sous terre de larves et d'insectes, on les trouve dans l'Amérique du Sud.

baudruche. — Pellicule mince formée avec la membrane de l'intestin du bœuf ou du mouton. Mouillée, la baudruche est très souple.

battage. — Opération qui a pour but de faire sortir les *graines* des enveloppes diverses qui les tiennent attachées aux tiges de la plante (céréales, plantes oléagineuses, fourragères et potagères). Les procédés de battage sont très divers ; on peut battre à l'aide du *fléau* (*fig.*) ; à l'aide d'un *rouleau* passant sur la plante, ou en faisant piétiner la plante par des chevaux, et enfin à l'aide d'une *batteuse* mécanique (*fig.*) mise en mouvement à bras d'homme, ou à l'aide de chevaux, ou enfin par la vapeur. Les batteuses mécaniques sont actuellement fort nombreuses et le battage par leur intermédiaire présente une grande économie par rapport aux autres procédés.

Battage au fléau.

Après le battage on procède au nettoyage parfait du grain à l'aide du *tarare* (*fig.*), ventilateur qui sépare le grain de la balle et de la poussière, et du *trieur* (*fig.*) qui sépare les grains par qualités.

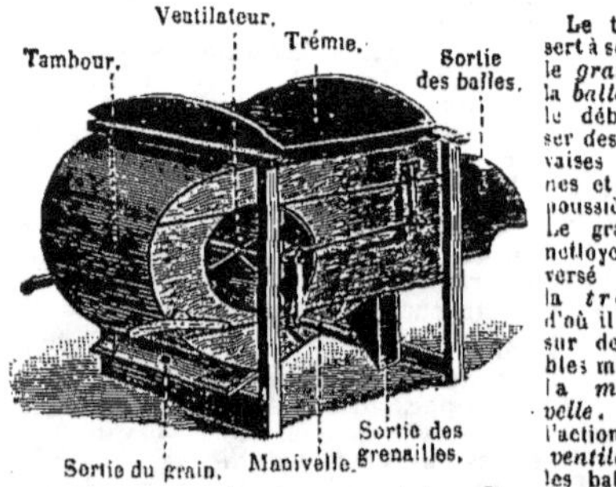

Batteuse mécanique. — La céréale, apportée sur le *tablier* A, est entraînée par le *batteur* B, qui sépare le *grain* de la *paille*. Le grain, encore mélangé aux *balles*, est séparé par l'action du *ventilateur* C et tombe dans le *sac* D. Quant à la paille, elle passe sur les *secoueurs* E qui en séparent les derniers grains.

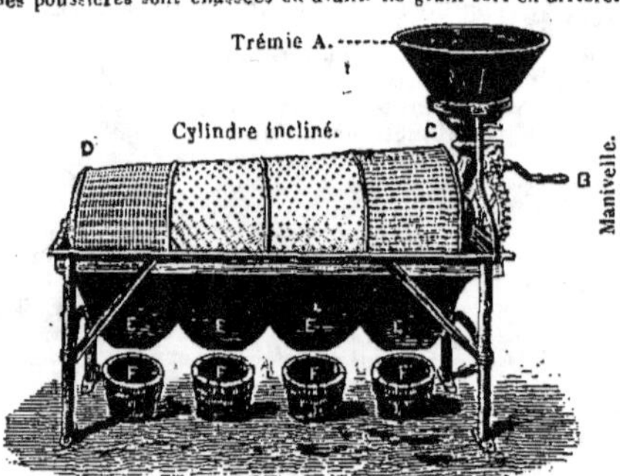

Le tarare sert à séparer le *grain* de la *balle* et à le débarrasser des mauvaises graines et de la poussière. — Le grain à nettoyer est versé dans la *trémie* d'où il passe sur des cribles mus par la *manivelle*. Sous l'action du *ventilateur* les balles et les poussières sont chassées en avant. Le grain sort en arrière.

Le trieur, en tôle perforée, sert à séparer les grains de diverses qualités et les débarrasser des impuretés qu'ils renferment. — A, *trémie*, dans laquelle on verse le grain. — C D, *cylindre incliné* divisé en quatre compartiments dont chacun est perforé de trous de grosseurs et de formes différentes ; B, *manivelle* à l'aide de laquelle on met l'instrument en mouvement ; — E E, ouvertures qui versent les grains séparés dans des baquets F F, placés sous chaque ouverture.

baume. — Matière résineuse d'odeur suave, sécrétée par divers arbres. Liquide d'abord, il se solidifie et se colore au contact de l'air. Le *benjoin*, le *baume de la Mecque* (d'une très douce saveur), le *styrax*, employé en pharmacie, sont des baumes.

bécasse. — Oiseau *échassier*; longueur totale 45 centimètres, dans lesquels le bec compte pour plus de 10 centimètres ; coloration terne, grisâtre. Se rencontre dans toutes les parties du monde, surtout dans les pays froids. Passe l'été dans les montagnes, l'hiver dans les bois humides des plaines. L'arrivée a lieu la nuit. L'oiseau est en effet crépusculaire et souvent nocturne; au clair de la lune la bécasse cherche les vermisseaux qui font sa nourriture. Elle niche dans les

Bécasse (longueur totale, 0m,16).

endroits solitaires, par terre, à l'abri d'un tronc d'arbre ; 4 ou 5 œufs ; les jeunes quittent le nid au sortir de la coquille. En France le passage des bécasses va d'octobre à la mi-novembre. Gibier très estimé (*fig.*).

bécassine. — Oiseau *échassier* analogue à la bécasse, mais beaucoup plus petit. Passe en France à l'automne et au printemps; fréquente les marais. Petit gibier très estimé.

bec-croisé. — Oiseau *passereau* d'une assez belle coloration ; remarquable en ce que les mandibules du bec sont déviées et croisées l'une sur l'autre. Longueur totale 16 centimètres. Vit surtout dans les forêts d'arbres verts; présente plus d'une analogie avec le perroquet; grimpe en s'aidant de son bec; se sert de ses pattes pour

Bec croisé (longueur totale, 0ᵐ,16).

manger les fruits qu'il cueille. Niche sur les pins; 3 ou 4 œufs presque ronds; d'un gris blanchâtre, taché et rayé de rouge au gros bout. Cause des dégâts dans les pineraies et les vergers (*fig.*).

bec-de-lièvre. — Difformité qu'on apporte en naissant, et qui consiste à avoir la lèvre supérieure plus ou moins complétement fendue. Souvent le bec-de-lièvre est double, c'est-à-dire qu'il y a deux scissures, de la lèvre (*fig.*).

Bec-de-lièvre simple (divers degrés).

Opération du bec-de-lièvre simple.

Bec-de-lièvre double (divers degrés).

 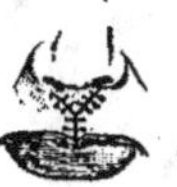 

Opération du bec-de-lièvre double.

Bec-de-lièvre.

Le bec-de-lièvre peut être compliqué d'une scissure des os du palais; il constitue alors une infirmité plus grave. Une opération chirurgicale pratiquée de six mois à dix ans, selon la gravité des cas, amène la disparition ou au moins l'atténuation de l'infirmité (*fig.*).

becfigue. — Petit oiseau insectivore et frugivore très commun dans

Becfigue (longueur totale, 0ᵐ,10).

le midi de la France et en Italie; chair très estimée (*fig.*).

bégaiement. — Difficulté dans l'articulation des syllabes; provient d'un fonctionnement irrégulier des organes de la voix : langue, voile du palais, lèvres, larynx, muscles de la respiration. Il est rare qu'on arrive à la guérison du bégaiement, mais on peut l'atténuer. On doit pour cela se livrer à une véritable gymnastique de la parole, réglée méthodiquement par des spécialistes. Un bégaiement léger disparaît à la longue quand on s'astreint à parler toujours très lentement, très distinctement, avec un caillou dans la bouche, et en réglant l'émission des syllabes par une mesure battue avec le bras, à la manière des musiciens.

bégonia. — Plante ornementale originaire des pays chauds, dont on cultive en France un très grand nom-

Bégonia (hauteur, 0ᵐ,30).

bre d'espèces. Dans les pays chauds quelques espèces sont alimentaires. Le feuillage est beau, les fleurs originales (*fig.*).

belette. — La *belette* (*fig.*) est le plus petit carnivore de France. Elle est de forme très allongée, d'une couleur roux uniforme, avec le bout de la queue toujours jaune foncé. Sa longueur totale, y compris la queue, qui est courte, est inférieure à 25 centimètres. Elle est très commune en Europe et en Asie, et s'élève dans les montagnes au-dessus des limites de la

Belette (longueur totale du corps, 0m,25).

grande végétation. Elle met bas au printemps une portée de quatre à cinq petits. — Ses instincts sont très carnassiers; malgré sa petite taille elle détruit beaucoup de volaille et de gibier; en forêt elle pénètre dans les terriers à lapins, dont elle suce le sang. Mais elle fait, en somme, ordinairement, plus de bien que de mal. Elle s'attaque en effet principalement aux rats, mulots, et même aux insectes, qu'elle chasse de nuit comme de jour.

bélier hydraulique. — Appareil servant à élever l'eau des sources ou des rivières, sans l'intervention d'aucune autre force que de celle de l'eau même; c'est-à-dire que l'on utilise la force du courant lui-même pour élever

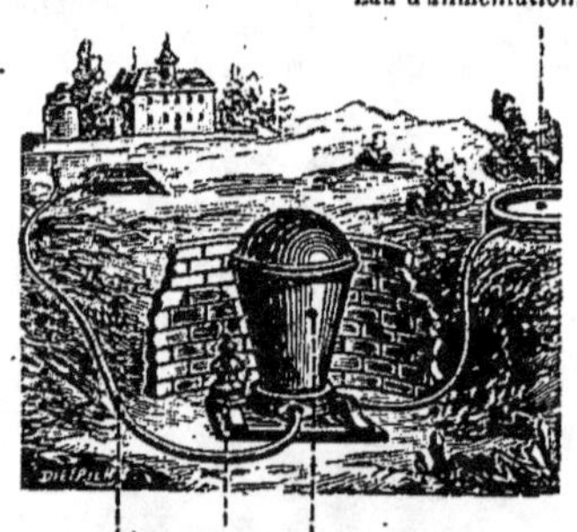

Bélier hydraulique. — L'eau provenant du bassin d'alimentation arrive dans le *bélier* situé un peu plus bas; de là elle passe dans la *tête* du bélier, et, par le jeu des soupapes, une partie de cette eau est refoulée à une grande hauteur dans un autre bassin supérieur, par le tuyau d'ascension.

une partie de l'eau à un niveau supérieur. Ainsi une source qui fournit 100 litres par minute pourra élever 15 litres par minute à une hauteur

de 20 mètres si on installe un bélier à 4 ou 5 mètres plus bas que le niveau de la source (*fig.*).

belladone. — Plante herbacée de la famille des *solanées*, qui croît spontanément dans les dunes et les bois;

Belladone (hauteur, 1m,50).

sa tige atteint 1m,50 de hauteur; les fleurs sont assez belles, le fruit est une baie de la grosseur d'une petite cerise. Toutes les parties de la plante sont très vénéneuses. La belladone est utilisée en médecine (*fig.*).

benjoin. — Baume sécrété par un arbre qui croît abondamment à Sumatra, à Java, dans le royaume de Siam; lorsqu'on pratique une incision sur l'arbre, il en sort un liquide qui bientôt se solidifie à l'air. Il est très employé comme parfum; l'*encens* renferme du benjoin.

benoite. — Herbe de la famille des *rosacées*, répandue surtout dans

Benoite écarlate (hauteur, 0m,50).

les prairies humides. Les animaux domestiques en mangent volontiers certaines variétés. Dans les jardins on cultive surtout la jolie *benoite écarlate* (*fig.*).

benzine. — Liquide incolore, d'une odeur désagréable, très inflammable, brûlant avec une flamme fuligineuse. On la retire par distillation du *goudron* de houille. Ses usages sont nombreux et importants. On l'emploie pour dissoudre le caoutchouc et produire des feuilles très minces de cette substance; elle est une des matières premières de la fabrication de l'*aniline*. On en fait l'*essence de mirbane*, usitée en parfumerie à cause de son odeur d'essence d'amandes amères. La benzine dissout les corps gras; aussi est-elle d'un grand usage dans le dégraissage; elle peut être appliquée sur toutes les étoffes sans en attaquer jamais les couleurs.

berberis. — Arbuste épineux qui prospère dans toutes les régions tempérées; les fruits, petites baies de couleur variable, sont comestibles; on en fait en particulier des confitures. L'*épine-vinette* est l'espèce la plus importante.

bergamotier. — Arbre du genre *citronnier*. Les fleurs en sont petites et d'une odeur très suave; les fruits sont d'un jaune pâle, d'un goût légèrement acide et agréable. Les bergamotiers sont cultivés dans toute l'Europe méridionale. L'*essence de bergamote*, tirée de l'écorce, et l'*essence de fleurs de bergamote* sont recherchées des parfumeurs et des confiseurs. On conserve aussi les bergamotes non encore mûres dans des sirops sucrés.

bergeronnette. — Petit oiseau *passereau*, à très longue queue, à démarche sautillante. Habite surtout les plaines, les chaumes; on la ren-

Bergeronnette (longueur totale, 0m,25).

contre souvent derrière le laboureur; elle aime à vivre dans le voisinage des troupeaux, où les mouchés abondent. Les bergeronnettes détruisent nombre de petits insectes; elles sont très utiles. La *bergeronnette printanière*. (*fig.*) est commune dans toute

la France; longueur totale 18 centimètres. Niche à terre; 5 à 6 œufs blanchâtres avec taches diverses. La *bergeronnette hochequeue* est un très petit oiseau; sur sa longueur totale de 20 centimètres, la queue compte pour 10 centimètres. Elle se tient de préférence près des cours d'eau.

berle. — Herbe de la famille des *ombellifères*, poussant dans les lieux humides. Plusieurs espèces sont considérées comme mauvaises herbes; d'autres, et en particulier le *berle-chervis*, sont cultivées pour leurs racines comestibles.

bernache. — Oiseau *palmipède* voisin de l'oie; habite les régions sep-

Bernache (hauteur sur le dos, 0m,28).

tentrionales; vient parfois en France passer l'hiver (*fig.*).

bernard l'hermite. — Le *bernard l'hermite* est un *crustacé* au corps allongé, lisse, à la couleur variée de rouge, de violet et de gris. La carapace ne recouvre pas tout le corps; l'ab-

Bernard l'hermite dans sa coquille.
(Sur la coquille se trouve un zoophyte.)

domen est mou, muni d'une nageoire. On le rencontre, et souvent en nombre considérable, sur toutes les côtes européennes de l'océan Atlantique. Ce crustacé a l'habitude de s'installer dans les coquilles vides des mollusques gastéropodes. C'est ainsi qu'on le trouve à marée basse sur le sable des plages, rentrant à la moindre alerte dans sa maison d'adoption. Lorsqu'il se trouve à l'étroit dans son logement, il va dans un autre; on assiste souvent à des batailles ayant pour cause la possession d'une coquille convenable. Le bernard l'hermite est comestible (*fig.*).

bétel. — Mélange extrêmement astringent de *poivre*, de *noix d'aréquier*, de *tabac* et de *chaux vive* que mâchent les habitants des régions tropicales pour diminuer les sueurs

nombre de variétés; les variétés potagères se mangent cuites ou confites dans le vinaigre, les variétés fourragères, bien autrement importantes, servent à l'alimentation des bêtes bovines, ovines et porcines; on les fait manger après les avoir coupées en minces morceaux. On obtient des betteraves fourragères pesant jusqu'à 14 kilos. La racine de la betterave est riche en sucre, dont elle contient jusqu'à 18 % de son poids; on cultive pour la fabrication du sucre plusieurs variétés

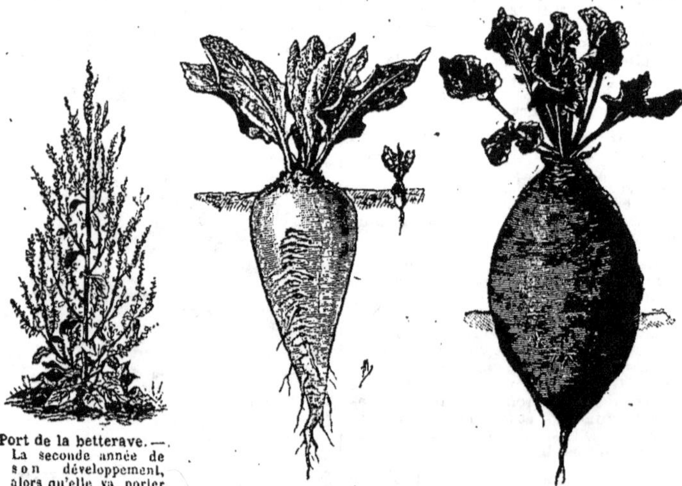

Port de la betterave.— La seconde année de son développement, alors qu'elle va porter des graines.

Betterave à sucre.

Betterave fourragère.

excessives et stimuler les organes digestifs.

béton. — Voy. mortier.

bette. — Plante de la famille des *chénopodées*, dont les principales espèces sont la *betterave* et la *bette poirée* ou la *carde poirée* (voy. *poirée*).

betterave. — Plante bisannuelle de la famille des *chénopodées*, cultivée en grand pour sa racine, qui est très grosse dès la première année; quand on n'arrache pas la plante, elle prend, la seconde année, une tige élancée qui porte les fleurs, puis les fruits (*fig.*).

On en cultive un grand

Betterave rouge *potagère*, de Castelnaudary.

spécialement riches. La culture de la betterave en Europe, et particulièrement en France, a pris une extension considérable (*fig.*).

beurre. — Corps gras solide, qui se trouve en suspension dans le lait sous forme de globules (*fig.*). On le prépare en battant la crème de lait, ou bien encore le lait non écrémé, immédiatement après la traite. Le battage se fait dans un instrument nommé *baratte* (*fig.*); les globules du beurre se rassemblent et forment une masse compacte, qu'on lave. Cent grammes de lait de vache renferment de 3 à 4 grammes de beurre; 28 litres de lait donnent à peu près un kilogramme de· beurre. La production du beurre en France

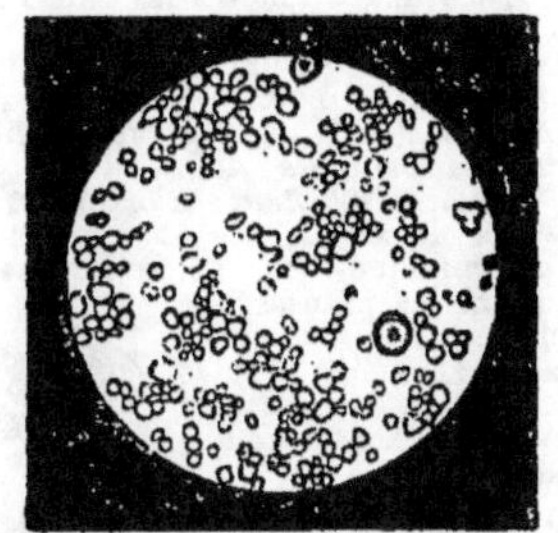

Globules de beurre vus au *microscope*. — La *crème*, qui constitue le *beurre*, flotte dans le lait ; on en voit les globules au microscope.

est considérable ; le seul département du Calvados en fournit 30 millions de

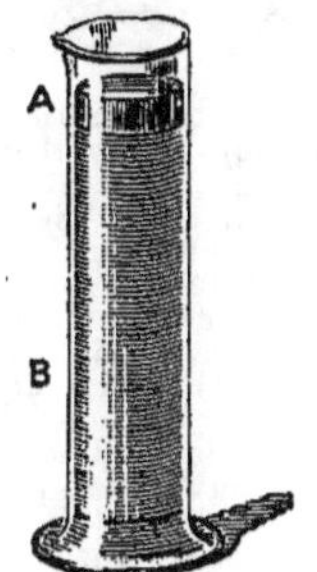

Crème. — Quand le *lait* est abandonné au repos, la *crème* monte en A ; on la sépare, pour faire le beurre, du *caillé* B.

Baratte ordinaire.— La *crème*, battue dans la baratte, s'agglutine et donne le *beurre*.

Baratte normande. — La crème est introduite par l'ouverture B, qu'on ferme ensuite ; puis on fait tourner la baratte autour de l'axe A A.

kilogrammes par an. La beurre rancit facilement ; on le conserve très bon pendant quelque temps en le mettant dans l'eau bouillie fraîche. On le conserve plus longtemps par fusion ou par salaison. C'est un des éléments les plus nécessaires de la cuisine.

bière. — Boisson alcoolique préparée à l'aide de l'*orge* et du *houblon*. L'orge arrosée d'eau est abandonnée dans un grenier où elle germe ; quand la germination est assez avancée, on *brasse* avec de l'eau chaude ; sous l'influence de la *diastase* qui avait pris naissance dans la germination, la fécule de l'orge se transforme en sucre, qui, par fermentation, donnera de

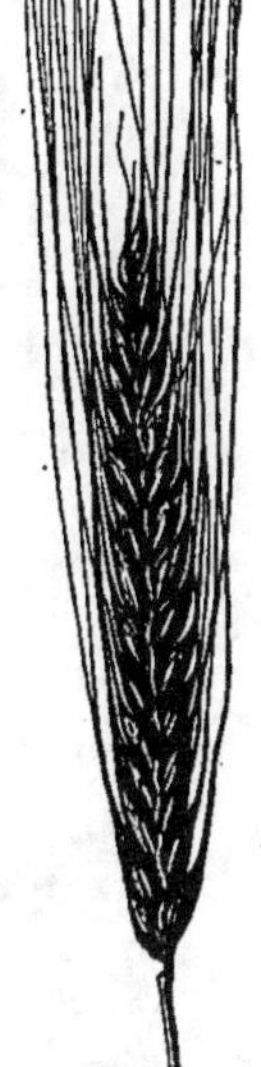

Houblon. — La saveur amère de la bière lui est communiquée par les cônes, femelles du houblon.

Orge. — L'*alcool* de la bière provient de la fermentation des grains d'orge, préalablement germés.

l'alcool. Mais avant de laisser fermenter le liquide, on le chauffe avec des fleurs de houblon desséchées, qui lui donnent une amertume. agréable et sont destinées en même temps à assurer la conservation du liquide. Après le houblonnage, on laisse fermenter, puis on soutire dans des tonneaux (*fig.*).

La bière est une boisson agréable et · nourrissante ; elle convient à peu près à tous les estomacs ; l'abus peut conduire à l'obésité ; elle produit l'ivresse, comme le vin, surtout si elle est fortement alcoolisée. On connaît un grand nombre de variétés de pières. Les pays qui consomment la plus grande quantité de ce liquide

Fleurs mâles du houblon. — Cônes femelles du houblon.

sont la Bavière (219 litres par an et par habitant), le Wurtemberg, la Belgique, les îles Britanniques, la Saxe,

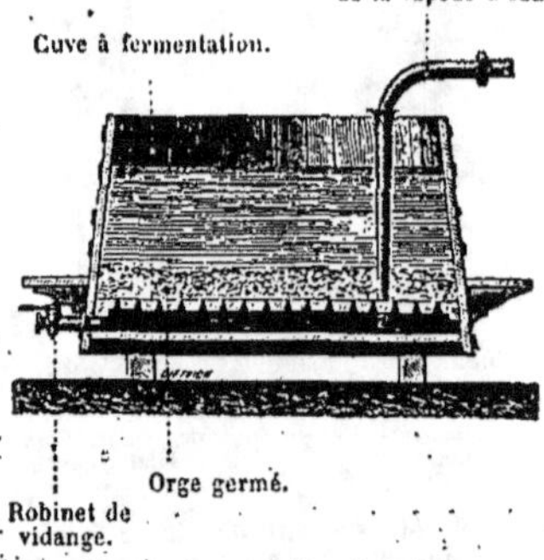

Cuve de fermentation de la bière.

les pays de l'Europe centrale, etc. En France, la consommation moyenne ne dépasse guère 20 litres par an et par habitant.

bigaradier. — Arbre du genre *citronnier*, analogue à l'oranger. Le fruit est moins rond que l'orange, la peau en est plus rugueuse. La bigarade n'est pas bonne à la consommation, parce qu'elle a un goût acide et très amer, mais on en fait des conserves plus estimées que celle d'orange; l'écorce d'oranges amères est de l'écorce de bigarade. Les fleurs sont plus odorantes et d'un parfum plus délicat que celles de l'oranger. Aussi est-ce avec les fleurs de bigaradier qu'on fabrique l'*eau de fleurs d'oranger*, et l'*essence de fleurs d'oranger*, ou *essence de néroli*. Le *bigaradier* est plus rustique que l'*oranger*, et la plupart des plantes que l'on cultive dans des caisses comme plantes d'ornement sous le nom d'orangers sont des bigaradiers.

bigorneau. — Petit coquillage marin, comestible, très commun sur les bords de l'Océan (*fig.*).

Bigorneau (longueur, 0^m,03)

bijoux. — En France les *bijoux d'or* sont constitués par un alliage renfermant, pour 100 parties, 75 d'or fin et 25 de cuivre. Les *bijoux d'argent* contiennent 80 parties d'argent et 20 de cuivre.

En Prusse et en Autriche, l'alliage des bijoux est beaucoup moins riche en métal précieux qu'en France et en Angleterre. Ainsi on a, en Autriche, des bijoux de qualité inférieure qui contiennent seulement 23 pour cent d'or; il n'est pas étonnant qu'on puisse les donner pour un prix très faible.

On utilise aussi en bijouterie des alliages d'or et d'argent ayant une coloration qui varie selon la proportion relative des deux métaux. Ainsi l'*or vert* contient 70 pour cent d'or et 30 pour cent d'argent; l'or jaune contient un peu moins d'argent.

Les titres des alliages d'or et d'argent employés en bijouterie étant réglés par la loi, il est nécessaire que la fabrication des objets d'or et d'argent soit soumise à un contrôle. Chaque pièce fabriquée est marquée d'un *poinçon*, qui rappelle à la fois le titre de l'alliage et sa provenance, et d'un *déférent* qui rappelle le lieu où s'est effectué le contrôle.

bile. — Liquide produit par le *foie* (*fig.*). De cet organe la bile se dirige constamment vers l'intestin par un canal nommé *canal hépatique;* la bile qui sort du canal hépatique est jaune. Une autre partie de la bile se rend d'abord dans la *vésicule du fiel* (voy. **foie**), d'où elle sort par le *canal cystique;* le liquide sortant de la vésicule du fiel est vert foncé. Les deux canaux se réunissent en un seul, le *canal cholédoque*, qui verse la bile dans la partie de l'intestin grêle voisine de l'estomac, à côté du point où arrive le suc pancréatique. La composition de la bile est très complexe; elle renferme de l'eau, des sels minéraux, des matières grasses, des matières colorantes azotées, une matière spéciale nommée chlolestérine; toutes ces substances constituent de véritables excréments; elles proviennent d'une véritable épuration du sang; certaines de ces substances se déposent

variable; très variable aussi est la ma-

Manière de tenir le bistouri.

nière dont on le tient à la main, pou

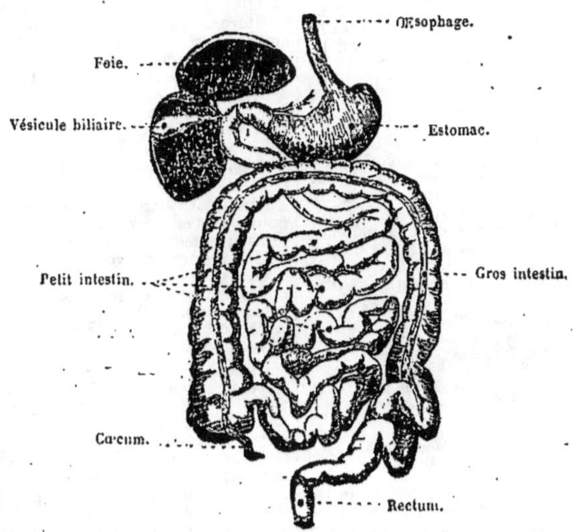

L'estomac et le foie. — On a représenté le foie relevé, pour montrer l'estomac, qu'il cache en partie dans sa position normale.

parfois dans la vésicule du fiel pour y former des *calculs biliaires*.

Mais en même temps que la bile est un excrément, elle agit activement dans la digestion. Comme le *suc pancréatique* (voy. pancréas), elle digère les matières grasses; elle agit sur les résidus de la digestion pour les empêcher de se putréfier et de prendre une trop mauvaise odeur.

bismuth. — Métal blanc, qui n'est guère usité à l'état métallique. La poudre blanche qui, sous le nom de *bismuth*, est employée à combattre la diarrhée, est de l'*azotate* ou *nitrate de bismuth*.

bison. — Voy. bœuf.

bistouri. — Petit couteau destiné à pratiquer, en chirurgie, des incisions de la peau, l'ouverture des abcès, etc. Le bistouri est toujours petit, mais la forme de la lame est très

Bistouri à moitié fermé.

Bistouri à manche fixe, ou *scalpel*.

l'employer. Dans le *bistouri* proprement dit, la lame peut se fermer dans le manche (*fig.*), comme pour les couteaux de poche; si le manche est fixe, l'instrument prend le nom de *scalpel* (*fig.*).

bitume.— Mélange de diverses matières combustibles très riches en carbone, se présentant sous forme de masses noirâtres, plus ou moins consistantes, facilement fusibles. On le rencontre un peu dans toutes les parties du monde, mais surtout dans l'Amérique du Sud. On en connaît plusieurs variétés. *L'asphalte*, ou *bitume solide*, ou *bitume de Judée*, se trouve sur les bords de la mer Morte; il est peu abondant et ses usages sont restreints. Le *bitume mou*, ou *malte*, appelé aussi *asphalte*, mais à tort, est bien plus répandu (Suisse, Bavière, Allemagne centrale, les deux Amériques); la France en produit assez pour sa consommation (Ain, Landes, Hérault, Puy-de-Dôme); on en fait surtout d'excellents mastics pour recouvrir les trottoirs et les voies publiques; ces mastics rendent aussi des services dans nombre de constructions.

blaireau. — Les *blaireaux* (*fig.*) sont des carnivores *plantigrades*, qui présentent beaucoup de points de ressemblance avec les ours. Ils vivent solitaires dans les bois, dans des terriers qu'ils se creusent eux-mêmes; leurs formes ramassées, leurs ongles puissants les rendent habiles à fouir la terre. Le blaireau ne sort que la nuit

Blaireau commun (long., 0m,75; hauteur, 0m,33).

pour chercher sa nourriture, sans jamais s'éloigner beaucoup, car ses jambes courtes le rendent peu propre à la marche. Comme l'ours il est omnivore; il détruit nombre de mulots, mange des hannetons et divers autres insectes. Il détruit beaucoup de vipères et de guêpes; le venin de ces animaux semble sans action sur lui. Ce serait donc un animal utile, s'il ne s'attaquait pas aussi à nos cultures (maïs, raisin) qu'il ravage en quelques heures. Sa graisse est employée en pharmacie, sa chair est comestible, ses poils servent à la confection des pinceaux.

Le *blaireau d'Europe*, de la taille d'un chien, est assez rare en France; on en rencontre davantage en Allemagne. Il habite aussi l'Asie. Il est ordinairement blanc avec des taches d'un châtain foncé. La femelle met bas, dans son terrier, trois ou quatre petits très faibles, qu'elle nourrit de son lait, puis de racines, de vers, de petits mammifères. On trouve en Amérique une espèce voisine de la nôtre.

blanc d'Espagne. — Voy. **craie.**

blanc de baleine. — Substance grasse solide qu'on trouve dans la tête du cachalot et d'autres cétacés; un seul cachalot peut fournir jusqu'à 3,000 kilos de blanc de baleine. Il est employé, surtout en Angleterre, à la fabrication des bougies de luxe.

blanc de plomb. — Voy. **céruse.**

blanchiment. — Opération qui a pour but d'enlever aux matières textiles ou aux tissus les substances naturelles qui masquent leur blancheur et altèrent leur souplesse. La matière employée par l'industrie pour le blanchiment du coton, du lin et du chanvre est l'*hypochlorite de chaux*, ou chlorure décolorant; l'opération est délicate, car la substance, appliquée sans ménagement, altérerait la solidité des fils.

La *soie* et la *laine*, plus sensibles encore, sont blanchies par l'*acide sulfureux*.

blanchissage. — Opération qui a pour but d'enlever du linge les impuretés accidentelles qui le salissent et de lui rendre sa propreté et sa blancheur primitive; c'est surtout une opération domestique. Les agents essentiels du blanchissage sont le *carbonate de potasse* ou de *soude* (*lessive*) et le *savon*.

blatte. — Insecte *orthoptère* appelé aussi *cafard* et *cancrelat*. C'est un animal disposé surtout pour la course; longues antennes; petite tête; corps très aplati, permettant de passer par des fentes étroites. Cet insecte nocturne se rencontre fréquemment dans nos maisons, et en particulier dans les cuisines, les boulangeries. Il court

Blatte.
(long., 0m,03).

très agilement; la nuit il se montre en troupes nombreuses dans les lieux qui en sont infestés, attaquant nos denrées, nos provisions, les substances animales et végétales les plus diverses. Odeur très désagréable. La ponte des œufs a lieu dans une capsule cylindrique appelée œuf de cafard. On en connaît de nombreuses espèces (*fig.*).

blé. — Nom sous lequel on désigne un grand nombre de céréales diverses, et surtout les variétés de *froment*. (Voyez **froment**, **seigle**, **méteil**, **maïs**, **sorgho**, **sarrasin**.)

blépharite (grec : *blépharon*, paupière). — Inflammation souvent chronique du bord de la paupière; des démangeaisons vives l'accompagnent. Cette maladie vient fréquemment à la suite d'autres maladies des yeux;

d'autres fois, elle est causée par la malpropreté, l'action de vapeurs ou de poussières irritantes. On la combat par l'application de diverses pommades qui ne peuvent être ordonnées que par le médecin.

bleu de Prusse. — Matière colorante d'un beau bleu, qui est une combinaison de *fer* et de *cyanogène*. On s'en sert pour la peinture, la teinture, l'impression des tissus, la préparation des papiers peints. La fabrication industrielle de ce produit a une certaine importance.

bluet. — Plante de la famille des *composées*, fréquente surtout dans les

Fleur de bluet (grandeur naturelle).

champs de céréales; plante nuisible (*fig.*).

bobine de Ruhmkorff. — Machine d'*induction* fournissant une série de courants électriques de courte durée, mais de très grande intensité; avec cette machine on peut répéter les mêmes expériences qu'avec la *bouteille de Leyde*. En particulier, la bobine de Ruhmkorff fournit de grandes étincelles et donne de violentes commotions; elle a peu d'usages importants en dehors des laboratoires.

Elle est constituée par un barreau de fer doux, autour duquel sont enroulés deux fils de cuivre recouverts de soie. L'un de ces fils reçoit le courant d'une pile; c'est dans l'autre que se produisent les *courants d'induction*. Pour que la machine fonctionne, il faut que le courant de la pile soit alternativement lancé et interrompu dans le premier fil, un grand nombre de fois par seconde; chaque fois que le courant est lancé dans le premier fil, il se produit un courant d'induction dans le second; chaque fois que le courant est interrompu dans le premier fil, il se produit dans le second fil un courant d'induction de sens inverse au premier. Ce sont ces courants d'induction qui produisent les étincelles. Un *interrupteur* automatique permet à la bobine de fonctionner seule; dès qu'on la met en marche, le

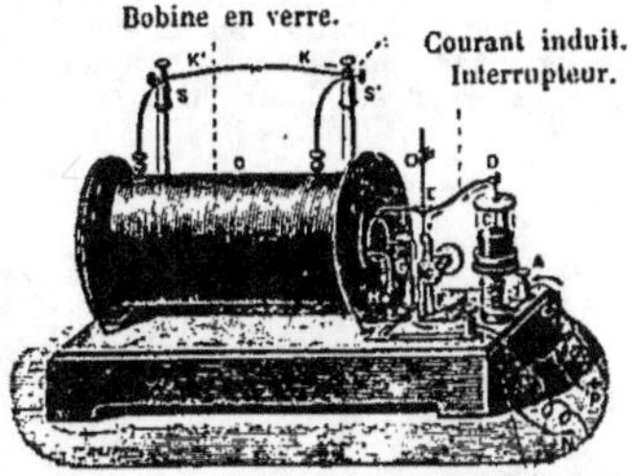

Bobine de Ruhmkorff. — O, bobine en verre sur laquelle sont enroulés les fils inducteur et induit. Le courant inducteur circule suivant A B C D E F G H I. Le fer doux qui est au milieu de la bobine s'aimante. Le courant induit produit des étincelles qui jaillissent entre les fils KK' attachés aux bornes SS'.

courant de la pile est lancé et interrompu automatiquement, avec une grande rapidité, et pendant un temps aussi long que l'on veut (*fig.*).

bœuf. — Le *bœuf* est un *mammifère ruminant* (voy. ce mot) de la famille des *bovidés*. Le genre bœuf, nombreux et fort important, est constitué par des animaux grands, forts et lourds, pourvus de cornes lisses

Crâne de vache. — L'os du front a un grand développement A, sur lequel vient s'emboîter la *corne creuse*.

et arrondies (*fig.*), caractérisés par un museau large, une queue longue et touffue à l'extrémité. Les poils sont courts et couchés, et ne deviennent longs, chez certaines espèces, que sur quelques parties du corps. Ces animaux se rencontrent sur toutes les parties du monde. Les espèces sauvages, fort nombreuses, habitent les unes les forêts, les autres les steppes, les unes la plaine, les autres la montagne, les marais ou les lieux secs. Ce sont des animaux sociables, se réunissant en troupeaux parfois extrêmement nombreux, conduits par un chef. Les bœufs, quoique lourds, peuvent courir avec vitesse, nager; leurs sens sont développés, leur force est considérable. La plupart sont doux et craintifs; d'autres sont méchants et courageux. Leur voix est un mugissement plus ou moins éclatant, ou une sorte de grognement qu'ils poussent quand ils sont excités. Leur nourriture tants de nos animaux domestiques. Les principales espèces sont les suivantes.

Ovibos musqué. — Taille petite; hauteur 1 mètre; cornes longues, très grosses à la base, recourbées d'abord vers le bas, puis vers le haut et en avant; soies très longues. Se rencontre.

LES BŒUFS SAUVAGES

Le yack d'Asie (hauteur, 1m,50).

Le buffle d'Asie et d'Afrique (hauteur, 1m,80); domestiqué dans un grand nombre de pays.

Le bison d'Amérique (hauteur, 1m,80).

Le bœuf des steppes de l'Europe centrale (hauteur, 1m,70); à moitié domestiqué.

consiste en feuilles, bourgeons, jeunes pousses, herbes, écorce, lichens. La femelle porte de neuf à douze mois, et met bas un petit qui est aussitôt en état de suivre sa mère, et qui devient adulte de trois à huit ans. La durée de la vie peut atteindre cinquante ans. Les espèces sauvages causent des dégâts en somme peu importants, car elles ne sont guère nombreuses dans les pays cultivés; on les chasse pour utiliser leur chair, leur suif, leur cuir, leurs cornes. Le bœuf domestique constitue l'un des plus important dans la partie nord de l'Amérique septentrionale, en petites bandes; remonte jusqu'au Groenland. La viande, imprégnée d'une forte odeur de musc, ne peut être mangée que par les Esquimaux; le cuir, le poil, les cornes sont utilisés.

Yack (*fig.*). — Plus gros que le précédent; cornes analogues à celles du bœuf, minces, pointues, s'élevant au-dessus de la tête, et de longueur moyenne; corps ramassé, jambes fines, allures vives. Une toison riche et soyeuse descend des deux côtés du corps et tombe presque à terre; sur le dos, le poil est moins long. L'animal est noir, avec quelques parties blanches. Se trouve dans l'Asie centrale, aux altitudes élevées. On le chasse surtout pour ses poils. Dans toute l'Asie centrale, on trouve le yack en domesticité, moins noir; il ne peut sortir des régions froides des plateaux. Il est employé comme bête de somme et de selle, mais il est peu docile; porte aisément 125 kilos et traverse ainsi les champs de neige, les rochers les plus escarpés, montant jusqu'à 5,000 mètres d'altitude. Viande très bonne, lait crémeux et aromatique; le cuir est solide; on fait des cordes avec le poil.

buffle (*fig.*). — La forme se rapproche beaucoup de celle du bœuf; le pelage est noir, dur, peu épais. Les espèces de buffle sont nombreuses; on les trouve en Asie et en Afrique. Le *buffle de Cafrerie*, grand et sauvage, a des cornes extrêmement larges à leur base; les indigènes le redoutent à l'égal du lion; la chasse en est très difficile. Le *buffle ordinaire* a plus d'importance; il a la taille du bœuf, avec des cornes longues, fortes, assez épaisses à leur racine, puis amincies et terminées en pointe; elles se recourbent d'abord vers le bas, et en avant, pour aller en haut et en arrière. Poils rares, raides, presque soyeux, allongés sur les épaules; couleur tirant sur le noir. A l'état sauvage il est très redoutable, et combat avec succès contre le tigre. Se trouve dans l'Inde. Ce buffle, à l'état domes-

tique, se rencontre en Hindoustan, Afghanistan, Perse, Arménie, Syrie, Palestine, Turquie, Grèce, bas Danube, Italie, Egypte. Se plaît surtout dans les régions chaudes et marécageuses; il nage très bien et traverse les plus grands fleuves. Le buffle domestique est doux, docile, extrêmement sobre, plus encore que l'âne et le chameau. C'est un animal de somme et de selle très précieux; il laboure comme le bœuf. Chair médiocre, graisse de qualité supérieure; la peau donne un cuir extrêmement solide; les cornes sont utilisées pour la fabrication de divers ustensiles.

bison (*fig.*). — Le *bison* est caractérisé par des cornes petites, rondes, dirigées en avant, puis recourbées en haut; le front est large et bombé, les poils sont mous, longs, laineux et couvrent surtout la tête et la partie antérieure du corps. Il n'a pas été réduit en domesticité. On trouve le bison dans les grandes forêts du centre de l'Europe, mais en petit nombre; il se rencontre aussi dans le Caucase et dans l'Asie centrale. Mais le *bison d'Amérique* (ou *buffle*), plus nombreux, a une bien plus grande importance. Il est très gros; 2 mètres de hauteur au garrot, avec un poids de 600 à 1 000 kilos, bien supérieur à celui du bœuf ordinaire. Il est d'un gris brun, le devant du corps plus foncé. Autrefois répandu dans toute l'Amérique du Nord, il fuit devant l'homme, et se trouve principalement aujourd'hui dans les grandes prairies de l'ouest.

LES BŒUFS DOMESTIQUES

Taureau limousin.

Vache limousine.

Les bisons vivent en bandes immenses. On les chasse pour la chair, que l'on fait sécher, et qui est très bonne; pour la peau, avec laquelle les Indiens se font des vête-ments, des tentes, des couvertures; pour les os, la corne, les crins. La laine est abondante et peut être travaillée comme celle du mouton.

Bœuf sauvage. — Le bœuf a les cornes assez gran-des, de faible largeur à la base; les poils n'ont une grande longueur en aucune partie du corps. Plusieurs espèces sont sauvages. Le *bœuf des jungles* du l'Inde a 1ᵐ,05 de hauteur au garrot; il ha-bite les monta-gnes. On le chasse pour avoir sa chair et sa peau et pour l'avoir vivant pour le faire combat-tre; mais on ne le fait pas travailler. Le *bœuf banteng* du sud de l'Asie est moins gros; pris jeune, on peut le dresser à travailler.

Outre les bœufs sauvages, on trouve nombre de bœufs autrefois domes-tiques, et rede-venus sauvages. Tel est le *bœuf des steppes (fig.)* de la Mongolie, de la Tartarie et de l'Europe cen-trale, avec ses immenses cornes qui s'éloignent l'une de l'autre. Les troupeaux vont souvent sans bergers; on ne garde que les individus qu'on a dressés au travail. Le *bœuf de la Camargue* à une existence analogue; il sert aux courses de taureaux, puis on le fait castrer et on le dresse au travail; le

Bœuf limousin.

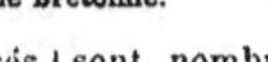

Vache hollandaise.

Vache bretonne.

bœuf d'Espagne est dans le même cas.

Bœuf domestique. — C'est le plus im-portant de nos animaux domestiques. Il est fort, doux, patient, courageux au travail, susceptible de s'engraisser facilement. Le mâle se nom-me *taureau;* castré, on le nomme *bœuf;* la femelle porte le nom de *vache;* le jeune mâle s'appelle *veau.* L'intel-ligence est très faible. Le bœuf est ca-pable de se reproduire à trois ans; la durée de la gestation est de deux cent quatre-vingt-cinq jours; la mère met bas un seul veau; le veau atteint son dé-veloppement presque com-plet en deux ans, mais il n'a toute sa force qu'à cinq ans. On évalue l'âge par la struc-ture des dents et le nombre des anneaux qui se trouvent à la base des cornes. A par-tir de trois ans, il se produit annuellement un de ces anneaux; en ajoutant donc trois ans au nombre des cercles cornés qu'offre la base, on peut évaluer combien d'années les bœufs ont acquis. Le bœuf com-mence à travail-ler de 2 à 3 ans; on l'engraisse de 7 à 10 ans. Il est moins difficile comme nourriture que le cheval et le mouton; les herbes fraîches ou sèches dont on peut le nourrir sont nombreuses. Il aime beaucoup le sel. Les profits qu'on retire du bœuf sont nombreux, et c'est, malgré son gros appétit, un animal de grand rapport. Il donne sa force pour les travaux de l'agriculture ; la puissance de sa tête et de ses épaules en fait un puissant animal de trait ; il est surtout précieux pour le labourage, à cause de sa patience et de la continuité de son effort. Les races plus particulièrement propres au travail sont la race vendéenne, la race auvergnate, la race d'Aquitaine...

Les meilleures races laitières sont la race bretonne, la race normande, la race hollando-flamande, la race jurassienne, la race schwitz.

Vache flamande.

La viande (*fig.*) est produite plus avantageusement par la race durham, la race devon, la race hongroise, la race charolaise.

Outre ces produits essentiels, le bœuf n'est pas moins précieux peut-être par son suif, sa peau, ses cornes et par le fumier qu'il produit en abondance.

Vache normande.

Nous ne pouvons donner qu'une énumération rapide et très incomplète des principales races élevées en France. Dans le choix de ces races, la préoccupation d'obtenir des bêtes de trait est devenue secondaire ; le développement des moyens mécaniques de culture, et la préférence accordée au cheval en sont la cause. Les nations européennes les plus riches en bêtes à cornes sont la Grande-Bretagne, la Belgique, la Hollande et le Danemark : on y compte de 30 à 50 ani-

Vache garonnaise.

maux de race bovine par 100 hectares de superficie; en Amérique la richesse est encore plus grande. En France il y a aujourd'hui 13 millions de bêtes à cornes (taureaux, bœufs, vaches, veaux).

1º *Race des Pays - Bas.* — Cornes courtes, arquées en avant; coloration variable ; taille au garrot de 1ᵐ,20 à 1ᵐ,45; remarquable au point de vue de la boucherie; s'engraisse facilement. A cette race se rattache la variété *durham*, ou race à courtes cornes améliorée, produite en Angleterre à la fin du siècle dernier, et remarquable par la petitesse des os, la rapidité de la croissance et la facilité de l'engraissement. Outre les durham, cette race comprend aussi les variétés dites du *Morvan*, *ardennaise*, *flamande* (*fig.*), *hollandaise* (*fig.*). Ces dernières races sont bonnes laitières ; une vache hollandaise fournit souvent plus de 3,000 litres de lait dans une année.

2º *Race germanique.* — Cornes courtes et arquées en avant ; le pelage présente les quatre couleurs : blanche, noire, rouge et jaune ; le rouge domine. Les principales variétés sont la *normande* (*fig.*), la *danoise*. La race normande est bonne laitière ; son lait est excellent et crémeux ; il donne de très bon beurre. Certaines vaches cotentines produisent jusqu'à 40 litres de lait en un jour,

6

mais alors ce lait donne peu de crème. Le bœuf normand acquiert parfois un développement considérable ; son poids a pu aller presque à 2 000 kilos ; mais la qualité de la viande est médiocre.

3° *Race irlandaise.* — Cornes longues, effilées, arquées d'abord en dedans, puis en arrière ; petite taille, parfois inférieure à 1 mètre. A cette race se rattache la variété *bretonne*, blanche et noire, très petite, mais très bonne laitière.

4° *Race britannique.* — Pas de cornes, viande de bonne qualité.

5° *Race des Alpes.* — Cornes courbées en avant, légèrement recourbées à la pointe ; pelage variant du brun foncé au brun clair. Bonne laitière, particulièrement la variété de *Schwitz*.

6° *Race d'Aquitaine.* — Taille

Bœuf de Salers.

élevée, mufle et paupières roses ; pelage jaune. Ces races travaillent bien et donnent de bonne viande ; ce sont les variétés dites *agénoise, garonnaise, néracaise, limousine(fig.), saintongeaise.*

7° *Race asiatique.* — Cornes extrêmement longues, terminées par des pointes aiguës ; pelage gris et jaunâtre. Cette race est peu employée en France ; on y rattache la variété de la Camargue, consacrée aux courses de taureaux.

8° *Race ibérique.* — Cornes se dirigeant horizontalement en avant, puis se relevant en arcs ; chair peu abondante, mais bonne. Les principales variétés sont la *landaise*, la *pyrénéenne*.

9° *Race vendéenne.* — Très grands bœufs ; les cornes se dirigent obliquement en haut et en arrière,

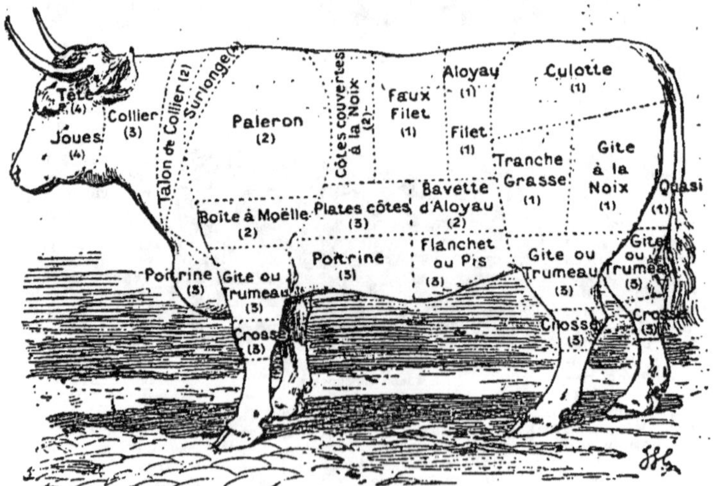

Zébu (hauteur, 1ᵐ,70), domestiqué en Asie et en Afrique.

La viande du bœuf. — Les numéros indiquent la qualité de la viande.

puis se courbent en avant en se tordant un peu vers la pointe, pelage jaune. Bons moteurs; bonnes vaches laitières. Variétés *nantaise, poitevine, aubrac*, etc.

10° *Race auvergnate.* — Cornes d'abord horizontales et arquées en avant, se relevant en arc; taille élevée; pelage rouge ou blanc et noir. Bonne viande.

11° *Race jurassique.* — Grande

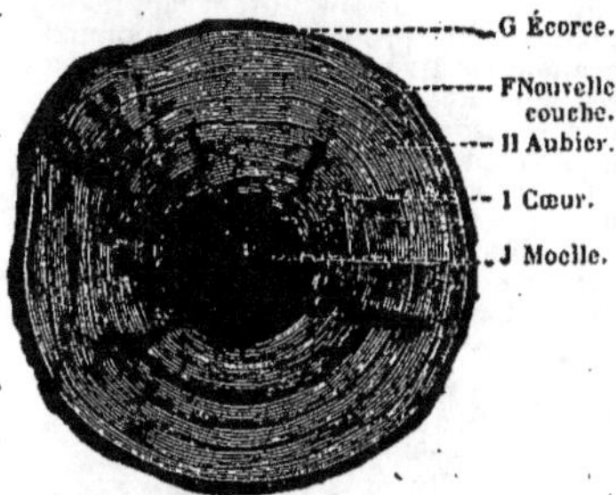

La viande du veau. — Les numéros indiquent la qualité de la viande.

taille; cornes dirigées horizontalement en dehors, pointes un peu relevées. Pelage mélangé de blanc, jaune, rouge, noir. Bons travailleurs. Variétés *bressane, bernoise, charolaise.*

De nombreux croisements ont lieu entre les représentants de ces diverses variétés.

A ces races qui sont en France ajoutons le *zébu* (*fig.*), caractérisé par une bosse au garrot, et des cornes aplaties et courtes. Le zébu vient du Bengale; il est employé comme bœuf domestique en Asie et en Afrique. Le *bœuf à bosse d'Afrique* a des cornes plus longues.

bois. — Substance qui constitue la charpente des arbres; la structure intime du bois dépend des végétaux qui lui ont donné naissance; ainsi dans les *dicotylédones*, le bois est formé d'une série de couronnes concentriques, avec l'écorce à l'extérieur et la moelle à l'intérieur; la partie centrale, ou *cœur*, est plus dure que la partie extérieure, ou *aubier* (*fig.*). Dans les *monocotylédones*, comme le palmier, il n'y a pas de couches concentriques (*fig.*). Suivant qu'ils sont légers (tilleul, érable, pin), ou lourds (chêne, charme), tendres ou durs, les bois servent à des usages différents : chauffage, ébénisterie, menuiserie, charpente, constructions marines, etc.

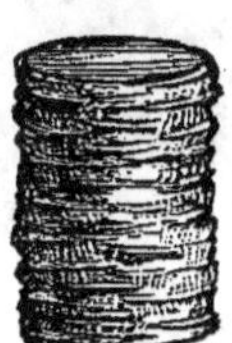

Le bois des dicotylédones est formé de couches concentriques. — Chaque année, la sève forme une *nouvelle couche* de bois F sous l'écorce G. — En H, est l'*aubier*, bois tendre, formé par les couches les plus nouvelles. — En I, est le *cœur*, bois dur, formé par les couches les plus anciennes. — Au centre J, est la *moelle*.

Les monocotylédones.

Tronc de palmier. — Les cicatrices indiquent la place d'anciennes feuilles qui sont tombées.

Coupe transversale d'un tronc de palmier. — Pas de moelle, pas de cercles emboîtés, pas d'écorce.

Coupe longitudinale d'un tronc de palmier, montrant les fibres noires et dures qui donnent de la solidité à la tige.

Le bois se conserve bien à l'air sec, mais il s'altère assez rapidement à l'humidité ; son altération est encore accélérée par l'action des moisissures et des

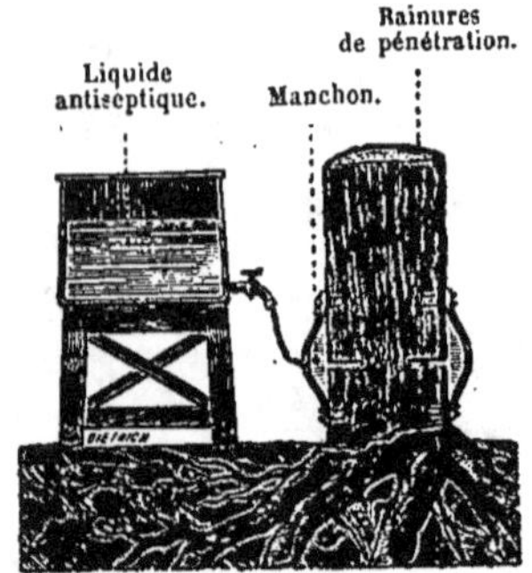

Conservation du bois ; *injection par le procédé Boucherie.* — L'arbre étant debout, et vivant, on pratique une entaille circulaire en bas de la tige ; on l'entoure d'une toile imperméable, et on fait arriver, dans la poche ainsi formée, la dissolution antiseptique contenue dans la caisse. Peu à peu, par l'aspiration vitale, le liquide s'élève à travers les vaisseaux conducteurs de la sève et se répand dans toutes les parties de l'arbre, que l'on peut alors abattre.

insectes. Les charpentes les plus solides, percées de part en part par les *termites,* finissent par s'effondrer ; de

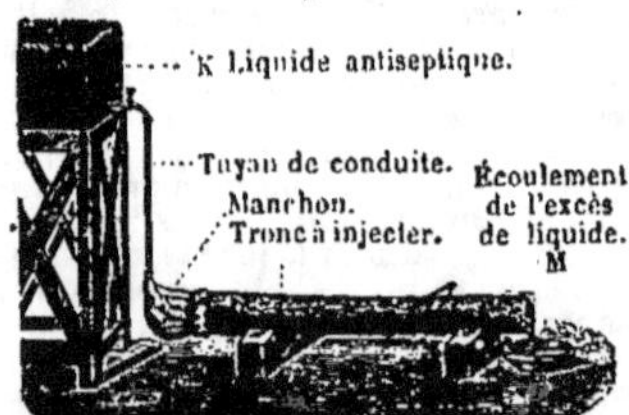

Conservation du bois, *injection par pression.* L'arbre abattu est entouré à l'une de ses extrémités d'un sac imperméable communiquant avec un réservoir K, rempli d'un liquide antiseptique et placé à un niveau plus élevé ; le liquide s'infiltre peu à peu par sa propre pression dans tous les vaisseaux du tronc d'arbre et vient s'écouler dans le vase M. Pour les bois durs, on est obligé d'avoir recours à une très forte compression du liquide, exercée à l'aide d'une machine à vapeur.

petits mollusques bivalves, les *tarets,* ne font pas de moindres ravagés dans les bois plongés sous l'eau. Pour conserver le bois il faut l'imprégner de substances antiseptiques qui, en détruisant les ferments, les germes, en

éloignant les insectes, protègent le bois contre toutes les causes de destruction (*fig.*). C'est pour cela qu'on fait pénétrer plus ou moins profondément, dans les bois qui doivent être exposés à l'humidité, des substances antiseptiques telles que les sulfates et les acétates de zinc, l'acide arsénieux, les essences, la créosote, les matières goudronneuses plus ou moins riches en phénols. La difficulté est d'obtenir une pénétration assez grande ; on emploie pour cela plusieurs procédés, assez complexes. Souvent on se contente de carboniser la surface des pièces de bois qui doivent séjourner dans la terre humide ; par cette opération, on dessèche complètement les couches superficielles, en même temps qu'on les imprègne des huiles empyreumatiques qui proviennent d'une combustion incomplète.

boisson. — Un grand nombre de liquides nous servent de *boissons* ; la plus importante est l'eau ordinaire ; puis viennent des liquides constitués par une grande quantité d'eau, additionnée d'une proportion plus ou moins grande de diverses substances. Selon ces substances ajoutées à l'eau on a : une *boisson acide* (limonades, orangeades, eau de Seltz artificielle), une *boisson alcoolique* (vin, cidre, bière), une *boisson aromatique* (thé, café)· Les plus importantes de ces boissons sont passées en revue à leur ordre alphabétique.

bolide. — Voy. aérolithe.

bombyx. — Les *bombyx* (*fig.*) sont des insectes *lépidoptères* (*papillons*), caractérisés par des antennes plumeuses. Leurs chenilles ont 16 pattes ; avant de se transformer en chrysalides, elles s'entourent d'un épais cocon soyeux. Le papillon qui sort de ce cocon n'a qu'une trompe rudimentaire ; il vit fort peu de temps, sans prendre aucune nourriture. Les *bombyx* vivent sur

Type de bombyx. — Le ver à soie à ses divers états chenille, cocon (à côté la chrysalide), papillon.

les arbres ; les chenilles en mangent les feuilles. Le plus important des bombyx est celui du mûrier (ou *ver à* *soie* *). Le plus curieux des bombyx est la *chenille processionnaire*, vivant en grandes bandes ; ces chenilles marchent en proces-sion, les unes der-rière les autres, sous la conduite de l'une d'elles; le corps de ces chenil-les est cou-vert de poils qui causent de vives dé-mangeai-sons quand on touche

Papillon de ver à soie, pondant ses œufs.

l'animal. Plusieurs espèces voisines des bombyx sont très nuisibles à divers végétaux.

bondrée. — Oiseau *rapace diurne* long de 50 à 60 centimètres du bout du bec à l'extrémité de la queue, ressem-blant beaucoup à la buse. Vit, en France, sur la lisière des bois ; niche sur les rochers ou les grands arbres. Oiseau utile ; se nourrit de mulots, de souris, et plus encore de chenilles et de guêpes; il nourrit ses petits avec les larves de guêpe.

borax. — Voy. bore.

bore. — Corps simple découvert en 1808. Il n'a aucune importance par lui-

Extraction de l'acide borique en Toscane. — Les émanations gazeuses, provenant du sol, passent dans des réservoirs renfermant de l'eau; là elles abandonnent l'*acide borique* qu'elles contenaient. La dissolution obtenue, passant de réservoir en réservoir, s'échauffe et se concentre de plus en plus. Quand on la laisse ensuite refroidir, elle laisse déposer de l'acide borique cristallisé.

même, mais quelques-uns des com-posés qui le renferment ont des usages.

Ainsi l'*acide borique*, combinaison du bore avec l'oxygène, est employé dans la fabrication de certains verres et de certains vernis à porcelaine, dans la préparation d'une couleur verte. Les mèches des bougies sont impré-gnées d'acide borique, ce qui leur per-met de se fondre pendant la combus-tion, et de disparaître sans qu'il soit nécessaire de les moucher. On retire l'*a-cide borique* des émanations gazeuses chaudes qui sortent par des crevasses du sol volcanique de certaines parties de la Toscane (*fig.*).

Le *borax*, ou *borate de soude*, com-binaison de *soude* (voy. sodium *) et d'*acide borique*, intervient dans la sou-dure des alliages d'or et d'argent; il est employé dans la fabrication de certains verres, de l'émail, de plusieurs couleurs pour peindre sur verre et sur porcelaine ; un grand nombre d'autres usages ne peuvent être énumérés. On le retire du sol en plusieurs régions de l'Asie et de l'Amérique ; on le fabrique aussi à l'aide de l'acide borique de Toscane.

borraginées. — Plantes *dicotylé-dones* * *gamopétales* herbacées à feuilles alternes, calice et co-rolle à cinq divisions; cinq étami-nes ; ovaire libre à qua-tre loges, style sim-ple; fruit formé de quatre par-ties qui ne s'ouvrent pas pour faire sortir la graine ; ces plantes sont géné-ralement mucilagi-neuses, un peu amères ou astrin-gentes. El-

Type de borraginées : *la bourrache.*

les sont employées en médecine (bour-rache (*fig.*), buglosse, consoude, cyno-glosse), en teinture (orcanette).

bouche. — Cavité qui commence le tube digestif; limitée par les lèvres, les joues, la voûte du palais, la langue et, au fond, par le voile du palais. A l'intérieur sont les *mâchoires* * et les *dents* *. Par la bouche entrent les ali-ments ; ils y sont broyés par les dents, et mêlés à la *salive* *. L'air nécessaire à la respiration traverse aussi la bou-che. Le *voile du palais*, qui sépare la bouche du *pharynx* * est une lame

6.

musculaire épaisse qui part de la voûte du palais et se termine par un prolongement, la *luette*.

L'examen de la bouche, et surtout de la *langue*, renseigne souvent le

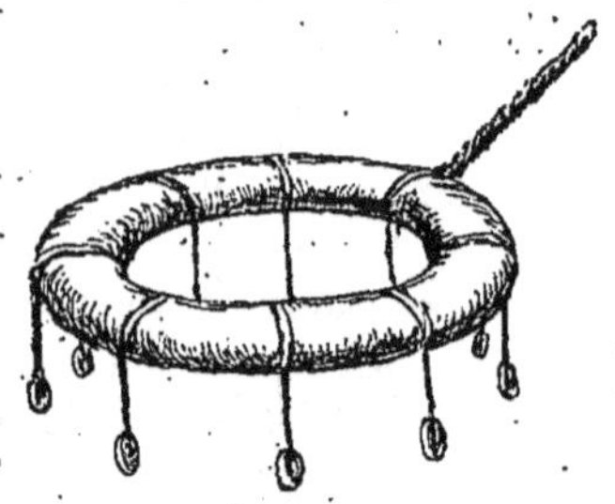

Bouée de sauvetage.

médecin sur un certain nombre de maladies, et en particulier de maladies des organes de la digestion. La bouche elle-même est sujette à un assez grand nombre de maladies ou d'infirmités : *abcès, fluxions, scorbut, carie dentaire, aphtes, muguet, bec-de-lièvre*, etc.

Il est indispensable de prendre de grands soins de propreté pour la bouche, si on veut conserver une haleine pure. On doit chaque jour, au moins une fois, gargariser la bouche avec de l'eau tiède ou fraîche, et procéder au nettoyage des dents.

bouée. — Corps flottant placé à la surface de l'eau pour indiquer un

Bouée fixe, maintenue par une chaine fixée au fond de l'eau. Indique aux navires la route à suivre ou l'écueil à éviter.

danger ou tracer la route aux navires. Se dit aussi d'une couronne de liège qu'on jette à un homme tombé à la mer, pour qu'il puisse se soutenir sur l'eau en attendant qu'on vienne à son secours (*fig.*).

bougie. — Voy. stéarique (acide).

bouillon. — Liquide préparé en faisant bouillir pendant plusieurs heures de l'eau dans laquelle on a mis de la viande, des légumes et du sel. Pendant l'ébullition, l'eau se charge de plusieurs substances empruntées à la viande et aux légumes. Le bouillon est très peu nutritif, et c'est une erreur de croire qu'on peut se donner des forces en prenant beaucoup de bouillon et de consommé. Mais cependant le bouillon est un aliment précieux parce qu'il est absorbé par tous les estomacs, que sa saveur est agréable, et qu'il excite l'appétit; à ce titre il est particulièrement précieux pour les malades et les convalescents. Quant à la viande bouillie qui a servi à la préparation du bouillon, sa qualité est en raison inverse de celle du bouillon obtenu. Elle a perdu son fumet, son jus et une partie de ses matières nutritives. Soumis à une ébullition prolongée, le bouillon prend une couleur plus foncée et un goût délicat de rôti : on a le consommé.

bouillon blanc. — Herbe de la famille des *scrofulariées* appelée aussi *molène, herbe bonhomme, herbe de*

Bouillon blanc (hauteur, 1 mètre).

saint Fiacre, blanc de mai; pousse surtout dans les lieux incultes; les fleurs jaunes, odorantes, disposées en cymes simulant un long épi compact, apparaissent de juillet à septembre. Toute la plante est velue. C'est une plante émolliente fort employée en médecine; la tisane de fleurs et de feuilles est excellente pour les irritations de poitrine, les rhumes, les inflammations de gorge; le cataplasme de feuilles bouillies dans du lait est excellent contre les hémorrhoïdes (*fig.*).

bouleau. — Arbre dont la hauteur peut atteindre 25 mètres, commun dans les régions froides et tempérées de l'Europe et de l'Asie; associé au pin sylvestre, il constitue des forêts étendues. Le bois est blanc, léger; il

Bouleau (hauteur, 25 mètres).

se conserve mal; utilisé en menuiserie, en charronnage, au chauffage. L'écorce est employée au tannage des peaux. Les paysans russes recueillent la sève du bouleau en perforant le tronc avec une tarière, et en fabriquent une liqueur fermentée (*fig.*).

boulimie. — Appétit exagéré qui oblige les malades à manger dans l'intervalle ordinaire des repas, et même quelquefois à se lever la nuit pour prendre des aliments. Cet appétit plus apparent que réel, qui simule la sensation de la faim, peut être une conséquence du catarrhe chronique des intestins, de la gastrite, de la gastralgie ou du ténia. Outre le traitement donné à la maladie principale, la boulimie elle-même est combattue par la morphine ou l'opium, et surtout par un régime alimentaire sévère.

bouquetin. — Le *bouquetin* (*fig.*) est un mammifère ruminant de la famille des bovidés. Il se rapproche de la chèvre. Par ses mœurs il a beaucoup d'analogie avec le chamois; comme lui, il habite surtout les Alpes, mais se tient à une hauteur plus grande encore; il est tout aussi agile. Il est beaucoup plus grand et plus fort;

hauteur 80 centimètres, poids 80 kilos. Le bouquetin est remarquable par ses cornes dirigées en haut et en arrière, qui atteignent quelquefois chez le mâle jusqu'à un mètre de longueur. Les cornes des femelles sont beaucoup

Bouquetin des Alpes (hauteur sur le dos, 0ᵐ80.)

plus petites. Le pelage, fauve en dessus, blanchâtre en dessous, se distingue par une bande noire qui traverse le dos. Chasse difficile et dangereuse. Le bouquetin est relativement abondant en Espagne; le bouquetin d'Espagne est une espèce voisine de la précédente.

bourdaine. — Arbuste commun dans les forêts humides, sur les bords des ruisseaux et dans les haies; le fruit est une baie globuleuse d'abord rouge, puis noire. Le charbon de bourdaine est employé de préférence à tout autre pour la fabrication de la poudre(*fig.*).

Rameau de bourdaine (hauteur de la plante, 4 mètres.)

bourdonnement. — Le bourdonnement est dû le plus souvent à une maladie de l'oreille, telle que l'inflammation du conduit auditif, de la membrane du tympan, ou de l'oreille interne; il est produit aussi par l'occlusion du conduit auditif ou de la trompe d'Eustache. Plusieurs maladies graves débutent par des bourdon nements d'oreilles (fièvre typhoïde, congestion cérébrale).

bourgeon. — Organe de la plante d'où sortiront les feuilles et les tiges

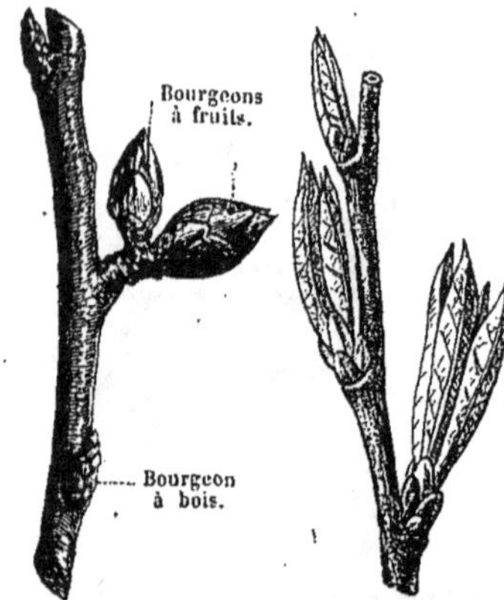

Bourgeons. '— Rameau de *poirier*, portant des *bourgeons*.

Bourgeons. — Rameau de *peuplier*, montrant des *bourgeons* ouverts ; à la base, les écailles desquelles sortent les jeunes feuilles.

nouvelles. Un bourgeon est constitué par les très jeunes feuilles et les très jeunes tiges, protégées contre le froid et l'humidité par des écailles résistantes, recouvertes d'une matière cireuse, ou capitonnées d'un duvet soyeux. Les bourgeons se développent au printemps ; les écailles s'écartent, et les jeunes feuilles s'épanouissent (*fig.*).

bourrache. — Herbe de la famille des *borraginées* (*fig.*) ; tige rameuse, hérissée de poils, belles fleurs bleues ou blanches ; croît dans tous nos pays ;

Rameau de bourrache (hauteur de la plante (1 mètre).

fleurit en juin et juillet. L'infusion de fleurs de bourrache est employée comme émolliente dans toutes les maladies inflammatoires.

boussole. — Instrument destiné à trouver les points cardinaux à l'aide d'une aiguille aimantée (voy. **aimant**, **déclinaison**). La définition de la déclinaison nous montre en effet que, lorsqu'on connaît la déclinaison d'un lieu, on peut, avec une aiguille aimantée, avoir la direction du nord au

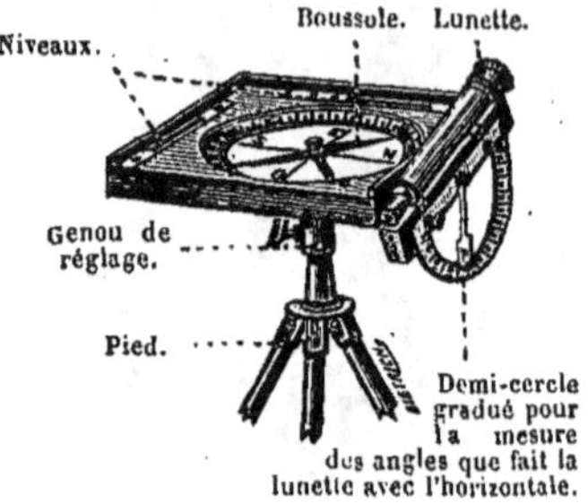

Boussole d'arpentage.

sud et par conséquent les quatre points cardinaux. La *boussole* se compose d'une aiguille aimantée placée au-dessus d'un cercle divisé ; le tout est contenu dans une boîte en bois ou en cuivre, couverte d'un verre, qui met l'aiguille à l'abri des chocs et du vent.

Boussole marine, ou compas de mer. — L'aiguille aimantée, qui ne se voit pas, est collée au-dessous d'un disque de *mica*, très léger, sur lequel est tracée la *rose des vents*, indiquant les diverses directions par rapport au nord. La boussole est suspendue de telle manière qu'elle reste toujours horizontale, malgré les oscillations du navire.

Nous sommes, avec la boussole, dans un lieu où la déclinaison est occidentale et égale à 17°, par exemple ; cherchons à nous orienter. Pour cela, plaçons le cadran de la boussole aussi horizontalement que possible, et attendons que l'aiguille ait pris sa position d'équilibre. Faisons alors tourner le cadran horizontalement sur lui-même, pendant que l'aiguille reste immobile, jusqu'à ce que l'extrémité *bleue* de celle-ci soit en face de l'angle 17°, à l'occident de la ligne marquée N.-S sur le cadran. A ce moment le cadran est orienté et marque les quatre points cardinaux. La boussole a des dispositions différentes suivant l'usage auquel elle est destinée; la *boussole d'arpentage*, si employée pour le lever des plans, n'a pas la même forme que la *boussole marine*, avec laquelle les navigateurs se dirigent en mer; mais elles ont l'une et l'autre une aiguille aimantée (*fig.*).

bouteille de Leyde. — Condensateur de forme commode (voy. **condensation** '). Au lieu d'une lame de

Charger la bouteille de Leyde.

verre sur les deux faces de laquelle on a collé du papier d'étain, c'est une bouteille de verre recouverte extérieurement de papier d'étain, et remplie intérieurement de feuilles de clinquant;

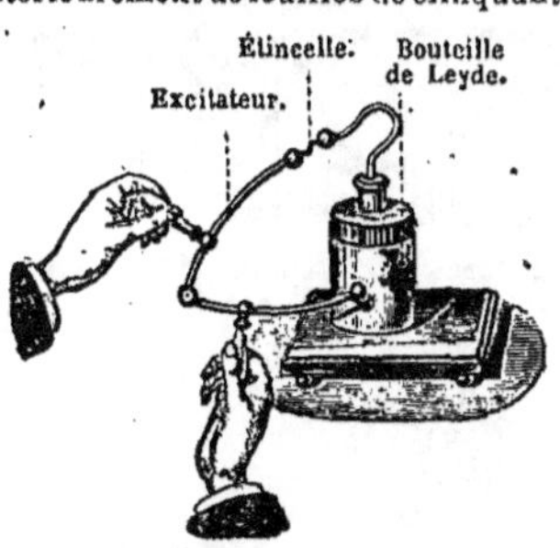

Décharger la bouteille de Leyde. — L'intérieur et l'extérieur sont mis en communication à l'aide d'un arc métallique à manches de verre : il jaillit une étincelle.

ces feuilles de clinquant communiquent avec l'extérieur par une tige métallique qui traverse le bouchon de la bouteille. Pour *charger* la bouteille de Leyde, on la prend à la main, ce qui met la feuille extérieure en communication avec le sol, et on appuie la tige sur une *machine électrique en mouvement.* — Pour décharger la bouteille on la pose sur une table, et on fait communiquer, à l'aide d'un arc métallique, la tige avec la feuille extérieure : on a une étincelle; ou bien on touche à la fois la tige et la feuille :

Commotion par la bouteille de Leyde.

on a une commotion (*fig.*). La *jarre* est une grande bouteille de Leyde. Une *batterie* est un ensemble de plusieurs jarres qui fonctionne comme fonctionnerait une jarre unique, de très grandes dimensions. La commotion donnée par une batterie puissante peut mettre la vie en danger.

bouturage. — Opération qui consiste à séparer d'une plante un frag-

Bouturage. — A (*crossette*) et B (*chapon*), petits rameaux de vigne détachés d'un pied en végétation, et destinés à être plantés en terre comme boutures.

Jeune bouture de géranium. Un rameau de géranium détaché du pied mère et mis en terre pousse des racines et forme au bout de peu de temps une plante semblable au pied d'où il a été détaché.

ment garni de bourgeons et à le planter dans des conditions telles qu'il puisse se développer de lui-même. Il suffit de couper une branche de géranium et de la planter en terre pour avoir un nouveau géranium; il pousse dès racines adventives qui sont rapidement capables de puiser la nourriture dans le sol. La prise des *boutures* n'est pas aussi aisée pour toutes les espèces. Le bouturage

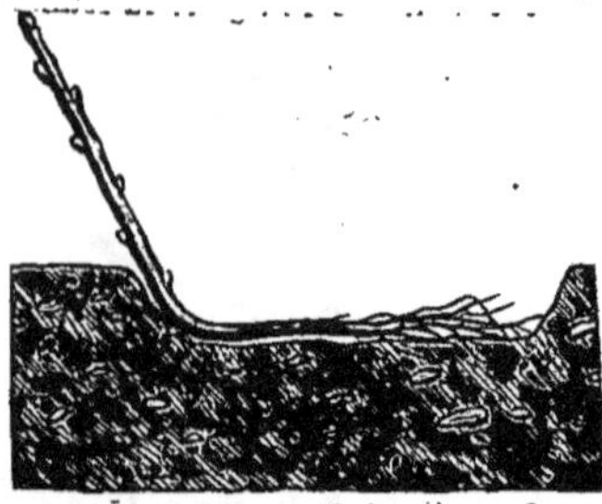

Bouturage. — Quand le jeune plant a pris quelques racines, on peut le transplanter à la place où doit s'élever la nouvelle plante.

a l'avantage de reproduire, bien mieux que les graines, les particularités de la plante qui a fourni la bouture, et il conduit à des résultats beaucoup plus rapides que le semis. Parmi les plantes de grande importance, la vigne est généralement multipliée par boutures (*fig.*).

bouvreuil. — Oiseau *passereau* aux formes trapues, aux couleurs très vives. Ne chante guère, naturellement, mais est susceptible d'éducation, la femelle comme le mâle. Longueur totale 16 centimètres. Habite dans les bois, surtout dans les régions montagneuses; l'hiver il descend

Bouvreuil (long. 0m,16).

en plaine dans les vergers, les bosquets, le long des haies. Niche sur les buissons, les arbres; quatre ou cinq œufs ronds, d'un vert pâle avec des taches brunes et quelques lignes ondulées. Oiseau exclusivement granivore; il nourrit ses petits de graines qu'il décortique avec son bec, et rarement d'insectes. Une seule portée par an. Plus nuisible qu'utile (*fig.*).

branchies. — Organes de la respiration chez les animaux qui vivent dans l'eau (*fig.*). Chez les poissons, par exemple, les branchies sont constituées par des lamelles rouges, en forme de peigne, qui sont situées à droite et à gauche de la tête, sous les *ouïes*. L'eau, qui entre constamment par la bouche

du poisson, sort par les ouïes en baignant les branchies. L'air en dissolution dans l'eau passé alors dans le

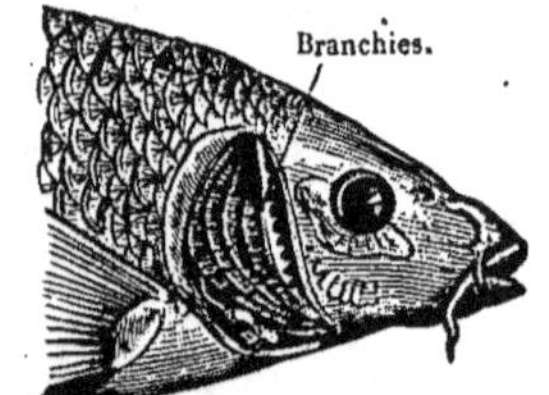

Branchies de poisson. — On a enlevé l'*ouïe* pour montrer au-dessous les *branchies* découvertes.

sang qui circule dans les branchies. (Voy. respiration.)

bras. — Le squelette du bras (*fig.*)

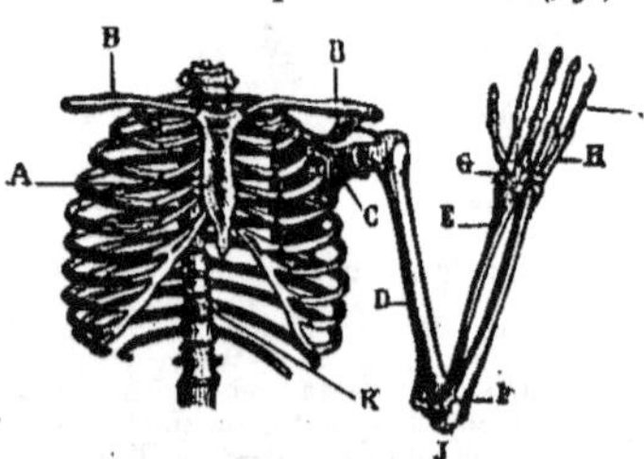

Membre supérieur (*bras et avant-bras*).
A, sternum (devant de la poitrine).
B, clavicule.
C, omoplate.
D, humérus (bras).
E, cubitus } avant-bras.
F, radius }
G, carpe (poignet).
H, métacarpe (paume).
I, phalanges (doigts).
J, coude (extrémité du cubitus.)

est formé de l'*épaule*, du *bras*, de l'*avant-bras* et de la *main*. Les os de

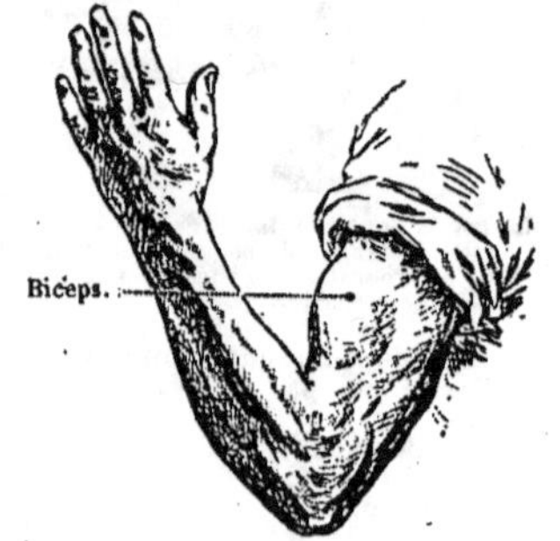

Gonflement du bras dû à la contraction du biceps.

l'épaule sont l'*omoplate*, par derrière, et la *clavicule*, par devant, qui sou-

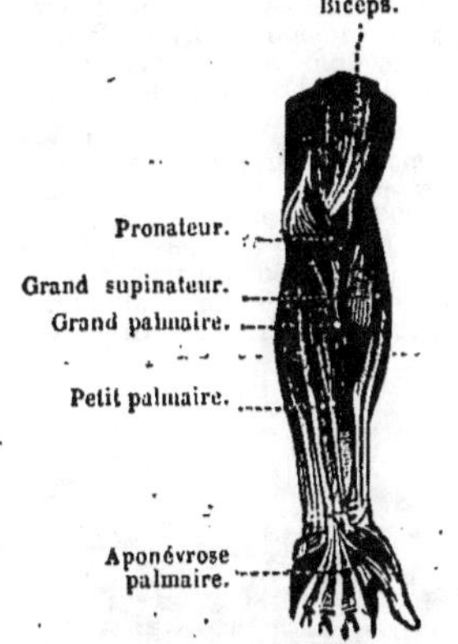

Muscles du bras.

tiennent le membre; l'os du bras est l'*humérus*; ceux de l'avant-bras sont

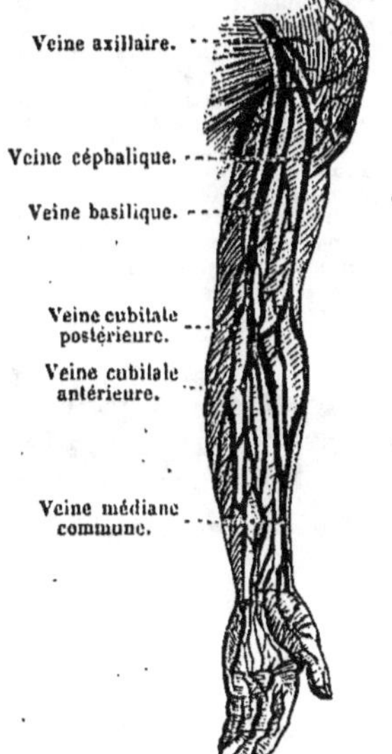

Bras (*veines superficielles*).

le *cubitus* et le *radius*; la main ren-ferme les petits os du *carpe*, du *méta-*

carpe et des *doigts* (*phalanges*, *phalangines* et *phalangettes*); il faut y ajouter de petits os supplémentaires, *os sésamoïdes*. Tous ces os sont articu-lés, de façon à per-mettre au bras et à ses diverses parties les mouvements les plus divers. Dans la main, en particu-lier, le pouce peut être placé devant

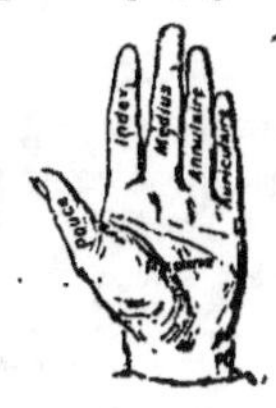

La main.

chacun des autres doigts, ce qui per-met de saisir aisément les objets.

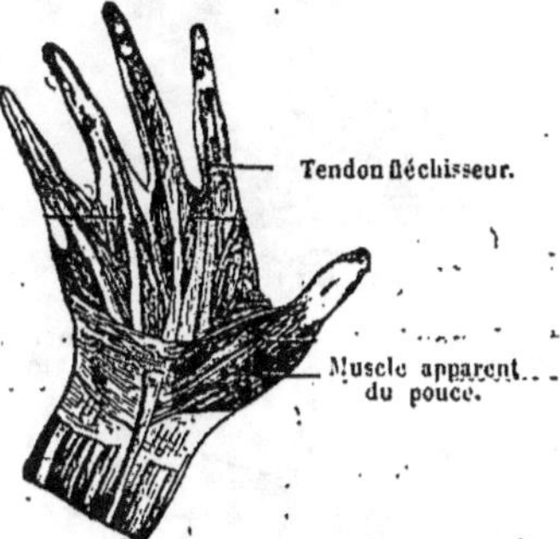

La main : *tendons qui mettent les doigts en mouvement.*

Tous ces mouvements sont assurés par des muscles puissants (*fig.*).

brème. — Poisson *d'eau douce* présentant les caractères généraux de la carpe. Corps fortement comprimé, généralement très haut; assez grandes écailles; œil grand. Taille maximum 60 centimètres, avec un poids de 5 kilos. Se ren-contre dans pres-que toute l'Eu-rope; très abon-dante dans la plupart des ri-vières de France.

Brème (long., 0m,40).

La nourriture se compose de vers, larves d'insectes, petits mollusques, matières végétales en décomposition. La brème qui a vécu en eau courante a une chair assez savoureuse (*fig.*).

briques. — Voy. poteries.

briquet. — La friction énergique d'un morceau d'acier contre un frag-ment de silex détermine des étincelles. Ces étincelles sont formées par des parcelles d'acier échauffées par le choc,

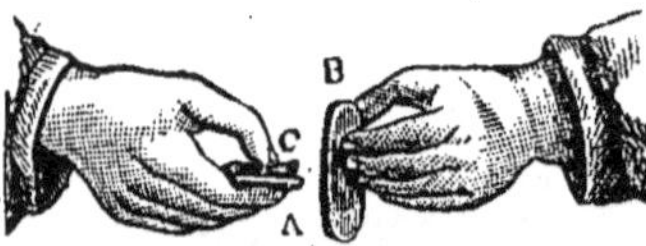

Briquet à silex et amadou. — Le choc du silex A, contre l'acier B, détache un fragment d'acier et le fait rougir sous la forme d'une étincelle qui met le feu à l'amadou C.

qui brûlent dans l'air; tombant sur un morceau d'amadou (*fig.*) ou sur un petit

Chien de fusil à pierre. — C'est l'étincelle qui enflammait la poudre.

tas de poudre (*fig.*) elles en déterminent l'inflammation. Le briquet a été em-

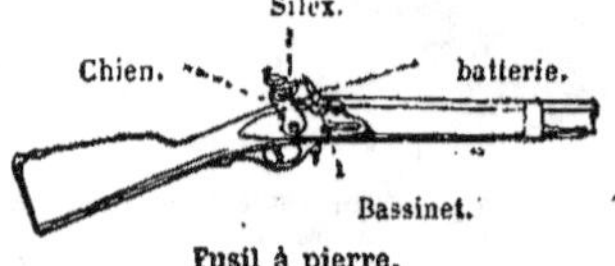

Fusil à pierre.

ployé jusqu'en 1840 pour allumer le feu.

brize. — Plante de la famille des

Brize (hauteur, 0m,40).

graminées, d'un port extrêmement gracieux. On en connaît bien des espèces, qu'on rencontre dans presque toutes les prairies; c'est un fourrage de qualité moyenne. Cette plante est recherchée dans le commerce pour la confection des bouquets secs.

brochet. — Poisson *d'eau douce* au corps cylindrique, allongé, avec écailles petites, minces, très adhérentes. Tête grosse, allongée en un museau dont la mâchoire inférieure forme la pointe. Gueule très largement fendue et hérissée de dents sur les mâchoires, les os du palais, de la

Brochet (longueur, 0m,60).

langue; on en compte plus de 700, de diverses formes. Couleur vert grisâtre, mouchetée de taches jaunes et blanches; ventre plus clair. La taille peut devenir considérable; le poids dépasse parfois 25 kilos. Se trouve à peu près dans toute l'Europe; est abondant en France dans les rivières et les étangs; très abondant en Sibérie et dans l'Amérique du Nord.

Très fort, grand nageur et puissamment armé, le brochet est le requin des eaux douces; il mange non seulement les autres poissons, mais encore les mammifères et les oiseaux; il a bien

Les dents du brochet.

vite ravagé un vivier. Il inspire une terreur profonde à tous les autres poissons, sauf à l'épinoche, qu'il laisse toujours en repos. Le brochet a une grande fécondité. La chair est blanche, ferme, estimée; sa pêche est importante (*fig.*).

brome. — Herbe de la famille des

graminées, dont les diverses variétés ont une valeur fourragère médiocre. (voir *fig.* page 309).

brome, bromures (grec : *bromos*, mauvaise odeur). — Le brome est un liquide rouge, extrêmement volatil, produisant une vapeur d'un rouge intense, d'une odeur très forte. Le brome se combine aisément à la plupart des *métaux* et des *métalloïdes* pour former des *bromures*. C'est un poison violent.

On retire le brome principalement des eaux de la mer, après qu'elles ont, dans les *marais salants* (voy. **sel marin**), abandonné leur sel marin.

Le *brome* n'est pas utilisé directement, mais on le fait entrer dans la composition du *bromure de potassium*, sel blanc qui est fort employé en médecine comme calmant et en photographie.

bronches. — On appelle *bronches* les divisions de la trachée-artère, c'est-à-dire les deux conduits membraneux, pourvus d'anneaux incomplets, cartilagineux, qui, à partir de sa bifurcation, s'introduisent chacun dans l'un des poumons. On dit généralement qu'ils se divisent et se subdivisent indéfiniment et forment par leur terminaison les culs-de-sac qui constituent la parenchyme pulmonaire; mais il importe de savoir qu'après un certain nombre de subdivisions, les bronches, qui n'ont plus qu'un demi-millimètre de diamètre, cessent d'avoir la même structure et perdent les caractères des bronches. Fréquemment ces

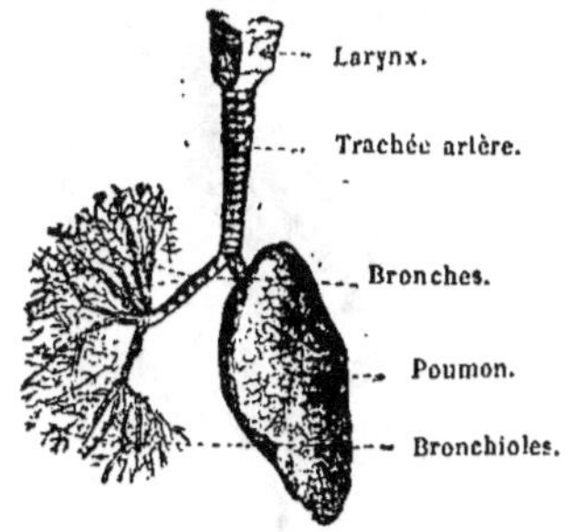

La trachée-artère et les bronches.

canaux s'obstruent en partie et la respiration devient plus difficile; ou même impossible : c'est ce qui arrive dans l'*asthme* *, la *coqueluche* *, le *catarrhe* *, la *bronchite* *.

bronchite. — Inflammation de la membrane muqueuse des bronches, le plus souvent produite par un refroidissement.

Le **rhume** simple est une bronchite légère. La bronchite intense, due à une inflammation plus prononcée et plus profonde, est accompagnée d'une vive chaleur de poitrine, d'une toux fréquente et sèche, d'une forte oppression, d'une peau sèche, d'un pouls dur. Quand la guérison approche, les crachats deviennent plus abondants, la respiration plus facile, la fièvre tombe. En 8 ou 10 jours, la guérison peut être complète, à moins que la maladie ne devienne *chronique*. On soigne les bronchites intenses par le lit, la teinture d'iode ou les vésicatoires volants sur la poitrine, du kermès, des tisanes adoucissantes. La **bronchite chronique,** qui peut durer des semaines et des mois, est traitée par les mêmes remèdes. La **bronchite capillaire,** provenant d'une inflammation des canaux les plus déliés des bronches, est la forme la plus grave de la bronchite aiguë. Nos animaux domestiques sont très sujets à la bronchite.

bronze. — Le *bronze* ou *airain*, est un alliage de *cuivre* et d'*étain*, contenant parfois une petite quantité d'autres métaux. L'étain, ajouté au cuivre, lui donne une couleur moins rouge, une plus grande dureté, une plus grande sonorité, mais le rend cassant. Les proportions des deux métaux varient suivant les usages auxquels le bronze est destiné.

L'ancien **bronze des canons** contenait 91 parties de cuivre pour 9 d'étain; il est actuellement peu employé, les canons se faisant aujourd'hui presque entièrement en acier.

Le **bronze des statues** contient un peu moins de cuivre et un peu plus d'étain. D'autres fois, on diminue la quantité d'étain, et on met un peu de plomb et de zinc. Les bronzes japonais et chinois, dont la surface est d'un beau noir, contiennent jusqu'à 10 parties de plomb, pour 80 de cuivre, 6 d'étain et 4 de zinc.

Le **bronze des cloches,** des *cymbales*, des *tam-tam*, contient 78 parties de cuivre et 22 d'étain. Contrairement à une croyance très répandue, il ne renferme pas d'argent.

Le **bronze des monnaies** contient, en France, 95 parties de cuivre, 4 d'étain et 1 de zinc.

Pour le bronze d'aluminium, voyez **aluminium.**

Les bronzes sont cassants et ne peuvent pas être travaillés au marteau (sauf le bronze d'aluminium), au moins à froid. On donne leur forme aux objets en bronze en coulant dans des moules le métal fondu.

brouillard. — Le brouillard est constitué par de très fines gouttelettes liquides qui sont en suspension dans l'air, directement au-dessus du sol. Le *nuage* ne diffère du brouillard que par sa situation ; il est à une certaine hauteur, au lieu de toucher le sol. Le brouillard se forme quand un refroidissement de l'atmosphère vient déterminer la condensation, sous forme de gouttelettes liquides, de la vapeur jusque-là invisible qui s'y trouvait contenue (voy. **hygromètre**). Le brouillard n'apparaît que dans l'air humide, c'est-à-dire dans l'air qui est presque *saturé* de vapeur d'eau. C'est pour cela que nous le voyons surtout dans le voisinage des rivières, sur les marais, les prairies. Tantôt le brouillard se dissipe dans l'air, sous l'action du soleil : on dit qu'il *monte*. Tantôt, si le refroidissement augmente, il *tombe* en fines gouttes de pluie.

bruant. — Oiseau *passereau* très commun en France dans les buissons et les haies ; belles couleurs. Longueur totale 18 centimètres. (*fig.*). Niche dans les buissons ; 4 ou 5 œufs d'un blanc grisâtre avec taches rousses et traits noirs. Ces oiseaux vivent en bande en hiver. Se nourrit de graines, mais

Bruant (long. totale, 0ᵐ,18).

fait aussi du bien en détruisant des insectes.

Le genre bruant offre plusieurs espèces distinctes. La plus importante est le *bruant ortolan*. On le rencontre surtout dans le midi de la France ; il a la tête, la nuque et le cou gris, la gorge d'un jaune clair ; le dos est plus foncé, les ailes présentent des bandes rougeâtres ; la queue est brune avec des taches blanches. Longueur totale 16 centimètres. On prend l'ortolan en grand nombre, car il est estimé pour la délicatesse de sa chair ; on le prend vivant au filet, puis on l'engraisse en l'enfermant pendant 40 jours dans une chambre obscure, éclairée seulement par une faible lampe ; là, on lui donne des graines à discrétion. On opère de même en Italie et en Grèce.

brucine. — Poison violent contenu dans les graines de plusieurs plantes, en même temps que la *strychnine*, par exemple dans la noix vomique et la fève de saint Ignace. La brucine provoque des attaques de tétanos.

brûlure. — La *brûlure* est produite par l'action de la flamme, d'un solide ou d'un liquide chaud, ou de la vapeur à température élevée ; les corps dits caustiques, tels que la potasse et l'acide sulfurique, déterminent des effets du même genre que les brûlures proprement dites. Sans gravité lorsqu'elles sont de faible étendue et qu'elles n'ont altéré que les couches superficielles de la peau, les brûlures deviennent plus graves et sont fréquemment suivies de mort lorsqu'elles s'étendent sur une grande surface et que l'altération des tissus est profonde.

Les brûlures, même légères, sont douloureuses ; dans les brûlures graves la douleur est telle qu'elle peut à elle seule déterminer la mort. Les brûlures légères sont combattues par de simples compresses d'eau froide, ou d'eau blanche, par l'application d'une couche de collodion, par des compresses d'un mélange d'eau, de chaux et d'huile d'olive. Les brûlures graves exigent l'intervention du médecin qui les combat à l'aide de pommades à base de laudanum, de sous-acétate de plomb, par des liniments renfermant de l'huile et de la chaux. Après guérison, les brûlures sérieuses laissent ordinairement d'horribles cicatrices.

bruyère. — Petit arbrisseau dont on rencontre en France diverses espèces de taille variable. La plus grande espèce, la *bruyère arborescente*, est haute de 3 à 4 mètres ; elle croît sur

Bruyère franche (rameau), très commune dans les terrains incultes de toute la France (hauteur de la plante, 0ᵐ,40).

tout sur le littoral de la Méditerranée, où elle fournit des bois de chauffage et un bois rouge, dur, avec lequel on fait des pipes. Les diverses bruyères se rencontrent presque uniquement dans les terrains pauvres (*fig.*).

bryone. — Plante grimpante vénéneuse, de la famille des *cucurbitacées;*

Bryone.

on la rencontre le long des haies (*fig.*).

buffle. — Voy. bœuf.

buglosse. — Herbe de la famille des *borraginées* qui croît dans les lieux incultes, sur les décombres; les fleurs, purpurines, paraissent de juin à août. Comme les fleurs de la bourrache,

Buglosse.

celles de la buglosse sont employées en tisane émolliente; la médecine l'utilise aussi dans la dysenterie et les hémorragies des poumons (hémo- ptysies (*fig.*).

buis. — Arbuste à feuilles persis- tantes qui croît en abondance dans un grand nombre de montagnes de France (*fig.*). Le bois, très dur, très homogène, d'un grain très fin, est très recherché par les tourneurs et les tabletiers. La gra- vure sur bois emploie surtout le buis; mais nos buis indigènes n'ont pas de

Buis (rameau; hauteur de la plante, 5 mètres).

dimensions suffisantes; on utilise pour cet usage les buis de l'Asie Mineure.

bulbe. — Tige souterraine de cer-

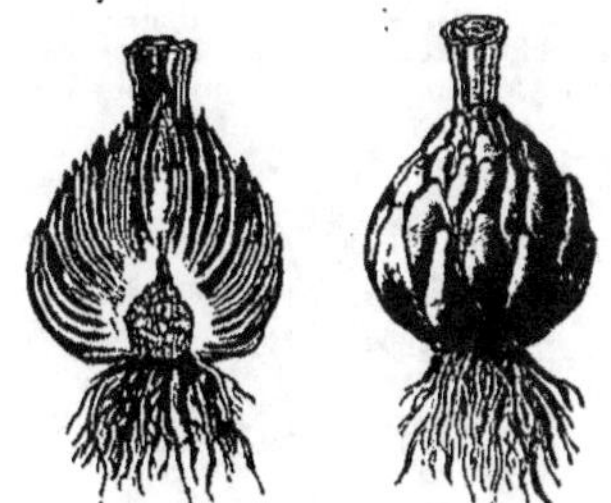

Bulbe de lis blanc.

taines plantes, contenant une provision d'aliments accumulés pendant la belle

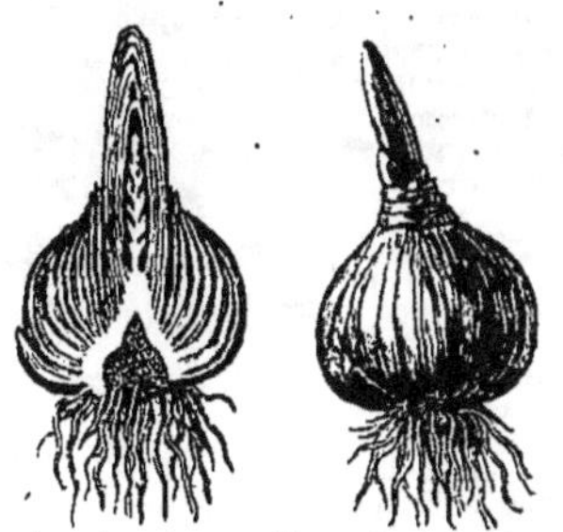

Bulbe de jacinthe.

saison, provision qui sera employée après l'hiver pour faire repousser la

plante, dont la partie aérienne a dis-

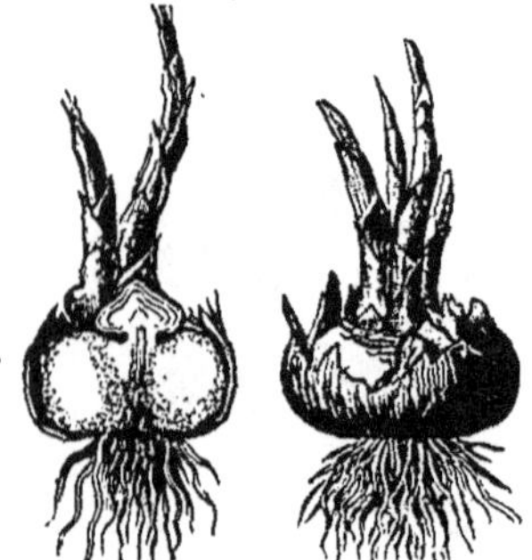

Bulbe de safran.

paru. Les bulbes ont des formes diverses (*fig.*).

busard. — Oiseau *rapace diurne* gris bleuâtre, à ventre blanc rayé; il niche à terre dans les endroits maré-

Busard (long. totale, 0ᵐ,60).

cageux. Plutôt utile que nuisible, car il se nourrit surtout de mulots, de souris et autres petits rongeurs (*fig.*).

buse. — Oiseau *rapace diurne*, long de 0ᵐ,65 du bout du bec à l'extrémité de la queue; tête grosse, corps trapu, pattes courtes, ailes peu puissantes; coloration très variable, généralement brun roussâtre, mêlé de

Buse (long. totale, 0ᵐ,60.)

blanc et de brun sur la poitrine et le ventre; très répandu en France; niche sur les rochers et les vieux arbres. Animal très utile, dont on devrait favoriser la multiplication; pour quelques petits oiseaux qu'elle mange faute de mieux, la buse détruit un nombre immense de petits rongeurs. Une buse mange de 7 à 8,000 souris ou mulots par an; la buse détruit aussi beaucoup de serpents, de sauterelles, de grillons et autres gros insectes (*fig.*).

butome. — La *butome*, ou *jonc fleuri*, est une plante aquatique qui sert

Butome (fleurs).

quelquefois à l'alimentation. Les feuilles du butome sont diurétiques (*fig.*).

butor. — Oiseau *échassier* qui se rapproche beaucoup du héron; pattes moins longues; grand pêcheur, destructeur de poissons. Il vit solitaire sur le bord de l'eau et niche dans les

Butor (haut. totale, 0ᵐ,80).

roseaux; 3 à 5 œufs; durée de l'incubation 25 jours. Défend ses petits avec intrépidité, même contre le milan. Ne passe que l'été en France; l'hiver il va dans le Midi (*fig.*).

C

cabestan. — Voy. treuil.

cacaoyer. — Arbre de taille moyenne, analogue à notre cerisier, cultivé dans les régions tropicales dans les terres vierges, profondes, humides. Le fruit est ovale, glabre, jaune, long de 0m,15; il renferme de 50 à 80 graines: ce sont ces graines qui constituent ce qu'on nomme le *cacao*, substance nutritive principalement employée à la fabrication du chocolat. On fait deux récoltes chaque année; d'ailleurs la floraison de l'arbre a lieu toute l'année.

Cacaoyer (haut., 10m).

L'importation du cacao en France atteint actuellement 15 millions de kilogrammes par an, provenant des régions équatoriales de l'Amérique (*fig.*).

cacatois. — Le *cacatois* ou *kakatoès* est un oiseau grimpeur du genre perroquet, qu'on trouve dans l'Inde, en Malaisie, et dans la Nouvelle-Hollande; il a un très beau plumage. Il porte sur la tête une huppe qui se redresse au gré de l'animal. Son intelligence est plus développée que celle du perroquet.

cachalot. — Ce cétacé est caractérisé par une tête énorme, égalant la moitié ou le tiers du corps; des dents à la mâchoire inférieure, et point de nageoire dorsale (*fig.*). Il n'a point de fanons. Toutes les espèces de ce groupe ont de très grandes dimensions. On les trouve dans toutes les mers, mais leur pêche se fait principalement dans les mers australes et le Grand Océan.

Dans l'espèce la plus répandue, le mâle atteint une longueur de 23 mètres; la queue a 6m,30 de large. La femelle est deux fois plus petite. Le cachalot parcourt les mers en bandes nombreuses; il nage avec une grande rapidité et peut suivre tous les navires. Quand il plonge, il peut rester vingt minutes sans venir respirer à la surface. Sa nourriture consiste principalement en céphalopodes; il ne chasse même pas les petits poissons; parfois il mange des végétaux. Le

Cachalot (longueur, 23 mètres).

cachalot est l'objet d'une pêche régulière, principalement dans la mer du Sud. Cette pêche n'est pas sans dangers, car l'animal tient souvent tête à ses ennemis; on cite plusieurs exemples de navires de pêche qui ont été attaqués et coulés par le cachalot.

Les bénéfices de cette pêche sont considérables; les deux produits importants sont l'*ambre gris* (voy. ce mot) et le *spermaceti* (voy. ce mot), qui fournit une huile excellente. Les dents du cachalot dures, lourdes, faciles à polir, sont aussi utilisées; malheureusement elles n'ont pas la belle couleur de l'ivoire.

cachexie (grec : *cacos*, mauvais; *exis*, disposition). — Mauvais état général de santé caractérisé par l'amaigrissement, la pâleur, la mollesse de chairs, la langueur des fonctions, une fièvre continue. La cachexie vient à la suite d'un grand nombre de maladies chroniques ou les accompagne (cancer, scorbut, phtisie...); on la combat par une bonne alimentation, par les voyages, les bains froids et les bains de mer, par les toniques et les ferrugineux. Il y a d'ailleurs autant de variétés de cachexie que de maladies susceptibles de la déterminer.

cachou. — Suc gommeux, résineux, dur, fourni par un acacia originaire de l'Indoustan; ce suc a une saveur astringente, mais agréable, une bonne odeur. On le mâche pour corriger la mauvaise odeur de la bouche et raffermir les gencives. Dans l'Inde et en Asie on en use beaucoup ; en Europe la consommation est très faible.

cactées. — Famille de plantes *dicotylédones*, remarquables par la singularité de leur port, comme le montre

Diverses cactées.

la figure ci-dessus. En France les cactées ne sont cultivées que comme plantes ornementales (*fig.*).

cadran solaire. — Instrument destiné à indiquer l'heure en utilisant la marche du soleil. On sait qu'il est *midi* en un lieu quand le soleil passe au méridien de ce lieu ; c'est-à-dire dans le plan qui contient le lieu considéré et l'axe de la terre ; avant midi le soleil monte, après-midi il descend, allant toujours de l'est à l'ouest. Un *cadran solaire* se compose d'une tige ou d'une lame nommée *style* (*fig.*), dirigée

Cadran solaire. — L'heure est indiquée par l'ombre du *style* sur le *cadran*.

suivant la ligne des pôles, et disposée sur un plan fixe ; l'ombre du style se projette sur ce plan et se déplace à mesure que le soleil parcourt le ciel. Des lignes sont tracées sur le plan, partant de la base du style ; elles portent le nom des heures ; quand l'ombre est sur la ligne marquée 2 heures, c'est qu'il est deux heures.

café. — Le café nous est fourni par un arbuste de la famille des *rubiacées*, le *caféier* (*fig.*), actuellement cultivé dans la plupart des pays tropicaux ; il atteint 10 mètres de hauteur. Dans les grandes plantations de caféiers, l'arbre commence à donner un produit abondant à trois ans ; il rapporte pendant une quarantaine d'années. Le fruit est de la grosseur d'une forte cerise ; sa pulpe mince sert d'enveloppe à deux coques dures, marquées d'un sillon. Ce grain est jaunâtre, gris ou verdâtre ; c'est ce qui porte chez nous le nom de café ; grillé, il sert à faire l'infusion si usitée.

Le *café Moka*, qui vient d'Arabie, est le plus estimé ; il est rare en France ; puis viennent, parmi les espèces les plus importantes, le café

Rameau de caféier (haut., 10 mètres).

Bourbon, le café *Martinique*, le café *Haïti*, les cafés du *Vénézuela*. La production actuelle du café dans le monde entier dépasse annuellement 700 millions de kilogrammes, dont 300 millions fournis par le Brésil, et le reste par Java, Sumatra, Ceylan, Haïti, etc.

La boisson nommée café, dont la consommation augmente sans cesse, est aromatique, excitante, désinfectante ; elle a une action favorable sur la digestion et sur le travail intellectuel ; elle a en même temps de sérieuses propriétés nutritives.

cafard. — Voy. **ténébrion.**

caille. — Oiseau *gallinacé* présentant avec la perdrix les plus grandes analogies(*fig.*).Longueur 0^m,21. Elle n'est que de passage dans nos pays ; à l'automne elle gagne l'Afrique, accomplissant ainsi un long voyage malgré la lourdeur de son vol. Alors, sur les bords de la Méditerranée, on en fait une grande destruction ; quand elle arrive épuisée en Egypte, on la capture aisément vivante et on l'expédie en Europe.

En France, la caille habite de préférence la plaine ; elle ne perche pas ;

Caille (longueur, 0^m,21).

se nourrit d'insectes, petits mollusques, graines et herbages. Elle pond, dans un nid creusé en terre, de 12 à 15 œufs mouchetés de brun sur un fond gris verdâtre, l'incubation dure 21 jours. Les cailleteaux, au sortir de la coquille, courent et mangent seuls. La caille est un petit gibier extrêmement estimé.

caille-lait. — Voy. **gaillet**.

caïman. — Voy. **crocodile**.

calandre. — Insecte nommé plus ordinairement *charançon*.

calcaire. — Substance nommée aussi *carbonate de chaux;* combinaison d'acide carbonique et de chaux

A — B

Une pierre calcaire A se reconnaît à ce qu'elle fait effervescence, puis qu'elle se dissout dans un acide (vinaigre par exemple), tandis qu'une *pierre non calcaire* B ne se dissout pas et ne fait pas effervescence.

(*fig.*). Le calcaire est très répandu dans la nature, sous plusieurs formes différentes. Les diverses pierres calcaires à bâtir, la craie, le marbre, sont des calcaires dont on connaît les usages. Les incrustations qui recouvrent les objets plongés dans certaines eaux, et qui leur donnent l'apparence de la pierre, sont aussi en calcaire ; il en est de même des *stalactites* et des *stalagmites* qui se forment dans les

grottes à la voûte desquelles suintent

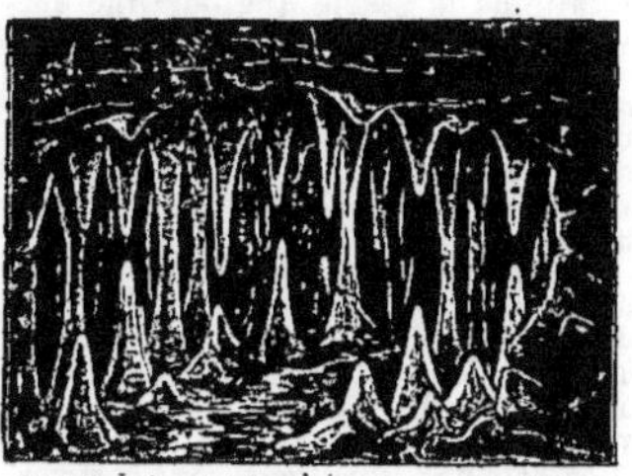

Grotte avec stalactites et stalagmites.

des eaux assez riches en carbonate de chaux (*fig.*).

calculs. — On nomme *calculs* des productions accidentelles solides qui se déposent dans l'épaisseur des tissus après certaines inflammations chroniques, et plus encore dans les articulations, dans la vessie, dans la vésicule biliaire.

Les calculs biliaires se forment dans la vésicule biliaire, parfois en très grand nombre. Tant qu'ils y séjournent, ils peuvent n'apporter à la santé aucun trouble appréciable ; mais s'ils s'engagent dans le conduit qui mène la bile à l'intestin, ils déterminent des crises douloureuses nommées *coliques hépatiques*, ou même des *péritonites* mortelles. Les calculs biliaires s'observent surtout chez l'adulte et le vieillard ; la vie sédentaire et les affections digestives y prédisposent. On combat surtout les calculs biliaires par un régime alimentaire exempt autant que possible de matières grasses et de boissons alcooliques.

Les calculs du rein sont encore plus fréquents ; ils sont la cause de la maladie dite *gravelle*. Quand ces calculs passent du rein dans la vessie, ils donnent naissance aux *coliques néphrétiques*. Les calculs du rein constituent une maladie grave, qui atteint surtout les hommes qui se livrent à des excès de table ou de veille ; on combat cette maladie par un régime surtout végétal, par les eaux minérales (Vichy, Contrexéville), par l'hydrothérapie.

Les calculs du rein, arrivant dans la vessie, prennent parfois un développement assez considérable pour ne pouvoir être expulsés avec les urines : on a alors des **calculs urinaires**, ou la *pierre*. La pierre arrive parfois à des dimensions énormes, au point d'occuper une grande partie de la vessie. La bonne chair, les excitants, la vie sédentaire favorisent la formation des calculs urinaires. La pierre ne peut être extraite de la vessie que par une opération chirurgicale. On tente d'abord la *lithotritie* : par le canal de l'urèthre on introduit un instrument qui saisit la pierre, la pulvérise, de manière qu'elle puisse être ensuite expulsée avec les urines. Si la pierre est trop dure et qu'elle n'ait pu être brisée dans la lithotritie, on fait intervenir la *taille*, ou *cystotomie*; c'est-à-dire qu'on fait au malade une incision qui permet d'arriver directement à la vessie, qu'on ouvre elle-même pour en retirer les corps étrangers.

Les **calculs arthritiques** sont des concrétions qu'on rencontre dans les articulations des goutteux et des rhumatisants.

calebasse. — Voy. **courge**.

caléfaction. — Un peu d'eau, placée sur une plaque métallique chauffée au rouge vif, y prend la forme d'une lentille, qui se met à tournoyer en s'évaporant lentement : on dit que cette eau est en *caléfaction* (*fig.*). Elle s'évapore par sa face inférieure; la vapeur produite soulève la lentille, l'empêche de toucher la plaque métallique; et c'est ce qui rend l'évaporation relativement lente. Si la plaque était moins chaude le liquide s'étalerait à sa surface, et disparaîtrait en un clin d'œil par une ébullition rapide.

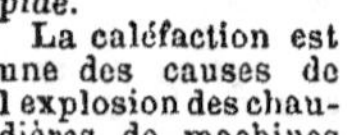

Grosse goutte d'eau en caléfaction sur une plaque métallique rougie.

La caléfaction est une des causes de l'explosion des chaudières de machines à vapeur. Quand l'intérieur de la chaudière est incrusté de calcaire, il arrive que les parois métalliques, séparées de l'eau par le calcaire, rougissent sous l'action du feu. Si alors un fragment de calcaire tombe, l'eau entre en contact avec les parois rouges. Il y a d'abord *caléfaction* et il ne se produit pas plus de vapeur qu'auparavant; mais peu à peu les parois se refroidissent, la caléfaction cesse, la production de vapeur sur ces parois encore très chaudes est considérable, et détermine alors une explosion.

calendrier. — Le *calendrier* est l'ensemble des divisions employées pour mesurer le temps. Autrefois on mesurait le temps en partant de la durée de la rotation de la lune autour de la terre, d'où le mot *almanach*, qui nous vient des peuples orientaux et signifie lune. Mais depuis bien longtemps on mesure le temps en prenant pour base la durée de la révolution apparente du soleil autour de la terre (voy. **soleil**, **terre**, **saison**). Cette durée est de 365 jours, 5 heures, 48 minutes, 50 secondes.

Les Égyptiens, les premiers, ont établi un calendrier sur le mouvement du soleil. Ils ont fixé la durée de l'année à 365 jours, c'est-à-dire qu'ils lui ont donné une durée trop courte d'à peu près 6 heures, ou un quart de jour. Il en résultait un inconvénient grave, puisque, tous les quatre ans, l'année du calendrier avançait d'un jour sur l'année solaire, de sorte que les saisons ne revenaient pas à des dates régulières. Si ce calendrier était employé de nos jours et que, cette année, l'équinoxe du printemps (voy. **saison**) arrive le 21 mars, il arriverait le 22 mars, dans 4 ans; le 23 mars, dans 8 ans; le 24 mars, dans 12 ans; le 24 juin, dans 270 ans. Le printemps, et par suite les autres saisons, commenceraient donc successivement à chaque jour de l'année. Au bout de 4 fois 365 ans, ou de 1400 ans, les saisons se retrouveraient aux mêmes dates que cette année.

Pour faire cesser cet inconvénient, Jules César réforma le calendrier et donna à l'année une durée de 365 jours et 6 heures, très voisine de sa durée vraie. Pour placer le quart de jour, il décida que la durée de l'année normale serait de 365 jours, et que tous les quatre ans il y aurait une année de 366 jours. C'est la *réforme julienne*. Les années de 366 jours sont dites *années bissextiles*; *les années bissextiles sont celles dont le millésime est divisible par quatre*. La réforme julienne date de l'année 46 avant notre ère. Aujourd'hui le jour supplémentaire s'ajoute à la suite du 28 février; du temps de Jules César, il était ajouté après le sixième jour qui précédait le premier mars, de là le nom d'année *bissextile* (*bis sextus*).

La durée de l'année julienne était un peu trop longue; elle surpassait l'année vraie d'à peu près 11 minutes. Cette différence faisait compter au calendrier julien un jour de moins tous les 128 ans. Il en résulte que, en 1582, la différence ainsi accumulée était de dix jours. Le pape Grégoire XIII décida que le 5 octobre de cette année 1582 porterait la date de 15 octobre. Et pour empêcher la discordance de se reproduire, il décida que, les années séculaires, toutes bissextiles dans le calendrier de César, ne le seraient dorénavant qu'une fois sur quatre. Cela revenait à supprimer trois jours tous les 400 ans. Les années séculaires qui sont bissextiles sont celles dans lesquelles le nombre formé par les deux premiers chiffres du millésime est divisible par quatre. C'est ce *calendrier grégorien* qui règle maintenant la mesure du temps, sauf en Grèce et en Russie, où le calendrier de César est encore en vigueur; de là une différence de date qui est actuellement de 12 jours. Quand nous sommes au 1er janvier, les Russes et les Grecs ne sont encore qu'au 19 décembre.

Les douze mois dans lesquels on divise l'année ont une durée de 30 ou de 31 jours, sauf le mois de février, qui a 28 ou 29 jours. Pour connaître les mois qui ont 31 jours, on applique la règle suivante. On ferme le poing de la main gauche. A leur origine, les quatre doigts autres que le pouce forment chacun une saillie, séparée par un creux de la saillie suivante. On

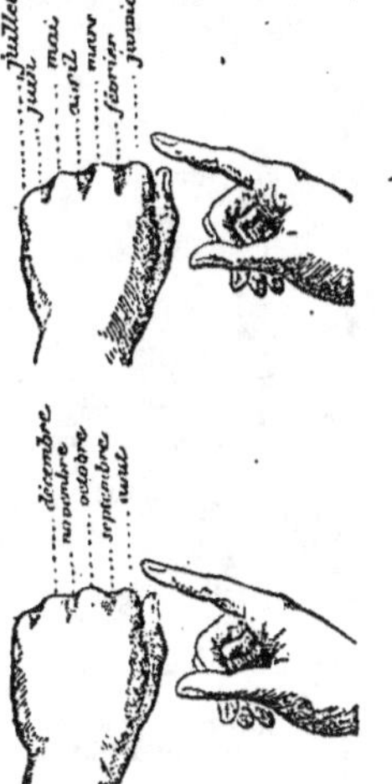

Comment on distingue les mois de 30 jours de ceux de 31 jours.

place l'index de la main droite à tour de rôle sur ces bosses et ces creux, à partir du doigt voisin du pouce, et l'on dénomme en même temps dans leur ordre les mois de l'année. Quand la série des quatre doigts est épuisée, on revient au point de départ et l'on continue. Tous les mois qui, dans cette énumération, correspondent à des bosses, ont 31 jours; les autres en ont 30, sauf février.

calmar. — Mollusque *céphalopode* analogue à la seiche, ayant comme elle dix bras et un os intérieur (*fig.*). Il est commun sur nos côtes, mais vit plus loin du rivage. Le *calmar* a la forme d'un long cornet à la pointe duquel se trouverait une nageoire en forme de losange; il atteint une grande taille. Dans les provinces méridionales de la France, mais surtout en Italie, il est recherché comme aliment.

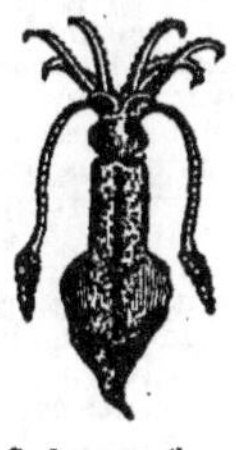

Calmar (longueur, 0m,12).

calomel. — Voy. mercure.

calorifères. — Appareils destinés

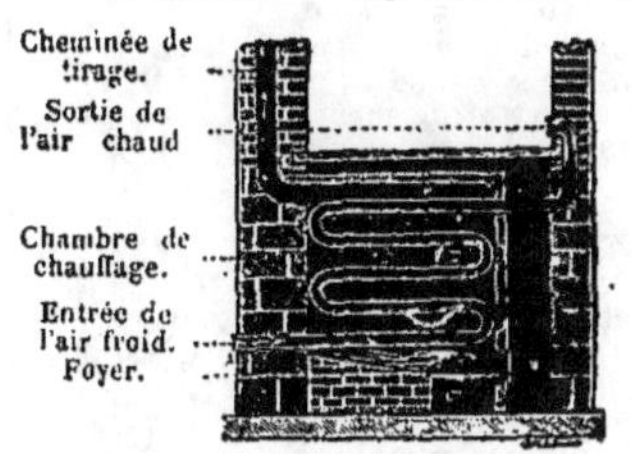

Calorifère à air chaud.

à chauffer, au moyen d'un seul foyer,

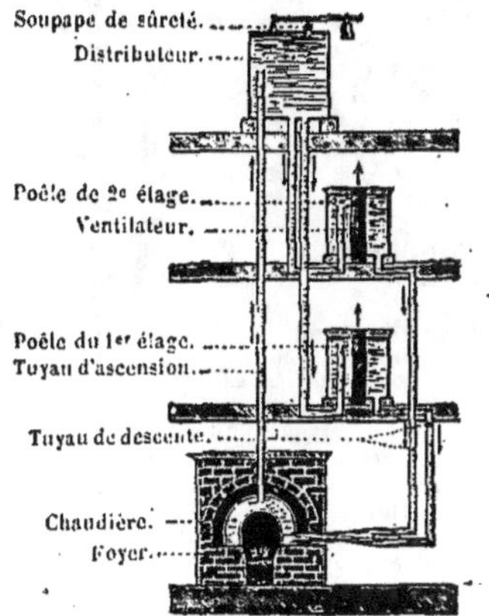

Calorifère à eau chaude.

un certain nombre de pièces d'une même maison.

Dans les **calorifères à air chaud**, le foyer chauffe de l'air, qui est ensuite conduit par des tuyaux dans les divers appartements.

Dans les **calorifères à eau chaude**, le foyer chauffe une vaste chaudière, qui communique avec des réservoirs situés dans toutes les pièces; le tout est entièrement rempli d'eau. Quand le feu est allumé, il s'établit une circulation dans l'appareil; l'eau la plus chaude monte constamment, tandis que la froide descend pour venir s'échauffer à son tour.

Dans les **calorifères à vapeur**, le foyer fait bouillir l'eau d'une chaudière et envoie la vapeur dans des tuyaux qui traversent toutes les pièces à chauffer.

calvitie. — Chute naturelle des cheveux, survenant progressivement, et souvent sans cause apparente. Cette absence de maladie déterminée ne fait que rendre la guérison plus difficile. L'habitude de porter les cheveux très courts arrête quelquefois leur chute; on réussit plus souvent encore en maintenant la tête rasée pendant plusieurs mois, et la frictionnant avec des pommades excitantes renfermant de l'acétate de plomb et de la teinture de cantharides.

cambouis. — Graisse noirâtre, impure, qui sert à lubrifier les axes des machines et les essieux des voitures.

caméléon. — Voy. **lézards.**

cameline. — Plante oléagineuse de la famille des *crucifères*; elle est annuelle; sa tige ne dépasse pas 60 centimètres (*fig.*). On la cultive dans le nord de la France pour ses graines, dont on retire une huile propre à l'éclairage et à la peinture.

Rameau de cameline portant ses fruits. (hauteur de la plante, 0ᵐ,60).

camélia. — Arbrisseau importé du Japon, et cultivé en France pour la beauté de ses fleurs (*fig.*). En France il supporte la pleine terre sur les côtes

de l'Océan; il souffre également du

Camélia (hauteur en pleine terre, 4 à 5 mètres).

froid vif et de la trop grande chaleur.

camomille. — Plante de la famille des *composées* qui croît spontanément dans les champs (*fig.*); elle est aussi cultivée dans les jardins. Les fleurs sont employées en infusion comme stomachiques, toniques, et aussi contre les fièvres de printemps.

Camomille (hauteur, 0ᵐ,10).

campagnol. — Le *campagnol* est un petit mammifère *rongeur* présentant de grandes analogies avec le rat. C'est un animal essentiellement nuisible qu'on rencontre en Europe, en Asie et dans l'Amérique septentrionale. On en connaît un grand nombre d'espèces différentes, ayant toutes à peu près les mêmes mœurs et le même régime. Ces animaux sont si malfaisants qu'à différentes époques de l'histoire des pays entiers ont été dévastés par eux. En 1802, plusieurs départements de l'ouest de la France ont eu toutes leurs récoltes ruinées par une invasion de campagnols.

Les campagnols habitent des terriers dans lesquels ils entassent plus de nourriture (baies, fruits, graines,) qu'ils n'en peuvent manger. Ces terriers sont creusés pendant la nuit; ils ont un grand nombre de galeries. La femelle fait plusieurs portées par an; sa fécondité est plus grande encore que celle de la femelle du rat. En compensation du mal qu'ils nous font, les campagnols ne nous fournissent aucun produit.

Les espèces en sont fort nombreuses.

Le **rat d'eau** a une longueur de 20^{cm}. avec 10 centimètres de queue. Il est d'un brun sombre. Il habite l'Europe occidentale.

Le **campagnol des neiges** se trouve seulement dans les Alpes, aux altitudes élevées: Il ne descend jamais dans les régions habitées.

Le **campagnol des grèves**, dont le corps a seulement 10 centimètres de longueur, est commun en France et dans presque toute l'Europe. Il habite les forêts, les buissons, les parcs. Il en est de même pour le *campagnol agreste*.

Le **campagnol vulgaire**, commun dans le nord de la France, est petit (longueur, 0^m,10) (*fig.*). Il habite les endroits découverts; il fait de grands ravages dans les champs cultivés; il mange aussi des graines et des fruits. La

Campagnol vulgaire (longueur du corps, 0^m,10).

femelle a six portées dans l'année. L'homme serait impuissant à le combattre s'il n'était aidé dans la lutte par les grandes pluies, les fortes gelées. Les chiens, les cochons, le chat, la fouine, les oiseaux de proie en détruisent de grandes quantités.

campanulacées. — Plantes *dicotylédones gamopétales* ayant les caractères suivants : calice à 5 divisions, adhérent à l'ovaire; corolle régulière à 5 divisions; 5 étamines, 1 style, 1 stigmate, capsule le plus souvent à trois loges, s'ouvrant sur le côté; graines attachées à l'angle interne des loges. Ce sont des plantes herbacées, à suc laiteux. Les espèces de cette famille habitent surtout les pays tempérés; plusieurs sont comestibles ou employées en médecine; d'autres sont ornementales. — Exemples : *raiponce gantelée*, diverses *campanules* des jardins.

campanule. — Plante de la famille des *campanulacées*; plusieurs espèces

Fleur de Campanule (haut. de la plante, 0^m,60).

se rencontrent dans les champs ou sont cultivées comme ornementales (*fig.*).

campêche. — Bois de teinture rouge fourni par une plante de la famille des papilionacées; il est employé dans la teinture.

camphre. — Substance odorante qu'on retire du *laurier-camphrier* (*fig.*), grand arbre de la Chine, du Japon, de Sumatra et des îles de la Sonde. C'est un solide incolore, odorant, à saveur chaude, insoluble dans l'eau, combustible. Depuis un grand nombre de siècles, le camphre est employé en médecine comme stimulant et antispasmodique. L'*eau sédative* renferme du camphre, de l'alcool, de l'ammoniaque. A cause de son odeur, le camphre est bon pour éloigner les insectes des fourrures et des lainages.

Laurier camphrier (hauteur, 15 mètres).

Il entre dans la composition du *celluloïde* .

canal. — Cours d'eau artificiel creusé dans le but de donner un écou-

REPRÉSENTATION THÉORIQUE
DES ÉCLUSES

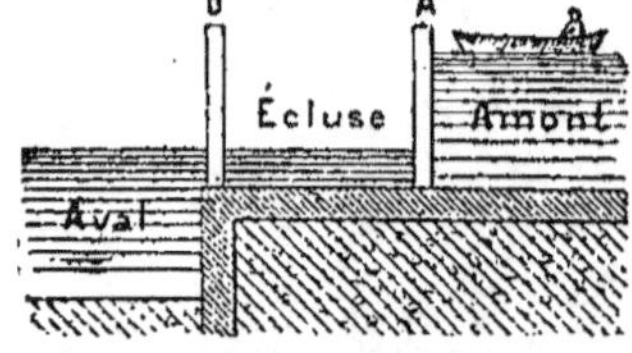

1. Le bateau se présente à l'entrée de l'écluse dont les portes A et B sont fermées.

lement aux eaux d'un marécage, ou

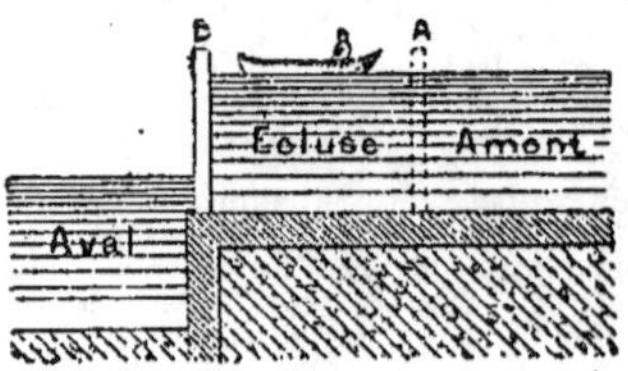

2. Les vannes de la porte A ont été ouvertes ; l'écluse s'est remplie, on a ouvert la porte A et le bateau a pu entrer. Le bateau entré, on a fermé la porte A.

d'amener des eaux destinées à l'irrigation, ou enfin d'établir une voie navi-

gable de communication entre deux régions. Dans les premiers de ces canaux on n'a souvent qu'à laisser l'eau suivre la pente du canal que l'on a creusé. Dans les canaux de navigation on cherche à éviter tout courant, pour que la navigation soit aussi

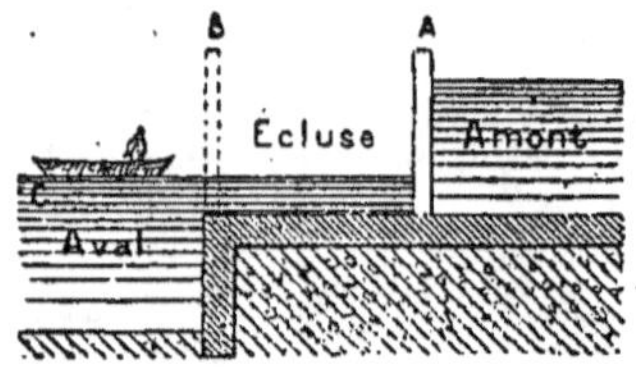

3. On a ouvert les vannes de la porte B ; l'eau de l'écluse s'est abaissé au niveau de C. A ce moment, on a ouvert la porte B et le bateau a pu continuer sa marche.

facile dans un sens que dans l'autre. Alors on compose le canal d'une série de *biefs* horizontaux, sans courant, qui vont en montant ou en descendant, de chacun au suivant, et qui communiquent entre eux par des *écluses* (voy. **vases communiquants**) (*fig.*).

canard. — Oiseau *palmipède* analogue à l'oie, mais plus petit.
Canard sauvage (*fig.*). — Il a de très belles colorations ; longueur 0^m,30, envergure 1^m,10. Oiseau de passage originaire des pays du Nord, dans lesquels il passe l'été et où il niche ; dans les régions arctiques, les canards se rassemblent en quantité prodigieuse sur les rivières et les côtes ; au moment de la ponte, on trouve des nids à chaque pas. Ils nous arrivent en novembre, allant en colonnes triangulaires, avec un vol puissant et élevé. Ils demeurent dans nos marais jusqu'à ce que les grands froids

Canard sauvage (longueur, 0^m,30).

les chassent davantage vers le Sud ; quelques-uns s'établissent chez nous pour tout l'hiver. Le passage des canards qui reviennent vers le Nord a lieu en février ou mars. Les quelques canards qui restent accouplés dans nos pays nichent dans les mares des épais taillis ; 8 à 14 œufs ; trente jours d'incubation. Les petits vont à l'eau aussitôt nés. On connaît dans nos pays plusieurs espèces de canards sauvages : le *canard sauvage ordinaire*, le *pilet*, le *souchet*, plus petit, le *canard milouin*, plus gros. Les canards sauvages sont des gibiers estimés.

Canard domestique (*fig.*). — Le canard sauvage s'apprivoise aisément ; il est la souche de nos canards domestiques, dont les variétés sont nombreuses. Le *canard domestique ordinaire* est un peu plus grand que le canard sauvage ; couleurs moins vives. Le *canard de Rouen* est plus gros. Le *canard musqué* ou *canard de Barbarie* nous vient de l'Amérique méridionale ; il est très gros, de belle coloration ; son bec est rouge, traversé par une bande noire et

Canard domestique (longueur, 0ᵐ,40).

entouré de caroncules à sa base. Le mâle, croisé avec le canard ordinaire, donne le canard *mulard*, très beau, mais infécond. Ces métis sont très estimés dans les départements du sud-ouest, où on les engraisse en grande quantité.

L'importance du canard comme oiseau de basse-cour est presque égale à celle de l'oie. La chair est plus fine, le foie encore plus estimé. L'élève du canard ne peut se faire que si l'on a de l'eau en abondance.

cancer (latin : *cancer*, crabe). — Maladie très grave, presque toujours mortelle, consistant en une tumeur qui devient la cause d'une infection générale de l'organisme. La tuméfaction des parties qui avoisinent le cancer s'étend en des prolongements qui ne sont pas sans analogie avec les pattes d'un crabe : de là l'étymologie du mot cancer. Outre les progrès incessants de la tumeur elle-même, qui désorganise les tissus de proche en proche, le cancer détermine une infection générale du sang, qui est fatalement suivie de mort.

On ne connaît aucun remède général ou local qui soit susceptible de guérir ni même de ralentir les progrès du cancer. L'ablation chirurgicale peut seule enrayer la maladie. Si elle est faite dès le début, avant l'infection de l'organisme, elle peut être suivie d'une guérison radicale. Mais ordinairement, après quelques mois ou quelques années de répit, une nouvelle tumeur

apparaît, résultat de l'infection primitive, et cause d'une infection nouvelle. Le cancer n'est pas contagieux. Il survient souvent à la suite d'un coup, ou d'une irritation quelconque ; l'hérédité y prédispose. Il existe un grand nombre de variétés de cancer. Le cancer peut être à l'intérieur (cancer de l'estomac, du foie, de l'intestin, de la langue), ou à l'extérieur (cancer de la lèvre, et surtout du sein).

cancrelat. — Voy. blattes.

canne à sucre. — Grand roseau de la famille des *graminées*, probablement originaire de l'Inde, dont la culture se répandit progressivement dans les îles de Chypre, de Candie, de Morée, en Sicile et à Madère. Dès le commencement du xvıᵉ siècle, aussitôt que fut découverte l'Amérique, on transporta la canne à Saint-Domingue, puis dans l'Amérique du Sud et enfin dans l'Amérique du Nord. Dans ces pays fertiles, la nouvelle culture devint bientôt

Récolte de la **canne à sucre** aux Antilles (haut. de la plante, 5 mètres).

si prospère que les sucreries se construisirent par centaines.

On cultive la canne à sucre par boutures ; elle atteint une hauteur de 3 à 6 mètres et un diamètre de 0ᵐ,03 à 0ᵐ,09 (*fig.*). La tige présente des nœuds, dans l'intervalle desquels se trouve une sorte de moelle spongieuse qui renferme le jus sucré. Les cannes, pour prospérer, exigent un climat chaud, une terre très fertile. La maturité a lieu, suivant les cultures et le climat, de neuf à quinze mois après la plantation des boutures. Pour faire la récolte on coupe la plante à une petite distance du sol et on porte immédiatement les roseaux à la sucrerie, car, la fermentation se produirait très rapidement. La récolte faite, les cannes repoussent de pied et donnent une récolte nouvelle l'année suivante. Plus la température est chaude, plus les plants de cannes peuvent durer longtemps. A la Louisiane, on replante tous les trois ou quatre ans ; aux Indes, tous les quinze ans.

cannelle. — Écorce provenant de

Cannellier de Ceylan (hauteur, 10 mètres).

divers arbres cultivés dans les régions tropicales. La cannelle la plus estimée,

cette écorce dans le commerce en feuilles minces, enroulées sur elles-mêmes, d'une couleur jaune pâle, d'une saveur aromatique, piquante, un peu sucrée. La cannelle est employée en cuisine comme aromate, en médecine comme tonique. Elle doit ses propriétés à une essence qu'elle renferme, l'*essence de cannelle* (*fig*.).

canon. — Le *canon* est l'arme de l'artillerie (*fig*.) ; il est en acier et de calibre plus ou moins considérable, selon l'usage auquel il est destiné. On fait aujourd'hui des canons de marine, pesant plus de 100 tonnes, lançant à plus de 12 kilomètres des projectiles pesant 600 kilogrammes, avec des charges de poudre qui dépassent 300 kilogrammes.

Les canons actuels se font généralement en *acier fondu* ; ils sont portés par un *affût* A qui permet de les tourner dans toutes les directions, en se servant d'un *levier* L ; on pointe la pièce sur le but à atteindre à l'aide d'une *manivelle* M qui permet d'élever et d'abaisser la bouche à volonté. Autrefois les canons se chargeaient par la *bouche* B ; aujourd'hui ils se chargent par la *culasse* C. Cette modification constitue un énorme perfectionnement ; la *chambre* dans laquelle on introduit l'obus et la charge est un peu plus large que le *calibre* du canon ; l'obus éprouve ainsi, pendant qu'il sort, un frottement intense contre les parois, ce qui empêche toute fuite de gaz et par conséquent augmente la force de projection ; dans cette sortie il est guidé par les rayures intérieures du canon,

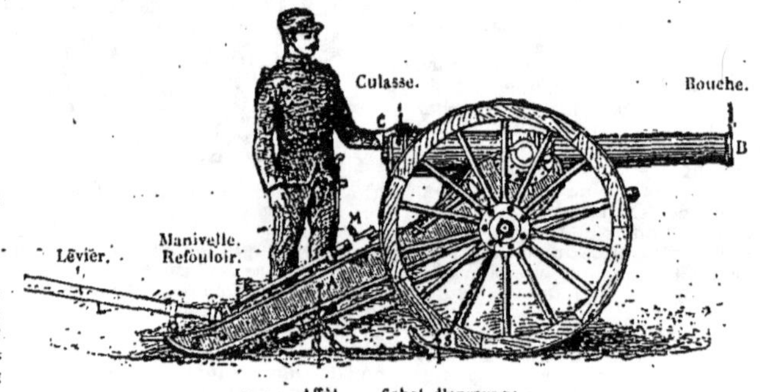

Canon de campagne de 80 millimètres de diamètre à la bouche.

cannelle de Ceylan, provient du *cannellier de Ceylan*, arbre de 10 mètres de hauteur qu'on cultive entre les tropiques des deux continents. On trouve

qui lui communiquent un mouvement de rotation et assurent la justesse du tir. La difficulté réside pour ces canons dans la construction d'une culasse mo-

bile, qui assure une fermeture hermétique et soit d'une solidité à toute

que l'on nomme le *volet*. Le volet est
fixé au canon par une charnière autour

Pièce d'artillerie de montagne montée à dos de mulet.

épreuve. Les culasses (*fig.*) de l'artillerie française ne laissent rien à désirer

de laquelle il peut tourner. Pour fermer
le canon, ou saisit le levier L de la

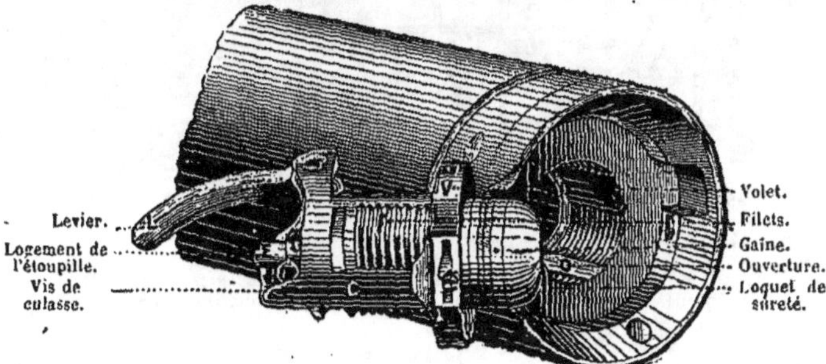

Culasse ouverte.

sous ce rapport. La culasse mobile est
maintenue dans un cercle d'acier V,

main droite, on fait tourner le volet
autour de sa charnière et l'on engage

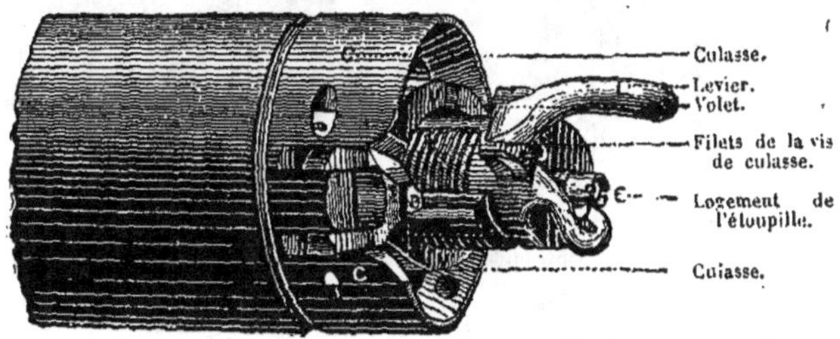

Culasse à moitié fermée.

la culasse mobile dans le canon. On pousse ensuite la vis de culasse F, qui peut glisser librement à travers le est ainsi solidement fixée à la pièce. Le canon est fermé. Pour ouvrir, on fait le mouvement inverse.

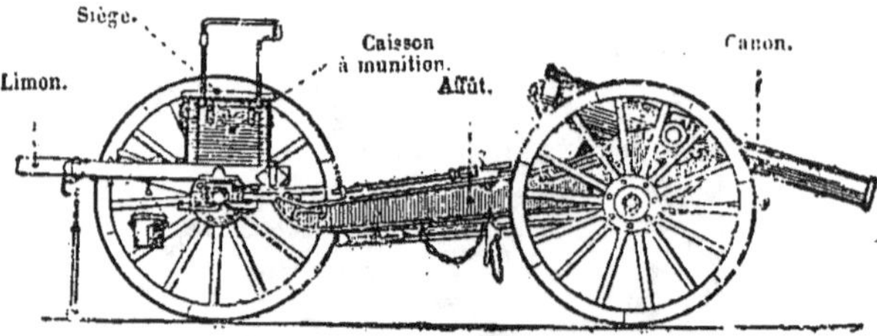

Pièce de canon et son avant-train.

volet V. Lorsque la vis de culasse est poussée à fond, on la fait tourner La culasse mobile est percée d'un trou E dans lequel on introduit un

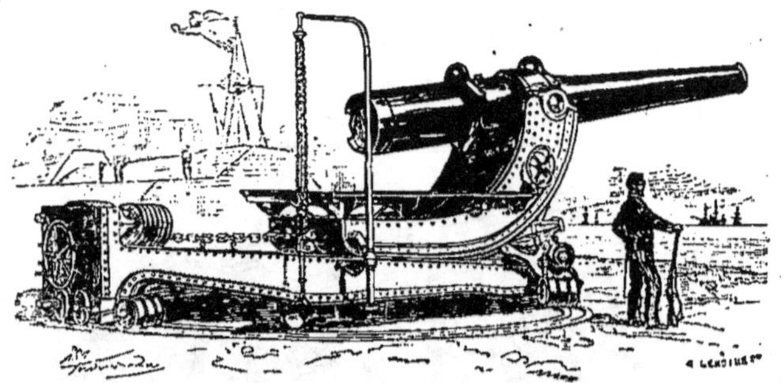

Canon de 24 centimètres d'ouverture pour la défense des côtes. Lance des *obus* de 120 kg à 10 km.

vers la droite. Dans ce mouvement les *filets* F de la culasse mobile s'engagent tube nommé *étoupille*. L'étoupille, qui remplace l'ancienne *mèche*, sert à

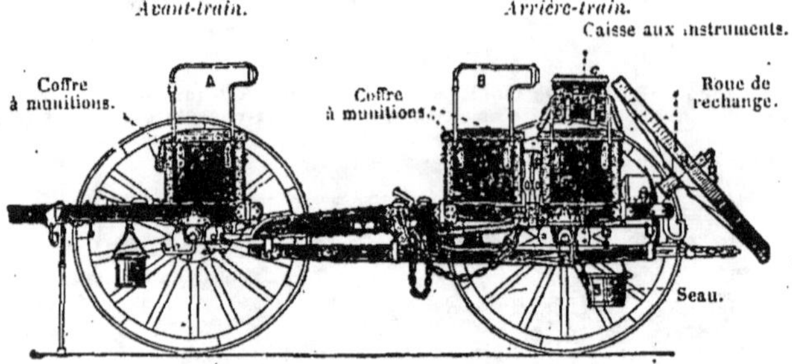

Caisson de munition et son avant-train.

dans des filets semblables creusés à l'intérieur du canon. La vis de culasse mettre le feu à la *gargousse* (voy. obus). Pour les déplacements, les canons de campagne sont fixés à un *avant-train*, ce qui en fait une véritable voiture à 4 roues. L'avant-train renferme 30 obus. Le reste des munitions est enfermé dans les *caissons* (*fig.*).

Les canons de montagne (*fig.*) se transportent à dos de mulet ; les canons de marine et ceux destinés à la défense des côtes sont à poste fixe (*fig.*).

cantharide. — Insecte *coléoptère* remarquable par ses métamorphoses. La jeune larve, munie de trois paires de pattes, et armée de fortes mandibules, vit en parasite dans le nid de certaines abeilles, dont elle dévore les œufs ; après une première mue, la larve se nourrit de miel ; elle passe ensuite l'hiver à l'état de chry-

Mâle.   *Femelle.*

Cantharide (longueur de la femelle, 0^m,018).

salide, sans prendre de nourriture. Au printemps l'insecte devient parfait et sort du nid de l'abeille.

On ne trouve en France qu'une seule espèce de cantharide, la *cantharide officinale*, ou *mouche d'Espagne*, d'un beau vert doré, longue de 0^m,02 (*fig.*). La femelle pond ses œufs dans la terre ; à l'éclosion les larves s'introduisent dans les nids d'abeilles. La cantharide officinale, abondante dans le midi de la France et surtout en Espagne, vit en bandes sur les frênes, les lilas, les troènes, qu'elle dépouille de leurs feuilles. On utilise en pharmacie, pour faire les vésicatoires, la poussière obtenue en pulvérisant le corps séché de l'insecte. On récolte les insectes le matin, quand ils sont encore endormis, en secouant les arbres sur lesquels ils se tiennent. On les ramasse avec des gants, on les tue en les exposant à des vapeurs de vinaigre bouillant, puis on les fait sécher et on les conserve en vase clos. La poudre, appliquée sur la peau, produit une vésication énergique.

caoutchouc. — Le *caoutchouc* ou *gomme élastique* se retire du suc de certaines plantes équatoriales ; ces plantes sont d'ailleurs très diverses. L'extraction se fait, dans les immenses forêts de l'Amérique, des Indes et du Gabon, par des procédés très grossiers. On perce l'écorce de l'arbre, et on

Récolte du caoutchouc.

attache une petite tasse sous l'incision ; le suc s'écoule pendant quelques heures (*fig.*). Le suc des divers arbres est réuni dans un baquet, dans ce baquet

Caoutchouc ornemental (*ficus elastica*).

on plonge une pelle de bois, que l'on retire aussitôt, puis on la fait sécher dans la fumée d'un feu de bois vert ; quand la première couche est sèche, on plonge de nouveau la pelle, et ainsi de suite ; quand la pelle est recouverte d'une épaisseur de caoutchouc de quelques millimètres, on la coupe sur les bords et on sépare la feuille.

On retire ainsi plus de 10 millions de kilogrammes de caoutchouc par an ; celui du Brésil est le plus estimé. Les usages sont nombreux. On en fait des fils pour tissus élastiques (bas élastiques, bottines) ; on en fait des vases, des chaussures, des courroies, des tubes pour la conduite de l'eau et du gaz, des jouets d'enfant, etc.

Le caoutchouc a l'inconvénient d'être rendu cassant par le froid et visqueux par la chaleur. Quand on y incorpore un peu de soufre, il reste souple sans se ramollir aussi bien en hiver qu'en été ; on a alors le *caoutchouc vulcanisé*. Les usages du caoutchouc vulcanisé sont innombrables. Si on force la proportion de soufre, le caoutchouc devient noir, dur, élastique comme la corne et la baleine ; il se laisse alors travailler au tour, comme les meilleurs bois : c'est le *caoutchouc durci*, ou *ébonite*. On en fait des peignes, des pommes de cannes, des buses de corset, des boutons, des bijoux même, etc. ; il remplace le bois dans la fabrication d'un grand nombre de petits objets.

L'une des plantes qui fournissent le caoutchouc, le *ficus elastica*, est cultivé comme plante d'ornement (*fig.*).

capillaire. — Espèce de *fougère* à tiges et à feuilles très fines, qu'on trouve dans les endroits humides, principalement dans le Midi. Cette plante est employée en infusions, en sirop, pour faciliter

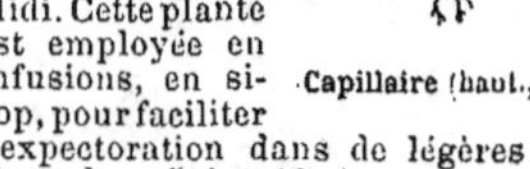

Capillaire (haut., 0ᵐ,80).

l'expectoration dans de légères affections de poitrine (*fig.*).

capillarité. — Quand on regarde de l'eau dans un verre, on voit que la surface est plane et horizontale au milieu, mais que, dans le voisinage immédiat des bords, le niveau s'élève et prend une courbure concave (*fig.*). Il en est de même pour tous les liquides qui mouillent les parois des vases. Avec le mercure, qui ne mouille pas, le phénomène est inverse (*fig.*) : sur les bords le niveau s'abaisse et prend une courbure convexe. De même, dans un vase plein d'eau, plongeons un tube de verre de petit diamètre, le liquide, au lieu de rester au même niveau à l'intérieur et à l'extérieur, s'élève d'une notable quantité dans le tube. Dans le mercure, le niveau intérieur s'abaisse, au contraire. Ces phénomènes, qui ne sont que des exceptions apparentes à la loi du niveau horizontal des liquides, se produisent toujours aux surfaces de contact des solides et des liquides. On les désigne sous le nom de phénomènes de *capillarité*, parce qu'ils sont surtout manifestes dans les tubes très

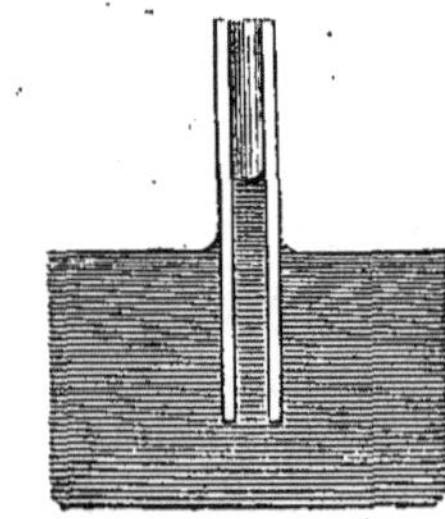

Ascension de l'eau dans un **tube capillaire**.

étroits, dont le diamètre est comparable à celui d'un cheveu. L'ascension ou la dépression dans un tube est d'autant plus grande que le tube est plus étroit.

Les actions capillaires donnent l'explication d'un grand nombre de faits

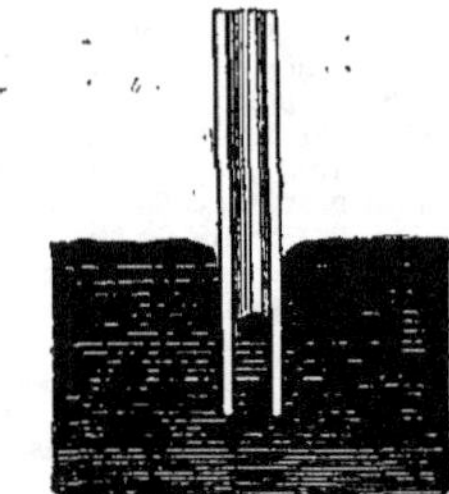

Dépression du mercure dans un **tube capillaire**

qui semblent, au premier abord, en opposition avec les lois de l'équilibre des liquides. Chaque fois qu'une substance poreuse, c'est-à-dire traversée par un grand nombre de très petits canaux, est en contact par quelque point avec un liquide qui la mouille, on voit le liquide s'élever peu à peu de manière à imprégner bientôt le corps tout entier (sucre, craie, bois, éponge, mèche de quinquet). La capillarité est une des causes principales de l'ascension de la sève dans les vaisseaux des plantes. C'est aussi par suite des actions capillaires que certains insectes peuvent marcher sur l'eau sans y enfoncer, qu'on peut déposer sur l'eau une fine aiguille graissée sans qu'elle enfonce ; dans ce cas il se produit une dépression du liquide, qui ne mouille pas, aux points où il est en contact avec l'aiguille ou les pattes de l'insecte.

capitule. — Réceptacle commun

Capitule de la marguerite (vu en dessous).

qui porte la réunion des petites fleurs

Capitule de la marguerite (vu en dessus).

qui constituent les fleurs totales de la

Capitule de l'artichaut (coupe).

famille des *composées* (*fig.*).

câprier. — Petit arbrisseau épineux des pays chauds, aujourd'hui cultivé en France, près de Marseille et de Toulon. Il nous fournit le condiment employé en cuisine sous le nom de *câpre*, condiment constitué par les boutons floraux non encore épanouis ; ces boutons sont généralement conservés dans le vinaigre.

capricorne. — Insecte *coléoptère*, d'assez forte taille, remarquable par ses longues antennes. La larve se

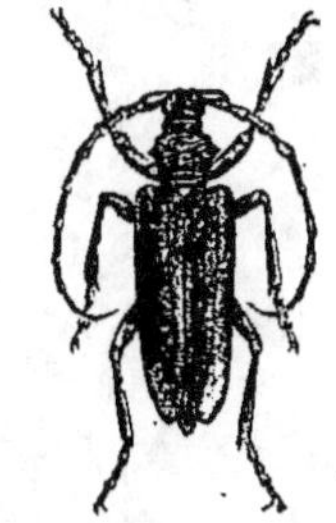

Capricorne (longueur 35 millim.).

creuse des trous dans les troncs d'arbres et y fait de grands ravages (*fig.*).

capsule. — En botanique, on nomme *capsule* un grand nombre de fruits secs, de formes très variables,

Capsule du pavot (ouverte latéralement pour montrer les graines).

qui contiennent plusieurs graines et s'ouvrent à la maturité pour laisser échapper ces graines (ex. *tulipe*, *violette*, *pavot*).

capucine. — Plante de la famille des *géraniums*, dont la tige, sarmenteuse, est longue et grimpante. On la cultive comme plante d'ornement. On mange les fleurs, ajoutées en petite quantité dans les diverses salades ; les

jeunes fruits et les boutons des fleurs

Rameau de capucine en fleurs (tige grimpante de plusieurs mètres).

peuvent remplacer les câpres comme condiment (*fig.*).

carabe. — *Insecte coléoptère* très répandu en Europe; les espèces en sont nombreuses. Les carabes sont très chasseurs, très carnassiers; leur tête est

Carabe doré (0^m,23) et sa larve.

armée de fortes mandibules; les larves sont aussi carnassières que les insectes parfaits, et elles chassent comme eux; elles se cachent sous les pierres pour se transformer en *nymphes*. Pour se défendre contre leurs ennemis, les carabes projettent par l'anus un liquide corrosif, et par la bouche une salive âcre. Parmi les carabes, le plus répandu en France est le *carabe doré* (*fig.*), ou *jar-*

dinière, qui fait une grande destruction de *chenilles, vers blancs* et autres insectes nuisibles. C'est donc pour nous un auxiliaire précieux; il en est de même de tous les autres carabes.

carbonate. — Composé résultant de la combinaison de l'*acide carbonique* avec des oxydes métalliques. Pour le carbonate de chaux, voy. **calcaire**; pour le carbonate de soude, voy. **soude**; pour le carbonate de potasse, voy. **potasse**, etc.

carbone. — Corps simple susceptible de se présenter sous un grand nombre de formes, puisque le *diamant*, le *graphite* ou *plombagine*, et toutes les substances qu'on désigne ordinairement sous le nom de *charbon* sont constitués par du *carbone* plus ou moins pur. Sous tous ces états, le carbone est un corps infusible et combustible. Il brûle, c'est-à-dire qu'il se combine à l'oxygène de l'air, en donnant naissance, suivant les circonstances, soit à de l'*acide carbonique*, soit à de l'*oxyde de carbone*, et plus souvent au mélange des deux.

carbone (*oxyde de*). — Combinaison de carbone avec l'oxygène de l'air, renfermant une proportion d'oxygène moindre que celle contenue dans l'acide carbonique; ce gaz prend naissance chaque fois que le charbon brûle sans qu'il y ait assez d'air; s'il se répand alors dans l'air des appartements, il peut y occasionner les plus graves accidents. L'oxyde de carbone est en effet un gaz sans couleur, ni odeur, dont rien n'indique la présence, et qui cependant est un poison violent, déterminant très rapidement l'asphyxie. Tous les accidents qu'on attribue à ce qu'on nomme la *vapeur de charbon*, sont dus à l'oxyde de carbone.

carbonifère (terrain). — Voy. **terrains primaires**.

carbonique (acide). — Combinaison du charbon avec l'oxygène de l'air, qui se forme quand le charbon brûle dans une quantité d'air suffisante. Un kilogramme de charbon pur, qui brûlerait dans une cheminée tirant bien, produirait à peu près deux mètres cubes d'acide carbonique, qui partirait par le tuyau. C'est un gaz sans odeur, ayant une faible saveur piquante. L'air qui

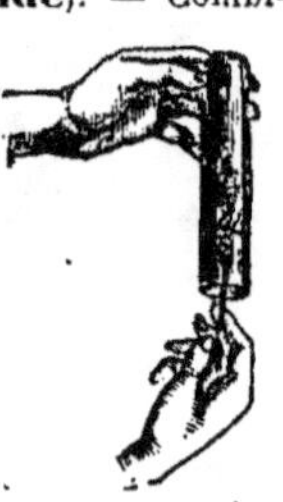

Une allumette s'éteint quand on la plonge dans un vase rempli d'acide carbonique.

en renferme une quantité un peu considérable est irrespirable, mais il est beaucoup moins toxique que l'*oxyde de carbone* *.

Il y a toujours un peu d'acide car-

Il se forme de l'**acide carbonique** dans la fermentation de la bière, dans celle du vin. Ce gaz peut donner la mort.

bonique dans l'air, provenant des *combustions* *, de la *respiration des animaux* et des dégagements qui s'en font dans les *volcans*. Cet acide carbonique atmosphérique sert. à la *nutrition* * des plantes.

Dans la **grotte du Chien**, près de Naples, il se dégage constamment de l'acide carbonique du sol. Ce gaz, très lourd, forme sur le sol une couche de faible épaisseur de sorte qu'un chien y est rapidement asphyxié; tandis qu'un homme, de plus haute taille, continue à respirer librement.

Pour se mettre à l'abri de l'asphyxie par l'acide carbonique, on ne doit faire jamais de feu en dehors d'une cheminée, à moins que les fenêtres ne soient ouvertes; il faut aussi ventiler les cuves dans lesquelles fermente le raisin (*fig.*). Dans certaines caves il y a des dégagements d'acide carbonique venant du sol; on entrera toujours dans ces caves avec une bougie

allumée. Si la bougie s'éteint on devra se hâter de sortir.

L'acide carbonique a quelques usages dans l'industrie. Un grand nombre d'eaux minérales renferment de l'acide carbonique en dissolution. L'*eau de*

En remuant la vase des marais, on en fait sortir un gaz qu'on peut recevoir dans une bouteille; ce gaz est combustible : c'est un **carbure d'hydrogène**.

Seltz artificielle est une simple dissolution d'acide carbonique dans l'eau.

carbure (*d'hydrogène*). — Combinaison du *carbone* * avec l'*hydrogène* *; les combinaisons du carbone avec l'hydrogène sont très nombreuses, puisque la *gutta-percha*, le *caoutchouc*, les *essences de téré-*

Le *gaz des marais* se dégage aussi dans les mines de houille mélangé à l'air, il forme le terrible feu grisou.

benthine et de *citron*, le *naphte*, le *pétrole*, sont des carbures d'hydrogène. Le *gaz des marais*, qui sort de l'eau quand on remue avec un bâton la vase des marais (*fig.*) est un carbure d'hydrogène; c'est le même gaz qui cause des explosions dans les mines sous le nom de *feu grisou* (*fig.*). Le *gaz d'éclairage* * doit son pouvoir éclairant à divers carbures d'hydrogène.

Tous ces composés sont très facilement combustibles; ils brûlent avec une flamme généralement éclairante.

cardamine. — Herbe de la famille

des *crucifères* dont on connaît un grand nombre d'espèces, répandues surtout dans les régions froides et tempérées. L'une d'elles, nommé *car-*

Cardamine des prés (hauteur, 0ᵐ,50).

damine des prés, cresson. des prés, cressonnette, apparaît dès le début du printemps dans les prairies humides; on la mange cuite et en salade (*fig.*).

cardère. — La *cardère* (*fig.*), ou *chardon à foulon,* est une plante à

Cardère (hauteur, 1ᵐ,50).

tige rameuse, garnie d'aiguillons, dont le fruit est constitué par une tête allongée, recouverte de pointes recour- bées. La cardère est cultivée en France (Seine-et-Oise, Eure, Ardennes, Bou- ches-du-Rhône, Aude); les têtes ser- vent en effet, à cause de leurs pointes recourbées, pour carder, peigner les draps et les couvertures. Les graines sont données aux volailles; les tiges servent à chauffer les fours des bou- langers.

cardon. — Plante de la famille des *composées,* analogue à l'*arti- chaut.* On mange la nervure des feuil- les, qui sont très grandes; ces nervures ont naturellement un goût âcre, mais on les fait blanchir après leur déve-

Cardon de Tours (hauteur, 1ᵐ,25).

loppement en les entourant de paille pour empêcher l'arrivée de la lumière; elles prennent alors un goût excellent. La variété la plus estimée est celle dite *cardon de Tours* (*fig.*).

carex. — Herbe *monocotylédonée* répandue surtout dans les régions chaudes. On en connaît plusieurs cen-

Carex (hauteur, 0ᵐ,60).

taines d'espèces, qui se plaisent sur- tout dans les lieux humides. Ce sont de mauvaises herbes, qui envahissent trop souvent les prairies. Mais en poussant en grand nombre dans les marécages incultes, elles finissent par y former une couche de *tourbe* qui élève le sol et l'assainit. Sur les pentes des collines et les berges des cours d'eau, les carex, qui ont d'énormes racines, sont parfaitement propres à arrêter les mauvais effets du ravinement.

carie des céréales. — Maladie

Blé carié.

Coupe d'un grain de blé carié (grossi).

La **carie** attaque le grain dont l'intérieur se remplit d'une poussière noire.

des céréales, due au développement d'un champignon parasite.

les; commence généralement par l'*ostéite*. La guérison est difficile; si l'on est dans une région où on puisse l'atteindre, on enlève la partie cariée avec des instruments de chirurgie; ou bien on procède à l'amputation du membre. La maladie est d'autant plus grave qu'on la rencontre le plus souvent sur des personnes d'une très mauvaise constitution.

carmin. — Voy. cochenille.

carnivores. — Les animaux *carnivores* se nourrissent de proie vivante; ils s'attaquent surtout aux vertébrés, laissant les insectes aux chéiroptères, et aux insectivores. Ils ont quatre membres disposés pour la marche; ils ont la mâchoire courte et puissante, les membres très vigoureux. Leurs dents sont appropriées à leur régime (*fig.*). Les *incisives*, au nombre de trois paires à chaque mâchoire, ont leur couronne tranchante; elles sont petites. Les *canines*, saillantes, grandes, à crochets, propres à déchirer la chair, sont au nombre de quatre, deux pour chaque mâchoire. Les molaires sont parfois aussi tranchantes que des lames de ciseaux. Le degré de carnivorité de ces animaux est variable et, chez certains, le régime de viande peut alterner avec le régime végétal. L'animal est d'autant plus agile, son organisation est d'autant plus disposée pour la chasse, que le régime est plus car-

Carie des os du bras.

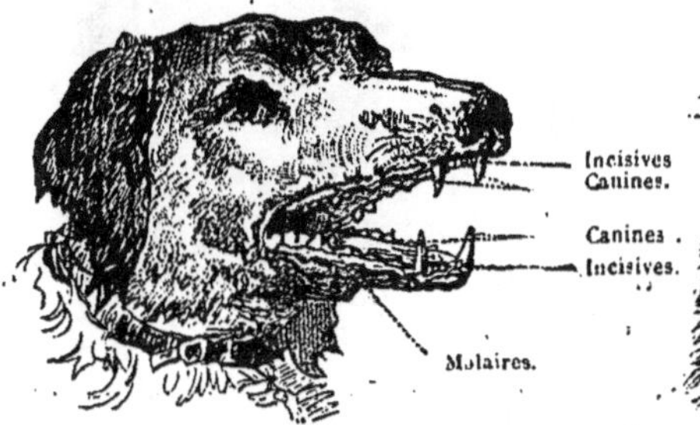

Mâchoires du chien (carnivore).

Mâchoires du chat (carnivore).

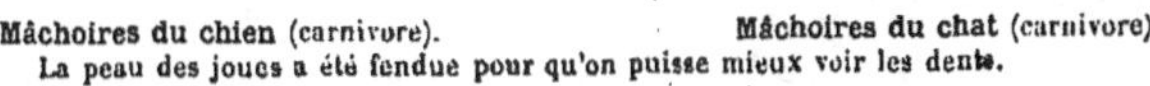

La peau des joues a été fendue pour qu'on puisse mieux voir les dents.

carie des os. — Affection des os dans laquelle la partie atteinte suppure et se désagrège par parcel-

nivore. Certains carnivores, ceux justement qui mangent le moins de chair, marchent sur la plante des pieds (ours, blaireau) : on les nomme *plantigrades* (*fig.*). Le plus grand nombre ont au contraire le talon relevé (*digitigrades, fig.*).

C'est parmi les carnivores qu'on

L'ours marche sur la plante des pieds : il est *plantigrade*.

trouve les animaux les plus féroces ; leur appétit carnassier est d'autant plus grand que leurs dents sont plus tranchantes et leurs griffes plus puissantes. A part un très petit nombre (chien, chat, furet), les carnivores ne sont pour nous d'aucune utilité directe. Nous devons même les considérer comme nos ennemis, car ils détruisent nos bestiaux et nos gibiers les plus précieux. Leur chair n'est guère comestible, et nous n'utilisons que leur fourrure. On trouve des carnivores dans toutes les régions de la terre. On a divisé les carnivores

armés d'ongles plus puissants et de mâchoires plus robustes, forment des genres plus nombreux. Ce sont les *félins* (lions, tigres, léopards, chats, lynx); les *canidés* (chiens, loups, re-

L'hyène marche le talon relevé : elle est *digitigrade*.

nards, hyènes...); les *viverridés* (civettes...); les *mustélidés* (loutres, martres, putois, belettes...); les *phocéens* (phoques...).

carotte. — Plante potagère de la famille des *ombellifères*, cultivée à cause de sa racine charnue et sucrée, alimentaire pour l'homme et les animaux domestiques (*fig.*). La carotte sauvage se

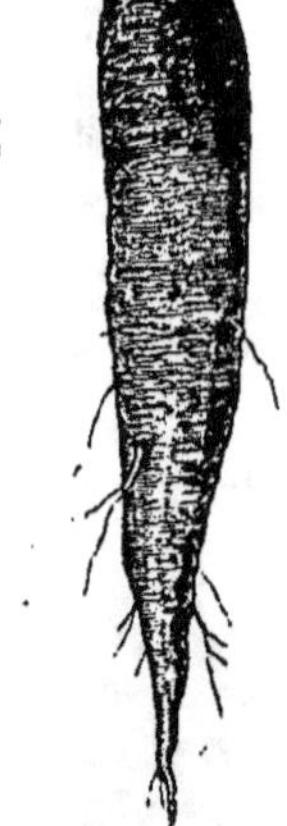

Port de la carotte ; à gauche l'*inflorescence*, à droite la *racine*.

Carotte potagère commune (se sème en mars).

Carotte nantaise (tardive, se sème en mai).

Carotte fourragère blanche à collet vert.

en un grand nombre de genres.

Les **plantigrades**, aux mouvements lents, à la vie souvent souterraine et nocturne, passant ordinairement l'hiver en léthargie, renferment comme genres principaux les *ours*, les *blaireaux*.

Les **digitigrades**, plus exclusivement carnassiers, aux allures plus rapides,

rencontre dans les champs humides, mais sa racine n'est pas charnue. La plante est bisannuelle; la première année elle produit sa racine alimentaire, la seconde année elle pousse ses fleurs et ses fruits; on la consomme, bien entendu, la première année. Pour l'alimentation de l'homme on cultive surtout la carotte rouge; dans la culture fourragère, on préfère des variétés de plus gros volume, qui sont ordinairement blanches. Les carottes fourragères sont surtout données aux chevaux (*fig.*).

caroubier. — Arbre dont la hauteur peut atteindre 20 mètres, qui croît spontanément sur les rochers de Provence, d'Italie, d'Espagne, et surtout d'Algérie. Son bois sert au chauffage et à divers travaux d'ébénisterie. Mais

Rameau de caroubier (hauteur, 20 mètres). Fleurs et fruits.

il est recherché surtout pour son fruit, qui est une silique longue, épaisse et très charnue; ce fruit est donné aux chevaux et aux bœufs; on en fait des confitures, une liqueur fermentée. Torréfiées, les graines servent à faire une infusion analogue au café (*fig.*).

carpe. — La *carpe* est un poisson d'eau douce qui peut être considéré comme le type d'une famille qui comprend le plus grand nombre des pois-

Carpe (longueur, 0m,60).

sons qui peuplent nos cours d'eau et sont recherchés comme comestibles. Ces poissons, parmi lesquels on classe, à côté de la carpe, le barbeau, la tanche, le goujon, la brème..., sont caractérisés par une bouche étroite, souvent munie de barbillons, n'ayant pas de dents sur les mâchoires, mais en possédant sur les os pharyngiens inférieurs. Le corps est, le plus souvent, couvert d'écailles non dentelées au bord; la tête est toujours dépourvue d'écailles. Il n'existe qu'une seule nageoire dorsale. La vessie natatoire est

grande. On connaît au moins 1,500 espèces de ce type, divisées en plusieurs groupes, réparties dans l'ancien continent et l'Amérique du Nord. Ces poissons aiment les eaux calmes, à fond sablonneux ou vaseux; ils sont herbivores, mais mangent aussi des vers et des insectes. Ils sont en général très féconds; mais, comme ils sont sans défense, ils deviennent la proie des poissons voraces qui arrêtent ainsi leur multiplication.

La *carpe* (*fig.*), type de ce groupe considérable, a le corps légèrement comprimé latéralement; museau obtus; lèvres épaisses, bouche peu fendue; deux barbillons de chaque côté de la bouche; la fente des ouïes est grande. On a vu des carpes atteignant 1m,50 de long, 60 centimètres de haut, et pesant 35 kilos; mais ce sont là des échantillons très rares. Originaire de l'Asie, la carpe est répandue partout en Europe depuis un grand nombre de siècles. On la trouve dans les eaux calmes, vivant d'insectes, de larves, de vers, de végétaux; presque domestique, elle s'est habituée à manger à peu près de tout. Grande fécondité; la carpe pond en mai et juin, au moins 500,000 œufs, qu'elle dépose sur les herbes; mais ces œufs sont dévorés en grand nombre par d'autres poissons. La grande longévité des carpes, admise par presque tout le monde, n'est en aucune façon démontrée; tout porte à croire, au contraire, que leur vie ne dépasse jamais une trentaine d'années.

La carpe a une chair assez estimée, et ce poisson entre pour une part importante dans notre alimentation. Très rustique, mangeant de tout, se transportant sans périr à de grandes distances, elle semble faite pour être élevée partout; de plus sa croissance est rapide, ce qui assure des produits abondants aux pisciculteurs. Aussi un grand nombre d'étangs sont-ils consacrés à la culture de ce poisson.

carreau. — Maladie des ganglions de la membrane qui soutient les intestins (*mésentère*); elle est caractérisée par la tuméfaction et la dureté du ventre, le trouble général des fonctions nutritives, amenant l'amaigrissement, une diarrhée chronique, une fièvre lente. C'est une maladie fort grave de l'enfant, le plus souvent mortelle.

carrelet. — Voy. plie.

carte. — Une carte est la représentation sur le papier d'une région plus ou moins grande. La meilleure et la plus grande carte de France que nous possédions est celle dite carte de l'*état-major*. Nous donnons ici les signes conventionnels qui sont employés dans cette carte ; la connaissance de ces signes en rend la lecture facile (*fig.*).

d'un kilomètre est représentée sur la carte par un quatre-vingtième de mètre, c'est-à-dire par 12 millimètres et demi ; cela est indiqué sur l'*échelle*.

En outre, des hachures plus ou moins

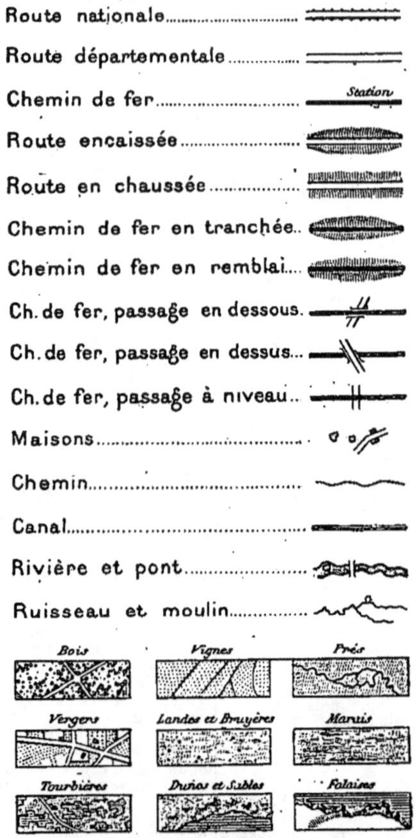

Route nationale......................

Route départementale..............

Chemin de fer........................
Station

Route encaissée......................

Route en chaussée...................

Chemin de fer en tranchée..

Chemin de fer en remblai....

Ch. de fer, passage en dessous.

Ch. de fer, passage en dessus...

Ch. de fer, passage à niveau..

Maisons...............................

Chemin................................

Canal..................................

Rivière et pont.....................

Ruisseau et moulin..............

Bois — *Vignes* — *Prés*

Vergers — *Landes et Bruyères* — *Marais*

Tourbières — *Dunes et Sables* — *Falaises*

Signes conventionnels de la **carte de France de l'État major.**

Dans cette carte, 1 mètre représente une longueur de 80 000 mètres, c'est-à-dire que la longueur de la carte est 80 000 fois moindre que la longueur de la France ; la surface de la carte est 80 000 × 80 000 ou 6 400 000 000 fois moindre que celle de la France ; on dit que cette carte est à l'échelle du quatre-vingt millième. Une longueur réelle foncées indiquent les accidents de terrain, et des *cotes*, marquées de distance en distance, donnent l'élévation des points principaux au-dessus du niveau de la mer.

carthame. — Matière colorante rouge, qu'on extrait d'une plante cultivée en Asie, en Amérique et aussi dans plusieurs régions de l'Europe (en France, près Lyon). La plante du *carthame* est un petit arbrisseau analogue au chardon. Ce sont les fleurs séchées qui donnent la matière colorante. Cette matière donne en teinture des nuances très vives, mais qui passent beaucoup au soleil, elle est aujourd'hui bien délaissée.

cartilage. — Sortes d'os qu'on rencontre dans le corps partout où il y a nécessité d'une élasticité assez grande unie à une résistance notable. C'est ainsi qu'on les trouve dans le nez, les oreilles, sur le devant de la poitrine (constituant le *sternum* (*fig.*), à la surface des os dans les articulations. Le *cartilage* est formé d'une substance

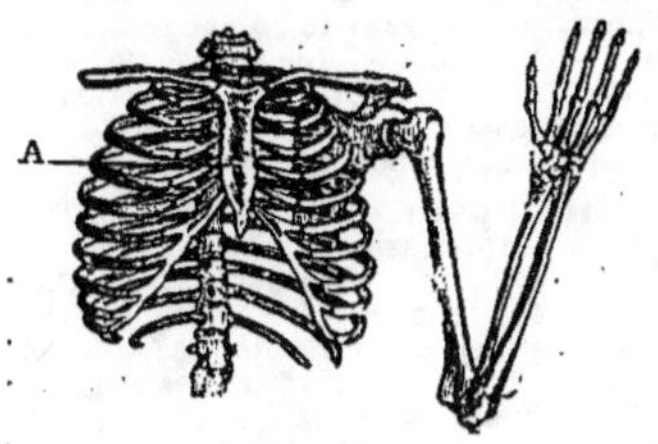

Le sternum A, situé devant la poitrine, est un cartilage.

d'un blanc nacré, dure, élastique, sans nerfs ni vaisseaux, et n'ayant par suite ni grande vitalité, ni sensibilité. A leur naissance, tout le squelette des enfants est cartilagineux ; l'ossification se fait peu à peu, la plupart des os du squelette acquérant progressivement la matière minérale qui leur manquait à l'origine (voy. os).

caryophyllées. — Plantes *dico-*

Caryophyllées (le lin).

tylédones, dialypétales à corolle et à étamines fixées à un réceptacle commun, ovaire libre ; plantes à tige renflée aux nœuds, à feuilles opposées ; à calice tubuleux, formé de cinq sépales, corolle à cinq pétales, dix étamines, ovaire à une loge pourvu de

Caryophyllées (l'œillet des jardins).

deux à cinq styles libres ; les ovules sont fixés au centre de la fleur. Ce sont surtout des plantes d'ornement (œillets (*fig.*), saponaire, stellaire, mouron des oiseaux) ; parmi les plantes utiles, le *lin* est une *caryophyllée* (*fig.*).

cartouche. — Voy. fusil.

carvi. — Plante bisannuelle de la famille des *ombellifères;* se rencontre particulièrement dans les prairies montueuses. On cultive cette plante surtout en Hollande ; la racine se mange comme le céleri-rave ; la graine, aromatique, a des usages analogues à ceux de l'*anis vert;* elle entre dans la composition de la liqueur nommée *hummel*.

caséine. — Substance *albuminoïde* qui existe en solution dans le lait des mammifères. Elle se coagule sous l'action des acides et d'un grand nombre de substances qui font *cailler* le *lait*. Si donc on verse un peu d'acide chlorhydrique dans du lait, la caséine se sépare en flocons abondants, qu'on sépare en filtrant. C'est la matière nutritive la plus importante du lait; elle entre donc pour une grande part dans l'alimentation publique. Elle constitue la partie la plus importante du *fromage*.

casoar. — Voy. autruche.

cassis. — Voy. groseillier.

castor. — Le *castor* (*fig.*) est un mammifère *rongeur*, de grande taille ; sa longueur peut atteindre 1 mètre, avec une queue de 0ᵐ,33 ; il pèse jusqu'à 25 kilos ; trapu et vigoureux, tête large, jambes courtes et palmées. La queue est grosse, large, plate, écailleuse : une véritable truelle qui sert à l'animal à faire ses constructions. Les incisives sont très fortes et très proéminentes. Sous la queue, l'animal possède deux grosses glandes qui sécrètent une humeur fortement odorante, employée en médecine sous le nom de *castoréum*.

Les castors habitent tout le nord de l'Amérique, la Sibérie, la Norvège, l'Allemagne, la France ; mais les castors de France, fort peu nombreux (bassin du Rhône), vivent solitaires et ne construisent pas de huttes ; ils vivent dans des terriers qui représentent assez exactement, à l'intérieur, une maison à trois étages avec cave et grenier ; une ouverture au-dessous du niveau de l'eau et une au-dessus. Dans les régions du Nord, et en particulier au Canada et en Sibérie, le castor

Castor (longueur du corps, 0ᵐ,90).

est beaucoup plus abondant ; ses mœurs sont très intéressantes. Il vit par couples dans des terriers pendant la belle saison ; mais à l'approche de l'hiver, les animaux se réunissent en bandes nombreuses pour construire des huttes. Un ruisseau un peu profond étant choisi, la bande commence par établir une digue pour arrêter les eaux et former ainsi un étang profond ; cette digue est solidement établie, à l'aide de branches entrelacées coupées en amont et descendues à l'aide du courant ; ces branches sont consolidées par des pierres cimentées à l'aide d'un enduit épais et solide. La digue a 3 ou 4 mètres de large à la base ; chaque année elle est consolidée par l'apport de nouveaux matériaux, et elle finit par se couvrir d'une végétation vigoureuse. Après ce grand travail, chaque famille construit une hutte, ou répare celle de l'année précédente. La hutte, de forme ovalaire, est aussi en branchages bien cimentés ; elle a 2 mètres de diamètre intérieur, avec deux étages, l'un **au-dessus** du niveau de l'eau, et l'autre, au-dessous, ce dernier sert de magasin pour les provisions d'écorce. Tout cela est fait avec les dents, les pattes et la **queue**.

Le castor est herbivore ; il se nourrit des racines de certaines plantes aquatiques, et surtout d'écorces de saule, de peuplier, d'aune, de frêne, de bouleau. Il a des habitudes plutôt nocturnes que diurnes. Chaque année, la femelle met bas trois ou quatre petits.

Le castor est chassé avec ardeur, surtout au Canada. C'est qu'il fournit plusieurs produits précieux. La peau est l'objet d'un commerce important ; on l'emploie comme fourrure et pour la fabrication des chapeaux ; son pelage est d'un brun roussâtre uniforme, tirant plus ou moins tantôt sur le noir, tantôt sur le blanc ; les poils sont longs et soyeux, cachant un duvet moelleux, d'une extrême finesse. La chair est excellente, surtout celle de la queue. Enfin le *castoréum*, retiré des glandes anales, a une grande valeur ; on l'emploie en médecine. La chasse que l'on fait aux castors diminue progressivement et assez rapidement le nombre de ces précieux rongeurs.

catalepsie. — Maladie caractérisée par la suppression absolue de la volonté et par l'aptitude qu'ont les membres de garder avec rigidité les attitudes qu'on leur donne ; elle résulte de troubles nerveux. Les attaques surviennent sous les influences les plus diverses (excès de table, chagrin, coup). Tantôt l'accès arrive progressi-

Catalepsie. — Le malade peut rester, pendant toute la durée de l'accès, dans la position la plus extraordinaire.

vement ; d'autres fois il arrive si rapidement que le malade devient tout à coup immobile, dans la position où il se trouvait (*fig.*) ; la sensibilité est abolie, mais le malade continue à voir et à entendre. Après un temps plus ou moins long (des minutes ou des mois), l'accès prend fin subitement. On traite les accès par les substances qui excitent la peau ; et la maladie, en dehors des accès, par le calme moral et les médicaments qui calment le système nerveux. On a observé, surtout au moyen âge, de véritables épidémies de catalepsie (voy. **hypnotisme**).

cataplasmes: — Bouillies épaisses, mucilagineuses, aromatiques, calmantes, huileuses, chaudes, tièdes ou froides, que l'on applique sur les plaies, les ulcères, les parties douloureuses du corps. Les bases les plus habituelles du cataplasme sont la farine de lin et la fécule; on y ajoute souvent diverses substances médicamenteuses. Il faut éviter de mettre des cataplasmes de farine de lin sur la figure.

cataracte. — Opacité du cristallin ou de son enveloppe (voy. œil), qui empêche les rayons lumineux d'arriver jusqu'à la rétine. On peut avoir la cataracte en naissant; plus souvent elle se développe rapidement dans un œil à la suite d'un coup; plus souvent

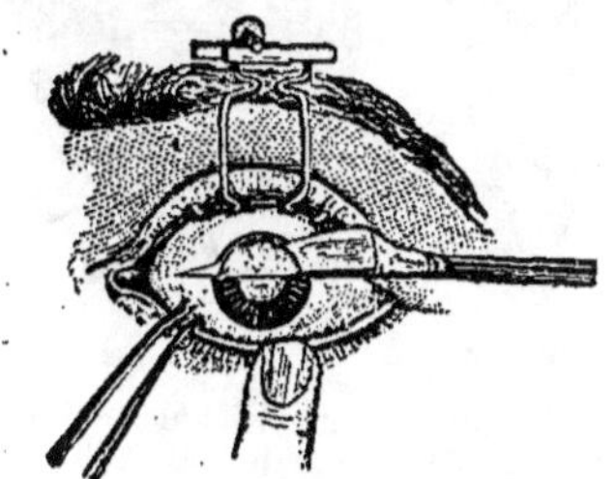

Opération de la cataracte. — Section de la cornée pour la sortie du cristallin.

encore, l'opacité du cristallin est progressive, et sans cause apparente, surtout chez les vieillards; dans ce dernier cas, les deux yeux sont généralement atteints, l'un après l'autre. La maladie ne peut être guérie que par une opération chirurgicale qui a pour but d'enlever le cristallin malade, et de faciliter la formation d'un cristallin nouveau.

catarrhe (latin : *catarrhus*, écoulement). — Maladie caractérisée par une sécrétion exagérée des membranes muqueuses, accompagnée ou non d'inflammation; elle peut être aiguë ou chronique. Le mot est surtout employé pour désigner la sécrétion exagérée de la muqueuse nasale (catarrhe nasal ou *coryza* ') ou de la muqueuse des bronches (catarrhe bronchique ou *bronchite* ').

cauchemar. — Le *cauchemar*, ordinairement caractérisé par un sentiment d'étouffement, accompagné de rêves pénibles et d'hallucinations, est causé par une mauvaise digestion, des troubles dans la circulation du sang, une surexcitation morale. L'améliora-

tion de la santé générale, physique et morale, peut seule rendre le cauchemar moins fréquent. Au moment de l'accès, il convient de réveiller le dormeur et de le distraire jusqu'à ce que son anxiété ait disparu.

caustique (grec : *causticos*, brûlant). — Substance qui a la propriété de détruire les parties sur lesquelles on l'applique. Les substances servent à cautériser la peau, à faire disparaître les excroissances, à modifier les plaies, etc.; les plus employés sont : *potasse caustique* ou *pierre à cautère*, *ammoniaque* concentrée, *chlorures d'antimoine* et de *zinc*, *acides sulfurique*, *azotique*, *azotate d'argent* ou *pierre infernale, sublimé corrosif*. La médecine utilise un grand nombre de préparations caustiques complexes.

cautère. — Ce mot sert souvent à désigner la substance caustique avec laquelle on opère une *cautérisation*, ou bien un instrument métallique que l'on fait rougir au feu et dont on se sert pour brûler une tumeur, une plaie. On nomme aussi cautère un petit ulcère que l'on ouvre volontairement sur le bras ou sur la jambe pour déterminer une suppuration artificielle que l'on maintient aussi longtemps que l'on veut. On établit le *cautère* en perçant la peau avec un bistouri, ou en la rongeant avec de la potasse caustique; puis, on détermine et on maintient la suppuration en mettant chaque jour dans la plaie un petit pois sec qui empêche la cicatrisation. Les cautères, dont on use peu aujourd'hui, sont cependant encore employés dans le traitement des maladies nerveuses et des maladies des organes de la respiration.

cautérisation. — Opération qui a pour but de détruire un tissu vivant par l'action du feu ou d'une substance caustique. On l'emploie, par exemple, pour arrêter une hémorragie, pour enlever une excroissance de chair, pour guérir une plaie, etc. La cautérisation, et particulièrement la cautérisation rapide par le fer rouge, est très employée en médecine et aussi dans l'art vétérinaire.

caviar. — Voy. esturgeon.

cédratier. — Arbre du genre *citronnier* ' cultivé aux Indes, dans l'Europe méridionale, aux îles Açores. Les hivers de France sont trop froids pour lui, mais on le cultive en Corse avec grand profit; la récolte des fruits s'y fait en novembre. Ce fruit est gros, car il pèse jusqu'à 3 livres, oblong, à écorce épaisse, chagrinée, à odeur suave. Les usages du cédrat sont les mêmes que ceux du citron; la partie la plus précieuse est l'écorce, dont on

Rameau et fruit du cédratier.

fait des conserves, et dont on retire une grande quantité d'*essence de citron* (*fig.*).

cèdre. — Grand arbre *conifère* toujours vert, qui atteint 40 mètres de hauteur, qu'on trouve maintenant répandu dans les parcs de France (*fig.*); les plus répandus sont le *cèdre du Liban* et le *cèdre de l'Atlas*. Ils forment des forêts considérables dans

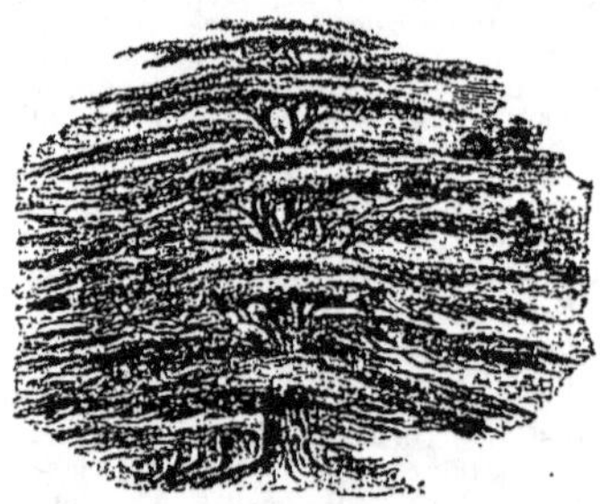

Cèdre du Liban (hauteur, 40 mètres).

l'Asie Mineure. Le bois de cèdre est employé dans les constructions; la résine dont il est imprégné le rend incorruptible et assure une grande durée aux charpentes qui en sont faites.

céleri. — Plante bisannuelle, de la famille des *ombellifères*, qu'on cultive en grande quantité pour l'alimentation (*fig.*). Il en existe deux types différents. Dans l'un, les pétioles des feuilles, très développés, sont la partie comestible; dans l'autre, le céleri-rave, c'est

la partie souterraine qui a grossi et que l'on consomme. La culture du céleri est très répandue en Allemagne

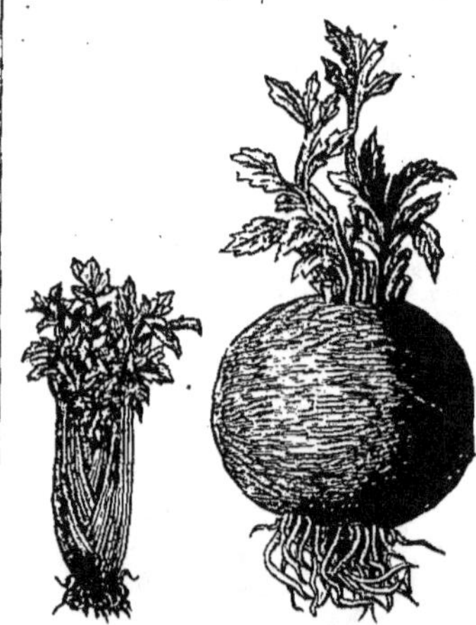

Céleri à côtes.   Céleri rave.

et les parties septentrionales de la France; c'est un aliment sain et agréable.

celluloïde. — Corps solide, translucide, analogue à la corne; dur, très élastique; chauffé, il devient plastique et malléable, et peut alors prendre toutes les formes qu'on veut lui donner; puis il reprend sa dureté par refroidissement. Le celluloïde n'est pas un corps qu'on trouve dans la nature; on le fabrique avec un mélange de *camphre* et de *coton-poudre*. On en fait des billes de billard, des ronds de serviettes, des peignes, des bijoux de fantaisie, etc. Cette précieuse substance a l'inconvénient d'être *très combustible*.

cellulose. — Principe constituant la partie la plus importante des végétaux. Le bois, les matières textiles (lin, chanvre, coton) sont presque exclusivement formés de cellulose. Le papier de chiffons est aussi de la cellulose presque pure.

cendre. — Partie non combustible qui reste après la combustion aussi complète que possible des matières organiques. Un bois de chauffage bien sec laisse à peu près la centième partie de son poids de cendres.

Des cendres des végétaux, on retire les substances nommées *potasses* et *soudes*. Dans l'économie domestique, on les fait servir au *blanchissage* du linge.

centaurée. — Herbe de la famille des *composées*, dont on connaît un grand nombre d'espèces différentes. La *centaurée ambrette* a une odeur d'am-

Centaurée ambrette (hauteur, $0^m,40$).

bre agréable. La *grande centaurée*, qui s'élève à un mètre de hauteur, a de belles fleurs jaunes qui la font cultiver dans les jardins (*fig.*).

centre de gravité. — Le *centre*

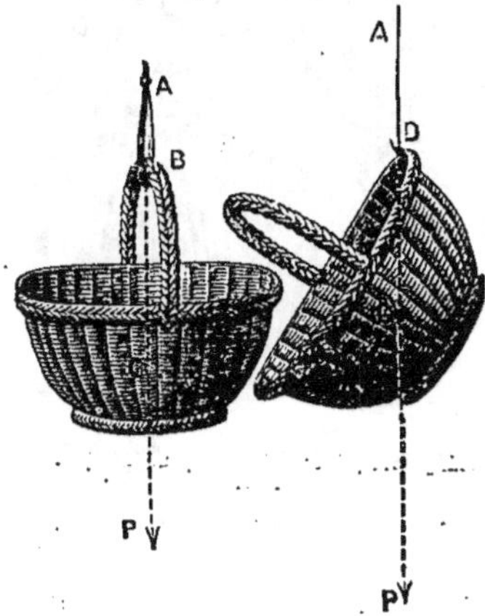

Comment on détermine le centre de gravité d'un panier.

de gravité d'un corps est un point G tel que, si on suspendait le corps à un cordon attaché en ce point, il se tiendrait en équilibre, immobile, dans quelque position qu'on le place. Si au contraire on attache le cordon A en tout autre point B ou D que le centre de gravité, le corps ne peut rester suspendu en équilibre que dans une seule position, celle pour laquelle le centre de gravité vient se placer sur la verticale donnée par le prolongement du cordon de suspension (*fig.*).

Dans la pratique on déterminera donc le centre de gravité en suspendant successivement le corps à un fil par deux de ses points et en cherchant le point de rencontre des verticales menées par les deux points de suspension. Ce procédé est le plus souvent d'une application difficile. Pour les corps homogènes de forme régulière, on peut déterminer le centre de gravité sans expérience, par de simples calculs basés sur la géométrie. Ainsi le centre de gravité d'une sphère homogène est au centre de cette sphère ; le centre de gravité d'un cylindre droit à bases circulaires est au milieu de la ligne droite qui joint les centres des deux bases.

céphalalgie (grec : *kephalê*, tête ; *algos*, douleur). — Le mot *céphalalgie* s'applique à toute douleur de la tête, résidant dans la peau du crâne, dans les muscles, dans les os, régnant sur toute la région du crâne, ou seulement sur une région très limitée. La *migraine*, la *congestion cérébrale*, la *méningite*, la *névralgie faciale*, etc., sont des céphalalgies. Les *maux de tête* sont des symptômes communs à un très grand nombre de maladies ou d'états maladifs (fièvres diverses, empoisonnements, action de divers médicaments, etc.).

céramique. — Art de travailler

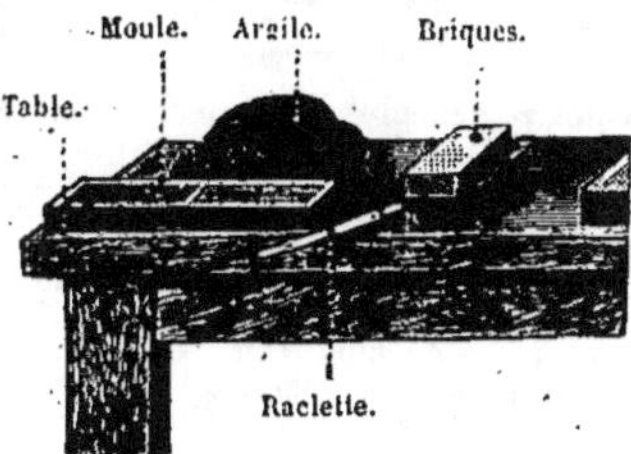

Fabrication des briques par *moulage*.

les *argiles* pour en faire des poteries. La confection des poteries est basée sur ce fait que l'argile mêlée à l'eau est *plastique*, susceptible de prendre toutes les formes, puis sur cet autre fait, qu'elle devient ensuite très dure par la cuisson. Pour empêcher que l'argile ne se fendille en cuisant, on la mélange toujours avec une autre substance réduite en poudre, telle que *silex*, *sable*, *feldspath*, *os calcinés*. Enfin on recouvre le plus souvent la poterie d'une couche plus dure nommée *émail*, *vernis*, *glaçure*, *couverte*, selon les cas; cette couche superficielle, qui donne à la poterie plus de solidité, plus d'éclat, et qui la rend tout à fait imperméable à l'eau, est faite d'ailleurs de substances très variables.

D'après la manière dont est faite la pâte, d'après la qualité des argiles qui entrent dans sa constitution, d'après le vernis supérieur, on range les poteries en un grand nombre de sortes, dont les principales sont les suivantes.

Terres cuites **sans vernis**. — Ce sont des poteries tendres, poreuses, sans vernis, faites avec des argiles communes telles que la *terre glaise*; telles sont les *briques*, *tuiles*, *tuyaux* de *conduite*, *pots à fleurs*, *cuviers*.

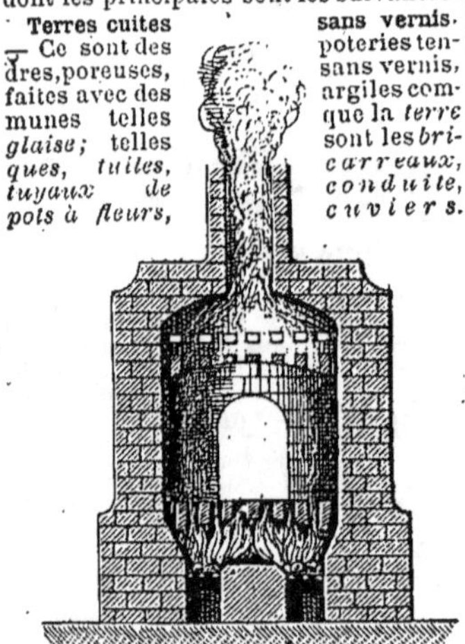

Four à potier.

Voici, par exemple, comment on fait les briques. L'argile (*terre glaise*) est arrosée d'eau, puis bien piétinée; quand on a une pâte dont on a enlevé avec soin les pierres, on y ajoute du sable, puis on moule les briques, soit à la mécanique, soit simplement à la main, dans des cadres en bois. Une fois moulées, les briques sont séchées à l'air pendant quelques jours, puis cuites dans de grands fours spéciaux, avec un feu de bois ou de houille (*fig.*).

Poteries communes. — Ces poteries, qui renferment les ustensiles de ménage les plus variés, sont faites avec les argiles les plus répandues, en particulier celle nommée *terre à potier*; dans la pâte on ajoute le plus souvent du sable. On donne la forme par le *tour à potier* (*fig.*). La pâte C est sur un plateau B que l'ouvrier fait tourner rapidement à l'aide du pied D; avec la main,

Travail au **tour à potier**.

il façonne cette pâte, puis il termine le polissage avec une raclette métallique. Certains objets se font par *moulage* (*fig.*). Quand la forme est donnée, on fait sécher à l'air et on applique le *vernis*. L'un des vernis les plus

Moulage des pièces qu'on ne peut fabriquer au tour.

employés est formé de *minium*, d'*argile* et de *sable*; par la cuisson, ce vernis fondra et formera une couche imperméable qui cachera la couleur de la pâte. La cuisson se fait dans des fours spéciaux (*fig.*).

Faïences. — Les *faïences* communes diffèrent peu des poteries communes; mais le vernis en est plus fin et ordinairement blanc. Les faïences fines, dites faïences anglaises, sont beaucoup plus dures; leur pâte est blanche,

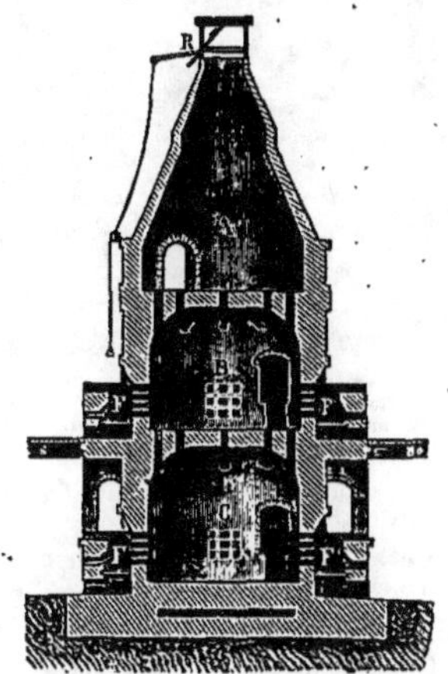

Coupe d'un four à cuire la porcelaine. La chaleur est fournie par des foyers qui entourent le four FF. Elle peut·être réglée au moyen d'une plaque R qui permet d'ouvrir et de fermer le haut du four. L'étage supérieur A sert à sécher les pièces. Dans l'étage moyen B, qui se nomme *globe* ou *dégourdi*, se fait une première cuisson à température modérée; dans l'étage inférieur C, ou *laboratoire*, se fait la cuisson au grand feu.

presque autant que celle de la porcelaine. Il y en a bien des variétés différentes, désignées sous les noms de *terre de pipe, cailloutage, demi-porce-*

Cazette pour enfermer les pièces pendant la cuisson.

laine. On les façonne au tour, comme les poteries communes, et on les cuit après application du vernis.

Grès. — Le grès est une poterie dure, compacte, qui n'a pas besoin d'être vernie pour être imperméable à l'eau, ce qui le distingue de toutes les poteries précédentes. Cette poterie n'est pas plus transparente que la faïence, mais elle se vitrifie par un commencement de fusion, comme la porcelaine; la pâte en est ordinairement plus ou moins colorée. Les grès sont faits avec des argiles assez pures, auxquelles on ajoute du sable; la cuisson se fait à une température bien plus élevée que celle des faïences; elle dure une huitaine de jours. Les grès vont mal au feu, mais on en fait des objets très résistants : touries, bonbonnes, jarres pour salaison, pots à beurre, cruches, vases de chimie, fontaines, terrines, etc.

Porcelaine. — La porcelaine est la plus belle des poteries. Elle se distingue de toutes les autres en ce que sa pâte est translucide. Elle est faite avec une argile très pure, tout à fait blanche, nommée *kaolin*. La pâte se prépare en mélangeant le *kaolin* avec de l'eau, et en y ajoutant un peu de *sable*, de *craie* et de *feldspath*. Cette dernière substance est ce qu'on nomme un *fondant;* dans la cuisson, elle permet à la pâte d'éprouver un commencement de fusion qui lui donne sa demi-transparence. On façonne les pièces au tour, comme pour les poteries, ou avec des moules. Après avoir fait sécher à l'air, on recouvre d'une *glaçure* qui est blanche et transparente, de manière à laisser voir la blancheur de la pâte. La cuisson a lieu dans des fours généralement très grands; elle exige une chaleur considérable.

Décoration des poteries. — Les poteries se prêtent aux effets artistiques les plus variés, qu'on obtient soit à l'aide de formes très gracieuses, soit à l'aide de colorations diverses. Sur les pièces de poterie on peut ajouter des ornements en relief, comme le faisait Bernard Palissy, qui nous a laissé de grands plats de faïence sur lesquels des animaux sont groupés artistement. Mais l'ornementation par la peinture est plus répandue; tantôt on peut colorer la pâte dans sa masse en y ajoutant diverses substances; tantôt on recouvre une pièce blanche d'une couche de pâte colorée; plus souvent on se sert d'un vernis coloré, ou d'une véritable peinture appliquée sur le vernis. Mais tous ces procédés de décoration sont trop compliqués pour que nous puissions indiquer comment ils se pratiquent.

cérat. — Médicament destiné à l'usage externe, constitué par un mélange d'huile et de cire, dans lequel on peut incorporer diverses substances médicamenteuses.

cercle horaire. — On nomme *cercle-horaire* d'une étoile le demi-méridien céleste qui passe par cette étoile.

céréales. — On nomme ainsi les plantes qui sont cultivées en vue de faire servir leurs graines à l'alimen-

Chaulage et sulfatage des céréales. — Les céréales qu'on sème en terre peuvent être attaquées par les insectes. Il peut se développer, sur les grains, des *champignons* qui détermineront ensuite dans la récolte à venir le *charbon* et la *carie*. On prévient en partie ces accidents par le *chaulage* qui consiste à mouiller les graines avec un *lait de chaux* qu'on obtient en délayant de la *chaux vive*, dans l'eau. On peut aussi *sulfater* en jetant sur les tas de blé une dissolution de *sulfate de cuivre* ou *vitriol* ; puis on remue avec une pelle en bois. Le lendemain on sème.

tation de l'homme, après leur transformation en *farine*. Les céréales sont : le *froment*, le *seigle*, l'*orge*,

Après la moisson, les céréales sont mises en **moyettes**, ce qui les garantit contre la pluie.

l'*avoine*, le *maïs* le *sarrasin* et le *riz*. Toutes ces plantes, sauf le sarrasin, sont de la famille des *graminées* ; elles ont, surtout la première, une importance capitale dans l'alimentation. Leur culture exige certaines pré-

cautions communes à toutes, précau-

On conserve les céréales jusqu'au battage en les mettant en *meules* ; les meules sont formées par les gerbes, empilées les épis en dedans. Elles sont recouvertes d'un toit de paille.

tions que nous indiquons par les figures ci-contre (*fig.*).

cerf. — Le *cerf* (*fig.*) est un mammifère *ruminant* de la famille des cervidés. C'est un animal de grande taille ; sa hauteur au garrot est de 1ᵐ,50 ; la femelle est plus petite. La tête est longue, le museau mince ; les sabots sont droits, pointus, la queue est conique. Le mâle présente un bois plus ou moins ramifié. La coloration générale est d'un rouge brun, avec les parties inférieures plus claires. On le trouve dans l'Asie et dans presque toute l'Europe ; mais il est aujourd'hui peu nombreux dans les pays très peuplés, comme la France et l'Allemagne. Il habite les grandes forêts et se nourrit de feuilles, de jeunes pousses et de bourgeons qu'il broute de très près.

Cerf d'Europe (hauteur au garrot, 1ᵐ,50).

Il attaque aussi l'écorce des arbres et les fruits. Il reste couché le jour et commence le soir seulement à chercher sa pâture. Ses dégâts seraient importants s'il n'était relativement rare. La femelle n'a pas de bois ; elle ne met bas qu'un faon à la fois.

Le cerf porte divers noms selon son. âge. En naissant il se nomme *faon*. Trois mois après il prend un nouveau pelage et se nomme *hère*. A un an, le cerf commence à avoir sur la tête des tubercules : il est *daguet*. En mai de la troisième année, les tubercules tombent, et il pousse des cornes ayant deux ou trois branches nommées andouillers : il est *jeune cerf*. A quatre ans, les premières cornes tombent et celles qui les remplacent ont six à huit andouillers ; chaque année les cornes tombent et les andouillers reviennent plus nombreux. A sept ans le cerf est *dix-cors* et ne marque plus son âge ; il devient *gros cerf*, puis *vieux cerf*. Le renouvellement des bois a lieu tous les ans de la fin de janvier au commencement de mars.

Le cerf est admirablement doué pour la course ; il va avec une vitesse extrême, surmontant tous les obstacles et traversant à la nage les plus grandes rivières. C'est un animal nuisible dans les forêts. Sa chair est estimée ; sa peau donne un bon cuir ; ses bois sont un ornement.

cerfeuil. — Herbe de la famille des *ombellifères*, dont on connaît plusieurs espèces utilisées en cuisine comme aromates. La plus importante

Cerfeuil-commun (hauteur de la plante, 0ᵐ,35).

est le cerfeuil commun, qu'on trouve dans tous les jardins ; la feuille a une odeur agréable, une saveur parfumée ; elle est excitante et diurétique (*fig.*).

cerf-volant. — Le *cerf-volant* (*fig.*) ou *lucane*, est un grand insecte *coléoptère*, de couleur noire ; le mâle est pourvu de mandibules énormes, en forme de cornes ; les mandibules des femelles, encore très fortes, sont beau-coup plus courtes. Les larves rappellent celles du hanneton. Elles sont blanchâtres, cylindriques, courbées en arc, le corps couvert de poils droits. Les insectes parfaits apparaissent surtout dans les forêts, en été ; la larve vit

Cerf-volant ou lucane (longueur totale, 0ᵐ,10).

pendant cinq ans dans des galeries creusées à la partie inférieure des jeunes arbres, y causant de grands dégâts.

cerisier. — Arbre fruitier de la famille des *rosacées* (*fig.*). On en distingue plusieurs espèces, parmi lesquelles : le *merisier*, fruit petit, un peu amer, rouge ou noir ; le *bigarreautier*, fruit gros, couleur pâle, chair croquante, sucrée ; le *guignier*, fruit assez gros, de couleur très foncée,

Port du cerisier (haut., 8 mètres) fleurs et fruits.

chair très sucrée ; le *cerisier commun*, fruit rouge clair, mou, juteux, acidulé.

Assez rustique, le cerisier résiste bien au froid, et peut être cultivé dans une région très étendue. Le fruit est consommé directement ; il sert aussi à préparer des liqueurs fermentées (kirsch, marasquin) ; on le fait sécher pour le conserver. Le bois du cerisier et surtout celui du merisier sont estimés dans l'ébénisterie et la menuiserie.

céruse. — La *céruse*, ou *blanc de plomb*, ou *blanc d'argent*, est du car-

bonate de plomb, c'est-à-dire une combinaison d'acide carbonique et d'oxyde de plomb. C'est un solide d'un blanc éblouissant, sans odeur ni saveur. On la prépare industriellement de plusieurs manières. La méthode la plus simple consiste à faire dissoudre de la *litharge* (voy. **plomb**) dans du *vinaigre* de bois, de façon à avoir de l'acétate de plomb; dans cette dissolution on fait passer un courant d'*acide carbonique;* la céruse se dépose au fond.

On utilise annuellement en France 10 millions de kilogrammes de céruse. Elle est employée, comme couleur blanche, dans la peinture à l'huile des boiseries, des meubles, des pierres mêmes et dans la peinture artistique. Elle se mêle très aisément à l'huile et bleaux à l'huile noircissent avec le temps.

cerveau. — La masse du cerveau contenue dans la cavité du crâne se nomme *encéphale* (*fig.*); elle est recouverte, comme la moelle épinière, de trois membranes nommées *méninges* (*dure-mère, pie-mère* et *arachnoïde*). Elle est constituée par plusieurs parties successives dont les principales sont le *cerveau proprement dit*, le *cervelet* et la *moelle allongée*, qui fait communiquer l'encéphale avec la moelle épinière. De ces différentes régions partent des nerfs qui vont dans la tête, et parmi lesquels sont les nerfs spéciaux du goût, de l'odorat, de l'ouïe et de la vue. Pour les fonctions de l'en-

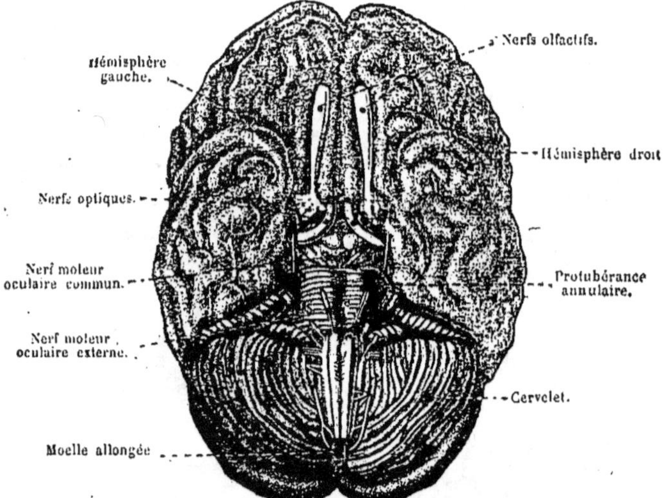

Cerveau (vu par-dessous).

fournit une couleur qui s'étend aisément au pinceau; elle *couvre* bien, c'est-à-dire qu'elle cache les substances qui sont au-dessous de la peinture; pour cette raison on la mélange en abondance à toutes les autres couleurs, pour leur donner du corps, et en adoucir les nuances. Mais elle a l'inconvénient d'être très toxique, et de noircir peu à peu à l'air, à cause de l'acide sulfhydrique contenu dans l'air, qui la transforme en *sulfure de plomb*, qui est noir; voilà pourquoi les ta- céphale (voy. **système nerveux**); ajoutons seulement que le cervelet ne joue aucun rôle sensitif, ni intellectuel, mais que c'est de lui que dépend la régularisation des mouvements; un animal auquel on a enlevé le cervelet peut encore se mouvoir, mais il lui est impossible d'exécuter des mouvements réguliers, en rapport avec le but à atteindre. Le cerveau proprement dit, qui a l'influence la plus grande dans le système nerveux, est aussi la masse la plus importante; il pèse à lui seul en moyenne 1,200 grammes, le cervelet pesant moins de 100 grammes..(Pour les maladies du cerveau voyez **méningite**,

lages des narines sont disposés de manière à fermer entièrement l'ouverture quand l'animal est sous l'eau.

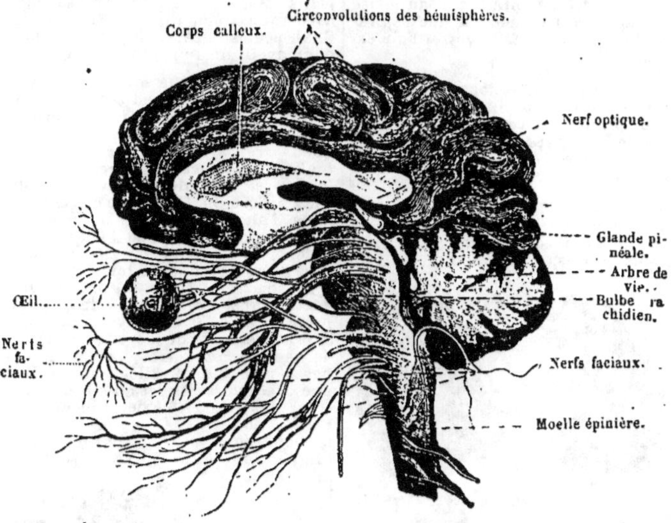

Cerveau (vu de côté).

congestion cérébrale, apoplexie, ramollissement, folie, idiotie.)

cervelet. — Voy. cerveau.

cétacés. — L'ordre des *cétacés* est constitué par des mammifères de très grande taille ayant tout à fait la forme de poisson, et ne sortant jamais de l'eau comme le font les morses et les phoques. Ils présentent tous les caractères distinctifs des *mammifères* (voy. ce mot). Ils ne peuvent donc respirer que dans l'air, ce qui les oblige à venir fréquemment à la surface. Mais leur organisation extérieure est celle des poissons. Les membres antérieurs sont des nageoires; les membres postérieurs ont disparu, le cou est confondu avec le tronc, les oreilles ne se voient pas à l'extérieur, le corps est terminé par une nageoire horizontale. La bouche, largement fendue, sans lèvres, renferme beaucoup de dents ou de fanons. Les mamelles sont à l'extrémité postérieure du corps. La peau, lisse, de médiocre épaisseur, ne possède qu'un très petit nombre de poils; elle recouvre une épaisse couche de graisse. Les poumons sont larges, pour recevoir une grande provision d'air; les carti-

On trouve des cétacés dans toutes les mers. Ces animaux évitent le voisinage des côtes; ils nagent très rapidement et accomplissent de grands voyages. Ce sont des animaux carnassiers; ils se

Cétacé (exemple : le *rorqual*).

nourrissent d'animaux marins. Ils sont souvent en troupes nombreuses. La respiration des cétacés est particulière. Arrivé à la surface, le cétacé expulse d'abord l'eau qui a pénétré dans ses narines incomplètement fermées, ou celle qu'il a avalée en dévorant sa proie; cette eau, violemment pressée par l'air expiré, sort par les narines (ou *évents*) qui sont sur le dessus de la tête, et s'élève à 5 ou 6 mètres de hauteur, en un jet finement pulvérisé. de là le nom de *souffleurs* donné aux cétacés. A cette expiration d'eau mêlée de beaucoup d'air succède une aspiration bruyante qui fait rentrer l'air extérieur.

Les cétacés sont chassés pour les produits utiles qu'ils nous fournissent : graisse, huile, baleine, spermaceti...

Les principaux cétacés sont les *narvals*, les *dauphins*, les *marsouins*, les *épaulards*, les *baleines*, les *cachalots*, les *rorquals* (*fig.*).

cétoine. — Insecte *coléoptère* dont on connaît un très grand nombre d'espèces différentes, ayant de belles colorations vertes, cuivrées, dorées. Plu-

Larve.   Cocon avec la chrysalide.

Cétoine dorée (longueur, 0ᵐ,22).

sieurs sont très nuisibles aux arbres fruitiers, surtout dans le Midi de la

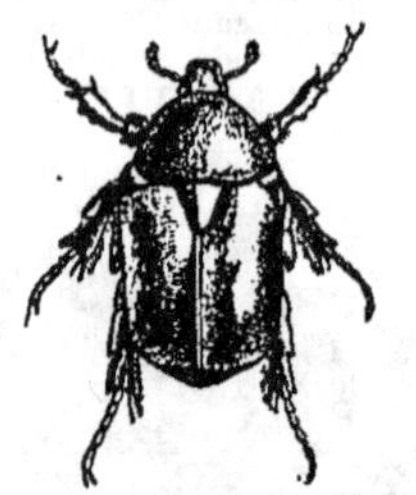

Cétoine dorée (insecte parfait, longueur, 0ᵐ,022).

France, en dévastant les fleurs, et mangeant les fruits.

chabot. — Poisson fluvial au corps presque conique, sans écailles, tête grosse, bouche grande. Longueur, 10 à 12 centimètres, coloration très variable. Les nageoires pectorales, grandes, arrondies, ressemblent presque à des ailes.

Se trouve dans toutes les eaux douces d'Europe ; préfère les fonds pierreux, avec un courant rapide. Très carnassier, il vit d'insectes, de larves, de petits poissons, sur lesquels il se lance avec une extrême rapidité ; très vorace. Chair peu estimée ; on le pêche surtout pour avoir un appât pour l'anguille.

chacal. — Sous le nom commun de *chacal*, on comprend tous les loups de petite taille. Le chacal a le museau plus pointu que celui du loup ; sa queue, relativement courte, est très touffue ; sa couleur est le gris-brun, les jambes et les cuisses fauve clair, du roux à l'oreille. On trouve des chacals dans l'ancien et dans le nouveau monde, mais surtout en Afrique et en Asie. Par leurs mœurs ils tiennent plus du renard que du loup.

Le chacal commun (*fig.*), ou *loup doré*, auquel s'applique la description précédente, a 70 centimètres de long, 30 centimètres de queue, 50 centimètres de hauteur au garrot ; son poids dépasse peu 10 à 12 kilogrammes. Il a une odeur forte et désagréable. Il est très répandu en Asie Mineure, en Perse, sur les bords de l'Euphrate, en Palestine, dans le nord de l'Egypte et en Algérie. Il vit en troupes nombreuses, se nour-

Chacal d'Afrique (haut., 0ᵐ,50).

rissant de charognes ; il devient dangereux et peut même attaquer l'homme quand il est pressé par la faim. C'est un animal très malfaisant, qui cause de grands dégâts. On connaît plusieurs espèces de chacals, très voisines du chacal commun ; tel est, par exemple, le *chacal aboyeur*, ou *loup des prairies*, très abondant dans toute l'Amérique du Nord.

chagrin. — Cuir faiblement tanné, se rapprochant par suite du *parchemin*. On le fait surtout (Asie, principautés danubiennes) avec la peau du dos du cheval et de l'âne sauvage. On fait apparaître le *grain* très ressorti qui caractérise la peau de chagrin en foulant avec une presse sur la plaque de laquelle on a gravé des aspérités. On termine par la teinture.

chair de poule. — Aspect que présente la peau lorsque l'impression du froid y détermine des aspérités dues à la saillie des bulbes des poils, ce qui la fait ressembler à la peau d'une poule mouillée. La chair de poule survient aussi au début de la fièvre, pendant le frisson, et sous l'influence de certaines émotions pénibles. Le repos dans un lit chaud, l'administration de boissons chaudes aromatiques suffisent pour faire disparaître la chair de poule.

chalazion. — Petite tumeur du bord d'une des paupières, qui survient après une inflammation. Quand la tumeur résiste à l'action des cautérisations à la pierre infernale, le chirurgien l'enlève aisément.

chaleur. — Cause qui produit sur nous les impressions du froid et du chaud ; le soleil et le feu sont les deux sources principales desquelles nous vient la chaleur.

chaleur animale. — Dans tous les organes du corps s'effectue constamment une combustion lente (voy. **nutrition**) qui a pour but principal de détruire les éléments inutiles et de les rejeter à l'extérieur. Cette combustion lente produit de la chaleur, aussi notre corps est-il comme un véritable poêle dans lequel on entretiendrait un feu continuel. Par suite, malgré les pertes de chaleur que nous faisons tout autour de nous, notre température est-elle sensiblement stationnaire, généralement de beaucoup supérieure à celle de l'air. Cette température stationnaire est de 37°,5 chez l'homme ; chez les animaux mammifères, elle est peu différente ; chez les oiseaux, elle peut atteindre 44 degrés. Tous ces animaux sont dits à *sang chaud*, ou à *température constante*. Les autres animaux, *reptiles*, *batraciens*, *poissons*, et tous les invertébrés, ont une nutrition beaucoup moins active ; aussi leur température est à peine supérieure à celle de l'air, et elle en suit les variations ; on les nomme animaux à *sang froid* ou à *température variable*.

Chez les animaux à sang chaud, la respiration se règle sur la température extérieure. S'il fait froid, la respiration s'active, l'air pénètre en plus grande abondance dans le sang, puis dans les organes, les combustions intérieures s'activent et la production de chaleur devient plus grande, capable de lutter contre le froid extérieur ; mais alors les éléments anatomiques sont brûlés en plus grande quantité, le sang doit les remplacer, et l'alimentation doit être plus abondante : par suite l'appétit augmente. Le contraire se produit quand la température extérieure est élevée (voy. **sueur**).

La chaleur qui résulte de la combustion intérieure n'est pas seulement employée à maintenir à 37°,5 la température du corps ; c'est elle aussi qui est la source de toute la force dépensée dans nos mouvements intérieurs et extérieurs. Quand nous effectuons un travail, comme celui de soulever un poids, nous consommons une certaine quantité de chaleur, ainsi que le fait une machine à vapeur, qui brûle du charbon pour travailler. Tous nos mouvements intérieurs, comme les battements du cœur, ou extérieurs, comme ceux des bras et des jambes, ont leur origine dans la chaleur animale. L'homme qui travaille doit brûler davantage ; c'est pour cela qu'il respire et qu'il mange davantage.

chalumeau. — Instrument qui

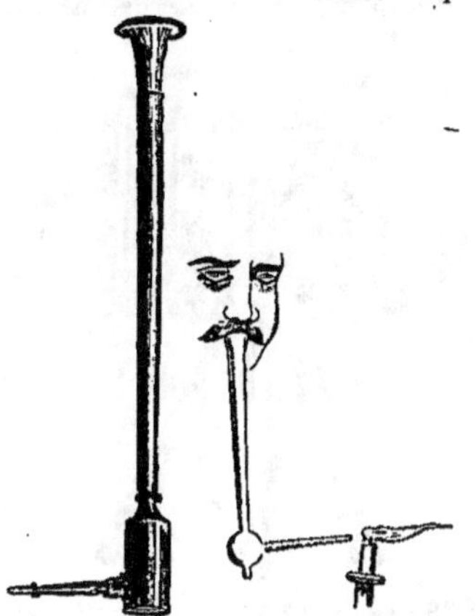

Le chalumeau ordinaire.

A l'aide du *chalumeau*, on injecte de l'air au sein de la flamme d'une bougie.

permet de diriger, à l'aide de la bouche,

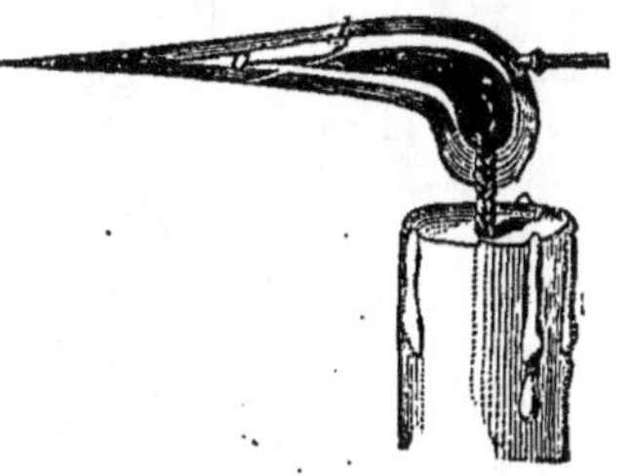

L'air injecté dans la flamme à l'aide du *chalumeau*, la rend moins éclairante, mais beaucoup plus chaude.

un courant d'air au sein d'une flamme,

dans le but d'élever sa température (*fig.*). (Voyez aussi **lampe d'émailleur**).

chambre noire des photographes. — Appareil destiné à produire, avec l'aide de la lumière, l'image des objets que l'on veut photographier(*fig.*). Se compose d'une *lentille* convergente adaptée à un tube de laiton fixé à une caisse en bois; le fond de la caisse est constitué par une plaque de verre dépoli, destinée à servir d'écran ; cette plaque est reliée à la partie antérieure de la caisse par un soufflet qui en permet le déplacement. Les objets, placés devant la lentille, et à une distance convenable (qui peut varier de un décimètre à plusieurs centaines de mètres et

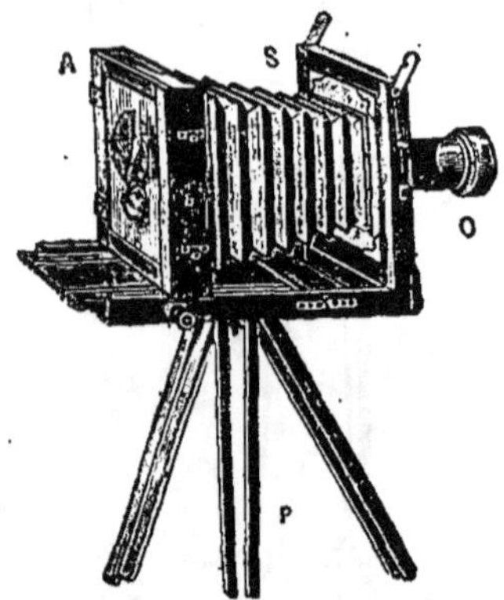

Chambre noire de photographie. — A, glace de mise au point. — O, objectif. — S, soufflet de tirage pour la mise au point. — P, pied.

même plus), donnent sur la plaque de verre une image plus petite que l'objet, et renversée. On obtient la netteté de

Châssis négatif. — Après la mise au point, on enlève la glace de la chambre noire, on la remplace par le châssis négatif, fermé. Puis on ouvre le volet du châssis de façon à découvrir la plaque sensible. Il ne reste qu'à enlever l'*obturateur* qui fermait la chambre noire, pour permettre à la lumière d'entrer et d'impressionner la plaque.

l'image (*mise au point*) en faisant varier soit la position de la lentille, soit celle de la plaque de verre.

Après la mise au point, on substitue à l'écran de verre dépoli une plaque sensible, sur laquelle la lumière, agissant chimiquement, forme une image qu'on fixe ensuite au moyen de réactifs spéciaux (voy. **photographie**) (*fig.*).

chambre claire des dessinateurs. — Ce petit instrument est destiné à projeter, sur une feuille de papier, l'image d'un objet que l'on veut dessi-

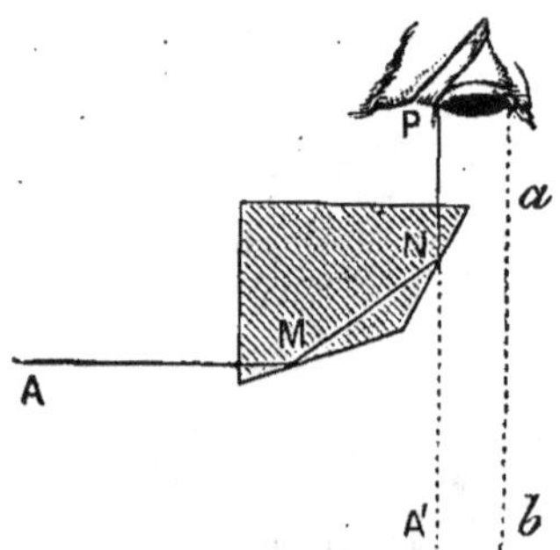

Chambre claire. — L'observateur F voit dans la direction *a b* la feuille de papier et la pointe du crayon. Dans la direction P A' il voit l'image de l'objet situé dans la direction A, image formée par réflexion des rayons A M N P.

ner. Son but est donc le même que celui de la *chambre noire des dessinateurs*.

La chambre claire est constituée

Chambre claire. — Aspect général de l'instrument et du dessinateur.

par un *prisme* de verre, à section quadrangulaire, qui agit exactement comme ferait un miroir plan ordinaire.

Ce prisme est soutenu par un pied articulé, à 25 ou 30 centimètres au-dessus de la feuille de papier sur laquelle on doit dessiner. La face verticale est tournée du côté de l'objet que l'on veut reproduire. L'observateur, se plaçant au-dessus du prisme (*fig.*), regarde par le bord de l'arête, de façon à voir directement (de *a* en *b*), la feuille de papier et la pointe du crayon, et, à travers le prisme, l'image de l'objet, qui lui semble être sur la feuille de papier. Il peut dès lors suivre les contours avec la pointe du crayon.

chambre claire du microscope. — Voy. microscope.

chambre noire des dessinateurs. — La *chambre noire des pho-*

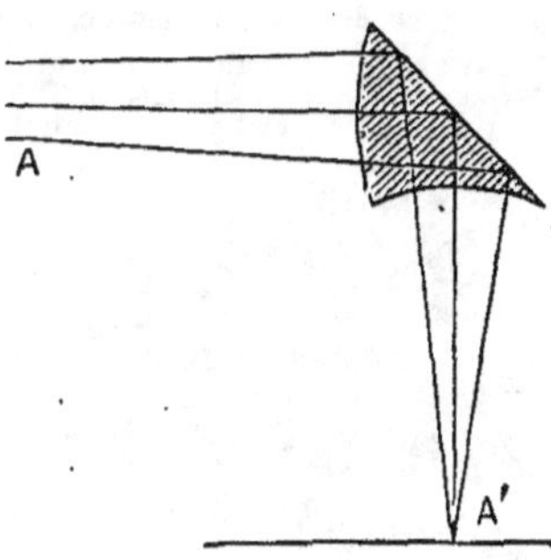

Chambre noire des dessinateurs. — Un point lumineux situé au loin, dans la direction indiquée par A, vient donner une image en A', sur la feuille de papier placée devant le dessinateur.

tographes (voy. ce mot) nous montre qu'une lentille peut fournir, sur un écran, une image nette des objets extérieurs. En prenant pour écran une feuille de papier, on peut tracer au crayon les contours de l'image, et faire ainsi un dessin très exact.

La *chambre noire des dessinateurs* est justement disposée pour permettre de tracer aisément ce dessin. La partie essentielle en est une lanterne qui renferme un prisme de verre, dont deux faces sont courbes (*fig.*). Ce prisme fournit une image, comme une lentille, grâce à la courbure des deux faces; mais il se produit en même temps une *réflexion* sur la face plane, comme sur un miroir, de sorte que les rayons arrivés horizontalement sortent verticalement. De cette manière l'image vient se former sur une feuille de pa-

pier horizontale, position très commode

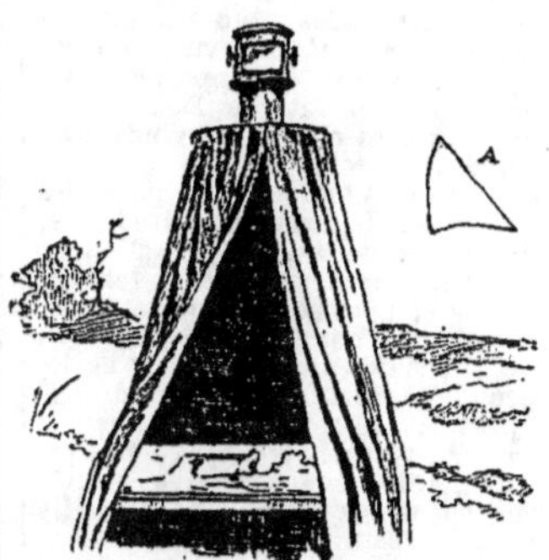

Chambre noire des dessinateurs. — Aspect général de la lanterne qui renferme le prisme A, et de la chambre noire dans laquelle se trouve le dessinateur.

pour le dessinateur (voy. les figures).

chameau. — Les *chameaux* sont des mammifères *ruminants* (voyez ce mot) à dentition plus complète et à estomac moins compliqué que les autres animaux du même groupe. Les chameaux marchent sur la *sole*, et non sur le sabot, qui est réduit à l'état d'ongles. Ce sont de grands animaux à cou long, à tête allongée, à flancs ren-

Dromadaire (hauteur, 2m,25).
Le dromadaire, ou *chameau d'Afrique*, est également propre à porter de lourds fardeaux, et à faire des courses rapides.

trés, à poil long, crépu, presque laineux. On les trouve dans le nord de l'Afrique et dans l'Asie centrale. Ils se nourrissent d'herbes et de feuilles. Remarquables par une extrême sobriété, ils supportent très bien la soif. A l'état de liberté ils vivent en grands troupeaux. Complètement domestiqués, ils rendent à l'homme, dans les contrées sèches, les plus grands services ; ils marchent très vite, portent de lourds fardeaux et supportent parfaitement bien la fatigue. Dociles par crainte, ils sont cependant vindicatifs et souvent violents.

Le **chameau d'Afrique** ou **dromadaire** (*fig.*) porte sur le dos une grosse bosse. Sa taille est de 1ᵐ,50 à 2ᵐ,30. Il en existe de nombreuses variétés ; les animaux des steppes sont grands et élancés, ceux des régions cultivées sont lourds et pesants ; le premier est agile, le second très fort. Le chameau du désert peut rivaliser de vitesse avec le cheval. On voit des chameaux faisant 200 kilomètres en douze heures : aucun cheval ne soutiendrait une pareille course. On peut, avec un seul chameau, faire 650 kilomètres en quatre jours. Dans les pays de montagnes, l'animal est d'une petite utilité, car il ne sait ni monter ni descendre les côtes.

La chamelle porte douze mois, et met bas un seul petit qui peut travailler à l'âge de deux ans, mais n'a toute sa force qu'à cinq ans. Indépendamment des services qu'il en obtient comme bête de somme, l'homme retire encore du dromadaire des produits importants ; il mange sa chair, boit son lait et utilise sa peau et ses poils. Sa fiente sert de combustible.

Le **chameau d'Asie à deux bosses**

Chameau (hauteur, 2ᵐ,30).
Le *chameau d'Asie*, à deux bosses, est surtout une bête de somme.

(*fig.*) a le corps plus gros que le dromadaire et les jambes plus courtes. Il a d'ailleurs les mêmes mœurs. Son allure est lourde ; il n'est guère employé comme bête de selle ; mais les Tartares, les Mongols et les Chinois s'en servent comme bête de somme. Il

sert au grand commerce intérieur de l'Asie ; c'est par lui que se fait le trafic

Le *chameau* à deux bosses, ou à une bosse, sert à effectuer les transports à travers les déserts de l'Asie et de l'Afrique.

entre la Chine et la Russie ; il peut supporter un froid rigoureux.

Le lama est de la même famille.

chamærops. — Palmier nain qui croît abondamment en Algérie, en Tunisie et dans le sud de l'Espagne, où il

Chamærops (hauteur, 2 mètres).

occupe des espaces immenses (*fig.*). On le cultive en serre comme plante ornementale. Avec les feuilles on fait des paniers et des nattes ; les fruits sont comestibles.

chamois. — Voy. antilope.

chamoiserie. — La chamoiserie est un procédé de *tannage* dans lequel la matière tannante, le *tannin*, est remplacée par de *l'huile de poisson* mélangée avec un peu d'*acide phénique*. On fabrique le cuir chamois avec les peaux de cerfs, d'élans, de chevreuils, d'agneaux, de moutons, de veaux, de bœufs. Ce cuir est mou, élastique ; on en fait des vêtements de chasse, des culottes, des vestes, des bretelles, des ceinturons et des baudriers pour la troupe. Le cuir mordoré, employé pour confectionner les bottines fines de dames, est un cuir chamoisé.

Le tannage des fourrures, c'est-à-dire des peaux qui doivent conserver leurs poils, se fait par les méthodes employées en chamoisèrie.

champignons. — Les *champignons* forment un groupe très nombreux de plantes *cryptogames*. Ils ont des formes et une taille très variables, les uns microscopiques, les autres pesant plusieurs kilos. Mais ils se ressemblent tous en ce qu'ils n'ont ni feuilles, ni tiges, ni racines ; ils n'ont pas non plus de *chlorophylle*. Ce sont des végétaux parasites, qui se développent sur les animaux ou sur les végétaux vivants, de même que sur les matières organiques en voie de décomposition. Les champignons se reproduisent par des corpuscules infiniment petits, qu'on appelle *spores ;* ces spores prennent naissance à la surface du champignon, ordinairement sous la partie renflée appelée chapeau. Quand elles sont arrivées à maturité elles tombent, sont entraînées par le vent, puis germent sous l'influence de la chaleur, de l'air et de l'eau. La plupart des espèces demandent beaucoup d'humidité ; il n'y a pas de végétaux dont l'évolution et la multiplication soient aussi rapides. Quand des spores sont tombées sur un terrain favorable, elles donnent d'abord naissance à un duvet blanc, formé de filaments très longs, et excessivement minces ; l'ensemble de ces filaments porte le nom de *mycélium*, ou *blanc de champignon ;* bientôt on voit pousser de place en place de petits corpuscules blancs, renflés en massue, qui grossissent rapidement pour former les champignons.

Le rôle des champignons dans la nature est immense ; ils font partie des principaux agents de destruction des matières organiques. Beaucoup d'espèces sont des parasites redoutables pour les plantes cultivées ou utiles. La *rouille* du blé, la *carie* du seigle, la *maladie* de la pomme de terre, l'*oïdium* de la vigne..., sont provoqués par des champignons parasites ; la *muscarine* des vers à soie, le *muguet* des enfants sont aussi l'œuvre des champignons. Les *moisissures* vertes qui se développent sur les oranges, les confitures, les pruneaux, la *levure de bière*, qui vit dans le jus sucré des raisins, des pommes, et transforme le sucre en alcool et en acide carbonique, sont des champignons.

Parmi les champignons de grande taille, quelques-uns sont comestibles (*agarics, bolets, truffe, morille*). L'emploi des champignons dans l'alimentation humaine remonte à la plus haute antiquité. La plupart des champignons comestibles sont cueillis dans les lieux où ils croissent naturellement, le plus souvent dans les bois ou les prairies ; un seul, le *champignon de couche*, est soumis à une culture régulière. Mais, à côté des champignons comestibles, un plus grand nombre est susceptible de causer des empoisonnements qui ont souvent une issue fatale. Les espèces comestibles sont souvent peu différentes des espèces très vénéneuses. Comme il n'existe *aucun* caractère permettant de distinguer très sûrement les bons des mauvais, on ne doit consommer les champignons des bois qu'avec la plus grande réserve, en laissant de côté toutes les espèces suspectes. On devra surtout se garder d'ajouter foi aux indications tirées de la coloration que peut prendre, au contact des mauvais champignons, une cuiller d'argent, une bague d'or, un morceau de moelle de jonc ou un oignon. On peut cependant consommer sans danger tous les champignons, même les vénéneux, si on a eu soin de les couper en morceaux, de les laisser infuser pendant trois ou quatre heures dans de l'eau vinaigrée ou fortement salée, puis de les laver largement à l'eau froide et enfin à l'eau bouillante.

Les champignons sont consommés tantôt frais, tantôt conservés par dessiccation ou par privation du contact de l'air.

Nous donnons ci-dessous la liste des principaux champignons comestibles. Il serait inutile d'entreprendre la description ou de donner la représentation des espèces vénéneuses ; elles sont parfois si voisines des espèces comestibles que les connaisseurs eux-mêmes, les ayant sous les yeux, ont parfois de la peine à les en différencier.

Clavaire. — Charnu, fragile, divisé en rameaux qui s'élèvent verticalement. La plus grande espèce a reçu divers noms (*barbe-de-bouc, pied-de-coq, buisson...*), elle est d'un jaune pâle ; croît dans les bois. Toutes les variétés en sont d'un goût délicat, et présentent cet avantage, de ne ressembler à aucun champignon malfaisant (*fig.*).

Morille. — Chapeau charnu, ovoïde, globuleux, avec des nervures laissant des creux au fond desquels sont les spores. Se trouve surtout dans les bois ; goût délicat, se conserve aisément quand elle a été ramassée par un temps sec (*fig.*).

Hydne sinué. — Chapeau roux clair, charnu, convexe, à bord sinueux, garni en dessous d'aiguillons fragiles. Chair assez bonne. Très abondant sur les collines ombragées ; séché, il se conserve aisément (*fig.*).

Fistuline. — Charnu, mollasse, d'un brun rouge, portant au-dessous des tubes très grêles. Croît au pied des

PRINCIPAUX CHAMPIGNONS COMESTIBLES.

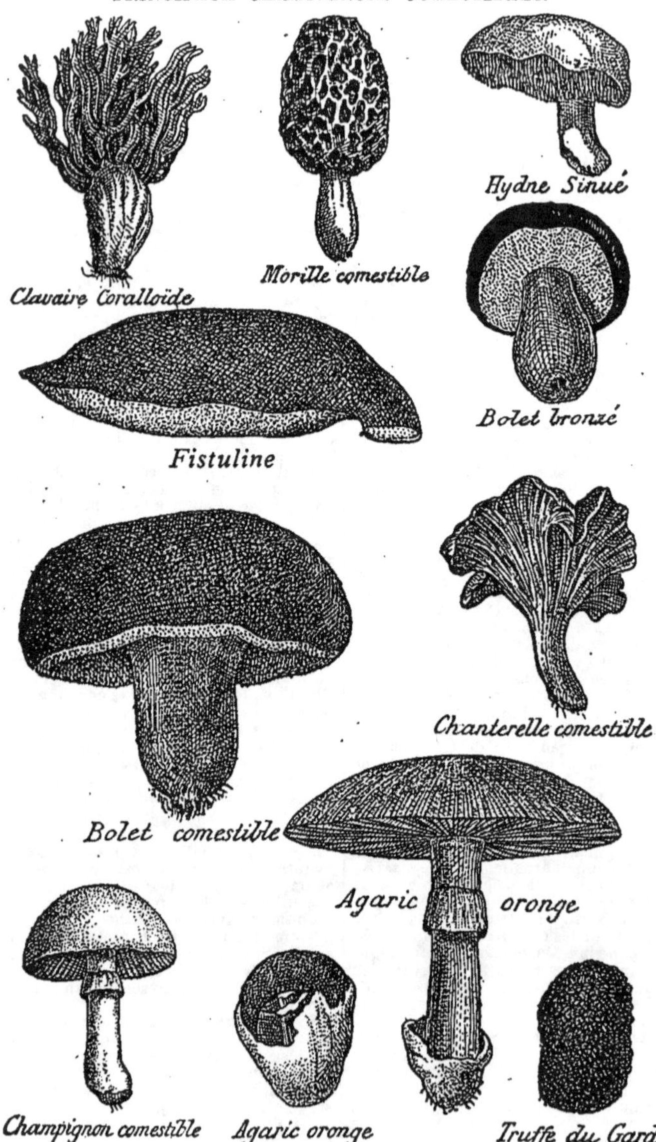

Clavaire Coralloïde
Morille comestible
Hydne Sinué
Bolet bronzé
Fistuline
Chanterelle comestible
Bolet comestible
Agaric oronge
Champignon comestible
Agaric oronge
Truffe du Gard

chênes, et y est attaché latéralement par un pédicule très court. Vient surtout en automne. Nommé souvent *foie-de-bœuf, langue-de-bœuf, glu-de-chêne*. Saveur agréable; dimensions parfois considérables, espèce alimentaire très utile (*fig.*).

Bolet. — Chapeau charnu, convexe, arrondi, avec un pied très gros. Au-dessous du chapeau sont des tubes faciles à détacher de la substance charnue du chapeau. Ce groupe présente des espèces très nombreuses, les unes comestibles et d'un goût extrêmement délicat, les autres, très voisines, qui sont vénéneuses. Les principales variétés comestibles sont : le *cep noir*, très estimé, le *cep ordinaire*, ou *bolet comestible*, beaucoup plus abondant; croît en été et en automne dans les bois et les lieux couverts ; varie beaucoup par sa forme et ses dimensions; mais toutes les variétés en sont délicieuses; on en fait une grande consommation, à l'état frais ou conservé, dans presque toute la France; malheureusement plusieurs espèces vénéneuses voisines peuvent donner lieu à de graves méprises (*fig.*).

Chanterelle. — Chapeau charnu ou membraneux, relevé au-dessous par des plis. Champignon sans danger, car il ne ressemble à aucune espèce dangereuse; se trouve dans les lieux frais et ombragés. Chair blanche, cassante, d'un goût piquant. A beaucoup de noms vulgaires : *gyrole, chevrette, giraudet, mousseline, crête-de-coq* (*fig.*).

Agaric. — Feuillets minces, portant les spores, fixés à la face inférieure du chapeau, rayonnant du centre à la

, Groupe d'agarics comestibles, tels qu'on les rencontre sur les couches.

circonférence; chapeau quelquefois recouvert d'une enveloppe à la naissance du champignon. Beaucoup d'espèces très estimées, d'autres dangereuses. Les meilleures espèces sont les suivantes : L'*agaric comestible* (*fig.*) est *cultivé* dans toute l'Europe; chapeau arrondi, d'un blanc jaunâtre, écailleux, feuillets d'abord roses, puis

brunissant; il croît en automne dans toutes sortes de terrains; noms vulgaires nombreux : *pâturon, champignon des prés, boule de neige, champignon de couche*; cultivé il devient plus charnu, mais moins savoureux; devient âcre et irritant quand il est vieux. La culture se fait surtout dans les endroits obscurs (caves, carrières); sur des *couches* de fumiers on étend des *blancs de champignon* (voy. plus haut), et l'agaric pousse rapidement. L'*agaric mousseron* est analogue au précédent; se rencontre vers la fin du printemps dans les prés montagneux, dans les bois, les friches; croît par groupes composés d'un assez grand nombre d'individus ordinairement rassemblés en cercle. Chair très délicate; se vend desséché à Paris. L'*oronge comestible* (*fig.*) est également très délicate; forme ovoïde, entièrement enveloppée d'une membrane blanche en sortant de terre; mais bientôt ce voile se déchire; chapeau d'un jaune orangé, sans taches; .

Champignonnière. — La culture de l'*agaric comestible*, ou *champignon de couche*, se fait dans les endroits obscurs, sur des couches de fumier.

au-dessous, feuillets larges, d'un jaune d'or; le pied est entouré à sa partie supérieure d'un anneau large et rabattu; se trouve en été dans les bois peu couverts; l'oronge est peut-être le plus fin des champignons, mais plusieurs espèces très voisines sont fort dangereuses.

Truffe (*fig.*). — C'est un champignon souterrain, charnu, compact, dont les spores sont renfermées dans l'épaisseur du tissu, et germent lors de la destruction de celui-ci, pour la reproduction de l'espèce. Forme plus ou moins arrondie, chagrinée à sa surface; d'une couleur noire à la maturité, avec des veines blanches à l'intérieur. On a aussi des variétés grises, violettes, blanches. La grosseur peut dépasser celle du poing, odeur très forte. Se trouve à une profondeur de 15 à 20 centimètres ; au printemps c'est un tubercule très petit, rougeâtre ; pendant l'été le champignon grossit et est blanc ; vers la fin de l'automne la truffe se colore et acquiert l'odeur qui la caractérise. Les diverses variétés de truffes se trouvent dans plusieurs de nos départements : Aube, Haute-Marne, Côte-d'Or, Dordogne, Charente, Gard, Drôme, Isère, Vaucluse, Hérault, Tarn, Jura, Ardèche, Lozère. Les truffes les plus estimées sont les truffes noires du Périgord. Les truffes viennent par groupes épars, dans les bois plantés de chênes et de châtaigniers ; elles se plaisent surtout dans les terrains légers, sablonneux, dans les endroits bien aérés, mais ombragés par de grands arbres. La truffe prospère surtout dans le voinage du chêne, qui la protège de son ombre. Les écorces et les feuilles de cet arbre favorisent aussi sa reproduction et lui donnent un parfum plus exquis. On recherche les truffes à l'aide de chiens ou de cochons, qui sont guidés dans cette chasse par leur odorat. Depuis quelques années on *cultive* la truffe dans les départements des Basses-Alpes, de Vaucluse et de la Drôme. Pour cela, on sème, dans un terrain calcaire et léger, des glands ramassés sur un sol producteur de truffes ; ces glands portent sans doute avec eux quelques spores qui se développent, et on arrive à avoir des récoltes abondantes quand les chênes sont devenus assez grands pour produire l'ombre sous laquelle prospère le champignon.

chandelle. — Les *chandelles* destinées à l'éclairage, aujourd'hui bien délaissées, sont faites de suif de bœuf ou de mouton. Au centre est une mèche de coton. La chandelle est malpropre parce qu'elle fond très facilement ; elle fume et sent mauvais. Aussi lui préfère-t-on la bougie.

chanvre. — Plante originaire de l'Asie, aujourd'hui cultivée dans un grand nombre de régions tempérées et tropicales. C'est une herbe annuelle, droite, qui, dans certaines variétés (*chanvre de Chine*, aujourd'hui cultivé en Algérie), peut atteindre de 6 à 7 mètres de hauteur. La plante est *dioïque*, c'est-à-dire qu'il y a des pieds mâles

Port du chanvre commun (haut., 2 mètres).

(*fig.*), dont les fleurs n'ont que des étamines, et des pieds femelles (*fig.*), dont les fleurs n'ont que des pistils, et qui sont seuls à porter les graines. En France, la culture du chanvre est surtout répandue dans les départements de Sarthe, Maine-et-Loire, Isère, Meurthe-et-Moselle, Puy-de-Dôme, Haute-Marne, Somme, Aisne, Ille-et-Vilaine, Finistère. Les usages du chanvre sont importants, car il nous donne un produit enivrant, une huile, et une matière textile.

Produits enivrants. — La tige, les feuilles, les fleurs du chanvre sécrètent

Tige mâle du chanvre portant les fleurs à étamines.

une matière gommeuse, abondante surtout dans les pays chauds. Avec cette matière gommeuse on fabrique divers produits qui sont susceptibles de provoquer une sorte d'ivresse nerveuse, dans laquelle toutes les sensations agréables ou désagréables sont considérablement exaltées. Ainsi dans l'Inde on fait avec les tiges et les fleurs des espèces de gâteaux aromatiques que l'on fume dans des pipes ; on en fait aussi une boisson. Le *haschich* est une préparation grasse des feuilles de chanvre, usitée chez les populations arabes.

Huile de chènevis. — Les graines du chanvre peuvent être données en nourriture aux volailles. Elles contiennent le quart de leur poids d'une huile qu'on nomme huile de chènevis. Cette huile, très siccative, est employée en peinture.

Matière textile. — La fibre textile est, comme celle du *lin*·, comprise entre le bois et l'écorce ; on l'extrait par les mêmes procédés que celles du lin (voy. ce mot). Le fil de chanvre est beaucoup plus grossier que celui de lin, mais aussi plus résistant. Il sert à faire d'excellentes toiles de ménage, de grande durée. Il donne d'excellent fil à coudre, du fil pour cordonnier ; on

Tige femelle du chanvre portant les fleurs à pistils, et les fruits (ou chènevis).

en fait les toiles à emballage, à torchons, à voiles. La fabrication des ficelles et des cordes destinées à tous les usages consomme plus de la moitié du chanvre récolté en France.

chapellerie. — La chapellerie est une industrie de grande importance. Les chapeaux de *feutre* sont faits en poils de castor, de lièvre, de lapin, de chameau, etc. Bien mélangés les uns aux autres, puis comprimés, les poils forment un tissu nommé *feutre*, solide, assez rigide et imperméable à l'eau. Les chapeaux en poils de castor sont les plus estimés, puis viennent ceux en poil de chèvre.

Les *chapeaux de soie* sont constitués par une carcasse en feutre rendue plus résistante par un vernis ; sur cette carcasse est une coiffe en peluche de soie.

Les *chapeaux de paille* se font avec la paille du froment, du seigle, du riz, avec diverses pailles et diverses feuilles de plantes exotiques.

charançon. — Petit insecte *coléoptère* à tête prolongée sous forme de *rostre* très allongé. Longueur totale 3 millimètres ; couleur brune. La larve

(grosseur naturelle.)

Charançon (grossi). Il ronge l'intérieur des grains de *blé*. On éloigne cet ennemi en remuant souvent les tas de blé.

est un petit ver blanc, à tête jaune, sans pattes. Au printemps la femelle s'introduit dans les tas de blé et dépose un œuf dans chaque grain ; à l'éclosion la larve ronge le grain et le vide entièrement.

Bientôt la larve est de enue insecte parfait, et pond à son tour. De la sorte plusieurs générations se succèdent dans un été, causant d'énormes dégûts. Pendant l'hiver, les charançons se cachent dans les trous des murs ou des planchers. Pour éviter la présence des charançons, il faut tenir les greniers dans un grand état de propreté ; si un tas de blé est envahi, il faut le faire moudre de suite. Les pertes causées à l'agriculture par le charançon sont considérables. La famille des charançons renferme un grand nombre d'espèces, qui attaquent les graines ou les fruits (*fig.*).

Grain de blé (grossi et ouvert) pour montrer un *charançon* qui le ronge.

charbon. — Ce mot a plusieurs sens. Il désigne surtout les différentes variétés de *carbone*· plus ou moins impur qui sont employées comme combustible. Ces variétés sont naturelles ou artificielles. Les variétés naturelles sont la *tourbe*·, le *lignite*·, la *houille*·, l'*anthracite*·. Les principales variétés artificielles sont le *coke*·, le *charbon des cornues*, le *charbon de bois*, les *charbons agglomérés*.

Le *charbon des cornues* se trouve comme résidu à la partie supérieure des cornues qui servent à la fabrication du gaz d'éclairage; il est pur, dur, lourd, d'un gris d'acier; il est peu employé comme combustible, mais intervient dans la composition de plusieurs *piles électriques*, parce qu'il est assez bon conducteur de l'électricité.

Le *charbon de bois* (*fig.*) provient de la combustion incomplète du bois dans des *meules* ou dans des *fours spéciaux*. Le bois, incomplètement brûlé, abandonne un grand nombre de produits volatils utilisables (acide acétique, esprit de bois, créosote, phénol, etc.) et il reste comme résidu le *charbon de bois*. C'est un combustible assez coûteux, mais commode parce qu'il brûle aisément, sans flamme ni fumée.

Fabrication du **charbon de bois** *par le procédé des meules.* — La meule est figurée ouverte, pour montrer sa disposition intérieure.

Sert comme combustible dans l'économie domestique et l'industrie; entre dans la composition de la poudre; est employé dans la construction de filtres pour eau potable, à cause de la propriété qu'il a de retenir les impuretés qui rendent infectes les eaux croupies; c'est pour la même raison un agent de conservation efficace; ainsi de la viande, enterrée sous un lit de charbon pulvérisé, se conserve longtemps sans altération; enfin, en médecine, il est bon pour le pansement des plaies gangréneuses et des ulcères.

Les *charbons agglomérés*, actuellement si employés pour le chauffage, sont constitués par des poussières de diverses sortes de charbon, et principalement de houille, comprimées avec du goudron.

charbon. — En médecine vétérinaire on nomme *charbon*, ou *tumeur charbonneuse*, une maladie virulente à laquelle sont sujets presque tous les animaux, et principalement les ruminants. Elle produit une altération profonde du sang, avec perte des forces et développement de tumeurs à la surface du corps. Cette maladie, épidémique et contagieuse, fait souvent mourir en quelques jours ou même en quelques heures tous les animaux

d'une étable; elle est le résultat de l'action de certains microbes Elle apparaît surtout quand les animaux sont dans de mauvaises conditions hygiéniques, qu'ils mangent de mauvais fourrages et boivent des eaux croupies.

Le traitement auquel no soumet les animaux malades est presque toujours impuissant; mais l'administration prend des mesures très rigoureuses pour arrêter la contagion quand la maladie s'est déclarée dans une contrée. La viande des animaux morts du charbon ne peut être mangée. La maladie est très contagieuse pour l'homme, chez lequel elle prend le nom de *pustule maligne*.

On doit à Pasteur la découverte d'un mode de vaccination (voy. **virus**), qui a permis de mettre les troupeaux à l'abri du charbon. Par une méthode particulière de *culture*, Pasteur est parvenu à préparer un *virus atténué* du charbon, renfermant des microbes dégénérés qui, inoculés aux bestiaux, leur communiquent un *charbon* bénin. qui leur confère une immunité en vertu de laquelle le charbon mortel n'a plus de prise sur eux. Aujourd'hui la vaccination charbonneuse par le virus atténué se fait partout; c'est par centaines de mille qu'on compte les animaux qui y ont été soumis; depuis cette découverte, les épidémies qui ravageaient les troupeaux de moutons de la Beauce, et les troupeaux

Une **vaccination** spéciale, due à Pasteur, préserve les bestiaux de la maladie mortelle du *charbon.*

de vaches de l'Auvergne, tendent à disparaître. L'opération se fait en deux fois; une première inoculation est pratiquée avec un virus très atténué, qui ne donne aux animaux qu'une fièvre très légère; la seconde est pratiquée douze à quinze jours plus tard, avec un virus plus actif, qui tuerait un certain nombre d'animaux, s'ils n'étaient déjà préservés en partie par l'inoculation précédente (*fig.*).

charbon. — En agriculture, le *charbon* est une maladie des céréales,

~qui détruit les épis. Elle est due au déve-

Charbon des céréales. — A, avoine charbonnée; B, fleur charbonnée, grossie. Le charbon
se développe sur la fleur elle-même, et la rend
stérile.

loppement d'un champignon parasite.

chardon. — Plante de la famille
des composées, qui croît en abondance
dans toutes les contrées chaudes et
tempérées de l'ancien monde, et constitue parfois un véritable fléau pour
l'agriculture. Quand il est jeune, il est
brouté par les ânes, les chevaux et les
vaches; plus dur il peut encore être
consommé si on lui fait subir un écrasement préalable.

Plusieurs plantes ont reçu le nom
de chardon, qui ne sont pas, en réalité,
du même genre; par exemple le chardon à foulon (voy. **cardère**).

chardonneret. — Oiseau *passereau*; lon-
gueur to-
tale, 0m,15.
Très bel
oiseau, aux
couleurs vi-
ves, aux
formes élé-
gantes, bon
chanteur.
La femelle
a des cou-
leurs plus
ternes. Très
commun en

Nid de chardonneret.

France dans les champs, les jardins,
les vergers. Il niche dans les vergers,
sur les pommiers, poiriers, ormes,
chènes verts, et construit son nid avec
beaucoup d'art. Œufs tachetés de brun
rougeâtre; deux ou trois couvées de
quatre à cinq œufs. Durée de l'incubation, 13 jours. Détruit beaucoup de
vers et de che-
nilles pour
nourrir ses pe-
tits. En dehors
de l'élève des
petits il mange
surtout des
graines, mais
comme il s'a-
dresse de pré-
férence à la
graine du
chardon, plan-
te nuisible, il
nous rend en-
core là des ser-

Le chardonneret.

vices. C'est donc un oiseau utile. Le
chardonneret tarin, un peu plus petit
et un peu moins bien coloré, est également utile. En hiver les chardonnerets
vivent en grandes bandes (*fig.*).

charlatanisme. — Au point de
vue de la santé, principalement, on ne
saurait avoir assez en méfiance le
charlatanisme sous toutes ses formes.
Evitez d'avoir affaire aux sorciers,
rebouteurs, empiriques, détenteurs de
remèdes secrets, amis charitables qui
ont toujours un conseil à donner et un
traitement à ordonner. N'oubliez pas,
en particulier, que la phrase si souvent
répétée : « Si cela ne fait pas de bien, cela
ne peut toujours pas faire de mal », est
une absurdité qui a déterminé l'aggravation d'un grand nombre de maladies.

En un mot n'hésitez jamais à demander (et à suivre) les conseils du médecin. Et tâchez de choisir un médecin
qui, lui non plus, ne soit pas un char-
latan; car
les diplômes
ne mettent
pas toujours
à l'abri du
charlata-
nisme, sur-
tout dans
les grandes
villes.

charme.
— Arbre de
faible gran-
deur, dont
l'écorce est
lisse et fine
(*fig.*). Il est
commun
dans les fo-
rêts de plai-
nes et de col-

Charme (hauteur, 10 mètres).

lines du centre et du nord de la France.

il résiste bien au froid. Son bois, qui est lourd, est très recherché comme combustible; il donne un très bon charbon. Son grain est fin, mais il est trop altérable pour être employé comme bois de construction. Au contraire, on le recherche pour la confection des outils (maillets, rabots, vis de bois, manches, · bobines); on s'en sert aussi, une fois teint, pour imiter l'ébène et le palissandre. Dans les jardins on en fait les *charmilles*.

Fleur et fruit du charme.

charpie. — La charpie doit être faite avec de la toile de fil à moitié usée, bien souple et bien blanche; il faut la conserver à l'abri de toute humidité, de toute mauvaise odeur, et éviter de la tasser sur elle-même. Elle est employée pour panser les plaies et les ulcères; le plus souvent on l'imbibe ou on la recouvre d'un topique (eau, alcool, solution médicamenteuse, onguent...), ou simplement d'une substance antiseptique.

charrue. — Instrument de labourage. Les figures ci-jointes indiquent la disposition de cet instrument et le nom de ses différentes parties.

La charrue *brabant-double* se compose de deux corps de charrue superposés et tournant autour de l'*âge* commun G. Chaque corps de charrue comprend un *coutre* A pour trancher la terre, un *soc* B pour ouvrir le sillon,

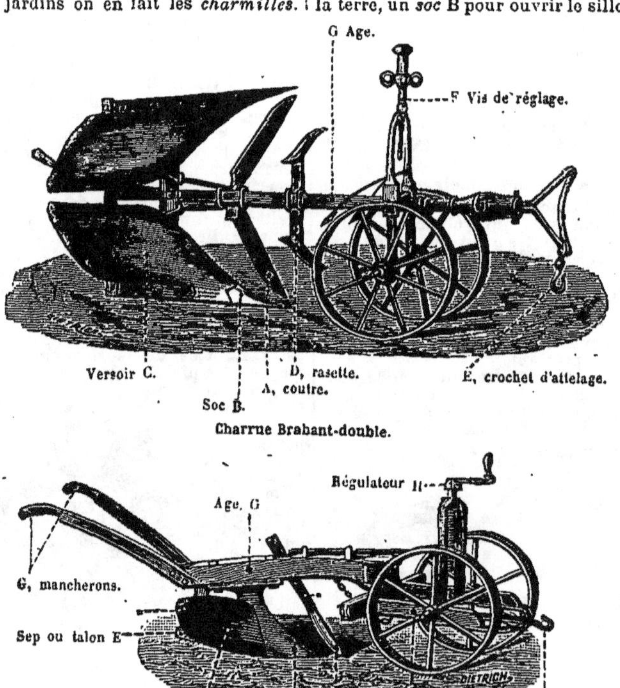

Charrue Brabant-double.

Charrue ordinaire perfectionnée.

et un *versoir* C pour renverser la terre. Cette disposition permet de renverser la terre toujours du même côté, ce qu'on ne peut obtenir avec une charrue

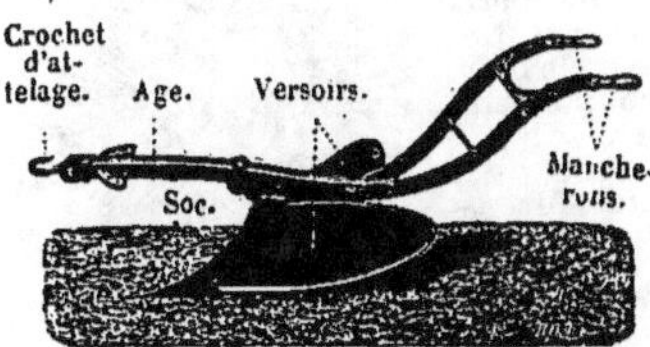

Buttoir. — Cette petite charrue est destinée à passer entre les lignes des plantes en végétation (telles que pommes de terre), de façon à rejeter la terre au pied des plantes. Les deux *versoirs* qui sont à droite et à gauche du *soc* peuvent s'écarter ou se rapprocher à volonté, suivant l'intervalle qui sépare les lignes de végétation.

ordinaire. Pour cela, il suffit que le laboureur, lorsqu'il a terminé une raie, retourne le corps de la charrue.

chat. — Le *chat* est un félin de petite taille. On ne le trouve à l'état sauvage que dans l'ancien continent.
Chat sauvage (*fig.*). — Il est plus grand que le chat domestique. Longueur 0ᵐ,70; queue 0ᵐ,32; hauteur au garrot 0ᵐ,40; poids 7 à 8 kilos. Son pelage est brun, avec des ondes transversales plus foncées, le dessous pâle;

Chat sauvage (longueur, sans la queue, 0ᵐ,70).

queue très velue, oreilles raides, annelées de noir. On le rencontre dans presque toute l'Europe, mais il est très rare en France, et absent des régions froides de la Suède et de la Russie. Il habite les grands bois et vit solitaire; il chasse uniquement la nuit, poursuivant les oiseaux, le lièvre, le lapin et surtout les souris; on l'a vu attaquer les chevreuils. Il est très nuisible dans les parcs et les faisanderies. La femelle porte neuf semaines et met au monde cinq petits. Sa fourrure est belle, mais assez rare.
Chat domestique (*fig.*). — Plus petit,

moins vigoureux, plus varié dans son pelage. On le trouve partout où il y a des hommes civilisés. C'est le seul membre de la famille des félins qui vive volontairement dans nos maisons; encore y conserve-t-il une grande in-

La gueule du chat, montrant les dents.

dépendance. Il est fort, très leste, a des sens très développés et une assez

La patte du chat au repos : les ongles sont rentrés et ne touchent pas terre; ils ne s'usent pas.

La patte du chat à l'attaque : les ongles sont allongés.

grande intelligence, dont il donne à chaque instant les preuves. Les chattes ont ordinairement deux portées dans l'année ; la gestation est de 55 jours; le nombre des petits est de 5 ou 6 par portée. Le chat domestique nous rend un très

Chat domestique (longueur, sans la queue, 0ᵐ,50).

grand service en chassant de nos demeures les rats et les souris.
La quantité de rats et de souris qu'un chat peut détruire est considérable. Cet animal mange aussi beaucoup d'insectes. Il se contente, à la rigueur, de la nourriture de l'homme.

Le nombre des variétés de chats est peu considérable. Le *chat angora* a une grande taille, un poil long, fin, très fourré ; sa couleur est blanche, jaune ou grise ; il est intelligent, mais mauvais chasseur. Le *chat de man*

Chat angora.

n'a presque pas de queue. Le *chat chinois* est remarquable par sa belle fourrure et ses oreilles pendantes.

châtaigne d'eau. — Voy. mâcre.

châtaignier. — Grand arbre voisin du chêne, dont les fruits, nommés

Vieux châtaignier (hauteur, 20 mètres).

châtaignes ou *marrons*, sont secs et entourés d'une enveloppe verte épineuse. Sous cette enveloppe se trouvent deux fruits (châtaignes), ou un seul fruit, alors plus rond (marron). Ces fruits constituent un aliment sain, qui entre pour une part importante dans l'alimentation des populations pauvres

du Limousin, de la Creuse, du Périgord... Le châtaignier pousse bien dans les terrains secs et pierreux. Son bois ressemble beaucoup à celui du chêne blanc ; il était fort estimé autrefois. Avec les branches des jeunes taillis de châtaignier on fait des ouvrages de vannerie grossière.

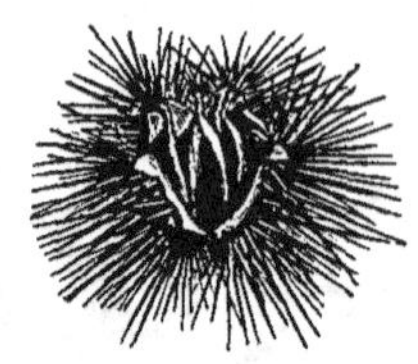

Fruit du châtaignier.

chat-huant. — Oiseau rapace nocturne, gris sur le dos, avec taches blanches, foncé sous le ventre (*fig.*). Longueur, 0m,40. Habite les grands bois ; pond, dans les nids abandonnés des buses, des pies, quatre œufs blancs.

Chat-huant et son nid (longueur de l'oiseau, 0m,40).

Très utile, comme tous les nocturnes ; détruit un grand nombre de petits mammifères rongeurs, rats, souris, mulots, écureuils ; détruit aussi une quantité innombrable d'insectes nuisibles.

chatouillement. — On ne saurait s'élever avec assez de force contre l'absurde habitude qu'ont certaines personnes de chatouiller les enfants pour les faire rire. Il résulte du chatouillement une excitation générale qui amène fréquemment des convulsions (même chez les grandes personnes, et bien plus facilement encore chez les enfants). Les cas de mort dus à un chatouillement prolongé ne sont malheureusement pas très rares.

chaudière. — Voy. **machine à vapeur**.

chauffage. — Les hommes primitifs se chauffaient avec des feux allumés en plein air, puis dans les cavernes ou les huttes qu'ils habitaient; la fumée sortait simplement par la porte. Les Grecs et les Romains, pourtant si civilisés, ne connaissaient pas les cheminées. Aujourd'hui le chauffage des appartements se fait par des *cheminées*[*], des *poêles*[*] ou des *calorifères*[*].

chaulage. — Le chaulage, c'est-à-dire l'adjonction de *chaux* à une terre végétale sablonneuse et légère, donne à cette terre plus de solidité et arrête un peu de l'écoulement des eaux; pratiqué dans une terre forte et argileuse, le chaulage rend cette terre plus légère, plus perméable à la chaleur, à l'air et à l'eau. Le chaulage est donc utile dans les terres fortes comme dans les terres légères. Dans la Mayenne, les Deux-Sèvres, la Vendée, la chaux a transformé en campagnes fertiles les landes les plus incultes. Pour chauler, on met la chaux vive en petits tas sur le terrain, on recouvre d'un peu de terre, et on laisse la chaux se déliter par l'effet des pluies et tomber en poussière. On la répand alors à la pelle à la surface du sol.

chauves-souris. — Les *chauves-souris* portent le nom scientifique de *chéiroptères*, qui signifie mains transformées en ailes. Malgré leurs ailes, ce sont des mammifères, car elles ont deux mamelles, qui sont placées,

L'aile de la chauve-souris est soutenue par les doigts allongés des membres antérieurs, et par les membres postérieurs, dont les doigts restent petits et libres.

comme celles des singes, sur la poitrine. Elles ont le corps trapu, la tête épaisse, une bouche très large. Les membres antérieurs sont transformés en ailes, par suite de l'allongement de quatre des doigts qui les composent et de la réunion de ces doigts par une grande membrane garnie de poils. Le pouce seul est libre, et terminé par une robuste griffe, à l'aide de laquelle l'animal peut se cramponner sur le sol, pour marcher, ou s'accrocher aux arbres, aux murs. Ces membres antérieurs, ainsi développés, font paraître l'animal beaucoup plus gros qu'il n'est, car son corps est en réalité fort petit. Les chauves-souris sont encore remarquables par des oreilles garnies de pavillons très amples et des narines largement ouvertes.

Au repos, les chauves-souris sont ordinairement suspendues, la tête en bas, par les griffes des pattes postérieures. Pour prendre leur vol, elles n'ont qu'à se laisser tomber et à battre immédiatement des ailes. Elles ont les trois sortes de dents, et souvent des abajoues, comme les singes, pour y entasser leur nourriture. Ce sont des animaux crépusculaires, qui sortent dès le coucher du soleil; ils

Vespertillon, ou *chauve-souris commune de France* (envergure, 0m,20).

sont aidés dans leur chasse par une ouïe très délicate et un odorat très sensible. Leur vue est assez mauvaise.

Les *chauves-souris* aiment les pays chauds; on en rencontre peu d'espèces dans la partie septentrionale de l'Europe; mais le nombre en est plus grand en Italie, en Grèce, en Espagne; dans les parties chaudes de l'Asie les animaux volent le soir par bandes innombrables. Suivant les espèces, elles se nourrissent de fruits, d'insectes, quelquefois même de vertébrés et de sang qu'elles sucent à des animaux plus grands. Les espèces insectivores, qui sont extrêmement voraces, sont très utiles à l'homme par le grand nombre d'insectes qu'elles détruisent. Les plus grandes chauves-souris françaises mangent chaque jour les hannetons par dizaines et les petits insectes par centaines.

Pendant l'hiver, les chéiroptères se réfugient dans les grottes, les caves, sous les toits, et tombent dans un sommeil léthargique qui dure jusqu'au printemps, et pendant lequel la température de leur corps s'abaisse considérablement. La gestation de la chauve-souris dure de cinq à six semaines. La portée est de un ou deux petits. Ces petits, en naissant, n'ont point de poils et sont incapables de voler, mais ils grandissent rapidement. Les espèces de chéiroptères habitant nos climats sont toutes extrêmement utiles par leur chasse aux insectes. Les principales espèces sont les suivantes :

Roussettes. — Ce sont les seules chauves-souris frugivores. Elles sont remarquables par leur grande taille ; certaines espèces ont 0ᵐ,45 de longueur sur 1ᵐ,65 d'envergure. On les trouve dans les forêts épaisses de l'Afrique orientale et de l'Asie méridionale. Le soir elles s'abattent en nombre considérable dans les plantations, dévorant les fruits, bananes, oranges, figues, raisins, et causant de grands dommages. On mange leur chair, qui est délicate, et on utilise leur peau.

Oreillards (*fig.*). — Ils sont insectivores ; ont des oreilles très grandes. La longueur du corps peut atteindre 0ᵐ,10, et l'envergure 0ᵐ,25. Se trouvent dans toutes les parties du monde, sauf en Asie ; en Europe, on en trouve surtout en Allemagne. Ils vivent près des habitations ; se nourrissent de

Oreillard d'Europe au repos (L'animal est suspendu par les pattes) (envergure, 0ᵐ,25).

papillons nocturnes, de cousins, d'éphémères, et d'autres insectes plus ou moins nuisibles.

Vespertillons (*fig.*). — C'est à ce genre qu'appartiennent surtout nos chauves-souris de France. La plus commune chez nous est la *pipistrelle*, qui ne dépasse pas 0ᵐ,20 d'envergure. Une espèce plus grande, la *noctule*, est moins répandue. La plus grande chauve-souris de France est le *murin*, avec 0ᵐ,45 d'envergure.

Rhinolophes. — Les rhinolophes, ou *fers-à-cheval*, se distinguent par l'existence, autour des narines, d'un cartilage affectant la forme d'un fer-à-cheval. Le *petit fer-à-cheval* n'a pas plus de 0ᵐ,20 d'envergure ; on le rencontre dans toute l'Europe ; le *grand fer-à-cheval*, de 0ᵐ,35 d'envergure, se trouve en France dans un grand nombre de grottes.

Vampires. — Ces chéiroptères, de grandeur moyenne, ont 0ᵐ,40 d'envergure ; ils habitent l'Amérique du Sud et la partie méridionale de l'Amérique du Nord. Ils vivent dans les forêts, et se nourrissent de fruits juteux, d'insectes et surtout du sang qu'ils sucent aux animaux. Quand ils sont poussés par la faim, ils sucent même le sang des hommes endormis. Les blessures qu'ils font ainsi n'ont aucune gravité.

chaux. — Combinaison d'*oxygène* avec un métal, le *calcium*, qui n'a aucune importance par lui-même. La chaux se prépare en énormes quantités en chauffant fortement de la pierre calcaire dans les fours spéciaux nommés *fours à chaux* ; le calcaire, ou carbonate de chaux, est décomposé ; son acide carbonique se dégage dans l'air et la chaux reste seule.

La chaux ainsi préparée, ou *chaux vive*, est un solide blanc, caustique, très avide d'eau. Quand on l'arrose

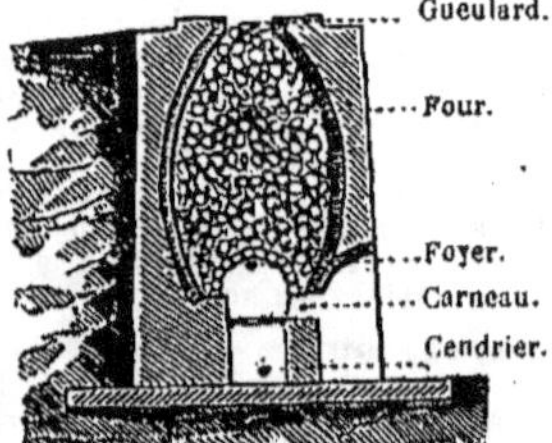

Four à chaux. — La *pierre calcaire* est introduite dans le *four* par le *gueulard*. Dans le *foyer* on entretient un feu vif ; au-dessous est le *cendrier* et le *carneau* pour l'entrée de l'air.

d'eau elle se fendille, augmente de volume, s'échauffe beaucoup et donne la *chaux éteinte*. La chaux éteinte, délayée dans beaucoup d'eau, fournit un liquide blanc, ou *lait de chaux*. Abandonné à lui-même, le lait de chaux produit un dépôt blanc, et un liquide limpide, *eau de chaux*, qui tient encore un peu de chaux en dissolution. La chaux vive, abandonnée à l'air, absorbe peu à peu l'humidité, et tombe en poussière, on dit qu'elle se *délite*.

Les usages de la chaux sont importants. On s'en sert en médecine comme caustique ; l'industrie l'utilise dans le *tannage* des peaux, la fabrication du *sucre*, celle des *chlorures* décolorants et désinfectants ; l'agriculture s'en sert comme *amendement*, etc. Mais le principal usage de la chaux est la fabrication des *mortiers* et des *ciments*.

cheminée. — Le mot *cheminée*

a deux sens. Ou bien il s'applique au tuyau par lequel s'en vont la fumée et les gaz résultant de la combustion ; c'est dans ce sens qu'on peut dire que tout appareil de chauffage communique au dehors par une cheminée. Ou bien il s'applique au foyer ouvert qui se trouve dans l'appartement, foyer dans lequel on fait brûler le combustible (*fig.*).

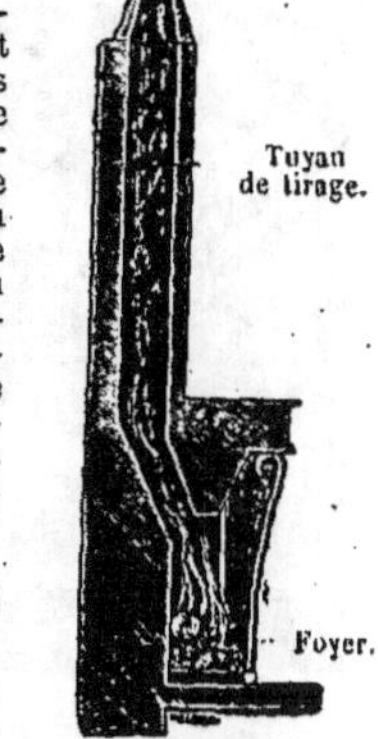

Cheminée ordinaire. — L'air de l'appartement, attiré par le tirage, entre par l'ouverture du foyer, s'échauffe, monte dans le tuyau, et s'échappe par l'orifice supérieur, en entraînant les produits de la combustion.

La cheminée proprement dite, c'est-à-dire le tuyau qui va à l'extérieur, doit, pour donner un bon tirage, être assez étroite et assez haute ; si elle est trop large elle fume presque sûrement.

Quant au foyer ouvert qu'on nomme aussi cheminée, il doit avoir une ouverture

Cheminée à ventouses. — Le tirage se fait comme dans une cheminée ordinaire, par l'ouverture du foyer et le tuyau. Mais, en même temps, de l'air est puisé à l'extérieur par une ouverture spéciale, vient se chauffer en circulant dans une boîte qui entoure le foyer, et se répand ensuite dans l'appartement par deux ventouses latérales.

qui ne soit pas trop grande. Avec les cheminées, la seule chaleur utilisée est celle qui rayonne par l'ouverture du foyer ; une cheminée

chauffe donc peu, tout en brûlant beaucoup de combustible. Par contre elle ventile parfaitement bien les appartements, en attirant dans le tuyau et portant au dehors l'air de l'appartement, pendant que l'air extérieur entre par les fissures des portes et des fenêtres. Des cheminées perfectionnées, malheureusement trop peu employées, chauffent beaucoup mieux tout en ventilant aussi bien.

chêne. — Grand arbre de la famille des cupulifères, dont les espèces sont fort nombreuses ; onze de ces espèces croissent spontanément en France et en Algérie, présentant chacune plusieurs variétés. Le bois du chêne a une grande valeur comme bois de construction, de charpente et bois de travail, car il réunit toutes les qualités qu'on trouve séparées dans les bois d'autres espèces. C'est aussi un des meilleurs bois de chauffage. L'écorce, très riche en tannin, sert à fabriquer le tan employé dans la préparation des cuirs (voy. **tannage**).

Les principales espèces qu'on trouve dans les forêts de France sont les suivantes :

Le **chêne pédonculé** peut atteindre 45 mètres de hauteur, et un diamètre considérable ; on le rencontre ordinairement dans les pays de plaines et dans les vallées, surtout dans le nord, l'est et le sud-ouest de la France.

Le **chêne rouvre** (*fig.*) est presque

Chêne rouvre (hauteur, 30 mètres).

aussi grand ; on le rencontre plutôt dans les régions montagneuses, les collines et les plateaux ; il peut vivre sur les montagnes à une hauteur supérieure à 1 000 mètres. Sa forme est trapue et ses rameaux sinueux ; son bois est moins nerveux, moins élastique que celui du précédent.

Gland.

Le **chêne tauzin** se trouve principalement dans l'ouest de la France ; il redoute le froid ; son écorce est riche en tannin.

Le **chêne vert**, ou *yeuse* (*fig.*), se rencontre dans le midi et l'ouest ; sa taille est peu élevée (20 mètres en France, 30 mètres en Algérie). Il est très sensible au froid. Son bois est

Chêne vert ou yeuse (hauteur, 20 mètres).

fort recherché pour le charronnage, les manches d'outils, les dents d'engrenage. Comme combustible, c'est peut-être le meilleur de tous les bois. Son écorce, très riche en tannin, est très recherchée pour le tannage.

Le **chêne-liège** (*fig.*) croît surtout sur le littoral de la Méditerranée (Corse, Algérie), où il constitue des forêts très étendues ; sa hauteur ne dépasse pas 20 mètres ; mais son tronc, gros et court, a jusqu'à 5 mètres de tour. Son bois, lourd et compact, est un bon combustible ; il est recherché pour le charronnage. L'écorce a une très grande épaisseur, et on l'exploite pour en retirer le *liège*. Quand cette écorce a acquis une épaisseur suffisante on l'enlève, en ayant grand soin de ménager l'écorce intérieure, qui donnera naissance à une couche nouvelle. On retire le liège tous les huit ans et l'on peut, sur chaque arbre, répéter l'opération jusqu'à l'âge de 150 ans. Le

Chêne-liège (hauteur, 20 mètres).

liège obtenu est d'autant plus fin que l'arbre est plus vieux.

chenille.—Larve des insectes *lépidoptères*, ou *papillons*. Sortie de l'œuf, elle croît très rapidement, puis se change en *chrysalide*, enfin en *papillon*. Le nombre des *chenilles* est considérable, variant d'une espèce à l'autre de forme, de coloration, de grosseur. Très voraces, armées de puissantes mandibules, les chenilles causent à la végétation d'énormes

Chenille du ver à soie (en haut, le cocon, la crysalide et le papillon).

pertes ; elles vont jusqu'à anéantir des récoltes entières ; aussi la poursuite des chenilles, ou *échenillage*, qui se fait par divers procédés, doit-il être un des soucis de l'agriculteur. La chenille du mûrier (*ver à soie*) est au contraire une espèce très utile. (Voy. **papillons.**)

chénopodées. — Famille de plantes très voisines des *polygonées* ; le fruit n'a pas trois angles comme celui des polygonées ; il est globuleux. Exemples : la betterave, l'épinard.

chevaine. — Poisson d'eau douce présentant les caractères généraux de la carpe; corps plus élancé, fusiforme, légèremeut comprimé; écailles festonnées; la taille atteint 60 centimètres et le poids 4 kilos. Se trouve dans toutes les rivières d'Europe. Chair molle, grasse, assez peu estimée.

cheval. — *Le cheval* (*fig.*) est un mammifère de l'ordre des jumentés et

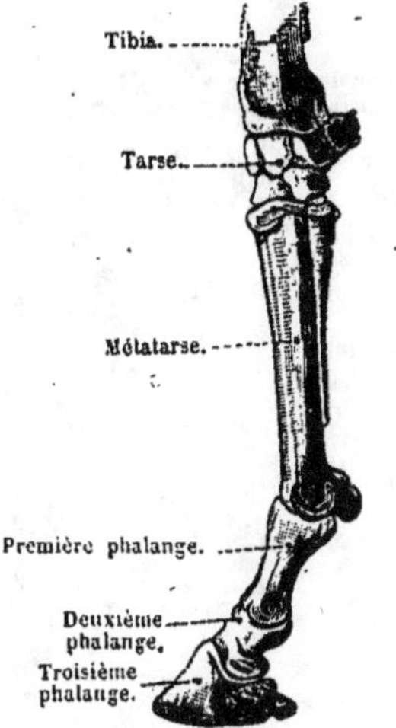

Le cheval (hauteur moyenne au garrot, 1^m,55).

Pied du cheval. — Au point de vue anatomique, le pied du cheval va jusqu'au-dessus du tarse.

de la famille des solipèdes (voy. **jumentés**). Il se distingue des autres solipèdes par sa crinière tombante, par la petitesse des oreilles, et par sa queue qui est garnie de crins dès la base. De plus il porte à chaque membre, à la face interne, une excroissance cornée dite châtaigne. La coloration du cheval varie considérablement. Il en est de même de la taille. Nous parlerons d'abord des chevaux sauvages, puis des chevaux domestiques.

Chevaux sauvages. — Ils vivent en grandes troupes dans les pays de

Squelette du cheval.

plaines et les steppes. On les trouve en Asie, en Afrique, en Amérique, en Australie et même en Europe (si l'on nomme chevaux sauvages tous les chevaux qui vivent en liberté en Russie, aux Iles Britanniques, en Norvège et même en France, en Camargue et dans les dunes de Gascogne).Du reste la plupart de ces chevaux sont des chevaux domestiques redevenus sauvages; même les chevaux des steppes de la Haute-Asie proviennent peut-être de chevaux autrefois domestiques. D'ailleurs presque tous les chevaux sauvages sont faciles à dompter. Ils sont courageux, et se défendent si bien des carnassiers que rarement on les voit périr par leurs dents. Les chevaux sauvages ont généralement des formes

dresser, il rend aux Tartares de grands services.

Le *cimarrone* (ou *cheval des pampas*)

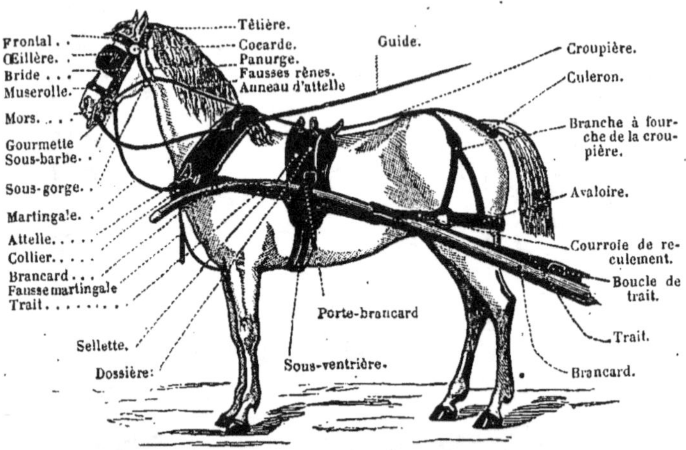

Les harnais du cheval

moins élégantes que les chevaux domestiques. Citons les suivants :

Le *tarpan* d'Asie (*fig.*) de taille moyenne, de pelage clair surtout en hiver. Il vit en grandes bandes, et s'élève jusqu'au sommet des plus

de l'Amérique du Sud, grand et fort, facile à dompter.

Le *mustang* du Paraguay, véritable animal domestique qui vit à l'état de liberté. On le tue pour sa graisse

Tarpan d'Asie.

Cheval des steppes.

hautes montagnes ; c'est un animal très méfiant et très courageux. Difficile à dompter.

Le *cheval des steppes* (*fig.*) de Tartarie, très fort, très vigoureux, vivant aussi en très grandes bandes. Facile à

et pour consommer sa chair.

Les chevaux errants de Laponie, de Norvège, des Iles Britanniques, de la Camargue, des dunes de Gascogne sont aussi des chevaux presque sauvages.

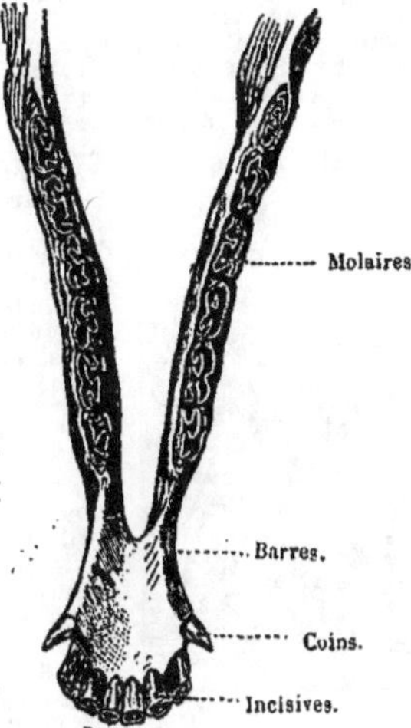

Mâchoire inférieure du cheval.

Incisives du poulain de 35 jours.

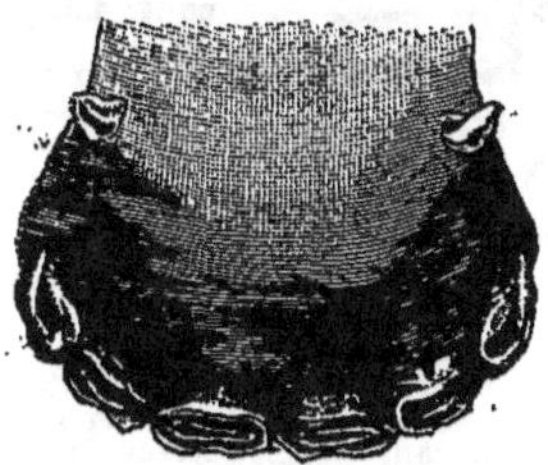

Incisives de la mâchoire inférieure,
à 30 mois.

LES DENTS DU CHEVAL

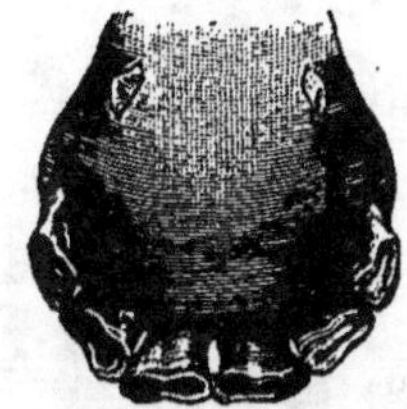

Incisives dé la mâchoire inférieure
à 5 ans.

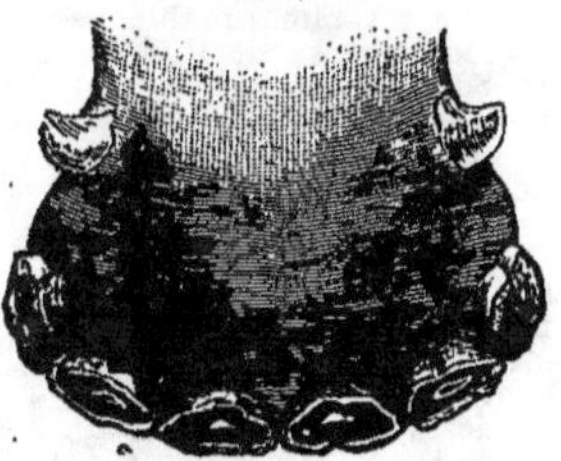

Incisives de la mâchoire inférieure,
à 8 ans.

Incisives de la mâchoire inférieure chez
le cheval très vieux.

Chevaux domestiques(*fig.*).—L'origine de la domestication du cheval semble fort ancienne; elle remonte peut-être à l'époque de la pierre polie. Nos chevaux domestiques proviennent sans doute des chevaux sauvages de l'Asie centrale et de l'Afrique. Toutes les variétés, toutes les races de chevaux ont été plus ou moins modifiées par les causes extérieures; le climat joue dans ces modifications un rôle important. Le choix des reproducteurs n'est pas moins essentiel.

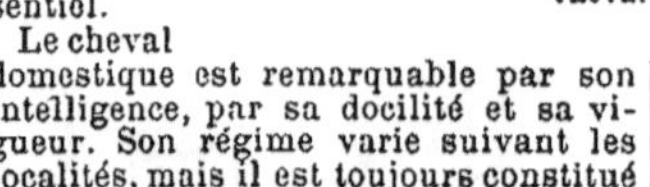

Cheval arabe.

Le cheval domestique est remarquable par son intelligence, par sa docilité et sa vigueur. Son régime varie suivant les localités, mais il est toujours constitué par diverses plantes et diverses graines.

Le cheval semble aujourd'hui indispensable à l'homme. Au point de vue des services qu'ils rendent on a divisé les chevaux en *chevaux de trait*, *chevaux de selle* et *chevaux à deux fins*. L'usage de la viande de cheval (*hippophagie*) n'entraîne aucun inconvénient pour la santé et tend à se répandre de plus en plus; cette chair est un aliment habituel dans beaucoup de contrées du nord de l'Europe. Diverses peuplades d'Orient emploient le petit-lait de jument, aigri et fermenté (koumiss), comme boisson rafraîchissante.

La jument est bonne à la reproduc-tion à l'âge de trois ans; elle porte à peu près onze mois; elle met bas un seul petit qui voit clair, est couvert de poils et peut de suite marcher. Ce petit tète pendant cinq mois. A trois ou quatre ans, la croissance est ter-minée.

Les pays de l'Europe qui possè-dent le plus de chevaux sont la Rus-sie (16 mil-lions), l'Au-triche-Hon-grie, puis l'Allemagne et la France. Nous pos-sédons à peu près trois mil-lions de che-vaux (Nor-mandie, Bretagne, Flandre, Fi-nistère, Seine-Infé-rieure, Côtes-du-Nord, Calvados, Mayenne, Meuse).

Age du cheval.—La dentition du che-val (*fig.*) offre des particularités inté-ressantes qui servent à déter-miner son âge. A la naissance il n'y a pas d'in-cisives, et sim-plement deux molaires de chaque côté et à chaque mâ-choire. Puis poussent les incisives qui sont toutes ve-nues à huit mois, en termi-nant par les incisives laté-rales, ou coins. A partir de ce moment on se base, pour re-connaître l'âge du cheval, sur l'apparence que prennent les incisives d'après leur degré d'usure. De deux ans et demi à trois ans, commence la deuxième den-tition; les dents de lait présentaient à leur base un rétrécissement, un col-let; les dents définitives ne présentent pas ce caractère, elles sont plus larges

Cheval normand.

que les premières. L'ordre du remplacement des dents donne des indications. A cinq ans toutes les dents de lait sont remplacées. A partir de cinq ans, on se base sur l'usure des incisives définitives; à partir de huit ans les caractères deviennent de moins en moins certains.

Diverses races. — Le nombre des races de chevaux est considérable.

Le *cheval arabe* (fig.) se trouve dans l'Arabie Heureuse. C'est le plus beau des chevaux, l'un des plus ardents, des plus rapides et des plus durs à la fatigue. Sa taille moyenne est de 1m,50 au garrot. En Syrie, en Perse, en Algérie sont les chevaux *barbes*, qui se rapprochent beaucoup du cheval arabe. Le *cheval de course anglais* est un cheval arabe dont les caractères secondaires ont seuls été modifiés par l'entraînement spécial qu'on lui a fait subir depuis plusieurs générations.

Le *cheval normand*(fig.) provient du croisement des chevaux nés en Normandie avec les chevaux pur sang anglais. C'est un superbe animal, de belle taille, vigoureux et bon coureur. On en élève de grandes quantités dans les environs de Caen.

Le *cheval breton* (fig.), moins fin, moins élégant que le cheval arabe, est très robuste et très rustique. Sa taille est petite.

Cheval breton.

Le *cheval limousin*, qui a aussi de l'analogie avec le cheval arabe, est élégant et vigoureux.

Le *cheval des Pyrénées*, ou cheval de Tarbes, est très recherché pour la cavalerie légère; vigoureux et rustique. Il est ordinairement gris.

Le *cheval de la Camargue* est de petite race, vigoureux, résistant bien à la fatigue. Ordinairement blanc.

Le *cheval boulonnais* (fig.) est de taille plus élevée (1m,65), et de grande vigueur. C'est un cheval de gros trait.

Le *cheval percheron* (fig.) est un des plus estimés comme cheval de trait. Il fournit d'excellents trotteurs.

Parmi les autres races, citons le *cheval corse*,qui a parfois moins d'un mètre de hauteur; le *cheval hollandais*, qui va au contraire à 1m,80; les excellents chevaux d'Allemagne et de Russie.

Force du cheval. — Tous ces chevaux diffèrent beaucoup les uns des autres par leur allure, leur vigueur, leur résistance à la fatigue. Les meilleurs chevaux peuvent aller, au galop, à la vitesse de 50 kilomètres à l'heure, et au trot, à la vitesse de 30 kilomètres; mais de semblables vitesses ne peuvent être soutenues que pendant un petit nombre de minutes. A une allure plus modérée, 10 à 12 kilomètres à l'heure, beaucoup de chevaux peuvent faire de 70 à 80 kilomètres en un jour;

Cheval boulonnais.

mais il s'agit là encore d'efforts exceptionnels.

L'effort fait par un cheval de bonne taille, qui tire une voiture, ne peut guère dépasser 400 kilogrammes. Le cheval qui marche d'un pas normal peut faire, pendant dix heures de la journée, un effort continu de 100 à 125 kilogrammes, qui lui permet de traîner une voiture d'un poids plusieurs fois plus considérable.

Ces nombres varient d'ailleurs beaucoup d'une race à l'autre, d'un cheval à l'autre.

Cheval percheron.

Chevêche, ou chouette (longueur, 0m,24).

turne, appartenant au genre *chouette*; très commun en France. Dos gris brun avec taches blanches; ventre blanc à taches brunes; doigts non emplumés. Longueur 24 centimètres. Habite les taillis; niche sur les rochers et aussi dans les vieux bâtiments. Utile comme tous les nocturnes; détruit un grand nombre de rongeurs. En lui coupant les ailes on en fait un animal domestique qui chasse les rats des jardins et des greniers (*fig.*).

chevêchette. — Oiseau

Cheval ardennais.

Comment on étrille un cheval.

cheval-vapeur. — Unité qui sert à mesurer la puissance des machines à vapeur. Le *cheval-vapeur* est une force capable de soulever en une seconde, à 1 mètre de hauteur, un poids de 75 kilogrammes. Ainsi une machine de 100 chevaux-vapeur est une machine qui pourrait élever en une seconde, à 1 mètre de hauteur, un poids de 7,500 kilogrammes. On construit, pour les bateaux à vapeur, des machines ayant une force de 4,000 chevaux-vapeur.

chevêche. — *Oiseau rapace noc-*

rapace *nocturne;* dos gris cendré avec points blancs; ventre blanc avec taches brunes. Cet oiseau n'est pas très commun en France. Niche dans les trous des arbres et les fentes de rochers; quatre à cinq œufs blancs. Petite taille : 16 à 18 centimètres de longueur. Utile, comme tous les nocturnes, car il mange presque exclusivement des insectes et des rats.

cheveux. — Poils qui recouvrent la partie supérieure de la tête; ils sont plantés dans la peau très épaisse (*cuir chevelu*) qui recouvre le crâne;

suivant les personnes, et surtout suivant la race, lescheveux sont lisses, bouclés, frisés, crépus; leur longueur, leur couleur sont aussi très variables. La couleur est due à un *pigment* provenant du *bulbe*, ou *racine* du cheveu (*fig.*); la couleur blanche des cheveux des vieillards est due à l'absence de pigment. De nombreuses maladies peuvent atteindre le cuir chevelu et déterminer la chute des cheveux; la

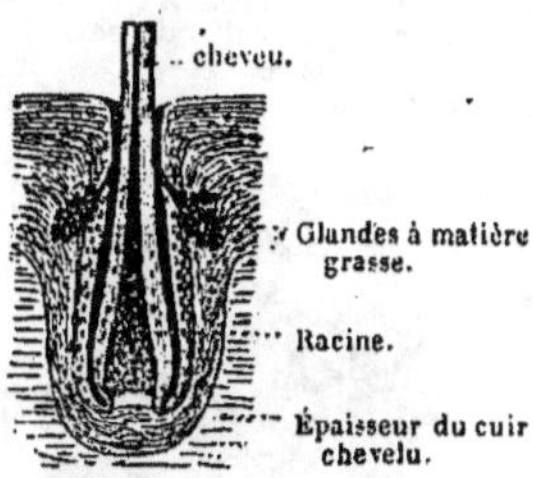

Le cheveu et sa racine.

malpropreté, divers parasites, l'abus des pommades, des cosmétiques, des teintures irritantes leur donnent naissance. Des soins de propreté, l'emploi de frictions très simples (rhum par exemple) sont nécessaires à l'hygiène de la chevelure (Voy. **calvitie, teigne, pelade**).

chèvre. — Voy. **treuil.**

chèvre. — Les *chèvres* (*fig.*) constituent un genre de mammifères *ruminants bovidés* voisin du mouton. Les cornes, toujours comprimées latéralement, sont dirigées en haut et en arrière; le menton porte une barbe. On connaît plusieurs espèces de chèvres sauvages, sans qu'on puisse déterminer de laquelle descend notre chèvre domestique. Ces chèvres sauvages habitent l'Asie.

La **chèvre égagre**, de l'ouest et du centre de l'Asie, peut atteindre (le mâle) 1 mètre de haut; la femelle est plus petite. Les cornes du mâle, recourbées en arrière, atteignent 1^m,30; la barbe est longue. La robe est d'un gris plus ou moins foncé. Elle vit en petites bandes sur les montagnes.

La **chèvre d'Angora** (*fig.*) (Turquie d'Asie) a des cornes larges, qui s'écartent horizontalement, décrivent une double spirale et ont la pointe dirigée en bas. La toison, entièrement blanche, est longue, épaisse, fine, molle, brillante, soyeuse, un peu crépue; c'est un long duvet qui recouvre des soies plus raides. Cette chèvre est domesti-

quée, mais elle vit presque exclusivement dans les pâturages des montagnes, ne rentrant à l'étable que si la nourriture fait défaut. La tonte a lieu en avril; Angora seul livre annuellement un million de kilogrammes de laine. Avec cette laine on fait de fort belles étoffes. La chèvre d'Angora a

Chèvre d'Angora (mâle et femelle).

été aisément acclimatée en France, en Espagne et en Italie; elle est d'un grand rapport et il est à désirer qu'elle se répande davantage.

La **chèvre de Cachemire** (*fig.*) (Thibet) est moins grande. Les cornes sont

Chèvre de Cachemire.

contournées en arc de cercle. Le duvet est court, extrêmement fin, mou, floconneux, recouvert de soies longues, roides, fines et lisses. La couleur est souvent blanche, mais on en trouve aussi de jaunes, de grises, de noires. Les chèvres de Cachemire vivent à peu près comme celles d'Angora, et ont presque autant de valeur. Avec la laine de Cachemire on fait sur place les fameux châles des Indes, dont le prix est si élevé. Les habitants du

Levant veulent, dit-on, qu'un bon châle passe en entier au travers d'une bague, et payent des sommes vraiment fabuleuses pour un pareil vêtement. On a acclimaté la chèvre de Cachemire en France, mais elle ne s'est pas plus répandue que celle d'Angora.

La **chèvre commune** (*fig.*) de nos pays provient peut-être de la chèvre égagre ; les cornes sont rugueuses et aplaties,

Chèvre commune (femelle, hauteur, 0m,70).

dirigées en haut ; le poil est long, raide, présentant les trois couleurs, blanche, brune ou noire. La femelle porte cinq mois ; elle fait deux portées par an, ordinairement de deux chevreaux chacune. L'importance de la chèvre est chez nous relativement faible ; on évalue à un million et demi le nombre de nos chèvres. Les produits sont les chevreaux, qu'on tue pour leur viande et leur peau, avec laquelle on fait des gants et des chaussures

bouc commun (hauteur, 0m,80).

fines, et le lait dont on fait surtout des fromages. Comme la chèvre se nourrit de peu, dans des endroits escarpés où ne vont guère les autres animaux domestiques, son élevage donne de sérieux bénéfices.

chèvrefeuille. — Arbuste sarmenteux de la famille des *caprifoliacées*, dont une espèce est commune dans les bois de France. Il gêne la croissance des jeunes arbres sur lesquels il s'enroule. Très recherché dans l'ornementation des tonnelles et des bosquets.

chevreuil. — Le *chevreuil* (*fig.*) est un mammifère *ruminant* de la famille des *cervidés*. Il se distingue des cerfs par sa taille plus petite, l'absence de canines chez les mâles ; enfin la forme des bois est différente.

Le *chevreuil commun* a le corps moins élancé que celui du cerf ; la tête est relativement courte ; les oreilles sont écartées, les yeux grands ; les bois

Chevreuil (hauteur, 0m,74).

sont formés d'une tige simple portant deux andouillers. La coloration est d'un roux brun plus ou moins foncé avec les parties intérieures plus claires ; le poil est épais et lisse. Hauteur 0m,74. On le trouve à peu près dans toute l'Europe. En France, il existe dans tous les bois de quelque étendue. La nourriture des chevreuils consiste en feuilles, bourgeons, herbes ; ils font relativement peu de dégâts dans les forêts. La femelle met bas en général deux faons, qui ont la robe couverte de taches blanches. Les chevreuils vivent par couples, changeant de demeure suivant les saisons, mais ils abandonnent rarement la forêt qui les a vus naître.

La chair du chevreuil est extrêmement délicate. On utilise aussi sa peau et son bois.

chevrotain. — Le *chevrotain* (*fig.*) est un mammifère *ruminant* (voy. ce mot) analogue à la chèvre, mais sans cornes. On le rencontre en Asie et en Afrique. Hauteur, 0m,66. Il vit sur les montagnes et grimpe comme un chamois. La femelle porte 6 mois et met bas un ou deux petits. La chasse est difficile ; on tue cependant, en Sibérie, à peu près 50,000 chevrotains par an. Sa chair est peu estimée ; son cuir est assez bon. Mais ce sont seulement les chevrotains mâles qui ont quelque valeur, parce qu'ils portent sous le ventre une poche de la grosseur du

poing, qui contient de 40 à 60 grammes d'une substance odorante nommée

Chevrotain (hauteur, 0m,66).

musc (*fig*.). De là le nom de chevrotain
porte-musc donné à l'animal.

A l'état frais, le musc est onctueux,
roux; à l'état
sec, il est solide
et brun. L'odeur
du musc est
très agréable
dans les pré-
parations qui
renferment une
petite quantité
de cette subs-
tance; son prix
est fort élevé. Le musc de Chine vient
de Nankin; il est plus estimé que celui
de Sibérie.

Poche à musc.

Poche à musc, située sous
le ventre.

chicorée. — Plante vivace qui

Tige fleurie de chicorée sauvage.

croît dans les lieux arides et fleurit
en juillet et août (*fig*.). La racine,
torréfiée, est souvent employée mélangée avec le café. La chicorée est cul-

tivée dans les jardins; elle se mange

Chicorée fine d'Italie.

alors en salade, sous les noms de

Chicorée-frisée de Meaux.

barbe de capucin, de *chicorée frisée*,

Scarole à feuille ronde.

de *scarole* (ou *escarole*), selon les variétés (*fig*.).

chien. — Le *chien* est le type
d'un genre qui renferme, outre le chien
proprement dit, le loup, le chacal et
le renard. Ces animaux, *carnivores*
digitigrades, sont relativement peu
carnassiers, s'ils attaquent les proies
vivantes, ils se contentent très bien
aussi d'animaux morts, et même de
cadavres en putréfaction. Leur dentition (*fig*.) annonce un régime moins
carnivore que celui des félins (chat),
ou des mustéliens (martre, fouine).
Leur langue est douce; ils boivent en
lapant; leurs ongles sont propres à
fouir, et ne se redressent pas pendant
la marche.

Chiens sauvages (*fig*.). — On connaît
plusieurs espèces de chiens sauvages,
ou de chiens qui, ayant été domestiqués, sont redevenus sauvages. Ce qui

caractérise surtout les chiens sauvages, c'est qu'ils n'aboient pas. Tous les chiens sauvages hurlent; ils poussent de temps à autre des sons brefs et bas, ressemblant de loin à un aboiement, mais plus analogues à ceux du renard. Parmi les espèces de chiens sauvages citons :

Le *dole*, qui a la forme et les dimensions d'un lévrier de moyenne taille. Il habite la côte de Coromandel. Cet animal, très méfiant, vit dans les forêts épaisses, chassant silencieusement, en bandes nombreuses; il est très courageux.

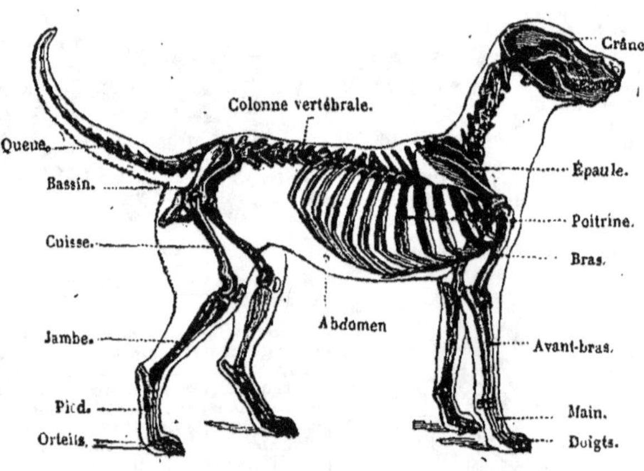

Mâchoires du chien (les joues ont été fendues pour qu'on puisse voir les dents).

Il dévore les bestiaux, ce qui en fait un animal très nuisible pour les indigènes.

Le *dingo*, ou *chien d'Australie*, qui ressemble au renard pour son pelage, ses couleurs, ses formes, mais avec une plus grande taille. C'est l'ennemi le plus redoutable des troupeaux.

Le *chien des hare-indiens* de l'Amérique du Sud, qui a le museau étroit, les oreilles pointues et droites, la queue épaisse et fourrée. Les Indiens s'en servent pour chasser le lièvre et le renne.

Nous pourrions citer aussi un grand

Squelette du chien.

Le *buansu* ou *chien primitif*, analogue au précédent; on le rencontre dans l'Himalaya. Il habite les rochers, chasse en bandes, principalement le jour, en poussant continuellement des hurlements.

Le *chien cabéru*, qu'on trouve en Afrique; il a une forme analogue à celle du loup, avec la taille plus petite.

nombre de chiens redevenus sauvages ou *chiens marrons*.

Chiens domestiques (*fig.*). — Le chien est l'animal le plus anciennement domestiqué par l'homme. Dès les premiers temps de la pierre polie, les habitants de l'Europe possédaient des chiens domestiques. Toutes les peuplades sauvages en possèdent aussi.

LES CHIENS SAUVAGES

Cabéru. Buansu. Dingo. Chien des hare-indiens.

LES CHIENS DOMESTIQUES

Lévriers. Dogue. Boule-dogue. Mâtin (Danois).

Pointer. King-Charles. Terre-Neuve. Griffon. Chien de Gascogne.
Épagneui Basset. Caniche.

Chien des Esquimaux. Loulou. Chien du mont St-Bernard. Chien de Brie.
Chien de berger.

Nos chiens domestiques actuels proviennent peut-être des chiens sauvages de l'époque tertiaire.

Le chien domestique nous offre de nombreuses variétés quant à la taille, à la forme, à la couleur et à la qualité du poil; il se distingue toujours par sa queue recourbée, et non pendante, et par son aboiement tout à fait différent des hurlements du loup, du chacal, du renard, ou même du chien sauvage. Il est vorace et gourmand et a un goût particulier pour la viande, mais il se contente d'aliments végétaux, et en particulier de pain; son estomac digère même les os les plus durs. Le chien domestique est remarquable par sa grande intelligence, son attachement à son maître. C'est un animal vigoureux, capable de courir longtemps, et avec rapidité; il nage très bien. Il transpire peu; la sueur paraît être sécrétée par la langue qui, lorsque l'animal a chaud, sort humide de la gueule. Les chiens ont l'odorat, l'ouïe et la vue très parfaits, mais à des degrés différents dans les différentes races. L'odorat si sensible du chien lui donne un discernement qu'on ne rencontre dans aucun autre animal; il saisit les traces odorantes du sol et se dirige vers le gîte où se cache l'animal qu'il chasse. Chaque race, du reste, a ses aptitudes particulières.

La femelle porte 63 jours et met bas de 6 à 12 petits. La croissance de ces petits est terminée à deux ans. La vie de l'animal ne dépasse pas 15 à 20 ans.

On peut affirmer que, de tous les animaux, le chien est celui qui nous est le plus utile. Les services qu'il nous rend sont pour ainsi dire innombrables.

La domestication a créé un nombre considérable de races canines, qui ont produit elles-mêmes de nombreuses variétés. Le nombre des variétés décrites par les auteurs s'élève à 195. Nous indiquerons seulement les principales.

Lévrier. — Taille élancée, ventre très rentré, jambes hautes et fines, queue grêle, museau pointu, poitrine vaste. Ce sont les meilleurs coureurs, mais ils sont peu dévoués, peu intelligents. Ils peuvent cependant être dressés pour la chasse. Les uns sont à poils ras, les autres à longs poils. Le lévrier italien est le plus petit et le plus gracieux; son poids est de 2 à 3 kil. Le lévrier de Grèce, au contraire, est le plus grand; sa hauteur au garrot peut atteindre 0m,80. Le lévrier du Kordoban, presque aussi grand, protège les villages contre les attaques nocturnes des hyènes et des léopards;

il ne recule que devant le lion. Plusieurs races de lévriers sont employées pour la chasse.

Mâtins. — Ils sont plus trapus et généralement de plus grande taille que les lévriers; poils courts, oreilles droites. Ils sont peu dociles et forment par suite d'excellents gardiens; odorat peu subtil; cependant ils peuvent chasser le gros gibier.

Dogues. — Ces chiens ont une grosse tête, un museau raccourci, un nez fendu, une poitrine large. Ils sont robustes, courageux, fidèles, mais peu intelligents. Ils servent de chiens de garde. On les dresse à combattre le sanglier, le loup, le tigre, la panthère. Le *dogue molosse* a 0m,65 de hauteur au garrot; il est très dévoué à son maître, qu'il défend en toutes circonstances au péril de sa vie. Le *bouledogue* est plus petit; sa poitrine est large, ses jambes fines, son museau noir et court; il est fort et très courageux. C'est un bon chien de garde; quelques races sont dressées à la chasse. Le *carlin*, fort laid, est peu intelligent. Le beau chien du Saint-Bernard est aussi un dogue, remarquable par son dévouement et son intelligence.

Chiens de chasse. — Les chiens de chasse sont très divers par la taille et par l'aspect; ils ont en général le cou long et gros, la poitrine large, la tête relevée. La robe est variée. Ce qui les distingue, c'est la finesse de l'odorat et l'instinct très prononcé pour la chasse. Ils sont en général très intelligents et dévoués à leur maître. Les *bassets*, à jambes droites ou à jambes torses, ont les jambes très courtes; ils sont vigoureux, courageux, intelligents et rusés, fidèles à leur maître, mais voleurs. Ils sont parfaits pour la chasse à courre. Les *chiens d'arrêt (pointer, braque,...)* ont des formes plus gracieuses; ils sont prudents, obéissants, intelligents; leur odorat est excellent; toutes ces qualités se développent d'ailleurs par l'éducation. La taille est ordinairement moyenne. Les *chiens courants* ont une forme peu différente de celle des chiens d'arrêt, mais on les dresse à chasser d'une façon toute différente; tels sont les chiens de Saintonge, les chiens de Gascogne (très haute taille), du Poitou, de Vendée, le briquet. Les *épagneuls* sont aussi des chiens d'arrêt, qui se distinguent de ceux déjà cités par des oreilles larges et pendantes, des poils longs, surtout à la queue; ils sont très nombreux. Les uns sont employés à la chasse, surtout pour le gibier à plume; d'autres ne sont pas employés à la chasse. Au nombre de ces derniers est le chien de Terre-Neuve, de très grande taille, avec doigts palmés, ce qui le rend très bon nageur. Il est très fidèle, très intelligent, très courageux. C'est un bon chien de garde; il sauve, comme par instinct, les personnes ou même les bêtes en danger de se noyer. Le barbet, le caniche sont aussi des épagneuls. Ce dernier est certainement le plus intelligent de tous les chiens. Les *griffons* se rapprochent des caniches; ils fournissent de bons chiens de chasse, plusieurs sont excellents pour détruire les rats (ratier, bull-terrier, terrier).

Vrais chiens domestiques. — Ce dernier groupe renferme les chiens qui sont le plus attachés à l'homme, et lui rendent le plus de services. Ils sont forts, courent vite et longtemps. Ils sont intelligents, perspicaces, prudents, vigilants, fidèles, courageux. On peut leur donner la maison à garder, les troupeaux à surveiller, des fardeaux à traîner. Les principaux sont le *chien de berger* (chien de Brie), le *chien-loup* (ou loulou). Le *chien lapon* et le *chien des Esquimaux* est plus utile encore; à demi sauvage, il rend mille services à son maître. Le chien des Esquimaux est à la fois bête de chasse, bête de trait et bête de somme; il chasse le renne, il poursuit le veau marin et attaque l'ours; mais il est féroce, voleur, peu obéissant, très malheureux d'ailleurs, et mourant de faim. Ces chiens sont aussi employés à la garde des troupeaux.

chiendent. — Herbe de la famille des *graminées*, voisine du froment, commune dans les sols frais, les terres en friches, les champs cultivés. Cette mauvaise herbe envahit les cultures avec une grande rapidité et est ensuite très difficile à faire disparaître, parce qu'elle se sème d'elle-même et que sa tige souterraine forme bouture pour

Chiendent.

peu qu'il en reste un petit morceau. On utilise cette tige souterraine en médecine pour faire des tisanes adoucissantes, apéritives et diurétiques (*fig.*).

chinchilla. — Les *chinchillas* (*fig.*) sont des mammifères *rongeurs* propres à l'Amérique du Sud. Ils ont une grande analogie avec des lapins qui auraient une queue longue et touffue. Leur corps est couvert d'une très fine fourrure. Ce sont des animaux crépusculaires, qui vivent ordinairement sur les hautes montagnes, se nourrissant de racines, bulbes, écorces, fruits. Leur multiplication est aussi grande que celle des lapins. Plusieurs espèces sont nuisibles parce qu'elles minent le sol; mais toutes donnent une chair estimée et une fourrure précieuse; aussi leur fait-on activement la chasse.

Le *chinchilla vulgaire*, habite le Pérou, le Chili, la Bolivie. Le corps est long de 0^m,33, la queue de 0^m,20.

Chinchilla (longueur du corps, 0^m,33).

La robe est argentée, à reflets foncés, avec le ventre blanc. Le *chinchilla laineux* du Chili septentrional est un peu plus petit; la fourrure, d'un gris cendré, est plus belle encore.

L'Amérique du Sud renferme un certain nombre d'autres rongeurs voisins des chinchillas.

chloral. — Liquide incolore, d'une odeur vive et éthérée, qui résulte de l'action du *chlore* sur l'*alcool*; combiné à une petite quantité d'eau il forme l'*hydrate de chloral*. Le chloral et surtout l'hydrate de chloral sont des somnifères puissants, très employés en médecine. A forte dose le chloral détermine l'*anesthésie*, puis la mort. Il ne faut donc pas en abuser.

chlorate. — Composé renfermant de l'*acide chlorique*, combiné à une *base*. Le plus important est le *chlorate de potasse*, sel incolore qui est employé en pyrotechnie, dans la composition des poudres à combustion très rapide. Il entre dans la composition de la pâte des capsules. La médecine l'utilise dans le traitement des affections de la gorge.

chlore (grec : *chloros*, jaune). — Gaz jaune, d'une odeur très forte, qui se combine aisément à la plupart des *métaux* et des *métalloïdes* pour former des *chlorures*. C'est un poison violent. On le prépare en chauffant un mélange d'*acide chlorhydrique* et de *bioxyde de manganèse*. L'industrie l'utilise à cause de ses propriétés *désinfectantes* (il détruit les gaz délétères qui se dégagent des matières en putréfaction), de ses propriétés *décolorantes* (il décolore la plupart des matières colorantes, telles que l'indigo, la fuchsine, etc.). Mais comme il ne serait pas d'un usage facile à l'état gazeux, on l'emploie pour la fabrication des *chlorures décolorants et désinfectants* [*], qui sont plus commodes à employer et jouissent des mêmes propriétés.

chlorhydrique (*acide*). — Acide qui résulte de la combinaison du *chlore* avec l'*hydrogène*. L'industrie le prépare en chauffant un mélange de

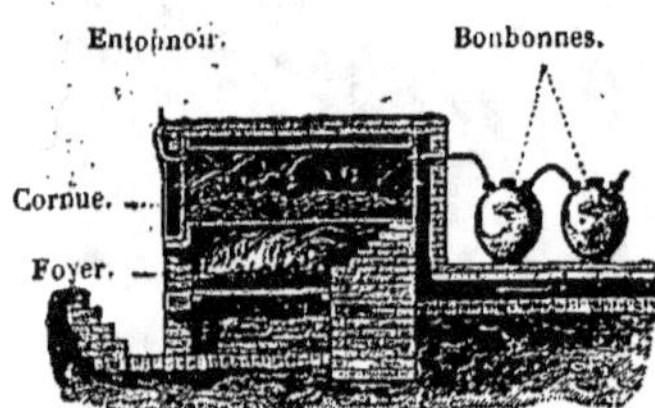

Fabrication industrielle de l'acide chlorhydrique. — La *cornue* reçoit le *sel marin* ; par l'*entonnoir* on verse de l'*acide sulfurique*, puis on chauffe. Le gaz *acide chlorhydrique* qui se dégage va se dissoudre dans l'eau que renferment les *bonbonnes*.

sel marin (ou chlorure de sodium) et d'*acide sulfurique* (*fig.*). C'est un gaz incolore, d'une odeur piquante, qui est extrêmement soluble dans l'eau ; c'est cette dissolution dans l'eau qu'on rencontre dans le commerce sous le nom d'*acide chlorhydrique*, d'*esprit de sel*, d'*acide muriatique*. Cet acide attaque très facilement la plupart des métaux, pour les transformer en *chlorures* et les dissoudre. Sur la peau, il agit comme caustique ; à ce titre il est employé en médecine. L'industrie l'emploie surtout pour la fabrication du chlore ; il a d'autres usages moins importants, mais fort nombreux. (Voy. aussi **eau régale**.)

chloroforme. — Liquide incolore, d'une odeur agréable, combustible, qui est une combinaison de charbon, d'hydrogène et de chlore. On le prépare en traitant l'*alcool* par le *chlorure de chaux* (voy. **chlorures décolorants**).

Introduit dans les voies respiratoires, le chloroforme détermine un sommeil accompagné d'une insensibilité complète, qui le fait employer dans les opérations chirurgicales depuis l'année 1847 ; son emploi n'est pas sans danger.

chlorophylle. — Voy. **feuilles**.

chlorose. — La *chlorose* ou *pâles couleurs* est une maladie dans laquelle le nombre des globules du sang a considérablement diminué. Le malade est constamment fatigué, il ne monte les escaliers qu'avec peine, la pâleur est extrême et s'étend aux ongles, aux lèvres, aux gencives ; il éprouve des palpitations, des étouffements, des maux de tête. Cette maladie s'observe surtout chez les jeunes filles de quatorze à quinze ans ; une alimentation insuffisante, une vie sédentaire, des travaux physiques ou intellectuels excessifs favorisent le développement de la chlorose. On la combat par l'emploi du fer, un régime substantiel, l'hydrothérapie, l'exercice et le séjour à la campagne. Il n'est pas rare que la chlorose conduise à la phtisie pulmonaire.

chlorure. — On nomme ainsi les composés renfermant du *chlore*, uni à un *métalloïde* ou à un *métal*. Ainsi le chlorure de fer est une combinaison de chlore et de fer. Le plus important des chlorures est le *chlorure de sodium*, ou *sel marin* [*].

chlorure de sodium. — Voy. **sel marin**.

chlorures décolorants et désinfectants. — On nomme ainsi des composés dont le *chlore* est l'élément essentiel, le principe actif.

Chlorure de chaux. — Le plus important est le chlorure de chaux. On le fabrique en faisant passer du *chlore gazeux* sur de la *chaux éteinte*. On a ainsi un corps blanc, pulvérulent, de saveur âcre, d'odeur désagréable et caractéristique. Abandonné à l'air, ce solide fournit un lent dégagement de chlore, qui désinfecte l'air en détruisant les miasmes qu'il peut renfermer, ainsi que le gaz acide sulfhydrique et le gaz ammoniac provenant de la putréfaction des matières organiques situées dans le voisinage. La dissolution du chlorure de chaux dans l'eau détruit aussi très rapidement les matières colorantes les plus diverses. A cause de ces propriétés, le chlorure de chaux sert au blanchiment des fils et des tissus de coton, de chanvre, de lin, de la pâte à papier ; à la désinfection des latrines, des salles de dissection, des cadavres, au traitement des plaies infectes et des brûlures.

Eau de Javel. — L'eau de Javel, ou chlorure de potasse, résulte de l'action du chlore sur la potasse. Le commerce la livre en un liquide incolore qui a exactement les propriétés signalées ci-dessus pour le chlorure de chaux.

L'eau de Labarraque a la même composition que l'eau de Javel, mais la potasse y est remplacée par de la soude. Ces deux eaux, plus coûteuses que le chlorure de chaux, sont em-ployées dans l'économie domestique, principalement pour faciliter le blan-chissage du linge. On ne doit s'en servir qu'avec circonspection, car l'u-sage habituel de ces eaux abrège con-sidérablement la durée du linge.

choléra. — Maladie très grave, caractérisée par des selles répétées, des vomissements nombreux, des crampes, la suppression des urines. La marche en est rapide, douloureuse, et la terminaison fréquemment mor-telle; dans les cas heureux la conva-lescence est longue et pénible.

Le *choléra sporadique*, ou diarrhée cholérique, qui apparaît en été, par cas isolés, n'a de commun avec le cho-léra que les symptômes intestinaux ; il en est de même du *choléra infantile*.

Le *choléra asiatique* est épidémique, il se termine le plus souvent par la mort. En temps d'épidémie cholérique, de grandes précautions doivent être prises pour arrêter, si on le peut, la propagation de la maladie. En outre, dans les régions où elle règne, des mesures d'hygiène permettent de dimi-nuer pour chaque personne les chances d'être atteint ; on doit désinfecter le linge, les vases à l'usage des cholé-riques, les fosses d'aisance. On traite la maladie par des boissons alcooliques (punch, vin chaud), excitantes (thé, café), des infusions froides, des bois-sons gazeuses, ... ; un grand nombre de traitements ont été préconisés.

Le choléra a son origine dans la vallée du Gange, où il existe en perma-nence à l'état endémique. Sa première apparition à Paris remonte à 1832 ; il s'était propagé progressivement ve-nant de l'Orient.

On nomme *choléra des poules* une maladie grave des animaux de basse-cour, due à la présence dans le sang d'un microbe particulier. Pasteur a découvert un procédé d'inoculation qui procure aux animaux sujets à cette maladie, une immunité semblable à celle que donne la vaccine pour la variole.

chorée (grec : *choréa*, danse). — La *chorée*, ou *danse de Saint-Guy*,

est une maladie caractérisée par des mouvements continuels, irréguliers et involontaires, sans fièvre ni désordre de l'intelligence. Particulièrement fré-quente chez les enfants, elle apparaît sous l'influence de la peur, des vers intestinaux, ou pendant la conva-lescence des pneumonies, des fièvres typhoïdes, des fièvres éruptives et du rhumatisme ; elle peut être épidémique. Le plus souvent sa durée est limitée à quelques mois ; quand elle se prolonge elle conduit parfois à l'idiotie et à la mort. On la traite par l'hydrothérapie, les bains sulfureux, l'électricité, les ferrugineux, le chloral, etc.

chou. — Plante de la famille des

Fleurs et fruits du chou.

crucifères, originaire d'Europe, et très

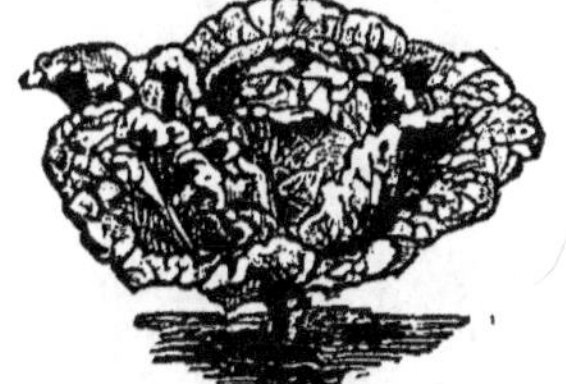

Chou de Milan à pied court.

anciennement cultivée. La culture en

Chou cœur de bœuf.

a produit de nombreuses variétés, uti-lisées pour l'alimentation de l'homme

et des animaux; dans ces variétés, le

Chou-fleur.

bourgeon terminal prend un dévelop-

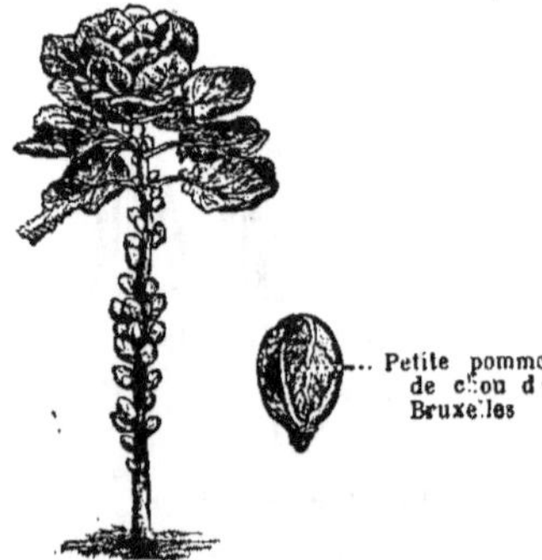

Chou de Bruxelles.

pement considérable et forme la

Rutabaga.

pommé; ou bien le développement anormal se produit dans les fleurs (chou-fleur) (*fig.*), ou dans les tiges (chou-rave) (*fig.*).

Dans les choux dont on consomme les bourgeons, sont les nombreuses variétés des *choux pommés* (*fig.*)ou *cabus,* et le *chou de Bruxelles,* dont la tige porte un grand nombre de petites

Chou-navet.

pommes. Ce sont aussi les feuilles **qui** sont alimentaires dans les choux fourragers qui sont cultivés pour l'alimentation du bétail.

Les choux dont la tige se développe anormalement sont le *chou-rave,* le *chou-navet* ou *chou rutabaga.* Ces choux servent à l'alimentation de l'homme et à celle du bétail (*fig.*).

Enfin dans les *choux-fleurs,* on consomme les petites fleurs et les pédoncules très développés qui les supportent. Les *brocolis* sont aussi une variété de choux-fleurs (*fig.*).

Le chou, sous ses diverses formes, est une des plantes les plus importantes de la culture maraîchère. C'est un aliment agréable, mais d'assez difficile digestion.

chouette. — Oiseau de *proie nocturne* très utile à l'agriculture par la guerre continuelle qu'il fait aux petits rongeurs, rats, mulots, campagnols. Mais on l'accuse aussi de faire la guerre aux taupes et aux chauves-souris, qui sont des animaux fort utiles. On peut la dresser à prendre les rats dans les greniers. L'*effraie*, le *chat-huant*, la *chevêche* sont autant d'espèces qui rentrent dans le genre *chouette.*

chrome. — Métal sans usages. Quelques-uns des composés qui en renferment ont des usages. Ainsi l'*oxyde de chrome* (chrome et oxygène) constitue une matière colorante verte; le *bichromate de potasse* (acide chromique combiné à la potasse) est fort employé dans les *piles* électriques. La matière colorante nommée *jaune de chrome* est du *chromate de plomb* (acide chromique et oxyde de plomb).

chrysalide. — Voy. **papillon**.

chrysanthème. — Plante de la

La chrysanthème (hauteur de la plante, 0m70).

famille des *composées*, très cultivée dans les jardins, à cause de ses belles

Fleur de chrysanthème.

fleurs, très abondantes, et qui arrivent à l'arrière-saison (*fig.*).

chrysocale. — Alliage analogue au *laiton*, qui renferme 90 0/0 de cuivre, avec un peu de zinc et d'étain.

chute des corps. — Les corps tombent parce qu'ils sont *pesants*, c'est-à-dire parce que la pesanteur agit sur eux. Les corps qui s'élèvent dans l'air, au lieu de tomber, le font uniquement parce qu'ils sont plus légers que l'air (voy. **principe d'Archimède**). La chute des corps obéit aux lois suivantes: 1° *tous les corps tombent dans la même direction*, vers le centre de la terre. Cette direction est donnée par le *fil à plomb*; on la nomme *verticale*. Si quelques corps très légers dévient en tombant, il faut l'attribuer à la résistance de l'air; 2° *tous les corps tombent avec la même vitesse*. C'est encore la résistance de l'air qui ralentit quelques corps très légers; 3° *un corps qui tombe a un mouvement de plus en plus rapide*, appelé mouvement uniformément accéléré; 4° *quand un corps tombe, l'espace qu'il parcourt est proportionnel au carré du temps employé à le parcourir*. Après une seconde de chute, l'espace parcouru est de 4m,9; après 5 secondes il sera $4^m,9 \times 5^s = 122^m,5$.

ciboule. — Herbe de la famille des *liliacées*, employée en cuisine comme condiment, surtout pour l'assaisonnement des salades.

La *ciboulette*, aussi nommée *civette* ou *appétit*, est employée aux mêmes usages.

cicindèle. — Insecte *coléoptère*

Cicindèle champêtre (grandeur naturelle).

d'un vert mat. Très agile, cet insecte

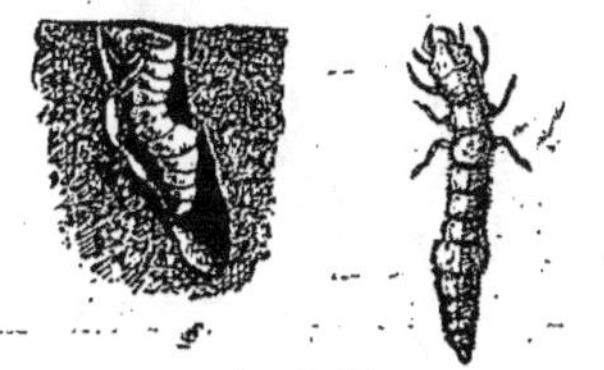

Larve (grossie) de la cicindèle, et son trou d'affût.

se tient ordinairement dans les herbes et les bruyères, chassant les insectes.

plus petits. La larve est tout aussi vorace, mais comme elle est moins agile, elle se met à l'affût dans un trou pour saisir sa proie (*fig.*).

cidre. — Boisson produite par la fermentation du jus de la pomme ou de la poire (alors on le nomme *poiré*). Les fruits sont d'abord conservés en tas pendant six semaines, ce qui augmente, par suite d'une sorte de seconde maturation, la quantité de sucre qu'ils contiennent. Puis on les écrase sous des meules, ou à l'aide d'un concasseur (*fig.*), et on obtient une pulpe, qu'on laisse macérer en tas pendant 24 heures, puis qu'on soumet

Pressoir à cidre. — Sous l'action du levier et de la vis du pressoir, les pommes sont fortement pressées et le jus s'écoule par un canal inférieur.

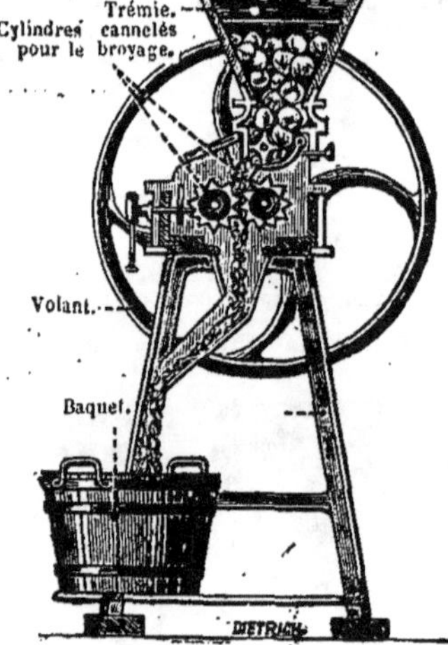

Concasseur de pommes pour la fabrication du cidre.

au *pressoir* (*fig.*) pour en retirer le jus. Ce jus est mis dans des cuves où on le laisse fermenter (voy. **fermentation**).

ce qui change le sucre en *alcool*, avec dégagement de gaz *acide carbonique*. Bientôt on tire au clair et on met en tonneaux. Le cidre renferme de 6 à 9 0/0 d'alcool.

Cette boisson est d'une conservation difficile, aussi la consomme-t-on ordinairement dans l'année qui suit sa fabrication. C'est une boisson salubre et agréable, mais qui peut devenir insalubre si elle est altérée. Les bons cidres, pris en excès, enivrent comme le vin.

Les cidres les plus estimés sont ceux de Normandie; puis viennent ceux de Bretagne. Trente-six départements du nord et du nord-ouest de la France fabriquent du cidre; la production moyenne est de 8 à 9 millions d'hectolitres.

cigale. — Gros insecte *hémiptère* (*fig.*) qu'on ne rencontre que dans les contrées méridionales de l'Europe, et en particulier dans le midi de la France. La longueur du corps peut dépasser

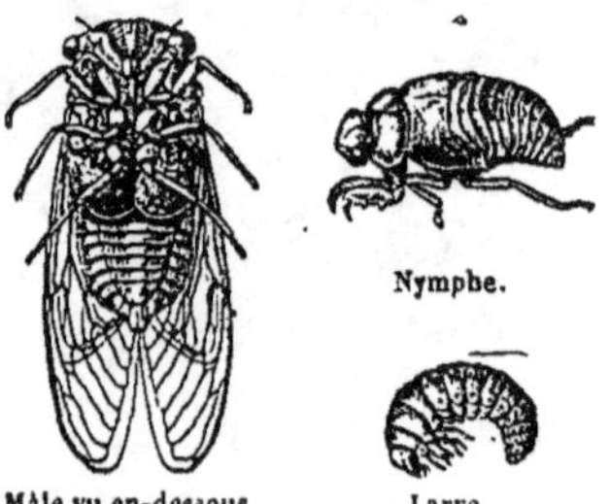

Cigale plébéienne (longueur du mâle, 0m,05).

6 centimètres; les ailes, membraneuses et transparentes, dépassent le corps de 2 centimètres.

Le mâle de la cigale produit un son monotone, strident et assourdissant, qui s'entend à une grande distance. L'appareil qui produit ce son est placé sous l'abdomen; il peut être assimilé a un tambour à deux peaux sèches et convexes, dont l'animal joue en contractant simultanément deux muscles qui vont du centre de l'instrument à chacune des peaux, celles-ci revenant ensuite sur elles-mêmes par leur élasticité. Les femelles sont muettes; elles introduisent leurs œufs sous l'écorce des arbres; après l'éclosion, les larves descendent le long du tronc et vont s'enfoncer dans le sol, pour sucer les racines; au printemps elles sortent de terre et prennent leur forme définitive. Des diverses espèces françaises de cigales, la *cigale plébéienne*, ou cigale du frêne, est la plus grande.

cigogne. — Grand oiseau *échassier* (*fig.*) assez abondant dans le nord de la France; corps presque blanc, avec le bout des ailes noir; grandes jambes, grand cou, grand bec; longueur totale, 1ᵐ,20. Habite les plaines marécageuses et coupées de cours d'eau; se nourrit de grenouilles, lézards, couleuvres, poissons, souris, taupes, insectes, vers; elle y ajoute aussi, malheureusement, des Petits canards, des perdrix et beaucoup d'abeilles.

Cigogne blanche (hauteur, 1ᵐ,15).

Arrive en France au printemps, niche dans les arbres, les toits, les clochers; 3 œufs d'un blanc jaunâtre. Dans leurs voyages, les cigognes volent la plus grande partie du jour et se posent le soir sur un arbre, pour y passer la nuit. La cigogne blanche est partout entourée d'un respect superstitieux; il est vrai qu'elle fait en somme plus de bien que de mal, surtout dans les pays chauds où les reptiles sont en abondance.

ciguë. — Plante de la famille des *ombellifères*, dont on connaît diverses variétés, toutes vénéneuses. La *grande*

Grande ciguë (hauteur, 1ᵐ,50).

ciguë (*fig.*) vit dans le voisinage des habitations, dans les jardins mal culti-

Petite ciguë (hauteur, 0ᵐ,50). — Persil (hauteur, 0ᵐ,60).

vés, dans les cimetières; vénéneuse surtout au printemps. La *ciguë vénéneuse* croît dans les terrains très humides;

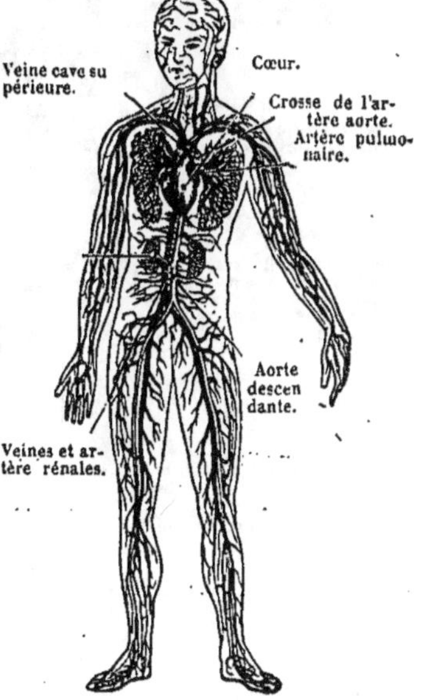

La circulation du sang. (*Voir* p. 184.)

plus vénéneuse que la précédente. La *petite ciguë* (*fig.*) des jardins, tout aussi vénéneuse, détermine des empoisonnements fréquents, à cause de la ressemblance qu'elle présente avec le *persil* (*fig.*). La ciguë sert en médecine, en particulier dans le .traitement du cancer.

ciment. — Voy. **mortier.**

cinabre. — Voy. **mercure.**

circulation. — Mouvement. continu du sang à l'intérieur du corps, nant le sang vers le cœur; 3º les *vaisseaux capillaires*, canaux très nombreux, d'un diamètre très étroit, qui relient les dernières ramifications des artères avec les premières ramifications des veines. C'est à travers les parois très minces des vaisseaux capillaires que le sang cède à chaque organe l'aliment dont il a besoin (Voy. **nutrition**). Le sang parti du cœur dans les artères est le sang nourricier pro-

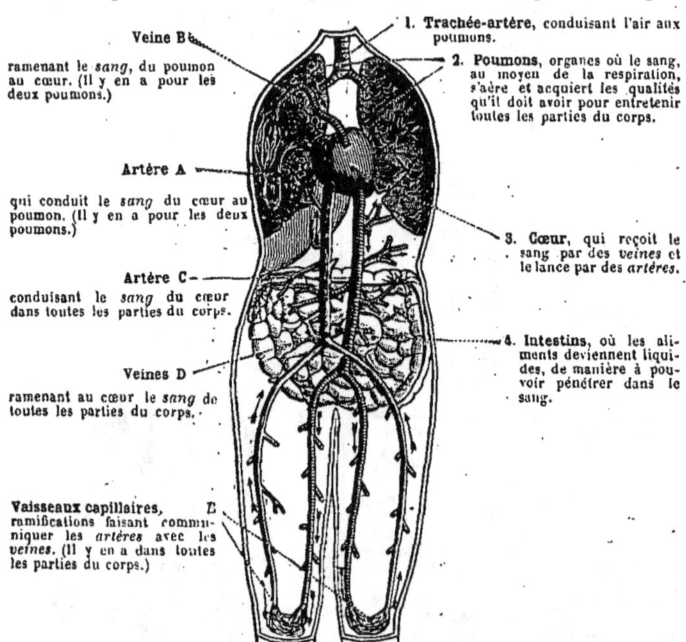

Figure conventionnelle et très simplifiée, montrant comment le sang circule dans notre corps (Lire dans l'ordre des lettres ou des numéros).

qui a pour but de porter ce liquide dans tous les organes, pour qu'il leur fournisse les substances nécessaires à leur accroissement et à leur entretien. L'appareil de la circulation (*fig.*) est constitué d'abord par un organe central, le *cœur*, qui se contracte périodiquement et détermine ainsi le mouvement du liquide, puis par un système de vaisseaux comprenant : 1º les *artères*, partant du cœur et allant vers les organes; dans les artères le sang va donc du cœur vers les organes; 2º les *veines*, partant des organes et rame- prement dit; après son passage dans les capillaires il arrive aux veines, privé d'une partie de ses éléments essentiels, c'est le sang veineux, qui aura besoin d'être régénéré par les produits de l'*absorption*, qui lui arrivent par le *canal thoracique* et la *veine porte*, et s'être purifié par la *respiration*. (Voy. surtout **cœur, artères, veines, capillaires.**)

cire. — Corps gras produit par l'*abeille*; elle lui sert pour la construction des alvéoles et des chambres d'approvisionnement pour le miel (*fig.*). C'est une matière jaune, solide, assez cassante ; elle fond à 62° ; elle est molle et ductile à partir de 35°. Combustible. Pour récolter la cire, on retire les rayons de miel de la ruche et on enlève le miel en le laissant égoutter, puis en comprimant les rayons ; il ne reste plus qu'à fondre la cire pour la voir en *gâteau*.

Divisée en minces rubans et exposée à l'air pendant longtemps, la cire perd sa coloration jaune : on a la *cire blanche*.

La cire sert au frottage des appartements, à la confection de l'*encaustique*, de la cire à bouteilles, de plusieurs mastics. On en fait des pièces anatomiques et des objets d'art. La fabrica-

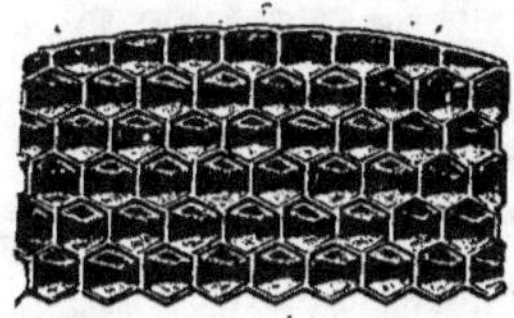

Alvéoles de cire formant les rayons de la ruche.

tion des *cierges* en consomme beaucoup ; les *bougies filées* (ou *rat de cave*) sont aussi faites avec de la cire.

D'autres insectes que l'abeille sécrètent de la cire. Les végétaux renferment aussi des cires dont la composition diffère peu de celle de la cire des abeilles.

cire à cacheter. — Mélange de diverses substances résineuses (telles que *gomme laque*, *térébenthine de Venise*), coloré avec des matières minérales (telles que le *vermillon*) ; on s'en sert pour sceller les lettres et les paquets. La cire à bouteilles renferme de la *résine*, de la *cire jaune*, du *suif*, mélange coloré par de l'*ocre*, du *minium*, ou du *bleu de Prusse*.

cire minérale. — Cire qui nous arrive d'Allemagne, et qu'on retire d'un minéral nommé *ozokérite*. Employée surtout pour la préparation des bougies de cire.

cirrhose. — Dégénérescence progressive du foie ; débute par des douleurs dans le foie, un gonflement, des digestions pénibles, des alternatives de constipation et de diarrhée, le développement des veines de l'abdomen. Détermine l'amaigrissement progressif, les hémorragies et la mort. Cette maladie peut durer fort longtemps, mais elle est incurable.

citrique (acide). — Substance acide qui existe dans la plupart des fruits acides (orange, citron, groseille, etc.). On le retire du jus du citron. C'est un solide cristallisé, d'une saveur très acide. Les médecins le prescrivent en limonade ; il est aussi employé dans certaines opérations de teinture. Combiné à diverses *bases*, l'acide citrique donne des *citrates* usités en médecine.

citron (essence de). — Liquide jaune, d'une odeur suave, qu'on retire du zeste du citron. Employée en parfumerie, et aussi en médecine pour donner une odeur agréable à quelques médicaments.

citronnier. — Genre d'arbres indigènes de l'Inde tropicale, cultivés

Citronnier proprement dit ou limonier (hauteur, 4 mètres)

aujourd'hui dans toutes les régions chaudes du globe. Il en existe plusieurs espèces distinctes, qui ont donné naissance, par la culture, à un grand nombre de variétés. Toutes les espèces sont remarquables par leurs fleurs blanches, très odorantes, et leurs fruits volumineux.

C'est dans ce genre *citronnier* que rentrent les arbres appelés *oranger*, *bigaradier*, *bergamotier*, *limonier* ou *citronnier* proprement dit, *cédratier*, *mandarinier*.

Le *citronnier* proprement dit, ou *limonier* (*fig.*), est cultivé depuis longtemps en Europe. C'est un arbrisseau épineux dont le fruit, le *citron*, est d'un jaune clair, à goût acide. Le jus du citron sert à la confection des boissons acidulées (*limonades*, de l'ancien nom, *limon*, que portait le citron); en concentrant le jus, on le fait servir à la préparation de l'*acide citrique*. De l'écorce du citron encore vert on retire l'*essence de citron*; le zeste est aussi employé pour la préparation de

Fruit du citronnier.

médicaments et de parfums. On cultive ce citronnier en grand en Italie, en Sicile, aux Açores et aux Canaries; en France dans la Provence et le comté de Nice. Dans ces régions, le citronnier fleurit presque toute l'année, aussi a-t-on des fruits dans toutes les saisons.

citrouille. — Plante de la famille des *cucurbitacées*; on en connaît plusieurs espèces distinctes. Les principales sont les suivantes :

1° Le *potiron*, à fruits très gros, généralement presque sphériques; il y

Citrouille (tige rampante).

a plusieurs variétés de potirons; 2° la *courge*, dont on connaît aussi plusieurs variétés ; 3° la *citrouille* (*fig.*) dont les variétés sont plus nombreuses encore; 4° enfin la *courge à graines noires*, non cultivée en France. La culture de ces diverses variétés se fait dans presque toutes les régions chaudes et tempérées, pour l'alimentation de l'homme et plus encore pour celle des bestiaux. En Hongrie on en retire du *sucre*.

civette. — Petit carnassier au corps allongé, assez haut sur pattes, qu'on trouve en Asie et en Afrique. A à peu près le même genre de vie que la martre; mais elle détruit surtout les rongeurs nuisibles, et fait ainsi plus de bien que de mal. Elle possède près de l'anus deux glandes sécrétant un liquide à odeur forte et assez agréable. La substance extraite de ces glandes est elle-même nommée *civette*; elle est très recherchée en Orient pour la parfumerie; elle est aussi utilisée en thérapeutique. La *civette d'Afrique* (*fig.*) a une longueur de 0ᵐ,75 sans compter la queue qui a 0ᵐ,40; sa hauteur

Civette d'Afrique (longueur, sans la queue, 0ᵐ,75).

au garrot est de 0ᵐ,30. On l'élève parfois en captivité, et on lui enlève, en deux fois, à peu près 8 grammes de parfum par an. Le commerce de ce parfum a aujourd'hui peu d'importance, car on préfère le musc. On connaît plusieurs autres espèces de civettes, analogues à celle d'Afrique.

clématite. — Plante sarmenteuse grimpante, de la famille des *renoncu-*

Clématite (tige grimpante dont la longueur atteint plusieurs mètres).

lacées, très répandue dans les bois de France; cause des dégâts en nuisant au développement des jeunes arbres sur lesquels elle s'accroche. On la cultive beaucoup dans les jardins ; plusieurs variétés sont très ornementales (*fig.*).

clianthus. — Plante de la famille des *papilionacées* dont les fleurs, d'un

Clianthus.

beau rouge, contribuent à l'ornementation des jardins (*fig.*).

climat. — Le climat d'un pays est constitué par l'ensemble des conditions atmosphériques, vents, nuages, pluies, orages, variations de température. — Les variations de la température sont l'élément le plus important du climat. Aussi a-t-on, suivant la température, divisé la terre en cinq zones (*fig*) :

Zone torride, comprise entre les tropiques ; il y fait très chaud et la

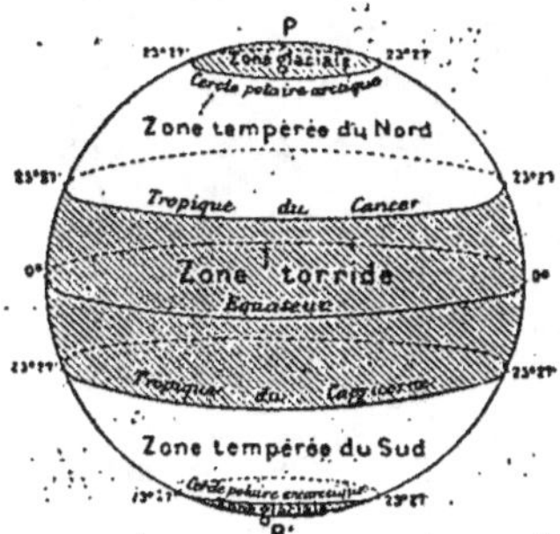

Zones tropicales, tempérées et glaciales.

chaleur dure toute l'année, la différence étant faible entre le mois le plus chaud et le mois le plus froid.

Zones tempérées, comprises, dans chaque hémisphère, entre le tropique et le cercle polaire ; il y fait moins chaud, et la différence est plus grande entre l'été et l'hiver. Dans la zone nord, les jours sont longs en été, et le mois de juillet est le plus chaud ; dans la zone sud, les jours sont courts en juillet, le mois de juillet est le plus froid.

Zones polaires ; il y fait toujours froid.

A mesure que l'on s'avance de l'équateur vers le pôle, l'été devient moins long et moins chaud, l'hiver plus long et plus froid.

Outre l'influence de la latitude, le climat est soumis à l'influence de l'altitude ; il fait plus froid sur les plateaux élevés que dans les plaines basses. Il est soumis aussi à l'influence de l'océan ; le voisinage de l'océan tend à réchauffer l'hiver et à rafraîchir l'été. Pour cette raison on nomme *climats marins* ou *constants* les climats qui présentent une petite différence entre la température du mois le plus chaud et celle du mois le plus froid (Lisbonne). De même on nomme *climats continentaux* ou *excessifs* ceux dans lesquels l'écart de température entre l'été et l'hiver est con-

Cloche à plongeur.

sidérable (Pékin). Les *climats modérés*

présentent un écart moyen, ne dépassant pas 18° (Paris). Certaines côtes océaniques ont cependant un climat qui n'est pas du tout marin. Telles sont les côtes orientales de l'Amérique du Nord; elles reçoivent le courant froid des eaux du pôle qui se rendent vers l'équateur, et ont dès lors des hivers très froids.

cloche à plongeur. — Appareil qui permet d'opérer des travaux sous l'eau et se compose d'une vaste cloche en fonte ouverte par le bas et hermétiquement close de tout autre côté; on y envoie de l'air comprimé qui alimente les ouvriers d'air respirable et qui expulse complètement l'eau autour des travailleurs; ceux-ci peuvent alors travailler presque à sec (*fig.*).

cloporte. — Animal *crustacé* qu'on rencontre dans les lieux obscurs et humides (caves, celliers, fentes des murailles, sous les pierres). Les cloportes dévastent parfois les *couches* de champignons (*fig.*).

Cloporte (crustacé).

clovisse. — Les *clovisses*, ou *palourdes*, sont des *mollusques* lamellibranches de petite taille assez abondants sur nos côtes, particulièrement dans l'étang de Thau. Leur chair est délicate; elle se mange surtout crue; elle est particulièrement estimée sur les bords de la Méditerranée (*fig.*).

Clovisse (longueur, 0m,04).

cobalt. — Métal blanc qui n'a pas d'usages. Mais quelques composés renfermant du cobalt entrent dans la composition de diverses matières colorantes dites *couleurs de cobalt;* telles sont le *bleu d'azur*, le *bleu de cobalt*, le *bleu céleste*, le *vert de cobalt*, le *jaune de cobalt*.

cobaye. — Le *cobaye*, ou *cochon*

Cobaye (longueur, 0m,24).

d'Inde (*fig.*), est un mammifère rongeur de forme ramassée, habitant l'Amérique du Sud. Il vit très bien en captivité dans nos climats. Il a une robe de couleurs diverses, dans laquelle se mélange, en grandes taches, le noir, le roux et le blanc. Sa forme tient de celle du lapin et de celle du rat; sa longueur ne dépasse pas 0m,30. Il est très fécond et très résistant.

cocaïne. — La *coca*, arbuste du Pérou, a des feuilles âcres qui jouissent de propriétés analogues à celles de l'*opium*. La *cocaïne*, aujourd'hui très usitée en médecine, est le principe actif extrait de la feuille de coca. C'est un solide incolore, d'une saveur amère. La dissolution de cocaïne, appliquée sur un point du corps, y détermine une insensibilité complète; c'est à cause de cette propriété qu'on l'emploie en médecine, pour un grand nombre d'opérations.

coccinelles. — Les *coccinelles*, ou *bêtes à bon Dieu*, sont des insectes *coléoptères* de petite taille, dont les élytres ont souvent une coloration brillante. Ces insectes et leurs larves rendent des services à l'horticulture, en détruisant une grande quantité de pucerons, dont ils font leur nourriture habituelle (*fig.*).

Coccinelle (longueur, 2 à 12 millimètres, selon les espèces).

cochenille. — Genre d'insectes *hémiptères* vivant sur les végétaux. Les femelles n'ont pas d'ailes, mais les mâles en sont pourvus. La ponte se fait sur les feuilles des plantes; la femelle meurt sur ses œufs, qu'elle dépose dans des amas cotonneux. Certaines cochenilles sont nuisibles aux végétaux; d'autres nous fournissent des matières colorantes précieuses. Ainsi la *cochenille commerciale*, qui nous donne le *carmin*, est constituée par le corps desséché de la femelle de la *cochenille du Nopal*. Le *cactus nopal*, plante originaire du Mexique, est actuellement cultivé en grand dans divers pays chauds, en vue de la production du précieux insecte. Le *kermès*, employé pour la teinture en rouge et usité en pharmacie, est une

Cochenille mâle (ailé) et femelle (sans ailé) (longueur de la femelle, 3mm.).

cochenille qui vit sur le chêne

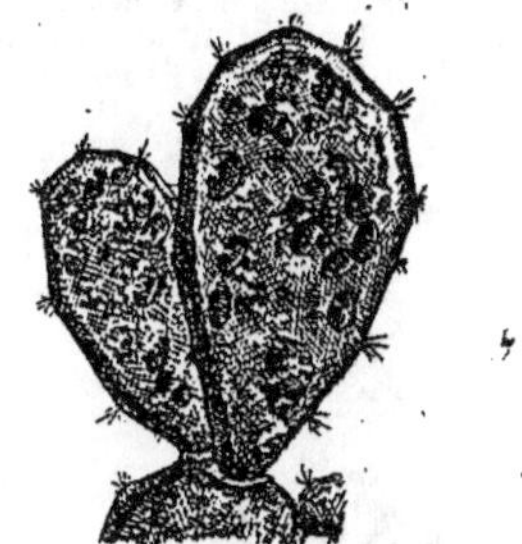

Feuilles de cactus nopal portant des cochenilles.

vert, dans le midi de l'Europe (*fig.*).

cochléaria. — Herbe de la famille des *crucifères*, qu'on rencontre dans les régions tempérées et froides. Il en existe un assez grand nombre d'espèces,

Cochléaria officinal (hauteur, 0ᵐ,30).

dont on fait une grande consommation comme aliments et condiments; on les emploie en médecine comme antiscorbutiques, stomachiques et digestifs.

Le *cochléaria officinal* (*fig.*), herbe de 0ᵐ,30 de hauteur, croît sur les bords de la mer; on le cultive dans les jardins; on mange ses feuilles en salade, comme le cresson. Le *grand raifort*, haut d'un mètre, se trouve principalement en Bretagne; on le cultive dans les jardins, pour employer comme condiment sa racine qui a un goût très fort; on en fait une grande consommation en Allemagne et en Angleterre.

cochon. — Le *cochon domestique* provient du sanglier, domestiqué de-

puis un temps immémorial. Nous n'avons pas besoin d'en donner la description. Il est si facile à élever, à nourrir et à acclimater qu'on le trouve maintenant sur toute l'étendue du globe, partout où l'on cultive la terre. C'est un de nos animaux domestiques les plus utiles. Sa chair, consommée fraîche, est excellente; salée, elle se conserve fort longtemps, et est d'une grande ressource, surtout pour les habitants des campagnes. Le sang et les intestins sont aussi comestibles. La graisse est un des principaux condiments de nos cuisines. La peau donne un cuir grossier, mais solide, avec lequel on fait des cribles, des malles, des valises; avec les poils on fait des pinceaux. Il est même des pays dans lesquels on fait du cochon une bête de somme. On l'emploie aussi à chercher les truffes.

L'élève du cochon constitue une richesse dans un grand nombre de pays, et principalement en Amérique. L'animal, étant omnivore, est facile à nourrir; il mange à peu près tout ce qu'on lui donne, végétaux et animaux; son, pommes de terre, glands, châtaignes, citrouilles, tout lui est bon. Dans les champs il détruit les petits rongeurs, les insectes, les vers. Bien nourri il devient extrêmement gros,

Porc de race primitive.

pesant plus de 600 kilos et incapable de se mouvoir. De plus il est très fécond; la truie porte de 16 à 18 semaines; elle fait deux portées par an, de quatre à quinze petits chacune. Il lui arrive, dans sa voracité, de manger quelques-uns de ses petits quand elle les trouve trop nombreux.

En France, le nombre des porcs est d'à peu près 5 millions, répandus surtout dans les départements du Nord, de l'Aisne, dans la Normandie, dans le Centre, dans l'Ouest, dans le Midi. La Belgique et l'Allemagne élèvent beaucoup plus de porcs que la France.

Les *races porcines* (*fig.*) sont fort nombreuses, de taille et de robe très variées. Chaque contrée a ses races particulières. Nous ne pouvons les

11.

indiquer. Les unes sont de races fort anciennes, comme les races à grandes oreilles craonnaise, normande, cha-

Porc de race améliorée

rolaise... D'autres, qu'on peut nommer races artificielles, ont été obtenues en Angleterre par le croisement des races indienne et africaine avec les anciennes races d'Europe; on a ainsi

Porc de race anglaise, âgé d'un an et pesant 228 kilos.

des animaux d'une croissance rapide, faciles à engraisser, et donnant peu de déchet à l'abatage.

cocotier. — Grand arbre de la famille des *palmiers* (*fig.*), pouvant atteindre une taille élevée, avec une tige grêle; se rencontre dans les pays tropicaux, surtout dans les lieux humides, et principalement sur les bords de la mer; on le cultive en grand, et toutes les parties en sont utilisées. Le bourgeon terminal est mangé en salade; avec les feuilles on fait des paniers, des nattes, on couvre les cabanes; le bois est utilisé en charpente et en menuiserie; les racines sont employées

Cocotier (hauteur, 30 mètres).

pour combattre la dysenterie. Une incision faite à l'arbre permet d'en retirer une sève dont on fait une boisson fermentée nommée *vin de palme*. Mais le produit principal est le fruit, ou noix de coco. Cette noix, qui a 0^m,25 de dia-

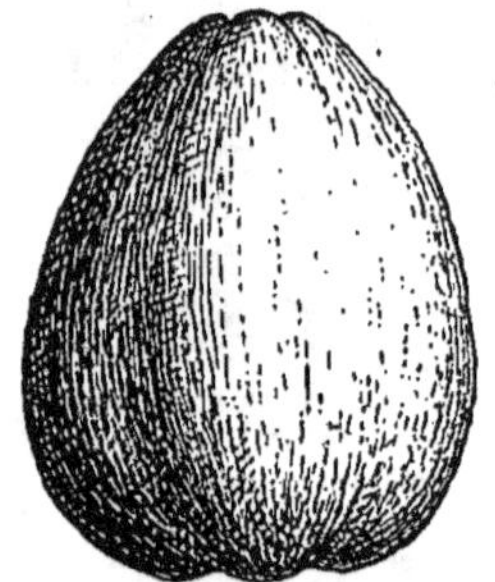

Noix de coco.

mètre, renferme une amande qui est un excellent aliment; cette amande, souvent creuse, renferme un liquide qui est une boisson agréable. De cette amande on retire par pression une huile excellente; les tourteaux laissés après la compression sont très utiles pour l'alimentation du bétail.

codéine. — Alcaloïde végétal, analogue à la *morphine*, et retiré aussi de l'*opium*. C'est un poison qui agit comme la morphine, mais avec moins de violence; la codéine est employée en médecine.

cœur. — Muscle creux destiné à produire, par ses contractions, la *circulation* du sang; il est placé au milieu du *thorax* entre les poumons; il est maintenu en place par une enveloppe séreuse appelée *péricarde* (*fig.*). Sa base appuie sur le diaphragme. Sa grosseur, chez l'homme, est à peu près celle du poing, son poids inférieur à 300 grammes. Il a la forme d'une poire; sa pointe, légèrement tournée

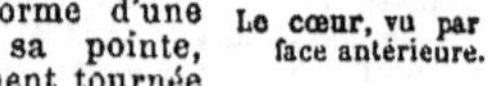

Le cœur, vu par sa face antérieure.

vers la gauche, vient appuyer sur le devant du thorax, ce qui permet d'entendre et de sentir ses battements un peu vers la gauche. Il est creusé de quatre cavités. En haut deux *oreillettes*, en bas deux *ventricules*. Chaque

oreillette communique par un orifice

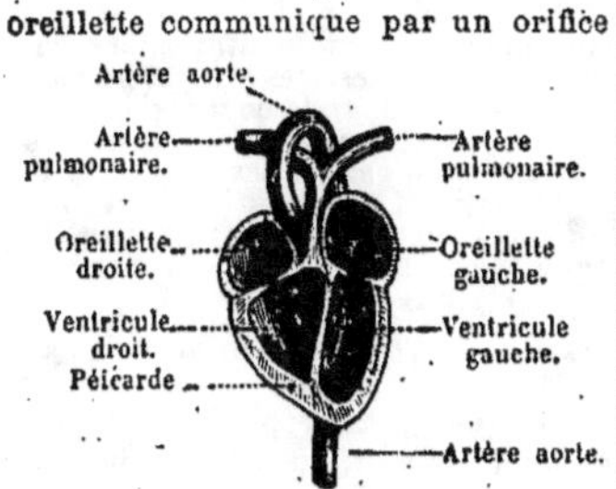

Le cœur (coupe simplifiée).

avec le ventricule situé au-dessous;

aorte, la principale artère du corps, qui conduit le sang, par ses nombreuses ramifications, dans tous les organes. Le sang, ainsi conduit dans les organes, revient ensuite au cœur; il y est ramené par deux veines : les *veines caves*, qui aboutissent à l'oreillette droite : cette circulation du sang du cœur au cœur par l'artère aorte (et ses ramificationis) et les veines caves (et leurs ramifications) se nomme *grande circulation*. De l'oreillette droite, le sang passe dans le ventricule droit; de là il est conduit aux poumons par l'*artère pulmonaire*, et il revient des poumons au cœur ,à l'oreillette gauche, par les quatre veines pulmonaires; de là il entre dans le ventricule gauche. C'est la *petite circulation*. A la suite de ces deux passages

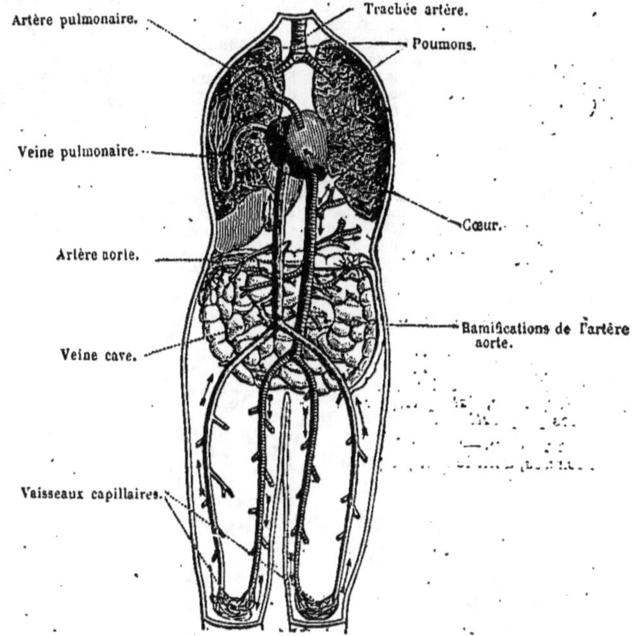

Figure conventionnelle. (très simplifiée), montrant comment le sang circule dans notre corps.

mais il n'y a pas de communication entre la partie droite et la partie gauche; la partie droite renferme toujours du sang venant des veines (*sang veineux*), la partie gauche du sang allant vers les artères (*sang artériel*). Du ventricule gauche part l'*artère*

au cœur, de ces deux circulations, le sang est revenu à son point de départ, le ventricule gauche.

Dans ces mouvements, le cœur agit de la manière suivante :

Les oreillettes, étant gonflées de sang, se contractent; le sang est chassé dans les ventricules, qui se remplissent et se contractent à leur tour. Le sang ne peut revenir dans les oreillettes, car les orifices de communication se ferment à l'aide de sortes de soupapes nommées *valvules;* il part donc par les artères. Quand les ventricules se sont vidés à la suite de leur contraction, ils sont remplis de nouveau par d'autre sang venant des oreillettes. De telle sorte que les oreillettes, recevant constamment du sang des veines caves et des veines pulmonaires, le repoussent dans les ventricules par leurs contractions, et ceux-ci le repoussent dans les artères. Des artères, le sang progresse, arrive dans les capillaires, puis dans les veines, et revient aux oreillettes. Dans l'homme il y a de 70 à 80 contractions complètes du cœur par minute; il y en a plus chez l'enfant. Le *battement* du cœur contre la poitrine se produit au moment où les ventricules se contractent. En appliquant l'oreille sur la poitrine au niveau du cœur, on entend, non seulement le bruit des battements, mais aussi le bruit résultant des contractions des oreillettes et des ventricules. Le cœur est un des organes les plus essentiels de l'organisme; un de ceux dont les altérations amènent les plus graves désordres. Ces maladies sont nombreuses et fréquentes; l'hérédité y prédispose, ainsi que la goutte et le rhumatisme. Les unes se développent sous l'influence du froid, des émotions morales prolongées, de contusions du thorax; les autres viennent à la suite de diverses maladies, telles que le rhumatisme, la fluxion de poitrine, la pleurésie, l'angine couenneuse,...Parmi les maladies du cœur citons l'*hypertrophie*, l'*asystolie*, l'*atrophie*, l'*endocardite*, les *palpitations*.

cognassier. — Arbre de la famille des *rosacées*, dont le fruit, très odorant,

Fruit du cognassier (hauteur de l'arbre, 5 mètres).

à la chair très ferme, possède un épiderme recouvert d'un duvet blanc (*fig.*). Ce fruit n'est pas agréable à manger, mais on en fait des confitures, des gelées, des compotes, des sirops. On cultive aussi beaucoup le cognassier pour servir de porte-greffe à d'autres arbres fruitiers, et en particulier au poirier et au pommier. Le cognassier vient bien dans presque tous les terrains; dans la région septentrionale de la France son fruit mûrit avec difficulté.

coke. — Voy. charbon, houille, gaz d'éclairage.

colchique. — Genre de plantes *monocotylédones*, qui se reproduisent par des bulbes. L'enveloppe florale est entièrement colorée; les feuilles se développent longtemps après l'apparition de la fleur. Le *colchique d'automne*, ou *faux-safran*, est l'es-

Colchique (hauteur, 0ᵐ,10).

pèce la plus importante (*fig.*); on le trouve en France dans toutes les prairies humides; ses fleurs, de couleur lilas, ne dépassent le sol que de quelques centimètres. Elle est considérée comme mauvaise herbe. En médecine elle a de l'importance parce qu'elle ralentit les mouvements du cœur; c'est aussi un purgatif violent, qu'on doit employer avec une extrême réserve. Les bulbes et les graines sont administrées dans les affections goutteuses, les rhumatismes, les hydropisies, les maladies de peau.

cold-cream. — Composition employée pour combattre les irritations de la peau; renferme du blanc de baleine, de la cire blanche et de l'huile d'amandes douces.

colibri. — *Passereau* des contrées

Colibri (longueur totale, 0ᵐ,06).

chaudes de l'Amérique. Les colibris,

dont le plumage est très éclatant, sont les plus petits des oiseaux ; on en divise les différentes espèces en *oiseaux-mouches* et *vrais colibris* (*fig.*).

colin. — Oiseau *gallinacé* voisin des perdrix, originaire d'Amérique ; le

Colin de Californie (grosseur de la perdrix).

colin de Virginie et le colin de Californie sont domestiqués en Europe. La chair en est fine et parfumée (*fig.*).

colique. — Ce mot se dit de toutes les douleurs abdominales, causées par un des organes de la cavité de l'abdomen. La colique proprement dite provient de l'intestin ; il y a autant de sortes de coliques que de causes qui peuvent rendre l'intestin douloureux, et par suite autant de traitements différents. Au contraire la *colique hépatique* vient du foie, et indique la présence de *calculs* dans la vésicule du fiel ; la *colique néphrétique* vient des reins et indique la présence de *calculs* dans cet organe ; ce sont là des maladies graves.

colle forte. — La colle forte est de la *gélatine* impure ; en se dissolvant dans l'eau chaude elle donne un liquide visqueux employé à faire adhérer entre elles les surfaces que l'on veut réunir. La colle forte se prépare industriellement avec toutes les matières qui peuvent donner de la gélatine. Suivant son origine elle se présente sous des aspects divers, et est plus ou moins adhésive.

La *colle de poisson* est de la colle forte fabriquée avec la vessie natatoire de l'esturgeon et de quelques poissons de la même famille. On s'en sert pour clarifier le *vin*, la *bière*, pour apprêter les gazes, les tissus de soie, pour préparer le *taffetas d'Angleterre ;* on en fait des *gelées* alimentaires.

La *colle de peau* se fait avec des déchets de toutes sortes, rognures de cuir, débris de peau des mégisseries, tendons de bœuf et de cheval, rognures des tanneries, vieux gants, peaux de lapins et de lièvres dépouillées de leur poil pour la chapellerie. La *colle forte*

ordinaire, la *colle de Flandre*, la *grenetine* sont des colles de peau ; la *colle à bouche* est un mélange à parties égales de sucre et de colle de Flandre aromatisée ; la *colle liquide* est une dissolution concentrée de colle ordinaire dans laquelle on a ajouté un peu d'acide azotique pour empêcher la solidification.

La *colle d'os* se fait avec les os, toujours par les procédés indiqués au mot **gélatine**.

collodion. — Dissolution de *coton-poudre* dans un mélange d'*alcool* et d'*éther*. C'est un médicament de grande importance ; la couche adhérente qu'il laisse après l'évaporation de l'éther et de l'alcool remplace avantageusement le taffetas d'Angleterre. Il sert pour réunir les plaies, les préserver du contact de l'air, arrêter le sang. Il servait autrefois beaucoup en *photographie*, mais il est maintenant bien délaissé.

collyre. — Médicament employé pour guérir différentes affections des yeux et qu'on applique sur le globe de l'œil. La composition des collyres dépend de l'effet à produire.

colophane. — Substance résineuse jaune, qui est le résidu de la distillation de la *térébenthine*. C'est avec cette substance que les musiciens frottent le crin de leurs archets, afin qu'étant ainsi poissé, il fasse mieux vibrer les cordes.

coloquinte. — Plante de la famille

Coloquinte (tige rampante dont la longueur peut atteindre plusieurs mètres).

des *cucurbitacées*, analogue au *con-*

combre, dont la tige est rampante. Le fruit est vert, maculé de jaune, gros comme une orange, très amer ; c'est un violent purgatif, dangereux à haute dose. D'autres plantes, du genre courge, sont aussi appelées coloquintes (*fig.*).

colza. — Le *colza*, ou *chou colza* (*fig.*), est une plante oléagineuse de la famille des *crucifères*. Elle demande un climat humide, et est cultivée en grand dans le nord et l'ouest de la France, la Belgique, la Hollande, la Russie, l'Allemagne, l'Autriche. De la graine on retire l'*huile de colza*. La culture du colza a diminué d'importance depuis que le pétrole est employé pour l'éclairage, et que la fabrication du savon se fait en grand avec les huiles exotiques de sésame, d'arachide... Le colza est semé fin juillet ; on récolte en juin de l'année suivante. Le colza est souvent dévasté par un petit coléoptère, l'*altise*.

Rameau fleuri de colza (hauteur de la plante 1ᵐ,30).

coma. — Profond sommeil dans lequel les malades sont insensibles aux influences extérieures, privés de la faculté de penser, de sentir et de se mouvoir. Le coma se présente dans un grand nombre de maladies (maladies du cerveau, empoisonnements, fièvres graves, etc.). Le traitement du coma dépend des circonstances dans lesquelles il se produit.

combustion. — On dit qu'il y a *combustion* quand un corps se combine à l'*oxygène* de l'air, avec un dégagement de chaleur généralement suffisant pour qu'il y ait incandescence. Ainsi quand on dit que le charbon brûle, qu'il y a combustion du charbon, cela signifie que le charbon se combine à l'oxygène de l'air pour former du gaz acide carbonique (*fig.*).

On dit qu'il y a *combustion lente* quand la combinaison avec l'oxygène est accompagnée d'une élévation de température très faible, et qu'il n'y a pas incandescence. Ainsi le fer se *rouille* par suite d'une combustion lente ; dans la respiration de

l'homme et des animaux, il y a com-

Le phosphore brûle dans l'air ; les fumées blanches qui se forment sont une *combinaison* du phosphore avec l'*oxygène* de l'air (cette combinaison se nomme *acide phosphorique*).

bustion lente dans l'intérieur du corps.

comètes. — Les *comètes* sont des astres qui, comme les planètes, se meuvent à travers les constellations, et occupent ainsi successivement des positions très différentes dans la sphère céleste. Mais elles présentent ordinai-

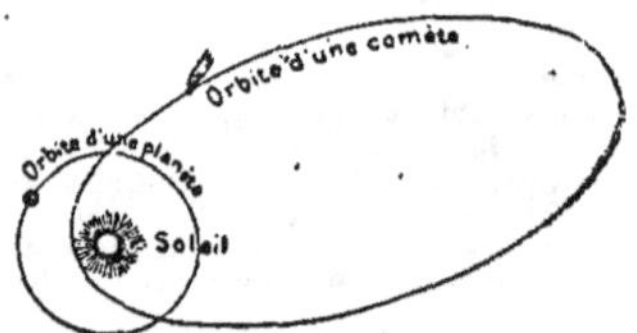

Trajectoire elliptique d'une comète.

rement un aspect tout autre que celui des planètes. Une comète consiste habituellement en un point brillant (*noyau*), environné d'une nébulosité qui s'étend, sous forme de *queue*, dans une direction déterminée pour chaque comète ; la partie de la nébulosité qui environne immédiatement le noyau est la *chevelure*. Certaines comètes ont plusieurs queues ; d'autres ont un noyau et une chevelure sans queue ; d'autres n'ont pas de noyau (*fig.*).

Une comète ne peut être observée

dans le ciel que pendant un temps limité, parce qu'elle s'approche de nous, pour s'en éloigner ensuite, et aller à une distance où elle n'est plus visible. La plupart, d'ailleurs, ne sont pas visibles à l'œil nu. Parmi les

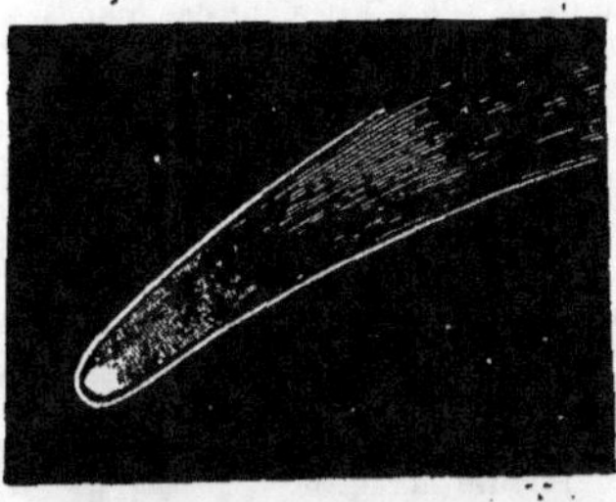

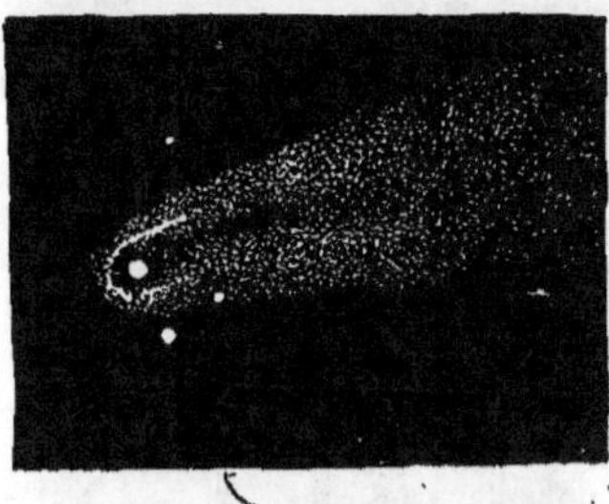

Différentes formes de comètes.

comètes, les unes décrivent une *para-bole*, c'est-à-dire une courbe non fermée, de sorte que la comète, après avoir passé près de nous, s'éloigne pour ne plus revenir. D'autres décrivent une ellipse très allongée et reviennent après un temps plus ou moins long; ce sont les comètes *périodiques*.

La nébulosité qui constitue la queue d'une comète peut être assimilée à une sorte de brouillard analogue à ceux qui se produisent de temps en temps dans notre atmosphère, mais elle est beaucoup plus transparente, car les étoiles les moins brillantes restent visibles à travers la queue de la comète; les changements, souvent rapides, qui surviennent dans la forme d'une comète, montrent aussi que la queue est constituée par une matière très ténue. Quant au noyau, il ne semble pas être formé d'une matière solide comme le serait une planète, mais seulement d'une accumulation plus grande de la nébulosité. Etant donné le degré de raréfaction de la matière qui constitue les comètes, il ne semble pas que nous ayons rien à redouter de la rencontre, d'ailleurs bien peu probable, de la terre avec une comète.

compas. — Le compas est un instrument de mesure formé de deux

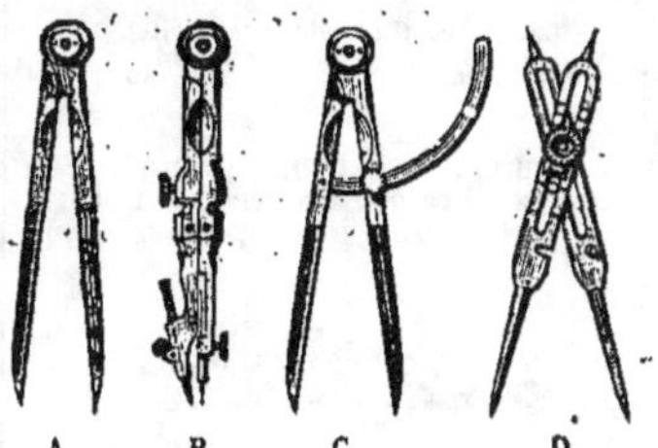

A. Compas à pointes sèches.
B. Compas porte-crayon.
C. Compas quart de cercle.
D. Compas de réduction.

branches mobiles autour d'une charnière; il est d'un usage constant dans le dessin et dans un grand nombre de travaux manuels. Le *compas à pointes*

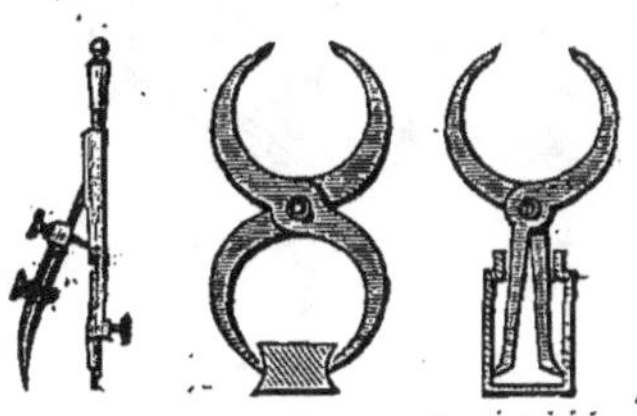

E. Compas balustre.
F. Compas d'épaisseur.
G. Compas maître-à-danser.

sèches sert à prendre les distances, le *compas porte-crayon* à tracer les circonférences, le *compas quart de cercle* fait les deux offices. Le *compas d'épaisseur* mesure les épaisseurs, le *compas maitre-à-danser* prend les dimensions intérieures, le *compas de proportion et de réduction* réduit une longueur dans un rapport donné (*fig.*)

composées. — Plantes *dicotylédones gamopetales*, ayant les carac-

Composée (fleur de marguerite).

B, demi-fleurons. Les fleurons sont au centre

tères suivants : fleurs groupées en grand nombre sur un réceptacle commun et formant des *capitules*; cinq

Coupe de la fleur de marguerite. — C, fleurons.

étamines, dont les artères sont soudées entre elles; ovaire souvent adhérent, fruit pourvu d'une aigrette (*fig.*). Les

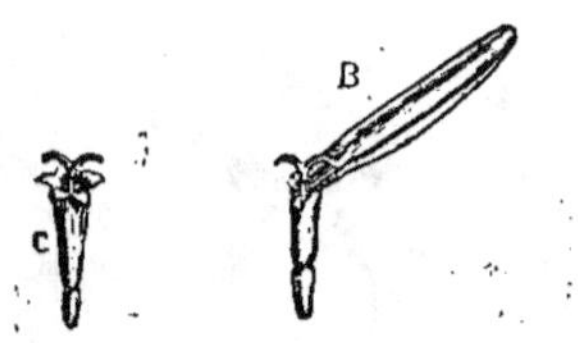

Fleurons de la marguerite. — C. fleuron, petite fleur du centre. — B, demi-fleuron, situé sur le pourtour.

plantes de cette famille sont fort nombreuses; on y trouve beaucoup d'espèces alimentaires ou médicinales. Exemples : bluet, centaurée, chardon, artichaut, marguerite, dahlia, coréopsis, chrysanthème, soleil, arnica, camomille, topinambour, pissenlit, laitue, chicorée, salsifis, scorsonère. (Voy. **capitule.**)

compression (*machines à*). — Les *machines à compression*, ou *pompes à compression*, sont destinées à comprimer les gaz dans des vases parfaitement clos (*fig.*). Elles ont des dispositions analogues à celles des machines pneumatiques (voy. ce mot), mais les soupapes en sont disposées en sens inverse; au lieu de s'ouvrir de dedans en dehors, elles s'ouvrent de dehors en dedans. De cette manière l'air extérieur entre dans le corps de pompe quand le piston se soulève, et est refoulé dans le récipient quand le piston s'abaisse.

Les machines à air comprimé rendent de grands services dans l'industrie. La force élastique de l'air comprimé peut produire des effets tout à fait analogues à ceux de la force élastique de la vapeur d'eau dans les machines à vapeur.

C'est par l'air comprimé, poussant des pistons dans des conduites souterraines, que les dépêches télégraphiques sont transmises d'un bout à l'autre de Paris. On a ce qu'on nomme le télégraphe pneumatique. Le système de communication est souterrain; la boîte aux dépêches est attachée au piston, dans l'intérieur même du tuyau.

L'air comprimé est employé à refouler l'eau en dehors des caissons métalliques destinés à former les fondations des piles des ponts; on l'utilise à faire monter jusqu'au niveau du sol l'eau qui envahit les galeries souterraines des mines; les machines perforatrices qui ont creusé les trous de mines des tunnels du mont Cenis et du Saint-Gothard étaient mues par de l'air comprimé; les chemins de fer sont munis de freins à air comprimé. Et il y a bien d'autres applications (voy. **cloche à plongeur, scaphandre**).

compte-gouttes. — Petit appareil destiné à verser un liquide goutte à goutte; fort employé en médecine, pour le dosage des médicaments. Les

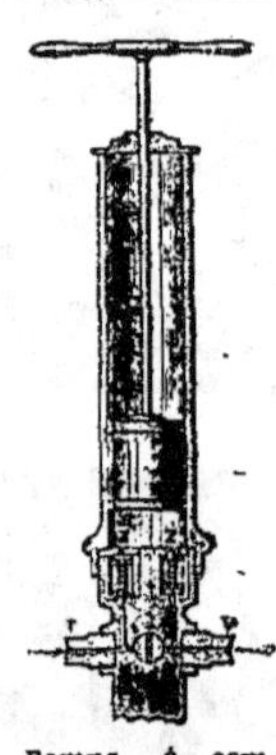

Pompe à compression. — Quand le piston monte et descend, les soupapes *s* et *s'* fonctionnent; le gaz est puisé du côté T et comprimé dans un réservoir clos adapté du côté T'.

photographes en font aussi un grand usage. La figure ci-jointe représente

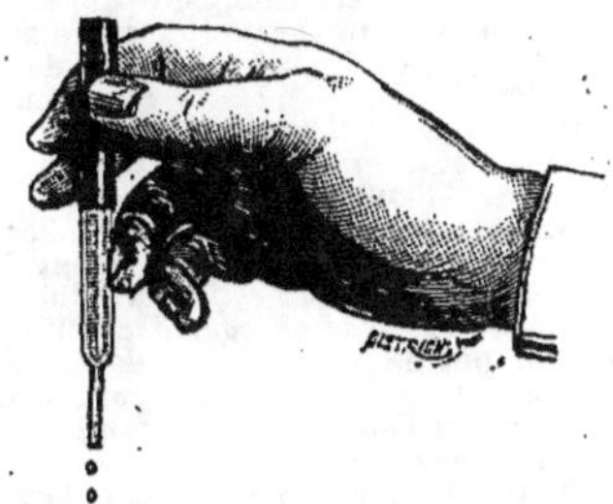

Compte-gouttes. — Le haut du tube est en caoutchouc; en pressant légèrement avec les doigts, le liquide tombe goutte à goutte.

l'instrument le plus habituellement employé.

compteur à gaz. — Appareil qui sert à mesurer la quantité de gaz

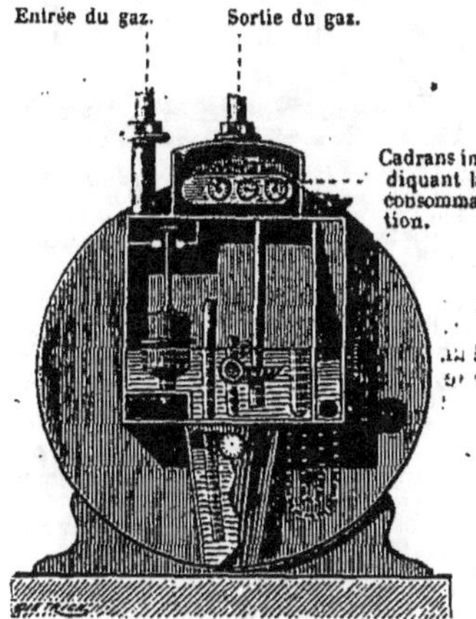

Compteur à gaz (partie antérieure).

Le gaz, arrivant par le tuyau d'entrée, pénètre, par le milieu du cylindre, sous les aubes d'une roue métallique dont il détermine la rotation (voir *fig.* Compteur à gaz, intérieur du cylindre, *même page*). Il sort ensuite pour se rendre au bec de consommation. La rotation de la roue met en mouvement, au moyen d'un mécanisme, les aiguilles des cadrans indiquant la consommation.

d'éclairage brûlée dans une maison. Le gaz, avant d'aller aux becs de combustion, traverse le compteur; son passage fait tourner une roue, et, par suite, une aiguille sur un cadran; d'après le nombre de tours de la roue,

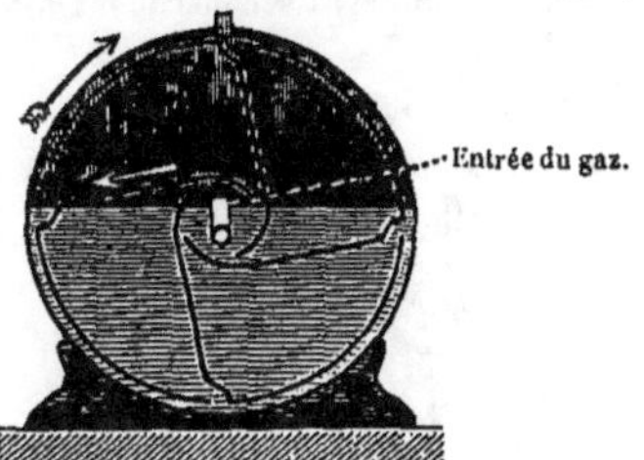

Compteur à gaz (intérieur du cylindre.)

on sait le volume de gaz qui a passé (*fig.*).

concasseur. — Instrument destiné

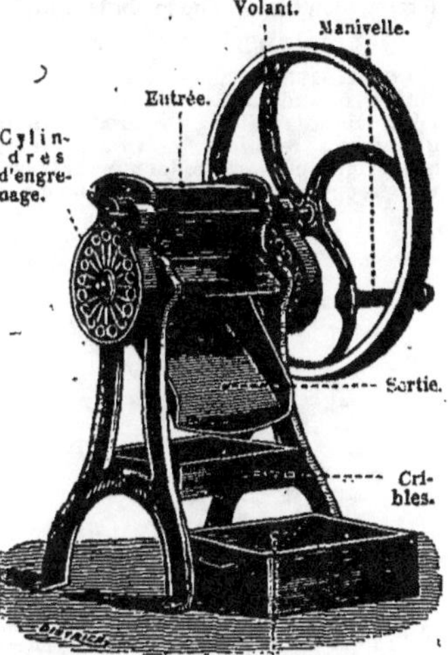

Concasseur. — Les matières à concasser sont versées à l'*entrée*; elles passent dans les engrenages, et tombent en petits morceaux par la *sortie*.

à réduire en fragments les graines et les tourteaux destinés à l'alimentation du bétail, ou les minerais métalliques qu'on veut traiter pour en extraire le métal (*fig.*).

concombre. — Plante de la famille des *cucurbitacées*, que l'on cultive pour ses fruits, qui sont comestibles. On en connaît un grand nombre d'espèces. Les fruits sont mangés confits dans le vinaigre, avant leur développement complet; ils constituent alors

Concombre à cornichon.

les *cornichons;* ou bien, à la maturité, on les mange en salade. La culture des concombres exige un terrain très fertile, bien fumé, et de la chaleur (*fig.*).

concrétions. — Voy. **calculs**.

condensation. — Il y a condensation quand une *vapeur* reprend l'état liquide. Cela se produit soit quand on refroidit la vapeur, soit quand on la comprime. La vapeur d'eau venant de nos poumons se *condense* sur

Condensation. — Quand on met une assiette froide au-dessus de la flamme d'une lampe à alcool, il y a condensation, sur l'assiette, de l'eau qui se forme dans la combustion de l'alcool.

une vitre froide placée devant la bouche (*fig.*).

La condensation d'une vapeur est accompagnée d'une forte production de chaleur (voy. **ébullition**). Quand on fait arriver dans de l'eau froide la vapeur venant d'une chaudière, cette vapeur se condense et l'eau froide s'échauffe très rapidement. C'est par ce procédé qu'on chauffe l'eau des bouillottes que l'on met en hiver dans les wagons de chemins de fer.

(Voy. aussi **machines à vapeur**.)

condensation de l'électricité. — On nomme *condensateur* (*fig.*), dans l'étude de l'électricité, un appareil constitué par un carreau de verre sur les deux côtés duquel on a collé deux feuilles de papier d'étain. Si on met l'une de ces feuilles en communication avec le sol, en la touchant avec le doigt, et l'autre en communication avec une *machine électrique* en activité, les deux feuilles se chargent de quantités considérables d'électricité; la seconde feuille se chargeant du fluide fourni par la machine, et l'autre se chargeant de fluide de nom contraire. On dit que l'électricité est *condensée* sur les deux feuilles.

Quand le condensateur est *chargé*, on enlève les communications avec le sol et avec la machine. Si on vient

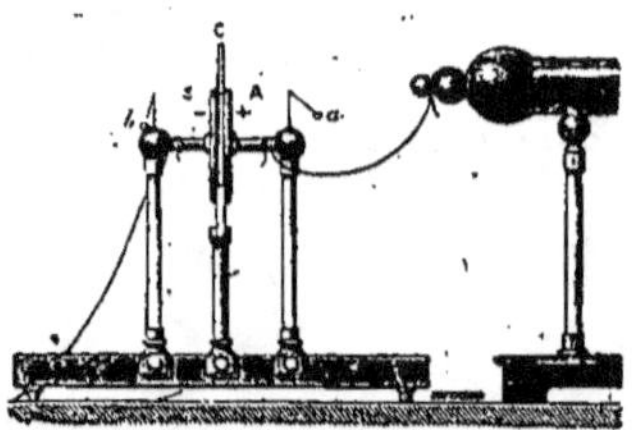

Condensateur électrique. — La condensation se fait sur les lames métalliques, A et B, séparées l'une de l'autre par la lame de verre C. La lame A se charge d'électricité positive, et B, d'électricité négative.

alors à faire communiquer les deux feuilles l'une avec l'autre, à l'aide d'une tige métallique recourbée, on a une étincelle très bruyante, provenant de la combinaison des fluides accumulés. On peut aussi toucher à la fois les deux feuilles avec les mains, on éprouve alors une commotion qui peut être violente.

La *bouteille de Leyde* est un *condensateur* de forme plus commode.

condor. — Voy. **vautour**.

conductibilité. — Les divers corps conduisent plus ou moins facilement l'*électricité*, la *chaleur*. On dit que le cuivre conduit l'électricité parce que le courant d'une pile traverse aisément, sans s'affaiblir beaucoup, un fil de cuivre, même de grande longueur; le fer conduit moins bien. Un fil de soie, une baguette de verre ne conduisent pas du tout; on les nomme *corps isolants.*

De même pour la chaleur. Une barre de cuivre assez longue, dont on a mis une extrémité dans le feu, s'échauffe assez rapidement sur toute sa longueur; une barre de fer, dans les mêmes conditions, s'échauffe moins vite et moins loin, et dans une barre de bois, l'extrémité située hors du feu ne s'échauffe pas sensiblement. Les liquides, sauf le mercure, et les gaz conduisent fort mal la chaleur.

On explique, par la conductibilité plus ou moins grande des corps pour la chaleur, un grand nombre de phénomènes.

Ainsi, en hiver, une plaque de fer sur laquelle on pose la main semble beaucoup plus froide qu'une planche de bois placée à côté. C'est que le fer, bon conducteur, laisse perdre dans toute sa masse la chaleur qui lui vient de la main; il s'échauffe peu aux points touchés et la sensation de froid qu'il produit est persistante. Le bois, mauvais conducteur, garde la chaleur de la main aux endroits touchés; la planche s'échauffe donc sous la main, et cesse bientôt de paraître froide.

Si on entoure un vase plein d'eau chaude avec une grosse couverture de laine, très mauvaise conductrice, la chaleur du vase ne peut plus se perdre à l'extérieur; l'eau reste chaude. Pour la même raison, la même couverture nous tient chaud pendant la nuit, en empêchant la chaleur de notre corps de sortir. La même cause fait que les gros vêtements de laine sont chauds. Ceux de coton sont moins chauds, parce que le coton conduit mieux la chaleur. Inversement, on conservera de la glace en été en l'entourant d'une couverture, qui empêchera la chaleur extérieure de pénétrer (voy. glacière).

conferves. — Plantes *cryptogames* très simples, de la classe des *algues*, formées de filaments articulés, renfermant une matière verte. Elles sont souvent extrêmement abondantes dans les étangs; elles constituent un excellent engrais. Contribuent pour une grande part à la formation de la tourbe.

congélation. — En médecine on nomme *congélation* l'effet produit par le froid sur le corps des animaux et en particulier de l'homme. Une jambe atteinte de congélation est insensible; inerte; elle devient rouge, bleue, marbrée de taches livides. Le nez, les pieds, les mains, les oreilles sont particulièrement exposés à la congélation. On traite par la friction avec de la neige, puis par un réchauffement progressif extrêmement lent. La chaleur appliquée trop rapidement ne ferait qu'aggraver le mal. Quand le traitement ne réussit pas, la partie congelée est atteinte par une sorte de gangrène qui la détruit en peu de temps.

congestion. — Accumulation anormale du sang dans les vaisseaux d'un organe. Il y a des congestions aiguës ou chroniques du cerveau, des poumons, du foie, des reins, de la rate, etc.

La **congestion cérébrale**, produite par un excès de sang qui se porte dans les vaisseaux capillaires du cerveau et de ses enveloppes, est caractérisée par le trouble ou l'anéantissement momentané de l'intelligence, du mouvement et de la sensibilité; dans sa forme la plus grave, elle peut se terminer par la mort. On la combat par la saignée des bras, par les sangsues appliquées à la nuque. Les personnes prédisposées aux congestions cérébrales doivent adopter la vie au grand air et un régime végétal très sévère.

La **congestion pulmonaire** aiguë est également une maladie grave, caractérisée par la suffocation, la toux, une expectoration abondante. Elle demande la saignée, les sinapismes, les vésicatoires. Chronique, elle produit une fièvre lente avec faiblesse générale; on la combat par les vésicatoires, la teinture d'iode, les eaux du Mont-Dore, d'Enghien, de Cauterets, etc., le séjour à la campagne.

congre. — Le *congre* est un poisson de mer analogue à l'anguille; son corps, de forme cylindrique, peut dépasser 2 mètres. Se trouve dans presque

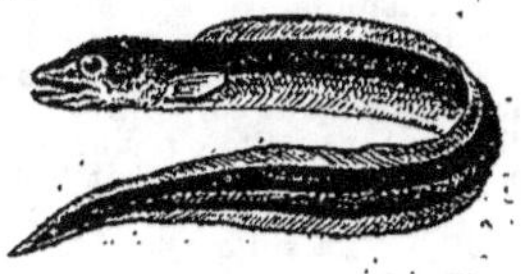

Congre (longueur, 2 mètres).

toutes les mers, principalement à l'embouchure des rivières, non loin des côtes. Très vorace, il fait la chasse aux poissons, mollusques, crustacés; il a la mâchoire assez puissante pour broyer les coquillages, sa chair est assez peu estimée (*fig.*).

conifères. — Plantes *phanérogames gymnospermes*, c'est-à-dire phanérogames à graines nues; arbres à feuilles persistant un certain nombre d'années; ces feuilles sont généralement longues, étroites et piquantes; les diverses parties de l'arbre contiennent des canaux dans lesquels s'amasse une substance résineuse qui s'écoule à l'extérieur si l'on pratique une ouverture. Les conifères ont une grande importance dans l'industrie, surtout à cause du bois qu'ils fournissent, et de la *térébenthine* qu'on en retire.

Conifère (exemple *pin*). — Rameau de pin, montrant en bas un cône femelle (à fleurs ayant des pistils), et en haut un cône mâle (à fleurs ayant des étamines.

Exemples : pin (*fig.*), sapin, mélèze, cèdre, cyprès, genévrier, thuya, if.

conjonctivite. — Inflammation de la conjonctive, avec rougeur et gonflement ; elle peut être aiguë et ne durer que quelques jours, ou devenir chronique. Elle résulte le plus souvent de la présence d'un corps étranger dans l'œil, de l'exposition à une lumière trop vive, de l'action de l'air froid. On la combat par des lotions astringentes, des collyres au sulfate de zinc, à l'eau de rose, etc.

conservation des matières alimentaires. — Les matières alimentaires s'altèrent rapidement, par suite du développement des *germes* (voy. fermentation, putréfaction) qui leur sont apportés par l'air, et elles deviennent impropres à la consommation. On assure leur conservation, soit en empêchant les germes de se développer, soit en les détruisant et en empêchant l'air d'en apporter de nouveaux.

Conservation par dessiccation. — La dessiccation empêche le développement des germes. Malheureusement la viande desséchée n'est qu'un aliment malsain et peu nutritif. Les Tartares, les Arabes, les Américains du Sud consomment des lanières de viande desséchée au soleil. Les céréales, les légumes secs, tels que haricots, lentilles, se conservent longtemps parce qu'ils contiennent peu d'eau. On conserve très bien les carottes, les raves, les choux, etc., par dessiccation ; les *tablettes de légumes*, pour potages, renferment des légumes desséchés. Les figues, les prunes, les dattes, les poires, les raisins ne s'altèrent que difficilement quand on les a fait sécher plus ou moins complètement.

Conservation par le froid. — Le froid empêche aussi le développement des germes. En hiver la viande ne se putréfie pas comme en été. Depuis quelques années, on importe d'Australie et d'Amérique en Europe des viandes conservées par le froid pendant toute la traversée. Les navires ont de grandes chambres dans lesquelles est contenue la viande, et qui sont maintenues très froides par de la glace ou de puissantes machines frigorifiques.

Conservation par les antiseptiques. — Un grand nombre de substances, dites *antiseptiques*, empêchent le développement des germes. Ainsi on conserve la viande par le *sel marin*; on conserve de la même manière les poissons (hareng, morue, sardine, saumon), les champignons, le chou (qui se nomme alors choucroute). D'autres substances, *borax, acétate de soude, acide acétique, acide salicylique*, etc., sont parfois préférées au sel marin. On peut dire que les viandes et les poissons *fumés* ou *boucanés* se conservent parce que la fumée les a imprégnés de *créosote*, qui est une substance antiseptique ; les harengs saurs sont des harengs fumés. Le *sucre* conserve aussi très bien certaines substances, particulièrement les fruits (fruits confits, confitures). Enfin les fruits peuvent être longtemps conservés par immersion dans l'*alcool*.

Conservation par enrobage. — L'*enrobage* a pour but d'empêcher le développement des germes en les privant du contact de l'air. Ainsi, en agriculture, on met les graines, ou les pommes de terre, ou les betteraves en tas, et on les recouvre de terre (*silos*), ce qui les préserve de l'air. La viande, plongée dans la *paraffine* fondue, puis retirée aussitôt, est recouverte d'une mince couche de cette substance et ne se putréfie plus. La conservation si importante de la viande sous la graisse, des poissons dans l'huile (thon, sardine), constitue un procédé d'enrobage fort usité.

Conservation par privation de l'air en vase clos. — C'est là le procédé qui permet la conservation la plus prolongée, et qui altère le moins les qualités primitives des matières alimentaires. Les matières alimentaires sont introduites dans des boîtes en fer-blanc; on soude le couvercle et on fait chauffer dans un *bain-marie* à la température de 108°, pour tuer les germes. Puis on laisse refroidir. Dans l'économie domestique on peut remplacer les boîtes de fer-blanc par des bouteilles bien bouchées. On conserve ainsi toutes les matières alimentaires : viandes, légumes, champignons. Les substances ainsi traitées sont encore bonnes au bout de 20 ans, et peuvent être consommées sans danger aucun pour la santé.

consomption. — État d'amaigrissement, accompagné d'une fièvre continue, qui survient comme conséquence d'un grand nombre de maladies graves (maladies des voies digestives, phtisie pulmonaire, cancer, etc.). (Voy. **cachexie.**)

consoude. — Plante vivace de la famille des *borraginées*; croît dans les endroits humides; ses fleurs, blanches, roses ou violettes, s'épanouissent en

Grande consoude (hauteur, 0ᵐ,50).

mai et juin. Était employée autrefois pour cicatriser les plaies; aujourd'hui on regarde la racine et les feuilles comme astringentes (*fig.*).

constellations. — Les *étoiles* sont innombrables; on estime que, dans la seule *voie lactée*, il y en a au moins 40 millions. Mais les étoiles visibles à l'œil nu, sans instrument d'optique, sont beaucoup moins nombreuses; il n'y en a pas plus de 5 ou 6 mille. On a rangé ces étoiles visibles par ordre de grandeur; on en a mis 20 de première grandeur, 65 de seconde grandeur...; à partir de la septième grandeur les étoiles ne sont plus visibles à l'œil nu.

On nomme *constellations* des groupes d'étoiles auxquels on a assigné, depuis des temps très reculés, des noms d'hommes, d'animaux, d'objets quelconques, quoique la ressemblance entre la forme des constellations et celle des animaux ou objets qui leur donnent leur nom ne soit pas en général bien appréciable. Les principales constellations circum-polaires pour nos régions sont : la *Petite Ourse*, la *Grande Ourse* (*fig.*), *Cassiopée*, *Persée*, *Céphée*. Ces

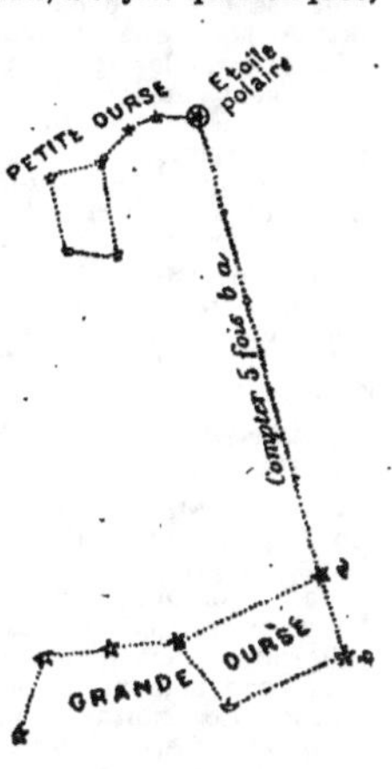

La Grande Ourse, la Petite Ourse, et l'étoile polaire.

constellations sont visibles pour nous pendant toute l'année. En outre, les principales constellations visibles en hiver sont : *Orion*, le *Grand Chien*, le *Petit Chien*, le *Taureau*, les *Gémeaux*.

Les principales constellations visibles en été sont : le *Bouvier*, le *Lion*, la *Lyre*, le *Cygne*, l'*Aigle*.

constipation. — Difficulté et rareté de l'évacuation des fèces. Dans la constipation les fèces sont dures et bosselées. Les causes de la constipation sont nombreuses : aliments de digestion difficile, boissons et aliments astringents, transpiration abondante, diverses maladies produisant la paresse de l'intestin, etc. La constipation habituelle est parfois la cause d'accidents graves; on ne peut la combattre efficacement qu'en recherchant la cause qui l'a produite.

contagion. — Les *maladies contagieuses* sont celles qui ont la propriété de se transmettre directement ou indirectement d'une personne à une autre. La contagion est *virulente* si elle a lieu par un *virus* renfermant les microbes caractéristiques de la maladie; elle est *miasmatique* quand elle a lieu par les miasmes portés par l'atmosphère, renfermant aussi des germes venant du malade; elle est *purulente* si elle est produite par le pus venant des muqueuses enflammées; elle est *parasitaire*, comme la gale, si elle est due à des animaux ou des végétaux parasites. Enfin il y a des maladies dont les effets de contagion se produisent sous une influence. *nerveuse*.

En général les agents contagieux ne produisent pas deux fois le même effet chez le même individu, et il semble qu'une première contagion préserve d'une seconde, car l'immunité contre les virus s'acquiert par leur inoculation et par la maladie qu'ils engendrent (voy. **virus**). On ne peut se préserver de la contagion qu'en prenant des précautions différentes selon la nature de l'agent contagieux dont on redoute les effets.

contre-poison. — Voy. **poisons**, **empoisonnement**.

contusion. — Lésion plus ou moins profonde résultant d'un choc ou d'une compression énergique. La contusion a toujours pour effet de briser des vaisseaux capillaires et de déterminer un épanchement du sang sous la peau, épanchement qui peut être considérable. Les contusions graves sont traitées par une saignée locale, par le repos, par des compresses d'eau blanche. Les effets d'une chute ou d'un coup violent se font souvent sentir dans les organes internes, et produisent des contusions graves de l'abdomen, du cerveau, du foie, du poumon, de la rate, du rein, etc.

convolvulacées. — Plantes *dicotylédones gamopétales* herbacées, à

Convolvulacées (type : *liseron*).

tige grimpante, calice à 5 lobes, corolle régulière, 5 étamines, ovaire simple,

capsule ordinairement à 3 loges; semences osseuses. Les espèces de cette famille sont surtout intertropicales; quelques-unes vivent en parasites sur beaucoup de plantes (cuscute). Les tiges souterraines de plusieurs convolvulacées sont purgatives (jalap, soldanelle, liseron); les tubercules de quelques espèces sont comestibles (patate) (*fig.*).

convulsion. — Contraction musculaire involontaire des muscles; produite par des troubles du système nerveux, ou à la suite de maladies du cerveau. Les convulsions sont parfois épidémiques. Le traitement dépend de la cause première des convulsions. La *crampe des écrivains*, le *bégayement* sont des convulsions partielles; l'*épilepsie*, l'*éclampsie*, la *catalepsie*, la *chorée*, le *tétanos* sont des convulsions générales. Les *convulsions des enfants* amènent souvent la mort à la suite de crises fréquemment répétées; elles se produisent, chez les enfants prédisposés, sous l'influence de la frayeur, de la colère, des troubles digestifs, des douleurs de la dentition, etc.; on les combat par les bains, les vomitifs, les purgatifs, l'exercice, les promenades au grand air.

coordonnées. — En géométrie, on nomme *coordonnées* d'un point, les éléments qui servent à déterminer la position de ce point sur un plan, sur une surface ou dans l'espace.

En astronomie, en particulier, on nomme *coordonnées d'une étoile* les éléments qui servent à déterminer sa position dans le ciel. Ainsi la position d'une étoile par rapport à un observateur est déterminée, à un moment donné, par deux coordonnées qu'on nomme *azimut* et *distance zénithale*. L'*azimut* de l'étoile est l'angle que forme, avec un plan vertical fixe arbitrairement choisi, le plan vertical qui passe par l'astre. La *distance zénithale* est l'angle que le rayon visuel dirigé vers l'étoile forme avec la verticale. L'angle complémentaire de la distance zénithale, c'est-à-dire l'angle du rayon visuel avec le plan de l'horizon se nomme *hauteur apparente* de l'étoile. Mais ces coordonnées sont variables d'un moment à l'autre, à cause de la rotation de la terre sur elle-même. Aussi, quand on veut déterminer les positions fixes des étoiles les unes par rapport aux autres, on se sert d'autres coordonnées, l'*ascension droite* et la *déclinaison*. L'*ascension droite* d'une étoile est la distance en degrés du *cercle horaire* (voy. ce mot) de cette étoile à un autre cercle choisi comme point de départ; elle se compte sur l'équateur, d'Occident en Orient, depuis 0° jusqu'à 30°0.La *déclinaison* d'une étoile est la distance en degrés de cette étoile à l'équateur; elle est boréale ou australe et se compte sur un cercle horaire depuis l'équateur, où elle est 0°, jusqu'à l'un et l'autre pôle, où elle est 90°. Connaissant l'ascension droite et la déclinaison des diverses étoiles, on peut, sur un globe, tracer la représentation du ciel étoilé.

coprolithes. — Concrétions qu'on rencontre dans un grand nombre de terrains, et que l'on considère comme des excréments fossiles d'animaux disparus.

coq. — Genre d'*oiseau* de la famille des *gallinacés* essentiellement utile par les produits variés qu'il nous fournit. Les poulets, les chapons et les poulardes sont des animaux recherchés pour la délicatesse de leur chair; les œufs de la poule servent

Œuf de poule (poids moyen, 70 grammes).

pour l'alimentation et l'industrie; les petites plumes servent à faire des oreillers, des traversins.

Le coq a été connu à l'état domestique de toute antiquité. L'origine est sans doute le coq Baukiva qu'on trouve encore à l'état sauvage. L'élève du coq et de la poule constitue un des grands produits de la

Jeune poulet, au moment de la naissance.

ferme. Malgré leur gros appétit, ils sont d'un entretien assez peu dispendieux, car ils trouvent dans la cour et dans les champs bien des graines qui sans eux seraient perdues; d'ailleurs ils mangent aussi nombre de vers et d'insectes qui augmentent leur fécondité. Les poules bien nourries commencent parfois à pondre en janvier, pour ne s'arrêter qu'à l'automne; les poules de deux ans pondent le plus; une bonne pondeuse peut donner jusqu'à 200 œufs dans une année. La couvée se fait dans la saison chaude; elle porte sur 15 ou 20 œufs; la durée de l'incubation est de 21 jours. Dès le jour de leur naissance les poussins mangent seuls (*fig*.).

Les **races de coqs** sont pour ainsi dire innombrables. Nous citerons seulement quelques-unes de celles qu'on rencontre en France. *Race de Crève-cœur* : grande taille, chair excellente, bonne pondeuse, couleur noire. *Race de Houdan* : grande taille, chair excellente

Poule (*race commune*).

bonne pondeuse, blanche et noire. *Race de la Flèche* : grande taille, chair très estimée, très bonne pondeuse, noire à reflets verts. *Race du Mans* : moins

Coq (*race commune*).

grande, plus rustique, chair excellente, bonne pondeuse, noire. *Race courtes-pattes* : rustique, bonne chair, très bonne pondeuse, noire. *Race de la Bresse* : rustique, chair très estimée, très bonne pondeuse, noire ou blanche et noire. *Race de Barbezieux* : très grande taille, chair excellente, très bonne pondeuse, noire. Les *races coucou de Rennes*, de *Gournay*, *Caumont*, de *Caen*, *gasconne*, sont très rustiques, bonnes pondeuses, mais leur chair est médiocre. Outre ces races françaises, d'autres races, d'importation étrangère, donnent aussi de bons produits. *Race espagnole* :. grande, bonne pondeuse ; *donking*, très grande,

Coq (*Race de Houdan*).

chair excellente, bonne pondeuse ; de *Cochinchine*, très bonne pondeuse ; *brahma-poutra*, rustique, très grande,

Poule (*race de Houdan*).

bonne pondeuse ; *Padoue*, chair assez bonne, bonne pondeuse.

Le nombre des coqs et poules en France est d'au moins 30 millions ; le nombre des œufs se compterait par milliards (*fig.*).

coquelicot. — Plante annuelle de la famille des *papavéracées*, remarquable par ses belles fleurs rouges. C'est une mauvaise herbe souvent très abondante dans les champs de céréales ; et aussi dans certaines prairies. On

Fleur de coquelicot (hauteur de la plante, 0^m,50).

cultive dans les jardins des coquelicots doubles (*fig.*).

coqueluche. — Maladie caractérisée par des accès de toux convulsifs, violents, persistant pendant des mois entiers. Elle s'observe surtout chez les enfants ; on ne l'a généralement qu'une fois. Elle peut être accompagnée de *convulsions*, et se complique de *pneumonie*. Comme elle est contagieuse, on ne doit jamais laisser ensemble des enfants sains et des enfants atteints de coqueluche. On traite les malades par le bromure de potassium, la morphine, les bains chauds, le changement d'air.

coquille de Saint-Jacques. — Mollusque * *lamellibranche* d'assez

Coquille de Saint-Jacques (largeur, 0^m,15).

grande dimension, de chair délicate, qui forme sur les côtes de l'Océan des bancs assez importants (*fig.*).

cor. — Durcissement et épaississement de l'épiderme, constituant une petite tumeur sèche qui se manifeste sur les orteils à la suite d'une pression avec frottement des chaussures (*fig.*). Les cors font surtout souffrir les personnes dont la peau est délicate ; par les temps humides la sensibilité augmente parce que l'épiderme durci se gonfle. Le meilleur remède contre les cors consiste à éviter les chaussures trop étroites ou à semelles trop fines; tous les autres remèdes préconisés peuvent

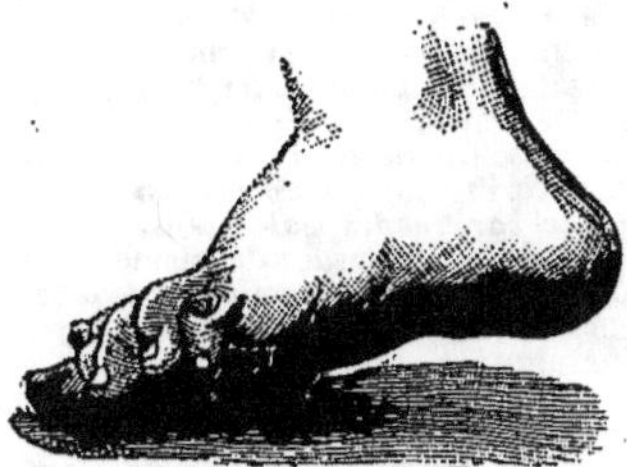

Cors aux pieds.

soulager, mais ne conduisent pas à une guérison radicale.

corail.—La matière nommée *corail*, qui sert à l'ornementation et à la parure, est constituée par le squelette calcaire de quelques espèces de polypiers ou *coraux*, squelette débarrassé de l'écorce moins dure qui l'entoure pendant la vie (*fig.*). On pêche le corail principalement dans la Méditerranée, soit en allant le chercher au fond de l'eau à l'aide de scaphandriers, soit

Corail. — Branche de corail, portant encore ses coraux.

en employant des sortes de dragues qu'on traîne sur le fond. Les côtes d'Algérie fournissent tous les ans plus de 30 000 kilos de corail aux pêcheurs italiens.

coraux. — Les *coraux* sont des petits animaux *zoophytes rayonnés* vivant en colonie, implantés en grand nombre sur un support calcaire qu'ils sécrètent, nommé *polypier*. Ce polypier a la forme d'un petit arbre dont le tronc se subdivise en branches et en rameaux. Il a l'apparence et la dureté de la pierre, et souvent une belle coloration rouge. Le squelette pierreux est enveloppé d'une espèce d'écorce plus tendre, sur laquelle sont attachés les polypes (*fig.*).
Les polypiers sont sécrétés par les animaux eux-mêmes; ils croissent comme des forêts sous-marines, la

partie supérieure restant seule chargée d'animaux, tandis que la partie inférieure reste nue et s'incruste d'autres matières minérales. Ces polypiers forment autour de certaines côtes des lignes de récifs qui ont jusqu'à 2 kilomètres de largeur, ou qui d'autres fois ne forment qu'un très mince ruban. Ces récifs ne dépassent

Coraux. —Petit fragment de *polypier* (grossi), portant un *polype* (ou corail) épanoui.

pas le niveau de la mer, car les coraux ne peuvent vivre hors de l'eau; mais le flot y apporte des débris de toutes sortes qui peuvent même se couvrir de végétation. La Nouvelle-Calédonie présente sur sa côte occidentale une barrière de récifs de plus de 600 kilomètres

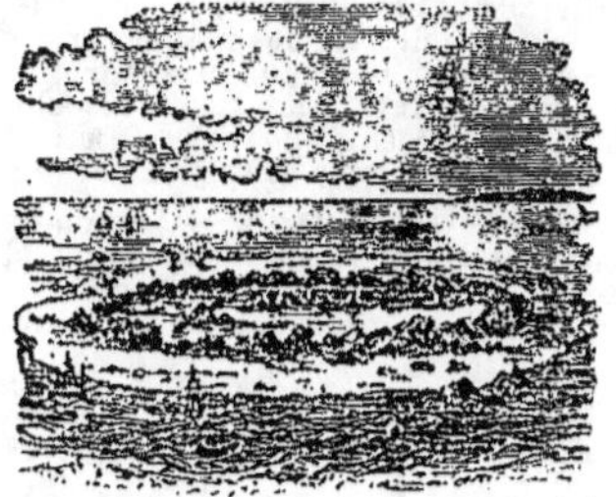

Attole formé par des coraux.

de longueur, dont elle est séparée par un large canal.
On nomme *attoles* des îles formées uniquement de coraux; ces îles sont annulaires, circonscrivant une lagune intérieure (*fig.*). (Voy. aussi **madrépores.**)

corbeau. — Oiseau *passereau* de grande taille, avec couleurs foncées. Essentiellement carnivore, il mange les insectes, vers, limaçons, mulots, cadavres en putréfaction, gibier vivant, volaille, graines des champs ensemencés. Il est utile, mais peut être encore plus nuisible. Les corbeaux nous rendent service, surtout, par l'œuvre de salubrité qu'ils accomplissent en dévorant les cadavres des animaux grands et petits morts dans les champs. Les principales espèces du genre sont les suivantes :
Corbeau ordinaire, entièrement noir; longueur totale 66 centimètres, enver-

gurė 1ᵐ,40. Bâtit avec des branchages, sur les grands arbres ou les rochers, un nid de très grandes dimensions; la femelle pond par an 4 à 5 œufs verdâtres,tachetés de brun. C'est un oiseau plus nuisible qu'utile (fig.).

Corbeau (longueur, 0ᵐ,66).

Corneille, noire avec reflets violets; longueur totale 50 centimètres. Forme de très grandes troupes. Mange les petits oiseaux, les petits perdreaux, mais fait une grande consommation de rats, mulots et gros insectes. C'est certainement un oiseau fort utile.

Freux, noir avec le bec et les pieds gris; taille, mœurs et utilité de la corneille.

Choucas, noir avec des plaques grisés sur le devant; longueur 30 centimètres seulement. Habite les tours, les clochers, et aussi les grands arbres. Détruit beaucoup d'insectes et de limaces.

cordes vibrantes. — Le son de beaucoup d'instruments de musique est dû à la vibration de cordes plus ou moins tendues (violon, piano, harpe...,).

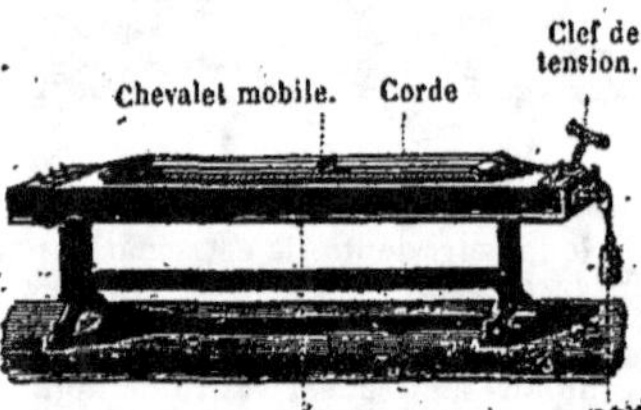

Cordes vibrantes. — On vérifie les lois des vibrations des cordes à l'aide du *sonomètre*, formé d'une longue caisse de sapin, sur laquelle on tend les cordes.

Une corde tendue rend, quand on la fait vibrer, un son dont la hauteur dépend de la longueur, de la grosseur, de la nature de la corde, et aussi de la tension à laquelle elle est soumise (fig.). De là quatre *lois* :

1° *Les nombres de vibrations de deux cordes sont en raison inverse de leur longueur.* Donc, de deux cordes faites de même substance, ayant même grosseur, et également tendues, la plus courte rend le son le plus aigu;

2° *Les nombres de vibrations de deux cordes sont en raison inverse de leur diamètre.* Donc, de deux cordes de même substance, de même longueur, et également tendues, la plus mince rend le son le plus aigu;

3° *Les nombres de vibrations de deux cordes sont proportionnels à la racine carrée des poids tenseurs.* — Donc, de deux cordes de même substance, de même longueur et de même grosseur, la plus tendue rend le son le plus aigu;

4° *Les nombres de vibrations de deux cordes sont en raison inverse de la racine carrée des densités des substances qui les forment.* — Donc de deux cordes de même longueur, de même grosseur, et également tendues, celle qui est faite avec la substance la plus légère rend le son le plus aigu.

Ces quatre lois trouvent leur application dans la construction et l'usage des instruments de musique. Dans le piano et la harpe chaque corde ne rend qu'un son; ces cordes ont des longueurs différentes, des grosseurs différentes, et sont faites de substances différentes. Dans le violon toutes les cordes ont la même longueur, mais l'artiste, en serrant les cordes entre les doigts et le manche de l'instrument, fait varier cette longueur suivant la note qu'il veut obtenir. Enfin, dans le violon comme dans le piano, la loi des poids tenseurs intervient quand on veut accorder l'instrument. On tend la corde plus ou moins fortement, au moyen de chevilles, jusqu'à ce que l'accord soit obtenu.

corégones. — Les *corégones* forment tout un groupe de poissons d'eau douce au corps un peu comprimé latéra-

Corégone (exemple : le lavaret, longueur, 0ᵐ,50).

lement, couvert d'assez grandes écailles, qui tombent facilement; bouche petite, dents petites. Ces poissons se rencontrent principalement dans les lacs et les rivières de la partie nord et tempérée de l'ancien et du nouveau continent. Il s'en trouve peu en France. En Sibérie la pêche de ces poissons est des plus importantes; tous les habitants du pays s'y livrent quand les eaux sont débarrassées des glaces, surtout dans les fleuves. On consomme ces poissons frais, ou salés, ou séchés à l'air; du foie on retire une huile estimée. Malgré le bas prix du poisson en Sibérie, le produit de la pêche des corégones se chiffre par une somme considérable.

Les espèces principales sont les suivantes. La *féra*, qui atteint 40 centimètres de longueur; abondante dans les lacs de l'Europe australe; chair très estimée. Le *lavaret*, rarement plus gros; on le rencontre en France dans le lac du Bourget, dans les rivières du bassin du Rhône, dans les lacs de l'Europe centrale (*fig.*); chair des plus savoureuses. Le *corégone marève*, qui atteint 60 centimètres; dans les lacs de l'Europe centrale, sa taille habituelle est de 30 centimètres. Le *boutuig*, de 45 centimètres, abondant dans les mers du Nord, et remontant les grands fleuves pour le frai.

coriandre. — Plante de la famille des *ombellifères* qui dégage, quand elle est verte, une odeur de punaise (*fig.*). Cultivée en Italie, en Espagne, en France, pour les graines qui servent à aroma-

il est le plus souvent mélangé de substances qui, sans altérer sa transparence, lui donnent des colorations variées. On a aussi le *rubis oriental* (rouge de feu), la *topaze orientale* (jaune), le *saphir oriental* (bleu), l'*améthyste orientale* (pourpre ou violet). La valeur de quelques-unes de ces pierres peut être aussi grande que celle du diamant.

cormier. — Arbre de la famille des *pomacées*, haut de 10 à 15 mètres, dont les fruits (*cormes* ou *sorbes*) sont comestibles. Le bois est recherché par les graveurs, les tourneurs, les mécaniciens; on en fait en particulier beaucoup d'instruments de menuiserie.

cormoran. — Oiseau *palmipède*, grand pêcheur; il nage et plonge avec une

Cormoran (longueur, 1 mèt.).

Coriandre (hauteur, 0ᵐ,50).

tiser la bière, les aliments, quelques liqueurs; elle entre dans la composition de l'eau de mélisse.

corindon. — Pierre précieuse, très dure et très estimée, qu'on trouve aux Indes orientales, au Thibet et dans l'île de Ceylan. C'est une combinaison du métal *aluminium* avec de l'*oxygène*. Il est incolore, quand il est pur, mais

grande habileté; vole très aisément (*fig.*). Sa taille se rapproche de celle de l'oie, de même que la forme de son corps; mais le bec est plus mince et recourbé au bout. Il est commun surtout sur les bords de la mer; abonde au Sénégal, à l'île Maurice, au Kamtchatka. Sa voracité est telle qu'il dépeuple rapidement les étangs les plus poissonneux. Autrefois on le dressait à la pêche, en France et en Angleterre.

cornaline. — Voy. agate.

corneille. — Oiseau noir ou cendré voisin du *corbeau*. Les corneilles vivent par couples dans les climats froids et tempérés, nichant au milieu des champs, sur les arbres isolés. Ce sont des oiseaux intelligents et sociables. Les corneilles détruisent beaucoup de petits rongeurs et un peu de gibier et de graines ; elles sont donc plus utiles que nuisibles. Elles nichent au début du printemps ; la femelle pond 4 à 5 œufs. En grandes bandes, les corneilles mangent parfois les semences ; elles sont alors très nuisibles.

cornes. — Excroissances dures formées de la même substance que les cerf...) elles tombent chaque année et repoussent : on leur donne alors le nom de *bois*. Mais la substance dont elles sont constituées est toujours de nature cornée.

C'est avec les *cornes* des ruminants, et aussi avec les *sabots* qu'on fabrique, dans l'industrie, un grand nombre d'objets en *corne*. La *corne*, en effet, est susceptible de prendre toutes les formes et toutes les couleurs, de recevoir un beau poli, et se prête par conséquent à la fabrication d'une foule d'objets qui demandent à la fois de la souplesse et de la légèreté. Pour travailler la corne on la laisse séjourner pendant plusieurs jours dans un liquide formé d'eau additionnée d'acide azotique, d'acide acétique, de tanin, de bitartrate de potasse et de sulfate de

Cornes. — Les mammifères ruminants sont les principaux animaux qui aient des cornes.

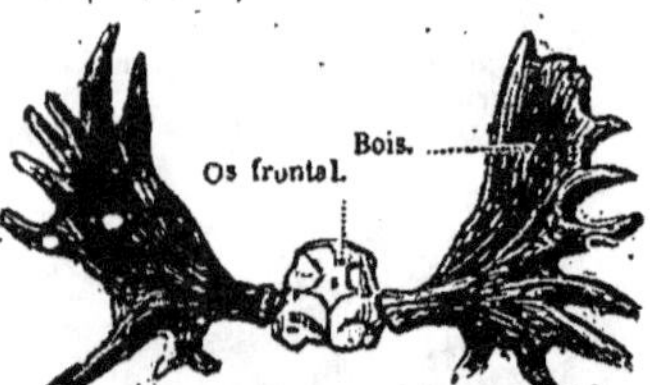

Cornes de l'élan (envergure, 1m,50; poids, 20 kilogrammes).

Cornes du cerf (envergure, 1m,30).

Cornes du capricorne antilope (longueur, 0m,45).

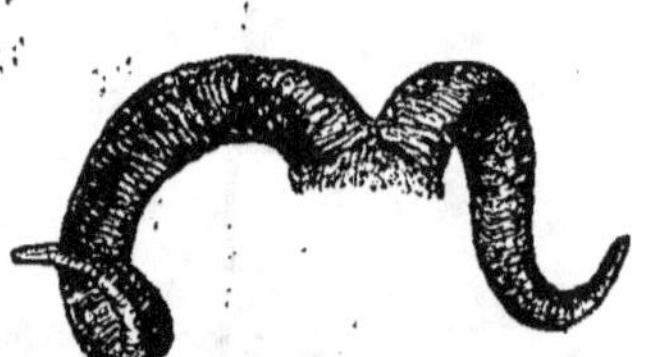

Cornes du mouflon (envergure, 1m,50; poids, 25 kilogrammes).

poils, les sabots, et les ongles, que portent sur la tête un grand nombre d'animaux mammifères. Les mammifères porteurs de cornes sont presque tous des *ruminants*, mais tous les ruminants n'ont pas de cornes (chameau, lama). Les *rhinocéros*, qui ne sont pas des ruminants, ont une corne. La forme, la grosseur, la longueur des cornes est très variable (*fig.*). Tantôt elles sont persistantes et ne tombent jamais (bœuf, chèvre, mouton, capricorne, mouflon...) ; elles portent alors plus particulièrement le nom de *cornes*. Chez d'autres animaux (élan, zinc. Alors elle devient souple, élastique. Pour lui donner la forme que l'on veut on la met ensuite dans l'eau bouillante, ce qui la rend tout à fait molle ; on la comprime alors dans des moules de forme convenable. D'autres fois on en fait des blocs, des lames minces, qu'on laisse refroidir, et qu'on façonne ensuite comme si c'était du bois, au couteau, à la scie, au rabot. En mélangeant la pâte, pendant qu'elle est molle, avec des matières colorantes, on obtient les nuances les plus variées.

La *corne* est fournie surtout par les

cornes du bœuf, du bélier, de la chèvre et du buffle.

cornichon. — Voy. concombre.

cornouiller. — Petit arbre (6 à 7 mètres) commun dans les forêts. Son bois est employé à la fabrication des cannes, manches de parapluies, de pelles, de marteaux. Le fruit blet est comestible.

corozo. — On nomme *corozo*, ou *ivoire végétal*, une substance dure, blanche, ayant l'aspect de l'ivoire, et dont on fabrique des boutons, des pommes de canne, des manches de parapluie, etc. Cette substance a deux origines bien différentes. Tantôt elle est constituée par du caoutchouc durci par un procédé spécial, qui consiste à le combiner avec de la *magnésie*. Tantôt le corozo est constitué par la graine très dure d'un arbrisseau de la famille des *palmiers*, qui croît au Pérou. Cet arbrisseau porte un fruit gros comme la tête d'un enfant, renfermant quatre graines de la grosseur d'une petite pomme ; à maturité, ces graines prennent une dureté comparable à celle de l'ivoire.

corps gras. — On désigne sous ce nom général les *huiles*, *beurres*, *graisses*, *moelles*, *suifs*, *cires*, de provenance animale ou végétale. Ce sont des corps très importants par leur rôle dans l'économie animale, et par leurs usages nombreux dans l'industrie et l'économie domestique. Tous les corps gras sont, ou liquides, ou facilement fusibles, facilement combustibles ; ils peuvent aussi se combiner lentement avec l'oxygène de l'air et prendre une mauvaise odeur, en même temps qu'un mauvais goût : ils *rancissent*. On les trouve dans les végétaux (huile de graines de lin, de colza, de noix, d'olive, beurre de cacao, de palme, etc.). Dans les animaux ils sont encore plus répandus.

Les corps gras sont des mélanges de diverses substances nommées *stéarine*, *margarine*, *oléine*, *butyrine*. Chacune de ces substances est elle-même une combinaison d'un *acide organique*, avec une substance neutre nommée *glycérine*. Ainsi la stéarine est une combinaison d'*acide stéarique* et de *glycérine*. On peut, dans les corps gras, séparer la *glycérine* des *acides organiques* par une opération qu'on nomme *saponification*.

corroyage. — Le corroyage est la dernière opération du tannage des peaux ; il a pour but de rendre le cuir plus apte aux usages spéciaux auxquels on le destine. Ainsi le corroyage du *cuir à semelles* consiste simplement en un martelage énergique qui augmente sa dureté et sa résistance à l'usure. Le cuir destiné à la sellerie doit avoir de la souplesse ; on lui en donne en le frictionnant, au lieu de le battre, et en l'imprégnant d'un mélange d'huile de poisson et de carbonate de potasse.

coryza. — Le *coryza*, ou *rhume de cerveau*, est un *catarrhe* de la muqueuse des fosses nasales ; il est causé par le refroidissement, les irritations directes de la muqueuse, et l'action de certains médicaments. On peut le traiter par des inhalations de vapeurs humides et chaudes, par des injections avec de faibles solutions d'alun et de tanin. Le coryza aigu négligé peut devenir chronique et produire des ulcérations profondes ; on le traite alors par des injections avec une solution de nitrate d'argent.

cosmétique. — Substance aromatique employée pour entretenir la souplesse et la blancheur de la peau. Ces préparations, ordinairement à base d'oxyde de plomb, d'oxyde de zinc, d'oxyde de bismuth, sont bien loin d'être toujours inoffensives ; on ne doit les employer qu'avec une grande circonspection (voy. mains, peau, eaux de toilette, etc.).

coton. — Matière textile fournie par le fruit du *cotonnier* *. Après la récolte, on sépare les graines de leur duvet à l'aide d'une machine spéciale. Les graines sont employées comme engrais ; elles sont aussi données au

Intérieur d'une filature de coton.

bétail comme nourriture ou traitées pour l'extraction de l'*huile* *. Les *filatures* de coton (*fig.*) transforment en fil la fibre brute fournie à la suite de l'égrénage. Enfin le tissage, produit les nombreux tissus de coton connus sous les noms de : *cotonnade*, *nankin*, *shir-*

12.

ting, cambrik, batiste d'Ecosse; jaconas, percale, calicot, mousseline, organdis, canevas, tulle, gaze, croisé, mérinos de coton, coutil, satin, futaine, peau de taupe, damas de coton, piqué, velours de coton, etc.

De toutes les matières textiles, le coton est celle qui se prête le mieux à tous les besoins, et qui est le plus facile à travailler. Son usage en Asie est fort ancien, mais en Angleterre et en France, l'industrie du coton n'a pris d'importance que dans la seconde moitié du XVIII siècle. Les filatures de coton sont nombreuses en France, surtout dans les départements du Nord. La production annuelle du coton dans le monde entier dépasse 2 milliards de kilogrammes, ayant une valeur supérieure à 4 milliards de francs. Dans cette production totale, la Chine, l'Indo-Chine et la Malaisie entrent pour 800 millions de kilogrammes, les Etats-Unis pour 600 millions et l'Indoustan pour 450 millions.

Au point de vue de la préservation du froid, les tissus de coton sont intermédiaires entre ceux de laine et ceux de chanvre et de lin. Au point de vue hygiénique, ils sont bien supérieurs aux tissus de lin et de chanvre pour le linge de corps.

cotonnier. — Arbrisseau de la famille des *malvacées* cultivé dans les

Cotonnier (port de l'arbre; hauteur, 2 mètres).

régions chaudes des deux mondes (Mexique, Brésil, Indes occidentales et Indes orientales, Algérie, Egypte, Australie, Turquie, Sicile, Malte, Espagne, Crimée, Grèce). Il en existe plusieurs variétés, dont la taille va de 50 centimètres à 6 mètres (*fig.*). La partie importante de cette plante est le fruit. Ce fruit est constitué par une cap-

sule dans laquelle sont les graines, entourées d'un fin duvet (*fig.*). Quand les capsules sont mûres elles s'ouvrent, et le duvet fait saillie à l'extérieur. C'est ce duvet qui constitue la

Rameau du cotonnier, avec fruit.   Capsule du cotonnier, renfermant les graines, entourées de duvet.

matière textile nommée *coton*. On en fait alors la récolte en enlevant les graines avec leur duvet, tandis que les capsules restent sur la plante (voy. coton) (*fig.*).

coton-poudre. — Matière explosive, aussi nommée *fulmi-coton*. On le prépare en immergeant de l'ouate dans un mélange d'*acide azotique* fumant et d'*acide sulfurique* concentré, puis on lave à grande eau. Après ce traitement l'ouate a conservé son aspect, mais elle a pris la propriété de brûler, une fois séchée, avec une extrême rapidité; comme pour la *poudre* et la *dynamite*, cette combustion se fait sans le secours de l'air, et si elle se produit en vase clos, elle est accompagnée d'une explosion qui brise le vase. Le coton-poudre n'a aucun usage bien important comme explosif, parce que la *poudre* et la *dynamite* donnent de meilleurs résultats; il entre dans la composition du *collodion*.

cotylédon. — Feuille épaissie qui

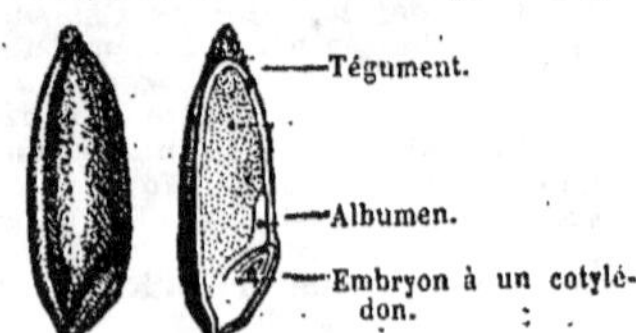

Graine monocotylédonée (blé).

se trouve dans la *graine*, et qui, au moment de la germination, fournit à la petite plante les substances nécessaires à son premier développement. L'existence ou l'absence de cotylédon dans la graine a permis de diviser les

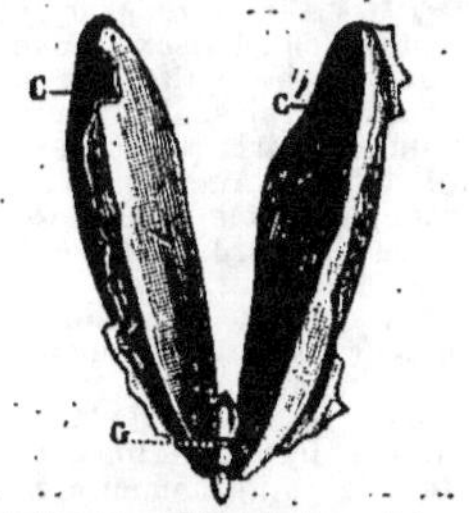

Graine dicotylédonée (amand.).

plantes en trois grands embranchements. Toutes les plantes qui possèdent deux cotylédons forment l'embranchement des *dicotylédones* (*fig.*); celles dont la graine n'a qu'un seul cotylédon

Graine dicotylédonée (C et C′ cotylédons ; G gemmule ; T tigelle, R radicule).

forment les *monocotylédones* (*fig.*). Ces deux embranchements réunis constituent le groupe des plantes *pha-*

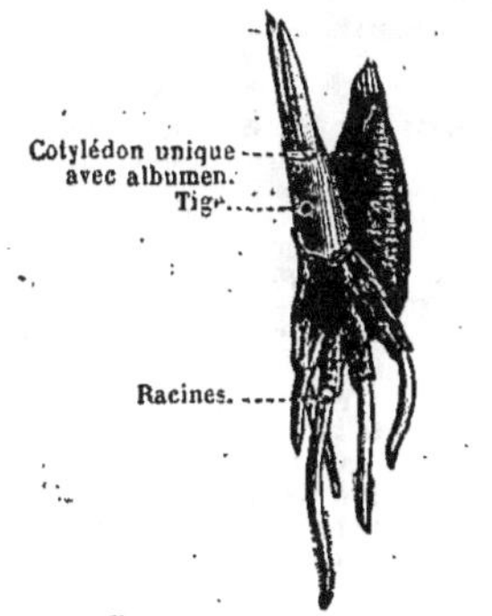

Graine monocotylédonée (blé).

nérogames. Enfin les plantes qui n'ont pas de fleurs, et par suite pas de graines, forment l'embranchement des *acotylédones* ou *cryptogames*.

coucou. — Oiseau *grimpeur;* couleurs ternes; longueur 0ᵐ,39 (*fig.*). Habite surtout les forêts, aussi loin que possible des lieux fréquentés. N'est que de passage en France; arrive au commencement du printemps, pour partir à l'époque des froids.

Le coucou ne bâtit pas de nid; la femelle dépose ses œufs l'un après l'autre dans les nids de petits passereaux, jamais deux dans le même nid, et laisse ainsi à d'autres le soin de couver, puis de nourrir sa progéniture. Les victimes de sa supercherie sont surtout la fauvette, le rouge-gorge, le rossignol, la bergeronnette, la grive, le merle, tous oiseaux qui nourrissent leurs petits d'insectes, bien que quelques-uns soient granivores à l'état

Jeune coucou nourri par une fauvette.

adulte. Le petit, une fois éclos et un

Coucou (longueur, 0ᵐ,25).

peu grand, jette à bas du nid ses frères d'occasion, pour profiter à lui seul des soins des parents. Le coucou nous est fort utile; il fait surtout une grande consommation de chenilles.

coudrier. — Arbuste aussi nommé *noisetier* qui occupe ordinairement la lisière des forêts dans la région tempérée (*fig*.). Son fruit, appelé *noisette* ou *aveline*, est comestible; celui des

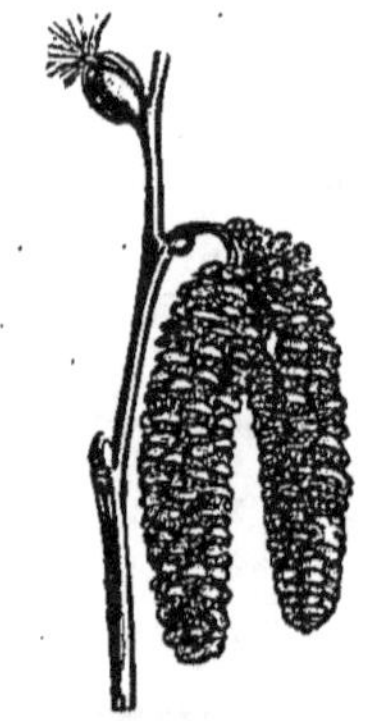

Rameau fleuri du coudrier (en haut, fleurs à *pistil*; au-dessus, fleurs à étamines réunies en châton).

variétés cultivées est plus gros et plus

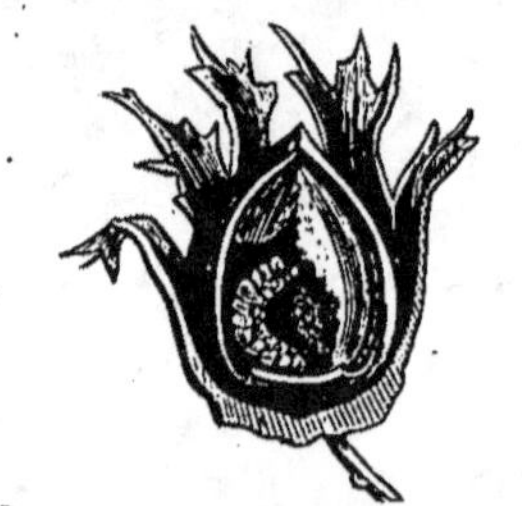

Noisette ouverte montrant une larve rongeant le fruit.

savoureux. Les branches flexibles du

Noisette entière montrant le trou par lequel la larve, devenue insecte parfait, est sortie.

coudrier sont employées pour divers travaux de vannerie.

couguar. — Le *couguar* (*fig*.), ou *puma*, est un félin d'assez grande taille. Ses caractères distinctifs sont une robe dépourvue de raies, d'anneaux et de taches, une tête très petite et sans crinière. Il habite l'Amérique du Sud et se rencontre même quelquefois dans l'Amérique du Nord. C'est le lion du nouveau continent, mais beaucoup moins puissant que celui de l'ancien. Sa longueur atteint cependant 1^m,10, avec une queue de 0^m,65.

Il vit dans les forêts; il n'a ni gîte, ni domaine fixe; il chasse la nuit. Il se nourrit surtout de petits mammifères, agou-

Couguar (longueur du corps, 1 mètre).

tis, chevreuils, brebis, jeunes veaux, poulains, singes. Il est très nuisible pour les troupeaux, et on lui donne la chasse en toutes circonstances. Sa fourrure est peu estimée; on mange sa chair. On en connaît plusieurs espèces, peu différentes de celle que nous venons de décrire.

couleuvre. — Voy. serpents.

coulomb. — Voy. électriques (*unités*).

coup de fouet. — Maladie provenant de la rupture de quelques fibres des muscles de la jambe. Cette rupture se produit sous l'influence d'un effort violent et brusque, et se traduit par une douleur très vive qui arrive subitement et rend la marche impossible. On traite le coup de fouet par un repos absolu, accompagné de compresses froides. La rupture des fibres musculaires se fait aussi dans la région des reins; on a alors un *tour de reins*, qui survient dans les mêmes circonstances que le coup de fouet, et se traite de la même manière.

coup de soleil. — Voy. insolation.

coupe-racines. — Instrument qui

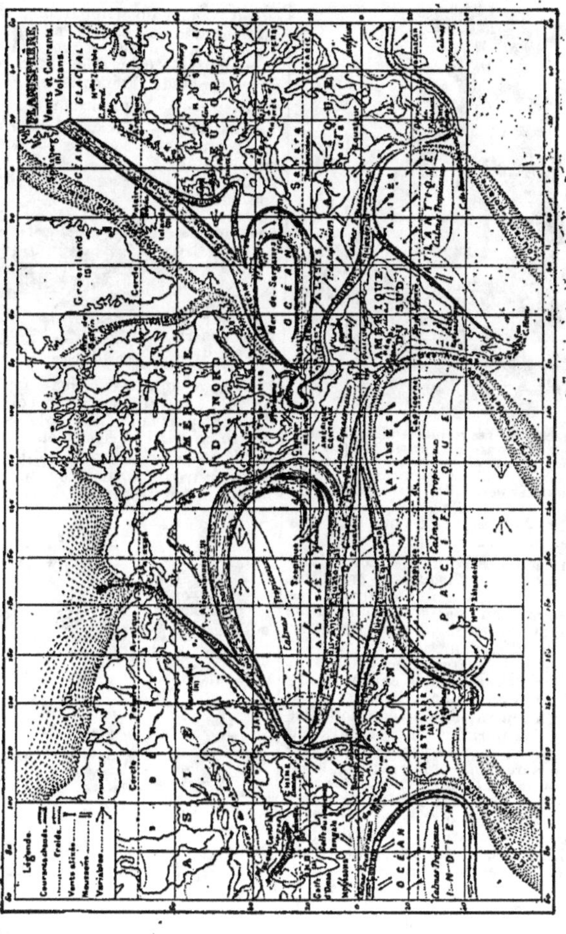

Carte des courants marins.

sert en agriculture pour couper les

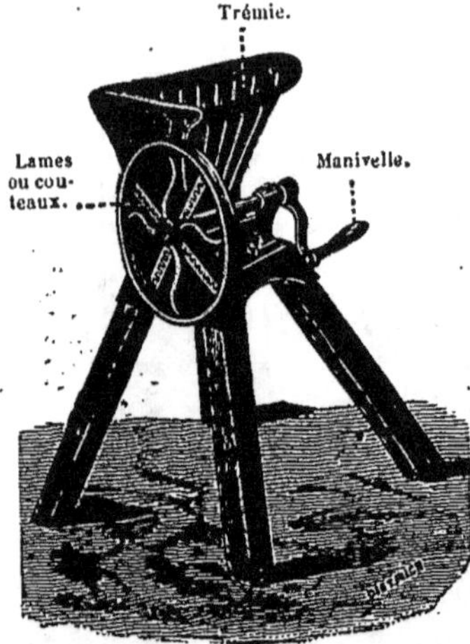

Trémie.

Lames ou couteaux.

Manivelle.

Coupe-racine. — Les racines sont mises dans la *trémie* ; elles sortent par l'extrémité inférieure, et sont réduites en tranches minces par les *couteaux* que porte la roue, mise en mouvement par une *manivelle*.

carottes, betteraves, qu'on donne à manger aux animaux (*fig.*).

courants marins. — Les océans sont constamment traversés par d'immenses courants qui entraînent les eaux du nord au midi, du midi au nord, déversant sur les régions polaires une partie de la chaleur des tropiques, et donnant à l'équateur un peu de la fraîcheur des pôles. La cause de ces *courants* est principalement dans l'évaporation rapide de l'eau dans les régions équatoriales ; il en résulte un vide, qui est comblé par des eaux venues des régions polaires ; ces eaux arrivent par le fond parce qu'elles sont froides, et par suite plus lourdes. Venant en abondance, elles refoulent les eaux de l'équateur, qui se dirigent vers les pôles, en des courants de surface, car ces eaux étant plus chaudes sont plus légères. La direction de ces courants est déterminée par les espaces libres qu'ils rencontrent entre les continents. Le plus important des courants marins est, pour nous, le Gulf-Stream, qui va du golfe du Mexique vers le pôle nord. Il baigne les côtes de France, de Grande-Bretagne, de Norvège, et leur porte un peu de la chaleur de l'équateur (*fig.* page 213).

courbature. — Lassitude générale des muscles qui détermine des douleurs dans tous les membres et dans les reins ; survient à la suite d'une fatigue exagérée. Le repos suffit ordinairement pour la guérir. Quand la *courbature* surgit sans cause apparente, qu'elle est persistante et accompagnée de fièvre, elle annonce souvent le début d'une maladie (rougeole, petite vérole, fièvre typhoïde, bronchite, etc.).

courge. — Voy. citrouille.

courlis. — Oiseau *échassier* qui se rapproche de la bécasse par son plumage et la longueur de son bec. Vit de vers, larves, mollusques. Se trouve dans les plaines marécageuses, sur le bord des rivières, dans les friches.

Courlis (longueur, 0m,75).

Marche avec une extrême rapidité, et ne vole que rarement ; son vol cependant est puissant. Oiseau de passage ; arrive en avril et repart en automne. Niche dans les bruyères (*fig.*).

couronne. — Les couronnes portées par les empereurs, rois, ducs...,

Tiare.   Mitre.   Fleur de lis.

Impériale.   Royale.   Duc.

Marquis.   Comte.   Vicomte.

Baron.   Diadème.

Couronnes.

comme signe de leur noblesse, ont les formes figurées ci-contre (*fig.*).

couronnes. — Cercles colorés des nuances de l'arc-en-ciel, qui se forment parfois autour du soleil et de la lune; ces cercles diffèrent des *halos* en ce que le rouge y est à l'extérieur et le violet à l'intérieur. Les *couronnes* sont dues à la décomposition de la lumière par les gouttes d'eau constituant les nuages situés entre le soleil et l'observateur (voy. **spectre solaire**; **arc-en-ciel**).

courtilière. — La *courtilière*, ou *taupe-grillon* (*fig.*), est un insecte *orthoptère* caractérisé par ses pattes antérieures, qui sont très puissantes

Courtilière commune (longueur, 0ᵐ,05).

et disposées pour fouir la terre. Mâchoires très robustes, ailes supérieures courtes, ailes inférieures longues. Cet insecte, de taille relativement grande, est très nuisible.

La courtilière creuse des galeries dans le sol, pour rechercher les larves et les insectes dont elle se nourrit, coupant en chemin les racines d'un grand nombre de plantes, dont elle détermine ainsi la mort. La femelle dépose ses œufs dans un nid établi dans les galeries; ces œufs éclosent en juillet; les larves, après avoir subi plusieurs mues, passent l'hiver engourdies et ne complètent leur développement que l'année suivante. On ne saurait trop faire la guerre à ces insectes nuisibles qui, heureusement, sont détruits en grand nombre par les taupes, les mulots et beaucoup d'oiseaux.

cousins. — Les *cousins* (*fig.*) sont de petits insectes *diptères* au corps frêle et délicat, aux pattes longues; le suçoir des femelles est long et capable de causer des piqûres très douloureuses. Ce sont des insectes nocturnes; ils abondent dans les endroits marécageux, voltigeant en troupes nombreuses, avec un bourdonnement aigu. Ils

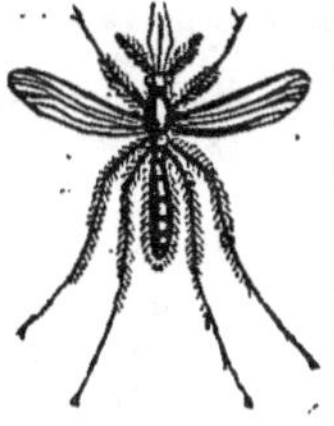

Cousin commun grossi (longueur, 0ᵐ,06).

sont très avides du sang de l'homme, et aussi du suc des fleurs. Les œufs sont déposés dans l'eau; au bout de deux jours, il en sort des larves velues sans pieds; quand la nymphe se transforme en insecte parfait, sa dépouille forme une nacelle qui conduit l'animal ailé sur la rive.

Le *cousin commun* est très répandu en France. Le *moustique* ou *maringouin* vit dans les pays chauds et humides; il constitue souvent un véritable fléau pour les gens et pour les bêtes. Les *tipules* ressemblent aux cousins; leur trompe est faible, aussi ne peuvent-ils piquer ni l'homme ni les animaux; ils vivent du suc des plantes.

couveuse artificielle. — Appareil destiné à remplacer, dans les exploitations agricoles, l'incubation

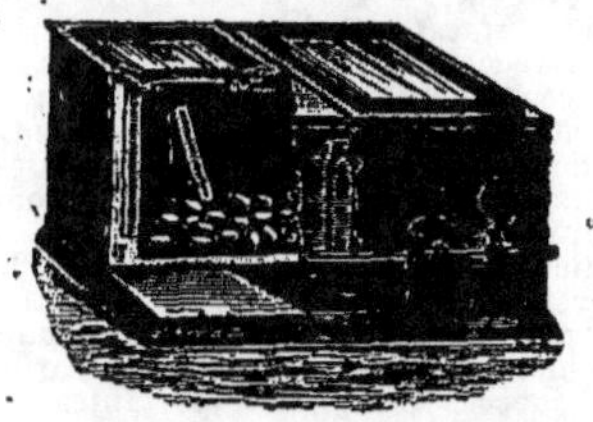

Couveuse artificielle. — La chaleur nécessaire à l'éclosion est fournie par l'eau chaude que contient un réservoir placé à proximité des œufs.

naturelle des œufs par la mère (poule, dinde, oie), par une incubation artificielle (*fig.*).

coxalgie. — Maladie grave de l'articulation supérieure de la cuisse. Elle débute par une douleur sourde, puis plus vive, qui se propage vers le genou; puis vient une claudication prononcée. Les parties molles entourant l'articulation éprouvent des déformations, il s'établit souvent une suppuration.

La coxalgie atteint surtout les enfants rachitiques; elle se termine souvent par la mort, ou bien elle laisse derrière elle une infirmité; cependant les cas de guérison radicale deviennent de plus en plus fréquents. La première condition du traitement est une immo-

Coxalgie. — Gouttière double pour l'immobilisation complète de la cuisse.

bilité absolue du membre, obtenue à l'aide d'appareils appropriés (*fig.*); puis on fait intervenir le vin de quinquina, l'iodure de fer et l'iodure de potassium, les bains sulfureux.

coypou. — Le *coypou*. ou *castor des marais*, ou *loutre d'Amérique*, est un mammifère rongeur qui a 60 centimètres de long, avec une queue qui a la longueur du corps. On le trouve dans la zone tempérée de l'Amérique méridionale, où on lui fait activement la chasse. Sa fourrure, d'un brun châtain, est expédiée en grandes quantités de Buenos-Ayres et de Montevideo en Europe. Sa chair est très agréable. Comme le castor, le coypou finira par être. complètement détruit par les chasseurs.

crabes. — Les *crabes* (*fig.*) sont des *crustacés* dont le corps est entièrement recouvert d'une grande carapace. Le corps des crabes est ramassé; le sternum, très large, est percé de deux orifices pour la sortie des œufs; les premières pattes de devant sont terminées par une forte pince. Ces animaux sont conformés pour la marche plutôt que pour la nage. La plupart sont alimentaires; leur chair est blanche et assez savoureuse. Parmi les espèces les plus importantes on remarque les suivantes :

Les **crabes terrestres**, qui habitent des régions chaudes des deux hémisphères. Ils se rencontrent surtout dans les bois humides et ombragés, cachés sous les racines des arbres ou dans des trous assez profonds. Leur zone d'habitation ne s'écarte

Crabe dormeur (poids, 3 kilogr.).

jamais beaucoup de la mer, où ils se rendent chaque année au moment du frai. Ils vont alors par bandes, franchissent des espaces relativement considérables. L'espèce la plus connue, le *crabe terrestre commun* des Antilles, a 8 centimètres de longueur; il a une très large carapace, d'une couleur rouge violacé. Il passe peut être pour le plus savoureux de tous les crustacés.

Le **crabe enragé**, espèce marine, est très commun sur nos côtes de l'Océan, surtout à l'embouchure des rivières; on le voit courir sur les plages, s'enfoncer dans le sable à la moindre alerte. Il est essentiellement carnivore, très vorace : c'est le principal ennemi de l'huître. Il est de couleur verdâtre, la carapace marquée de lignes très nettes. Sa fécondité est très grande ; une seule femelle porte jusqu'à 200 000 œufs.

Sa chair est délicate; sur le littoral de l'Océan, les classes populaires en consomment d'énormes quantités; on l'emploie aussi pour servir d'appât pour la pêche.

Le **crabe tourteau** ou **dormeur** est plus gros; son poids peut atteindre 3 kilos. Il a le dessus du corps d'un rouge brun, le dessous blanchâtre; la carapace est beaucoup plus large que longue. On le trouve sous les pierres, à marée basse, sa chair est plus estimée que celle du crabe enragé. On le pêche beaucoup en Angleterre et en Norvège.

crachat. — Sécrétion liquide provenant du pharynx ou des bronches, et rejetée au dehors. Dans l'état de santé il se produit, dans la bouche et les cavités avec lesquelles elle communique, une petite quantité de liquide. Sous diverses influences cette production augmente : de là le besoin de cracher. Les crachats fréquents indiquent le plus souvent un état maladif des organes respiratoires. Les conclusions que le médecin peut tirer de leur existence dépendent de leur aspect et des circonstance de leur expectoration (avec ou sans toux). Quand il y a toux, c'est que les crachats proviennent du larynx, des bronches ou du poumon (*laryngite*, *bronchite*, *fluxion de poitrine*, *phtisie pulmonaire*); quand il n'y a pas toux, ils viennent de la bouche ou de la gorge (*inflammation de la bouche, aphte*, *muguet*, *amygdalite*, *angine*). La couleur, l'odeur des crachats varient avec leur cause.

crachement de sang. — Les crachements de sang peuvent venir du nez ou de l'estomac, après un saignement de nez abondant, par exemple : le sang est alors noir et coagulé. S'il provient des bronches ou des poumons il est rouge et mélangé de bulles d'air. La phtisie pulmonaire, les plaies des poumons, les maladies du cœur sont la cause la plus ordinaire des crachements de sang.

craie. — L'une des nombreuses variétés du *calcaire*, ou carbonate de chaux; elle est d'origine organique, constituée par l'accumulation de dépouilles d'animaux microscopiques. à coquilles. La craie est assez friable; aussi l'emploie-t-on pour écrire sur le bois. Pulvérisée, puis lavée, séchée et moulée, elle constitue le *blanc d'Espagne*. Elle forme le sous-sol de contrées entières (Bassin de Paris, Champagne, environs de Rouen, etc.).

crampe. — La *crampe* est une contraction subite, passagère et douloureuse, des muscles des membres. Elle résulte d'une fausse position, d'un grand effort musculaire, de la compression d'un nerf; elle survient souvent pendant le sommeil. On prévient la crampe en entourant la partie qui en est souvent le siège avec une chaînette de fer doux.

La *crampe des écrivains* est une contraction de la main qui empêche d'écrire; elle se guérit d'elle-même si on cesse d'écrire dès le début des accidents, et cela pendant plusieurs mois. Divers appareils ont été imaginés pour permettre d'écrire sans qu'on soit obligé de tenir le porte-plume par la pression des doigts.

Pour les *crampes d'estomac*, voy. **gastralgie**.

crâne. — Le *crâne* (*fig.*) est une boîte osseuse qui renferme le cerveau;

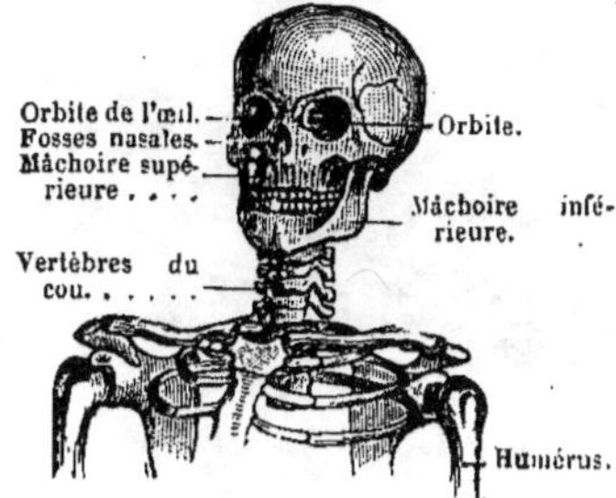

Le crâne et la face, vus de face.

il est formé, chez l'homme, de 8 os unis par des articulations dentelées,

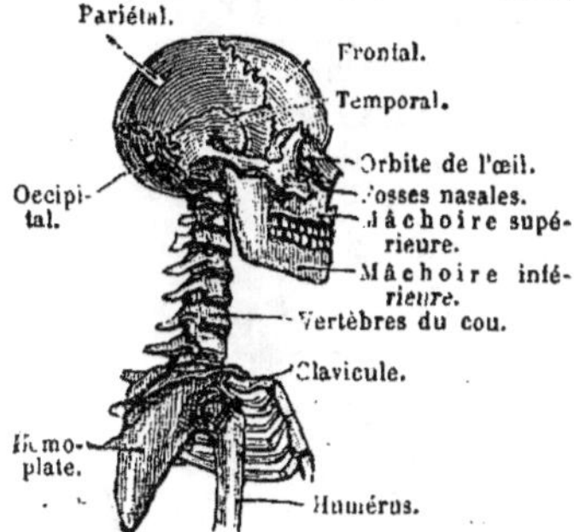

Le crâne et la face, vus de côté.

sans mobilité, nommées *sutures*; la partie inférieure du crâne s'articule avec les os de la face et de la colonne vertébrale. Pour les différentes formes du crâne, voy. **races**.

crapaud. — Voy. **batracien**.

crémation. — Action de détruire les cadavres par le feu. La *crémation*, ou *incinération* des morts, a été pratiquée dès les temps les plus reculés. Bien avant les Grecs et les Romains, la crémation était usitée, mais ces derniers peuples l'employèrent fréquemment, surtout pour les grands personnages. Depuis plus de douze siècles, la crémation a complètement cessé d'être pratiquée; mais on tente maintenant, sans grand succès, d'y revenir. Des *fours crématoires* sont installés dans plusieurs villes d'Italie, d'Allemagne; il y en a un à Paris. Les partisans de la crémation sont actuellement fort peu nombreux.

créosote. — Liquide huileux, ayant une odeur de fumée et une saveur brûlante, qu'on retire du goudron de bois. La créosote est employée comme caustique dans le traitement des dents cariées. On s'en sert comme *antiseptique* dans la conservation du bois. Les viandes fumées se conservent par suite de la créosote dont elles ont été imprégnées par la fumée.

crépuscule. — Clarté relativement faible qui précède le lever du soleil (*aurore*) ou suit son coucher (*brune*); la cause est due à la réfraction, par l'air, des rayons lumineux partis du soleil. Le crépuscule est court dans le voisinage de l'équateur, et de plus en plus long à mesure qu'on s'approche du pôle. En Écosse, en Suède, et à plus forte raison plus au nord, il n'y a pas de nuit complète pendant une partie de l'été, car la *brune* se prolonge jusqu'à l'*aurore*.

cresserelle. — Voy. **faucon**.

cresson. — Herbe aquatique de la famille des *crucifères*, cultivée en

Cresson de fontaine.

grand, surtout dans le département de Seine-et-Oise. Cette culture se fait dans des *cressonnières*, constituées par des fossés, dans lesquelles circule de l'eau. Le cresson pousse d'ailleurs spontanément dans les ruisseaux. Il est consommé en salade, à l'état frais; il est stimulant et antiscorbutique. Employé en médecine (*fig.*).

13

crétacé (*terrain*). — Voy. **terrains** secondaires.

crétinisme. — Défaut ou arrêt de développement des facultés intellectuelles, physiques et morales. Le crétinisme règne à l'état endémique dans certaines vallées des Alpes et des Pyrénées; il est généralement accompagné du goître. Le *crétinisme* est un rachitisme porté à l'excès, dû à la mauvaise nourriture longtemps prolongée, au défaut de soleil et à la misère continuelle. La maladie est incurable, mais l'amélioration progressive du sort des

Crétin.

populations la ferait disparaître à la longue. Le crétinisme n'est qu'une forme particulière de l'idiotie (*fig.*).

crevette. — La *crevette* est un petit *crustacé* ayant le corps comprimé latéralement, l'abdomen très grand, et la carapace peu solide et peu épaisse; les pattes sont très longues et très grêles (*fig.*).

La crevette rose est la plus grosse; elle est grisâtre, presque transparente, avec des rangées de petits points rouges

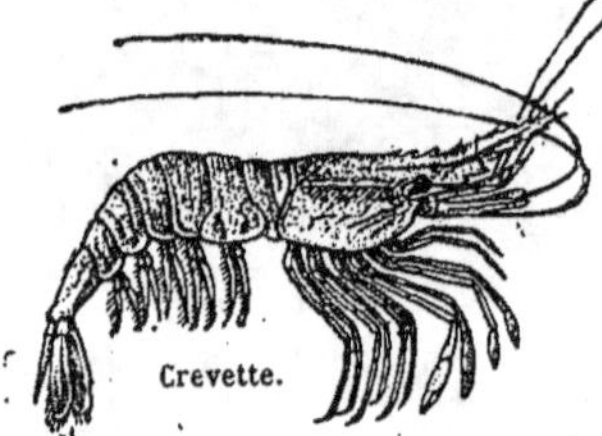

Crevette.

et bruns. Son corps est assez épais. Elle devient rouge par la cuisson, sa chair est très estimée.

La crevette grise est plus petite, moins estimée; elle ne devient pas rouge par la cuisson.

La pêche de la crevette se fait partout sur le sable de nos côtes. L'animal a besoin d'être livré à la cuisson presque immédiatement; même cuite, la chair s'altère rapidement.

criquet. — Insecte *orthoptère* tout à fait analogue aux sauterelles proprement dites, dont il diffère par un corps moins allongé, des antennes plus courtes; de plus les femelles n'ont pas, au bout de l'abdomen, d'appendice en forme de sabre. Les mâles produisent un son strident par le frottement des pattes de derrière contre les nervures saillantes des élytres.

Ces insectes sont essentiellement sauteurs. Ils vivent de végétaux et causent parfois d'immenses dégâts. Ils émigrent en troupes innombrables, ne laissant derrière eux aucune trace de

Criquet voyageur (longueur, 0ᵐ,07).

végétation. C'est à tort que ces invasions sont nommées invasions de sauterelles. Les espèces de criquets sont assez nombreuses; elles ravagent surtout le midi de l'Europe, l'Egypte, l'Algérie, la Perse... Quelques peuplades d'Afrique et d'Orient utilisent les criquets comme aliments (*fig.*).

cristal de roche. — Voy. **quartz**.

cristallisation. — État d'un corps

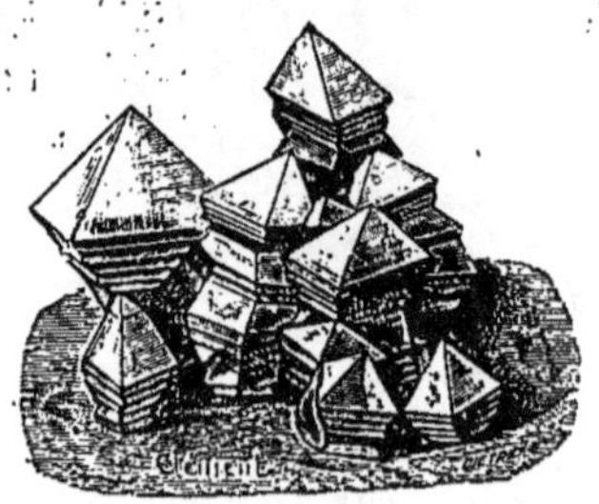

Cristaux d'alun.

solide formé de morceaux présentant

naturellement des formes géométriques, à arêtes vives et à angles saillants; chaque partie du corps cristallisé se nomme un *cristal* (exemple : cristal de roche, sulfate de cuivre ou vitriol bleu, sulfate de fer ou vitriol

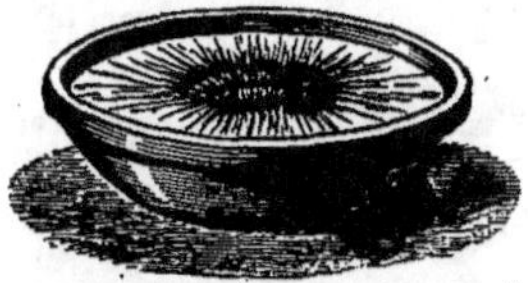

Cristallisation du soufre par fusion.

vert). La cristallisation s'obtient ordinairement quand un solide a été fondu par la chaleur, et qu'on laisse le liquide obtenu se refroidir et se soli-

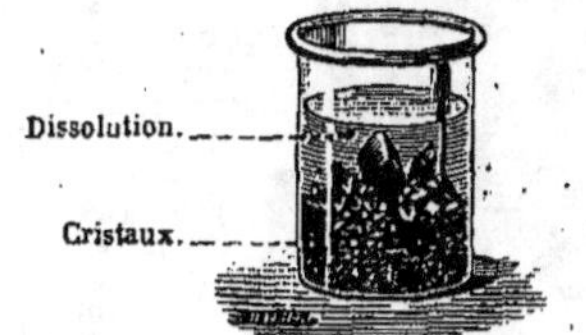

Cristallisation du sulfate de cuivre (vitriol bleu), par refroidissement de sa dissolution concentrée.

difier lentement (*soufre*). Plus souvent encore on fait dissoudre le solide dans l'eau chaude, et on laisse refroidir la dissolution ; par refroidissement, une partie du solide ne peut rester en dissolution et se dépose sous forme de cristaux (*fig.*). D'autres fois on fait dissoudre le corps solide dans l'eau froide, et on abandonne la dissolution à l'évaporation ; le solide cristallise à mesure que l'eau disparaît (sel marin dans les marais salants). Enfin certains corps cristallisent par *sublimation*.

crocodiles. — Les *crocodiles* sont des reptiles pourvus de dents et ayant quatre pattes plus ou moins distinctement palmées. La forme de leur corps est allongée ; ils sont protégés sur le dos par des écussons solides. Ce sont des animaux de grande taille, qui habitent les grands fleuves des pays chauds. Ils sont carnivores et se nourrissent de poissons, d'oiseaux aquatiques, de petits mammifères, de reptiles ; quand ils ont saisi une proie, ils la tuent sous l'eau, la laissent souvent macérer pendant plusieurs jours, puis vont la manger par lambeau, sur le bord, car ils ne peuvent manger dans l'eau. D'ailleurs, ils passent une grande partie de leur vie sur le bord, à guetter leur proie ou à dormir. Les crocodiles pondent des œufs plus gros que ceux de l'oie ; ces œufs sont déposés sur le sable et abandonnés à l'incubation naturelle, par le soleil ; les petits n'ont pas plus de 0m,20 de longueur à leur naissance, mais il croissent très rapidement. Très puissants et presque invulnérables à cause de la dureté de leur peau, les crocodiles sont des animaux très redoutables pour l'homme.

On les divise en trois groupes.

Crocodile proprement dit (*fig.*). — Il habite l'Afrique et le sud de l'Asie. Il est caractérisé par la quatrième dent inférieure plus longue et reçue dans une échancrure de la mâchoire supérieure. Tel est le *crocodile du Nil*, long de 7 mètres, qui se trouve dans tous les cours d'eau des parties chaudes de l'Afrique ; il est actuellement devenu rare dans le Nil, à cause de la guerre acharnée qui lui est faite depuis la généralisation de l'usage des armes à feu. Il fait sa nourriture de poissons et de petits mammifères ; parfois même il se jette sur les animaux de grande taille (bœuf, cheval, âne, chameau) ; il attaque souvent l'homme.

Le crocodile mâle répand une forte odeur de musc ; le musc est produit par des glandes spéciales qui ont, pour les habitants du Soudan, une grande valeur ; c'est avec le contenu de ces glandes que les femmes indigènes font les onguents avec lesquels elles se parfument. Les indigènes mangent aussi la chair du crocodile, qui est cependant loin d'être délicate. Le *crocodile à double crête* de l'Asie méridionale arrive à une taille aussi grande ; il vit au bord de la mer ; c'est un carnassier très dangereux. Le *crocodile à nuque cuirassée*, qui habite l'Afrique, est plus grand encore. Le *crocodile à museau aigu* de l'Amérique du Sud est un peu plus petit, mais non moins redoutable.

Caïman ou alligator. — Le *caïman* a le museau plus court, la tête plus large et plus longue, les pattes à demi palmées, les dents inégales. On le rencontre principalement dans les régions chaudes des deux Amériques. Le *caïman à museau de brochet*, ou *alligator du Mississipi*, a une taille ordinaire de 2 à 3 mètres, mais il devient parfois beaucoup plus long. Il abonde dans les lacs, les fleuves et les marais de la Caroline du Sud, de la Géorgie, de la Floride, de l'Alabama, du Mississipi et de la Louisiane ; il se tient sur les rives vaseuses ou sur les grands troncs d'arbres flottants. Pendant l'hiver il s'enfonce dans la vase et dort sans que rien puisse le réveiller. Il se nourrit principalement d'oiseaux et de mammifères; aussi fait-il de très grands dégâts dans les troupeaux; mais il est lâche et se sauve le plus souvent devant l'homme, qui peut le faire fuir à l'aide d'un simple bâton. Les œufs, blanchâtres, sont gros comme ceux de la dinde; la ponte s'élève parfois à cent œufs. On utilise la graisse du caïman pour lubrifier les machines; avec les dents on fabrique divers menus objets; la peau, tannée, n'est pas très solide, mais elle sert à la confection d'un grand nombre d'objets de maroquinerie. C'est ce caïman qu'on voit ordinairement dans les ménageries. On connaît plusieurs autres espèces de caïmans.

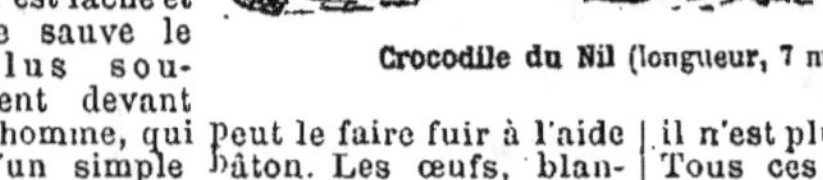

Crocodile du Nil (longueur, 7 mètres).

Gavial (*fig.*). — Le *gavial* a le museau rétréci, cylindrique, très allongé; les pattes de derrière sont dentelées et palmées. Le *gavial du Gange*, qu'on trouve dans une grande partie de l'Asie, a 5 à 6 mètres de longueur. Il détruit beaucoup de poissons, d'oiseaux et de petits mammifères; il mange avidement les cadavres. Il ne semble pas dangereux pour l'homme.

crocus. — Voy. safran.

croissance. — L'accroissement de la taille ne se fait pas avec la même régularité chez tous les enfants; mais dans les conditions les plus habituelles, et qui sont aussi les meilleures pour la conservation de la santé, l'accroissement se fait très vite pendant les premières années, puis plus lente-

Gavial du Gange (longueur, 7 mètres).

ment, pour se terminer vers la vingtième année. Au moment de la naissance, l'enfant a en moyenne 50 centimètres; il grandit de 20 centimètres dans la première année, de 10 centimètres dans la seconde; à partir de 4 à 5 ans jusqu'à 15 à 16 ans, l'accroissement est de 5 à 6 centimètres chaque année; à partir de 16 ans, il n'est plus guère que de 3 centimètres. Tous ces nombres sont des nombres moyens. Jusqu'à 11 et 12 ans les garçons sont plus grands que les filles; vers 12 ans les filles sont en moyenne plus grandes; vers 14 ans les garçons reprennent l'avantage; la croissance des filles est moins régulière que celle des garçons, et elle est terminée plus tôt. Le *graphique* ci-joint (*fig.*), dont la lecture est facile, montre l'accroissement normal d'un garçon de taille moyenne (50 centimètres à la naissance, 1m,684 à 20 ans).

L'accroissement de poids est aussi irrégulier que celui de taille, mais on peut, là encore, donner des nombres moyens, et les meilleures conditions de santé sont en général celles dans lesquelles on s'écarte le moins de ces nombres moyens. A la naissance, le poids moyen de l'enfant est voisin de 3 kilogrammes; l'accroissement en poids, comme celui en taille, est surtout rapide pendant les premières années. L'homme atteint son plus grand poids vers 35 ans et le conserve jusqu'à 45 ou 50 ans; la femme atteint son poids maximum vers 45 ans et le conserve jusqu'à 55 ans. Puis le poids diminue pendant la vieillesse. Un homme de taille moyenne (1m,684) pèse à peu près 67 kilogrammes; mais il y a là des écarts considérables, et on voit des hommes de taille moyenne dont le poids dépasse de beaucoup 100 kilogrammes.

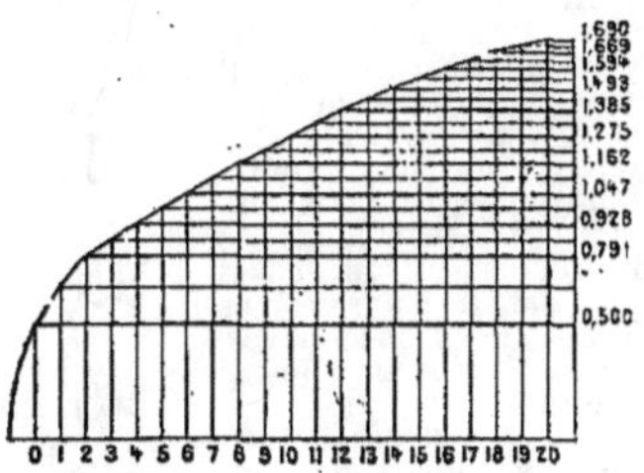

Croissance. — Représentation graphique de la croissance moyenne d'un garçon, de la naissance à 20 ans.

crotale. — Voy. serpents.

croton (*huile de*). — Huile qu'on extrait du *croton*, arbrisseau des Indes orientales, de la Chine, de Ceylan, des Moluques; on la retire des graines par compression. Elle est jaune, d'une odeur désagréable, d'une saveur âcre, brûlante. C'est un purgatif énergique à la dose de quelques gouttes; frottée sur la peau elle fait naître une éruption considérable. A l'extérieur comme à l'intérieur, l'huile de croton ne doit être employée qu'avec la plus grande prudence.

croup. — Maladie de la gorge dans laquelle il se forme des fausses mem-

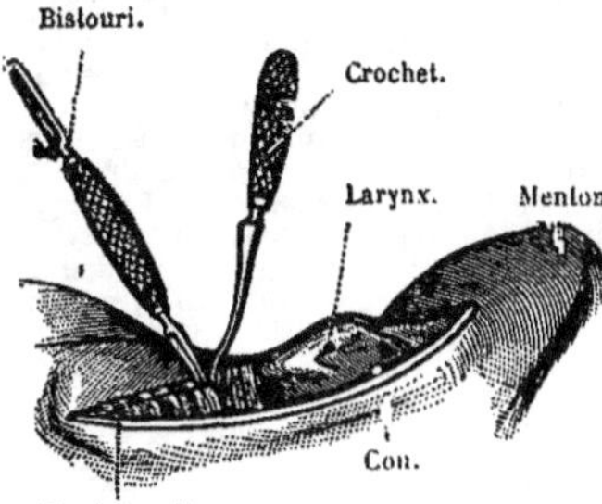

Croup. — Opération de la *trachéotomie;* on ouvre la trachée artère au-dessous du larynx, pour permettre la respiration.

branes à la surface du larynx enflammé; attaque surtout les jeunes enfants, et plus spécialement les garçons, au prin-

temps et à l'automne. Le croup débute ordinairement par un enrouement de plusieurs jours, une toux rauque et sourde, une inspiration difficile, puis arrive la suffocation et souvent la mort, au bout de deux ou trois jours.

On traite d'abord la maladie par des vomitifs, puis par des médicaments destinés à calmer l'inflammation du larynx et à faire disparaître les fausses membranes. Quand il y a danger immédiat de suffocation, on pratique

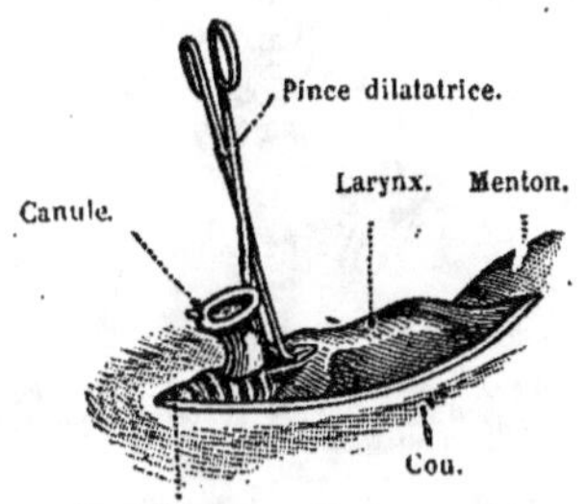

Croup. — Opération de la *trachéotomie;* on pose une canule pour permettre la respiration.

l'opération de la *trachéotomie*. Le croup n'est pas contagieux, tandis que l'*angine couenneuse* ou *diphtérie*, avec laquelle il présente bien des analogies, est essentiellement contagieuse.

crucifères. — Plantes *dicotylédones* *dialypétales* à corolle et à étamines fixées sur un réceptacle commun, à ovaire libre; plantes herbacées, à fleurs en grappes; calice à quatre sé-

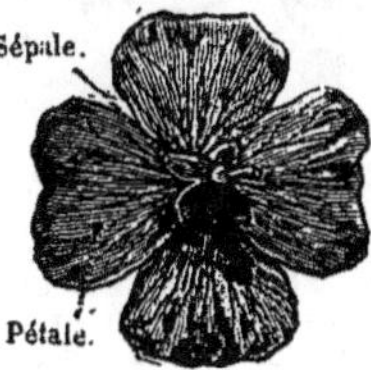

Crucifères. — La fleur de la *giroflée* jaune, montrant les quatre sépales et les quatre pétales.

pales; corolle à quatre pétales ayant dès lors l'apparence d'une croix, de là le nom donné à la famille; six étamines, quatre grandes et deux petites; ovaire à deux stigmates, fruit en silique, graines sans albumen.

Les crucifères ont généralement les feuilles simples, alternes, une racine pivotante, qui devient souvent charnue et constitue un réservoir de matières alimentaires. Beaucoup des espèces

Crucifères — L'inflorescence du *colza* montrant la disposition des fleurs en grappes, et les feuilles alternes.

sont alimentaires, plusieurs ont des graines dont on retire des huiles. Exemples : *giroflée, chou, pastel, radis, colza, navette, cameline, réséda, gaude* (fig.).

crustacés. — Les *crustacés* sont des animaux *annelés* dont la respiration est aquatique et ne s'effectue jamais par des trachées; elle a lieu par des branchies ou même simplement par la peau. Les anneaux des crustacés sont

Crustacés (exemples : *écrevisse, cloporte*).

solides, pierreux; à certaines époques cette enveloppe mue comme la peau des reptiles ou celle de plusieurs larves d'insectes. La bouche, située au-dessous de la tête, est tantôt un appareil de mastication, tantôt un appareil de succion; elle est armée de trois paires de mâchoires extérieures, et de plusieurs mandibules. Les pattes, ordinairement au nombre de dix ou de quatorze, sont de forme variable suivant qu'elles servent à marcher au fond de l'eau, à nager ou à saisir les corps; dans ce dernier cas, elles sont terminées par une sorte de pince.

Les crustacés n'ont que des facultés bornées; le sens le plus généralement développé est celui de la vue. Les femelles portent ordinairement leurs œufs, soit fixés à la partie postérieure du corps, soit renfermés dans des poches d'incubation à l'intérieur du corps; le développement du petit animal est accompagné de métamorphoses; il passe par des transformations et des mues successives, avant d'acquérir sa forme définitive.

Les crustacés sont, pour la plupart, des animaux que nous considérons comme n'étant, pour l'homme, ni utiles, ni nuisibles; plusieurs sont employés comme aliments : leur chair est nourrissante, mais d'une digestion un peu difficile. Parmi les crustacés nous examinerons surtout : les *crabes*, les *langoustes*, les *écrevisses*, les *homards*, les *crevettes*, les *cloportes* (fig.).

Crustacés (diverses pièces constituant la bouche de l'écrevisse).

cryptogames (grec : *cruptos*, caché, *gamos*, mariage). — Nom donné à toutes les plantes qui ne portent pas de fleurs, telles que la prêle, la fougère, la mousse et toutes les plantes inférieures. Dans la fougère on reconnaît bien les trois éléments essentiels d'une plante, *racine, tige, feuilles*; mais elle ne porte pas de fleurs, et par suite ne peut pas se reproduire par des graines. La reproduction des cryptogames se fait par des *spores*. A la fin de l'été, on voit apparaître sur les feuilles de fougère de petites taches brunes; ce sont des amas de petits sacs, ou *sporanges*, renfermant une poussière brune très fine. Les grains de cette poussière sont les *spores*, et chaque spore peut reproduire une fougère.

Les *cryptogames* ont aussi reçu le nom de plantes *acotylédones*, ce qui veut dire sans cotylédon. Ces plantes sont extrêmement nombreuses. Les unes sont si petites qu'on ne peut les voir à l'œil nu, et si simples qu'elles se réduisent à une seule cellule; tandis que les autres sont aussi complexes que les plantes à fleurs : la fougère est dans ce cas.

On divise les plantes cryptogames en sept grands groupes :

Les *fougères*, les *prêles*, les *lycopodiacées*, cryptogames pourvues de racines; les *mousses*, les *algues*, les

DIVERS TYPES DES SEPT GROUPES DE CRYPTOGAMES

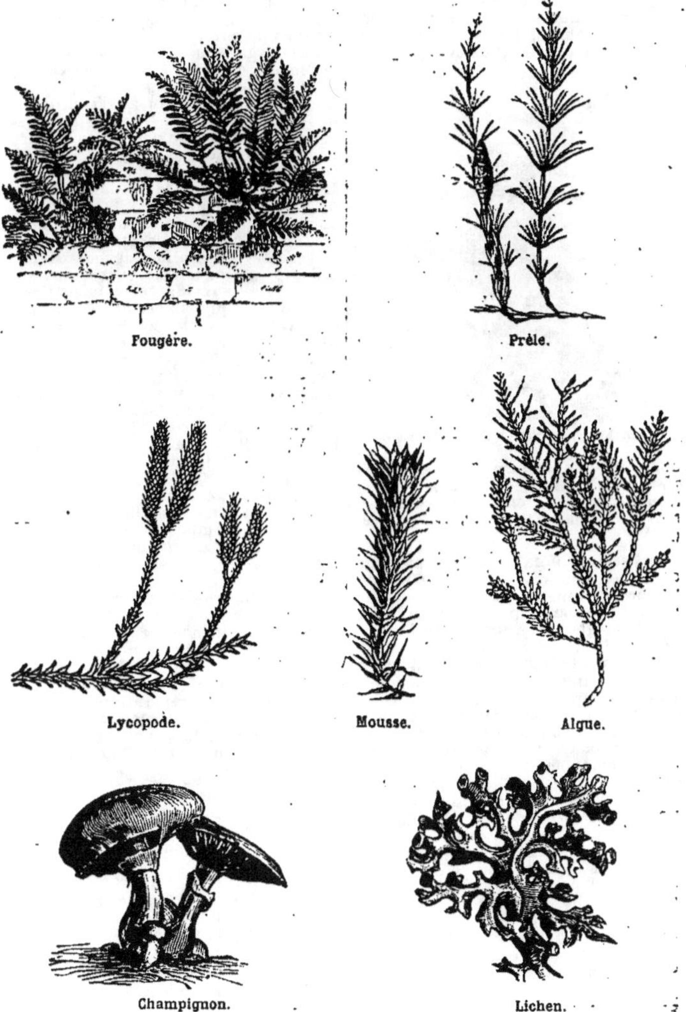

champignons, les *lichens*, cryptogames sans racines (*fig.*).

cuir. — Voy. **tannage.**

cucurbitacées. — Plantes *dicotylédones* *dialypétales*, le plus souvent herbacées, grimpantes ou couchées, à fleurs blanches ou jaunes. On en connaît un grand nombre d'espèces des régions chaudes, surtout tropicales, des deux mondes. Plusieurs espèces

Cucurbitacées (rameau fleuri de *melon*).

sont cultivées dans nos pays comme plantes alimentaires (*concombre, citrouille, melon, pastèque*); d'autres sont médicinales (*bryone, coloquinte*) (*fig.*).

cuivre. — Métal très anciennement connu et employé. On le retire de nombreux minerais répandus surtout en Amérique, en Angleterre, en Russie, en Allemagne, en Autriche; la France en possède fort peu. Ces minerais sont généralement d'un traitement très pénible, parce qu'ils renferment un grand nombre de corps qu'il faut séparer du métal. Si nous supposons, pour simplifier, qu'on ait un minerai composé exclusivement de *sulfure de cuivre*, combinaison de *soufre* et de *cuivre*, le traitement s'en fait de la manière suivante : on le casse en petits morceaux et on le chauffe fortement, dans un courant d'air, pour l'*oxyder ;* le soufre se transforme en gaz acide sulfureux, qui se dégage, et le cuivre donne de l'oxyde de cuivre, qu'on recueille. En chauffant ensuite cet oxyde de cuivre avec du charbon, on lui enlève son oxygène : le cuivre reste seul. Mais dans la réalité l'extraction est loin d'être aussi simple.

Le cuivre est un métal d'un beau rouge, d'une odeur désagréable, très bon conducteur de la chaleur, très ductile, très malléable, très tenace, d'une dureté médiocre. Il est presque neuf fois plus lourd que l'eau. Il fond vers 1,100°, après s'être très notablement ramolli. Chauffé, il s'oxyde rapidement ; à l'air humide, il se recouvre de vert-de-gris, combinaison d'acide carbonique, emprunté à l'air, d'eau et d'oxyde de cuivre.

Ses usages sont nombreux ; aussi en consomme-t-on, dans le monde entier, plus de 80,000 tonnes par an, ayant une valeur supérieure à 200 millions de francs. En lames, il sert à la fabrication d'une foule d'ustensiles de ménage, des chaudières, des alambics ; il est employé au doublage des navires. La galvanoplastie, le prenant à l'état de sulfate de cuivre, en fabrique les objets les plus variés, depuis les petites médailles jusqu'à des statues colossales. La préparation de ses divers alliages en consomme encore davantage. Les substances alimentaires peuvent être préparées dans des vases en cuivre, mais elles ne doivent pas y séjourner ; car les divers acides contenus dans le vinaigre, la graisse, le beurre..., ne tarderaient pas à attaquer le métal et à former avec lui des composés très vénéneux. Le mieux est donc de faire *étamer* avec le plus grand soin les vases de cuivre destinés à la préparation des aliments.

Pour les *alliages* de cuivre et leurs usages, voyez **monnaies, bronze, laiton.**

Le cuivre entre dans la constitution de plusieurs composés importants par leurs usages. Le principal est le *sulfate de cuivre*, qui se prépare en faisant dissoudre du cuivre dans de l'acide sulfurique. C'est un sel cristallisé, d'un beau bleu, soluble dans l'eau. Il est vénéneux. Ses usages sont fort nombreux ; il est employé en médecine ; il sert à fabriquer un certain nombre de matières colorantes ; on l'emploie dans la préparation de l'encre à écrire ; la galvanoplastie en consomme de grandes quantités. Il est aussi usité comme antiseptique.

curare. — Poison violent, dont les sauvages de l'Amérique du Sud font usage pour empoisonner leurs flèches. C'est le suc épaissi d'une plante des pays chauds. Ce poison agit en anéantissant l'action des nerfs. Ce poison, qui est un sirop épais, se conserve longtemps sans perdre sa force. Il n'agit que s'il est introduit dans une plaie ; on peut l'avaler sans qu'il détermine la mort.

cuscute. — Plante parasite de la famille des *convolvulacées*, nommée aussi *teigne, cheveux du diable* (*fig.*).

Elle est constituée par de longues tiges, très minces, munies d'écailles au lieu de feuilles, avec de petites fleurs blanches. Elle se développe principalement dans les champs de *luzerne*, de *trèfle*, où elle fait de grands ravages. Elle entoure la tige, s'y fixe par des suçoirs à l'aide desquels elle pompe la

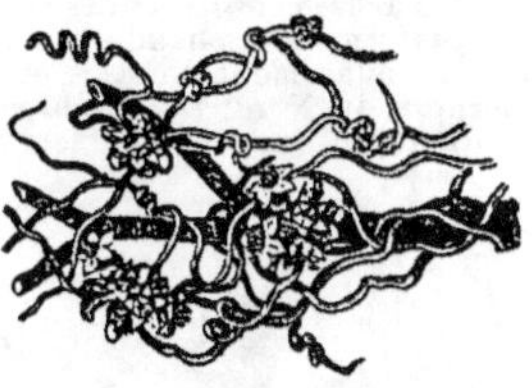

Cuscute.

sève et fait mourir la plante. Les filaments s'étendent avec rapidité sur de grandes surfaces, qui sont bientôt stériles. La cuscute, très difficile à détruire, est un véritable fléau pour les prairies artificielles.

cyanhydrique (*acide*). — Voy. cyanogène.

cyanogène. — Gaz incolore, d'une odeur vive, qui est une combinaison d'azote et de charbon. Ce gaz forme avec l'hydrogène une combinaison liquide, l'*acide cyanhydrique* ou *acide prussique*, qui est le poison le plus violent que l'on connaisse. L'ingestion de quelques gouttes d'acide cyanhydrique suffit pour déterminer une mort foudroyante. Ce poison se rencontre tout formé dans les feuilles du laurier-cerise, du pêcher; on en trouve dans les amandes amères. Les liqueurs qu'on prépare avec les amandes amères des fruits à noyau lui doivent leur saveur et leur arome (kirsch, eau de noyau). Aussi une petite quantité d'amandes amères peut-elle suffire pour déterminer de graves accidents chez l'enfant.

cyanures. — Les *cyanures* sont les combinaisons que forme le cyanogène avec les métalloïdes ou les métaux. Le *cyanure de potassium*, combinaison du cyanogène avec le potassium, est le plus important. C'est un solide incolore, employé en photographie et en galvanoplastie. On s'en sert aussi en médecine, mais à très faible dose, car c'est un poison extrêmement violent, dont l'action est à peu près foudroyante.

cycadées. — Famille de plantes dicotylédones dont l'organisation est analogue à celle des *conifères*. Les cycadées sont ordinairement des arbres ou des arbustes; elles sont assez répandues dans les régions tropicales des deux mondes. Quelques espèces sont cultivées en serre dans nos climats, comme plantes ornementales.

cyclamen. — Plante vivace à tige souterraine tuberculeuse, habitant les régions tempérées, souvent cultivée dans les jardins, à cause de la

Cyclamen.

forme élégante de ses fleurs (*fig.*). On la trouve aussi à l'état sauvage, dans les lieux ombragés; la tige souterraine est un poison purgatif violent.

cyclone (grec : *cuclos*, cercle). — Dans les régions voisines de l'équateur

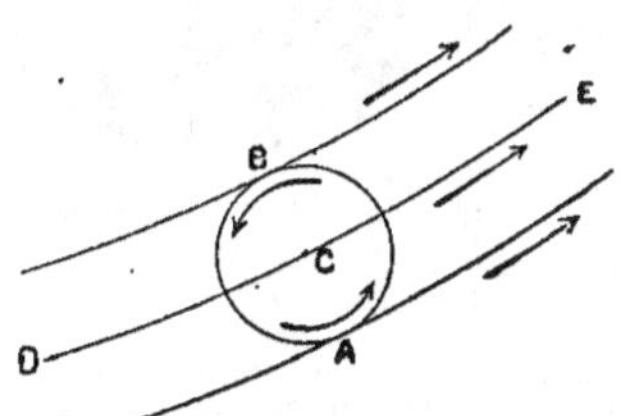

Cyclone. — Le vent tourne autour du centre C, dans la direction des flèches. Pendant ce temps, le centre C du cyclone se déplace de D vers E. Du côté de A, la vitesse du vent est la *somme* de la vitesse de rotation et de la vitesse de translation : c'est le côté le plus dangereux. Du côté de B, la vitesse du vent est la *différence* de la vitesse de rotation et de la vitesse de translation : ce côté est moins dangereux.

(Antilles, Nouvelle-Calédonie, océan Indien, mer de Chine), on observe souvent des tempêtes d'une extrême violence, auxquelles on donne les noms de *cyclones, typhons, ouragans, tornades*. Ces tempêtes sont caractérisées par un mouvement giratoire du vent, qui tourne avec une force extrême autour du *centre du cyclone* (*fig.*). Autour du centre, la tempête s'étend à une distance qui dépasse rarement l'étendue d'un cercle de 200 kilomètres de rayon ; c'est dans ce cercle, et autour de ce centre que tourne le vent. Ce vent, qui souffle avec une vitesse extraordinaire, arrache tout sur son passage ; au centre même du cyclone les débris sont soulevés comme dans une cheminée, et s'élèvent à une grande hauteur ; la mer inonde les terres, les navires sont engloutis, les constructions rasées. Un grand cyclone au Bengale, en 1876, a fait plus de 250,000 victimes. D'ailleurs le cyclone ne reste pas immobile ; pendant que le vent tourne autour du centre, ce centre lui-même se déplace progressivement, de sorte que l'effet de la tempête se fait sentir sur une bande souvent très longue, et ayant pour largeur le diamètre du cyclone.

cygne. — Oiseau *palmipède* de grande taille, qui se distingue par ses pattes courtes et robustes, et la longueur de son cou.

Le cygne le plus connu en France est le cygne blanc à bec rouge, long de 1m,80, avec 2m,75 d'envergure. Son vol est léger, rapide ; il est très grand nageur. Il se nourrit de plantes aquatiques, de graines, d'insectes ; ne mange jamais de poisson. Il

Cygne (longueur, 1m,80).

nous vient des contrées les plus septentrionales de l'Europe et passe chez nous en troupes assez nombreuses, très irrégulièrement. Sa chair est médiocre ; on chasse surtout cet oiseau pour sa peau, couverte d'un duvet blanc fort épais, et qui est très recherchée comme fourrure. Le cygne est élevé en France en domesticité, pour l'ornement des pièces d'eau (*fig.*).

cynips. — Petit insecte *hyménoptère* qui dépose ses œufs dans des piqûres faites aux feuilles des végétaux (*fig.*). Cette piqûre détermine la production d'excroissances sphériques, au centre desquelles se développent les larves. Ces excroissances sont ce qu'on nomme les *galles* (voy. **noix de galle**).

Cynips du chêne (long., 0m,01).

cynoglosse. — Herbe de la famille des *borraginées*, qui croît dans les lieux stériles, et dont les fleurs, d'un rouge sale, s'épanouissent en mai et juin. L'infusion des fleurs constitue une tisane adoucissante peu usitée.

cyprès. — Les *cyprès* (*fig.*) sont de grands arbres *conifères* des régions tempérées un peu chaudes ; on les trouve abondamment en Asie et dans l'Amérique du Nord. La sombre couleur de leur feuillage les fait rechercher

Cyprès (hauteur, 20 mètres).

pour les cimetières. Le bois de cyprès n'est pas employé dans nos pays, mais il sert en Asie aux constructions ; il est remarquable par sa très longue conservation ; les cercueils des momies d'Egypte sont en bois de cyprès.

cyprin. — Le *cyprin doré*, ou *poisson rouge*, est un poisson qui se rapproche de la carpe (voir ce mot) ; sa coloration, très variable, est souvent fort belle ; sa longueur peut atteindre 20 centimètres. Il est originaire de la Chine, mais on l'a depuis longtemps, à cause de sa beauté, transporté dans tous les pays civilisés. Il prospère parfaitement dans les rivières de France, mais il y perd ses vives couleurs. Dans nombre de localités on le cultive en grand pour en peupler les petits aquariums d'appartement. Là il vit de substances végétales, de vers et d'insectes ; on doit changer fréquemment l'eau du bocal, et donner peu de nourriture à la fois. Le cyprin peut être apprivoisé de façon à venir prendre la nourriture au bout des doigts.

cysticerque. — Voy. **ténia**.

cystite (grec : *custis*, vessie). — Inflammation de la vessie, causée par des refroidissements du bas-ventre, l'ingestion de la bière incomplètement fermentée, ou par l'abus de certains remèdes. Se manifeste par des douleurs de la vessie, un besoin constant d'uriner, une urination douloureuse, des urines renfermant du pus. On traite cette maladie par des cataplasmes chauds, des bains chauds, la tisane de graine de lin. Elle guérit rapidement, ou elle devient chronique (*catarrhe de la vessie*).

cystotomie. — Voy. calcul.

cytise.—Le *cytise*, ou *faux ébénier*, est un petit arbre de la famille des *papilionacées*, aux fleurs jaunes et odorantes, disposées en longues grappes; il est commun dans l'est de la France. On le cultive comme arbre d'ornement. Les différentes espéces de cytise, et surtout celui des Alpes 10 mètres de hauteur), ont donné de

bons résultats dans le reboisement

Cytise, rameau fleuri (hauteur de l'arbre, 6 mèt.)

des montagnes. Le bois est employé par les tourneurs.

D

dactyle. — *Graminée* fourragère

Dactyle pelotonné (hauteur, 0ᵐ,60).

commune dans les prés et les bois; bon fourrage (*fig.*).

daguerréotype. — Voy. photographie.

dahlia. — Plante vivace de la famille des *composées*, cultivée dans

Dahlia (hauteur de la plante, 1 mètre).

les jardins pour la beauté de ses fleurs. On en possède des variétés pourprés, jaunes, orangées. roses, rouges, blanches, etc., unicolores ou bicolores. Se.

multiplie surtout par tubercules;

Dahlia (bouquet de fleurs).

fleurit en août et septembre (*fig.*).

daim. — Le *daim* (*fig.*) est un *mammifère ruminant* de la famille des cervidés. Il est remarquable par la forme de ses bois, une queue assez longue et un pelage moucheté. Sa hauteur au garrot est de 1 mètre. Son

Daim (hauteur, 1 mètre).

pelage a des couleurs très variables, mais il est toujours moucheté. On le trouve surtout dans les parcs de France, d'Allemagne, d'Angleterre. Sa viande est délicate; sa peau donne un cuir souple très estimé.

daltonisme. — Vice de la vue, étudié d'abord par Dalton, qui consiste à confondre des couleurs différentes : certaines personnes confondent le rouge et le vert; d'autres ne distinguent pas le bleu et le jaune. Le *daltonisme* peut présenter de graves dangers chez certains employés de chemins de fer, aussi leur fait-on subir un examen pour s'assurer qu'ils ne confondent pas des signaux diversement colorés.

daman. — Petit mammifère *pachyderme*, de la taille d'une marmotte,

Daman.

vivant exclusivement en Afrique. On en connaît quatre espèces.

dammara. — Arbre de la famille des *conifères* qui croît en Océanie; il en découle une résine qui, employée dans la préparation des vernis, est l'objet d'un commerce important.

danse de Saint-Guy. — Maladie due à des convulsions involontaires, produisant des mouvements désordonnés des membres et de la face. Ces mouvements désordonnés ne permettent ni d'écrire, ni de porter les aliments à la bouche, etc.; ils ne se calment que pendant le sommeil. Cependant les organes de la nutrition continuent à fonctionner normalement. La maladie peut durer des semaines et même de longs mois; elle est fréquente surtout de la huitième à la quinzième année; on la traite par les bains chauds, l'électricité, le bromure de potassium, etc.

daphné (grec : *daph*, laurier). — Arbrisseau dont les espèces, très nombreuses, se rencontrent dans tout l'ancien continent. Certaines espèces ont des usages en médecine comme vésicantes, purgatives, vermifuges. Plusieurs variétés sont ornementales.

daphnie. — Animal *crustacé* dont la taille ne dépasse pas 3 millimètres; est abondant dans les étangs et les eaux stagnantes où il sert de pâture aux poissons. Les pisciculteurs favorisent la multiplication des daphnies pour les employer à l'alimentation des truites.

dartre. — On donne vulgairement ce nom à un grand nombre de maladies de la peau en réalité différentes les unes des autres. Ces maladies sont généralement caractérisées par des éruptions de la peau qui disparaissent difficilement, mais sans laisser de cicatrices; elles ne sont pas contagieuses, mais elles sont souvent héréditaires. Une nourriture insuffisante ou de mauvaise qualité, un excès de travail en détermine ordinairement l'apparition; il leur arrive de pénétrer dans l'organisme et d'y engendrer des angines, des bronchites chroniques, l'asthme, la gastralgie, la diarrhée, etc. L'*eczéma*, le *lichen*, l'*urticaire*, l'*impétigo* sont en somme des variétés de dartres. Pour combattre les dartres il faut adopter un régime végétal et lacté, manger peu de poisson et de viandes noires, pas de salaisons, prendre des bains, des tisanes amères, etc.

darwinisme. — La doctrine du naturaliste Darwin, actuellement admise par un grand nombre de savants, consiste à soutenir que tous les êtres organisés actuellement vivants proviennent d'un petit nombre de formes primitives. Ces formes primitives, diversement modifiées dans la série des siècles, par suite des circonstances différentes dans lesquelles elles ont vécu, auraient donné naissance à toutes les espèces que nous étudions aujourd'hui. Le grand naturaliste français Lamarck doit être considéré comme le précurseur de Darwin.

dasyure. — Famille de mammifères *marsupiaux* de l'Australie; les diverses espèces constituant cette famille sont composées d'animaux carnassiers qui produisent en Australie des dégâts analogues à ceux que nous avons à subir en Europe de nos fouines, de nos putois, etc.

dattier. — Arbre de la famille des *palmiers*; l'espèce la plus importante est le *dattier* (on dit aussi le *palmier cultivé* (*phœnix dactilifera*); il peut atteindre 20 mètres de hauteur et un mètre de diamètre à la base; le tronc est couvert d'écailles laissées à la suite de la chute des feuilles successives. Le dattier cultivé se rencontre dans tout le nord de l'Afrique, en

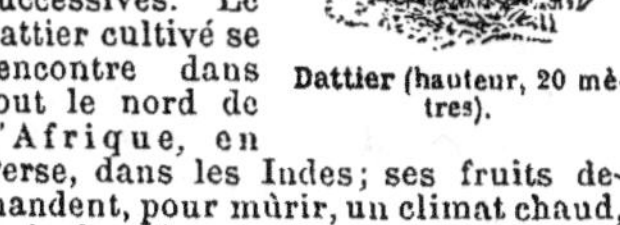

Dattier (hauteur, 20 mètres).

Perse, dans les Indes; ses fruits demandent, pour mûrir, un climat chaud, mais dont la température ne devienne jamais excessive. Ce climat est justement celui des oasis situées autour de Biskra, en Algérie.

Le dattier est principalement cultivé pour ses fruits, qui constituent un aliment précieux pour les peuples de l'Afrique. Le dattier est dioïque, c'est-à-dire que les fleurs mâles et les fleurs femelles sont portées sur des pieds différents; aussi est-il nécessaire de faciliter la fécondation en secouant sur les fleurs femelles le pollen des fleurs mâles. Les fruits sont en grappe; un bon palmier produit à chaque récolte de six à douze grappes pesant chacune de 6 à 10 kilogrammes. L'arbre porte des fruits à partir de la huitième

Fruit du dattier.

année; il vit souvent plus de cent ans (*fig.*).

On mange les dattes fraîches ou séchées; on peut les réduire en farine, en faire une sorte de miel qui remplace le sucre; fermentées, elles donnent une boisson agréable. L'arbre lui-même fournit un bon bois de construction, et ses feuilles servent à faire des nattes et des paniers.

datura. — Plante de la famille des *solanées*, annuelle ou vivace, herbacée ou ligneuse, selon les espèces. Plusieurs de ces espèces portent de belles fleurs et sont cultivées dans les jardins; toutes sont vénéneuses, et occasionnent parfois des accidents. Le *datura stramoine*, ou *pomme épineuse*, est annuel; sa hauteur peut dépasser un mètre; il porte de gros fruits épineux. Ses feuilles, ses fleurs, ses semences sont des poisons violents; la médecine les utilise pour produire des effets analogues à ceux de la belladone.

dauphin. — Genre de mammifères *cétacés* qui se rencontrent dans toutes les mers. Les dauphins ont les mâchoires souvent prolongées en forme de bec, et munies d'un grand nombre de dents (jusqu'à 190); une tête assez petite, un seul évent, des nageoires petites. Non seulement on les trouve dans toutes les mers, mais ils remontent les fleuves et quelquefois y vivent entièrement; ils émigrent chaque année. Ils sont très sociables et vivent en grandes bandes; très carnassiers, us dévorent beaucoup de poissons, de mollusques, de crustacés, de zoophytes; ils suivent les navires, avalant tout ce qu'on jette par-dessus bord. Ils sont si voraces qu'ils dévorent même leurs petits. La femelle porte dix mois et met bas un ou deux petits. On pêche les dauphins à cause de l'huile qu'ils fournissent; on mange la chair, on tanne la peau.

Ce groupe renferme beaucoup d'espèces.

Le **delphinaptère** des mers polaires est d'un blanc éclatant. Sa longueur est 2 à 7 mètres. Les peuples du Nord tirent un grand profit de sa pêche, la chair est très bonne, le cuir solide, l'huile excellente.

Le **dauphin noir**, qu'on trouve dans toute la mer Glaciale, a de 5 à 7 mètres de long. Son poids dépasse souvent 20 quintaux. Il est d'un noir luisant. On utilise toutes les parties de son corps; du produit de sa pêche dépend toute la prospérité de certains peuples du Nord (îles Feroë).

L'**orque épaulard** mesure parfois 10 mètres de long. Il se trouve dans les mers du Nord. Il est trapu, le dos noir et le ventre blanc.

Le **marsouin** est beaucoup plus petit (2 mètres de longueur). Le cou est allongé, la peau luisante, le dos brun foncé, le ventre blanc. Il est très nombreux dans les mers du Nord; de l'océan Atlantique jusqu'à la Méditerranée, on le rencontre partout. Le marsouin vit ordinairement en bande; sa voracité est extraordinaire, on le voit suivre constamment les bateaux de pêche. La femelle porte neuf mois et met bas un ou deux petits. Cet animal nuit beaucoup aux pêches des côtes. On le chasse pour le détruire, et aussi pour les profits qu'on en tire (chair médiocre, huile estimée, bon cuir).

Le **souffleur vulgaire** a 3 ou 4 mètres de long Il est très répandu.

Le **dauphin commun** (*fig.*) a une taille moyenne (2 à 3 mètres); le dos est gris foncé à reflets verdâtres; le ventre est plus clair. Il habite toutes les mers de l'hémisphère septentrional.

Dauphin commun (longueur, 2m,50).

Comme le marsouin, on le voit partout sur les côtes, jouant autour des navires. Il est essentiellement carnassier. Les

produits qu'il fournit sont médiocres.

daurade. — Poisson marin qu'on rencontre en abondance sur les côtes méditerranéennes de France; rare sur les côtes de Bretagne. Corps ovale, comprimé, tête forte, dents fortes. Belle coloration avec reflets dorés chez l'animal

Daurade (longueur, 0m,35).

vivant. La taille peut atteindre 0m,50 et le poids 8 kilos (*fig.*). La daurade se nourrit surtout de moules, de vers et autres animaux marins. Sa chair est estimée, surtout quand ce poisson s'est engraissé dans les étangs salés de la Méditerranée.

débilité. — Etat de faiblesse, de langueur, qui enlève toute force et toute énergie et ouvre en outre l'organisme à un grand nombre de maladies inflammatoires ou endémiques. La débilité survient à la suite de maladies de longue durée ou d'excès de toutes sortes; on la combat par le repos, la vie à la campagne ou sur les bords de la mer, les exercices physiques, l'hydrothérapie, les boissons amères, les ferrugineux et un bon régime.

déboisement. — Le déboisement progressif des montagnes et des pentes escarpées a déterminé la formation de torrents qui entraînent la terre végétale, causent des inondations périodiques et rendent toute culture impossible. Il n'y a d'autre remède à ce mal que le reboisement des vastes surfaces qui, dans les Alpes, les Pyrénées et les Cévennes, sont aujourd'hui presque sans végétation.

décantation. — Opération qui a pour but de séparer un liquide d'un solide déposé à la partie inférieure. On abandonne le liquide au repos jusqu'à ce que le solide se soit bien déposé, puis on verse doucement, en évitant toute agitation. La décantation se fait mieux encore, et plus commodément, à l'aide d'un siphon (voy. ce mot).

décapage. — Opération dans laquelle on débarrasse les surfaces métalliques des impuretés qui les recouvrent. On décape ordinairement le fer en le trempant dans une solution d'acide chlorhydrique, et le cuivre en le chauffant avec le sel ammoniac.

décapodes. — Voy. **crustacés.**

déclinaison (latin : *declinare*, décliner). — *Astronomie* : voy. **coordonnées équatoriales.**

Physique : la déclinaison est l'angle que fait la direction de l'aiguille aimantée avec la direction du nord au sud. Cet angle varie avec le temps en chaque point du globe ; il est différent, au même instant, d'un point à un autre. En un point déterminé on observe des variations diurnes, des variations annuelles, assez régulières, mais très faibles. Les variations les plus importantes sont les *variations séculaires*. A Paris, en 1580, le pôle austral de l'aiguille aimantée était à l'est de la méridienne, la déclinaison était donc *orientale* et égale à 11°,30'.

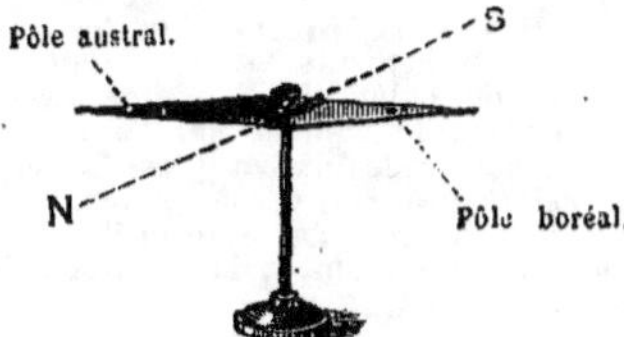

Déclinaison de l'aiguille aimantée.

Peu à peu la déclinaison a diminué ; en 1666 elle était nulle, c'est-à-dire que l'aiguille aimantée indiquait exactement, à Paris, la direction du nord au sud. Aujourd'hui la déclinaison, toujours à Paris, est *occidentale* et voisine de 16° ; elle sera sans doute de nouveau nulle en 1937. Mesurée à une même époque en divers points du globe, la déclinaison n'a pas partout la même valeur ; en certaines régions, elle est occidentale, en d'autres, orientale ; les régions à déclinaison occidentale sont séparées des régions à déclinaison orientale par des lignes pour lesquelles la déclinaison est nulle (voy. **boussole**) (*fig.*).

décolorants. — Substances employées dans l'industrie pour décolorer les fils ou les tissus que l'on veut teindre, et en particulier les matières textiles neuves, qui ont toujours une coloration bise, très tenace. L'*acide sulfureux* et surtout le *chlore*, employé généralement sous forme de *chlorure de chaux* (chlorure décolorant) ou d'*eau de Javel*, sont surtout usités.

décomposition. — En chimie, séparation des éléments constitutifs d'un corps. Ainsi l'*eau*, à travers laquelle on fait passer un courant électrique, est *décomposée* en deux corps simples, l'*oxygène* et l'*hydrogène*.

défoncement. — Opération qui a pour but d'ameublir ou de diviser la terre jusqu'à une certaine profondeur (40, 50 centimètres, ou davantage), soit que la couche végétale soit peu épaisse, soit qu'on veuille mêler le sous-sol à la couche arable, soit enfin qu'on se propose d'extraire des roches ou des cailloux. On défonce à bras, à l'aide de pioches et de pelles, ou bien avec des instruments aratoires, tels que de puissantes charrues.

défrichement. — On nomme *défrichement* d'une forêt l'opération qui a pour but de transformer une forêt en un autre mode de culture. La loi s'oppose au défrichement des bois qui sont indispensables au maintien des terres sur les pentes, à la défense du sol contre les envahissements des cours d'eau, à l'existence des sources, à la protection des côtes contre la mer, à la défense du territoire dans les zones frontières, à la salubrité publique.

On défriche aussi, pour les livrer à la culture, les landes couvertes de bruyère, d'ajonc marin, de fougère, de genêt.

dégénérescence. — Changements survenus dans un organe, qui le rendent souvent impropre à remplir sa fonction ; passage d'un état maladif à un autre plus grave. On donne aussi le nom de dégénérescence aux dégradations permanentes qu'on observe fréquemment dans une famille, ou dans un groupe de population dont le sang n'est pas assez renouvelé par des alliances.

déglutition. — Acte mécanique

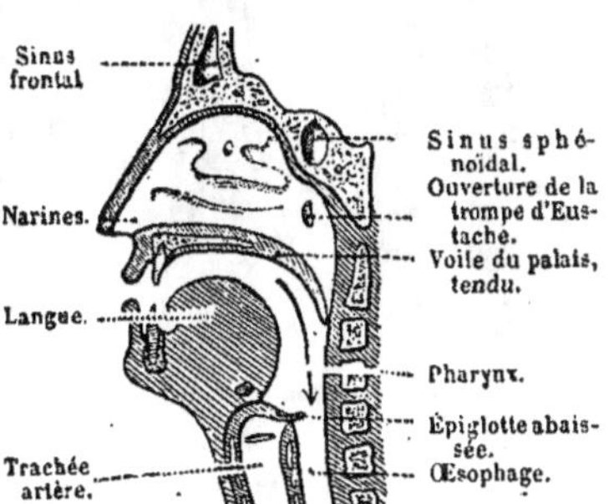

Intérieur de la bouche pendant la déglutition.

par lequel les aliments, après avoir été mâchés (voy. **mastication**), et réunis en une masse nommée *bol alimentaire*, sont portés de la *bouche* dans l'*œso-phage* en traversant le *pharynx*.

Cet acte se produit sous l'action des contractions des joues, de la langue et du pharynx. Quand ils sont dans le pharynx, les aliments doivent éviter deux fausses routes ; la première, qui les ferait remonter dans le nez, l'autre qui les conduirait vers la trachée-artère par le larynx. Ces changements de direction sont fort pénibles, et même le second peut être mortel (*fig*.).

déhiscence. — En botanique, manière dont les fruits secs s'ouvrent d'eux-mêmes, quand ils sont arrivés à

Fruit de *jacinthe*, s'ouvrant en 3 valves.

Fruit de *mouron*, s'ouvrant comme une boîte.

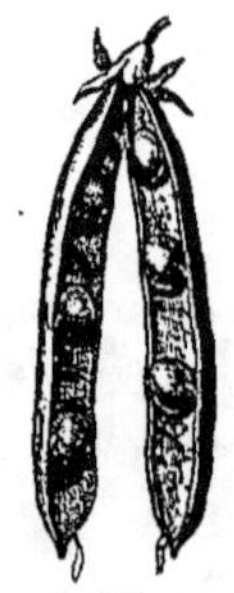
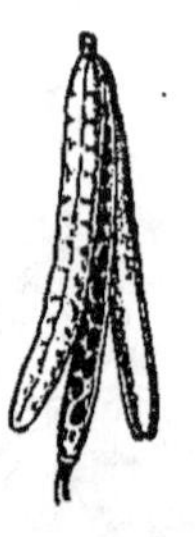

Gousse du *pois*, s'ouvrant longitudinalement.

Fruit du *colza*, s'ouvrant longitudinalement.

Divers modes de déhiscence.

maturité, pour laisser échapper les graines. La capsule du *pavot* s'ouvre par des trous situés au sommet ; celle du *mouron* se sépare en deux comme une boîte munie de son couvercle ; la capsule de la *jacinthe* s'ouvre en trois valves ; la gousse du *pois* s'ouvre par une fente longitudinale (*fig*.).

délire. — Le *délire* est caractérisé par le désordre des facultés mentales ; il affecte les formes les plus diverses, et survient dans des circonstances très variables. La *folie* ', sous toutes ses formes, n'est autre chose qu'un délire de longue durée. Mais on donne plus ordinairement le nom de délire au désordre mental passager qui survient dans le cours de plusieurs maladies (pneumonie, fièvre typhoïde, certains empoisonnements, etc.) ; le malade parle sans en avoir conscience et ne garde aucun souvenir de ce qu'il a dit. Le traitement varie avec la cause qui produit le délire.

delirium tremens.— *Délire aigu* avec tremblements et convulsions ; résulte de l'abus des boissons alcoo-liques. On le combat par l'opium à haute dose et les narcotiques. La sup-pression progressive de l'alcool, et l'emploi des remèdes appropriés, per-mettent fréquemment la guérison de cette maladie.

delta. — Voy. fleuve.

démence. — L'une des formes de la *folie* ; consiste dans la suppression des facultés intellectuelles chez un individu qui avait antérieurement joui de la raison. Le dément a des idées incohérentes, pas de mémoire, il est doux et obéit passivement ; il mange et dort bien. Il parle d'habitude à voix basse, presque constamment, ramasse et conserve tout ce qu'il trouve. La folie proprement dite dégénère souvent en démence. Cette maladie est incurable.

demoiselle. — Voy. libellule.

dengue. — La *fièvre dengue* est une maladie épidémique, contagieuse, qui règne aux Indes, sur les côtes d'Afrique et aux Etats-Unis. Elle est caractérisée par de la fièvre, deux éruptions successives, des douleurs articulaires. La mortalité est faible, mais la convalescence est longue et pénible. La maladie n'est pas sans analogie avec la grippe de nos pays.

densité. — La *densité*, ou *poids spécifique* d'un corps, est le nombre qui indique le poids, exprimé en grammes, d'un centimètre cube de ce corps. Ainsi quand on dit que la den-sité du fer est de 7,8, cela signifie qu'un centimètre cube de fer pèse 7gr,8. Quand on connaît la densité d'un corps on calcule aisément le poids d'un volume donné de ce corps, ou le volume d'un poids connu de ce corps.

De même si on avait le poids et le volume d'un corps on en déduirait de suite sa densité.

Cette définition de la densité s'applique seulement aux corps solides et liquides, mais pas aux gaz.

La *densité d'un gaz* est le nombre qui indique le poids d'un litre de ce gaz, comparé au poids d'un litre d'air pris dans les mêmes conditions de température et de pression. Quand on dit que la densité du gaz acide carbonique est 1,5, cela signifie qu'un litre de ce gaz pèse une fois et demie comme un litre d'air, pris dans les mêmes conditions de température et de pression. Le plus dense de tous les corps est le *platine*, métal dont la densité est égale à 22. Le moins dense est le gaz hydrogène, qui est quatorze fois plus léger que l'air.

dents. — Organes qui ont pour

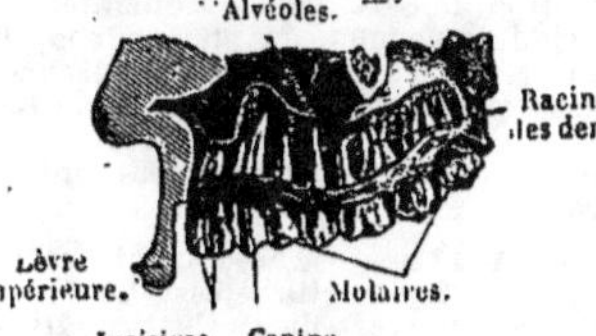

Mâchoire supérieure de l'homme, vue de profil et coupée de manière à montrer les dents, et leurs racines dans les alvéoles.

onction d'opérer la *mastication* des

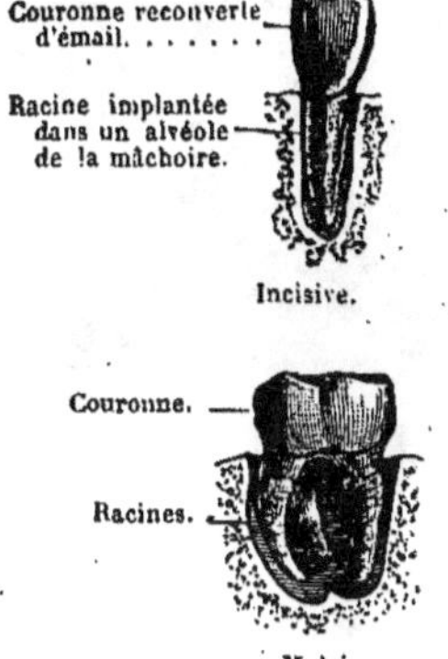

elles commencent à se montrer entre 6 et 10 mois; elles sont au nombre de vingt à l'âge de deux ans. A sept ans, ces premières dents, dites *dents de lait*, commencent à tomber et sont successivement remplacées par d'autres plus fortes, au nombre de vingt-huit. Plus tard, mais à un âge mal déterminé, il pousse ordinairement quatre dents nouvelles, *dents de sagesse*, ce qui en fait en tout 32. Les huit dents de devant, *incisives*, sont tranchantes; elles coupent les aliments. A droite et à gauche sont 4 *canines*, une de chaque côté, en haut et en bas; elles sont pointues et déchirent les aliments. Au fond de la bouche sont les 20 *molaires*, presque plates, qui broient les aliments.

Chaque dent est formée d'une *racine*, implantée dans l'os de la mâchoire, et maintenue par les *gencives*, et d'une *couronne* ou partie visible (*fig.*). La substance de la dent est analogue à celle des os, mais d'une plus grande dureté, on la nomme *ivoire*; l'ivoire de la couronne est recouvert d'un *émail* plus dur; la racine, au contraire, est entourée d'une substance presque molle nommée *cément*. A la partie inférieure est la *pulpe dentaire*, la seule partie vivante de la dent; cette pulpe reçoit des nerfs; lorsqu'elle est mise à nu par la carie de l'ivoire, elle devient très sensible et souvent fort douloureuse (maux de dents); des soins constants de propreté sont indispensables pour éviter autant que

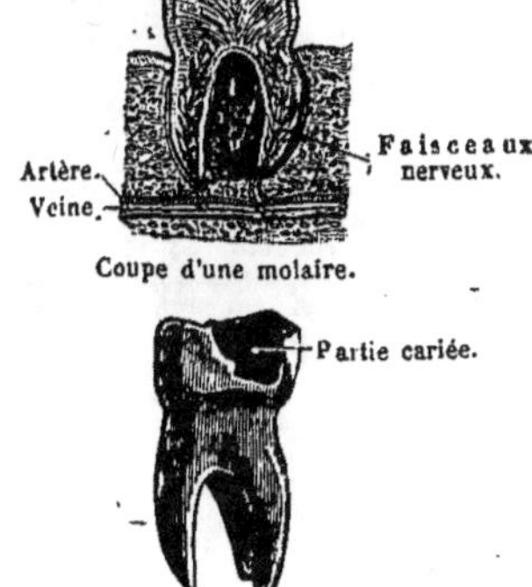

Dents de l'homme.

aliments. Absentes, dans l'espèce humaine, au moment de la naissance, possible cette carie si pénible (*fig.*). Tous les *mammifères* présentent des dents analogues aux nôtres, mais leur forme, leur nombre, varient suivant la nourriture consommée par l'espèce (*fig.*).

Mâchoire du chat (*carnivore*).

Mâchoire du mouton (*herbivore*).

Mâchoire du lapin (*rongeur*).

Dents d'animaux.

dents artificielles. — Les *dents artificielles* sont posées pour remplacer les dents qui ont disparu. On les fait le plus souvent en pâte à porcelaine, ou kaolin; en cette substance, elles se conservent sans altération et peuvent être teintées de toutes nuances. Quand on a plusieurs dents à remplacer, l'ensemble des dents artificielles constitue un dentier; ces dents artificielles sont fixées à un support commun en or, en argent, en gutta-percha, ou mieux, en *vulcanite* (mélange de caoutchouc vulcanisé, de gutta-percha, et de silice).

La fixation des dents isolées ou des dentiers se fait à l'aide de pivots qui s'enfoncent dans les racines des dents à rem-

Dentier artificiel.

placer, de crochets, de ressorts qui prennent leurs points d'appui sur les dents naturelles; on se sert plus souvent aujourd'hui des dentiers à *succion*, qui s'appliquent sur les gencives par l'effet de la pression atmosphérique.

Les dentiers bien construits permettent de mâcher avec facilité les aliments les plus durs : aussi leur usage prévient-il ou fait-il disparaître un grand nombre de dyspepsies et de gastralgies, causées par une mastication et une insalivation insuffisantes. Les dentiers doivent être enlevés pendant la nuit; il faut les nettoyer avec soin tous les jours.

dépuratif. — Médicament qui passe pour enlever à la masse des humeurs les principes qui en altèrent la pureté; tels sont les *purgatifs*, les *diurétiques*, les *sudorifiques*.

dermatose.—Maladie quelconque de la peau, telles que *dartres*, *eczéma*, *gale*, etc. Le traitement varie avec la nature de la maladie, mais il comporte toujours un régime adoucissant, avec privation de café, de boissons alcooliques, de poissons, de mollusques, de viandes salées; les eaux sulfureuses telles que Bagnères-de-Luchon, Barèges, Cauterets, Aix-en-Savoie, Enghien, etc., sont généralement ordonnées.

dermeste. — Insecte coléoptère, long de 7 à 8 millimètres. La larve, petit ver couvert de poils brunâtres, fait de grands ravages dans les boucheries et les charcuteries, ainsi que dans les magnaneries où elle mange les chrysalides des vers à soie.

désarticulation. — Amputation d'un membre à l'endroit de l'articulation. On coupe les chairs comme dans

Désarticulation du bras.

les amputations ordinaires, puis on tranche les ligaments de l'articulation, au lieu de scier l'os. La désarticulation de la cuisse, celle de l'épaule, sont des opérations très graves (*fig.*).

désinfectant. — Substance susceptible de neutraliser ou de détruire les matières organiques qui vicient l'air atmosphérique. Ainsi, quand les matières organiques se putréfient, elles lancent dans l'air des gaz fétides très malsains ; l'air renferme aussi des ferments maintenus en suspension, cause unique d'un grand nombre de maladies. Ces gaz fétides et ces ferments sont surtout abondants dans les espaces clos ; on les fait partir par une ventilation énergique, ou on les détruit par l'action des *désinfectants*. Parmi des désinfectants, les plus employés sont, suivant les circonstances : le *charbon de bois*, qui absorbe les gaz fétides, le *sulfate de fer*, le *sulfate de cuivre*, le *sulfate de zinc*, le *chlorure de zinc*, qui les absorbent également, le *chlore*, le *chlorure de chaux*, l'*eau de Javel*, qui absorbent les gaz fétides et qui détruisent les ferments. Tous les *antiseptiques* sont des désinfectants.

désinfection. — Action d'enlever à l'air, à un appartement, aux vêtements, à l'organisme vivant lui-même, ou à un corps quelconque, les gaz fétides ou les miasmes méphitiques et dangereux dont ils peuvent être infectés. La désinfection s'opère à l'aide des substances dites *désinfectantes* ; le procédé varie avec la nature du corps à désinfecter. C'est ainsi qu'on désinfectera un local non habité en y faisant dégager du *chlore*, qu'on préparera en chauffant un mélange d'acide chlorhydrique et de bioxyde de manganèse. On désinfectera un appartement habité en arrosant à plusieurs reprises avec de l'acide phénique étendu d'eau ; on désinfectera une plaie en la recouvrant de charpie saupoudrée de poudre phéniquée. Les vêtements peuvent être désinfectés, en les chauffant, dans une étuve, à une température supérieure à 100°.

desman. — Mammifère *insectivore* analogue à la musaraigne, dont

Desman (longueur du corps, 0ᵐ,14).

le museau est terminé par une trompe très flexible ; les doigts des pieds sont réunis par une membrane qui en fait un animal essentiellement aquatique (*fig.*). Sous la queue, une glande sécrète un musc très odorant. Les desmans creusent leurs retraites sous les berges des ruisseaux ; se nourrissent de larves d'insectes, d'annélides, de mollusques d'eau, de grenouilles et même de poissons. Ils sont longs de 13 à 14 centimètres, avec une queue de même dimension. On les rencontre dans les Pyrénées et en Espagne. Les espèces qui habitent la Russie atteignent la taille d'un hérisson. Animaux utiles par la guerre qu'ils font aux insectes.

desquamation. — Se dit de la peau qui s'enlève sous forme d'écailles plus ou moins grandes, à la fin de certaines maladies comme la *rougeole* et l'*érysipèle*, ou dans le cours de certaines maladies de la peau, comme la *teigne*.

dessiccation. — Opération qui a pour but d'enlever l'humidité qui se trouve dans un corps ; se fait simplement au contact de l'air (linge mouillé, foin coupé), ou dans un four ou une étuve, comme on le fait pour les prunes qu'on veut convertir en pruneaux. Beaucoup de substances alimentaires se conservent aisément quand elles ont été soumises à la dessiccation. Pour la viande, la conservation par dessiccation ne donne que des résultats médiocres ; les lanières et les poudres de viandes consommées par les Tartares, les Arabes et les Américains du Sud, constituent un détestable aliment, peu nutritif et très malsain. Mais la dessiccation conserve très bien les fruits (prunes, raisins, pommes) et les légumes ; elle donne surtout de bons résultats quand on comprime fortement les substances desséchées, de façon à les empêcher d'absorber l'humidité atmosphérique (tablettes de légumes comprimés). Les graines des céréales, les légumes et les fruits secs, comme les haricots et les amandes, se conservent aisément dans l'air sec, justement parce qu'ils renferment fort peu d'eau.

dévonien (*terrain*). — Voy. terrains primaires.

dextrine. — Substance qui se rapproche, par sa composition et ses propriétés, de la gomme arabique qu'elle peut remplacer dans la plupart de ses applications. Sert en teinture pour épaissir les mordants et les couleurs ; elle est employée pour apprêter les tissus, pour vernir les tableaux à l'huile ; entre dans la préparation des pains de luxe, de la bière, du vin de fruits ; sert en chirurgie pour le pansement des membres fracturés. On la prépare à l'aide de la fécule de pomme de terre, qu'on chauffe en présence d'une petite

Etuve à air chaud pour la préparation de la dextrine. Sous l'influence de la chaleur, l'ac de azotique transforme en dextrine la fécule contenue dans les vases.

quantité d'acide azotique destiné à opérer la transformation (*fig.*).

diabète. — Maladie caractérisée par la présence d'une proportion anormale de sucre dans les urines. Les symptômes du *diabète* sont : une augmentation dans la quantité des urines (plusieurs litres par jour), une soif ardente, une augmentation de l'appétit; puis arrive un amaigrissement d'autant plus surprenant que le malade mange davantage. A l'analyse, les urines décèlent une grande quantité de sucre. Chez les diabétiques la production du sucre dans le foie se fait en très grande abondance. La marche de la maladie est lente, mais progressive et difficile à arrêter.

Le traitement consiste à observer un régime convenable et surtout à suivre une hygiène appropriée. On doit supprimer les aliments féculents et les aliments sucrés, manger des viandes rôties, des végétaux herbacés, des œufs, du poisson, très peu de pain, pas de vins blancs, ni de bière, ni de boissons gazeuses; les exercices corporels sont très profitables. Les médicaments proprement dits sont souvent inutiles. Si la maladie est prise à temps, si le régime est suivi bien exactement, et pendant de longues années, on arrive assez souvent à la guérison.

diachylon. — *Emplâtre* qui renferme de la poix blanche, de la cire jaune et de la térébenthine.

dialyse. — Voy. **diffusion.**

dialyseur. — Voy. **diffusion.**

diamant. — Sorte de charbon naturel; se présente en cristaux à faces arrondies, généralement limpides et transparents; incolores ou colorés en rose, en vert, en jaune; ceux qui sont incolores ont le plus de valeur. C'est le plus dur de tous les corps; éclairé par une vive lumière il prend un grand éclat, qui le fait considérer comme la première des pierres précieuses. Il n'a tout son éclat que s'il est bien taillé. La taille du diamant a été perfection-

Diamant. — Le lavage des terres pour la recherche du diamant, au Cap.

née en 1456, à Bruges, mais elle était connue dès le xive siècle; aujourd'hui on s'y livre surtout à Amsterdam, à Anvers et à Paris; on la pratique en usant la pierre par un frottement prolongé sur une roue en fer et recouverte de poudre impalpable de diamant qui tourne très rapidement.

Dans la taille en *rose*, il y a une couronne arrondie, à facettes, et le dessous est plat; dans la taille en *brillant*, plus estimée, on a une cou-

Diamant de vitrier, pour couper le verre. Le diamant est à l'extrémité de gauche; les entailles que porte le manche, à droite, servent à pincer le verre, pour en déterminer la rupture après l'action du diamant.

ronne supérieure et une culasse inférieure, l'une et l'autre à facettes.

Le diamant est très rare; on le trouve dans un petit nombre de terrains aux Indes, au Brésil et surtout au Cap de Bonne-Espérance; il est mêlé à du sable, ou encastré dans une pierre dure.

Le prix de cette pierre est fort élevé, et augmente très rapidement

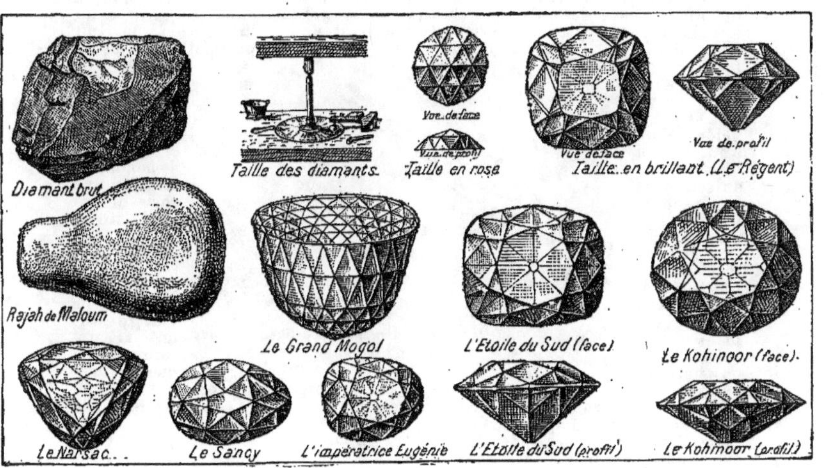

Diamant brut
Taille des diamants
Vue de face
Taille en rose
Vue de profil
Vue de face
Taille en brillant (Le Régent)
Vue de profil
Rajah de Maloum
Le Grand Mogol
L'Étoile du Sud (face)
Le Kohinoor (face)
Le Nassac
Le Sancy
L'impératrice Eugénie
L'Étoile du Sud (profil)
Le Kohinoor (profil)

avec la grosseur, qui n'est jamais considérable. On cite, parmi les plus beaux diamants connus : le *Régent* de France, qui pèse à peu près 28 grammes, et qui a énormément d'éclat; l'*Orloff*, un peu plus petit; le *Mogol*, plus gros, aujourd'hui disparu. Dans le commerce le poids des diamants s'estime en *carats*; le carat équivaut à 205 milligrammes.

Les diamants de qualité inférieure servent à former des pivots pour les pièces délicates d'horlogerie, à polir les pierres fines, à couper le verre (diamants des vitriers), à garnir les pointes des outils avec lesquels on travaille les corps très durs (*fig.*).

diapason. — Instrument qui donne le son fixe d'après lequel on accorde les instruments de musique. Il est formé d'une verge d'acier en forme d'U, munie d'un manche placé en bas de la boucle; on met l'instrument en vibration à l'aide d'un archet, ou bien en introduisant entre ses branches une tige plus grosse que l'ouverture de leur partie supérieure. En tirant vivement la tige vers le haut, on détermine

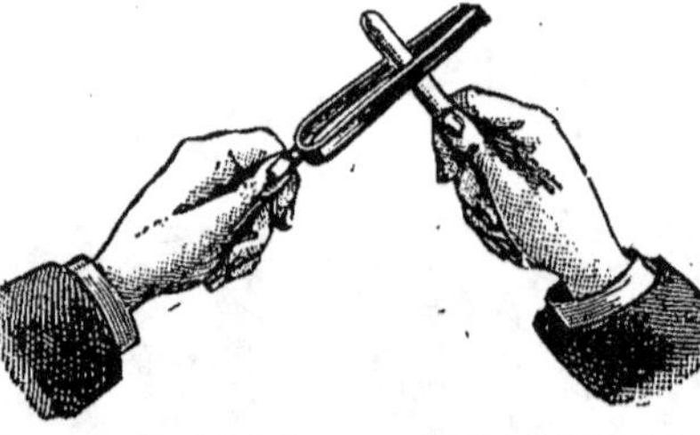

Diapason. — On le fait vibrer en passant une tige métallique entre les branches.

l'écartement, et par suite la mise en vibration des branches. Le son est faible si on tient le diapason à la main; mais il se renforce considérablement si on applique le manche sur une table, qui participe aux vibrations. Le diapason normal actuellement adopté en France pour accorder les instruments de musique fait 870 vibrations par seconde; il règle le *la* de la troisième corde du violon (*fig.*).

diaphragme. — Muscle plat, en forme de voûte, qui sépare le thorax de l'abdomen. Quand il se contracte, la voûte s'abaisse, ce qui augmente le volume de la cavité thoracique. Il est traversé par l'œsophage, puis par des veines et des artères. Au-dessous de lui sont l'estomac et les intestins, au-dessus, le cœur et les poumons (voir *fig.* p. 239).

diarrhée. — Maladie caractérisée par l'abondance des selles; provient presque toujours d'une inflammation de l'intestin; quelquefois elle est d'origine nerveuse (diarrhée provenant d'une émotion ou d'un refroidissement) et a lieu sans inflammation, par suite d'une sécrétion trop abondante des glandes intestinales. La cause la plus ordinaire se rencontre dans une mauvaise alimentation. On combat cette maladie, ordinairement passagère, par un purgatif, du bismuth, du laudanum; il faut aussi manger peu et s'abstenir de fruits et de crudités. La diarrhée doit être surtout combattue chez les jeunes enfants.

La *diarrhée* n'est pas toujours une indisposition isolée; c'est un des symptômes essentiels de toutes les maladies infectieuses (fièvres éruptives, fièvre typhoïde, etc.).

diastase. — Substance blanche qui se produit dans les graines au moment de la germination; on peut la retirer, en particulier de l'orge germée. Elle a la propriété de transformer peu à peu l'amidon et la fécule de pomme de terre en une sorte de sucre nommé glucose. Dans la fabrication de la bière, la *diastase* de l'orge germée transforme justement l'ami-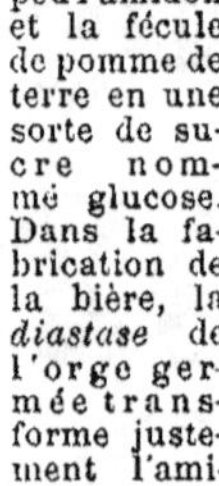don de l'orge en glucose, qui entre en dissolution dans l'eau, puis fermente ensuite.

La *salive*, le *suc pancréatique* (voy. ces mots) renferment précisément des substances analogues à la diastase, qui produisent la transformation en glucose des aliments féculents. Pour cette raison la diastase de l'orge est employée en médecine dans le but de favoriser la digestion et de suppléer à l'insuffisance de la salive ou du suc pancréatique.

dicotylédones. — Groupe de plantes dont les graines ont deux *cotylédons*. Ces plantes ont une tige dans laquelle on distingue la moelle, le bois et l'écorce; l'accroissement de cette tige en grosseur se fait entre le bois et l'écorce par couches superposées (*fig.*). Les feuilles sont généralement à nervures *ramifiées* (*fig.*); les fleurs sont quelquefois incomplètes, mais elles sont toujours distinctes, faciles à observer. La dimension et la durée de ces plantes sont très variables (*fig.*). Les *familles* de plantes dicotylé- | *sées, campanulacées, rubiacées, scro-fulariées, labiées, convolvulacées,*

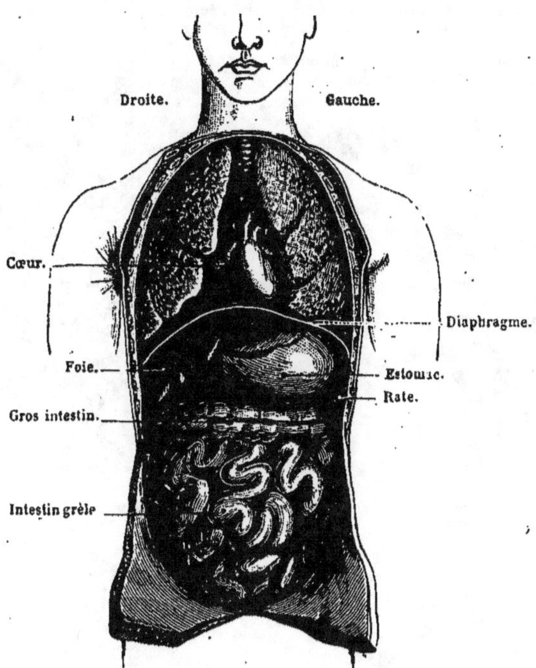

Le diaphragme sépare le *thorax* de l'*abdomen.*

dones peuvent se grouper de la manière suivante : | *borraginées, solanées; primulacées* (*fig.*).

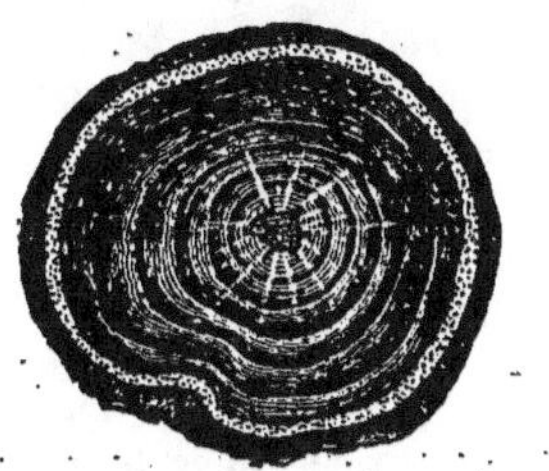

Le bois des dicotylédones a une moelle et une écorce distinctes.

La tige des dicotylédones est ramifiée, et a un tronc qui diminue de grosseur à mesure qu'il s'élève.

Dicotylédones gamopétales, plantes à corolle formée par les pétales soudés, étamines fixées sur la corolle (*compo-* | **Dicotylédones dialypétales**, plantes à pétales non soudés (*rosacées, papilionacées, ombellifères, violariées, papavéracées, crucifères, caryophyllées, géraniées, acérinées, liliacées, malvacées, ampélidées, linées, renonculacées (fig.).*

Dicotylédones apétales, plantes à fleurs petites, n'ayant ordinairement

Les feuilles de dicotylédones sont à nervures ramifiées.

Type de dicotylédone gamopétale (pomme de terre).

Type de dicotylédone dialypétale (rosier sauvage).

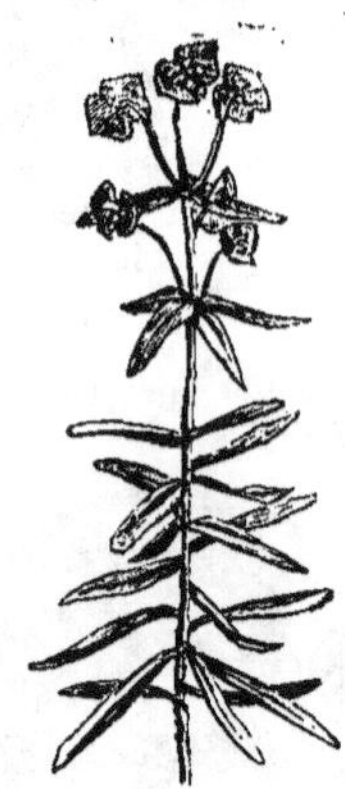

Type de dicotylédone apétale (euphorbe).

pas de pétales (*polygonées, chénopodées, urticées, euphorbiacées, amentacées (fig.).*

diète. — Alimentation faible et constituée par des aliments choisis parmi ceux qui conviennent à la maladie traitée. La diète n'est donc pas une abstinence complète. La diète sera végétale, lactée, ou animale, selon que les aliments permis au malade seront des végétaux, du lait ou de la viande.

diffusion. — Lorsque deux liquides susceptibles de se mélanger sont séparés par une cloison mince et perméable, ils traversent l'un et l'autre la cloison, très lentement à la vérité, et le mélange finit par s'opérer : c'est ce qu'on nomme une *diffusion* ou une *endosmose*. Si on prend un manchon de verre, fermé à son extrémité inférieure par un morceau de vessie, qu'on le remplisse d'eau sucrée, et qu'on le plonge dans un vase renfermant de l'eau ordinaire, on constate que cette

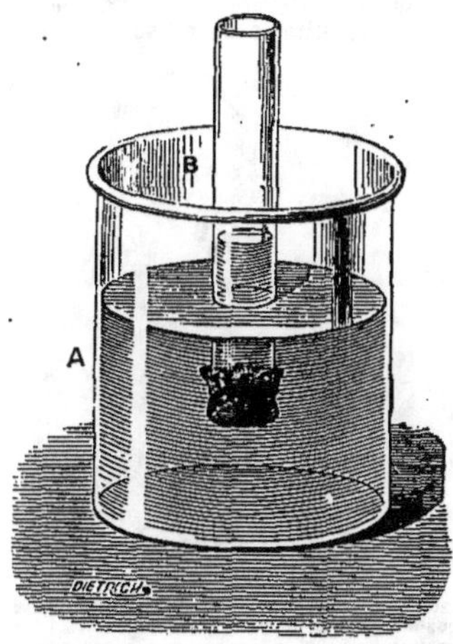

Endosmose. — L'eau du vase A pénètre plus rapidement dans le vase B, que le sucre de ce dernier n'en sort ; de là l'élevation du niveau.

dernière se sucre progressivement (*fig.*). Mais toutes les substances ne passent pas avec la même facilité, et cette différence dans les vitesses de diffusion permet de séparer certaines substances les unes des autres. Ce procédé de séparation de deux matières mélangées a reçu le nom de *dialyse*, et on nomme *dialyseurs* les appareils employés pour

Dialyseur Dubrunfaut.

opérer la séparation. Ainsi le *dialyseur* Dubrunfaut rend de grands services dans la fabrication du sucre (*fig.*).

La mélasse qui reste après la cristallisation du sucre est placée dans des vases dont le fond est en papier parchemin et qui sont plongés dans l'eau ; les sels qui étaient dans la mélasse traversent rapidement la membrane ; et la mélasse, ainsi purifiée, peut cristalliser de nouveau et fournir une nouvelle quantité de sucre.

Deux gaz, séparés par une membrane

perméable, peuvent aussi la traverser, et cela avec des vitesses différentes de l'un à l'autre : c'est la *diffusion des gaz*. Ainsi un petit ballon de caoutchouc gonflé de gaz hydrogène se dégonfle rapidement par suite de la diffusion du gaz. Un poêle de fonte, chauffé au rouge, se laisse traverser par l'oxyde de carbone qui est à l'intérieur, ce qui est fort dangereux pour les personnes qui séjournent dans l'appartement.

digestion. — Fonction qui a pour but de *liquéfier* les aliments introduits dans le *canal digestif*, et de les rendre propres à être *absorbés*, pour former le *sang*. Lorsque les aliments ont été introduits dans la *bouche* ils sont d'abord coupés et broyés par les *dents*, puis ils traversent le *pharynx*, l'*œsophage* et arrivent dans l'*estomac*. Ils y sont en partie digérés ; après un séjour de deux ou trois heures dans cet organe, les aliments, déjà transformés en une bouillie peu épaisse, passent dans les *intestins* ; là ils

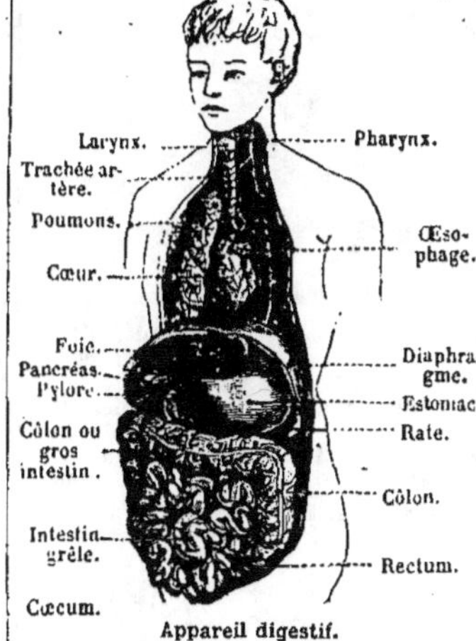

Appareil digestif.

continuent à se liquéfier. Cette liquéfaction se produit sous l'influence de divers sucs qui sont la *salive*, le *suc gastrique*, la *bile*, le *suc pancréatique* et le *suc intestinal*. Au fur et à mesure de leur liquéfaction, les aliments s'infiltrent à travers les parois des intestins, et pénètrent dans les *veines intestinales* et dans les *vaisseaux chilifères* ; à partir de ce moment ils constituent le sang, qui circule dans tout le corps pour le nourrir.

Les portions des aliments qui n'ont

pu être liquéfiées, c'est-à-dire les portions qui ne sont pas digestibles, sont les seules à ne pas être absorbées. Elles continuent leur route à travers les intestins, jusqu'à ce que, arrivées à l'extrémité inférieure du canal digestif (*anus*), elles soient rejetées à l'extérieur sous la forme d'*excréments* (voy. **absorption**) (*fig.*).

digitale. — Plante très vénéneuse de la famille des *scrofulariées*, qui croît en abondance dans les terrains secs, sablonneux, montueux (*fig.*). C'est une belle plante, à la tige velue, dont les fleurs, d'un beau rouge, sont

Digitale (hauteur, 0ᵐ,60).

disposées en épi à l'extrémité de la tige. Une autre espèce a les fleurs jaunes. La digitale est cultivée dans les jardins comme plante d'ornement; la culture a créé des variétés très belles. On l'emploie en médecine pour combattre les palpitations de cœur.

digitigrade. — Se dit des animaux

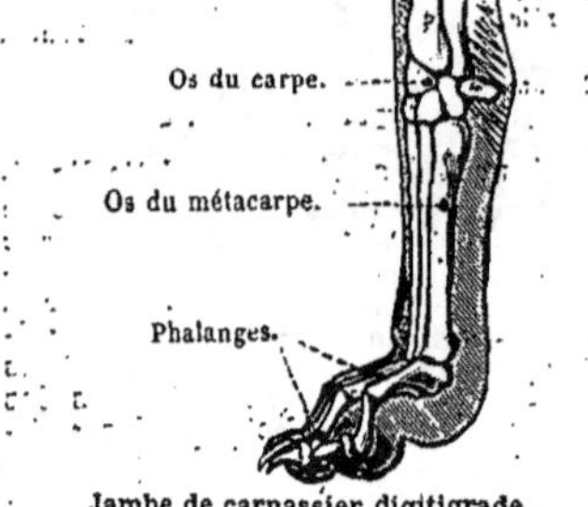

Jambe de carnassier digitigrade.

carnassiers qui marchent en s'ap-puyant sur les doigts sans que la plante des pieds touche le sol; tels sont les chien, chat, lion, marte... Les digitigrades sont les plus agiles et les plus forts des carnassiers (*fig.*).

dilatation. — Les divers corps, quand on les chauffe, augmentent de volume, on dit qu'ils se *dilatent*. Lorsque ensuite le corps se refroidit,

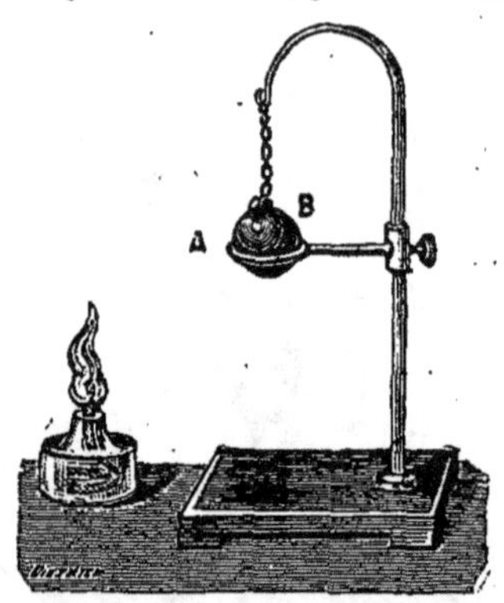

Dilatation. — La sphère B, quand elle a été chauffée, ne peut plus passer à travers l'anneau A.

il reprend son volume primitif. Les dilatations ont d'importantes conséquences qu'il faut connaître.

Une barre métallique chauffée augmente légèrement de longueur; une boule chauffée augmente de grosseur,

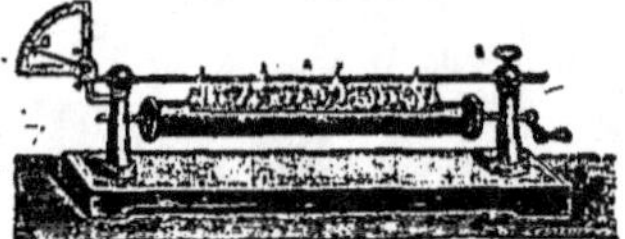

Dilatation. — Sous l'action de la chaleur, la barre A s'allonge et l'aiguille C, en se déplaçant devant le cadran, rend manifeste la dilatation linéaire de la barre.

de façon à ne plus pouvoir passer dans un anneau qui la laissait passer auparavant. De même si on chauffe un liquide renfermé dans un vase à long col, on le voit monter de plus en plus dans le col, à mesure que sa température s'élève. Enfin une vessie à moitié pleine d'air, puis hermétiquement close, se gonfle, si on la chauffe, par suite de la dilatation du gaz qui s'y trouve renfermé (*fig.*).

Mais les divers corps ne se dilatent

pas en quantités égales pour une élévation déterminée de température. Le plomb se dilate deux fois plus que le fer, le zinc deux fois plus que le cuivre. Pour les solides, la dilatation est toujours très faible. Ainsi une barre de fer qui a 1 mètre de longueur à la température ordinaire de l'air, s'allonge à peine d'un millimètre quand on la plonge dans l'eau bouillante, et de 7 à 8 millimètres quand on la fait fortement rougir.

De même chaque liquide se dilate à sa manière. La dilatation des liquides, toujours faible, est cependant plus

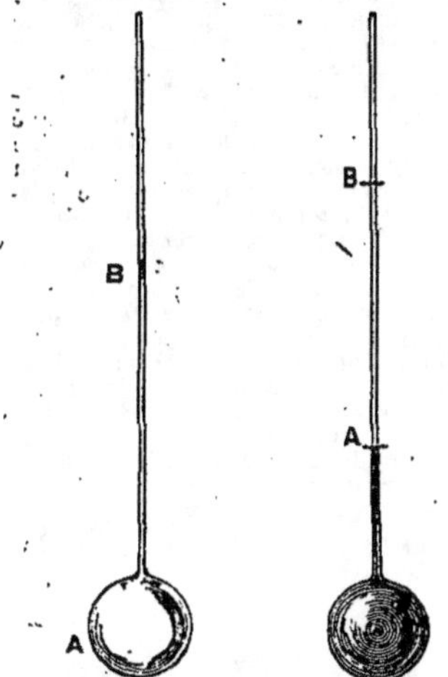

Dilatation des gaz. — Quand on chauffe, le gaz du ballon A se dilate, et repousse le petit index de mercure B qui le sépare de l'air extérieur.

Dilatation des liquides. — Quand on chauffe, le liquide se dilate, et s'élève de A en B.

grande que celle des solides. D'ailleurs quand on chauffe un liquide dans un vase, on ne voit que l'excès de la dilatation du liquide sur celle du vase. Ainsi, si une bouteille d'un litre de capacité est pleine d'alcool à la température de 0°, il en sort 75 centimètres cubes si on la chauffe à 70°, par suite de l'excès de la dilatation de l'alcool sur celle du verre.

Les gaz se dilatent beaucoup plus que les solides et les liquides. Il suffit de chauffer un gaz depuis 0° jusqu'à 273° pour qu'il double de volume. De plus la dilatation des gaz présente deux particularités remarquables. D'abord *tous les gaz se dilatent de la même manière pour une même élévation de température.* En outre, les gaz étant faiblement compressibles, il est facile de s'opposer à leur dilatation; mais si on empêche un gaz de se dilater librement, c'est sa pression qui augmente, c'est-à-dire qu'il repousse plus fortement les parois du verre qui le renferme.

Applications des dilatations. — Les dilatations des solides et des liquides augmentent fort peu leur volume, mais elles se produisent avec une force presque irrésistible. Sous l'action de l'augmentation de volume du liquide intérieur, une bouteille de fer, entièrement remplie d'eau froide, et fermée par un bouchon à vis, se brise quand on la porte à la température de 70 à 80°. On a vu des barres de fer briser, en se dilatant, des pierres résistantes dans lesquelles elles étaient scellées. Aussi, maintenant surtout que le fer tient une si grande place dans les constructions, doit-on laisser aux pièces métalliques assez de jeu pour qu'elles puissent se raccourcir ou s'allonger suivant qu'il fait froid ou chaud. Dans la construction des chemins de fer, on a soin de laisser entre les rails un petit espace qui leur permette de se dilater.

Quand on verse dans un verre un liquide très chaud, il y a dilatation immédiate des portions de parois qui sont en contact avec le liquide. Le pied, au contraire, et la partie supérieure du verre, conservent leur volume primitif; de là des tiraillements qui déterminent souvent une rupture. Lorsqu'un bouchon de verre a été trop fortement enfoncé dans le goulot d'une bouteille, on chauffe le goulot avec une allumette : il se dilate et devient plus large. On se hâte alors d'enlever le bouchon, avant que la chaleur soit venue le dilater aussi. Le charron qui veut ferrer une roue de voiture commence par chauffer son cercle de fer et le pose pendant qu'il est chaud. Le cercle, en se refroidissant, rapproche les unes des autres les pièces de bois qui composent la roue et les maintient fortement unies. L'une des plus importantes applications des dilatations des solides se trouve dans le, *pendule compensateur* (voy. **pendule**).

Les *thermomètres* (voy. ce mot) sont des applications des dilatations. La dilatation des liquides et des gaz permet d'expliquer un grand nombre de phénomènes naturels (voy. **courants, vent, ventilation, tirage des cheminées**). L'air chaud, devenu plus léger par suite de sa dilatation, peut s'élever au sein de l'air froid. Voilà pourquoi la fumée s'élève dans l'air. Voilà pourquoi on a pu gonfler des aérostats avec de l'air chaud ; le ballon ne reste alors suspendu qu'autant que l'air qu'il renferme demeure à une haute température.

dindon. — Oiseau *gallinacé*, originaire de l'Amérique (*fig.*). Sa longueur totale est de 1^m,20 ; son envergure de 1^m,80. Il habite encore à l'état sauvage les grandes forêts du Nouveau Monde ; il est alors plus gros et plus beau que le dindon domestique. En domesticité, le dindon se nourrit de tout ce qu'on

Dindon (longueur, 1 mètre).

lui donne et de tout ce qu'il trouve, comme la poule. La femelle est excellente couveuse ; on la charge souvent de couver des œufs de poule et de pintade. L'élève des dindons est assez difficile, mais de grand rapport, à cause de la taille de l'animal. Sa chair est très estimée, surtout celle de la femelle.

diphtérie. — Maladie caractérisée par la production de *fausses membranes* sur les muqueuses, et principalement celles des gencives, de la bouche, de l'arrière-bouche, du larynx, du nez, des oreilles, etc. L'*angine couenneuse* est une diphtérie dont les fausses membranes se produisent principalement dans le pharynx et sur les amygdales.

La diphtérie attaque surtout les enfants ; c'est une maladie tantôt sporadique, tantôt épidémique, mais toujours contagieuse ; elle se transmet par un *microbe*. Quand les fausses membranes envahissent les organes de la respiration, comme dans l'angine couenneuse, qui est de beaucoup la diphtérie la plus fréquente, elles peuvent déterminer l'asphyxie du malade en s'opposant à l'arrivée de l'air, mais le plus grand danger de la diphtérie est ailleurs. C'est que les produits toxiques formés avec les fausses membranes s'introduisent dans le sang et produisent un véritable empoisonnement, qui peut avoir les suites les plus graves.

On conçoit dès lors que le traitement de la diphtérie doive être *local*, pour combattre les fausses membranes, et *général*, pour obvier aux dangers de l'intoxication du sang.

dissolution. — Un morceau de sucre disparaît au contact de l'eau, pour former de l'eau sucrée ; on dit qu'il est en *dissolution*. Chaque liquide peut de même dissoudre un certain nombre de solides. La loi principale de la dissolution est la suivante : *une quantité donnée du liquide, prise à une température déterminée, ne peut dissoudre qu'un poids limité d'un corps solide.* Ainsi, un kilogramme d'eau à 0° ne peut dissoudre que 360 grammes de sel de cuisine, ou 130 grammes de salpêtre, ou 120 grammes de sulfate de soude. On dit qu'une dissolution est *saturée* quand le liquide tient en dissolution tout le poids du solide qu'il est susceptible de dissoudre à la température à laquelle il se trouve. Le plus souvent la solubilité va en augmentant beaucoup quand la température s'élève ; ainsi l'eau bouillante peut dissoudre 25 fois plus de salpêtre que l'eau glacée.

Quand on fait évaporer une dissolution saturée froide, ou qu'on laisse refroidir une dissolution saturée chaude, le corps en dissolution reprend l'état solide, et en général il cristallise (voy. **cristallisation**).

distillation. — Un liquide impur se purifie par *distillation* ; on le fait

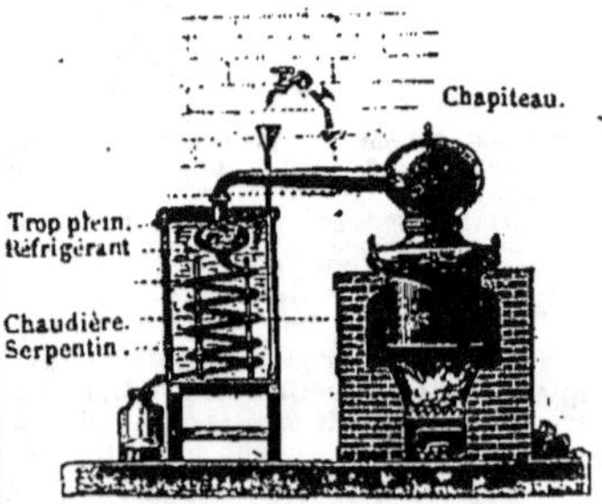

Alambic métallique à distillation. — Les vapeurs parties de la *chaudière*, viennent se condenser dans le *serpentin*, refroidi par l'eau sans cesse renouvelée du *réfrigérant*.

bouillir dans la *chaudière*, ou *cucurbite*, d'un appareil nommé *alambic* (*fig.*) ; le liquide pur sort seul du vase sous forme de vapeur, laissant là les matières étrangères. En condensant alors la vapeur dans un *serpentin* refroidi par un courant d'eau froide contenu dans le *réfrigérant*, on a le liquide pur; on dit alors qu'il est *distillé*.

On utilise aussi la distillation pour

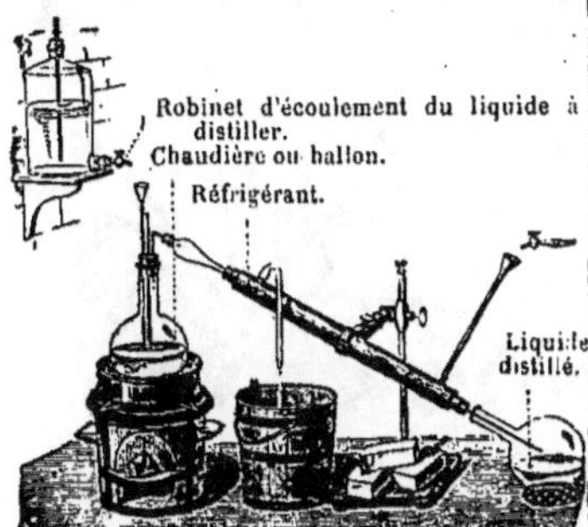

Distillation continue. — Le liquide à distiller coule en un mince filet dans le ballon; les vapeurs se forment et vont se condenser dans le tube incliné, entouré d'un manchon à circulation d'eau froide.

séparer les uns des autres plusieurs liquides mélangés, par exemple l'alcool (qui bout à 79°), de l'eau qui bout seulement à 100°.

Dans les laboratoires on se sert

Appareil simplifié à distillation, en verre. — Le liquide est chauffé dans la cornue; les vapeurs viennent se condenser dans le ballon refroidi.

souvent d'un appareil de distillation tout en verre, et beaucoup plus simple que l'alambic industriel (*fig.*).

diurétiques. — Substances qui ont la propriété d'exciter l'urination. L'eau, le lait sont des diurétiques, ainsi qu'un grand nombre de substances végétales (scille, digitale, colchique...), minérales (azotate de potasse, citrate de magnésie...), ou animales (urée et sels d'urée).

dolmen. — Monument construit au début de l'âge du fer pour servir de tombeau, de caveau funéraire. Il se compose d'une ou plusieurs chambres,

auxquelles on arrive par une sorte de corridor; le tout constitué par un petit nombre de pierres brutes, de grandes dimensions. Les dolmens qui nous sont

Dolmen (à gauche), et *menhir* (à droite).

arrivés intacts sont, ou bien construits sous le sol, ou bien recouverts de terre, de façon à former une petite colline nommée *tumulus* ou *galgal* (quand la terre est remplacée par des pierrailles).

Dans chaque dolmen on ensevelissait ordinairement un grand nombre de morts; à côté d'eux on plaçait des armes et des outils en pierre, des vases en poterie grossière, des parures en coquillages. Quelques dolmens ont plus de 20 mètres de longueur, d'autres ont à peine la dimension d'un cadavre. En France on trouve des dolmens dans la plupart des départements et surtout en Bretagne. Il s'en rencontre aussi dans toute l'Europe occidentale (*fig.*).

domestication. — Action d'amener les animaux sauvages à l'état domestique. La *domestication* comporte plusieurs degrés, depuis la domestication des animaux comme le lapin, que nous ne conservons chez nous qu'à la condition de les maintenir dans une étroite captivité, jusqu'à la domestication du chien, qui nous est attaché par une affection sans cesse manifestée.

Les vrais animaux domestiques sont ceux qui, même en liberté, ne cherchent pas à recouvrer leur indépendance, et rentrent volontairement chaque jour à l'étable (chien, cheval, âne, bœuf, chameau, mouton, chèvre, porc, poule, dindon, oie, canard). La domestication de ces espèces remonte à la plus haute antiquité, et, depuis les temps historiques, aucune espèce animale n'est passée de l'état sauvage à l'état domestique. Ce fait donne à penser que la domestication n'est pas tant le propre de l'homme, que celui des animaux eux-mêmes; se sont domestiquées seulement les espèces qui avaient en elles-mêmes des instincts d'obéissance et de soumission. Le profit que nous tirons de la plupart des animaux domestiques est double; quelques espèces nous donnent leur travail, et presque toutes nous fournissent une alimentation toujours à notre portée, nous mettant ainsi à l'abri des hasards de la chasse.

dorure. — Application de l'or en couche mince et adhérente à la surface du corps d'une matière moins précieuse. Cette application se fait par divers procédés.

Dans la **dorure au feu**, on applique sur l'objet, à l'aide d'une brosse, un amalgame d'or (c'est-à-dire une dissolution d'or dans du mercure); puis on chauffe la pièce, de manière que le mercure s'en aille par vaporisation, et

Objet à Lame Bain d'or. Pile.
dorer. d'or.

Dorure galvanique. — Le courant, traversant le bain, décompose le cyanure d'or; le métal se dépose sur l'objet, tandis que la plaque d'or se dissout peu à peu, entretenant la concentration du bain.

que l'or reste seul; ce procédé est coûteux, difficile, nuisible à la santé des ouvriers, qui sont exposés à l'influence funeste des vapeurs de mercure, mais il donne une dorure belle et solide.

La **dorure par immersion** s'obtient en trempant l'objet dans un bain renfermant une dissolution de chlorure d'or et de bicarbonate de potasse; on peut aussi étendre au pinceau, sur la pièce à dorer, une dissolution de sesquichlorure d'or dans l'éther; par l'une et l'autre méthode on obtient une dorure très mince et peu solide.

La **dorure galvanique**, la plus usitée aujourd'hui, se pratique de la manière suivante : on fait dissoudre dans l'eau du cyanure d'or et de potassium; dans ce *bain d'or* on suspend l'objet à dorer, et, à une petite distance, une lame d'or; on fait communiquer l'objet avec le pôle négatif d'une pile et la lame d'or avec le pôle positif; le courant passe, décompose le bain, et dépose l'or sur l'objet. Cette méthode est plus économique, plus facile, moins insalubre, mais un peu moins solide que la dorure au feu. On dore surtout les objets de bijouterie en cuivre, puis les bronzes et les zincs d'art pour pendules, can-

délabres, coupes, lustres, et enfin les fils de cuivre destinés à la passementerie (*fig.*).

douce-amère. — Plante vivace, grimpante, de la famille des *solanées*, qui croît dans les haies, les taillis, les buissons. Quand on la froisse elle ré-

Douce-amère (hauteur, 2 à 3 mètres).

pand une odeur désagréable; son écorce, mâchée, a un goût à la fois sucré et amer; elle est utilisée en médecine. On mange ses jeunes pousses.

doucette. — Voy. mâche.

douche. — Jet de liquide, de gaz ou de vapeur (le plus souvent d'eau),

Douche en pluie, à l'aide d'un arrosoir.

qu'on fait arriver sur le corps avec une force plus ou moins grande (*fig.*). La *douche* produit un ébranlement particulier du système nerveux et une sensation profonde dont le médecin tire souvent parti. La douche peut être froide, ou chaude, ou chaude d'abord et froide ensuite ; on la donne en faisant tomber l'eau d'un réservoir placé un

Douche en pluie, avec l'appareil à douches.

peu haut, ou en lançant le liquide sous pression à l'aide d'une lance d'arrosage. La durée est de quelques secondes ; le corps doit être en moiteur ; puis on s'habille rapidement et on fait un peu d'exercice pour faciliter la réaction.

La douche froide, prise tous les jours, a une grande utilité hygiénique

Douche à la lance.

en augmentant l'activité de toutes les fonctions ; mais on ne doit pas la prendre sans la permission du médecin. On utilise les douches froides ou chaudes, dans l'*anémie*, la *chlorose*, l'*aliénation mentale*, de *nombreuses maladies nerveuses*, les *névralgies*, *rhumatismes chroniques*, *engorgements* du foie, de la rate, etc.

douleurs. — On nomme vulgaire-ment *douleurs* des douleurs articulaires ou musculaires, fixes ou mobiles, qui sont ressenties d'une façon continue ou intermittente en tel ou tel point du corps. Les personnes qui ont eu des rhumatismes, des névralgies, qui ont été exposées aux intempéries des saisons, sont principalement sujettes aux *douleurs*. Ces douleurs apparaissent surtout aux changements de temps ; elles sont plus vives ordinairement la nuit que le jour, et diminuent sous l'action de l'exercice musculaire. On traite les douleurs par des frictions sèches, des frictions à l'alcool, la flanelle, les douches d'eau chaude ; on les fait souvent disparaître définitivement par les eaux sulfureuses.

dracœna. — Arbre de la famille des *liliacées*, originaire des régions

Dracœna.

tropicales. Plusieurs espèces sont cultivées en France comme plantes ornementales, et restent toujours de taille relativement petite. Dans les régions tropicales, au contraire, les dracœna constituent des arbres qui ont souvent une taille fort élevée (*fig.*).

drainage. — Opération qui a pour

Drainage par simple écoulement superficiel de l'eau.

but de faire écouler l'eau des terres trop humides. On creuse à la surface du sol des *fossés* et des *rigoles* dirigés dans le sens de la *pente* du terrain et aboutissant à un ruisseau ou à un

Drainage par canalisation souterraine. — Les lignes de drains sont dirigées suivant la pente du terrain; toutes les eaux vont se déverser dans un *fossé de décharge*, ou *canal de drainage*.

étang placé à un niveau moins élevé, ce qui permet à l'eau de s'écouler. Mais ce drainage superficiel est souvent

Drain.   Manchon.   Drain.

Tuyaux de drainage, ou drains. — Ils sont unis bout à bout, réunis par des *manchons* non cimentés, pour que l'eau puisse y pénétrer peu à peu.

insuffisant. Dans ce cas, on creuse des *tranchées* d'un mètre de profondeur, au fond desquelles on pose des tuyaux de terre cuite, nommés *tuyaux de drainage* ou *drains;* ces tuyaux sont ensuite recouverts de terre. Ils sont seulement posés à la suite les uns des autres et non cimentés. Les eaux du sous-sol entrent par les fentes qui

Tranchée.

Drain.

Drainage. — Les tuyaux sont installés au fond d'une tranchée, qu'on remplit ensuite de pierre, puis de terre.

séparent les tuyaux successifs, et s'écoulent suivant la pente du conduit souterrain pour aller se déverser dans un tuyau *collecteur* unique, qui les conduit dans un étang ou dans un ruisseau voisin. Le drainage proprement dit assainit les terres bien plus complètement que les rigoles superficielles (*fig.*).

dromadaire. — Voy. chameau.

duc. — Oiseau *rapace nocturne* dont la tête porte des aigrettes très développées. Le *grand-duc* est un gros oiseau, dont l'envergure dépasse 1ᵐ,05. Il est peu répandu en France (Isère, Provence, Pyrénées, Haute-Marne). Il niche sur les rochers. Il est utile, car

Grand-duc (lon-   Petit-duc (longueur, 0ᵐ,66).   gueur, 0ᵐ,18).

il se nourrit surtout de rats et de mulots; mais il chasse aussi le lièvre. Le *petit-duc*, long seulement de 18 à 20 centimètres, n'est pas plus abondant; il se nourrit de rats et d'insectes (*fig.*).

ductilité. — Propriété qu'ont certains corps de pouvoir passer à la *filière* sans se briser, de façon à être réduits en fils plus ou moins fins. Les métaux sont les corps les plus ductiles, et même à peu près les seuls qui le soient. L'or est le plus ductile des métaux : on fait des fils d'or à peine visibles. Puis viennent l'argent, le platine, le fer, le cuivre, le zinc, l'étain, le plomb.

dunes. — Les *dunes* sont des amoncellements de sable qui forment comme un long cordon de collines le long des plages sablonneuses des mers (*fig.*). Dans l'intervalle de deux marées, le sable mis à découvert est séché par le soleil, puis entraîné par le vent qui souffle de la mer vers la terre (brise de mer). Au moindre obstacle, ces sables s'accumulent et forment, avec le temps, un monticule allongé qui

Dunes. — Une succession d'ondulations de sable partant de la mer constitue les dunes.

s'agrandit constamment. Quand les dunes ont acquis une certaine hauteur, elles ne s'accroissent plus; à la suite du premier monticule, il s'en forme un autre disposé de la même manière, et ainsi de suite; la côte se couvre donc d'une série d'ondulations, qui envahissent progressivement les terres, rendant toute culture impossible. On cherche à fixer les dunes par des plantations, particulièrement des plantations de pins, comme en Gascogne, qui brisent le vent et retiennent le sable dans leurs racines enchevêtrées.

dureté. — La *dureté* d'un corps est mesurée par la facilité avec laquelle ce corps use les autres ou est usé par eux. Un corps peut être à la fois très dur et très fragile, c'est-à-dire se casser facilement (verre, acier fortement trempé); un autre sera au contraire très peu fragile et sans dureté (plomb). Le diamant est peut-être le plus dur des corps connus; il peut rayer tous les autres et n'est rayé par aucun. Parmi les métaux usuels, le fer est le plus dur (surtout à l'état d'acier); puis viennent le zinc, le cuivre, l'or, l'argent et le plomb, qui peut être rayé par l'ongle.

durillon: — Durcissement de l'épiderme, apparaissant aux mains ou aux pieds par suite d'un frottement ou d'une pression souvent répétés. Il est moins douloureux que le cor, parce qu'il ne s'étend pas, comme lui, aux parties profondes. Il passe de lui-même si la cause qui l'a fait naître vient à disparaître.

dynamite (grec : *dunamis*, force). — Matière explosive très employée dans l'art de la guerre et dans les arts industriels, tels que l'exploitation des mines et le creusement des tunnels. C'est un mélange de *nitroglycérine* avec une matière absorbante inerte.

Cartouche de dynamite.

La *nitroglycérine*, découverte en 1847, se fabrique en traitant la *glycérine* par un mélange d'acide azotique et d'acide sulfurique; cette fabrication est dangereuse. On obtient un liquide huileux qui détone très violemment sous l'influence d'un choc ou d'un échauffement brusque; le pouvoir destructif de cette substance est au moins dix fois plus grand que celui de la poudre de guerre. Malheureusement les dangers de son emploi ont empêché longtemps son usage.

Mais depuis 1865, on la mélange à une matière inerte, une terre argileuse particulière, et on obtient un explosif moins dangereux, la *dynamite*. La puissance destructive de la dynamite est presque aussi grande que celle de la nitroglycérine, mais son explosion n'a pas lieu aussi aisément, ce qui la rend d'un maniement beaucoup moins dangereux. Elle coûte 4 fois plus que la poudre, mais ses effets sont 8 fois plus considérables. En particulier les projectiles chargés de dynamite sont extrêmement redoutables. Dans l'exploitation des mines, on se sert de cartouches bourrées de dynamite, qu'on fait détoner à l'aide de capsules fulminantes qu'on enflamme de loin par l'électricité (*fig.*). La dynamite détone très bien sous l'eau.

On produit actuellement en Europe dix millions de kilogr. de dynamite par an, dans une vingtaine d'usines, dont trois ou quatre en France. Paudille (Pyrénées-Or⁽ᵉˢ⁾) et Ablon (Calvados) possèdent des fabriques importantes.

dynamomètre (grec : *dunamis*, force; *metron*, mesure). — Instrument qui peut servir, comme une *balance*, à peser les corps, ou bien à mesurer la valeur d'un effort de pression ou de traction. Le dynamomètre renferme comme pièce principale un

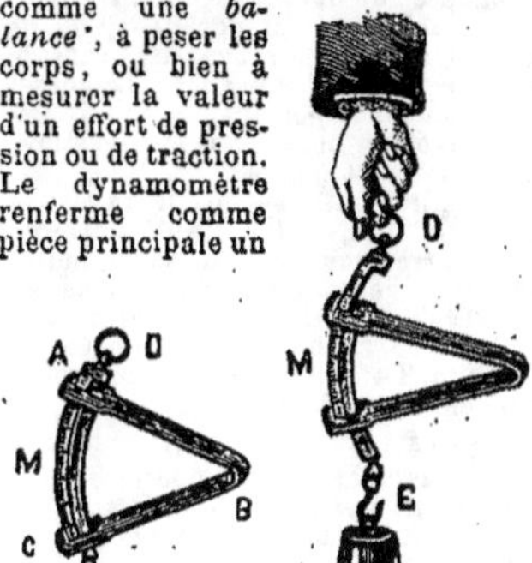

Dynamomètre au repos. Dynamomètre infléchi, sous l'action d'un poids.

Le dynamomètre est soutenu en D par un support résistant. Un poid est en E. Le ressort B s'infléchit sous l'action du poids, et les extrémités A et C du ressort se rapprochent d'autant plus que le poids est plus lourd. Le rapprochement est mesuré par l'arc gradué M.

ressort sur lequel est appliqué l'effort à mesurer; la déformation plus ou moins grande du ressort sert à mesurer l'effort. Le *peson à ressort* (voy. balance) est un dynamomètre (*fig.*).

dysenterie. — Maladie de l'intestin caractérisée par la fièvre, des douleurs de ventre, une diarrhée qui force à aller à chaque instant à la selle. Cette diarrhée produit des matières presque liquides, sanguinolentes, accompagnées de lambeaux de peau détachés de l'intestin; le besoin d'aller à la selle est accompagné de coliques extrêmement vives. La mort survient souvent; dans les cas de guérison on conserve une grande susceptibilité d'entrailles.

Cette maladie est plus fréquente dans les pays chauds; elle est souvent épidémique, et alors elle est plus grave; elle est contagieuse. La mauvaise nourriture, l'usage des fruits, des boissons froides y prédisposent. Le traitement comporte l'usage des purgatifs, des lavements au laudanum, la diète. La dysenterie devenue chronique est d'une guérison fort longue à obtenir.

dyspepsie (grec : *dus*, difficilement; *pepsis*, digestion). — Lenteur et difficulté habituelle des digestions, accompagnées de malaise général, de pesanteur de tête, de besoin de sommeil, de renvois acides, de ballonnements du ventre, et quelquefois de vomissements. La maladie, négligée, peut occasionner des troubles graves de la santé. Elle est causée surtout par le défaut d'exercice, l'habitude de manger trop vite, de travailler après le repas; les excès de de table y conduisent aussi. Le corset des femmes, apportant, quand il est trop serré, un obstacle à la digestion, la fait souvent naître.

Le traitement dépend de la cause première, et aussi des manifestations, souvent très variables, de la maladie; mais il exige toujours une hygiène sévère de l'alimentation, une alimentation privée autant que possible de féculents. Le *lavage de l'estomac* est aussi employé avec succès.

dyspnée (grec : *dus*, difficilement; *pneïn*, respirer). — Difficulté de respirer. La *dyspnée* peut apparaître chez les personnes bien portantes comme conséquence d'une émotion vive, d'une course rapide ou de tout exercice violent. Dans un grand nombre de maladies des voies respiratoires il se produit de la dyspnée (asthme, croup, bronchite capillaire, pneumonie...) et la gêne peut devenir assez grande pour déterminer l'asphyxie.

dysurie. — Difficulté d'uriner, qui survient par exemple dans les maladies de la vessie.

dytique. — Insecte *coléoptère* vivant dans l'eau, et particulièrement

Larve de dytique.

Patte antérieure de dytique mâle, garnie de ventouse.

Dytique femelle.

Dytique mâle.

dans l'eau dormante. Le dytique est très carnassier; il se nourrit de tous les insectes aquatiques, de têtards, de petits mollusques, de petits poissons, de larves de grenouilles (*fig.*)

E

eau. — L'eau est le corps le plus répandu dans la nature: on la trouve partout. C'est un corps qui résulte de la combinaison de l'*hydrogène* avec l'*oxygène*. Quand on fait brûler du gaz hydrogène, il se combine avec l'oxygène de l'air pour former de la vapeur d'eau (*fig.*).

On rencontre l'eau à l'état solide, à l'état liquide et à l'état gazeux. Dans tous ces états elle est sans odeur, sans goût, et sans couleur, à moins qu'elle ne renferme de très petites quantités de matières étrangères, qui lui communiquent une coloration appréciable, sans en altérer la limpidité.

L'eau solide est ce qu'on nomme la *glace* (voy. ce mot).

La *glace* se fond à la température de 0°, et donne l'eau liquide, répandue partout. Parmi les propriétés les plus importantes de l'eau, il convient de dire qu'elle est plus lourde à la température de 4° qu'à toute autre température. Quand de l'eau d'abord à 0° s'échauffe, elle diminue de volume jusqu'à 4°, au lieu d'augmenter comme font les autres corps; elle ne commence à se dilater qu'à partir de 4°. C'est pour cela qu'au fond d'un lac profond, la température de l'eau, en été comme en hiver, est toujours de 4°. Rien de semblable ne se produit dans les rivières ni dans les mers, à cause des courants qui mélangent constamment le liquide de la surface avec celui du fond. En outre l'eau a la propriété précieuse de dissoudre un grand nombre de corps solides (voy. **dissolution**). De tous les corps l'eau est celui qui s'échauffe et se refroidit le plus lentement; si on met sur un même feu un kilogramme

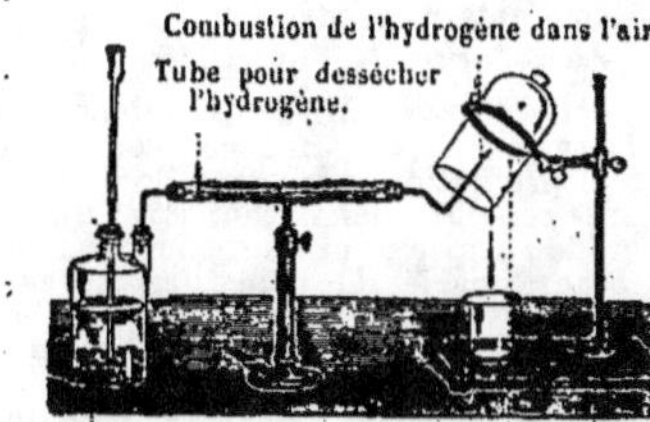

Appareil à préparation de   Cloche pour condenser
l'hydrogène.   la vapeur de l'eau.

La combustion de l'hydrogène produit de l'eau.

d'eau et un kilogramme de mercure, ce dernier sera bien plus rapidement chaud que l'eau. C'est ce qui explique pourquoi l'eau de l'Océan n'est jamais bien chaude en été ni bien froide en hiver; d'ailleurs les *courants marins*, qui mélangent constamment les eaux

Décomposition de l'eau par le charbon. — Inversement quaud on plonge dans l'eau un charbon bien allumé, il enlève à l'eau son oxygène, la décompose, et remet l'hydrogène en liberté.

du pôle avec celles de l'équateur, ont aussi pour effet d'égaliser la température. Il en résulte que les rivages de la mer jouissent ordinairement d'une température qui n'est ni très élevée en été, ni très basse en hiver.

L'eau s'évapore constamment à la surface de la terre, aussi y a-t-il toujours de la vapeur d'eau dans l'air (voy. **vaporisation**, **hygrométrie**). Chauffée, l'eau se met à bouillir à la température de 100°.

Eau dans la nature. — On ne rencontre jamais d'eau pure à la surface du sol. L'eau de pluie tient en dissolution ou en suspension des matières empruntées à l'air; s'infiltrant ensuite dans la terre, elle dissout les substances qu'elle y rencontre, substances qui varient avec la nature des terrains traversés. Dans les eaux ordinaires, appelées *eaux douces*, les matières étrangères sont peu abondantes. Il y a d'abord de l'air en dissolution, qui sert à la respiration des animaux aquatiques et à la nutrition des plantes qui vivent dans l'eau. C'est cet air qui sort de l'eau en petites bulles quand on commence à la chauffer. Outre l'air, il y a des solides en dissolution, parmi lesquels il y a surtout du *calcaire*, du *sulfate de chaux* et du *chlorure de calcium*. Mais la quantité de ces substances est

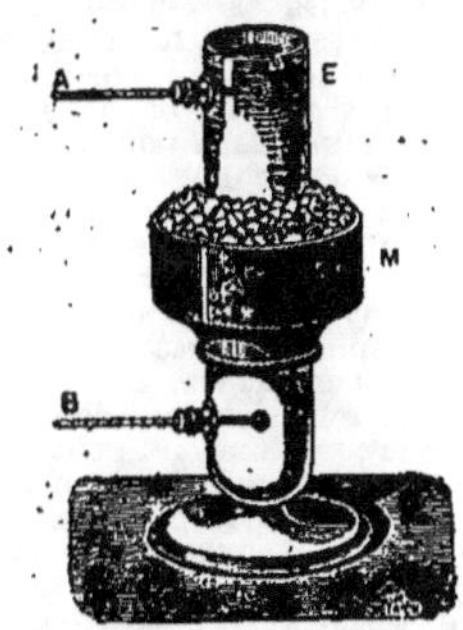

Maximum de densité de l'eau. — Une éprouvette E renferme de l'eau; on la refroidit par de la glace placée dans le manchon M. Au bout de quelque temps le thermomètre B marque 4°, et le thermomètre A marque 0°; l'eau à 4° est donc plus lourde que l'eau à 0°.

très variable d'une eau à une autre.

Eaux potables. — Les eaux potables sont celles qui peuvent servir de boisson journalière, sans qu'il résulte de leur emploi aucun trouble dans notre économie. Les meilleures eaux sont celles qui renferment beaucoup d'air en dissolution, une quantité de matières solides inférieure à un demi-gramme par litre, et qui sont complètement exemptes de toutes matières organiques qui, en se putréfiant, lui donneraient une mauvaise odeur et la rendraient malsaine. On sait d'ailleurs que les eaux qui renferment des matières organiques renferment souvent des *microbes* capables de donner des maladies graves, et en particulier la fièvre typhoïde.

Eaux minérales. — Les eaux minérales sont celles qui contiennent assez de solides en dissolution pour avoir un goût. Elles ont souvent une puissante action pour la guérison de nombreuses maladies. On les divise en *eaux minérales froides* et *eaux minérales chaudes*, ou *thermales* (voy. **sources**). On connaît en France plus de 200 sources d'eau minérale. L'eau de mer, qui contient à peu près 35 grammes de substances solides en dissolution par litre, est la plus importante des eaux minérales.

eau-de-vie. — Liqueur obtenue par la *distillation* des substances ayant subi la *fermentation* alcoolique. Cette liqueur est constituée, dans ses parties essentielles, par un mélange d'eau et d'*alcool*. Dans les eaux-de-vie destinées à la consommation, la proportion d'alcool contenue dans un litre de la liqueur est comprise entre 40 centilitres (pour les eaux-de-vie faibles) et 60 centilitres (pour les eaux-de-vie très fortes). Quand la proportion d'alcool est plus grande, on a ce qu'on nomme de l'*esprit de vin* ou de l'*alcool*. Outre l'eau et l'alcool, il y a dans l'eau-de-vie un grand nombre d'autres substances, en quantités très faibles, qui lui donnent son goût particulier, son bouquet plus ou moins fin ; ces substances supplémentaires varient avec l'origine de l'eau-de-vie. Dans le commerce on cherche souvent à donner aux eaux-de-vie communes un goût comparable à celui des plus fines, en y ajoutant justement divers produits.

On retirait autrefois l'eau-de-vie, par distillation, uniquement des boissons fermentées ; on avait ainsi l'eau-de-vie de vin, l'eau-de-vie de cidre, celle de bière, celle de *marc*, provenant de la distillation des marcs de raisin. Aujourd'hui on fabrique au contraire la presque totalité des eaux-de-vie à l'aide de l'*alcool* retiré de la betterave, des graines, des céréales et des pommes de terre. A ces alcools étendus d'eau, qui n'ont aucun *bouquet*, on ajoute des produits chimiques préparés artificiellement, de façon à leur communiquer un goût plus ou moins agréable.

Pour parler seulement des eaux-de-vie de vin véritables, bien supérieures à toutes les autres, la France en produit encore de petites quantités d'un goût exquis. En tête sont les *cognacs*, tirés du médiocre vin blanc des Charentes ; puis les *armagnacs*, venant des vins de Montpellier.

L'usage continuel des eaux-de-vie, *qu'elle qu'en soit la provenance*, est certainement préjudiciable à la santé. L'abus mène à l'ivrognerie, puis à l'*alcoolisme*. Prise en une fois, à haute dose, l'eau-de-vie agit comme un poison. La médecine utilise fréquemment l'eau-de-vie pour soutenir les forces des malades, et aussi pour combattre l'anémie qui suit certaines maladies. (Voy. **liqueurs alcooliques**.)

eau de Javel. — Voy. **chlorures décolorants et désinfectants**.

eau-forte. — Voy. **acide azotique**.

eau oxygénée. — Combinaison d'oxygène et d'hydrogène, contenant une proportion d'oxygène double de celle contenue dans l'eau. C'est un liquide sirupeux qui a un pouvoir décolorant considérable ; ainsi les cheveux noirs deviennent blonds lorsqu'on les lave avec de l'eau oxygénée. L'*eau des blondes*, vendue par les parfumeurs pour teindre en blanc les cheveux noirs, est de l'eau oxygénée mêlée avec beaucoup d'eau ordinaire. En lavant les vieux tableaux avec de l'eau oxygénée faible on fait disparaître la coloration noire qui masque le dessin, et on leur restitue leur coloration primitive.

eau régale. — Mélange d'*acide chlorhydrique* et d'*acide azotique*, qui a la propriété de dissoudre l'or et le platine, et de les transformer en *chlorures*.

ébène. — On désigne sous le nom d'*ébène* un certain nombre de bois de provenances très diverses, tous caractérisés par une couleur très foncée et une grande dureté. Ces bois se tournent facilement et peuvent prendre un beau poli ; en ébénisterie on les emploie seulement pour le placage. L'ébène nous arrive de l'Inde, de l'île Maurice, de Madagascar, de l'Amérique intertropicale. Il provient surtout de divers arbres du genre *plaqueminier* ; c'est le cœur de ces arbres, car l'aubier en est blanc. On imite très bien l'ébène, comme nuance mais non comme densité ni comme dureté, avec le cerisier et le poirier teints en noir.

ébénier. — On donne le nom général d'*ébénier* aux divers arbres, qui ne sont même pas tous connus, dont on tire toutes les variétés du bois d'ébène ; ce sont des arbres des pays chauds. Le *cœur* du bois est seul utilisé, car l'*aubier* en est blanc. Pour le *faux-ébénier*, voy. **cytise**.

ébullition. — Un liquide est en *ébullition* quand de grosses bulles de vapeur se détachent du fond, traversent vivement le liquide et viennent crever à la surface (*fig.*). Le plus ordinairement il faut chauffer un liquide pour qu'il entre en ébullition. Le phénomène obéit aux lois suivantes :

1º *Un liquide commence toujours à bouillir à la même température, dite température d'ébullition, pourvu qu'il soit placé dans une atmosphère dont la pression soit toujours la même.* Ainsi, quand la pression atmosphérique est de 76 centimètres (voy. **baromètre**), l'eau bout à 100º, l'éther à 36º, l'alcool à 78º, l'acide sulfurique à 326º, le zinc à 960º.

2º *La température d'un liquide qui bout demeure invariable pendant toute la durée de l'ébullition, pourvu que la pression extérieure demeure elle-même invariable.* Cette seconde loi indique que la vapeur, en partant, emporte une quantité de chaleur juste égale à celle fournie par le foyer; inversement, cette vapeur produira de la chaleur quand elle reprendra l'état liquide.

Ébullition. — L'ébullition est caractérisée par un dégagement de grosses bulles venant du fond du vase.

Quand on diminue la pression, l'ébullition a lieu à une température moins élevée. Au sommet du mont Blanc, l'eau bout à 84º; dans le vide de la machine pneumatique, on fait bouillir l'eau sans la chauffer. Inversement, sous une forte pression, l'eau ne bout qu'à une température bien supérieure à 100º; c'est ce qui se produit dans les chaudières des machines à vapeur.

Retenons surtout, des lois précédentes, que l'eau, qui bout dans les circonstances ordinaires, n'a jamais une température supérieure à 100º.

écailles. — Lames qu'on trouve à la surface de la peau chez un grand nombre d'animaux. Dans les mammifères, on trouve des écailles sur la queue des *rats*, des *castors*, sur tout le corps des *fourmiliers*. Chez un grand nombre de *poissons* les écailles recouvrent tout le corps, et ont une forme et une consistance qui varient d'une espèce à l'autre. Les *serpents*, les *lézards* ont le corps couvert d'écailles; la carapace de la *tortue* en est formée (*fig.*).

La carapace de la tortue constitue justement cette substance cornée, dure, qu'on désigne ordinairement sous le nom d'*écaille*, et avec laquelle on fabrique divers petits objets. L'écaille a une coloration naturelle qui est très belle, et d'ailleurs très variée; on

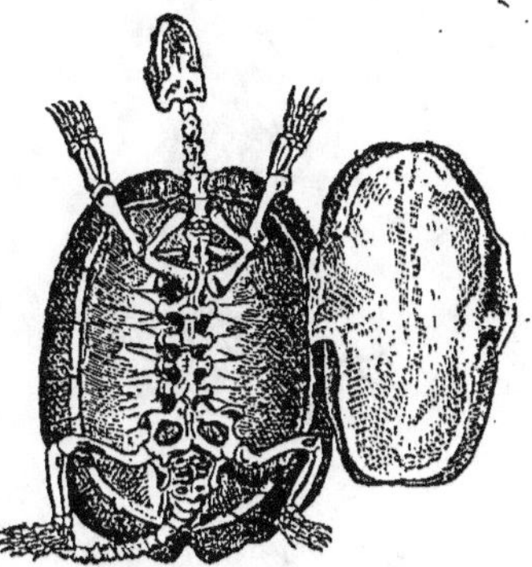

Écailles de la carapace de la tortue. — A l'intérieur est le squelette osseux de l'animal.

la travaille comme la *corne* (voy. ce mot).

Les objets d'écaille se réparent aisément quand ils sont brisés, car l'écaille, ramollie par l'eau chaude, se soude à elle-même. On imite l'écaille avec la *corne*; on fabrique aussi, avec de la gélatine diversement colorée, de l'*écaille artificielle*, qui n'a qu'une faible valeur.

ecchymose. — Infiltration du sang dans la peau, à la suite d'un coup qui a déterminé la rupture des petits vaisseaux sanguins. L'ecchymose se manifeste par une tache plus ou moins étendue, livide, noire, jaune, qui change souvent plusieurs fois de nuance avant de disparaître. On peut hâter la disparition de l'ecchymose par des compresses d'eau froide, d'eau vinaigrée, d'eau blanche, d'alcool camphré. S'il y a une inflammation un peu considérable, il faut parfois appliquer des sangsues ou des cataplasmes.

échalote. — Plante de la famille des *liliacées*, très voisine de l'oignon, cultivée dans les jardins. Les bulbes servent de condiment dans la préparation d'un grand nombre de plats. On ne reproduit jamais l'échalote par

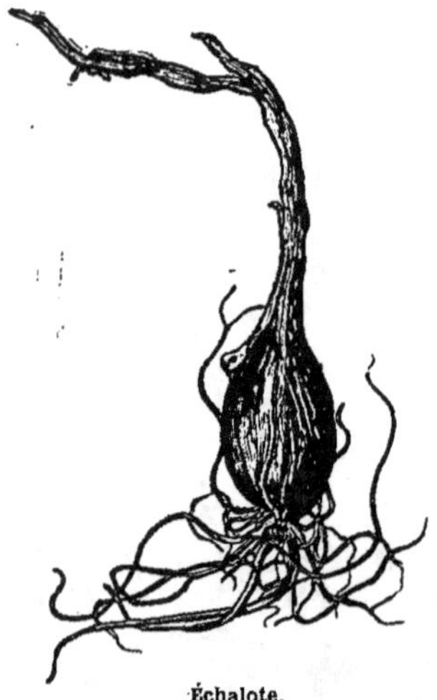

Échalote.

graines, mais toujours par les bulbes (*fig.*).

échappement. — Mécanisme par lequel, dans les horloges et les montres, le mouvement produit par le moteur (poids ou ressort) est périodiquement suspendu, de façon à régulariser la rotation des rouages, et par suite des aiguilles. L'échappement est la pièce essentielle de tout appareil destiné à la mesure du temps; sans lui, sous l'action du moteur, le mouvement serait sans cesse accéléré (voy. **horloge, montre**).

échidné. — L'*échidné* (*fig.*) est un mammifère *édenté;* cet animal très

Échidné (longueur, 0ᵐ,50).

singulier est si éloigné des autres mammifères qu'on a été longtemps embarrassé pour lui trouver une place parmi les animaux. Son corps lourd, aplati, porte une tête terminée par un rostre mince, allongé, à l'extrémité duquel se trouve une bouche très petite; on dirait un véritable bec; pas de dents. Les jambes sont armées d'ongles puissants; presque pas de queue. Les glandes mammaires, très petites, ont environ six cents conduits excréteurs. Le corps est recouvert de piquants Longueur du corps, 50 centimètres.

On le trouve dans les montagnes d'Australie; il creuse très rapidement son terrier, mais marche lentement à la surface du sol. Il se nourrit de vers et d'insectes. Surpris, il se roule en boule comme un hérisson. Les Australiens mangent sa chair, qu'ils trouvent excellente.

écho. — Le son, lorsqu'il rencontre un obstacle résistant, est renvoyé comme le serait une balle élastique. Le mouvement vibratoire se réfléchit à la façon d'une bille de billard, de telle manière que l'angle fait avec l'obstacle soit, après la réflexion, égal à ce qu'il était avant. Ce phénomène porte le nom de *réflexion* du son (*fig.*).

La réflexion du son se produit fréquemment dans la nature contre les rochers, les collines, les murs, ou même contre les bouquets d'arbres. Il en résulte le phénomène de l'*écho*. Considérons un son émis par la personne de gauche (*fig.*) et prenant la direction horizontale. Ce son rencontre un obstacle vertical, et il se réfléchit suivant une direction qui est encore horizontale. Un observateur placé sur le trajet de ce rayon réfléchi entendra donc le son arrivant directement, et ensuite le son réfléchi, l'*écho*, qui aura parcouru le chemin le plus long en passant par l'obstacle. S'il y a 340 mètres de distance entre les deux observateurs, et 680 mètres en suivant le chemin de la réflexion, l'écho arrivera une seconde après le son venu directement.

Quand le son arrive perpendiculairement sur l'obstacle, il revient exactement sur ses pas, et l'observateur qui a parlé entend revenir sa propre voix. S'il y a 340 mètres de l'observateur à l'obstacle, le son mettra une seconde à aller et une seconde à revenir; l'écho s'entendra deux secondes après le bruit.

Quand on parle dans un appartement, le son se réfléchit contre les murs, de sorte que celui qui parle entend plusieurs échos. Dans la plupart des cas, les dimensions de la salle étant petites, ces sons réfléchis arrivent à l'oreille presque en même temps que le son direct, et ne font que le renforcer; la salle est *sonore*. Mais si les dimensions augmentent, les sons réfléchis peuvent prolonger d'une manière fatigante le son direct, qui devient alors bourdonnant et confus. Les architectes qui ont à construire des églises, des salles de théâtre, de

électrique, qui n'est accompagnée d'aucun bruit de tonnerre.

On a aussi observé, pendant les

Écho. — Le son se réfléchit contre les obstacles résistants pour donner l'écho.

réunions ou de cours publics, ont à se préoccuper vivement de ces questions ; malheureusement, ils ne le font

Une montre, placée au foyer d'un miroir concave, envoie des vibrations qui, par réflexion, peuvent être entendues de l'oreille placée au foyer d'un second miroir disposé en face du premier.

pas assez, c'est ce qui explique la détestable sonorité qu'ils obtiennent le plus souvent.

éclair. — Lueur de l'étincelle électrique qui jaillit, pendant un orage, entre deux nuages chargés d'électricités de noms contraires. L'éclair a souvent plusieurs kilomètres de longueur. Il a une durée extrêmement courte : les objets en mouvement que l'on voit la nuit à la lueur d'un éclair semblent immobiles, parce qu'ils n'ont pas, pendant la durée de l'éclair, le temps de faire un mouvement appréciable.

Les éclairs présentent ordinairement l'apparence d'un trait de feu en zigzag qui traverse le ciel (*fig.*) ; mais d'autres fois ils apparaissent sous la forme d'une lueur vague, sorte d'effluve

orages, des globes lumineux qui se mouvaient avec une certaine lenteur : on leur donne le nom d'*éclair en*

L'éclair sillonne la nue ; quand il atteint le sol, il constitue la *foudre*.

boule ; l'explication de ces éclairs singuliers est encore à donner. (Voy. **orages**.)

éclairage. — Les procédés d'éclairage, destinés à suppléer pendant la nuit à la lueur absente du soleil, ont été longtemps très imparfaits. Pendant des siècles les hommes se sont contentés de la lueur incertaine de leur foyer. Les Danois primitifs s'éclairaient au moyen d'une mèche qu'ils plaçaient dans l'estomac graisseux du grand *pingouin* ; les Celtes fabriquaient des *chandelles* à l'aide du suif de mouton ; les Grecs se contentèrent longtemps de torches grossières, faites de bois résineux. Les Romains employaient des chandelles constituées par une mèche d'étoupe, trempée dans de la cire, du suif ou de la poix, puis ils se servirent de lampes à huile; dans un réservoir était de l'huile, de laquelle sortait une mèche qu'on allumait. Ces lampes sans tirage, sans appareil pour faire monter l'huile, produisaient une flamme fumeuse, et dégageaient une mauvaise odeur. Il faut arriver jusqu'à la fin du xviii° siècle pour voir l'art de l'éclairage profiter des progrès des sciences (*fig.*) (voy. **lampes**, **bougie**, **pétrole**, **éclairage électrique**).

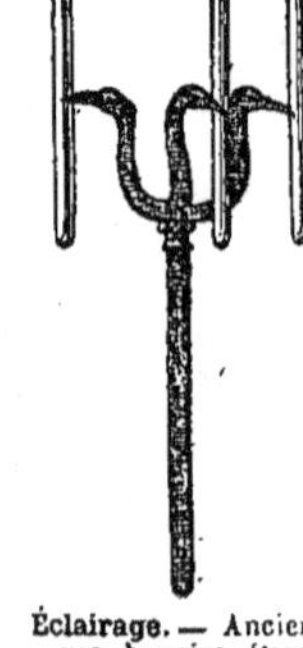

Éclairage. — Anciennes bougies étrusques.

Quant à l'éclairage public, il est également récent. Les anciens ne se sont jamais préoccupés d'éclairer

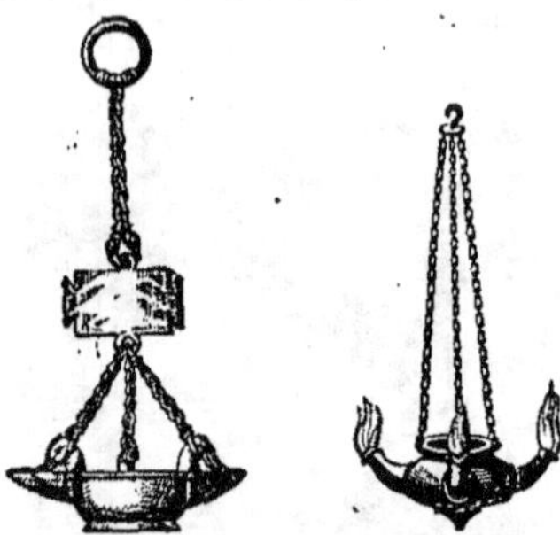

Éclairage. — Anciennes lampes romaines à huile.

pendant la nuit les rues ni les places publiques. En 1524, pour la première fois à Paris, on ordonna aux habitants de mettre à leurs fenêtres des lanternes garnies de chandelles; puis on alluma des falots dans tous les carrefours. En 1667 apparurent les premières lanternes publiques (*fig.*). A la fin du xviii° siècle, 6 000 lanternes éclairaient Paris pen-

Éclairage. — Ancien réverbère a huile, à réflecteur, pour l'éclairage des rues.

dant la nuit, dans chacune desquelles brûlaient des chandelles. Le progrès a été immense depuis cette époque; maintenant toutes les rues, même dans les plus petites villes, sont illuminées au *gaz* ou à la *lumière électrique*.

éclairage électrique. — Un courant électrique, qui traverse un fil de platine fin et court, le fait rougir et le rend lumineux; de même un fort courant, passant entre deux pointes de charbon des cornues maintenues à une petite distance l'une de l'autre, produit un arc extrêmement lumineux (voy. **piles (effets des)**. De là deux systèmes d'éclairage électrique, représentés chacun par un grand nombre d'appareils différents.

Éclairage par incandescence (*fig.*). — Une *lampe à incandescence* est constituée par un fil fin de platine ou de charbon DCE, que traverse un courant

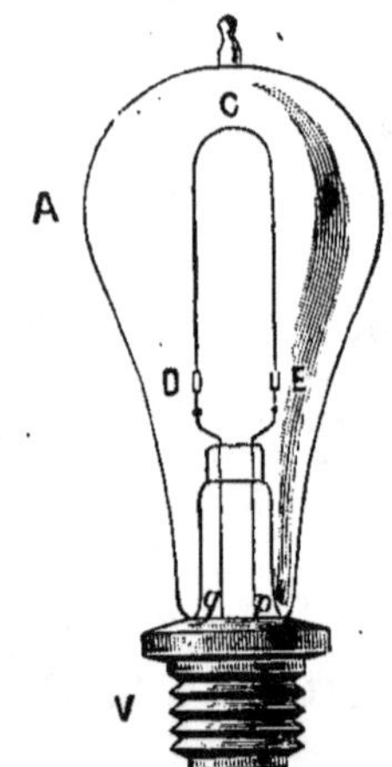

Lampe à incandescence. — VA, monture et globe de lampe; qDCEp, circuit dans lequel passe le courant électrique qui fait rougir le fil DCE.

d'intensité convenable pour le porter au rouge blanc. Il est indispensable de préserver ce fil fin du contact de l'air, surtout s'il est en charbon, car il brûlerait rapidement; aussi est-il au centre d'un petit globe de verre A dans lequel on a fait le vide à l'aide d'une machine pneumatique. Parmi les lampes à incandescence, citons celles de Swan, d'Edison, de Maxim, qui diffèrent peu les unes des autres comme aspect.

On fait des lampes à incandescence qui éclairent comme 10 bonnes lampes Carcel, et d'autres qui éclairent moins, jusqu'à celles qui éclairent moins qu'une bougie.

Ces lampes sont surtout employées pour l'éclairage intérieur des habitations, des salles de théâtre, des magasins, etc.

Éclairage par arc (*fig.*). — L'arc électrique a un pouvoir éclairant beaucoup plus considérable, qui le fait préférer pour les rues, les places publiques, les ateliers, les phares; on a des lampes à arc éclairant comme 2 000 lampes Carcel.

Une *lampe à arc* est constituée par deux baguettes de charbon des cornues AB, entre les pointes desquelles jaillit l'arc électrique. Pour que l'arc ne disparaisse pas, il est indispensable de maintenir les pointes des charbons à une distance constante l'une de l'autre, malgré l'usure de ces charbons et leur combustion. Le mécanisme employé pour maintenir constante la distance des pointes varie avec le système de lampe.

Lampe à arc.

Parmi ces systèmes il en est un plus simple que tous les autres, c'est le système de la *bougie Jablochkoff* (*fig.*). Les deux baguettes de charbon *ab* sont fixées parallèlement l'une à l'autre, séparées par une couche de plâtre. On met ces deux baguettes en communication avec les deux pôles AB de la machine qui fournit l'électricité; l'arc jaillit entre les deux pointes. A mesure que ces pointes s'usent et se brûlent, le plâtre se volatilise par la chaleur de l'arc, et la bougie diminue de longueur, tout comme une bougie ordinaire; mais les deux extrémités des baguettes restent toujours à la même distance l'une de l'autre. Une bougie de 25 centimètres de longueur dure à peu près une heure et demie.

Pour l'éclairage électrique en grand, on produit toujours l'électricité à l'aide d'une *machine d'induction*; les piles seraient beaucoup trop coûteuses, et d'un entretien trop difficile.

Depuis un certain nombre d'années déjà, l'éclairage électrique s'est répandu partout, et beaucoup de villes sont

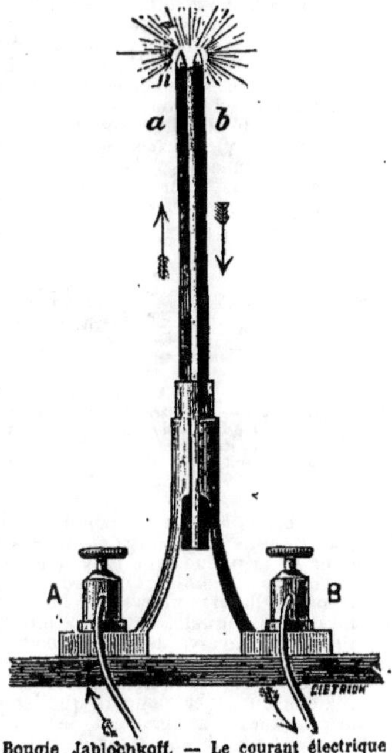

Bougie Jablochkoff. — Le courant électrique monte par A*a*, et descend par *b*B; l'arc jaillit de *a* à *b*, en *n*.

aujourd'hui complètement éclairées par l'électricité.

éclampsie. — Perte subite et passagère de l'intelligence et de la sensibilité, avec mouvements convulsifs. L'attaque peut se prolonger plusieurs jours, ou être au contraire de courte durée; elle est surtout fréquente chez les enfants, et se développe sous l'influence d'une mauvaise alimentation, des vers, de la constipation, de la dentition, de la colère, de la peur... Elle est souvent l'indice d'une maladie qui commence. Quand l'attaque est forte elle peut déterminer la mort, ce qui est rare. On traite l'*éclampsie* par les sangsues, les sinapismes, les frictions excitantes sur le corps, et les médicaments antispasmodiques (sirop d'éther, hydrate de chloral...).

éclipses. — Le *soleil* éclaire la *terre* et la *lune*, laissant derrière chacun de ces astres une région non éclairée, dans laquelle ses rayons ne peuvent pénétrer. Quand, par suite de leurs mouvements réciproques, la lune pénètre dans le cône d'ombre situé derrière la terre, elle cesse de recevoir la lumière du soleil, et par suite elle cesse d'être visible pour nous : il y a *éclipse de lune*. Quand au contraire c'est le cône d'ombre compris derrière la lune qui vient toucher la terre, le soleil se trouve caché pour nous, il y a *éclipse de soleil*.

Eclipses de lune (*fig.*). — Pour que la lune puisse entrer dans le cône d'ombre projeté derrière la terre, il faut qu'elle soit, par rapport à nous,

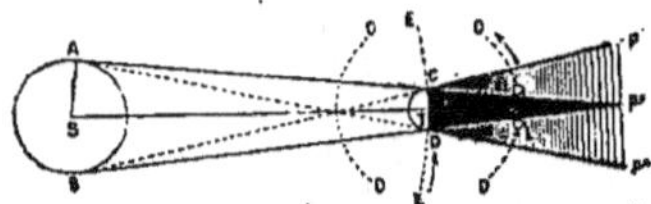

Éclipse de lune. — La terre T est entre le soleil S et la lune L. L'ombre de la terre va sur la lune, qui cesse d'être éclairée par le soleil, et qui par suite cesse d'être visible à nos yeux.

du côté opposé à celui du soleil. Les éclipses de lune se produiront donc à l'époque de la pleine lune (voy. **lune**). Elles ne seront visibles que pour les habitants de la terre placés du côté de l'ombre dans laquelle entre la lune, c'est dire qu'on verra les éclipses de lune seulement la nuit. L'éclipse sera visible, d'ailleurs, à la fois de toutes les régions du globe pour lesquelles la lune sera levée au moment de son entrée dans l'ombre, c'est-à-dire de presque tout l'hémisphère plongé dans la nuit. Mais il s'en faut qu'il y ait une éclipse chaque fois que revient la pleine lune (à peu près tous les 29 jours); notre satellite, tout en passant dans le voisinage du cône d'ombre, se tient ordinairement un peu au-dessus ou un peu au-dessous, parce que le plan de rotation de la lune autour de la terre ne coïncide pas avec le plan de rotation de la terre autour du soleil.

Quand la lune ne fait qu'entrer partiellement dans l'ombre, il y a *éclipse partielle;* si elle entre en entier, son disque complet disparaît à nos yeux pendant un temps plus ou moins long. *L'éclipse est totale*. D'ailleurs l'invisibilité n'est jamais complète ; l'atmosphère terrestre, en déviant de sa direction rectiligne un peu de la lumière du soleil, en envoie toujours une faible proportion sur la lune qui, même dans les éclipses totales, apparaît encore comme un disque sombre et rougeâtre.

Comme on connaît actuellement d'une manière parfaite les lois du mouvement de la terre et de la lune par rapport au soleil, les astronomes savent calculer d'avance les époques des éclipses et prédire les diverses circonstances qu'elles doivent présenter. Chaque fois que se produit une éclipse de lune il y a, à la voir, presque la moitié des habitants du globe; aussi chacun de nous peut-il voir fréquemment des éclipses de lune.

Eclipses de soleil (*fig.*). — Elles sont dues à l'interposition de la lune entre le soleil et la terre; il est clair que, lorsque cette circonstance se présente, la lune doit dérober à nos regards une portion plus ou moins grande du disque du soleil. Les éclipses de soleil se produiront donc au moment de la nouvelle lune (Voy. **lune**). Elles ne seront visibles que pendant le jour, naturellement, et seulement pour les habitants de la petite zone terrestre que vient recouvrir la pointe du cône d'ombre de la lune; pour ceux-là l'éclipse du soleil sera totale (*fig.*). Autour de la région pour laquelle l'*éclipse* est *totale*, il y a une région, plus étendue, mais encore assez restreinte, pour laquelle une partie du

Éclipse de soleil. — La lune L est entre la terre T et le soleil S. Un observateur placé en A ne voit pas le soleil, qui lui est caché par l'interposition de la lune.

soleil est cachée, et pour laquelle l'*éclipse* est *partielle* (*fig.*). Il arrive même plus souvent que le cône d'ombre situé derrière la lune n'est pas assez long pour atteindre la terre; dans ce cas il n'y a éclipse totale pour personne; mais il peut encore y avoir éclipse partielle (*fig.*). La nuit, d'ailleurs, n'est jamais complète dans une éclipse de soleil, même totale.

Les éclipses de soleil ne sont pas générales et simultanées comme les éclipses de lune; elles sont visibles seulement dans une région peu étendue, et se propagent d'un endroit à un autre, à mesure que la terre tourne et que la lune s'avance, interposée entre le soleil et l'observateur.

Dans une période de dix-huit ans et onze jours il y a 70 éclipses, dont 41 de soleil et 29 de lune; tous les dix-huit ans et onze jours ces éclipses reviennent périodiquement, aux mêmes intervalles de temps. Malgré la prédominance des éclipses de soleil, chacun de nous en voit moins que d'éclipses de lune, puisqu'elles sont visibles chacune dans une région plus restreinte.

écliptique. — Le soleil parcourt, en apparence, dans le ciel, dans l'intervalle d'un an, et en sens inverse du mouvement apparent des étoiles, un grand cercle nommé *écliptique*, dont le plan est incliné sur l'équateur d'à peu près 23°. Ce grand cercle a -reçu le nom d'*écliptique* parce que c'est dans le voisinage de son plan

terrain en plaques de gazon, épaisses de 5 à 6 centimètres, qui renferment toutes les plantes et leurs racines; quand ces plaques de gazon ont été séchées au soleil par une exposition de 4 à 5 semaines, on les entasse et on y met le feu; puis on répand la cendre à la surface du sol. Après l'écobuage on procède à un labour qui a pour but d'enfouir les cendres; on a ainsi détruit les mauvaises herbes et on a amendé le sol.

La pratique de l'écobuage présente,

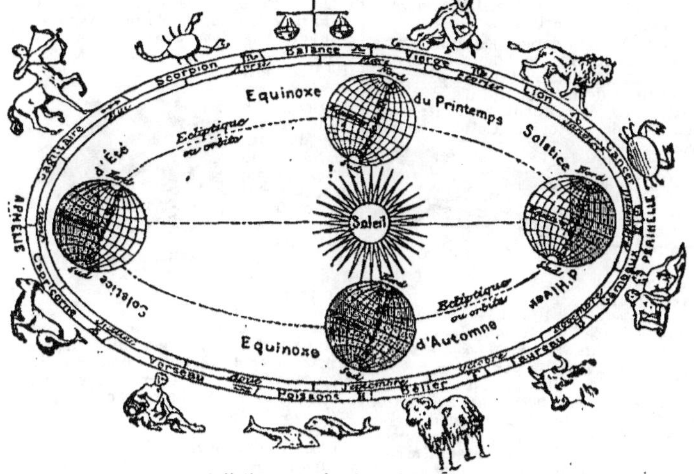

Ecliptique, avec les signes du zodiaque.

que se trouve la lune quand il se produit des *éclipses*, soit de lune, soit de soleil. En réalité c'est la terre qui se meut autour du soleil, et l'*écliptique* n'est autre chose que le plan dans lequel se trouve l'orbite décrite par la terre (*fig.*) (voy. zodiaque, équinoxes, solstice, saisons).

écluse. — Voy. canal.

écobuage. — Mode de préparation des sols improductifs ou très pauvres, qui consiste à brûler les herbes, bruyères, ajoncs, qui les recouvrent, de façon à les détruire et à faire servir leurs cendres à l'amendement de la terre. C'est un procédé économique de défrichement des landes sur lesquelles on veut établir des forêts.

Tantôt on se contente de mettre le feu aux herbes desséchées par les chaleurs de l'été; d'autres fois on enlève la croûte superficielle du

pour les forêts voisines, des dangers d'incendie contre lesquels on ne saurait trop se mettre en garde.

écorce. — Partie extérieure de la tige des plantes dicotylédones. C'est entre le bois et l'écorce que se fait l'accroissement du végétal en grosseur. L'écorce est d'un précieux usage dans un grand nombre de végétaux. C'est là la couche intérieure de l'écorce qui nous fournit une matière textile dans le *lin*, le *chanvre*, la *ramie*; l'écorce des différentes variétés de chêne sert au *tannage*; il en est de même des écorces de saule, de bouleau. Le chêne liège nous fournit le *liège*. Enfin l'écorce d'un grand nombre de végétaux est utilisée en médecine (*quinquina*) et même en cuisine . (*cannelle*).

écrevisse. — L'*écrevisse* (*fig.*) est un *crustacé* de taille moyenne qui vit dans les eaux douces de l'Europe et du nord de l'Asie. Présente de grandes analogies avec le homard. Elle a un rostre aplati, armé de chaque côté d'une dent plus ou moins forte située vers son tiers interne. Carapace solide et finement granulée; les pattes antérieures sont terminées par des pinces puissantes. Coloration verdâtre et brunâtre. C'est un aliment sain, agréable, fort estimé.

On en connaît deux variétés : l'écrevisse à pattes blanches, qu'on trouve dans les ruisseaux ; l'écrevisse à pattes rouges, habitant surtout les rivières ; celle-ci est plus estimée.

La ponte des écrevisses a lieu vers la fin d'octobre; les œufs, après la ponte, sont fixés aux fausses pattes de l'abdomen de la femelle; d'abord noirâtres, ils deviennent rougeâtres au moment de l'éclosion. Celle-ci a lieu vers le mois de mai, six mois après la ponte. Les jeunes ont une nageoire caudale rudimentaire et la configuration des adultes. Plusieurs mues pendant la durée du développement.

Écrevisse (longueur, 0ᵐ,12).

La fécondité des écrevisses est médiocre; une femelle pond à peu près 250 œufs, dont 100 à peine arrivent à éclosion; les petits sont détruits par un grand nombre d'ennemis. La croissance est fort lente, une écrevisse de taille très médiocre, pesant à peu près 50 grammes, a déjà 10 ans. Ceci explique comment nos cours d'eau se dépeuplent de plus en plus d'écrevisses; il faut ajouter que des épidémies graves ont causé, depuis quelques années, une mortalité considérable de ce crustacé. Pour remédier à la diminution du nombre et de la taille des écrevisses on a tenté l'élevage rationnel, particulièrement en Allemagne; on capture des écrevisses dont la queue est bien pourvue d'œufs, puis on les conserve dans des réservoirs pour faciliter l'éclosion; quand les jeunes ont pris un certain développement, au bout de quelques mois, on les place dans les cours d'eau. L'aménagement rationnel des ruisseaux, combiné avec des ensemencements, leur permettrait de donner rapidement des produits abondants.

écrouelles. — Engorgement et suppuration des ganglions lymphatiques, qu'on observe principalement dans la *scrofule*.

écureuil. — L'*écureuil commun* (*fig.*) de nos pays est un mammifère *rongeur* remarquable par son corps allongé, l'élégance de ses formes, son pelage roux par-dessus et blanc en dessous, sa queue longue, fournie, annelée de blanc et de noir, ses oreilles terminées par un bouquet de poils. Sa longueur est de 25 centimètres; sa queue a 22 centimètres; il pèse à peu près 250 grammes. Sa couleur est variable selon les climats, les saisons et les individus.

On le rencontre dans toutes les forêts de l'Europe. Ses ongles robustes, sa taille allongée, lui permettent de se mouvoir sur les arbres avec une extrême facilité. Il se nourrit de bourgeons, de jeunes pousses, d'amandes, noix, noisettes, glands; il suce aussi les œufs et mange même les petits oiseaux; il fait des provisions pour

Écureuil commun (longueur du corps, 0ᵐ,25).

l'hiver. En somme son appétit est assez petit, et les dégâts qu'il fait sont peu importants. Il construit sur les arbres, avec des brins de bois, un nid bien couvert, avec une seule ouverture. La femelle porte quatre semaines et met bas 5 ou 6 petits; elle a deux portées par an.

L'écureuil fournit des fourrures estimées; les plus belles viennent de Sibérie et de Laponie, et sont connues dans le commerce sous le nom de *petit-gris*. On exporte tous les ans de Russie plus de deux millions de peaux de petit-gris.

Un grand nombre d'espèces de rongeurs exotiques se rapprochent beaucoup de notre écureuil commun.

eczéma. — Éruption de vésicules suppurantes à la surface de la peau, avec démangeaisons très vives; occupe surtout le cuir chevelu, la face, les pieds. Chez les enfants, l'eczéma du cuir chevelu est dû surtout à la malpropreté. C'est une maladie très fréquente et très tenace; ne cède qu'à un traitement longtemps prolongé de bains, frictions, purgations, etc., et surtout à un régime sévère, exempt de poisson, de charcuterie, de liqueurs excitantes, de boissons alcooliques.

édentés. — Les *édentés* (*fig.*) constituent une importante famille de mammifères. Ces animaux, qu'on rencontre seulement dans les contrées tropicales, présentent des types très divers. Mais ils se distinguent des autres mammifères par l'absence de certaines dents, de là leur nom. Les uns n'ont pas de dents du tout, d'autres ont seulement des molaires. Leurs ongles sont longs, recourbés et très puissants; ils sont propres à grimper ou à fouir la terre.

On divise les édentés en trois ordres. Les **tardigrades**, à la démarche

Type d'édenté : le fourmilier.

lourde, aux formes imparfaites. (*paresseux*) ; les **fouisseurs** disposés pour creuser la terre (*tatou, fourmilier, pangolin*); les **monotrèmes**, ayant un cloaque comme les oiseaux, pas de dents, mais ayant un bec corné (*échidné, ornithorynque*).

effraie. — Oiseau *rapace nocturne*, au dos roux, au ventre blanc, avec taches allongées. Longueur, 33 centimètres ; envergure, 1 mètre. Très commun en France ; niche dans les rochers et les vieux édifices; trois ou quatre œufs blancs. Très utile, comme tous

Effraie (longueur, 0ᵐ,33).

les nocturnes, car il se nourrit exclusivement de petits rongeurs.

Dans les campagnes, chaque maison, chaque pignon de grange devrait présenter des ouvertures permettant à l'effraie de s'y introduire pour nicher (*fig.*).

églantier. — Arbrisseau qui n'est autre chose que le rosier sauvage, à

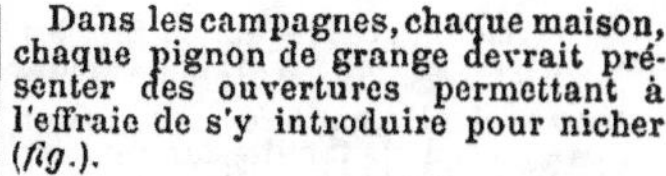

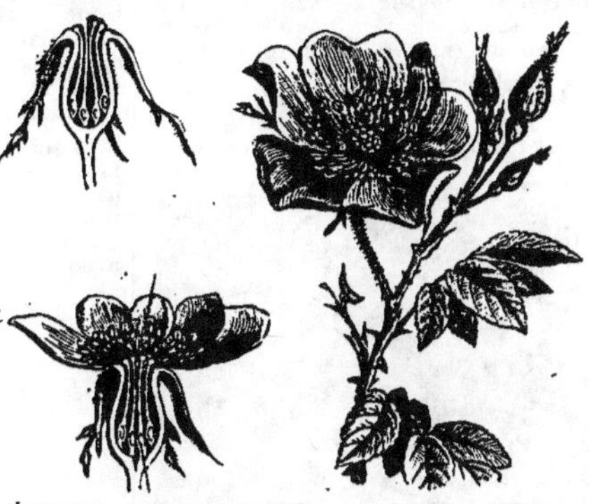

Églantier, ou rosier sauvage (rameau fleuri, avec détail d'une fleur).

fleurs simples. On en connaît plusieurs variétés, différant par la couleur des fleurs (*fig.*).

eider. — Grand oiseau *palmipède* analogue au canard, mais de plus grande taille (*fig.*). Habite les régions les plus septentrionales des deux continents. L'eider vulgaire a 66 centimètres de long et 1ᵐ,10 d'envergure. C'est un oiseau essentiellement marin, à la marche et au vol pénibles, mais très agile sur l'eau. Niche dans les îles couvertes de petits buissons; le nid est par terre, fait d'algues et de branchages, mais abondamment tapissé à l'intérieur du plus fin duvet de l'oiseau; c'est ce duvet des nids que les chasseurs prennent pour

Eider (longueur, 0ᵐ,66).

le vendre à un prix très élevé. Six à huit œufs, d'un vert sale. La durée de l'incubation est de 25 jours; les petits sont conduits à la mer dès leur naissance.

Les eiders sont une richesse pour les pays de l'extrême nord; on les mange, quoique leur chair soit très médiocre, mais surtout on en retire ce duvet précieux, avec lequel on fait des édredons, et qui a une si grande valeur.

élan. — Mammifère *ruminant* (voy. ce mot) de la famille des *cervidés* (*fig.*). Il est grand et gros ; le mâle porte des bois larges, découpés ; la hauteur atteint 2 mètres au garrot, avec un poids qui dépasse souvent 400 kilogrammes ; le bois pèse jusqu'à 20 kilogr. La couleur est d'un brun roux ; le pelage est court et épais.

Il vit dans les régions du nord de l'Europe et de l'Asie, habitant les forêts les plus solitaires. Il forme des

Élan (hauteur, 2 mètres).

troupeaux de 15 à 20 individus, causant de grands dégâts dans les forêts, car il mange les jeunes pousses et les écorces. Il est très résistant à la fatigue et peut faire 400 kilomètres en un jour. Il n'a pas été domestiqué ; on le chasse pour sa chair, sa peau, ses bois. Le nombre en diminue assez rapidement.

élasticité. — Propriétés qu'ont certains corps de reprendre leur forme primitive lorsque la cause qui avait produit la déformation cesse d'agir. L'acier trempé, le caoutchouc sont des corps doués d'une grande élasticité. Les ressorts de montres, les ressorts des voitures, ceux des *dynamomètres* sont justement formés par des lames élastiques d'acier. C'est à son élasticité que le caoutchouc doit la plupart de ses usages.

Les liquides sont fort peu *compressibles* ; mais quand un liquide a éprouvé, sous l'influence d'une très grande pression, une faible diminution de volume, il reprend exactement son volume primitif quand la pression a cessé d'agir ; les liquides sont donc élastiques.

L'élasticité des *gaz* est parfaite ; un gaz, comprimé de façon à prendre un volume 10, 100 fois moindre que son volume normal, revient, la compression cessant d'agir, à son volume primitif. L'élasticité des gaz obéit à une loi mathématique simple, dite *loi de Mariotte* : quand on comprime une masse gazeuse à température invariable, de manière à réduire son volume au tiers, au quart, de sa valeur primitive, l'élasticité du gaz exerce sur les parois du vase une pression trois, quatre fois plus grande que la pression primitive.

électricité (grec : *électron*, ambre jaune). — On nomme ainsi la cause, de nature inconnue, des phénomènes produits par les corps que l'on a frottés. Un morceau de verre, frotté vivement avec une étoffe de laine, acquiert la

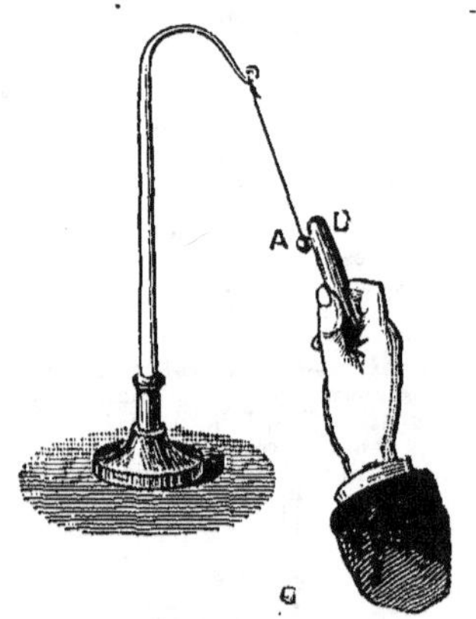

Un morceau de verre frotté attire les corps légers.

propriété d'attirer les corps légers (*fig.*) ; on dit que le morceau de verre est *électrisé*, et on nomme *électricité* la cause de l'attraction des corps légers. On ne peut électriser directement par frottement que les corps mauvais conducteurs de l'électricité (voy. **conductibilité**) comme le verre, la résine, le soufre, etc. Les corps bons conducteurs ne s'électrisent par frottement que s'ils sont fixés à des manches *isolants*, c'est-à-dire à des manches faits d'une substance mauvaise conductrice ; les métaux sont très bons conducteurs.

On distingue expérimentalement deux sortes d'électricité, auxquelles on a donné les noms d'*électricité positive* et *électricité négative*. On les distingue par ce fait que deux corps chargés de la même électricité se repoussent, tandis que deux corps chargés d'électricités contraires s'attirent. Quand on frotte deux corps l'un contre l'autre, les deux électricités se développent toujours simultanément; l'un se charge d'électricité positive, l'autre d'électricité négative.

Quand un corps est électrisé, l'électricité est toujours uniquement à la surface; encore n'y reste-t-elle pas longtemps, car elle se perd peu à peu dans l'air, c'est-à-dire, qu'au bout de peu de temps le corps qu'on avait électrisé a perdu la propriété d'attirer

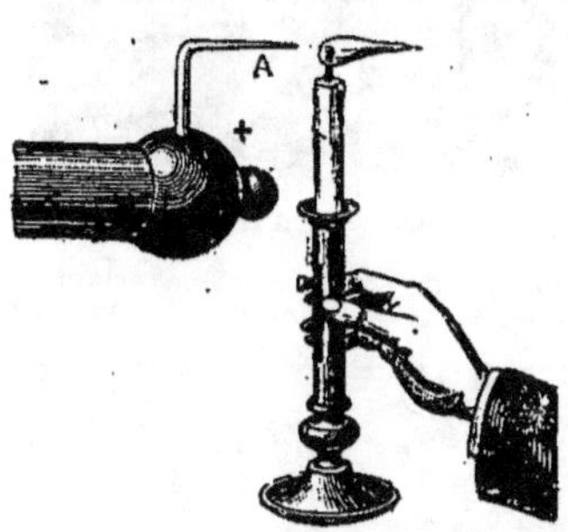

L'électricité se perd rapidement par les pointes.

les corps légers. Cette déperdition est surtout rapide si le corps électrisé possède une pointe; l'expérience montre en effet, que l'électricité répandue sur un corps se porte rapidement vers les pointes, et se répand de là dans l'atmosphère : c'est ce qu'on nomme le *pouvoir des pointes* (*fig.*).

Électrisation par influence (*fig.*). — Il n'est pas toujours nécessaire de frotter un corps pour l'électriser. Supposons qu'un corps conducteur, par exemple une sphère de laiton, soit tenue à la main par l'intermédiaire d'un manche isolant. Si on l'approche d'un corps électrisé positivement, il s'électrise lui-même, à distance, sans avoir touché le corps électrisé; il se charge d'électricité positive sur le côté le plus éloigné et d'électricité négative sur le côté le plus rapproché.

Qu'on éloigne le corps, et l'*influence* cesse, le corps conducteur perd toute trace d'électrisation. On explique ces faits en supposant que tout corps possède constamment les deux électricités, mais unies de façon à former du *fluide neutre*, sans action sur les corps légers. Sous l'influence d'un corps électrisé placé à une petite distance, le fluide neutre est décomposé et les fluides positif et négatif se séparent; si le corps électrisé s'éloigne, l'influence cesse, et les deux fluides se combinent pour reformer le fluide neutre.

Mais on peut diriger l'expérience autrement. D'un corps électrisé positivement approchons la sphère de laiton soutenue par un manche de verre; elle s'électrisera comme nous venons de le dire. Touchons la sphère avec le doigt, de façon à la mettre en communication avec le sol; l'électricité positive, qui est *repoussée* (voir plus haut) par l'électricité de même nom du

Électrisation par influence.—La sphère B, mise en communication avec le sol par un fil métallique, se charge d'électricité négative, sous l'influence de la sphère A, qui est électrisée positivement.

corps électrisé, s'en ira dans le sol, et il ne restera sur la sphère de laiton que de l'électricité négative. Si alors on enlève le doigt, puisqu'on éloigne la sphère, elle restera cependant chargée d'électricité négative : on aura ainsi électrisé une sphère sans la frotter, par *influence* d'un autre corps électrisé.

Pour les divers procédés qui permettent d'obtenir de grandes quantités d'électricité, voyez **machines électriques, électrophore, piles**.

Effets de l'électricité. — L'électricité n'attire pas seulement les corps légers, elle produit d'autres effets importants. L'étincelle venant d'une forte machine électrique, ou d'une *bouteille de Leyde*, peut traverser une carte, et la percer; si la machine est assez puissante, on peut percer une lame de verre de plusieurs millimètres d'épaisseur (*fig.*). Un fil métallique fin, à travers lequel passe la décharge d'une bouteille de Leyde, est porté au rouge, et peut même être volatilisé. L'étincelle elle-même doit être considérée comme un effet de l'électricité; elle résulte de l'échauffement de l'air par suite du mouvement rapide des deux fluides, qui sont attirés l'un vers l'autre. Cette étincelle est assez chaude pour allumer la poudre, l'éther, pour faire détoner un mélange d'air et de gaz d'éclairage. La durée de l'étincelle est extrêmement courte; elle ne dépasse pas la dix-millième partie d'une seconde; elle a une longueur d'autant plus grande que la machine

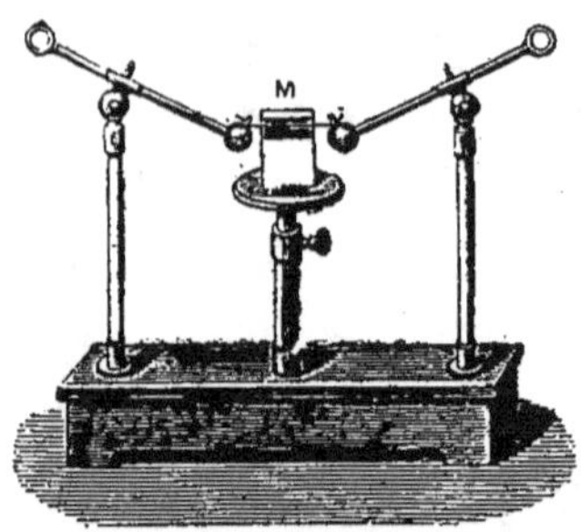

L'étincelle fournie par une batterie électrique, volatilise un fil métallique M à travers lequel on la fait passer.

qui la produit est plus fortement électrisée. Quand l'étincelle passe dans un tube où l'on a fait le vide avec une *machine pneumatique**, elle peut être beaucoup plus longue; de plus, elle s'étale de manière à éclairer tout le tube de lueurs qui varient selon la

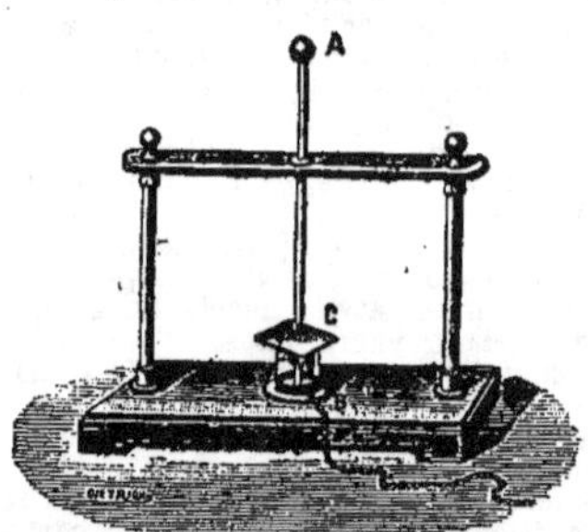

Une forte étincelle fournie par une batterie électrique, et passant de A vers B, perce une plaque de verre C.

nature du gaz qui reste en petite quantité dans le tube (*fig.*).

L'électricité produit aussi des effets chimiques, en décomposant certaines substances, et au contraire déterminant la formation de certaines autres; mais c'est surtout avec le *courant* des *piles** que les effets chimiques présentent de l'intérêt.

L'étincelle d'une machine arrivant sur la main fait ressentir l'impression

Étincelle en zigzag.

d'une piqûre; si la machine est puissante, on ressent une commotion dans

Expérience du cerf-volant de Franklin.

les doigts, le poignet, les jambes même et la poitrine; une bouteille de Leyde, une bobine de Ruhmkorff, une forte pile, une machine dynamo-électrique sont susceptibles de donner des commotions, parfois dangereuses.

électricité atmosphérique. — Il y a toujours de l'électricité dans l'air. Tant que cette électricité est répandue uniformément partout, elle ne produit aucun effet. Mais quand elle s'accumule dans les nuages, il en résulte des effets qu'on observe dans les *orages**. Franklin, en 1752, montra que la foudre est une immense étincelle électrique. Un cerf-volant fut lancé dans un nuage orageux, et on put tirer, par l'extrémité inférieure de la ficelle, des étincelles qui ne différaient de celles des machines électriques que par leurs plus grandes dimensions (*fig.*). L'électricité atmosphérique est la cause des *orages**.

électriques (unités). — Les effets produits par une *pile** ou par une *machine d'induction** (voy. **Effets des piles**) dépendent de plusieurs circonstances.

Quand les deux pôles d'une pile ou d'une machine d'induction ne sont pas mis en communication entre eux, l'un se trouve chargé d'électricité positive, l'autre d'électricité négative. On nomme *force électromotrice* la cause de cette électrisation des deux pôles ; on dit aussi que ces deux pôles, qui sont chargés d'électricités de noms contraires, ne sont pas au même *potentiel*. Et, selon que cette *force électromotrice* ou cette *différence de potentiel* sont plus ou moins grandes, le courant qui se produira au moment de la réunion des pôles aura une intensité plus ou moins grande et sera capable de produire des effets plus ou moins grands. On a donc intérêt à pouvoir mesurer la *force électromotrice* ou la *différence de potentiel* d'une pile ou d'une machine.

Cette mesure se fait à l'aide d'une unité qu'on nomme le *volt*. Le *volt*, ou unité de *force électromotrice*, est la force électromotrice d'une *pile Daniell* composée d'un seul élément. Quand on dit que la force électromotrice d'une machine dynamo est de 100 volts, cela signifie que cette force électromotrice est cent fois plus grande que celle d'un élément de Daniell.

Mais les effets d'un courant ne dépendent pas seulement de la force électromotrice de l'appareil qui le fournit. Le courant s'affaiblit par son passage à travers les divers solides ou liquides qu'il est obligé de traverser, et qui offrent à son passage une certaine *résistance*. Plus la résistance est grande et plus le courant se trouve affaibli. On mesure les résistances à l'aide d'une unité nommée l'*ohm*. L'*ohm*,

ou *unité de résistance*, est la résistance offerte au passage du courant par une colonne de mercure ayant un millimètre carré de section, et 106 centimètres de longueur. Quand on dit que le circuit traversé par le courant présente une résistance de 125 ohms, cela signifie que la résistance du circuit est égale à celle que présenterait une colonne de mercure ayant un millimètre carré de section et une longueur de $106 \times 125 = 13\,258$ centimètres.

D'autre part, on nomme *intensité* d'un courant : la quantité d'électricité qui passe dans le fil conducteur du courant, pendant une seconde. L'unité qui sert à mesurer l'intensité des courants se nomme *ampère*. L'*ampère*, ou unité d'intensité des courants, est l'intensité du courant fourni par une pile dont la *force électromotrice* est égale à un *volt*, et la *résistance* totale égale à un *ohm*.

Enfin la *quantité d'électricité* fournie par une pile ou une machine se mesure à l'aide d'une unité qu'on nomme le *coulomb*. Le *coulomb*, ou unité de quantité d'électricité, est la quantité d'électricité fournie, *en une seconde*, par une pile ou une machine dont l'intensité est égale à un *ampère*.

Ces noms donnés aux principales unités électriques (volt, ohm, ampère, coulomb) sont les noms de quatre des savants qui ont fait les plus grandes découvertes en électricité.

électro-aimant. — Quand on entoure un barreau d'acier trempé

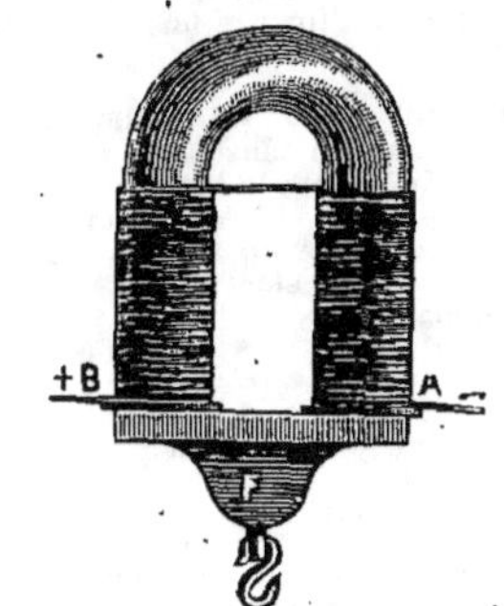

Électro-aimant. — Un courant, circulant dans un fil, autour d'un barreau de *fer*, transforme le barreau en un aimant *temporaire*.

d'un fil de cuivre recouvert de soie, et qu'on fait passer un fort courant dans ce fil, le barreau d'acier s'aimante rapidement et est transformé en quelques instants en un aimant puissant. C'est là le meilleur moyen d'obtenir des aimants.

Si on répète la même expérience en remplaçant le barreau d'acier par un barreau de fer pur (*fer doux*), ce barreau s'aimante *instantanément*, mais son aimantation cesse dès que le courant cesse de passer. On nomme *électro-aimants* ces aimants de fer, dont l'aimantation apparaît et disparaît instantanément quand on fait passer un courant et qu'on l'interrompt (*fig.*).

Certains électro-aimants sont si puissants qu'ils peuvent soutenir un poids de fer de plus de 3000 kilogrammes. C'est un électro-aimant qui constitue la pièce essentielle des télégraphes et des sonneries électriques.

électrolyse (*électricité* et *luein* (grec, *décomposer*). — On nomme ainsi la décomposition d'une substance telle que l'*eau* ou le *sulfate de cuivre*, par l'action du courant électrique (voy. **piles**).

électrométallurgie. — Opération industrielle qui a pour but d'extraire les métaux de leurs minerais en décomposant ces minerais par l'action du courant électrique, comme on décompose le sulfate de cuivre dans la *galvanoplastie**. L'électrométallurgie, aujourd'hui à ses débuts, est appelée sans doute à rendre de grands services pour le traitement de certains minerais de cuivre, de plomb, de zinc, d'aluminium, etc., qui ne peuvent pas être traités économiquement par les procédés ordinaires de la *métallurgie**.

électromètre. — Instrument qui sert à mesurer la tension, la force de l'électricité développée à la surface d'un corps électrisé. L'électromètre de Thomson est fondé sur l'action exercée par les courants électriques sur l'aiguille aimantée.

électrophore (*électricité* et *phéro* grec, je porte). — L'*électrophore* est une machine électrique d'une grande simplicité. Il se compose d'un disque de résine, sur lequel on pose un disque de bois recouvert de papier d'étain, et muni d'un manche de verre (*fig.*). Pour le faire fonctionner on frappe vivement le gâteau de résine avec une peau de chat; quand la résine est électrisée on y pose le disque de bois, on touche ce dernier avec le doigt (voy. **électricité**, à *électrisation par influence*), puis on enlève le doigt et on soulève le disque à l'aide du manche de verre : on en peut retirer alors une

étincelle. On peut recommencer la manœuvre autant de fois qu'on le veut

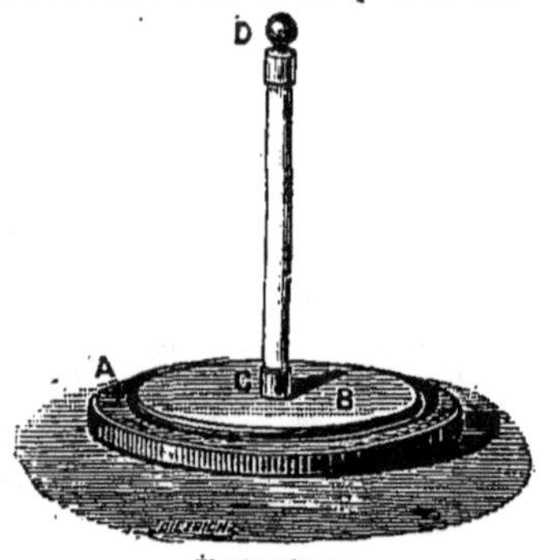

Électrophore.

sans avoir besoin de frapper de nouveau la résine avec la peau de chat.

électroscope (*électricité* et *scopéin* (grec, *examiner*). — Instrument

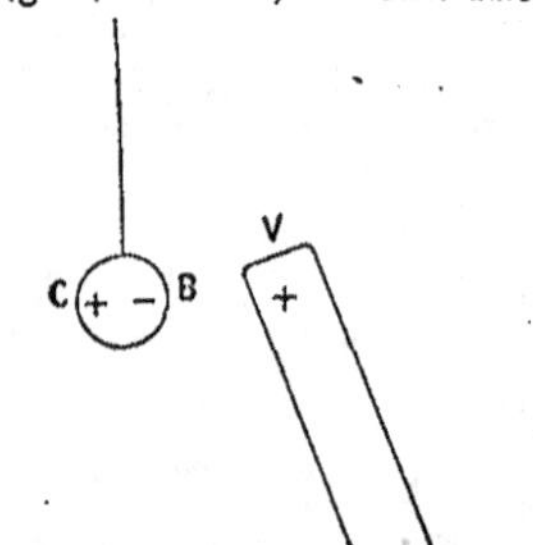

Pendule électrique, ou électroscope à moelle de sureau. — Un corps électrisé V attire la petite boule de moelle de sureau CB.

destiné à reconnaître si un corps est électrisé. Le plus simple des électroscopes est constitué par une petite boule de moelle de sureau, suspendue par un fil de lin. Quand on veut voir si un corps est électrisé, on l'approche de la boule, celle-ci est attirée; s'il n'y a pas d'attraction, c'est que le corps n'est pas électrisé (*fig.*).

L'*électroscope à feuille d'or*, l'*électromètre condensateur* sont des instruments plus compliqués, d'un usage moins commun (*fig.*).

éléphant. — L'*éléphant* (*fig.*) est un mammifère *proboscidien*. Il est remarquable par sa grande taille et sa trompe mobile; deux sortes de dents, des incisives constituées en longues défenses, et des molaires plates, cannelées, répondant à un régime essentiellement végétal; deux mamelles pectorales; les membres sont pourvus de cinq doigts, et disposés en forme de colonnes pour soutenir le corps. La trompe n'est autre que le prolongement du nez; elle contient les deux fosses nasales.

Les éléphants ont paru à l'époque tertiaire; on connaît plusieurs espèces

Éléphant d'Afrique (hauteur, 5 mètres ; poids, 7.000 kilogr.).

fossiles aujourd'hui disparues. Les espèces vivant actuellement, peu distinctes les unes des autres, sont au nombre de deux : l'*éléphant des Indes*, et l'*éléphant d'Afrique*.

Ces animaux sont, après les baleines, les plus gros des mammifères. L'*éléphant d'Afrique* atteint parfois 5 mètres de hauteur; la trompe a 2m,50; son poids varie entre 4 et 7 tonnes; le poids des défenses peut aller à une tonne et demie. L'*éléphant des Indes* est notablement moins gros. Le premier habite dans tout le centre de l'Afrique; le second se trouve dans la partie méridionale de l'Asie. Le premier a les oreilles et les défenses plus grandes que le second. La peau est dépourvue de poils; elle n'a que des soies clairsemées; la queue est courte; partout la peau est dure et calleuse (*fig.*).

A l'état sauvage l'éléphant vit dans les grandes forêts qui renferment de l'eau, qu'il parcourt agilement dans tous les sens; il traverse les fleuves en nageant très habilement. Cet animal est intelligent, tranquille et doux; il vit en troupes nombreuses, obéissant chacune à un chef. Il se nourrit exclusivement de substances végétales dont il con-

L'éléphant d'Asie a la tête moins forte, les oreilles moins grandes, les défenses moins longues.

somme de grandes quantités; il pénètre parfois dans les plantations, où il fait de sérieux ravages. C'est avec sa trompe qu'il porte l'eau à sa bouche, pour boire. La multiplication de l'éléphant est très bornée; la gestation dure presque deux ans; la femelle met bas un seul petit, qui n'atteint sa taille complète qu'à l'âge de 25 ans. L'éléphant sauvage atteint peut-être l'âge de 150 ans.

L'éléphant est pour l'homme un animal de grande utilité, malgré les dégâts qu'il produit dans les forêts et les plantations. Malheureusement il tend à disparaître, comme tous les gros mammifères à reproduction lente. On le chasse pour le réduire en captivité et aussi pour se procurer l'ivoire.

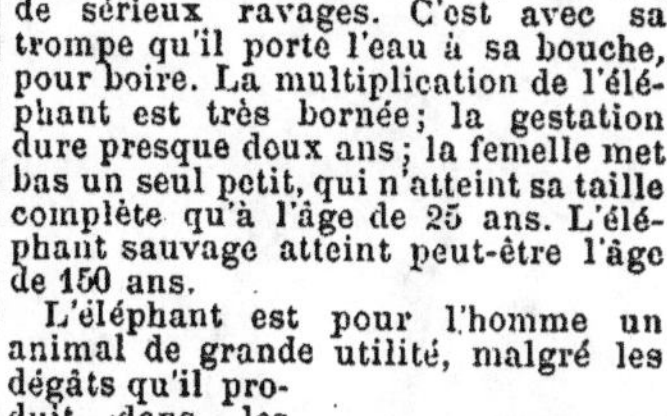

L'éléphant d'Afrique a la tête plus forte, les oreilles plus grandes, les défenses plus longues.

Même pris à l'état adulte, l'éléphant n'est pas difficile à dompter; il devient bientôt soumis, obéissant, et on peut lui demander les services les plus divers. Les mâles sont plus difficiles à dresser que les femelles. L'éléphant domestique obéit à son maître, travaille avec courage comme bête de somme, comme bête de trait et comme bête de guerre. L'intelligence de l'éléphant lui permet d'accomplir des travaux plus divers que tout autre animal. On le charge des besognes les plus pénibles, comme de celles qui demandent le plus de souplesse; on le dresse à la chasse.

Mais on tue aussi l'éléphant, et c'est ce qui amènera la disparition de l'espèce, pour s'emparer de l'*ivoire* de ses défenses, qui a une si grande valeur.

éléphantiasis. — *Hypertrophie* considérable de la peau d'une partie du corps.

L'*éléphantiasis des Grecs* est héréditaire, non contagieux; il survient à la suite d'une mauvaise hygiène de l'alimentation (viandes salées) et de l'habitation (logements humides); il attaque le visage, qu'il déforme d'une façon horrible; il détermine la mort au bout d'un temps qui peut aller à plusieurs années.

L'*éléphantiasis des Arabes* (*fig.*) se développe surtout sur le tronc et les membres; il n'est ni héréditaire, ni contagieux; il se développe à la suite

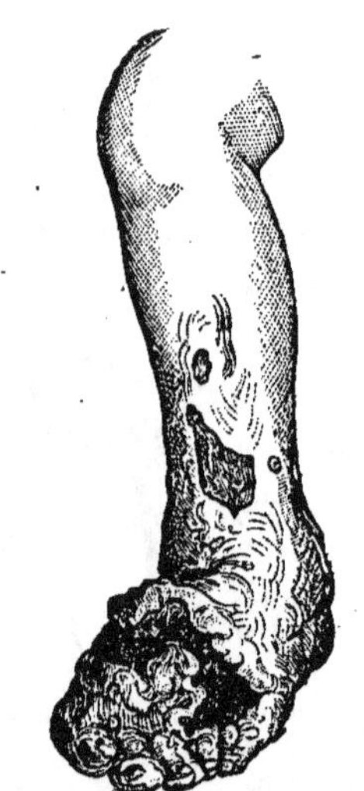

Éléphantiasis des Arabes.

de diverses maladies de la peau; il ne guérit guère, mais il n'abrège pas, en général, la vie des malades.

ellébore. — Plante de la famille des *renonculacées* qui croît dans les

Ellébore noire, ou rose de Noël.

terrains calcaires. Les feuilles, les fleurs, les racines ont un goût amer; elles sont vénéneuses; on se sert des racines comme purgatif et vermifuge.

On en connaît plusieurs espèces; l'une d'elles est cultivée dans les jardins sous le nom de *rose de Noël;* elle fleurit en hiver (*fig.*).

émail. — Composition vitreuse, généralement opaque, blanche, ou colorée par des composés métalliques; elle est employée pour recouvrir les poteries, pour décorer le verre; quelquefois aussi on recouvre les métaux d'une couche d'émail pour les préserver (casseroles de fer émaillées) ou pour les décorer (émaux artistiques).

L'émail dont on recouvre les objets en fer destinés aux usages culinaires est constitué par un mélange de *sable*, de *minium*, de *carbonate de soude* et d'*acide borique*. Quand on veut avoir des émaux colorés on ajoute divers oxydes métalliques. La décoration des objets métalliques par l'émail se fait de deux manières. Ou bien on commence par déposer sur le métal des ornementations diversement colorées, et on recouvre ces peintures d'un émail transparent qui les laisse voir, tout en les préservant. Ou bien on met sur le métal un émail blanc opaque, sur lequel on fait des peintures, à l'aide de couleurs susceptibles de fondre au four et de s'attacher ainsi solidement à l'émail. Dans tous les cas, pour émailler un métal, on mélange les substances qui doivent constituer l'émail, on les pulvérise finement, on les mélange à de l'eau, on étend la pâte sur le métal, et on fait fondre au four.

embarras gastrique. — Maladie caractérisée par la perte de l'appétit, une langue épaisse, diversement colorée, un mauvais goût dans la bouche, des renvois, des nausées, des vomissements, une grande sensibilité de l'estomac. Se présente surtout au printemps et à l'automne, sous l'influence des variations atmosphériques; les écarts de régime, les veilles, la fatigue, le produisent aussi. C'est, en somme, une sorte de *gastrite* aiguë légère. La guérison est généralement complète au bout de quelques jours, à la suite d'une diète sévère, de l'administration de boissons acidulées et d'un vomitif.

embaumement. — L'*embaumement* a pour but la conservation du corps après la mort. On embaume en empêchant la putréfaction par l'emploi de substances antiseptiques, introduites dans l'intérieur du corps ou injectées dans l'appareil circulatoire. Les Égyptiens employaient des baumes, des aromates, et ils entouraient le corps d'asphalte. Aujourd'hui on injecte les corps des dissolutions antiseptiques (sublimé corrosif, acide arsénieux, acétate d'alumine, sulfate de zinc, acide phénique...)

L'embaumement se pratique, non seulement sur les cadavres destinés à être placés dans un cercueil, mais aussi sur les pièces anatomiques destinées à l'étude.

embolie. — Maladie causée par la présence et le déplacement de corps étrangers ou de caillots sanguins dans les artères ou les veines. Ainsi quand il se forme des caillots dans les *varices*,

Embolie. — Le cœur est figuré ouvert sur le devant, pour montrer le caillot sanguin qui arrête la circulation.

et que ces caillots entrent dans la circulation, il y a embolie. L'embolie détermine le plus souvent une mort très prompte par l'obstacle apporté à la circulation (*fig.*).

embryon. — Voy. **graines**.

émeraude. — Belle pierre précieuse de couleur verte, d'un prix élevé; on la rencontre surtout aux environs de Santa-Fé de Bogota, dans la république de Colombie. Une variété d'émeraude, de couleur pâle, et moins estimée, porte le nom d'*aigue-marine*.

émeri. — *Corindon* mélangé à de l'oxyde de fer; cette substance nous vient surtout des Indes. Réduit en poudre fine, l'émeri sert pour user et aplanir les glaces, les cristaux, les métaux, les marbres, l'acier.

émerillon. — L'émerillon est le plus petit de nos oiseaux de proie, mais il n'est ni le moins hardi, ni le moins courageux; sa taille ne dépasse pas celle de la grive (*fig.*). En France il n'est que de passage; il passe l'été

Émerillon (longueur, 0ᵐ,25).

en Suède et en Norvège et descend chez nous en hiver. Il niche sur les rochers; la femelle pond 5 ou 6 œufs d'un brun roux.

Autrefois on dressait l'émerillon pour la chasse des cailles et des perdrix; il était plus docile et plus facile à dresser que le faucon. Nous devons considérer l'émerillon comme un animal nuisible, à cause de la guerre qu'il fait aux petits oiseaux.

émétique. — Composé qui renferme de l'*acide tartrique*, de la *potasse* et de l'*oxyde d'antimoine*. C'est un vomitif puissant, souvent employé en médecine; ou l'administre à la dose de 5 à 10 centigrammes. A une dose plus forte il serait vénéneux.

émollient. — Substance médicamenteuse qui a la propriété de relâcher et de ramollir les parties enflammées. Telles sont les boissons mucilagineuses, les gommes, les huiles, les décoctions de graine de lin, de guimauve, de mauve.

émouchet. — V. **épervier**.

emphysème (grec : *en*, dans; *phusa*, souffle). — L'*emphysème* est une infiltration d'air dans les tissus. Ainsi l'*emphysème pulmonaire* est une infiltration d'air dans le tissu du poumon ; le poumon emphysémateux prend parfois un développement considérable et dilate la poitrine; le malade éprouve de la difficulté à respirer, de la toux, des accès d'asthme. Le plus souvent la maladie subsiste longtemps, sans accidents graves. Le traitement varie avec les causes de la maladie.

emplâtre. — On nomme *emplâtre* un médicament constitué par une substance visqueuse étendue sur un tissu quelconque (toile, soie, papier...) et destiné à être appliqué sur une partie du corps. Dans la substance visqueuse, on incorpore des drogues destinées à produire l'action thérapeutique désirée.

Cette substance visqueuse peut être constituée par un corps gras, de la cire, de la résine, des oxydes métalliques.

La substance la plus employée est un mélange d'axonge, d'huile d'olive et de litharge : c'est l'*emplâtre simple*, auquel on ajoute, selon les cas, divers médicaments actifs. Ainsi le *vésicatoire* est un emplâtre additionné de *poudre de cantharides*.

empois. — Voy. amidon.

empoisonnement. — Accidents causés par l'action sur l'organisme d'un grand nombre de substances nommées poisons. L'*empoisonnement* se manifeste ordinairement peu de temps après l'introduction du poison, par des nausées, des vomissements, des coliques, des vertiges, des défaillances, des syncopes ; il peut, dans un grand nombre de cas, se terminer par la mort. Les poisons peuvent agir rapidement, quand la dose est suffisante : on a un empoisonnement aigu, qu'on traite par des remèdes variant avec la nature du poison ingéré. Dans l'empoisonnement aigu il faut provoquer des vomissements pour chasser le poison de l'estomac ; administrer un contrepoison approprié au poison qu'on a à combattre ; achever l'élimination du poison qui est entré dans la circulation par l'action de diurétiques et de sudorifiques ; enfin traiter les accidents qui ont été déterminés par l'action du poison.

D'autres fois l'empoisonnement se fait lentement, par l'action souvent répétée de faibles doses de la substance toxique ; c'est ainsi que les ouvriers qui travaillent le phosphore, les sels de plomb..., ressentent à la longue des désordres graves provenant de l'action de ces substances toxiques. Dans ce cas, la médicamentation qui s'impose avant toute autre est la suppression de la cause première de la maladie.

Enfin un grand nombre de poisons, administrés dans des circonstances particulières, et à doses convenables, sont utilisés par la médecine pour la guérison des maladies. On peut dire que la plupart des remèdes les plus actifs sont des poisons, souvent très violents (acide arsénieux, morphine, atropine...) (Voy. aussi **poisons**).

encaustique. — Préparation dont la cire fait la base, et dont on enduit les meubles, les parquets..., pour les garantir de toute altération et leur donner un brillant agréable à l'œil.

encens. — Sorte de résine, provenant d'un arbre des pays chauds. Il servait déjà, dans l'antiquité la plus reculée, à parfumer les temples. Il est en lamelles jaunes ; il a une saveur aromatique, âcre ; il brûle avec une flamme blanche, en répandant une odeur forte et agréable.

encéphale (grec : *en*, dans ; *képhale*, tête). — Ensemble de tous les organes qui sont contenus dans la cavité du crâne. L'encéphale est constitué par le *cerveau*, le *cervelet* et la *moelle allongée* (voy. **cerveau**).

encéphalite. — Inflammation du cerveau, quelquefois désignée aussi sous le nom de *fièvre cérébrale*. Cette inflammation, à laquelle les enfants sont plus particulièrement sujets, survient surtout à la suite de coups à la tête, d'un travail intellectuel trop précoce ou trop prolongé, de l'abus des liqueurs alcooliques, d'une insolation, de la peur, des chagrins violents ; le rhumatisme aigu, une inflammation de l'estomac ou des intestins y prédisposent. Quoique pouvant apparaître brusquement, la maladie est plus souvent précédée de divers symptômes (somnolence, chaleur à la tête, frissons, fièvre, céphalalgie...). On traite par des saignées, des purgatifs, de la glace sur la tête... La maladie est très grave.

encre. — On distingue un grand nombre d'espèces d'*encre*. Les encres destinées à écrire sur le papier sont les plus nombreuses ; elles peuvent être diversement colorées, mais les encres noires ont seules une grande importance. Dans ces encres noires la matière colorante est le plus souvent un composé résultant de l'action du *vitriol vert* (sulfate de protoxyde de fer), sur la *noix de galle* concassée ; mais les formules sont variées à l'infini.

L'**encre de Chine** est constituée par du charbon en poudre impalpable, agglomérée avec de l'eau de gomme très épaisse, et aromatisée avec du musc ou du camphre. Elle est solide ; on la délaye dans l'eau au moment de s'en servir.

Les **encres à copier** sont des encres ordinaires, mais très foncées et additionnées d'une quantité notable de gomme ou de sucre.

Les **encres sympathiques** sont celles qui ne peuvent disparaître qu'avec le papier sur lequel elles sont déposées. On les obtient en ajoutant à l'encre ordinaire des couleurs très résistantes, telles que l'indigo en poudre, le noir de fumée, le bleu de Prusse. D'ailleurs il n'existe pas actuellement d'encre absolument indélébile, c'est-à-dire capable de résister à tous les agents chimiques.

Les **encres sympathiques** sont des encres qui ne laissent pas de traces d'abord sur le papier, mais dont la coloration apparaît sous certaines influences. Ainsi on peut écrire sur du papier blanc avec de l'acide sulfurique étendu de 100 fois son poids d'eau; rien ne se voit. Mais si ensuite on fait chauffer le papier sur une lampe, l'écriture y apparaît en noir.

L'**encre typographique**, avec laquelle on imprime les livres, est formée par du noir de fumée tenu en suspension dans de l'huile de lin.

On utilise aussi des encres spéciales pour marquer le linge, pour écrire sur le verre, sur les métaux, etc.

endémique (maladie) (grec : *en*, dans; *démos*, peuple). — On nomme *maladie endémique* une maladie qui règne d'une façon continue dans une localité, par suite des mauvaises conditions hygiéniques du sol, de l'air, de l'eau, des aliments. Telles sont les fièvres paludéennes, le crétinisme, la fièvre jaune, etc. Les endémies disparaissent quand on améliore les conditions hygiéniques qui les déterminaient.

endocardite. — Inflammation de la membrane interne du cœur. L'*endocardite aiguë* survient comme conséquence d'un grand nombre de maladies; elle se manifeste par de l'essoufflement, un pouls inégal, irrégulier. La maladie détermine la coagulation partielle du sang, ce qui peut arrêter la circulation et amener la mort; ou bien elle produit du pus qui cause l'infection du sang. Souvent elle se termine par la mort; mais elle n'est pas forcément incurable.

Quand elle passe à l'état *chronique*, elle occasionne un rétrécissement des orifices des artères ou des valvules qui font communiquer les oreillettes avec le ventricule, et conduit à l'hypertrophie. On traite l'endocardite aiguë par le repos, la diète, les boissons froides, les saignées, les sangsues.

endosmose. — Voy. **diffusion**.

engelure. — Enflure, avec rougeur et sensation de chaleur, que le froid détermine sur les mains et les pieds des enfants et des personnes scrofuleuses. L'*engelure* est souvent accompagnée d'ulcérations plus ou moins profondes qui peuvent aller jusqu'à l'os et constituent alors une véritable maladie.

Un grand nombre de remèdes ont été préconisés contre les engelures; l'un des plus simples, pour les prévenir et les guérir quand elles ne sont pas ulcérées, consiste en des lotions chaudes, faites chaque soir avec une dissolution d'alun. Ces lotions doivent être commencées avant l'époque où apparaissent d'habitude les engelures, et continuées pendant tout l'hiver.

engoulevent. — Oiseau *passereau* analogue à l'hirondelle; longueur 28 cent.; envergure 58 cent. Dans son vol nocturne il fait une grande consommation d'insectes ailés; c'est donc un oiseau très utile. On le trouve dans

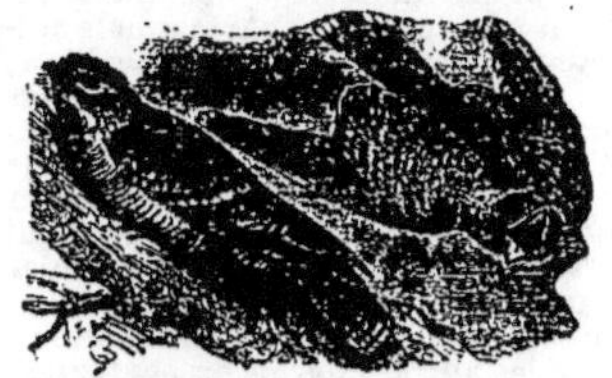

Engoulevent (longueur, 0^m,28).

toute l'Europe. La femelle pond ses œufs sur le sol, dans une touffe d'herbe, sans construire de nid (*fig.*).

engrais. — Les *engrais* sont les substances qu'on ajoute au sol pour servir de nourriture à la plante et restituer au sol les matières nutritives qui lui ont été enlevées par les récoltes précédentes. Les engrais sont de bien des sortes; mais ils ne doivent pas être employés sans discernement. Cha-

Ce que deviennent des grains de blé :

Avec engrais.   **Sans engrais.**

que nature de sol, chaque genre de culture exige un engrais déterminé, qui produira de meilleurs effets que tout autre (*fig.*).

Le plus important de tous les engrais est le **fumier de ferme**, mélange de paille et des déjections des animaux. C'est le plus employé parce que le cultivateur l'a toujours à sa disposition ; c'est la base de toutes les cultures, car il convient partout, et les autres engrais ne sont que le complément de l'engrais de ferme. On voit augmenter constamment la fertilité des terres qui reçoivent des fumures considérables en fumier de ferme, malgré l'action épuisante des récoltes qu'elles portent. Parmi les autres engrais on peut citer :

Les **engrais végétaux** constitués par des végétaux qu'on enfouit dans le sol en labourant (balles de froment, feuilles de betterave, de carotte, pulpe de betteraves provenant des distilleries) ; souvent on sème une plante, telle que le lupin, dans le seul but de l'enfouir ensuite quand elle sera un peu poussée.

Les **engrais animaux** tels que déjections humaines (poudrette), *guano*, *colombine*, ou fiente de pigeons, *poulaille*, ou fiente de volailles.

Les **engrais minéraux**, comme le *phosphate de chaux*.

Et enfin les **engrais chimiques**, dont les principaux sont les sels de potasse, les composés qui renferment de l'azote et les phosphates.

engrenage. — Appareil constitué par un assemblage de *roues dentées*, qui s'engrènent les unes dans les autres. Si la première roue est mise en mouvement par une manivelle, les autres tournent et peuvent,

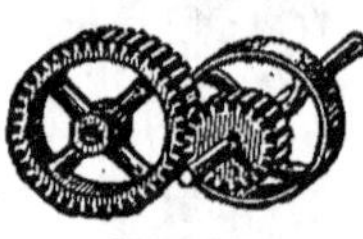

Engrenage.

par exemple, soulever un poids par l'intermédiaire d'une corde qui s'enroule sur le moyeu. Par une bonne disposition de roues dentées, on peut soulever un gros poids en ne faisant qu'un petit effort (*fig.*).

Le *cric* des maçons est un engrenage dans lequel la seconde roue dentée est remplacée par une *crémaillère* rectiligne.

enrouement. — Altération de la voix, due souvent à une inflammation superficielle du larynx. Peut être produite par une course rapide, l'abus de la parole, un refroidissement subit du cou. Guérit aisément par le repos et des boissons douces. Mais il est aussi un des premiers symptômes du croup, des bronchites. Les affections chroniques des voies respiratoires produisent souvent aussi l'enrouement, mais alors un enrouement qui résiste au traitement.

entérite (grec : *enteron*, intestin). — Inflammation de l'intestin grêle. Chez les enfants, l'*entérite* est très fréquente ; elle provient le plus souvent d'une alimentation mal conduite, principalement d'une alimentation trop abondante ou trop substantielle ; elle commence par la fièvre, la diarrhée, les vomissements ; l'amaigrissement survient et souvent la mort ; on traite la maladie en changeant le régime de l'enfant, puis en appliquant des cataplasmes, des bains, des lavements, du sous-nitrate de bismuth.

Chez l'adulte, l'entérite a généralement moins de gravité ; elle survient à la suite d'une alimentation trop abondante ou trop excitante, d'une constipation opiniâtre, du froid aux pieds ou au ventre ; on la traite par un régime sévère, des cataplasmes, des bains, des lavements de morphine, etc. L'entérite chronique produit dans l'intestin des ulcérations qui déterminent presque toujours la mort.

entorse. — L'*entorse* ou *foulure* est constituée par l'enflure douloureuse d'une articulation due à ce que, par suite d'un effort ou d'un faux mouvement, les ligaments maintenant cette

Massage d'une entorse.

articulation ont été trop fortement tiraillés ou même déchirés. Prise tout à fait au début, avant que l'enflure ait eu le temps de se produire, l'entorse peut être guérie par l'immersion du membre pendant plusieurs heures dans de l'eau maintenue froide. L'entorse simple, sans déchirure, mais prise après que l'enflure s'est déclarée, est guérie presque de suite par des pressions convenablement exercées sur l'articulation : c'est ce qu'on nomme le *massage* (*fig.*). S'il y a eu déchirure des ligaments, on ne doit pas employer le massage ; le repos absolu est nécessaire, avec des cataplasmes émollients.

entraînement. — L'*entraîne-ment* est un ensemble de pratiques ayant pour but de rendre le plus com-plétement et le plus promptement possible un homme ou un animal apte à supporter un travail donné. Une vie très active et très laborieuse suffit en général pour amener à la longue l'aptitude au travail et la résis-tance à la fatigue, sans qu'il soit nécessaire d'y ajouter aucune pratique spéciale. Mais on peut arriver plus rapidement à cette résistance en se soumettant à une certaine réglementa-tion de l'exercice, et à certains soins ac-cessoires du corps, qui constituent jus-tement ce qu'on nomme l'*entraînement*.

Les procédés employés par les *entrai-neurs* ont toujours pour objectif de développer l'énergie musculaire du sujet, et d'augmenter sa résistance à la fatigue. Les principales pratiques con-sistent dans une alimentation spéciale (bœuf, mouton rôti, légumes verts, pain grillé, vin, thé), des purgations et des sudations forcées au début de l'entraînement, un exercice progressi-vement accru. En Angleterre, on sou-met à l'entraînement les rameurs, les boxeurs; c'est à l'entraînement que les boxeurs doivent, non seulement l'aug-mentation de leur force, mais aussi une énergie de volonté, une ténacité dans la lutte qui passent toute croyance. Dans une lutte célèbre entre deux boxeurs anglais, lutte qui dura pres-que cinq heures, l'un d'eux tomba étourdi 196 fois avant de consentir à s'avouer vaincu.

En France on n'applique guère les pratiques rigoureuses de l'entraîne-ment qu'aux chevaux de course. Le but à atteindre est le même que nous venons d'indiquer, et les procédés employés sont aussi les mêmes. Des exercices progressifs et méthodique-ment réglés, une alimentation et des soins spéciaux à l'écurie, augmentent la puissance et la rapidité des contrac-tions musculaires, font acquérir au cheval l'habitude de respirer aisément à l'allure la plus rapide, et réduisent le poids de son corps par la dispari-tion de la graisse.

éocène (*terrain*). — Voy. terrains tertiaires.

éparvin. — On donne ce nom à deux maladies distinctes, fréquentes chez le cheval, plus rares chez le bœuf. L'*éparvin sec* est un défaut caracté-risé par une flexion brusque et exa-gérée de l'articulation du jarret, qu'on observe pendant la marche; ce défaut ne correspond à aucune lésion visible, et on en ignore la cause.

L'*éparvin calleux* est une tumeur qui survient généralement à la suite d'efforts, à la partie interne et infé-rieure du jarret; cette tumeur provient d'un gonflement de l'os. Quand cet éparvin est assez développé, il déter-mine une boiterie, surtout quand l'ani-mal va au trot. On traite l'éparvin calleux par les fondants, les pointes de feu au jarret, et le repos.

épaulard. — Voy. dauphin.

épaule. — Voy. bras.

épeautre. — Voy. froment.

épeiche. — Voy. pic.

éperlan. — Petit poisson de mer présentant les caractères généraux du saumon; corps allongé, dos presque droit; dos vert pointillé de noir, ventre argenté. Sa longueur ne dépasse pas 25 centimètres. Se pêche surtout dans la mer du Nord et la Baltique; se

Éperlan (longueur, 0ᵐ,20).

rencontre aussi sur les côtes de France, principalement dans la Man-che, à l'embouchure des fleuves. Au printemps, l'éperlan entre en grandes troupes dans les cours d'eau pour y frayer. La chair est estimée (*fig.*).

épervier. — Voy. faucon.

éphémères. — Insectes *névro-ptères* qui doivent leur nom à la brièveté de leur vie sous la forme adulte. Ce sont des insectes à corps excessivement svelte, munis de quatre ailes membraneuses très lé-gères; l'abdomen est ter-miné par deux ou trois filaments longs et arti-culés (*fig.*). Les larves habitent au fond des eaux claires; elles vi-vent trois ans, pendant

Éphémère (lon-gueur, 0ᵐ,03).

lesquels elles subissent un grand nombre de mues; les nymphes sont aussi aquatiques. Les insectes ailés ne prennent pas de nourriture; ils ont une existence très courte et subissent encore une dernière mue avant d'ar-river à l'état parfait.

Parfois les éphémères apparaissent en nombre considérable; on dirait une neige épaisse qui tombe et recouvre le sol d'une couche de plusieurs pouces de hauteur; mais tout cela est si léger, si peu consistant, que quelques heures plus tard il ne reste plus aucune trace de cette formidable accumulation de cadavres.

épidémique (maladie) (grec : *épi*, sur ; *démos*, peuple). — Maladie qui apparaît subitement en une région, et attaque un grand nombre de personnes. Les épidémies sont dues à l'altération de l'air, de l'eau ou des aliments d'une région par des *microbes* qui, introduits dans l'organisme, y déterminent le développement de la maladie.

Si l'épidémie est due à l'action de l'eau ou des aliments, on peut la combattre en interdisant la consommation des aliments suspects, en faisant bouillir l'eau avant de la boire, de façon à détruire les germes qu'elle renferme. Si elle provient de l'air, on devra désinfecter les habitations en arrosant à l'acide phénique.

Dans tous les cas on devra observer une hygiène rigoureuse, et éviter toute cause d'affaiblissement qui mettrait l'organisme hors d'état de lutter contre l'invasion des microbes.

épilepsie. — L'*épilepsie* (ou *grand mal*, *haut mal*, *mal caduc*) est une maladie caractérisée par des attaques brusques, convulsives, avec perte de la sensibilité et de la connaissance, attaques qui reviennent à des intervalles plus ou moins rapprochés.

L'épilepsie est très souvent héréditaire ; de parents épileptiques naissent le plus souvent des enfants épileptiques ou fous ; de même la folie des parents engendre souvent l'épilepsie des enfants. La maladie résulte aussi de l'alcoolisme, de l'empoisonnement chronique par les sels de plomb, d'une grande frayeur ; elle arrive enfin par contagion nerveuse. L'épilepsie conduit fréquemment à la démence et à la mort.

épinard. — Plante potagère de la

Épinard.

famille des *chénopodées*, dont on cul-

tive dans les jardins un grand nombre de variétés. Les épinards se reproduisent par semis ; ils donnent leurs produits pendant toute l'année, suivant l'époque des semis. Les feuilles d'épinards se mangent cuites, seules ou avec des viandes ; elles sont légèrement laxatives. Elles constituent une nourriture saine, d'autant plus agréable qu'on peut se les procurer pendant tout l'hiver (*fig.*).

épine blanche. — Voy. aubépine.

épine noire. — Voy. prunellier.

épine-vinette. — Arbrisseau qu'on rencontre dans les bois, les haies, formant des buissons (*fig.*). Il porte de fines épines, ses fleurs sont jaunes, disposées en grappes ; elles apparaissent en mai ; les fruits sont des baies d'un beau rouge ; ils ont une saveur aigrelette, agréable. On en prépare des gelées, des boissons, des sirops humectants et rafraîchissants. L'écorce de la racine est fébrifuge.

Épine-vinette commune (hauteur, 4 mètres).

épinoche. — Les *épinoches* sont de petits poissons généralement fluviaux, remarquables par les épines dont leur dos est armé, et par les aiguillons qui leur tiennent lieu de

Épinoche (longueur, 0ᵐ,05).

nageoires ventrales. Le corps est allongé, sans écailles. Les épinoches sont abondantes en Europe et dans l'Amérique du Sud ; en France, elles habitent tous les petits cours d'eau. Une espèce est marine.

Ce sont les plus petits de nos poissons d'eau douce ; mais ils sont très irascibles, et d'une extrême voracité. Ils bâtissent des nids avec des débris d'herbes, dans lesquels les femelles vont pondre successivement, sous la conduite du mâle. L'éclosion a lieu dix ou douze jours après la ponte (*fig.*).

Parmi les espèces d'épinoche, on remarque l'*épinoche aiguillonnée*, au corps très fin, long de 6 à 8 centimètres, et l'*épinochette* moins allongée, dont la

Épinoche et son nid.

longueur ne dépasse pas 5 centimètres.

épispastique. — Médicament qui, appliqué sous la peau, y détermine une inflammation, avec chaleur et rougeur. Tels sont la moutarde, la poudre de cantharide.

épizootie. — Maladie contagieuse du bétail, régnant dans une région à l'état épidémique, et ayant une tendance à se propager par contagion dans les autres régions. Des mesures sanitaires interdisant l'exportation des animaux hors de la contrée atteinte, ordonnant l'abatage des animaux malades, arrivent fréquemment de nos jours à empêcher l'extension des épizooties. Comme chez l'homme, les maladies contagieuses confèrent généralement aux animaux atteints une fois une certaine immunité qui les préserve d'une seconde atteinte; c'est ce qui arrive pour la *clavelée*, le *charbon*, la *fièvre aphteuse*.

éponge. — Nos éponges proviennent d'animaux *zoophytes* qui vivent fixés aux rochers dans la mer (*fig.*). Ces animaux se reproduisent par des larves qui, d'abord flottantes, se fixent bientôt elles-mêmes et se développent.

Éponge. — L'éponge du commerce n'est que le support solide de l'animal de ce nom.

On trouve les éponges par les fonds de 10 à 50 mètres; les plus fines habitent les eaux chaudes (golfe du Mexique, mer Rouge) et peuvent atteindre un mètre de hauteur. On pêche les éponges, soit à l'aide de *tridents* manœuvrés de la surface, ce qui les détériore fréquemment, soit en plongeant pour aller les prendre à la main; aujourd'hui quelques plongeurs sont munis de *scaphandres*.

L'éponge est formée d'un tissu visqueux, soutenu par une charpente élastique et résistante, de nature cornée, que nous utilisons pour nos usages domestiques. La plus grande partie des éponges exportées en France viennent de la partie orientale de la Méditerranée; l'éponge dite de Syrie est la seule qui soit employée pour les soins de la toilette. Les autres servent à des travaux plus grossiers; les premières sont naturellement blondes, les autres, moins fines, doivent subir un traitement chimique avant d'être employées, pour leur enlever des concrétions calcaires qui y sont attachées.

épurge. — Voy. euphorbe.

équerre. — Plaque mince de bois ou de métal, ayant la forme d'un triangle rectangle et qui est destinée, dans le dessin, à mener rapidement des lignes parallèles entre elles ou une ligne perpendiculaire sur une autre. Pour mener des parallèles, on applique l'un des côtés de l'angle droit de l'équerre contre une règle, qu'on maintient dans une position invariable; puis on fait glisser l'équerre sur la règle, en traçant, pour chaque position de l'équerre, une ligne le long de l'un des autres côtés. Les lignes tracées le long du second côté de l'angle droit sont non seulement parallèles entre elles, mais

Équerre des dessinateurs.   Équerre des maçons.

encore perpendiculaires à la direction de la règle.

Les maçons et les charpentiers, les tailleurs de pierre, ont aussi des équerres, de forme un peu différente, pour constater si les angles des pierres qu'ils taillent, des meubles qu'ils façonnent sont bien droits (*fig.*).

équerre d'arpenteur. — Instrument servant à mener sur le terrain des perpendiculaires, et par suite des parallèles. Elle est formée d'un prisme octogonal régulier, de 8 à 10 cent. de hauteur, sur 5 à 6 cent. de diamètre, dans lequel sont pratiquées parallèlement à l'axe quatre fentes, appelées *pinnules*, déterminées par deux diamètres rectangulaires (*fig.*).

Pour mener une perpendiculaire, en un de ses points, à une droite jalonnée sur le terrain, l'opérateur établit verticalement l'équerre en ce point, de manière que deux pinnules diamétralement opposées soient dans la direction

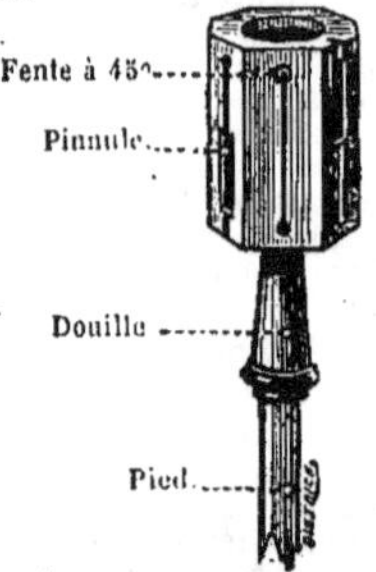

Équerre d'arpenteur.

de la droite jalonnée, ce qu'on vérifie en regardant à travers ces deux pinnules; puis il fait planter par un aide des jalons dans la direction des deux pinnules perpendiculaires aux premières.

équilibre. — On dit qu'un corps est en *équilibre* quand il est immobile par rapport aux corps environnants. La considération du *centre de gravité* (voy. ce mot) permet de formuler simplement les conditions d'équilibre des corps solides (*fig.*).

1° Si le corps est suspendu par un point unique (fil à plomb)

Équilibre stable, par un point, d'un bouchon lesté inférieurement par une masse de plomb.

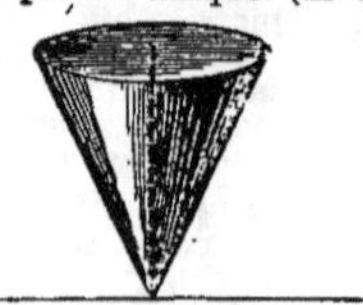

Équilibre instable d'un cône reposant par sa pointe sur un plan horizontal.

ou repose sur un seul point d'appui,

(bâton debout en équilibre sur le bout

Équilibre d'un corps n'ayant qu'un point d'appui. Cet équilibre est stable si l'enfant sait déplacer la main à mesure que la canne tend à tomber.

du doigt); le centre de gravité doit coïncider avec ce point, ou se trouver sur la verticale de ce point.

2° Si le corps est soutenu par deux points (homme monté sur deux échasses); la verticale du centre de gravité doit rencontrer la droite qui les joint.

3° Si le corps est supporté par trois ou par plusieurs points, la verticale

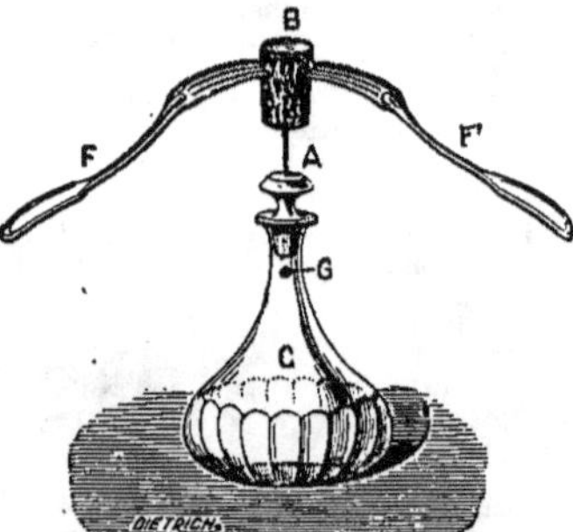

Équilibriste.—On plante dans un bouchon B une aiguille A; latéralement, on pique deux fourchettes ou deux canifs F et F', on fait reposer la pointe de l'aiguille sur le bouchon A d'une carafe C, par exemple; le système est en équilibre stable parce que son centre de gravité G est très bas placé.

du centre de gravité doit passer dans l'intérieur du *polygone de sustentation* : on appelle ainsi le polygone qu'on obtient en joignant les points d'appui. Il résulte de cette condition qu'un corps pesant possède un équilibre d'autant plus *stable* qu'il s'appuie sur le sol par une plus large base; car alors, même par une inclinaison assez grande, son centre de gravité peut encore se trouver au-dessus de la base.

On voit à chaque instant des exemples qui rentrent dans ce troisième cas. La plupart des objets d'un usage courant

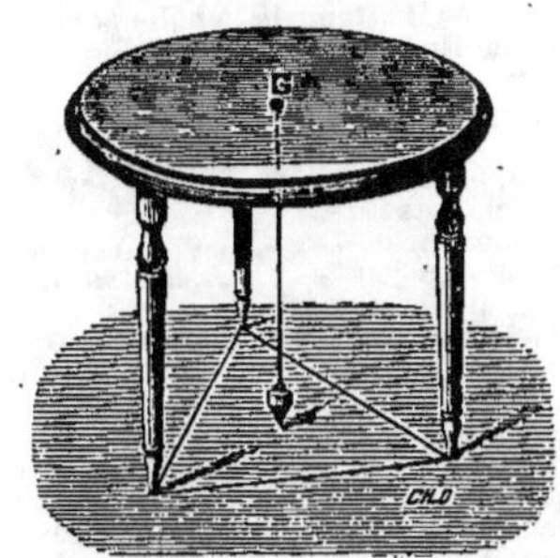

Équilibre stable d'une table. — Le centre de gravité est au-dessus de la base de sustentation.

(tables, chaises, lampes...) doivent leur stabilité à l'étendue de leur base. Un homme est d'autant plus ferme sur ses pieds que ceux-ci sont disposés de manière à comprendre une base de

Équilibre stable d'un homme portant un fardeau. — L'homme penche le corps en avant pour que le centre de gravité soit au-dessus de la base de sustentation.

sustentation plus étendue; car il peut alors donner à ses mouvements plus d'étendue sans que la verticale du centre de gravité sorte de cette base.

Ce qui augmente encore la stabilité de son équilibre, c'est la possibilité qu'il a de déplacer ses pieds pour faire avancer la base de sustentation dans la direction où se porte son centre de gravité. S'il porte un fardeau, il se penche d'un côté ou de l'autre pour que le déplacement du centre de gravité, dû à l'action du fardeau, ne le fasse pas tomber. Le danseur de corde maintient son équilibre à l'aide d'un

Tour penchée de Pise. — Malgré l'inclinaison de la tour, le centre de gravité est au-dessus de la base.

balancier qu'il incline à droite ou à gauche, de manière à ce que le centre de gravité total soit toujours au-dessus de la corde.

On comprend tout aussi aisément que l'équilibre d'un corps est d'autant plus stable que son centre de gravité est situé plus bas. Une voiture chargée par le bas est dans un équilibre plus stable qu'une voiture dont la charge s'élève à une grande hauteur.

équinoxe. — Voy. **saisons.**

érable. — Grand arbre des régions tempérées, qui peut atteindre 25 mètres de hauteur. On le cultive comme arbre d'ornement; son bois est employé au chauffage; les tourneurs et les luthiers en font fréquemment usage. Dans l'Amérique du Nord on en cultive une utile variété, l'*érable à sucre*, dont la sève est très sucrée. Il suffit, pour obtenir du sucre d'une certaine pureté, de pratiquer sur le tronc de ce grand arbre une incision pénétrant jusqu'au bois et de recueillir la sève qui tombe goutte à goutte par la plaie. Ce liquide est évaporé jusqu'à consistance de sirop; par refroidissement on a une masse cristalline qui, dans tout le Canada, est vendue à l'exclusion des sucres de toute autre provenance (*fig.* pag. 178).

16

Érable (hauteur 25ᵐ).

ergot. — Altération des graines de seigle, de blé, d'avoine, qui se produit sous l'influence d'un champignon parasite (*fig.*). Le grain altéré est remplacé par une sorte d'éperon noir, allongé, d'une dimension beaucoup plus considérable que celle du grain. C'est un poison dangereux ; la farine faite avec des grains renfermant beaucoup d'ergot donne un pain toxique ; l'usage prolongé de ce pain produit une maladie, l'*ergotisme*, qui a souvent une terminaison fatale.

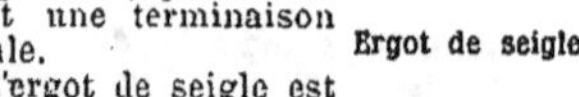

Ergot de seigle.

L'ergot de seigle est utilisé en médecine pour combattre les hémorragies.

érysipèle. — Maladie caractérisée par l'inflammation des vaisseaux lymphatiques de la peau. Une plaie négligée, une brûlure, une irritation de la peau, déterminent souvent l'*érysipèle*. La peau est gonflée, douloureuse, la démangeaison est vive ; il y a de la fièvre ; puis la maladie se termine avec ou sans suppuration de la peau.

Un érysipèle simple dure seulement quelques jours ; mais il peut se propager de place en place et durer plus longtemps.

La maladie est rarement grave ; elle n'est pas contagieuse. On la traite par le repos, la diète complète, des compresses émollientes, une purgation au début.

escargot. — Mollusque *gastéropode* terrestre, respirant par des poumons. Il se nourrit de matières végétales. Pendant l'hiver il s'enfonce en terre, se retire dans sa coquille et la ferme par une sécrétion calcaire formant un couvercle qu'on appelle opercule ; il attend là la belle saison.

Ce mollusque cause de sérieux dégâts dans les cultures, principalement dans les jardins, en dévorant les jeunes pousses ;

Escargot (diamètre de la coquille, 0ᵐ 04).

aussi lui fait-on une guerre acharnée. Le nombre des espèces est considérable, différentes par la taille et la coloration (*fig.*).

La chair de certaines espèces est estimée, principalement celle du gros escargot gris clair, désigné sous le nom d'*escargot de Bourgogne*. Dans le département de l'Aube, on les engraisse, dans des enclos humides plantés de thym, de menthe, nommés *escargotières*.

espadon. — Poisson dont la mâchoire supérieure est prolongée par un bec en forme de glaive résistant ; corps allongé, en fuseau ; peau lisse ; colo-

Espadon (longueur, 5ᵐ).

ration bleu foncé. La longueur totale dépasse parfois 6 mètres. Assez commun dans la Méditerranée. Très redoutable avec son arme puissante. La chair des jeunes est délicate (*fig.*).

esprit de bois. — Liquide ayant ordinairement une odeur désagréable, parce qu'il est impur. Il est combustible et brûle avec une flamme non éclairante, en dégageant beaucoup de chaleur. On le prépare par distillation du bois. On place le bois dans de grandes cornues en fonte, que l'on chauffe fortement ; le bois est décomposé, et il sort de la cornue des gaz et des vapeurs, parmi lesquels il y a de l'*acide acétique* et de l'*esprit de bois* (*fig.*).

Il est employé comme combustible pour les lampes à alcool ; il remplace aussi l'alcool dans la fabrication de plusieurs vernis. La fabrication des *couleurs d'aniline* en consomme beaucoup.

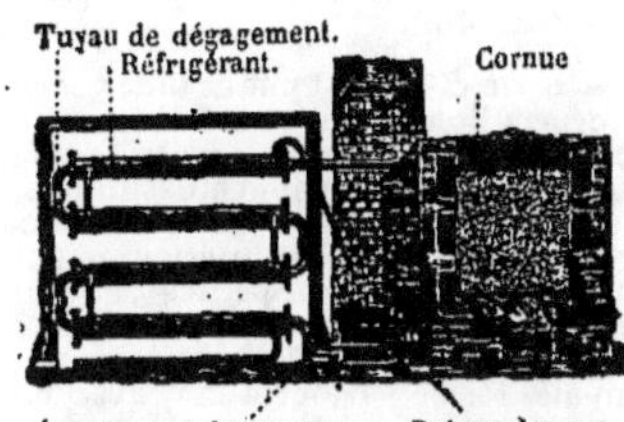

Préparation de l'esprit de bois. — Le bois, chauffé dans la *cornue,* donne naissance à des gaz et à des vapeurs qui sortent par le *tuyau de dégagement.* Ce tuyau est entouré de manchons *réfrigérants* à circulation d'eau froide; l'esprit de bois, l'acide acétique, etc., se condensent et viennent tomber à l'état liquide par la partie inférieure du tube; les gaz combustibles non condensés sont dirigés vers le foyer où ils sont brûlés.

esprit-de-vin. — Voy. **alcool.**

esquinancie. — Voy. **amygdales.**

essences. — On désigne ainsi des produits huileux et volatils, fortement odorants, que l'on rencontre dans les différents organes des végétaux. Toutes les *essences* sont facilement combustibles; elles brûlent en répandant beaucoup de fumée. Les essences se rencontrent toutes formées dans les végétaux; elles sont contenues dans

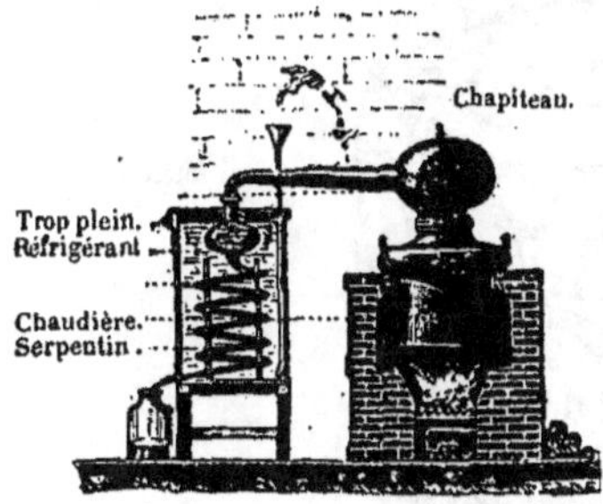

Préparation des essences. — Les essences s'obtiennent le plus souvent par distillation des végétaux en présence de l'eau. Les vapeurs parties de la *chaudière* viennent se condenser dans le *serpentin,* refroidi par l'eau sans cesse renouvelée du *réfrigérant.*

des sacs excessivement petits, nommés cellules; c'est pour cela que l'odeur se fait sentir avec plus de netteté après l'écrasement de la plante; elles peuvent se rencontrer dans presque tous les organes des plantes, mais principalement dans les feuilles et dans les fleurs.

Les procédés employés pour extraire les essences sont divers. Le procédé le plus employé consiste en une *distillation* avec de l'eau. On broie la partie du végétal qui renferme l'essence, puis on la met dans un *alambic* (*fig.*) avec une assez grande quantité d'eau, et on distille; l'essence est entraînée par la vapeur d'eau, et distillée avec elle. A la sortie du réfrigérant, il se condense de l'eau et de l'essence; l'essence monte à la surface de l'eau, car elle est plus légère, et on sépare les deux liquides. Ce procédé est facile, mais il altère un peu le parfum des essences. Dans quelques cas on peut se contenter de comprimer la partie de la plante qui contient l'essence, pour la faire sortir; c'est ce que l'on fait pour avoir l'essence de citron, l'essence de bergamote. Il y a d'autres procédés d'extraction, mais plus complexes.

L'extraction des essences était connue des anciens; aujourd'hui les essences sont très importantes dans les arts, la médecine, l'économie domestique. En France, la fabrication des parfums se fait surtout à Nice, Grasse, Cannes, Nîmes, Montpellier. De vastes cultures de fleurs sont établies dans le voisinage de ces villes. Nice et Cannes fournissent chaque année 25 000 kilogrammes de violettes et 600 000 kilogrammes de fleurs d'oranger.

Les usages des essences sont nombreux. L'essence de lavande et l'essence de térébenthine servent à faire des vernis. Les essences de citron et de cédrat sont employées pour enlever les taches de graisse et d'huile sur les étoffes de laine et de soie.

En médecine on utilise les essences à cause de leurs propriétés *excitantes* et caustiques. Les plus employées sont les essences d'ail, de camomille, de cannelle, de citron, de girofle, de menthe, de moutarde, de néroli, de rose, de térébenthine.

Mais c'est surtout la parfumerie, et aussi la confection de certaines liqueurs, qui constituent l'usage le plus important des essences.

La chimie sait préparer aujourd'hui des produits ayant une odeur analogue à celle des essences et qu'on nomme pour cette raison essences artificielles. Les principales essences artificielles sont les *essences de fruits,* fort employées en confiserie. On a de même une *essence de rhum,* qui permet de fabriquer du rhum avec de l'alcool ordinaire; de même on a l'*essence de cognac.*

essoreuse. — Machine fondée sur le principe du panier à salade, qui

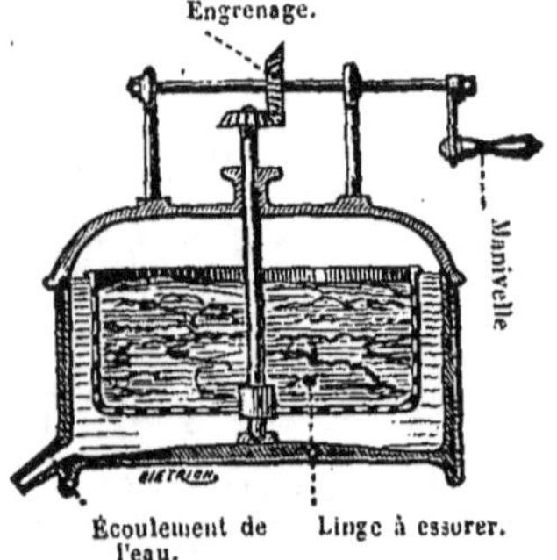

Essoreuse.

a pour but d'égoutter rapidement le linge mouillé, de façon à activer sa dessiccation complète. Le linge est mis dans une boîte circulaire en métal, à claire-voie, qu'on fait tourner autour de son axe à l'aide d'un système d'en-

les grandes blanchisseries, dans les fabriques de tissus, chez les teinturiers, etc. (*fig.*).

estomac. — C'est une grande poche de forme allongée, située à la partie moyenne du tronc, entre la poitrine et le ventre(*fig.*).Ses parois sont musculaires, c'est-à-dire susceptibles de se contracter ; elles sont tapissées intérieurement d'un grand nombre de petites *glandes* qui sécrètent un liquide nommé *suc gastrique*. C'est un liquide incolore, limpide, formé surtout d'eau, avec un ferment nommé *pepsine*, analogue à la *diastase* ; la pepsine est le principe actif du suc gastrique, elle a la propriété de digérer, c'est-à-dire de liquéfier les *aliments* azotés, tels que la viande, le fromage, le blanc d'œuf, le gluten.

Les aliments, après être descendus de la bouche dans l'œsophage, arrivent à l'estomac ; ils y pénètrent par le *cardia*, sorte de porte d'entrée de l'estomac. Aussitôt le suc gastrique est sécrété, les parois se contractent, et il en résulte une agitation des aliments, qui assure l'action digestive de la salive et du suc

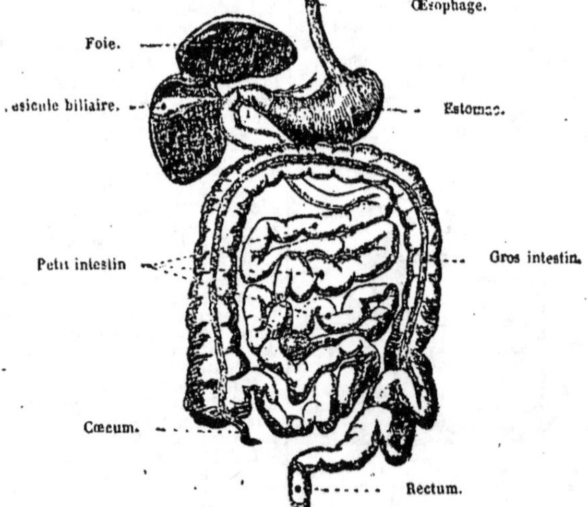

L'estomac et le foie. — On a représenté le foie relevé, pour montrer l'estomac, qu'il cache en partie dans sa position normale.

grenages ; le mouvement de rotation fait sortir l'eau qui tombe dans une caisse immobile entourant la première. Les essoreuses sont employées dans

gastrique. Après quelques heures, quand cette action est terminée, la masse alimentaire est transformée en une sorte de bouillie, le *chyme*, qui s'écoule dans l'intestin, en franchissant le *pylore*, sorte de porte de sortie de l'estomac.

L'estomac est un organe délicat, sujet à un grand nombre de maladies qui apportent des troubles graves dans la nutrition. Telles sont la *dyspepsie**, l'*indigestion**, la *gastrite**, la *gastralgie**, le *cancer** de l'estomac; ces maladies sont généralement douloureuses, accompagnées de vomissements, de digestions lentes et pénibles. Presque toutes sont causées par de mauvaises habitudes d'alimentation, telles que nourriture trop abondante ou trop excitante, défaut d'exercice après les repas, etc.

estragon. — Plante de la famille des *composées*, cultivée dans les jardins potagers. On la multiplie par boutures. On emploie ses feuilles en cuisine, comme condiment, à cause de leur odeur agréable. Le vinaigre, la moutarde, les conserves de cornichons..., sont souvent aromatisées à l'estragon.

estuaire. — Voy. fleuve.

esturgeon. — Poisson de forme très allongée, à tête cuirassée; dont la peau est garnie d'écussons osseux, la bouche, placée sous le museau, est petite et dépourvue de dents.

On en connaît un grand nombre d'espèces. Ces poissons vivent dans les mers de l'Europe et de l'Amérique du Nord; ils remontent les grands fleuves

Esturgeon (longueur, 5ᵐ).

pour effectuer leur ponte; aussitôt après leur naissance les petits reviennent à la mer. L'esturgeon se contente, pour vivre, de chercher dans les fonds vaseux les vers, les mollusques, les débris d'animaux ou de végétaux en décomposition qui constituent sa nourriture.

Très recherché pour sa chair exquise, pour ses œufs qui servent à préparer le *caviar*, pour sa vessie natatoire qui fournit la *colle de poisson*, l'esturgeon donne lieu à une pêche très importante, principalement dans le sud-est de la Russie et dans les fleuves de la Sibérie orientale.

L'espèce la plus commune est l'*esturgeon commun* (*fig.*) qu'on pêche, à l'époque de la ponte, dans le Volga et le Danube, et qu'on rencontre aussi dans le Pô, la Garonne, la Loire, l'Elbe, le Rhin. On a pris des individus qui avaient jusqu'à 5 mètres de longueur. Le *grand esturgeon*, qu'on ne trouve guère que dans la Caspienne et la mer Noire, dépasse exceptionnellement 7 mètres, avec un poids de plus de 1 200 kilos. Le *sterlet*, qui pèse au plus 12 kilos, donne une colle de poisson de qualité supérieure.

étain. — L'étain est un des métaux les plus anciennement connus et employés. On le retire d'un minerai qui est un *oxyde d'étain*, c'est-à-dire une combinaison d'étain et d'oxygène. Ce minerai se trouve principalement en Angleterre, en Espagne, dans l'Europe centrale, au Chili, au Mexique, aux Indes. En France il n'y en a presque pas. On extrait l'étain de son minerai en chauffant ce dernier avec du charbon; le charbon s'empare de l'oxygène qui était combiné à l'étain, pour donner du gaz acide carbonique qui s'en va, et le métal reste en liberté (*fig.*).

L'étain est d'un blanc d'argent, mais il se ternit rapidement à l'air; quand on le touche, il communique aux doigts une odeur désagréable. Sa densité est sept fois plus grande que celle de l'eau. Il est assez malléable pour qu'on puisse le réduire en feuilles très minces. Il est très facilement fusible; sa température de fusion est seulement de 235°.

On produit annuellement, dans le monde entier, à peu près 8 millions de kilogrammes d'étain; l'Angleterre seule en fournit plus de la moitié; ensuite viennent les Indes.

Avec l'étain on fait des vases pour mesurer les liquides, des ustensiles de cuisine. L'*étamage** du cuivre et du fer en consomme de grandes quantités. On réduit ce métal en feuilles minces avec lesquelles on garnit des boîtes, des coffrets, on enveloppe le chocolat, le savon, le fromage. La plupart de ces usages de l'étain sont dus à ce que ce métal peut être mis sans inconvénient en contact avec les aliments, avec les graisses, le vin, etc., sans qu'il se forme aucun composé vénéneux. Il n'en serait de même ni du cuivre, ni du zinc, ni du plomb.

Les *alliages* dans la composition desquels entre de l'étain sont nombreux. Le *laiton*, le *bronze*, en contiennent une petite quantité.

Avec un alliage de plomb et d'étain, qui contient plus d'étain que de plomb, on fait des vases et mesures de capacité; des cuillères, plats, assiettes, fontaines, comptoirs de marchands de vin, flambeaux, jouets d'enfants. La

16.

soudure des plombiers contient de l'étain et du plomb.

Le *métal anglais*, avec lequel on fait des cuillères, flambeaux, sucriers, cafetières, théières, est formé de 10 parties d'étain alliées à 1 partie d'antimoine, 1 partie de cuivre, et 2 parties de zinc.

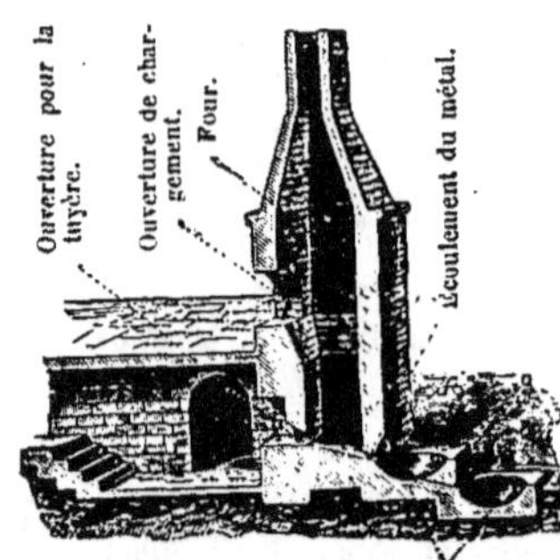

Four pour le traitement du mineral d'étain. — Le *four* est chargé d'un mélange de minerai et de charbon; on donne de l'air en abondance au moyen d'une machine soufflante. Le métal est mis en liberté et s'écoule dans des *creusets*.

Enfin l'*amalgame d'étain*, employé pour faire le taïn des glaces, est constitué par une partie de mercure et 4 parties d'étain.

L'étain se combine à l'oxygène pour former divers oxydes, qui se combinent eux-mêmes aux acides pour donner des sels, dont quelques-uns ont des usages.

Le *chlorure d'étain* (combinaison de chlore et d'étain) est fort employé en teinture, sous le nom de *sel d'étain*.

étamage. — On recouvre le fer d'une couche d'*étain* pour le préserver de la rouille, qui le détruirait peu à peu. On étame aussi les ustensiles de cuivre et de zinc destinés aux usages culinaires, parce que ces métaux sont altérés par les diverses substances employées en cuisine (vinaigre, huile, graisse, beurre) et forment des composés vénéneux. L'étain est moins altéré dans les mêmes circonstances, et les composés qu'il forme ne sont pas vénéneux.

L'*étamage* se pratique de plusieurs manières différentes. Voici la plus usitée. Supposons qu'il s'agisse d'étamer un objet de cuivre. On chauffe l'objet, et on le frotte avec un vieux linge sur lequel on a mis un sel nommé *chlorhydrate d'ammoniaque*,

qui produit un nettoyage parfait : c'est ce qu'on appelle le *décapage*. On verse alors de l'étain fondu sur la surface, et on étale avec un vieux linge, de façon à obtenir une couche d'épaisseur uniforme.

Le fer s'étame à peu près de la même manière. La tôle étamée porte le nom de *fer-blanc*. Quand on lave le fer-blanc avec de l'eau dans laquelle on a mis un peu d'acide chlorhydrique, l'étamage devient très brillant et présente un aspect analogue à celui des vitres de nos appartements, quand elles se recouvrent l'hiver de cristaux de glace ; c'est ce qu'on nomme le *moiré métallique*.

été. — Voy. saisons. — Dans nos climats, l'été est la saison chaude, et généralement la plus sèche ; les pluies sont relativement rares, mais très abondantes. En agriculture, c'est la saison des principales récoltes (fourrages, céréales, fruits nombreux).

Au point de vue de la santé, les maladies des voies respiratoires sont moins fréquentes, mais l'appétit diminue, et les maladies de l'estomac et des intestins augmentent, principalement par suite d'une alimentation peu hygiénique dans laquelle les boissons glacées, les fruits, le melon,… entrent pour une grande part. Les *congestions cérébrales*, les *insolations* résultent d'une forte chaleur, ou d'une exposition directe au soleil. Dans les pays plus chauds, les maladies du foie, celles des yeux, sont à redouter pendant l'été.

éternuement. — Acte involontaire, déterminé par une irritation vague du voile du palais. Commence par une *inspiration* profonde, suivie d'une *expiration* brusque et sonore. L'expiration brusque se fait à la fois par la bouche et par les fosses nasales, et le courant d'air entraîne souvent au dehors, dans toutes les directions, les liquides buccaux et nasaux. On le provoque artificiellement en chatouillant le voile du palais à l'aide du doigt ou d'une barbe de plume.

éther. — Liquide très mobile, très volatil, bouillant à 35°. Il a une odeur forte, pénétrante, une saveur âcre et brûlante. Il est très combustible ; ses vapeurs s'enflamment avec la plus grande facilité ; elles sont d'autant plus dangereuses qu'elles forment avec l'air un mélange détonant très violent.

On prépare l'*éther* en faisant réagir l'*acide sulfurique* sur l'*alcool* (*fig.*).

L'éther n'est pas un poison, mais il détermine une sorte d'ivresse. A haute dose il serait dangereux. Mais si, au lieu de boire l'éther, on respire ses vapeurs mélangées avec l'air, il amène un engourdissement général accompagné d'une *anesthésie* complète. L'insensibilité produite par l'inhalation des vapeurs d'éther a été utilisée pour la première fois en 1846 dans les opérations chirurgicales ; aujourd'hui on préfère presque universellement le chloroforme.

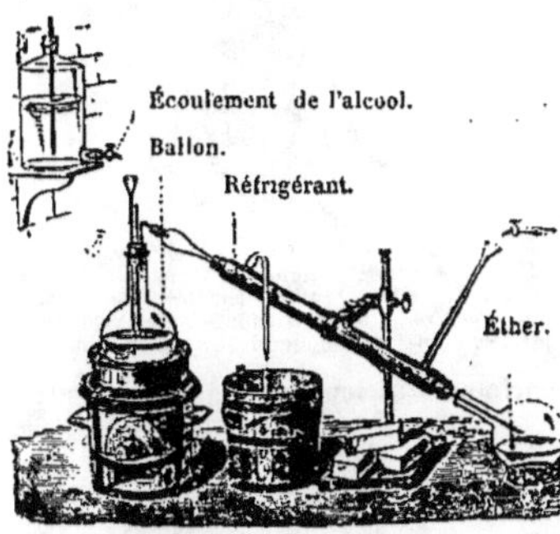

Préparation de l'éther. — Dans un *ballon* chauffé renfermant de l'*acide sulfurique*, on fait tomber peu à peu de l'*alcool*. L'*éther* se forme, et ses vapeurs vont se condenser dans un tube entouré d'un *réfrigérant* à circulation d'eau froide ; l'éther condensé tombe dans un ballon inférieur.

Les usages de l'éther sont assez restreints. Il sert surtout en médecine, comme calmant du système nerveux ; on l'administre en dissolution dans l'eau, dans l'alcool ou dans un sirop. Il entre dans la composition du *collodion*.

Étoile de mer. — Animal *rayonné* très répandu sur nos côtes, et dans la haute mer, où on rencontre de certaines espèces jusqu'à une profondeur de 5 000 mètres. La bouche est au milieu de la face inférieure ; le corps est protégé par un squelette calcaire. A la face inférieure de chaque bras sont des ventouses à l'aide

Étoile de mer
(diamètre très variable).

desquelles l'étoile de mer s'accroche aux corps environnants et réussit à se déplacer (*fig.*).

Étoile filante. — Voy. **aérolithe**.

Étoile polaire. — Voy. **ourse**.

étoiles. — Les *étoiles* sont des astres incandescents, c'est-à-dire lumineux par eux-mêmes, comme le soleil, bien différents des *planètes* qui, comme la terre et la lune, sont des astres éteints, qui seraient invisibles, s'ils n'étaient éclairés par le soleil.

Les étoiles sont à une distance de nous extrêmement grande ; les plus voisines sont au moins *deux cent mille fois* plus éloignées que le soleil ; tandis que la lumière, qui parcourt 300 000 kilomètres par seconde, met 8 minutes pour aller du soleil à la terre, elle met plus de 3 ans pour venir de l'étoile la plus rapprochée. Il y a certainement des étoiles si éloignées de nous, que leur lumière met des milliers d'années à nous arriver. Les dimensions des étoiles sont considérables ; beaucoup sont certainement plus grosses que le soleil, et elles ne nous semblent si petites qu'à cause de leur éloignement considérable ; on peut dire que chaque étoile est un véritable soleil.

Toutes les étoiles nous semblent, à première vue, immobiles les unes par rapport aux autres. On dirait que le ciel tout entier tourne autour de la terre, ce qui est une illusion, puisque c'est au contraire la terre qui tourne sur elle-même ; mais le ciel nous semble avoir toujours le même aspect, ce qui implique l'immobilité des étoiles les unes par rapport aux autres. Cependant elles se meuvent, et si elles nous semblent fixes, c'est à cause de leur grand éloignement, qui rend leur mouvement inappréciable pour un examen superficiel. Il résulte de ce mouvement, qui est même beaucoup plus rapide que celui de la terre autour du soleil, que la forme des constellations change constamment, mais d'une façon chaque jour insensible pour nous.

Les étoiles ne sont pas visibles pendant le jour, à cause de l'éclat du soleil qui masque leur propre éclat.

Voy. **constellations, voie lactée, nébuleuses**.

étourneau. — Oiseau *passereau* d'assez grosse taille ; longueur totale, 23 centimètres. Plumage noir bistré à reflets violets, avec taches blanches. Aime les marais et les prairies humides ; niche dans les trous d'arbres et sous le toit des maisons ; 4 à 7 œufs d'un bleu verdâtre ; durée de l'incubation, 18 jours. Les étourneaux se réunissent en bandes innombrables, surtout en hiver.

Cet oiseau se nourrit d'insectes, de petits mollusques, de vermisseaux, dont il fait une énorme consommation. Il est vrai qu'il mange les fruits, et en particulier les cerises ; cependant il est assez utile pour que, en Allemagne, on favorise sa multiplication en établis

Étourneau (longueur totale, 0m,23).

sant dans des enclos des nids artificiels dans lesquels il vient faire sa ponte. Nommé aussi *sansonnet* (*fig.*).

eucalyptus. — Arbre de la famille des *myrtacées* (*fig.*). On en connaît un très grand nombre d'espèces, remarquables par leur croissance extrêmement rapide et leurs grandes dimensions. Ces espèces sont originaires d'Australie; plusieurs sont maintenant cultivées dans le midi de la France, en en Italie, en Espagne, en Corse, en Algérie, etc.

Les feuilles de l'eucalyptus, de même que les fruits, dégagent une odeur balsamique pénétrante, qui se répand au loin. On a attribué à ces émanations des propriétés fébrifuges; et il semble en effet que les plantations d'eucalyptus sont capables d'assainir les contrées exposées aux fièvres paludéennes.

Rameau d'eucalyptus globulus (hauteur de l'arbre, 100m).

La croissance des eucalyptus est très rapide; on a vu des arbres de 7 et 8 ans avoir 20 mètres de hauteur; en Australie, des eucalyptus atteignent 150 mètres de hauteur et 30 mètres de circonférence. L'*eucalyptus globulus* est le plus répandu sur le littoral de la Méditerranée, où beaucoup de régions ont été assainies par ses plantations; il craint le froid, ce qui empêche de le cultiver dans le nord.

Le bois de l'eucalyptus constitue un excellent combustible; il est également recherché pour les constructions, pour l'ébénisterie, bien qu'il soit difficile à travailler. Les feuilles sont employées en médecine. On en retire une essence suave.

eumolpe. — Petit insecte *coléoptère* nommé aussi *écrivain*, qui cause

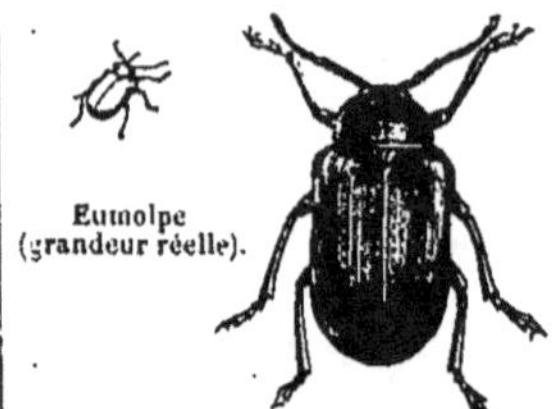

Eumolpe
(grandeur réelle).

Eumolpe (grossi). Rend la vigne malade en traçant des sillons sur les feuilles; de là, son nom d'*écrivain*. C'est surtout à l'état de lar.e que l'eumolpe est redoutable.

parfois de sérieux dommages dans les

Feuille de vigne chargée de larves d'eumolpe.

vignobles, en dévorant les feuilles. (*fig.*).

euphorbe.—Plante de la famille des *euphorbiacées* (*fig.*). On en connaît un grand nombre d'espèces, qui sont très variables comme aspect et comme dimensions; elles renferment toutes un suc blanc, âcre, irritant, caustique même, puisqu'on peut l'employer pour détruire les *verrues*. Les graines sont purgatives. La *grande épurge*, très répandue en Europe, a longtemps fourni ses graines purgatives à la médecine. Quelques euphorbes sont cultivées pour l'ornementation; d'autres croissent en abondance dans les prés humides, et constituent une mauvaise herbe difficile à extirper.

euphorbiacées. — Plantes *dicotylédones* *apétales*; fleurs non disposées en chatons, ayant un calice, ovaire à deux ou trois loges, graines pourvues d'un albumen. Exemples :

Euphorbe petite épurge (hauteur, 0^m,60).

euphorbe, ricin. C'est de certaines euphorbes qu'on retire le caoutchouc; d'autres fournissent le tapioca.

évaporation. — Il y a *évaporation* quand un liquide prend l'état gazeux sans qu'il y ait formation de bulles visibles au fond du vase (voy. **ébullition**).

L'évaporation se produit d'après les conditions suivantes : 1° l'évaporation est d'autant plus rapide que la température du liquide est plus élevée; 2° l'évaporation est d'autant plus rapide que la température de l'air est plus élevée; 3° l'évaporation est d'autant plus rapide que l'air renferme

Évaporation. — En faisant arriver un rapide courant d'air dans l'*éther* pour en activer l'évaporation, on détermine un refroidissement capable de congeler l'eau très rapidement.

une moindre quantité de la vapeur que produit le liquide; ainsi l'évaporation

de l'eau est surtout rapide dans l'air sec; 4° l'agitation de l'air, le vent activent l'évaporation; 5° l'évaporation est d'autant plus active qu'elle a lieu sur une surface plus étendue; 6° l'évaporation est très rapide dans le vide.

Une évaporation rapide, quand elle a lieu sans qu'on chauffe le liquide, est toujours accompagnée du refroidissement de ce liquide; car la vapeur, pour se former, a besoin de chaleur, qu'elle enlève au liquide lui-même. On peut produire la congélation de l'eau en déterminant son évaporation rapide sous le récipient de la machine pneumatique. On comprend dès lors pourquoi, en été, on se mouille les mains et le visage pour se rafraîchir (voy. **alcarazas, sueur**). Le froid produit par l'évaporation rapide des liquides très volatils est souvent utilisé pour obtenir des basses températures (voy. **glace**) (*fig.*).

expectorants. — Médicaments employés pour augmenter la sécrétion de la muqueuse des bronches et faciliter l'expectoration. Tels sont l'*ipécacuanha*, les *eaux minérales sulfureuses* d'Enghien, Cauterets, Luchon, le *hermès* ou sulfure d'antimoine.

extase. — Accès nerveux caractérisé par l'immobilité des muscles, la fixité de la face, une attitude du corps indiquant une grande exaltation (*fig.*);

Extase.

la sensibilité est suspendue; parfois des taches de sang apparaissent sur le corps. Les personnes extatiques, c'est-à-dire sujettes aux attaques d'extase, ont une intelligence, une imagination, une volonté absolument troublées; on les traite par les ferrugineux, les remèdes agissant sur les nerfs, et surtout par le calme intellectuel, quand on peut le leur procurer. (Voy. **hypnotisme**.)

extirpateur. — Instrument agricole, intermédiaire entre la charrue

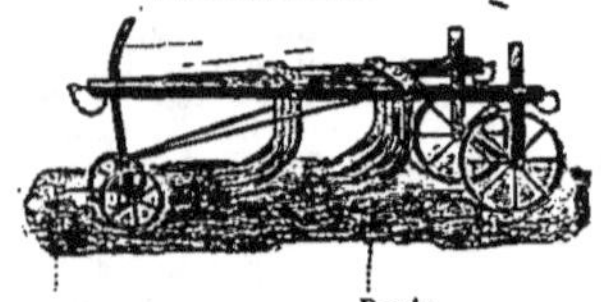

Extirpateur. — Il brise les mottes mieux que la herse et détruit les mauvaises herbes

et la herse, destiné à briser les mottes de gazon déjà retournées par la charrue, à *déchaumer* la terre après la moisson, à débarrasser le sol des plantes nuisibles (*fig.*).

extraction des dents. — L'extraction des dents se fait ordinairement à l'aide d'instruments nommés *daviers*, dont la forme varie selon la dent à extraire. On préfère d'ailleurs, chaque fois que cela est possible, éviter cette opération qui peut donner naissance à plus d'un accident, inflammations plus ou moins graves et accidents nerveux. La douleur très grande due à l'extraction peut être évitée, soit par une *anesthésie* générale obtenue à l'aide du *protoxyde d'azote*, soit par une anesthésie locale obtenue à l'aide de la *cocaïne*.

extrait de Saturne. — Voy. **acide acétique**.

F

faïence. — Voy. **céramique**.

faisan. — Oiseau *gallinacé;* longueur totale, 82 centimètres, dans

Faisan (longueur, 0ᵐ,80).

laquelle la queue compte pour 40 centimètres. C'est l'un des plus beaux oiseaux de nos pays; la femelle, plus petite, a des couleurs moins vives.

Originaire d'Asie, introduit en Europe par les Grecs, le faisan est maintenant complètement naturalisé dans nos bois. C'est un oiseau très sauvage. La femelle pond de 12 à 15 œufs grisâtres dans un trou de terre, garni d'herbes sèches. L'incubation dure 21 jours. Les petits faisans mangent seuls; ils se nourrissent d'abord de larves de fourmis, de vermisseaux, de petits mollusques, puis de grains et de baies. Le faisan est un animal nuisible, et les éleveurs doivent payer aux cultivateurs voisins des indemnités pour les dégâts de leurs oiseaux. Chair très estimée (*fig.*).

falun. — Terrain composé de sable siliceux mélangé à une très grande quantité de débris de coquilles marines, indiquant que ce terrain est d'origine marine. Les parties les plus riches en calcaire de ce terrain sont exploitées pour l'amendement des terres (Indre-et-Loire, Maine-et-Loire, Loir-et-Cher). Les faluns jouent dans l'*amendement* des terres argileuses le même effet que les marnes.

faneuse. — Instrument d'agriculture qui sert à retourner l'herbe dans

Faneuse.

les prés, après la fauchaison, pour la faire sécher. Elle est généralement traînée par un cheval. L'herbe est éparpillée par les *fourches* B, qui tournent rapidement autour de l'*essieu* A (*fig.*).

fard. — Composition destinée à embellir le teint. L'emploi du fard remonte à une haute antiquité, et les dames romaines en faisaient grand usage. La composition des fards est très variable, et il y entre souvent des substances toxiques, tels que des sels de mercure et de plomb. Les fards, même les plus inoffensifs, ont l'inconvénient de dessécher et d'irriter la peau. Parmi les fards inoffensifs, citons : 1° le *blanc de fard*, mélange de craie et de sous-nitrate de bismuth; 2° le *rouge végétal*, contenant de la craie et du rouge de carthame.

farine. — La farine s'obtient en broyant finement les graines des céréales et en enlevant par un tamisage l'enveloppe du grain, qui constitue le *son*. On commence par nettoyer le grain à l'aide d'un ventilateur (voy. **battage**). Puis on procède à la *mouture*, à l'aide de meules (*fig.*) qui doivent être disposées de telle sorte que l'enveloppe du grain ne soit pas pulvérisée, car alors il ne serait plus possible de la séparer. Enfin par le *blutage*, on sépare le son de la farine.

En France, la farine pour le pain de première qualité représente 80 0/0 du poids des grains; le reste est le son. Si on opère une séparation moins complète la farine contient encore un

On fait ainsi de la farine avec les graines de toutes les *céréales;* mais la plus importante de beaucoup est la

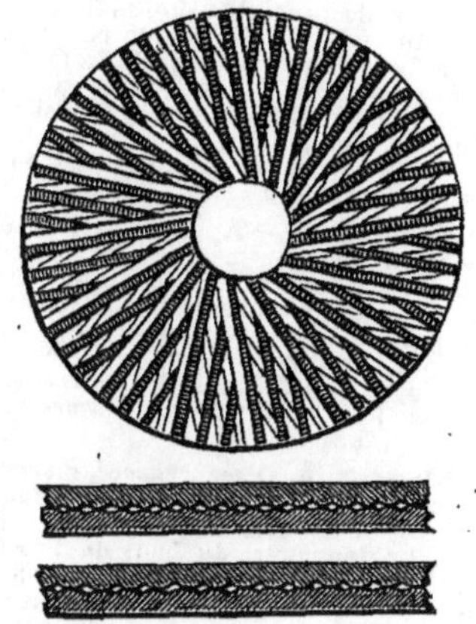

Meule. — Figure théorique d'une paire de meules. — La partie supérieure montre une meule avec les rainures qui y sont tracées; la partie inférieure montre la superposition des meules, laissant entre les rainures des vides où tombe la farine provenant de l'écrasement des grains; de là la farine va tomber au dehors en suivant les rainures.

farine de froment. Elle renferme un grand nombre de substances différen-

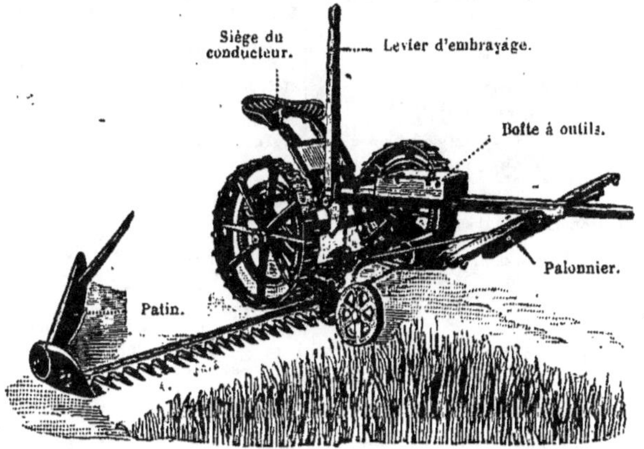

Faucheuse mécanique. — L'herbe est coupée par la *scie*, et rangée par le *patin*. Le *levier* sert à *embrayer*, c'est-à-dire à mettre en marche l'appareil coupeur, et à *désembrayer*.

peu de son et est moins blanche; elle donne un pain moins blanc.

tes; les principales sont : l'*amidon*, matière non azotée; le *gluten*, matière azotée. Le *gluten* est la partie la plus nutritive de la farine; la farine de froment renferme plus de 15 0/0 de gluten, celle du seigle 10 0/0 seulement, celle du maïs 13 0/0, celle du riz 7 0/0.

La farine sert avant tout à la fabrication du pain. On en fait aussi des pâtes alimentaires; on en retire aussi de l'amidon, du gluten. En teinture elle est employée pour épaissir les couleurs.

faucheuse. — Appareil agricole à l'aide duquel on coupe l'herbe des prairies; la faucheuse est généralement traînée par deux chevaux. L'herbe est coupée par la *scie* A, et mise en petits tas par le *patin* B. Le *levier* C sert à *embrayer*, c'est-à-dire à mettre en marche l'appareil coupeur, et à *désembrayer* (*fig.* page 287).

faucon. — Oiseau *rapace diurne*, reconnaissable à la tache noire triangulaire qu'il porte de chaque côté du bec. La longueur, du bout du bec à l'extrémité de la queue, est de 0m,50, avec une envergure relativement grande. Ces oiseaux sont de belle forme, ardents et courageux, hardis chasseurs. La France en possède plusieurs espèces, toutes nuisibles.

Le **faucon commun** se trouve surtout dans le Midi (*fig.*). Le mâle a environ 0m,38; la femelle est plus grande, et comme on évalue à un tiers cette supériorité de taille, on donne au mâle le nom de *tiercelet*. Dressé autrefois pour la chasse; employé encore quelquefois à

Faucon commun (longueur. 0m,50).

cet usage. Il chasse les petits mammifères rongeurs, mais il détruit surtout les oiseaux de toutes sortes, et particulièrement les pigeons et les perdrix. Très nuisible (*fig.*).

Le **faucon hobereau** est tout aussi malfaisant.

La **cresserelle** ou *émouchet*, ou *épervier*, est beaucoup plus commune en France. Niche sur les rochers, les arbres, les clochers; les œufs sont arrondis, d'un blanc jaunâtre avec des taches brunes. Longueur 0m,22; envergure 0m,54. Elle est plutôt utile, car elle fait surtout la guerre aux petits rongeurs et aux insectes; cependant elle détruit aussi les taupes, s'adresse de même aux oiseaux utiles (grives. alouettes, cailles, mésanges, ...), sans dédaigner les pigeons ni les petits poulets. En somme il est assez difficile d'établir la balance entre le bien et le mal que nous fait l'épervier.

fauvette. — Oiseau *passereau* de petite taille, aux couleurs ternes. Dans la série des becs-fins, les fauvettes forment une tribu nombreuse, remarquable par ses mouvements vifs et

Fauvette des roseaux (longueur totale, 0m15)

légers et sa gaieté. Ce sont des animaux sociables, mais qui ne se réunissent pas en bandes très nombreuses., Voix agréable. Bien que leurs couleurs soient ternes, elles ont un aspect agréable (*fig.*).

Les espèces nombreuses de France sont la *fauvette à tête noire*, la *fauvette des jardins*, la *fauvette orphée*, la *fauvette babillarde*, la *fauvette des roseaux*, la *fauvette des marais*, etc. Elles ne restent pas longtemps chez nous; arrivent au printemps et repartent en été, après les couvées. Les unes habitent les bois, d'autres les jardins, d'autres le bord des rivières et des étangs. Elles nichent là où elles ont leur séjour accoutumé; leur nid est toujours un chef-d'œuvre d'architecture, posé dans les buissons, les charmilles ou les jeunes taillis; 4 ou 5 œufs de couleur variable.

Toutes les fauvettes font une grande guerre aux insectes; oiseaux fort utiles. Les fauvettes s'apprivoisent bien, particulièrement la fauvette à tête noire (longueur, 0m,14).

favus. — Voy. **teigne**.

fébrifuges. — Médicaments qui empêchent le retour des accès de fièvre intermittente. Le principal fébrifuge est le *quinquina* et les alcaloïdes qu'on en retire, principalement la *quinine*. L'acide arsénieux, les écorces d'angusture, de marronnier d'Inde, d'aune, de saule, l'arnica, un grand nombre de végétaux amers, l'arséniate de potasse, ont aussi des propriétés fébrifuges.

fécule. — Voy. **amidon**.

feldspath. — Les feldspaths sont des minéraux très répandus dans la nature, et qui entrent dans la composition d'un grand nombre de roches cristallines, comme le *granit*. Il y en a de nombreuses variétés, toutes constituées par du *silicate* d'alumine associé à un autre *silicate*.

félins. — Les *félins* sont des carnivores dont le chat est le type. Ce sont les plus sanguinaires et les plus puissamment armés des carnassiers. Ils

Gueule de chat. — En avant, 4 dents longues et pointues; en arrière, dents tranchantes.

ont un museau court et rond, des mâchoires courtes, mues par des muscles très forts, des dents faites pour déchirer et couper la chair (*fig.*). Leur langue est couverte de papilles qui la

Patte de chat au repos. — Les ongles aigus ne touchent pas terre.

Patte de chat à l'attaque. — Les ongles sont allongés.

rendent rude comme une râpe; ces aspérités sont assez fortes pour déchirer

une peau tendre, et elles facilitent la mastication. Les griffes des félins sont plus redoutables encore que leurs dents; ces griffes, d'une grande puissance, se cachent entre les doigts dans l'état de repos, ou se redressent à l'extérieur à la volonté de l'animal; pendant la marche, ces griffes ne marquent donc pas leur empreinte sur le sol, elles ne s'usent pas, ne perdent jamais leur pointe ni leur tranchant (*fig.*).

Ces animaux sont vigoureux et agiles; ils ont la démarche souple et silencieuse; ils courent vite et font des sauts qui ont dix et douze fois la longueur de leur corps; ils grimpent bien aux arbres. Leur vue est faible, mais ils voient assez bien la nuit. Ils habitent les plaines ou les montagnes, les forêts et les champs; ce sont des chasseurs intrépides, qui ne recherchent que les proies vivantes.

Un grand félin : le tigre.

On les considère en général comme des animaux nuisibles, quoique plusieurs s'attaquent surtout aux rongeurs, qui sont nos ennemis. L'un d'eux, le chat, est un animal domestique. Tous les félins (chat, lion, tigre, léopard, panthère) présentent entre eux les plus grands points de ressemblance. Ils se rencontrent dans toutes les parties du monde (*fig.*).

fenouil. — Plante vivace de la famille des *ombellifères*, croît dans les

Fenouil commun (hauteur de la plante, 2 m.).

lieux secs et pierreux; fleurs jaunes, qui paraissent de juillet à septembre *fig.*).

Odeur agréable. La médecine utilise les feuilles et les fruits comme stimulants et stomachiques. Les racines sont nutritives; elles ont une odeur de carotte.

fer. — Le plus important des métaux. Il est d'un gris bleuâtre, presque huit fois plus lourd que l'eau. Sa *ténacité* est très grande, et c'est là sa propriété la plus importante; un fil de

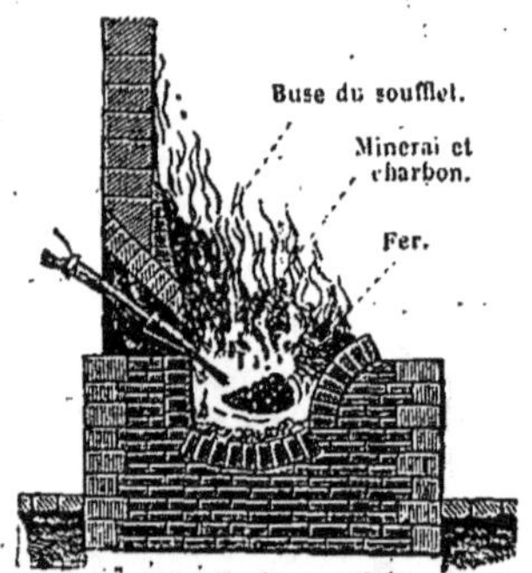

Ancienne extraction du fer par la méthode catalane. — Dans un grand creuset on mettait du charbon allumé et du minerai; on donnait beaucoup de vent à l'aide d'un puissant soufflet, et on remuait le mélange. Le fer, peu à peu, se séparait, pour former une masse pâteuse au fond du creuset.

fer de deux millimètres de diamètre supporte sans se rompre un poids de 250 kg. Sa dureté est relativement faible; il est très flexible; il se laisse tordre, courber, redresser. Il est modérément *malléable*; il se laisse aplatir et étendre à froid par le martelage, mais il ne peut pas donner par ces procédés de lames bien minces. Il est plus *ductile*, et peut, par la filière, s'étirer en fils assez fins. Par l'action du laminoir et de la filière, il s'*écrouit*, c'est-à-dire qu'il devient moins tenace, plus cassant; mais en le chauffant (en le *recuisant*) et le laissant refroidir lentement, il reprend les précieuses qualités qu'il avait auparavant. Le fer est assez bon *conducteur* de la chaleur et de l'électricité; il est fortement attiré par *l'aimant*. Il ne se fond que très difficilement, à la température de 1500°; aussi dans l'industrie ne fait-on presque jamais fondre le fer. Mais il possède la propriété de se ramollir peu à peu sous l'action de la chaleur; au rouge blanc, on peut avec le marteau lui donner toutes les formes que l'on veut, et le souder à lui-même sans l'intermédiaire d'aucun autre métal; ce

sont là des propriétés précieuses, constamment utilisées dans le travail du fer.

Quand le fer est presque pur, il a les propriétés précédentes : on le nomme *fer doux*. S'il est combiné avec un peu de carbone, il prend des propriétés nouvelles et constitue ce qu'on nomme l'*acier*. Renfermant un peu plus de carbone, il devient de la *fonte*.

Le fer se conserverait bien dans l'air sec; mais à l'air humide il éprouve une *combustion* lente, c'est-à-dire qu'il se combine peu à peu à l'oxygène et à l'humidité de l'air pour former la *rouille*. Lente à commencer, cette altération se propage ensuite rapidement sur toute la surface du métal, et gagne même l'intérieur. Pour préserver le fer de la rouille, on peut le recouvrir de peinture, de vernis ou d'un autre métal moins altérable. (Voy. **étamage, galvanisation, nickelage.**)

Les composés naturels qui renferment du fer, et qui peuvent servir à sa fabrication industrielle, sont nombreux et très répandus dans la nature; les principaux minerais sont divers *oxydes de fer* qu'on rencontre en abondance dans presque toutes les parties du monde, et particulièrement en France.

Extraction. — Pour retirer le fer de son minerai, il suffit de chauffer celui-ci avec du charbon, qui prend l'oxygène pour donner du gaz acide carbonique et met ainsi le fer en liberté. En réalité, le traitement n'est pas tout à fait aussi simple, parce que le minerai renferme toujours des impuretés qui compliquent l'extraction. L'opération se fait aujourd'hui presque uniquement dans d'immenses fours nommés *hauts fourneaux*. Par le haut on introduit constamment le minerai, le charbon et quelques substances supplémentaires, destinées à s'emparer des impuretés. Par le bas on fait arriver de l'air, à l'aide de puissantes machines soufflantes, pour faire brûler une partie du charbon, élever ainsi la température, et permettre à l'autre partie de réagir sur le minerai, et de mettre le fer en liberté. A mesure que le métal se produit, il se combine avec un peu de charbon, pour donner de la *fonte*, qui fond et s'écoule dans un creuset qui est en bas du haut fourneau. En même temps les impuretés, combinées aux matières supplémentaires qu'on a ajoutées, forment le *laitier*, qui s'écoule aussi vers le bas, à l'état de fusion; ce laitier est un résidu sans valeur. La fabrication est continue, et dure sans interruption, le jour et la nuit, tant que le haut fourneau n'a pas besoin de réparations (*fig.*).

En bas du haut fourneau on trouve | laquelle elle est combinée. L'opération
donc de la fonte à l'état de fusion. Sou- | se nomme *affinage*; elle se fait de

Extraction du fer dans les hauts fourneaux. — Le mélange de charbon et de
minerai est versé par le *gueulard*; on donne beaucoup de vent par les *tuyères*.
A mesure que le fer se sépare du minerai il coule, à l'état de *fonte*, dans le
creuset. De temps en temps on ouvre le creuset pour laisser écouler la fonte
dans des rigoles extérieures où elle se refroidit.

vent cette fonte est employée telle | plusieurs manières, mais qui ont
quelle (voy. **fonte**); mais quand on veut | toutes pour but de brûler le char-

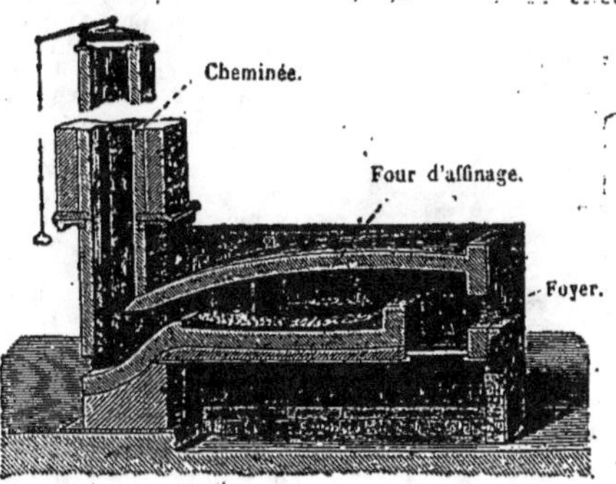

Affinage de la fonte. — La *fonte* est mise, en gros morceaux, sur la sole du
four. La flamme du foyer, renvoyée par la voûte, chauffe la *fonte* et en détermine la fusion. En même temps le courant d'air qui arrive avec la flamme brûle
le charbon contenu dans la fonte, et transforme peu à peu celle-ci en *fer*.

avoir du fer, il faut enlever à la fonte | bon, pour le faire partir à l'état d'acide
la petite quantité de carbone avec | carbonique, et de laisser le fer seul (*fig.*).

Les usages du fer sont trop nombreux et trop connus pour qu'on puisse les énumérer; ce métal a son utilisation partout. Les minerais de fer sont abondants en France; on les trouve principalement dans les départements de Meurthe-et-Moselle, de la Haute-Marne, du Cher, de l'Ardèche, de Saône-et-Loire et du Pas-de-Calais; nous extrayons par an à peu près 3 millions de tonnes de minerai de fer, avec lesquelles on fait du fer, de la fonte et de l'acier.

Principaux composés. — Le fer est surtout important par lui-même, à l'état de métal. Cependant un certain nombre de composés renfermant du fer ont des usages. Ainsi le *bleu de Prusse* est une combinaison de *fer* et de *cyanogène* (*cyanure de fer*). Le *sulfate de protoxyde de fer*, aussi appelé *vitriol vert, couperose verte*, est un des sels métalliques les plus importants de l'industrie. Il est en cristaux verts, assez solubles dans l'eau. On le fabrique en traitant les vieilles ferrailles par l'acide sulfurique. Ce sel est employé partout comme *antiseptique* (en particulier dans la conservation du bois) et comme désinfectant; il entre dans la composition de l'*encre*; il sert dans la teinture en noir, car il peut former avec la noix de galle un composé noir; on l'emploie aussi en *teinture* comme mordant. Il sert à la purification du gaz d'éclairage, à la préparation du bleu de Prusse, etc.

fermentation. — La *fermentation* est la décomposition d'une matière organique sous l'influence d'un *ferment*.

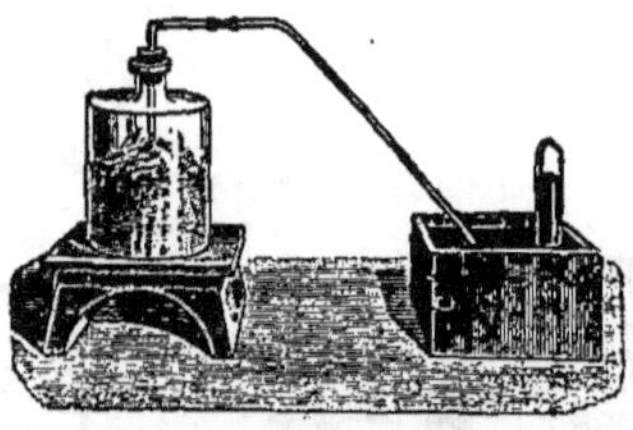

Fermentation alcoolique. — L'eau sucrée placée dans le flacon fermente sous l'influence de la levure de bière. Elle donne naissance à de l'acide carbonique, qui se rend dans l'éprouvette placée sur le mercure.

La mieux connue de toutes les fermentations est la *fermentation alcoolique*; c'est celle qu'éprouvent les matières sucrées sous l'influence du ferment que l'on nomme *levure de bière* (*fig.*).

La *levure de bière* est formée de globules arrondis, dont le diamètre est toujours inférieur à un centième de millimètre; en masse, la levure forme une bouillie écumeuse, grise, qui a une saveur amère et une odeur aigre. Quand on ajoute de la levure à de l'eau sucrée, la fermentation ne tarde pas à se produire, pourvu que la température ne

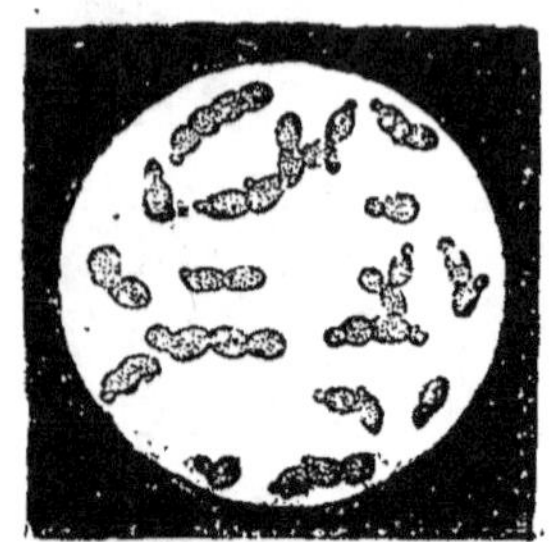

Levure de bière dont l'action détermine la fermentation alcoolique.

soit pas trop éloignée de 20 à 30°; le froid suspend la fermentation, une température supérieure à 50° tue les ferments.

On voit alors le liquide se troubler, des bulles de gaz formées d'acide carbonique s'en dégager; puis, quand la fermentation s'arrête, le liquide n'a plus le goût sucré, mais il renferme de l'alcool; il se forme toujours aussi un peu de *glycérine*; le vin contient en général 6 à 7 grammes de glycérine par litre.

Il n'est pas toujours nécessaire de mettre de la levure dans un liquide sucré pour que la fermentation ait lieu. Souvent elle se produit spontanément. Les jus sucrés des fruits, de la betterave, abandonnés à eux-mêmes à une température voisine de 20°, fermentent parce que les germes sont apportés par l'air. Outre cette fermentation alcoolique, on en a étudié beaucoup d'autres.

Ainsi l'*alcool*, sous l'influence d'un ferment particulier, se transforme en *vinaigre* (*fermentation acétique*). La *putréfaction* est aussi une fermentation, nommée *fermentation putride*. (Voy. aussi **microbes**.)

ferments. — On nomme *ferments* des organismes très petits, animaux ou végétaux, qui, se développant et vivant aux dépens des corps organiques avec lesquels ils sont mis en contact, les détruisent et forment d'autres corps, qui proviennent de la décomposition des premiers. La décomposition des matières organiques sous l'influence des ferments se nomme *fermentation* (*fig.*).

Le nombre des ferments que l'on connaît aujourd'hui est considérable ; chacun d'eux ne peut vivre et se développer que dans certaines conditions,

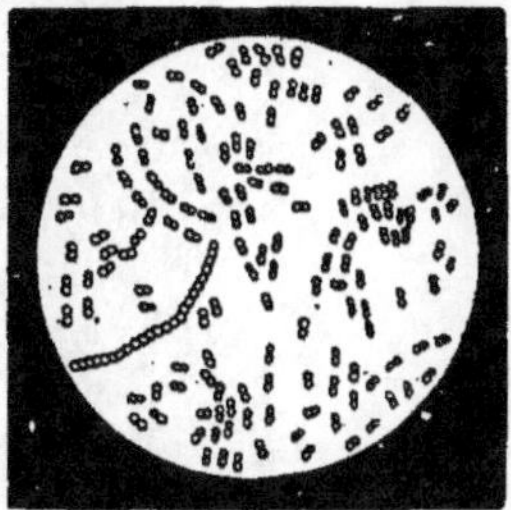

Ferment acétique qui détermine la transformation de l'alcool en *acide acétique*.

aux dépens de certaines substances, et en produisant une fermentation qui lui est particulière. Les germes de ces divers ferments se trouvent dans l'air, et ils se développent lorsqu'ils tombent sur une substance qui renferme les matériaux nécessaires à leur dévelop-

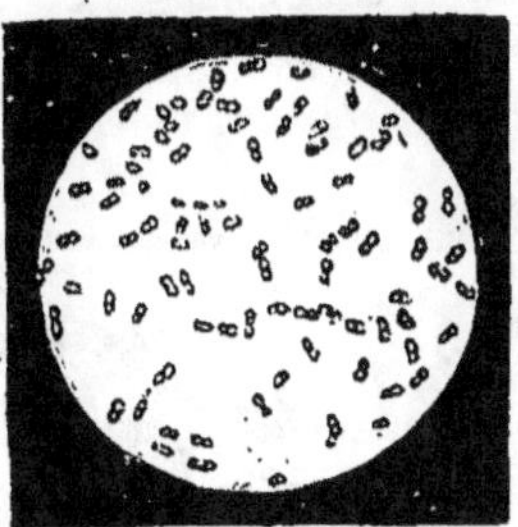

Ferment lactique qui détermine la formation de l'*acide lactique* dans les liquides sucrés.

pement. Donc pour qu'une substance facilement altérable se conserve indéfiniment sans fermenter et sans se putréfier, il suffit de détruire les germes des ferments qu'elle peut contenir, et de la mettre à l'abri de l'air, pour que de nouveaux germes ne lui soient pas apportés. (Voy. **conservation des matières alimentaires**.)

On range les divers ferments connus (ou *microbes*, voy. aussi ce mot) en trois catégories : les *moisissures*, les *levures* et les *bactéries*.

Outre les ferments dont il vient d'être question, et qu'on nomme *ferments figurés*, parce que chacun a une forme spéciale, visible au microscope, il y a des substances nommées *ferments non figurés*, ou *diastases*, qui produisent des effets analogues. (Voy. **diastase**.)

fétuque. — Herbe de la famille des *graminées* ; les diverses espèces ont des tailles très variables. La *fétuque des prés*, très commune dans les bonnes prairies fraîches, constitue un excellent fourrage ; la tige a 60 centimètres de hauteur ; d'autres espèces sont également estimées. Les fétuques sont de bonnes plantes de prairie naturelle,

Fétuque des prés (hauteur, 0ᵐ,60).

quand elles sont associées à d'autres graminées et à des légumineuses, bien qu'elles fournissent un foin un peu dur, quand on le fauche tardivement (*fig.*).

feuilles. — Organes des plantes qui contribuent à leur nutrition ; elles

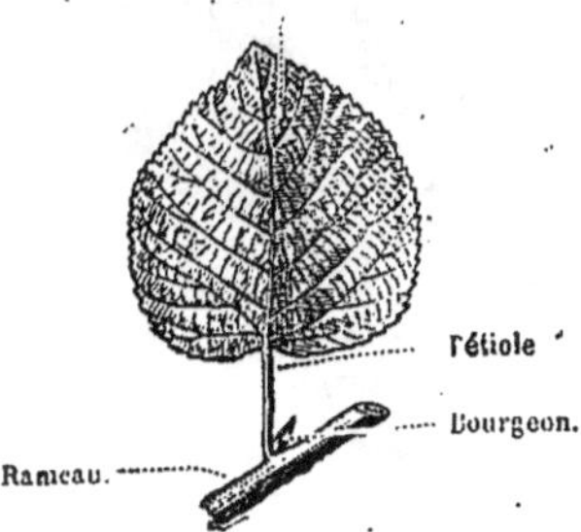

Feuille. — Une feuille se compose, quand elle est complète, d'un *limbe*, d'un *pétiole*, et, à son aisselle, d'un petit *bourgeon*, qui se développera l'année suivante. Le limbe a des nervures qui en sont comme le squelette. (Exemple : feuille de *tilleul*.)

DIVERSES FORMES DE FEUILLES.

Feuilles à nervures parallèles du blé.

Feuilles engaînantes du maïs.

Feuilles filiformes du pin.

Feuille découpée du géranium.

Feuille tout à fait divisée du bouton d'or.

Feuille simple du poirier.

Feuille composée de l'acacia (semble formée de plusieurs petites feuilles).

proviennent du développement de la *gemmule* de la *graine*. Chacune se compose d'une partie aplatie, le *limbe*, attachée à une queue, ou *pétiole*. Le tissu dont est composée la feuille est coloré en vert par une matière spéciale, nommée la *chlorophylle*. Cette matière joue un rôle essentiel dans la fonction de la feuille.

La feuille contribue autant que la

Sous l'influence de la lumière, les feuilles décomposent l'acide carbonique et dégagent de l'oxygène. On vérifie ce fait aisément avec des plantes aquatiques (exemple : conferves) car alors on voit se dégager les bulles d'oxygène.

racine à la nutrition de la plante; c'est par elle que celle-ci absorbe tout le *carbone* nécessaire à son développement. L'*air* renferme de l'*acide carbonique*, combinaison de charbon et d'oxygène; cet acide carbonique pénètre

On peut même recueillir l'oxygène à l'aide d'un entonnoir et d'une petite cloche.

dans la feuille. Là, sous l'influence combinée de la *lumière* du jour et de la matière verte (*chlorophylle* citée plus haut), l'acide carbonique est décomposé; son charbon reste dans la plante et est porté par la sève dans les différents organes en voie d'accroissement; son oxygène retourne dans l'air. La *lumière* et le *chlorophylle* sont donc indispensables à la vie des plantes; sans lumière, une plante ne

peut plus décomposer l'acide carbonique pour prendre son charbon : elle s'*étiole*. La décomposition de l'acide carbonique, qui rend à l'air l'oxygène nécessaire à la respiration des hommes et des animaux, montre que les plantes doivent assainir l'atmosphère (*fig.*).

Les feuilles ont aussi pour fonction de rejeter dans l'air, sous forme de vapeur, l'excès d'eau contenu dans le corps de la plante et introduit par les racines.

Un grand nombre de feuilles servent à l'alimentation des hommes et des animaux, à la médecine. En outre, en tombant chaque année elles contribuent, quand elles se pourrissent, à la formation et à la fertilité de la terre végétale.

feux de Bengale. — Les feux de Bengale sont des poudres analogues à la *poudre* de guerre, mais brûlant beaucoup plus lentement, et auxquelles on a ajouté des substances destinées à donner à la flamme une vive coloration. Souvent ces poudres sont comprimées en un bloc qui brûle comme de l'amadou.

Les formules des feux de Bengale sont innombrables. Voici quelques exemples.

Feu blanc. — Salpêtre 5 parties, soufre 2, antimoine pulvérisé 1.

Feu jaune. — Chlorate de potasse 5, oxalate de soude 2, gomme laque 1.

Feu vert. — Chlorate de potasse 7, soufre 3, azotate de baryte 7.

Feu bleu. — Chlorate de potasse 3, soufre 1, sulfate de cuivre ammoniacal 1.

Feu rouge. — Chlorate de potasse 26, sulfate de strontiane 24, gomme laque 5.

Tous ces feux colorés s'obtiennent par simple mélange. Les éléments constituants doivent être *séparément* pulvérisés très finement, puis intimement mélangés. Le mélange doit être fait par tamisage sur du papier, *sans aucun broyage*, car les feux de Bengale sont souvent susceptibles de détoner sous le choc, et il en résulterait des accidents graves.

feux follets. — Le cerveau et les nerfs de l'homme, la chair des poissons renferment du *phosphore*. Après la mort, quand arrive la putréfaction, il se dégage des cadavres un grand nombre de gaz, parmi lesquels une combinaison de phosphore et d'hydrogène, nommée hydrogène phosphoré, qui a la propriété de s'enflammer d'elle-même au contact de l'air. Chaque fois qu'une bulle de ce gaz arrive à sortir du sol, dans les cimetières, ou de l'eau, dans les étangs où sont des poissons morts, on voit une petite flamme, un *feu follet*. Les feux follets n'ont, par suite, rien de mystérieux ni de diabolique; ils ne poursuivent pas les passants.

feu grégeois. — Voy. **grégeois.**

fève. — Plante de la famille des *légumineuses*, cultivée depuis les temps les plus reculés pour les graines qu'on mange à l'état vert, après les avoir retirées des gousses. La culture des fèves est facile; elle a d'ailleurs une faible importance. Les cosses de la fève sont parfois fort grandes; dans

Fève des marais (hauteur de la plante, 1m,25).

certaines variétés elles atteignent 30 centimètres de longueur, sur 3 à 4 de largeur (*fig.*).

féverole. — Plante de la famille des *légumineuses*, variété importante

Féverole (rameau montrant une fleur et des fruits; hauteur de la plante, 1m,25).

de la fève, dont elle diffère en particulier par une tige plus élevée (*fig.*). On la

cultive en grand nombre dans le nord de la France et dans le Poitou, soit comme plante fourragère, soit pour utiliser les graines à l'alimentation de l'homme ou des animaux. La farine de féverole, ajoutée en petite quantité à la farine de froment, donne un pain excellent. Comme fourrage, on associe la féverole à l'avoine ou à la vesce.

fibre. — Élément constitutif des animaux et des végétaux, qui a la forme d'un filament long et grêle. Dans les animaux, les *muscles* sont formés par une réunion de *fibres* placées les unes à côté des autres; le *tissu conjonctif*, répandu dans toutes les parties du corps, et particulièrement entre les muscles, est aussi constitué par des fibres. Les *nerfs* sont formés de *fibres nerveuses* très fines.

On trouve aussi des fibres dans les végétaux; le bois renferme un grand nombre de fibres. Les fibres de grande longueur comprises entre le bois et l'écorce nous fournissent la matière textile du lin, du chanvre, de la ramie.

fibrine. — *Matière albuminoïde* qui se trouve dans le *sang*; quand le sang est sorti de l'organisme et qu'il se refroidit, la fibrine se coagule et tombe au fond en entraînant les *globules*, ce qui forme un *caillot*. La matière constitutive de la chair musculaire (de la viande maigre) est tout à fait analogue à la fibrine.

ficaire. — Herbe de la famille des *renonculacées*, qu'on rencontre dans les lieux humides et ombragés; elle est vénéneuse. Ses feuilles, broyées et appliquées sur la peau, y produisent des ampoules, et parfois une ulcération. La médecine utilise la ficaire comme remède contre les hémorroïdes.

fiel. — Voy. **foie** et **bile.**

fièvre. — En elle-même la fièvre est une maladie caractérisée par l'accélération des battements du pouls, la soif, l'élévation de la température du corps. Elle apparaît souvent seule, sous les influences les plus variées, mais en outre elle accompagne presque toutes les autres maladies. La fièvre peut se produire par accès, ou être continue. Un accès de fièvre commence par des frissons, du froid, le pouls est fréquent; puis arrive de la chaleur, la peau est brûlante; enfin l'accès se termine par la sueur.

Contre une **fièvre éphémère**, qui ne dure que quelques heures, ou au plus un ou deux jours, le repos, la diète avec lait et potages, des boissons acidulées sont un remède suffisant.

Les **fièvres intermittentes**, c'est-à-dire

revenant régulièrement par accès tous les jours, ou tous les trois jours, tous les quatre jours..., ordinairement causées par des émanations marécageuses, sont des maladies plus graves. Elles sont endémiques dans les contrées marécageuses, où elles déciment et étiolent la population. On les traite par le quinquina et le sulfate de quinine.

Enfin la **fièvre** peut être **continue** pendant une grande période de temps. **La fièvre continue** est en outre **rémittente** si elle augmente régulièrement d'intensité tous les jours, tous les trois jours, tous les quatre jours... Quand la fièvre continue est en même temps rémittente, on la traite par le sulfate de quinine comme la fièvre intermittente.

La fièvre continue proprement dite accompagne souvent d'autres maladies; elle peut être aussi la maladie principale, comme cela a lieu dans la fièvre typhoïde.

Les fièvres sont tantôt *sporadiques**, tantôt *épidémiques**, tantôt *endémiques**; elles sont très souvent *contagieuses**. Elles ont un degré de gravité très variable.

fièvre cérébrale. — Voy. encéphalite.

fièvre jaune. — Voy. typhus.

fièvre typhoïde. — Voy. typhus.

figuier. — Arbre très répandu dans toutes les régions méditerranéennes, où sa culture a une grande importance; il prospère encore presque jusque dans le centre de la France. On en connaît un grand nombre de variétés. Beaucoup de figuiers fournissent deux récoltes de figues. La première (maturité en juin et juillet) est portée par le bois de l'année précédente; c'est ce qu'on nomme les figues fleurs. La seconde (août et septembre), portée par les jeunes rameaux, est la plus importante; elle donne les figues ordinaires, plus sucrées.

Figuier (rameau portant deux fruits; hauteur de l'arbre, de 4 à 10ᵐ, selon le climat et le mode de culture).

On rencontre dans le Midi d'excellentes variétés de *figues blanches* et d'excellentes variétés de *figues colorées* (noires, brunes, violettes).

Le figuier vient dans tous les terrains, mais ses récoltes sont surtout abondantes dans les terres fraîches et profondes; on le multiplie ordinairement par marcottes, par boutures et par greffe. Il gèle aisément quand on le cultive trop au Nord, mais il résiste en général très bien aux hivers du Midi.

On mange les figues fraîches ou sèches; elles sont adoucissantes et émollientes, à cause du sucre et de la matière mucilagineuse qu'elles renferment. Pour faire sécher le fruit, on l'étend sur des claies qu'on expose en plein soleil pendant la journée et qu'on rentre le soir sous un hangar; on les retourne deux fois par jour; la dessiccation est terminée quand on peut aplatir la figue sans qu'elle se fende. Les fruits séchés au four sont moins bons que ceux séchés au soleil (*fig.*).

fil à plomb. — Le *fil à plomb* se

Fil à plomb. — Il est perpendiculaire à la surface de l'eau.

Fil à plomb. — Il sert à reconnaître si un mur est bien vertical.

compose d'un fil fin auquel est suspendu un corps lourd. Quand il est en équilibre il donne la direction verticale, perpendiculaire à la surface des eaux tranquilles. Il est souvent employé dans les constructions pour vérifier la verticalité d'un mur. Fixé à un châssis rectangulaire, il sert à vérifier l'horizontalité d'un plan.

Fil à plomb. — Fixé à un châssis rectangulaire, il constitue le niveau des maçons; il indique si la surface sur laquelle on le pose est bien horizontale.

filaire. — Ver parasite, qu'on trouve dans le corps des mammifères et des oiseaux; ils ont la forme de fils très allongés. La *filaire de Médine*, ou *dragonneau*, s'attaque à l'homme et pénètre sous la peau, surtout sous celle des pieds; elle a parfois jusqu'à 4 centimètres de longueur, avec une largeur à peine supérieure à un millimètre. Elle occasionne souvent des inflammations suivies de gangrène. On ne rencontre la filaire de Médine que dans les régions tropicales. D'autres filaires s'introduisent dans l'œil des nègres du Congo et du Gabon, d'autres dans l'œil du cheval et du bœuf.

filière. — Appareil employé pour obtenir des fils métalliques de diverses grosseurs (*fig.*). Elle est constituée par une plaque d'acier fondu, percée de trous coniques variant de grosseur d'une matière continue.

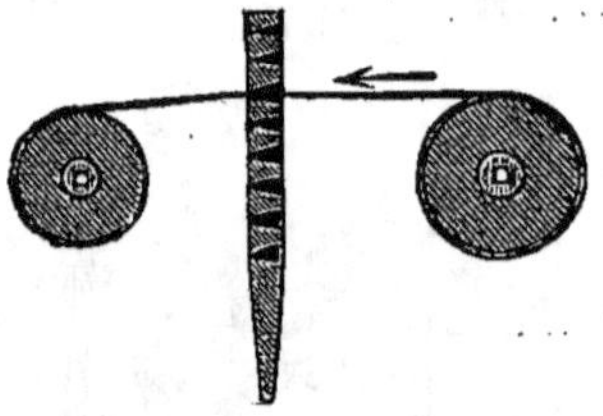

Filière. — Le fil est enroulé sur le tambour de droite; le tambour de gauche tourne sur lui-même, entraîné par une machine puissante, et force le fil à passer dans le sens de la flèche.

Pour se servir de la filière, on la fixe solidement dans une position verticale. On prend alors une mince tige de métal, qu'on amincit encore au marteau à l'une de ses extrémités, de façon qu'elle entre dans l'un des trous de la filière. Une tenaille saisit cette extrémité, et tire fortement pour faire passer la tige en l'amincissant. On fait ensuite passer le fil par des trous de plus en plus petits, jusqu'à ce qu'il se casse au lieu de passer.

filipendule. — Plante de la famille des *rosacées*, qu'on rencontre dans les clairières des bois sablonneux et sur les coteaux secs. On l'emploie en médecine contre la diarrhée, car sa décoction est astringente.

filon. — On désigne sous ce nom des sortes de coulées qui ont rempli les crevasses du sol. Il y a deux sortes de filons; les uns ne sont formés que par des roches ignées (voy. **terrains**); les seconds renferment des matières minérales (*fig.*).

Filons basaltiques dans des terrains stratifiés.

Les premiers peuvent être constitués par de la *lave*, du *basalte*, des *porphyres*, des *granits*. Les filons de laves se forment encore de nos jours, il suffit qu'une crevasse se fasse dans le cône d'un volcan, pour qu'immédiatement elle soit remplie par les matières en fusion.

Les *filons métallifères* contiennent, soit à l'état natif, soit à l'état de combinaison, les métaux dont on se sert dans l'industrie. Les *amas métallifères* sont des accumulations de petits filons dirigés dans tous les sens. Les *gîtes métallifères* sont des filons dont la

Filons métallifères.

direction est parallèle à celle des couches où ils se rencontrent. On ne sait pas au juste comment les fentes métallifères ont été remplies. Les matières y sont arrivées le plus souvent à l'état fluide. Quelquefois elles paraissent avoir été en dissolution dans des eaux qui les ont laissé déposer, ou à l'état de vapeurs émanées de l'intérieur.

filtre. — Appareil destiné à clarifier les liquides, en les séparant des matières en suspension qui en troublent la limpidité. On les fait en papier, en

Filtre en papier, supporté par un entonnoir de verre.

flanelle, en terre poreuse... D'autres fois le filtre agit sur un liquide limpide pour lui enlever certaines impuretés non visibles. Ainsi les eaux

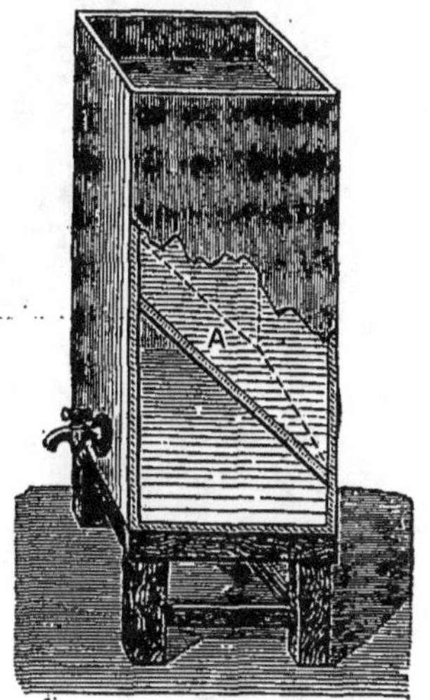

Fontaine filtrante de ménage. — L'eau, placée dans le réservoir supérieur A, filtre à travers la pierre poreuse transversale et tombe, limpide, dans le réservoir inférieur.

croupies, alors même qu'elles sont limpides, ont une mauvaise odeur, due à la présence de gaz acide sulfhydrique et de gaz ammoniac; ces gaz sont absorbés, et l'eau devient inodore, par le passage à travers un filtre renfermant du charbon de bois. Le filtrage très lent à travers une porcelaine poreuse retient les microbes contenus dans l'eau (filtre Chamberland) (*fig.*).

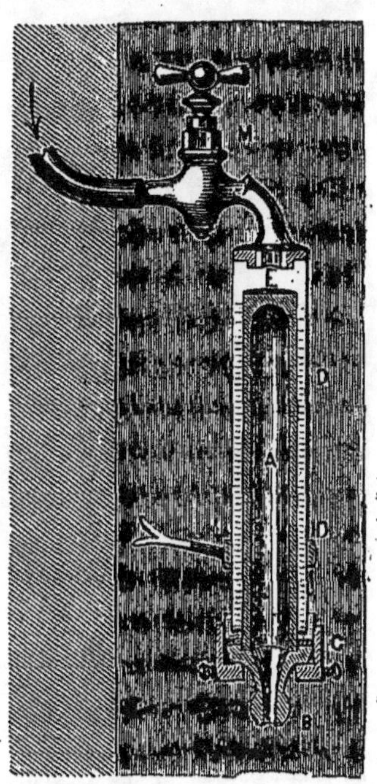

Filtre Chamberland. — La *bougie* filtrante AB est en porcelaine poreuse; elle est ouverte par le bas, en B, et entourée d'un cylindre non poreux DD. Quand on ouvre le robinet M, l'eau arrive *autour* de la bougie AB, filtre très lentement à travers ses parois, et s'écoule goutte à goutte en B. La filtration ne se fait que si l'eau arrive en M avec une certaine pression. Le filtre Chamberland retient même les microbes, qui passent à travers tous les autres filtres.

fistule. — Canal anormal qui se forme dans une partie du corps et livre passage soit à du pus, soit à une sécrétion normale qui sort ordinairement par une autre voie. Ainsi une fistule de l'anus est une ouverture située dans le voisinage de l'anus et qui, communiquant avec la partie inférieure de l'intestin; peut livrer passage à du pus, ou à des liquides venus de l'intestin. Le traitement des fistules est surtout du domaine de la chirurgie.

flamant. — Oiseau *échassier* au plumage blanc nuancé de rose, avec des ailes d'un rouge carmin. Très grandes jambes, très long cou, bec très épais, courbé vers le milieu et dentelé

Flamant (hauteur, 1m,35).

sur les bords. Longueur 1m,35; envergure 1m,76. Oiseau de rivage, voyageur, ami des climats chauds, se tient surtout sur les bords de la Méditerranée et des étangs salés. Arrive dans la Camargue au printemps, par grandes troupes, et en repart en octobre pour aller en Espagne et en Afrique. Niche dans les marais fangeux et dans les replis des dunes; deux œufs blancs, plus gros que ceux de l'oie. Se nourrit d'animaux aquatiques, mollusques, vers, crustacés (*fig.*).

flamme.— Une *flamme* est constituée par un gaz incandescent. Il n'y a donc que les gaz, ou les substances capables de produire des gaz combustibles, qui puissent brûler avec flamme. Le charbon, qui n'est pas volatil, brûle sans flamme; le pétrole, qui est volatil, brûle avec flamme; tous les gaz combustibles brûlent avec flamme. L'huile n'est pas volatile, mais quand elle monte dans la mèche d'une lampe,

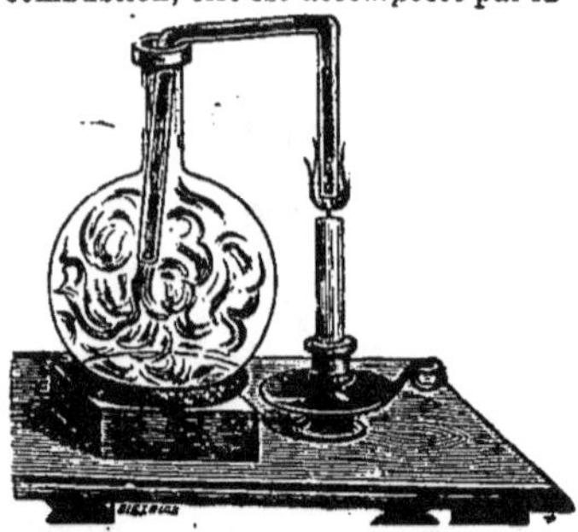

Flamme. — Composition de la flamme d'un bec de gaz ou d'une bougie.

et arrive à l'endroit où se produit la combustion, elle est *décomposée* par la

Flamme. — Dans la partie noire centrale de la flamme d'une bougie, il y a des gaz combustibles qu'on peut en extraire à l'aide d'un tube convenablement disposé.

Flamme. —Quand on souffle avec un chalumeau dans la flamme d'une bougie, la partie noire et la partie éclairante diminuent, la partie bleue augmente; la flamme devient moins éclairante, mais plus chaude.

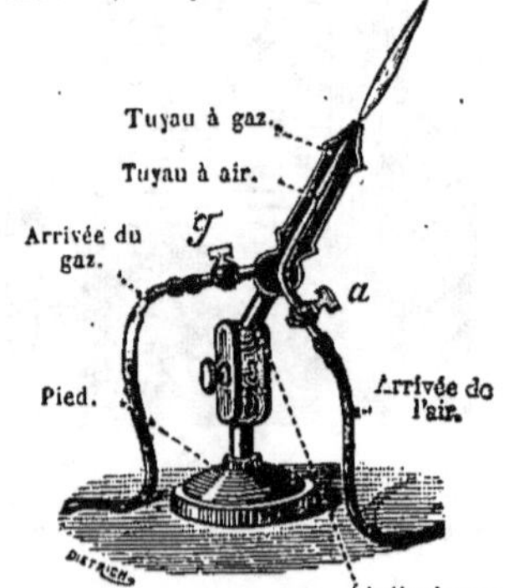

Flamme. — Le gaz arrive dans le gros tuyau quand le robinet *g* est ouvert. Quand on fait arriver un courant d'air au milieu de la flamme, en ouvrant le robinet *a* et faisant manœuvrer un soufflet, la flamme devient moins éclairante et plus chaude.

chaleur, et donne des gaz combustibles qui brûlent avec flamme ; la même chose se produit dans une chandelle, une bougie (*fig.*).

Quand il n'y a que des gaz dans une flamme, cette flamme n'est pas éclairante (flamme de l'*alcool*, de l'*oxyde de carbone*) ; mais si la flamme contient des corps solides portés à une haute température, elle est éclairante. Ainsi, au milieu d'une flamme de bougie, il y a du charbon en parcelles très fines, qui n'est pas encore brûlé, et qui donne à la flamme son éclat ; la preuve qu'il y a du charbon dans la flamme, c'est que si on en approche une assiette, cette assiette est noircie. Mais si on souffle dans la flamme avec un chalumeau, le charbon est brûlé dès l'intérieur, et la flamme perd son éclat (*fig.*).

fleur. — La fleur est l'organe de la plante destiné à produire le fruit. Une fleur complète se compose de quatre séries d'organes : 1° le *calice* ; 2° la *corolle* ; 3° les *étamines* ; 4° le *pistil* (*fig.*).

Fleur du bouton d'or, vue en dessous, pour montrer le *calice*, formé de *sépales* B.

Le **calice** est un organe protecteur ; il est formé de *sépales*, qui servent d'enveloppe à la fleur, alors qu'elle n'est pas encore épanouie. Tantôt les

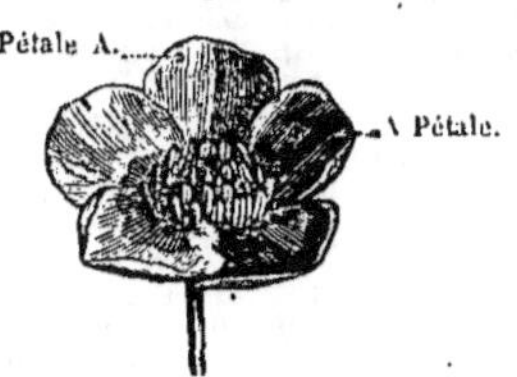

Fleur de bouton d'or, vue en dessus pour montrer la *corolle*, formée de *pétales* A.

sépales du calice sont entièrement séparées les unes des autres (*giroflée, rose, camélia*) ; tantôt ils sont plus ou moins soudés entre eux (*œillet, mouron*). Le nombre en est variable, deux, trois, quatre et plus souvent cinq. Le calice est tantôt régulier (*giroflée,*

rose), tantôt plus ou moins irrégulier (*sauge, pied-d'alouette, capucine*).

La **corolle**, seconde enveloppe protectrice, se compose de *pétales*, qui ont ordinairement une coloration vive et éclatante, en même temps qu'une odeur plus ou moins agréable (*anémone, marguerite, violette, rose*, etc.). Le nombre des *pétales* varie d'une fleur à l'autre ; ils sont libres, ou soudés entre eux. La corolle, qui résulte de l'union des pétales, peut même avoir une forme tout à fait irrégulière (*sauge, gueule-de-lion*). Dans les fleurs de nos jardins, profondément modifiées par la culture et souvent fort éloignées des fleurs naturelles, le nombre des pétales peut être considérable.

Les étamines et les pistils sont les

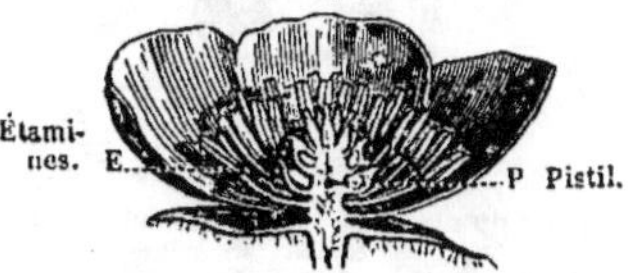

Fleur du bouton d'or, coupée verticalement par le milieu, pour montrer les *étamines* et le *pistil*.

parties essentielles de la fleur, les *organes reproducteurs* ; ils sont disposés au centre, en couronne. Une **étamine** se compose d'une petite queue, ou *filet*, à l'extrémité de laquelle se

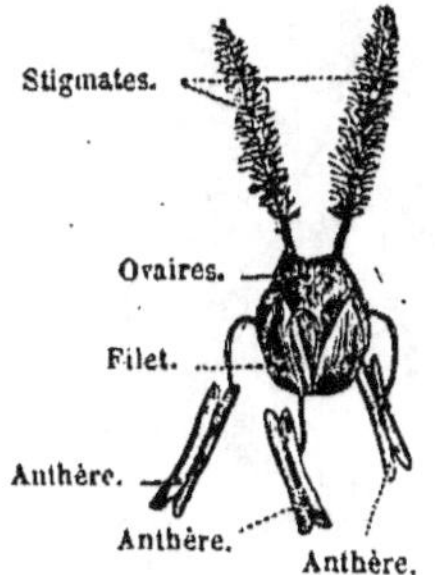

Fleur dépouillée des sépales et des pétales, pour montrer plus nettement le *pistil* (avec son renflement inférieur, l'*ovaire* et ses prolongements supérieurs (*styles* et *stigmates*), et les *étamines* avec leurs *filets* et leurs *anthères*.

trouve une masse plus volumineuse, ou *anthère*. L'anthère est une sorte de sac rempli d'une poussière jaune nommée *pollen*. Rien n'est plus variable que le nombre et la disposition des étamines ; il y en a une (*saule*), trois (*iris*), quatre (*gueule-de-lion*), six (*giroflée*), plus de cent (*pavot*). Le

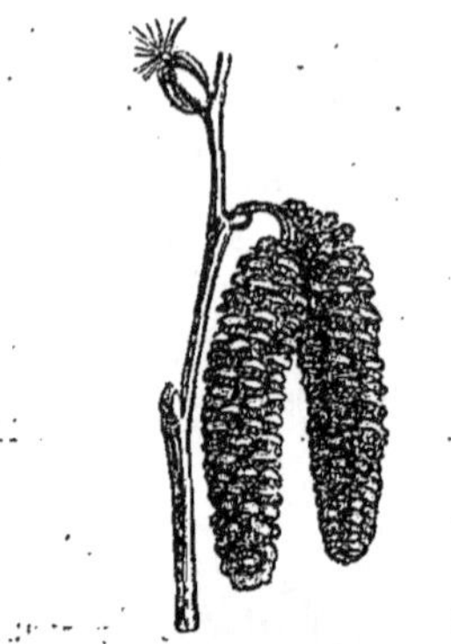

Les fleurs du noisetier sont incomplètes : elles n'ont ni calice ni corolle. De plus certaines fleurs n'ont que des *pistils* (*fleurs femelles en haut*), et d'autres n'ont que des *étamines* (*fleurs mâles en bas*). Ces dernières sont réunies en grand nombre en *chaton*. On nomme *chaton* un épi grêle et caduc composé uniquement soit de fleurs mâles, soit de fleurs femelles.

Les fleurs du chanvre sont incomplètes. Certains pieds portent uniquement des fleurs *mâles* (à *étamines*).

filet est court ou long ; la longueur peut ne pas être la même dans toutes les étamines ; les filets peuvent être soudés entre eux.

Les **pistils** occupent tout à fait le centre de la fleur. On y distingue trois parties. A la partie inférieure, un renflement dans lequel sont contenus les germes qui deviendront les graines : ce renflement se nomme l'*ovaire* ; les germes qu'il renferme sont les *ovules*. Au-dessus de l'ovaire s'élève une colonne plus ou moins longue, le

Les fleurs du chanvre sont incomplètes. D'autres pieds portent uniquement des fleurs *femelles* (à *pistils*). Ces derniers pieds sont les seuls à porter des graines.

style, terminé par un petit renflement, le *stigmate*. Les dispositions relatives de ces trois parties sont très variables. Les *ov ires* des différents pistils sont le plus souvent réunis, soudés entre eux, de façon à former, au centre et au fond de la fleur, un seul renflement divisé intérieurement en un nombre variable de loges. De ce renflement partent plusieurs *styles*, tantôt séparés, tantôt soudés en une seule colonne de longueur plus ou moins grande.

Beaucoup de fleurs sont incomplètes. Dans certaines plantes, une partie des fleurs n'a que les étamines : ce sont les fleurs *mâles* ; d'autres, les fleurs *femelles*, n'ont que des pistils. Dans ce

DIVERS MODES D'INFLORESCENCE.

Les fleurs du cerfeuil sont en *ombelle.* On appelle ainsi un groupe de fleurs supportées par des axes secondaires ou pédoncules égaux entre eux, s'élevant à la même hauteur et naissant tous au sommet de l'axe primaire. Ces pédoncules vont en divergeant comme les rayons d'un parasol.

Les fleurs du blé sont en *épi.* On nomme ainsi un assemblage de fleurs très rapprochées les unes des autres qui se trouvent au haut de la tige de certaines plantes, notamment des céréales.

Les fleurs de la jacinthe sont en *grappe.* On nomme grappe un assemblage de fleurs placées à l'extrémité d'axes secondaires qui sont des ramifications d'un axe principal.

Les fleurs de la marguerite sont en *capitule.* Un grand nombre de petites fleurs semblant n'en former qu'une seule forment un capitule.

Les fleurs de l'achillée mille feuilles sont en *corymbe.* On appelle corymbe un groupe de fleurs dont le pédoncule commun, ou axe principal, donne naissance à des pédoncules ou axes secondaires qui partent à peu près du même niveau et arrivent tous à la même hauteur, c'est-à-dire dans un même plan horizontal où ils se terminent par une fleur.

Les fleurs de la tulipe sont *solitaires.*

cas, les fleurs des deux sexes sont sur un même pied (*carex, chêne, noisetier arum*, etc.), ou sur des pieds différents (*saule, chanvre, houblon*, etc.).

Les fleurs du maïs sont incomplètes comme celles du noisetier. Il y a des fleurs femelles B (à pistils), et des fleurs mâles A (à *étamines*), sur le même pied.

Les fleurs sont posées de façons très diverses sur les plantes; elles sont isolées (*violette, rose, tulipe*), ou groupées : en grappe (*vigne, groseillier*), en bouquet (*prunier, cerisier*), en parasol (*fenouil, carotte*), en épi (*froment, seigle*). Dans le bluet, le pissenlit, l'artichaut, etc., un grand nombre de fleurs sont réunies de façon à ce qu'elles semblent n'en former qu'une seule.

La fleur est l'organe de reproduction de la plante, puisqu'elle produit la graine. Pour cette fonction, les *grains de pollen*, portés par les anthères, et les *ovules*, contenus dans les ovaires, sont les organes indispensables. Lorsque la fleur est entièrement épanouie, a lieu la *fécondation*, sans laquelle la transformation des ovules en graines ne se produirait pas. L'anthère s'ouvre, le pollen s'en échappe et vient se coller sur le stigmate. Ce pollen alors se gonfle, s'allonge de manière à envoyer dans le style un ou plusieurs boyaux allongés, qui descendent jusque dans l'ovaire et pénètrent même dans les ovules. Ce contact du pollen avec les ovules est la *fécondation*. Dans les fleurs complètes, la fécondation a lieu aisément, puisque les étamines touchent les pistils. Il n'en est pas ainsi dans les fleurs incomplètes, surtout

lorsque les fleurs mâles et femelles sont sur des pieds différents : dans ce cas le concours du vent et celui des insectes qui butinent est nécessaire pour transporter le pollen sur les pistils. Peu de fleurs sont employées dans l'alimentation (*artichaut*); elles sont très usitées en médecine (*camomille, arnica, mauve, tilleul, violette*). En teinture on emploie le *safran* et le *carthame;* de la *rose*, du *géranium*, du *jasmin*, etc., on extrait des parfums (*fig.*).

fleuve. — Un *fleuve* est un cours d'eau qui se jette dans la mer. Quand il arrive à la mer son courant est généralement très faible. Si la mer a des

Le mascaret à Caudebec.

marées, deux fois par jour il s'établit une lutte entre le courant du fleuve qui descend et le *flux de marée* qui monte (voy. mascaret.) Cette lutte ronge graduellement les berges et élargit considérablement le lit. Il se forme à l'embouchure un véritable golfe qu'on nomme *estuaire* (Seine, Loire, Gironde, Tamise, Saint-Laurent, et en général les fleuves qui arrivent dans l'océan) (*fig.*). Mais si la largeur de la rivière augmente, sa profondeur diminue; les alluvions amenées par les eaux se déposent près de l'embouchure, formant un haut-fond qu'on nomme *barre*. La barre apporte à la navigation les plus sérieuses entraves; les gros vaisseaux sont dans l'impossibilité de remonter les fleuves fermés par la barre à leur embouchure. Cependant cette barre ne monte pas assez

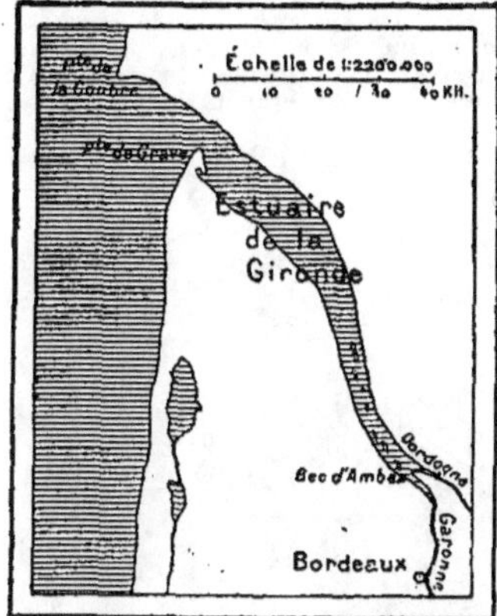

Estuaire de la Gironde. Dans les mers à *marée*, les fleuves ont généralement des *estuaires*.

pour obstruer tout à fait l'ouverture ; la marée vient, en effet, toutes les douze heures, balayer les alluvions du fond

Delta du Rhône. Dans les mers sans *marée*, les fleuves ont généralement des *deltas*.

et en entraîner au moins une partie vers la haute mer. Aussi la plupart des vaisseaux peuvent-ils remonter sans trop d'obstacles la Gironde jusqu'à Bordeaux, la Loire jusqu'à Nantes, la Seine jusqu'à Rouen, la Tamise jusqu'à Londres (*fig.*).

Les choses se passent autrement dans les mers intérieures (Méditerranée, Caspienne, Baltique). Il n'y a pas de marée ; rien ne vient balayer l'embouchure et enlever les débris qui l'encombrent : la barre se forme sans obstacle et grandit toujours. C'est à cause de la barre que les vaisseaux ne peuvent pas passer de la Méditerranée dans le Rhône, et qu'aucun port important n'a pu se fonder sur ce grand fleuve. Souvent la barre s'élève assez pour obstruer complètement le lit du fleuve, qui alors est forcé de se creuser à travers les campagnes voisines une nouvelle route pour remplacer la première. Il se forme ainsi à l'embouchure des plaines basses de limon, qui s'avancent dans la mer et s'accroissent constamment ; on les nomme des *deltas*. Les deltas, d'après cela, ne doivent guère se former que dans les mers intérieures (Nil, Rhône, Pô, Danube). Le sol des deltas est ordinairement d'une grande fertilité (*fig.*).

flouve. — Plante de la famille des *graminées* qu'on rencontre dans les terrains les plus divers ; on en met

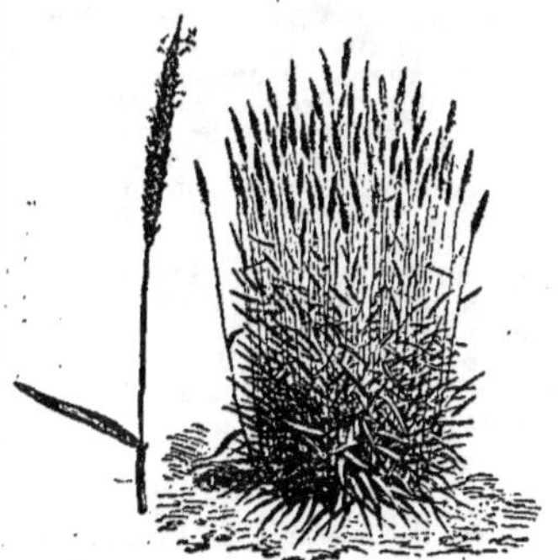

Flouve odorante (hauteur, 0m,30).

toujours une certaine quantité dans les prairies naturelles, car elle communique une très bonne odeur au foin (*fig.*).

fluor. — Gaz jaune, très difficile à préparer, car il attaque presque tous les corps avec lesquels on peut le mettre en contact, et de plus il est extrêmement dangereux à respirer. N'a aucune importance par lui-même.

fluorhydrique (acide). — Liquide incolore, très volatil, qui est une combinaison de *fluor* et d'*hydrogène*. On le prépare en traitant par l'acide sulfurique un minéral nommé *spath fluor*. Sa principale propriété est de corroder le verre, de sorte qu'on ne peut le conserver que dans des flacons en plomb ou en gutta-percha. Quand il est concentré, on ne doit le manier qu'avec les plus grandes précautions. Une goutte tombant sur la main cause une inflammation longue à guérir et très douloureuse ; les vapeurs, respirées même en très petite quantité, détermineraient rapidement la mort.

Gravure sur verre à l'*acide fluorhydrique*. — Dans le vase en plomb on met du *spath fluor* et de l'acide sulfurique ; on chauffe très légèrement et il se dégage des vapeurs d'acide fluorhydrique. A ces vapeurs on expose la plaque de verre, préparée comme il est dit dans le texte.

On utilise cet acide dans la gravure sur verre (*fig.*). Sur la plaque de verre à graver on étend une mince couche de cire ou de vernis ; sur ce vernis on trace, avec une pointe, le dessin à graver, de façon à mettre le verre à nu. Puis on expose la plaque aux vapeurs d'acide fluorhydrique. Le verre est rongé aux endroits où le vernis a été enlevé par la pointe. En chauffant ensuite un peu le verre, on fait fondre le vernis qui s'en va, on lave à l'essence de térébenthine, et la gravure apparaît, opaque sur fond transparent. Par ce procédé on grave les instruments de physique et de chimie ; de plus on obtient, pour l'ornementation des objets en verre, des effets très variés de décoration.

fluxion de poitrine. — Nom donné à la *pneumonie*.

foie. — Viscère très volumineux qui occupe toute la partie droite de l'abdomen, à côté de l'estomac, et sous le diaphragme (*fig.*). Son poids varie de 1 kil. 5 à 2 kilogrammes. Il a 30 centimètres dans sa plus grande dimension. A l'aide du sang qui le traverse en abondance, il sécrète deux liquides, la *bile* et le *glycogène*, dont le rôle est examiné à part. Le foie a une coloration d'un rouge brun foncé ; il est divisé en deux parties ou *lobes* ; quand on le coupe, il a une apparence grenue ; à l'intérieur est une petite poche, appelée *vésicule du fiel*, dans laquelle se réunit la bile. Par la bile qu'il sécrète, le foie doit être considéré

comme une glande annexe de l'appareil digestif.

Le foie est sujet à diverses maladies, telles que l'*hépatite*, ou inflammation du foie, l'*engorgement du foie*, le cancer, les *kystes* du foie, la *cirrhose*, ou dégénérescence du foie, les *calculs biliaires*, la *jaunisse* ou *ictère*. La cause la plus fréquente de ces diverses

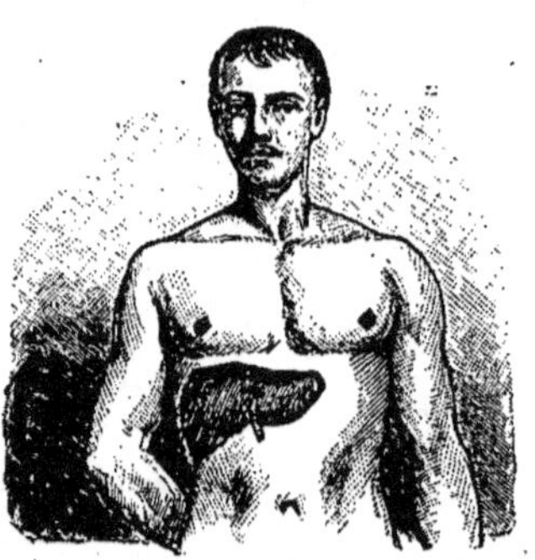

Le foie, sa position dans le corps de l'homme, à droite.

maladies réside dans des excès de table et dans le manque d'exercice. Le régime le plus sévère est indispensable

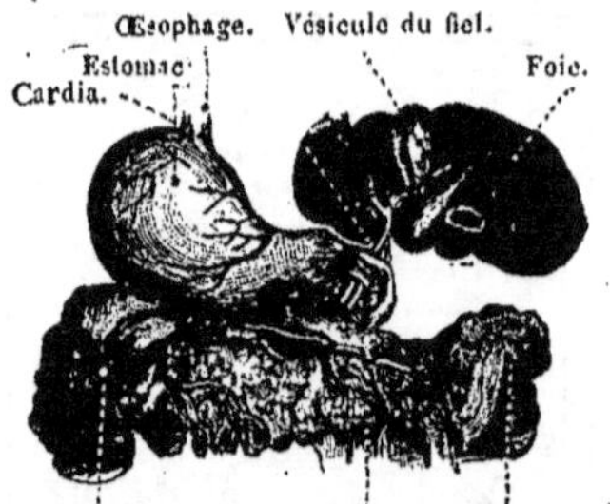

Le foie (vu par derrière et relevé). — La vésicule du fiel, placée à l'intérieur du foie, verse la bile dans l'intestin grêle, par un conduit spécial, peu après le *pylore*, ou porte de sortie de l'estomac.

à la guérison des maladies du foie, ainsi que les eaux minérales alcalines et particulièrement celles de Vichy.

foin. — Le *foin* est constitué par les herbes séchées qui ont été fauchées sur les prairies naturelles ou artificielles.

Rien n'est si variable, au point de

vue de l'aspect, de l'odeur, de la composition et de la valeur nutritive que les foins des prairies naturelles. Les meilleurs proviennent des prairies sèches ou élevées ; ils renferment les *graminées* les plus fines et les plus succulentes : crételle, fétuque, avoine, pâturin, et de petites *légumineuses :* trèfle blanc, trèfle violet ; des *labiées* (pimprenelle, carotte sauvage), lui donnent une odeur agréable. Les prairies plus humides donnent encore de bon foin ; elles renferment surtout le ray-grass, le dactyle, le vulpin, la fétuque, le brome, le fromental, le trèfle violet et le trèfle blanc, avec les renoncules, la chrysanthème, la carotte sauvage. Les prairies basses produisent davantage quand elles ne sont pas marécageuses, et leur foin est encore assez bon, mais sans odeur agréable ; mais si elles sont marécageuses elles renferment des plantes aquatiques, et le foin en est tout à fait grossier et peu nutritif.

D'ailleurs le mode de récolte et le procédé de conservation ont aussi une grande influence sur la qualité ; il importe que la fenaison se fasse par un beau temps et au moment où les plantes ne sont pas encore arrivées à maturité.

Les prairies artificielles produisent un foin de qualité plus constante, puisque chaque prairie renferme un très petit nombre d'espèces, et le plus ordinairement une seule (luzerne, sainfoin, trèfle violet, trèfle incarnat, vesce, pois gris). Ce foin est d'une conservation plus difficile que celui des prairies naturelles.

Les foins de seconde coupe, qu'on obtient en septembre dans les prairies fraîches ou arrosées, portent le nom de *regains* ; ils ne renferment ni fleurs ni graines. Récoltés dans de bonnes conditions, les regains sont aussi nutritifs que les foins de première coupe (*fig.* p. 308-309).

folie. — L'*aliénation mentale* comporte deux formes principales : l'*idiotie*, dans laquelle les facultés intellectuelles n'ont jamais été développées ; la *folie*, caractérisée par la perte de facultés intellectuelles autrefois existantes.

La folie devient de plus en plus fréquente ; ses causes sont nombreuses. La plus importante est l'hérédité ; il faut y joindre les passions violentes, et en particulier l'ambition, les grands chagrins, le travail intellectuel excessif, les coups sur la tête, l'insolation, et diverses maladies (rhumatisme articulaire, fièvre typhoïde, érysipèle, névralgies, empoisonnements lents).

Elle apparaît brusquement, ou progressivement. La *manie*, la *monomanie*, la *mélancolie* sont les formes les plus générales de la folie ; la *démence* en est le dernier degré, car alors il ne reste plus trace de facultés intellectuelles. La manie, la monomanie, la mélancolie, si elles ne se terminent pas par la guérison ou une mort relativement prompte, conduisent à la démence. Considérée comme une maladie du cerveau, la folie relève du médecin ; et, en fait, elle est loin d'être toujours incurable.

fondants. — En médecine, les fondants sont des remèdes employés pour dissiper les engorgements des organes. La nature des fondants varie avec l'engorgement à combattre.

fonte. — La *fonte* est constituée par du *fer* combiné à une proportion de charbon variable, mais généralement comprise entre 3 et 6 pour cent ; outre le charbon, la fonte renferme de moindres quantités de divers autres corps, phosphore, soufre, silicium, manganèse, etc. La fonte se fabrique industriellement dans les *hauts fourneaux* (voy. **fer**) (*fig.*). La fonte ressemble au fer, et a les propriétés générales du fer, mais avec des différences essentielles, qui varient du reste d'une fonte à l'autre, suivant la proportion de substances étrangères qu'elle renferme. Ce qui distingue surtout la fonte du fer, c'est qu'elle est beaucoup plus facilement fusible, et qu'elle se ramollit beaucoup moins avant de fondre sous l'action de la chaleur. De plus elle n'est guère malléable ; sous l'action du marteau elle se brise aisément.

Les hauts fourneaux du monde entier produisent annuellement près de 20 millions de tonnes de fonte, dont à peu près 8 millions pour la Grande-Bretagne et 1 million et demi pour la France. Les trois quarts de cette quantité servent à fabriquer le *fer* et l'*acier* ; le reste est employé directement à l'état de fonte.

La fonte se travaille par moulage, c'est-à-dire qu'on la rend liquide par l'action de la chaleur et qu'on la coule dans des moules en sable comprimé. On en fait aussi des tuyaux de conduite pour l'eau et le gaz, des colonnes, des bornes, des parapets, des grilles, des bâtis de machines, des marmites, fourneaux, plaques, poêles. On en fait aussi des statues, des objets divers de décoration ; dans un grand nombre de ces applications, on garantit la fonte de l'oxydation par un vernissage ou un *cuivrage* superficiel. Ainsi les candélabres qui, dans les villes, soutiennent les becs de gaz ou les lampes

QUELQUES HERBES DE NOS PRAIRIES.

Fromental.

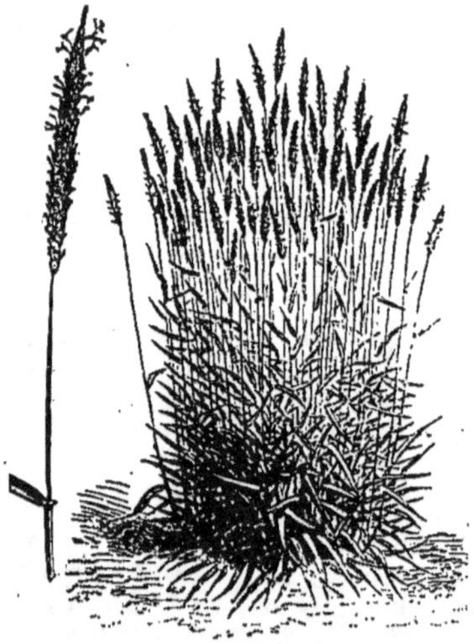

Flouve odorante.

Vulpin des prés.

Ray-grass.

QUELQUES HERBES DE NOS PRAIRIES.

Brome.

Dactyle pelotonné.

Brize.

Paturin des prés.

électriques dans les rues, sont en fonte recouverte d'une mince couche de

Lorsque les foraminifères viennent à mourir, leurs coquilles s'agglomèrent

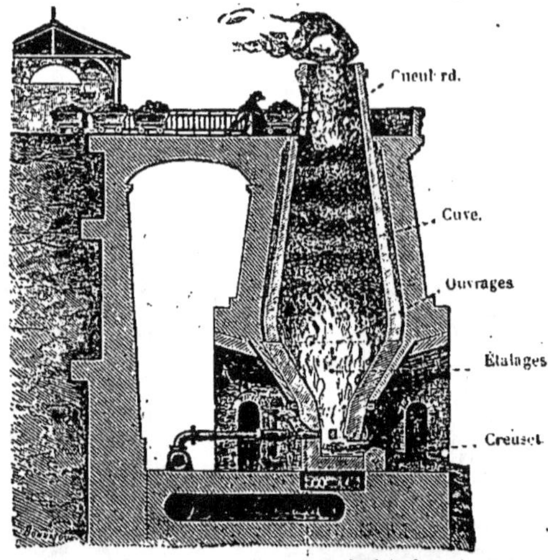

Préparation de la fonte par la méthode du haut fourneau. (Voir page 291.)

cuivre, à laquelle on a donné l'apparence du bronze par un vernissage.

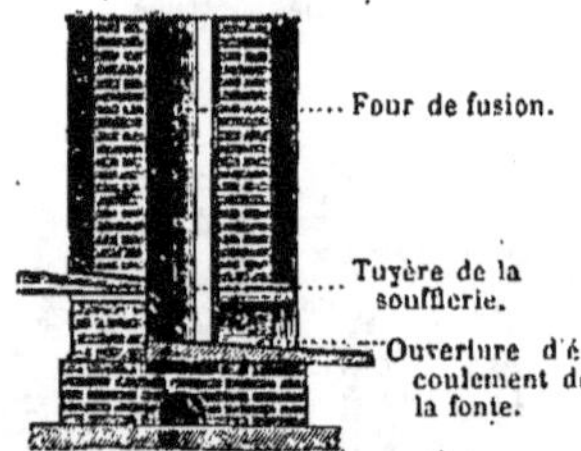

Cubilot pour la fonte à mouler. — De la fonte et du charbon sont mis dans le four; on donne du vent par la soufflerie; la fonte entre en fusion, et on fait écouler le liquide par le bas dans une poche ou creuset qui sert à le verser dans le moule préparé à cet effet.

foraminifères. — Animalcules *protozoaires* dont le corps, très petit, est recouvert d'un charpente calcaire. Les foraminifères actuels sont presque tous extrêmement petits, mais dans les mers des périodes géologiques anciennes vivaient des espèces plus grandes dont on trouve aujourd'hui les squelettes dans les terrains déposés pendant ces périodes.

au fond de l'eau, et constituent à la longue des couches épaisses de calcaires compactes. On connaît des couches calcaires, puissantes de milliards de mètres cubes, qui sont formées de coquilles de foraminifères.

forêts. — Les *forêts* ou *bois*, sont des terrains couverts d'arbres, que l'on coupe à des époques déterminées, pour en utiliser les tiges comme bois de chauffage ou comme bois de travail. Les forêts couvraient, en France, à l'époque des Gaulois, la plus grande étendue du territoire; elles ne représentent actuellement que le septième de la surface du sol français. La destruction des forêts a pris dans presque toutes les régions du globe de telles proportions qu'on peut craindre de voir un jour le bois manquer aux nombreuses industries dont il est la matière première. Mais, en outre, l'existence des forêts est indispensable par elle-même; quand les pentes des montagnes ne sont plus couvertes de forêts les pluies ravinent le sol, descendent avec rapidité, produisent des inondations dans les basses vallées, entraînant la terre végétale, et rendant par suite toute culture impossible. Avec des forêts, au contraire, le régime des eaux, retenues par les feuilles et les racines, devient plus régulier, et le climat entier de la région s'en trouve avantageusement modifié. On a constaté que le déboisement a modifié d'une manière très appréciable le climat des pays où il s'est fait sur une grande échelle. Aussi le reboisement des montagnes est-il aujourd'hui poursuivi avec ardeur dans un grand nombre de régions.

Les régions boisées les plus importantes de la France sont actuellement dans l'est (Vosges, plateau de Langres, Jura, Côte-d'Or, Cévennes); en outre il existe au centre de la France et aux environs de Paris plusieurs grandes forêts (Orléans, Fontainebleau, Compiègne, Rambouillet, Villers-Cotterets). On évalue approximativement à 25 millions de mètres cubes la production annuelle des forêts de France, en bois de toute espèce. Dans ce volume, les bois d'œuvre entrent pour 5 millions de mètres cubes, les bois de feu pour 20 millions; il nous faudrait une production de bois d'œuvre à peu près deux fois plus grande pour que nous puissions nous dispenser de l'importation étrangère.

Suivant le mode d'exploitation, on distingue les forêts en *taillis* et en *futaies*. On nomme *taillis* les forêts dont on coupe les arbres au ras du sol, et qui repoussent de souche. On nomme *futaies* des forêts dont on exploite des arbres au bout d'un temps considérable; ces arbres sont arrachés complètement et les futaies sont exclusivement reconstituées par des semis.

Parmi les futaies, on distingue les jeunes futaies, contenant des arbres âgés de 30 à 70 ans; les hautes futaies, où les arbres ont de 70 à 100 ans, et les vieilles écorces, âgées de plus de 100 ans. Les principales essences forestières qui constituent les futaies sont : le chêne, le hêtre, le châtaignier, le bouleau, l'orme, le frêne, le sapin, l'épicéa, le mélèze, le pin sylvestre, le pin maritime. Les taillis, dont le bois est principalement destiné au chauffage, à la fabrication du charbon, des échalas, des cercles de tonneaux, se distinguent en jeunes taillis qu'on exploite tous les 7 ou 8 ans; les taillis moyens, qu'on exploite tous les 20 ans; et les hauts taillis, qu'on exploite de 25 à 40 ans. Lorsqu'on exploite un taillis, on y laisse toujours un certain nombre d'arbres, choisis parmi les plus beaux, qui constituent une sorte de futaie destinée surtout à fournir de l'ombrage pour la reprise des souches coupées. On exploite en taillis une partie des arbres cités plus haut (chêne, hêtre, châtaignier, bouleau, orme,

frêne) et en outre le charme, le noisetier, l'alizier, le sorbier, le pommier sauvage, le merisier, l'érable, le tilleul... Les arbres résineux ne peuvent ordinairement pas servir à constituer des bois taillis, parce que, sauf l'if, ils ne repoussent pas de souche (*fig. p. 312-313*).

' **fossiles**. — Les *fossiles* sont les débris animaux et végétaux conservés depuis les temps les plus reculés dans les *terrains de sédiment*, c'est-à-dire les terrains déposés autrefois par les eaux. Il est rare que ces fossiles soient complets; les matières les moins altérables sont le plus souvent seules conservées; mais ces fragments suffisent presque toujours à faire connaître l'animal ou le végétal auxquels ils ont appartenu. Souvent les organes conservés sont altérés dans leur substance : la forme est seule conservée. Ainsi le bois est transformé en houille; ou bien sa matière, progressivement enlevée, a été remplacée par du *silex*, sans que pour cela l'apparence du tronc ait été changée; on a du bois *pétrifié*. D'autres fois il ne reste qu'une *empreinte*.

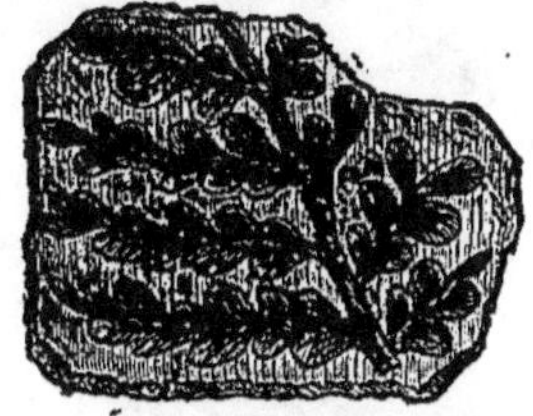

Fossile. — Morceau de houille portant l'empreinte d'une *feuille de fougère*.

Les animaux et les plantes ont considérablement varié depuis l'apparition de la vie à la surface du globe; les

Fossile. — *Trilobite.*

Fossile. — *Ammonite*, vue de face et de profil.

animaux, les végétaux d'autrefois étaient différents de ceux d'aujourd'hui. Il en résulte que l'existence de tel ou tel fossile dans un terrain est susceptible d'indiquer l'âge relatif de ce terrain. Les fossiles nous apprennent en outre les circonstances dans

QUELQUES ARBRES DE NOS FORÊTS

QUELQUES ARBRES DE NOS FORÊTS

Hêtre.

Frêne.

Sapin.

Mélèze.

lesquelles se sont formées les couches qui les contiennent; une couche qui renferme des fossiles ayant vécu sur la terre ou dans les eaux douces a été évidemment formée par un lac ou par un fleuve; c'est un *dépôt d'eau douce*. Une couche qui renferme des fossiles marins est un *dépôt marin*.

Citons quelques fossiles.

Fossiles végétaux. — Les plantes les plus nombreuses des premiers âges étaient les *fougères*. Elles étaient de grande taille. Des plantes analogues à nos *prêles* s'élevaient aussi à une grande hauteur. Dans les couches moins profondes, on trouve aussi des fossiles qui ressemblent à nos sapins et à nos palmiers. C'est surtout dans

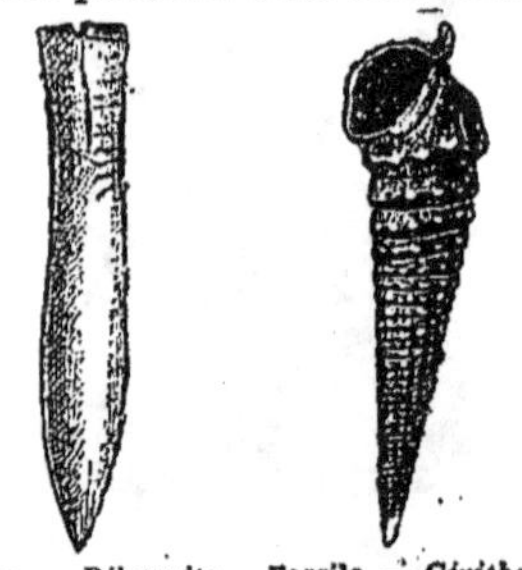

Fossile. — *Bélemnite.* Fossile. — *Cérithe.*

la *houille* que se trouvent les plus nombreux végétaux fossiles (*fig.*). Des empreintes de feuilles se rencontrent encore dans les bancs calcaires.

Fossile. — *Ostrea* isolée, et agglomération d'*ostrea*.

Fossiles animaux. — Les *trilobites* sont presque les plus anciens animaux dont nous trouvions des restes fossiles. C'étaient des crustacés. Les *ammonites*, venues plus tard, sont des coquilles enroulées en spirale régulière; il y en a de plus de deux mètres de diamètre, et d'autres très petites. Les *bélemnites* étaient analogues à nos sèches actuelles; c'étaient des animaux mous qui possédaient une pointe calcaire, sorte de coquille interne, seule partie de l'animal qui nous reste à l'état fossile. L'*ostrea* ressemblait un peu à notre huître. Les *cérithes* étaient des coquilles en forme de cônes très allongés (*fig.*). Les *lymnées* et les *planorbes* sont d'autres coquilles fossiles très communes.

Aux époques reculées, il y avait certainement aussi des animaux sans coquilles, mais leurs corps, ne présentant pas de parties assez résistantes, n'ont pu se conserver.

Les terrains anciens renferment aussi beaucoup de *squelettes* fossiles d'animaux supérieurs plus ou moins analogues à ceux qui vivent encore.

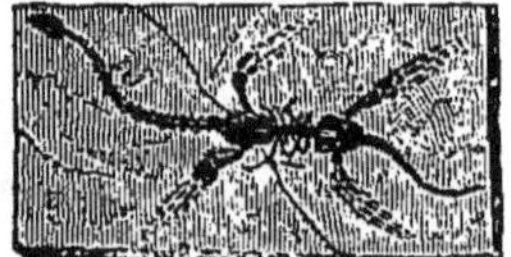

Fossile. — Squelette du *plésiosaure.*

On trouve des empreintes de poissons, des squelettes de reptiles, d'oiseaux, de mammifères. Un reptile marin, le *plésiosaure*, avait plus de 8 mètres de longueur; un mammifère analogue à l'éléphant, le *mammouth*, était plus gros que nos plus gros éléphants. Un *mammouth*, conservé depuis des centaines de siècles au milieu des glacés

Fossile. — *Mammouth.*

de la Léna, a été trouvé entier en 1799. Il était si bien conservé que les chiens, et même les hommes, ont pu se nourrir de sa chair (*fig.*).

fou. — Oiseau *palmipède* de la grosseur de l'oie, avec des ailes dont l'envergure est immense. Ces oiseaux vivent sur les bords de la mer et se nourrissent exclusivement de poisson. Ils nichent en troupes nombreuses dans les falaises qui bordent les rivages; la femelle pond de un à trois œufs. Ils sont très abondants dans les pays chauds ; ceux du nord de l'Eu-

Fou blanc (taille de l'*oie*, très grande envergure).

rope émigrent pendant l'hiver. La chair est détestable (*fig.*).

foudre. — Étincelle électrique qui, pendant un orage, jaillit entre un

Foudre. — Quand la décharge électrique se produit entre deux nuages, on a un *éclair* accompagné de *tonnerre*.

nuage électrisé et le sol ; la *foudre* monte aussi bien qu'elle descend,

Foudre — Quand la décharge électrique se produit entre un nuage et un point du sol, on a la *foudre* proprement dite.

puisqu'elle provient de la réunion de deux fluides, dont l'un s'élève du sol, tandis que l'autre descend du nuage.

Les points les plus souvent atteints par la foudre sont les sommets et les masses métalliques. Il faut éviter, pendant les orages, de se placer sous les arbres isolés ou dans le voisinage de grandes masses métalliques ; mais il n'y a aucun inconvénient à courir à laisser ouvertes les fenêtres des habitations. L'habitude de sonner les cloches des églises n'a aucune action sur les orages, mais elle expose la vie des sonneurs, car la foudre tombe souvent sur les clochers élevés (*fig.*).

La foudre tord et renverse les arbres, démolit les maisons, fond les chaînes de fer, allume des incendies. Les hommes et les animaux frappés sont terrassés, le plus souvent tués. On trouve sur les cadavres des plaies béantes ; d'autres fois le feu du ciel n'a laissé aucune trace visible.

fougères. — Plantes *cryptogames* vivaces, ayant une tige, des feuilles

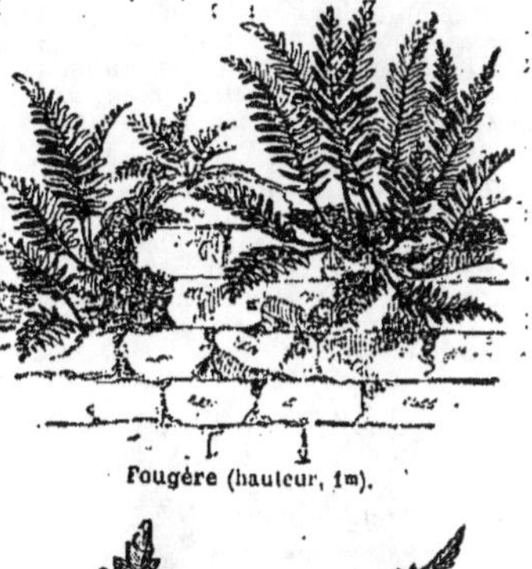

Fougère (hauteur, 1ᵐ).

Feuille de fougère. — Chaque lobe porte à la face inférieure de petits points jaunes (*sporanges*), qui contiennent les graines.

et des racines ; dans les espèces de nos climats la tige est souterraine, et les feuilles semblent sortir du sol ; certaines fougères des Indes orientales ont une tige dont la hauteur atteint 20 mètres.

La reproduction se fait par des spores, comme chez toutes les plantes cryptogames (*fig.*). On connaît plus de 3 000 espèces différentes de fougères, appartenant pour le plus grand nombre

Sporanges grossis.

aux régions chaudes et humides ; on consomme comme aliment la tige souterraine de quelques-unes, d'autres sont employées en médécine ; ces usages sont peu importants ; on en fait aussi de la litière pour les animaux domestiques. Le *polystic*, le *capillaire*, la *scolopendre*, etc., sont des fougères de nos pays (*fig.*).

fouine. — La *fouine* est une espèce de *martre* (voy. ce mot). Elle est plus petite, et son pelage n'a pas de tache jaune sous la gorge, qui est d'un beau blanc. Longueur 30 centimètres, queue 22 centimètres. Très commune et très nuisible en France (*fig.*).

Fouine (longueur du corps, 0ᵐ,30 ; longueur de la queue, 0ᵐ,22).

Elle habite la lisière des bois, dans les arbres creux et les crevasses des rochers ; se tient dans le voisinage des habitations et niche souvent même dans les granges, où elle s'installe pendant l'hiver. Elle exhale une odeur musquée désagréable. La nuit elle se glisse dans les basses-cours par les moindres ouvertures, et tue la volaille pour en sucer seulement le sang ; en été elle détruit les lièvres, lapins, faisans, perdrix, et aussi les mulots et les campagnols. Elle mange aussi des fruits.

foulque. — La *foulque* (ou *macreuse*) est un oiseau *échassier* noir,

ayant déjà à peu près la forme d'un palmipède ; longueur 40 centimètres. Connu surtout dans les étangs du bord de la Méditerranée. Habite les lacs, les marais, nageant et plongeant très volontiers ; vol très lourd. Se nourrit de petits animaux et de plantes aquatiques. La ponte est de 12 à 15 œufs ; le nid est au bord de l'eau.

Foulque noire (longueur, 0ᵐ,36).

Incubation 21 jours. Les petits nagent et plongent dès la naissance. Les macreuses vont, en bandes immenses, s'établir sur les grands étangs pour y passer l'hiver. Gibier médiocre (*fig.*).

fourbure. — Inflammation du pied qu'on observe fréquemment chez les animaux solipèdes (cheval, âne, mulet) et bien plus rarement chez le bœuf, le mouton. L'inflammation, portant sur les parties molles comprimées par le sabot, est très douloureuse et détermine une boiterie.

Un excès de travail, un refroidissement subit, parfois un repos prolongé, et surtout une nourriture trop abondante ou trop excitante, sont les causes les plus ordinaires de la fourbure. La maladie est accompagnée d'accablement, de fièvre, de perte d'appétit ; on sent une chaleur anormale au sabot. Quand la maladie est légère, et bien traitée (diète, saignée, bains froids...) elle cède progressivement. Mais souvent aussi elle s'aggrave ; il survient des hémorragies, de la suppuration, un décollement de la corne, la gangrène ; la douleur de l'animal est atroce et la mort survient fréquemment. D'autres fois, la fourbure passe à l'état chronique, le sabot se déforme et le cheval reste incapable de tout service.

fourmilier. — Le *fourmilier* est un *mammifère édenté* fouisseur qui vit dans l'Amérique du Sud. Il est remarquable par un museau allongé, des mâchoires dépourvues de dents et une langue très longue, extensible. Son corps est allongé, garni de soies longues, raides, serrées. La queue surtout est extrêmement touffue.

Le *fourmilier ordinaire* ou *tamanoir à crinière* est long de 1m,40, avec une queue qui a 1 mètre ; il est bas sur jambes. Il habite les endroits déserts, marchant toujours d'un pas lent, et n'ayant jamais un gîte constant. Il se nourrit exclusivement de termites et de fourmis. Avec ses ongles

Fourmilier (longueur du corps, 1m,40; longueur de la queue, 1m).

il bouleverse le nid, allonge sa langue au milieu des insectes et la retire quand elle en est couverte. C'est un animal très paisible, mais que sa grande taille et ses énormes griffes rendent redoutable quand on l'oblige à se défendre. D'ailleurs quelques coups de bâton sur la tête suffisent pour le tuer. C'est un animal utile par sa guerre aux fourmis et aux termites ; on le chasse peu car on ne tire aucun profit de son corps (*fig.*).

Plusieurs espèces d'édentés fouisseurs sont analogues au fourmilier. Elles habitent l'Afrique et l'Amérique du Sud.

fourmi-lion. — Insecte *névroptère*. La larve a 15 millimètres de long ; sa

Larve (longueur, 15mm).   Cocon.

Insecte parfait (envergure, 65mm).
Fourmi-lion.

tête porte deux mandibules qui sont de véritables pinces creuses avec les-

quelles l'animal aspire les sucs des insectes dont il se nourrit. Cette larve se creuse au soleil, pendant l'été, un trou en entonnoir dans le sable, au fond duquel elle se cache. Quand

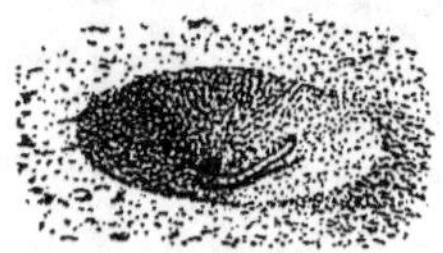

Fourmi-lion. — *Piège en entonnoir.*

un petit insecte tombe dans le trou, la larve le saisit avec ses pinces. L'insecte parfait a 4 ailes membraneuses et 65 millimètres d'envergure (*fig.*).

fourmis. — Les *fourmis* sont des insectes *hyménoptères* vivant en société. Les colonies, ou *fourmilières*, sont composées de *mâles* ailés, d'une ou plusieurs *femelles* ailées, et d'un grand nombre de *neutres* sans ailes. Ces

Cocon grossi.   Nymphe grossie.   Larve grossie.

Mâle.   Ouvrière.   Femelle.

Fourmi fauve, qu'on rencontre dans les bois, les bruyères, et dont la morsure est cuisante (divers états).

neutres se présentent parfois sous deux formes : les *ouvrières*, dont la tête est petite, et les *soldats*, dont la tête est plus grosse et les mandibules plus puissantes. Les femelles et les neutres sont munis de glandes à venin, mais ils n'ont pas toujours un aiguillon ; le venin est alors versé sur les blessures faites par les mandibules. Après la fécondation, les mâles périssent et les femelles perdent les ailes, puis servent, soit à perpétuer la fourmilière, soit à en fonder une nouvelle (*fig.*).

Selon les espèces, la forme des nids et leur position sont variables. Les uns sont souterrains, faits de terre et d'autres matériaux formant un dôme ; les autres sont établis dans les rochers, les murailles, les bois, ou fabriqués avec des matières végétales transformées. Les larves sont nourries par les ouvrières. Les nymphes sont souvent entourées d'un cocon qu'on nomme à tort *œuf de fourmi*. De ces nymphes, les unes deviennent des ouvrières, les autres des mâles, et quelques-unes des femelles (*fig.*).

Les habitudes des fourmis dénotent une très remarquable intelligence et des instincts très sociaux. Non seulement elles se construisent des habitations, travaillant ainsi de concert,

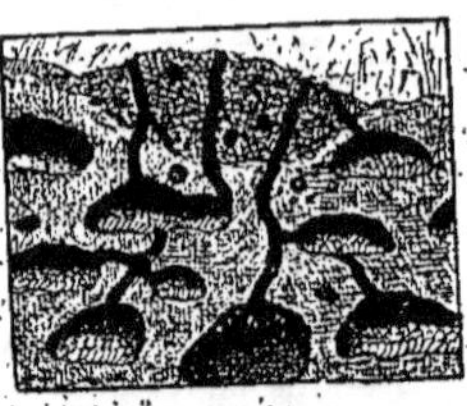

Fourmilière (coupe).

puis prennent soin de leurs petits, mais elles ont certainement une sorte de langage grâce auquel elles se comprennent les unes les autres. Elles se livrent, d'une fourmilière à une autre, des combats acharnés, ayant pour mobile la conquête ou la défense d'un territoire, l'enlèvement des nymphes. Les fourmis blessées dans les combats sont soignées par leurs compagnes; les prisonniers de guerre sont traînés au camp des vainqueurs et mis à mort, à moins que, réduits en esclavage, ils ne soient condamnés à faire les plus durs travaux de la ruche. Très friandes de matières sucrées, les fourmis adorent les sécrétions des pucerons ; elles poursuivent ces insectes, les transportent quelquefois dans leur nid, où ils constituent un véritable bétail. Les fourmis se nourrissent de matières liquides ou semi-liquides, animales ou végétales. Les unes ne font pas de provisions, et hivernent sans prendre de nourriture ; d'autres amassent des graines pour l'hiver.

Les fourmis, désagréables quand elles s'introduisent dans nos demeures, ne peuvent cependant guère être considérées comme des animaux nuisibles. Dans les bois, elles détruisent beaucoup de petits insectes franchement nuisibles. Dans les vergers, elles attaquent les fruits, mais leurs dégâts sont relativement faibles.

fourneau à gaz. — Le gaz de la houille est employé non seulement à l'éclairage, mais aussi au chauffage. A la sortie des becs ordinaires, il brûle avec une flamme éclairante,

qui dépose du noir de fumée sur les objets que l'on place au-dessus pour les chauffer. Mais si on fait arriver un courant d'air au milieu même de la flamme, celle-ci perd tout éclat, en

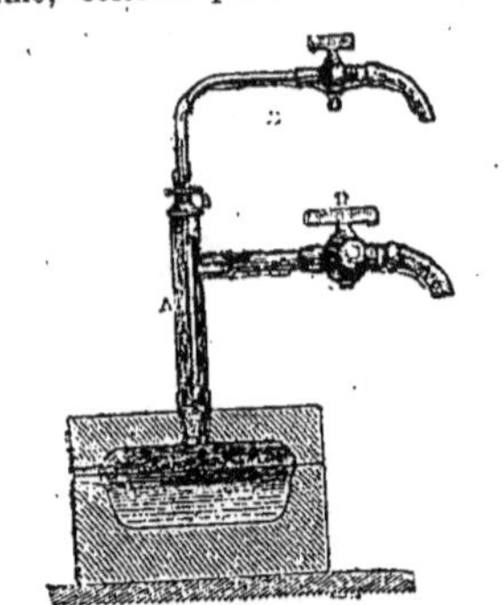

Chalumeau à gaz oxhydrique. — L'*hydrogène* ou le *gaz d'éclairage* arrive par le robinet H, dans le tube A ; on l'enflamme ; puis on fait arriver de l'*oxygène* par le robinet O, dans le tube intérieur. La température s'élève assez pour déterminer la fusion du *platine* placé dans le creuset de chaux vive situé sous le chalumeau.

même temps qu'elle devient beaucoup plus chaude, et qu'elle cesse de noircir les objets soumis à son action.

Dans le *chalumeau de Deville*, dans la *lampe d'émailleur*, qui sert en particulier aux ouvriers qui travaillent le verre, l'air est introduit dans la

Bec de Bunsen à fonctionnement automatique.

Fourneau à gaz de laboratoire, de cuisine. — Il peut être considéré, théoriquement, comme formé par la réunion de plusieurs becs de Bunsen.

flamme à l'aide d'un soufflet qu'on peut manœuvrer avec le pied.

Dans le *bec de Bunsen*, l'air arrive plus simplement. Deux trous sont pratiqués en bas du bec, de telle manière que le gaz, en se dégageant, aspire l'air par ces trous, sans qu'il soit besoin d'un soufflet. Tous les *fourneaux à gaz* aujourd'hui employés dans l'économie domestique, possèdent de même, dans le voisinage du robinet à gaz, un trou par lequel l'air est aspiré. Aussi, par les petits trous de dégagement, arrive-t-il un mélange d'air et de gaz combustible, qui brûle avec

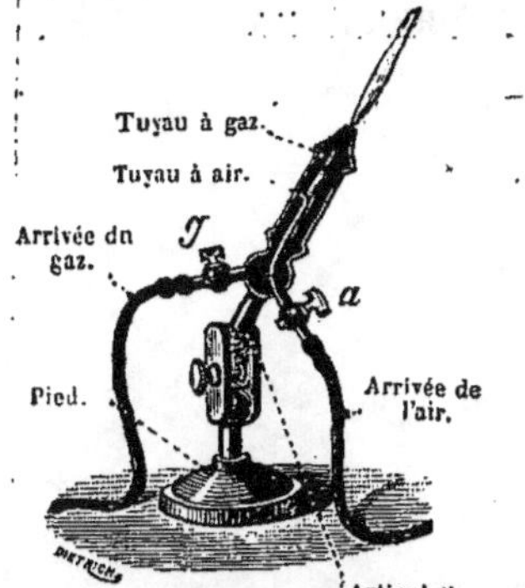

Lampe d'émailleur. — Ce chalumeau, très employé dans les laboratoires, a les mêmes dispositions que le chalumeau à gaz oxydrique. Mais on y emploie toujours le *gaz d'éclairage*, et l'*oxygène* y est remplacé par de l'air, qu'on fait arriver à l'aide d'un soufflet, comme il est indiqué dans la figure suivante.

une flamme non éclairante, mais très chaude (*fig.*).

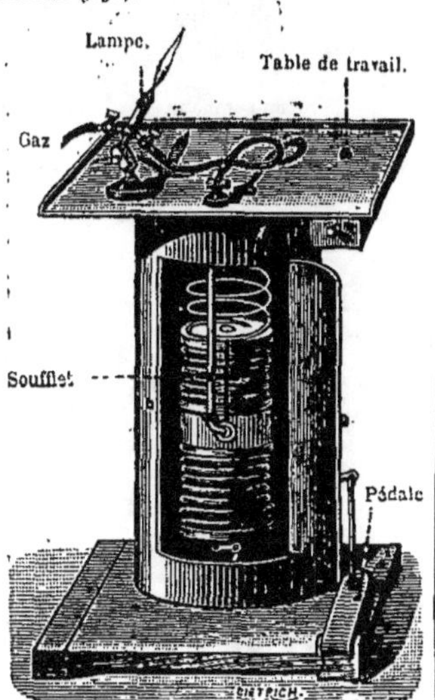

Lampe d'émailleur, montrant le *soufflet à pédale* destiné à injecter l'air au milieu de la flamme.

fourrages. — Ensemble des produits qui servent à l'alimentation du bétail. Les plantes fourragères sont extrêmement nombreuses. Il y a d'abord un grand nombre de *graminées* (agrostide, fromental, brome, dactyle, fétuque, flouve, ivraie, pâturin, vulpin, maïs...) (*fig.* p. 308-309), des *légumineuses* (ajonc, jonc marin, féverole, gesse, lentille, lupin, luzerne, pois, sainfoin, trèfle, vesce...), ces espèces entrant dans la composition du foin. Puis, en outre, des plantes d'autres familles, parmi lesquelles : chou, consoude, moutarde, navette, sarrasin, betterave, carotte, navets et raves, panais, pomme de terre, topinambour (*fig.* p. 320-321).

fractures. — Un choc assez fort sur un os détermine sa fracture. Le traitement de ces accidents est surtout

Appareil pour immobiliser la jambe après une fracture.

chirurgical. Il faut d'abord, par des manœuvres appropriées, ramener les fragments dans leur position normale,

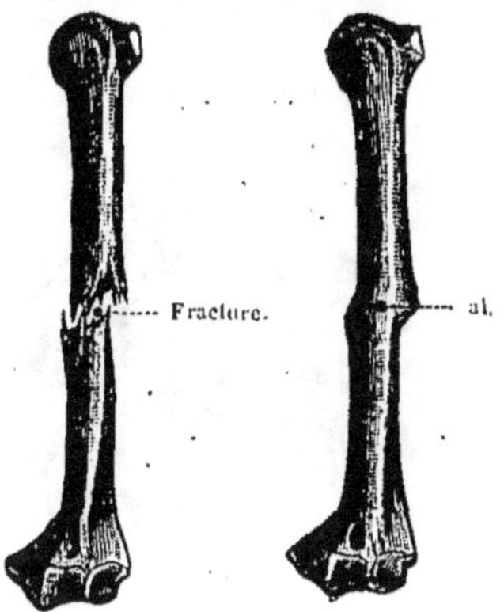

Fracture simple de la cuisse.

Cal restant après la guérison de la fracture de la cuisse.

de façon à rendre à l'os sa forme primitive ; puis on applique un *appareil* destiné à maintenir la partie malade absolument immobile, jusqu'à ce que la soudure se soit faite (*fig.*).

La fracture est d'autant plus grave, la guérison est d'autant plus longue

QUELQUES PLANTES FOURRAGÈRES.

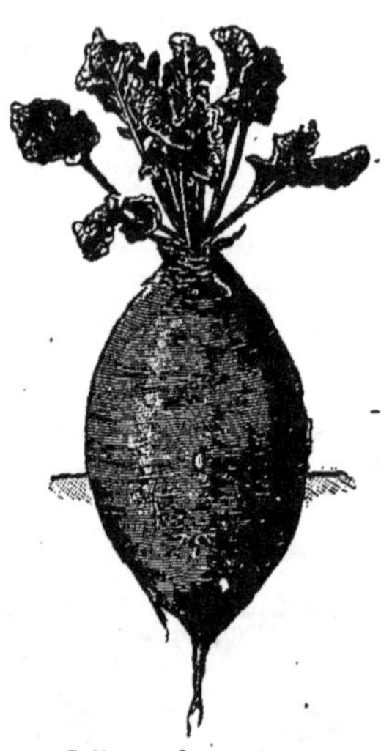

Betterave fourragère.

Topinambour.

Chou fourrager

Maïs.

QUELQUES PLANTES FOURRAGÈRES.

Gesse chiche.

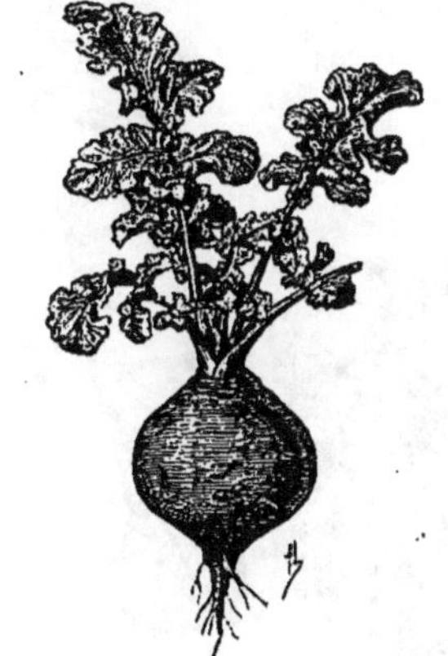

Chou rutabaga.

Moutarde.

Féverole.

que l'os a été cassé en un plus grand nombre de fragments. Dans un écrasement, quand il y a de petits morceaux détachés (*esquilles*), et en même temps une plaie des muscles, la mort peut survenir par suite d'une inflammation qui détermine la gangrène. Il n'est pas rare qu'une fracture, même bien guérie, laisse après elle une déformation permanente du membre. Dans les cas les plus favo-

Fracture de la colonne vertébrale.

Bandage de la jambe fracturée.

rables, la guérison arrive après 3 ou 4 semaines (*fig.*).

fraisier. — Plante de la famille des *rosacées*, cultivée en grand dans presque toutes les parties du monde. La reproduction se fait soit par graines, soit à l'aide des *coulants* qui partent

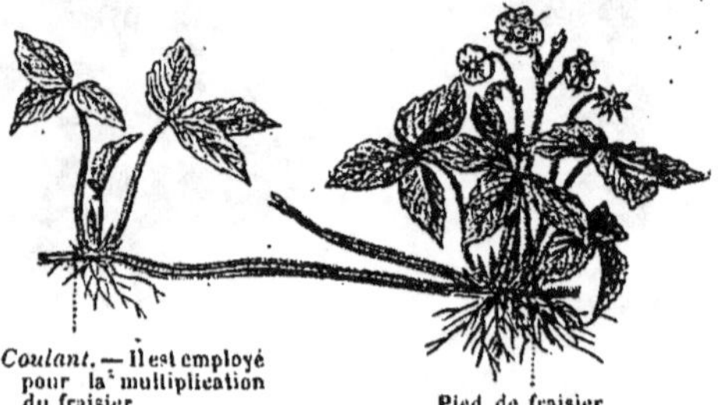

Coulant. — Il est employé pour la multiplication du fraisier.

Pied de fraisier.

Fraisier.

du pied de la plante et s'enracinent avec la plus grande facilité.

Les diverses variétés se divisent

ordinairement en fraisiers à *petits fruits*, ou des *quatre saisons*, et fraisiers à *gros fruits*. Les premiers dérivent du fraisier des bois, qu'on trouve

Fraise (la forme, comme la grosseur du fruit, sont très variables).

à l'état sauvage, mais ils produisent beaucoup plus, les fruits sont plus

Framboisier (rameau avec fruits; hauteur de la plante, 1ᵐ,50).

gros et plus savoureux. Les seconds, dont les variétés sont extrêmement nombreuses, proviennent d'espèces exotiques. La multiplication des fraisiers à petits fruits se fait par graines, celle des autres par coulants. Les fraises sont des fruits excellents, légèrement laxatifs, mais parfois de digestion difficile. On les mange en nature, crues et assaisonnées avec du sucre, du vin, du cognac, de la crème... On en fait des sirops et des confitures. La fraise est l'objet d'un commerce important (*fig.*).

framboisier. — Arbrisseau de la famille des *rosacées*, qui donne un fruit, petite baie, d'une saveur sucrée et très parfumée. Il peut être cultivé en France dans tous les jardins, pourvu qu'ils ne soient pas trop secs ; il préfère l'ombre au soleil. Les framboises sont consommées directement pour l'alimentation ; on en fait aussi des sirops, d'excellentes confitures (*fig.*).

fraxinelle. — La *fraxinelle*, ou dictame, est une plante de la famille des *rutacées*, cultivée comme ornementale. Elle est employée en médecine contre les fièvres intermittentes, la chlorose, le scorbut et les scrofules.

frégate. — Oiseau *palmipède*, dont les ailes sont fort longues. Le plumage est foncé ; la longueur totale est de 1ᵐ,12, et l'envergure de 2ᵐ,35 ; le poids, pour une si grande taille, de 3 livres seulement. C'est un oiseau marin, qui habite entre les tropiques. Se nourrit de poissons. C'est le plus rapide des oiseaux marins ; il fait aisément plus de 80 kilom. à l'heure (*fig.*).

Frégate (long., 1ᵐ,10).

frelon. — Voy. guêpe.

frêne. — Arbre de haute taille qui

Frêne (hauteur, 30ᵐ).

se plaît surtout dans les endroits un peu humides, plaines et gorges des montagnes. Il ne forme pas de massifs, mais se mélange aisément à d'autres essences.

Le bois du frêne est surtout remarquable par son élasticité et sa ténacité ; on l'emploie beaucoup dans le charronnage pour fabriquer des brancards ; il sert aussi à faire les avirons, les échelles. En ébénisterie il sert pour le placage. C'est un assez bon combustible. Sa feuille sert, ainsi que celle de l'orme, à l'alimentation du bétail (*fig.*).

froid. — Sensation que nous éprouvons quand nous perdons de la chaleur. Le froid n'a pas d'existence réelle ; ce n'est pas quelque chose, c'est simplement l'absence de la chaleur.

Le froid, ou le départ de la chaleur, produit des effets variés sur les minéraux, les végétaux et les animaux. Il détermine la *condensation* des vapeurs, la *solidification* des liquides ; l'action combinée de l'air, de l'eau et du froid est la cause la plus puissante de la désagrégation lente des roches les plus dures.

Les effets du froid sur les plantes varient suivant les circonstances ; un refroidissement faible suspend la végétation, détermine la chute des feuilles ; un refroidissement plus intense peut faire périr la plante, soit totalement, soit seulement dans la partie extérieure au sol ; certaines plantes résistent sans périr aux plus basses températures, d'autres meurent quand elles sont exposées à une température de quelques degrés au-dessus de zéro. On sait quels ravages font les gelées tardives du printemps sur les fleurs et les jeunes pousses des végétaux.

Agissant sur l'homme et les animaux, le froid est la cause d'un grand nombre de maladies, et en particulier de celles des organes de la respiration. Trop vif, il détermine des *congélations* et même des congestions mortelles. En médecine, il est souvent utilisé pour prévenir ou diminuer les inflammations, abaisser la température du corps dans certaines fièvres, comme par exemple dans la fièvre typhoïde.

fromage. — Le fromage est fait avec le lait. On sait que si on abandonne le lait à lui-même, le *beurre* monte à la surface sous forme de crème, et que le lait écrémé qui reste à la partie inférieure se sépare lui-même en *petit lait* et *lait caillé*. Ce lait caillé constitue la partie la plus nutritive du lait, la partie azotée, nommée *caséine*.

Le fromage est essentiellement constitué par cette caséine du lait ; si la caséine est seule on a un *fromage maigre*, si on a opéré de manière que

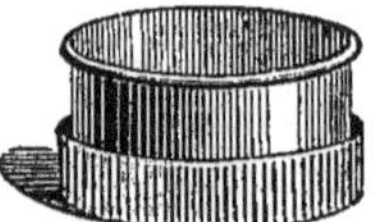

Lioule.

la caséine, en se caillant, retienne le beurre, on a un *fromage gras*.

Fabrication. — Pour obtenir un *fromage maigre*, on laisse monter la

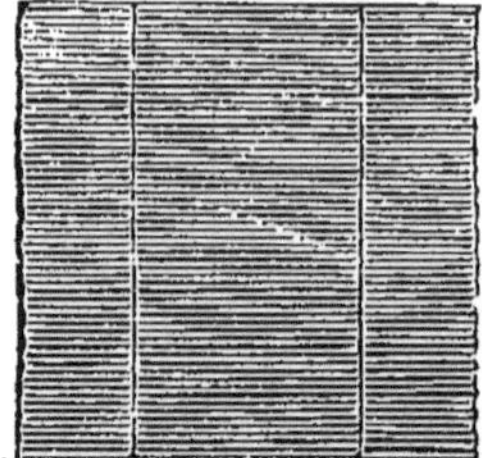

Paillasson

crème, on l'enlève, et on fait cailler le lait écrémé en y ajoutant un peu de *présure*. On met alors le caillé à égoutter dans des moules percés de trous et on a le fromage à l'état frais (*fig.*). Ensuite on le sale et on le porte à la cave pour le faire sécher. Pour obtenir un *fromage gras* on

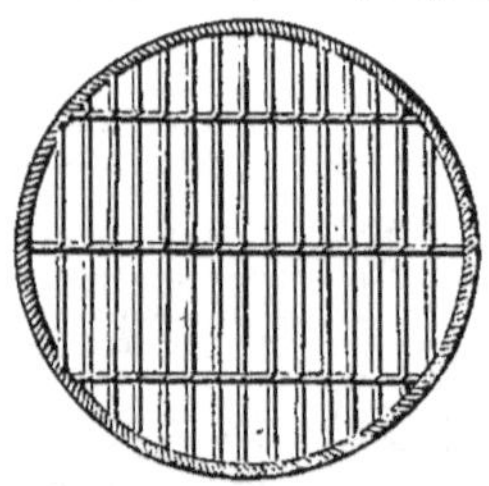

Clayon.

opère de la même manière, mais on

Fromagerie.

ajoute la présure avant que la crème soit montée. Celle-ci est par suite englobée dans la caséine par la coagulation. Quand on a le fromage frais, il faut

Forme de divers fromages. — 1. Gruyère; 2. fromage d'Auvergne; 3. Gex; 4, 5. Marolles en tuile, de Flandre; 6, 7. Marolles en pavé; 8. Brie; 9. Tête de mort; 10, 11. fromage de chèvre: 12 fromage d'Edam; 13. Neufchâtel; 14. Roquefort; 15. Mont-Dore; 16. Livarot; 17. Camembert

le faire sécher pour en assurer la conservation. Mais on dirige toujours cette dessiccation de manière à ce qu'il se produise en même temps une *fermentation* qui décompose une partie de la caséine et donne naissance à divers composés procurant au fromage son aspect et son goût particulier. Les divers fromages, dont les variétés sont innombrables, diffèrent justement les uns des autres par les conditions dans lesquelles s'est produite cette fermentation (*fig.*).

Classification. — On peut diviser les fromages en trois grandes catégories : 1º *Les fromages mous* (Brie, Neufchâtel, Camembert, Livarot, Pont-l'Evêque) ; 2º *fromages à pâte ferme et pressée* (Hollande, Chester, Roquefort, fourme d'Auvergne) ; 3º *fromages cuits* (Gruyère, Parmesan). On peut dire du reste qu'il y a autant de variétés de fromages que de centres de fabrication (*fig.*).

La fabrication du fromage est, dans la plupart des pays, mais particulièrement en Suisse, l'objet d'une industrie agricole de la plus grande importance. En France, la seule fabrication du *Brie*, dans le département de Seine-et-Marne, donne lieu à un commerce supérieur à 12 millions de francs. Les départements français qui produisent le plus de fromages sont : Calvados, Orne, Seine-Inférieure, Creuse, Aveyron, Cantal, Vosges, Isère, Jura, Doubs, Ain, Savoie, Marne, Seine-et-Marne.

Le fromage a d'ailleurs une très grande valeur alimentaire. Il est plus riche en azote que la viande elle-même. Le fromage maigre, moins agréable au goût, a une puissance nutritive égale au moins à celle du fromage gras.

froment. — Le *froment* ou *blé* est

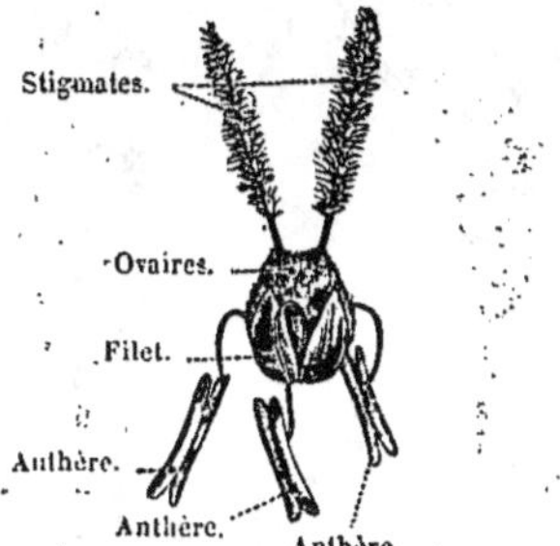

Fleur de froment détachée de l'épi.

la plus importante des céréales (*fig.*). On cultive le froment depuis les

temps les plus reculés, car on le retrouve dans les débris laissés par les hommes de l'âge de la pierre ; le froment doit une grande partie de son importance, non seulement à ses qualités alimentaires, mais aussi à sa rusticité, qui permet de le cultiver sur la plus grande partie de la surface de la terre.

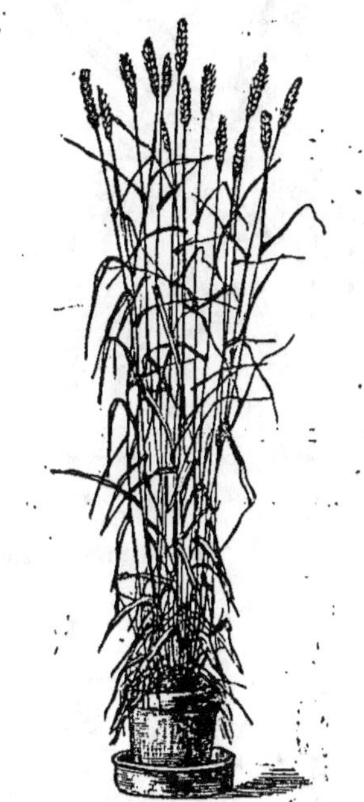

Froment, port de la plante (hauteur, 1ᵐ,20).

Le nombre des espèces cultivées est assez considérable ; ces espèces se divisent : en *blés nus* dont le grain tombe de l'épi en laissant les glumelles (*froment commun*) et *blés vêtus* dont le grain reste emprisonné entre les glumelles (*épeautre*). Parmi les diverses espèces, les unes se sèment en mars et arrivent à maturité en juillet et en août, dans nos climats ; les autres, nommés blés d'automne, se sèment en automne, passent l'hiver en terre et arrivent à maturité à la même époque. Les blés d'automne fournissent en général les meilleures récoltes. Les uns et les autres demandent des fumures abondantes.

Pour faire la récolte, on fauche les chaumes au ras du sol, on met le blé en gerbes, puis en meules, à moins qu'on ne le rentre en grange. Le bat-

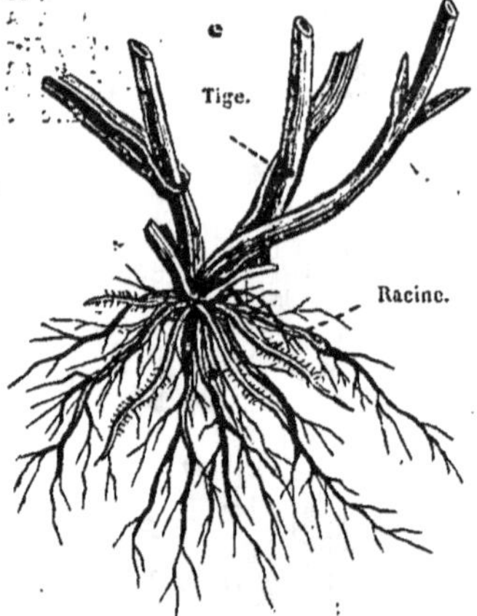

Racine fasciculée du froment.

tage, qui a pour but la séparation du grain d'avec la paille, se fait au *fléau*,

et les *blés tendres* (*fig.*). Les *blés tendres* (nord et centre de la France) ont le grain à cassure blanche ; ils ren-

Épi de froment en fleurs.   Battage au fléau.

ferment 12 pour cent de gluten. Les *blés durs* (Auvergne, midi de la France, Algérie) ont le grain à cassure cornée ; ils renferment 20 pour cent de gluten :

<h3 style="text-align:center">DIVERSES VARIÉTÉS DE FROMENT.</h3>

Blé Saumur d'automne.   Blé d'Odessa.   Blé Chiddam-Kane.   Blé hérisson.   Blé barbu.

ou à la *batteuse mécanique* (*fig.*) (voy. battage).

D'après la composition et l'aspect des grains, on distingue les *blés durs*

ils sont donc plus nutritifs ; ils sont en outre d'une conservation plus facile ; le pain qu'ils fournissent est moins blanc. Les régions de la France qui produisent le plus de blé sont la Beauce, la Brie, la Lorraine, la Pi-

Battage à la mécanique. — *La machine à vapeur* locomobile placée à droite fait marcher la *batteuse* placée à gauche. (Voy. **battage**.)

cardie; nous importons beaucoup de blé de Russie et d'Amérique.

fromental. — Une des principales *graminées* qu'on rencontre dans les

Fromental (hauteur, 0ᵐ,60).

prairies naturelles. On la nomme aussi *avoine élevée* (*fig.*).

fruits. — Lorsque la fécondité s'est opérée, la *fleur* ne tarde pas à se flétrir. Le plus souvent toutes les parties accessoires, calice, corolle, étamines, se dessèchent et tombent; il en est de même de cette partie du pistil qui comprend le style et le stigmate. L'ovaire, au contraire, prend un développement considérable et constitue le *fruit;* en même temps, les ovules renfermées dans l'ovaire grossissent pour former les *graines*. Le fruit provient donc du développement de l'*ovaire,* et les graines proviennent du développement des *ovules* (*fig.*).

Le *péricarpe* est la portion du fruit qui provient du développement de l'ovaire; c'est ce qui entoure les graines. Dans la *cerise,* le péricarpe est formé par le noyau, par la chair qui se mange et par la peau. La graine est au centre du noyau. Dans la pomme, les graines, au nombre de plusieurs, sont au centre : ce sont les *pépins;* tout le reste de la pomme constitue le péricarpe. Le péricarpe de la *citrouille* prend un énorme développement. Dans le *haricot,* la graine est constituée par les grains du haricot, et le péricarpe par la gousse qui les entoure. Tantôt le péricarpe est charnu, comme dans la *prune,* la *cerise,* la *groseille,* le *melon,* etc.; tantôt il est sec, comme dans le *pissenlit,* le *sarrasin,* le *froment,* la *fève,* le *chou,* le *pavot,* etc. (Voyez **déhiscence, graine.**)

Nous faisons servir à l'alimentation le péricarpe d'un grand nombre de fruits. La culture a su favoriser le développement du péricarpe, de telle manière que les arbres des fruits cultivés soient plus gros et plus savoureux que ceux des arbres sauvages. Avec le *raisin* on fait le vin, l'alcool, le vinaigre; avec la pomme on fait le cidre; l'*olive* donne de l'huile.

fuchsia. — Arbuste cultivé comme plante ornementale, à cause de l'élé-

Fuchsia, rameau fleuri (la hauteur de la plante peut dépasser 3 mètres).

gance de ses fleurs et la durée de sa floraison, qui se prolonge jusqu'aux gelées; la multiplication se fait par

DIVERSES FORMES DE FRUITS.

A, trace des sépales disparus.

A, pépins ou graines.

La poire est un *fruit charnu* renfermant plusieurs graines entourées d'une membrane légèrement durcie ; ces graines se nomment *pépins*.

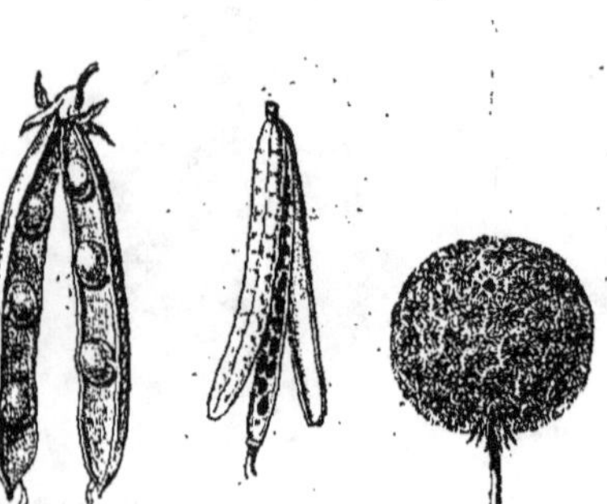

Pulpe.

Noyau.

Bouquet de cerises.

Cerise ouverte
et son amande.

La Cerise, comme tous les fruits à *noyau*, est une *drupe* ; c'est encore un *fruit charnu*.

La groseille est une *baie*, les graines nagent dans un péricarpe pulpeux ; c'est aussi un *fruit charnu*.

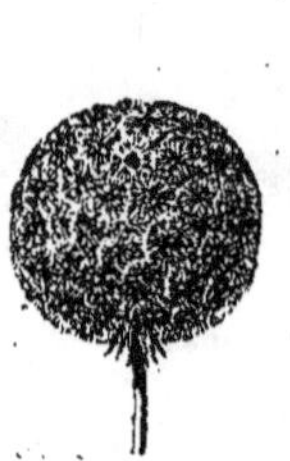

Le pois, le colza (fruits secs) sont des *gousses* qui s'ouvrent en long au moment de la maturité.

Le pissenlit a des fruits à *aigrettes*, que le vent peut emporter au loin.

L'œillette et le pavot (*fruits secs*) sont des *capsules* contenant un grand nombre de graines qu'elles laissent échapper au moment de la maturité, par les trous du sommet.

boutures. Certaines variétés ne dépassent pas quelques décimètres de hauteur; d'autres atteignent 3 et 4 mètres. Les fuchsias peuvent passer l'hiver en pleine terre dans les climats doux, où les gelées sont faibles et rares (Bretagne, île de Jersey) (*fig.*).

fuchsine. — Voy. **aniline.**

fucus. — Voy. **algues.**

fulmi-coton. — Voy. **coton-poudre.**

fulminates. — Composés très détonants qu'on obtient en traitant l'*alcool* par l'*acide azotique* et l'*azotate d'argent* (on a alors le *fulminate d'argent*), ou l'*alcool* par l'*acide azotique* et l'*azotate de mercure* (on a le *fulminate de mercure*).

Ce sont les plus instables et les plus dangereux explosifs employés en pyrotechnie. On en fait les amorces qui doivent faire partir les cartouches des fusils et des canons, les obus, les torpilles, les cartouches de dynamite. Ces amorces sont généralement constituées par de petites capsules en cuivre mince, au fond desquelles on introduit un ou deux centigrammes de fulminate de mercure. L'industrie française fabrique chaque année 830 millions de capsules, dont 620 millions pour l'exportation.

Les armes dites de salon emploient des cartouches dans lesquelles il n'y a pas de poudre, mais seulement du fulminate de mercure. Le fulminate d'argent sert pour les jouets d'enfants (pétards, cosaques, pois fulminants). Ces joujoux ne sont pas sans danger, car il arrive parfois que, par suite d'imprudence, une boîte entière détone à la fois.

fumée. — La *fumée* qui se dégage des corps en combustion a une composition variable. Elle renferme surtout l'air chaud qui a traversé le foyer, air qui renferme beaucoup moins d'oxygène que l'air normal, et, à la place, une grande quantité d'acide carbonique, résultant de la combustion du charbon qui se trouve dans tous nos combustibles usuels. Ces gaz, assez fortement chauffés, sont plus légers que l'air, et c'est pour cela qu'ils s'élèvent dans l'atmosphère.

La fumée qui renfermerait seulement de l'air et de l'acide carbonique serait invisible; c'est ce qui arrive de la fumée du charbon de bois, aussi dit-on que ce corps brûle sans fumée. Mais nos combustibles renferment aussi, presque toujours, de l'hydrogène qui, en brûlant, donne de la vapeur d'eau;

cette vapeur, en arrivant dans l'air froid, se condense en un nuage qui rend la fumée visible. En outre, divers composés, résultant d'une combustion incomplète, sont entraînés, du charbon en poussière impalpable monte également, ce qui rend souvent la fumée noire, et capable de ternir les objets au contact desquels elle se trouve. La *suie* est justement formée par une partie de ces substances, qui se déposent dans la cheminée.

fumeterre. — Plante de la famille des papavéracées, qui rampe sur le sol, et qu'on considère en agriculture comme une mauvaise herbe. Les différentes parties de la fumeterre ont un goût très amer; on l'emploie en médecine contre la scrofule et les dartres, parce qu'elle est tonique et dépurative.

fumier. — Le *fumier de ferme*

Fumier. — Le *sol* des étables doit présenter des pentes **AB, CD**, pour l'écoulement des urines dans la citerne à *purin* E.

Fumier négligé.

Arrosage avec le purin.

Fumier préservé par des branchages.

Fumier sous hangar couvert en paille.

Fumier. — On ne mettra pas le fumier simplement sur le sol, même en le préservant de la pluie par des branchages ou un hangar, car le *purin* s'écoulerait et serait perdu.

(voy. **engrais**) est le plus important des engrais. Mais il ne possède toutes

ses qualités qu'autant qu'on prend

Fumier. — On ne mettra pas le fumier dans un trou cimenté, car la partie inférieure serait trop humide et la partie supérieure trop sèche.

pour le conserver des précautions

Fumier. — On disposera le fumier sur une *plate-forme* cimentée, inclinée et munie d'une *rigole* destinée à conduire le *purin* dans une *fosse*. De temps en temps on arrosera le fumier avec le purin puisé dans la fosse. Dans le midi, où le soleil est ardent, il sera bon de recouvrir le fumier d'un hangar, comme il est indiqué dans l'une des figures précédentes.

convenables, comme l'indique les figures ci-jointes (*fig.*).

fumigation. — En médecine on nomme *fumigation* l'opération qui consiste à faire arriver sur un organe malade un médicament qu'on a réduit en vapeur par l'action de la chaleur.

Les fumigations produisent des effets en rapport avec le médicament vaporisé. Ainsi les décoctions des plantes de la famille des malvacées donnent des fumigations *émollientes*. Celles des plantes aromatiques donnent des fumigations excitantes; dans les rhumatismes, on dirige sur la peau des fumigations stimulantes d'alcool. On a des fumigations sèches en faisant brûler des baumes, des résines, du soufre; ainsi on guérit la gale et diverses maladies de la peau en faisant arriver sur les parties malades l'*acide sulfureux* venant de la combustion du soufre.

En temps d'épidémie, ou après une maladie contagieuse, on désinfecte l'air des appartements avec des fumigations de substances antiseptiques, comme l'acide phénique.

furet. — Le *furet* (*fig.*) est un mammifère *carnivore* qui n'est sans doute qu'une variété du putois. Cet animal est originaire d'Afrique; on ne le trouve en France qu'à l'état de domesticité. Il est jaunâtre, avec des yeux roses; sa longueur est inférieure à 50 centimètres, la queue comprise.

On dit que le furet a été employé autrefois dans les habitations pour détruire les rats; il aurait été ensuite remplacé par le chat, qui n'a pas son odeur désagréable. Les chasseurs utilisent ses instincts carnassiers pour chasser le lapin. On le fait entrer dans les terriers, d'où il fait sortir les rongeurs, qui viennent se faire prendre dans des filets disposés à cet effet, ou se faire tuer par les plombs des chasseurs.

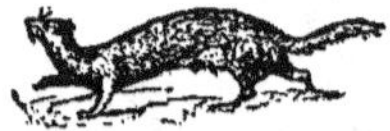

Furet (Longueur du corps, 0m,35).

Mais le furet n'est pas en réalité domestiqué; il n'obéit pas à son maître, qu'il mord souvent, et doit être tenu en captivité. Dans la chasse aux lapins il saisit l'animal chaque fois qu'il peut s'en emparer, suce son sang et s'endort ensuite sur sa victime, sans songer à aller retrouver son maître. Aussi lui met-on des grelots pour que son arrivée mette en fuite les lapins et les empêche d'être atteints; on le munit en outre d'une muselière.

furoncle. — Le *furoncle*, ou *clou*, est une élevure sur la peau, de forme conique, avec sommet pointu, d'abord rouge et démangeante, puis très douloureuse. Au bout de quelques jours la pointe blanchit et laisse échapper de l'humeur et une petite masse jaunâtre, nommée le *bourbillon*. Le furoncle se rapproche beaucoup de l'anthrax; mais il est moins grave et moins étendu.

De mauvaises conditions hygiéniques prédisposent aux furoncles. Peut-être ces petits accidents sont-ils dus à l'action d'un microbe qui s'introduit dans l'organisme et détermine une série souvent longue de furoncles successifs. On traite en appliquant sur la rougeur un morceau de *sparadrap* ou de *diachylon*; si la douleur est vive on met des cataplasmes arrosés de quelques gouttes de laudanum. Quand le furoncle est mûr, on peut en activer la guérison en le perçant au bistouri.

fusain. — Arbuste dont on cultive en France deux espèces. Le *fusain d'Europe*, ou *bonnet de prêtre*, se rencontre dans les bois et les haies ; avec son bois, carbonisé en vase clos, on fait les baguettes de charbon employées, sous le nom de fusain, pour dessiner. Le *fusain à larges feuilles*, répandu dans les forêts de l'Ain, de l'Isère et du Var, n'a pas plus d'im-

Fusain, rameau avec *fruits* (hauteur, 4 mètres).

portance. On fait parfois entrer le charbon de fusain dans la composition de la poudre de guerre. L'arbuste est surtout reconnaissable à ses fruits d'un beau rouge, en forme de *bonnet carré* (*fig.*).

fusée. — Voy. **pyrotechnie.**

fusil. — Dans les *fusils* du commencement du siècle, l'inflammation se faisait par un *briquet*. Le chien, portant le silex ou pierre à feu, frappait en tombant une pièce en acier appelée batterie. Ce choc faisait jaillir des étincelles qui enflammaient quelques grains de poudre contenus dans le bassinet. Un trou percé dans le canon, à hauteur du bassinet, laissait passer la flamme qui mettait le feu à la charge de poudre placée dans le fusil (*fig.*).

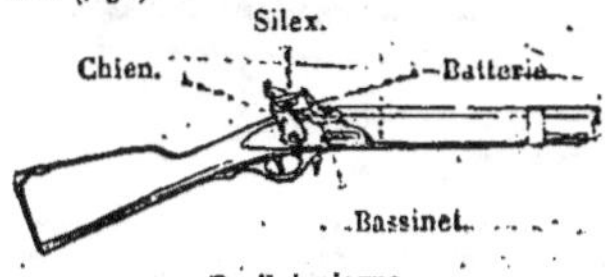

Fusil à pierre.

Au fusil à silex succéda le *fusil à piston*, ou *à capsule* ; le feu était mis par une *capsule* chargée de *fulminate* qui s'enflammait par le choc du *chien* sur la *cheminée* (*fig.*).

Aujourd'hui on se sert de fusils se chargeant par la culasse, à l'aide d'une *cartouche*. La cartouche de l'ancien fusil de guerre français, dit *fusil Gras*, est constituée par un étui en laiton E, qui contient 5 gr. 25 de poudre, plus

une balle entourée d'une petite bande de papier, et une *bourre* en cire O, qui sépare la poudre de la balle. Au bas de

l'étui est une *amorce* en cuivre remplie de fulminate. Au moment où l'amorce est frappée, le fulminate s'enflamme et met le feu à la poudre en passant par deux petits trous appelés évents (*fig.*).

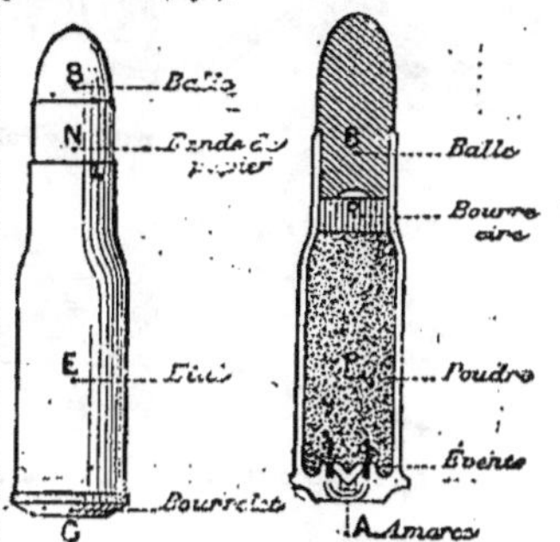

Cette cartouche se met dans le canon en ouvrant une culasse mobile ; puis

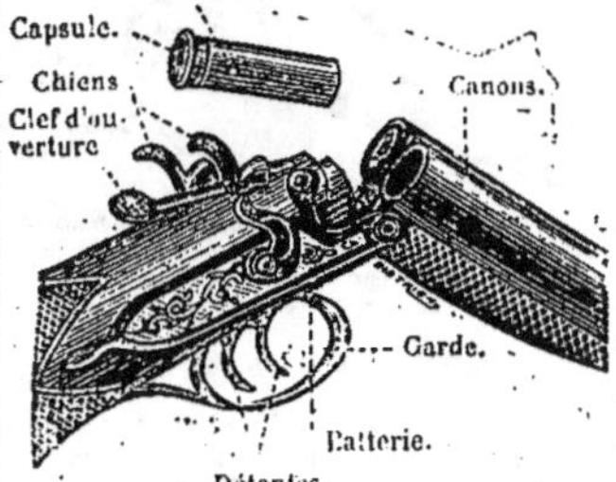

on ferme la culasse. En appuyant sur la détente, on lance en avant un *per-*

cuteur, contenu dans la culasse mobile; cette tige frappe l'amorce de la cartouche et fait partir le coup (*fig.*).

On fait aussi usage, dans l'armée française, d'un *fusil à répétition*, dit fusil Lebel; qui peut contenir 10 cartouches dans un *tube magasin* placé sous le canon.

Quand on vient de tirer un coup de fusil, on n'a qu'à ouvrir la culasse et à la refermer aussitôt, pour que l'étui de la cartouche précédente soit automatiquement jeté dehors, et qu'une nouvelle cartouche vienne se mettre en position (*fig.*).

Il faut quarante secondes à un tireur exercé pour brûler les dix cartouches que peut contenir le fusil à répétition.

Tout le monde connaît le mécanisme du fusil de chasse dit Lefaucheux, qui se charge aussi par la culasse, et la forme de sa *cartouche* (*fig.*).

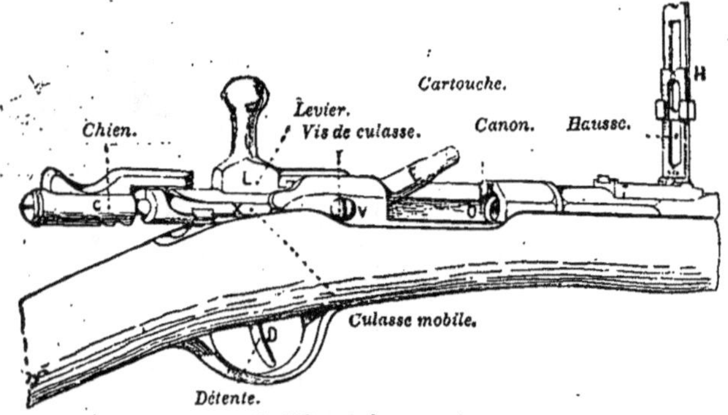

Fusil Gras, culasse ouverte.

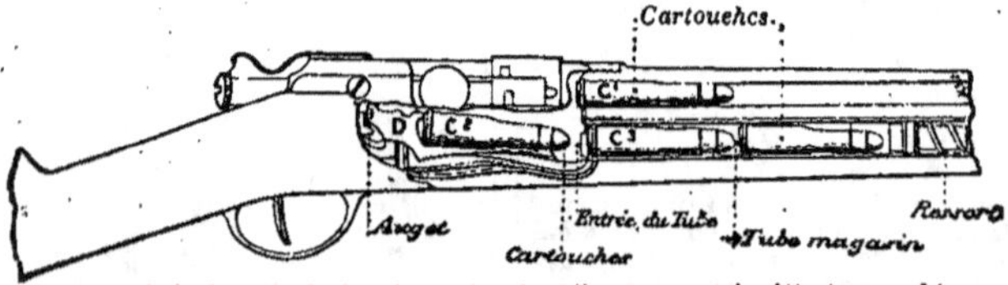

Fusil à répétition (fusil chargé). — On n'a qu'à presser sur la détente pour faire partir la cartouche.

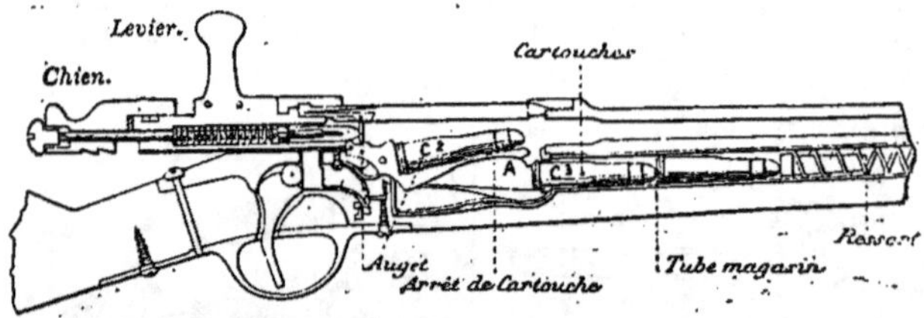

Fusil à répétition (fonctionnement du mécanisme). — Le premier coup ayant été tiré, on ouvre la culasse en agissant sur le levier; l'étui de la première cartouche est expulsé, et la seconde cartouche, poussée par le *ressort* hors du *tube-magasin*, vient d'elle-même se mettre dans la chambre; qu'on repousse alors la culasse, et le second coup sera immédiatement prêt à partir.

fusion. — Quand un solide est chauffé, et qu'il devient liquide, on dit qu'il y a *fusion*. La fusion se fait selon les lois suivantes :

1° *Un corps solide commence toujours à fondre à la même température, dite température de fusion.* — Cette température est de — 40° pour le mercure, 0 pour la glace, 44 pour le phosphore, 68 pour la cire blanche,

228 pour l'étain, 954 pour l'argent, 1 500 pour le fer.

2° La température d'un corps qui fond demeure invariable pendant toute la durée de la fusion. — Cela prouve que, pendant la fusion, la chaleur du foyer est employée à opérer le changement d'état, et qu'elle n'est plus disponible, par suite, pour élever la température.

Il y a des corps qu'on n'est pas encore parvenu à fondre, aussi fortement qu'ils aient été chauffés (*chaux vive, charbon*), d'autres sont détruits par l'action de la chaleur, mais ne fondent pas (bois, pierre calcaire). Beaucoup de corps, au lieu de fondre tout d'un coup, comme la glace, se ramollissent progressivement (verre, cire, fer). L'industrie tire un parti précieux du ramollissement du verre et du fer dans le travail de ces deux importantes substances; c'est pendant qu'il est pâteux qu'on souffle le verre pour lui donner toutes les formes; de même avec le marteau on donne au fer toutes les formes pendant qu'il est mou.

Quand un solide est fondu, il donne ordinairement un liquide dont la densité est un peu moindre que la sienne. Ainsi quand on fond du soufre, on voit que les morceaux non encore fondus sont au fond . le soufre solide est donc plus dense que le soufre liquide. C'est l'inverse qui se produit pour la glace; la glace est plus légère que l'eau, fait qui a une grande importance dans la nature. En hiver, quand un vase est plein d'eau et fermé, et que cette eau se congèle, le vase est brisé; la glace, en effet, occupe plus de volume que l'eau (puisque sa densité est moindre), et en se formant elle brise tous les obstacles.

G

gadoue. — Mélange de balayures des rues, d'ordures ménagères, qui constitue ce qu'on nomme aussi la *boue des villes*. C'est un engrais estimé des cultivateurs, qui l'emploient après lui avoir fait subir une fermentation assez prolongée.

gaïac. — Arbre des Antilles dont le bois, l'écorce et la racine sont employés en médecine. La teinture de gaïac, obtenue en faisant séjourner le bois dans de l'alcool, entre dans la composition de plusieurs dentifrices. Le bois est très dur, aussi est-il employé pour la confection des poulies, des roulettes de meubles, qui doivent supporter un grand frottement.

gaillet. — Le *gaillet*, ou *caille-lait*, est une herbe de la famille des *rubiacées*; on en trouve en France un grand nombre d'espèces à l'état sauvage sur les bords des chemins, dans les buissons, sur la lisière des bois. La racine, analogue à celle de la garance, pourrait fournir une matière colorante rouge. Cette plante n'a pas, du reste, la propriété de faire cailler le lait, mais on s'en sert pour colorer et aromatiser le fromage, notamment celui de Chester (Angleterre) (*fig.*).

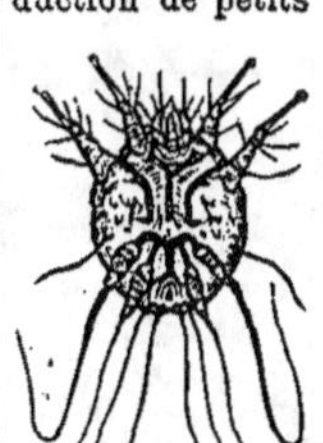

Gaillet.

gale. — Maladie très contagieuse de la peau, causée par un très petit animal, l'*acare* ou *sarcopte* de la gale. Cet animal passe d'une personne à une autre; il se communique aussi par les vêtements; il attaque principalement les mains, les pieds, l'aisselle, la poitrine, et il cause de vives démangeaisons, puis la production de petits

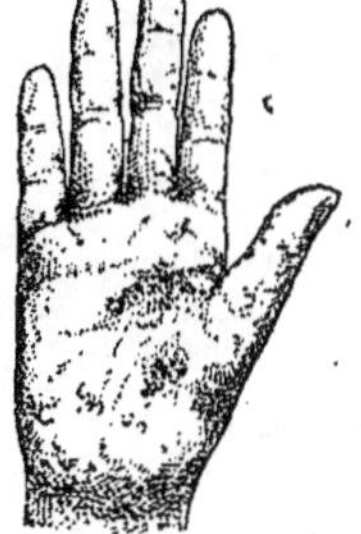

Acarus de la gale.   Main atteinte de la gale

boutons qui suintent et laissent des croûtes. La guérison est aisée et rapide par des frictions à l'aide d'une pommade soufrée, qui détruit les acares (*fig.*).

galle (*noix de*). — Excroissance que l'on rencontre sur les branches d'un petit chêne tortueux, répandu surtout dans l'Asie Mineure. Cette excroissance provient de la piqûre d'un insecte, qui perce les bourgeons et dépose un œuf dans la blessure; le bourgeon donne alors naissance à la noix de galle, au centre de laquelle se trouve l'œuf; quand l'insecte est né, et qu'il a accompli sa métamorphose, il perce la noix et sort (*fig.*).

Galle du chêne et insecte qui la produit.

La noix de galle la plus estimée est la noix d'Alep (Syrie), grosse comme une noisette, d'une couleur verdâtre, lourde. Elle renferme une grande quantité de *tannin*. On l'emploie en grande quantité dans la teinture et l'impression en noir, dans la fabrication de l'*encre*. (Voy. **tannin**.)

galles. — D'une manière générale, on donne le nom de *galles* à des excroissances qui se développent sur toutes les parties des végétaux, par suite de la piqûre d'insectes de différentes familles. Les chênes, en particulier, produisent un grand nombre d'espèces de galles, dont plusieurs se trouvent dans le commerce; ce sont des produits de peu d'importance.

gallinacés. — Oiseaux caractérisés par des ailes courtes, un bec fort membraneux à sa base, des pattes fortes, quelquefois complètement emplumées, une tête petite. Le plumage des mâles est ordinairement plus brillant que celui des femelles; le

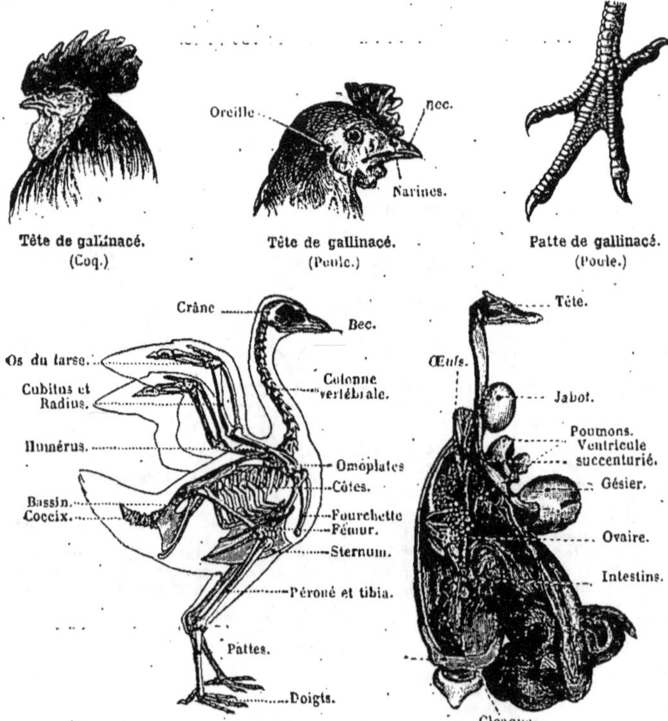

Squelette de gallinacé (poule).

Organes de la nutrition d'un gallinacé (poule).

mâle a en outre une crête plus ou moins volumineuse et des ergots.

gnoires. On galvanise les clous, les chaînes, les toiles et treillis métal-

Pintade. Faisan. Dindon. Paon. Poules.

Les gallinacés domestiques.

Les gallinacés renferment les plus importants de nos oiseaux domesti-

Cailles. Perdrix.

Les gallinacés sauvages.

ques, et plusieurs oiseaux sauvages alimentaires (*dindon, pintade, faisan, paon, coq, perdrix, caille*) (*fig.*).

galvanisation. — Opération qui consiste à recouvrir le fer d'une couche de *zinc*, pour le préserver de la rouille. On dit alors que le fer est *galvanisé*; l'opération se fait tout simplement en plongeant le fer dans un bain de zinc en fusion, après l'avoir bien décapé.

La galvanisation préserve beaucoup mieux le fer que ne le fait l'étamage. Avec le fer galvanisé on confectionne les tuyaux de poêle et de cheminée qui doivent être placés à l'extérieur, loin du foyer, les gouttières, les tuyaux de conduite d'eau, de vapeur, les bai-

liques, etc. Les fils de fer télégraphiques sont galvanisés.

Le fer galvanisé doit être rigoureusement proscrit de tous les usages culinaires. Le vin, l'eau-de-vie, l'eau salée, le lait, l'huile, le vinaigre, les aliments conservés dans des vases en zinc, ou en fer galvanisé, peuvent devenir vénéneux.

galvanomètre. — Instrument destiné à reconnaître si un fil métal-

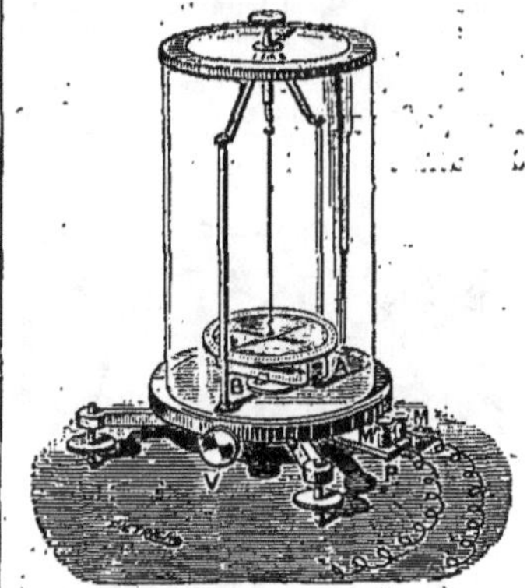

Galvanomètre. — Le courant arrive par les bornes M et M', passe dans le fil enroulé autour du cadre AB, et fait dévier l'aiguille aimantée.

lique est traversé par un courant électrique et à mesurer l'intensité de ce courant. Il est basé sur ce fait, qu'un fil dans lequel passe un courant, placé à une petite distance d'une aiguille aimantée, fait dévier cette aiguille de la direction qu'elle prend sous l'action de la terre (*fig.*).

galvanoplastie. — *Opération qui* a pour but le dépôt, à la surface d'un moule, d'une couche de cuivre assez épaisse pour qu'on puisse la séparer

Galvanoplastie. — Moule en creux, en gutta-percha, qu'on suspend dans le bain par un fil de fer, et sur lequel se déposera le cuivre.

de l'objet sur lequel le dépôt s'est produit.

Pour reproduire un objet par la galvanoplastie, on commence par prendre de cet objet une empreinte en gutta-percha ou en plâtre. Cette empreinte constitue un *moule,* qu'on rend conducteur de l'électricité en le frottant, aux endroits où doit se faire le dépôt galvanique, avec de la mine de plomb réduite en poudre fine. Le moule obtenu, on le suspend, par un fil de cuivre, dans une dissolution concentrée de sulfate de cuivre; en face de ce

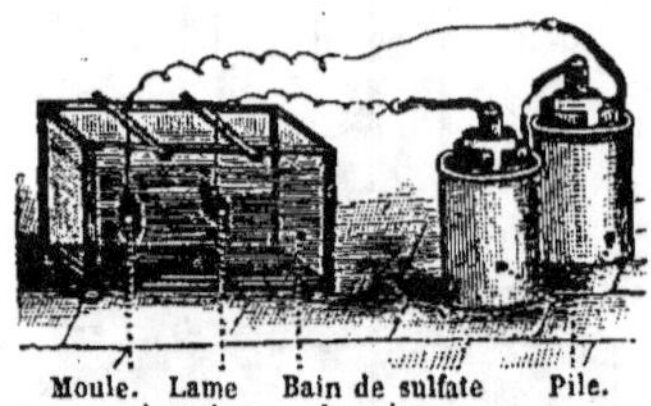

Galvanoplastie. — Le courant de la pile traverse la dissolution de sulfate de cuivre qui constitue le bain; le sulfate est décomposé et le dépôt de cuivre se fait sur le moule.

moule on suspend dans le même bain, par un autre fil, une plaque de cuivre. Puis on met le moule en communication avec le pôle négatif d'une pile, et la plaque de cuivre en communication

avec le pôle positif. Le courant décompose le sulfate de cuivre (voy. **effets des piles**) et dépose sur le moule une couche métallique dont l'épaisseur augmente lentement. Quand cette épaisseur est devenue assez grande, on arrête l'action du courant, et on sépare la couche métallique du moule sur lequel elle s'est déposée (*fig.*).

Les *applications de la galvanoplastie* sont importantes ; on l'utilise pour la reproduction des bustes, des statues, des ornements d'architecture. La typographie en reçoit un secours important; les vignettes des livres s'obtiennent à l'aide de planches de bois gravées au burin; au lieu de faire l'impression directement avec ces planches, qui s'useraient rapidement et devraient être ensuite refaites par l'artiste, on les reproduit par la galvanoplastie. Ces reproductions galvaniques de la planche originale servent au

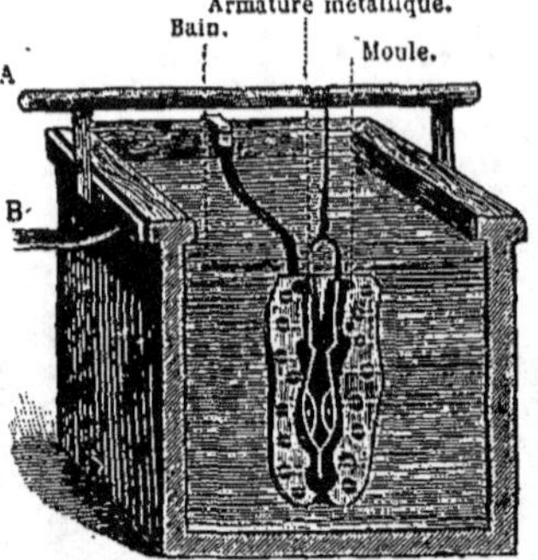

Galvanoplastie. — *Reproduction d'une ronde bosse.* — Le moule en creux est suspendu dans le bain de sulfate de cuivre par une lame métallique qui communique avec le pôle négatif d'une pile; une armature métallique intérieure, communiquant avec le pôle positif, amène le courant.

tirage des vignettes; on conserve dès lors la planche gravée par l'artiste, et on en fait une nouvelle reproduction galvanique chaque fois que cela est nécessaire.

gamme. — La *gamme* est une série de *notes* employées par les musiciens pour exprimer leurs mélodies. Ces notes ont reçu les noms suivants : *ut* (ou *do*), *ré, mi, fa, sol, la, si;* à la suite d'une gamme en vient une autre, plus élevée, mais dont les notes présentent entre elles les mêmes relations de son que dans la précédente. On sait que la *hauteur* d'un *son* dépend du nombre des vibrations produites en une seconde par l'instrument; dans les différentes notes d'une même gamme ces nombres de vibrations présentent entre eux des rapports très simples, rapports qui sont d'ailleurs les mêmes dans toutes les gammes. Il suffit de connaître ces rapports pour pouvoir calculer le nombre de vibrations de toutes les notes, quand on sait le nombre de vibrations de l'une d'elles. Ces rapports sont les suivants :

ut ré mi fa sol la si
1 9/8 5/4 4/3 3/2 5/3 15/8

Nous savons (voy. **diapason**) que le *la* du diapason correspond à 870 vibrations par seconde. L'*ut* précédent aura un nombre de vibrations qui sera 870, divisé par 5/3, ou 522; le *fa* de la même gamme aura un nombre de vibrations qui sera 522, multiplié par 4/3, ou 696; et ainsi de suite. Pour passer d'une gamme à la suivante on n'a qu'à doubler tous les nombres de vibrations; pour passer d'une gamme à la précédente on n'a qu'à diviser par 2 tous les nombres de vibrations.

Pour avoir le nombre de vibrations d'une note diézée, il suffit de multiplier par 25/24 le nombre de vibrations de la note naturelle, pour avoir le nombre de vibrations d'une note bémolisée, il suffit de diviser par 25/24 le nombre de vibrations de la note naturelle.

ganglions. — Les *ganglions lymphatiques* sont des renflements qu'on observe de distance en distance sur le trajet des *vaisseaux lymphatiques* ; quand ces ganglions lymphatiques sont enflammés, il en résulte une enflure douloureuse vulgairement nommée *glande* *.

Au contraire, on nomme vulgairement *ganglion* une grosseur dure, non douloureuse, qui se forme sur le trajet d'un tendon, et qui n'a aucun rapport avec les ganglions lymphatiques. Cette grosseur, qui survient ordinairement à la suite d'une contusion, d'une entorse ou de travaux fatigants, disparaît souvent par des badigeonnages à la teinture d'iode; souvent aussi elle exige l'intervention du chirurgien.

gangrène. — Mort d'un tissu survenant par suite de la cessation de la circulation du sang dans les vaisseaux capillaires de ce tissu. Tantôt ce sont les artères précédant les vaisseaux capillaires qui ne leur fournissent plus de sang; tantôt ce sont les veines qui cessent de fournir un écoulement au sang contenu dans les capillaires. Cette maladie survient comme conséquence de diverses maladies des artères et des veines (*anévrisme, embolie, phlébite, ligature des artères et des veines*); les *ulcères* causés par une coagulation du sang dans les capillaires peuvent être considérés aussi comme une variété de gangrène (*fig.*).

Quand la gangrène résulte de l'oblitération des artères, le tissu privé de sang se dessèche (gangrène sèche) ; si ce sont les veines qui sont oblitérées, les capillaires ont au contraire un excès de sang qui ne peut s'écouler (gangrène humide).

Quand un organe se gangrène, la couleur de la peau devient noire, il y a gonflement, ou au contraire dessiccation du tissu, la température baisse, la sensibilité disparaît, il se développe une odeur de putréfaction. Puis la partie gangrenée tombe en *escarres*, laissant une plaie qui se cicatrise peu à peu.

Vaisseaux lymphatiques de la jambe.

Gangrène.

Dans son développement, souvent considérable, la maladie détermine des troubles graves dans l'économie, et fréquemment la mort.

Le traitement varie avec la cause première ; il faut dans tous les cas favoriser la circulation du sang en enlevant tout bandage, en plaçant le malade dans une position convenable, en frictionnant avec les substances excitantes; puis on favorise la chute des escarres. Le malade reçoit une alimentation substantielle, si sa santé générale le permet. L'amputation du membre est fréquemment nécessaire.

garance. — Matière colorante rouge autrefois très importante, aujourd'hui presque complètement délaissée, depuis que la chimie permet la fabrication de l'*alizarine* artificielle, qui est identique à la garance naturelle et d'un prix moins élevé.

Garance, rameau fleuri (hauteur de la plante, 2ᵐ,05).

La *garance* est fournie par une plante qui porte le même nom. C'est un arbrisseau de la famille des *rubiacées*, qu'on cultivait en grand en Alsace, en Hollande et dans les environs d'Avignon.

La matière tinctoriale est renfermée dans la racine. Cette racine, pulvérisée, est justement le produit nommé garance dans le commerce ; c'est une poudre rouge, odorante. La matière colorante contenue dans cette poudre donne des nuances rouges d'une grande solidité.

Aujourd'hui on ne cultive presque plus la garance.

gardon. — Poisson d'eau douce qui présente les caractères généraux de la carpe. Corps ovale, comprimé, couvert d'assez grandes écailles festonnées. Couleurs souvent très vives. Taille maxima 40 cent. Se trouve dans toute l'Europe et une partie de l'Asie ; commun dans la mer Baltique.

C'est un des poissons blancs les plus communs de France, dans les eaux limpides et les fonds sablonneux ; se trouve toujours en troupe. Vit d'insectes aquatiques et de matières végétales en décomposition. Pond en avril ; les petits éclosent 15 jours après. Chair blanche et un peu fade ; énormément d'arêtes.

gargarisme. — Liquide avec lequel on se lave l'intérieur de la bouche et la gorge, en l'agitant en tous sens sans l'avaler. Il faut toute une petite éducation pour arriver à se gargariser convenablement le fond de la gorge.

Les gargarismes ont une composition qui correspond au mal à combattre ; les uns sont *adoucissants* (décoction de racine de guimauve, lait tiède...), les autres sont *astringents* (infusion de feuilles de ronces, dissolution d'alun, tannin, vinaigre...). Les gargarismes sont particulièrement employés pour le traitement des maladies de la gorge.

garou. — Arbrisseau du genre *daphné* qui croît en particulier dans le Languedoc. L'écorce est employée en médecine, sous le nom de garou, à cause de ses propriétés vésicantes. On fait tremper un peu d'écorce dans du vinaigre, puis on applique cette écorce sur la peau, en la maintenant avec une bande de toile ; il se produit une ulcération qui constitue un *vésicatoire*. Avec cette écorce on fait des pommades qui servent à entretenir la suppuration des vésicatoires.

gastralgie (grec : *gaster*, estomac ; *algos*, douleur). — Maladie de l'estomac caractérisée par des douleurs souvent très violentes, avec sensation de pincement, de morsure, de crampe, de froid, siégeant d'abord au creux de l'estomac, puis s'étendant au ventre et au dos ; pas de fièvre.

Les accès arrivent à des intervalles plus ou moins éloignés et durent de quelques minutes à quelques heures ; la douleur est parfois assez forte pour produire des syncopes. Ordinairement il n'y a pas de vomissements. Ces accès se nomment aussi *crampes d'estomac*. Ils surviennent surtout avant les repas. La gastralgie résulte souvent d'excès de table et de boissons alcooliques ou excitantes (café, thé), de chagrins, d'excès de travail intellectuel ; accompagne souvent l'anémie.

Le traitement consiste avant tout à supprimer la cause qui a amené la maladie, à combattre la constipation ; il exige un régime très régulier ; les eaux de Plombières, Vichy, Vals, etc., sont utiles. On calme les accès par l'opium, l'éther, des cataplasmes sur l'estomac, très chauds et arrosés de laudanum.

gastrique (suc). — Voy. **estomac**.

gastrite (grec : *gastèr*, estomac). — Inflammation de l'estomac qui survient dans les circonstances les plus diverses (mauvaise alimentation, excès de table et de boissons, coups ou blessures, suite de fièvres éruptives, de fluxion de poitrine, de rhumatisme, etc., chagrin, fatigues exagérées, abus des purgatifs).

La **gastrite aiguë** débute par la perte de l'appétit, la soif, l'insomnie, la fièvre, une douleur au creux de l'estomac ; la langue, rouge sur les bords, est jaune et sèche au milieu. Puis surviennent des vomissements. Elle peut avoir plus ou moins de gravité ; quand elle n'est compliquée d'aucune autre maladie, elle se guérit ordinairement en quelques semaines par une alimentation très sévère et très peu abondante, des calmants.

La **gastrite chronique** se développe beaucoup plus lentement , surtout sous l'influence des excès de table ou de boissons, et d'irrégularité dans l'heure des repas ; elle arrive aussi à la suite d'un grand nombre de maladies. Elle a les mêmes caractères que la gastrite aiguë, mais atténués ; elle *détermine*, par sa durée, l'amaigrissement et la perte progressive des forces. Elle réclame un régime très sévère et d'une grande *régularité*; on la traite par l'hydrothérapie, les eaux minérales (Vichy, Vals, Pougues), des amers (quassia amara, columbo), du bismuth ou de la magnésie, etc. Plus grave que la *forme aiguë*, elle a souvent une terminaison fatale.

gaude. — Plante tinctoriale qui fournit à l'industrie une couleur jaune brillante et solide. C'est une plante rustique qui peut venir partout en France; on la cultive surtout dans les départements de l'Hérault et de l'Eure (*fig.*).

Gaude, rameau fleuri (hauteur de la plante 0ᵐ,70).

gavial. — Voy. **crocodiles**.

gaz. — Pour la définition des gaz voy. **propriétés générales des corps**.

Les gaz diffèrent des liquides et des solides par leur expansibilité illimitée, mais ils s'en rapprochent par beau-

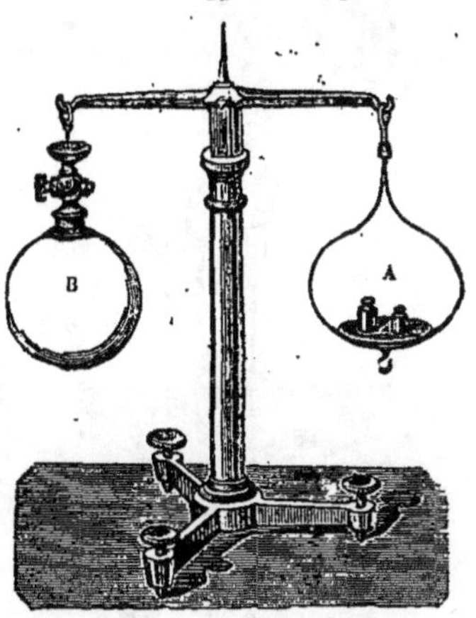

Les gaz sont pesants. — Le ballon B étant vide d'air, est équilibré par les poids placés en A. Quand on laisse entrer l'air en ouvrant le robinet du ballon le plateau s'abaisse.

coup d'autres propriétés. Ils sont *pesants*, comme on le constate en pesant, à l'aide de la balance, un ballon de verre d'abord plein d'air, puis vidé à l'aide de la machine pneumatique (*fig.*). On trouve ainsi qu'un litre d'air, pris à la température de 0° et sous la pression de 760 millimètres, pèse 1 gr. 293. Dans les mêmes conditions, l'hydrogène pèse 14 fois moins, et l'acide carbonique une fois et demie autant. Ils sont très facilement *compressibles* (*fig.*); on peut aisément réduire un gaz à un volume trois, quatre, dix fois moindre que son volume primitif, en le pressant dans un tube muni d'un piston mobile qui ferme hermétiquement. Ils sont parfaitement *élastiques* (*fig.*) et reprennent leur volume primitif quand la pression extérieure a cessé d'agir.

De même que les liquides, les gaz exercent des *pressions* sur les parois des vases qui les renferment. Mais ces pressions sont dues à deux causes. Si un gaz est renfermé dans un espace clos, il en repousse toutes les parois, en vertu de son expansibilité, puisqu'il tend toujours à occuper un espace plus grand ; de plus il presse par son poids, qui est faible, ce qui fait que les parois inférieures sont toujours un peu plus pressées que les parois supérieures. Comme dans les liquides, les pressions se transmettent intégralement à travers les gaz (voy. presse hydraulique). Qu'une

Les gaz sont compressibles. — En enfonçant le piston, on peut diminuer le volume occupé par l'air contenu dans le tube de verre.

vessie soit chargée d'un poids de 20 kil., il suffira de souffler par une petite

une véritable presse hydraulique à gaz. Enfin le *principe d'Archimède* s'ap-

Les pressions se transmettent à travers les gaz.

plique aux gaz; un corps plongé dans l'air perd une partie de son poids égal

Le principe d'Archimède s'applique aux gaz. Un corps plus léger que l'air s'élève dans l'air (voy. aérostats).

au poids de l'air déplacé (voy. **aéros-tats**) (*fig.*).

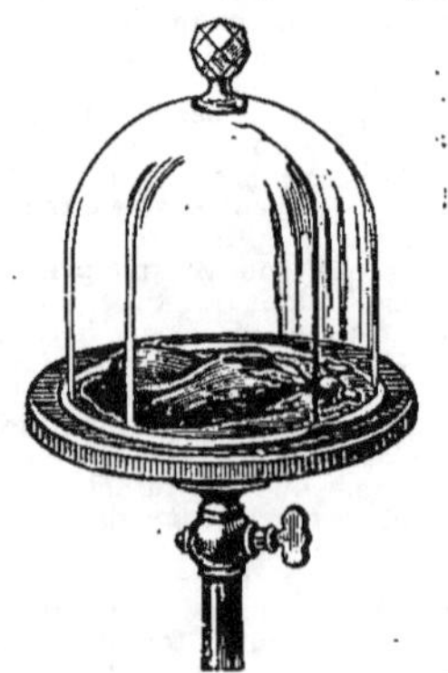

Une vessie dégonflée est placée sous la cloche d'une machine pneumatique.

On fait le vide et la vessie se gonfle par suite de l'expansibilité de l'air qu'elle renferme.

Les gaz sont doués d'expansibilité.

ouverture pour voir la vessie se gon-fler et soulever le poids; on a ainsi

gaz d'éclairage. — La *houille*, ou *charbon de terre*, renferme à peu

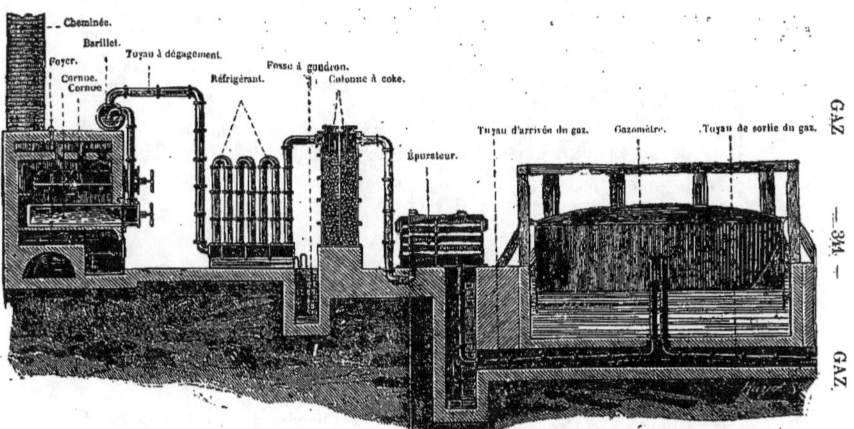

Appareil à fabrication du gaz d'éclairage. — La houille est placée dans les *cornues* et fortement chauffée ; les gaz qui se dégagent passent dans le *barillet*, rempli d'eau ; là ils perdent une partie de leur goudron ; le reste du goudron se condense dans les longs tuyaux du *réfrigérant* et dans la *colonne à coke*, à cause du refroidissement qu'éprouve le gaz dans le long trajet. Le passage dans l'*épurateur*, où se trouve de la chaux éteinte, détermine l'absorption de ce qui restait d'acide sulfhydrique. Le gaz ainsi purifié se rend dans le *gazomètre*, d'où il ira chez les consommateurs par le *tuyau de distribution* et ses diverses ramifications.

près 85 0/0 de son poids de *charbon*, uni à une forte proportion d'*hydrogène*, avec un peu d'*oxygène*, d'*azote* et de *soufre*. Si on la chauffe en vase clos, à l'abri de l'air, de façon qu'elle ne puisse brûler, elle laisse dégager tous ces corps étrangers à l'état de combinaison entre eux et avec le charbon. Il sort ainsi de l'appareil de distillation un mélange extrêmement complexe de gaz et de vapeurs; dans ce mélange on trouve des *carbures d'hydrogène*, de l'*acide carbonique*, de l'*oxyde de carbone*, de l'*hydrogène*, de l'*ammoniaque*, de l'*acide sulfhydrique*, de la *vapeur d'eau*. Ce mélange brûlerait avec une flamme très éclairante, mais puante et fumeuse. On lui enlève ces défauts par une *épuration*. Un passage à travers de l'eau, suivi d'un faible refroidissement, enlève le *goudron* (voy. ce mot), la *vapeur d'eau*, l'*ammoniaque* et la plus grande partie de l'*acide sulfhydrique*; le reste de cette dernière impureté est absorbé par le passage du gaz sur de la chaux éteinte. Après cette double épuration, *physique* et *chimique*, le mélange gazeux n'a presque plus d'odeur, il brûle sans fumée; il peut être employé; il est alors constitué surtout par un mélange de divers carbures d'hydrogène gazeux, avec de l'oxygène, de l'hydrogène, de l'oxyde de carbone et de l'azote.

L'appareil employé pour la fabrication est représenté ci-contre, réduit à ses éléments essentiels (*fig.*).

Le gaz d'éclairage a été découvert en 1785 par un ingénieur français, Philippe Lebon. C'est seulement depuis 1820 qu'il a commencé à être réellement employé en France. Aujourd'hui, il sert partout à l'*éclairage* des villes et des particuliers; sa consommation dans le *chauffage* augmente tous les jours. Les résidus de la préparation sont nombreux et importants; de la cornue on retire le *coke*, le *charbon des cornues*: des *eaux* de lavage on retire le *goudron* et l'*ammoniaque* (voy. tous ces mots); la *chaux* qui a absorbé l'acide sulfhydrique constitue un bon engrais.

Etant combustible le gaz d'éclairage forme avec l'air un mélange explosif dangereux, qui occasionne des accidents trop fréquents. Les fuites ont en outre l'inconvénient de noircir à la longue les peintures et les métaux.

gaz intestinaux. — Gaz contenus dans les intestins: Ils proviennent en partie de l'air qui a été entraîné par les aliments; mais la plus grande quantité résulte de la digestion même, c'est-à-dire des réactions chimiques qui se produisent dans le canal digestif. Ils sont principalement constitués d'azote, d'acide carbonique, d'hydrogène, trois gaz inodores, et d'acide sulfhydrique, dont on connaît la mauvaise odeur. Ces gaz jouent un rôle actif dans la digestion, en contribuant à la progression des matières contenues dans le tube digestif.

Les personnes ayant beaucoup de gaz intestinaux devront s'abstenir des légumes farineux, des choux, des crudités et boire le moins possible.

Quand la production exagérée des gaz est due à un état maladif, tel qu'une inflammation du tube intestinal, il se produit du *ballonnement*, des *gargouillements* bruyants nommés *borborygmes*, des *coliques venteuses*. Dans ce cas on doit administrer des matières capables d'absorber ces gaz (charbon de bois, eau de chaux, magnésie, bismuth), ou favoriser leur expulsion par des purgatifs, des infusions chaudes de tilleul, de menthe, d'anis.

gazelle. — Mammifère *ruminant* du genre de l'*antilope*, remarquable par l'élégance de ses formes et de ses mouvements. Les gazelles vivent en

Gazelle. (hauteur, 0^m,66).

grandes bandes dans le nord de l'Afrique et en Syrie; leur chair, très estimée, est analogue à celle du chevreuil (*fig.*).

gazon. — Les *gazons* verts qui servent à l'ornementation des jardins sont constitués par diverses herbes de la famille des *graminées*; toutes les graminées qui ont un feuillage fin et qui ne forment pas de trop grosses touffes peuvent être employées (*paturin, agrostide, fétuque, ray-grass, flouve odorante*). On peut y ajouter aussi des plantes qui ne sont pas des graminées (trèfle blanc, saxifrage). Presque toujours on fait un mélange de diverses graines (*fig.*).

Le gazon, pour rester beau, doit recevoir des soins continuels, être bien arrosé, souvent fauché (au moins une fois tous les mois); une *tondeuse* mécanique est employée avec avantage. On n'obtient de beaux gazons qu'en le semant à nouveau tous les ans.

PRINCIPALES HERBES CONSTITUANT LE GAZON DE NOS JARDINS.

Fétuque.

Ray-grass.

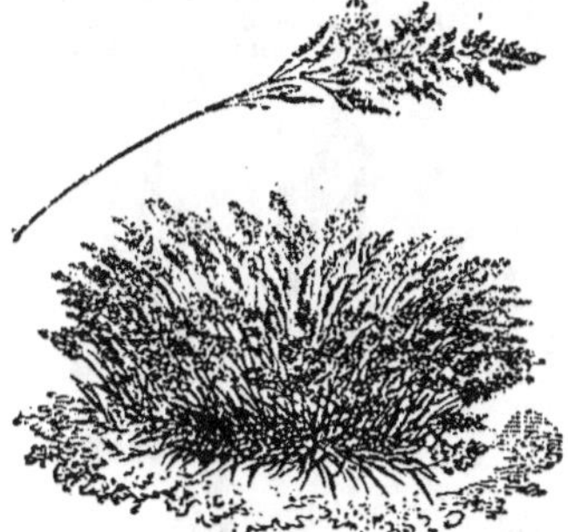

Agrostide.

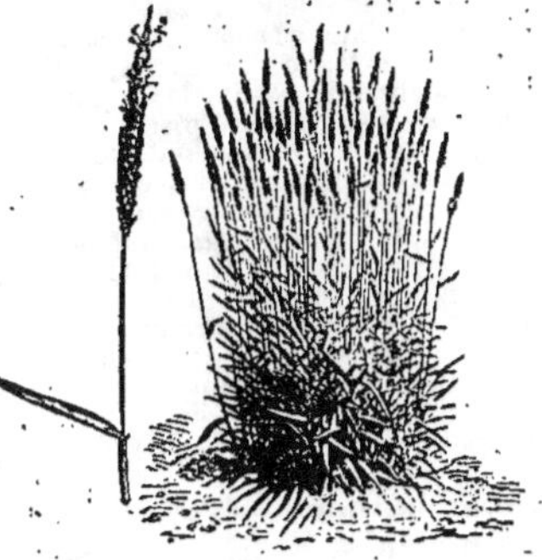

Flouve odorante.

Trèfle blanc.

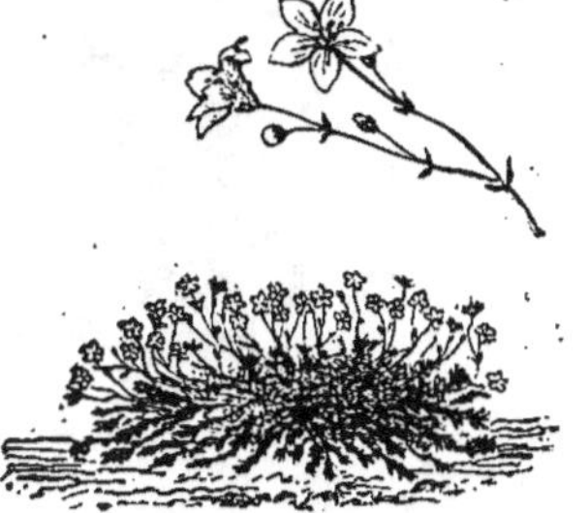

Saxifrage.

geai. — Oiseau *passereau* aux belles couleurs; longueur totale 0m,35. Répandu dans toute l'Europe. Oiseau turbulent et batailleur; habite surtout les bois, à la lisière. Le nid, de construction grossière, est établi à la bifurcation des premiers branchages des arbres, à une médiocre hauteur; 4 ou 5 œufs verdâtres mouchetés de taches; deux pontes par an.

Comme la pie, il mange des insectes et des rats; mais il détruit surtout les œufs et les petits oiseaux; franchement nuisible (*fig.*).

Geai (long., 0m,35).

gélatine. — Matière albuminoïde qui forme une masse solide, incolore, transparente, dure, cassante et cependant un peu élastique. Elle se gonfle dans l'eau froide et se dissout dans l'eau chaude; puis, par refroidissement, la dissolution se prend en une gelée transparente d'une consistance plus ou moins grande.

On la prépare en faisant bouillir longtemps dans l'eau un certain nombre de matières animales; telles sont les débris de peaux, les rognures de cuir, les tendons, les pieds, les os, les cartilages, les vessies natatoires et les écailles de certains poissons. Ainsi, si on fait bouillir longuement des os dans l'eau, la matière organique de ces os, nommé *osséine*, se transforme peu à peu en gélatine, qui entre en dissolution. Le liquide, par refroidissement, forme une *gelée*; c'est en desséchant cette gelée qu'on obtient la gélatine pure.

La *colle forte* est de la gélatine impure.

gelée blanche. — Voy. rosée.

gélinotte. — Oiseau *gallinacé* compris dans le genre *tétras*, de la grosseur d'une perdrix. Les gélinottes ont le vol lourd, mais courént avec une grande rapidité; elles se nourrissent de baies, de fruits, de graines, d'insectes. On les rencontre surtout dans les grands bois de sapins, de pins et de

bouleaux dans les Alpes, les Pyrénées, les Vosges. Sa chair, analogue à celle du faisan, est très estimée (*fig.*).

Gélinotte (longueur totale, 0m,35).

genêt. — Arbrisseau de la famille des *papilionacées*. Le **genêt à balai**, aux fleurs jaunes, pousse dans les

Genêt à balai, rameau portant fleurs et fruits (hauteur de la plante, 2m).

terrains secs, découverts; il couvre de vastes surfaces dans les terrains granitiques; il est employé en fagots

Détails de la fleur du genêt.

pour le chauffage; de ses petites branches on fait des balais communs (*fig.*). Le **genêt d'Espagne**, qui peut atteindre 4 mètres de hauteur, avec des fleurs plus grandes, pousse abondamment dans le midi de la France; on tire de l'écorce une filasse très solide dont on fait des sacs et des cordes.

genette. — La *genette* est un *carnivore* qui se rapproche de la civette. Son corps est allongé, sa queue longue. Elle possède une glande ovale sécrétant une faible quantité d'un parfum à odeur musquée.

La *genette vulgaire*, qui est la plus connue, ressemble beaucoup à la civette; elle a 0m,55 de long, avec une queue de 0m,44 et une hauteur de 0m,16.

Genette vulgaire (longueur du corps, 0m,55).

On la rencontre quelquefois, mais très rarement, dans le midi de la France et dans le Poitou; elle est plus abondante en Espagne, et surtout en Afrique. Son nom lui vient de ce qu'elle habite les lieux arides où poussent les genêts. C'est un animal nocturne qui se nourrit d'insectes, d'oiseaux et de petits rongeurs. Elle est très habile à chasser sa proie. Sa fourrure est estimée (*fig.*).

genévrier. — Arbuste de la famille des conifères, commun en France, dont les feuilles sont piquantes, et dont toutes les parties sont résineuses

Genévrier commun (hauteur, 5m).

et ont une saveur aromatique, surtout le fruit, nommé *baies de genièvre*; avec ces fruits on aromatise diverses liqueurs alcooliques. Le bois est rou-

geâtre, dur, compact; on s'en sert pour divers ouvrages de marqueterie; on en fait des cannes. Le genévrier est commun dans les lieux incultes et rocailleux du nord et du centre de l'Europe.

Outre le *genévrier commun* on connaît plusieurs autres espèces dont on utilise le bois; certaines d'entre elles fournissent une résine utilisée en médecine; d'autres une essence employée par les vétérinaires. Le bois des crayons à la mine de plomb est ordinairement en genévrier de Virginie.

genou. — Partie du membre inférieur qui détermine la jonction de la cuisse et de la jambe. Le genou contient l'articulation du *fémur*, avec le *tibia*, protégée en avant par un os indépendant, la *rotule*. Ces os sont unis entre eux par de puissants ligaments qui ne leur permettent de se mouvoir que dans deux directions; nous ne pouvons qu'éten-

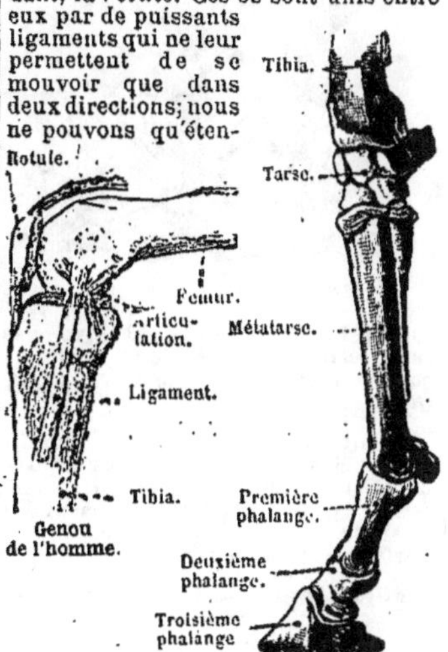

Genou du cheval. — Ce qu'on nomme *genou*, dans le cheval, ne correspond pas du tout au genou de l'homme; le genou du cheval est formé par les os du *tarse*; toute la partie inférieure de la jambe du cheval, depuis le bas du *tibia*, correspond au *pied* de l'homme.

dre la jambe et la plier en arrière, sans pouvoir la faire tourner comme nous faisons du bras.

Les blessures du genou sont fréquentes et exigent des soins immédiats, généralement un repos absolu, de peur qu'elles ne soient suivies d'une inflammation toujours assez grave de l'articulation. Cette inflammation de l'articulation apparaît aussi sous l'action d'une course forcée, d'un refroidissement, d'un rhumatisme..L'*hydarthrose* est très fréquente au genou. Le genou est donc un organe à ménager d'une façon toute particulière (*fig.*).

gentiane. — Plante des montagnes, dont la hauteur atteint 1 mètre. Toutes les parties ont un goût extrêmement amer, mais plus particulièrement la

Gentiane jaune (hauteur, 1ᵐ)..

racine. La poudre qu'on fabrique avec cette racine est employée en médecine comme tonique, fébrifuge, vermifuge (*fig.*).

géode. — Cavité pierreuse complètement close dont l'intérieur est tapissé de cristaux ; les géodes de *silex* renferment ordinairement à l'intérieur des cristaux de *quartz* colorés en violet et parfaitement transparents.

géraniées. — Plantes *dicotylé*-

Exemple de géraniée : Balsamine.

dones *dialypétales* à corolle et à étamines fixées à un réceptacle commun, ovaire libre ; plantes à fleurs

ordinairement régulières, à cinq sépales, cinq pétales, souvent dix étamines, pistil formé de cinq carpelles, fruit s'ouvrant à la maturité par la séparation des cinq carpelles. Ce sont surtout des plantes ornementales : géranium, pélargonium, balsamine, capucine.

géranium. — Plante de la famille

Géranium (hauteur, 0ᵐ,50).

La plante est représentée avec la motte de terreau ayant la forme du pot où elle se trouvait.

des *géraniées*, dont on connaît un

Fleurs de géranium.

grand nombre d'espèces ; plusieurs se rencontrent dans les pâturages, d'autres sont cultivées dans les jardins ; ce sont des fleurs très rustiques, aux colorations variées (*fig.*).

gerboise. — Petit *mammifère rongeur* caractérisé par des pattes de derrière beaucoup plus longues que celles de devant et une queue très longue terminée par un bouquet de poils; grandes oreilles, grands yeux. Longueur du corps 0ᵐ,18; longueur de la queue 0ᵐ,26. La robe est grise avec le ventre blanc.

Habite les déserts du nord-est de l'Afrique; elle peuple les pays les plus désolés, où il semble difficile qu'elle puisse trouver sa nourriture. Les peuplades du désert, qui estiment beaucoup sa chair, la chassent activement. De sa peau on fait des vêtements pour les femmes et les enfants; c'est une assez belle fourrure (*fig.*).

Gerboise (longueur du corps, 0ᵐ,18; longueur de la queue, 0ᵐ,26).

Plusieurs rongeurs analogues à la gerboise, ayant comme elle des pattes de derrière très élevées, habitent les déserts de l'ancien et du nouveau continent.

gerfaut. — Oiseau *rapace diurne*, de grande taille qui habite seulement les *régions de l'extrême nord*. Le gerfaut du Groënland est blanc; longueur 0ᵐ,63; envergure 1ᵐ,30. Habite surtout les falaises; niche dans les rochers.

Gerfaut (longueur totale, 1ᵐ,30).

Les gerfauts se nourrissent d'oiseaux marins et de petits mammifères (*fig.*).

gésier. — Voy. jabot.

germandrée. — Genre de plante de la famille des *labiées*; parmi les diverses espèces de germandrée, les unes sont des herbes, les autres de petits arbustes; on les rencontre surtout sur les bords de la Méditerranée. La **germandrée petit chêne** (ou *sauge amère*) a des fleurs roses; on en fait des infusions toniques et apéritives; elle pousse surtout sur les coteaux arides et à la lisière des bois. La **germandrée sauvage**, ou *sauge des bois*, est répandue sur les lisières et dans les clairières des bois. D'autres germandrées sont également employées en médecine (*fig.*).

Germandrée petit chêne (hauteur, 0ᵐ,25).

germination. — Phénomène par lequel la graine donne naissance à une jeune plante pourvue de racines, de tige et de feuilles. Pour que la germination se produise, il faut à la graine le contact de l'*air*, de l'*humidité* et un certain degré de *chaleur*.

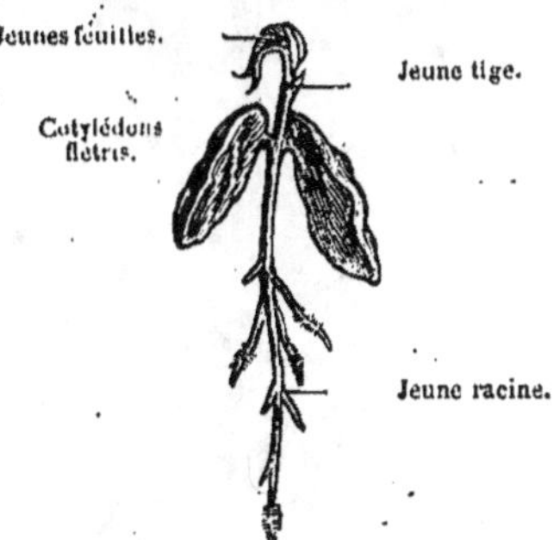

Germination d'un haricot. — *Les cotylédons*, en nourrissant la jeune plante, se sont flétris. Ils sont sortis de terre avec la jeune tige; maintenant les *racines* et les *feuilles* vont commencer à puiser dans le sol et dans l'air les aliments du végétal.

Les graines conservées à l'abri de l'air et de l'humidité ne germent pas; c'est pour cela que les graines des céréales et les légumes secs, tels que les haricots, les lentilles, se conservent indéfiniment dans les greniers. Les graines enfouies trop profondément dans la terre ne germent pas, faute d'air.

La température la plus favorable à la germination est celle de 12 à 15 degrés.

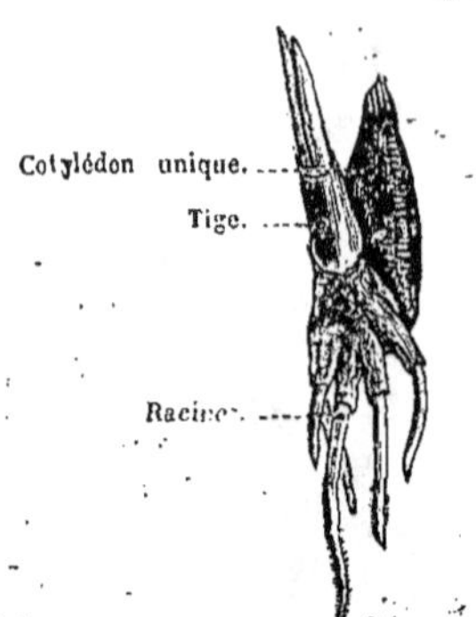

Germination d'un grain de blé. — Le grain, épuisé par la germination, restera dans le sol avec les racines.

Certaines graines, comme le blé, conservent pendant de nombreuses années

quand elles sont vieilles de quelques mois. Pendant la germination, la jeune plante emprunte sa nourriture aux *cotylédons* ou à l'*albumen* (voy. **graine**); quand les racines et les feuilles sont développées, l'alimentation se fait par ces organes (*fig.*).

Germination. — La germination consomme l'*oxygène* de l'air et le transforme en *acide carbonique*, par la combustion lente du charbon contenu dans le grain. Des grains d'orge, mouillés, ont été mis dans un flacon bouché. Après quelques jours on ouvre le flacon, on y introduit une allumette enflammée; cette allumette s'éteint, parce que l'oxygène du flacon a été remplacé par de l'acide carbonique.

Les *tubercules* comme la pomme de terre, les *oignons* comme celui de la

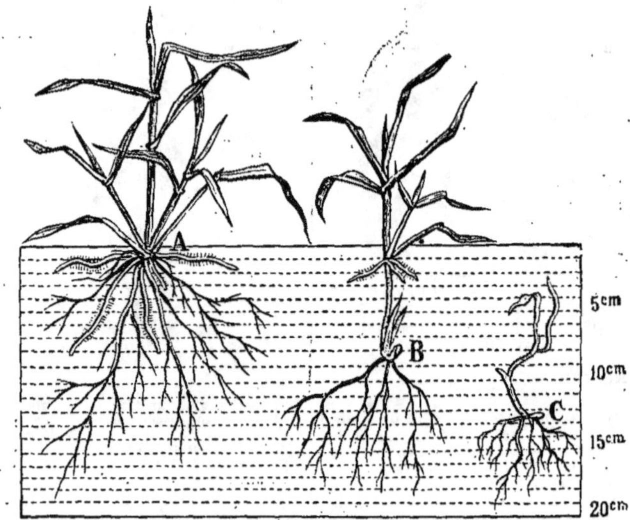

A. Le grain de blé enterré normalement : *plante bien vigoureuse.*   .B. Grain de blé trop enterré : *plante faible.*   C. Grain de blé très enterré : *plante très faible.*

Germination. — L'air est indispensable à la germination; aussi les graines ne doivent-elles pas être enfouies trop profondément.

la faculté de germer quand on leur donne l'air, l'eau et la chaleur nécessaires; d'autres ne peuvent plus germer

jacinthe sont capables de germer comme les graines, et dans les mêmes conditions.

gesse. — Plante de la famille des *légumineuses*. La *gesse chiche*, ou *jarousse* (*fig.*), *pois carré*, est cultivée comme plante fourragère à peu près dans toute l'Europe, car elle ne craint ni le froid ni la sécheresse; les bœufs et les moutons sont friands de la gesse verte et aussi de son foin séché.

La *gesse cultivée*, ou *lentille d'Espagne*, est aussi une plante alimentaire; elle est répandue en Espagne et dans le midi de la France; en outre ses graines sont alimentaires pour l'homme; on les mange en vert ou

Gesse chiche (hauteur de la plante, 0m,60).

calme, l'eau qui remplit le bassin supérieur est calme, très limpide; puis, de

Geyser d'Islande.

temps en temps, apparaît un fort bouillonnement, et l'eau s'élève à une

Gesse d'Auvergne, ou lentille à une fleur (hauteur de la plante, 0m,50).

Gesse des jardins.

sèches. La *gesse hérissée* est considérée comme une mauvaise herbe, qui pousse dans les moissons (*fig.*).

geysers. — Sortes de jets d'eau chaude intermittents qu'on rencontre dans les contrées volcaniques; on peut les considérer comme des volcans d'eau. Le jet d'eau chaude se produit en effet par une sorte de cratère, ouvert au sommet d'un monticule formé de *silice*, qui a été déposé par les eaux elles-mêmes. Dans les périodes de

grande hauteur, en une forte gerbe; la durée de ces éruptions ne dépasse guère une dizaine de minutes.

Les geysers les plus connus sont ceux d'Islande. Le *Grand Geyser*, dont les éruptions sont très irrégulières, fait monter sa gerbe à 50 mètres. Dans la région des sources chaudes des montagnes Rocheuses, près des sources du Missouri, il y a au moins dix mille geysers en activité continue, parmi lesquels il en est dont les gerbes s'élèvent, toutes les dix mi-

·nutes, à plus de cent mètres de haut.

gingembre. — Plante cultivée dans les régions tropicales (Antilles, Jamaïque, Mexique), dont la tige souterraine est employée comme condiment à cause de sa saveur aromatique et poivrée ; on en fait aussi des confitures. La médecine utilise ses propriétés stimulantes.

girafe. — La *girafe* est un mammifère *ruminant* remarquable par la singularité de ses formes, et par l'existence de cornes très courtes, recouvertes d'une peau velue. Les jambes antérieures sont beaucoup plus élevées que celles de derrière ; les doigts sont au nombre de deux à chaque pied. La

Girafe (hauteur totale, 6ᵐ).

hauteur est de 4ᵐ,30 à l'épaule et de 6ᵐ,25 à la tête ; le cou a à peu près la longueur des jambes de devant. La couleur est un jaune fauve, foncé sur le dos, presque blanc sous le ventre, avec des taches assez grandes plus foncées (*fig.*).

On trouve la girafe dans l'Afrique du Sud ; elle vit en bandes dans les forêts. Sa course est très rapide et peut se prolonger assez pour fatiguer tous les animaux qui la poursuivent. Elle se nourrit de la feuille des arbres.

Cet animal supporte difficilement la captivité, et on n'a pu la dresser à aucun travail. On chasse la girafe pour manger sa chair, tanner sa peau ; de sa corne on confectionne divers ustensiles.

giroflée. — Plante de la famille des *crucifères*, dont on cultive pour l'ornementation un grand nombre d'espèces, très différentes les unes des autres. La *giroflée jaune* pousse spontanément sur les vieux murs ; on la cultive aussi dans les jardins, où elle

a pris par la culture des nuances

Fleurs de giroflée.

diverses, en même temps que ses fleurs sont devenues doubles ; ces fleurs répandent une odeur agréable (*fig.*).

giroflier. — Arbrisseau toujours vert des Moluques, aujourd'hui acclimaté dans l'île de Bourbon, à Cayenne et ailleurs. Les fleurs en bouton constituent l'épice connue sous le nom de *clou de*

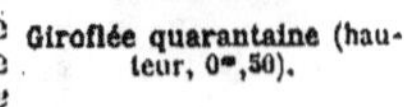

Giroflée quarantaine (hauteur, 0ᵐ,50).

girofle. On s'en sert en cuisine comme épice ; on en retire l'*essence de girofle*, dont l'odeur est pénétrante, la saveur âcre et caustique. Cette essence est peu employée en parfumerie ; on s'en sert comme caustique contre le mal de dents (*fig.*).

givre. — Quand le sol est gelé à la suite d'un froid vif, il arrive qu'un

Giroflier, rameau (hauteur de la plante, 10ᵐ).

vent relativement chaud s'élève rapidement, et apporte une grande quantité de vapeur d'eau au contact du sol froid. Cette vapeur se congèle alors sur le sol, sous forme de petits cristaux d'une très belle apparence. Le givre est très fréquent en hiver, prin-

cette eau, et la congélation de l'autre partie : on a ainsi une carafe frappée.

Un autre appareil Carré produit un

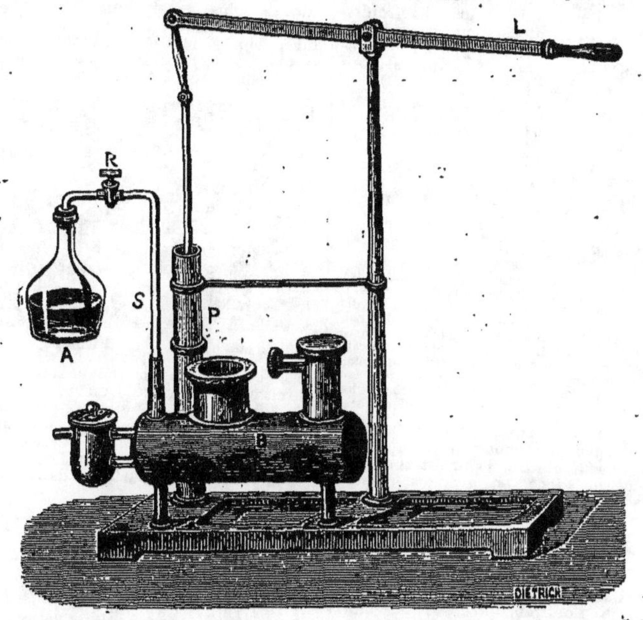

Appareil Carré pour frapper les carafes. — La carafe est en A; on fait le vide au-dessus de l'eau à l'aide de la petite machine pneumatique P, manœuvrée par le levier L. L'eau s'évapore rapidement et son évaporation produit du froid. L'action de la machine pneumatique est aidée par de l'acide sulfurique, placé dans le réservoir B et destiné à absorber la vapeur d'eau à mesure qu'elle se forme.

cipalement dans les régions de montagnes.

glace. — La glace est de l'eau solide ; elle est plus légère que l'eau (voy. **fusion, solidification**). Cette légèreté permet à la glace, en hiver, de flotter sur les rivières et de préserver ainsi l'eau d'une congélation totale.

La glace est très précieuse, surtout en été, pour rafraîchir nos boissons, et aussi pour assurer la conservation des aliments qui se gâteraient par l'action de la chaleur. Aussi la conserve-t-on, de l'hiver à l'été, dans des *glacières*. On peut aussi la fabriquer de toutes pièces. Pour cela on utilise le refroidissement qui résulte de l'*évaporation* rapide des liquides. Un appareil domestique, l'*appareil Carré* (*fig.*), permet de faire le vide dans une carafe presque pleine d'eau, ce qui détermine l'évaporation rapide d'une partie de

froid intense en utilisant l'évaporation du liquide *ammoniac* (*fig.*), contenu

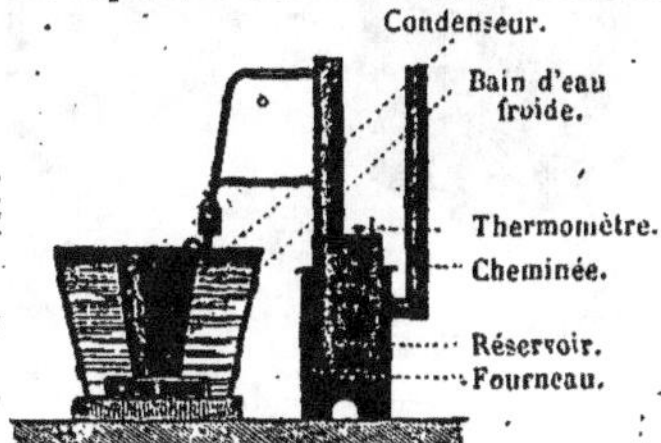

Appareil Carré à ammoniaque (première phase de l'opération). — Le *réservoir* renferme une dissolution concentrée de *gaz ammoniac*. On le chauffe, tandis qu'on refroidit le condenseur ; le gaz, chassé par la chaleur de sa dissolution, va se condenser à l'état liquide dans le condenseur.

dans un vase clos ; c'est toujours la

même ammoniaque qui sert, car elle ne fait que passer d'une partie du vase dans l'autre; chaque fois qu'elle s'évapore pour passer de l'une dans l'autre partie, elle produit un grand refroidissement, qu'on utilise pour congeler de l'eau. Il y a aussi des appareils industriels, fondés sur ces principes, qui

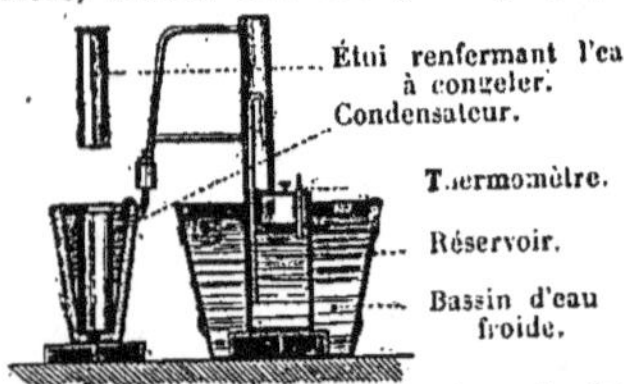

Appareil Carré à ammoniaque (seconde phase de l'opération). — Le réservoir est alors refroidi; l'eau qu'il renferme redevient capable de dissoudre le gaz ammoniac. Le liquide des condenseurs s'évapore donc rapidement, produisant un refroidissement capable de congeler l'eau renfermée dans l'étuve. Le gaz résultant de l'évaporation rapide vient se dissoudre dans l'eau du réservoir, et l'appareil se trouve alors dans le même état qu'avant la première phase.

fabriquent en grand de la glace, avec une dépense extrêmement faible.

Dans la nature, l'eau est souvent à l'état de glace, en grandes masses. C'est ce qui a lieu dans les hivers rigoureux de nos climats, et, toute l'année, dans les régions polaires et dans les *glaciers* des montagnes élevées.

glacier. — Amas considérable de glace qu'on rencontre sur les hauts

Glacier. — Les amas de pierre des bords et du milieu, nommés *moraines*, proviennent de la chute des pierres venant des pentes des montagnes.

plateaux et dans les gorges qui séparent les hautes montagnes. Les *neiges* qui tombent sur les montagnes, dans les régions où la température est constamment inférieure à 0°, se fondent superficiellement sous l'action des rayons du soleil; l'eau de la fonte pénètre dans les couches inférieures, descend un peu, puis se congèle de nouveau, soudant ensemble les cristaux de neige. Ainsi, à une faible distance du sommet, on trouve une neige dure, déjà à moitié semblable à la glace : c'est le *névé*. Plus bas, le névé, sans cesse fondu à sa surface, et sans

Un glacier du mont Blanc.

cesse congelé, a pris tout à fait l'apparence de la glace : on est sur le *glacier*. La glace des glaciers est donc formée par de la neige qui a subi une série de dégels et de regels successifs. On trouve beaucoup de glaciers dans les Pyrénées, et surtout dans les Alpes (*fig.*).

Navire arrêté dans les glaces polaires.

Le glacier, large parfois de plusieurs centaines de mètres, long de plusieurs kilomètres, profond de plusieurs dizaines de mètres, ne reste pas immobile ; il coule sur les flancs de la montagne, avec une extrême lenteur, comme le ferait une substance plastique. Sa base arrive ainsi dans la plaine, dans une région plus chaude, où elle fond, alimentant les rivières. Par en haut, le glacier est toujours renouvelé par la chute des neiges. Le torrent qui jaillit à la base de chaque glacier représente, par son débit annuel, presque toutes les neiges tombécs dans les gorges et sur les escarpements de la montagne.

Sur les bords des glaciers se trouvent toujours des pierres, débris qui sont détachés des flancs de la montagne par le dégel, les vents et les avalanches. Aussi voit-on ces blocs alignés, qui descendent en même temps que le glacier lui-même, formant ce qu'on nomme les *moraines latérales* (*fig.*).

Ces blocs s'accumulent avec les années à la base du glacier, là où la glace, fondue définitivement, les abandonne. L'accumulation des roches à la base du glacier forme la *moraine frontale*, dont l'escarpement atteint parfois des centaines de mètres de hauteur.

glacière. — Sorte de cave destinée à la conservation de la glace pendant

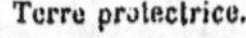
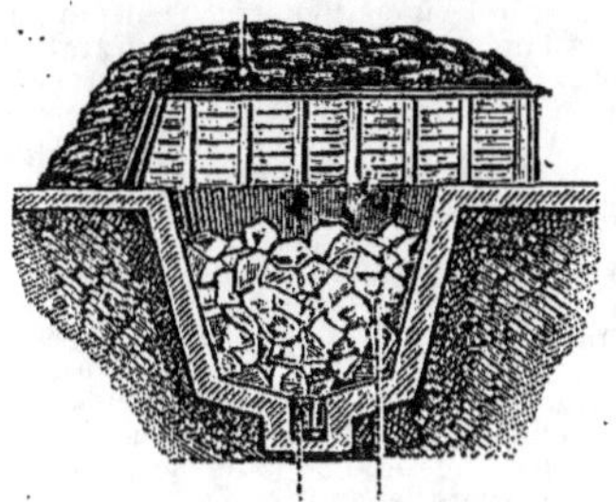

Cave glacière. — La glace enfermée dans la glacière est protégée contre la chaleur extérieure par les murs en brique, et l'amas de terre et de gazon placé au-dessus. L'eau de fusion tombe dans la citerne.

les chaleurs de l'été. Une fosse profondément creusée en terre est tapissée

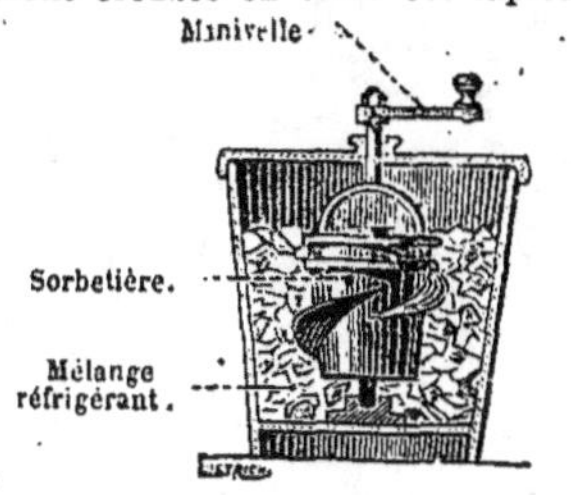

Glacière domestique. — Dans la *sorbetière* on met la crème à congeler; autour on met un *mélange réfrigérant*. On fait tourner la sorbetière à l'aide de la manivelle.

d'un épais mur de briques : les briques, conduisant mal la chaleur, empêcheront la chaleur du sol d'arriver à la glace. La fosse est remplie de glace. La toiture, placée à l'ombre de grands arbres, est recouverte de plusieurs couches de paille et de gazon. Il est bon de n'ouvrir que rarement la porte de la glacière, pour ne pas favoriser l'introduction de l'air chaud du dehors (*fig.*).

On nomme aussi *glacière* un ustensile de ménage destiné à produire de la glace, ou à refroidir fortement un liquide par l'action d'un *mélange réfrigérant* (*fig.*).

glaïeul. — Plante ornementale voisine des *iris*, qui se reproduit par des bulbes ; les espèces en sont nom-

Glaïeul (hauteur, 0ᵐ,80).

breuses ; on les cultive dans les jardins. Le glaïeul des moissons croît à l'état spontané dans le midi de la France (*fig.*).

glandes. — Organes du corps destinés à produire une sécrétion ; tels sont : les glandes salivaires qui sécrètent la salive ; le pancréas qui sécrète le suc pancréatique ; le foie qui sécrète la bile ; le rein, qui sécrète l'urine ; les glandes lacrymales, qui sécrètent les larmes.

Dans le langage vulgaire on donne le nom de *glandes* aux ganglions lymphatiques (voy. **vaisseaux lymphatiques**) quand ils sont le siège d'une inflammation qui les fait grossir, de façon qu'ils puissent être vus et sentis à travers la peau.

La sensibilité des ganglions est telle qu'une simple écorchure, située sur la jambe, peut déterminer l'inflammation des ganglions de l'aine. Quand la cause de l'engorgement est si légère, l'indisposition peut passer d'elle-même ; mais il est plus prudent de ne jamais négliger un engorgement des

20.

ganglions, qui pourrait se terminer par un abcès grave. Le traitement comporte un repos absolu, des sangsues, des frictions avec une pommade mercurielle. S'il se forme un abcès on le soigne par des cataplasmes et l'ouverture au bistouri.

Chez les personnes de tempérament lymphatique, il arrive que les ganglions, surtout ceux du cou, sont le siège d'une inflammation lente, qui se termine par une suppuration difficile à arrêter (voy. scrofule, écrouelles, humeurs froides).

glouton. — Mammifère *carnassier* qu'on rencontre dans les régions septentrionales; il est intermédiaire entre

Glouton (longueur, 1ᵐ).

les *blaireaux*, qui sont *plantigrades*, et les *martes* qui sont digitigrades. Le glouton se nourrit ordinairement de petits rongeurs, mais il attaque aussi l'élan et le renne; il grimpe facilement aux arbres C'est un animal rusé et défiant, difficile à chasser; sa fourrure a peu de valeur (*fig.*).

gloxinia. — Belle plante de l'Amérique tropicale, que l'on cultive dans les serres dans toute l'Europe. Les

Gloxinia.

diverses variétés sont remarquables par le riche coloris de leurs fleurs et la durée de leur floraison. Elles se reproduisent par des bulbes (*fig.*).

glu. — Substance verte, extrêmement visqueuse, dont on se sert pour attraper les petits oiseaux; c'est une décoction de l'écorce moyenne du houx, des baies du gui, des jeunes pousses de sureau.

La *glu marine*, destinée à faire joindre les bois des constructions maritimes, les pierres, les tissus, est un mélange de caoutchouc, d'huile, de houille et de résine. Elle est appliquée à chaud sur les surfaces que l'on veut réunir.

glucose. — La *glucose*, ou *sucre de raisin*, de *fruit*, *d'amidon*, est la matière sucrée des fruits, du miel; on la trouve aussi dans le sang des animaux et dans l'urine des diabétiques. C'est un solide sans odeur, d'une saveur farineuse et légèrement sucrée. On peut la retirer du miel, des raisins, qui en contiennent beaucoup. Dans l'industrie on la prépare en traitant l'amidon par l'acide sulfurique.

En France la production annuelle de la glucose s'élève à 10 millions de kilogrammes; elle est plus importante encore en Allemagne. Ses principaux usages sont les suivants : en confiserie, elle remplace fréquemment le miel, ainsi que dans la fabrication du pain d'épice; on s'en sert pour falsifier les cassonades et les miels de qualité inférieure. On l'ajoute pendant la fermentation aux vins qui manquent de sucre pour les améliorer; mais pour cet usage le sucre de canne est de beaucoup préférable. La préparation de la bière et de l'alcool consomme beaucoup de glucose.

gluten. — Le *gluten* est une matière azotée qui se trouve associée à l'amidon dans les graines des céréales. (voy. **farine**). C'est un solide jaunâtre, élastique quand il est humide, mais qui devient cassant par dessiccation. Les farines sont d'autant plus nutritives, d'autant mieux panifiables, qu'elles contiennent une plus forte proportion de gluten, que ce gluten est plus élastique, et qu'il n'a subi aucun commencement de fermentation.

On extrait le gluten de la farine, en formant avec un peu d'eau une pâte très ferme; on met cette pâte dans un nouet de linge, et on malaxe sous un mince filet d'eau; l'amidon est entraîné, et le gluten reste dans le nouet. Les fabriques d'amidon préparent d'assez grandes quantités de gluten comme produit accessoire; on en fait des granules, qu'on fait sécher à l'étuve. Le gluten granulé est un aliment très nutritif, employé à la confection des potages; additionné de farine, il sert à la fabrication du vermicelle, du macaroni et des autres pâtes alimentaires.

glycérine (grec : *glucos*, doux). — Liquide incolore, sans odeur, d'une saveur désagréable, très sirupeux, facilement soluble dans l'eau, combustible.

L'industrie prépare la glycérine en grande quantité comme produit accessoire de la fabrication des *bougies*. On emploie la glycérine pour la préparation de la *nitroglycérine* (voy. **dynamite**); on en ajoute parfois au vin pour lui donner une saveur moins âpre; on s'en sert pour graisser les rouages délicats; elle est très employée comme cosmétique, pour maintenir la peau molle et onctueuse.

glycine. — Plante de la famille des *légumineuses* cultivée dans les jardins à cause de ses belles fleurs, qui sont en longues grappes d'un bleu mauve, très odorantes. La floraison dure fort longtemps. On fait grimper les glycines contre les murs, le long des grilles.

glycogène (grec : *glucos*, doux, *gen*, qui engendre). — Le *foie* sécrète non seulement la *bile*, mais aussi une substance non azotée nommée *glycogène*, qui s'accumule dans l'organe et se transforme peu à peu en une sorte de sucre nommé *glucose*. On peut dire, par conséquent, que le foie prépare le sucre nécessaire aux besoins de l'organisme.

gobe-mouche. — Oiseau *passereau* appelé aussi *becfigue*; couleurs sombres; petite taille : 0m,14. Arrive en France au printemps, pour repartir fin août. Grand destructeur d'insectes. Sa chair est très estimée, aussi lui donne-t-on constamment la chasse, ce qui l'empêche d'être jamais bien nombreux.

goéland. — Voy. **mouette**.

goitre. — Grossissement anormal

Goitre.

de la glande *thyroïde*, qui prend quelquefois un développement extraordinaire. On combat le goitre, surtout à ses débuts, par les préparations iodurées appliquées à l'extérieur en frictions, et administrées à l'intérieur. Dans certaines régions le goitre est endémique; il accompagne ordinairement le *crétinisme*. Le goitre endémique résulte sans doute de mauvaises conditions hygiéniques; il se rencontre surtout dans les pays de montagnes.

gomme élastique. — Voy. **caoutchouc**.

gomme-gutte. — Gomme-résine venant d'Orient, et fournie par plusieurs végétaux. Elle est facilement fusible; se mélange aisément à l'eau pour donner une belle couleur jaune. En médecine elle est employée comme purgatif.

gomme laque. — Matière colorante rouge fournie par une *cochenille* qui vit sur plusieurs arbres des Indes orientales (figuiers, nerpruns, acacias). Elle est fort employée en teinture; en outre on s'en sert pour faire des vernis, des mastics et des cires à cacheter.

gommes. — Substances solides, sécrétées par divers végétaux et capables de se dissoudre dans l'eau en lui communiquant une consistance visqueuse.

Gomme arabique. — Elle sort naturellement à travers l'écorce de plusieurs espèces d'acacias; elle nous vient principalement du Sénégal, de la Gambie, du Soudan égyptien. Elle entre dans la fabrication de l'encre, du cirage, l'apprêt des toiles, le lustrage des tissus, l'épaississage des couleurs et des mordants dans les fabriques d'indiennes.

Gomme de France. — Produite par nos arbres fruitiers (cerisier, merisier, prunier, abricotier); elle sort du tronc et des branches de ces arbres devenus vieux. On s'en sert en chapellerie pour l'apprêt du feutre.

Gomme adragante. — Sort d'une *astragale* de l'Asie Mineure. Elle est peu soluble dans l'eau, mais elle absorbe une grande quantité de liquide, se gonfle considérablement et forme un mucilage tenace et épais. Elle est surtout très employée en pharmacie pour donner de la consistance aux loochs et pour lier les pâtes que l'on destine à la préparation des pastilles.…

gommes-résines. — Mélanges en proportions variables de matières gommeuses et résineuses; elles sortent principalement des végétaux des familles des ombellifères, des légumineuses,des térébinthacées.Elles sortent à l'état pâteux et se dessèchent à l'air. L'*asa fœtida*, la *gomme-gutte*, la *myrrhe*, l'*encens*... sont des gommes. résines.

goniomètre. — Instrument employé dans l'arpentage pour mesurer l'angle formé par deux lignes. Il est tout à fait analogue à l'*équerre graphomètre* (voy. **graphomètre**).

gorge. — La *gorge* est la partie de la bouche située au fond, avant le *pharynx*. Elle commence à la *luette*, petite membrane qui descend du palais;

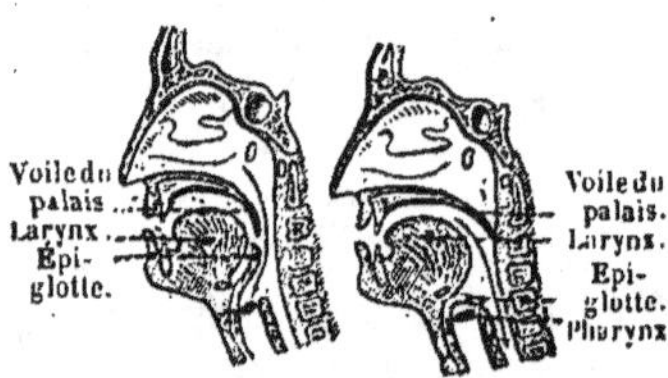

La gorge (coupe longitudinale). — La gorge est comprise, au fond de la bouche, entre le voile du palais (terminé par la luette) et le pharynx. Dans la *respiration*, le *voile du palais* est abaissé, l'*épiglotte* relevée, l'air qui entre par les fosses nasales traverse la gorge pour aller dans la *trachée artère*, en passant par le *pharynx*. — Dans la déglutition des aliments, le *voile du palais* est relevé, l'*épiglotte* est abaissée de façon à fermer l'ouverture du larynx; les aliments contenus dans la bouche traversent la gorge et se rendent dans l'*œsophage*.

c'est cette luette qui, en se relevant au moment où nous avalons, empêche les aliments et les boissons de pénétrer

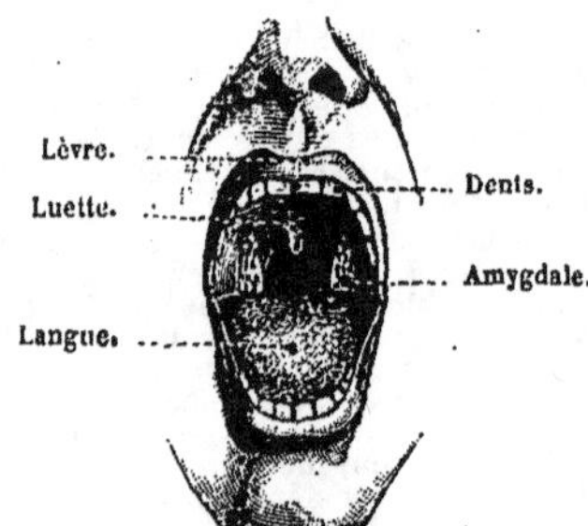

Bouche ouverte, laissant voir, au fond, l'entrée de la gorge.

dans la partie postérieure du nez. Derrière la luette, et sur les côtés de la gorge sont les *amygdales* ; plus loin commence le pharynx.

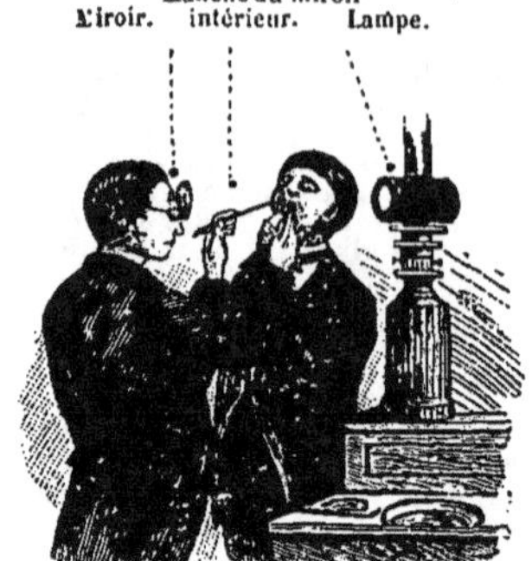

Examen de la gorge et du larynx par le médecin. (Voy. Larynx.)

L'inflammation de la gorge porte le nom de *mal de gorge* (voy. **angine** et **amygdalite**) (*fig.*).

goudron. — La *houille*, le *bois* et autres substances riches en charbon sont industriellement chauffés dans des cornues pour la préparation du *gaz d'éclairage*, de l'*acide acétique*, du *charbon de bois*. Ainsi chauffées, ces matières laissent dégager un grand nombre de produits volatils, dont une partie se condense par refroidissement. Le *goudron* est le

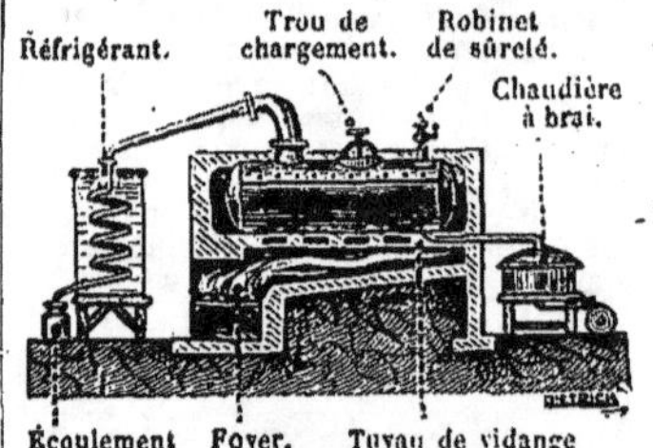

Distillation du goudron.

liquide provenant de cette condensation. Il est noir, visqueux, d'une odeur forte; il renferme un nombre considérable de matières différentes, dont beaucoup ont reçu des applications importantes. Ainsi c'est du goudron que l'on retire la *benzine*, l'*acide phénique*,la *naphtaline*, l'*anthracène*, l'*aniline*, la *paraffine*, etc.

Goudron de houille. — On l'obtient principalement dans la fabrication du *gaz d'éclairage*. Pour en extraire les produits utilisables, on le met dans une grande chaudière en fonte, et on le chauffe progressivement ; les produits les plus volatils partent les premiers, et se condensent en passant dans un réfrigérant ; puis viennent les produits de moins en moins volatils, qui se condensent à leur tour. C'est ainsi qu'on obtient la *benzine*, l'*acide phénique*, la *naphtaline*, l'*anthracène*. Quand le goudron a abandonné ces diverses substances, il reste un corps visqueux appelé *brai*. (*fig.*).

Le goudron est quelquefois employé comme enduit pour préserver le fer et la fonte de la rouille, pour conserver le bois ; on peut le brûler comme combustible. Plus souvent on le distille pour en retirer les substances que nous venons d'indiquer, ou des mélanges de ces substances. Les *brais* qui restent après la distillation sont mélangés à la poussière de houille, et comprimés pour former les *charbons agglomérés*, les *charbons de Paris*. C'est avec du brai additionné de sable et de pierres concassées qu'on compose l'asphalte artificiel pour trottoirs.

Goudron de bois. — Il se produit dans les fabriques d'acide acétique pyroligneux, dans les fabriques de charbon de bois pour poudre de guerre. La marine en fait une grande consommation pour préserver la coque des navires et des bateaux, les cordes, les mâts, de l'action de l'eau de mer. La médecine l'utilise pour le traitement des affections pulmonaires. Pour ces deux usages, on préfère le goudron de *pin* (Bordeaux, Suède, Norvège, Russie, Ecosse, Canada). Le *goudron de bouleau*, fabriqué en Russie, sert au tannage du *cuir de Russie* auquel il donne une odeur agréable et une grande résistance à l'humidité.

Du goudron de bois on peut aussi retirer, par distillation, les produits fournis par le goudron de houille.

gouet. — Voy. arum.

goujon. — Petit poisson d'eau douce qui présente les caractères généraux de la carpe ; corps allongé, couvert d'assez grandes écailles ; deux

Goujon (longueur, 0ᵐ,15).

barbillons garnissent les angles de la mâchoire inférieure. Aime à vivre en société ; on le rencontre souvent en troupes nombreuses. Frai en avril et en mai ; les œufs éclosent un mois après la ponte. Préfère les eaux vives qui ne sont ni trop froides ni trop rapides, et surtout les bancs de sable. La taille atteint rarement 20 centimètres. Se trouve dans toute l'Europe. Chair très savoureuse (*fig.*).

gourami. — Grand poisson au corps haut, comprimé, à la bouche petite. Sa taille va jusqu'à 2 mètres

Gourami (longueur, 2ᵐ).

pour un poids de 10 kilos seulement. Se trouve dans les îles de la Sonde. Sa chair est extrêmement savoureuse (*fig.*).

gourme. — Maladie contagieuse du cheval ; elle consiste en une inflammation des voies respiratoires, avec production d'abcès dans diverses parties du corps. La *gourme* se communique facilement par contact immédiat, par les fourrages, les boissons, les mangeoires, et aussi par l'air.

Les chevaux de 4 à 6 ans sont les plus fréquemment atteints ; en général la maladie n'atteint qu'une seule fois le même sujet. La gourme est souvent mortelle. Elle n'est pas contagieuse pour l'homme.

goût. — Le sens du *goût* est localisé dans la *langue* ; il s'exerce par les

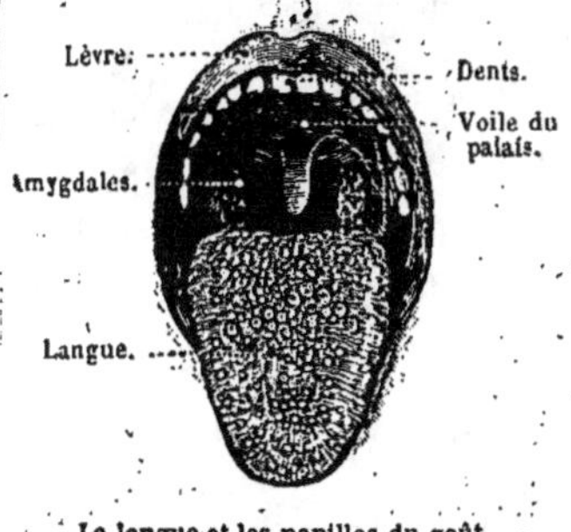

La langue et les papilles du goût.

extrémités des ramifications d'un nerf spécial, capable de donner la sensation des saveurs ; ces extrémités se terminent dans de petites excroissances qui tapissent la surface de la langue, les *papilles*. C'est par le contact intime des substances avec les papilles que se développe la saveur de chacune d'elles (*fig.*).

goutte. — Maladie caractérisée par une accumulation d'*acide urique* dans le sang et par les dépôts de cet acide dans les articulations et dans les autres parties du corps. Apparaît surtout chez les personnes dont l'alimentation est trop abondante, trop azotée, et qui prennent peu d'exercice ; le rein qui, d'habitude, extrait l'acide urique du sang pour le rejeter à l'extérieur, cesse d'exercer sa fonction et l'acide, restant dans le sang, détermine la maladie.

Goutte. — Les dépôts d'acide urique dans les articulations produisent à la longue des déformations considérables des membres.

Commence par des douleurs dans les articulations, des palpitations de cœur, la perte de l'appétit, puis arrive une *attaque* de douleurs très vives dans l'articulation, avec enflure, frisson, fièvre ; ces douleurs ne reviennent guère que la nuit ; après quelques jours, elles disparaissent, pour revenir après des mois, puis de plus en plus fréquemment. Cette maladie est héréditaire. On la soigne surtout par un régime sévère ; pendant les accès, on graisse le membre attaqué et on l'entoure de ouate (*fig.*).

goyavier. — Arbre fruitier des régions tropicales, dont le fruit est une baie en forme de poire. Le goyavier-poire des Antilles a 5 à 6 mètres de haut ; son fruit, jaune extérieurement, rouge, blanc ou verdâtre intérieurement, a la grosseur d'un œuf de poule ; on le mange cru ou cuit au four ; on en fait des confitures.

Le bois est employé en charpente. On cultive le goyavier sur le littoral

Goyavier, rameau fleuri (hauteur de l'arbre, 5ᵐ).

de la Méditerranée, notamment en Algérie et en Provence, mais cette culture a peu d'importance (*fig.*).

graine. — La partie la plus importante du fruit, puisque son développement (voy. **germination** ') doit donner naissance au végétal ; elle provient du développement des *ovules* (voy. **fleurs**). Une graine se compose d'enveloppes entourant une partie centrale appelée *amande*. Cette amande contient toujours un petit corps appelé *embryon*, représentant une plante en miniature. Dans l'embryon on distingue les organes qui doivent constituer la plante adulte ; *radicule, tigelle, gemmule ;* en outre, à côté de la gemmule, il y a une ou deux grosses feuilles charnues, appelées *cotylédons*, qui constituent une réserve de nourriture qui sera consommée pendant la germination, et fournira les aliments néces-

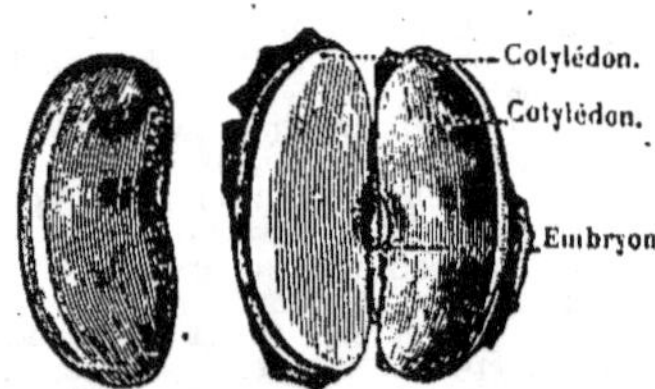

Graine du haricot, fermée.

Graine du haricot, ouverte, pour montrer l'*enveloppe*, les *cotylédons* formant à eux deux l'*amande* et le *germe* ou *embryon*.

saires au début du développement de la jeune plante. Outre les cotylédons, les graines contiennent souvent une

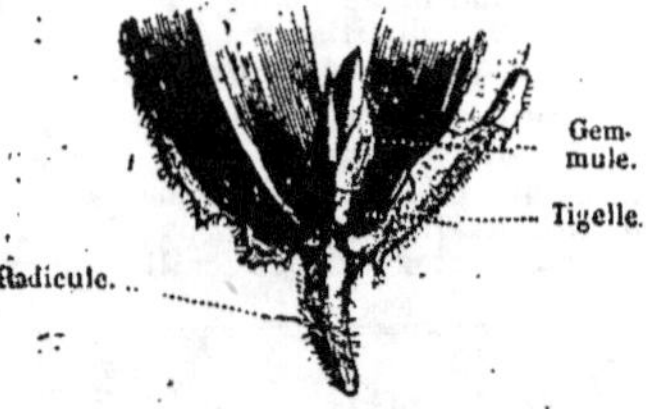

Partie inférieure de la graine du haricot, un peu germée, pour montrer la *radicule*, la *tigelle*, la *gemmule*.

autre réserve de nourriture nommée *albumen*. Ainsi, dans le haricot, l'embryon occupe toute la graine ; ses cotylédons sont assez gros pour renfermer toute la réserve alimentaire. Mais dans le blé, le maïs, l'embryon

est petit, et la plus grande partie de la
graine est formée par l'albumen; le
cotylédon sert alors de suçoir; il puise
ses aliments dans l'albumen, pour les
faire servir à la germination (*fig.*).

Enfin la graine est entourée d'une
enveloppe ou peau qui la protège. Il y

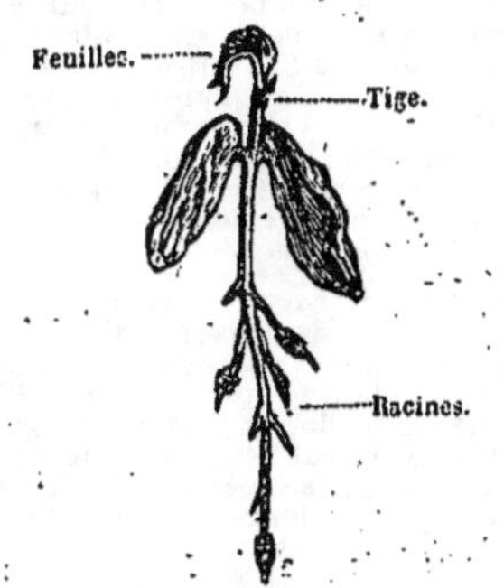

Graine du haricot. Quand la germination
est terminée, la *radicule* a donné des *racines*,
la *tigelle* une *tige*, la *gemmule*, quelques
feuilles qui vont se développer; et les cotylédons, épuisés, devenus d'ailleurs inutiles, vont
tomber. (Voy. germination.)

a aussi parfois, outre la peau, des
parties accessoires qui protègent davantage la graine, ou permettent au
vent de la transporter au loin. C'est
ainsi que la graine du *cotonnier* est
entourée de poils blancs avec lesquels

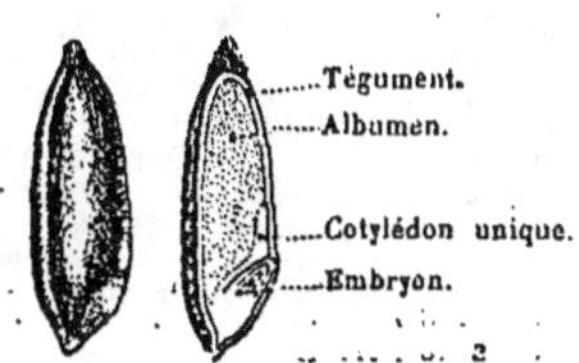

Grain de blé, grossi, montrant *l'embryon* qui
n'a qu'un seul cotylédon, et, au-dessus, la
provision d'*albumen*.

on fait le coton; la graine du *saule*
possède des filaments.

Beaucoup de graines servent à l'alimentation (*blé, seigle, orge, avoine,
maïs, riz, haricot, fève, café...*); avec
l'*orge* on fabrique la *bière*; les graines
de *colza*, de *noyer*, de *hêtre*, nous
donnent une huile comestible; celles
du *lin*, du *chénevis* fournissent une

huile employée pour l'éclairage ou

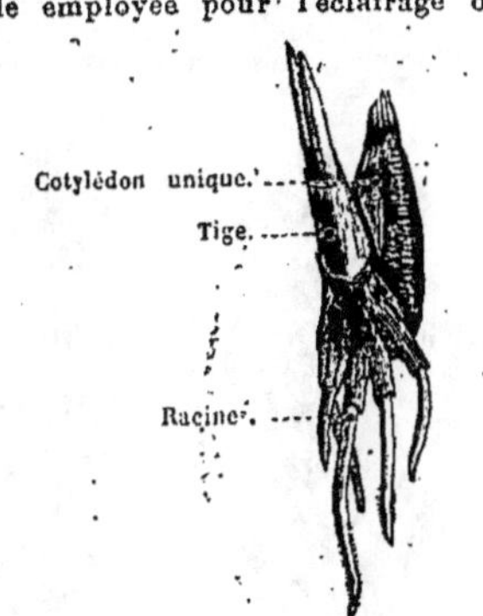

Grain de blé, la germination étant très avancée,
pour montrer le développement de *l'embryon*.

dans la peinture; avec le *cacao* on fait
le chocolat.

graisses. — *Corps gras* solides,
d'origine animale; on les distingue en
graisses proprement dites, relativement
peu consistantes, et *suifs*, plus durs.
Leur composition est la même que
celle de tous les corps gras.

La *graisse humaine* contient surtout
de la *margarine*, avec un peu d'*oléine*.
La *graisse d'oie*, très importante pour
l'alimentation dans le midi de la
France, est plus facilement fusible.
La *graisse de porc*, ou *axonge*, est la
plus importante; elle est blanche,
d'une odeur agréable; elle sert surtout
pour assaisonner les aliments.

La *graisse des animaux herbivores*
(bœuf, mouton) est ordinairement appelée *suif*. Le suif est employé à la
fabrication des *chandelles*, des *bougies* et des *savons*.

graminées. — Plantes *monoco-*

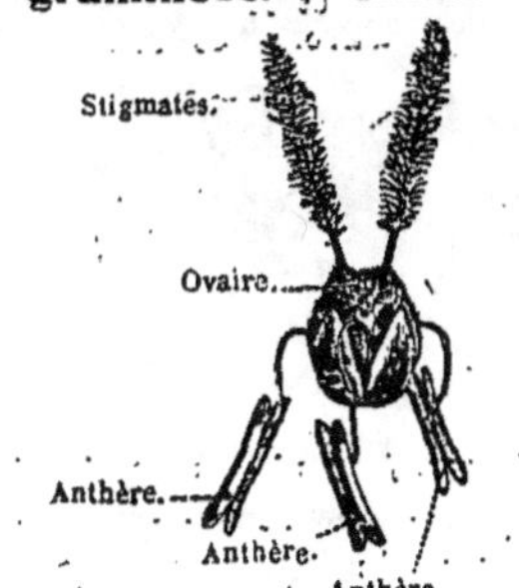

Graminées (fleur de blé détachée de l'épi).

tylédones à fleurs disposées en épis

où en grappe d'épis, avec une corolle peu visible; tige aérienne ordinairement creuse, présentant des nœuds

Graminées. — Rameau de blé barbu montrant la tige creuse, les feuilles engaînantes, et les fleurs en épi.

Graminées. — Épi de blé non barbu, en fleurs.

pleins; feuilles engaînantes à gaine fendue, sans pétiole.

Cette famille contient un grand nombre d'espèces; elle est très importante au point de vue de l'alimentation de l'homme et des animaux. Exemples: blé (*fig.*), seigle, orgè, maïs, riz, avoine, fétuque, paturin, brome, dactyle, agrostide, canne à sucre, alfa, flouve, bambou.

granit. — Le granit est une roche complexe, formée par la réunion de cristaux de *mica*, de cristaux de *quartz*, de cristaux de *feldspath*. Comme le mica et le feldspath sont susceptibles d'avoir des colorations

Granit (*quartz, feldspath* et *mica* mélangés).

les plus variées, on a aussi des granits de nuances très diverses : il y a des granits rouges, gris, verts, violets, noirs.

Des régions entières (Limousin, Haute-Auvergne, Bretagne) ont le sous-sol entièrement granitique. Toutes les grandes chaînes de montagnes contiennent du granit (Alpes, Vosges, Pyrénées).

Cependant le granit est peu employé, car sa dureté en rend la taille trop difficile et trop coûteuse. Avec les variétés les moins dures sont construites presque entièrement les villes de Limoges, de Saint-Brieuc, d'Autun, de Cherbourg. On emploie aussi quelquefois cette pierre pour faire des objets d'art ou de décoration; elle peut se polir comme le marbre et prendre l'aspect le plus riche. Les obélisques d'Egypte sont en granit

granulations. — Saillies arrondies, rouges ou grises, qui se développent à la face interne des paupières; elles produisent une lourdeur, un picotement de la paupière qui fatiguent beaucoup la vue; elles sont fort contagieuses. Elles cèdent très lentement à un repos prolongé des yeux et à des cautérisations au sulfate de cuivre.

graphite (grec : *graphein*, dessiner). — Le *graphite* ou *plombagine* n'est rien autre chose que du charbon à peu près aussi pur que le *diamant*. Il est formé de paillettes d'un gris d'acier, opaques, douces au toucher, assez tendres pour tacher les doigts ; il est bon conducteur de la chaleur et de l'électricité; difficilement combustible. Se rencontre en France, en Angleterre, en Espagne, à Ceylan, mais surtout en Sibérie.

Sa principale application est la fabrication des crayons de *mine de plomb*. Le *cambouis*, avec lequel on graisse les roues des voitures et les engrenages, est un mélange d'huile et de graphite pulvérisé. Avec la poussière de la plombagine on noircit les objets en fer ou en fonte pour leur donner plus d'éclat et les préserver de la rouille. Enfin, on utilise la plombagine en galvanoplastie pour métalliser les moules et les rendre conducteurs de l'électricité.

graphomètre (grec : *grapho*, j'écris; *métron*, mesure).—Instrument en cuivre servant à mesurer les angles sur le terrain. Supposons qu'il y ait sur le terrain deux lignes marquées par des jalons: on veut mesurer l'angle qu'elles font entre elles. On place l'instrument à leur intersection; on vise l'une des lignes avec les *pinnules* de l'*alidade fixe;* pour cela il faut faire tourner convenablement le graphomètre autour de son pied. Puis, sans toucher davantage au graphomètre, on fait tourner l'*alidade mobile* jusqu'à ce qu'on vise la seconde ligne en regardant à travers ses pinnules. On n'a dès lors qu'à lire, sur le cadran divisé, l'angle que font entre elles les deux alidades. Pour que la mesure soit juste, le cadran doit être préalablement placé dans une position horizontale. Une petite boussole, fixée dans le cadran, sert à s'orienter sur le terrain (*fig.*).

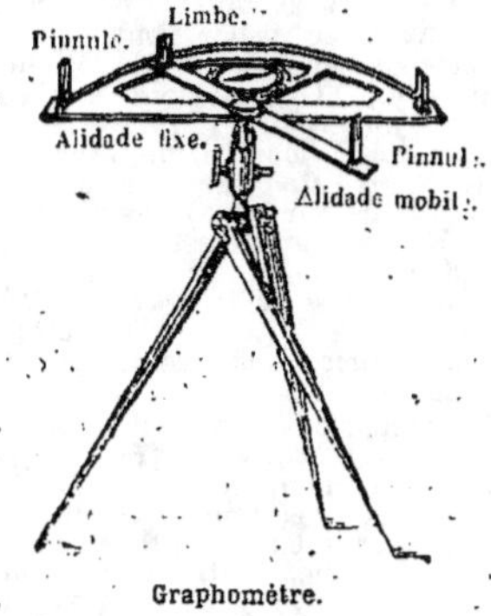

Graphomètre.

Le *graphomètre à lunettes* est celui où les pinnules sont remplacées par des lunettes d'approche.

L'*équerre graphomètre* ressemble comme forme à l'*équerre d'arpenteur*. Mais le cylindre est composé d'une partie inférieure, reposant sur le pied, et d'une partie supérieure, qui peut tourner sur la première. On vise la première ligne avec les pinnules du cylindre inférieur, puis la seconde ligne avec les pinnules du cylindre supérieur ; la graduation tracée à la ligne de jonction des deux cylindres indique alors l'angle.

grassette. — Plante à fleurs violettes qu'on rencontre dans les marécages d'Europe ; elle est employée comme vulnéraire pour guérir les gerçures des vaches ; sa décoction sert à détruire les poux.

gratiole. — La *gratiole* ou *herbe au pauvre homme*, est une plante de marais, d'une odeur nauséabonde et d'une saveur très amère. C'est un purgatif drastique et un vomitif violent ; la médecine ne l'u-

Gratiole, rameau fleuri (hauteur de la plante, 0^m,50).

tilise guère, mais les indigents en font usage dans certains pays (*fig.*).

gravelle. — Maladie qui consiste dans la production de petits *graviers*, qui se forment dans la vessie et sont rejetés à l'extérieur dans l'urination ; ces graviers sont formés d'acide urique, ou d'acide oxalique, ou de phosphate de chaux.

La *gravelle* avec graviers d'acide urique est la plus fréquente ; elle résulte de la bonne chère, du froid, d'exercices musculaires insuffisants ou au contraire exagérés, de l'hypocondrie, d'une vie trop sédentaire ; ce sont ces mêmes circonstances qui prédisposent à la goutte, au rhumatisme, à la colique hépatique ; toutes ces maladies ont des points communs.

La gravelle se manifeste par des douleurs de reins qui peuvent aller jusqu'à la *colique néphrétique*, et entraîner parfois des complications sérieuses. On la combat surtout par une alimentation appropriée, un régime sévère, un exercice modéré, les eaux minérales de Evian, Vittel, Royat, Contrexéville.

gravitation universelle. — D'après Newton, les mouvements relatifs des astres de notre système planétaire, les uns par rapport aux autres, sont sans doute dus à une attraction de la matière par la matière, attraction qui a reçu le nom de *gravitation universelle*. Cette attraction de la matière serait soumise aux deux lois suivantes : 1° *l'attraction est proportionnelle au produit des masses en présence ; 2° elle est en raison inverse du carré de la distance qui sépare les centres de ces masses.*

La rotation de la lune autour de la terre, en particulier, est due à l'attraction mutuelle de la terre et de la lune. La *pesanteur* que nous observons à la surface de la terre est aussi un cas particulier de la gravitation universelle ; un corps tombe à la surface de la terre, parce qu'il est attiré par la terre vers son centre.

gravure. — La *gravure* est la reproduction, sur une matière dure permettant le tirage à grand nombre, d'un dessin exécuté par un artiste. Les procédés de la gravure sont multiples.

Gravure en taille-douce. — Le dessin est exécuté sur une plaque de métal (cuivre ou acier), puis gravé *en creux* à l'aide d'un instrument d'acier nommé *burin*. On a alors une *planche* gravée qui servira à faire le *tirage* des épreuves. L'encre grasse d'imprimerie est étendue au rouleau sur la planche elle pénètre dans les sillons et les remplit, en même temps qu'elle recouvre toute la surface du métal. En essuyant avec soin cette surface, on ne laisse plus d'encre que dans les creux. La planche est alors appliquée et fortement pressée sur une feuille de

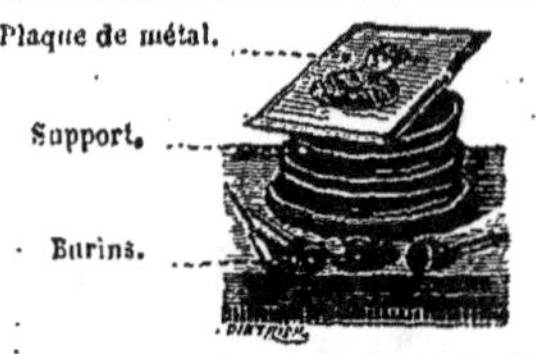

Gravure sur métal. — La figure représente une plaque de cuivre sur laquelle l'ouvrier vient de graver un *dessin en taille-douce*, à l'aide de *burins* plus ou moins fins.

papier humide ; par l'effet de la compression, celle-ci est refoulée dans toutes les hachures remplies d'encre, et en rend avec une fidélité scrupuleuse les moindres détails (*fig.*).

Gravure à l'eau-forte. — Sur une *planche* de cuivre on étend une mince couche de vernis. Sur ce vernis on trace le dessin, à l'aide d'une pointe fine, de façon à enlever le vernis et à mettre le cuivre à nu. Sur la planche on répand alors de l'*eau-forte* ou *acide azotique* ; l'acide mord le cuivre, le ronge, aux endroits qui ne sont pas préservés par le vernis. Quand la morsure est assez profonde on lave à l'eau, et on enlève le vernis. On a ainsi une planche *en creux*, comme la planche en taille-douce, mais dans laquelle le burin a été remplacé par l'acide. Le tirage des épreuves se fait de la même manière.

Gravure sur bois. — Le dessin, tracé sur une planche de buis bien plane,

Gravure sur bois. — Pour graver sur bois, l'ouvrier tient le *bois* de la main gauche, appuyé sur un support arrondi qui permet des déplacements faciles. De la main droite, armée d'un burin, il pratique la gravure, en regardant avec une loupe les détails du dessin.

est gravé au burin, de manière que chaque trait du dessin soit mis *en relief* ; c'est donc l'inverse des procédés précédents. Pour faire le tirage, on n'a

qu'à passer le rouleau à encre grasse sur la planche, de manière que l'encre s'attache sur les reliefs ; en appliquant alors le papier sur cette planche, on reproduit le dessin. Le tirage d'une gravure sur bois se fait donc par le procédé ordinaire de la *typographie*, avantage énorme, qui permet d'imprimer les gravures dans le texte même d'un livre, en même temps que les caractères d'imprimerie qui les entourent (*fig.*). On emploie beaucoup aujourd'hui, pour l'illustration des livres à bon marché, un *procédé de gravure en relief sur zinc*, analogue à la gravure sur bois. Dans ce procédé le burin du graveur est remplacé par la morsure d'un acide ; c'est, en somme, une sorte de gravure à l'eau-forte, en *relief*. Le procédé porte les noms de *zincographie, panicographies gillotage*.

Lithographie. — La *pierre lithographique* est un *calcaire* très fin, qu'on rencontre principalement en Bavière, et aussi dans certaines régions de la France. Sur une pierre lithographique, très bien polie, on trace le dessin à l'aide d'un crayon gras, puis on passe sur la pierre une éponge mouillée avec de l'eau de gomme additionnée d'un peu d'acide chlorhydrique. Si alors on passe sur la pierre le rouleau imprégné d'encre d'imprimerie, l'encre s'attache seulement sur le dessin au crayon gras, et pas du tout sur le reste de la pierre. Qu'on applique alors une feuille de papier sur la pierre, et le dessin sera reproduit. On peut recommencer l'opération un grand nombre de fois, et effectuer un tirage important avec le même dessin.

Photographie. — Les quatre procédés que nous venons d'indiquer sont difficiles ; ils exigent qu'un artiste habile ait fait le dessin, et qu'un autre artiste habile (parfois le même) ait gravé au burin la planche de métal ou de bois. La *photographie* est un autre procédé de reproduction plus commode, puisque le premier venu, après un rapide apprentissage, peut obtenir un cliché négatif très fidèle, fait en quelques instants, et à peu de frais. Avec ce cliché négatif on peut, comme avec une planche gravée de bois ou de métal, avoir un nombre aussi grand qu'on le veut de reproductions sur papier (voy. **photographie**). Mais la photographie, si supérieure en cela aux procédés précédents de gravure, a ses inconvénients. Elle ne peut donner ses épreuves positives que lentement (quelques-unes par jour seulement), et ces épreuves positives ne sont pas aussi solides que celles tirées à l'encre d'imprimerie ; elles passent et se décolorent peu à peu. On a trouvé récemment des procédés au platine et au charbon permettant d'obtenir des épreuves qui ne changent pas une fois tirées.

Photogravure. — Les nombreux procédés de *photogravure*, qui portent les noms les plus variés (*héliogravure, phototypographie, photolithographie, photoglyptie, phototypie...*) réunissent les avantages de la photographie et ceux des procédés de gravure indiqués précédemment. Ils ont tous pour but de remplacer le graveur par un photographe, et d'obtenir cependant, au lieu d'un *cliché négatif*, une planche gravée qui permette de faire un tirage rapide avec l'encre d'imprimerie, qui est inaltérable. Ces procédés permettent de faire soit de la photogravure en creux, analogue à la gravure en taille-douce, soit de la photogravure en relief, analogue à la gravure sur bois. Les principes des différents modes de photogravure ne sont pas toujours très simples. En voici un seul, donné comme exemple.

Le *bitume* de Judée est très soluble dans la benzine; mais lorsqu'il est exposé pendant une heure ou deux à l'action de la lumière, il éprouve une modification qui le rend insoluble. On étend donc du bitume de Judée sur une plaque de cuivre. Puis on le recouvre d'un *cliché négatif* obtenu par un photographe (voy. **photographie**) et on place le tout au soleil. Partout où pénètre la lumière, le bitume devient insoluble ; il reste soluble au contraire sous les noirs du cliché. Si donc on lave la plaque à la benzine, le métal est mis à nu dans les parties correspondant aux clairs de l'objet, qui sont des ombres du négatif photographique, tandis qu'il reste couvert dans les parties correspondant aux ombres du cliché. Cette première opération effectuée, on traite la plaque métallique avec un acide très étendu d'eau. Les portions recouvertes de la réserve de bitume restent inattaquées, tandis que le métal est mordu, creusé dans les parties découvertes. On a ainsi un relief plus ou moins accentué, qui permet de tirer des épreuves à l'encre d'imprimerie à l'aide de cette plaque, tout comme si c'était une planche de bois gravée en relief.

grèbe. — Oiseau *palmipède* dont le plumage, d'un blanc d'argent sur la poitrine, constitue une fourrure de prix. Les grèbes sont des oiseaux aquatiques, bons nageurs, bons plongeurs. Ils bâtissent un nid flottant sur l'eau, que la femelle déplace à son gré. Les grèbes se nourrissent de poissons, de mollusques, d'insectes... Répandus dans les deux continents, les

Grèbe huppée (longueur, 0m,30).

grèbes passent en France au printemps et en automne (*fig.*).

greffe. — Opération qui consiste à prendre un rameau ou simplement un *œil* ou bourgeon d'une bonne variété de plante, et à fixer ce rameau ou cet œil sur une autre plante de la même fa-

La greffe par approche s'effectue entre deux plantes enracinées que l'on rapproche. Ces deux plantes se souderont au point de contact, puis on coupera le pied mère au-dessous du point de soudure.

mille. Ainsi on peut greffer le pêcher sur un pêcher de moindre qualité, ou sur l'amandier, ou sur le prunier. On peut pratiquer la *greffe par approche*, la *greffe en fente* et la *greffe en écusson*.

La *greffe par approche* s'effectue entre deux plantes enracinées et rapprochées l'une de l'autre.

DIVERSES PHASES DE LA GREFFE EN ÉCUSSON.

Greffoir.

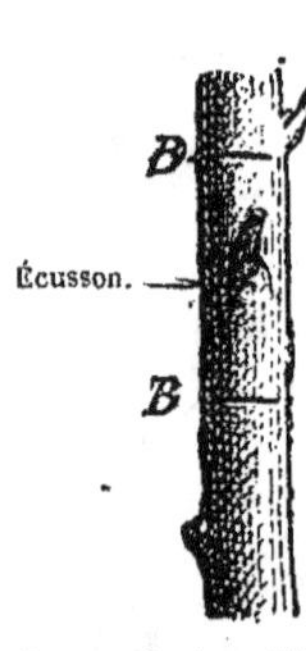

Rameau dont on déta-
chera un *écusson*. —
B, B, incisions trans-
versales préparant la
levée de l'écusson.

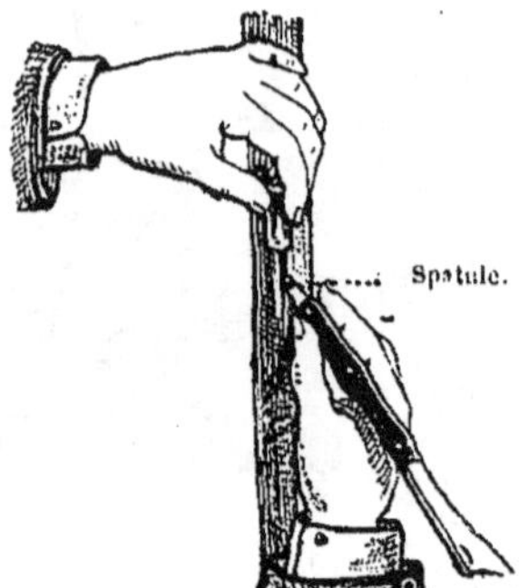

Comment on lève un écusson.

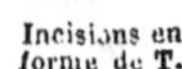

Incisions en
forme de T.

Comment on place
l'écusson.

Écusson
placé.

Écusson
ligaturé.

Dans la *greffe en fente* on taille un *greffon* en forme de lame de couteau, puis on l'introduit dans une fente faite sur le rameau à greffer, en ayant soin que les écorces du sujet et celles de la greffe coïncident ; on recouvre la plaie de terre glaise ou plutôt de *mastic à greffer*, et on fait une ligature.

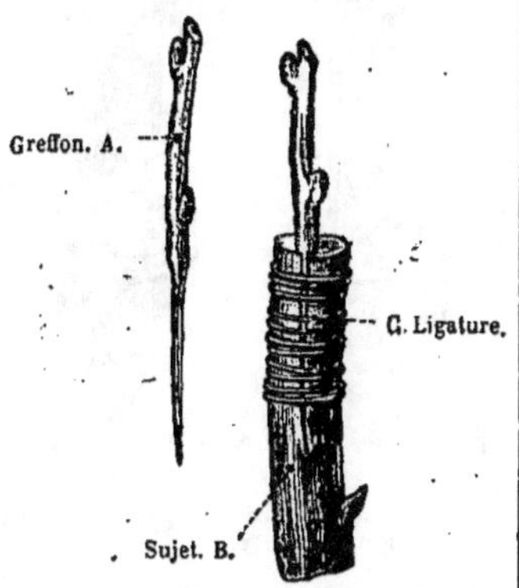

La greffe en fente. — A, *greffon* taillé en lame de couteau ; — B, *sujet* fendu pour l'introduction du greffon ; — C, ligature.

Dans la *greffe en écusson* on lève, sur l'arbre dont on veut avoir la greffe, un bourgeon (ou œil) avec une petite plaque d'écorce ; l'écusson ainsi obtenu est introduit entre le bois et l'écorce du sujet à greffer, puis on fait une ligature avec de la laine ou du coton (*fig.* page 364).

grégeois (*feu*). — Mélange incendiaire qui fut introduit en Europe au ... siècle, venant d'Orient. Il était constitué par des substances grasses ... ineuses, du soufre, des sucs ... séchés de certaines plantes et des ... ix réduits en poudre. On le ... ait sous forme de fusées et de ... d'artifice.

grêle. — La *grêle* est constituée par de petites boules de glace arrondies, très dures, qui tombent principalement en été, au commencement des orages. Les grêlons proviennent des aiguilles de glace tombées d'un *cirrus* (voy. **nuages**), qui, en traversant un *cumulus* fortement électrisé et très froid, y ont été retenues par l'action de l'électricité, et ont eu le temps de grossir par l'adjonction de couches de glace successives. Cette formation de glace en été ne peut surprendre quand on sait qu'il fait souvent très froid dans les régions élevées de l'atmosphère.

La grosseur des grêlons peut atteindre celle d'un œuf de poule. La grêle n'a pas besoin d'avoir ces dimensions considérables pour causer de très grands dégâts : heureusement elle tombe toujours sur une bande de terrain assez étroite, et rarement bien longue.

grémille. — Poisson fluvial analogue à la perche, d'un brun verdâtre, avec ventre argenté. Se trouve dans les rivières du centre et du nord de l'Europe ; en France on la rencontre dans le nord-ouest. Longueur : 15 centimètres seulement. Sa chair est très estimée pour sa facile digestion et son bon goût.

grenadier. — Arbuste de la famille des *myrtacées* dont le fruit, la *grenade*, est comestible ; ce fruit, à enveloppe dure et sèche, contient beaucoup de graines, entourées d'une pulpe rouge, translucide, d'un goût agréable et légèrement acide. On cultive le grenadier en Espagne et, en France, sur un

Grenadier, rameau fleuri et fruits ouverts (hauteur de l'arbre, 6m.)

petit nombre de points de la côte méditerranéenne. Une variété à doubles fleurs, ne donnant pas de fruits, est cultivée comme plante d'ornement. Avec le jus des grenades, on aromatise un sirop nommé *grenadine*. L'écorce du grenadier est utilisée en médecine comme remède contre le ver solitaire (*fig.*).

grenouille. — Voy. **batraciens**.

grès. — Les *grès* sont des pierres formées de grains de sable réunis les uns aux autres par une sorte de ciment. Ils servent au pavage des rues et des grandes routes. Fontainebleau fournit annuellement pour cet usage des millions de kilogrammes de grès. On emploie les grès les plus durs comme pierres à aiguiser ; on s'en sert aussi pour le polissage et la taille des corps durs : c'est avec des meules d'un grès très dur, que l'on taille les agates et le cristal de roche.

Les grès les plus tendres servent aux constructions (Alsace, Lorraine). La cathédrale de Strasbourg, les palais les plus remarquables de Florence sont en grès.

Pour les grès artificiels, voy. **céramique.**

grésil. — Sorte de neige, pelotonnée en petites masses fines comme la poussière, en minces aiguilles de glace, en pointes imperceptibles. Sur les hauts sommets des montagnes, la neige tombe presque toujours à l'état de *grésil.*

grillon. — Insecte *orthoptère* sauteur comme les criquets et les sauterelles; corps massif, antennes longues, ailes courtes; femelle munie, à l'extrémité de l'abdomen, d'un appendice long et grêle. Le mâle produit un son strident en frottant ses élytres l'un contre l'autre. Le grillon vit en terre, dans des terriers dont il ne sort guère que la nuit.

Grillon (femelle), longueur, 0ᵐ,02.

Le *grillon des champs* se trouve dans les campagnes; le *grillon domestique* habite nos maisons, logeant dans les crevasses des murailles, près des fours et des cheminées (*fig.*).

grimpereau. — Oiseau *passereau* de petite taille; longueur, 14 centimètres. Grand mangeur d'insectes.

grisou. — Gaz combustible, constitué principalement par du *protocarbure d'hydrogène*, qui se dégage

Grisou. — L'explosion du *grisou*, dans les mines de houille, cause les plus grands malheurs.

souvent en abondance dans certaines mines de houille. Ce gaz se mélange à l'air; quand il est en quantité assez grande, la moindre flamme suffit pour mettre le feu au mélange; une détona-

tion formidable se propage dans toute la mine, tuant les ouvriers et éboulant les galeries.

L'usage de la *lampe* de Davy est

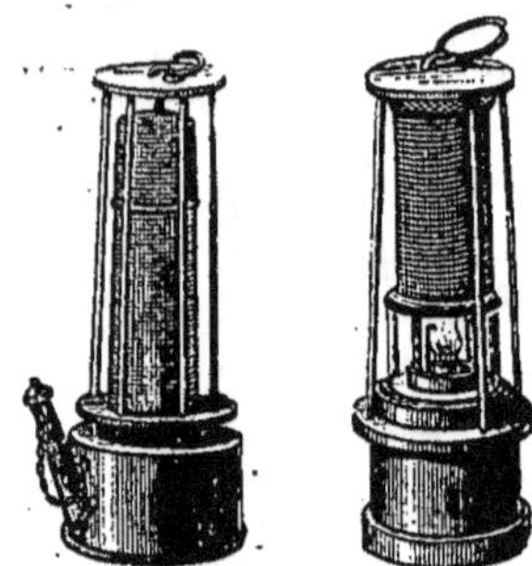

Lampes des mineurs : Modèle de Davy, à gauche; modèle de Combes, à droite. (Voyez lampes.)

ce qu'on a trouvé de plus efficace pour prévenir ce terrible fléau (*fig.*).

grive. — Voy. merle.

grondin. — Le *grondin* est un poisson marin très répandu sur les côtes de France. Corps allongé, avec une tête énorme; écailles petites, logées

Grondin (longueur, 0ᵐ,35).

dans les replis de la peau. Couleur rouge clair ou rosé, avec des nageoires d'un rouge clair. La taille est de 30 à 35 centimètres. Chair de facile digestion, estimée; ce poisson est connu à Paris sous le nom de *rouget* (*fig.*).

gros-bec. — Oiseau *passereau* analogue au pinson; couleurs vives. Habite les forêts et les vergers; niche sur les grands arbres; 3 à 5 œufs verdâtres, avec des taches et des raies brunes. Cause des dégâts dans les vergers, les potagers, en mangeant les

Gros-bec (longueur totale, 0m,35).

fruits, les graines de toutes sortes; franchement nuisible (*fig.*).

groseillier. — Arbrisseau dont les fruits sont des baies comestibles, parfois disposées en grappes; ces fruits sont remarquables en ce qu'ils conservent à leur extrémité, jusqu'à maturité, des traces visibles de la fleur qui leur a donné naissance. On en connaît plusieurs espèces.

Le **groseillier épineux** croît dans les bois, les haies; les fruits sont isolés, couverts de poils; le **groseillier à maquereau** est un groseillier épineux perfectionné par la culture, dont les fruits

dans sa patrie. Elle a le vol puissant, et voyage en grandes bandes, surtout la nuit. Se nourrit de graines, d'herbes, d'insectes, de vers, de mollusques aquatiques, de serpents, de grenouilles, de petits poissons. Niche dans les marécages (*fig.*).

Grue (longueur, 1m,40).

grue. — Voy. treuil.

guano. — *Engrais* qui se rencontre principalement sur le littoral du Pérou; il est formé de dépouilles et d'excréments d'oiseaux. L'océan Pacifique, qui baigne les côtes du Pérou, est peuplé d'une quantité extraordinaire de poissons : une infinité d'oiseaux analogues au *cormoran* (*fig.*), grands destructeurs de poissons, sont

Cormoran. — Le *guano* est constitué par la fiente d'oiseaux analogues au *cormoran*.

Groseillier à maquereau.

Groseillier à grappes.

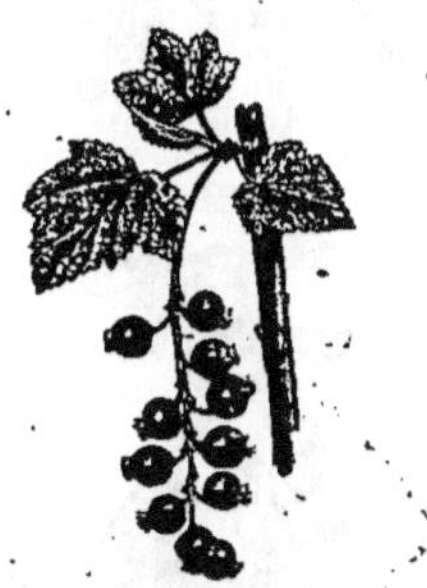

Groseillier noir ou cassis.

sont assez gros et d'un goût agréable. Le **groseillier à grappes** donne des baies petites, rondes, rouges ou blanches, disposées en grappes; on s'en sert surtout pour faire des confitures et des sirops rafraîchissants. Le **groseillier noir**, ou *cassis*, a des baies noires, d'un goût peu agréable, qui servent à faire la liqueur nommée *cassis* (*fig.*).

grue. — Grand oiseau *échassier* de passage en France. Originaire des pays froids, la grue passe chez nous en octobre pour aller vers le Midi, et repasse en mars pour retourner nicher

attirés dans ces parages pour leur faire la guerre. Les déjections de tous ces oiseaux se sont accumulées sur les côtes du Pérou depuis un grand nombre de siècles, et forment des masses énormes de *guano*. Malheureusement on prévoit déjà le moment où ces précieux gisements d'engrais seront épuisés.

guépard. — Ce *félin* se rapproche à la fois du chat et du chien; sa forme et sa fourrure tiennent de ces deux animaux. Le *guépard du Sénégal* détruit beaucoup de gibier et de bestiaux; on lui fait une guerre acharnée. Celui d'*Asie* est moins gros (hauteur au garrot, 0ᵐ,66); il vit dans les steppes et se nourrit de ruminants, dont il s'empare avec une grande habileté. On le

Guépard (hauteur au garrot, 0ᵐ,66).

dresse parfaitement bien à la chasse, ce qui le rapproche encore du chien (*fig.*).

guêpes. — Insectes *hyménoptères*, aux formes élégantes, aux couleurs variées de jaune et de noir. Les antennes, courbées, sont terminées en massue; les mandibules sont fortes et dentées. Les unes vivent solitaires, les autres en société. Elles possèdent toutes un aiguillon en communication avec une glande à venin. Les larves ont la forme de vers, elles n'ont pas de pattes.

Les **guêpes solitaires** construisent dans la terre des cellules qui reçoivent chacune un œuf, et où l'insecte place la nourriture nécessaire à la larve qui en sortira; cette nourriture est composée ordinairement d'autres larves de

Le nid de la guêpe des bois (ouvert pour montrer l'intérieur).

Guêpe.

divers insectes. Les **guêpes sociables** qui vivent en société sont plus nombreuses. Telle est notre *guêpe commune* (*fig.*). Elle forme des sociétés annuelles renfermant des mâles, des femelles et des neutres (ou ouvrières). Le nid est bâti sous terre, avec des matières végétales triturées, imprégnées de salive, de manière à former une sorte de carton.

Dans ces nids, ou *guêpiers*, sont des gâteaux ou rayons, ordinairement horizontaux; ces rayons ne sont pas en cire, mais en matières végétales triturées, comme les parois du nid. C'est dans les cellules des rayons que sont déposés les œufs par la mère; les larves écloses sont nourries par les ouvrières. En hiver tout meurt, sauf les femelles fécondes qui passent l'hiver réfugiées dans des trous; chacune d'elles, au printemps, pondra quelques œufs d'où naîtront les premiers éléments d'une colonie nouvelle.

D'autres espèces de guêpes suspendent leur nid aux branches des arbres, ou l'établissent dans les troncs. La *guêpe frelon*, plus grosse que la guêpe commune, à le corselet noir avec des taches jaunes; ses piqûres sont plus redoutables; elle construit son nid dans les trous des vieux murs, dans les troncs d'arbres.

Toutes les guêpes sont des insectes nuisibles, qui font le plus grand tort aux fruits, et même à certains arbres.

guêpier. — Oiseau *passereau* qui se nourrit d'insectes, et particulièrement d'abeilles et de guêpes. Niche au fond de longues galeries qu'il se creuse dans le sol sablonneux des collines.

Guêpier (longueur, 0ᵐ,27).

Habite les contrées chaudes; on en trouve pendant l'été dans le midi de la France. Les guêpiers voyagent par bandes en poussant des cris presque constamment (*fig.*).

gui. — Plante parasite dont le fruit est une petite baie globuleuse, d'un blanc translucide. Le *gui* se rencontre surtout sur le pommier, le poirier, le sapin, l'érable, le saule, le peuplier, rarement sur le chêne. Il enfonce ses racines sous l'écorce de ces arbres et se nourrit à leur dépens; ce qui nuit à leur développement. On doit surtout détruire le gui qui se développe sur les arbres fruitiers. Avec le gui on fabrique la *glu* * (*fig.*).

Le gui.

guimauve. — Plante vivace de la

Rameau fleuri de guimauve (hauteur de la plante, 2ᵐ).

famille des *malvacées*; se trouve dans

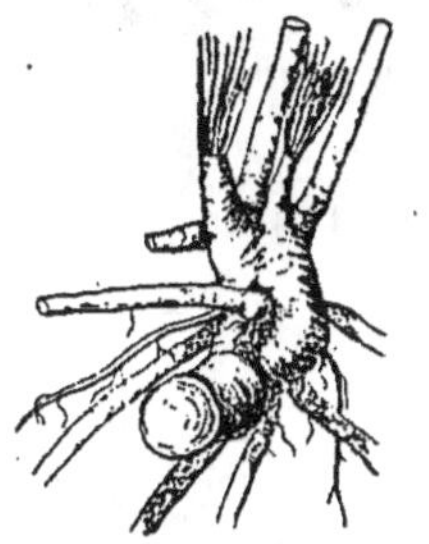

Guimauve (fragment de racine).

les lieux frais et humides, sur les bords les ruisseaux ; les fleurs, d'un rose pâle,

s'épanouissent en juin et août. Toutes les parties de la guimauve sont émollientes.

On emploie les infusions, les décoctions de la racine, des feuilles, des fleurs dans les maladies des bronches, le rhume, l'inflammation des voies digestives ; la matière mucilagineuse qu'elle renferme entre dans la préparation de pastilles, de pâte, de sirop de guimauve. La racine a un goût sucré ; on la donne à mâcher aux enfants tourmentés par le travail de la dentition (*fig.*).

gutta-percha. — Substance contenue dans la sève d'un grand arbre qui croît dans l'île de Singapore, dans les forêts de Lahore, à l'extrémité de la

La récolte de la gutta-percha.

presqu'île de Malaisie, sur les côtes sud-est et ouest de Bornéo.

Cette substance se rapproche beaucoup du caoutchouc. Comme le caoutchouc, elle ne s'altère ni à l'air ni à l'humidité. A la température ordinaire, elle est raide, peu élastique ; mais si on la met dans l'eau chaude elle devient molle, plastique, et on peut lui donner les formes les plus variées, qu'elle conserve après son refroidissement. Elle conduit très mal la chaleur et l'électricité.

Pour obtenir la *gutta-percha* on abat l'arbre ; le suc laiteux qu'il renferme s'écoule dans des vases ; on fait évaporer ce suc à l'air, et il laisse la gutta-percha (*fig.*).

Avec la gutta-percha on fait de nombreux objets imperméables à l'eau. Quand on y incorpore un peu de soufre,

21.

elle devient noire, dure comme le *caoutchouc* durci et peut se travailler comme la corne et l'ivoire. On fait avec la gutta-percha les moules destinés aux reproductions par la *galvanoplastie*. Elle sert aussi à recouvrir les fils de cuivre destinés à conduire l'électricité pour la télégraphie, la téléphonie, l'éclairage électrique.

On importe annuellement en Europe plus d'un million de kilogrammes de gutta-percha.

gymnote. — Poisson d'eau douce à peau nue, ayant à peu près la forme d'une anguille. Répandu dans une grande partie de l'Amérique du Sud ; se nourrit de poissons, de crustacés et même d'insectes tombés à l'eau.

Les gymnotes produisent des commotions électriques assez fortes pour foudroyer les hommes et même les chevaux. Leur appareil électrique s'étend horizontalement de chaque côté, dans presque toute la longueur du

Gymnote (longueur, 1m,70).

corps, et forme environ les deux tiers du volume de l'animal. Le gymnote atteint cinq à six pieds de long. La chair est assez bonne (*fig.*).

gynérium. — Grande *graminée* de l'Amérique tropicale, cultivée en France comme plante ornementale, à cause de ses superbes inflorescences d'un blanc d'argent. On fait entrer ces

Gynérium argenté (hauteur totale, 2m).

panaches dans la composition de bouquets secs qui se conservent pendant fort longtemps dans les appartements (*fig.*).

gypaète. — Très grand oiseau de proie, du genre *vautour* (*fig.*).

Gypaète (taille de l'aigle).

gyrin. — Petit insecte *coléoptère* qu'on rencontre dans toutes les eaux stagnantes d'Europe.

H

halo. — Cercle coloré qu'on observe quelquefois autour du soleil ou de la lune ; les couleurs y sont les mêmes que dans l'arc-en-ciel, mais le rouge est toujours à l'intérieur, et le violet toujours à l'extérieur, c'est-à-dire l'inverse de ce qui se produit dans l'arc-en-ciel. Le cercle lumineux peut être accompagné d'un autre cercle et d'une bande blanche horizontale passant par le soleil.

Le halo est dû aux *réflexions* et

auᵪ *réfractions* que font subir à la lumière les aiguilles de glace qui com-

Halo solaire.

posent les *cirrus* (Voy. **nuages**) (*fig.*).

hallucination. — Trouble du cerveau qui nous fait ressentir des sensations ne correspondant à aucune réalité; ce trouble est ordinairement passager, revenant à des intervalles plus ou moins réguliers. Les hallucinations apparaissent sous l'influence de diverses causes morales, d'un grand nombre d'états maladifs; l'absorption du haschisch, de la belladone... les déterminent. Les hallucinés peuvent voir des objets qui n'existent pas, entendre des sons ou sentir des odeurs imaginaires... Le traitement des hallucinations dépend naturellement des circonstances dans lesquelles elles apparaissent.

hache-paille. — Instrument agri-

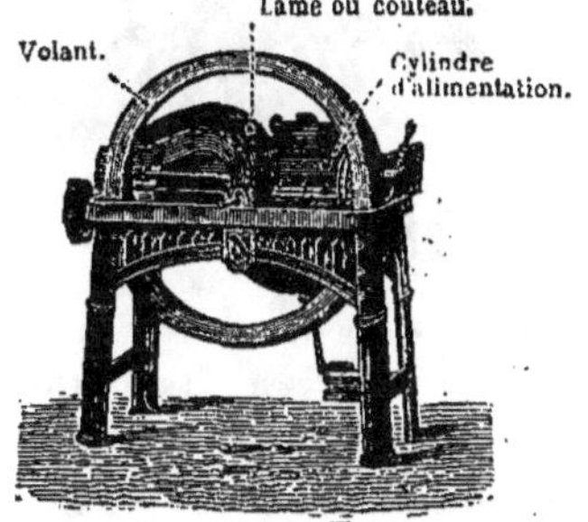

Hache-paille. — La paille est poussée sous le *cylindre d'alimentation*; de là elle arrive sous les *lames* que porte le *volant*, lequel est mis en mouvement par une *manivelle*.

cole destiné à couper la paille, le foin... ce qui permet de les mélanger à d'autres aliments, tels que des betteraves, des carottes, des tourteaux provenant des graines oléagineuses desquelles on a retiré de l'huile (*fig.*).

hannetons. — Insectes *coléoptères* au corps ramassé, aux antennes terminées en massue.

Le **hanneton ordinaire** est peut-être, de tous les insectes, le plus nuisible à nos cultures. Il est d'un brun chocolat, avec des taches triangulaires blanches sur les côtés de l'abdomen; cet abdomen se termine par une pointe dure. Longueur 27ᵐᵐ. Les femelles creusent un trou dans le sol et y déposent une trentaine d'œufs, puis elles meurent. Les larves sortent de l'œuf quatre ou cinq semaines après, en juin ou juillet : elles portent le nom de *vers blancs, mans, turcs*. Ces larves sont près de la surface de la terre à l'automne; en hiver elles s'enfoncent dans le sol pour éviter le froid. Elles vivent ainsi sous terre pendant trois ans, coupant et dévorant pendant toute la belle saison les racines de toutes nos plantes cultivées. Au bout de ce temps la larve a atteint tout son développement, 45ᵐᵐ de longueur; c'est un ver blanc, à six pattes, de forme arquée, tête jaunâtre, armé de fortes mandibules. Alors elle s'enfonce à 50 cent. de profondeur et se change en chrysalide. Au bout de quelques semaines, en octobre, l'insecte est devenu parfait, mais il reste en terre jusqu'au printemps.

C'est en avril et en mai que le hanneton ailé apparaît; pendant les quelques semaines qui lui restent à vivre, il va continuer ses ravages, en rongeant avec avidité toutes les feuilles. Ainsi pendant ses trois années d'existence à l'état de larve, puis pendant les quelques semaines de sa vie ailée, le hanneton détruit tout ce qu'il rencontre. Il est commun en France, surtout dans les régions où la terre est meuble, aisément perméable; d'ailleurs les terrains cultivés sont justement ceux qui sont le plus propres au développement de cet insecte malfaisant.

Par suite de la durée de l'existence de la larve, quand les hannetons ont été abondants une année, ils le seront aussi trois ans après, à moins que les circonstances climatériques ne leur aient été particulièrement défavorables. C'est par dizaines de millions, et quelquefois par centaines de millions, que se chiffrent les dégâts des vers blancs et des hannetons en France, dans une seule année. Les cultivateurs, les

forestiers, les horticulteurs, les jar-
-diniers, les vignerons ont également
à en souffrir.

Heureusement les hannetons ont à
compter avec un grand nombre d'ennemis naturels qui limitent leur multi-

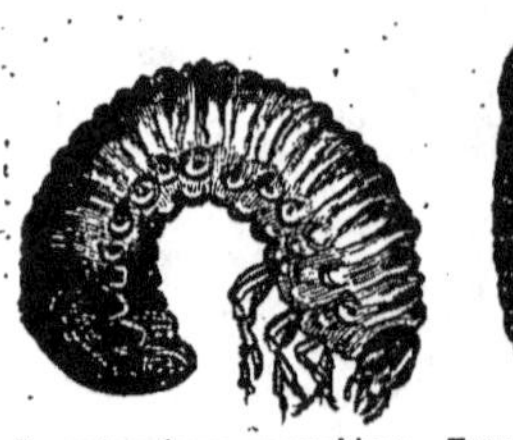

Hanneton (larve ou ver blanc, grandeur naturelle).

Hanneton (chrysalide, grandeur naturelle).

plication : taupes, corbeaux, choucas,
pies..., qui détruisent une multitude
de vers blancs. Mais l'homme doit

Hanneton, (insecte parfait, grandeur naturelle).

aussi intervenir. On a conseillé d'arroser la terre, en hiver, avec des sub-

Hanneton (vu de côté, pour montrer les anneaux de l'abdomen).

stances insecticides; ce procédé est
efficace, mais trop coûteux. On peut
aussi, de suite après un labourage, faire
ramasser les vers blancs par des femmes; dans les champs bien attaqués on
a vu ramasser ainsi en trois labours,
jusqu'à 250 kilogr. de larves par
hectare, avec une dépense de 10 francs

seulement. Enfin il semble que le procédé le plus efficace serait le han-
netonnage, c'est-à-dire la poursuite
des insectes adultes, à la condition
qu'il soit pratiqué méthodiquement,
en grand, dans des régions entières
(*fig.*).

Outre le hanneton ordinaire, d'autres
espèces sont nuisibles, mais beaucoup,
moins. Ainsi le **hanneton à corselet vert**
long de 10mm, s'attaque surtout aux
céréales; il en est de même du **hanneton de la Saint-Jean**, poilu, avec des
élytres jaunes, également plus petit
que le hanneton ordinaire.

haricot. — Plante annuelle de la
famille des *légumineuses*, cultivée en
grand pour l'alimentation dans toute
l'Europe centrale. On en connaît un
grand nombre de variétés qui peuvent
se ranger, les unes parmi les *haricots
nains* et les autres parmi les *haricots
à ramer*. Les uns se mangent avec la
gousse, on les nomme *haricots mange-
tout;* dans les autres on ne mange que
la graine, on les nomme *haricots à
écosser*. Les principales variétés sont
les suivantes : *haricot flageolet, haricot
de Soissons, haricot coco...* Les graines
ont, suivant les variétés, les colorations
les plus variées, depuis le blanc jusqu'au noir.

Le haricot a une assez grande importance alimentaire ; on le mange
avant maturité complète (haricot vert),
ou après maturité, à l'état frais, ou
enfin sec; à ce dernier état il se con-

Haricot (rameau avec fleurs et fruits).

serve pendant longtemps sans altération. A l'état vert, le haricot est peu
nourrissant, mais de facile digestion;
il convient alors à tous les estomacs.
Les haricots frais sont encore d'assez
facile digestion, mais les secs constituent un aliment lourd, flatulent, qui
ne convient qu'aux estomacs robustes
(*fig.*).

harle. — Oiseau *palmipède* analogue au canard, nageant et plongeant admirablement; il détruit un très grand nombre de poissons. Il niche sur le bord de l'eau. En été, les harles habitent les régions septentrionales; ils émigrent en hiver et viennent passer l'hiver sur les lacs et les étangs des régions tempérées, et particulièrement de la France. La chair en est détestable (*fig.*).

Harle (taille, gros canard).

harnachement. — Le *harnachement* d'un animal domestique est con-

Pour le cheval, le harnachement est

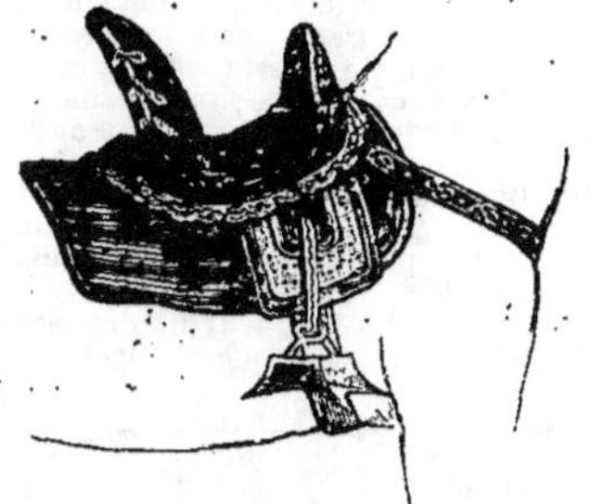

Selle arabe

composé d'un grand nombre de pièces,

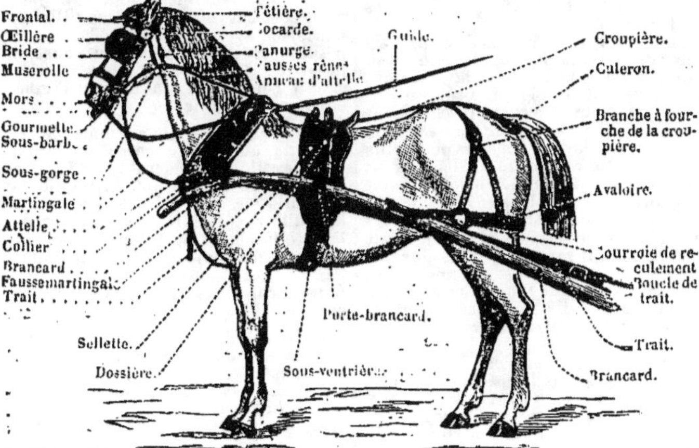

Harnachement. — Les principales pièces du harnais du cheval d'attelage.

stitué par l'ensemble des harnais qui ont pour but de permettre à l'animal

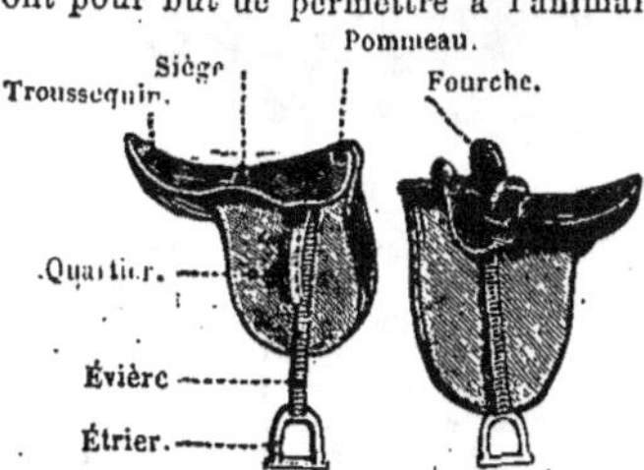

Selle anglaise pour homme. Selle pour dame.

de porter ou de tirer sa charge.

qui peuvent varier de forme selon qu'il s'agit de traîner une faible charge à grande vitesse, ou une grosse charge au pas, mais qui se composent à peu de chose près toujours des mêmes harnais.

Joug.

Pour le bœuf, le harnachement est beaucoup plus simple; il se réduit au *joug*, attaché sur le front (*fig.*).

hareng. — Petit poisson de mer au corps comprimé, couvert d'écailles minces, assez grandes, se détachant très aisément. Dents nombreuses et petites. Coloration verte sur le dos, blanchâtre sur le ventre ; après la mort, la teinte devient bleuâtre. Se trouve dans la partie septentrionale de l'océan Atlantique ; descend dans la Manche et ne dépasse guère l'embouchure de la Loire ; on le prend de temps en temps sur nos côtes. N'existe pas dans la Méditerranée. La longueur ne dépasse guère 30 cent., encore n'en rencontre-

Hareng (longueur, 0ᵐ,30).

t-on pas de cette taille sur les côtes de France (*fig.*).

Le hareng semble accomplir des migrations périodiques ; il apparaît en bandes immenses dans la mer du Nord, venant de régions plus septentrionales. Peut-être vient-il seulement des grandes profondeurs. Sa fécondité est très grande ; les femelles de la plus grande taille ont jusqu'à 60 000 œufs ; la ponte se fait tantôt en mer, tantôt sur un fond de sable, sur la roche nue ou sur les prairies sous-marines. Après avoir frayé, le hareng gagne la haute mer ; quand il reparaît sur les côtes, ce n'est que par petites troupes. Ces poissons voyagent toujours par bancs considérables ; ils embrassent souvent plusieurs kilomètres, sur une épaisseur d'un mètre et plus.

La pêche du hareng est la plus importante de toutes les pêches. Tous les ports du nord de la France s'y livrent, mais surtout ceux de Boulogne, de Dieppe et de Fécamp. La Hollande a une pêche de harengs beaucoup plus importante que la nôtre. On pêche le hareng à l'aide de grands filets de douze cents mètres de long, ayant des mailles de trois centimètres de large ; on les tend dans la mer, et on les retire avec un cabestan. En voulant forcer l'obstacle qui s'oppose à leur marche, les harengs s'engagent dans les mailles du filet ; ils y restent accrochés par les ouïes. On cite des sorties pendant lesquelles, dans une seule nuit, des pêcheurs ont pris jusqu'à huit cent mille harengs.

Une faible partie du hareng est consommée à l'état frais ; le reste est conservé, soit salé, soit séché. La salaison commence à bord des embarcations, munies, à cet effet, de barils et de provisions de sel. On commence par *caquer* le poisson, c'est-à-dire lui enlever les ouïes et une partie de l'intestin, puis on l'empile dans les barils en faisant alterner les couches de sel et les couches de poissons. A la rentrée au port, on retire les harengs et on les remet dans d'autres barils avec du sel nouveau. Outre la salaison, on emploie aussi la dessiccation, ce qui donne le *hareng saur*. Pour cela on prend les plus beaux harengs salés, on les enfile à des baguettes et on les suspend à une cheminée où ils sont exposés à un feu de bois très léger, donnant beaucoup de fumée. Au bout de 25 à 30 heures la dessiccation est complète.

haschisch. — Sommité du chanvre indien, qui jouit de propriétés narcotiques, excitantes et enivrantes ; il est utilisé en médecine. Les Orientaux le fument et le mâchent (Turquie, Egypte) ; les Arabes emploient l'*extrait gras* qui s'obtient en faisant bouillir le haschisch avec du beurre et de l'eau. A petite dose, il stimule ; à haute dose, il provoque le sommeil. L'abus du haschisch conduit au marasme, à l'imbécillité et à la folie.

hectique. — On nomme *fièvre hectique* une fièvre caractérisée par une élévation considérable de la température, la faiblesse et l'irrégularité du pouls, des exacerbations le soir et la nuit, des sueurs, de la diarrhée, l'affaiblissement et l'amaigrissement. Elle survient dans plusieurs maladies graves (certaines phtisies pulmonaires, carie des os), qu'elle aggrave encore.

hélice. — L'*hélice propulsive* qui sert à faire marcher les navires s'est maintenant substituée presque complètement à l'ancienne roue à palettes. Elle est constituée par quatre palettes obliques, fixées en croix sur un axe.

Hélice.

Cet appareil est placé à l'arrière du navire, près du gouvernail, et de telle manière que l'hélice soit entièrement sous l'eau. Son axe, qui est horizontal, pénètre dans le bâtiment ; une machine à vapeur le fait rapidement tourner sur lui-même. Dans ce mouvement, les palettes produisent dans l'eau une action comparable à celle d'une vis qu'on enfonce dans du bois en la faisant tourner ; et de même que la vis s'avance dans le bois, le navire s'avance dans l'eau.

La grandeur de l'hélice est toujours très faible par rapport à celle du navire à mettre en mouvement ; dans les plus grands navires, dont la longueur atteint 150 mètres, une hélice de quelques mètres de diamètre, tournant très rapidement sur elle-même, suffit à communiquer une vitesse qui dépasse 30 kilomètres à l'heure.

héliotrope. — Herbe de la famille des *borraginées*, dont on connaît un grand nombre d'espèces sauvages. L'héliotrope des jardins a de petites

Héliotrope (hauteur, 0ᵐ,33).

fleurs bleues très odorantes (*fig.*) ; on peut en extraire un parfum très recherché. Mais ordinairement le parfum à l'héliotrope des parfumeurs est un composé artificiel, préparé chimiquement, ou un mélange de diverses substances qui, par leur réunion, donnent une odeur analogue à celle de l'héliotrope.

helminthes. — On désigne généralement sous ce nom tous les *vers* qui vivent en parasites dans le corps de l'homme ou des animaux vertébrés. Un grand nombre d'entre eux sont armés de ventouses et de crochets servant à les fixer dans le corps des animaux dont ils sont les parasites.

hématoxyle. — Assez grand arbre de la famille des *légumineuses* qui croît dans les régions tropicales. Le bois de cet arbre est rouge, et est employé en teinture sous le nom de *bois de Campêche*.

hématurie. — Maladie caractérisée par l'émission d'urine mêlée de sang. On observe l'hématurie dans un grand nombre de maladies de la *vessie* et des *reins*. L'hématurie s'observe souvent chez les animaux domestiques.

hémérocale. — Plante à grandes fleurs, de la famille des *liliacées*, qu'on cultive dans les jardins, pour l'ornementation. Une espèce, l'*hémérocale*

Hémérocale (hauteur, 1ᵐ).

jaune, nommée aussi lis jaune, croît spontanément dans un petit nombre de régions de la France (*fig.*).

hémione. — Voy. âne.

hémiplégie (grec : *hémi*, moitié ; *plessein*, frapper). — *Paralysie* qui n'affecte que l'une des moitiés du corps. Elle est due à une lésion qui occupe, dans le cerveau, le côté opposé à celui de l'hémiplégie.

hémoptysie (grec : *aïma*, sang ; *ptusis*, crachement). — Crachement de sang qui succède à une hémorragie des bronches. L'*hémoptysie* résulte d'un effort, d'un refroidissement, d'une lésion des vaisseaux sanguins du poumon. Tantôt le crachement est faible, tantôt il y a un véritable vomissement de sang. Cette maladie se rencontre dans la *tuberculose*, et aussi dans plusieurs autres maladies des poumons. Souvent une hémoptysie accidentelle n'a pas de suite grave.

On combat les accès par le repos absolu, le malade ne devant même pas parler, par les boissons glacées, les sinapismes.

hémorragie. — Perte de sang qui résulte de la rupture des vaisseaux sanguins; cette blessure peut avoir lieu sous l'influence d'une blessure ou. d'une maladie. L'hémorragie peut être *interne* ou *externe*. Quand l'hémorragie est abondante, elle est grave; elle peut même se terminer immédiatement par la mort si la perte de sang est de 2 à 4 kilogrammes (pour un homme). Dans les *hémorragies externes*, l'écoulement du liquide se fait par un jet saccadé de sang très rouge s'il provient d'une artère; s'il provient des veines, on a une nappe noirâtre qui s'écoule lentement.

Les premières sont plus difficiles à arrêter que les secondes. On applique sur la plaie de la charpie, de l'amadou, pour favoriser la formation d'un caillot qui ferme la blessure; ou bien on met une compresse d'eau très froide; les astringents (vinaigre, alun, eau-de-vie), ajoutés à l'eau froide, accroissent

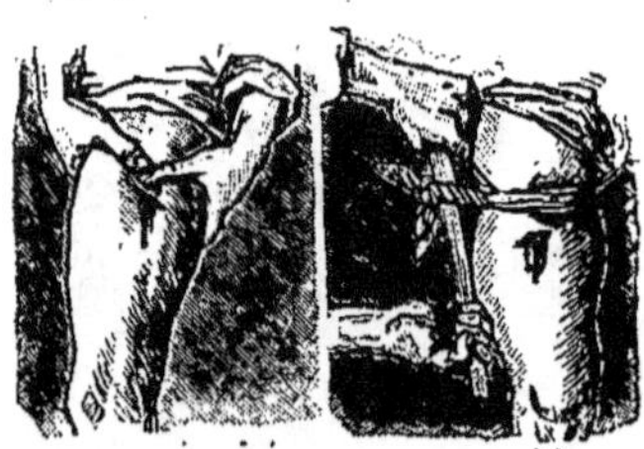

Hémorragie. — Pour arrêter l'écoulement du sang dans une *hémorragie* grave provenant d'une blessure extérieure, on comprime le vaisseau blessé soit avec les mains, soit avec une corde, un mouchoir.

son action; le perchlorure de fer est plus énergique, mais il doit être employé avec précaution. Enfin, surtout s'il y a blessure d'une artère, en doit comprimer le vaisseau avec les mains, ou serrer très fortement le membre avec une corde, pour empêcher l'arrivée du sang (*fig.*). (Voy. aussi **apoplexie, contusion, crachement de sang, saignement de nez,** etc.)

hémorroïdes (grec : *aïma*, sang; *réo*, je coule). — Petites tumeurs situées au pourtour de l'*anus*, et qui proviennent de l'engorgement des veines de la partie inférieure de l'intestin, le *rectum*. Quand le sang se coagule dans les veines ainsi engorgées, il se forme des bourrelets durs, enflammés, très douloureux.

Les hémorroïdes constituent une infirmité fort pénible. On les observe surtout chez les personnes dont la vie est sédentaire, et qui ont une alimentation trop copieuse. On les combat avec des compresses d'eau blanche,

diverses pommades; quand elles prennent un développement exagéré et que les douleurs sont trop vives, on cautérise à l'acide azotique, ou on procède à l'enlèvement chirurgical.

hémostatiques (grec : *aïma*, sang; *istémi*, j'arrête). — Médicaments et procédés employés pour arrêter les hémorragies. Tantôt on emploie des moyens mécaniques, quand, par exemple, on fait la ligature d'un membre ou d'une artère; d'autres fois on fait intervenir l'action du froid, ou d'un médicament, le *perchlorure de fer*, par exemple, qui agit comme astringent, et ferme les vaisseaux capillaires par lesquels s'écoule le sang.

hépatique. — Plante de la famille des renonculacées, qu'on rencontre dans les lieux humides et ombragés. Une espèce est très cultivée dans les jardins sous le nom d'*anémone hépatique*.

hépatite. — Inflammation du foie. L'*hépatite aiguë* est surtout une maladie des pays chauds; elle y accompagne la dysenterie et les fièvres graves; des frissons, la fièvre, une douleur au côté, une augmentation du volume du foie, des vomissements bilieux la caractérisent. Sa marche est rapide; au bout de quelques jours la guérison commence ou le malade est emporté; on traite par des purgations.

L'*hépatite chronique* se présente comme une *jaunisse* continuelle qui affaiblit progressivement le malade. Dans nos climats elle succède à diverses maladies, comme l'alcoolisme.

hérédité. — Transmission de certaines particularités physiques ou morales des parents à leurs enfants. L'hérédité est *directe* quand la ressemblance a lieu avec le père ou la mère; *indirecte* quand elle a lieu avec les oncles et tantes. Quelquefois les phénomènes de l'hérédité cessent de se produire sur certains points pour reparaître après deux ou plusieurs générations; ainsi on voit réapparaître dans une famille une particularité qui s'y était effacée depuis longtemps; c'est ce qu'on nomme *atavisme*.

C'est par l'hérédité que les races dans lesquelles se divise une espèce animale conservent chacune ses traits distinctifs; ainsi chez l'homme, les enfants des nègres sont nègres. Un homme blanc, transporté dans les pays chauds, peut y prendre une peau très foncée qui se rapproche par sa couleur de celle des nègres, mais il ne prend aucun des caractères anatomiques de la race nègre, et ses enfants naissent *blancs*.

Les · maladies, les _ infirmités se transmettent aussi bien souvent par l'hérédité; le *bec-de-lièvre*, le *pied-bot*, le *strabisme*..., sont héréditaires; il en est de même de, la *scrofule*, de la *phtisie*, du *cancer*, de l'*épilepsie*, de la *folie*.

hérisson. — Les *hérissons* sont des mammifères *insectivores* caractérisés par un museau pointu, une queue très courte, des formes épaisses, une démarche pesante; ils ont aux doigts des ongles robustes disposés pour fouir. Leur corps est couvert de

Hérisson ordinaire (longueur, 0ᵐ,35).

piquants au lieu de poils; quand l'animal est attaqué, il se roule en boule, hérisse ses piquants et se trouve ainsi bien défendu contre ses ennemis. Ils sont très voraces, se nourrissent d'insectes, de limaces, de vers de terre, de colimaçons et quelquefois de mammifères plus gros qu'eux, tels que les lapins. Ils vivent dans les bois et les lieux cultivés, réfugiés pendant le jour dans quelque trou, d'où ils ne sortent que la nuit. Les femelles mettent bas au printemps quatre ou cinq petits.

On en connaît plusieurs espèces, répandues en Europe, en Asie et en Afrique. Le **hérisson ordinaire**, ou d'Europe, a environ 35 centimètres de

Hérisson. — Quand il est attaqué, le hérisson se roule en boule.

longueur; ses piquants, à pointe blanchâtre, ont 3 centimètres de longueur. On le trouve à peu près partout en Europe. La chasse incessante contre les insectes et les petits rongeurs en fait un animal des plus utiles. Sa chair est comestible (*fig.*). Le **hérisson à longues oreilles**, qui habite les bords de la mer Caspienne, est un peu plus gros; il a le même genre de vie

que le précédent. Le **taurec**, ou **hérisson soyeux**, propre à Madagascar, a des piquants moins longs et moins durs. Il fait jusqu'à 18 petits; sa chair est comestible.

hermine. — L'*hermine* est un très petit *carnivore*; elle habite rarement nos climats, mais elle est abondante dans les pays du Nord. L'été, son pelage est d'un brun marron pâle en dessus et blanc jaunâtre en dessous, avec le bout de la queue noir; l'hiver, il devient d'un blanc uniforme légèrement jaunâtre, sauf le bout de la queue qui

Hermine. (longueur du corps, 0ᵐ,25).

reste noir. Sa longueur, queue comprise, est d'à peu près 42 centimètres.

L'hermine se tient éloignée des habitations et chasse surtout les rats et les mollusques. Elle fait donc plus de bien que de mal. Sa fourrure d'hiver est très estimée (*fig.*).

hernie. — Saillie d'une portion de l'intestin hors de la cavité de l'abdomen. A l'*ombilic* et aux *aines* les muscles de l'abdomen sont très minces, de sorte que l'intestin n'est guère séparé de l'extérieur que par la peau; si un accident quelconque, un *effort* violent, vient à pousser fortement l'intestin vers l'un de ses points, il sort de sa cavité normale et forme une grosseur sous la peau qui est une hernie. Chez les enfants les hernies se produisent surtout à l'ombilic (*hernies ombilicales*); chez les adultes on les rencontre plus souvent aux aines (hernies inguinales).

Le volume des hernies est très variable; ordinairement le déplacement n'a lieu que pour une petite partie d'intestin, d'autres fois la poche poussée vers le dehors est énorme. Une fois formée, la hernie a une tendance à grossir constamment. Il est rare qu'on puisse faire disparaître complètement les hernies chez les adultes; il faut se contenter de les réduire à un volume aussi petit que possible par des manœuvres spéciales, puis à les maintenir par un *bandage*.

Une hernie bien maintenue ne constitue ordinairement qu'une légère infirmité. Mais il peut arriver que les matières fécales s'engorgent dans la portion de l'intestin qui constitue la hernie; de là des complications souvent terribles qui se terminent par *l'étranglement*. Alors les matières fécales ne peuvent plus passer qu'avec une extrême difficulté, l'inflammation

Bandage pour la compression d'une hernie inguinale.

est considérable et la mort devient imminénte; le seul traitement efficace à ce moment est une intervention chirurgicale très rapide (*fig.*).

héron. — Grand oiseau *échassier*, au plumage blanc grisâtre mêlé de noir; haut sur pattes, grand cou, bec long à bords tranchants. Hauteur 1ᵐ,15; envergure 2 mètres (*fig.*). Habite les lacs, les rivières, les marais; presque toujours immobile, il fait sentinelle pour atteindre les poissons au passage; mange aussi des insectes et des mollusques aquatiques; grand destructeur de poissons. Il n'émigre pas. Son vol est très puissant.

Isolés pendant le jour, les hérons se réunissent en troupes sur les arbres pour passer la nuit et pour nicher. Le

Héron (hauteur, 1ᵐ,15).

nid est bâti sur un très grand arbre, dans le voisinage d'un marais ou d'une rivière; il n'est pas rare de rencontrer de nombreuses familles de hérons nichant sur le même arbre ou sur des arbres voisins. La ponte est de 4 à 5 œufs d'un bleu verdâtre uniforme; les petits restent longtemps au nid avant de pouvoir manger seuls et voler. Les *héronnières* nombreuses sont rares en France; il en est une célèbre dans le département de la Marne.

herpès. — Maladie de la peau caractérisée par une éruption de vésicules, avec chaleur et démangeaison. Se guérit aisément par des compresses d'eau blanche et des emplâtres convenables.

herse. — Instrument d'agriculture

Herse oblique.

destiné à *ameublir* superficiellement la terre, à enfouir les petites graines et

Herse triangulaire.

à détruire les mauvaises herbes. Cet instrument se compose de châssis en bois ou en fer auxquels sont fixées des dents droites ou inclinées. On traîne la herse sur le sol préalablement labouré (*fig.*).

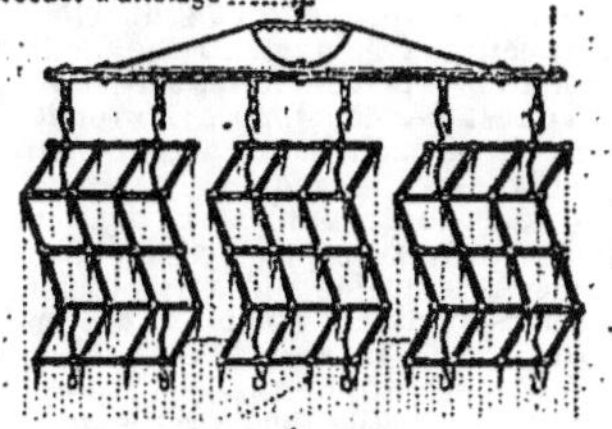

Crochet d'attelage ...... Barre d'attelage.

Herse articulée.

hêtre. — Grand arbre qui constitue l'essence la plus importante des forêts qui couvrent les régions montagneuses de l'Europe centrale; il est très abondant aussi dans les plaines du nord de la France, dans celles de l'Ecosse et de la Suède. Il est fréquemment planté dans les parcs à cause de ses grandes dimensions et de la beauté de son aspect.

Le bois de hêtre est surtout employé pour le chauffage; il donne un feu vif, soutenu, et une belle braise. Il est très recherché pour la fabrication du charbon de bois. Comme bois de travail, il ne donne pas de bons résultats dans les constructions, car il se fendille sous l'influence des alternatives

Hêtre (hauteur, 30ᵐ).

de chaleur et d'humidité. Mais on en fait des pilotis pour la construction des digues; on l'injecte de sulfate de cuivre (voy. **conservation des bois**) pour en faire ensuite des traverses de chemin de fer; il est très employé en menuiserie, en charronnage; on en

façonne des sabots, des tonneaux pour contenir l'huile, les sardines...

Le fruit du hêtre, nommé *faîne*, fournit une huile à manger excellente, et qui se conserve longtemps sans

Le faîne *ou fruit du hêtre.*

rancir; on ramasse les fruits en octobre, à mesure qu'ils tombent, on les fait sécher au soleil, puis on les soumet à la compression pour en retirer l'huile (*fig.*).

hibernation. — Un certain nombre d'animaux, même parmi les mammifères, passent la mauvaise saison sans prendre de nourriture, dans un état d'engourdissement et de léthargie d'où ils ne sortent qu'au printemps; tels sont les *hérissons*, les *marmottes*, les *chauves-souris*, etc. Ces animaux se retirent dans une retraite bien abritée et restent immobiles, pelotonnés sur eux-mêmes. La circulation et la respiration se ralentissent, et la température de leur corps s'abaisse de façon à être à peine supérieure à la température extérieure. A la belle saison, l'animal sort de sa torpeur, très amaigri par son long jeûne, et se remet à vivre réellement.

hibou. — Oiseau *rapace* nocturne, dont la tête est ornée d'aigrettes de plumes. Le *hibou commun*, très répandu en France, a une longueur de 35 centimètres. Il niche surtout dans les forêts, s'emparant des nids abandonnés par les corneilles, les pies, les écureuils; quatre œufs blancs, arrondis.

Hibou (longueur, 0ᵐ,40; grosseur d'un corbeau).

Très utile, comme tous les nocturnes,

se nourrit uniquement de rats, souris, mulots. (*fig.*).

hippopotame. — L'*hippopotame* est un gros mammifère de l'ordre des *porcins*. Il est caractérisé par une tête grosse, quadrangulaire, munie d'un museau allongé et extrêmement large. Le corps est énorme, les jambes courtes, le ventre touchant presque terre, la queue petite, la peau presque sans poils. Les pieds ont quatre doigts. Pour les dents, les incisives sont longues, les canines inférieures recourbées et prolongées en défenses, les molaires nombreuses et plates. Sa couleur est très foncée ; sous la peau est une couche de graisse fort épaisse. La longueur atteint parfois 5 mètres ; la hauteur au garrot 1ᵐ,80 ; le poids 25 à 35 quintaux. La peau seule pèse de 4 à 5 quintaux. Se rencontre au centre de l'Afrique. Il vit toujours près de l'eau ; il passe presque toute

Hippopotame (longueur, 4 à 5ᵐ).

la journée à nager. Ordinairement les hippopotames se trouvent par petites bandes. Ils font pour leur nourriture une grande consommation de plantes aquatiques, ou de celles qui croissent sur le bord des eaux. Quand cet animal va dans les plantations, il détruit en une seule nuit la récolte d'un champ.

C'est un animal redoutable qui attaque tous les animaux aussi bien que l'homme. La femelle ne met bas qu'un petit par an.

On chasse l'hippopotame activement, car toutes les parties de son corps sont utilisées. La chair et la graisse sont fort estimées ; la langue est excellente. Le cuir est solide. Les dents sont employées à fabriquer divers objets : elles sont d'un bel ivoire (*fig.*).

hirondelle. — Oiseau *passereau* seulement de passage en France. Arrive avec le printemps, pour partir à l'automne. Se plaît dans le voisinage de l'homme ; loge sous nos toits, sous nos fenêtres, dans nos cheminées. Les hirondelles d'Europe traversent les îles de l'Archipel et se rendent alternativement d'Europe en Afrique et d'Afrique en Europe. Très attachées aux lieux de leur naissance, les hirondelles y reviennent tous les ans. Très sociables, elles se réunissent en grandes troupes.

La forme de l'animal est singu-

lière ; tout a été sacrifié à l'aile, qui dépasse la longueur du corps ; aussi le vol est-il très puissant et en même temps très libre, car l'oiseau change de direction avec une extrême facilité. La marche, au contraire, est pénible. La vue est très développée ; l'hirondelle aperçoit un moucheron à cent mètres de distance. Le nid est habilement maçonné contre un mur, avec une simple ouverture pour laisser passer la mère ; le même nid sert plusieurs années de suite. Le nombre des œufs est de 4 à 6 ; ils sont blancs. L'incubation dure 15 jours. A l'automne, quand les petits ont pris assez de force, les hirondelles se réunissent et quittent nos climats.

Les hirondelles font une destruction

Hirondelle (longueur totale, 0ᵐ,20).

constante d'un grand nombre d'insectes de très petite taille (*fig.*).

L'*hirondelle rustique* a 19 centimètres de longueur ; elle niche contre les cheminées, sous les poutres des toits. L'*hirondelle de fenêtre* est rencontrée dans l'intérieur de toutes les villes ; elle est un peu moins grande.

hiver. — (Voy. **saisons**). L'hiver, dans nos climats, est la saison du froid et aussi celle des brouillards et de l'humidité. Les principaux travaux agricoles de l'hiver consistent en plantations, labours, taille des arbres... Presque toutes les récoltes sont terminées.

Pour la santé, c'est la plus mauvaise saison, celle des rhumes, des fluxions de poitrine, et en général de toutes les maladies des voies respiratoires. L'hygiène de l'hiver doit consister, non seulement en une alimentation substantielle, mais en des attentions continues pour éviter le froid, l'humidité, les courants d'air et surtout les variations trop brusques de température.

hocco. — Oiseau *gallinacé* de l'Amérique tropicale, qui se rapproche beaucoup du dindon. La chair en est très estimée.

homard. — Le *homard* (*fig.*) est un crustacé dont la tête se prolonge en un rostre grêle, armé de chaque côté de trois grosses dents coniques très rapprochées ; il y a de plus une forte épine de chaque côté de sa base. La première paire de pattes forme des pinces très robustes et souvent très grosses. La couleur est d'une belle teinte bleuâtre.

Il ne vit jamais loin des côtes ; il est assez commun sur nos côtes océaniques, mais beaucoup plus encore sur les côtes d'Angleterre et de Norvège. Il a des instincts très belliqueux ; il est absolument carnassier. La reproduction a lieu en hiver ; le petit est de suite semblable aux parents ; il ne subit pas de métamorphoses ; la croissance est lente ; le homard n'atteint 20 centimètres de longueur qu'à l'âge de cinq ans.

Malgré une grande fécondité, le homard n'est jamais extrêmement abondant parce que les jeunes, ne quittant pas les côtes, y sont fort exposés à devenir la proie d'un grand nombre de poissons. Le jeune animal supporte plusieurs mues en grandissant. Le homard commun de nos côtes arrive à peser 5 à 6 kilos, avec

Homard (longueur du corps, 0^m,35).

une longueur de 30 à 35 centimètres ; on a pêché des homards américains, espèce très voisine de la nôtre, pesant jusqu'à 10 kilos. Chair estimée.

Sur nos côtes les homards sont capturés à l'aide de pièges nommés *casiers*, sortes de paniers en osier, de forme tronquée, construits de façon à ce qu'une fois entrés les homards ne puissent plus s'échapper. La pêche du homard, en Europe et plus encore en Amérique, donne lieu à un mouvement

d'affaires qui se chiffre par plusieurs millions. La chair est consommée fraîche, et aussi conservée, après cuisson, à l'abri de l'air dans des boîtes en fer-blanc hermétiquement soudées.

homéopathie (grec : *homoïos*, semblable ; *pathos*, maladie). — Méthode de traitement dans laquelle on administre contre une maladie des remèdes susceptibles de produire des effets semblables à ceux que produit la maladie elle-même. Le second principe de l'homéopathie, c'est que l'activité du médicament est d'autant plus grande que la dose en est plus faible.

hoquet. — Inspiration très brusque, déterminée par une sorte de convulsion du diaphragme. Se produit surtout chez les individus nerveux et chez les jeunes enfants dont l'estomac est rempli outre mesure. Il survient aussi aux approches de la mort, et il est d'un fâcheux présage. Dans l'état normal, une émotion brusque ou la suspension volontairement prolongée de la respiration le font disparaître.

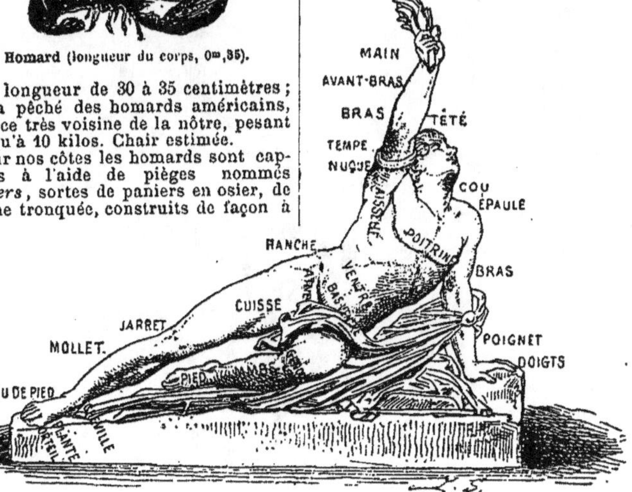

Homme (noms des diverses parties du corps : extérieur).

homme. — Le nom des diverses parties du corps de l'homme est indiqué dans la figure ci-dessus (voir aussi page 382).

LE CORPS HUMAIN

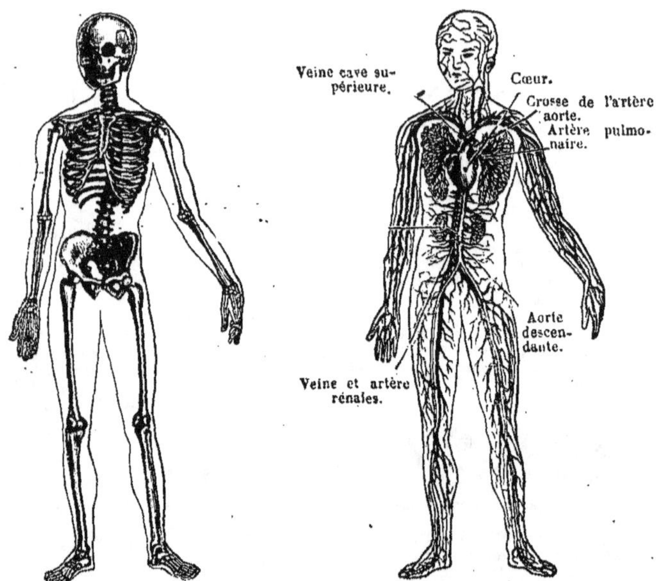

Homme (la charpente intérieure,
voyez squelette).

Homme (la circulation du sang).

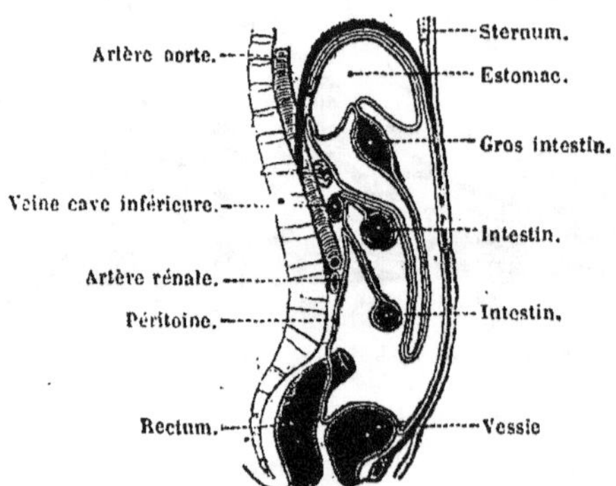

Homme (section de la partie inférieure du tronc, montrant *en coupe* les organes de la digestion
les intestins sont soutenus par les replis du *péritoine*).

horloge. — Dans l'antiquité on mesurait le temps à l'aide d'instru-

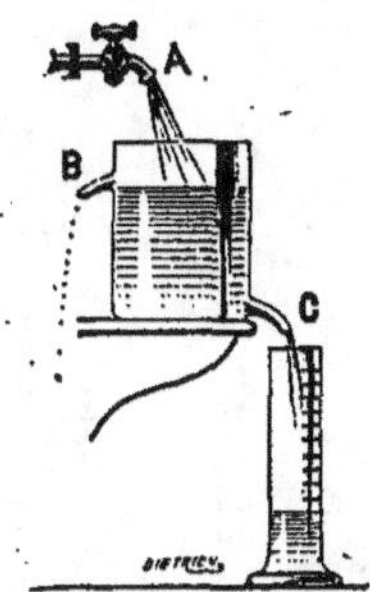

Horloge à eau ou *clepsydre*. — L'eau s'écoule en C d'un mouvement régulier; l'heure est mesurée par la hauteur à laquelle s'élève le liquide dans le vase inférieur. En A est le robinet d'alimentation, et en AB se déverse le trop-plein.

ments nommés **clepsydres**. Un réservoir, maintenu constamment plein d'eau par un robinet d'alimentation, laissait écouler régulièrement par sa partie inférieure un mince filet liquide; le temps était mesuré par le volume d'eau ainsi recueilli dans un vase cylindrique placé au-dessous du réservoir (*fig.*). Les sabliers, dont chacun connaît le maniement, sont des sortes de petites clepsydres où le sable remplace l'eau (*fig.*).

Sablier.

Les **horloges à poids** remontent à une date déjà ancienne (*fig.*). Sur un cylindre horizontal est enroulée une corde à l'extrémité de laquelle est attaché un poids. L'action du poids tend à faire tourner le cylindre, ce qui met en mouvement tout un système de roues dentées destinées à communiquer la rotation aux deux aiguilles. Mais le mouvement s'accélérerait de plus en plus, si on n'ajoutait pas un *régulateur*. Depuis 1657, à la suite des travaux de Galilée et d'Huyghens, on a adopté pour régulateur un *pendule*. Ce pendule, suspendu à côté de l'une des roues de l'horloge, est muni d'une pièce métallique, nommée *ancre*, qui porte deux dents capables d'entrer dans les dents de la roue (*fig.*); à chaque oscillation du pendule, l'ancre *échappe* une dent de la roue et celle-ci, obéissant à l'action du poids, se met à

tourner; mais aussitôt la dent suivante de la roue est reprise par l'ancre, et le mouvement s'arrête. A chaque oscillation du pendule la roue avance donc d'une dent; le mouvement est par suite régulier, puisque toutes les oscillations du pendule se font dans le même temps: Ce système de régularisation est nommé *échappement à l'ancre*. Quant au pendule, il ne risque pas de s'arrêter, car la roue dentée, s'appuyant sur l'ancre à chaque oscillation, lui donne une poussée qui entretient le mouvement. Le tout continue à marcher jusqu'à ce que le poids, véritable force active de l'horloge, soit arrivé au bas de sa course; alors il faut le *remonter*, en tournant

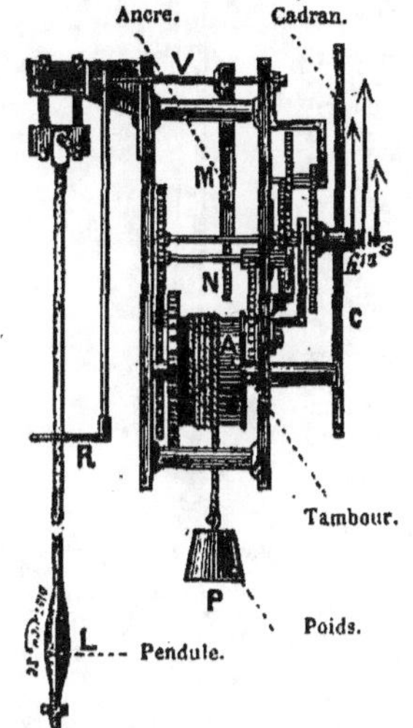

Horloge à poids (*vue de profil*, montrant les principaux organes). — Le *poids* P, en tombant, fait dérouler la corde qui le supporte, et tourner le *tambour* A. Par un ensemble de *roues dentées*, le mouvement de rotation du tambour se communique aux trois aiguilles des *heures* (*h*), des *minutes* (*m*), des *secondes* (*s*), qui tournent avec des vitesses inégales, devant le cadran C, par suite de l'effet de multiplication des roues dentées. — Le *régulateur à ancre* est constitué par le *pendule* L, la *fourchette* R, la *tige* V et l'*ancre* M, agissant sur la *roue dentée* N. La figure suivante montre cet échappement, vu de face (voir p. 384).

le cylindre sur lequel s'enroule la ficelle. D'ailleurs ce cylindre est attaché de telle manière que les aiguilles restent en place, et ne reviennent pas en arrière quand on remonte l'horloge (voy. aussi **pendule**, **montre**).

hortensia. — Arbrisseau originaire de la Chine, aujourd'hui très cultivé en Europe comme plante d'ornement; il y a un siècle seulement qu'il a été introduit en Europe. Chez nous, l'hortensia donne surtout de belles fleurs; il atteint une grande dimension (3 mètres) sur le littoral de l'Océan.

horticulture. — Partie de l'agriculture qui a pour objet la production des fruits et des légumes destinés à l'alimentation humaine, et aussi la production des plantes qui sont ornementales par leur feuillage ou par leurs fleurs.

Cette branche de l'agriculture a une grande importance, surtout à cause de la production des légumes. Par des soins convenables, on a pu améliorer lentement

Horloge : *échappement à ancre.* — Le mouvement d'oscillation du *pendule* se communique à la *roue d'échappement* R, par l'intermédiaire de la *fourchette f*, et de l'*ancre pq.* La roue R est mise en mouvement par le poids (figure précédente); et son mouvement est régularisé par l'action du pendule (voir le texte, page 383).

les légumes et les fruits, de façon à créer un grand nombre de variétés bien supérieures comme grosseur et comme délicatesse de goût aux espèces sauvages primitives; les fleurs ont été de même très embellies.

Le *jardin*, ou terrain dans lequel on pratique l'horticulture, se divise naturellement en *jardin potager*, producteur de légumes, *jardin fruitier*, producteur de fruits, et *jardin d'agrément*, dans lequel on cultive les plantes ornementales. Ces trois divisions se rencontrent souvent dans le même jardin.

houblon. — Plante de la famille des *urticées* qu'on rencontre souvent en France dans les haies vives; les fleurs femelles de houblon sont disposées en cônes formés d'écailles membraneuses imbriquées, à la base desquelles existe une matière jaune, résineuse, amère et odorante qui entre dans la fabrication de la bière.

On cultive le *houblon* en grand en Europe, depuis un grand nombre de siècles; mais la culture industrielle en Angleterre date seulement de quatre siècles, et de moins d'un siècle en France (Bourgogne). Les plantations de houblon se font par boutures, dans un terrain bien préparé nommé *houblonnière.* La culture du houblon est coûteuse, à cause des perches de grande hauteur qui doivent soutenir chaque pied.

Une houblonnière bien entretenue

Houblon, port de la plante (hauteur, 5ᵐ).

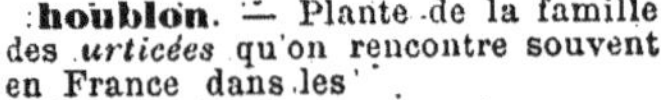

Houblon (fleurs mâles).　　Houblon (fleurs femelles).

donne des récoltes pendant 15 à 20 ans; dès la seconde année elle commence à produire. La récolte des *cônes,* qui constituent le produit de la houblonnière, se fait en France à la fin du mois d'août; pour cela on coupe les tiges à 30 centimètres du sol, on les sépare des perches qui les soutenaient, et on enlève les cônes, que l'on fait sécher à l'ombre, dans des séchoirs bien aérés. Les tiges peuvent être utilisées comme combustibles. Quant à la portion de la tige restée sur le sol, on l'enterre en partie dans le sol jusqu'au printemps, époque où reprendra la végétation (fig.).

Le houblon sert à aromatiser la bière

Houblon (récolte des cônes femelles).

et à en assurer la bonne conservation. Il est également employé en médecine comme tonique, diurétique, dépuratif et sédatif.

houille. — La *houille* ou *charbon de terre* est le combustible le plus précieux de l'industrie. Elle est formée de *charbon* pour les 4 cinquièmes de son poids au moins, combiné de diverses

Houille. — La houille se trouve en filons dans le sol ; on accède à ces filons par des puits.

manières à de l'*hydrogène*, de l'*oxygène*, de l'*azote*, du *soufre*, des *cendres*. Quand on la chauffe fortement en vase clos (voy. **gaz d'éclairage**), elle donne naissance à un grand nombre de produits volatils et elle laisse du coke.

Quand on la fait brûler à l'air, ses éléments divers se combinent à l'oxygène de l'air pour donner des composés gazeux, et surtout de l'acide carbo-

nique, qui s'en vont, et il ne reste que des cendres.

La *houille* ou *charbon de terre,* résulte de l'accumulation et de la

Houille. — L'exploitation se fait dans des galeries.

décomposition des végétaux qui couvraient la terre à une époque très reculée. L'Angleterre et la Belgique

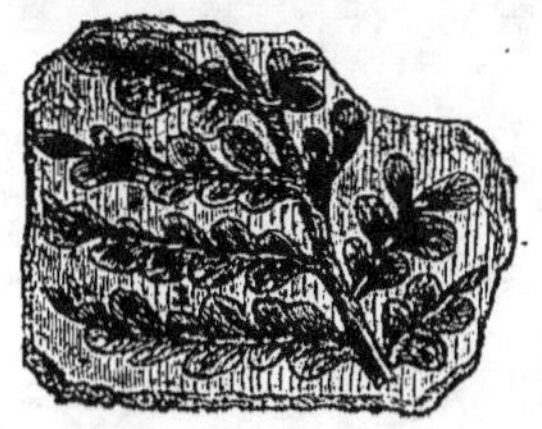

Houille. — La houille provient de débris végétaux, comme le montrent les empreintes des feuilles de fougère qu'on trouve sur des fragments de houille.

sont les pays d'Europe les plus riches en houille, puis vient la France (Saint-Etienne, Rive-de-Gier, Valenciennes, le

Houille. — Le grisou est le plus grand danger des mines.

Creuzot, Blanzy, Aubin, Alais). Ensuite viennent l'Allemagne, l'Autriche, l'Espagne. Les dépôts houillers de l'Amérique du Nord sont beaucoup plus considérables que ceux de l'Europe. Les gisements de la Chine, encore peu exploités, occupent une superficie trente fois plus grande que ceux de l'Angleterre (*fig.*).

Extraction. — Dans les gisements, la houille se trouve en couches parallèles, séparées par des couches de grès et des couches d'argile; on peut ainsi trouver jusqu'à 60 couches parallèles superposées; l'épaisseur de ces couches, souvent très faible, peut atteindre 6 ou 7 mètres. Elles sont parfois à une grande profondeur. Pour exploiter une *mine de houille* on creuse des *puits* verticaux, qui conduisent jusqu'aux couches, puis des *galeries* horizontales dans les couches mêmes; certains

mines de houille, dangers d'inondation, d'asphyxie, d'incendie, d'explosion (voy. **carbures d'hydrogène** et **lampes**) (*fig.*).

La production annuelle de la houille dans le monde entier surpasse actuellement 500 millions de tonnes et elle augmente constamment. Dans ce nombre la Grande-Bretagne entre presque pour la moitié, et la France à peine pour un quinzième. Notre consommation surpassant notre production, nous sommes obligés de faire venir des houilles d'Angleterre et de Belgique (voy. **mines**).

houx. — Arbrisseau à feuilles persistantes, épineuses; le fruit est une

Houille. — Carte des principaux gisements de houille en France.

puits descendent jusqu'à 800 mètres de profondeur. Le charbon, extrait au pic, est mené sur des rails, dans des wagonnets, jusqu'au puits, et de là on le monte à l'aide de machines à vapeur.

Les dangers sont grands dans les

petite baie d'un rouge vif. La croissance du *houx* est très lente; il peut parfois atteindre à une hauteur de 10 mètres. On le rencontre surtout dans les forêts montueuses; en Bretagne on le trouve abondamment sur les côtes, et sur les coteaux incultes. On le plante fréquemment dans les parcs pour l'ornementation; on en fait des haies vives impénétrables et de très longue durée.

Le bois, très lourd, très dur, sert en

Houx (rameau contenant une fleur et un fruit ; hauteur de la plante, 5 à 6ᵐ).

marqueterie; on en fait aussi des manches d'outils; l'écorce moyenne peut servir à fabriquer la glu (*fig.*).

huiles. — Corps gras liquides ayant la composition générale de tous les *corps gras*. Les huiles sont visqueuses, plus légères que l'eau, combustibles; elles *rancissent* très facilement au contact de l'air. Plusieurs s'épaississent au contact de l'air, et finissent même par se solidifier; on les nomme *huiles siccatives* (huile de *lin*, de *noix*, de *chènevis*, d'*œillette*, de *ricin*, de *croton*, de *belladone*); les *huiles non siccatives* rancissent à l'air, mais sans se solidifier (huiles d'*olive*, d'*amandes douces*).

Les huiles se rencontrent le plus souvent dans les graines des végétaux, quelquefois dans la partie charnue du fruit (olives). On les retire le plus souvent en soumettant la matière oléagineuse à l'action de la presse, en la chauffant un peu, si cela est nécessaire, pour rendre l'huile plus fluide et faciliter son écoulement (*fig.*).

Les huiles sont extrêmement nombreuses, et chacune a ses usages particuliers. Les principales sont les suivantes :

Huile d'amandes douces. — On la retire des amandes ordinaires, fruits de l'*amandier*. Elle est d'un blanc verdâtre, avec une saveur agréable. Employée en médecine et en parfumerie.

Huile d'arachide. — Voy. **arachide.**

Huile de baleine. — Retirée du lard de la *baleine*; elle sert à la préparation des savons mous.

Huile de cachalot. — Se retire de la tête du *cachalot*, de même que le *sperma ceti.*

Huile de cameline. — Voy. **cameline.**

Huile de chènevis. — Extraite de la graine du *chanvre* cultivé. C'est une huile très siccative; ce qui la fait beaucoup employer en peinture.

Huile de coco. — Extraite des noix de cocotier; elle sert à l'éclairage et surtout à la fabrication des savons.

Huile de colza. — Extraite des graines de *colza* cultivé; sert en très grandes quantités à la fabrication du savon et surtout à l'éclairage.

Huile de coton. — Extraite des graines du *cotonnier*. Au Brésil elle sert aux usages alimentaires et à l'éclairage. En Europe elle est surtout employée à la fabrication du savon.

Huile de foie de morue. — Voy. **morue.**

Huile de lin. — Extraite des graines du *lin* cultivé. Employée en médecine, et même en cuisine, dans certains pays. Elle est *siccative*, ce qui la fait beaucoup employer en peinture; elle entre dans la composition de certains vernis, de l'encre d'imprimerie.

Huile de navette. — On la retire des

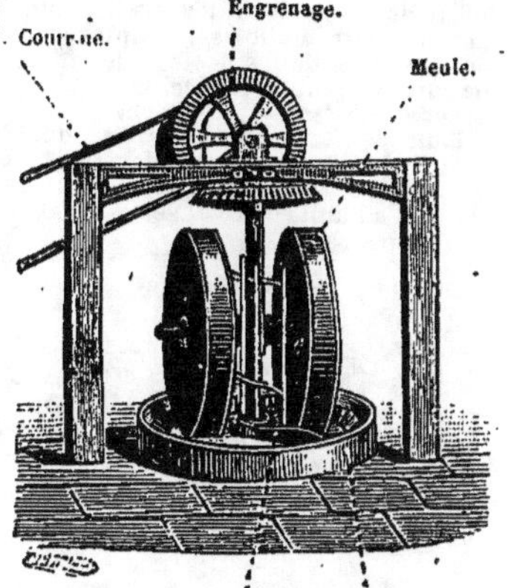

Meule à fabriquer l'huile par compression des graines (colza, sésame, lin, chènevis, noix, etc.) ou des fruits (olives). — Les graines ou les fruits sont placés dans l'auge; une machine à vapeur ou une roue hydraulique, ou simplement un cheval met les meules en rotation, par l'intermédiaire de la courroie de transmission et de l'engrenage. La raclette ramène constamment sous les meules les matières à presser.

graines de la *navette* et du *chou-navet*; elle sert surtout à l'éclairage.

Huile de noix. — Extraite de l'amande contenue dans la *noix* commune. On s'en sert en cuisine et en peinture.

Huile d'œillette. — Extraite de la graine du *pavot noir*. Elle sert en cuisine, en peinture, et entre dans la composition de plusieurs vernis. Mais son usage principal est de servir à la falsification de l'huile d'olive.

Huile d'olive. — Voy. olive.

Huile de palme. — On la retire du fruit d'un grand palmier cultivé en Guinée et dans la Guyane. Dans nos climats cette huile est généralement solide, avec la consistance du beurre; sert à la préparation des savons et des bougies.

Huile de pieds de bœuf. — Se prépare en faisant bouillir dans l'eau des pieds de vache, de cheval, de mouton, dépouillés de chair et de tendons; l'huile s'élève à la surface. Employée pour graisser les rouages des instruments de précision.

Huile de poisson. — Beaucoup de poissons contiennent de l'huile qu'on retire du corps entier de l'animal, ou de l'un de ses organes. Ainsi, on en retire des corps des *harengs*, des *sardines*, qui servent à la préparation de certains cuirs souples. En Russie, on retire de l'huile des intestins des esturgeons; cette huile est employée en cuisine. Les huiles de foie de morue, de raie, servent en médecine.

Huile de ricin. — Voy. ricin.

Huile de sésame. — Extraite de la graine de *sésame* de l'Inde. Elle est propre à l'alimentation; on la mélange souvent à l'huile d'olive; sert à la fabrication des savons.

huître. — Mollusque *lamelli-*

autrefois très abondants sur nos côtes de l'Océan, sont aujourd'hui presque épuisés; on y remédie par une culture

Huître (ouverte, montrant les deux coquilles).

(*ostréiculture*) qui a pris un grand développement. L'huître, en effet, a une grande importance alimentaire; la ville de Paris consomme, à elle seule, 7 millions de kilogrammes d'huîtres par an.

L'ostréiculture comprend deux opérations : les *collecteurs* recueillent le naissain; les *éleveurs* élèvent et engraissent les jeunes huîtres qui leur sont fournies par les collecteurs. Les objets sur lesquels doit venir se fixer le naissain sont, en général, des tuiles en terre, des chapelets de coquilles vides, etc.; on les place dans l'eau du 15 juin au 15 juillet à proximité d'un banc d'huîtres; on a soin de les enduire au préalable d'une couche de calcaire, ce qui attire le naissain et permet d'arracher plus facilement les jeunes huîtres. On détache les huîtres en automne ou bien au printemps, et on les livre aux éleveurs (*fig.*). L'élevage consiste à faire grandir les huîtres et à les engraisser. Pour les faire grandir

Huître. — Naissain fixé sur une tuile recouverte d'une couche de calcaire.

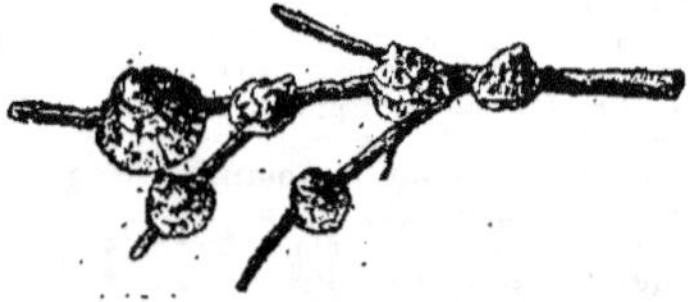

Huître. — Jeunes huîtres à divers degrés de développement, fixées sur une branche d'arbre.

branche muni de deux coquilles lamelleuses et fort inégales. Les huîtres se reproduisent par des œufs qui se développent à l'intérieur même de la coquille maternelle, et les jeunes animaux qui en naissent s'échappent bientôt pour aller se fixer sur un corps solide au milieu de l'eau. Toutes ces petites huîtres sont désignées sous le nom de *naissain*.

La taille dans l'huître ne dépasse guère 10 centimètres; il y en a de nombreuses variétés de tailles différentes; la plus grande est celle nommée *pied de cheval*. Les bancs d'huîtres,

il est bon de les placer dans une eau parcourue par des courants et dont le fond a été durci par addition de sable à la vase. Au contraire, pour l'engraissement, il est bon de les placer dans l'eau saumâtre; c'est ainsi que l'on obtient les huîtres d'Ostende, si estimées.

Les principaux établissements français d'ostréiculture sont ceux de *Cancale, Granville, Concarneau, Carnac, Marennes, Arcachon*, etc. La production annuelle française représente une somme d'à peu près trente millions (*fig.*).

L'*huître portugaise*, de forme très

irrégulière, à la coquille très épaisse, qui a pris depuis quelques années une assez grande importance, est originaire du Tage; il en existe maintenant un

Huître. — Parc de dépôt d'huîtres, placé en pleine eau.

banc de très grande étendue dans le lit de la Gironde, aux environs de Talais et de Ricland. Elle a un goût assez peu agréable.

huîtrier. — Oiseau *échassier* vivant en grandes troupes sur les plages. Les huîtriers se nourrissent de moules et de coquillages de toutes sortes. La femelle dépose ses œufs, au nombre de 3 ou 4, dans une excavation du rivage; les petits sortent du nid et

Huîtrier.

cherchent leur nourriture peu de jours après la naissance.

L'*huîtrier-pie*, qui se rencontre sur les côtes de France, n'a pas tout à fait la grosseur d'une pie (*fig.*).

humeurs froides. — Engorgement et suppuration des ganglions lymphatiques, qu'on observe principalement dans la *scrofule*.

humus. — Voy. terreau.

huppe. — Oiseau *passereau* remarquable par la touffe de plumes qui se développe sur sa tête. Un peu plus grosse que le merle de nos pays, la huppe a le corps couvert d'un plumage roux tacheté de gris ou de noir; c'est un oiseau craintif et taciturne ; elle vit de préférence d'insectes et de vers, dont elle fait une grande consommation. Elle

bâtit son nid dans les fentes des rochers, les crevasses des murs ou les troncs d'arbres. Oiseau migrateur, la huppe

Huppe.

habite l'Afrique et passe le printemps et l'été en Europe (*fig.*). Les huppes sont susceptibles d'éducation.

hybrides. — En zoologie, on nomme *hybrides* les animaux dont le père et la mère ne sont pas de la même espèce ; le *mulet* est un hybride provenant de l'âne et du cheval. Les hybrides sont généralement inféconds. Les hybrides tiennent à la fois par leurs caractères du père et de la mère qui les ont engendrés ; ils gagnent souvent en taille et en vigueur constitutionnelle, mais semblent être plus sauvages et plus rétifs que leurs parents.

En botanique, les *plantes hybrides* proviennent de la fécondation des pistils d'une plante par le pollen d'une espèce différente. Comme les hybrides animaux, les hybrides végétaux possèdent des caractères empruntés à la fois à la plante qui portait l'organe femelle, et à celle qui a fourni le pollen. L'hybridation des plantes se produit rarement dans la nature, mais elle est souvent utilisée par les cultivateurs et surtout les jardiniers pour créer des variétés nouvelles, qu'on peut ensuite reproduire par boutures, marcottes ou greffes. L'hybridation ne peut se produire qu'entre des plantes présentant entre elles de grandes analogies.

hydartrose (grec : *hudor*, eau; *artron*, articulation). — Maladie caractérisée par une accumulation de *synovie* ou d'une sérosité dans une cavité articulaire. Elle survient à la suite de coups, de chutes, de marches forcées, principalement chez les personnes lymphatiques. C'est dans le genou que l'hydartrose se porte le plus souvent. La maladie est peu douloureuse, mais elle est ordinairement de très longue durée, et elle peut s'aggraver de façon à former une tumeur. Outre le traitement par la teinture d'iode, les vésicatoires, le repos presque absolu de l'articulation malade est indispensable.

hydre. — Petits animaux *rayonnés* célentérés qu'on rencontre, dans les eaux douces, fixés sous les feuilles des plantes aquatiques. Le corps, long de quelques millimetres, se compose d'une sorte de sac dont l'extrémité fermée se trouve fixée aux plantes aquatiques, et dont le bord est entouré de six, douze, dix-huit bras, qui peuvent prendre un allongement de plusieurs décimètres. Ce sont alors des filaments très déliés à l'aide desquels l'hydre explore l'eau qui l'entoure, et saisit les animaux très petits dont elle fait sa nourriture; ces bras, d'ailleurs, sont garnis de vésicules qui renferment un liquide empoisonné qui met immédiatement la proie microscopique hors d'état de fuir (*fig.*).

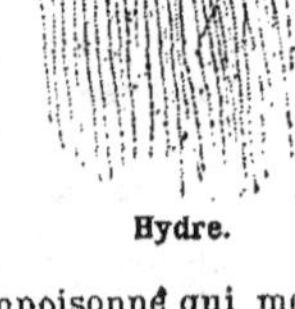

Hydre.

L'*hydre* a une vitalité singulière; on peut la retourner comme un doigt de gant; elle continue à vivre, la paroi interne étant devenue aussi la paroi externe. L'on coupe l'animal dans le sens de la longueur, chaque moitié se complète rapidement et on a bientôt deux hydres au lieu d'une. L'hydre se reproduit par une sorte de bourgeonnement; de petites hydres poussent sur les côtés, se détachent bientôt, et vont se fixer ailleurs.

hydrocéphale (grec : *hudor*, eau; *céphalé*, tête). — Maladie caractérisée par une accumulation de liquide dans les enveloppes du cerveau, ou *méninges*. Les enfants nés de parents âgés, alcooliques, épileptiques, sont souvent hydrocéphales en naissant; les *crétins* sont aussi souvent hydrocéphales. Dans ces cas, le volume de la tête est relativement considérable.

Les enfants hydrocéphales ont un visage sans expression, ils ne peuvent se tenir debout, ils mangent avidement, mais ils sont maigres; le plus souvent ils meurent au bout de quelques mois; ceux qui survivent sont d'une intelligence très faible, voisine de l'idiotisme.

L'hydrocéphalie survient aussi chez

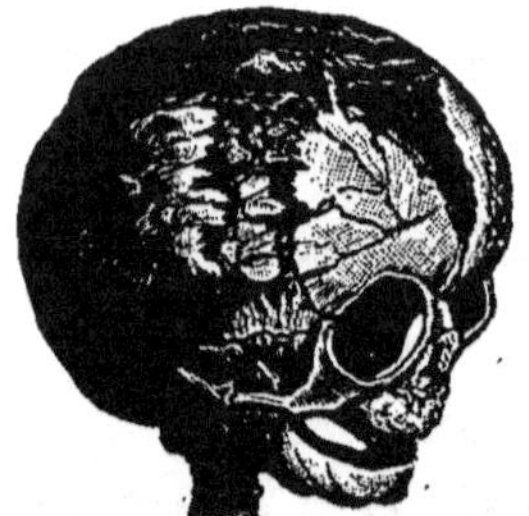

Tête d'hydrocéphale, à l'époque de la naissance.

les personnes normales; elle est généralement mortelle (*fig.*).

hydrofuge (grec : *hudor*, eau; et latin : *fugare*, mettre en fuite). — On nomme *hydrofuge* toute substance destinée à garantir un mur ou un objet de l'action de l'humidité. Les *mastics* ou *enduits hydrofuges* sont nombreux. Ainsi on recouvre les murs d'une pâte constituée par de l'*oléate de chaux*, combinaison d'acide oléique et de chaux; on les préserve ainsi de la salpêtration.

hydrogène (grec : *hudor*, eau

Hydrogène. — Ce gaz est fort léger : si on remplit une vessie et qu'on s'en serve pour gonfler des bulles de savon, celles-ci s'élèvent rapidement dans l'air.

genès, qui est engendré). — Gaz combustible *métalloïde*, incolore, sans goût ni odeur. C'est le plus léger de tous les corps connus; il est quinze fois plus léger que l'air, ce qui le fait employer pour gonfler les *aréostats.*

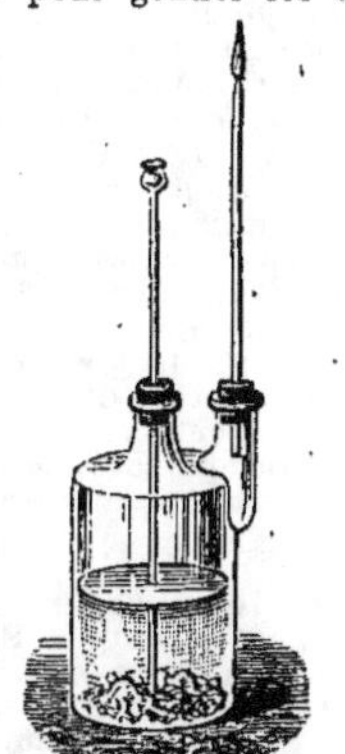

Hydrogène (préparation). — Dans la bouteille on a mis des morceaux de zinc et de l'eau. Dans le tube entonnoir du milieu, on verse un peu d'acide chlorhydrique. Le gaz se produit et sort par le tube latéral : on peut l'enflammer à la sortie, il brûle alors avec une flamme peu éclairante, mais très chaude.

On le prépare en versant de l'*acide*

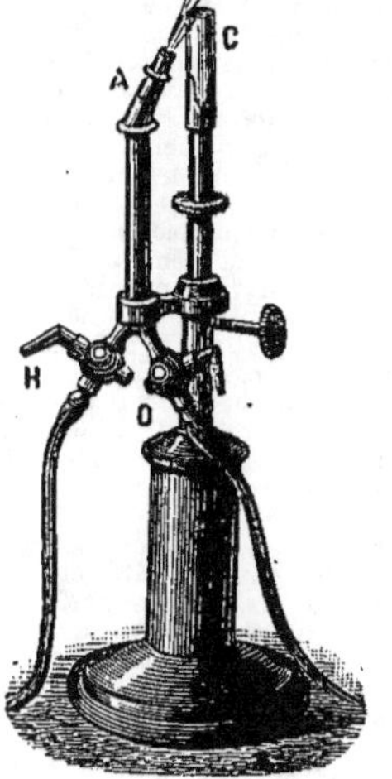

Hydrogène. — La flamme, très chaude, de l'hydrogène A, arrivant sur un morceau de chaux vive C, le rend très éclairant, surtout si l'hydrogène, qui arrive par le robinet H, est mélangé d'oxygène arrivant par le robinet O (voyez **flamme, fourneaux à gaz**). Cette propriété est utilisée dans certains cas pour l'éclairage, sous le nom de *lampe Drummond* ou de *lumière oxhydrique.*

chlorhydrique sur du *zinc;* le chlore de l'acide chlorhydrique s'unit au zinc, et l'hydrogène de l'acide chlorhydrique devient libre.

L'*eau* renferme de l'hydrogène, puisque c'est une combinaison d'oxygène et d'hydrogène.

Ce gaz est très facilement combustible; quand il brûle, il se combine à l'oxygène de l'air, et le résultat de la combinaison est justement de la vapeur d'eau. Un mélange d'oxygène avec le double de son volume d'hydrogène détone violemment quand on l'enflamme en un point.

La flamme de l'hydrogène n'est pas du tout éclairante, mais elle est très

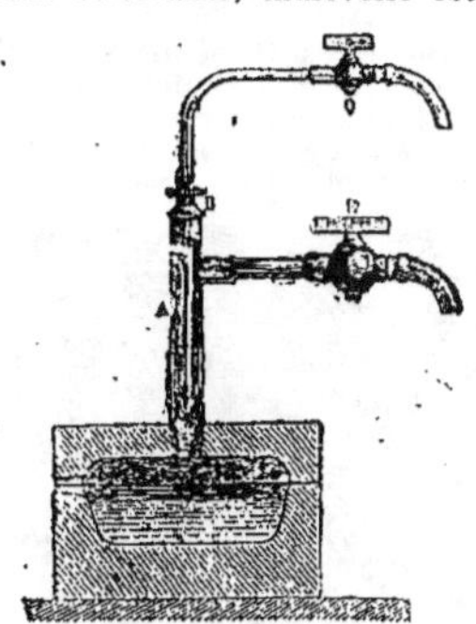

Hydrogène. — Fusion du platine par la chaleur de la flamme de l'hydrogène. (Voyez **fourneau à gaz.**)

chaude. On utilise la grande chaleur de cette flamme chaque fois qu'on a besoin d'une température très élevée. Si on fait arriver la flamme de l'hydrogène, alimentée par un courant d'oxygène, sur un morceau de chaux vive, cette chaux est portée à une température si élevée qu'elle devient éblouissante : on a ce qu'on nomme la *lumière Drummond.* Avec la même flamme, on fond le platine (*fig.*).

hydrophile (grec : *hudor,* eau;

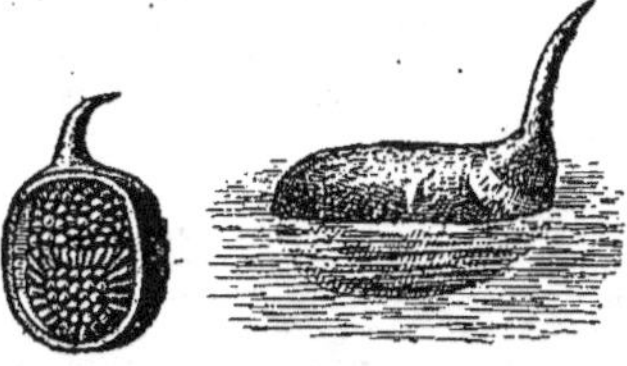

Hydrophile (Œufs déposés dans une coque flottante).

philos, ami). — Insecte *coléoptère* qui

vit dans les eaux stagnantes ; les hydrophiles sont herbivores, mais leurs larves vivent de mollusques et de petits poissons. La femelle pond ses

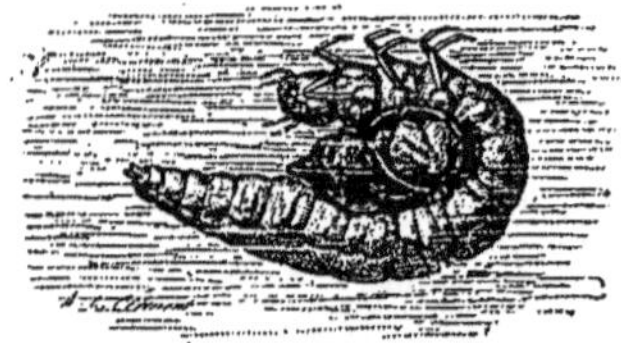

Hydrophile. — Larve.

œufs dans une sorte de nid semblable à un cocon, qu'elle confectionne avec des fils soyeux qu'elle sécrète par un appareil analogue à celui des vers à soie. La larve quitte l'eau pour se

Hydrophile. — Insecte parfait.

réfugier dans la terre au moment de ses métamorphoses ; puis, devenue insecte parfait, elle revient dans l'eau. La taille de l'hydrophile peut dépasser 4 cent. de longueur.

hydrophobie (grec : *hudor*, eau ; *phobos*, crainte). — Horreur de l'eau et de tout autre liquide. Ce mot est bien à tort employé souvent pour désigner la maladie de la rage. Le chien enragé, loin d'avoir horreur de l'eau, la recherche avec avidité. L'horreur des liquides, qui caractérise l'hydrophobie, se rencontre au contraire chez l'homme dans certains cas de folie, de tétanos, de méningite, d'hypocondrie.

hydropisie (grec : *hudor*, eau). — Epanchement de liquide dans une cavité du corps ; d'après cette définition on voit qu'il doit y avoir un grand nombre d'espèces d'hydropisie. La *pleurésie*, l'*hydrocéphalie*, la *méningite*, etc., sont des hydropisies. Mais on désigne ordinairement sous ce nom l'accumulation de liquide dans le *péri-*

toine ; elle survient surtout à la suite des maladies du cœur, du foie, de la rate ; elle peut résulter d'une légère inflammation chronique du péritoine. Chez l'hydropique le ventre est gonflé, dur ; la respiration est difficile.

On traite par les purgatifs, les diurétiques, les sudorifiques ; mais il faut surtout soigner la maladie qui a causé l'hydropisie. Si la quantité de liquide augmente on pratique la *ponction* ; une canule, introduite dans les parois du ventre jusqu'à la cavité intérieure, permet l'écoulement de la sérosité. On a vu des hydropiques guéris après avoir subi plusieurs centaines de fois la ponction.

hydrostatique (*hudor*, eau ; *staticos*, qui se tient debout). — Etude des conditions d'équilibre des liquides. (Voy. **pression dans les liquides, presse hydraulique, vases communicants, principe d'Archimède.**)

hydrothérapie (grec : *hudor*, eau ; *therapeïa*, soin des maladies). — Traitement des maladies par l'usage de l'eau froide. L'hydrothérapie est aujourd'hui du domaine de l'hygiène tout autant que de celui de la médecine : elle peut prévenir autant de maux qu'elle est susceptible d'en guérir. Les *ablutions froides*, les *douches*, les *bains froids*, les *frictions avec un drap mouillé*, les *lotions* avec de l'eau froide, sont les principaux procédés employés en hydrothérapie.

Ces diverses pratiques doivent être ordonnées ou autorisées par le médecin ; il en est ainsi même pour l'hydrothérapie domestique, considérée comme moyen préservatif et comme pratique d'endurcissement au froid. En outre les cures hydrothérapiques exigent, pour donner de bons résultats, un outillage approprié, et l'intervention d'agents rompus aux méthodes usitées (*fig. page* 393).

hyène. — Ce *carnivore* est caractérisé par des jambes antérieures plus élevées que les jambes postérieures. C'est un animal nocturne, à la démarche traînante, qui habite les cavernes. Pendant la nuit, l'hyène va à la recherche des charognes ; elle n'attaque l'homme et les animaux vivants que si elle est pressée par la faim ; elle peut alors se contenter des végétaux. Elle n'est pas courageuse. On la chasse avec acharnement, à cause des dégâts qu'elle fait.

On la trouve dans le sud et l'ouest de l'Asie, et dans la plus grande partie de l'Afrique. L'**hyène tachetée** d'Afrique constitue la plus grosse espèce ; sa

QUELQUES PRATIQUES D'HYDROTHÉRAPIE DOMESTIQUE

Ablution. — Comment on fait une *ablution*
à un enfant.

Ablution. — Comment on se fait à soi-même
une *ablution*.

Ablution. — Comment on se frictionne soi-
même après une *ablution*.

Douche en pluie, à l'aide d'un arrosoir.

Douche en pluie, avec l'appareil à douches.

Douche a la lance.

longueur totale est de 1ᵐ,20 ; sa hauteur au garrot 50 cent. L'**hyène rayée**, plus

Hyène rayée (longueur, 1ᵐ).

répandue, car elle habite l'Asie et l'Afrique, est un peu plus petite (*fig.*).

hygiène. — La science de l'*hygiène* est l'étude de toutes les conditions qui assurent la prospérité de l'homme, qui contribuent à son amélioration physique et morale, qui le soustraient autant que possible aux causes de débilitation, qui développent ses forces et accroissent sa résistance. Chaque homme, chaque ville, chaque peuple, devrait se conformer, dans leur manière de vivre, aux prescriptions de cette science, aujourd'hui en grand progrès.

Tous les législateurs anciens (Moïse, Lycurgue, Solon, Mahomet...) se sont préoccupés de l'hygiène dans leurs prescriptions. La science de l'hygiène a à étudier d'abord les conditions d'existence commune à tous les hommes, ce qui constitue l'**hygiène générale**; elle s'occupe de l'action exercée sur l'organisme par le *sol*, l'*air*, l'*eau*, l'*alimenta'ion*, les *boissons*, les *vêtements*, les *habitations*, et elle détermine quelles conditions doivent remplir ces divers éléments pour la conservation et l'accroissement de la santé, des forces, de l'intelligence... Puis, dans l'**hygiène spéciale**, elle fait l'application des principes de l'hygiène générale aux différentes circonstances et aux différentes personnes : *enfants, adultes, vieillards, hommes, femmes, professions.*

Il va de soi, en effet, que les prescriptions de l'hygiène ne peuvent être en tous points les mêmes pour l'enfant et pour le vieillard; pour l'homme qui se livre à un travail intellectuel dans un appartement clos et pour le cultivateur qui effectue au grand air un travail manuel. Chez l'enfant, les efforts tendront à amener le développement des forces, l'endurcissement contre la fatigue, le froid, la chaleur...; chez le vieillard l'hygiène aura pour but surtout d'éviter les maladies et de conserver une activité physique et intellectuelle à leur déclin.

hygromètre (grec : *hugros*, humide ; *metron*, mesure). — Il y a toujours de la vapeur d'eau dans l'air, même dans celui qui nous semble le plus sec. Qu'on mette de l'eau bien fraîche dans une carafe, on verra immédiatement la vapeur atmosphérique, condensée par le froid, ruisseler sur les parois du vase. Quand il fait chaud, la quantité de vapeur d'eau contenue dans l'air est plus grande que quand il fait froid. Cette vapeur atmosphé-

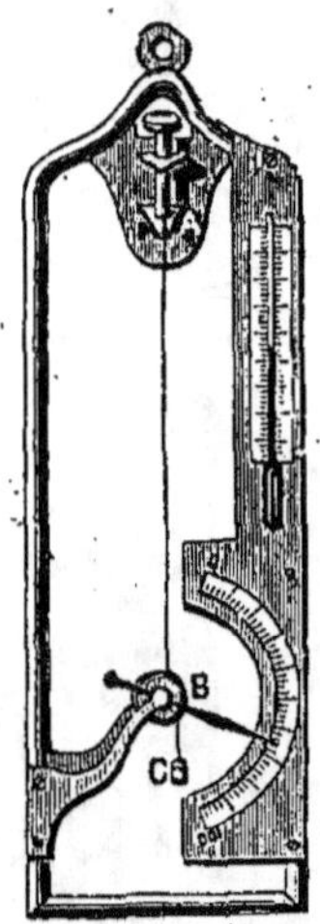

Hygromètre à cheveu. — Un cheveu préalablement dégraissé, est retenu par une pince A ; l'autre extrémité est fixée en un point de la gorge d'une poulie B très légère pouvant tourner autour d'un axe horizontal. La poulie porte une seconde gorge, sur laquelle s'enroule, en sens contraire, un fil de soie supportant un poids très léger C, maintenant le cheveu constamment tendu. L'axe de la poulie porte une aiguille qui se meut sur un cadran, suivant que le cheveu s'allonge ou se raccourcit, et indique ainsi le degré d'humidité ou de sécheresse de l'air. Le cheveu s'allonge par l'humidité et se raccourcit par la sécheresse.

rique est indispensable à la vie du globe, puisque c'est à elle que nous devons les pluies, sans lesquelles les végétaux, et par suite les animaux, ne tarderaient pas à périr.

L'air est rarement *saturé* (voy. **vaporisation**) de vapeur d'eau; on nomme *état hygrométrique* le rapport qui existe entre le poids de vapeur qu'il y a dans un mètre cube à un moment déterminé, et le poids qu'il y en aurait si l'air était saturé. On dit que l'air est *hu-*

mide quand il est presque saturé, c'est-à-dire quand l'état hygrométrique est presque égal à un ; on dit que l'air est *sec* quand il est loin d'être saturé, quand l'état hygrométrique est beaucoup plus petit qué un. En été l'air sec, loin d'être saturé, renferme cependant plus de vapeur d'eau que l'air humide de l'hiver, parce que, aux températures élevées, la vapeur d'eau peut se former en quantité beaucoup plus grande qu'aux températures basses.

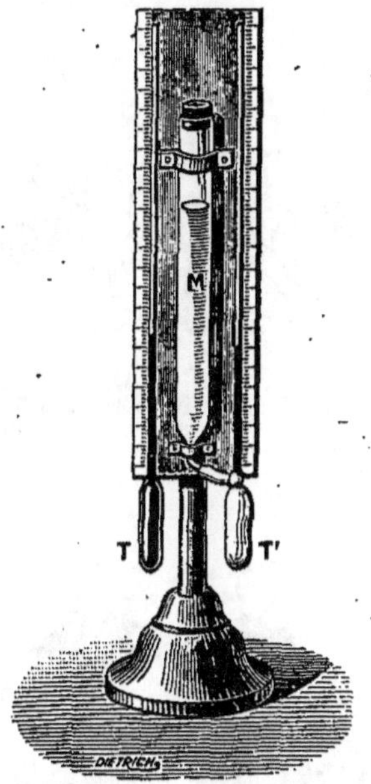

Hygromètre à évaporation, ou *psychromètre*. — Deux thermomètres identiques T et T' sont placés sur une même planchette. L'un d'eux est entouré d'une mousseline maintenue constamment mouillée par l'eau d'un réservoir M. Le liquide, s'évaporant à la surface de la mousseline, refroidit le thermomètre T'. La différence des températures indiquées par les deux instruments est d'autant plus grande que l'air est plus sec.

On nomme *hygromètres* les instruments destinés à indiquer l'*état hygrométrique* de l'air. Il en existe un grand nombre de différents systèmes (*fig.*). Le plus simple, l'*hygromètre à cheveu de de Saussure*, est basé sur ce fait qu'un cheveu, bien dégraissé, s'allonge dans l'air humide et se raccourcit dans l'air sec. Ces changements de longueur sont indiqués par une aiguille, fixée à une poulie sur laquelle s'enroule le cheveu (*fig.*). Dans certains hygromètres le cheveu est remplacé par un morceau de corde à violon, qui se tord davantage sous l'influence de la sécheresse ou se détord sous l'influence de l'humidité. Cette corde est disposée de façon à faire mouvoir le petit capuchon en papier d'un moine ; si le capuchon couvre la tête, c'est qu'il fait humide, s'il la découvre, c'est qu'il fait sec.

hypertrophie (grec : *hyper*, préposition qui indique un excès ; *trophie*, nutrition). — Développement excessif d'un organe : telle est, par exemple, l'*hypertrophie du cœur*, qui arrive parfois à doubler le poids normal de cet organe. Cette maladie survient souvent quand le cœur est soumis à un travail exagéré, comme cela a lieu chez les personnes qui ont des *palpitations* et chez celles qui sont obligées à des efforts musculaires prolongés (crieurs, chanteurs, porteurs de fardeaux, etc.) ; plus souvent l'hypertrophie est la conséquence d'une maladie chronique du cœur ou dès poumons. Dans cette maladie les battements du cœur deviennent plus forts, de même que le pouls.

L'hypertrophie du cœur ne décroît jamais, mais elle peut s'arrêter dans son développement, surtout quand elle a son origine dans un genre de vie qu'on peut modifier.

On la traite par un régime sévère de viandes blanches, de poissons, de laitage, sans vin ni liqueurs excitantes ; on doit éviter toutes les émotions, aussi bien celles du plaisir que celles de la colère ou du chagrin. Les purgatifs, les diurétiques, la digitale pour calmer les battements, produisent de bons effets.

hypochlorites. — Voy. chlorures décolorants et désinfectants.

hypnotisme (grec : *hypnos*, sommeil). — Sommeil provoqué artificiellement, chez certains sujets dont l'organisation est appropriée, par des manœuvres particulières (*fig.*).

Pour déterminer l'*hypnose*, on applique en divers points du corps des excitants capables de produire la fatigue, par exemple une lumière très vive, comme celle du soleil ou du magnésium, sur l'œil ; plus simplement, on peut endormir le sujet en fixant son regard pendant quelques instants sur un objet peu lumineux, tenu près des

yeux, un peu en haut. Au bout de peu | paravant : il reste en un mot en *cata-*
de temps, la physionomie prend le | *lepsie* *. Si au contraire on maintient

DIFFÉRENTES EXPÉRIENCES D'HYPNOTISME

Extase (voyez ce mot). — L'attitude du corps indique une grande exaltation, la sensibilité est suspendue.

Catalepsie (voyez ce mot). — Les membres gardent avec rigidité les attitudes qu'on leur donne, même quand ces attitudes sont peu naturelles.

Somnambulisme (voyez ce mot). — Le sujet obéit aux ordres et même aux gestes de l'opérateur ; ici il se penche de côté vers la main de l'opérateur.

Somnambulisme (voyez ce mot). — Le sujet obéit aux ordres et même aux gestes de l'opérateur ; ici il se renverse en arrière vers la main de l'opérateur.

caractère de l'*extase* *. Si on éloigne | l'objet, le sujet ne tarde pas à tomber
l'objet, le sujet demeure immobile | en arrière en poussant un soupir :
dans la position où il se trouvait au- | c'est alors la *léthargie* *. Dans l'un et

l'autre cas, la conscience est abolie. Le simple contact de la tête d'un sujet naturellement endormi suffit à provoquer le sommeil hypnotique. On peut arriver au même résultat en disant au sujet qu'il a envie de dormir. En exerçant une pression sur la tête d'un sujet en catalepsie ou en léthargie provoquée on le met en état de *somnambulisme* provoqué, état dans lequel il peut voir, entendre parler et obéir aux ordres qu'on lui donne.

Pour réveiller les sujets hypnotisés, il suffit, le plus souvent, de souffler sur les yeux ou sur le front, ou d'y laisser tomber quelques gouttes d'eau; mais on peut procéder aussi par intimidation, en disant, par exemple : réveillez-vous. Voy. aussi **suggestion**.

hypocondrie. — Maladie confinant souvent à la folie, dans laquelle le malade se préoccupe outre mesure de sa santé, s'exagère ses souffrances, s'imagine être atteint de toutes les maladies dont il entend parler.

Les *hypocondriaques* sont toujours anxieux, tout est pour eux cause de trouble et d'inquiétude.

L'*hypocondrie* ne compromet pas l'existence, mais elle rend très pénible la vie de ceux qui en sont atteints. Le traitement est surtout moral.

hysope. — Plante de la famille des *labiées*, voisine du thym; elle croît dans le midi de l'Europe sur les coteaux arides et les murailles. Elle a une odeur aromatique, une saveur chaude un peu amère. Les fleurs sont employées en infusion dans le traite-

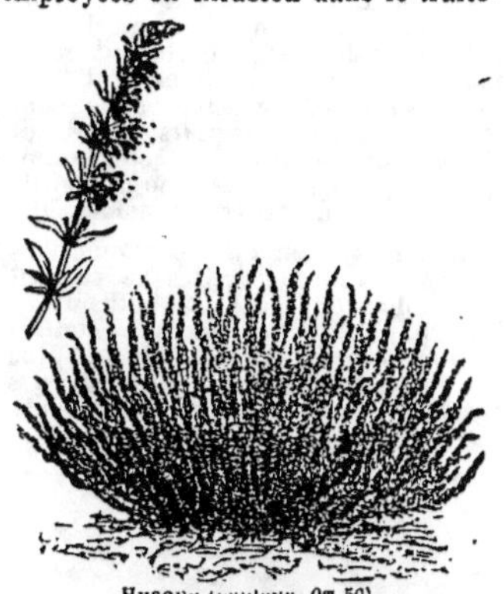

Hysope (hauteur, 0^m,50).

ment du catarrhe pulmonaire (*fig.*).

hystérie. — Maladie caractérisée par des sensations anormales, des convulsions, des contractions, des paralysies, des troubles intellectuels variés. Elle provient d'une prédisposition aux maladies nerveuses, due à l'hérédité ou bien à des émotions morales vives, souvent à la vue des malades en proie à des crises convulsives, ou encore à l'anémie.

L'*hystérie* est remarquable par des troubles dans les mouvements ou la sensibilité, des anesthésies partielles. Les hystériques sont prédisposés à la *catalepsie*, au *somnambulisme*, à l'*hypnotisme*. La maladie est rarement curable.

I

ibis. — Oiseau échassier au bec allongé, grêle, arqué, habitant les deux continents. On en connaît 20 espèces. Oiseau de rivage, qui se nourrit de poissons. Longueur totale, 80 centimètres (*fig.*).

Ibis (longueur, 0^m,80).

ichneumon. — Voy. mangouste.

ichneumon. — Famille d'insectes *hyménoptères* dont les diverses espèces sont de petite taille (*fig.*). Ce sont des mouches toujours en mouvement, sans cesse dans les campagnes à la recherche d'une proie dans laquelle ils déposent leurs œufs. Avec une ta-

rière dont ils sont armés, les ichneumons percent cette proie (chenille,

Ichneumon.

chrysalide, charançon, araignée...) et pondent dans son corps. Quand l'œuf

arrive ensuite à l'éclosion, il en sort
une larve qui se nourrit aux dépens
de l'insecte dans lequel elle se trouve,
jusqu'à en déterminer la mort.

Ces animaux parasites nous sont
donc très utiles puisqu'ils détruisent
une grande quantité d'insectes nuisibles. Le nombre d'espèces de la famille
des ichneumons est très considérable.

idiotie. — État d'une personne dont
les facultés intellectuelles ne se sont
jamais développées. Cette infirmité a
son origine dans une mauvaise conformation du cerveau; elle provient le plus
ordinairement de l'état cérébral des
parents : les épileptiques, les alcooli-

Idiotie. — Déformation du crâne.

ques, les aliénés, etc., ont très souvent
des enfants idiots. D'autres fois un
enfant bien conformé à sa naissance
subit ensuite un arrêt de développement qui le conduit à l'idiotie.

Les idiots sont souvent à craindre,
car ils sont, plus que personne, enclins
à la colère et aux vices, et, de plus,
incapables d'y résister. Leur vie est
généralement courte (fig.).

if. — Arbre *conifère* dont le frui',
d'un très beau rouge, a la forme
d'une coupe profonde au fond de laquelle la graine est enchâssée. Les
diverses espèces habitent les régions
tempérées de l'hémisphère boréal; on
rencontre quelques forêts d'ifs dans
les régions montagneuses (fig.). Cet
arbre est planté pour l'ornementation
des parcs; on peut lui donner, par une
taille bien conduite, les formes les
plus variées. Toutes les parties de
l'if ont une odeur désagréable et sont
plus ou moins vénéneuses; les fruits
le sont à un si faible degré qu'ils peuvent être mangés sans inconvénient,
pourvu que ce soit en très petite quantité; ils ont une saveur douceâtre et
extrêmement sucrée.

Le bois n'a pas grande importance,
et ce végétal est en somme peu abondant ; ce bois, dur, compact,
d'une assez belle couleur rougeâtre, se travaille très bien, et est recherché des tourneurs, des sculpteurs et des luthiers; les objets
qu'on en façonne ont une grande
durée. L'if croît très lentement,
mais il peut vivre plusieurs centaines d'années; sa taille ne dépasse
jamais 14 à 15 mètres, mais il peut devenir très
gros.

If. — Rameau avec fruits (hauteur de l'arbre, 12m).

igname. — Genre de *plantes monocotylédones* voisines des *asparaginées*. Les espèces de ce genre, très
nombreuses, croissent seulement dans
les pays chauds; elles y ont une

Igname de la Chine.

grande importance à cause de la matière féculente, alimentaire, contenue
dans les tiges souterraines. Une espèce,
l'*igname de la Chine*, est cultivée en
France; cet igname donne des tubercules très allongés (jusqu'à un mètre)
qui constituent un excellent aliment,

pouvant remplacer le pain, la pomme de terre. D'ailleurs la plante est rustique, et sa culture est aisée; mais, à cause de la longueur des tubercules (*fig.*), elle exige une terre très profonde.

iguane. — Reptile de l'ordre des *sauriens*, habitant les régions chaudes de l'Amérique.

La forme générale est celle d'un lézard, avec une queue très longue; les pattes sont armées d'ongles qui permettent à l'animal de grimper aisément sur les arbres. La

Iguane ordinaire (longueur, 0m,80).

longueur de l'*iguane ordinaire* de l'Amérique équatoriale atteint 80 centimètres; sa chair est très estimée (*fig.*).

imbécillité. — Le premier degré de l'*idiotie*; l'*imbécile*, pour le médecin, diffère de l'idiot en ce que les facultés intellectuelles, au lieu d'être tout à fait absentes, sont seulement très peu développées.

immortelle. — Nom donné à différentes plantes de la famille des *composées*, cultivées pour l'ornementation (*fig.*); ces plantes ont des fleurs diversement colorées qui peuvent être séchées sans perdre leur coloration, et par suite servir à confectionner des bouquets de longue durée.

Immortelle (hauteur, 0m,60).

L'une d'elles, l'*immortelle jaune*, est cultivée en grand en Provence; les fleurs en sont utilisées pour la préparation des couronnes mortuaires ou des bouquets. La reproduction s'en fait par boutures; cette immortelle est rustique, vivace, et une plantation peut donner des fleurs pendant 8 ou 10 ans.

impétigo. — Maladie de la peau caractérisée par une éruption de vésicules se remplissant de sérosité, et laissant des croûtes jaunâtres, suintantes. Elle s'observe surtout chez les enfants et les jeunes gens; elle est bénigne, se développe rapidement, et se guérit de même. On en prévient le retour par un traitement reconstituant (huile de foie de morue, préparations ferrugineuses et iodées).

impression des étoffes. — Voy. teinture.

imprimerie. — Le principe de l'*imprimerie typographique* (découverte par Gutenberg en 1440) est le suivant. Des *caractères mobiles* sont

Imprimerie. — Caractères mobiles.

obtenus par fusion dans des moules; chacun de ces caractères est constitué par une baguette de petite longueur, à l'une des extrémités de laquelle est une lettre en relief. Ces caractères sont en un *alliage* de plomb et d'antimoine; ils sont obtenus rapidement et en grand nombre en coulant l'alliage fondu dans des moules de cuivre qui reproduisent la lettre en creux et à l'envers.

A l'aide de ces caractères, un ouvrier nommé *compositeur* compose des mots, des lignes, des pages, qui sont disposés pour l'impression dans un *cadre* ou *forme* (*fig.*). La *mise en pages* terminée, on procède au tirage; on fait rouler sur la forme un tampon cylindrique A (*fig.*) imprégné d'une encre noire un peu grasse : l'encre s'attache aux lettres en relief, sans couler dans les creux. On pose alors sur les caractères une feuille de papier que l'on soumet à une certaine pression; quand on la dégage, elle porte l'empreinte des caractères; on la retire, on repasse sur la forme le rouleau que l'on a encré de nouveau; on replace une autre feuille, et ainsi de suite.

Tel est le fonctionnement de la *presse* primitive, dite *presse à bras* (*fig.*); aujourd'hui on se sert presque uniquement de *presses mécaniques*, mises en mouvement par la vapeur ou par

une manivelle. Les presses mécaniques

Imprimerie. — Ouvrier compositeur. — Les lettres mobiles sont contenues dans de petits *cassetins* où l'ouvrier les prend au fur et à mesure des besoins, pour les ranger dans le *composteur*. Devant lui est le *manuscrit* qu'il s'agit d'imprimer.

produisent aisément 500 exemplaires

Imprimerie. — Rouleau à encrer.

à l'heure. On obtient une rapidité

sition, au lieu d'être disposée dans un cadre plat, est placée autour d'un

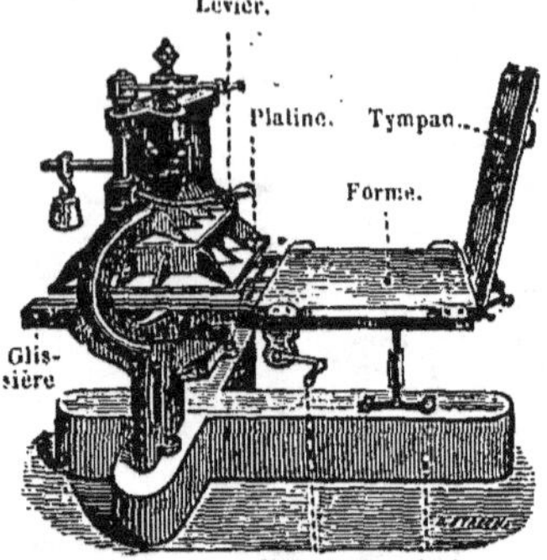

Imprimerie.— Presse à bras. — La *forme* étant encrée à l'aide du *rouleau A*, on pose une feuille de papier sur le *tympan*, que l'on rabat de façon qu'elle vienne s'appliquer sur la *forme*. Agissant alors sur la *manivelle*, on fait *glisser* la *forme* de manière qu'elle vienne se placer sous la *platine*, que l'on fait descendre à l'aide du *levier*. Pour terminer on relève la presse, on fait glisser la forme en arrière et on n'a plus qu'à relever le tympan pour y prendre la feuille imprimée.

cylindre; ce cylindre tourne sur lui-même d'un mouvement continu, cons-

imprimerie. — Presse rotative.

beaucoup plus grande avec les *presses rotatives* (*fig.*). Dans ce cas, la compo- | tamment encré par frottement contre un rouleau. Sous le cylindre, et pressée contre lui, se déroule une bande de papier de longueur illimitée, qui reçoit l'impression.

Avec une presse rotative on peut imprimer 20 000 journaux en une heure; des organes accessoires coupent la bande de papier à mesure qu'elle passe, de façon à séparer les exemplaires les uns des autres. Certaines presses sont même munies d'une *plieuse* mécanique.

inclinaison. — Un *aimant* suspendu par son centre de gravité, de manière qu'il puisse se déplacer sans aucune résistance tout autour de ce

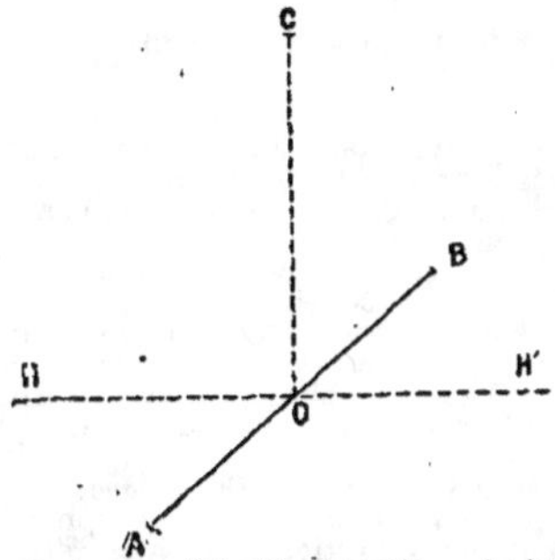

Inclinaison de l'aiguille aimantée. — Le barreau AB est orienté dans le méridien magnétique. La moitié australe est en dessous de l'horizon. L'angle HOA est l'inclinaison magnétique du lieu.

point, ne se place pas horizontalement sous l'action de la terre. On nomme *inclinaison* l'angle que fait alors avec l'horizontale la partie australe de l'aimant (*fig.*).

incombustibilité. — Presque toutes les matières organiques sont décomposables par la chaleur et combustibles; aucun procédé ne peut préserver ces matières de la décomposition par la chaleur, mais on peut au contraire les rendre incombustibles, c'est-à-dire incapables de brûler par elles-mêmes avec flamme, et par suite d'alimenter et de communiquer l'incendie.

Beaucoup de moyens ont été préconisés pour assurer cette incombustibilité relative des matières organiques. Ainsi on peut badigeonner les boiseries avec une dissolution de *silicate de potasse*, ou bien avec une dissolution renfermant de l'*alun*, du *sulfate d'ammoniaque*, de l'*acide borique*, de la *gélatine*. Cette dissolution peut être même appliquée sur les tissus. Il y a beaucoup d'autres compositions susceptibles d'être employées dans le même but.

incontinence d'urine. — Ecoulement de l'urine goutte à goutte, qu'on observe dans les cas de paralysie de la vessie.

incrustation. — Les eaux de source, même les plus limpides, renferment en dissolution des matières minérales empruntées aux couches qu'elles ont traversées. Arrivées à la surface du sol, elles laissent souvent déposer une partie de ces substances, recouvrant ainsi le sol et les objets d'une couche pierreuse nommée *incrustation*.

Les **sources calcaires incrustantes** sont en particulier très nombreuses dans le département du Puy-de-Dôme; un objet quelconque, arrosé de l'eau d'une de ces sources, se recouvre rapidement d'une incrustation calcaire dont l'épaisseur augmente chaque jour.

Incrustation d'un nid d'oiseau.

Ces incrustations, déposées sur des oiseaux, des fleurs, dans des moules, permettent d'obtenir un grand nombre d'objets charmants (*fig.*).

Des **incrustations** analogues se produisent dans les vases où l'on fait chauffer souvent de l'eau, par exemple dans les réservoirs à eau chaude des fourneaux de cuisine, et surtout dans les chaudières des machines à vapeur. Ces incrustations empêchent l'eau des chaudières de bouillir aussi aisément, et elles augmentent la dépense de combustible; elles constituent aussi un danger (voy. **machines à vapeur, caléfaction**).

On se met à l'abri de ce danger en nettoyant la chaudière tous les quinze jours; mais ce procédé a l'inconvénient d'exiger un chômage dans le travail, et, de plus, en enlevant l'incrustation, on est obligé de soumettre la chaudière à un traitement qui compromet à la longue sa solidité. Beaucoup de procédés ont été préconisés pour empêcher les incrustations de se former. L'un de ces procédés consiste à mettre des pommes de terre dans la chaudière. La fécule de la pomme de terre se transforme en *dextrine* par suite d'une ébullition prolongée; cette dextrine lubrifie les parois de la chaudière, et le dépôt, au lieu de former une couche dure, ne donne qu'une bouillie qu'on enlève aisément.

incubation. — Tous les oiseaux couvent leurs œufs pour les faire éclore. L'incubation est faite ordinairement par la femelle suppléée accidentellement par le mâle. Pendant sa durée l'œuf est maintenu à une température voisine de 40° centigrades ; le germe intérieur se développe et bientôt le petit, entièrement formé, brise la coquille et sort. En couvant, la femelle est nourrie par le mâle, qui lui porte à manger ; dans les espèces où le mâle ne se charge pas de ce soin (gallinacés, palmipèdes), la femelle

Incubation. — La poule sur ses œufs.

quitte ses œufs de temps en temps pour manger très rapidement et se trouve soumise, pendant de longs jours, à une abstinence presque complète.

La durée de l'incubation varie, suivant les espèces, de 12 à 60 jours. Elle est de 60 jours chez le vautour fauve ; autruche, 56 jours ; cygne, 40 jours, dindon, 30 jours ; canard, oie, 28 à 29 jours ; pintade, 25 jours ; poule, 21 jours ; pigeon, 16 jours ; serin, 16 jours ; mésange, 12 jours. Du reste ces nombres ne sont pas absolument fixes (*fig.*).

A la campagne, on s'attache à surveiller attentivement l'incubation chez les oiseaux de basse-cour, de façon à assurer autant que possible le succès des couvées. On donne à couver des œufs pondus depuis 15 jours au plus ; une poule peut couver de 8 à 16 œufs, suivant sa taille. Quand on fait couver des œufs de poule par une dinde, on peut lui en donner le double.

On nomme *incubation artificielle* un procédé qui consiste à maintenir les œufs à une température de 38°, à l'aide d'une source artificielle de chaleur, pour remplacer l'incubation par la mère. L'incubation artificielle n'a pas cessé d'être pratiquée en Egypte depuis le temps des Pharaons ; par ce procédé on produit dans ce pays actuellement plus de 30 millions de poulets chaque année.

En France on pratique l'opération à l'aide de *couveuses* de divers modèles ; dans ces couveuses les œufs, placés dans un compartiment spécial, sont maintenus à la température convenable par le voisinage d'un réservoir à eau chaude. Après l'éclosion, les poussins

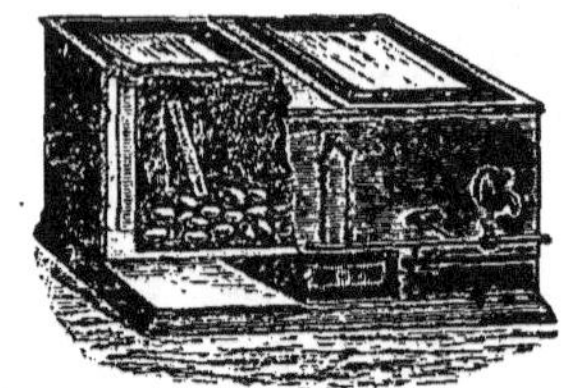

Incubation. — Couveuse artificielle.

sont mis dans une caisse à deux compartiments ; l'un, où se trouve la nourriture, est assez grand et sert pour ainsi dire de promenoir ; l'autre, chauffé à l'eau chaude, est un abri où les poussins viennent se garantir du froid. Les procédés de l'incubation artificielle réussissent parfaitement, non seulement pour les poules, mais pour les canards, oies, dindes, faisans, perdrix, et même autruches (Algérie).

incubation. — En médecine on nomme *incubation* le temps qui s'écoule entre l'action de la cause déterminante d'une maladie et l'invasion caractérisée de cette maladie. Lorsque par exemple un *microbe*, un *virus*, ou un *venin*, pénètre dans l'économie, les effets de son introduction ne sont pas immédiatement visibles ; la maladie est dans sa période d'*incubation*.

La durée d'incubation varie beaucoup d'une maladie à l'autre, et varie aussi, dans chaque maladie, avec les circonstances. C'est ainsi que la *rage* apparaît en général chez l'homme de 40 à 60 jours après la morsure qui en est la cause déterminante ; mais la durée de l'incubation peut exceptionnellement aller à plusieurs mois. Pour la rougeole, la maladie, qui est contagieuse, apparaît une quinzaine de jours après que s'est produite la contagion.

indigestion. — Trouble accidentel de la digestion, qui survient après un repas trop copieux, ou sous l'influence d'un aliment qui répugne, d'une boisson froide prise en pleine digestion, d'une migraine, d'une émotion vive, etc. Elle se borne à une gêne plus ou moins grande qui dure autant que la digestion, ou bien elle détermine des nausées, des vomissements, des coliques et des selles abondantes.

On combat l'indigestion par des tisanes chaudes (tilleul, mélisse, etc.), des pastilles de Vichy, l'éther, certaines liqueurs alcooliques (eau de mélisse, élixir de la Grande-Chartreuse); il est bon parfois de provoquer les vomissements en buvant un peu d'eau tiède. Après une indigestion il faut s'alimenter très légèrement pendant quelques jours.

indigo. — La plus importante des matières colorantes bleues. On la retire des feuilles d'un grand nombre de plantes de la famille des légumineuses, auxquelles on a donné le nom commun d'*indigotiers*. Ces plantes sont principalement cultivées dans les Indes Orientales, à Java, dans l'île de Ceylan, à Manille, à l'île de France, dans l'Amérique septentrionale, au Mexique, au Brésil, en Egypte. Ce sont des plantes herbacées bisannuelles, mais qui donnent tout leur produit dès la première année (*fig.*).

Indigotier, rameau fleuri (hauteur de la plante, 1ᵐ).

Pour avoir la matière colorante, on dispose les feuilles fraîches dans de grandes cuves et on les recouvre d'eau. Il s'établit presque de suite une fermentation; au bout de 12 heures on fait couler l'eau, qui est alors verte, on remue cette eau au contact de l'air et elle prend une coloration bleue de plus en plus foncée, et l'indigo se dépose en petits flocons grenus.

L'indigo qu'on rencontre dans le commerce est en morceaux légers, d'un beau bleu. On s'en sert pour la teinture des soies, des laines, du coton, du lin, du chanvre, pour l'*azurage* du linge. On en produit, dans le monde entier, près de 5 millions de kilogrammes par an, dont presque le quart est consommé par la France.

Il est à croire que la chimie saura un jour fabriquer la matière colorante de l'indigo comme elle sait fabriquer celle de la garance.

induction. — Quand un aimant se déplace rapidement dans le voisinage d'un fil métallique dont les deux extrémités communiquent l'une avec l'autre, de façon à former un circuit fermé, ce fil métallique est immédiatement parcouru par des cou-

Induction *par un aimant*. — Lorsque l'aimant N est approché vivement de la bobine A, autour de laquelle est enroulé un fil conducteur, ce fil est instantanément traversé par un courant électrique, comme le montre la déviation de l'aiguille du *galvanomètre* C. Une barre de fer, placée en S dans la bobine, augmente les effets de l'induction.

rants électriques. On a donné le nom d'*induction* au fait de la production d'un courant sous l'influence d'un aimant qui se déplace; cette induction, qui donne naissance à des courants, est comparable au phénomène que nous avons appelé *influence électrique* (voy. **électricité**). Les courants qui se forment par induction se nomment *courants d'induction*.

Induction *par un courant*. — La bobine B est traversée par le courant de la pile P. Quand on approche vivement cette bobine de la bobine A, le fil de cette dernière est instantanément traversé par un courant, comme le montre la déviation de l'aiguille du *galvanomètre* G.

Au lieu d'employer un aimant pour produire l'induction, on peut se servir d'un courant; quand un fil traversé par le courant d'une pile se meut rapidement dans le voisinage d'un autre fil qui ne communique pas avec la pile, ce second fil est parcouru par des courants d'induction.

Les courants d'induction sont aujourd'hui utilisés dans un grand nombre d'appareils dits *machines d'induction*. Ces machines remplacent économiquement les piles chaque fois qu'on a besoin d'un courant puissant, comme cela a lieu pour l'éclairage électrique; sans les machines d'induction, l'éclairage électrique n'aurait jamais pris l'importance qu'il a de nos jours.

infectieuse (*maladie*). — Maladie déterminée par l'introduction dans l'organisme d'un agent morbide qui peut s'y développer, s'y multiplier, et par conséquent reproduire la maladie qui lui a donné naissance.

infection. — On désigne sous ce nom l'invasion d'une *maladie infectieuse* chez une personne d'abord bien portante. Pour l'*infection putride* et l'*infection purulente*, voyez **septicémie**.

inflammation. — On dit qu'il y a inflammation d'un organe lorsqu'on observe, dans cet organe, de la *tuméfaction*, de la *rougeur*, de la *chaleur*, de la *douleur*. A ces caractères on reconnaît aisément une inflammation extérieure; si cette inflammation est considérable, il s'y joint de la soif, la perte d'appétit, les maux de tête, l'insomnie, la fièvre.

Les inflammations intérieures qui constituent un si grand nombre de maladies (méningite, fluxion de poitrine, gastrite,...) ne sont pas si aisées à reconnaître, et le médecin seul est en état de les discerner. Les causes les plus générales des maladies inflammatoires sont les contusions, les blessures, les refroidissements, l'action de certains liquides irritants, de certains virus, de certains venins.

Tous les organes du corps peuvent être *enflammés*, et pour chacun d'eux la cause première de l'inflammation est variable; le traitement varie suivant l'organe atteint et la cause première de la maladie. Une inflammation due à la présence d'un corps étranger (une épine enfoncée dans le doigt) cesse souvent quand on enlève le corps étranger, sans qu'il soit besoin d'employer aucun autre remède.

Le traitement n'est pas aussi simple s'il s'agit de l'inflammation du poumon due à un refroidissement (bronchite, fluxion de poitrine, pleurésie). En général, cependant, les maladies inflammatoires un peu graves demandent le repos au lit, l'immobilisation de l'organe malade, une alimentation très faible, des saignées ou des sangsues.

inflorescence. — On nomme *inflorescence* la manière dont les fleurs sont disposées sur une plante. Quand les fleurs sont portées par de longs pédoncules indépendants les uns des autres (*violette*), elles sont dites *solitaires*. Assez souvent, elles forment un groupement plus ou moins considérable; l'inflorescence est alors plus ou moins complexe, selon la disposition des fleurs et des organes accessoires qui les accompagnent (*pédoncule*, ou *queue* de la fleur, *bractée* ou feuille modifiée qui est à la base du pédoncule). La planche ci-contre montre nettement quelques-unes des principales inflorescences (*fig.* p. 405).

infusoires. — Animalcules *protozoaires* qui se développent dans les *infusions*: de là leur nom d'infusoires. Il suffit, pour les voir apparaître en grand nombre, de conserver pendant quelques jours de l'eau dans laquelle on a placé des feuilles ou quelques brins de foin.

Les infusoires **ciliés** se meuvent grâce à un nombre considérable de cils vibratiles qui revêtent leurs corps; les *paramécies*, les *vorticelles* sont des infusoires ciliés. Les *vorticelles*, par exemple, abondent dans toutes les eaux et ressemblent à de petites fleurs en forme de clochette; le bord de la coupe porte une couronne de cils qu'anime un mouvement continu amenant sans cesse, au contact de l'animal, de l'eau fraî-

Infusoires (invisibles à l'œil nu, contenus dans une goutte d'eau de marais).

che et les aliments qu'elle contient. Le corps est toujours relié à quelque objet voisin par un filament fort ténu; la vorticelle veut-elle échapper à un ennemi, elle contracte le filament et se replie rapidement en arrière.

D'autres infusoires, les **infusoires flagellés**, ont peu de cils, mais un ou plusieurs filaments déliés qui frappent l'eau, et font progresser le petit être. Tels sont les *noctiluques* qui surnagent parfois en nombre immense à la surface de la mer et donnent à l'eau de la mer une coloration rouge lumineuse spéciale quand ils sont agités par les vagues ou par la chute de quelque objet.

inoculation. — L'*inoculation* consiste à introduire volontairement dans

DIVERS MODES D'INFLORESCENCE.

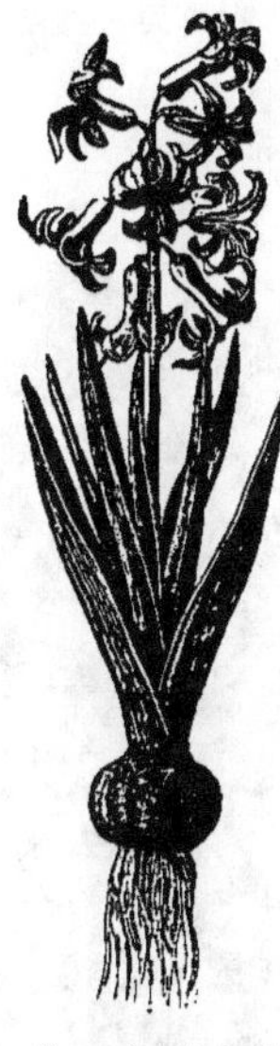

Les fleurs du cerfeuil sont en *ombelle*. On appelle ainsi un groupe de fleurs supportées par des axes secondaires ou pédoncules égaux entre eux, s'élevant à la même hauteur et naissant tous au sommet de l'axe primaire. Ces pédoncules vont en divergeant comme les rayons d'un parasol.

Les fleurs du blé sont en *épi*. On nomme ainsi un assemblage de fleurs très rapprochées les unes des autres qui se trouvent au haut de la tige de certaines plantes, notamment des céréales.

Les fleurs de la jacinthe sont en *grappe*. On nomme grappe un assemblage de fleurs placées à l'extrémité d'axes secondaires qui sont des ramifications d'un axe principal.

Les fleurs de la marguerite sont en *capitule*. Un grand nombre de petites fleurs, semblant n'en former qu'une seule, constituent un capitule.

Les fleurs de l'achillée mille feuilles sont en *corymbe*. On appelle corymbe un groupe de fleurs dont le pédoncule commun, ou axe principal, donne naissance à des pédoncules ou axes secondaires qui partent à peu près du même niveau et arrivent tous à la même hauteur, c'est-à-dire dans un même plan horizontal où ils se terminent par une fleur.

Les fleurs de la tulipe sont *solitaires*.

le corps d'une personne le principe d'une maladie virulente, dans les conditions telles que cette introduction quelques boutons, et rend réfractaire à la contagion de la variole véritable. Pour être efficace, l'inoculation doit

Inoculation de la rage après morsure (Voy. rage.)

ne détermine chez le sujet aucun accident grave, et le rende réfractaire à l'action de la maladie réelle.

Inoculation de la petite vérole par vaccination (Voy. vaccination.)

C'est ainsi que la *vaccination* est une inoculation de virus variolique, qui détermine une variole réduite à être *préventive*, c'est-à-dire pratiquée avant l'apparition, chez le sujet, de la maladie que l'on veut combattre.

Pour la rage * il s'écoule, entre la morsure du chien et la déclaration de la maladie, une période d'*incubation* pendant laquelle on a le temps de pratiquer les *inoculations préventives*; c'est pour cette raison qu'on peut appliquer à la rage la méthode de l'inoculation *après* la morsure du chien enragé (*fig.*).

insectes. — Les *insectes* constituent la classe la plus importante des animaux *annelés*. Ils possèdent des *caractères distinctifs* très faciles à reconnaître.

Leur corps est composé de trois parties : une *tête*, un *thorax* et un *abdomen*.

La *tête* n'est formée que d'un seul anneau ; en avant elle porte toujours une paire d'*antennes*, souvent des yeux simples et toujours des yeux composés, à facettes ; au-dessous sont les appendices buccaux qui, considérés

DÉTAILS DES DIFFÉRENTES PARTIES D'UN INSECTE.

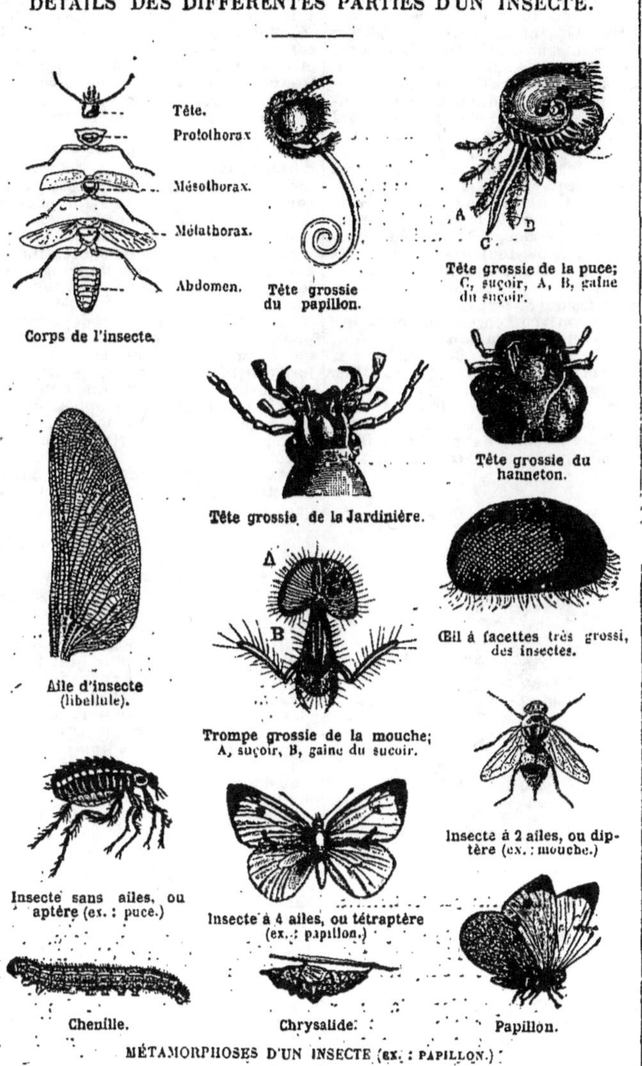

chez les insectes broyeurs, comportent une *lèvre antérieure* mobile et une *lèvre postérieure* munie d'un palpe ; latéralement se trouvent quatre autres pièces, les supérieures ou *mandibules* et les inférieures ou *mâchoires*, qui portent aussi un palpe. Ces pièces sont rigides, tranchantes et fonctionnent à la manière de faucilles ; elles sont en général distinctes, mais néanmoins elles peuvent s'unir bord à bord et se modifier, comme cela a lieu chez les insectes suceurs (*fig.*).

Le *thorax* est formé de trois anneaux qui ont reçu chacun un nom : l'antérieur ou *prothorax* porte une paire de pattes ; on l'appelle le *corselet*. Le second, *mésothorax*, et le troisième, *métathorax*, sont toujours soudés ; ils portent chacun une paire de pattes en dessous et une paire d'ailes en dessus. Les pattes qui se trouvent sur l'anneau ventral sont composées de plusieurs articles qui sont : la *hanche*, la *cuisse*, la *jambe* et le *tarse* qui se termine par une *griffe*. Les ailes représentent une membrane très mince, supportée par un squelette solide composé de *nervures* ramifiées. Ces organes ont une grande importance dans la classification : si l'insecte a quatre ailes, on dit

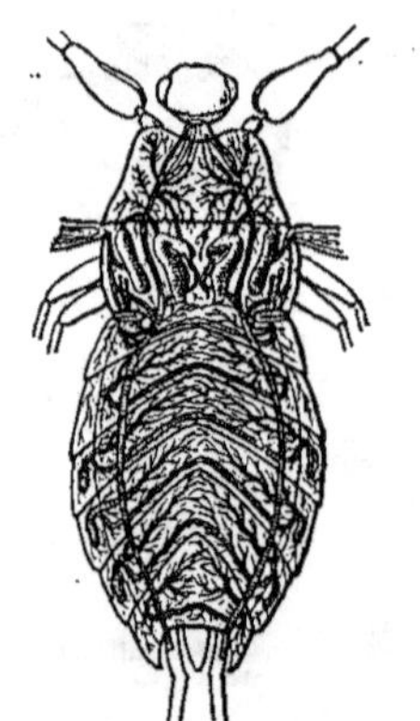

Respiration des insectes par des trachées.

qu'il est *tétraptère* ; si le mésothorax seul porte des ailes, l'insecte est dit *diptère* ; il est dit *aptère* s'il y a absence d'ailes.

L'*abdomen*, composé de neuf anneaux au plus, ne porte généralement pas d'appendices locomoteurs. Beaucoup de femelles ont à leur extrémité postérieure des tarières et des glandes accessoires qui sécrètent des liquides plus ou moins venimeux.

Les insectes respirent dans l'air, mais pas au moyen de poumons. L'air entre par de petites ouvertures appelées *stigmates*, percées sur les côtés du corps, et se rend dans des conduits étroits, nommés *trachées*, qui vont trouver le sang dans les divers organes. Le système nerveux et l'appareil de la digestion et de la circulation sont ceux des *annelés*.

Les insectes possèdent les cinq sens portés souvent à un degré de développement très avancé. Leur fécondité est souvent extraordinaire : ils pondent des œufs en grand nombre.

Ils passent, dans le cours de leur vie, par plusieurs états successifs ; ils éprouvent des *métamorphoses* qui sont loin d'être les mêmes pour tous les insectes.

On distingue deux sortes de métamorphoses : 1° Les insectes à *demi-métamorphoses* sortent de l'œuf avec la forme générale du corps, mais ayant quelques organes de moins, ou encore avec des organes adaptés à un genre de vie différent de celui qu'ils auront à l'état parfait ; ainsi les ailes n'existent pas et les pattes peuvent subir des transformations. 2° Les insectes à *métamorphoses complètes* passent par trois états successifs : dans le premier, l'animal est cylindrique, la tête est solide ainsi que les pattes lorsqu'elles existent ; mais souvent ces vers sont apodes et la tête n'a rien qui la distingue du reste du corps ; dans quelques cas, il existe un nombre plus considérable de pattes qu'à l'état adulte. Enfin la bouche, souvent énorme, est, dans le plus grand nombre des cas, pourvue d'appendices propres aux insectes broyeurs : ce premier état est désigné sous le nom de *larve*, ou de *chenille* pour le papillon. Le second état est celui de *nymphe*, ou de *chrysalide* pour le papillon ; c'est un état de repos complet et de transformation également complète ; après plusieurs mues successives, la nymphe est comme emmaillottée dans sa peau nouvelle, dépouillée ou encore revêtue de sa peau ancienne, enfermée ou non dans un tissu filé par elle. Là elle subit la transformation la plus considérable ; les ailes se développent ; les appendices buccaux et locomoteurs prennent leur forme définitive. Une dernière mue brise l'enveloppe de la nymphe et l'animal en sort d'abord humide, avec des ailes et des pattes encore molles, mais qui se solidifient bientôt à l'air : c'est l'*état parfait* (*fig.*).

Les insectes forment une classe extrêmement importante, non seule-

CLASSIFICATION DES INSECTES

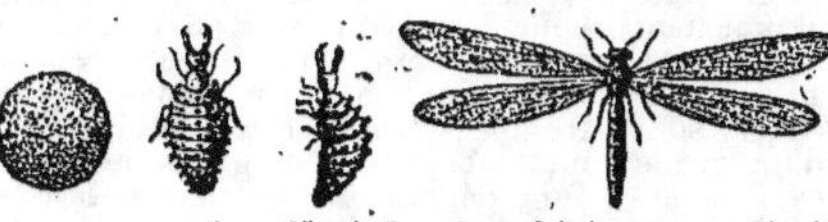

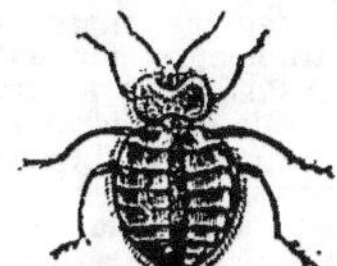

Cocon.   Larve (long. 15mm).   Insecte parfait (envergure, 65mm).

1. **Névroptères** (ex. : le *fourmi-lion*, larve, cocon renfermant la nymphe, insecte parfait.)

2. **Hémiptères** (ex. : la *punaise des lits*, très grossie).

Cocon.
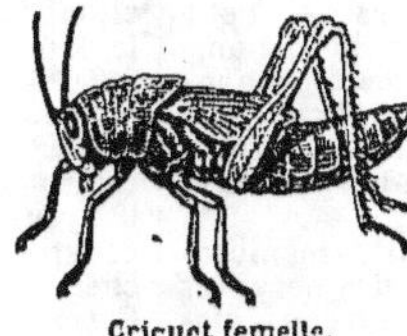

Criquet mâle.

Criquet femelle.

Chenille. Chrysalide. Papillon.

Sauterelle.

3. **Lépidoptères** (ex. le *ver à soie*, ou *bombyx du mûrier*, chenille, chrysalide, papillon).

4. **Orthoptères** (ex. : le *criquet voyageur* (mâle et femelle), la *sauterelle*).

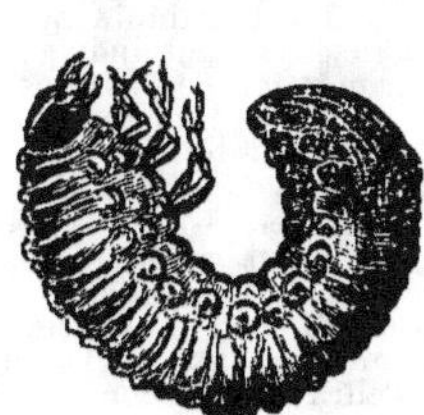

Larve.   Chrysalide.   Insecte parfait.

5. **Coléoptères** (ex. : le *hanneton*, larve, nymphe, insecte parfait).

Larve.   Chrysalide.   Insecte parfait.

Larve.   Nymphe.   Ouvrière, avec aiguillon.

6. **Diptères** (ex. : la *mouche bleue de la viande*, larve, nymphe, mouche).

7. **Hyménoptères** (ex. : l'*abeille*, larve, nymphe, insecte parfait).

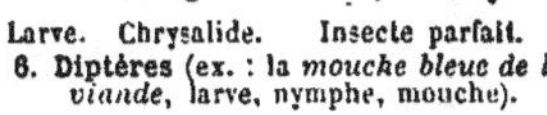

ment par le nombre considérable d'animaux qu'elle renferme (au moins 500 000 espèces), mais par la diversité de leurs mœurs, par le développement de leur instinct et de leur intelligence, par le rôle considérable qu'ils jouent dans la nature. Leurs mœurs sont très variables, et souvent d'un grand intérêt, surtout dans les espèces sociales (fourmis, abeilles, etc.). Plus on se rapproche de l'équateur, plus les insectes sont nombreux, gros et de brillantes couleurs.

Classification des insectes. — Pour classer les insectes, qui sont si nombreux, on a considéré les métamorphoses, la conformation des ailes et la structure des organes buccaux. On a ainsi obtenu sept grandes familles (*fig.*) :

1° *Névroptères*: quatre ailes membraneuses et parcourues par des nervures nombreuses; appendices buccaux disposés pour la mastication (*demoiselles, fourmilion, éphémères, termites*);

2° *Hémiptères*: généralement quatre ailes, dont deux membraneuses et deux à moitié durcies; l'appareil buccal est transformé en bec ou rostre; ce bec se compose de quatre stylets renfermés dans un tube; à l'état de repos, le rostre est généralement replié sous le ventre, entre les pattes; métamorphoses incomplètes. Les ailes peuvent manquer. Parmi les espèces principales, citons : le *pou de tête*, la *punaise*, la *cochenille*, le *puceron*, le *phylloxera*, la *cigale*;

3° *Lépidoptères* : quatre ailes membraneuses et couvertes de petites écailles colorées très vivement; insectes suceurs munis d'une trompe qui, à l'état de repos, est roulée en spirale. Métamorphoses complètes; les larves ont la forme de *chenilles*. Ce sont les insectes qu'on nomme les *papillons* (*teigne, ver à soie*);

4° *Orthoptères*: les ailes inférieures, qui sont droites, se plient longitudinalement; les ailes supérieures, parcheminées, se croisent généralement l'une sur l'autre; pièces de la bouche disposées pour broyer (*perce-oreille, cancrelat, cafard, blatte, mante religieuse, criquet, sauterelle, grillon, courtilière*);

5° *Coléoptères*: quatre ailes; les ailes antérieures, qui sont dures, se nomment *élytres*; les ailes postérieures, membraneuses, repliées sous les élytres pendant le repos, sont les seules qui servent au vol; les appendices buccaux sont conformés pour broyer. On connaît plus de cent mille espèces de coléoptères (*coccinelle, charançon, cantharide, lampyre, scarabée, hanneton*);

6° *Diptères*; ces insectes n'ont que deux *ailes*; les deux autres sont transformées en *balanciers*, les pièces de la bouche sont disposés pour la succion : ce sont donc des insectes *suceurs*, possédant souvent une véritable trompe; ces insectes subissent des métamorphoses complètes; leurs larves sont dépourvues de pattes; beaucoup d'entre elles vivent en parasites ou sur des corps en putréfaction. Quelquefois cependant les ailes peuvent manquer. Parmi les insectes de cette famille, citons : la *puce*, la *chique*, les *mouches*, le *cousin*;

7° *Hyménoptères*: quatre ailes membraneuses, transparentes; les pièces de la bouche offrent une disposition intermédiaire à celle des insectes broyeurs et des insectes suceurs; elles constituent un appareil propre à lécher : ce sont des insectes *suceurs*. Cette famille renferme les espèces les plus sociales et les plus intelligentes (*guêpe, abeille, bourdon, fourmi*).

Insectes utiles. — Parmi les innombrables espèces d'insectes, bien peu nous sont directement utiles. L'*abeille* nous donne son miel, le *ver à soie* nous fournit la plus belle des matières textiles, la *cochenille* donne à l'industrie une belle couleur rouge, la *cantharide* est employée en médecine pour la préparation des vésicatoires. D'autres espèces, plus nombreuses heureusement, font une guerre acharnée à la multitude innombrable des espèces nuisibles; tels sont le *ver luisant* et le *carabe doré*. Il est certain aussi que beaucoup d'insectes sont indispensables à la fécondation des plantes, en portant le pollen des fleurs sur le pistil; l'abeille peut être placée au premier rang sous ce rapport.

Insectes nuisibles. — Les espèces nuisibles sont innombrables. Il n'est, pour ainsi dire, aucun animal et aucun végétal qui n'ait à compter quelque ennemi parmi ces animaux malfaisants. Si l'effrayante fécondité des insectes pouvait se développer en toute liberté, il n'y aurait bientôt plus à la surface du globe une seule plante vivante, ni un seul vertébré. Heureusement les insectes se font entre eux une guerre acharnée; les oiseaux, ainsi que quelques mammifères, tels que la taupe et le hérisson, les dévorent chaque jour par milliards. Rien n'échappe aux atteintes des insectes nuisibles. Quelques-uns perforent les bois, d'autres dévorent les herbes et les feuilles, les fruits, les graines, les racines. On en rencontre vivant en parasites sur l'homme et sur tous les animaux. Nos provisions, nos pelleteries, nos maisons même sont dévastées par les insectes. Parmi les insectes les plus nuisibles, citons les nombreuses espèces de *chenilles*, les *sauterelles*, les *courtilières*, les *hannetons*, les *charançons*, les *phylloxeras*.

Dans notre lutte contre les insectes

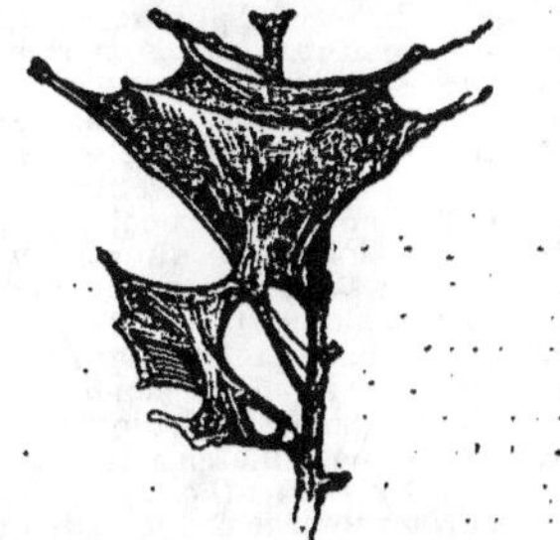

Insectes nuisibles. — Les propriétaires sont tenus d'écheniller les arbres au commencement du printemps.

nuisibles nous rencontrons, avons-nous dit plus haut, de précieux auxiliaires dans la plupart des oiseaux, et dans certains mammifères comme la taupe et le hérisson. Mais les soins bien entendus donnés aux cultures,

Insectes nuisibles. — Un grand nombre d'oiseaux, parmi lesquels on peut citer la mésange, la fauvette, le pinson, font une chasse active aux insectes; ce sont de précieux auxiliaires.

des labours profonds, l'arrosage par les engrais liquides, l'échenillage des arbres au printemps, la recherche des hannetons et de leurs œufs, sont aussi des mesures de défense indispensables (*fig.*).

insecticide. — Substance capable de déterminer la mort des insectes. On emploie surtout les insecticides pour détruire les insectes qui vivent dans nos demeures, ou même sur notre corps (poux, puces, punaises, mouches, teignes). La poudre de *pyrèthre du Caucase*, la *benzine*, l'*essence de térébenthine*, l'*infusion de quassia amara*, le *soufre*, le *sulfure de carbone*, sont des insecticides efficaces fréquemment employés.

Insectivores. — Les *insectivores* sont des mammifères de petite taille qui se nourrissent d'insectes : ce sont donc des carnassiers. On les rencontre en plus grand nombre dans les pays les plus riches en insectes, c'est-à-dire dans la zone tempérée et dans les contrées-humides des tropiques. Ils sont peu nombreux dans les régions trop froides voisines des pôles et dans les régions équatoriales sèches. Leur organisation est celle qui convient à leur régime; leurs dents sont hérissées de pointes aiguës, destinées à saisir et à percer même les insectes à enveloppe dure, comme les coléoptères (*fig.*). Ils ne mâchent ni ne broyent, mais mordent et perforent

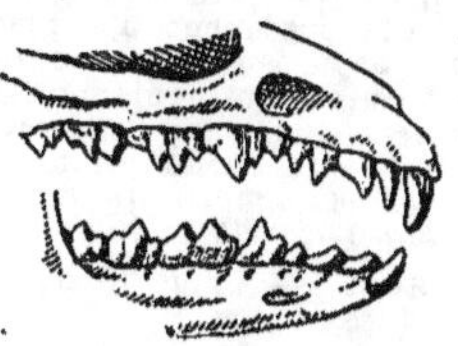

Mâchoire d'insectivore (hérisson).

Les insectivores (chauve-souris, hérisson, musaraigne, taupe, ...) sont en général des animaux peu intelligents, défiants, solitaires, qui vivent sous terre ou dans des endroits très cachés. Peu d'animaux nous rendent de plus grands services, car ils atténuent, grâce à leur robuste appétit, la multiplication des insectes nuisibles, des vers, des mollusques et même de plusieurs petits rongeurs. Aussi a-t-on grand tort de leur faire la guerre, sous prétexte qu'ils sont laids et parfois gênants. En Europe, presque tous les insectivores hivernent; à l'entrée de l'hiver, ils se retirent dans une retraite bien à l'abri du froid et s'endorment jusqu'à la belle saison. Dans les régions plus clémentes ils n'hivernent pas.

insolation. — L'*insolation*, dont l'une des formes les plus fréquentes et les moins dangereuses est le *coup de soleil*, est une sorte d'érysipèle qui se développe dans une partie du corps (face, membres, tronc, ...), qui a été exposée à l'action d'un soleil ardent. La peau prend une coloration rouge foncé, elle est douloureuse; la maladie n'a pas de gravité.

Il en est autrement quand l'insolation a porté directement sur la tête; dans ce cas les accidents les plus graves sont à craindre. L'insolation sur la tête cause parfois une simple migraine avec nausées, vomissements; mais aussi il peut y avoir des éblouissements, des vertiges, une perte de connaissance, des convulsions chez les enfants et enfin une congestion cérébrale ou une méningite. Pendant l'été, surtout dans les pays chauds, les morts subites par insolation sont assez fréquentes. Il est donc indispensable de se garantir la tête de l'action directe des rayons de soleil.

insomnie. — L'*insomnie* prolongée a nécessairement une action fâcheuse sur la santé. Elle est déterminée souvent par des causes qu'il est aisé de faire disparaître, telles que défaut d'exercice, abus du café, du thé; d'autres fois elle provient de préoccupations, de chagrins, de l'abus du travail intellectuel, de douleurs physiques; elle peut être la conséquence d'une maladie.

Quand on ne peut supprimer la cause qui détermine l'insomnie, on tâche de procurer le sommeil par l'administration de potions ou de pilules appropriées, à base de *morphine*, de *codéine*, de *laudanum*, d'*éther*, de *chloral*.

intestin. — Long tube, faisant partie de l'appareil digestif, partant du *pylore* (voy. **estomac**) et se terminant à l'*anus*. Il se compose de deux parties successives, mais bien distinctes : l'*intestin grêle* (6 à 8 mètres de longueur chez l'homme), et le *gros intestin* (2 mètres), beaucoup plus large. L'intestin grêle porte trois noms, en partant du pylore : *duodénum*, *jéjunum*, *iléon*; ces trois parties forment une masse qui présente de nombreuses circonvolutions et qui remplit le ventre; cette masse est suspendue à la colonne vertébrale par un repli du *péritoine* appelé *mésentère*. Le gros intestin commence au *cœcum*, cul-de-sac compris à la suite de l'intestin grêle; il se prolonge par le *côlon* (côlon ascendant, côlon transverse, côlon descendant) et se termine par le *rectum*, qui aboutit à l'*anus* (*fig.*).

La surface interne de l'intestin grêle porte des replis transversaux d'apparence veloutée; on y trouve aussi de nombreuses *glandes* qui sécrètent le *suc intestinal*, analogue au *suc gastrique* (voy. **estomac**). Ce suc contient un ferment, sorte de *diastase* nommé *invertine*, qui opère la digestion des matières sucrées, c'est-à-dire qui les rend propres à être ensuite absorbées.

Les intestins reçoivent les aliments en partie liquéfiés qui viennent de l'estomac. Ces aliments subissent bientôt l'action du *suc pancréatique* (voy. **pancréas**), de la *bile* (voy. **foie**), et du

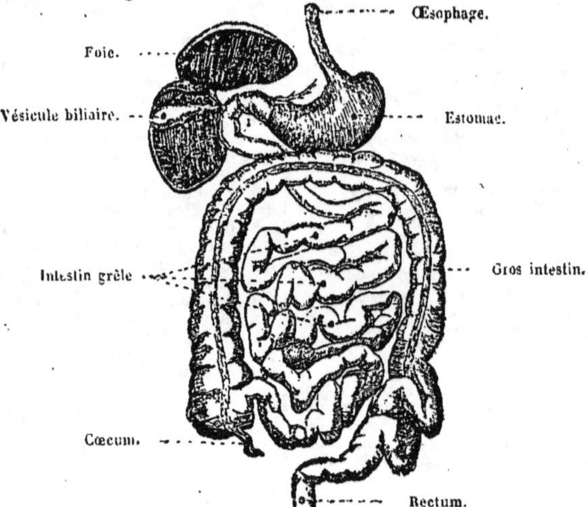

Figure simplifiée des intestins montrant, à la suite de l'estomac, l'intestin grêle, puis le cœcum et le gros intestin, terminé par le rectum.

suc intestinal, et ils sont complètement digérés; c'est alors, à travers les parois de l'intestin, que se fait l'*absorption**. La progression des aliments dans les intestins est déterminée par des contrac-

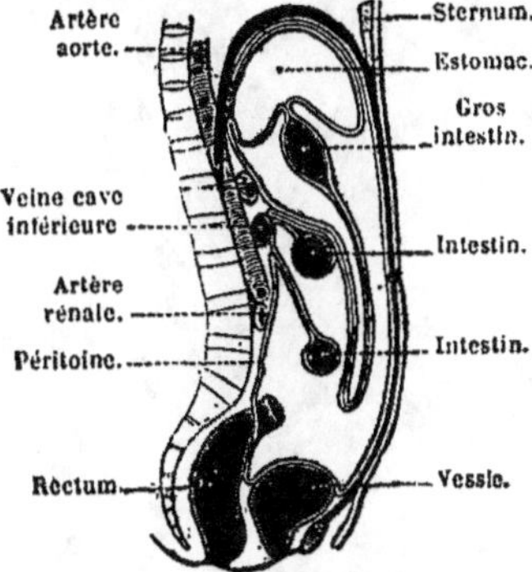

Intestin (section de la partie inférieure du tronc, montrant *en coupe* les organes de la digestion; les intestins sont soutenus par les replis du *péritoine*.)

tions progressives de ces organes.

La *constipation*, la *diarrhée*, les *coliques*, la *dysenterie*, les *gaz intestinaux*, l'*entérite*, etc., sont des maladies des intestins.

inule.— Plante de la famille des *composées*, qu'on rencontre dans les lieux humides; la hauteur peut atteindre un mètre (*fig*.). La souche, tonique et stimu-

Inule, rameau fleuri, feuille et fragment de souche (hauteur de la plante, 0m,80).

lante, sert à faire une tisane employée contre les diarrhées et les bronchites chroniques.

iode. — *Métalloïde* gris, solide, en lamelles, très léger, ayant une odeur caractéristique. Chauffé, il répand des vapeurs violettes très épaisses, très odorantes et dangereuses à respirer. Il se dissout très peu dans l'eau, mais beaucoup dans l'alcool, constituant alors la *teinture d'iode*.

On le retire principalement des *varechs* qui en renferment une notable quantité. Ces varechs, récoltés sur le bord de la mer, sont séchés au soleil, puis brûlés dans des fosses en maçonnerie. Il reste, dans les fosses, des cendres que l'on traite par l'eau, ce qui donne une dissolution de laquelle on retire successivement du sel marin, du chlorure de potassium et du sulfate de potasse. Quand tous ces sels se sont déposés, on fait passer, dans la dissolution, un courant de *chlore* qui sépare l'iode, lequel tombe au fond. On se sert de l'iode en médecine, en photographie, et pour la préparation de plusieurs couleurs d'*aniline**.

La *teinture d'iode* agit comme irritant; on s'en sert comme médicament externe dans un grand nombre de circonstances.

La production de l'iode dépasse annuellement 250 000 kilogrammes, dont l'Écosse fournit plus de moitié, et la France un quart.

iodoforme. — Composé solide qui résulte de l'action de l'*iode* sur l'*alcool*. Pris à faible dose, l'iodoforme a des propriétés anesthésiques qui déterminent simplement des insensibilités locales. Il est employé en médecine et surtout en chirurgie pour le pansement des plaies.

iodure. — L'iode forme avec les métaux des composés nommés *iodures*. Quelques iodures ont des usages importants. C'est ainsi que l'*iodure de potassium* est très employé en photographie. En médecine il est administré dans un grand nombre de circonstances pour l'usage interne et pour l'usage externe; il est employé, en particulier, pour le traitement des affections scrofuleuses, pour la résolution des tumeurs.

ipécacuanha. — Plante de la famille des *rubiacées*, dont plusieurs espèces fournissent à la médecine une racine employée comme vomitif. L'espèce la plus importante est l'ipécacuanha du Brésil, petit arbuste dont la tige ne dépasse pas 0m,40; sa racine est constituée par des cordons flexueux, munis de renflements et d'étranglements alternatifs. On s'en sert, comme vomitif doux, à l'état de poudre; ou bien on en fait des infusions dans l'alcool, des sirops, des pilules.

iridées. — Plantes *monocotylédones** ayant six pétales, trois étamines et un ovaire placé plus bas que les pétales. Cette famille renferme surtout des plantes ornementales. Exemples : iris, glaïeul, crocus ou safran.

iridium. — Métal analogue au platine, mais plus lourd encore et plus difficile à fondre. Il est trop rare et trop difficile à séparer de ses minerais pour avoir des usages importants. Mais il forme avec le platine un alliage plus inaltérable encore que le platine lui-même. Aussi les *mètres étalons*, qui sont la base fondamentale de toutes les mesures qui reposent sur le système métrique, et qui ont été distribués à toutes les nations ayant adhéré à notre système métrique, sont-ils faits en un alliage composé de 90 0/0 de platine, allié à 10 0/0 d'iridium.

iris. — Plante monocotylédone analogue au *safran*, au *glaïeul* (*fig.*). On cultive dans les jardins plus de 25 espèces différentes d'iris et une quantité innombrable de variétés. Toutes ces

Iris (hauteur, 1ᵐ).

espèces constituent de belles plantes rustiques dont la culture demande peu de soins, et dont les fleurs sont remarquables. La multiplication s'en fait en divisant les touffes qui grossissent sans cesse.

Les tiges souterraines de plusieurs espèces répandent, quand elles sont sèches, une agréable odeur de violette ; pour cette raison on en fait une poudre employée pour parfumer le linge ; de cette poudre on extrait un parfum. Ces tiges souterraines renferment également un principe caustique ; on en tourne de petites billes qui, sous le nom de *pois à cautère*, servent en mé-

decine pour entretenir la suppuration

Fleur de l'iris.

de certaines plaies.

irrigation. — Opération qui a pour but d'amener des eaux d'arrosage dans un terrain trop sec.

Pour *irriguer* un terrain, on creuse à sa surface de nombreuses rigoles, dans lesquelles on fait arriver l'eau d'un ruisseau ou d'un étang. Au moyen de portes que l'on ouvre et que l'on

Irrigation. — Dans l'irrigation, on fait circuler méthodiquement l'eau d'une rivière, d'un ruisseau, d'une source, dans des rigoles qu'on peut ouvrir ou fermer à volonté.

ferme à volonté, on arrose quand le besoin d'eau se fait sentir, et on arrête l'irrigation quand l'humidité est devenue assez grande. L'irrigation est très utile dans toutes les terres sèches ; elle produit surtout de bons effets dans les prairies (*fig.*).

iule. — Myriapode commun en

Iule terrestre (longueur, 0ᵐ,04)

France ; nuisible à diverses cultures (betterave), dont il attaque les racines.

Quand il est inquiété, l'iule se roule en spirale (*fig.*).

ivoire. — L'*ivoire* est la substance dont sont constituées les *dents*, et principalement les *défenses* de l'éléphant. Cette substance a à peu près la même composition chimique que les os, mais elle est dure, compacte, à grain très

L'éléphant d'Afrique et ses défenses qui fournissent l'ivoire.

fin, se laissant très bien travailler et susceptible d'un beau poli. On s'en sert pour faire des objets de luxe de toutes sortes, objets de bureau, de tabletterie, de marqueterie, manches de couteaux, statuettes artistiques; on

Le mammouth fossile et ses défenses qui fournissent l'ivoire.

en fait aussi des dents artificielles. L'ivoire nous vient des contrées où se trouvent les éléphants : Guinée, cap de Bonne-Espérance, Sénégal, Abyssinie, Indes Anglaises, Ceylan, royaume de Siam.

L'éléphant n'est pas d'ailleurs le seul animal qui fournisse l'ivoire; les grandes dents du morse, du phoque, la défense du narval, les dents de l'hippopotame en donnent aussi, de même que les défenses des *mammouths* fossiles qui habitaient la Sibérie à l'époque quaternaire. On peut colorer l'ivoire par divers procédés. L'industrie du travail de l'ivoire est particulièrement prospère en France et en Angleterre (*fig.*).

Sous le nom d'*ivoire végétal*, on désigne la graine d'une plante monocotylédone, l'*arbre à ivoire*, qu'on rencontre dans les régions tropicales de l'Amérique. Ces graines ont une telle dureté et un grain si fin qu'on en façonne des objets qu'on croirait en ivoire véritable.

ivraie. — Herbe *graminée* dont plusieurs espèces constituent de bons fourrages sous le nom de *ray-gras*. D'autres espèces, au contraire, sont de mauvaises herbes.

L'*ivraie enivrante* se rencontre dans les moissons (*fig.*); ses graines, qui sont vénéneuses pour l'homme et pour les animaux, se trouvent, après le battage, mélangées à celles des céréales. Heureusement la proportion d'ivraie mélangée au blé est rarement assez grande pour donner un pain nuisible; cependant des accidents ont

Ivraie enivrante.

été plus d'une fois signalés; les blés renfermant de l'ivraie doivent donc être nettoyés avec un soin tout particulier. La graine de l'ivraie est assez semblable au blé, mais plus petite, et elle adhère constamment à la glumelle qui l'entoure. On rencontre dans les champs de lin une autre espèce d'ivraie dont les fruits sont également vénéneux.

J

jaborandi. — Médicament qui provient d'une plante du Brésil, de la famille des *rutacées*. Les feuilles de ce petit arbre, séchées et pulvérisées, donnent une poudre dont l'absorption détermine une sécrétion de la sueur et de la salive extrêmement abondante

qui la fait fréquemment employer en médecine.

De la poudre de jaborandi on retire une substance plus active, la *pilocarpine*, qui produit les mêmes effets et qui doit être administrée avec prudence, car elle est vénéneuse.

jabot. — Le *jabot* est le premier estomac des oiseaux. L'appareil de la digestion, chez les oiseaux, présente en effet trois cavités : 1° le *jabot*, qui se trouve sur l'œsophage; les aliments y séjournent pendant quelque temps, et commencent à être digérés; 2° le *ventricule succenturié*, un peu plus bas que le jabot, et peu développé; 3° le *gésier*, qui est le véritable estomac, où se fait la plus grande partie de la digestion (*fig.*).

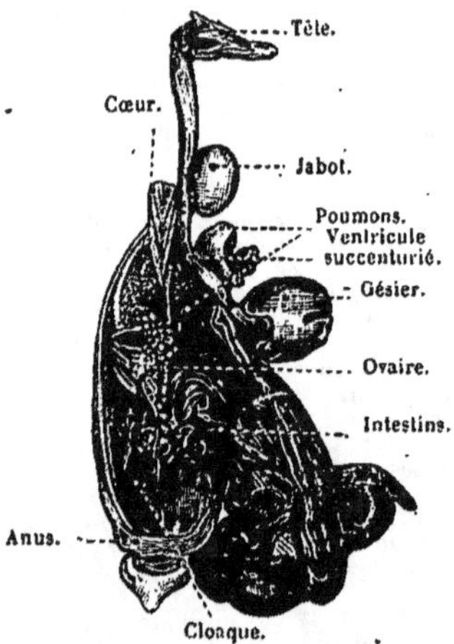

Jabot (appareil digestif de la poule).

Chez les oiseaux *gallinacés* le jabot est grand; il l'est aussi chez tous les oiseaux *granivores*; chez les *oiseaux de proie* il est petit. Quelques oiseaux, tels que l'autruche, le casoar et les oiseaux qui vivent de poissons (pélicans, frégates, mouettes, ...) n'ont pas de jabot du tout, mais alors le ventricule succenturié est plus gros. C'est chez les granivores que le gésier est le plus grand; il est tapissé intérieurement d'une membrane dure, plissée, rugueuse, qui, par ses contractions, agit à la façon d'une râpe pour broyer les aliments; le gésier fait ainsi l'office des dents absentes. D'ailleurs beaucoup d'oiseaux granivores avalent des cailloux qui, séjournant dans le gésier, et triturés avec les aliments, aident encore à les broyer. Chez les pigeons, le jabot sécrète une humeur semblable à du lait, avec laquelle les petits sont nourris pendant les deux ou trois premiers jours qui suivent leur naissance.

Les *intestins* viennent à la suite de ces trois estomacs.

jacée. — Plante de la famille des *composées*, voisine du *bluet*. On la rencontre abondamment dans les prairies et les coteaux arides; c'est une mauvaise herbe pourchassée des agriculteurs.

jacinthe. — Plante de la famille des *liliacées*, cultivée dans les jardins comme plante d'ornement; elle se reproduit chaque année par des bulbes ou des caïeux. Les diverses variétés ont des fleurs toujours odorantes, mais de colorations très diverses.

En Hollande la culture des jacinthes occupe de grands terrains; les bulbes, qu'on exporte dans tous les pays, sont un objet de commerce important. On peut, dans les appartements, obtenir une belle floraison de jacinthes en les mettant simplement dans l'eau; la végétation se produit alors aux dépens du bulbe, qui se vide complètement(*fig.*). La *jacinthe sauvage* est très abondante dans certains bois, où elle fleurit au printemps.

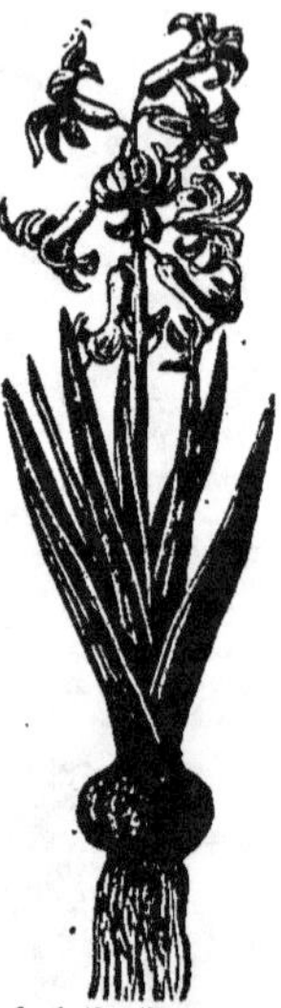
Jacinthe (hauteur, 0ᵐ,35).

jachère. — Le sol, appauvri par une succession de récoltes, peut recouvrer, par le simple repos, une partie, sinon la totalité de sa fertilité première. De là, la pratique, pendant longtemps observée, de faire alterner des années de culture avec des années de repos; la *jachère* est justement l'état d'une terre qui se repose. Dans une culture bien entendue, on ne laisse plus du tout les terres en jachère (voy. **assolement**).

jade. — Pierre dure, compacte, susceptible d'un beau poli, employée à fabriquer des objets d'ornement. Les diverses pierres désignées sous le nom de jade sont de couleur verte, grise, blanche, ...; elles n'ont pas toutes la même constitution chimique.

jaguar. — Voy. **léopard**.

jais. — Le *jais* ou *jayet*, est une variété compacte de *lignite*, légère, d'un beau noir, susceptible d'un brillant poli. On en fait des objets de parure pour deuil. Se rencontre en France dans le département de l'Aube. Le commerce vend, sous le nom de *jais*, beaucoup de verre noir qui se reconnaît aisément.

jalap. — Plante du Mexique. De la racine de cette plante on extrait une résine, la *résine de jalap*, qui est un purgatif violent.

jalon. — Petit bâton, muni à son extrémité supérieure d'un petit carré de papier, que l'on plante sur le terrain dans les opérations d'*arpentage*, pour tracer les lignes que l'on doit mesurer; le petit carré de papier permet au jalon d'être vu de loin.

jambe. — Les membres inférieurs se composent du *bassin*, de la *cuisse*, de la *jambe* et du *pied*. Le bassin est

et la jambe, est un os supplémentaire destiné à protéger l'articulation, la *rotule*.

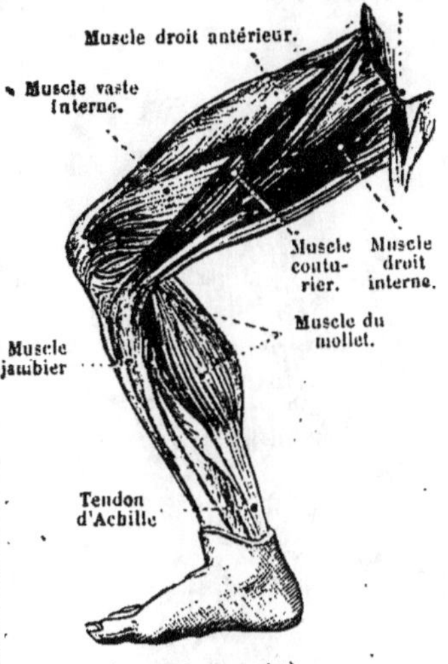

Jambe (muscles).

Le pied est formé par les os du *tarse*, du *métatarse* et des *phalanges*; il y a aussi de petits os supplémen-

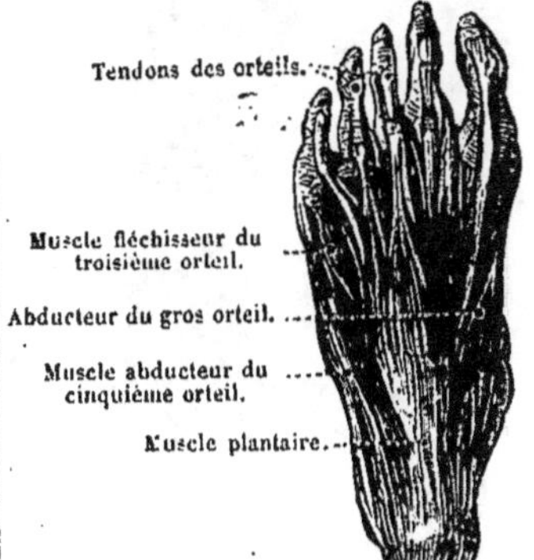

Jambe (muscles du dessous de pied).

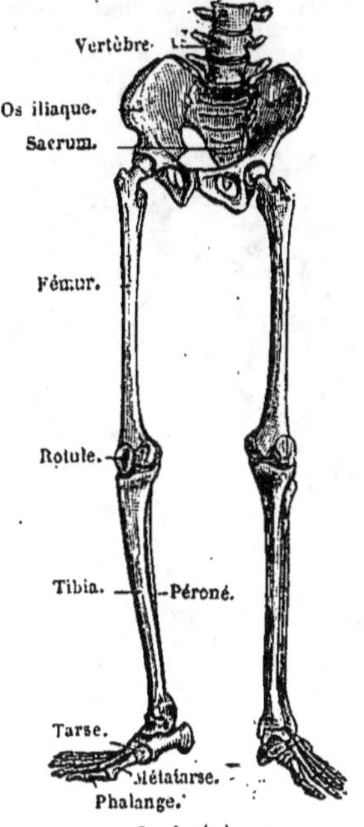

Jambe (os).

constitué par les *os iliaques* soudés à la partie inférieure de la colonne vertébrale. La cuisse est soutenue par le *fémur*; la *jambe* par le *tibia* et le *péroné*; sur le devant du genou, ou articulation comprise entre la cuisse

taires (*os sésamoïdes*). Tous ces os sont articulés entre eux; mais leur mobilité est moins étendue que celle des os des bras; en particulier le pouce du pied n'est pas opposable aux autres doigts, ce qui fait que le pied est incapable de saisir les objets.

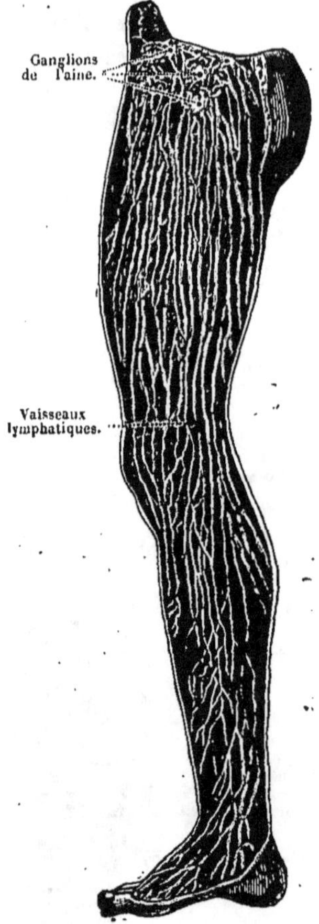

Jambe (vaisseaux lymphatiques).

Les muscles de la jambe, qui est destinée à soutenir le poids du corps, sont nombreux et puissants.

jardinière. — La *jardinière* ou *carabe doré* est un insecte *coléoptère* qu'on trouve fréquemment dans nos jardins : long. 19 à 25 millimètres. La larve a le corps allongé, demi-cylin-

drique, la bouche puissamment armée.

La jardinière est un insecte essentiellement utile, car il est carnassier

Jardinière attaquant un hanneton (à côté sa larve). Longueur, 0ᵐ,02.

et détruit une grande quantité de limaces et d'insectes nuisibles, particulièrement de hannetons (*fig.*).

jarousse. — Voy. gesse.

jasmin. — Petit arbuste cultivé pour l'ornementation, surtout à cause de l'odeur agréable de ses fleurs (*fig.*). Les diverses espèces prospèrent dans presque toutes les régions chaudes et

Jasmin.

tempérées ; en France, certaines d'entre elles ne peuvent prospérer qu'en serre.

En Provence on cultive le jasmin en grand pour en extraire une essence très recherchée en parfumerie.

jaspe. — Voy. agate.

javart. — Nom donné à plusieurs maladies du cheval qui ont leur siège à la partie inférieure des membres.

Le *javart simple* est analogue à un *furoncle*, et il n'a pas grande gravité. Mais, lorsque le javart détermine la tuméfaction des tendons, de la corne ou des cartilages du pied, il constitue une maladie grave, qui peut amener la mise hors de service de l'animal ou sa mort. Les différentes sortes de javart apparaissent fréquemment à la suite d'un coup.

jaunisse. — Maladie caractérisée par la coloration jaune de la peau, accompagnée d'une altération des urines et des liquides de l'organisme. La coloration jaune est surtout marquée dans le blanc de l'œil; la peau éprouve des démangeaisons; les urines sont brunes, la langue épaisse; pas de fièvre, mais au contraire un ralentissement de la circulation.

La cause la plus ordinaire de la *jaunisse* est la présence d'un *calcul* dans l'un des conduits de la bile; le liquide, ne pouvant pas s'écouler, retourne dans le sang. Beaucoup d'autres maladies du foie produisent le même effet. Mais, d'autre part, des troubles de l'estomac, des altérations spéciales du sang produisent la jaunisse sans que le foie soit malade.

La gravité de la maladie varie avec sa cause première; on traite par les purgatifs, les diurétiques et les eaux alcalines, telles que l'eau de Vichy ou celle de Vals.

javel (eau de). — Voy. chlorures décolorants et désinfectants.

jean le blanc. — Oiseau *rapace diurne* d'assez grande taille, brun cendré en dessus, blanc en dessous, aux longues jambes nues. Commun en France (Vosges, Hautes-Alpes, Pyrénées, Aude,...); construit son nid sur les grands arbres.

Jean le blanc (longueur, 0m,80; envergure, 1m,80).

Animal nuisible, car s'il détruit des reptiles, de petits rongeurs et des insectes, il chasse surtout les petits oiseaux (*fig.*).

jet d'eau. — Voy. vases communicants.

jonc. — Plante *monocotylédone* de la famille des *joncées*, dont les différentes espèces vivent dans les terrains marécageux, dans les régions tempérées ou froides des deux mondes (*fig.*). Il existe en France une trentaine d'espèces de joncs, qui sont un véritable fléau pour l'agriculture, car ces plantes, très vivaces, croissent en abondance dans les prairies humides et finissent par envahir le sol aux dépens des plantes fourragères.

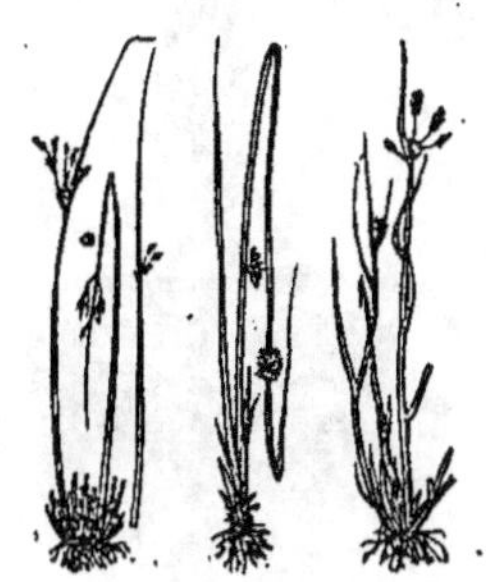

Jonc des jardiniers. — Jonc à fleurs. — Jonc des crapauds.

Le jonc ayant une tige souterraine qui envoie des rameaux aériens, est très difficile à détruire quand il s'est une fois implanté dans un terrain; un véritable défrichement est nécessaire. Les tiges minces du jonc servent de liens dans le jardinage. Elles peuvent être facilement tressées quand elles sont humides, aussi en fait-on des chapeaux, des corbeilles. Pour le jonc avec lequel on fait les cannes dites *en jonc*, voy. rotang.

joncées. — Famille de plantes *monocotylédones* dont le principal genre est celui des *joncs*. Ce sont des herbes ordinairement vivaces, dont le port est assez variable. Elles ont une tige souterraine (*rhizome*) et les rameaux aériens, toujours simples, portent des feuilles alternes; les fleurs, très petites et sans éclat, forment des cimes très variables dans leur aspect.

jonquille. — Voy. narcisse.

joubarbe. — Plante *dicotylédonée* aux feuilles épaisses, qui laisse, quand on la presse, sortir un suc abondant. Les diverses espèces, très rustiques, sont cultivées pour l'ornementation; elles peuvent pousser sur les toits des chaumes, les murs, les rocailles. Elles figurent toujours dans les mosaïques des grands jardins, véritables tapis de plantes basses, formant des dessins variés; elles se reproduisent par boutures.

Le suc de la joubarbe est parfois employé en médecine contre la dysen-

Joubarbe (hauteur, 0ᵐ,60).

terie, les hémorroïdes, les cors aux pieds (*fig.*).

jour. — La durée du *jour*, c'est-à-dire le temps qui s'écoule entre le lever et le coucher du soleil, varie d'une époque à l'autre. Dans l'hémisphère boréal, le jour le plus long est au solstice d'été. (voy. **saisons**) et le jour le plus court au solstice d'hiver ; le contraire a lieu dans l'hémisphère austral.

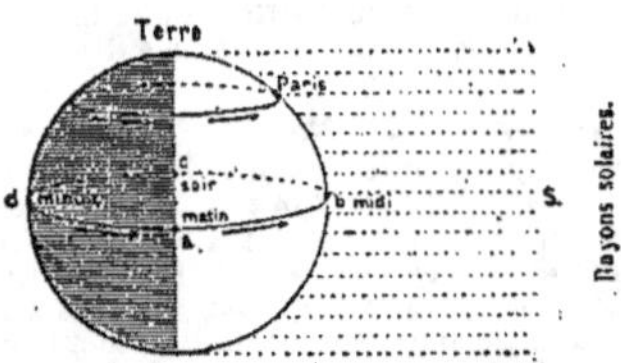

Le jour et la nuit sont réglés par la rotation de la terre. — Il fait jour pour toutes les ré-gions de la terre tournées du côté du soleil.

La différence entre le jour le plus court et le jour le plus long va en augmentant quand on s'éloigne de l'équateur pour aller vers les pôles. A l'équateur le jour est égal à la nuit pendant toute la durée de l'année ; à chacun des pôles il y a un jour de 6 mois, suivi d'une nuit de même durée. Dans la partie nord du Spitzberg, la durée du plus long jour d'été est de 4 mois. A Alger, la durée du plus long jour est de 14 heures et demie ; à Paris

elle est de 16 heures ; à Copenhague, de 18 heures (*fig.*).

jujubier. — Arbrisseau *dicotylé-doné* dont les diverses espèces sont répandues dans les régions chaudes et tempérées, mais principalement dans les régions chaudes (*fig.*). Le fruit est comestible. On cultive en grand le *jujubier commun* dans le midi de la France, pour ses fruits, qu'on fait sécher au soleil.

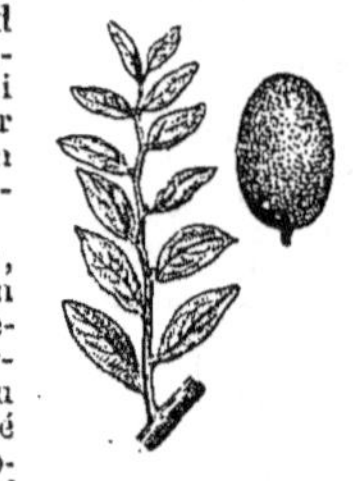

Jujubier, rameau et fruit (hauteur de la plante, 0ᵐ,90).

Le bois, dur, susceptible d'un beau poli, est recherché des tourneurs. Le fruit du jujubier, appelé *jujube*, a des propriétés adoucissantes et pectorales ; il est employé contre la toux. Les médecins l'ordonnent en décoction contre les rhumes, les catarrhes, les inflammations de l'intestin.

La *pâte de jujube* a justement le fruit du jujubier comme principe actif.

julep. — Potion adoucissante ou calmante qu'on prend ordinairement le soir, au moment de se coucher ; elle renferme de l'eau de fleur d'oranger avec un sirop choisi d'après le but à atteindre, sirop calmant, pectoral....

jumentés. — Les *jumentés* constituent un ordre de mammifères carac-

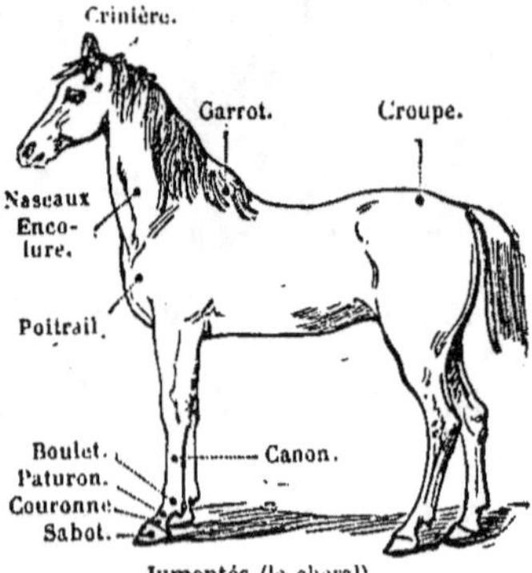

Jumentés (le cheval)

térisés par ce fait que les doigts sont

enfermés dans des ongles ou sabots; la tête est sans trompe, ou au moins avec une trompe courte, comme chez le tapir. Ces animaux ont généralement les trois sortes de dents; les molaires présentent à leur couronne des replis ou des excavations de l'émail qui pénétrent l'ivoire. L'estomac est simple et n'est pas disposé pour la rumination. Les mamelles sont entre les membres de derrière.

On divise l'ordre des jumentés en trois familles: *les chevaux* (ou *équidés*, ou *solipèdes*), qui ont des canines

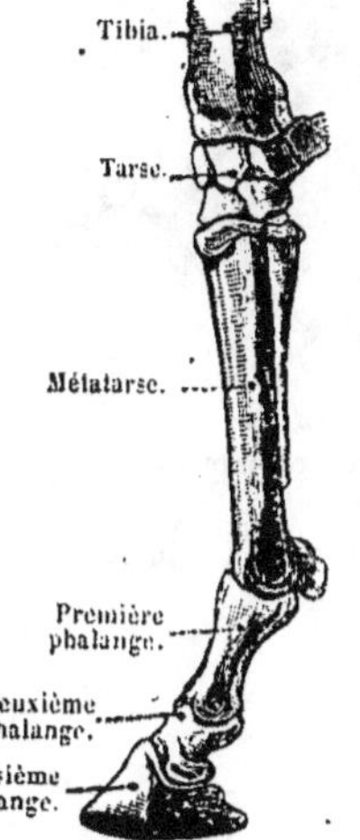

Jumentés. — Squelette du pied du cheval. — Ce qu'on nomme genou, dans le cheval, ne correspond pas au genou de l'homme. Le genou du cheval est formé par les os. du *tarse;* toute la partie inférieure de la jambe, depuis le bas du tibia, correspond au *pied* de l'homme.

petites ou nulles, et les pieds composés d'un seul doigt visible, entouré d'un

Jumentés (le *rhinocéros*).

sabot (cheval, âne, hémione, zèbre); les *rhinocéros*, qui n'ont point de canines, possèdent une peau épaisse, et

Jumentés (le *tapir*; taille, porc.)

le nez; les *tapirs* qui ont des canines et dont les pieds antérieurs ont 3 ou 4 doigts (*fig.*).

Jupiter. — La plus grosse des *planètes*. Sa distance au soleil est à peu près 5 fois celle de la terre; la durée de sa révolution est voisine de

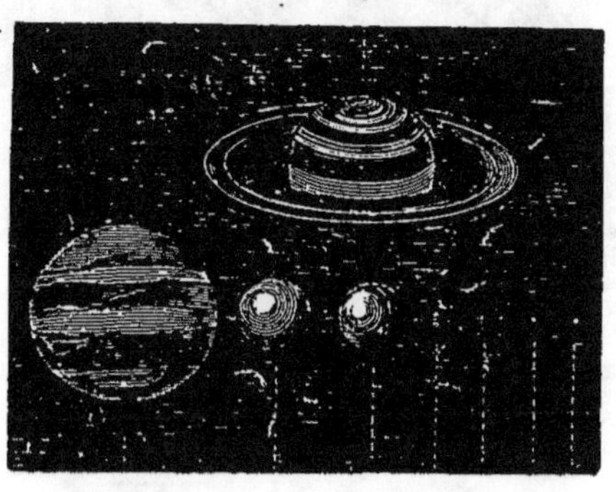

1. Saturne et son anneau: — 2. Jupiter; — 3. Neptune; — 4. Uranus; — 5. La Terre; — 6. Vénus; — 7. Mars; — 8. Mercure.

Grosseur comparée des huit planètes principales.

12 ans; son volume est 1 414 fois celui de la terre. Elle nous apparaît comme une étoile d'un blanc jaunâtre, un peu moins brillante que Vénus. *Jupiter* est aplatie, comme la terre, mais cet aplatissement est plus sensible.

Jupiter possède quatre satellites, dont trois ont un volume supérieur à celui de la lune; ces satellites sont faciles à observer au télescope. L'étude des satellites de Jupiter a permis aux astronomes de mesurer avec exactitude le temps que la lumière met à aller du soleil à la terre, 8 minutes. On en a conclu que la lumière se propage avec une vitesse de 300 000 kilomètres par seconde (*fig.*).

jurassique (terrain). — Voy. terrains secondaires.

jusquiame. — Herbe de la famille des *solanées*, qu'on trouve sur les bords des chemins, dans les décombres ; toutes les parties de cette plante sont visqueuses, répandent une odeur vireuse et sont très vénéneuses (*fig.*). En médecine on emploie les feuilles

Jusquiame.

sèches pulvérisées comme calmant, de la même manière que la belladone, dans le traitement des maladies nerveuses.

jute. — Plante herbacée qui croît dans les terrains marécageux des régions tropicales (*fig.*). Elle est mangée comme légume. Sa tige fournit une matière textile longue, soyeuse, résistante, employée dans la préparation de

Jute (rameau fleuri).

tapis, de passementeries, de sacs, et dans la préparation des pâtes à papier. La culture de la jute a actuellement aux Indes une grande importance.

K

kakatoès. — Voy. perroquet.

kaki. — Voy. plaqueminier.

kamichi. — Oiseau *échassier* vivant dans les marécages de l'Amérique du Sud. Il a la grosseur du dindon.

Kamichi (grosseur du dindon).

Domestiqué au Brésil, il vit dans les basses-cours et protège les volailles contre les attaques des oiseaux de proie (*fig.*).

kangourou. — Voy. marsupiaux.

kermès. — Voy. cochenille.

kermès minéral. — Produit pharmaceutique d'un brun marron, dans la composition duquel entrent du sulfure et de l'oxyde d'antimoine, du sulfure de sodium. A la dose de 30 à 50 centigrammes, il est employé comme vomitif; à dose plus faible, il sert comme expectorant dans le traitement de la pneumonie et de la bronchite.

ketmie. — Plante *dicotylédone* de la famille des *malvacées*, dont les espèces, très nombreuses, se rencontrent dans les pays chauds. La fleur en est généralement belle, analogue à celle de la mauve. On cultive la ketmie en serre, pour l'ornementation.

kilogrammètre. — Le *kilogrammètre* est l'unité avec laquelle on mesure le travail produit par une force ; c'est le travail effectué quand un poids d'un kilogramme a été soulevé à un mètre de hauteur. Une force capable de soulever 25 kilogrammes, et qui les a soulevés à une hauteur de 33 mètres, a produit un travail de $25 \times 33 = 825$ kilogrammètres.

Le kilogrammètre sert aussi à mesurer les forces. On dit qu'une force est d'un kilogrammètre quand elle est capable d'effectuer, *en une seconde*, un travail d'un kilogrammètre (voy. aussi **cheval-vapeur**).

kirsch. — Liqueur alcoolique fabriquée par fermentation, puis distillation des merises. C'est surtout en Allemagne et en Alsace, que l'on prépare le kirsch. Le parfum du *kirsch* est dû à une petite quantité d'acide cyanhydrique, provenant des noyaux des merises ; les noyaux prennent part en effet, comme la chair du fruit, à la fermentation et à la distillation.

kyste. — Tumeur en forme de poche et renfermant un liquide plus ou moins épais ; le contenu des *tu-*meurs, au contraire, n'est pas liquide. Le kyste diffère des abcès par sa marche lente, sans inflammation. Les kystes se développent tantôt à l'intérieur (sur le foie, sur le poumon), tantôt au dehors ; la grosseur en est parfois considérable. Ceux qui sont placés à l'extérieur ne sont pas dangereux ; ceux du dedans le sont souvent par la compression qu'ils exercent sur des organes essentiels. La guérison exige presque toujours l'intervention du chirurgien.

kousso. — Médicament employé pour combattre les vers parasites de l'intestin, et particulièrement le ténia, ou ver solitaire. Il est constitué par les fleurs pulvérisées d'un arbre de la famille des *rosacées* ; cette poudre nous vient d'Abyssinie.

kummel. — Liqueur alcoolique sucrée qui doit son goût particulier à une infusion de graines de *cumin*, plante de la famille des ombellifères qui croît en Egypte, en Sicile et à Malte.

L

labbe. — Oiseau *palmipède* des régions septentrionales, nommé aussi *stercoraire*, qui est analogue aux mouettes et vit comme elles sur les bords de la mer ; la puissance de son vol est très grande.

Les labbes se nourrissent de poissons, de mollusques et même de jeunes oiseaux de mer, qu'ils prennent dans leur nid ; ils font une chasse incessante aux mouettes et aux cormorans pour leur enlever les poissons qu'ils viennent de pêcher. Ils nichent en grandes bandes dans les rochers et les sables du bord de la mer ; la femelle pond deux œufs.

labiées. — Plantes *dicotylédones gamopétales* à tige carrée, à feuilles opposées ; à corolle irrégulière, bilabiée ; ordinairement quatre étamines,

Labiées (ex. : thym.)

deux grandes et deux petites ; ovaire à quatre loges renfermant chacune un ovule.

Les diverses espèces renferment des herbes et quelques arbustes ; beaucoup sont aromatiques. Elles sont employées en médecine, en cuisine, en parfumerie. Exemples : sauge, lavande, romarin, mélisse, menthe, thym, serpolet *(fig.)*.

labourage. — Le *labourage* se

Le labourage se fait avec la charrue, traînée par des chevaux ou des bœufs, conduite par un laboureur.

fait à l'aide de la *charrue*. Cette opération a pour but d'ameublir la terre, de manière à la rendre plus perméable à l'air et à l'eau, indispensables à la végétation. Dans une terre labourée les racines s'enfoncent aussi plus aisément. Enfin le labourage mélange la terre avec les *engrais* et les *amendements* qui ont été répandus à sa surface ; il ramène à la partie supérieure les couches profondes, qui ont grand besoin d'être aérées (*fig.*).

labre (du latin, *labrum*, lèvre). — Poisson de mer aux lèvres épaisses, remarquable par l'éclat de ses colorations (jaune, vert, bleu, rouge) ; il est commun dans la Méditerranée et l'Océan, principalement sur les côtes de Bretagne ; sa chair n'est pas très estimée. La taille du labre peut atteindre 50 centimètres.

lactucarium. — Suc laiteux qu'on retire par des incisions faites à la tige de la *laitue officinale*. Desséché, ce suc est d'une couleur brune. Il est employé en médecine comme calmant.

lacustre. — A la fin de l'*âge de la pierre* (voy. **âges préhistoriques**), quelques peuplades, abandonnant les cavernes pour descendre dans les vallées, se livrèrent à la pêche. Ces premiers pêcheurs construisirent des radeaux, puis des barques en creusant des troncs d'arbres, et s'établirent sur les lacs en édifiant, sur pilotis, des habitations en bois qui communiquaient avec le rivage au moyen de passerelles mobiles, qu'on enlevait pour se mettre à l'abri des fauves et des populations ennemies (*fig.*).

Habitation lacustre restaurée.

Ces *cités lacustres* étaient nombreuses sur les lacs de Suisse, où on en a retrouvé des restes importants ; on en a retrouvé aussi en France sur le lac du Bourget. Sur leur emplacement, on a retrouvé, dans la vase, des débris nombreux qui ont permis de reconstituer, jusque dans leurs moindres détails, ces habitations primitives, et de reconnaître les mœurs et les habitudes des hommes qui les avaient édifiées ; ces populations ne se composaient plus de chasseurs, mais de pêcheurs, d'agriculteurs et d'artisans.

ladrerie. — Maladie causée par le développement, dans les muscles du porc, d'un *cysticerque*. Il est assez difficile de constater cette affection sur le porc vivant ; cependant quand les cysticerques sont nombreux, on en trouve souvent sous la langue. C'est en avalant les matières fécales, en les fouillant de leur groin, que les porcs absorbent les germes du parasite. La

Cysticerque du cochon, causant la ladrerie (avec ses trois crochets).

viande de porc ladre, mangée sans être précédée d'une cuisson parfaite, introduit dans le corps de l'homme les cysticerques qui donnent naissance au *ténia* ou *ver solitaire* (*fig.*).

lagomys. — Petit mammifère rongeur voisin du *lièvre*, vivant en Sibérie ; sa taille est inférieure à celle du lièvre.

lagopède. — Le *lagopède*, ou *perdrix blanche*, est un oiseau *gallinacé* blanc en hiver, blanc, noir et roux en

Lagopède, ou perdrix blanche (long., 0ᵐ,36).

été. Long de 36 centimètres. Se trouve dans les Alpes et les Pyrénées ; très abondant dans le nord de l'Europe (*fig.*).

laiche. — Herbe qu'on trouve en abondance dans les endroits marécageux. Les diverses espèces de *laiche* sont très nuisibles dans les prairies, car leurs feuilles très coupantes peuvent blesser les bestiaux ; la *laiche étoilée*, la *laiche blanchâtre* sont dans ce cas (*fig.*).
La *laiche des sables* a une tige souterraine qui la fait utiliser pour fixer les sables sur les bords de la mer et

vers l'embouchure des rivières, et pour

Laiche des sables.

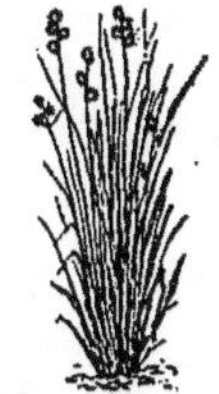

Laiche étoilée.

consolider les digues de la Hollande.

laine. — Un certain nombre d'animaux ont des poils longs, souples, fins qui constituent ce qu'on nomme la *laine;* tels sont le *mouton,* la *chèvre du Thibet* et *de Cachemire,* le *lama vigogne,* le *lama alpaga,* la *chèvre d'Angora.* La laine du mouton domestique est de beaucoup la plus importante. Elle recouvre le corps entier du mouton; celle des épaules et du dos est la plus longue, la plus fine, l aplus souple.

La qualité varie aussi d'une race à l'autre; en général la laine est d'autant plus fine qu'elle provient d'une race plus petite. La couleur naturelle varie du blanc au noir, en passant par le roux, le jaune, le brun. Les plus estimées sont les laines blanches; on n'élève en France que des moutons à laine blanche.

La **tonte** des moutons se fait chaque année, en mai, juin ou juillet; le poids d'une toison varie, suivant la race, de 1ᵏ,5 à 6 kilogrammes. La toison n'est pas de la laine pure; elle contient parfois plus de la moitié de son poids de matières étrangères qui sont de l'eau, des *substances minérales diverses* et surtout du *suint.* Le suint est un mélange de substances sécrétées par le mouton, et de matières provenant de l'extérieur (poussières de toutes sortes, débris divers). La partie naturelle du suint est une matière grasse, onctueuse, à odeur forte, qui maintient la peau de l'animal et sa laine dans un état continuel de souplesse, et s'oppose à la pénétration de l'eau de pluie; cette matière grasse est mêlée avec du *carbonate de potasse* et d'autres substances minérales. Dans certains pays, le suint est en partie séparé avant la tonte par un *lavage à dos,* mais ce procédé a l'inconvénient de perdre une partie du suint, qui n'est pas sans valeur. Il vaut mieux tondre sans laver, ou avec un lavage très rapide (*fig.*).

La toison constitue ce qu'on nomme la *laine en suint.* On commence par la désuinter en la lavant avec de l'eau de savon faible; le suint qui se dissout ainsi servira à la préparation du carbonate de potasse, qu'il renferme en grande quantité.

La laine, une fois désuintée, est transformée en fil, puis le fil en tissu. Les étoffes que l'on fabrique avec la laine sont fort nombreuses : *drap, flanelle, molleton, casimir, frise, cuir laine, tissu pour couvertures, mérinos, serges, lasting, bouracan, orléans, crépon, étamine, mousseline de laine, étoffes façonnées,* telles qu'étoffes pour gilets et damas pour ameublement, châles, mouchoirs de cou, velours de laine, peluche de laine... Outre la laine du mouton, on utilise dans l'industrie d'autres laines dont les principales sont les suivantes :

Laine de Cachemire, provenant des chèvres de Cachemire et du Thibet, vivant sur les hauts plateaux de l'Himalaya; c'est un duvet fin, très souple;

Laine de vigogne, provenant du lama vigogne, du Pérou, du Chili et du Mexique; très peu frisée; on y substitue maintenant beaucoup de poil de lapin;

Laine d'alpaga, provenant du lama alpaga du Pérou; longue et fine;

Le lama alpaga.

Laine mohair, provenant de la chèvre d'Angora (Asie Mineure); longue, soyeuse et peu frisée.

La laine est la première matière textile qui ait été employée dans l'antiquité; au point de vue hygiénique, c'est celle qui doit être préférée. La production de la laine dans le monde entier dépasse certainement 60 milliards de kilogrammes par an. L'Australie tient la tête de cette production, puis viennent la France, l'Angleterre, la République Argentine, la Russie, l'Allemagne. En France, l'industrie de

PRODUCTION DE LA LAINE

Mouton.

Lama vigogne.

Chèvre de Cachemire.

Chèvre d'Angora.

Lavage du mouton avant la tonte

Tonte du mouton.

la laine est surtout répandue dans les départements du Nord, des Ardennes, de la Marne, de l'Eure, de l'Aisne, de la Somme et du Tarn.

lait. — Liquide sécrété par les glandes mammaires des femelles des mammifères ; il est constitué de manière à pouvoir servir seul pendant

Lait. — Le lait destiné à la fabrication du beurre ou du fromage doit être conservé dans une laiterie fraîche.

longtemps à l'alimentation des jeunes animaux. Il a une saveur sucrée et agréable ; il est toujours un peu plus lourd que l'eau.

Le *lait* est formé par de l'eau tenant en dissolution ou en suspension

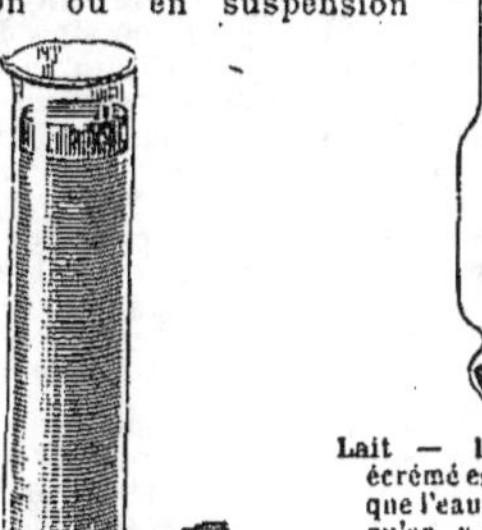

Lait. — Quand le lait est abandonné au repos, la crème monte à la surface, en A ; le lait sans crème est au-dessous, en B.

diverses substances, dont les principales sont la *caséine*, le *sucre de lait* (substance analogue au sucre de canne, mais d'une saveur moins prononcée), et le *beurre*. Les proportions de ces substances varient selon l'origine du lait. Voici la composition de trois laits différents.

Lait de femme. — Pauvre en caséine et par suite médiocrement nourrissant :

caséine	1, 9
beurre	4, 5
sucre	5, 3
sels	0, 18
eau	88, 1

Lait de brebis. — Très riche en caséine et très nourrissant :

caséine	6, 1
beurre	5, 33
sucre	4, 2
sels	0, 7
eau	83, 6

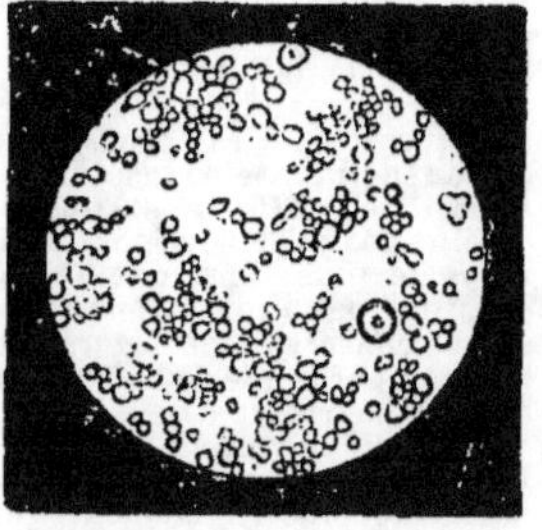

Lait. — Quand on regarde le lait au microscope, on voit les globules solides de beurre flottant dans le liquide.

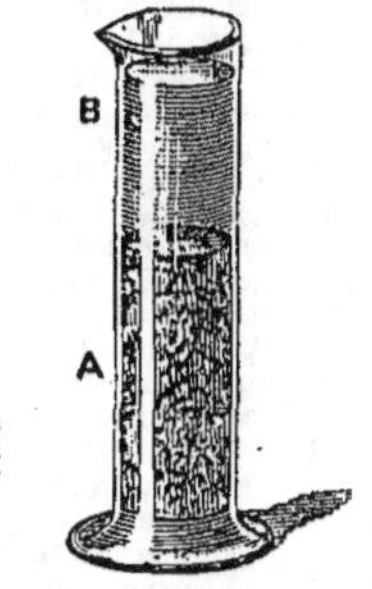

Lait. — Le lait écrémé, abandonné à lui-même, se caille ; le *caillé* (ou *caséine coagulée*) tombe au fond, en A. ; le *petit-lait* surnage, en B.

Lait de vache. — Intermédiaire entre les laits précédents :

caséine	3, 6
beurre	4, 05
sucre	5, 5
sels	0, 4
eau	86, 4

Quand on fait bouillir du lait, il éprouve une modification dans sa composition, de laquelle résulte un changement de goût. Une partie de la caséine se coagule et monte à la surface pour former une pellicule qui se renouvelle quand on l'enlève. Cette pellicule s'oppose au dégagement des bulles de vapeur, ce qui force le lait à se boursoufler et à *monter.*

Le lait ne se conserve pas longtemps sans altération. Si on l'abandonne à lui-même, le beurre monte à la surface, constituant la crème ; puis le liquide qui est au-dessous s'aigrit progressivement, et d'autant plus vite que la température est plus élevée. Cela résulte d'une *fermentation* qui change le sucre de lait en un acide, l'*acide lactique.* Quand la quantité d'acide lactique formée est assez grande, cet acide rend la caséine insoluble, et alors le lait se *caille;* c'est-à-dire que la caséine coagulée se sépare de l'eau. Il ne reste plus alors que le *petit-lait,* constitué par l'eau et le sucre de lait, et qui conserve une légère coloration blanche parce que de très petites quantités de beurre et de caséine y restent encore. On dit que le lait a *tourné.* Le lait qui a commencé à s'aigrir *tourne* beaucoup plus rapidement quand on le chauffe.

On peut déterminer la coagulation instantanée du lait en y ajoutant une petite quantité d'un acide quelconque, et en particulier d'acide acétique. La *présure* produit le même effet. On prolonge la conservation du lait soit en le faisant bouillir, soit en le maintenant à une basse température, soit en y ajoutant une petite quantité de *bicarbonate de soude.*

En Suisse, on fabrique des quantités considérables de **lait conservé** en opérant de la manière suivante : on sucre assez fortement du bon lait, et on le concentre en faisant évaporer l'eau par la chaleur ; pendant cette concentration on remue constamment, pour qu'il ne se forme pas de pellicule à la surface. Quand le lait est fortement épaissi, comme une crème, on le renferme dans des boîtes en fer-blanc, qu'on chauffe à 105° (Voy. **conservation des matières alimentaires**). Lorsqu'on veut se servir de ce lait conservé on le délaye dans cinq fois son volume d'eau tiède, et on a un liquide qui peut servir aux mêmes usages que le lait frais.

Les falsifications du lait, surtout dans les grandes villes, sont très nombreuses. Les plus simples et les plus communes consistent à enlever la crème et à ajouter de l'eau.

Le lait est employé à la consommation directe ou à la préparation du *beurre* et du *fromage* (*fig.*).

laiteron. —Plante de la famille des *composées,* dont les tiges renferment un suc laiteux. On la rencontre en France dans les prairies humides; quelques espèces habitent les bords de la mer.

Le *laiteron des Alpes,* commun dans les pâturages montagneux, est un excellent fourrage. Le *laiteron commun,* qui pousse dans les terrains cultivés et fertiles constitue l'une des meilleures nourritures qu'on puisse donner au lapin domestique (*fig.*).

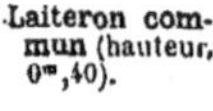

laitier. — Résidu qui s'écoule des *hauts fourneaux* (voy. **fer**) à l'état pâteux, constituant une sorte de verre très grossier. On n'a pas jusqu'ici trouvé une utilisation véritablement pratique de ce résidu très abondant dans les forges; on en fait des briques.

Laiteron commun (hauteur, 0^m,40).

laiton. — Alliage de *cuivre* et de *zinc* qui est très malléable, et qui, tout en pouvant être coulé dans des moules tout aussi bien que le bronze, peut être aussi, comme le cuivre, travaillé au marteau, au laminoir ou à la filière. La proportion de cuivre varie de 60 à 80 0/0, celle de zinc de 17 à 35 0/0, avec un peu d'étain et de plomb.

Avec le *laiton* (ou *cuivre jaune*), on fait des ustensiles de ménage, des instruments de physique, des cordes métalliques, des boutons de portes, des épingles. Il est plus dur que le cuivre, résiste mieux au choc, à l'usure, s'oxyde moins facilement; il est plus flexible et plus commode à travailler; et surtout il est moins cher.

laitue. — Plante de la famille des *composées,* dont on cultive un grand nombre de variétés pour en manger les feuilles en salade (*fig.*). La culture en est d'ailleurs très facile, et se fait dans tous les jardins.

Laitue pommée.

On divise toutes les variétés de laitue en deux groupes : les *laitues pommées* et les *laitues romaines,* qui ne sont pas pommées.

La laitue est employée pour l'alimentation depuis les temps les plus reculés. Mangée crue, elle a les avantages et les inconvénients des diverses *salades*; *cuite au jus*, elle constitue un des meilleurs légumes frais qu'on puisse

Laitue romaine.

donner aux malades et aux personnes dont l'estomac est délicat. De diverses variétés de laitue, et en particulier de celle dite laitue officinale, on retire le *lactucarium*.

lama. — Les *lamas* sont des mammifères *ruminants* (voy. ce mot) de la famille des chameaux. Ce sont les chameaux de l'Amérique du Sud. Ils sont plus petits que les chameaux et n'ont pas de bosses, mais s'en rapprochent par tous les autres caractères et par leur utilité.

À l'état sauvage, ils vivent en grandes bandes, se retirant sur les hauteurs à l'époque des pluies, et descendant dans les vallées à l'époque de la sécheresse. On les chasse pour en avoir la chair et la toison. Certaines espèces sont domestiquées depuis longtemps et rendent les plus grands services.

Lama guanaco. — Très grand (hauteur au garrot, 1ᵐ,10) avec un cou très long qui s'élève verticalement. Se trouve au Sud de la chaîne des Andes. Il n'est pas domestiqué. La femelle porte dix mois et met bas un seul petit. On le chasse pour sa chair qui est recherchée, et sa toison longue, abondante, avec un duvet soyeux, qui a des usages analogues à ceux de la laine de nos moutons.

Lama commun (*fig.*). — Un peu moins grand; de couleur variant du blanc au brun foncé. Habite le haut plateau du Pérou. Il est domestiqué; fort employé comme bête de somme, à partir de 3 ans jusqu'à 12 ans; il peut faire, chargé, dix lieues par jour. Il est très sobre. Il est aussi précieux pour le Péruvien que le renne pour le Lapon. Sa chair est estimée, sa toison fort employée.

Lama alpaga (*fig.*). — Sa hauteur ne dépasse pas 0ᵐ,90. Sa couleur varie

du blanc au noir. Sa laine est longue, molle; on en fait d'excellentes étoffes. Il est domestiqué; on le garde en

Lama commun (hauteur au garrot, 1ᵐ).

immenses troupeaux sur les hauts plateaux, et on le tond tous les ans, comme le mouton. La femelle a un petit chaque année. La laine de l'alpaga

Lama alpaga (hauteur au garrot, 0ᵐ,90).

a pris de nos jours une telle importance qu'on a fait de nombreuses tentatives pour acclimater cet animal dans diverses contrées de l'Europe.

Lama vigogne (*fig.*). — À peu près de la même taille que le lama com-

Lama vigogne (hauteur au garrot, 0ᵐ,80).

-mun; poil très fin, court et crépu. Vit dans les Cordillères; n'a pas été domestiqué. On chasse surtout la vigogne pour sa laine, qui donne de fort belles étoffes.

lamantin. — Mammifère *cétacé* vivant dans les eaux de la mer, sans jamais s'éloigner beaucoup des côtes, car il est herbivore ; il paît dans les prairies d'algues. Le lamantin se rencontre sur les côtes chaudes de l'Amérique. Dans le golfe du Mexique, on le chasse pour sa chair, qui est assez agréable, et pour sa graisse, utilisée pour la cuisine. Sa taille ne dépasse pas 3 mètres.

lamier. — Plante de la famille des *labiées*, dont on trouve de nombreuses espèces dans toutes les régions tempérées de l'ancien continent (*fig.*). On les rencontre dans les terrains cultivés, les haies, les fossés, les taillis. Les

Lamier blanc (hauteur, 0ᵐ,60).

animaux les broutent volontiers. Le lamier à fleurs blanches est connu dans les campagnes sous le nom d'*ortie blanche* ; on l'emploie en infusion.

laminoir. — Instrument destiné à réduire les métaux en lames, à froid ou à chaud. Deux cylindres horizontaux en fonte sont placés à une petite distance l'un au-dessus de l'autre, et tournent en sens contraire.

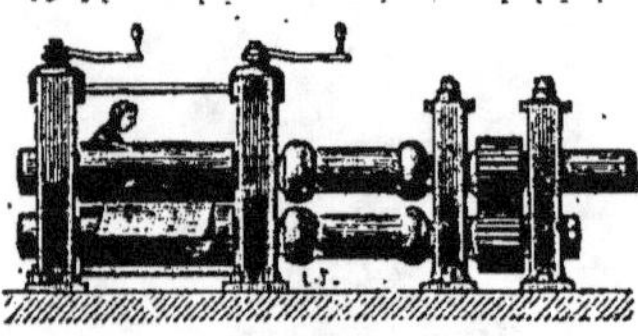

Laminoir.

Le métal que l'on veut laminer est d'abord coulé en plaque, ou aplati par martelage, et aminci sur un bord ; par ce bord aminci on l'engage entre les deux cylindres, qui l'entraînent dans leur marche ; en diminuant à chaque passage la distance qui sépare les cylindres on diminue successivement l'épaisseur de la lame. Le fer et l'acier se laminent à chaud ; le cuivre, le plomb, l'étain, à froid (*fig.*).

lampe. — Les anciennes *lampes*

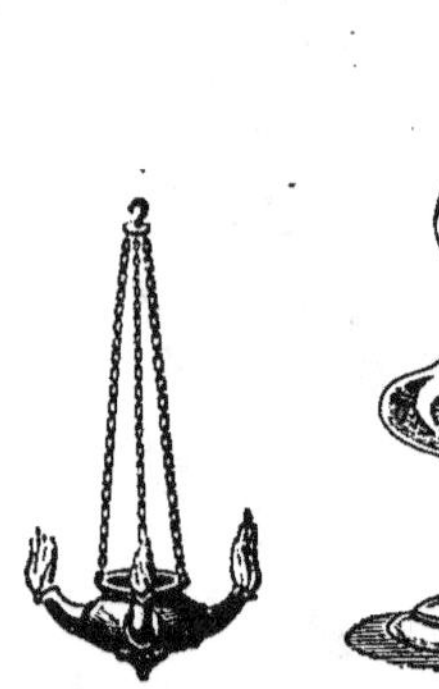

Ancienne lampe sans mécanisme, à huile : le liquide monte dans la mèche simplement par capillarité.

Lampe actuelle sans mécanisme, à pétrole : le liquide monte dans la mèche simplement par capillarité.

étaient simplement constituées par un

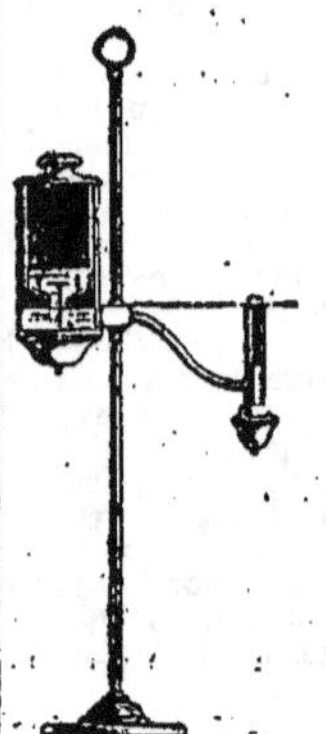

Quinquet : l'huile est contenue dans un réservoir placé à un niveau plus élevé que celui de la mèche ; la descente de l'huile est régularisée par le jeu d'une soupape.

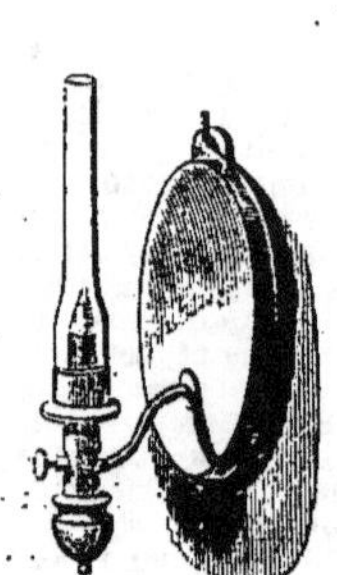

Quinquet : même disposition, mais la lampe est ici munie de son verre, et elle possède un réflecteur.

réservoir rempli d'huile, dans lequel plongeait une mèche. L'huile montait

dans la mèche par *capillarité*, et ve-

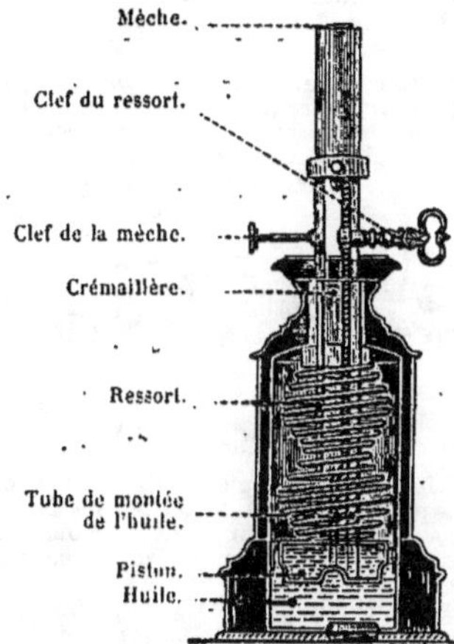

Lampe à [modérateur. — Supposons la lampe pleine d'huile et le piston en bas de sa course. En agissant sur la clef du ressort, on fait monter la crémaillère qui soulève le piston : l'huile, qui était au-dessus du piston, descend au-dessous en passant entre le piston et les parois de la lampe. Le piston est maintenant en haut de sa course, le ressort placé au-dessus de lui étant fortement resserré. Le ressort, en se détendant peu à peu, pousse le piston et le fait descendre, chassant l'huile doucement par le tube de montée, qui la conduit jusqu'à la mèche. Le nom de *modérateur* est dû à ce que, dans le tube de montée se trouve une tige qui *modère* la montée de l'huile, de façon à la maintenir régulière jusqu'au moment où le piston est tout à fait descendu.

nait brûler à l'extrémité ; mais l'alimentation était insuffisante, la mèche

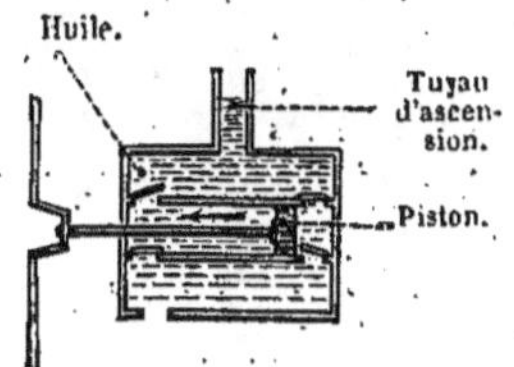

Lampe Carcel (mécanisme de la pompe). — Le mécanisme figuré ici est placé dans le réservoir à huile ; la tige du piston est mise en mouvement par un système d'horlogerie. Par le jeu des soupapes, l'huile puisée dans le réservoir est refoulée d'une façon très régulière jusque dans la mèche.

charbonnait, fumait et éclairait mal. Cette ancienne disposition n'est plus

usitée que pour les lampes à pétrole, où elle convient bien, parce que le pétrole, plus fluide que l'huile, monte beaucoup mieux dans la mèche.

C'est seulement depuis 1784 que les lampes ont été perfectionnées par Argand, Quinquet, Carcel et Franchot. Aujourd'hui, il n'y a plus de fumée ni de mauvaise odeur, grâce à une mèche circulaire recevant l'air au dedans, et au dehors, grâce au verre, qui assure un plus fort tirage, et grâce à une meilleure alimentation.

Dans la **lampe Carcel**, l'alimentation est assurée par un mouvement d'horlogerie placé à la partie inférieure, lequel fait manœuvrer une petite pompe qui pousse l'huile jusqu'à la mèche.

La **lampe à modérateur** est plus simple, moins coûteuse, et presque aussi bonne ; c'est un simple ressort qui, en se détendant, pousse sur un piston pour faire monter l'huile.

La **lampe de Davy**, ou *lampe des mineurs*, est une simple petite lampe à huile, ancien système, dont la flamme

Principe de la lampe de Davy. — Une toile métallique, placée au-dessus d'une flamme, a refroidit assez pour que celle-ci ne continue pas à brûler au-dessus.

est enfermée dans un cylindre de verre et une cheminée close en toile métallique. La toile métallique permet à l'air d'entrer pour alimenter la flamme. Quand le *grisou* est abondant dans la mine, et qu'il s'enflamme dans la lampe, la toile métallique empêche la détonation de se propager au dehors et de causer les terribles accidents

qué l'on connaît. Malheureusement

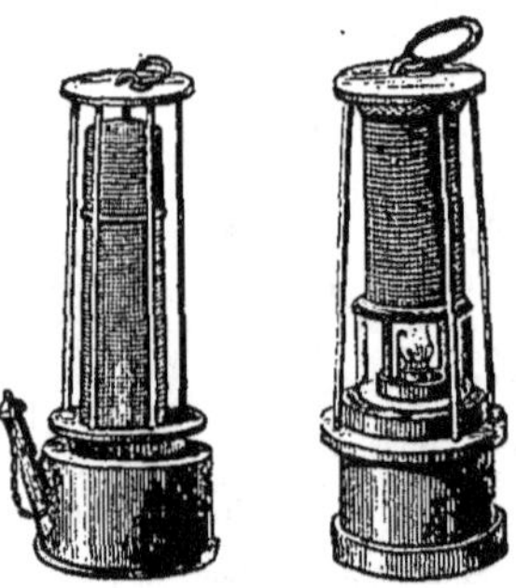

Lampe des mineurs : Modèle de Davy, à gauche; modèle de Combes, à droite. (Voy. grisou.)

des imprudence viennent trop souvent rendre la lampe inefficace (*fig.*).

lampe d'émailleur. — Voy. fourneaux à gaz.

lamproie. — Poisson au corps allongé, peau sans écailles, pas de nageoires pectorales ni ventrales ; la bouche est complètement dépourvue de mâchoires, et disposée pour la succion. Le squelette est cartilagineux et peu développé.

La grande lamproie, ou *lamproie marine*, peut atteindre 1 mètre de longueur. La bouche, tout à fait circulaire, est entourée par une lèvre charnue garnie sur le côté interne de petits tentacules; cette bouche, est armée de dents coniques disposées régulièrement. De chaque côté sont des orifices

Lamproie (longueur, 1ᵐ).

circulaires par lesquels l'eau et l'air pénetrent vers les branchies. Au printemps, cette lamproie remonte les eaux douces.

La **lamproie fluviatile** ressemble beaucoup à la première, mais sa longueur ne dépasse pas 40 centimètres. On a constaté chez les lamproies l'existence de métamorphoses; ces animaux, à l'état jeune, diffèrent notablement de la forme qui leur appartient à l'âge adulte. La chair de la lamproie est fort estimée (*fig.*).

lampyre. — Voy. ver luisant.

lançon. — Le *lançon* est un petit poisson au cou très allongé, tres commun sur les côtes de l'Océan. Il vit dans le sable, et s'y enfonce avec une extrême rapidité. Sa chair est assez estimée, mais elle est surtout employée comme appât dans la pêche à la ligne de la plupart des poissons de nos côtes.

langouste. — La *langouste* (*fig.*) est un *crustacé* au corps cylindrique, la tête est armée de deux grosses cornes qui s'avancent au-dessus des yeux; les deux antennes sont grosses

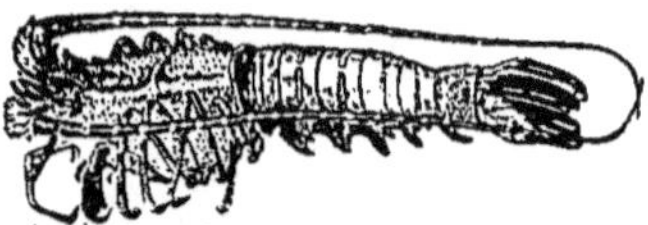

Langouste (longueur, 0ᵐ,35). .

et longues; carapace très épineuse. La première paire de pattes ne porte pas de pinces comme chez le homard. Couleur d'un brun violacé, avec des taches jaunes.

A sa sortie de l'œuf, la jeune langouste n'a pas encore sa forme définitive; c'est un petit animal ovalaire, portant aux pattes des sortes de panaches qui lui permettent de nager

Homard, placé là pour montrer la différence qu'il présente avec la langouste.

avec facilité. Cette larve gagne la haute mer pour y subir des métamorphoses. L'époque de la reproduction est l'hiver; la femelle porte les œufs fixés sous l'abdomen, on dit alors qu'elle est grenée. La chair de la langouste est fort estimée, aussi pêche-t-on activement ce crustacé sur toutes nos côtes. On a même tenté, à diverses reprises, de les élever et de les faire reproduire en captivité; mais on a échoué dans ces tentatives.

langue. — Organe charnu, très musculaire et par suite très mobile situé dans la bouche. La peau de la langue est couverte de rugosités nommées *papilles* qui sont susceptibles de ressentir les impressions de saveur (voy. goût). Outre ce rôle, la langue sert à la mastication, en poussant les aliments sur les dents, à la déglutition en les conduisant ensuite dans le pharynx. Elle est essentielle à l'articulation de la *voix* (*fig.*).

La langue est attachée au fond de la bouche, et reliée à un os du gosier nommé *os hyoïde*; au-dessous est un repli de la muqueuse qu'on nomme *frein* ou *filet*. Quand le frein est trop développé il nuit à l'articulation; il empêche aussi l'enfant nouveau-né

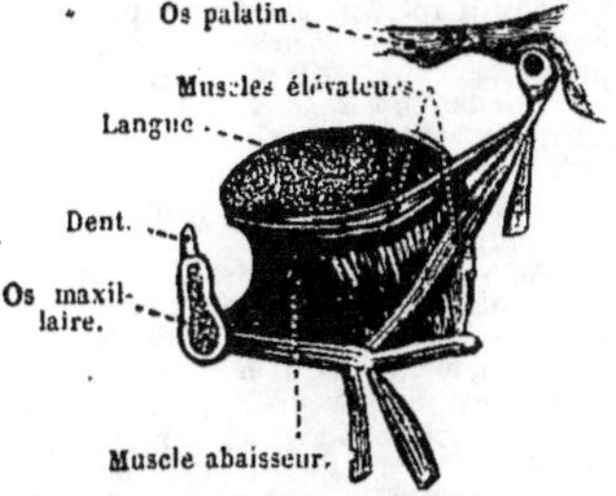

La langue et ses muscles moteurs.

de replier sa langue pour téter; on le coupe alors avec des ciseaux; cette opération, si simple qu'elle soit, ne peut être faite que par le médecin.

— La langue est sujette à des maladies (*aphtes*, *muguet*, *cancer* etc.). En outre elle éprouve, dans son aspect, des modifications importantes concordant avec un grand nombre de troubles de la santé. Ordinairement d'une

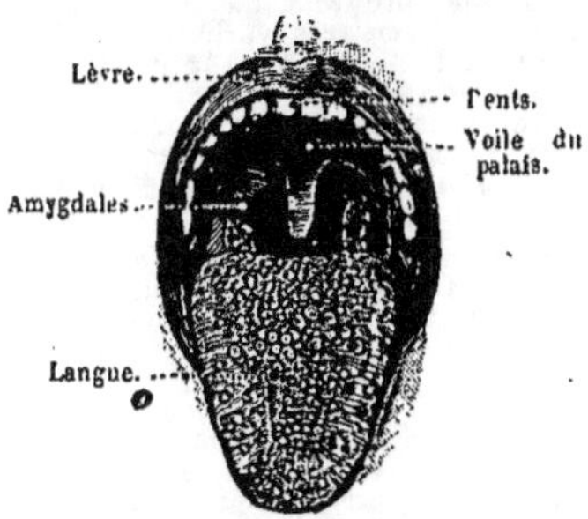

La langue et les papilles du goût. — Le petit organe que l'on aperçoit au fond de la bouche est la *luette*.

couleur rosée et maintenue humide par la salive, elle se recouvre, dans la plupart des maladies d'estomac, d'un enduit plus ou moins épais, dont la couleur varie du blanc grisâtre au jaune foncé. Dans la fièvre typhoïde, l'enduit est tout à fait noir et il recouvre même les lèvres, les gencives, les dents. En même temps, presque toujours, la langue devient sèche. Au début des fièvres, et surtout de la scarlatine, la langue s'enflamme, elle devient d'un rouge vif; dans l'anémie, au contraire, elle devient pâle.

lanterne magique. — Jouet d'enfant dont la partie essentielle est une *lentille* convergente. A une distance de cette lentille comprise entre une fois et deux fois la distance du foyer, on met une plaque de verre sur laquelle est un dessin transparent, richement enluminé; une lampe placée dans la lanterne éclaire le dessin. Il

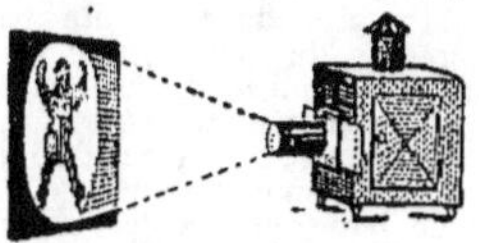

Lanterne magique.

se produit alors, grâce à la lentille, une image *renversée*, *plus grande*, qui vient se peindre sur un drap blanc tendu à une certaine distance. En tirant plus ou moins le tuyau qui porte la lentille, ce qui fait varier la distance qui la sépare du dessin, on obtient une image très nette sur le drap (*fig.*).

lapin. — Voy. lièvre.

lapis. — Voy. outremer.

laque. — Voy. gomme-laque.

larmes. — Liquide produit par les glandes lacrymales, situées près de l'œil; les larmes se produisent constamment sur le globe de l'œil, qu'elles maintiennent humide et propre; puis

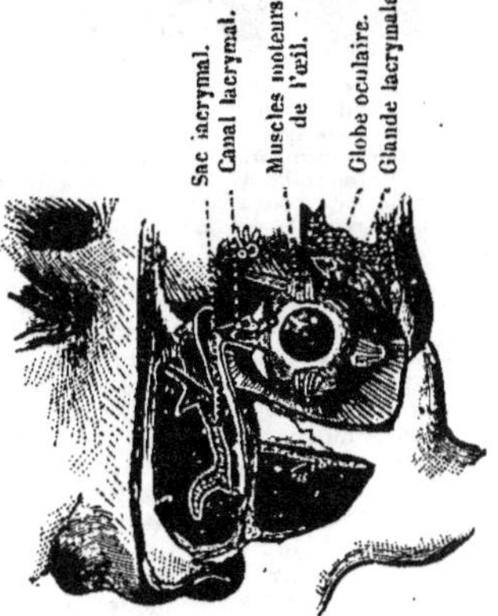

Glande lacrymale et canal lacrymal.

elles s'écoulent vers le nez par un conduit spécial. Certaines causes morales, certains agents irritants accroissent considérablement la sécrétion des larmes (*fig.*).

larve. — Voy. **insectes**.

laryngite. — Inflammation du larynx, causée par le froid, l'exercice exagéré de la voix (chanteurs, avocats, professeurs); survient aussi à la suite de la rougeole, de la tuberculose.

La **laryngite aiguë** débute par des picotements du larynx, une voix enrouée, un toussotement continuel, des crachats, pas de fièvre; puis la toux augmente, et il vient de l'oppression. Le traitement consiste à s'abstenir de boissons froides, sinapisme autour du cou, bains de pieds sinapisés. La laryngite aiguë ne dure que quelques jours ou passe à l'état chronique. Le *faux croup* des enfants est une laryngite.

Laryngoscope. — Le laryngoscope est constitué par un petit miroir fixé à l'extrémité d'un manche. Le médecin, ayant un miroir attaché sur le front, introduit le laryngoscope dans la gorge du malade; la lumière de la lampe arrive sur le miroir attaché au front du médecin, est renvoyée sur le miroir intérieur, et le fond de la gorge se trouve ainsi éclairé.

La **laryngite chronique** survient à la suite d'une laryngite aiguë mal soignée, ou elle arrive peu à peu, sous l'influence de l'humidité, de l'abus de la parole; la voix devient rauque, il survient des picotements du larynx, des crachats visqueux; on la traite par les boissons chaudes, l'habitation dans un air sec, les cautérisations au nitrate d'argent, le repos plus ou moins absolu de la parole. Dans toutes les maladies du larynx, le médecin examine l'organe à l'aide d'un instrument nommé *laryngoscope* (*fig.*).

larynx. — Portion supérieure de la *trachée-artère* (*fig.*); c'est l'organe essentiel de la voix. Constitué par des pièces cartilagineuses réunies entre elles par des articulations et des ligaments que peuvent faire mouvoir des muscles; intérieurement, il présente une cavité rétrécie par deux replis qu'on nomme *cordes vocales supérieures*; plus bas, deux autres replis forment les *cordes vocales inférieures*; ces derniers replis ne laissent entre eux qu'une ouverture étroite nommée *glotte*. En avant du larynx, un prolongement cartilagineux nommé *épiglotte* se dresse verticalement dans l'état normal, mais s'abaisse horizontalement quand on avale les aliments, de façon à fermer le larynx et à le protéger. Le larynx est fixé à un os, l'*os hyoïde*, qui est mobile. La grosseur que nous possédons à la partie antérieure du cou, la *pomme d'Adam*, est constituée par un des cartilages du larynx (*fig.*).

C'est dans la glotte que se produit la voix; les *cordes vocales inférieures* entrent en vibration sous l'influence du courant d'air venant des poumons pendant l'expiration. Le son varie de hauteur selon la tension plus ou moins grande des cordes; il varie d'intensité selon que le courant d'air des poumons est plus ou moins fort; quant à l'*articulation*, qui constitue la parole, propre à l'homme, elle est due à la forme très variable que l'on donne à la bouche, et à la position de la langue (*fig.* page 435).

La maladie la plus fréquente du larynx est l'inflammation nommée *laryngite*; le *croup* est également très fréquent.

latanier. — Arbre de la famille des *palmiers*, cultivé dans la plupart des pays tropicaux et jusque dans le nord de l'Afrique; on utilise sa sève pour faire du vinaigre.

Plusieurs espèces de latanier sont cultivées en serre comme plantes d'agrément; on en fait un assez grand commerce pour l'ornementation des appartements, quoique ces plantes en supportent mal l'atmosphère trop sèche.

latex. — Liquide qui circule à travers des canaux particuliers, appelés *canaux laticifères*, dans le corps de certaines plantes. C'est un liquide blanc, jaune ou rougeâtre, formé de diverses substances et renfermant en suspension de petits globules de résine, de caoutchouc.

On ne sait pas à quoi sert le latex dans la plante. Le latex est très abondant dans certaines plantes telles que l'*euphorbe*, le *ficus* (voy. **caoutchouc**), le *pavot*, la *laitue*, la *chicorée*, le *salsifis*. Le latex d'un certain nombre de plantes est l'objet d'une exploitation

LE LARYNX.

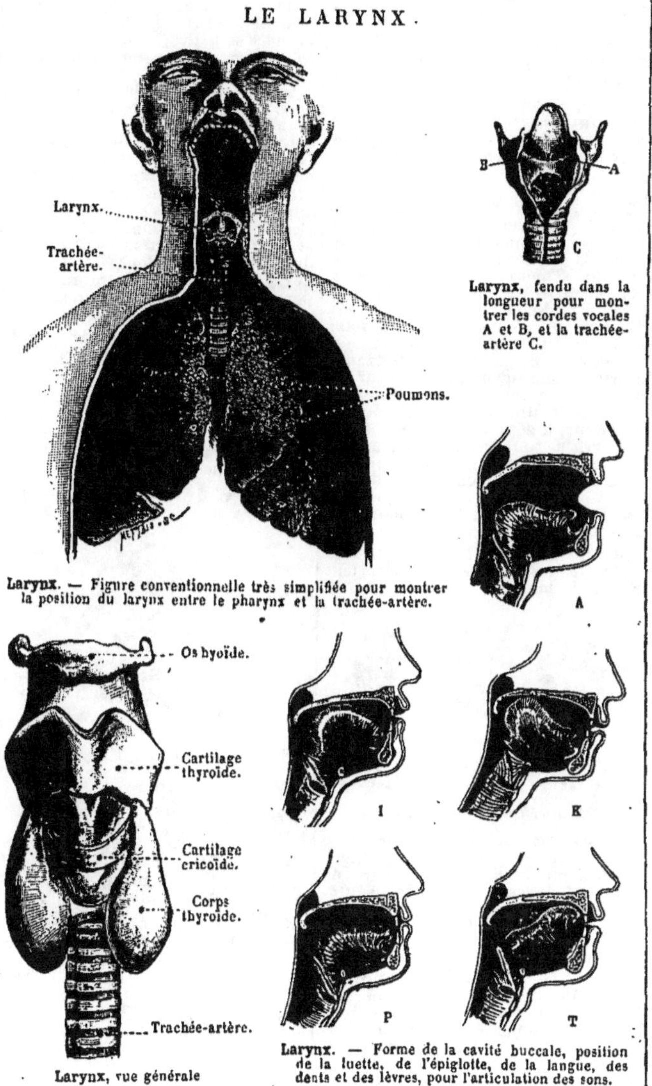

Larynx.

Trachée-artère.

Poumons.

Larynx. — Figure conventionnelle très simplifiée pour montrer la position du larynx entre le pharynx et la trachée-artère.

Os hyoïde.

Cartilage thyroïde.

Cartilage cricoïde.

Corps thyroïde.

Trachée-artère.

Larynx, vue générale

B   A   C

Larynx, fendu dans la longueur pour montrer les cordes vocales A et B, et la trachée-artère C.

A

I   K

P   T

Larynx. — Forme de la cavité buccale, position de la luette, de l'épiglotte, de la langue, des dents et des lèvres, pour l'articulation des sons.

active. Le *caoutchouc* est le latex solidifié d'un grand nombre de plantes de la famille des *euphorbiacées* et des *morées*; l'*opium* est le latex solidifié du pavot; le lactucarium provient du latex de la *laitue*.

latitude. — Voy. **longitude**.

laudanum. — Médicament liquide dont le principe essentiel est l'*opium* associé à diverses autres substances. Il a une couleur brune et une odeur assez forte.

Le **laudanum de Sydenham** renferme, outre l'opium, du vin de Malaga, du safran, de la cannelle, de la girofle; le **laudanum de Rousseau** contient deux fois plus d'opium (il est donc deux fois plus actif), et de l'alcool. Le premier est de beaucoup le plus souvent employé. On s'en sert *à l'extérieur* comme calmant; ainsi on arrose souvent de 5 à 30 gouttes de laudanum les cataplasmes qu'on applique sur les parties douloureuses.

On administre aussi le laudanum à l'intérieur, à dose assez faible, contre la diarrhée, pour calmer les crampes d'estomac, provoquer le sommeil; on ne doit pas oublier que le laudanum est un poison, et qu'il est imprudent d'en faire usage sans l'ordonnance du médecin.

laurier. — Plusieurs plantes très différentes les unes des autres portent le nom de lauriers.

1. Laurier commun (hauteur, 4ᵐ).
2. Laurier rose (hauteur, 3ᵐ).
3. Laurier cerise (hauteur, 5ᵐ).

Laurier commun (*laurier-sauce, laurier des poètes, laurier d'Apollon*). — Arbre qui atteint plusieurs mètres de hauteur dans les pays chauds du littoral de la Méditerranée; en France, il reste toujours plus petit. Le fruit est une baie renfermant une graine de laquelle on retire l'*huile de laurier*, employée en médecine vétérinaire. Le fruit lui-même entre dans plusieurs compositions médicinales. Les feuilles, en raison d'une essence qu'elles renferment, possèdent des propriétés stimulantes, et elles sont narcotiques à haute dose; la cuisine en fait grand usage, pour aromatiser les sauces (*fig.*).

Laurier-rose. — Bel arbrisseau qui croît le long des torrents et des cours d'eau dans tous les pays du climat méditerranéen. Les fleurs en sont grandes et belles, ce qui fait cultiver ce laurier comme une plante ornementale (*fig.*).

Laurier-tin. — Arbrisseau toujours vert, cultivé dans les jardins comme plante d'ornement.

Laurier-cerise (*laurier aux crèmes, laurier au lait*). — Arbrisseau cultivé dans le midi de la France, où sa hauteur atteint 4 à 5 mètres. Les feuilles sont grandes, lancéolées, luisantes (*fig.*). Ces feuilles contiennent une essence et une forte proportion d'acide cyanhydrique; elles sont donc vénéneuses. La dessiccation leur fait perdre en grande partie ces propriétés vénéneuses. On s'en sert pour aromatiser le lait et les crèmes; mais on ne doit pas oublier que la décoction de trois ou quatre de ces feuilles est très vénéneuse. Le *laurier-cerise* est employé en médecine comme calmant et antispasmodique. L'*essence de laurier-cerise* est un médicament très énergique qu'on donne comme calmant à la dose de 3 ou 4 gouttes seulement.

lavage de l'estomac. — Dans

Lavage de l'estomac. — Le tube étant introduit jusqu'au fond de l'estomac, on remplit d'eau l'entonnoir (1) et on le soulève (2) : l'eau tombe dans l'estomac. Puis on abaisse l'entonnoir (3) et l'eau ressort, parce que le tube fait fonction de siphon.

plusieurs maladies de l'estomac (dys-

.pepsie, gastrite, cancer), où les digestions sont très lentes, on lave l'estomac à grande eau, pour enlever les liquides putrides qui s'y accumulent. L'eau est introduite par un entonnoir et un tube de caoutchouc; elle ressort par le même tube, qu'on abaisse, et qui fait office de *siphon* (fig.).

lavande. — Plante de la famille des *labiées* qu'on rencontre à l'état sauvage dans le midi de la France, et qui est cultivée dans nos jardins. Elle répand une odeur agréable et est employée directement en parfumerie (fig.). Mais on en retire surtout une essence très odorante, l'*essence de lavande*, dont les parfumeurs se servent pour aromatiser les savons et les graisses et pour faire l'*eau de lavande*.

Lavande (hauteur, 0m,80).

En Angleterre, on cultive la lavande en grand pour en retirer l'*essence*. En France on cultive aussi la lavande dans le même but, mais le produit obtenu est inférieur à celui d'Angleterre; il est connu sous le nom d'*huile d'aspic*. Cette huile est employée dans la peinture sur porcelaine et dans la fabrication de certains vernis.

lavaret. — Poisson analogue à la truite, qu'on rencontre en abondance dans les lacs de l'Europe centrale; il se nourrit de larves d'insectes, de crustacés. Sa chair est très estimée. En France il n'est abondant que dans le lac du Bourget, où son poids dépasse rarement un kilogramme.

lave. — Voy. volcan.

laxatifs. — Purgatifs doux, qui ne donnent- pas de coliques et n'irritent pas l'intestin; ces substances servent à entretenir la liberté du ventre plutôt

qu'à produire une véritable purgation (miel, mauve, pruneaux, huile, glycérine...).

légumes. — Dans le langage ordinaire, on nomme *légumes* toutes les plantes potagères .qui servent à l'alimentation de l'homme; le nombre en est grand. On les divise en *légumes herbacés* et *légumes féculents*. Les premiers se mangent crus (laitue, chicorée, radis, melon,...), ou cuits (asperges, épinards, chicorée, laitue, céleri, salsifis, potiron, carottes,...). Crus ou frits ils. sont généralement très indigestes; bouillis ou en purée, ils sont généralement sains, rafraîchissants, mais peu nourrissants.

Les légumes féculents sont plus nourrissants, mais ils sont d'une digestion assez difficile pour ne convenir ni aux malades, ni aux estomacs délicats, surtout quand ils sont secs (pois, haricots); la pomme de terre est certainement le plus précieux de tous les légumes féculents, et .peut-être celui dont la digestion est le plus facile.

légumineuses. — Famille . de plantes.ayant les caractères des *papilionacées*, et qui peut être considérée comme comprise dans cette famille plus

Légumineuses (ex. : pois cultivé).

étendue; un grand nombre de plantes servant à l'alimentation en font partie (*haricot, pois, lentille, fève,...*) (fig.).

lemming. — Le *lemming* est un mammifère *rongeur* dont l'aspect est assez semblable à celui de la marmotte; il a 16 centimètres de long, avec une queue de 2 centimètres. Sa robe est d'un brun jaunâtre, marquée de taches foncées. Il habite la Norwège, la Laponie et le Groenland. Plus actif que la marmotte, et moins retiré dans la montagne, on le voit nuit et jour en mouvement. Très doux, mais très courageux, il ne fuit devant aucun animal, ni même devant l'homme, ce qui rend sa chasse extrêmement facile : on peut le tuer à coups de bâtons.

Lemming (longueur du corps, 0ᵐ,16).

Les lemmings sont herbivores, mais ne causent pas de grands dégâts, car les contrées qu'ils habitent sont généralement sans culture. De temps en temps ils entreprennent de grandes migrations, par bandes innombrables. On ne les chasse guère, car on n'en tire aucun profit; seuls les Lapons les mangent dans les années de disette (*fig.*).

lémuriens. — Les *lémuriens* ou *faux singes*, ou *singes à museau de renard*, sont comme les intermédiaires entre les véritables singes et les chéiroptères. Ils ont, comme les singes, des mamelles pectorales ; le pouce est encore opposable aux autres doigts, mais la main postérieure possède toujours quelques doigts munis de griffes, comme chez les carnassiers Ils ont le corps très grêle, un museau semblable à celui du renard.

Les lémuriens habitent les îles orientales de l'Afrique et les îles de l'Asie

Maki mococo (longueur du corps, 0ᵐ,34).

méridionale. Ce sont des animaux nocturnes; dès que la nuit arrive, ils commencent la chasse aux oiseaux, qui constituent leur principale nourriture. En domesticité, ils s'habituent à toute espèce de nourriture, comme les singes.

Ils sont peu intelligents. L'homme n'en tire aucun produit.

Les principaux lémuriens sont les suivants.

Loris grêle (longueur, 0ᵐ,20).

L'**indri**, le plus grand de tous, qui atteint 65 centimètres, avec une queue extrêmement courte; son pelage est beau, laineux; sa face est presque nue; il habite Madagascar; il est extrêmement agile.

Le **propithèque** est presque aussi grand, avec une queue beaucoup plus longue; il habite aussi Madagascar.

Les **makis** (*fig.*), dont certaines espèces ont pu vivre assez longtemps en captivité en Europe. La taille varie, selon les espèces, de 42 à 50 centimètres,

Galéopithèque (longueur, 0ᵐ,60).

avec une queue fort longue ; ils vivent à Madagascar et dans les îles voisines.

Les **loris** (*fig.*), dont le corps est élancé, les membres très grêles ; ils n'ont pas de queue; on les rencontre aux Indes; leur taille va de 21 à 30 centimètres.

Les **galopos** sont plus petits encore, de 15 à 20 centimètres, avec une longue queue ; une espèce est même à peine aussi grosse qu'une souris.

Le **tarsier** est un peu plus gros.

Citons encore les **cheiromys**, aux grandes oreilles, à la queue touffue, et enfin le **galéopithèque** (*fig.*), qui a une grande analogie avec les chauves-souris. Le galéopithèque se rencontre dans les îles de la Sonde, des Moluques, des Philippines, dans la presqu'île de Malacca ; on le désigne aussi sous les noms de chat-volant, singe-ailé. Sa grosseur est celle du chat, avec une petite tête, un museau allongé, des mamelles pectorales, pas de pouce opposable aux autres doigts. Une large membrane, couverte de poils des deux côtés, s'étend des bords du cou aux deux paires de membres, jusqu'aux doigts, qui sont palmés, et à la queue. Pour se soutenir d'un arbre à l'autre, cette membrane fait fonction de parachute et permet à l'animal d'accomplir des sauts de grande longueur.

lentilles. — Dans l'étude de la lumière, on nomme *lentille* un morceau de verre terminé par des surfaces courbes. Les lentilles peuvent avoir six formes différentes (*fig.*). Les lentilles plus épaisses au milieu que sur les bords sont dites *lentilles convergentes* ; celles plus épaisses sur les bords qu'au milieu sont dites *lentilles divergentes* (*fig.*).

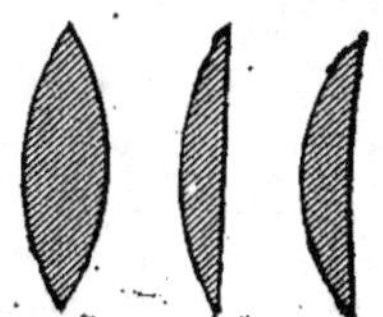

Les lentilles **convergentes** sont épaisses au milieu.

Lentilles convergentes. — Quand on expose une lentille convergente aux rayons du soleil, ces rayons sont *ré-*

Les lentilles **divergentes** sont minces au milieu.

fractés (voy. **réfraction**) de manière à venir tous passer en un point nommé *foyer* de la lentille ; en ce point il y a beaucoup de lumière et assez de chaleur pour qu'on puisse y enflammer un corps combustible ; de là le nom de *verres ardents* donné parfois aux lentilles convergentes.

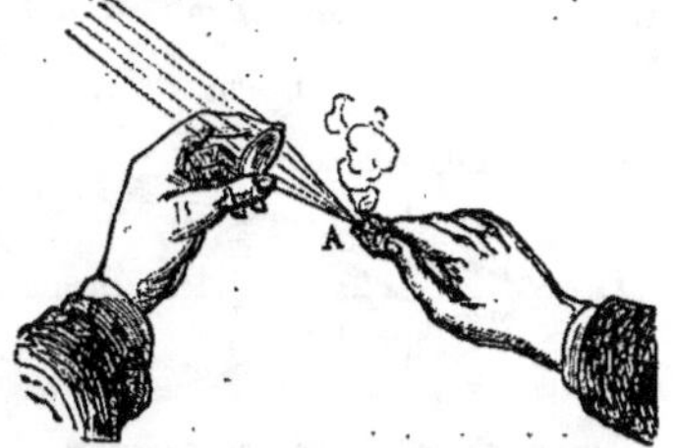

Une lentille **convergente** concentre en son foyer les rayons du soleil.

De plus, si on place devant une lentille convergente un objet lumineux, les rayons partis de cet objet sont réfractés par la lentille de manière à don-

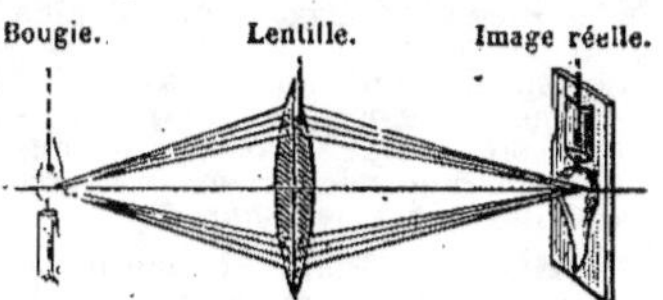

Image réelle fournie par une lentille convergente.

ner une *image* de l'objet. Si l'objet est placé assez loin de la lentille, à une distance supérieure au double de la distance du foyer, l'image est renversée, plus petite que l'objet, située de l'autre côté de la lentille, et peut être reçue sur un écran. A mesure que l'objet s'ap-

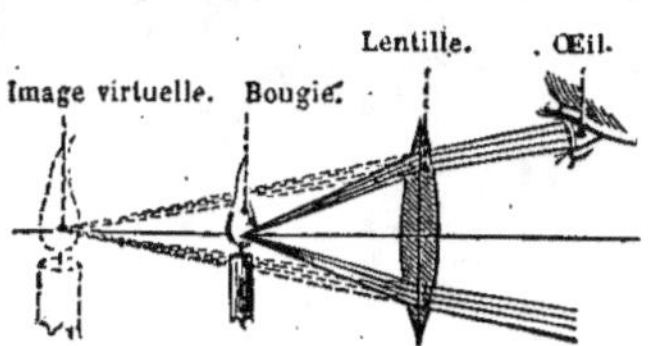

Image virtuelle fournie par une lentille convergente. L'image virtuelle n'est vue que si l'observateur se place de l'autre côté de la lentille, comme on le fait quand on se sert d'une loupe.

proche de la lentille, l'image s'en éloigne de l'autre côté, et grandit ; elle commence à devenir plus grande que l'objet quand celui-ci est à une distance de la lentille moindre que deux fois la distance du foyer. Enfin quand la distance de l'objet est plus petite que celle du foyer, l'image ne peut plus être reçue sur un écran, mais en plaçant l'œil de l'autre côté, et regardant dans la lentille, on voit une image *droite* et plus grande que l'objet.

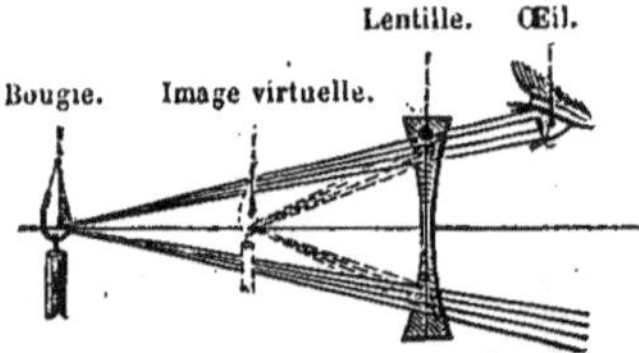

Image virtuelle fournie par une lentille divergente.

Lentilles divergentes. — Les lentilles divergentes ne donnent jamais d'images qu'on puisse recevoir sur un écran. Mais l'œil placé du côté de la lentille opposé à l'objet voit, en regardant dans la lentille, une image droite et plus petite que l'objet.

Les lentilles sont employées dans les instruments d'optique (*loupe**, *lunettes**, *microscope**, *télescope**), dans la *lanterne magique**, la *chambre noire* des photographes, les *phares**.

lentille. — Plante *légumineuse* fournissant une graine comestible assez importante. On la cultive en

Lentille commune (hauteur de la plante, 0ᵐ,30).

grande quantité dans toutes les régions tempérées de l'Europe et de l'Asie. La variété la plus cultivée est la *lentille commune* (*fig.*), qu'on consomme surtout dans la région du Nord; on la sème au début du printemps et on la récolte en juillet. La *lentille verte du Puy* est plus estimée dans le Midi. On sème aussi une variété de lentilles pour servir de fourrage aux animaux.

De tous les légumes, les lentilles sont les plus riches en *azote* (voy. **aliments**); il semble donc qu'elles puissent être des aliments très nourrissants; mais, en réalité, les lentilles sont d'une digestion très difficile et elles doivent être interdites aux malades et à toutes les personnes qui n'ont pas un estomac robuste. En purée elles sont digérées plus aisément; la substance si connue sous le nom de *revalescière* est presque uniquement composée de fécule de lentilles.

lentilles d'eau. — Petites plantes vertes flottant sur l'eau, dans laquelle elles enfoncent une racine extrêmement fine; elles se multiplient très rapide-

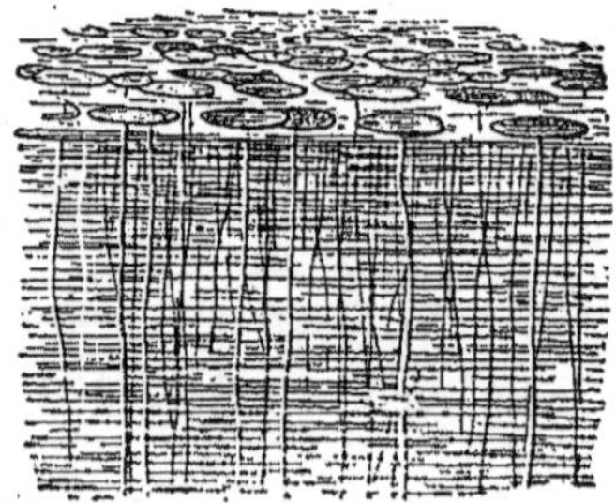

Lentilles d'eau.

ment à la surface des eaux tranquilles, de façon à les couvrir entièrement d'un tapis de verdure, et à rendre impossible la vie des poissons (*fig.*).

lentisque. — Arbrisseau du genre *pistachier*, qui croît sur les bords de la Méditerranée. De la graine on extrait une huile qui sert à l'alimentation et à l'éclairage. En pratiquant des incisions au tronc, on en fait sortir une résine connue sous le nom de *mastic*. Cette résine de lentisque est tonique et astringente; les Orientaux la mâchent pour parfumer leur haleine.

léopards. — Les *léopards* constituent un genre relativement nombreux des *félins*. Ils ont une taille moindre que celle du tigre, auquel ils ressemblent sensiblement. Ils n'ont ni crinière, ni houppe, ni touffe de poils sur aucune partie du corps; poil court et à couleurs variées; oreilles petites; yeux grands, à pupille ronde. Les taches dont leur robe est parsemée sont ordinairement disposées en rosette, mais variant de forme et de position dans les différentes espèces. Ils habitent l'ancien et le nouveau monde. Leurs mœurs ressemblent beaucoup à celles des autres félins. Voici les principales espèces de ce groupe.

Jaguar (*fig.*). — Grand léopard qui habite l'Amérique du Sud et une partie de l'Amérique du Nord. Sa longueur peut atteindre 1ᵐ,50, avec une queue de 0ᵐ,70. et une hauteur au garrot de 0ᵐ,80. Il est donc presque aussi gros que le tigre, et de même forme. Sa robe, constituée par un poil court, épais et luisant, est très belle, d'un jaune rougeâtre avec des taches foncées. Cet animal habite les bords boisés des

Léopards. — *Jaguar* (longueur du corps, 1ᵐ,50).

cours d'eau ; il est très nomade, sans gîte fixe. Il sort au crépuscule pour chasser les grands vertébrés. Sa force, son audace, son œil perçant, son oreille fine, ses instincts meurtriers le rendent aussi redoutable que le lion et le tigre. Les indigènes, qui le craignent beaucoup, lui font une guerre acharnée. La femelle met bas deux ou trois petits, après trois mois et demi de gestation. La fourrure du jaguar est peu estimée ; sa chair est comestible, mais elle n'a pas un goût délicat.

Ocelot ou chat-tigre (*fig.*). — Ce léopard est plus beau encore que le jaguar, mais plus petit et beaucoup

Léopards. — *Léopard d'Afrique,* ou *grande panthère* (longueur du corps, 1ᵐ,30).

moins redoutable. La longueur du corps ne dépasse pas 1ᵐ,30. La fourrure épaisse, brillante et moelleuse, est colorée avec autant de goût que de profusion. Habite l'Amérique centrale. On le trouve errant dans les forêts, dans les marécages Il chasse au cré-

puscule, et s'adresse volontiers aux bestiaux et aux volailles, qu'il va chercher jusque dans les fermes ; il fait une grande destruction d'oiseaux. La mère met bas deux petits.

Léopard à grande queue. — Plus petit encore ; son corps a 0ᵐ,65 et sa queue 0ᵐ,32. Il habite le Brésil, et vit de petits mammifères et d'oiseaux. Sa fourrure est estimée.

Léopard d'Afrique ou grande panthère (*fig.*). — Celui-ci se trouve dans l'ancien continent ; on le rencontre dans toute l'Afrique et notamment en Algérie, aussi bien que dans la partie méridionale de l'Asie. Pour l'harmonie des formes et la beauté de la robe, c'est le plus beau des félins. La longueur du corps atteint 1ᵐ,30, celle de la queue 0ᵐ,60 ; la hauteur est de 0ᵐ,70. Formes élancées, tête ronde, museau court, queue mince, griffes extrêmement puissantes. Sa robe est fort agréable, d'un jaune orangé, avec de charmantes taches. Aussi beau qu'agile, aussi fort que vif, aussi prudent que rusé, aussi audacieux qu'adroit, le léopard est le carnassier par excellence. Il habite les forêts ou les montagnes élevées ; il ne craint pas le voisinage des lieux habi-

Léopards. — *Ocelot* (longueur du corps, 1ᵐ,30).

tés. Il n'a pas de résidence fixe. Très habile chasseur, rusé, cruel, il poursuit tous les mammifères et s'attaque parfois à l'homme. Il fait de grands ravages au milieu des troupeaux, car il ne s'arrête de tuer que lorsqu'il ne rencontre plus de victimes. Son audace le pousse à aller chercher sa proie au milieu même des villages. La fourrure du léopard d'Afrique est très recherchée ; sa chair est relativement bonne.

Panthère noire. — On ne la trouve qu'à Java ; elle est beaucoup moins grande que la panthère précédente. C'est un bel animal, gris cendré avec des petites taches d'un noir foncé. Parfois elle est presque complètement noire, avec des taches un peu plus foncées.

Serval. — Le *serval*, ou *chat-tigre*

d'Afrique, a les jambes relativement hautes, le corps allongé; il se rapproche du lynx. Sa longueur est de 1 mètre, et sa hauteur au garrot de 55 centimètres. Son pelage fauve, avec

La grande panthère d'Afrique décime souvent les troupeaux; elle s'attaque aussi aux singes.

des bandes foncées, est rude et épais. Il chasse les petits mammifères et les volailles: c'est un grand ennemi des fermes.

lèpre. — Maladie rare aujourd'hui, qui sévit endémiquement en diverses parties du littoral de la Méditerranée, de la mer Noire, de la mer Caspienne, en Norvège, en Palestine, dans l'Amérique du Nord, en Islande...
Cette maladie détermine sur la peau des taches colorées, des ulcérations, enfin une altération du sang suivie de mort. Le malade éprouve de vives douleurs; il ne peut ni rester assis, ni se tenir debout, ni manger, ni saisir un objet; son apparence est celle d'un vieillard arrivé au dernier degré de la décrépitude. La mort survient dans le marasme. La guérison est extrêmement rare.

lepte. — Petit animal de la classe des *arachnides*. Sa larve, plus connue sous le nom de *rouget*, est très petite; sa longueur ne dépasse pas un quart de millimètre; elle se fixe sur l'homme ou les animaux, en implantant ses mandibules dans la peau; elle suce alors le sang et se dilate énormément.
Sa morsure amène des démangeaisons très vives, accompagnées de brûlures; on s'en débarrasse par une friction de benzine, que l'on peut mélanger avec un corps gras, et un bain général.

lérot. — Le *lérot commun* (*fig.*) est un petit mammifère *rongeur* qui se rapproche beaucoup du loir; sa longueur est de 14 centimètres, plus 10 centimètres de queue. Il est brun roux avec le ventre blanc. On le trouve

en France, en Belgique, en Suisse, en Italie, en Allemagne, en Hongrie, dans une partie de la Russie.
Il habite les plaines, mais plus encore les forêts des montagnes; il ne fuit pas les habitations. Il est dévastateur comme le rat; il mange les œufs, les petits oiseaux, entre dans les maisons pour manger les provisions

Lérot commun (longueur du corps, 0m,15).

de ménage. Il hiverne dans les troncs d'arbre et les trous des murs.
On poursuit le lérot de toutes les manières, à cause de ses dégâts; le chat lui fait la guerre avec autant de succès qu'au rat.

lessive. — On nomme *lessive* une dissolution qu'on obtient en faisant passer de l'eau bouillante sur de la cendre de bois. Les sels solubles contenus dans la cendre, dont le plus abondant est le *carbonate de potasse*, entrent en dissolution dans l'eau, et lui communiquent la propriété de dissoudre les corps gras qui salissent le linge, et d'entraîner en même temps les poussières adhérentes.
Dans le langage courant, on nomme *lessive* l'opération domestique par laquelle on obtient cette dissolution, en même temps qu'on la fait servir au blanchissage du linge.

léthargie. — Sommeil profond, quelquefois de longue durée, pendant lequel l'immobilité est complète, les sens très émoussés, et le réveil impossible à obtenir. Ce sommeil, d'ailleurs fort rare, est le résultat d'un trouble nerveux (voy. **hypnotisme**).

levain. — Voy. **pain**.

levier. — Un *levier* se compose d'une barre rigide destinée à vaincre une résistance. Pour qu'un levier fonctionne il faut qu'un de ses points soit fixé sur un *appui* résistant; la *résistance* à vaincre est appliquée en un autre point, et la *puissance* qui doit vaincre la résistance est appliquée en un troisième point.
Levier du premier genre. — Le *point d'appui* est entre la *puissance* et la *résistance*; exemples: balance ordinaire, ciseaux.
Levier du second genre. — Le *point d'appui* est à une des extrémités du

levier; la *puissance* à l'autre, et la *résistance* entre les deux; exemples : brouette, casse-noisettes.

Levier du premier genre. — Le *point d'appui* est en C; la *résistance* est en A; la *puissance* en B.

Levier du troisième genre. — Le *point d'appui* est à une des extrémités du levier; la *résistance* à l'autre, et la

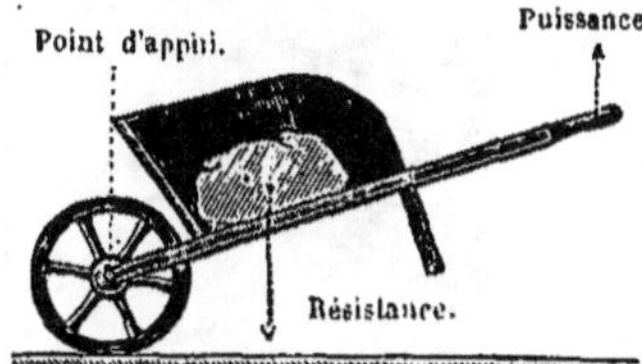

Levier du second genre. — La *résistance* est au milieu, entre le *point d'appui* et la *puissance*.

puissance entre les deux; exemple : pincettes.

L'ouvrier qui cherche à déplacer

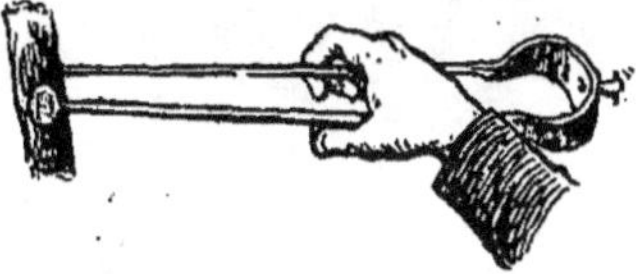

Levier du troisième genre. — Le levier est double; le *point d'appui* est à l'endroit où se réunissent les deux branches des pincettes; la *résistance* est à l'autre extrémité; la *puissance* est au milieu.

une grosse pierre à l'aide d'une barre de fer, se sert de cette barre comme d'un levier du premier genre. Un levier est d'autant plus puissant que la distance entre le point d'appui et la puissance est plus grande (*bras de levier de la puissance*), et la distance entre le point d'appui et la résistance plus petite (*bras de levier de la résistance*).

levures. — *Ferments* qu'on considère comme des champignons microscopiques et qui peuvent vivre et se développer à l'abri de l'air, dans le sein de liquides contenant les substances nécessaires à leur existence. Telle est la *levure de bière* (voy. **bière**, **vin**).

lézards. — Les *lézards* ou *sauriens* sont des reptiles au cou allongé, recouverts d'écailles ou d'une peau fortement chagrinée; ils ont ordinairement quatre membres, rarement deux et quelquefois aucun; les doigts sont garnis d'ongles crochus; ils ont des dents; ils ne subissent pas de métamorphoses. Leurs dimensions sont très variables. Les sens sont assez développés; les yeux sont pourvus de paupières mobiles, l'oreille est fine. Ces animaux sont principalement répandus dans les régions chaudes. Ils sont carnivores; leur alimentation consiste en petits mammifères, oiseaux, mollusques et surtout insectes; quoique pourvus de dents, ils ne mâchent pas leurs aliments, qui, une fois avalés, sont très lentement digérés : un repas leur suffit pour plusieurs jours. Ordinairement les lézards sont ovipares : la femelle pond des œufs à enveloppe plus ou moins dure, qui sont déposés dans le sable ou dans la terre, et exposés à l'action solaire qui les fait éclore; l'accroissement des petits est très lent. Quelques espèces sont vivipares (orvet).

L'utilité des lézards est très faible, mais ils ne sont pas nuisibles; beaucoup d'espèces détruisent des insectes; quelques-unes sont comestibles. Aucun saurien n'arrive à une assez grande taille pour être redoutable pour l'homme, bien que les grands *varans* aquatiques puissent occasionner de cuisantes blessures.

Le nombre des espèces de ce groupe est considérable; les lézards présentent de l'un à l'autre de grandes différences. Nous citerons un petit nombre d'espèces.

Le **caméléon** (*fig.*), presque toujours immobile, est insectivore et grimpeur. Queue prenante, l'aidant à grimper. Il est toujours sur les arbres, attendant les insectes qui passent à sa portée; il

LES LÉZARDS

Caméléon (longueur, 0m,30).

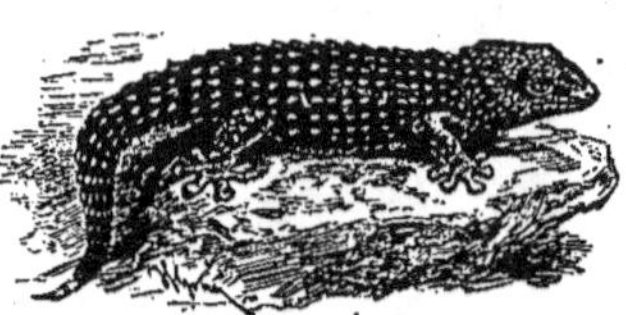

Tarente (longueur, 0m,14).

Dragon volant (longueur, 0m,22).

Iguane (longueur, 1m,80).

Lézard gris des murailles (longueur, 0m,20).

Orvet (longueur, 0m,35).

darde sur sa proie une langue visqueuse et très longue, puis l'attire à lui et la mange. Il a une couleur verdâtre, qui présente d'un moment à l'autre des colorations singulières. Le caméléon vulgaire se trouve en Espagne et au nord de l'Afrique ; sa longueur est de 25 à 30 centimètres.

Le **tarente**, ou **gecko des murailles** (*fig.*), a la tête large, les doigts aplatis et munis de pelotes qui terminent les doigts, et l'aident à grimper aux murs. Il a une peau verruqueuse qui lui donne un aspect hideux ; sa taille est de 14 centimètres ; il se cache dans les trous des murailles, les tas de pierres. Il habite le littoral de la Méditerranée, en Italie, en France, en Espagne, en Afrique. Il est inoffensif ; il rend même des services par la chasse incessante qu'il donne aux insectes nuisibles.

Le **dragon volant** (*fig.*) existe à Java ; il doit à la présence de larges replis membraneux étendus sur les côtés du corps la faculté de se soutenir dans l'air. Longueur 22 centimètres.

L'**iguane** (*fig.*) est le plus grand des lézards ; sa taille atteint presque 2 mètres ; on le trouve dans l'Amérique centrale ; essentiellement arboricole ; c'est un animal extrêmement agile, vivant de bourgeons, de feuilles, de baies molles ; il pond des œufs de la grosseur des œufs de pigeon. Au Mexique on mange l'iguane, et sa chair passe pour très savoureuse.

Les **lézards ordinaires** (*fig.*) vivent dans nos pays. Ils sont de petite taille, leur corps est arrondi, très allongé, surtout la queue. Ils sont très agiles et recherchent les régions chaudes et sablonneuses. Leurs ongles crochus leur permettent de grimper aisément sur les murs et les rochers. Ils ne sont pas venimeux, mais mordent volontiers avec leurs dents aiguës ; ils passent l'hiver à dormir dans des abris contre le froid. Ils sont carnivores, mangent des insectes, des vers, des petits mollusques et même des œufs d'oiseaux. La femelle pond de 8 à 16 œufs recouverts d'une coque poreuse. Ce sont, par leur guerre aux insectes, des animaux utiles. Les principales espèces qu'on rencontre en France sont les suivantes : le *Lézard des murailles*, long de 0ᵐ,20 qu'on rencontre partout ; coloration grise ; le *Lézard vert*, d'un vert très vif, commun surtout dans le Midi ; long de 0ᵐ,35 ; dévore énormément d'insectes ; le *Lézard ocellé*, très beau, brun verdâtre avec des lignes jaunes ; ne se trouve en France que dans le Midi ; longueur de 0ᵐ,40 à 0ᵐ,80 ; grand destructeur d'insectes.

D'autres lézards n'ont que **deux** pattes, ou même pas du tout. Les **chalcidiens** d'Amérique et d'Afrique ont la forme des serpents ; ils ont 4, 2 ou pas de pattes. L'**orvet** (*fig.*) n'a pas de pattes, ce qui le fait souvent confondre avec les serpents ; la queue se termine par une pointe de consistance cornée ; cette queue se rompt au moindre choc, mais repousse facilement ; sa coloration est des plus variables. Longueur 0,ᵐ30 à 0ᵐ,40. Il est commun dans toutes les parties de la France, dans les endroits humides. Sa nourriture consiste uniquement en vers et insectes ; ce qui devrait le faire protéger des agriculteurs ; d'autant plus qu'il est inoffensif. Il fait ses petits vivants.

liane. — On nomme *lianes* des plantes très diverses dont la tige prend une grande longueur tout en restant très grêle ; cette tige rampe alors sur le sol, et le plus souvent s'enroule et monte le long des arbres. La clématite, la vigne sauvage, le chèvrefeuille, la glycine sont les lianes de nos pays.

Dans les régions tropicales, les lianes de toutes sortes sont si abondantes, et elles prennent un si grand développement, qu'elles forment entre les arbres un lacis souvent impénétrable.

libellules. — Insectes *névroptères* connus aussi sous le nom vulgaire de *demoiselles*. Ce sont de beaux insectes, souvent d'assez grande taille, aux formes élégantes, que l'on voit voltiger dans le voisinage des eaux. Certaines espèces présentent des ailes aux colorations fort vives ; ces ailes sont au nombre de quatre, inégales, membraneuses ; yeux très grands ; l'abdomen du mâle est terminé par une pince.

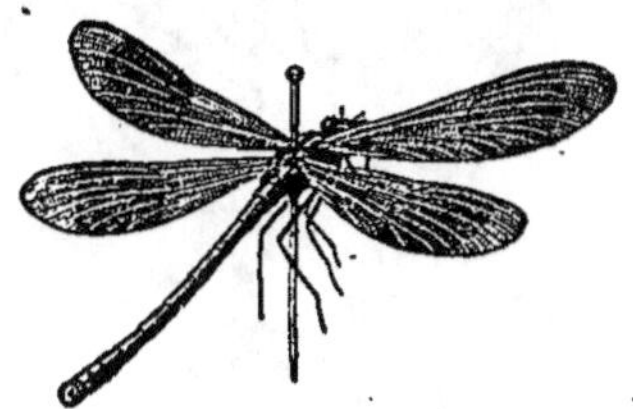

Libellule (grandeur très variable ; l'envergure de certaines espèces dépasse 0ᵐ,30).

Ces insectes sont carnassiers. La ponte a lieu à la surface de l'eau ; les larves vivent dans l'eau et sont très carnassières, comme les insectes parfaits. Le nombre des espèces de libellules est très considérable (*fig.*).

liber. — Partie intérieure de l'écorce des végétaux.

lichens. — Plantes *cryptogames* sans racines, non aquatiques, dont la reproduction se fait d'une manière

Lichen des rennes.

analogue à celle des *champignons*. Les *lichens*, d'ailleurs, ne sont pas des végétaux simples; ils résultent de l'association d'*algues* et de *champi-*

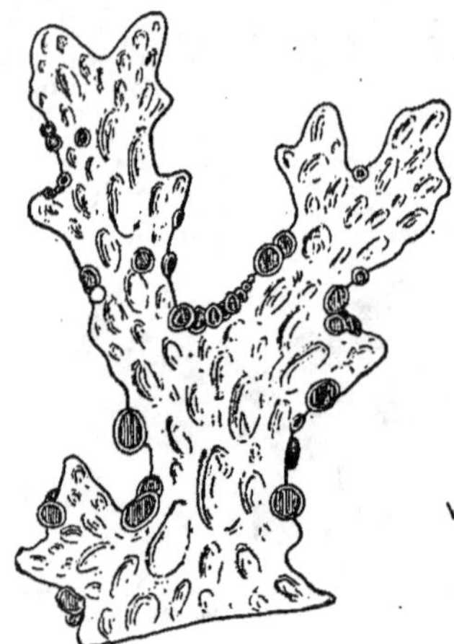

Lichen pulmonaire, *commun sur les chênes.*

gnons. Les lichens sont les dernières plantes qu'on trouve sur les hautes montagnes ou dans les régions polaires; celles aussi qui apparaissent les premières sur les rochers, grâce aux germes qui y sont transportés par le vent;

en accumulant leurs débris, elles contribuent à la formation de la terre végé-

Lichen des tilleuls.

tale, et en cela elles jouent un rôle important dans la nature.

Le *lichen d'Islande* est employé en médecine comme tonique; le *lichen des rennes* fait l'unique nourriture des rennes dans la zone arctique; la *manne* des Hébreux était un lichen, qui croît abondamment et très vite dans la partie

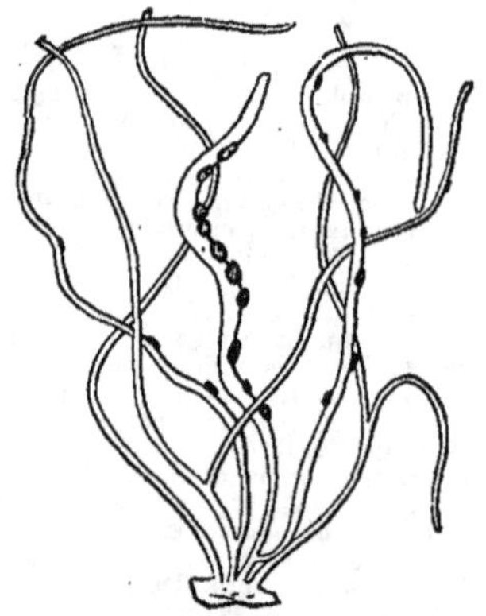

Lichens. — *Parelle, ou orseille des teinturiers.*

occidentale de l'Asie. L'*orseille des teinturiers* (*fig.*), qui croît sur les rochers aux Canaries, et la *parelle* ou *orseille d'Auvergne*, servent à la préparation de matières colorantes nommés *orseille* et *tournesol* (*fig.*).

liège. — Voy. **chêne**.

lierre.— Plante grimpante à feuilles persistantes. La tige est garnie de crampons qui pénètrent dans les interstices des écorces et des pierres et deviennent de véritables racines lorsqu'ils trouvent un milieu favorable. Tantôt le lierre rèste rampant, tantôt il s'élève le long des arbres, des rochers ou des murs.

Dans les forêts, dans les vergers, le lierre est considéré comme une plante nuisible, parce qu'il gêne beaucoup la végétation des arbres auxquels il s'accroche.

On le cultive dans les jardins pour l'ornementation, tantôt en le laissant ramper le long des bordures, tantôt en le faisant grimper le long des grilles et des murs; on le reproduit très aisément par boutures (*fig.*).

Lierre; fragment de tige, montrant les feuilles avec les racines adventives qui forment crampons.

lièvres. — Les *léporidés* sont des mammifères *rongeurs* qui comprennent les lièvres et les lapins ; nous les étudions à côté les uns des autres à cause de leurs grandes analogies. Ils se ressemblent par un corps allongé, des pattes de derrière plus grandes que celles de devant, de fortes moustaches, un pelage épais, presque laineux. On les trouve dans toutes les parties du monde, sauf à la Nouvelle-Hollande, par tous les climats, dans les plaines et sur les montagnes. Ils sont essentiellement herbivores. Ils ont les sens, et particulièrement l'ouïe, très développés ; ce sont des animaux inoffensifs, qui ne cherchent généralement leur salut que dans une fuite très rapide. Leur fécondité est très grande.

Cependant, malgré tant d'analogies, le lièvre et le lapin présentent, dans leur manière de vivre, des différences considérables.

Lièvre (*fig.*). — Le *lièvre commun* a 0m,65 de longueur, avec une queue de 0m,09 ; il pèse de 3 à 5 kilos. Son pelage varie peu ; le dessous du ventre est blanc, la tête et le reste du corps sont

Lièvre (longueur du corps, 0m,60).

nuancés de gris-brun ou roussâtre, résultant du mélange de poils soyeux, annelés et variés chacun de ces diverses teintes. Il est d'un roux plus foncé que le lapin ; oreilles plus longues, noires vers la pointe ; queue marquée

en dessus d'une ligne noire. La femelle, ou *hase*, est plus rousse que le mâle. Son pelage et sa grosseur varient suivant les climats ; ainsi les lièvres d'Algérie sont plus petits et plus foncés que ceux de France.

Il a l'air spécialement construit pour la course. Il se nourrit de feuilles de végétaux agricoles, potagers et forestiers, qu'il broute de très près ; il mange les herbes et les fruits de toutes espèces. Dans les mois rigoureux, il ronge l'écorce à la base des arbres et cause ainsi de sérieux dommages aux plantations. Il change de demeure suivant les saisons ; il vit dans les plaines découvertes en été, dans les bois en hiver. Il ne se terre pas, mais il choisit avec soin son gîte, dont il change souvent. Il dort pendant le jour et cherche sa nourriture pendant la nuit.

Outre l'homme, le lièvre a de nombreux ennemis, renards, chats, belettes, oiseaux de proie, pour lesquels il n'est jamais assez caché.

La femelle porte trente jours, et met bas une portée de deux à quatre levrauts ; elle a ainsi trois, quatre et quelquefois cinq portées par an.

Le lièvre ne vit pas plus de sept à huit ans. Malgré sa grande fécondité, il ne devient jamais très abondant en France, parce qu'on le traque partout, au piège, au fusil, à l'aide du chien courant ou du chien d'arrêt. Chassé à courre, il imagine mille ruses pour dépister les chiens, et fait preuve ainsi d'une intelligence véritablement surprenante.

La chair du lièvre est succulente ; sa peau tannée donne un cuir assez bon ; ses poils sont employés pour la chapellerie. Cependant son utilité compense à peine les dégâts qu'il cause.

Le *lièvre variable* des Alpes et des pays du Nord diffère peu de notre lièvre commun. Il est blanc en hiver, et d'un gris brun uniforme en été.

Lapin (*fig.*). — Le *lapin sauvage* est plus petit que le lièvre, moins roux, oreilles plus courtes, pelage plus égal. Il en diffère aussi beaucoup par ses mœurs. Il a 0m,36 de long, avec une queue de 0m,08. Il semble être originaire d'Afrique, d'où il s'est répandu dans toute l'Europe par l'Espagne.

Le lapin préfère les sols sablonneux, dans lesquels il peut aisément creuser un terrier. Ce terrier est un trou profond, à une ou plusieurs issues, dans lequel il vit avec sa famille. C'est là qu'il reste presque tout le jour et qu'il s'abrite quand il est poursuivi. Il prend sa nourriture surtout la nuit. Il ronge les rejets et les jeunes plants, s'attaque à l'écorce des arbres ; c'est un hôte très dangereux pour les forêts et pour les champs riverains. Aussi est-il rangé parmi les animaux nuisibles et sa destruction est-elle autorisée toute l'année, même pendant la fermeture de la chasse.

Il est d'ailleurs d'une prodigieuse fécondité. La femelle fait chaque année quatre ou cinq portées, composées chacune de quatre, huit ou même douze lapereaux, qui peuvent eux-mêmes produire dès l'âge de six mois. Le lapin peut vivre de huit à neuf ans. On chasse

Lapin domestique (longueur du corps, 0m,45).

le lapin au collet, au fusil, à l'aide du chien ou du furet.

Le lapin est depuis longtemps devenu pour nous un animal domestique. Les *lapins domestiques* ont des couleurs variables; ils sont noirs, blancs, gris, roux, jaunes; ils sont plus grands que les lapins sauvages. Leur fécondité est encore plus remarquable. On les élève un peu partout à cause de leur chair, qui est blanche et délicate, quoique moins succulente que celle du lapin de garenne. Le poil du lapin sert à fabriquer le feutre commun. Sa fourrure, qui n'est ni bien belle, ni bien solide, est cependant constamment employée à la place des fourrures plus précieuses des animaux des pays du Nord. En Belgique, en particulier, on fait en grand l'élevage du lapin domestique.

ligature. — Opération chirurgicale

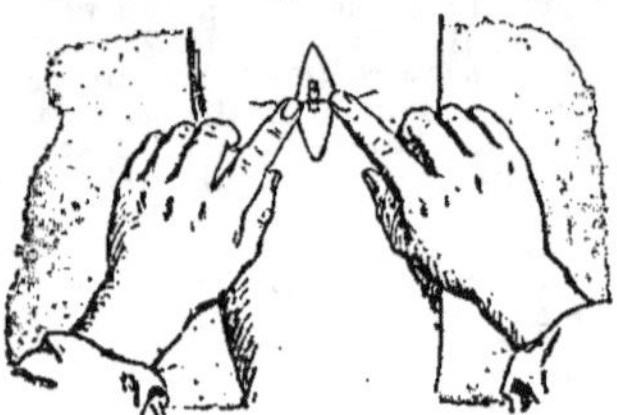

Ligature d'une artère.

qui a pour but d'enserrer un organe;

ainsi la *ligature des artères* se pratique fréquemment pour arrêter l'hé-

Ligature d'un membre *pour arrêter une hémorragie*.

morragie qui résulte d'une blessure, ou de la section d'un membre (*fig.*).

lignite. — Combustible qu'on trouve dans le sol, comme la houille, renfermant à peu près la moitié de son poids de *charbon*, combiné de diverses manières à de l'*oxygène*, de l'*hydrogène*, de l'*azote*, du *soufre*. C'est un combustible inférieur à la houille, mais cependant très employé en Allemagne, en Autriche et en Amérique, où on en extrait des quantités considérables par des procédés analogues à ceux usités pour l'extraction de la *houille*.

Comme la houille, le lignite provient des végétaux qui couvraient autrefois le sol; on y trouve fréquemment des débris végétaux considérables qui ont conservé leur forme.

lilas. — Arbrisseau originaire d'Asie, cultivé dans presque toute l'Europe comme plante d'ornement, à cause de la beauté et du parfum de ses fleurs (*fig.*). Le *lilas commun*, qui fleurit au printemps, a produit de nombreuses variétés. L'une de ces variétés, le lilas blanc, est soumis à une culture forcée qui lui permet de fleurir toute l'année; on en fait un commerce important, surtout dans

Lilas (hauteur de la plante, 3m).

les environs de Paris. Le lilas se reproduit aisément par greffes et par boutures. On tire des fleurs de lilas une essence très estimée en parfumerie.

liliacées. — Plantes *monocotylédones* à tige bulbeuse ou à rhizome; fleurs pétaloïdes à six divisions, à six étamines, ayant un ovaire à trois loges; graines renfermant un albumen. Les espèces de cette famille sont très nombreuses; les unes sont ornementales, les autres alimentaires. Exemples:

Liliacée (exemple : hémérocale).

lis, tulipe, jacinthe, hémérocale (*fig.*), ail, oignon, poireau, échalote, aloès, colchique, asperge, muguet, sceau de Salomon, dragonnier.

limace. — Mollusque *gastéropode* qui n'a qu'une coquille très petite et un manteau peu développé. La *limace grise* se tient dans les endroits sombres et humides, les jardins, les caves. La *limace rouge* (*fig.*), dont la coquille est réduite à quelques granulations calcaires, est abondante surtout dans les bois. Les limaces font de grands

Limace rouge (longueur, 0ᵐ,08).

dégâts dans les jardins en mangeant les jeunes pousses. On s'efforce de les détruire.

limande. — Poisson de mer plat à peau rude, à écailles très minces et

Limande (longueur, 0ᵐ,30).

très adhérentes, dont la longueur atteint 0ᵐ,30. La *limande* (*fig.*) est commune dans l'Océan et la Manche. Elle res-

semble à la sole, mais sa chair est loin d'être aussi délicate (Voy. **ple**).

limettier. — Petit arbre du genre *citronnier*, cultivé sur le littoral de la Méditerranée. Les fruits, nommés *limettes*, sont ovoïdes, d'un jaune pâle, à écorce ferme; le jus est doux, mais un peu amer. L'essence de limette, tirée de l'écorce, est employée en Italie comme vermifuge.

limnée. — Mollusques à *coquille* vivant dans les eaux douces; sa coquille, roulée en spirale, est analogue à celle de l'escargot (*fig.*). Ce mollusque s'engourdit en hiver et passe la mauvaise saison dans la vase; au printemps il dépose son frai sur les plantes aqua-

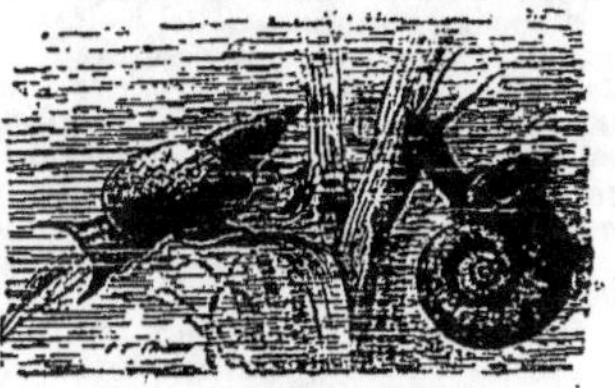

Limnée et planorbe.

tiques et sur les pierres. Les espèces de ce genre sont très nombreuses. Les limnées analogues aux espèces actuelles vivaient aux époques géologiques antérieures à la nôtre; on les trouve à l'état fossile dans les *terrains tertiaires*.

limonier. — Voy. **citronnier**.

lin. — Plante de la famille des *linées*, dont un grand nombre d'espèces sont cultivées, surtout dans les régions tempérées des deux mondes (*fig.*). Le lin est cultivé depuis la plus haute antiquité pour la précieuse *matière textile* qu'il fournit et aussi pour ses *graines*, utilisées en médecine et employées pour la fabrication d'une huile dont les usages sont indiqués plus loin.
La culture du lin a pris une grande extension dans la

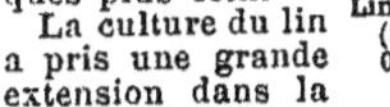

Lin, rameau fleuri (hauteur de la plante, 0ᵐ,50).

plupart des contrées de l'Europe, et particulièrement dans le nord et l'ouest dé la France La récolte se fait en France au commencement d'août alors que les graines sont mûres. On arrache la plante et on la fait sécher au soleil, puis on opère un battage pour séparer les graines.

Graines et huile de lin. — Les graines de lin, placées dans l'eau, y abandonnent une matière mucilagineuse qui la rend épaisse et visqueuse; broyées, elles donnent une farine qui se gonfle énormément à l'eau chaude, et donne une masse visqueuse qu'on emploie beaucoup en médecine pour faire des cataplasmes émollients.

Bien mûre, la graine de lin contient un tiers de son poids d'huile, qu'on obtient en écrasant et en comprimant fortement la graine. Cette *huile* est *siccative;* elle sert en peinture pour délayer les couleurs; elle entre dans la composition de plusieurs vernis et de l'encre d'imprimerie. Quand on la fait bouillir avec du *bioxyde de manganèse* ou de la *litharge* elle devient plus siccative, on la nomme alors *huile de lin cuite.*

Matière textile. — La fibre textile du lin forme une couche mince interposée entre le bois et l'écorce; elle est assez difficile à séparer car elle est collée par une sorte de gomme. On détruit cette gomme par le *rouissage,* qui consiste à laisser séjourner les gerbes dans l'eau pendant une quinzaine de jours, de façon à déterminer une fermentation puante qui détruit la matière gommeuse. Quand les gerbes, sorties de l'eau, sont bien sèches, on les broie dans une sorte de mâchoire formée de deux lames de bois assemblées à charnière et pénétrant l'une dans l'autre; le bois est brisé en petits morceaux qui tombent, et la fibre textile reste seule; on la *peigne* et elle est prête pour le tissage. Les parties de filasse qui restent dans les dents du peigne constituent l'*étoupe,* propre à la confection des toiles grossières. La filasse longue est au contraire convertie en fil fin à la main ou à la mécanique, puis tissée en *toile,* en *dentelle* ou en *batiste.* On arrive à fabriquer des fils de lin d'une finesse telle qu'une longueur d'un kilomètre ne pèse pas 7 grammes.

linaigrette. — Plante *monocotylédone* de la famille des *cypéracées* qu'on

Linaigrette (hauteur de la plante, 0m,30).

rencontre dans les terrains marécageux. Les longues aigrettes de cette plante peuvent être employées en guise de crin, pour rembourrer les coussins (*fig.*).

linaire. — Herbe de la famille des *scrofulariées,* qui croît sur le bord des chemins et des champs, sur les murs, dans les décombres, les lieux incultes. Les fleurs sont émollientes.

linées. — Famille de plantes très voisines des *géraniacées* ; le *lin* est la principale espèce.

linotte. — Oiseau *passereau;* longueur totale 14 centimètres; queue très

Linotte (longueur totale, 0m,14).

échancrée (*fig.*). Belle coloration, formes élégantes; très bon chanteur, qui apprend les airs qu'on lui répète, et retient les mélodies des autres oiseaux. Habite les haies, les taillis, les champs, principalement en Bretagne, en Lorraine, en Provence. Vit en très grandes bandes en hiver, et par couples en été. Niche sur les buissons, les arbustes, à une faible hauteur; quatre ou cinq œufs verdâtres tachés de brique au gros bout.

La linotte, exclusivement granivore, pille les champs de millet, de lin, de chènevis; mais elle détruit aussi beaucoup de graines de mauvaises herbes. Fait peut-être autant de bien que de mal.

lion. — *Félin* de grande taille; le seul des félins qui ne puisse pas monter sur les arbres. Sa force et son courage l'ont fait surnommer le roi des animaux. De l'extrémité du museau à l'origine de la queue, le lion atteint 1m,50 ; sa queue a 80 centimètres; il pèse souvent plus de 200 kilos. Pelage uniforme, d'une couleur fauve tirant plus ou moins sur le brun; le mâle a le cou et les épaules couverts d'une crinière plus foncée que la robe; la queue se termine par un pinceau de poils; les épaules et les pattes antérieures ont une taille dénotant une force considérable; le corps est très efflanqué en arrière. Le lion a une force suffisante pour briser d'un coup de patte la colonne vertébrale d'un cheval, et franchir uné haie élevée en portant une génisse serrée entre ses mâchoires. Il est agile et rusé comme tous les félins, et patient chasseur.

Lion de l'Atlas (longueur du corps, 1ᵐ,50).

Le lion se nourrit exclusivement de proies vivantes, antilopes, buffles, chevaux, bœufs, sangliers. Il exerce de

Lionne de l'Atlas (longueur du corps, 1ᵐ,35).

grands ravages dans les troupeaux, qu'il attaque toujours la nuit. Il chasse ordinairement seul, en poussant de

La chasse au lion (Afrique).

terribles rugissements. Partout où pénètre la civilisation et les armes à feu, le lion recule et disparaît peu à peu. La portée de la lionne est de trois ou quatre petits.

On ne trouve pas de lions en Amérique ; ces animaux vivent dans l'Asie et surtout dans l'Afrique. Les lions d'Asie sont plus petits que ceux d'Afrique. En Afrique même, la différence des sols et des climats détermine chez le lion des variations de caractère d'une certaine importance. C'est le *lion du Cap* qui a la crinière la plus touffue et la plus foncée. Le *lion de l'Atlas* ou *lion cerbère* (*fig.*) a la crinière brune ; celle du *lion du Sénégal* est fauve. La peau du lion a une assez grande valeur et sert à faire des tapis ; sa chair est d'un goût agréable.

liquéfaction. — Passage d'un *solide* ou d'un *gaz* à l'état *liquide*. Le passage d'un solide à l'état liquide est plus ordinairement désigné sous le nom de *fusion*, et le mot liquéfaction plutôt réservé au passage d'un gaz à l'état liquide. Pour liquéfier un gaz, il suffit de le refroidir suffisamment, en aidant au refroidissement, s'il est nécessaire, par une compression plus ou moins énergique. Tous les gaz, même l'air, ont pu être liquéfiés.

liqueurs alcooliques. — On nomme *liqueurs alcooliques* ou simplement *liqueurs*, des boissons dont la base essentielle est l'alcool, et qui renferment ce liquide en proportion plus considérable que les boissons proprement dites (vin, cidre, bière). L'eau-de-vie, le rhum, le kirsch sont des liqueurs alcooliques constituées presque uniquement d'alcool et d'eau ; leur saveur spéciale est due à des substances fournies par la distillation même, et qui n'y entrent qu'en très faible proportion. Dans la plupart des autres liqueurs (et elles sont innombrables), on a communiqué à l'alcool un goût plus ou moins prononcé en le distillant en présence de plantes aromatiques, ou en y faisant infuser ces plantes ; d'autres fois on a ajouté des *essences* préparées à part ; ordinairement la liqueur est édulcorée par une addition de sucre.

Parmi les liqueurs, citons l'absinthe, la chartreuse, le cassis, l'anisette, le curaçao, le brou de noix, la crème de menthe... La proportion d'alcool contenue dans les liqueurs varie de 30 à 60 pour cent.

En règle générale l'usage des liqueurs alcooliques, et à plus forte raison l'abus, doit être évité. Elles doivent leur mauvaise action sur l'économie, non seulement à l'alcool qu'elles renferment, mais encore aux essences qui les aromatisent ; il arrive même fréquemment que les essences sont plus pernicieuses que l'alcool. Toutefois, certaines liqueurs sucrées peu fortes en alcool peuvent avoir des propriétés digestives, qu'elles doivent aux plantes avec lesquelles elles ont été préparées.

liquides. — Les liquides peuvent devenir solides par refroidissement (voy. **solidification**) ; ils peuvent se réduire en vapeur (voy. **évaporation, ébullition**). Ils doivent à leur mobilité certaines propriétés intéressantes qui ont été étudiées aux mots : *pression des liquides, presse hydraulique, vases communicants, diffusion, dissolution.*

lis. — Plante de la famille des

Lis commun (hauteur, 0ᵐ,90).

Lis tigré (hauteur, 0ᵐ,80).

liliacées, remarquable par la grandeur,

la blancheur et le parfum de ses fleurs ; cultivée dans les jardins ; fleurit en juin (*fig.*). Le parfum de ses fleurs est dangereux à respirer longtemps, surtout la nuit ; détermine des maux de tête et même des syncopes. L'oignon du lis, mucilagineux et émollient, cuit dans l'eau, est employé en cataplasme contre les panaris.

liseron. — Plante dicotylédone de la famille des *convolvulacées.* Le *liseron des haies,* ou *grand liseron,* est une plante grimpante commune dans les buissons ombragés, surtout au bord des eaux. Le *petit liseron,* ou

Liseron des champs.

liseron des champs, se rencontre souvent, rampant sur le sol, dans les champs et sur le bord des chemins. On cultive plusieurs espèces de liseron dans les jardins (*fig.*).

lit. — Plus du tiers de l'existence de l'homme, même en bonne santé, se passe dans le *lit;* on conçoit que les dispositions d'un meuble d'un usage si continuel ne soient pas indifférentes à l'hygiène. Pour la garniture du lit, le *sommier* élastique, composé de ressorts métalliques ou de bandes de bois minces, remplace avec avantage l'ancienne paillasse ; sur le sommier sont généralement deux matelas de crin ou de laine, un traversin et un oreiller de crin ; puis des draps, des couvertures de coton ou de laine, et souvent un édredon de plume.

Les matelas, les traversins, les oreillers de plume, qui font une couchette trop molle et favorisent la transpiration, doivent être proscrits. Il en est de même des rideaux, qui empêchent la circulation de l'air, et à plus forte raison des alcôves, qu'on rencontre en si grand nombre en certaines régions, et particulièrement à Lyon et à Marseille. Si on juge les rideaux

Lit contraire à l'hygiène.

indispensables pour l'ornementation de l'appartement, on devra toujours les disposer de telle manière qu'ils

Lit hygiénique.

parent le lit sans l'entourer. Toutes les pièces constituant le lit doivent être tenues dans un grand état de propreté, et fréquemment aérées (*fig.*).

litharge. — Voy. plomb.

lithographie. — Voy. gravure.

lithotritie. — Grec: *lithos*, pierre, et latin : *terere*, broyer. Voy. calculs.

loch. — Instrument destiné à mesurer la vitesse d'un navire (*fig.*). Il se compose d'une pièce de bois de forme triangulaire, nommée *bateau*, fixée à une ficelle qui s'enroule sur un tour placé à l'arrière du navire. Cette ficelle porte des *nœuds* colorés en rouge, qui sont distants les uns des autres de 15ᵐ,43.

Quand on veut se servir du loch, on jette son *bateau* à la mer; celui-ci flotte sur l'eau, et y demeure sensiblement immobile, tandis que le navire continue sa route ; la corde, par suite, se dévide d'autant plus rapidement que

Loch.

la vitesse de marche est plus grande. Pour mesurer cette vitesse, on retourne un *sablier* qui marche 30 secondes, et on compte combien, pendant ces 30 secondes, il se dévide de *nœuds*. S'il s'en dévide 12, on dit que le navire file 12 nœuds, c'est-à-dire qu'il fait 12 nœuds en 30 secondes (et non 12 nœuds à l'heure, comme on le dit si souvent). Or le nœud (15ᵐ,43) est la cent vingtième partie du *mille marin* (1 852 mètres), de même que 30 secondes sont la cent vingtième partie de l'heure ; un navire qui file un nœud en 30 secondes file donc un mille à l'heure. Dire que la vitesse est de 12 nœuds revient donc à dire qu'elle est de 12 milles à l'heure, c'est-à-dire de $1\,852 \times 12 = 22\,224$ mètres à l'heure.

loche. — Poisson d'eau douce offrant les caractères généraux de la carpe: corps très allongé, nu ou couvert d'écailles petites et rudimentaires ; lèvres épaisses, barbillons autour de la bouche. Il existe plusieurs espèces de loches qu'on rencontre en Europe, et en particulier en France.

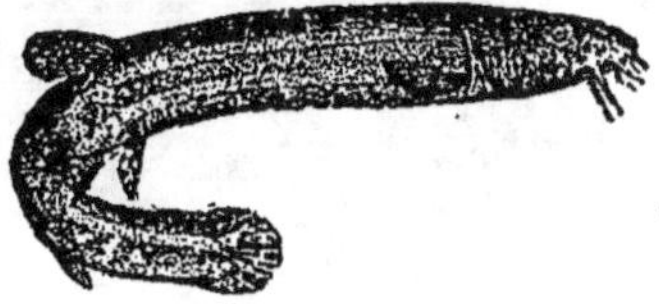

Loche franche (longueur, 0ᵐ,12).

La *loche franche* ne dépasse pas 12 centimètres de longueur ; assez commune dans les eaux peu profondes et courantes; chair grasse et délicate (*fig.*). La *loche d'étang* se rencontre surtout dans le sud de la France ; sa taille atteint 35 centimètres ; chair fort peu estimée. La *loche de rivière* a 12 centimètres ; moins répandue ; chair franchement mauvaise.

locomobile. — Machine à vapeur montée sur roues, de façon à pouvoir être transportée aisément ; elle a l'aspect général d'une locomotive, avec de plus petites dimensions. Mais la force des pistons, au lieu d'être employée à faire tourner les roues, actionne d'abord un *volant* sur lequel on enroule une courroie sans fin qui va faire marcher l'instrument qu'on veut mettre en mouvement, par exemple une machine à battre, dans les campagnes (*fig.*).

telle manière que sa puissance soit justement employée à faire tourner les

Locomobile accouplée à une batteuse qu'elle met en mouvement.

roues, de manière à déterminer la pro

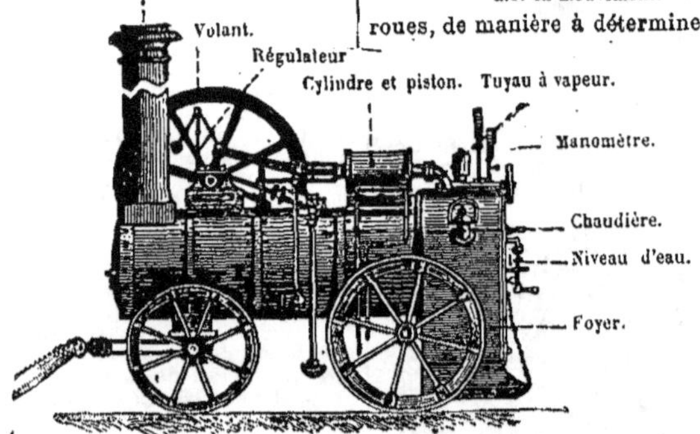

Locomobile.

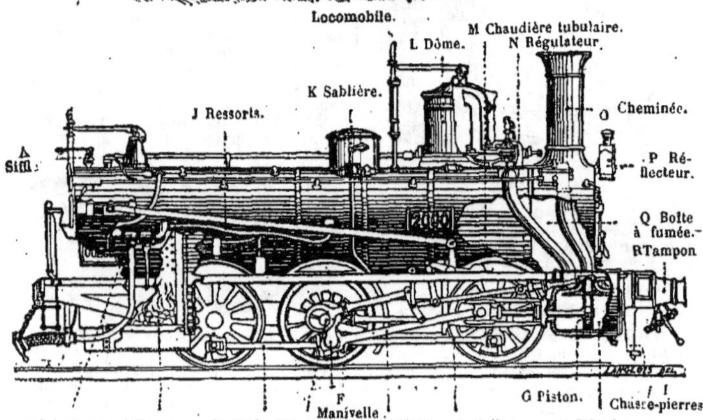

Locomotive.

locomotive. — Machine à vapeur portée sur des roues, et disposée de gression de la machine et celle des wagons qui y sont attachés.

La chaudière est au milieu et occupe toute la longueur; c'est une *chaudière tubulaire;* la cheminée est petite, mais le tirage en est assuré par un jet de vapeur qui, sortant des pistons, monte vivement en produisant un appel d'air à travers les tubes de la chaudière.

•Les pistons, au nombre de deux, sont à droite et à gauche de la chaudière; par une bielle et une manivelle, ils mettent en mouvement l'essieu des roues motrices. Pour la théorie, voy. **machine à vapeur** (*fig.*).

loir. — Le *loir vulgaire* est un mammifère *rongeur* qu'on rencontre dans l'Europe méridionale et l'Europe centrale. Il a 16 centimètres de long, avec une queue de 14 centimètres. Il est gris sur le dos et blanc sous le ventre; poil long et épais. On le rencontre dans les forêts de la région moyenne des montagnes. Il est herbivore, comme tous les rongeurs (glands, faines, noisettes, châtaignes,...). Il dort une partie du jour; mais est très re-

Loir vulgaire (longueur du corps, 0ᵐ,16).

muant pendant la nuit. Son sommeil d'hivernation est très profond, et ne cesse qu'au mois d'avril; il dort ainsi pendant 7 mois.

Le loir n'a pas grande utilité directe; sa chair est médiocre et sa fourrure de mauvaise qualité. Dans les endroits où il est abondant (Carniole), il cause de grands dégâts, aussi lui fait-on une chasse active; dans un seul automne un chasseur peut prendre 300 ou 400 loirs.

lombric. — Le *lombric*, ou *ver de terre*, est un ver de forme arrondie, dont le corps porte huit rangées de soies raides qui servent à la locomotion. Il vit dans des galeries creusées sous terre. Il se nourrit principalement

Lombric ou ver de terre (longueur, 0ᵐ,20).

de terre, qu'il mange en grande quantité, et qu'il expulse quand les matières assimilables qu'elle renfermait ont été absorbées; ce passage de la terre dans le corps des vers la prépare d'une excellente façon pour la végétation; les vers de terre labourent et ameublissent mieux la terre que nos meilleurs instruments de culture. Ils sont mangés par les taupes, hérissons, oiseaux.

Les lombrics sont presque des animaux aquatiques; ils aiment surtout la terre humide (*fig.*).

longitude. — On détermine la position d'un lieu à la surface de la terre à l'aide de deux nombres qu'on nomme la *latitude* et la *longitude.* Imaginons qu'on ait tracé à la surface de la terre une série de cercles passant tous par les *pôles,* c'est-à-dire par les points qui déterminent l'axe de rotation de la *terre*; on aura ce qu'on nomme les *méridiens* (*fig.*). Le nombre des méridiens qu'on peut tracer ainsi est illimité. Un point quelconque étant pris à la surface de la terre, on peut toujours faire passer par ce point un méridien, c'est-à-dire une circonférence qui aille rencontrer les deux pôles. Imaginons en outre qu'on trace à la surface de la terre d'autres cercles, compris dans des plans perpendiculaires à la ligne des pôles : on aura des *parallèles* (*fig.*). Tandis que tous les méridiens ont la même grandeur, les parallèles, au contraire, ont des grandeurs variables; il vont en augmentant à mesure qu'ils s'éloignent du pôle; le plus grand parallèle est celui qui est à égale distance des pôles : on le nomme *équateur.* Ce sont ces deux systèmes de lignes qui servent à indiquer la position d'un point à la surface de la terre.

Par ce point, faisons passer un parallèle et un méridien. La *latitude* du lieu est la valeur de l'angle qui sépare son parallèle de l'équateur; elle se compte sur le méridien; on prend l'arc de méridien qui va du lieu à l'équateur, on voit à quel angle il correspond, et on a la latitude. Si le lieu est sur l'hémisphère nord, la latitude est *boréale* ou *septentrionale*; si le

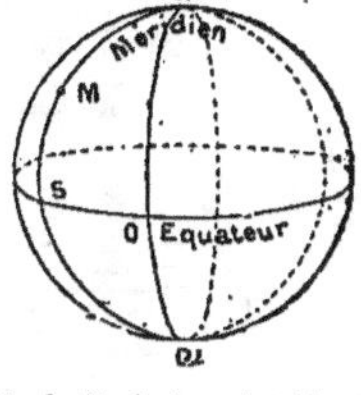

La *latitude* du point M est mesurée par la valeur de l'angle que mesure l'arc MS; la longitude est mesurée par la valeur de l'angle que mesure l'arc SO.

lieu est sur l'hémisphère sud la latitude est *australe* ou *méridionale.* La *longitude* du lieu est la valeur de l'angle qui sépare son méridien d'un autre méridien, pris pour point de départ ; en France, le méridien convenu pour point de départ est celui de Paris ; la longitude de Paris est donc le point considéré est à l'est du méridien de Paris ; elle est *occidentale* si le point considéré est à l'ouest (*fig.*).

LATITUDES ET LONGITUDES

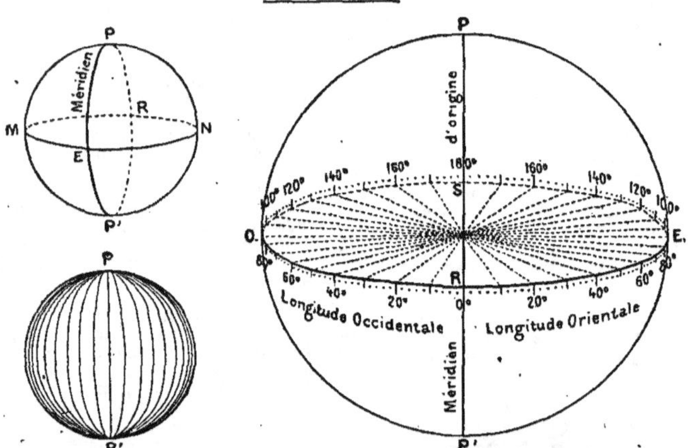

Méridiens. — PP' est la direction de la ligne des pôles; tous les méridiens font le tour de la terre en passant par les pôles.

Longitudes. — Les *longitudes* se comptent le long de l'équateur, à partir du *méridien d'origine* qui, en France, est le méridien de Paris.

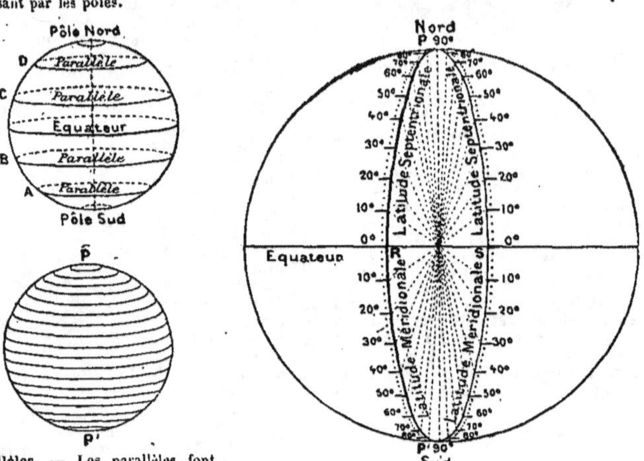

Parallèles. — Les parallèles font le tour de la terre dans une direction perpendiculaire à la ligne des pôles.

Latitudes. — Les *latitudes* se comptent le long d'un méridien, à partir de l'équateur.

nulle, de même que celle de tous les points qui sont situés sur le méridien de Paris. La longitude est *orientale* si On détermine la latitude et la longitude d'un lieu par des procédés astronomiques.

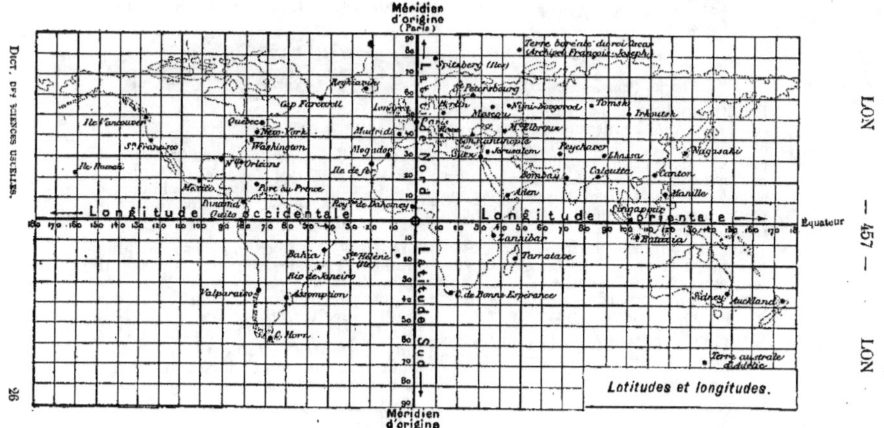

Latitudes et longitudes. — Sur les cartes, les *latitudes* se marquent par des lignes allant de gauche à droite, et les *longitudes* par des lignes allant de haut en bas,

loriot. — Oiseau *passereau* aux belles couleurs. Grosseur égale à celle du merle ; longueur totale 27 centimètres. N'est chez nous que de passage ; arrive au milieu du printemps, et repart vers les contrées équatoriales au commencement de septembre. Bon chanteur.

Loriot (longueur, 0m.27).

Habite les bois et les vergers. Le nid est bâti avec beaucoup d'élégance et de solidité ; il est attaché aux branches et recouvert de lichens de la même couleur que ces branches. La ponte est de 4 à 5 œufs blancs pointillés de roux ; incubation de 21 jours. Oiseau très méfiant.

Au printemps le loriot est très utile par sa guerre aux insectes et aux vermisseaux ; mais ensuite il fait une grande consommation de fruits dans les vergers et devient nuisible (*fig.*).

lotier. — Plante de la famille des *papilionacées* dont plusieurs espèces

Lotier (hauteur, 0m,25).

croissent sur les chemins, la lisière des bois, les prés, les champs et constituent de bons fourrages dont les bestiaux sont très avides (*fig.*). Une espèce est cultivée dans les jardins pour ses graines, qui se mangent comme les petits pois.

lotion. — Ablution d'une partie ou de la totalité du corps, faite dans un but thérapeutique. Se fait d'ordinaire en promenant sur le corps un linge imprégné de liquide.

Ce liquide est de l'eau simple, froide ou chaude, de l'eau vinaigrée, ou alcoolisée, ou une infusion, ou un liquide tonique, stimulant, calmant, selon l'effet que l'on veut produire.

lotte. — Poisson dont une espèce marine se pêche dans les mêmes mers que la morue et en aussi grande quantité ; on la nomme *morue longue* (1m,30). La *lotte de rivière*, analogue

Lotte de rivière (longueur, 0m,50).

à l'anguille, ne dépasse pas 0m,50 ; elle prospère partout, est très rustique et d'une grande fécondité ; sa chair est très estimée, ainsi que son foie, qui est volumineux (*fig.*).

loup. — Le loup (*fig.*) est le plus grand carnassier de nos forêts ; il appartient au genre chien. Il se distingue par une queue touffue et des oreilles droites, un pelage fauve. Il a la taille de nos plus grands chiens ; le *loup vulgaire* atteint 1m,65 de longueur, plus une queue de 50 centimètres ; sa hauteur au garrot est de 80 centi-

Loup vulgaire (hauteur, 0m,80).

mètres. La louve est un peu moins grande, son museau plus mince, sa queue moins touffue. C'est un animal très robuste ; ses mâchoires sont très puissantes et ses membres vigoureux ; il court vite et longtemps ; il a la vue perçante, l'odorat et l'ouïe d'une grande finesse. Il est défiant, farouche et dangereux, quoique son courage et son audace ne répondent pas à sa force. Il habite les forêts, où il chasse les chevreuils, les jeunes cerfs, les lièvres, les lapins. En hiver, pressé par la faim, il quitte les bois, arrive près des habitations et même dans les villages, s'attaquant aux bestiaux, aux chiens et quelquefois à l'homme.

Loup. — En Russie, de grandes bandes de loups attaquent les voyageurs.

Dans nos climats, le loup vit isolé; mais il se réunit en bandes dans les régions froides. La louve porte 65 jours et met bas de 3 à 6 louveteaux. Le loup est facilement atteint par la rage; il devient alors très redoutable, et ses morsures sont plus graves que celles du chien enragé.

Animal essentiellement malfaisant, le loup est chassé partout; en France, on en détruit à peu près 1 200 par an; une prime est accordée aux tueurs de loups. Il est actuellement beaucoup moins répandu qu'autrefois; on le trouve cependant presque partout en Europe, principalement dans les régions montagneuses des pays peu peuplés. Il habite aussi le centre et le nord de l'Asie, toute l'Amérique du Nord. Il a été complètement détruit en Angleterre et dans l'Allemagne centrale. La fourrure des loups des régions froides est assez recherchée.

Les espèces dites *loup d'Amérique* et *loup d'Égypte* sont distinctes de celles de notre loup vulgaire.

loupe. — Instrument constitué par

Loupe. — Avec une loupe, on lit plus aisément les caractères fins.

une *lentille* convergente, et destiné à faire voir les objets plus gros qu'ils ne sont en réalité, de façon à permettre

de les mieux examiner dans tous leurs détails. Pour se servir de la loupe on la place près de l'œil et on met le petit objet de l'autre côté, à une distance moins grande que celle du foyer; on fait varier cette distance par tâtonnements jusqu'à ce qu'on ait une vision aussi nette que possible (*fig.*).

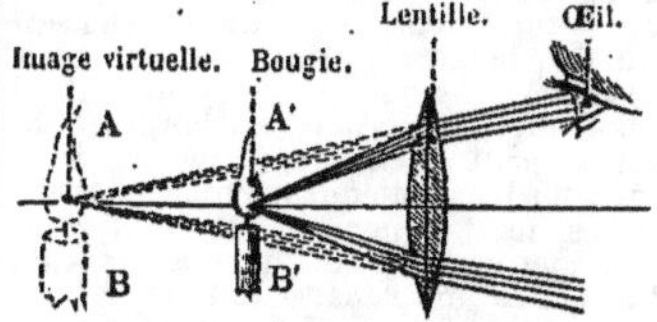

Loupe (marche des rayons lumineux). — La lumière partie de l'objet traverse la loupe et entre dans l'œil de l'observateur, qui croit voir l'objet en A' B' au lieu de AB.

Quand la loupe est montée sur un pied, on lui donne le nom de *microscope simple*.

loupe. — Tumeur développée sous la peau, et renfermant une matière grasse qui a la consistance du suif. Les loupes apparaissent surtout à la tête; elles ne sont ni douloureuses ni dangereuses, mais peuvent devenir très gênantes par leur volume. On peut les extraire par une opération chirurgicale.

loutres. — Les *loutres* sont des *carnivores digitigrades* analogues aux martres et aux putois. Mais elles diffèrent des autres carnivores par des caractères importants. Elles ont le corps très long, les jambes courtes, les pieds palmés, la queue très

Loutre d'Europe (longueur du corps, 0ᵐ,90).

robuste, aplatie horizontalement, les yeux gros, les oreilles courtes, les moustaches très fortes. Leurs pieds palmés leur permettent de plonger et de nager parfaitement. Ce sont des animaux essentiellement aquatiques, qui se nourrissent de poissons, qu'ils chassent pendant la nuit: le jour ils vivent dans des cachettes, sur les rives des cours d'eau. Leur peau est une fourrure précieuse, formée d'une bourre épaisse, délicate et d'un poil soyeux bien lustré.

La **loutre d'Europe** (*fig.*), la seule que nous possédions en France, est cependant relativement rare. Elle commet, dans les cantons qu'elle habite, des dégâts considérables ; elle amène rapidement le dépeuplement des cours d'eau et des étangs. Aussi lui fait-on une guerre acharnée. Elle est susceptible d'éducation ; elle prête son concours à l'homme et lui prend alors beaucoup de poissons. La longueur du corps peut atteindre 1 mètre, sans compter la queue qui a 30 centimètres. Après neuf semaines de gestation, elle met bas, en été, de 2 à 4 petits. La **loutre du Canada** diffère peu de celle d'Europe ; sa fourrure est plus estimée. La **loutre de mer**, plus grosse, qui vit sur les côtes septentrionales de l'océan Pacifique, donne une fourrure plus estimée encore.

lucane. — Voy **cerf-volant.**

luette. Prolongement du voile du palais, au fond de la bouche ; ce petit appendice musculaire se voit aisément quand on a la bouche grande ouverte (voir p. 433). Il est sujet à des inflammations qui constituent une des variétés du mal de gorge. Quand la

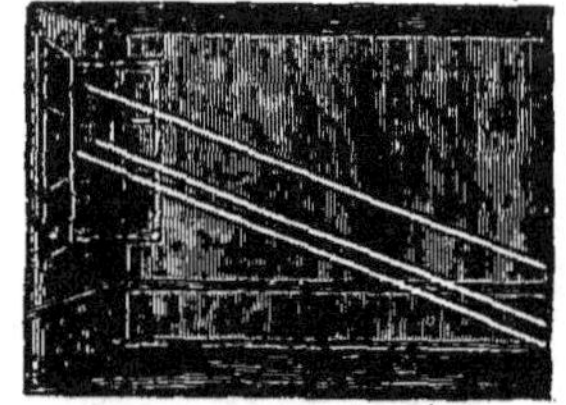

Quand la **lumière** du dehors entre dans une chambre par une petite ouverture, elle produit, sur un écran blanc placé dans la chambre, une image des objets extérieurs.

luette est trop longue, elle frotte la base de la langue et amène des envies de vomir, une toux fréquente ; on est alors quelquefois obligé de la couper.

lumbago. — Douleur dans la région des reins, sans enflure ni rougeur, qui rend tout mouvement extrêmement pénible ; survient par l'action d'un courant d'air froid, d'un effort considérable, d'un faux mouvement. C'est sans doute une sorte de névralgie des muscles des reins. On traite le lumbago par des bains de vapeur, des sinapismes, des ventouses, des frictions calmantes ; la maladie n'a pas de gravité.

lumière. — La lumière est la cause qui nous permet de voir les objets. On nomme *corps lumineux* (soleil, étoile, bougie) les corps qui envoient par eux-mêmes de la lumière ; *corps éclairés* ceux qui reçoivent des corps lumineux la lumière qui permet de les voir.

La lumière se meut en ligne droite (*fig.*) ; si, entre un corps lumineux et l'œil, on interpose un corps opaque, la lumière est interceptée. La rapidité

La **lumière** marche en ligne droite.

avec laquelle la lumière traverse l'espace est énorme ; elle fait à peu près 300 000 kilomètres par seconde. Un boulet de canon mettrait dix-sept ans pour aller au soleil, tandis que la lumière parcourt le même espace en huit minutes. L'oiseau le plus rapide, dans sa plus grande vitesse, mettrait près de 3 semaines à faire le tour de la terre ; la lumière fait le même chemin en moins de temps qu'il n'en faut à l'oiseau pour faire un seul battement d'ailes.

lumière électrique. — Voyez *éclairage électrique.*

lune. — La *lune*, qui éclaire souvent nos nuits, est un astre plus petit que la terre, et mort comme elle, c'est-à-dire non lumineux. Si la lune nous envoie de la lumière, c'est qu'elle la reçoit du soleil ; elle ne fait qu'envoyer autour d'elle une lumière qui lui vient d'ailleurs. Elle est située à une distance qui est à peu près 60 fois le rayon de la terre ; la lumière met un peu plus d'une seconde pour aller de la lune à la terre. La distance du soleil à la terre est 400 fois plus grande. Le rayon de la lune est à peu près le quart de celui de la terre ; son volume est 49 fois moindre (*fig.*).

La lune n'est pas immobile dans l'espace. Elle tourne sur elle-même en un peu plus de 27 jours. En même temps elle tourne autour de la terre, en un temps à peu près égal. La rotation de la lune autour de la terre nous la fait apparaître sous des aspects variables qui portent le nom de *phases de la lune*. La lune tourne autour de la terre en décrivant une grande circonférence indiquée sur la figure ;

La terre.   La lune.

Lune. — Grandeurs relatives de la lune et de la terre.

sur cette circonférence on a indiqué la lune dans plusieurs de ses positions successives. Quant au soleil, il est situé extrêmement loin, envoyant des rayons lumineux qui peuvent

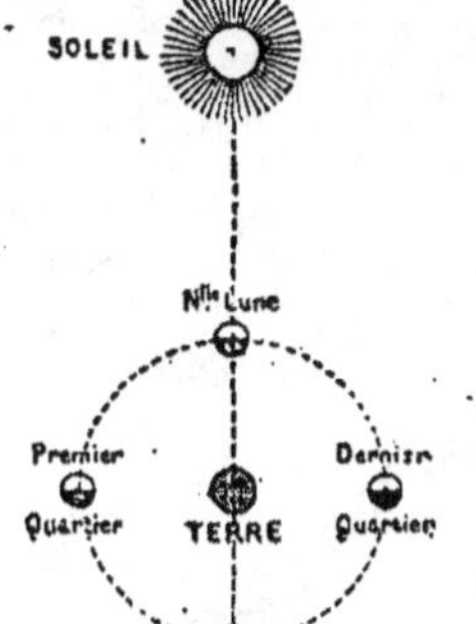

Lune. — La terre tourne autour du soleil et la lune autour de la terre.

être considérés tous comme parallèles entre eux. Dans chacune des positions de la lune, la portion de l'astre tournée vers le soleil est éclairée, la portion opposée est dans l'ombre.

Supposons la lune entre la terre et le soleil, elle est du côté de la terre où il fait jour, c'est-à-dire qu'elle est *levée* pendant le jour ; mais elle tourne vers la terre sa partie non éclairée ; elle ne sera donc pas visible : on est au moment de la *nouvelle lune*. Quelques jours après, la lune s'est déplacée, et on voit, de la terre, une petite portion de la partie éclairée par le soleil ; la lune apparaît alors sous la forme d'un *croissant*. Encore quelques jours, on la verra sous forme d'un demi-cercle, c'est le *premier quartier* ; puis enfin d'un cercle tout entier lumineux. A ce moment la lune est du côté

de la terre où il fait nuit ; c'est-à-dire qu'elle est *levée* pendant la nuit : on est à la *pleine lune*. Puis la lune décroîtra, apparaîtra de nouveau sous la forme d'un demi-cercle (*dernier quartier*), jusqu'au moment où elle sera revenue à son point de départ. La durée totale d'une *lunaison*, c'est-à-dire le temps que met la lune pour partir d'une phase et y revenir, est d'à peu près 30 jours, la durée de la lunaison dépasse la durée de la rotation de la lune autour de la terre, parce que, pendant une lunaison, la terre elle-même se déplace le long de son orbite autour du soleil.

La *nouvelle lune*, le *premier quartier*, la *pleine lune* et le *dernier quartier* sont ce qu'on appelle les *phases* de la lune. Quand le disque de la lune

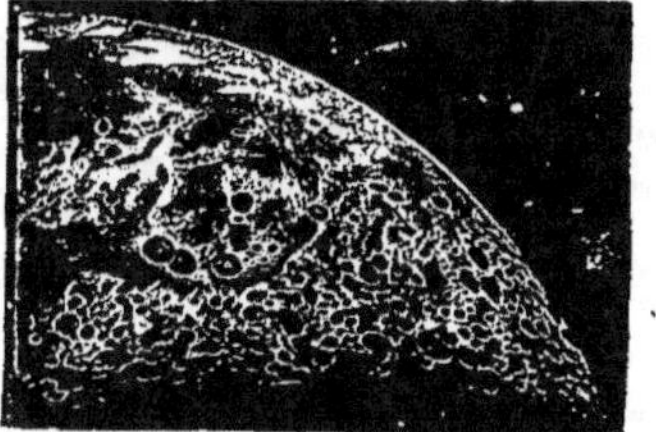

Lune. — *Les phases de la lune* : elles sont déterminées par les positions relatives de la terre, de la lune et du soleil.

ne se montre pas au complet, le bord regardant le soleil est celui qui con-

Lune. — L'aspect d'une portion de la lune, vue à la lunette d'approche.

serve toujours sa forme ronde ; celui qui change de forme d'un jour à l'autre est celui qui est opposé au soleil. Au moment de la nouvelle lune, l'astre se lève à 6 heures du matin pour se coucher à 6 heures du soir, puis il se lève chaque jour un peu plus tard, pour se lever, au moment de la pleine lune, à 6 heures du soir, et rester levé pendant la nuit (*fig.*).

Comme le soleil, la lune présente des taches, mais ces taches ont une forme toujours la même. Ces taches proviennent certainement, le télescope le montre avec netteté, d'immenses cavités qui existent à la surface de la lune, cavités qui sont éclairées par le soleil d'un côté, et qui de l'autre restent dans l'ombre. La surface de la lune est donc hérissée de montagnes d'apparence volcanique, excavées en cratère ; le centre du cratère est fréquemment occupé par un piton élevé ; ces montagnes, malgré les faibles dimensions de la lune, sont presque aussi élevées que les montagnes terrestres. A la surface de la lune, il n'y a ni air ni eau, et par suite, sans doute, ni vie animale ni vie végétale (*fig.*).

lune rousse. — Voy. rosée.

lunettes. — On nomme *lunettes* ou *bésicles* des instruments destinés à remédier à certains défauts de la vue (voy. **myopie, presbytie**).

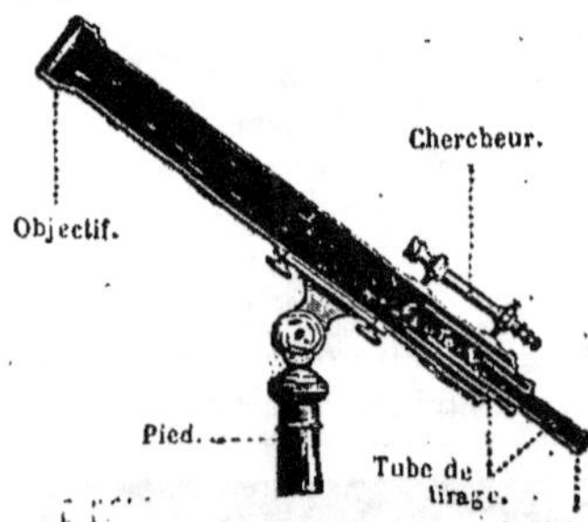

Lunette astronomique. — Une forte lunette astronomique a toujours un *champ* très petit, c'est-à-dire qu'elle n'embrasse à la fois qu'une très petite portion de l'espace ; il en résulte qu'on éprouve parfois des difficultés à la diriger exactement vers le point que l'on veut voir. Pour obvier à cet inconvénient, on adapte à la grosse lunette, une lunette plus petite nommée *chercheur*, dont le *champ* est plus étendu ; on regarde d'abord dans cette petite lunette pour lui donner, et pour donner par suite aussi à la grande la direction voulue.

On nomme encore lunettes des instruments destinés à regarder les objets situés très loin de nous, de façon à ce que nous les voyons comme s'ils étaient plus rapprochés. Il y en a de diverses espèces.

La **lunette astronomique** (*fig.*) est constituée par deux lentilles convergentes fixées aux extrémités d'un long tube en laiton ; la plus grande, nommée *objectif*, est tournée du côté de l'objet ; on regarde à travers la plus petite, nommée *oculaire*. L'objet étant placé à une grande distance de l'objectif, l'image qu'il s'en forme dans la lunette est très petite (voy. **lentilles**) ; c'est cette petite image qu'on regarde avec l'oculaire, comme avec une loupe. On voit ainsi l'objet, non pas plus gros qu'il n'est, mais plus gros qu'il ne nous paraît à la distance à laquelle il se trouve : l'effet de la lunette est de *rapprocher* l'objet. On règle la distance des deux lentilles, à l'aide d'un *tirage*, jusqu'à ce que la vision soit distincte. Avec la lunette astronomique on voit les objets renversés.

La **lunette terrestre** (*fig.*), ou *lunette d'approche*, n'a pas cet inconvénient ; outre les deux verres précédents, on en a ajouté un autre qui *redresse* l'image. Alors on voit les objets droits.

La **lunette de Galilée** (*fig.*), ou *lorgnette*, donne aussi des images droites, mais par une autre disposition des verres ; l'objectif est encore une *lentille* convergente, mais l'oculaire est une lentille divergente. La lunette de Galilée n'a qu'une très petite longueur quand on ne lui demande qu'un faible grossissement ; aussi est-elle d'un usage très commode. On la rend plus commode encore en la faisant double, pour qu'on puisse regarder en même temps par les deux yeux : elle porte alors le nom de *jumelles*.

Lunette de Galilée double, ou jumelles.

lupin. — Herbe annuelle de la famille des *papilionacées* ; les fleurs sont nombreuses, grandes, blanches, jaunes ou bleues, disposées en un épi terminal. On en connaît un grand nombre d'espèces différentes, dont plusieurs sont cultivées dans l'Europe centrale comme plantes fourragères (*fig.*). C'est surtout un bon aliment pour les brebis ; on le fait manger sur pied, à l'état vert ; ou bien on fait consommer ses graines. Enterré frais par un labourage, il constitue un excellent engrais vert.

Les graines de lupin étaient un aliment important pour les classes pauvres, au temps des Romains ; on les mange encore de nos jours dans le midi de l'Europe. En médecine on utilise la décoction de graines de lupin, qui est apéritive, diurétique, vermifuge. Enfin les tiges de lupin constituent un combustible, une litière

Lupin (hauteur, 0m,50).

pour les bestiaux; on en peut aussi tirer une matière textile grossière propre à la confection des cordes.

lut. — Composition analogue aux *ciments*, aux *colles*, aux *mastics*, destinée à maintenir l'adhérence entre deux solides, à fermer des jointures, à assurer une fermeture hermétique, ou l'imperméabilité aux liquides et aux gaz, à protéger un appareil de l'action du feu. Les compositions auxquelles on donne le nom de *lut* sont nombreuses, et chacune correspond à un usage particulier. Ainsi, en malaxant de l'argile avec un peu d'eau, de façon à avoir une pâte dure, on a un lut qui est souvent employé pour sceller un couvercle sur un creuset, pour entourer un ballon de grès que l'on veut préserver de l'action du feu. De même, en faisant fondre ensemble 4 parties de résine, une de cire et une de colcotar, on a un lut employé pour coller les métaux contre le verre.

luxation. — Déplacement de deux os qui, de ce fait, n'ont plus, l'un par rapport à l'autre, leur position normale; survient ordinairement à la suite d'un coup, d'un effort, d'un faux mouvement. La déformation du membre, l'impossibilité des mouvements normaux indiquent la luxation.

Le traitement, qui est chirurgical, consiste à remettre les os en place. Une traction puissante retire l'os de l'endroit où il s'est logé accidentellement, et le ramène au niveau de sa place habituelle; puis le chirurgien pousse l'os pour le rétablir dans son articula-

tion (*fig.*). Un *appareil* maintient ensuite pendant un temps assez long l'ar-

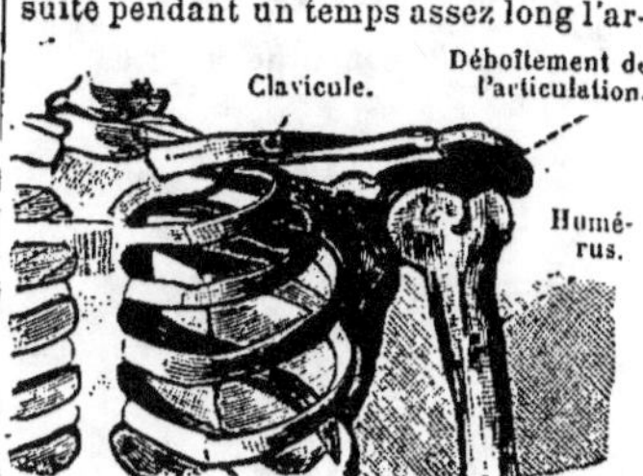

Luxation de l'épaule.

ticulation immobile. Une luxation négligée ne se remet pas seule et détermine des accidents plus ou moins

Traitement de la luxation.

graves; elle peut causer une infirmité permanente.

luzerne. — Herbe de la famille des *papilionacées*, cultivée comme fourrage; on la nomme *sainfoin* dans le midi de la France. On la cultive depuis le sud de la Perse jusqu'au nord de l'Allemagne, mais elle préfère cependant la chaleur; à mesure qu'on s'avance vers le nord on la remplace par le trèfle. On sème la luzerne en automne ou au printemps, dans un sol assez fertile; on a ainsi une *luzernière* qui fournit de bonnes récoltes de fourrages pendant plusieurs années (3 à 6 ans); dans le Midi, avec des arrosages, une luzernière donne jusqu'à huit coupes par an. Le plâtrage produit sur la luzerne d'excellents résultats.

La luzerne constitue un très bon

Luzerne, rameau fleuri (hauteur de la plante, 0m,50).

fourrage, qu'on fait consommer en vert ou à l'état sec (*fig.*).

Plusieurs végétaux parasites l'attaquent; le plus nuisible est la *cuscute*.

lychnide. — Herbe de la famille des *caryophyllées*, dont plusieurs espèces sont cultivées dans les jardins comme ornementales. Une espèce, plus souvent nommée *nielle*, est très commune dans les moissons, où on la considère comme une mauvaise herbe.

lycopodes. — Plantes *cryptogames* qui ressemblent assez à des mousses, mais qui ont des racines; elles sont de petite taille, la tige est couverte par les feuilles appliquées contre la surface. L'espèce la plus importante, *lycopode à massue*, croît dans les bois montueux, au milieu des bruyères humides; de distance en distance, on y trouve des renflements contenant une poudre jaune nommée *poudre de lycopode* ou *soufre végétal* qui est constituée par de nombreuses spores (voy. **cryptogames**).

Cette poudre est très combustible; on l'emploie en pharmacie pour entourer les pilules dont on veut empêcher l'adhérence; on l'utilise pour dessécher les excoriations produites par les frottements dans les plis de la peau des jeunes enfants ou des personnes trop grasses.

lymphe. — Liquide blanc contenu dans un système de vaisseaux appelés *vaisseaux lymphatiques*, répandus dans tout le corps. Ce liquide ne diffère du sang que par l'absence de globules rouges; il est constitué par du *plasma* (voy. **sang**), dans lequel flottent de nombreux globules blancs. Le réseau des vaisseaux lymphatiques est presque aussi important que celui des vaisseaux sanguins; cependant le rôle de la lymphe dans l'organisme n'est pas aussi bien connu que celui du sang. Il est à croire que la lymphe participe à la fonction de nutrition, tout comme le sang. Arrivés dans la *veine sous-clavière gauche*, elle se mêle au sang, dont elle renouvelle les matières nutritives. (voy. **vaisseaux lymphatiques**).

lymphangite. — Inflammation des vaisseaux lymphatiques, qui survient le plus souvent à la suite d'une plaie, et même d'une très faible excoriation. La *lymphangite* est caractérisée par une fièvre légère, une rougeur de la peau en lignes ondulées ou en plaques plus ou moins étendues; les ganglions lymphatiques se gonflent et deviennent douloureux; il existe un sentiment pénible de cuisson et de douleur. Elle est parfois suivie d'abcès. On traite par des cataplasmes, des compresses d'eau de sureau, des onctions mercurielles. La lymphangite est parfois une maladie grave, à terminaison fatale.

lynx. — Le *lynx* ou *loup-cervier* (*fig.*) est un félin très voisin du chat sauvage, mais sa taille est plus élevée. Longueur, 1m,20; queue, 0m,20; hauteur au garrot, 65 centimètres. Il pèse souvent plus de 30 kilos. Il est d'un gris roussâtre, avec des taches blanchâtres; la queue, bien fourrée, est courte; la pointe des oreilles est ornée d'une touffe de poils rapprochés en pinceau.

Lynx vulgaire (longueur, 1m,20).

Le lynx a une grande vigueur, et il est fortement armé par ses griffes et ses dents; il a la vue très perçante. C'est un animal très sauvage; on le rencontre seulement dans les forêts les plus retirées, dans les rochers solitaires. Habile à grimper, à sauter, il détruit la nuit une grande quantité de gibier; il chasse même le cerf, le chevreuil, le renne et l'élan.

Il tue souvent plus de gibier qu'il n'en peut manger, et fait ainsi beaucoup de mal. On n'en trouve plus en France ; il est rare dans l'Europe centrale, mais relativement commun dans l'Europe du Nord. La peau du lynx constitue une fourrure très belle et très estimée, quoique un peu raide : en Sibérie, une peau de lynx vaut trois peaux de martre zibeline. La chair de lynx est savoureuse. On connaît plusieurs espèces de lynx, peu différentes du lynx vulgaire d'Europe.

M

mâche. — La *mâche* ou *doucette* est une plante potagère de petite taille, qu'on mange crue, en salade. Elle pousse spontanément dans un grand nombre de terrains. Celle qu'on cultive dans les jardins a des feuilles plus grandes. C'est une salade précieuse, qu'on peut récolter pendant tout l'hiver, car elle ne craint pas la gelée (*fig.*).

Mâche ou doucette.

machine à coudre. — Instrument qui permet de coudre beaucoup plus rapidement qu'à la main (*fig.*). Une aiguille reçoit, par l'intermédiaire d'une pédale, un rapide mouvement de haut en bas et de bas en haut. Chaque fois qu'elle descend elle traverse l'étoffe à

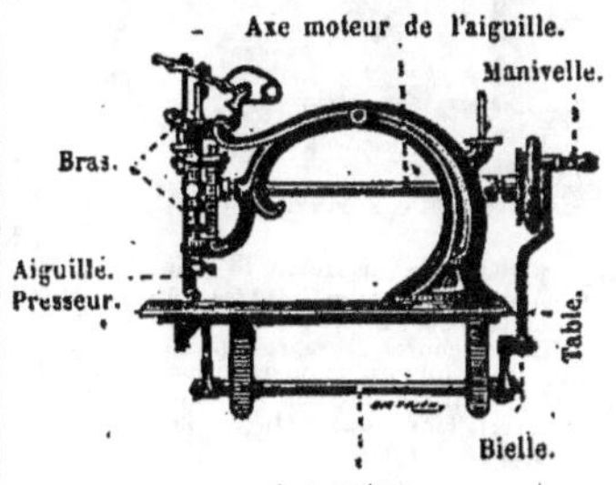

Petite machine à coudre fonctionnant
à la main.

Machine à coudre à pédale.

coudre, disposée sur une table percée d'une ouverture ; le fil que porte l'aiguille forme, sous l'étoffe, une boucle dans laquelle passe un second fil, qui arrête le point. D'ailleurs les détails du mécanisme sont très variables d'un système de machine à l'autre.

Les premières machines à coudre datent du commencement du siècle ; elles ont été grandement perfectionnées depuis cette époque et sont actuellement extrêmement répandues ; elles rendent les plus grands services, par la rapidité et la régularité de leur travail. Certaines machines actuelles, au lieu d'être mises en mouvement par le pied, sont munies d'un petit moteur électrique.

machines à vapeur. — L'eau chauffée en vase clos produit de la vapeur qui exerce sur les parois du vase une pression qui dépasse 10, 15, 20 kilogrammes par centimètre carré ; cette pression est utilisée, pour produire du travail, dans les *machines à vapeur*.

La première machine à vapeur a été construite, en 1690, par le Français Denis Papin ; elle a été successivement perfectionnée par Savery, Newcomen, Cowley, Potter et James Watt.

Principe de la machine à vapeur. — Une chaudière chauffée produit de la vapeur à une forte pression ; cette vapeur arrive dans un cylindre dans lequel se trouve un piston mobile ; elle pousse ce piston avec une grande force, et le fait avancer dans le cylindre. Quand le piston est à l'extrémité

MACHINES A VAPEUR

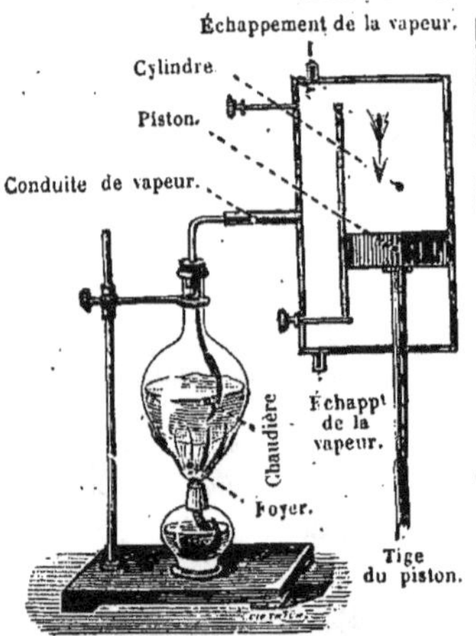

Figure théorique indiquant le principe de la *machine à vapeur*. — Dans la position de la figure, la vapeur arrive *au-dessus* du piston, et le fait descendre. La vapeur qui était *au-dessous*, par suite du coup de piston précédent, sort par le tuyau inférieur d'échappement qui est ouvert, tandis que le tuyau supérieur d'échappement est fermé.

Chaudière à bouilleurs (coupe transversale). — La chaleur du foyer chauffe d'abord la partie inférieure des bouilleurs, puis passe dans les carnaux et vient chauffer la chaudière elle-même.

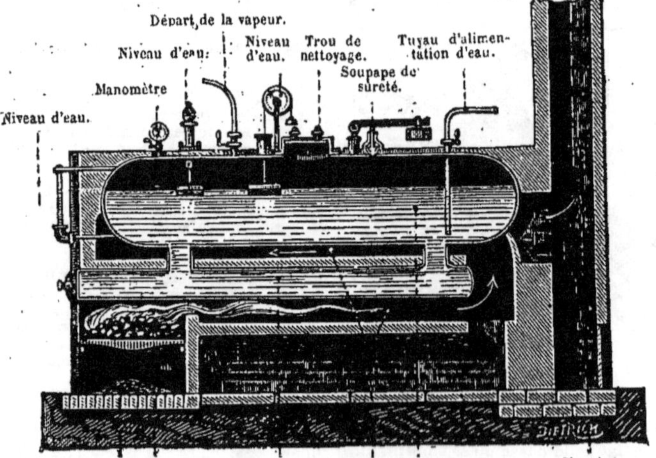

Chaudière à bouilleurs (coupe longitudinale). — Des flèches indiquent comment la flamme et les gaz chauds venant du foyer circulent dans les carnaux avant de sortir par la cheminée d'appel.

du cylindre, la vapeur est envoyée sur l'autre face et elle repousse le piston en

Une machine à vapeur se compose donc de trois parties essentielles : la

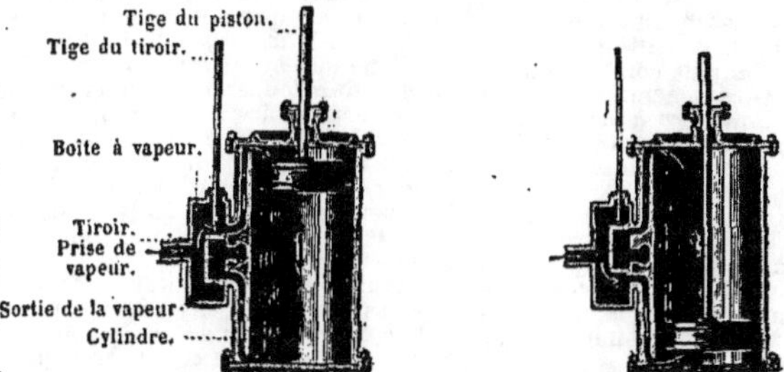

Mécanisme de distribution de la vapeur. — Dans la première figure, la vapeur arrive dans la *boîte à vapeur*, passe par le canal supérieur et arrive *au-dessus* du piston, qu'elle fait descendre. Pendant ce temps, la vapeur qui se trouve dans le piston sort par le canal inférieur et se rend au dehors par la *sortie de vapeur*. Dans la seconde figure, le tiroir s'est un peu élevé, par suite de la marche même de la machine ; la vapeur arrive *sous* le piston et le fait monter.

sens inverse. Le piston va ainsi alternativement dans un sens et dans

chaudière, qui produit la vapeur ; le *cylindre* avec son *piston*, que la va-

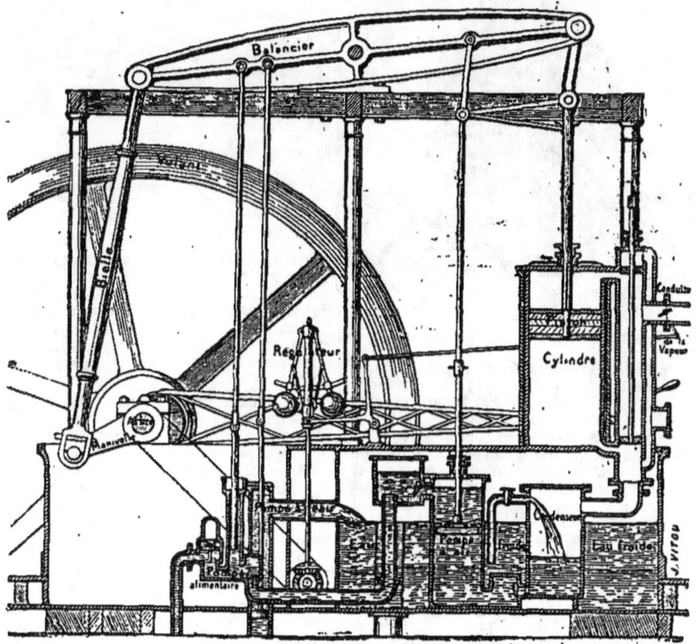

Machine à vapeur. — Détail des pièces d'une machine à *balancier*.

l'autre, avec une force qui sert à produire un effet utile.

peur met en mouvement, et le *mécanisme de transmission*, destiné à utiliser la force que la vapeur communique au piston.

Chaudière. — La chaudière doit être construite de façon à utiliser le mieux possible la chaleur de combustion du charbon. Pour les machines fixes on se sert de la *chaudière à bouilleurs;* pour les machines qui doivent être transportées, de la *chaudière tubulaire.*

Souvent les chaudières font explosion par suite de la pression trop forte de la vapeur intérieure; ces explosions causent des accidents graves. Les explosions sont dues à l'usure de la chaudière **ou à la trop grande chaleur**

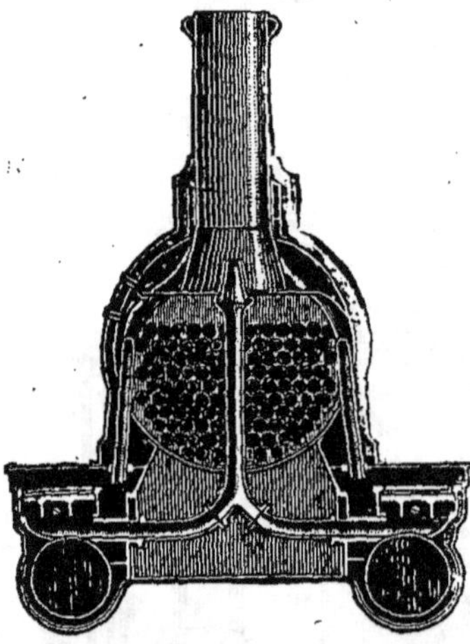

Chaudière tubulaire (coupe transversale).

du foyer. D'autres fois l'explosion provient de ce qu'on a laissé l'eau baisser trop dans la chaudière; les parois ont rougi au-dessus du niveau liquide; si alors on ajoute de l'eau, cette eau vient toucher les parois rouges, il y a une trop forte production de vapeur, et une explosion. Enfin l'explosion peut provenir des dépôts calcaires qui incrustent les parois de la chaudière (voy. **caléfaction**). On obvie en partie à ces dangers en munissant la chaudière d'appareils de sûreté : un *manomètre* métallique indique à chaque instant la pression; une *soupape de sûreté* produit un sifflement quand la pression est trop forte, une autre soupape produit un sifflement quand le niveau de l'eau baisse dans la chaudière.

Mécanisme moteur. — La vapeur venant de la chaudière se rend dans le cylindre, et agit sur le piston. Une disposition ingénieuse, nommée *tiroir*, distribue la vapeur de façon qu'elle se rende, d'elle-même, alternativement sur l'une ou l'autre face du piston, de façon à lui donner un mouvement de va et vient. Grâce à cette disposition, la machine marche d'elle-même aussi longtemps qu'on lui donne de la vapeur. Le *tiroir*, qui doit distribuer la vapeur sur les deux faces du piston, est mis en mouvement par une pièce nommée *excentrique.*

Quant à la vapeur qui a servi à repousser le piston, elle s'échappe dans l'air à chaque coup de piston, ou bien elle se rend dans un *condenseur* plein d'eau froide, où elle se condense immé-

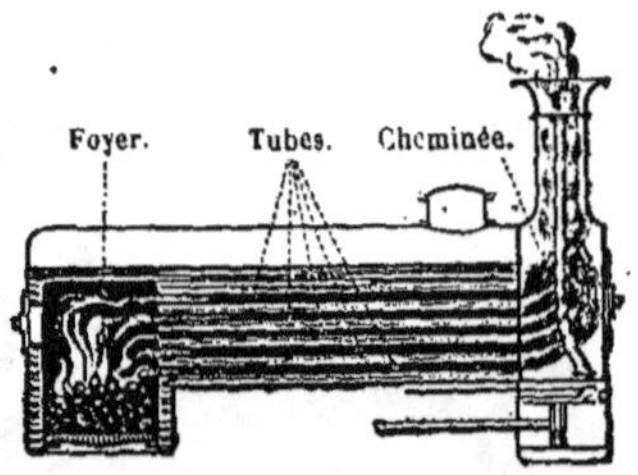

Chaudière tubulaire (coupe longitudinale). — De nombreux tubes traversent la chaudière, allant du foyer à la cheminée. La flamme passe dans ces tubes et les chauffe fortement ; l'eau qui les entoure est ainsi rapidement réduite en vapeur.

diatement. D'autres fois elle se rend dans un second cylindre et agit sur un second piston, en se détendant de manière à prendre une pression moins forte que sa pression primitive, mais encore capable de produire un effet utile : on a alors une machine à *détente.*

Mécanisme de transmission. — La pression de la vapeur communique au piston un mouvement alternatif de haut en bas et de bas en haut; mais dans la plupart des applications de la machine à vapeur, on a besoin d'un mouvement de rotation. Le mécanisme de transmission a justement pour but de transformer le mouvement de va et vient du piston en un mouvement de rotation. Le plus simple des mouvements de transmission se compose d'une *bielle*, articulée à la tige du piston, qui fait tourner une *manivelle* fixée à l'axe qu'on veut faire tourner (*fig.*). Le mouvement de rotation est régularisé par le *volant*, grande roue entraînée avec l'axe et qui, par sa grande masse, ne peut éprouver, dans sa vitesse de rotation, que des modifications lentes. Le *régulateur à force centrifuge*, en manœuvrant une soupape qui règle l'arrivée de la vapeur, est un autre organe de régularisation.

Dans la *locomotive* (voir page 454), la plus importante de toutes les machines à vapeur, la bielle et la manivelle sont directement appliquées à l'un des essieux, qu'elles font tourner. Le mouvement de rotation de cet essieu et des roues auxquelles il est fixé, détermine la progression de la machine le long des rails.

Puissance de la machine à vapeur. — La quantité de travail que peut effectuer une machine à vapeur est proportionnelle à la pression de la vapeur, à la surface du piston, à la longueur du cylindre et au nombre de coups de piston donnés en une minute. Une machine est appelée à *basse pression*, à *moyenne pression* ou à *haute pression*, suivant le degré de pression de la vapeur. Cette pression n'est jamais inférieure à 1ᵏ,5 par centimètre carré, ni supérieure à 8 kilogrammes. L'unité dont on se sert pour évaluer la puissance des machines à vapeur se nomme le *cheval-vapeur*.

machines d'induction. — Les machines d'*induction* sont destinées à produire des courants électriques par l'influence, ou induction, d'un autre courant ou d'un aimant qui se déplace dans le voisinage d'un fil conducteur. La *bobine de Ruhmkorff* est peut-être la plus simple des machines d'induction, mais elle a peu d'importance (*fig.*).

On divise les machines d'induction

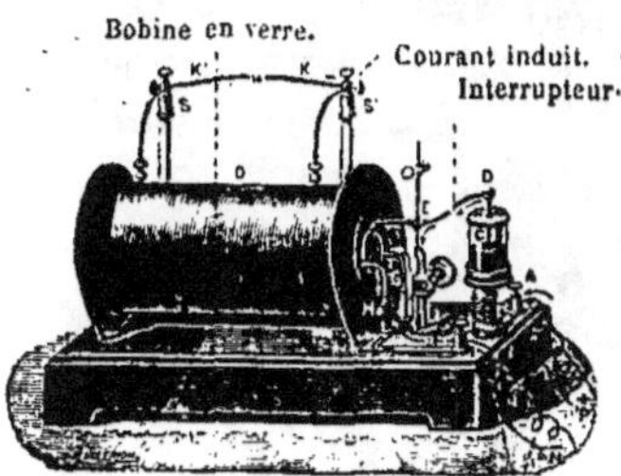

Bobine de Ruhmkorff. — O, bobine en verre sur laquelle sont enroulés les fils inducteur et induit. Le courant inducteur circule suivant A B C D E F G H I. Le fer doux qui est au milieu de la bobine s'aimante. Le courant induit produit des étincelles qui jaillissent entre les fils KK' attachés aux bornes SS'.

aujourd'hui employées en machines *magnéto-électriques* et *machines dynamo-électriques*.

Dans les **machines magnéto-électriques** on a un fil métallique (entouré d'une matière isolante) qui s'enroule sur un noyau métallique de forme variable; le système formé par ce fil métallique et son noyau tourne sur lui-même avec une grande rapidité, entre les deux pôles d'un aimant puissant; on a donc (voy. **induction**) un aimant et un fil métallique qui changent constamment de position, l'un par rapport à l'autre, ce qui développe des courants d'induction dans le fil. Les machines de ce système sont nommées *magnéto-électriques*, parce que l'électricité y résulte de l'induction par un aimant, c'est-à-dire de l'induction magnétique.

Les **machines dynamo-électriques** ne diffèrent des premières qu'en ce que l'aimant y est remplacé par un *électro-*

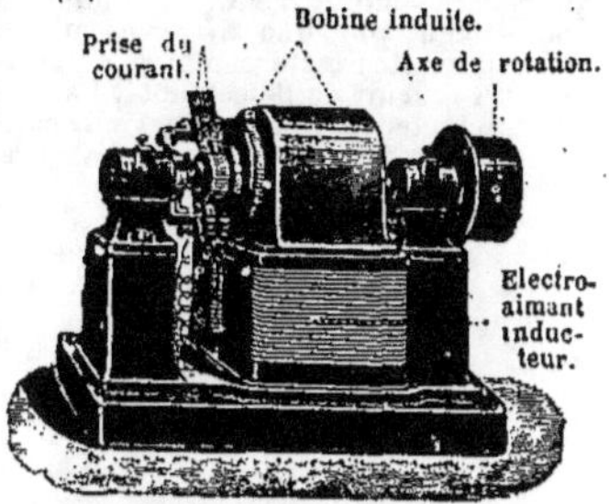

Machine dynamo-électrique. — Le courant est produit par la bobine induite qui tourne rapidement sur elle-même.

aimant. Comme les électro-aimants sont plus puissants que les aimants, les machines dynamo-électriques sont plus puissantes que les machines magnéto-électriques.

Parmi les machines d'induction, citons les machines de Gramme, d'Edison, de Siémens.

De ces machines, les unes sont à *courant continu*, c'est-à-dire fournissent un courant constant, toujours de même sens, comme le ferait une forte pile. Les autres sont à *courants alternatifs*, comme la bobine de Ruhmkorff, c'est-à-dire donnent des courants qui changent de direction un grand nombre de fois par seconde. Selon le but à atteindre, on préfère les machines à courant continu, ou celles à courants alternatifs.

Les machines d'induction fournissent l'électricité à bien meilleur marché que les piles, et elles ont permis l'extension d'un grand nombre d'applications importantes, et surtout de la *lumière électrique*. Dans les piles, on use du zinc, de l'acide sulfurique, du sulfate de cuivre, etc. (voy. **piles**); avec les machines d'induction, la dépense est dans la force qu'il faut déployer pour faire tourner la machine; dans l'industrie, cette force est fournie par une machine à vapeur; la dépense est donc dans le charbon que l'on brûle, et cette dépense de charbon est bien moindre que celle du zinc dans les piles.

Réversibilité des machines d'induction. — Les machines d'induction ont une propriété précieuse, elles sont *réversibles*. Cela signifie que si on fait tourner une machine d'induction, elle donne de l'électricité, mais que si, inversement, on donne de l'électricité à une machine d'induction, elle se met à tourner. Supposons, par exemple, qu'une machine d'induction, placée près d'une chute d'eau, soit mise en mouvement par une *turbine* placée dans la chute; cette machine d'induction va fournir de l'électricité. Par des fils conducteurs, faisons parvenir cette électricité à 20 kilomètres de distance, et faisons-la circuler dans une seconde grande distance, là où on aura besoin de l'utiliser. C'est là une propriété qui permettra d'employer un jour un grand nombre de forces naturelles, actuellement sans application utile.

machines électriques. — On désigne sous ce nom tous les appareils susceptibles de fournir de l'électricité d'une manière régulière. L'*électrophore*, la *pile*, les *machines dynamo-électriques* et les *machines magnéto-électriques* sont des machines électriques. Mais le mot *machine électrique* est surtout réservé à des machines qui produisent l'*électricité* par frottement ou par influence.

Dans la **machine de Ramsden** un plateau de verre tourne entre quatre coussins frotteurs, et se charge d'électricité positive. Du plateau, cette électricité agit sur des cylindres de laiton supportés par des pieds de verre; ces cylindres s'électrisent par influence, et on en peut tirer des étincelles (*fig.*).

Les **machines de Holtz**, de **Bertsch**, de **Carré** sont préférées aujourd'hui, parce qu'elles sont moins encombrantes

Machine électrique de Ramsden. — Le *plateau*, en tournant, s'électrise par frottement contre les *coussins*. Son électricité va, par l'intermédiaire des *peignes*, s'accumuler sur les *cylindres*. L'*électromètre* sert à mesurer la charge de la machine.

machine, pareille à la première; cette seconde machine se mettra aussitôt à tourner, et produira ainsi une force motrice utilisable.

On peut donc, par ce moyen, prendre la force d'une chute d'eau, et la transporter, au moins en partie, à une et plus puissantes. L'électricité y est toujours développée d'abord par frottement, puis par influence.

mâchoires. — Les *mâchoires* (ou *maxillaires*) sont des os dans lesquels sont implantées les *dents*; à cet effet chaque mâchoire est creusée de petites cavités ou *alvéoles*, dans lesquelles s'enfoncent les racines. La mâchoire supérieure est fixe, soudée au reste du crâne.

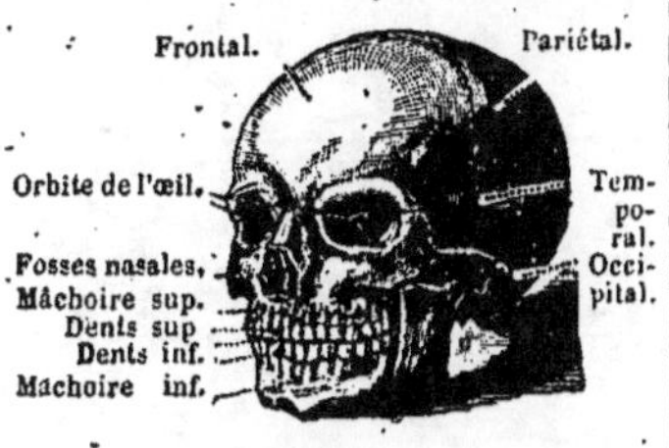

Les mâchoires.

La mâchoire inférieure a la forme d'un fer à cheval ; ses deux extrémités sont articulées aux os temporaux ; elle est mise en mouvement par de nombreux

la bouche : il y a *luxation*. La luxation survient à la suite d'un choc ou d'un bâillement très prolongé ; de là l'expression « bâiller à se décrocher la mâchoire ». Cet accident est ordinairement sans gravité.

macre. — La *macre*, ou *châtaigne*

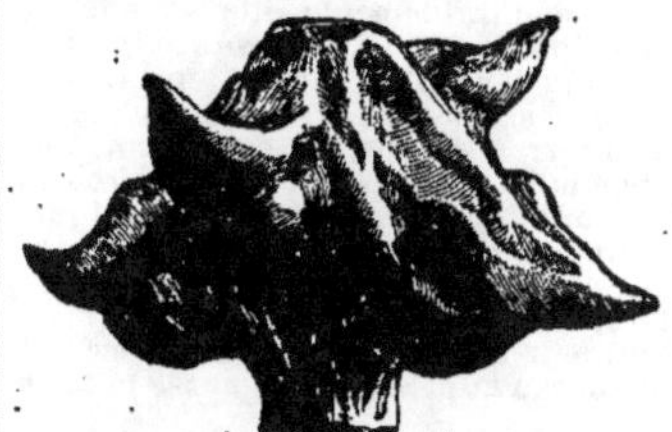

Fruit de la macre (grosseur naturelle).

d'eau, *marron cornu*, est une herbe aquatique qu'on trouve dans les eaux

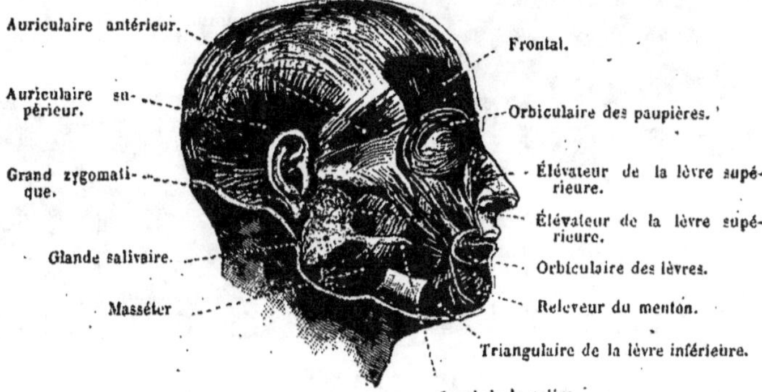

Les muscles qui meuvent les mâchoires.

muscles ; dans ces mouvemen's, la mâchoire va de haut en bas et de bas en haut, et aussi un peu d'avant en arrière et de droite à gauche, ce qui fait une sorte de mouvement de rotation très favorable au broiement des aliments (*fig.*).

Dans certaines maladies, la mobilité de la mâchoire inférieure semble perdue ; on dit qu'il y a *contracture* ; l'alimentation du malade devient très difficile. D'autres fois la mâchoire inférieure se désarticule, ses deux extrémités sortent des cavités du crâne dans lesquelles elles sont normalement enfoncées, et il devient impossible de fermer

dormantes de l'ouest de la France. Le

Macre ou châtaigne d'eau.

fruit, de forme irrégulière, est comestible ; on le mange cru ou cuit. Les feuilles et les fruits servent de nourriture aux bestiaux ; les feuilles constituent un bon engrais (*fig.*).

macreuse. — Oiseau *palmipède* de la famille des *canards*, presque complètement noir. La macreuse est un oiseau de mer, dont le vol n'est ni élevé ni continu ; mais elle plonge et nage admirablement ; elle se nourrit principalement de mollusques (*fig.*).

On la rencontre surtout en grandes bandes sur les étangs des côtes de la Méditerranée ; elle est également très abondante dans les contrées froides du nord de l'Europe et de l'Amérique. Il lui arrive fréquemment de s'éloigner des côtes pour nicher sur les bords des lacs, des marais. D'ailleurs, malgré la lourdeur de son vol, la macreuse est un oiseau migrateur, qui passe la belle

Macreuse (long. : 0m,52).

saison dans les régions septentrionales et vient, l'hiver, se fixer dans nos climats plus tempérés. La chair des macreuses est dure et peu estimée ; l'Église en permet l'usage, comme de celle du poisson, les jours de maigre.

madrague. — Vaste labyrinthe de filets en sparterie, dans lequel on prend dans la Méditerranée les gros poissons de passage, et particulièrement le thon. La madrague est installée à demeure ; elle peut donner pendant une saison (de mars à juillet) plus de 15 000 thons. On cite des pêches dans lesquelles une seule madrague a pris pour quinze mille francs de thon en un seul jour.

madrépores. — Animaux *rayonnés* vivant en grand nombre sur un pied calcaire ; chaque animal est analogue à l'*anémone de mer*. Les madrépores abondent surtout dans les mers chaudes ; et leurs colonies, amoncelant leurs nids calcaires sur le fond de l'Océan, finissent par élever des îles, des récifs, auxquels on donne le nom de récifs de *coraux*. Mais, en réalité, les madrépores qui édifient ces récifs diffèrent notablement du *corail* qui

Madrépores (Récifs de coraux).

nous fournit la substance employée sous ce nom en bijouterie (*fig.*).

magnésie. — Voy. magnésium.

magnésium. — Métal blanc, ductile, malléable, peu tenace ; c'est le plus léger des métaux usuels. Il brûle très aisément quand on l'enflamme, en répandant une lumière éblouissante, accompagnée d'abondantes fumées

La **combustion du magnésium** produit une vive lumière.

blanches (*fig.*). On le retire du *chlorure de magnésium*, qu'on extrait lui-même en abondance des eaux de la mer.

On se sert du magnésium pour produire une vive lumière utilisée pour faire des signaux nocturnes, et aussi pour photographier en l'absence de la lumière solaire.

Quelques composés dans lesquels entre le magnésium ont de l'importance.

La *magnésie*, combinaison de l'*oxygène* et du *magnésium*, est employée en médecine contre les aigreurs d'estomac. La *magnésie blanche*, ou *carbonate de magnésie*, sert aux mêmes usages. Le *sulfate de magnésie* se rencontre dans les eaux d'Epsom (Angleterre), de Sedlitz (Bohême); il est purgatif; on le désigne souvent sous les noms de *sel d'Epsom* ou de *sel de Sedlitz*.

magnétisme animal. — Ensemble des procédés par lesquels on peut provoquer chez une personne un sommeil artificiel accompagné de *somnambulisme*, de *catalepsie*, d'*anesthésie*. D'après Mesmer, l'action exercée par l'opérateur sur l'opéré était due à l'action d'un *fluide magnétique* passant du premier au second. Cette théorie est aujourd'hui complètement abandonnée. Quant aux faits avancés par les partisans du magnétisme animal, ils renfermaient beaucoup de vérité et beaucoup de charlatanisme. La science a, de nos jours, étudié le sommeil provoqué et lui a donné le nom d'*hypnotisme*; les effets observés sont eux-mêmes assez extraordinaires pour qu'on n'y ajoute pas les faits. mensongers qui n'ont jamais servi qu'à exploiter la crédulité publique, telles que vision à distance, connaissance des maladies . et des remèdes, prévision de l'avenir.

magnolia. — Arbre cultivé surtout pour l'ornementation. Il craint les gelées un peu fortes, mais prospère très bien dans le sud et le sud-ouest

Magnolia (hauteur, 8ᵐ).

de la France. Le *magnolia à grandes fleurs* atteint 30 mètres de hauteur. Le bois de différentes espèces est employé en ébénisterie (*fig.*).

maigre. — Grand poisson qu'on trouve sur toutes les côtes de France. Corps long, tête forte, bouche médiocrement fendue; dos gris, ventre gris argenté. Atteint parfois 2 mètres de longueur. C'est un poisson de passage. Sa chair est délicate, quoiqu'on en fasse actuellement peu de cas en France..

maillechort. — Cet alliage, appelé aussi *pacfong, cuivre blanc, alfénide*, est formé de 62 0/0 de cuivre, 20 0/0 de zinc et 18 0/0 de nickel. Il est blanc comme l'argent, mais beau-

coup plus dur que ce métal; il ne se ternit pas très rapidement à l'air.

main. — Voy. **bras**.

maïs. — Le *maïs*, appelé aussi *ble d'Espagne, blé de Turquie* (*fig.*), a

Maïs, tige fleurie (A, fleurs à étamines; B, fleurs à pistil qui donneront l'épis de maïs).

été importé d'Amérique en Europe au commencement du xvrᵉ siècle. Cette plante demande pour mûrir une tem-

Épi de maïs.   Grain de maïs (grosseur naturelle).

pérature assez élevée; en France on la cultive surtout dans le Midi; plus au

Nord on la fait manger en vert par les bestiaux.

Le maïs demande pour prospérer un bon terrain et une fumure assez abondante. On sème au printemps, quand les gelées tardives ne sont plus à craindre ; la maturité arrive en août ou septembre. La dessiccation des épis exige des précautions minutieuses quand le climat n'est pas très sec.

L'égrenage se fait à la main, dans les veillées d'hiver, ou bien au fléau, ou encore à l'égrenoir mécanique.

Le pain de farine de maïs lève mal et est indigeste. Dans les contrées où on le consomme, en France et en Italie, on mélange la farine de maïs par moitié avec celle du seigle et du blé. La farine de maïs pure, délayée dans l'eau, forme une pâte qui constitue la *polenta* du Piémont, les *gaudes* ou *miliasses* en France. Les graines de maïs sont utilisées pour engraisser les volailles. Enfin de grandes quantités de cette céréale sont employées à la fabrication de l'alcool. Les sortes de feuilles qui entourent les épis servent à faire des paillasses.

malachite. — Substance minérale constituée par une combinaison de *carbonate de cuivre* et *d'oxyde de cuivre* hydraté. On la trouve en assez grandes masses dans les monts Ourals. Cette pierre, d'une belle coloration verte, susceptible d'être parfaitement polie, sert à fabriquer des objets de grand luxe destinés à l'ornementation, tels que vases, dessus de table et de cheminée, socles de pendule.

malaria. — Nom que les Italiens donnent aux effluves pernicieuses qui se dégagent des contrées marécageuses et produisent les fièvres intermittentes nommées *fièvres paludéennes*. Il semble certain aujourd'hui que la malaria est constituée par un *microbe* qui se dégage des terrains marécageux, reste en suspension dans l'air, et de là pénètre dans l'organisme humain.

malléabilité. — Propriété que possèdent certains corps, et principalement les métaux, d'être réduits en lames minces sous le marteau ou entre les cylindres du *laminoir*. Les corps non malléables, ceux qui se brisent sous l'action du marteau ou du laminoir, sont dits *cassants* ; le *cuivre*, l'*argent*, l'*or*, s'aplatissent et s'étendent sans se rompre ; au contraire l'*antimoine*, le *marbre*, se brisent et ne s'étendent pas. L'ordre décroissant de malléabilité des principaux métaux usuels est le suivant :

or, argent, cuivre, aluminium, étain, plomb, zinc, platine, fer, cobalt, nichel.

malvacées. — Plantes *dicotylédones dialypétales* à corolle et à étamines fixées à un réceptacle commun, ovaire libre ; plantes herbacées ou arborescentes, feuilles alternes à nervures palmées, avec stipules, fleurs régulières, calice muni d'un calicule, cinq pétales un peu soudés à la base, étamines nombreuses à une seule loge

Malvacées (exemple *mauve*).

soudées par leurs filets (*fig.*). Plantes d'ornement ; plusieurs espèces contiennent des substances mucilagineuses qui les font employer en médecine comme adoucissantes (mauve, guimauve, rose trémière) ; une espèce a une grande importance industrielle (coton).

mamelles. — Les *mamelles* sont les organes sécréteurs du lait ; leur existence sert à caractériser toute une classe d'animaux vertébrés, la classe des *mammifères*. Ce sont des glandes dont les parties actives, celles qui sécrètent le lait, sont en forme de grappe de raisin ; les conduits de toutes ces grappes se réunissent en un canal unique qui conduit le lait à l'extérieur. Le lait, comme toutes les autres sécrétions, est retiré du sang par les glandes.

Le nombre des mamelles est variable, mais toujours en rapport avec celui des petits. Elles diffèrent quant à leur situation ; elles sont *pectorales*, c'est-à-dire sur la poitrine, dans le singe ; *inguinales*, c'est-à-dire entre les membres postérieurs, dans la vache, la jument, la brebis, ... ; *abdomi-*

nales, c'est-à-dire placées sur le ventre, dans les animaux qui ont plusieurs petits, comme la chienne, la truie.

mammifères. — Tout animal qui a la peau couverte de poils, qui fait ses petits vivants et les nourrit avec le lait de ses mamelles est un mammifère. Cependant, parmi les mammifères, les *cétacés* n'ont que des poils fort rares. Les autres caractères communs à tous les mammifères sont d'abord ceux des vertébrés; l'appareil digestif est complet, avec une bouche munie de dents, un œsophage, un estomac, des intestins, un foie et un pancréas; le sang est rouge et chaud, le cœur est à quatre cavités comme celui de l'homme, deux ventricules et deux oreillettes; là respiration est pulmonaire. Tous les mammifères, sauf quelques mammifères marins, ont quatre membres qui servent à la locomotion. On a décrit à peu près 2 300 espèces de mammifères actuellement vivantes, mais il n'en existe peut-être pas beaucoup plus d'une centaine en France, en y comprenant les cétacés qui fréquentent les côtes.

Les animaux de la *classe* des mammifères ont été divisés en un certain nombre d'*ordres* (nous laisserons l'homme en dehors) (*fig.* p. 476-477).

1° **Singes** ou **primates** ou **quadrumanes**, ayant aux quatre membres le pouce opposable aux autres doigts (gorille, chimpanzé, gibbon, macaque, ouistiti, ...);

2° **Lémuriens**, ayant encore quatre mains, mais avec quelques doigts armés de griffes (maki, galéopithèque, ...);

3° **Chauves-souris** ou **chéiroptères**, munis de sortes d'ailes membraneuses qui leur permettent de voler (vespertillion, oreillard, ...);

4° **Insectivores**, mammifères non munis d'ailes, qui se nourrissent d'insectes (taupe, hérisson, musaraigne, ...);

5° **Carnivores**, qui se nourrissent principalement de viande (ours, chien, loup, renard, chat, lion, phoque, ...);

6° **Rongeurs**, qui se nourrissent de végétaux (lièvre, marmotte, écureuil, castor, rat, ...);

7° **Proboscidiens**, de grande taille, à nourriture végétale, possédant une trompe (éléphant);

8° **Porcins**, également herbivores, mais sans trompe (sanglier, hippopotame);

9° **Jumentés** (rhinocéros, cheval).

10° **Ruminants**, animaux herbivores munis d'un estomac multiple; ils avalent d'abord la nourriture après lui avoir fait subir un commencement de mastication, puis ramènent les aliments à leur bouche pour les mâcher à nouveau et les avaler enfin définitivement (bœuf, cerf, mouton, chèvre, chameau, ...);

11° **Edentés**, presque complètement dépourvus de dents (paresseux, tatou, tamanoir, ornithorynque);

12° **Marsupiaux**, munis d'une poche dans laquelle ils abritent leurs petits (kanguroo);

13° **Cétacés**, ou mammifères à forme de poisson, vivant constamment dans l'eau (baleine, dauphin, marsouin).

mammouth. — Espèce d'éléphant, d'une taille bien supérieure à celle de nos éléphants actuels, qui a disparu, sans doute depuis un grand nombre de siècles. On en trouve d'abondants restes, à l'état fossile, en Sibérie, à l'embouchure des grands fleuves qui se jettent dans l'océan Glacial arctique.

Le *mammouth* se distinguait par une longue crinière qui lui descendait jusqu'aux genoux; ses défenses, que l'on exploite aujourd'hui comme une mine abondante d'ivoire, pesaient jusqu'à 200 kilogrammes. La hauteur de l'animal atteignait 7 mètres. En

Mammouth (hauteur, 6ᵐ).

1799 on a découvert, conservé dans les glaces de la Léna, en Sibérie, un mammouth entier, avec sa peau, ses poils et sa chair; il était là depuis des milliers d'années (*fig.*).

mancenillier. — Arbre de la famille des *euphorbiacées*, qu'on rencontre dans les régions tropicales de l'Amérique du Sud. Cet arbre renferme dans toutes ses parties un suc laiteux qui est un poison très violent; le fruit, assez semblable à une pomme d'api, est également toxique, quoique à un moindre degré. Le *mancenillier* semble n'avoir aucun usage; son bois même n'est pas bon à brûler; aussi en poursuit-on au Brésil la destruction, qui sera sans doute bientôt complète.

LES DIVERS ORDRES DE MAMMIFÈRES

Quadrumanes (ex. : gorille, haut. : 2ᵐ).

Lémuriens (ex. : maki, haut. : 0ᵐ,3).

Chauves-souris (ex : chauve-souris vulgaire).
(Long. : 0ᵐ,07

Insectivores (ex. : hérisson, long. : 0ᵐ,25).

Carnivores (ex. : li n, haut. : 1ᵐ).

Rongeurs (ex. : écureuil, long. : 0ᵐ,25).

LES DIVERS ORDRES DE MAMMIFÉRES

Proboscidiens (ex. : éléphant, haut. : 5m).

Porcins (ex. : hippopotame, haut., 1m,70).

Jumentés (ex. : rhinocéros, haut. : 1m,50).

Ruminants (ex. : cerf, haut. : 1m,50).

Édentés (ex. : tatou, long. : 0m,53).

Marsupiaux (ex. : kanguroo, long. : 1m,20).

Cétacés (ex. : marsouin, long. : 1m,60).

manchot. — Oiseau *palmipède* plongeur, incapable de voler. Se trouve dans les mers du Nord. Longueur 33 centimètres (*fig.*).

Manchot.
(Long., 0ᵐ,33).

mandarinier. — Petit arbuste du genre *citronnier* cultivé dans toute l'Europe méridionale. En France on le cultive en Provence, à Nice et en Algérie; il est plus rustique que l'oranger et donne ses fruits plus tôt. Le fruit est petit, avec la forme d'une pomme; la peau est peu épaisse et a une odeur forte, assez peu agréable. Mais le fruit a une saveur très sucrée et très agréable; les fruits verts sont confits dans des sirops sucrés. Les *mandarines* sont l'objet d'un commerce considérable.

mandragore. — Herbe de la famille des *solanées* qui pousse abondamment dans les contrées méridionales de l'Europe; elle a une grosse racine, de laquelle part un bouquet de grandes feuilles. Toute la plante est vénéneuse, et a les propriétés de la belladone, à un degré plus marqué.

manganèse. — Métal gris bleuâtre, dur, cassant, difficilement fusible. Il n'a pas d'usages par lui-même; le fer qui renferme du manganèse est plus blanc, plus dur, et susceptible de donner de meilleur acier.

Parmi les composés du manganèse qui ont des usages se trouve le *bioxyde de manganèse*, combinaison de manganèse et d'oxygène, minerai naturel qui intervient dans la préparation industrielle du *chlore* et des *fers* riches en manganèse.

manglier. — Arbrisseau qu'on rencontre sur les côtes de l'Océan, dans les régions tropicales de l'Amérique. On utilise son fruit pour la préparation d'une boisson fermentée, et son écorce pour le tannage des cuirs.

mangouste. — Les *mangoustes* sont des *carnivores* analogues aux civettes, mais dépourvus de poche anale. Elles ont aussi les mêmes mœurs, le même régime (rats, insectes, œufs, ...); on les trouve dans les contrées chaudes de l'ancien continent. La plus connue des mangoustes est la *mangouste ichneumon* (*fig.*) ou *rat des Pharaons*, ancien animal sacré des Égyptiens. Sa forme est allongée, son pelage d'un gris verdâtre, ses doigts à demi palmés. La longueur du corps est de 65 centimètres; celle de la queue de 50 centimètres; sa hauteur au garrot de 15 centimètres seulement; mais elle est assez trapue. Elle chasse le jour, attaque les mammifères même assez gros, comme le lièvre, et surtout les oiseaux, les serpents, les lézards, les

Mangouste ichneumon (long. du corps, 0ᵐ,65).

insectes, les vers; elle mange même les fruits. Sur les ichneumons, autrefois si honorés des Égyptiens, on racontait un grand nombre de fables ridicules. Aujourd'hui ce respect a disparu, et les Égyptiens le poursuivent à outrance à cause de ses rapines.

manie. — L'une des formes de la *folie*, caractérisée par la surexcitation générale des facultés intellectuelles et une extrême mobilité dans les affections. Cette maladie arrive progressivement; ses causes sont celles de la folie en général (Voy. **folie**); elle se rencontre aussi comme conséquence de l'alcoolisme, de l'épilepsie, de la paralysie générale, etc.

Le maniaque parle et agit beaucoup, mais il parle sans suite et agit sans motifs; il a des hallucinations et est en apparence insensible à la douleur; son sommeil est agité; il devient souvent furieux et est alors fort à craindre.

Cette sorte de folie n'est pas incurable; sous l'influence d'un traitement approprié, l'agitation diminue, le malade a conscience de sa maladie, puis la raison revient; mais le plus souvent il y a des rechutes, après des mois et même des années d'une guérison apparente. (Voy. **monomanie** et **folie**.)

manioc. — Petit arbrisseau de la famille des *euphorbiacées*, cultivé dans les contrées chaudes des deux mondes (*fig.*). Les racines servent à faire une farine alimentaire qui a une grande importance dans ces contrées. On en fait plusieurs préparations diverses : ainsi le *tapioca* est de la fécule de manioc qu'on a séchée sur des plaques chauffées à 100°, après

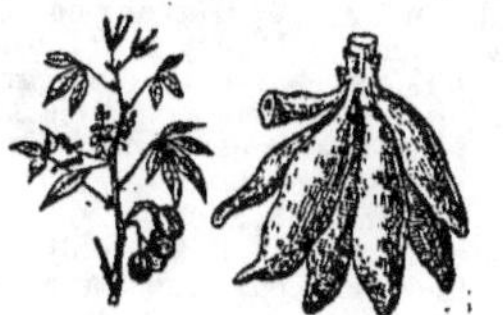

Manioc, rameau et racines (hauteur de la plante, 1ᵐ).

l'avoir humectée d'eau. Avec la racine du manioc on fait aussi une boisson fermentée.

manne. — On donne ce nom à divers sucs provenant de plusieurs végétaux.

La *manne* proprement dite des pharmaciens nous vient de Sicile et de Sardaigne ; elle s'écoule de deux sortes de frênes, sur lesquels on pratique des incisions. C'est un purgatif énergique. La *manne* de Briançon, venant des feuilles du mélèze, est moins purgative.

On s'est demandé ce qu'était la *manne des Hébreux*. C'est peut-être le suc qui s'écoule du *tamarin*, mélange de sucre et de dextrine, que l'on mange encore en guise de miel ; cette opinion est d'autant plus vraisemblable que le tamarin croît en abondance dans les contrées traversées par les Juifs dans leur passage de l'Egypte en Palestine. Mais peut-être aussi est-ce une substance toute différente qui, à plusieurs reprises, depuis le commencement de ce siècle, est tombée en pluie en Asie Mineure, substance dont les habitants se sont servis pour faire du pain. Cette dernière substance est un *lichen* dont la croissance est extrêmement rapide ; il peut se faire qu'il soit arraché, par le vent, des steppes dans lesquels il pousse, et porté avec la pluie à une grande distance ; il est plus probable que la pluie en apporte seulement les germes, et qu'il se développe ensuite avec une grande rapidité.

manomètre. (grec : *manos*, rare, *métron*, mesure). — Le *manomètre* est un instrument destiné à mesurer la pression d'un gaz ou d'une vapeur renfermé dans un espace clos. Le seul manomètre réellement employé aujourd'hui dans l'industrie est le *manomètre métallique (fig.)*. Il est fondé sur le même principe que le baromètre métallique. Un tube flexible est enroulé sur lui-même. Une de ses extrémités, qui est ouverte, communique avec le réservoir ; l'autre extrémité, fermée, porte une aiguille mobile

devant un cadran divisé. Quand l'air comprimé pénètre dans ce tube, la pression qu'il exerce intérieurement tend à dérouler la spirale et à faire marcher l'aiguille vers la droite ; quand la pression cesse, l'aiguille revient à sa position primitive. Cet appareil est peu encombrant et peu fragile.

Les indications des manomètres se comptent tantôt en *centimètres*, tantôt en *kilogrammes*. On dit que la pression d'un gaz est de 25 centimètres, quand ce gaz est capable de soutenir, dans un tube analogue à celui de Torricelli (voy. **baromètre**), une hauteur de mercure de 25 centimètres. Une pression de 76 centimètres s'appelle une *atmosphère*. Quand on dit que la pression

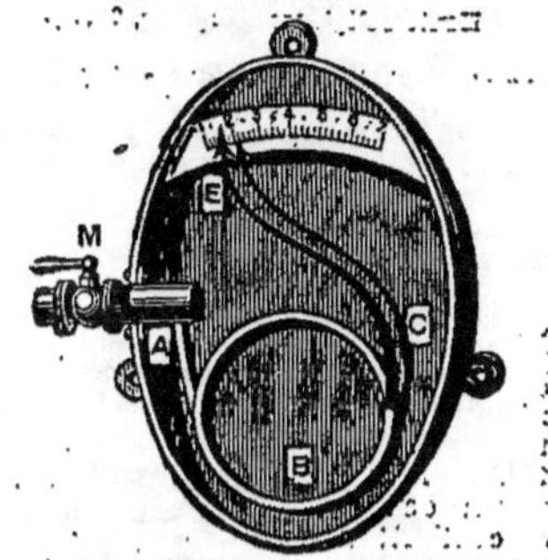

Manomètre métallique. — La vapeur entre par le robinet M, et se répand dans le tube A B C, qui est contourné en spirale. La pression fait détordre plus ou moins la spirale, et déplace par suite l'aiguille E le long de la graduation.

de la vapeur d'une chaudière est de 6 atmosphères, cela signifie que cette pression serait capable de soutenir une colonne de mercure haute de 6 fois 76 centimètres.

Si au contraire on dit que la pression est de 6 kilogrammes, cela veut dire que chaque centimètre carré de la chaudière supporte, de la part de la vapeur, une pression de 6 kilogrammes. Les nombres qui expriment la pression en *atmosphères* sont peu différents de ceux qui l'expriment en *kilogrammes*, puisqu'une pression de 76 centimètres, c'est-à-dire d'une atmosphère, équivaut à 1 kil. 033 par centimètre carré. (Voy. **pression atmosphérique**.)

mante. — Insecte *orthoptère* caractérisé par un corps très allongé et par une première paire de pattes très développées, nommées pattes ravisseuses. Les mantes sont carnassières et saisissent leur proie avec ces pattes ;

elles se tiennent à l'affût pendant des heures entières pour saisir les petits animaux qui passent à leur portée. Ainsi à l'affût, elles ont une attitude qui ressemble à celle de la méditation ou de la prière, de là les. noms de

Mante religieuse (longueur, 0ᵐ,05).

mante religieuse, mante sainte (*fig.*), données aux diverses espèces. Pondent leurs œufs dans un amas gommeux contre les pierres ou sur les buissons.

maquereau. — Poisson au corps allongé, très arrondi, aux dents aiguës, aux colorations vives; les écailles, excessivement petites, semblent être perdues dans la peau (*fig.*). Se trouve dans toutes les mers d'Europe; plus répandu dans l'Océan que dans la Méditerranée. Sa taille maximum est de 50 centimètres, avec un poids d'un kilogramme. C'est

Maquereau (long., 0ᵐ,40).

un poisson de passage sur nos côtes; on le pêche surtout en mai. Chair agréable. Le maquereau est un poisson de grande pêche sur les côtes de France, d'Angleterre et des Etats-Unis.

marbre. — Le *marbre* est une pierre *calcaire*, la plus dure de toutes. Il est susceptible d'un beau poli, ce qui permet de l'employer dans la décoration et dans l'ameublement. Sa beauté est encore accrue par de vives colorations. Les *marbres statuaires* sont généralement blancs; leur cassure est grenue et brillante comme celle du sucre (*marbre saccharoïde*). Les plus estimés sont ceux de Carrare (Italie) et de Paros (Grèce). Sa France possède, dans les Pyrénées, dans le département de l'Isère et en Algérie, des marbres statuaires assez beaux. Les autres marbres, aux couleurs variées, ont au contraire une cassure unie, terne. Le marbre noir de Namur, le marbre noir largement veiné de blanc du département de l'Ariège, le marbre rouge antique, le marbre *griote* brun avec des taches rouges, le marbre vert, sont fort recherchés.

Le marbre *lumachelle* est le plus répandu en France; il a des couleurs diverses, mais on le reconnaît toujours à ce qu'il est parsemé d'un grand nombre de débris de coquilles.. Les marbres se trouvent dans presque toutes les chaînes de montagnes (Italie, Belgique, France).

On donne au marbre le poli, sans lequel il ne serait pas plus beau qu'une pierre ordinaire, en frottant la surface avec des poudres dures, de plus en plus fines.

marcottage. — Procédé de reproduction des plantes, qui consiste à coucher dans la terre un rameau sans

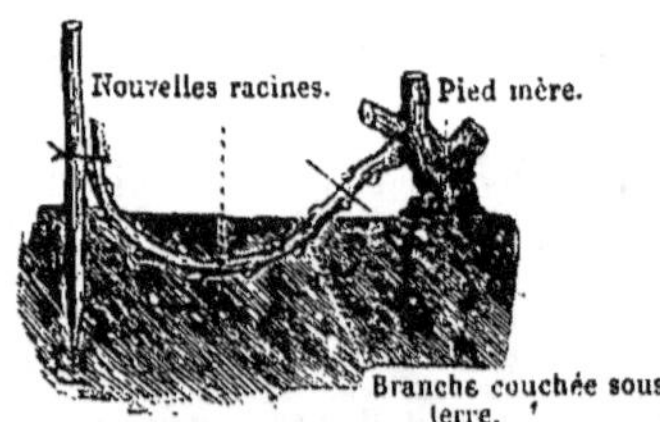

Marcottage de la vigne.

le séparer du végétal et à recouvrir de terre le milieu du rameau ainsi couché; des racines se développent sur la partie qui est en terre; lorsqu'elles sont bien formées, on sépare le nouveau

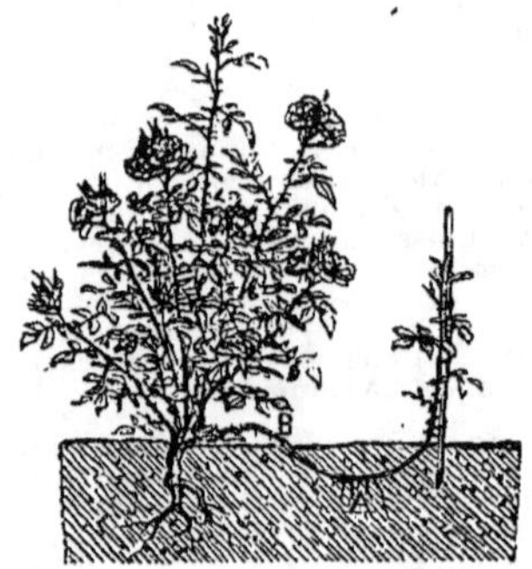

Marcottage du rosier.

végétal du pied mère. Ce procédé de multiplication donne naissance, comme le *bouturage*, à des plantes dont tous les caractères sont identiques à ceux de la plante dont elles sortent; il est donc parfaitement propre à propager les variétés des plantes culti-vées (*fig.*).

marées. — Les marées sont des mouvements de la mer qui se produi-sent à des intervalles réguliers. Pen-dant 6 heures 12 minutes 37 secondes, le *flot* ou *flux* monte; puis pendant un temps égal, le *jusant* ou *reflux* des-cend; et le mouvement de hausse recommence. Il y a donc à peu près deux mers hautes et deux mers basses par jour. Mais comme la durée totale de ces deux marées est plus grande que 24 heures (exactement 24 heures 50 minutes 18 secondes), il en résulte que l'heure de la marée haute retarde chaque jour de 50 minutes et 28 se-condes.

Le temps (6 heures 32 minutes 37 secondes) qui s'écoule entre la mer haute et la mer basse suivante est précisément le quart du temps que met la lune, dans son mouvement autour de la terre, pour partir du méridien d'un lieu et y revenir (il s'agit du mou-vement apparent de la lune, dû à la fois à la rotation de la terre sur elle-même et à la rotation de la lune autour de la terre). Il y a donc une concordance certaine entre la marée et la position de la lune. C'est l'*attraction* (voy. **gravitation universelle**) de la lune qui attire les eaux du côté où se trouve l'astre, et les fait par suite baisser aux points qui sont à angle droit par rap-port à ceux-là; le calcul montre d'ail-leurs que la marée doit monter aussi au point de la terre opposé à celui qui est tourné vers la lune. L'attraction solaire produit aussi des marées, mais moindres que les marées lunaires. A l'époque de la pleine lune, la lune, la terre et le soleil étant en ligne droite (voy. **lune**), les marées lunaires s'a-joutent aux marées solaires : on a de fortes marées. Au contraire à l'époque du premier et du dernier quartier, les

Marées. — Figure théorique très simplifiée montrant les déplacements de la mer à la surface de la terre, sous l'influence de la lune.

marées solaires tendent à détruire l'effet des marées lunaires, on a de petites marées (*fig.*).

Par suite de l'obstacle que les îles et les continents opposent au mouvement des eaux, les marées ne s'observent pas partout exactement aux heures déduites de la position de la lune; il

se produit, d'une côte à l'autre, des retards considérables.

Dans les mers libres la hauteur de la marée n'est jamais très considé-rable; mais dans certains golfes, sur certaines côtes où les passages sont étroits, l'élévation est plus grande; à Saint-Malo les grandes marées attei-gnent 20 mètres de hauteur.

Les mers intérieures, les lacs n'ont pas de marées, ou des marées très faibles.

margarine. — Sorte de *beurre artificiel* préparé avec du suif. L'appa-rence de la margarine est tout à fait celle du beurre, mais le goût n'est pas aussi délicat. C'est un produit sain, dont le plus grand défaut est de trop facilement servir à la falsification du vrai beurre.

En chimie le mot *margarine* a un autre sens. C'est un corps gras neutre, combinaison de glycérine et d'acide margarique (Voy. **corps gras**). La mar-garine se rencontre dans la plupart des huiles et des graisses, dans le beurre.

margarique (*acide*). — Acide gras contenu dans la *margarine*. Entre, avec l'*acide stéarique*, dans la compo-sition des bougies.

marguerite. — Plusieurs plantes de la famille des composées portent le nom vulgaire de marguerite. D'abord la *petite marguerite* ou *pâquerette*; qui fleurit pendant presque toute l'an-née dans les prairies, les pâturages, on a obtenu par la culture de nom-breuses et charmantes variétés de cette espèce; la *reine-marguerite*, à

Reine-marguerite des jardins (hauteur très variable).

tige relativement élevée, avec une fleur plus grande, dont les diverses variétés sont un des plus beaux ornements de nos jardins (*fig.*); la *grande margue-rite des prés*, à la tige élevée, aux larges fleurs.

Mariotte (*loi de*). — Voy. **élasticité**.

marjolaine. — Plante de la famille des *labiées*, cultivée dans les jardins à cause de la douce odeur que répandent toutes ses parties au moindre froissement. Elle pousse spontanément en France dans les coteaux secs, au bord des haies, dans les champs. La

Marjolaine (hauteur, 0m,40).

marjolaine est employée en médecine comme aromatique et excitante. On lui donne souvent le nom d'*origan* (*fig.*).

marmotte. — La *marmotte vulgaire* (*fig.*) est un mammifère *rongeur* dont le corps est court et ramassé, la tête grosse, la lèvre supérieure pourvue d'une barbe épaisse ; les incisives sont longues et fortes. La robe est jaune et gris roux le long du dos, brune sous le cou, les poils sont épais et grossiers. La longueur du corps est de 45 centimètres.

Elle ne se rencontre qu'en Europe, habite les hautes régions des Alpes, les Pyrénées et les Carpathes, à la limite des neiges éternelles. Elle vit dans des terriers qui lui servent de

Marmotte vulgaire.
(Longueur, 0m,15).

refuge pour l'hibernation. Quand arrive la mauvaise saison, les marmottes se réunissent en petites bandes dans leurs terriers, préalablement remplis d'herbe fine, et s'endorment d'un sommeil profond, qui dure jusqu'au commencement du printemps. La nourriture de la marmotte consiste en feuilles, racines, herbes, fruits ; tantôt elle broute comme le lapin, tantôt elle tient, comme l'écureuil, ses aliments dans ses pattes de devant.

La marmotte est difficile à prendre, à cause des régions élevées dans lesquelles elle se trouve constamment. C'est le lapin des grandes montagnes, sa chair est délicate ; sa graisse est excellente ; sa peau sert à confectionner des pelleteries grossières, mais durables.

Plusieurs autres espèces de rongeurs se rapprochent beaucoup de la marmotte commune par leur forme, leur mode d'existence.

marnage. — Le *marnage*, ou adjonction de marne comme *amendement* à la terre, produit surtout de bons effets dans les terres trop sablonneuses. Pour *marner* une terre, on conduit la marne sur le terrain en automne, autant que possible ; on l'y dépose en tas régulièrement espacés.

Le marnage.

Elle passe l'hiver en cet état et se délite sur place, sous l'influence des pluies et surtout des gelées. Au printemps, on la répand uniformément à la surface des champs, et on la mélange avec la terre par un labour (*fig.*).

marne. — La *marne* est constituée par un mélange de *calcaire* et d'*argile*, avec diverses autres substances en moindre quantité ; ce mélange se délite sous l'influence des alternatives de sécheresse et d'humidité. Les marnes constituent des terrains complètement infertiles, mais elles sont avantageusement employées en agriculture pour l'amendement des terres sablonneuses. (Voy. **marnage**.) On trouve des marnes en France à peu près partout.

maroquin. — Cuir généralement très fin, très souple, presque toujours teint, fabriqué avec des peaux de chèvres ou de boucs. Les faux maroquins sont faits avec des peaux de mouton ou de veau. C'est du Maroc que nous est venu l'art de fabriquer le maroquin. Le *tannage* se fait par les procédés ordinaires, mais on remplace l'écorce de chêne par la noix de galle. Après le tannage on procède à la teinture en diverses nuances. Après la teinture on frotte avec un peu d'huile de lin, on lustre et on fait un *grain artificiel*, en faisant passer sur la peau un rouleau cannelé, qui rend la surface rugueuse. Le *cuir de Cordoue* est un maroquin plus fort, qui a conservé un grain naturel.

marronnier. — Le *marronnier d'Inde* (*fig.*) est un grand arbre dont le fruit est constitué par une capsule verte hérissée de pointes, et renfermant une ou deux graines (marrons d'Inde).

Marronnier d'Inde. — Rameau fleuri et fruit (hauteur de l'arbre, 20ᵐ).

Cultivé surtout pour embellir les parcs et les avenues. Le bois est médiocre pour les constructions comme pour le chauffage. Le marron n'est pas alimentaire, mais on en extrait de l'amidon employé comme apprêt dans la fabrication des étoffes.

Mars. — *Planète* dont la distance au soleil est une fois et demie celle de la terre ; son volume est un septième de celui de la terre, la durée de sa

Grandeurs comparées de la **Terre** et de la planète **Mars.**

révolution est de deux ans. Elle nous apparaît comme une étoile brillante à coloration rouge. Le télescope montre sur Mars des taches et des rayures régulières dont l'explication est encore

à trouver. Comme la terre, la planète Mars possède une atmosphère, et sans doute de l'eau et des glaces polaires ; c'est par suite la planète qui ressemble le plus à la terre (*fig.*).

marsouin. — Mammifère marin de l'ordre des *cétacés*, très commun sur nos côtes, où il cause de graves dommages ; il fait en effet une guerre sans trêve à un grand nombre de poissons, faisant fuir en particulier les bancs de harengs et de sardines ; il

Marsouin (longueur, 2ᵐ).

lui arrive souvent de déchirer les filets des pêcheurs. Ce cétacé remonte assez souvent les fleuves jusqu'à une grande distance de la mer, mais il n'y séjourne pas. On le pêche surtout dans les régions polaires, à cause de l'huile assez abondante qu'il fournit ; sa chair, d'ailleurs, est comestible, quoique d'un goût peu agréable (*fig.*).

marsupiaux. — Les *marsupiaux* forment un ordre de mammifères parfaitement caractérisés. Leurs mamelles sont situées au fond d'une poche ventrale (*poche marsupiale*) où les petits sont introduits après leur naissance et restent suspendus aux tétines de leur mère, pendant un temps plus ou moins long, pour achever leur développement. Ils sont propres à l'Australie, sauf une seule espèce, la sarigue, qu'on trouve en Amérique.

En dehors du caractère commun de

Loup à bourse (grosseur du chacal).

la poche marsupiale, les animaux de cet ordre forment un grand nombre d'espèces très différentes les unes des autres.

Le **loup à bourse** (*fig.*), de la taille du chacal, ressemble à un chien comme aspect ; il est carnassier, et il cause de grands dégâts dans les régions qu'il habite. Le **sarcophile** ursieu, plus petit, est également carnassier, très sauvage et très vorace. Le **tapoa-tafa** est gros comme un rat, carnassier; il passe partout et cause de grands ravages dans les poulaillers : il est extrêmement malfaisant. D'autres espèces du même genre sont plus petites encore.

La **sarigue** (*fig.*) a une forme bien différente comme aspect. Elle se nourrit de plantes, mais aussi d'insectes, d'œufs, d'oiseaux, de mollusques. Selon les espèces, la taille varie de celle du chat à celle d'une souris. La femelle porte 25 jours ; les petits, comme chez tous les marsupiaux, naissent incomplètement

Sarigue (grosseur du chat).

formés et continuent à se développer dans la poche marsupiale. L'opossum est la plus grande des sarigues ; sa taille est celle du chat domestique ; il a une queue préhensible qui lui sert pour se tenir sur les arbres ; il fait une grande destruction de gibier et de volailles. La peau de l'opossum est une bonne fourrure. Les

Kanguroo (poids 100 kil.).

kanguroos (*fig.*) sont les plus grands marsupiaux et les plus singuliers. Tout le haut du corps est petit, la partie postérieure, les membres postérieurs, la queue sont au contraire très développés. Les longues jambes de derrière leur permettent de sauter avec une extrême rapidité, et de faire des bonds prodigieux. Le régime est herbivore. Ce sont des animaux plus utiles que nuisibles ; leur chair est savoureuse, aussi cherche-t-on à acclimater le kanguroo en France.

Un nombre énorme d'espèces existent, que nous n'avons pas citées. On trouve chez les marsupiaux une série de formes presque aussi variées que dans tous les autres mammifères réunis.

martinet. — Oiseau *passereau*

très voisin de l'hirondelle ; il est complètement noir, avec une gorge blanche. Ses mœurs, ses habitudes le rapprochent de l'hirondelle tout autant que sa forme. Il se nourrit exclusivement d'insectes, dont il fait une énorme

Martinet commun (longueur totale, 0ᵐ,20 ; envergure, 0ᵐ,38).

consommation. Mais, tandis que l'hirondelle fait la guerre aux insectes qui volent le jour, le martinet dévore surtout ceux du crépuscule (*fig.*).

martin-pêcheur. — Oiseau *passereau*; très beau avec son dos bleu, son bec et ses pattes rouges. Longueur 0ᵐ,18 ; mais il est relativement assez gros, car sa queue est très courte. Se trouve sur le bord des cours d'eau ;

Martin-pêcheur (longueur totale, 0ᵐ,20).

niche dans les trous des berges ; 5 ou 6 œufs. Il se nourrit de poissons, qu'il prend en volant au ras de l'eau, et même en plongeant (*fig.*).

martre. — Les *martres* sont des *mammifères carnivores* de petite taille, au corps svelte et allongé, aux jambes courtes et douées d'une grande agilité. Ce sont des animaux très nuisibles. La **martre commune** (*fig.*) a une longueur

Martre commune (longueur du corps, 0ᵐ,36; queue, 0ᵐ,27).

de 36 centimètres, avec une queue de 27 centimètres. On la rencontre un peu en France ; plus commune dans le nord de l'Europe et l'Amérique septentrionale. Son pelage est brun avec une tache jaune sous la gorge. Elle répand une odeur désagréable provenant d'une liqueur sécrétée par deux glandes situées près de l'anus. Elle fait 3 ou 4 petits au printemps. Très sauvage, très vive, très carnassière, elle donne la chasse aux rats, aux mulots, aux reptiles, mais elle détruit aussi en quantité les lapins, les lièvres, les œufs des oiseaux et les oiseaux eux-mêmes qu'elle va surprendre la nuit sur les arbres. Elle ne s'approche pas des habitations. Sa fourrure est très recherchée, surtout celle des variétés qui habitent le nord de l'Europe, de l'Asie et de l'Amérique; la plus estimée est celle de la **martre zibeline**, qui habite la Sibérie.

mascaret. — Le *mascaret* ou *barre* est constitué par le *flux de marée* qui remonte de l'océan dans l'*estuaire* des fleuves. Il se produit une sorte de lutte entre le courant descendant et le

Le mascaret à Caudebec.

flux montant, de laquelle résulte une vague qui remonte le courant avec une grande vitesse, mettant parfois en péril les petites embarcations. Le mascaret est fort surtout aux époques des grandes marées (Seine, en particulier).

mastication. — Un des premiers actes de la digestion; les aliments sont soumis à l'action des dents, qui les coupent, les broient et en même temps les mélangent à la salive. Les lèvres, les joues, la langue interviennent dans la mastication en repoussant constamment les aliments sous les dents. Le broiement est aidé par les différents mouvements de la *mâchoire* inférieure, mouvements de haut en bas, d'avant en arrière et de droite à gauche.

mastic. — Composition analogue aux *ciments*, aux *colles*, aux *luts*, destinée à maintenir l'adhérence entre deux solides, à boucher des jointures, à assurer une fermeture hermétique, ou l'imperméabilité aux liquides et aux gaz, à protéger un appareil de l'action du feu. Il existe un grand nombre de recettes de mastics, chacun étant plus particulièrement propre à tel ou tel usage.

Ainsi pour coller la pierre, les métaux, le bois, boucher les fentes, on se sert du mastic à la chaux et à la gélatine. On l'obtient en mélangeant intimement 1 partie de *fromage frais et maigre*, 1 partie de *chaux éteinte*, et 3 parties de *ciment* en poudre; on doit préparer ce mastic au moment de s'en servir, et l'employer de suite.

De même le mastic des vitriers est un mélange d'*huile de lin* et de *céruse*; on broie jusqu'à ce que la masse soit très cohérente et sans grumeaux.

mastodonte. — Énorme mammifère qu'on rencontre à l'état fossile

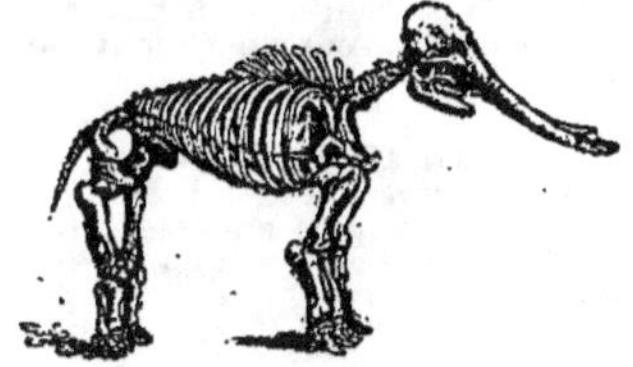

Mastodonte (hauteur, 6^m).

dans les terrains tertiaires et quaternaires; il présentait avec notre éléphant actuel les plus grandes analogies (*fig.*).

maté. — Arbuste très voisin du *houx*, qui croît au Brésil et au Paraguay. Les feuilles séchées servent dans l'Amérique du Sud à préparer une infusion analogue à celle du thé, qu'on consomme comme boisson stimulante; et en effet cette boisson stimule plus que ne le font le thé et le café, mais elle est d'un goût moins agréable.

matières colorantes. — Principes colorés appartenant aux animaux, aux végétaux et aux minéraux, et dont beaucoup sont employés en teinture. Ces principes sont très nombreux.

— Les *animaux* donnent la *pourpre*, la *sépia*, la *cochenille*.

Les *végétaux* nous donnent l'*orcanette*, le *curcuma*, la *garance*, le *santal*, le *campêche*, le *carthame*, l'*indigo*, etc.

Les *minéraux* nous fournissent aussi des matières colorantes, dont la plupart sont fabriquées artificiellement (*bleu de Prusse, vert de chrome*, etc.).

Enfin un grand nombre de matières colorantes analogues à celles que nous donnent les animaux et les végétaux sont fabriquées industriellement depuis un certain nombre d'années ; ces nouvelles matières effacent toutes les autres par leur variété et leur éclat, mais elles sont en général moins solides. Ces matières colorantes artificielles proviennent, pour la plupart, des substances tirées du goudron (*aniline, naphtaline, anthracène*).

On prépare les matières colorantes sous les formes les plus variées. Les *couleurs pour teinture* sont solubles ; elles pénètrent dans toute la masse de l'objet à teindre. Les *couleurs de peinture* colorent seulement la surface. Les couleurs sont dites aussi couleurs solides, bon teint, grand teint, faux teint, suivant qu'elles résistent ou qu'elles ne résistent pas à l'action de l'air, du soleil, du savon. La garance, l'indigo, la cochenille, sont bon teint ; le carthame, le curcuma, sont faux teint.

matières textiles. — Les matières qui servent à la confection des tissus sont d'origine animale (*laine*, *soie*) ou d'origine végétale (*lin*, *coton*, *chanvre*, *jute*, *alfa*, *sparte*...). Voyez ces différents mots.

matricaire. — Herbe de la famille des *composées*, qu'on rencontre sur le bord des chemins, dans les moissons ; elle a une odeur très agréable. On en cultive plusieurs espèces dans les jardins. On l'utilise en médecine comme stimulant, antispasmodique. La camomille appartient au genre matricaire.

mauve. — Herbe de la famille des *malvacées*; croît dans les bois, sur le bord des chemins ; il en existe plusieurs variétés utiles, dont les feuilles et les fleurs sont mucilagi-

Mauve sauvage (hauteur, 1ᵐ).

neuses et émollientes. Quelques espèces sont cultivées comme ornementales (*fig.*).

méduse. — Animal *rayonné cœlentéré* vivant en colonie dans la mer sur un polypier (voy. **polypes**). On en connaît un grand nombre d'espèces distinctes. Dans certaines espèces, des individus se développent plus que d'autres, se transforment en des sortes de cloches transparentes, se détachent de la colonie et s'en vont nager librement dans la mer : ce sont ces individus libres qu'on nomme plus particulièrement les *méduses* (*fig.*). Ces méduses libres produisent des œufs, qui donnent naissance à des polypes vivant en colonie sur un polypier ; de ce polypier se détacheront ensuite de nouvelles méduses libres.

Méduse.

Les animaux nommés *orties de mer* par les pêcheurs sont de grandes méduses gélatineuses, qui flottent à la surface de la mer ; leur contact détermine une sensation de brûlure causée par les nombreuses capsules urticantes dont elles sont armées.

mégalithique. — Sous le nom de *monuments mégalithiques*, on désigne les constructions édifiées, sans doute au début de l'*âge du fer* (voy. **âges préhistoriques**), au moyen de gros blocs de pierres; comme les *menhirs*, les *dolmens*.

mégathérium. — Très grand

mammifère fossile appartenant à la classe des *édentés* (voy. **mammifères**) ;

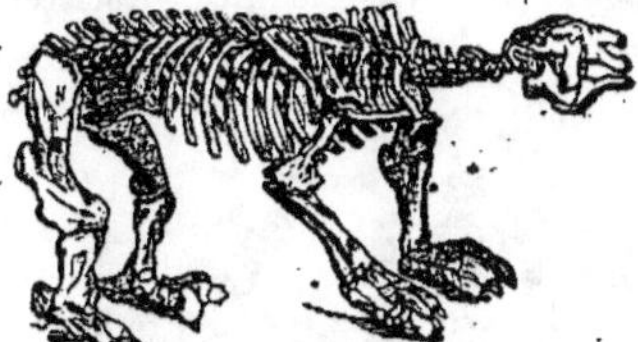

Mégathérium (longueur, 4ᵐ).

on le trouve dans les *terrains quaternaires*. La longueur du mégathérium dépassait 4 mètres (*fig.*).

mégisserie. — Procédé de *tannage* qui consiste à remplacer le tannin par l'alun, comme substance devant déterminer la conservation du cuir. Les peaux d'agneau, de mouton, de chèvre, bien propres, sont passées dans une dissolution renfermant de l'alun et du sel marin, puis on les empile les unes sur les autres ; au bout de quelques jours on les sépare et on les fait sécher. On a ainsi un cuir blanc, *cuir mégissé*, fort employé pour doubler les chaussures. Les peaux de bœuf, de buffle, de vache, de cheval sont aussi traitées de la même manière ; après le séchage on les imprègne de suif ; on a ainsi le *cuir hongroyé*, très souple, très solide, bon marché à cause de la facilité de sa préparation ; il est employé pour la confection des harnais.

Le *cuir pour gants* et pour cordonnerie de luxe est aussi un cuir mégissé ; sa préparation est délicate, car on veut alors avoir à la fois une grande finesse, une souplesse extrême et une propreté rigoureuse. Le liquide de tannage se compose de farine de froment, d'œufs, d'alun et de sel marin, que l'on délaye avec de l'eau en une bouillie claire. On confectionne annuellement en France plus de 25 millions de paires de gants.

mélampyre. — Herbe annuelle dont plusieurs espèces vivent en parasite sur les racines des *graminées* et de quelques autres plantes. On la rencontre dans les champs de céréales,

Mélampyre ou rougeole, tige fleurie (hauteur de la plante, 0ᵐ,40).

dans les bois taillis. Les animaux en sont très friands, mais il est impossible de la cultiver seule comme plante fourragère, car elle ne prospère que si ses racines trouvent dans leur voisinage les radicelles des graminées où elles puissent se fixer (*fig.*).

mélancolie. — L'une des formes de la folie, caractérisée par des idées tristes ; ces idées sont entretenues par des hallucinations. La mélancolie est une sorte de *monomanie* . (Voy. **folie**.)

mélanges réfrigérants. — On sait que pour fondre un corps solide, il faut généralement lui fournir de la chaleur. Mais on peut aussi déterminer la liquéfaction d'un solide par le contact d'un liquide (voy. **dissolution**), ou même d'un autre solide. Dans ce cas, la liquéfaction, faite sans feu, détermine un abaissement souvent considérable de la température. On nomme *mélanges réfrigérants* ces mélanges de deux ou plusieurs corps qui, par suite de la liquéfaction de l'un d'eux, donnent un refroidissement.

En mélangeant 1 partie de *sel marin* avec 2 parties de *glace* pilée, on a une température qui s'abaisse à — 18° ; avec une partie d'*eau* et une partie d'*azotate d'ammoniaque* on a à peu près le même refroidissement ; de même avec 8 parties de *sulfate de soude* et 5 parties d'*acide chlorhydrique*.

mélasse. — Dans la fabrication du *sucre* il reste, quand le sucre a cristallisé, un résidu constitué par un sirop épais, très coloré, nommé *mélasse*. La mélasse renferme les deux tiers de son poids de sucre, avec des impuretés très diverses, provenant du jus primitif.

Cette mélasse n'est pas perdue. On peut, par un traitement supplémentaire, extraire encore une partie du sucre qu'elle renferme.

On préfère souvent l'utiliser directement ; elle entre dans la fabrication du *pain d'épice* ; dans la préparation de la bière, on la consomme en grande quantité pour sucrer le liquide qui doit fermenter, et rendre ainsi la bière plus forte en alcool.

D'autres fois on étend la mélasse d'eau, on la laisse fermenter pour qu'elle donne de l'alcool, et on en retire alors le *rhum* et le *tafia*. Le rhum des colonies provient de la distillation des mélasses fermentées du sucre de canne.

mélèze. — Grand arbre analogue au pin, portant comme lui des cônes, qui renferment des graines pourvues d'ailes membraneuses. Le mélèze prospère surtout dans les montagnes des

Alpes (*fig.*). Le bois en est très solide et très élastique ; il est très employé dans la construction des chalets des montagnes, de même que dans les cons-

Mélèze (hauteur, 30ᵐ).

-tructions navales. On extrait du mélèze la *térébenthine* de Venise.

mélilot. — Herbe de la famille des *papilionacées*, qu'on rencontre dans les champs et les prairies ; les fleurs petites, jaunes, odorantes, paraissent en juin et juillet ; c'est une plante

Mélilot (hauteur, 0ᵐ,60).

nuisible aux récoltes. On s'en sert en infusion contre les maladies des yeux (*fig.*).

mélisse. — Herbe de la famille des *labiées* nommée aussi *citronnelle*,

thé de France, qu'on rencontre dans toute la France, autour des habitations (*fig.*). Les feuilles, froissées,

Mélisse (hauteur, 0ᵐ,50).

répandent une odeur de citron ; on les emploie pour préparer des tisanes digestives, et antispasmodiques. On cultive la mélisse en grand surtoun pour la préparation de cette infusion alcoolique nommée *eau de mélisse des Carmes.*

mélon. — Plante annuelle de la famille des *cucurbitacées*, cultivée pour son fruit volumineux, à chair aqueuse, sucrée et parfumée. Originaire des contrées chaudes, il exige une assez grande quantité de chaleur pour arriver à maturité. Dans le

Gros melon cantaloup prescott.

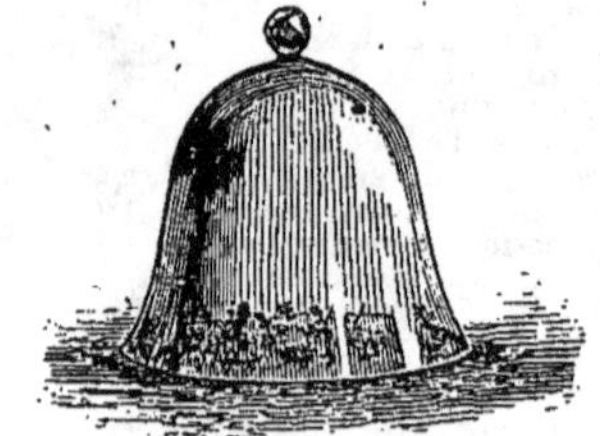

Cloche en verre, pour réchauffer les plantes qui ont besoin de chaleur et en particulier lei melon.

Midi on le cultive en plein air. Mais dans le centre on le met sous cloche, ou

même sur couche de fumier, et avec abris, pour qu'il puisse mûrir.

On connaît un grand nombre de variétés divisées en : *melons cantaloups*, ronds, à grosses côtes, à chair

Châssis vitré, pour la culture des melons hâtifs.

rouge, fondante et sucrée, et *melons brodés*, généralement plus allongés, sans côtes ou à faibles côtes, recouverts de dessins, à chair plus pâle (*fig.*). La culture du melon a un grand

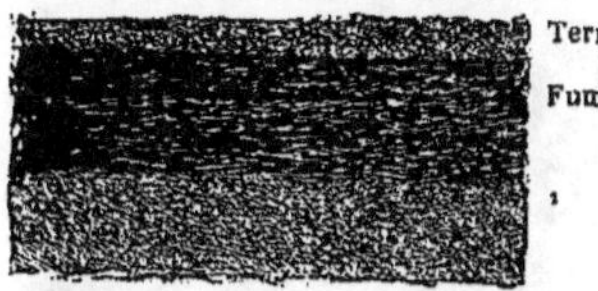

Terreau.

Fumier.

Couche de terreau, sur fumier, pour la culture hâtive ; la fermentation du fumier échauffe le terreau.

développement en France ; elle exige des soins assidus, un sol fertile et bien préparé. Pour le *melon d'eau*, voy. **pastèque**.

menhir. — Un *menhir* est constitué par une grande pierre, non taillée, et fixée verticalement au sol. Tantôt on rencontre les menhirs isolés, tantôt groupés en grand nombre, formant des

Dolmen. Menh r

alignements rectilignes ; d'autres fois ils sont rangés en cercle et constituent ce qu'on nomme des *cromlechs*.

On ne sait pas exactement dans quel but ces pierres ont été autrefois dressées ; leur érection remonte, comme celle des *dolmens*, à l'origine de l'âge du fer ; on rencontre d'ailleurs ordinairement les menhirs dans les mêmes régions que les dolmens. En France, ils sont surtout abondants en Bretagne ; les immenses *alignements* de Carnak (Morbihan) sont célèbres ; on trouve à Locmariaquer (Morbihan), un menhir qui a 21 mètres de hauteur (*fig.*).

méningite. — Inflammation de l'une des *méninges*, ou enveloppes du *cerveau* ; c'est une maladie des plus graves, presque toujours mortelle. Les causes déterminantes sont ordinairement un coup sur la tête, l'action d'un soleil trop ardent, des excès d'alcool ou de travail intellectuel ; elle apparaît le plus souvent chez les enfants.

Elle débute par une fièvre intense, un grand mal de tête, des vomissements, du délire, le renversement de la tête en arrière ; puis arrive de la somnolence, de la paralysie, et enfin la mort au bout de cinq à six jours, dans la plupart des cas. On traite par des sangsues, le refroidissement de la tête par de la glace, des purgations, des vésicatoires.

menthe. — Herbe de la famille des *labiées* ; on en trouve de nombreuses espèces dans les régions tempérées des deux mondes. La *menthe sauvage* est commune dans les fossés, les lieux humides, de même que la *menthe aquatique*. La *menthe poivrée* du commerce est cultivée en grand en

Menthe poivrée (hauteur, 0m,50).

Angleterre, et un peu en France, en Allemagne, en Italie (*fig.*).

Les feuilles de menthe sont employées en médecine. On en retire en grande quantité l'*essence* de menthe. Cette essence a une forte odeur aromatique, une saveur chaude, camphrée, très accentuée. Elle est ordinairement employée pour exciter la digestion ; on l'administre principalement sous forme de pastilles et de tablettes ; un grand nombre de préparations pharmaceutiques renferment de l'essence de menthe.

mers. — Les mers couvrent plus des trois quarts de la surface du globe (*fig.*), et elles ont, par endroits, une très grande profondeur. Dans la *Manche* cette profondeur ne dépasse pas 30 mètres ; mais

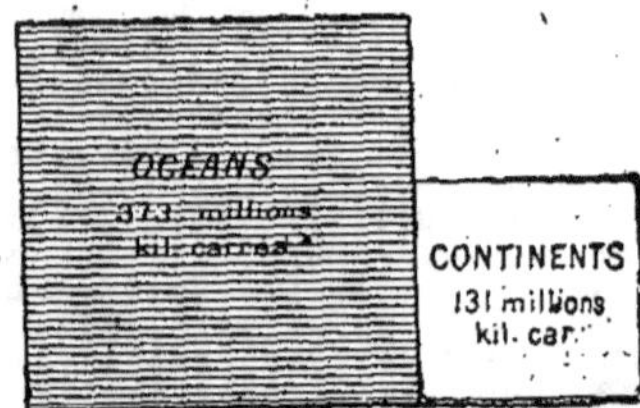

Superficie comparée des terres et des eaux.

la Méditerranée s'enfonce, parfois, à plus de 4 000 mètres et l'océan Atlantique à 8 000 mètres ; au large du Japon on a trouvé le fond, en un endroit, à 8 573 mètres. La profondeur moyenne est de 3 500 mètres. Le fleuve Amazone, dont le débit moyen est 160 fois plus grand que celui de la Seine, devrait couler pendant 5 millions d'années avant d'avoir fourni autant d'eau qu'il y en a dans l'océan.

L'eau de la mer est fort riche en sels minéraux ; elle en renferme à peu près 35 grammes par litre ; les 3/4 de ce poids est constitué par du *sel marin*, le reste étant formé de *chlorures de magnésium* et de *potassium*, de divers *bromures* et de *divers sulfates*. Cette composition est d'ailleurs variable, surtout si l'on considère les mers fermées ; mais dans les grands océans les eaux ont à peu près partout la même composition, parce qu'elles sont constamment brassées par les vagues des tempêtes, par les mouvements des *marées* et surtout par les *courants marins*, qui ont une si grande influence sur la répartition des climats.

Le nombre des espèces animales et végétales qui habitent les eaux de la mer est inconnu, mais certainement très considérable. La localisation des espèces n'y est sans doute pas aussi déterminée que sur les continents, car la température des eaux marines, sans cesse brassées par les courants, ne présente pas des écarts aussi prononcés que celle des continents. La fécondité des animaux aquatiques, et en particulier celle des poissons, est si considérable, que nous pouvons considérer la mer comme un réservoir absolument inépuisable de matières propres à notre alimentation.

mercure. — Le *mercure* (ou *vif argent*) est le seul métal qui soit liquide à la température ordinaire, et il tire de ce fait presque toute son importance. Il est 13 fois et demie plus dense que l'eau ; il se solidifie à 45° au-dessous de zéro, et bout à 350° au-dessus. Il est inaltérable à l'air, à la température ordinaire, quand il est pur ; chauffé, il se recouvre peu à peu de pellicules rouges, qui sont constituées par de l'oxyde de mercure.

Préparation de mercure à Idria. — Le *cinabre* est brûlé dans le four central A ; la vapeur de mercure se dégage par les conduits B et va se condenser à l'état liquide dans les chambres C.

On retire le mercure du *cinabre* (*fig.*), combinaison de soufre et de mercure, qu'on trouve en abondance à Idria (en Carniole), et à Almaden (en Espagne). Pour le préparer, on fait chauffer assez fortement le cinabre dans un courant d'air ; le soufre brûle en donnant de l'acide sulfureux, et le mercure, mis en liberté, se volatilise ; les vapeurs se condensent dans des tuyaux.

Le mercure a des usages industriels : il est employé pour l'extraction de l'*or* et de l'*argent*, pour la *dorure* au feu, pour l'*étamage* des glaces. Il sert à la préparation de composés importants, *calomel*, *sublimé corrosif*, *fulminate* de mercure. Il entre dans la constitution d'un grand nombre d'instruments de physique (*baromètres*, *thermomètres*). En médecine il sert en frictions, sous forme de pommade, mélangé avec de la graisse.

Pour les alliages du mercure, voyez **amalgames.** Parmi les composés utiles qui renferment du mercure, il y a les suivants : Le *sous-chlorure de mercure*, ou *calomel*, combinaison de chlore et de mercure, employé en médecine comme purgatif et vermifuge. Le *protochlorure de mercure*, ou *sublimé corrosif*, autre combinaison de chlore et de mercure, poison violent, employé aussi en médecine ; il sert également à préserver de la morsure des insectes les pièces anatomiques et les objets d'histoire naturelle. Le *protosulfure de mercure*, ou *cinabre*, combinaison de soufre et de mercure, d'un beau rouge ; très employé en peinture sous le nom de *vermillon* ; sert aussi en médecine. Le *fulminate de mercure* (voy. **fulminates**) sert à faire des amorces.

Le mercure et ses composés constituent de violents poisons. Les ouvriers qui respirent des vapeurs de mercure ne tardent pas à éprouver des troubles très graves de la santé.

Mercure. — Petite *planète* deux fois et demie plus rapprochée du soleil que n'est la terre ; elle est rarement visible à l'œil nu, à cause de cette grande proximité du soleil. Son volume est treize fois moindre que celui de la

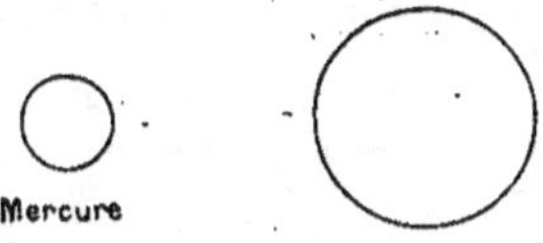

Mercure

la Terre

Grandeurs comparées de la Terre et de la planète Mercure.

terre, et la durée de sa révolution est de 88 jours ; elle a des *phases* aussi nettes que celles de la lune (voy. **planètes**) (*fig.*).

méridien. — Voy. longitude.

merisier. — Arbre de la famille des *rosacées*, très voisin du cerisier, qui se rencontre en France, surtout dans les forêts des Vosges et de la Franche-Comté. On le cultive pour faire servir les graines à la fabrication du kirsch. Le bois sert à l'ébénisterie et aux travaux de charpente.

merlan — Poisson au corps

Merlan (longueur, 0ᵐ,30).

oblong, comprimé, dont la longueur peut atteindre 40 centimètres. Ecailles petites et molles ; couleurs claires.

Très commun sur les côtes de France, en particulier dans la Manche. Se rencontre parfois en bancs considérables. On le pêche surtout à la ligne, en hiver ; chair médiocrement estimée. La consommation du merlan en France est assez considérable (*fig.*).

merle. — Oiseau *passereau* ; le mâle est entièrement noir, avec le bec jaune ; la femelle est grise. Habile chanteur. Longueur totale 0ᵐ,26. Vit généralement seul dans les taillis, les bois frais et les terrains gras, riches en vers de terre et en escargots ; en hiver, il se rapproche des lieux habités. Très défiant. Niche sur les arbres ou dans les buissons, près de terre ; le nid est construit avec art ; 4 à 5 œufs verdâtres avec des taches brunes. Il mange quelques fruits, mais beaucoup plus de larves et d'insectes ; oiseau utile.

Merle commun (longueur totale, 0ᵐ,26).

Outre le **merle commun** (*fig.*), le genre renferme le **merle litorne**, un peu plus gros, le **merle draine**, de même taille, le **merle mauvis**, un peu plus petit, et la **grive**, de couleur grise, légèrement plus petit aussi.

Tous ces merles sont utiles ; mais leur multiplication est très restreinte parce que leur chair est très délicate, et qu'on leur fait constamment la chasse. La grive provençale, nourrie de genièvre, le merle de Corse et de Sardaigne, nourri de myrte, sont de petits gibiers d'une grande finesse de goût.

merluche. — Poisson assez gros, car sa taille va à 75 centimètres. Corps arrondi ; petites écailles ; coloration grisâtre. Commun dans la Méditerranée et l'Océan ; très vorace, il se nourrit principalement de harengs et de maquereaux. La pêche en est assez importante ; on le sale souvent comme la morue.

mésange. — Oiseau *passereau* aux couleurs assez belles, très commun en France. Longueur totale, 16 centimètres. Petit oiseau querelleur et vif, habitant les forêts et les lisières. Niche dans les trous des arbres ou à la bifurcation des branches peu élevées ; ce nid est couvert et ne présente qu'une petite ouverture pour laisser passer l'oiseau. La ponte va de 6 à 20 œufs ;

le père et la mère déploient la plus grande activité pour élever la nombreuse nichée.

La mésange se nourrit surtout d'insectes; on peut estimer à 200 000 insectes, larves ou œufs, la consommation annuelle de chacun de ses oiseaux.

Mésange (longueur totale, 0m,16).

Les principales espèces sont la *mésange charbonnière* (*fig.*), la *mésange bleue* et la *mésange à longue queue*, dont le nid est une merveille d'adresse.

mesentère. — Voy. **péritoine.**

métalloïdes. — Corps simples, caractérisés par leur peu d'éclat, leur mauvaise conductibilité de la chaleur et de l'électricité; ils sont remarquables aussi en ce qu'ils se combinent avec l'oxygène pour former des composés qui sont généralement des *acides*. On connaît actuellement quinze métalloïdes, qui sont : *hydrogène, fluor, chlore, brome, iode, oxygène, soufre, sélénium, tellure, azote, phosphore, arsenic, carbone, bore, silicium.*

métallothérapie. — Procédé de traitement de diverses maladies, qui consiste à appliquer sur la peau des plaques métalliques (fer, cuivre, zinc, or, argent,...). Certaines paralysies partielles disparaissent, au moins momentanément, quand on applique des plaques, des chaînes..., formées de ces métaux, sur les régions paralysées. Chose singulière, tel malade qui n'est pas soulagé par l'application d'une plaque de fer l'est par l'application d'une plaque de cuivre; et, pour la même maladie, un autre malade sera, au contraire, soulagé par la plaque de fer et ne le sera pas par la plaque de cuivre.

métallurgie. — Art d'extraire industriellement les métaux des composés naturels qui les renferment, et qu'on nomme *minerais*. Les opérations à effectuer pour l'extraction varient suivant le métal considéré; nous indiquons sommairement ces opérations à chaque métal usuel.

métamorphoses. — Changements de forme qu'éprouvent divers animaux à partir du moment de leur naissance jusqu'à l'époque où ils ont acquis leur complet développement. Les *insectes*, les *batraciens*, éprouvent justement de ces *métamorphoses*. Il en est de même de certains animaux inférieurs, tels que les cysticerques (voy. **ténia**).

métaux. — Corps simples, qui sont caractérisés par un éclat particulier appelé éclat métallique, par une bonne conductibilité de la chaleur et de l'électricité; ils sont remarquables aussi en ce qu'ils se combinent avec l'oxygène pour former des composés, qui sont souvent des *bases*.

On connaît actuellement plus de cinquante métaux, dont les plus importants par leurs applications sont : *fer, nickel, zinc, étain, cuivre, plomb, aluminium, mercure, argent, platine, or.*

météorites. — Voy. **aérolithes.**

méteil. — Mélange de seigle et de froment, qu'on cultive dans plusieurs régions de la France (Centre, Bourgogne, Languedoc, Provence,...). On se livre à cette culture dans les terres médiocres, qui ne donneraient qu'une faible récolte de froment. Dans les fermes, on cultive le méteil presque exclusivement pour la consommation personnelle du cultivateur; le commerce du méteil a donc peu d'importance.

météorisation. — Indigestion qu'on observe fréquemment chez les bœufs et les moutons après l'ingestion de certaines plantes, et particulièrement du *trèfle* et de la *luzerne*, surtout quand ces plantes sont chaudes et mouillées. Cette indigestion est causée par une fermentation qui s'établit rapidement dans la partie de l'estomac nommée *panse* (voy. **ruminants**), fermentation qui a pour résultat la production d'une grande quantité de gaz acide carbonique. Par suite de cette production de gaz, le flanc gauche de l'animal se gonfle considérablement, le diaphragme remonte dans la cavité thoracique, presse sur les poumons, et peut déterminer l'asphyxie rapide.

Les soins à donner à l'animal consistent à déterminer l'absorption du gaz (en faisant avaler une dissolution ammoniacale), ou sa sortie (par une ponction faite avec un instrument

Trocart.

Météorisation. — Ponction de la *panse* à l'aide du *trocart*. On enfonce l'instrument en frappant fortement sur le manche, puis on retire la lame, laissant dans la plaie un tuyau qui permet la sortie du gaz.

nommé *trocart* (*fig.*), ou simplement avec un couteau).

On peut aussi introduire par la bou-

Sonde œsophagienne.

Météorisation. — Sortie du gaz par la *sonde œsophagienne*. Quand la sonde s'obstrue par les matières contenues dans l'estomac, on la débouche à l'aide d'une longue baguette.

che une *sonde œsophagienne* (*fig.*) qui pénètre jusque dans la panse; les gaz sortent par la sonde; ce moyen, moins héroïque que celui du trocart, n'est pas toujours efficace.

métronome. — (Grec : *métron*, mesure; *nomos*, règle.) Instrument qui sert à battre, à régler la mesure d'un morceau de musique (*fig.*). Il est fondé sur le principe du *pendule* . Un ressort met en mouvement un rouage, dont la rotation est régularisée par un pendule (ou balancier), pendant que, par une action réciproque, le ressort entretient l'oscillation du pendule. A chaque oscillation, on entend un bruit sec produit par l'échappement (voy. **horloge**). Une échelle placée sur l'instrument donne le nombre d'oscillations que le balancier accomplit par minute; une petite masse mobile, qu'on

Métronome.

peut monter ou descendre le long de la tige, permet de régler ce nombre à volonté.

meulière (pierre). — Variété de *silice* , remarquable par un grand nombre de cavités intérieures. On s'en sert pour la fabrication des meules de moulin. Les meulières de Brie servent à faire les meules estimées de la Ferté-sous-Jouarre et de Montmirail. Les pierres meulières sont d'excellentes pierres de construction; elles donnent des moellons solides, qui résistent admirablement à l'humidité.

miasmes. — Émanations qui, dégagées de corps végétaux ou animaux, se répandent dans l'atmosphère, peuvent être transportées au loin et produisent chez les individus qui les absorbent des maladies en rapport avec leur nature spéciale.

Les miasmes peuvent agir, soit par les microbes qui s'y trouvent contenus, soit par les gaz délétères, tels que l'acide sulfhydrique, qu'ils renferment.

Les miasmes de l'air confiné, qui proviennent de la respiration des personnes enfermées dans l'appartement, sont toxiques alors même qu'ils ne renferment aucun microbe; de là la nécessité d'aérer les appartements aussi souvent et aussi complètement que possible (voy. **air confiné**).

mica. — Substance minérale constituée par la réunion de plusieurs *silicates*, et qui est remarquable par la propriété qu'elle possède de se laisser aisément diviser en feuillets très minces, flexibles et à peu près transparents. Le *granit* est en partie constitué par du mica. Beaucoup de micas sont incolores, d'autres diversement colorés.

On trouve le mica dans tous les pays; les plus grandes lames, principalement celles de Sibérie, peuvent servir à faire des carreaux de vitres, de lanternes..., dans toutes les circonstances où on a besoin d'une substance moins fragile que le verre.

micocoulier. — Arbre cultivé en Provence, en Languedoc, dans le Roussillon, en Corse et en Algérie, *à cause de son bois souple et tenace*, recherché des tourneurs et des charrons (*fig.*). On le cultive aussi en taillis pour la fabrication des fourches en bois et de ces manches de fouets nommés *perpignans*.

Rameau de micocoulier (hauteur de l'arbre 18ᵐ).

microbes. — On nomme *microbes* des organismes infiniment petits, animaux ou végétaux, formés de *cellules* rondes, allongées, rectilignes ou sinueuses, enfin de formes très variées. Ces organismes se rencontrent partout et se multiplient, quand les circonstances leur sont favorables, avec une remarquable rapidité. Ils ont d'ailleurs des noms très divers (*ferments* ', *bactéries* ', *bacilles*, *micrococcus*, etc.): Leurs dimensions sont très faibles, et souvent inférieures à un millième de millimètre.

Malgré leur petitesse, ils jouent un rôle immense dans la nature. On les trouve répandus partout à profusion, dans l'air, dans l'eau, à la surface du sol et jusque dans l'intérieur des animaux et des végétaux vivants. Ils se développent et se multiplient aux dépens des substances dans lesquelles ils se trouvent contenus, produisant dans ces substances des décompositions variées (voy. *fermentation*, *putréfaction*). La vie des microbes, et surtout leur développement, nécessite toujours la présence de l'humidité et d'une température qui ne soit ni trop basse ni trop élevée; les uns ont besoin de l'air, les autres, au contraire, ne peuvent se développer qu'à l'abri de l'air. La présence de certains microbes peut s'opposer au développement de certains autres. Enfin un grand nombre de substances, nommées *antiseptiques* ', tuent les microbes, ou bien arrêtent leur développement.

Le rôle des microbes, répandus partout, est immense. Ils sont les principaux agents des *fermentations* ', des *putréfactions* ', comme aussi d'un grand nombre de maladies de l'homme et des animaux. Parmi les innombrables microbes qui nous entourent, qui pénètrent dans notre corps par l'air que nous respirons, l'eau que nous buvons, par nos aliments, il en est un grand nombre qui n'exercent aucune influence fâcheuse et quelques-uns qui produisent des effets utiles. Mais il en est d'autres qui déterminent le développement de maladies dites *infectieuses*. Ainsi ce sont des microbes qui causent dans les vers à soie les maladies qui ont si longtemps compromis la production de la soie en Europe. C'est un microbe qui produit la maladie de la *diphtérie;* un autre qui donne l'*érysipèle*; un autre la *pneumonie;* un autre la *fièvre typhoïde*; un autre le *choléra*.

La découverte des microbes, et de leur influence dans un grand nombre de circonstances, est due à Pasteur. Elle a déjà conduit à des résultats considérables dans un grand nombre de branches de la science et de l'industrie (voy. **virus**). C'est ainsi qu'autrefois, à la suite des opérations chirurgicales, les plaies étaient ordinairement lentes à se cicatriser, et prenaient souvent une mauvaise nature, à cause de l'influence des microbes que l'air y déposait; aujourd'hui, grâce à des pansements qui empêchent l'arrivée de l'air, et qui détruisent, par des substances antiseptiques, rigoureusement tous les microbes, la guérison est beaucoup plus rapide et les accidents beaucoup moins à craindre.

microscopes. — Instruments destinés à montrer les objets plus grands qu'ils ne sont en réalité. Il y a diverses sortes de microscopes.

La **loupe** ', quelquefois appelée *microscope simple*, montre les objets grossis. La lanterne magique 'produit le même résultat par un autre moyen, en donnant des objets une image grandie

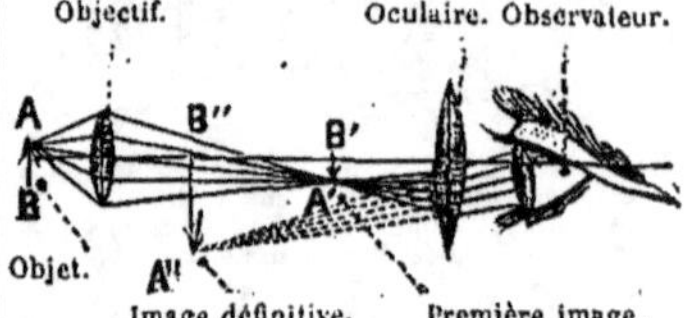

Image grandie dans un microscope.

et renversée qu'on reçoit sur un écran. La lanterne magique, quand elle est employée pour les observations sérieuses, reçoit le nom de *microscope solaire*, parce qu'alors l'objet, au lieu d'être éclairé par une lampe, est éclairé souvent par la lumière du soleil, qu'on concentre au foyer (voy. **lentilles**) d'une lentille.

Enfin le microscope proprement dit,

ou **microscope composé**, est constitué par l'union d'un microscope solaire et d'une loupe. Deux lentilles convergentes sont fixées aux deux extrémités d'un tube en laiton. Près de l'une d'elles, nommée *objectif*, on place le petit objet à examiner ; quand l'objet est mis à une distance convenable, la lentille

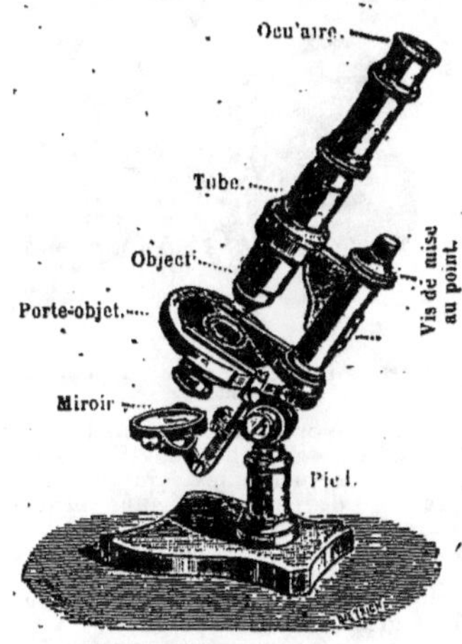

Microscope composé.

objective en donne une image renversée et grandie qui se forme dans le tube, à une petite distance de la seconde lentille, nommée *oculaire*. Cet oculaire fait l'effet d'une loupe, à travers laquelle on regarde l'image fournie par l'objectif, de façon à la grossir encore.

Chaque microscope a plusieurs objectifs et plusieurs oculaires de rechange, qui permettent d'obtenir des grossissements variant de 40 à 1 000 diamètres. L'usage du microscope demande une assez grande habitude.

miel. — Matière sucrée qu'on trouve dans les gâteaux des ruches d'*abeilles* . Il provient des liqueurs sucrées contenues dans les fleurs, qui ont été pompées par les abeilles ouvrières, élaborées dans leur estomac et déposées par elles dans les rayons de cire. La récolte se fait en septembre et octobre. Pour séparer le miel de la cire, on expose les gâteaux sur des claies, au soleil ; le miel en découle (*fig.*).

On distingue plusieurs qualités de *miel*, dépendant surtout de la nature des plantes sur lesquelles les abeilles ont été butiner. Le plus estimé est le miel de Narbonne (Aude) ; puis celui du Gâtinais ; celui de Bretagne a un goût désagréable. Les miels grecs (mont Hymette, et îles de l'Archipel) sont supérieurs encore à celui de Narbonne. Le miel est constitué presque exclusivement par du glucose et du sucre de canne.

C'était un des principaux aliments des Grecs ; les Romains en faisaient aussi une grande consommation ; d'ailleurs ils ne connaissaient pas d'autre matière sucrante. Aujourd'hui l'importance du miel est bien moindre ; il est consommé comme aliment ; il entre dans la composition du pain d'épice et de diverses pâtisseries. On

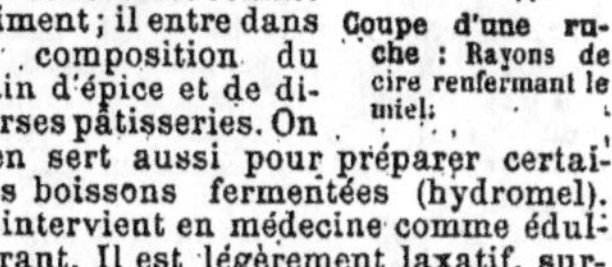
Coupe d'une ruche : Rayons de cire renfermant le miel.

s'en sert aussi pour préparer certaines boissons fermentées (hydromel). Il intervient en médecine comme édulcorant. Il est légèrement laxatif, surtout le miel commun.—

migraine. — Mal de tête siégeant presque toujours d'un seul côté, et souvent accompagné de vomissements. Les femmes y sont plus particulièrement sujettes, de même que les rhumatisants, les goutteux, les poitrinaires. Débute par une lourdeur de tête ; puis arrivent des élancements, de l'hébétement, de la somnolence ; les douleurs s'exaspèrent au moindre bruit.

Chez les personnes sujettes à la migraine, l'indisposition se déclare dans des conditions déterminées variables de l'une à l'autre ; il y a donc autant de moyens d'éviter la migraine que de personnes qui y sont prédisposées.

Le repos complet, la position horizontale sont les meilleurs remèdes à employer pendant les accès ; pour diminuer la fréquence de ces accès, il faut s'adresser aux causes qui les produisent ordinairement, et combattre ces causes.

migrations. — On désigne sous le nom de *migrations* des voyages lointains accomplis périodiquement ou d'une façon irrégulière par des espèces animales entières, allant à la recherche d'un climat plus doux ou d'une région capable de leur fournir une alimentation plus abondante. Les migrations sont surtout fréquentes chez les oiseaux et les poissons, qui ont, plus que tous les autres animaux, de grandes facilités de déplacement, voyageant les uns et les autres dans un milieu où ils ne rencontrent pour ainsi dire aucun obstacle, sinon aucun danger.

Les migrations des oiseaux sont beaucoup mieux connues que celles des poissons. Un grand nombre d'oiseaux, fuyant également les froids trop vifs et les températures trop élevées, passent l'été dans les régions septentrionales et descendent vers le sud quand arrive la mauvaise saison ; leur déplacement se fait d'ailleurs à une distance tantôt considérable, tantôt relativement faible. Plus de la moitié des oiseaux d'Europe sont des oiseaux migrateurs ; parmi eux nous citerons : les oies, les cigognes, les grues, les cailles, les pigeons voyageurs...L'exemple le plus connu est celui des hirondelles ; ces oiseaux nous quittent en automne et se réunissent alors en grandes troupes qui se dirigent vers le Midi et franchissent la Méditerranée. Au printemps, ils reparaissent dans nos pays et reviennent aux lieux mêmes d'où ils étaient partis pour y reprendre possession de leurs anciennes demeures.

Chez les poissons, les migrations ont lieu principalement à l'époque de la ponte. Ceux qui habitent les grandes profondeurs les quittent pour se rapprocher des rivages ; les *saumons*, venant de la mer, remontent le cours des fleuves ; les *anguilles*, au contraire, émigrent des eaux douces vers la mer. On a signalé aussi des migrations de mammifères, tels que les *campagnols*, les *bisons*. Parmi les insectes, les *sauterelles* et les *criquets* voyagent en bandes innombrables, dévastant tout sur leur passage, et marchant toujours en avant à la recherche de leur nourriture.

milan. — Oiseau *rapace diurne*, à queue fourchue, long de 65 centimètres du bout du bec à l'extrémité de la queue (milan royal). Tête et cou d'un blanc grisâtre, avec raies brunes ;

Milan (longueur totale, 0m,65).

corps roux, pattes jaunes. Assez rare en France ; mange des rongeurs et aussi des oiseaux ; en somme plus nuisible qu'utile (*fig.*).

mildew. — Le *mildew* ou *mildiou* (*fig.*) est une maladie parasitaire de la vigne, causée par le développement d'un champignon très petit qui apparaît dans les feuilles, les fruits, et aussi dans les petits rameaux. Ce champignon est différent de l'*oïdium*.

Mildew. — Feuilles de vigne attaquées par le mildew.

La face supérieure des feuilles se recouvre, au début de la maladie, de taches arrondies, qui, d'abord jaunes, deviennent bientôt brunes. Puis, sous les feuilles, on voit se former de petites touffes blanches semblables à du sucre en poudre. Les raisins se rident et prennent une couleur grise.

Cette maladie apparaît surtout dans les terrains humides, à la suite des

Mildew. — Pulvérisateur pour répandre la solution de *sulfate de cuivre*, qui préserve la vigne du mildew.

brouillards ; elle se développe très rapidement. Elle a été signalée en France en 1878 et elle fait actuellement de grands ravages.

On la combat très efficacement en aspergeant les ceps avec une solution de *sulfate de cuivre*, à l'aide d'appareils construits à cet effet (*fig.*).

mille-feuilles. — Voy. achillée.

mille-pertuis. — Plante qu'on rencontre en abondance dans les terrains secs, sur les bords dès chemins. Les feuilles sont parsemées de petites glandes translucides ressemblant à autant de trous, ce qui a fait donner à la plante le nom de *mille-pertuis*. Ces petites glandes sont remplies d'une essence qui a une odeur agréable. Les fleurs jaunes du mille-pertuis sont utilisées en médecine; on en fait une infusion tonique et stimulante. Mises en macération dans l'huile d'olive, elles donnent ce qu'on nomme l'*huile de mille-pertuis*, remède populaire contre les coupures.

millet. — Plante de la famille des

Panicule du millet commun (hauteur de la plante, 1ᵐ,30).

graminées dont la graine sert à l'ali-

Grappe du millet d'Italie.

mentation de l'homme (bouillies, gâ-teaux, pains) dans les pays méridionaux; chez nous elle sert seulement à l'alimentation des volailles et des oiseaux d'agrément. La paille est consommée par le bétail. On en cultive deux espèces principales, le *millet commun* (*fig.*) et le *millet à grappe* (*fig.*), dans les régions chaudes des deux continents, et aussi en Allemagne, dans le midi de la France.

mimosa. — On nomme improprement *mimosa* les nombreuses espèces d'*acacia* cultivées dans les serres comme plantes ornementales; poussant bien en pleine terre sur le littoral de la Méditerranée, ces plantes sont l'objet d'un commerce important. On expédie dans les grandes villes leurs fleurs jaunes extrêmement élégantes, et qui répandent un parfum agréable.

mimosées. — Groupe de plantes de la famille des *légumineuses**, dont le genre principal est le genre *acacia**, qui renferme les belles plantes, si élégantes, désignées en général sous le nom de *mimosa*. Les plantes du groupe des mimosées nous fournissent des espèces utiles, dont les fruits sont comestibles; divers acacias donnent la *gomme arabique*, d'autres le *cachou*. On ne doit pas confondre d'ailleurs les vrais acacias avec le *robinier*, vulgairement nommé acacia en France.

mine de plomb. — Voy. graphite.

mines. — On nomme *mines* les gisements souterrains d'où l'on extrait la *houille*, le *sel gemme*, les *minerais* des divers métaux. Les procédés d'extraction varient avec la nature de la roche à extraire et la position du gisement.

Quand le gisement est très près de la surface du sol, comme cela a lieu pour beaucoup de pierres (pierre à bâtir, pierre à chaux, pierre à plâtre, argile, sable, l'exploitation se fait à *ciel ouvert* (*fig.*). On creuse une large tranchée qui va en pente douce jusqu'au *massif* à exploiter. La roche, abattue au moyen de pioches, de pics, de leviers, ou même de la poudre, est chargée sur des voitures qui n'ont qu'à remonter la pente. Si le massif à exploiter est sur les flancs d'une colline, les pierres, à mesure qu'elles sont détachées, descendent presque d'elles-mêmes jusqu'au bas de la colline, où on les charge sur des voitures.

Plus souvent le gisement est à une assez grande profondeur, et l'exploitation est *souterraine* (*fig.*). On commence par creuser sur une grande largeur un puits vertical, qui va ren-

LES MINES

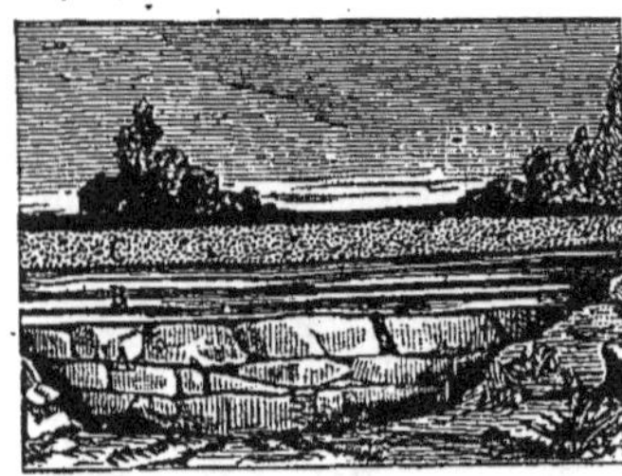

Mines. — Exploitation à ciel ouvert.

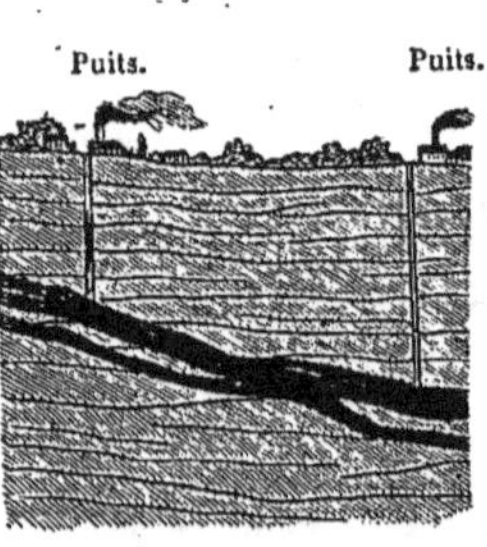

**Mines. — Exploitation par des puits
à grande profondeur.**

Mines. — Intérieur d'une mine de houille.

Mines. — Intérieur d'une mine de sel gemme.

Mines. — Explosion de dynamite.

Mines. — Une galerie de mines.

contrer le filon de houille ou de minerai : à mesure qu'on s'enfonce, il faut établir des maçonneries qui empêchent les terres de s'écrouler; c'est cette opération qu'on appelle le *forage d'un puits*. On descend ainsi, si c'est nécessaire, jusqu'à plusieurs centaines de mètres, non sans de grandes difficultés. Quand on est arrivé au filon, on creuse des galeries horizontales ou peu inclinées. A mesure qu'on enlève le minerai, il faut combler les vides par de la terre, des remblais, des débris, pour éviter que la voûte ne s'écroule. En général on ne laisse qu'une galerie de passage, qu'on soutient de toutes parts par des maçonneries ou par de puissantes charpentes. Les galeries d'extraction se superposent, se croisent en tous sens, pénètrent parfois sous les villes, sous les lacs, sous les rivières, et même quelquefois au-dessous de la mer. Certaines mines sont de vraies villes souterraines avec des habitations, des chevaux (*fig.*).

Dans l'exploitation des mines, l'abatage des roches se fait à la *pioche*, à la *pelle*, ou avec des *pics*, des *coins*, des *masses*, des *leviers*, selon les circonstances. Pour les roches les plus dures (marbre, grès, granit), il faut ajouter la poudre. Pour faire partir un *coup de mine*, on commence par creuser, à l'aide d'une tige de fer (*fleuret*), un trou étroit d'un mètre de profondeur; dans ce trou, on introduit une *cartouche* renfermant de 50 grammes à 1 kilogramme de poudre. Quand la cartouche a été *bourrée* et munie de sa mèche, le mineur allume et se retire à la hâte. L'explosion disjoint la roche, y produit des fissures, détache même de gros blocs; le pic achève l'ouvrage. Souvent aujourd'hui on remplace la poudre par la *dynamite* (*fig.*).

Les dangers sont continuels dans l'exploitation des mines. Il y a d'abord ceux qui proviennent des explosions de poudre et de dynamite, quand les ouvriers imprudents ne se mettent pas bien à l'abri. Les explosions de poudre ont souvent aussi déterminé de terribles incendies dans les mines de houille, comme cela est arrivé à Decazeville, dans l'Aveyron, et à Commentry, dans l'Allier. La poudre cause encore des éboulements, quand les charpentes de soutien ne sont pas assez solides.

Fréquemment des inondations souterraines envahissent les galeries; les ouvriers n'ont même pas le temps de s'enfuir.

Enfin des explosions de *feu grisou* (voy. **carbures d'hydrogène, lampes**)

font chaque année un grand nombre de victimes.

minette. — La *minette* ou *lupuline*, ou *trèfle jaune*, ou *mignonnette* (*fig.*), est une variété de *luzerne* à

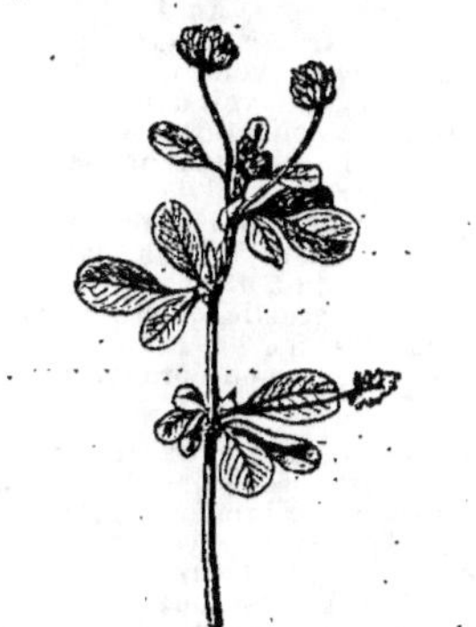

Minette ou lupuline.

fleurs jaunes. Elle réussit très bien dans les terres pauvres; tous les bestiaux la recherchent, mais elle est surtout préférée par les moutons, à cause de ses petites dimensions. C'est un excellent fourrage, qui n'a pas l'inconvénient qu'a la luzerne de provoquer la *météorisation*.

minium. — Voy. **plomb**.

miocène (terrain). — Voy. **terrains tertiaires**.

mirage. — Illusion d'optique due à la *réfraction* de la lumière par l'air. Lorsque le soleil échauffe fortement la terre, les couches d'air les

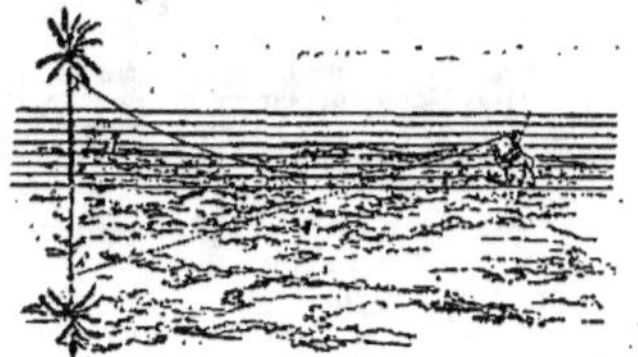

Mirage. — Les rayons lumineux partis du sommet de l'arbre suivent une ligne courbe avant de pénétrer dans l'œil de l'observateur. Celui-ci voit l'arbre dans la direction indiquée par la ligne droite tangente à la dernière portion de la courbe.

plus voisines du sol sont plus chaudes, et par suite plus légères que celles qui sont au-dessus. Il en résulte qu'un faisceau lumineux (*fig.*), parti du sommet d'un arbre, au lieu de marcher en ligne droite, éprouve des réfractions successives, puis une réflexion qui le conduit dans l'œil d'un observateur après avoir suivi une ligne courbe; l'observateur alors, au lieu de voir l'objet où il est, le voit dans la direction finale des rayons qui pénètrent dans son œil; il le voit donc renversé, au-dessous du sol, comme s'il y avait au pied de l'arbre une nappe d'eau faisant miroir (*fig.*).

Le phénomène du mirage est surtout fréquent à la surface du sable du désert; il produit alors une illusion d'autant plus cruelle qu'elle présente vainement l'image de l'eau dans le temps même où on en éprouve le plus grand besoin.

miroirs. — Les *miroirs* sont des surfaces polies, capables de réfléchir (voy. **réflexion**) la lumière qu'ils reçoivent, et de donner des *images* des objets placés devant eux. Les miroirs les plus importants sont les miroirs plans et les miroirs sphériques,

Miroirs plans. — Un point lumineux

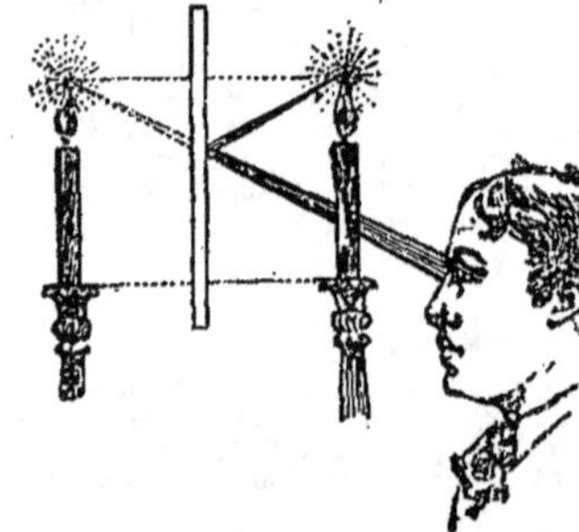

Miroir plan. — Les rayons lumineux issus de la bougie se réfléchissent sur le miroir; l'œil reçoit les rayons réfléchis et croit apercevoir derrière le miroir l'image virtuelle de la bougie.

placé devant un miroir plan envoie sur ce miroir des rayons qui se réfléchissent. Ces rayons ont, après leur réflexion, la même direction que s'ils provenaient d'un point situé derrière le miroir, symétriquement au point réel (*fig.*). Si donc ces rayons entrent dans l'œil, ils y produisent le même effet que s'ils provenaient de ce point situé derrière le miroir; on verra donc là une reproduction, une *image* du point primitif, quoiqu'il n'y ait rien derrière le miroir, pas même de rayons lumineux. De même un objet aurait une image pareille à lui, et de

même grandeur, située derrière le miroir.

Si deux miroirs sont placés parallèlement l'un en face de l'autre, la lumière est réfléchie successivement de l'un sur l'autre, et on voit une série illimitée d'images qui vont en s'éloignant de plus en plus des miroirs.

Si deux miroirs font l'un avec l'autre

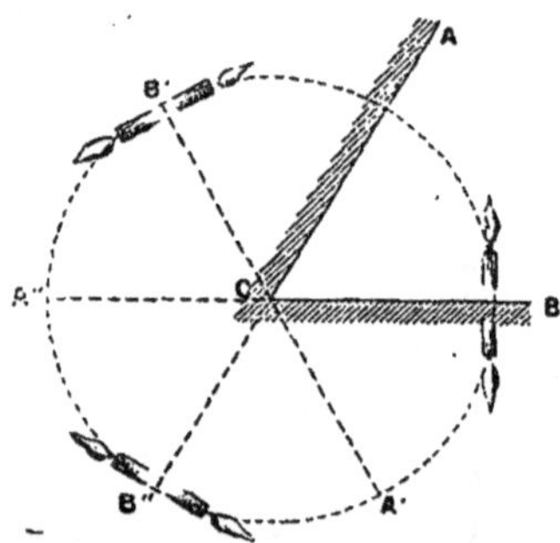

Miroirs plans faisant un angle. — Par suite de réflexions successives sur les deux miroirs, on voit cinq images de la bougie.

un certain angle, ils donnent une série d'images placées en cercle; ces images en cercle, qui répètent plusieurs fois l'objet situé entre les deux miroirs, peuvent, par leur groupement, produire des effets très jolis; c'est le principe du *kaléidoscope*.

Miroirs sphériques. — Les miroirs

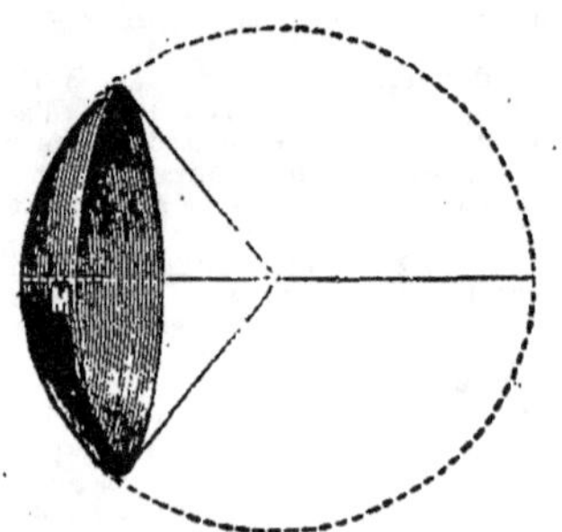

Miroir sphérique. — Un miroir sphérique est une portion de sphère.

sphériques donnent aussi des **images**,

mais dont la dimension est généralement différente de celle de l'objet.

On dit qu'un miroir sphérique est *concave* quand le côté réfléchissant est celui tourné vers l'intérieur de la

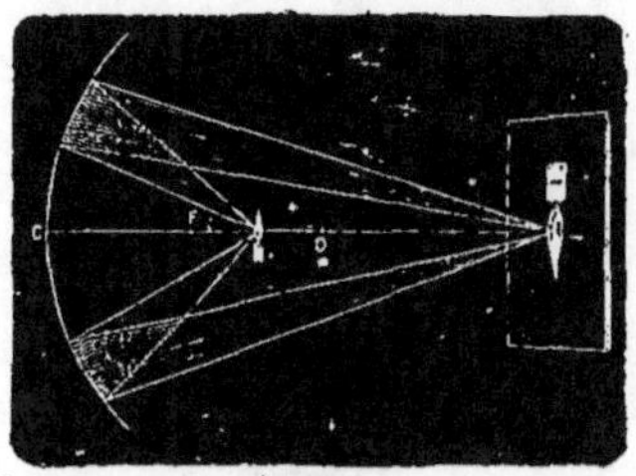

Miroir concave. La bougie, placée entre le point F et le point O, donne une image réelle, renversée, grandie, qui vient se dessiner sur un écran placé dans une position convenable, au-delà du point O.

sphère. Un semblable miroir, dirigé du côté du soleil, en fait converger les rayons en un point nommé *foyer*

Miroir concave. — Quand une bougie est placée très près d'un miroir concave, l'effet produit est analogue à celui qu'on observe dans les miroirs convexes ; on voit derrière le miroir une image droite, mais cette image est plus grande que la bougie.

du miroir ; en ce point il y a beaucoup de lumière, et assez de chaleur pour

enflammer de la poudre, du bois. Un objet placé devant un miroir concave, plus loin que le foyer, a une image renversée, située aussi devant le miroir, tantôt plus grande, tantôt plus

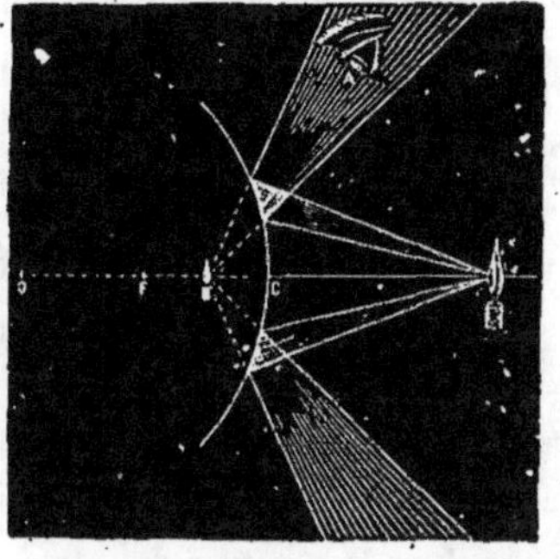

Miroir convexe. — Une bougie, placée devant ce miroir, à droite du point C, envoie des rayons lumineux qui sont réfléchis et entrent dans l'œil de l'observateur ; celui-ci voit une image droite, derrière le miroir, entre le point C et le point F, image plus petite que la bougie.

petite que l'objet : on peut recevoir cette image sur un écran, ce qui lui fait donner le nom d'*image réelle*. Si l'objet est placé plus près que le foyer, l'image est droite et située derrière le miroir, comme dans les miroirs plans, mais elle est plus grande que l'objet.

On dit qu'un miroir sphérique est *convexe* quand le côté réfléchissant est celui tourné vers l'extérieur de la sphère. Un objet, placé devant ce miroir, donne une image droite, derrière le miroir, et plus petite que l'objet.

mites. — Les *mites* (*fig.*) sont de

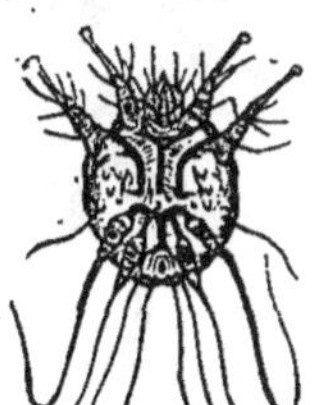

Démodex
(long., 0mm,3).

Acarus de la gale
(Longueur, 0mm,3).

très petits *arachnides*, désignés aussi sous le nom d'*acares* ; on en

connaît un grand nombre d'espèces, dont plusieurs sont *parasites*. C'est ainsi que le **démodex** vit surtout dans les ailes du nez de l'homme, où il cause simplement un peu de démangeaison, et parfois de la rougeur; un autre démodex, qui s'établit le long des poils des chiens, détermine chez cet animal une maladie de peau très grave. L'acarus de la gale de l'homme est une mite; d'autres acares voisins de celui de l'homme déterminent la gale sur divers animaux. Un grand nombre d'espèces de mites vivent sur les matières animales ou végétales fermentées; c'est le cas de **la mite du fromage**, qui habite dans la

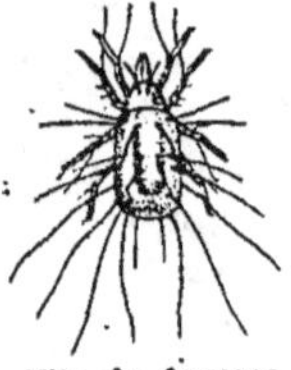

Mite du fromage.
(Longueur, 0mm,4.)

croûte des fromages secs, dans la farine, dans la poussière des caves,

Tique (longueur, 6mm).

des greniers, des écuries... On rencontre un grand nombre de mites sur les oiseaux, et en particulier

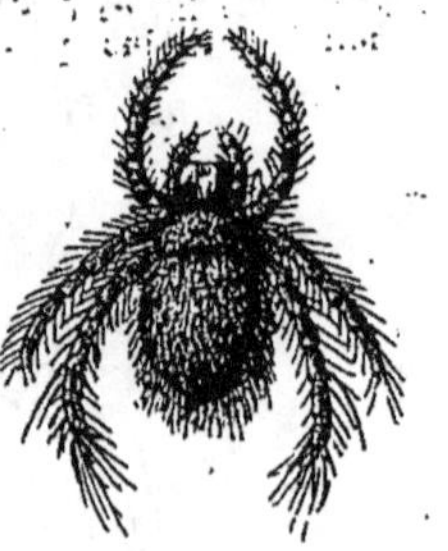

Rouget (longueur, 6mm).

sur nos oiseaux de basse-cour, auxquels elles occasionnent de grandes démangeaisons.

La **tique**, la **lepte** ou rouget sont également des mites.

Ajoutons que les petits animaux qui attaquent en été nos lainages et nos fourrures sont des *teignes*, quoiqu'on leur donne parfois, improprement, le nom de mites.

moelle épinière. — Gros cordon nerveux logé dans le canal formé par les vertèbres; il va du cerveau au bas de la colonne vertébrale, où il se termine par un ensemble de nerfs nommé *queue de cheval*; ce cordon

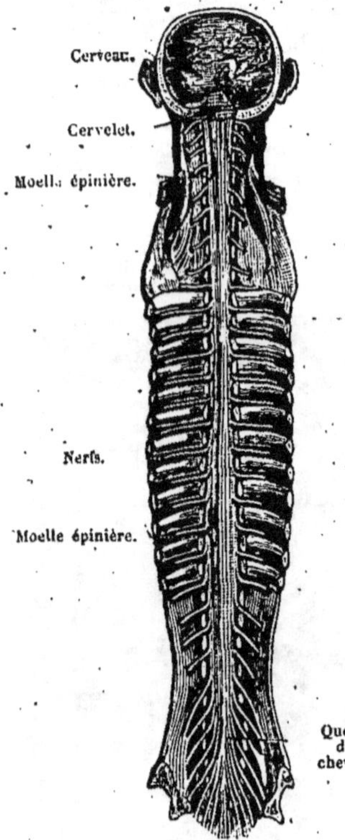

Moelle épinière.

est entouré de trois membranes nommées *méninges* (*dure-mère*, *pie-mère* et *arachnoïde*) : ces *méninges* sont la continuation de celles qui entourent le cerveau. Des différentes vertèbres partent des nerfs qui vont de la moelle épinière dans les organes (voy. **système nerveux**).

Les maladies de la moelle épinière sont nombreuses, et graves comme toutes les maladies du système nerveux ; elles peuvent survenir sous les causes les plus diverses (blessures, refroidissement, rhumatisme, excès de tout genre). Telle est l'inflammation de la moelle qui survient à la suite de fatigues corporelles excessives, ou celle qui provient d'une carie des vertèbres ; elle produit une paralysie des membres inférieurs (voy. aussi **ataxie**).

moineau. — Oiseau *passereau*, dont la longueur totale est de 15 centimètres. Il est brun, avec le bec et la gorge noirs ; les variétés sont d'ailleurs nombreuses au point de vue de la coloration. Selon les variétés et les circonstances, le moineau habite les

Moineau (longueur totale, 0ᵐ,15).

champs, les bois, les villes ; on le trouve partout ; il niche sur les arbres,

une coquille blanchâtre avec des taches brunes (*fig.*).

Le moineau a été tour à tour considéré comme utile et comme nuisible ; en réalité il fait tantôt du bien, tantôt du mal. Dans les vignes et les vergers il fait une grande consommation de raisins et de fruits ; dans les champs il mange les graines ; mais il détruit, surtout pour nourrir ses petits, une quantité considérable d'insectes nuisibles. Aussi favorise-t-on en bien des endroits la multiplication des moineaux (Angleterre, Italie). On a transporté des moineaux d'Europe à Philadelphie pour détruire les chenilles qui dévastaient les jardins publics. On a fait une exportation du même genre (moineaux, merles, grives, étourneaux, linottes...) à la Nouvelle-Zélande.

Le *moineau friquet*, un peu plus petit, est moins familier que le moineau franc. Il a le même régime.

mois. — Voy. **calendrier**.

moisissures. — *Ferments* qui vivent à la surface de diverses matières organiques, et qui sont formés de fins filaments ; ce sont des *champignons*. Les moisissures ne peuvent se développer qu'au contact de l'air.

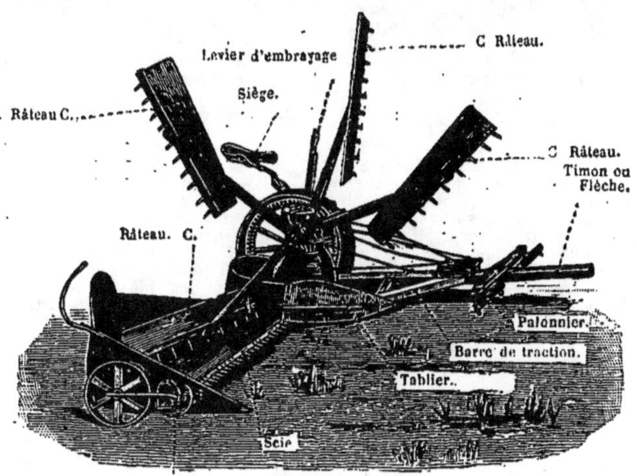

Moissonneuse mécanique.

dans les trous des murailles, sous les tuiles des toits ; trois couvées par an de 5 à 6 petits chacune ; les œufs ont

moissonneuse. — Instrument agricole qui sert à couper rapidement les céréales. Cet instrument est géné-

ralement traîné par deux chevaux; il
donné d'excellents résultats, très économiques, quand il s'agit de faucher de
grandes propriétés, sur un terrain bien
plat. La céréale, coupée par une *scie* A,
tombe sur le tablier B; là, les *râteaux*
ou *rabatteuses* C la prennent et la
déposent en javelles sur le sol (*fig.*).

molène. — Voy. bouillon blanc.

molette. — Petites tumeurs qui se
forment chez les chevaux, autour des
articulations des boulets; ces tumeurs
proviennent d'une trop grande quantité
de synovie qui se forme dans les articulations. Les molettes proviennent
souvent d'une fatigue progressive du
cheval; chez les jeunes chevaux elle
indique une faiblesse généralement
irrémédiable des articulations.

mollusques. — Les mollusques
sont des animaux mous, non divisés
en anneaux et présentant généralement une coquille. Les trois types
principaux sont les suivants :

1° **Lamellibranches** (*fig.*), ayant une
coquille à deux valves, le corps recouvert d'une double lame charnue nommée *manteau*, qui tapisse intérieurement la coquille et présente le même

Mollusques lamellibranches (ex. : moule).

contour que cette dernière; entre les
deux valves du manteau se trouve une
masse charnue nommée *pied*, qui contient une partie des viscères; de chaque côté du pied s'attachent deux
branchies pour la respiration (exemples : huître, moule);

2° **Gastéropodes** (*fig.*), possédant une
coquille compo-
sée d'une seule
valve enroulée
en spirale et
un pied aplati
occupant toute
la face ventrale
du corps; ils
respirent soit

Mollusques gastéropodes
(ex. : escargot).

par des poumons (escargot), soit par
des branchies (porcelaine).

3° **Céphalopodes** (*fig.*), ayant la
bouche entourée de bras, ou tentacules
armés de ventouses. Ils respirent par
des branchies. Les uns ont 8 bras et
pas de coquille (poulpe), ou une coquille (argonaute); les autres 10 bras
et une coquille *interne* (seiche, cal-

mar); les autres plus de 10 bras (nautiles, ammonites).

Des mollusques se rapproche un
autre groupe constituant les **brachio-**

Mollusques céphalopodes (ex. : seiche).

podes (*fig.*), munis d'une coquille à
deux valves; leur bouche présente deux
palpes ou bras très longs et pouvant
s'enrouler en spirale (térébratule).

monnaies. — Les monnaies sont
constituées par des alliages dans lesquels dominent l'or, l'argent, le nickel
et le cuivre; ces alliages sont choisis
de manière à donner aux métaux principaux une plus grande dureté, une plus
grande résistance au frottement, sans
leur enlever leur inaltérabilité à l'air.

Monnaies d'or (*fig.*) — Elles sont
faites d'un alliage d'or et de cuivre.
En France, et dans les pays qui ont
adhéré à la convention monétaire du
23 décembre 1865 (Italie, Suisse, Grèce,
Espagne, Roumanie), la monnaie d'or
renferme 900 parties d'or pour 100 parties de cuivre. Nous avons cinq pièces
d'or.

La pièce de 100 fr. pesant 32^{gr},258
    —   50 —   —   16^{gr},129
    —   20 —   —   6^{gr},451
    —   10 —   —   3^{gr},225
    —   5 —   —   1^{gr},612

Monnaies d'argent (*fig.*). — Ce sont
des alliages d'argent et de cuivre. Il y
a cinq pièces d'argent. La pièce de
5 francs, qui pèse 25 grammes, renferme 900 parties d'argent pour 100
de cuivre; les pièces de 2 francs
(10 grammes), de 1 franc (5 grammes),
de 50 centimes (2^{gr},5), de 20 centimes
1 gramme) renferment 835 parties
d'argent pour 165 parties de cuivre.

On voit que les monnaies d'or ont
une valeur quinze fois et demie plus
grande que les monnaies d'argent.
Pour avoir le poids d'une pièce de
5 francs en or, il faut diviser par 15,5
le poids d'une pièce de 5 francs en
argent.

Monnaies de bronze (*fig.*). — Nos
monnaies de bronze sont faites d'un
alliage qui renferme 95 parties de
cuivre, 4 d'étain et 1 de zinc. La pièce
de 1 centime pèse 1 gramme; celle de
2 centimes, 2 grammes; celle de 5 cen-

SPÉCIMENS DE PIÈCES DE MONNAIE (2/3 grandeur).
France (or).
France (argent).
France (bronze).
Suisse (nickel).
Espagne (argent), à refuser.
Chili (argent), à refuser.
Pérou (argent), à refuser.

times, 5 grammes ; celle de 10 centimes, 10 grammes.

Monnaies de nickel (*fig.*). — Il n'y a pas encore (en 1894) en France-de-monnaies de nickel, mais il y en a en Suisse, en Belgique, aux États-Unis, en Allemagne. Ces monnaies sont plus légères, plus petites, et par suite d'un usage plus agréable que celles de bronze. Quoiqu'on les nomme monnaies de nickel, le nickel n'est cependant pas le métal qui les constitue en plus grande partie. Ainsi, en Belgique, les pièces de nickel sont de 5, 10 et 20 centimes ; elles renferment 75 parties de cuivre pour 25 parties de nickel.

monocotylédones. — Plantes dont la graine renferme seulement un

Monocotylédones (ex.: palmier). — Le bois des monocotylédones n'a pas de moelle, pas de cercles concentriques, pas d'écorce.

Monocotylédones (ex.: palmier). — Des filaments noirs et durs, traversant la tige, lui donnant de la solidité.

cotylédon ; la tige est généralement cylindrique, c'est-à-dire presque aussi

Monocotylédones (ex. : palmier). — Le tronc n'est pas ramifié ; il a partout la même grosseur.

grosse en haut qu'en bas : on n'y reconnaît ni couches successives pouvant indiquer l'âge, ni moelle, ni écorce. Les feuilles sont généralement simples ; leurs nervures ne sont point ramifiées, mais parallèles ; les pièces des fleurs sont souvent disposées par trois ou par six. Les monocotylédones de nos pays sont ordinairement des plantes herbacées ; mais les climats chauds ont des monocotylédones de grande taille (*fig.*).

Les principales familles des monocotylédones sont : *liliacées, iridées, orchidées, palmiers, graminées.*

monomanie. — L'une des formes de la folie, caractérisée par un trouble de l'intelligence qui ne s'étend qu'à un seul ordre d'idées ou de sentiments ; il y a, par suite, un grand nombre de variétés de monomanie. Ainsi le malade a l'idée fixe qu'il est un grand inventeur ; il parle avec raison sur tous les autres sujets, mais déraisonne dès qu'il songe à ses inventions. Le *délire des persécutions* est aussi une monomanie, entretenue par des hallucinations qui font voir au malade des dangers partout. La monomanie est donc bien différente de la *manie* proprement dite. (Voy. **folie**.)

montre. — Horloge *portative*, de petite dimension, et qui peut être déplacée à volonté sans cesser de fonctionner. Le principe est le même que

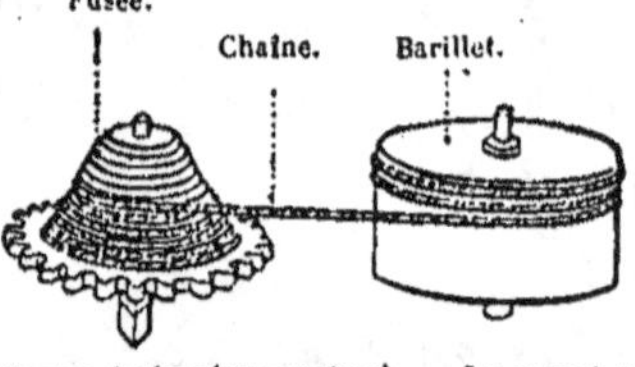

Montre (*mécanisme moteur*). — Le ressort est enfermé dans le barillet. Quand le ressort est complètement tendu, la chaîne est enroulée sur la fusée. A mesure que le ressort se détend, il fait tourner le barillet, sur lequel la chaîne vient s'enrouler ; un mouvement de rotation est ainsi communiqué à la roue dentée de la fusée, et par suite à tous les rouages de la montre.

celui des *horloges*, mais on y remplace le *poids moteur* par l'action d'un *ressort*, et le *pendule régulateur*, ou *balancier*, par une *roue régulatrice* (*fig*). Le *ressort* est formé d'une lame d'acier mince et longue, qui a été travaillée de manière à s'enrouler d'elle-même en spirale. L'une des extrémités est attachée à un point intérieur du *barillet* (*fig.*), et l'autre extrémité est accrochée à l'axe central qui est fixe. Quand, par l'intermédiaire d'une roue étagée appelée *fusée* (*fig.*) et d'une *chaîne*, on fait, à l'aide d'une *clef*, tourner le barillet, le ressort se resserre de plus en plus autour de l'axe. La montre, une fois remontée, ce ressort, tend à reprendre sa forme primitive, et communique au barillet un mouvement de rotation, qui se transmet à toutes les roues, et par suite aux aiguilles de la montre.

Le *régulateur*, destiné à empêcher le mouvement de s'accélérer, est une

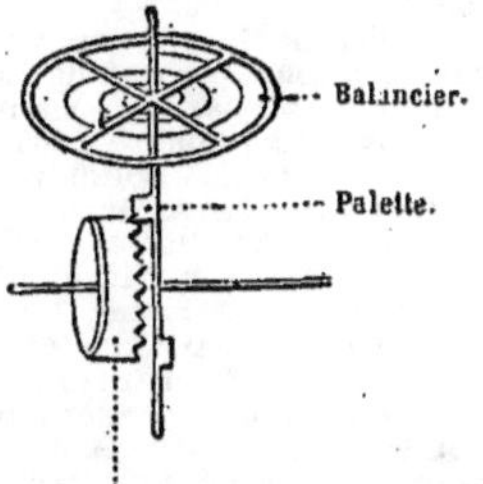

Montre (*régulateur*). — La roue dentée reçoit son mouvement de rotation par des engrenages communiquant avec le ressort. En tournant elle rencontre alternativement les deux palettes, et les frappe de manière à donner au balancier un mouvement alternatif de droite à gauche et de gauche à droite; ce balancement empêche la rotation de s'accélérer sous l'action du ressort.

petite roue qu'on voit, dans une montre, osciller vivement de droite à gauche et de gauche à droite. (Voy. **horloge**.)

comme dans les montres, le *régulateur* un pendule, comme dans les horloges.

mordants. — Voy. **teinture**.

morées. — Famille de plantes voisines des *urticées* [*], renfermant le mûrier, le figuier.

morelle. — Les *morelles* constituent un important genre de plantes *dicotylédones* de la famille des *solanées*. Les espèces en sont principale-

Morelle commune (hauteur, 0ᵐ,70).

ment répandues dans les régions chaudes. La *pomme de terre* [*], la *douce-amère* [*], l'*aubergine* [*], la *tomate* appartiennent au genre morelle (*fig.*).

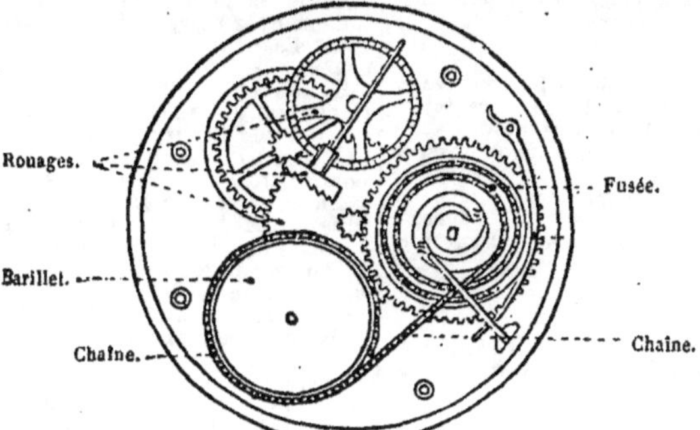

Montre (*détail des rouages*). — Tous les engrenages qui mettent les aiguilles en mouvement reçoivent leur impulsion de la roue dentée de la fusée.

Il s'agit là de la montre réduite à sa plus simple expression; le détail des perfectionnements et des organes ne peut trouver place ici.

Une *pendule* est un appareil intermédiaire entre une horloge et une montre. Le *moteur* est un ressort,

morphine (de *Morphéus*, dieu du sommeil). — *Alcaloïde* tiré de l'*opium* [*]. C'est un solide incolore, sans odeur, d'une saveur très amère. On emploie la morphine pour calmer la douleur et produire le sommeil; on l'administre le plus souvent à l'état de combinaison avec un acide ; c'est surtout le *sulfate de morphine* (morphine et acide sulfurique) et le *chlorhydrate de morphine* (morphine et acide chlorhydrique) qui sont employés. Les doses doivent toujours être faibles, parce que la morphine est un poison violent.

Pour déterminer le sommeil, on donne la morphine ou un de ses composés en pilules ou en potion, à la dose de 1 à 5 centigrammes. Pour calmer la douleur on préfère l'administrer en injections hypodermiques, c'est-à-dire qu'on introduit, avec une fine seringue, une dissolution d'un composé de morphine sous la peau (*fig.*).

Le danger de ces injections sous-cutanées est que les personnes qui veulent apporter un soulagement à leurs

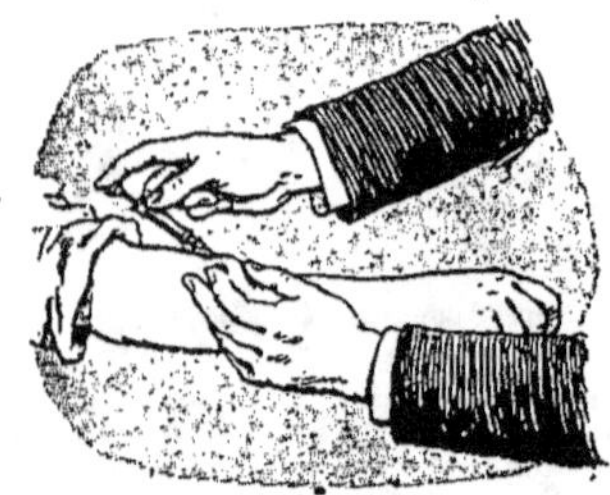

Morphine : Comment on fait une injection de morphine.

douleurs sont portées à les renouveler trop fréquemment. L'abus des injections de morphine entraîne des accidents analogues à ceux qu'on observe chez les mangeurs et les fumeurs d'opium : amaigrissement, pâleur, perte des forces, de l'appétit, de l'énergie morale, apathie profonde. L'usage prolongé et abusif de la morphine produit le *morphinisme*.

morses. — Les *morses* (*fig.*) sont des mammifères *carnivores* qui se rap-

Morse (longueur, 1 m).

prochent beaucoup des phoques (Voy. ce mot) par l'ensemble de leurs carac-

tères. Ils ont le corps allongé, épais, le cou et les membres très courts. La tête est relativement petite, la lèvre supérieure porte des moustaches très grosses et très abondantes. Les deux énormes canines de la mâchoire supérieure, de 60 à 80 centimètres de long, font saillie hors de la bouche chez les adultes.

L'espèce principale est le *morse cheval marin*, animal de grande taille, dont la longueur a parfois 7 mètres et dont le poids peut atteindre 1 500 kilogrammes. La taille ordinaire des adultes est de 4 mètres. On le trouve surtout dans l'océan Glacial arctique, où il mène un genre de vie analogue à celui des phoques. Quand il est en fureur, c'est un animal dangereux. On le chasse avec tant d'acharnement que l'espèce sera sans doute bientôt détruite ou refoulée tout à fait près du pôle. Toutes les parties de son corps sont utilisées, comme chez le phoque.

mortiers. — Mélanges plus ou moins pâteux, dont la *chaux* est l'élément essentiel; ils servent à relier les unes aux autres les pierres des constructions, et à crépir les murs. La chaux se trouve toujours, dans les mortiers, mélangée à du sable ou à des substances sablonneuses, sans lesquels il ne prendrait pas une solidité suffisante.

Quand la chaux est pure, elle forme avec le sable un mortier qui durcit lentement à l'air, mais ne durcit pas sous l'eau : on le nomme *mortier aérien*.

Quand la chaux renferme une certaine quantité d'*argile*, elle donne un mortier qui durcit encore à l'air, mais qui en outre durcit sous l'eau, on le nomme *mortier hydraulique*.

Enfin, si la quantité d'argile est plus grande, le durcissement devient plus rapide, et on a un *ciment*.

Mortier aérien. — On le fait en délayant de la chaux à peu près pure dans une quantité d'eau suffisante, puis on la mélange avec du sable. Le mortier obtenu ne peut pas être conservé, on doit le préparer au fur et à mesure des besoins. Le durcissement du mortier aérien n'a lieu qu'à l'air; il tient à ce que la chaux absorbe peu à peu l'acide carbonique contenu dans l'air, pour former du carbonate de chaux, ou pierre calcaire, qui soude entre eux les grains de sable.

Mortier hydraulique. — Le mortier hydraulique se fait comme le mortier ordinaire, mais en y employant de la *chaux hydraulique*, c'est-à-dire de la chaux renfermant une matière argileuse; selon que la chaux contient une quantité plus ou moins grande d'argile, le mortier *fait prise* plus ou moins rapidement sous l'eau. Ainsi on a des mortiers peu hydrauliques qui ne font prise qu'après 16 à 20 jours et n'acquièrent jamais une grande dureté; au contraire, les mortiers très hydrauliques peuvent faire prise au bout de 2 ou 3 jours, et acquérir à la longue une solidité égale à celle de la pierre.

Souvent, à un mortier hydraulique, on ajoute, outre le sable, de petits cailloux anguleux. On a alors ce qu'on nomme un *béton*.

Ciments. — Quand la chaux est encore plus riche en argile, elle porte le nom de *ciment*. La poussière de ciment, gâchée avec l'eau, donne une bouillie qui fait prise presque aussi rapidement que le plâtre, même sous l'eau, et prend progressivement une grande dureté. Le ciment, d'ailleurs, peut être employé à la manière du plâtre, sans qu'on y ajoute de sable.

Chaux hydrauliques et ciments artificiels. — On nomme chaux hydrauliques et ciments naturels les *chaux* que l'on obtient en faisant cuire au four à chaux les calcaires très riches en argile. Mais ces calcaires sont assez rares et ne peuvent suffire aux besoins de la consommation. Alors on fabrique des chaux hydrauliques et des ciments artificiels en prenant des chaux aériennes ordinaires et en y ajoutant des matières argileuses prises ailleurs. On a ainsi des produits aussi bons que les produits naturels.

Usages des chaux hydrauliques et des ciments. — Les usages des matériaux hydrauliques sont plus nombreux que ceux des mortiers aériens de chaux grasse. Et d'abord ils peuvent être substitués aux mortiers aériens dans tous leurs usages; ils leur sont bien supérieurs, car, même à l'air, ils finissent par acquérir une dureté beaucoup plus grande. Pour les fondations des maisons, les caves, les constructions sous l'eau, on ne se sert que des matériaux hydrauliques.

Les *bétons*, c'est-à-dire les mélanges de chaux hydraulique, de sable et de cailloux, servent à faire les fondations des maisons, les piles des ponts. Les trous, creusés à la profondeur convenable, sont remplis de béton qui se prend au bout de quelques jours en une masse compacte, d'une seule pièce, sur laquelle on peut établir les constructions sans avoir à craindre aucun tassement.

On se sert aussi des bétons pour faire de véritables pierres artificielles, aussi solides que les pierres naturelles, et ayant la forme et la dimension que l'on veut. En moulant du ciment on en fait des statues, des vases, des bas-reliefs, des dalles pour trottoirs, des conduites d'eau.

Les ciments servent aussi à faire des enduits superficiels (à *cimenter*), destinés à empêcher l'action de l'humidité, l'arrivée ou le départ de l'eau. La maçonnerie étant établie d'abord avec un mortier hydraulique, on la recouvre d'une couche de ciment gâché.

morue. — Poisson au corps allongé, épais en avant, recouvert de petites écailles; grande bouche. Couleur verdâtre. La taille peut dépasser 1 mètre, le poids va parfois à 40 kilogrammes. C'est un poisson des mers du Nord, abondant surtout sur les côtes du

Morue (longueur, 0ᵐ,80).

Labrador, du Groënland et de l'Islande (*fig.*). Sur les côtes de France on le trouve dans le Pas-de-Calais et la Manche.

C'est un poisson des bas-fonds. Sa fécondité est extraordinaire, une femelle pondant ordinairement plusieurs millions d'œufs. La morue est très vorace, elle se nourrit de petits poissons. Sa pêche constitue une industrie très importante. On estime à 5 ou 6 mille le nombre des navires qui vont dans les régions du Nord pour pêcher la morue; la France seule envoie 400 vaisseaux, montés par 12 000 marins.

On conserve ce poisson en le salant ou en le faisant sécher. Quelquefois on le pêche sur nos côtes où on l'appelle **cabillaud**; il est alors ordinairement mangé frais. Outre son importance alimentaire, qui est considérable, la morue est d'une grande utilité à cause d'un produit qu'on en retire, l'huile de foie de morue, dont l'emploi médicinal est très-répandu; cette huile doit ses propriétés au principe odorant et en même temps à l'iode qu'elle renferme. L'**aiglefin** est une sorte de morue qui ne dépasse pas 50 centimètres de longueur; on le trouve dans la mer du Nord et aussi dans la Manche. Sa chair est plus savoureuse que celle du cabillaud.

morve. — Maladie contagieuse fréquente chez le cheval et l'âne, transmissible à la plupart de nos animaux domestiques, et même à l'homme. La *morve*, ou *farcin*, est essentiellement caractérisée par des ulcérations de la muqueuse du nez, un écoulement visqueux par les naseaux, nommé *jetage*, et enfin un gonflement des glandes lymphatiques situées sous la langue. Ces symptômes extérieurs sont accompagnés de désordres graves, surtout du côté des poumons. La maladie est généralement incurable ; sous sa forme aiguë, elle peut entraîner la mort dans un délai très court. Quand elle ne tue pas, elle persiste à l'état chronique ; la morve chronique amène la mort très lentement.

Ce qui rend la morve surtout redoutable c'est sa contagiosité. La transmission de la maladie a lieu par le contact avec l'animal malade, par l'intermédiaire des harnais, par le séjour dans une écurie dont la mangeoire, le râtelier, le mur de face, les cloisons de séparation ont été souillés par du jetage ou du pus morveux. Ces produits conservent leur propriété virulente pendant au moins 15 jours. Le jetage morveux déposé dans les abreuvoirs peut conserver son activité jusqu'à dix-huit jours. La transmission est même à craindre pour l'homme. Aussi la loi ordonne-t-elle l'abattage des animaux morveux, et leur enfouissement à grande profondeur.

mouches. — Les *mouches* (*fig.*), forment un groupe nombreux d'insectes *diptères* analogues à notre mouche domestique. Le corps est large, épais, la tête grosse, les yeux très développés. Les larves des mouches vivent dans la terre ou dans l'eau, plus souvent dans les matières animales telles que la viande, ou les matières en décomposition comme le fumier : ces larves sont connues vulgairement sous le nom d'*asticots*. Les mouches ont leur utilité ; elles servent d'aliment à un grand nombre d'animaux supérieurs ; en outre elles travaillent puissamment à consommer et à faire disparaître toutes les matières animales en décomposition, dont les émanations corrompent l'air.

La mouche domestique, si commune dans nos habitations, pond ses œufs dans le fumier, où vivent et se développent ses larves. La **mouche à viande**, ou **mouche bleue**, la **mouche verte**, la **mouche vivipare** déposent leurs œufs ou leurs larves déjà vivantes dans les animaux abattus, et même dans les plaies des animaux vivants : les larves dévorent les cadavres. Ces mouches pullulent si rapidement que, d'après Linné, trois mouches consomment le cadavre d'un cheval aussi vite que le fait un lion. Outre les espèces précédentes, il

existe beaucoup de petites mouches dont les larves attaquent les végétaux : elles sont nuisibles à l'agriculture ; d'autres larves, au contraire, vivent en parasites sur des chenilles malfaisantes, dont elles causent la mort : ces dernières mouches sont utiles. A côté des mouches proprement dites se placent un grand nombre d'insectes diptères très analogues.

Tels sont les **taons**, grosses mouches qui tourmentent les quadrupèdes en les piquant jusqu'au sang. Les **œstres** sont de grosses mouches très velues, presque sans trompe ; elles déposent leurs œufs sur le corps du bœuf, du cheval, du mouton ; chaque espèce s'attaque à un mammifère déterminé ; et pond ses œufs toujours au même endroit. Ainsi l'œstre du cheval dépose ses œufs sur le poil, à l'endroit où le cheval se lèche ; le cheval avale les larves qui accomplissent une partie de leurs métamorphoses dans l'intestin, pour ne prendre des ailes qu'après leur sortie avec les excréments. L'œstre du mouton pond à l'intérieur des narines ; les larves montent jusqu'aux cavités frontales situées au-dessus du nez et occasionnent des vertiges et quelquefois même la mort du mouton : c'est la maladie nommée *tournis*.

Les **hypodermes** déposent leurs œufs sur les animaux ; les larves pénètrent sous la peau et déterminent des tumeurs : le *ver macaque* de Cayenne, qu'on trouve dans les yeux, les fosses nasales, la bouche de l'homme, de façon à déterminer parfois la mort, est la larve d'un insecte hypoderme, la *lucile hominivore*.

mouette. — Oiseau *palmipède* au bec fin et légèrement recourbé, aux longues ailes, qui dépassent la queue, et qui lui donnent une grande puissance de vol. Les mouettes (*fig.*) se ren-

Mouette ou goéland (longueur, 0ᵐ,50).

contrent sur les rives de toutes les mers, sur lesquelles elles volent et nagent constamment. D'une grande voracité, elles font œuvre de salubrité dans la mer en dévorant les cadavres, les immondices, les débris de toutes sortes qui flottent à la surface ; leurs bandes considérables dissèquent et avalent en un clin d'œil les cadavres les plus gros. Elles ne se privent

LES MOUCHES

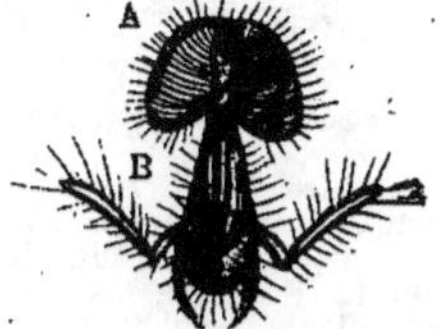

Trompe grossie de la mouche commune : A, suçoir ; B, gaîne du suçoir.

Larve. Chrysalide. Insecte parfait.

Transformations de la mouche bleue de la viande.

Eristale gluante et sa *larve*, qu'on rencontre dans les excréments.

Taon du bœuf.   Œstre du bœuf.   Œstre du mouton et sa *larve*.

pas non plus des poissons vivants, harengs, maquereaux, anchois, sardines.

Les rivages du Nord surtout fourmillent de ces oiseaux. Ils déposent d.: 2 à 4 œufs dans un trou de sable ou dans le creux des rochers; les petits naissent couverts de duvet. Ils ne prennent que tard leur livrée définitive.

On en connaît plusieurs espèces sur nos côtes. Les petites portent plus particulièrement le nom de *mouettes*, les grandes le nom de *goélands*. L'une des espèces le plus remarquable est le *goéland marin*, blanc avec des ailes noires. Il a 75 centimètres de long et 1m,75 d'envergure. Il vole longtemps et avec une extrême rapidité.

moufle. — Voy. poulie.

mouflon. — Le *mouflon* (*fig.*) est un mammifère ruminant de la famille des *bovidés*, très voisin du mouton. On en connaît plusieurs espèces ayant toutes des cornes recourbées très puissantes, une queue assez courte, des poils épais et rudes. La chair est fort délicate, de la toison on fait des couvertures et des tapis; de la peau on fait du maroquin.

Mouflon (haut., 0m,90).

Le **mouflon à manchettes** a 1m,15 de haut, avec des cornes de 66 centimètres. Se trouve dans les montagnes de l'Atlas, aux grandes hauteurs; la portée de la femelle est de 2 petits. Animal intelligent et très méfiant.

Le **mouflon d'Europe** (Corse et Sardaigne), est haut de 80 centimètres, avec des cornes de 66 centimètres. La robe est rousse. Le mâle seul a des cornes. Ces animaux vivent en très grandes bandes. La femelle met bas deux petits par portée.

Le **mouflon argali**, de l'Asie centrale, a 1m,30 de haut; les cornes, très recourbées, ont jusqu'à 1m,30 de longueur, et un poids de 25 kilogr. Il se rencontre dans les montagnes de moyenne hauteur, en petites bandes.

Le **mouflon des montagnes** (Amérique du Nord) a beaucoup d'analogie avec le précédent.

moule. — Mollusque *lamellibranche* vivant dans les eaux douces ou salées; sa coquille est d'un noir violet. Les moules forment sur nos côtes des bancs considérables; elles sont attachées les unes aux autres par des filaments nés sur leur *pied* et

composant ce qu'on a appelé leur *byssus*. Elles peuvent à volonté détacher ces filaments pour aller se fixer ailleurs. Les moules constituent un aliment agréable; on les mange plutôt cuites que crues; elles ont une assez sérieuse importance au point de

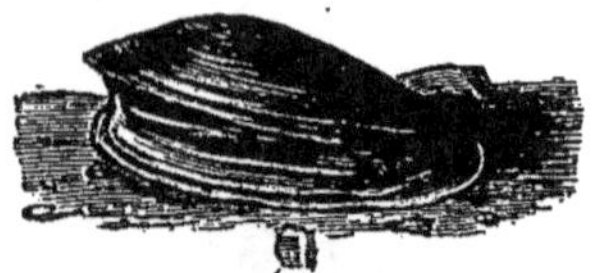

Moule comestible (longueur, 0m,07).

vue alimentaire. Aussi en élève-t-on une grande quantité sur les côtes de France, et en particulier dans les environs de la Rochelle. On fixe en terre des pieux nombreux formant deux lignes se rapprochant comme une

Bouchots pour l'élevage des moules.

sorte de V ouvert à sa pointe; cette pointe est tournée vers la mer. Plusieurs *bouchots* semblables sont disposés à des distances différentes du rivage; les plus éloignés sont composés uniquement de pieux; ceux qui

Pieux chargés de moules bonnes à être récoltées.

posés uniquement de pieux; ceux qui sont voisins du rivage ont leurs pieux réunis par un fort clayonnage auquel viennent se fixer les moules. Sur les premiers s'attachent les plus jeunes moules; on les transporte ensuite successivement sur les bouchots plus rapprochés du rivage, et, quand elles ont atteint tout leur développement, ce qui arrive au bout d'une année, on les récolte pour les livrer au commerce. Les moules pêchées et élevées en France ne suffisent pas à notre consommation; nous en recevons beaucoup de Hollande (*fig.*).

Les moules occasionnent souvent des empoisonnements. Ordinairement il y a un simple embarras gastrique, de faible gravité, mais on observe parfois aussi des cas de mort. Les moules sont *toxiques* quand elles se trouvent dans des eaux toxiques elles-mêmes; elles perdent cette toxicité lorsqu'on les replonge dans l'eau bien saine.

mouron. — .Herbe annuelle très commune dans la plupart des champs; le mouron de nos pays est petit, il a des fleurs rouges ou bleues; certaines espèce exotiques sont cultivées pour l'ornementation des jardins.

Le *mouron des oiseaux* diffère du mouron proprement dit; il appartient à la famille des caryophyllées; les oiseaux en sont très friands. Le mouron rouge et le mouron bleu, au contraire, sont vénéneux.

mousses. — Plantes *cryptogames* sans racines, à corps généralement pourvu d'une tige et de feuilles; ces plantes, de petite dimension, vivent sur la terre, les murs ou les arbres. Les spores destinées à la reproduction de la plante sont contenues dans une capsule qui s'ouvre à la maturité pour les laisser échapper; ces spores tombent

Mousse.   Mousse (B boîte à graines).

alors sur la terre, y germent et produisent une nouvelle mousse (*fig.*). On connaît plus de 3000 espèces de mousses, qui n'ont pour nous à peu près aucune utilité. La *tourbe* est

formée en grande partie de mousses décomposées et réduites en charbon.

moustiques. — Voy. **cousins**.

moutarde. — Herbe annuelle de la famille des *crucifères*, qui croît dans les moissons et fleurit en juin et juillet. La *moutarde noire* est cultivée en Europe et dans l'Amérique du Nord; la *moutarde blanche* (*fig.*) est cultivée dans l'Europe méridionale; une autre espèce est cultivée en Russie.

Ces trois espèces fournissent une graine très petite, avec laquelle on pré-

Moutarde blanche (hauteur, 0ᵐ,60).

pare le produit employé en cuisine sous le nom de *moutarde*. Les graines, comprimées, donnent d'abord une huile excellente pour l'éclairage; c'est le résidu de la compression qui, mélangé à du vinaigre, et aromatisé avec de l'estragon, des truffes, des anchois, donne la moutarde de table. La farine de moutarde sert en médecine pour faire les *sinapismes*.

mouton. — Le *mouton* (*fig.*) est un mammifère ruminant de la famille des *bovidés*. On ne le connaît pas à l'état sauvage; il descend peut-être du mouflon, dont il diffère par une queue plus longue, et par la forme des cornes; certains moutons manquent de cornes, même chez le mâle. Les brebis portent environ cinq mois; elles mettent bas un ou deux agneaux, ordinairement en janvier, février ou mars; les mères les allaitent pendant cinq mois. Le mouton est peut-être le moins intelligent de nos animaux domestiques.

L'importance des moutons est considérable. Ils fournissent de la viande et de la laine; la laine est le produit le plus important, et l'on se passerait plus aisément de la viande. Comme produits moins essentiels, le mouton

Lavage du mouton avant la tonte.

donne du fumier, du lait, du suif, un cuir fin. L'élevage du mouton exige en général un climat assez sec. En France il se rencontre en grand nombre, surtout dans la Flandre, la Pi-

Tonte du mouton.

cardie, la Champagne, le Bourbonnais, le Berry, le Poitou, l'Auvergne, la Marche, le Limousin. D'ailleurs, l'élevage du mouton est en décroissance chez-nous; la France possédait en 1866 à peu près 30 millions de moutons; en 1889, il y en a à peine plus de 20 millions. La diminution est la même dans les autres pays d'Europe. Au contraire, les pays d'Amérique ont une production de plus en plus grande, qui se chiffre par des centaines de millions.

Nos races sont nombreuses; on recherche surtout celles qui donnent une belle laine, et celles pour lesquelles l'engraissement se fait rapidement; en Angleterre on a des moutons dont le poids s'élève jusqu'à 100 kil.

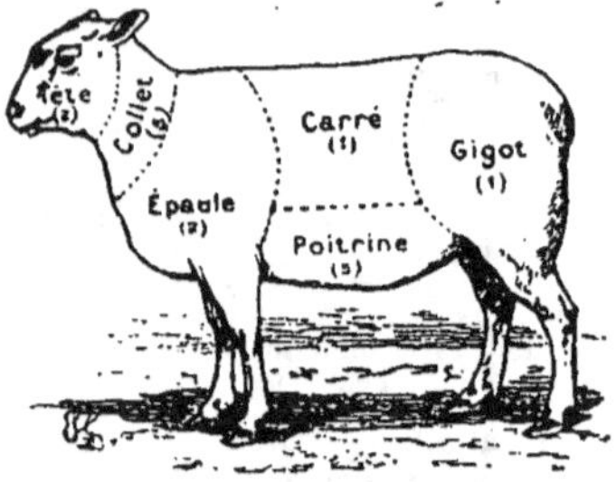

La viande du mouton (les numéros indiquent la qualité de la viande).

Voici quelques-unes des races élevées en France :

1º **Race germanique.** — Sans cornes, tête chauve; laine grossière, à brins très longs. Donne une viande abondante, mais peu délicate. C'est la souche de la variété *Dishley*, à poitrine large, croupe très grasse; laine longue, mais grossière; beaucoup de viande. La variété *Lincoln* donne une laine longue employée pour la fabrication des étoffes dites *alpagas*.

2º **Race des Pays-Bas.** — Sans cornes, laine et viande peu estimées.

3º **Race des Dunes.** — Sans cornes; laine à brins frisés irrégulièrement, d'un blanc jaunâtre; ces moutons se

Mouton Southdown (bélier).

plaisent dans les sols secs et maigres; ils s'engraissent bien et donnent une chair excellente. La variété Southdown se rattache à cette race; elle a pris naissance en Angleterre: corps volumineux et squelette réduit.

4º **Race du plateau central.** — Cornes contournées en spirale; les femelles n'en ont pas. Laine courte et frisée, blanche, noire, brune ou rousse. Viande excellente, engraissement facile. Race répandue surtout en Auvergne, Marche, Limousin.

Mouton du Plateau central.

5° **Race du Danemark.** — Tête grosse; oreilles longues et pendantes, queue courte. Les cornes manquent souvent chez les mâles et toujours chez les femelles.

6° **Race britannique.** — Sans cornes; tète forte; laine d'un blanc mat, longue et douce; viande passable.

7° **Race du bassin de la Loire.** — Pas de cornes; toison courte et frisée; engraissement facile, chair excellente. A cette race se rattachent les variétés berrichonne, solognotte, de Crevant.

8° **Race des Pyrénées.** — Les mâles ont des cornes dirigées en arrière et en bas, puis en avant et enfin en arrière, pour finir en spirale allongée; les femelles en ont parfois aussi; laine blanche et dure. Race bonne laitière, viande excellente. Variétés béarnaise, landaise, lauragaise.

9° **Race mérinos.** — Cornes longues, volumineuses, formant une spirale de deux tours au moins. Les femelles

Mouton mérinos (bélier).

n'en ont pas. La toison, très grande, couvre le front, les joues, les membres, le dessous du ventre; la laine, d'un blanc jaunâtre, forme des brins à ondulations régulières. Cette race est surtout élevée pour la production de la laine, car la chair est médiocre.

Cette race, importée d'Espagne par Turgot en 1776, s'est propagée dans

Mouton Dishley.

toute la France: variétés du Naz, de Champagne, de Brie, etc.

Depuis quelques années on élève des métis *Dishley-mérinos.*

muflier. — Plante nommée aussi *gueule de loup, tête de mort,* dont les fleurs présentent à peu près la disposition de la gueule d'un animal, avec ses deux lèvres. Cette plante croît

Muflier ou gueule de loup.

spontanément en France dans les endroits secs; on la cultive aussi dans les jardins (*fig.*).

muge. — La *muge* ou *mulet* est un poisson dont plusieurs espèces se rencontrent sur les côtes de France; essentiellement côtier, vivant dans les eaux salées. La chair en est blanche, grasse, très estimée. Certaines espèces dépassent 60 centimètres de longueur avec un poids de 4 à 5 kilogrammes.

muguet. — Inflammation de la bouche, causée par le développement d'un petit champignon parasite. La langue devient sèche, rouge, puis apparaissent des points blancs qui forment bientôt des plaques d'une certaine étendue. On traite en badigeonnant les plaques avec un mélange de borax et de glycérine; on évite les limonades, sirops, et en général toutes les substances acides ou sucrées.

Le muguet est surtout une maladie de l'enfance; il est ordinairement assez bénin. Mais il survient aussi dans le cours des maladies graves, et indique un affaiblissement duquel on a tout à redouter.

muguet. — Plante à tige souterraine, de la famille des *asparaginées*, portant des petites fleurs blanches qui répandent un parfum très agréable. On rencontre abondamment le muguet dans les bois; il fleurit au printemps, formant de véritables pelouses de ses fleurs et de ses feuilles (*fig.*).

On extrait des fleurs un parfum très estimé.

Le muguet est cultivé dans les jar-

Muguet de mai (hauteur, 0ᵐ,15).

dins; par la culture forcée on obtient en hiver des produits qu'on expédie dans les grandes villes. La médecine utilise le muguet dans le traitement des maladies du cœur; il a des propriétés analogues à celles de la digitale.

mulet. — On nomme *mulet* (*fig.*) le produit de l'accouplement de l'âne avec la jument. Le produit provenant du cheval et de l'ânesse, beaucoup moins répandu, se nomme *bardeau*. Les mulets ont des caractères extérieurs rappelant ceux du père et de la mère. Ils tiennent du père les longues oreilles, les membres secs, le développement de la tête; la mère leur transmet sa haute taille. Ces métis sont généralement inféconds.

La production du mulet est très lu-

crative; on s'y livre surtout dans le Poitou. C'est qu'en effet le mulet nous rend de grands services. Il réunit la sobriété et la rusticité de l'âne à la force du cheval. Il est employé comme

Mulet (hauteur au garrot, 1ᵐ,60).

animal de selle, de trait et de bât. La sûreté de son pied le rend particulièrement précieux dans les pays de montagnes. La France possède environ 300 000 mulets et en exporte chaque année 20 000.

mulle. — Voy. rouget.

mulot. — Voy. rat.

murène. — Poisson analogue aux anguilles, abondant dans la Méditerranée, carnassier. Autrefois, les Romains appréciaient beaucoup la chair des murènes, et les élevaient en grand nombre dans de vastes viviers.

murex. — Mollusque *gastéropode* désigné vulgairement sous le nom de *rocher* (*fig.*); on le rencontre dans toutes les mers, mais plus particulièrement dans les mers des régions chaudes. C'est des murex de la Méditerranée que les anciens retiraient la couleur de la pourpre.

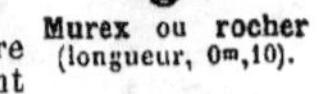

Murex ou rocher (longueur, 0ᵐ,10).

mûrier. — Arbre *dicotylédone* dont le fruit, sucré, porte le nom de *mûre*; les diverses parties du mûrier renferment un suc laiteux.

Les espèces les plus importantes sont les suivantes : le mûrier rouge, grand arbre dont le bois est employé en Amérique dans les constructions; chez nous il sert à l'ornementation des parcs, le mûrier noir (*fig.*), plus petit, et le mûrier blanc, haut de 10 mètres, dont les feuilles servent à nourrir les vers à soie. La culture de ce dernier mûrier est surtout important dans les régions méridionales de l'Europe, et en particulier dans le midi de la France. La récolte des feuilles, pour la

Mûrier noir, rameau avec fruits (hauteur de l'arbre, 10ᵐ).

nourriture des vers à soie, se fait en mai et juin. La longévité des mûriers est assez grande; on en connaît qui ont plusieurs centaines d'années.

musaraignes. Les musaraignes (*fig.*) sont des mammifères *insectivores* voisins des souris, caractérisés par un museau très effilé, des oreilles grandes, arrondies, des moustaches lon-

Musaraigne (longueur, 0ᵐ,06).

gues, un œil très petit, des pieds pourvus d'ongles crochus. Le corps est couvert de poils fins, doux et soyeux, excepté sur les côtés où ce poil recouvre une bande de soies noires et raides, entre lesquelles suinte un liquide d'odeur musquée; la couleur est grise.

Ce sont de très petits mammifères nocturnes, qui vivent près de nos habitations, dans des trous en terre ou dans les murailles. Les musaraignes sont rapaces, courageuses, agiles. Elles sortent le soir pour chasser les vers et les insectes. Ce sont pour nous des animaux extrêmement utiles, et nous ne devons pas les détruire.

On en connaît plusieurs espèces en Europe. La **musaraigne des sables**, ou **musette**, a 6 centimètres de longueur, avec une queue deux fois moindre. La **musaraigne de Toscane** a moins de 4 centimètres de longueur; on la trouve en Italie et dans le midi de la France. Le **carrelet**, de 6 centimètres de longueur, remarquable par sa queue triangulaire et brusquement terminée en pointe fine, habite en France et dans tout le reste de l'Europe. La **musaraigne d'eau**, de 10 centimètres de longueur, se rencontre sur le bord de nos petits cours d'eau.

musc. — Sorte de résine d'origine animale, fournie par un ruminant, le *chevrotain porte-musc*, qui habite les hautes montagnes de la Chine et du

Chevrotain porte-musc (hauteur, 0ᵐ,66).

Thibet; cet animal est à peu près de la grosseur d'une chèvre. Le mâle porte sous le ventre une poche ovale, longue de 6 à 7 centimètres, dans laquelle est le musc. Le musc frais a la consistance du miel, et une odeur tellement forte, que les chasseurs ont peine à la supporter. Dans la poche, le musc se trouve en grains de la grosseur d'un petit plomb de chasse (*fig.*).

Poche à musc.

Poche à musc, située sous le ventre du chevrotain.

Le musc est employé en médecine; c'est un excitant et un tonique. Les parfumeurs en font un grand usage pour aromatiser le savon, les sachets.

muscadier. — Petit arbre cultivé dans les régions les plus chaudes de l'Asie et de l'Amérique. Le fruit de cet arbre est charnu et assez gros; à la maturité, il s'ouvre en deux parties et laisse voir une amande, qui est le produit nommé *noix muscade*.

Cette noix muscade, d'une odeur

LES MUSCLES DE L'HOMME

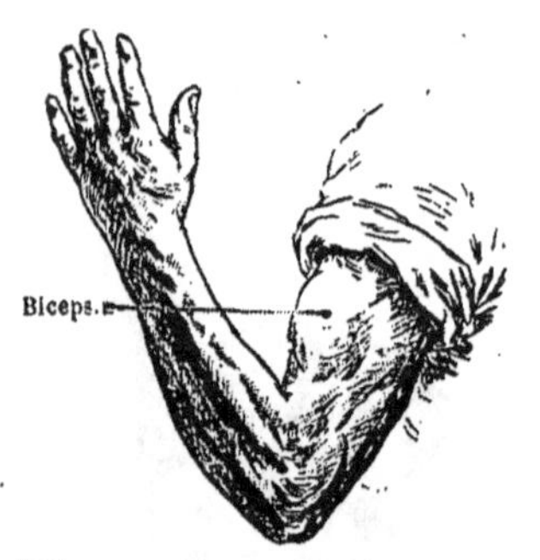

Le bras en action, montrant le gonflement produit par la contraction du biceps.

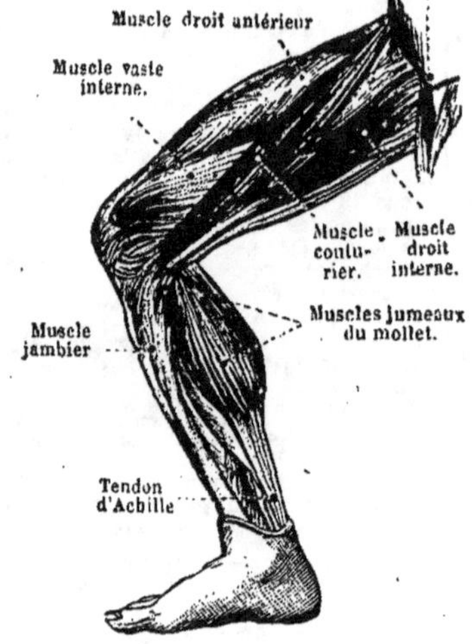

Muscles de la jambe (côté).

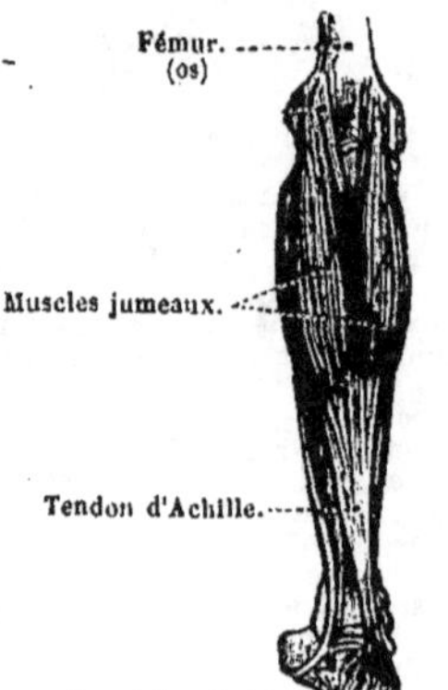

Ensemble des muscles du corps de l'homme.

Muscles de la jambe (derrière).

LES MUSCLES DE L'HOMME (*Suite*).

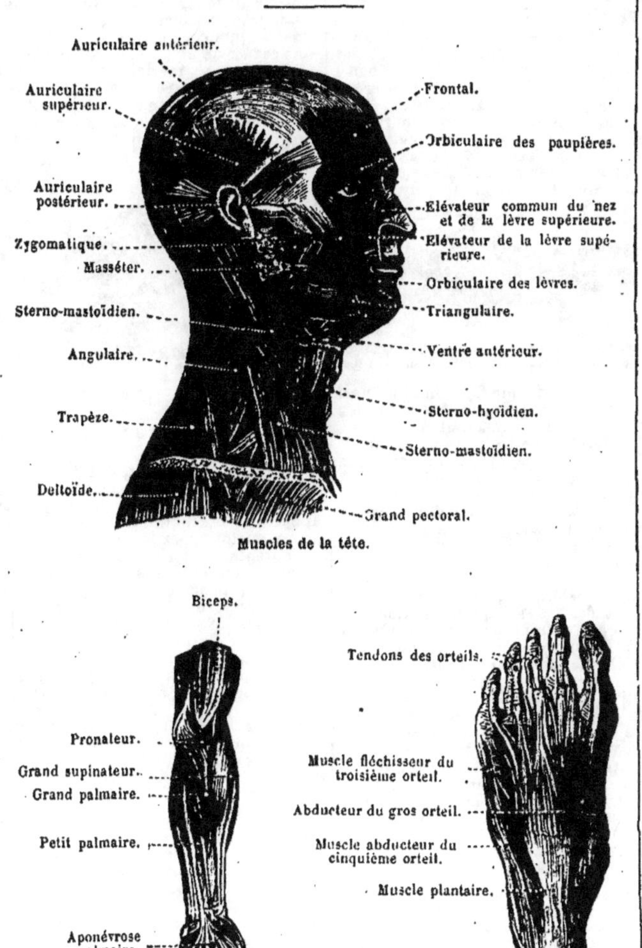

Muscles de la tête.

Muscles du bras.   Muscles de la plante du pied.

forte et aromatique, d'une saveur chaude et âcre, est utilisée en cuisine comme condiment, et en pharmacie comme médicament stimulant. L'essence qu'on en peut retirer est employée par les parfumeurs dans la fabrication des pommades et des extraits.

muscles. — Ce sont les organes actifs du mouvement. Un muscle est constitué par des filaments appelés *fibres musculaires*, qui sont placés parallèlement les uns aux autres; dans son entier il a la forme d'un fuseau recouvert, d'une sorte de membrane nommée *aponévrose* (*fig*. p. 518, 519). A ses extrémités, le muscle est plus mince, plus dur, et constitue un *tendon*

Contraction des muscles sous l'influence de l'électricité, chez un animal récemment tué.

(ce qu'on nomme improprement un nerf dans la viande); c'est par ces extrémités que les muscles s'insèrent sur les os qu'ils doivent mettre en mouvement.

Chaque muscle reçoit du sang par des artères, qui se divisent en vaisseaux capillaires; puis le sang après avoir accompli sa fonction de nutrition, continue sa route par des veines. La propriété essentielle du muscle est de pouvoir se *contracter* sous l'influence des nerfs; il diminue alors de longueur et détermine, par suite, le mouvement des os auxquels s'attachent ses deux extrémités (*fig*.). Après la mort, les muscles perdent rapidement leur élasticité et leur contractibilité, et, au bout de cinq à six heures, la rigidité commence à s'en emparer; cette rigidité dure jusqu'au moment où le corps va entrer en putréfaction.

La sensation de fatigue qui résulte d'un travail musculaire excessif est due à un commencement de rigidité.

Le *tétanos*, le *coup de fouet*, le *lumbago*, le *tour de reins*, la *courbature*, le *torticolis*, la *paralysie*, le *rhumatisme*, sont des maladies plus ou moins graves des muscles.

myélite (grec : *myélos*, moelle). — Inflammation de la moelle épinière. Elle survient à la suite d'un coup, d'une maladie aiguë, sous l'influence du froid. Elle débute par des frissons, la fièvre, des douleurs dans la région de la partie malade, des fourmillements, des picotements dans les membres. Puis les symptômes deviennent rapidement alarmants. La maladie est très grave; on la combat par des pointes de feu, des ventouses, des purgatifs.

mygale. — Grande araignée répandue surtout au Brésil, assez forte pour s'attaquer non seulement aux plus gros insectes, mais encore aux oiseaux-mouches et aux petits reptiles. Une espèce de mygale, qu'on rencontre dans l'Europe méridionale, se met à l'abri dans un trou creusé en terre, qu'elle ferme par un couvercle mobile; quand on essaye d'enlever ce couvercle, l'araignée se cramponne à sa face in-

Mygale.

férieure et le retient avec beaucoup de force (*fig*.).

myopie. — Infirmité des personnes qui ne voient distinctement que les objets placés près de l'œil. La myopie apparaît ordinairement de bonne heure, surtout chez les personnes dont les parents sont myopes eux-mêmes; la mauvaise habitude qu'ont les écoliers de se pencher beaucoup trop sur leurs livres, un éclairage défectueux des salles de travail, la nécessité de s'appliquer de longues heures à une besogne très minutieuse (broderie, par exemple), sont les causes principales du développement de la myopie. On la corrige avec des *lunettes* à verres divergents, moins épais au milieu que sur les bords; ces verres doivent n'être que juste suffisants pour corriger le défaut de la vue, sous peine de déterminer une aggravation de l'infirmité.

myosite. — Inflammation des muscles, survenant dans un certain nombre de maladies (fièvre typhoïde, diphtérie,...) qu'elle aggrave ordinairement. Elle est due aussi à l'action du froid, d'un rhumatisme, de la fatigue, etc. On la reconnaît à des douleurs dans les muscles atteints, leur tuméfaction, une courbature générale, la fièvre; elle dure de 15 à 20 jours. Elle est très sérieuse chez les personnes surmenées ou profondément débilitées.

myosotis. — Plante *dicotylédone*

de la famille des *borraginées;* c'est une herbe à fleurs bleues, petites; on la rencontre dans les endroits humides. On la désigne vulgairement sous les

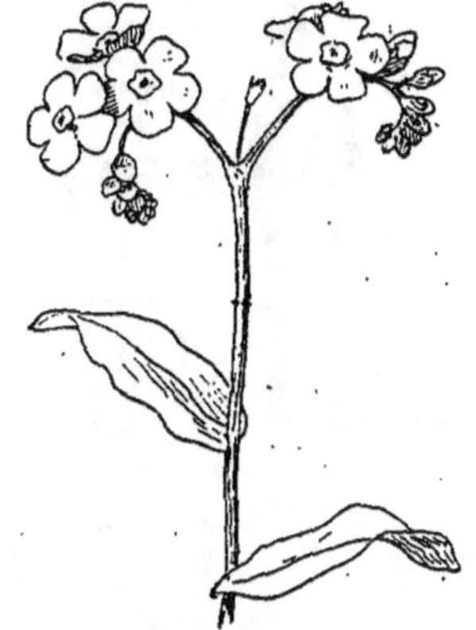

Myosotis (fleurs).

noms de *Ne m'oubliez pas, Souvenez-vous, Vergiss mein nicht.* Plusieurs espèces sont cultivées (*fig.*).

myriapodes (grec : *myrios,* innombrable, *pous,* pied). — Animaux

Myriapodes (exemple : *iule*).

articulés dans lesquels l'abdomen fait directement suite au thorax, sans distinction apparente à l'extérieur. Ils possèdent un grand nombre de pattes, pouvant aller à 180. Ils n'ont pas

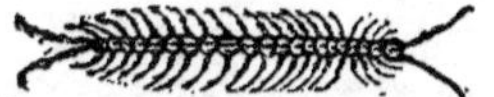

Myriapodes (exemple : *scolopendre*).

d'ailes et respirent par des trachées (*iule, scolopendre*) (*fig.*).

myrrhe. — Gomme-résine qui découle d'un arbre abondant en Abyssinie, sur la côte de la mer Rouge jusqu'au détroit de Bab-el-Mandeb. La myrrhe est employée en médecine comme digestif et excitant; les parfumeurs la font entrer dans la composition des dentifrices.

myrte. — Petit arbre croissant dans les régions chaudes. Le *myrte commun* n'est qu'un arbrisseau; il est abondant dans les buissons du littoral de la Méditerranée; il produit un fruit

Myrte commun (hauteur, 2ᵐ).

comestible. En médecine on se sert des feuilles pour faire une infusion tonique et stimulante; en parfumerie on en extrait une essence très odorante (*fig.*).

N

nacre. — Substance calcaire qui constitue la face interne de la coquille des *mollusques*. Les couches internes sont presque transparentes, elles présentent un éclat particulier qui fait rechercher la nacre pour la confection d'un grand nombre de petits objets.

La nacre la plus estimée est fournie par la *pintadine,* ou *huître per-* *lière,* qui habite la mer des Indes et le golfe Persique; sa coquille a une très grande épaisseur. Les *mulettes perlières,* mollusques lamellibranches de nos cours d'eau, produisent aussi une belle nacre, et donnent également des perles; on trouve ces mollusques dans les ruisseaux des pays montagneux (Auvergne, Vosges, Pyrénées).

naja. — *Serpent venimeux* des régions tropicales, très redoutable, car sa morsure détermine très promptement la mort. Ce reptile a parfois un aspect singulier, à cause de la faculté qu'il possède d'écarter du corps ses premières paires de côtes, et d'élargir ainsi considérablement la partie anté-

Naja de l'Inde (longueur, 1ᵐ).

rieure de son corps. Quand il est en colère, le naja se dresse sur sa queue, se tenant verticalement, raide comme un bâton, puis s'élance sur son adversaire.

Les jongleurs **indiens** et **égyptiens** dressent les najas et les font évoluer au son de la musique, mais non sans avoir préalablement arraché les crochets et les glandes à venin (voy. **serpents**). Le **naja de l'Inde**, ou **vipère à lunettes** (*fig.*), dépasse un mètre de longueur; il est gros et trapu. Le **naja d'Afrique** est plus petit; c'est l'aspic des anciens, qui servit à la reine Cléopâtre pour se donner la mort; à Alexandrie, on exécutait autrefois les condamnés à mort en les faisant mordre par des aspics.

nandou. — Voy. **autruche.**

napel. — Nom vulgaire de l'*aconit*.

naphtaline. — C'est une combinaison de carbone et d'hydrogène. La naphtaline est en lamelles blanches, brillantes, d'une odeur forte et désagréable, d'une saveur âcre et aromatique. Elle est très aisément combustible, et brûle avec une flamme fuligineuse. On la retire industriellement du *goudron de houille*, qui en renferme de grandes quantités.

L'odeur désagréable de la naphtaline la rend parfaitement propre à écarter les insectes des pelleteries. On l'utilise, sous le nom *d'albo-carbone*, pour augmenter le pouvoir éclairant du gaz de la houille (*fig.*). Le gaz, avant sa

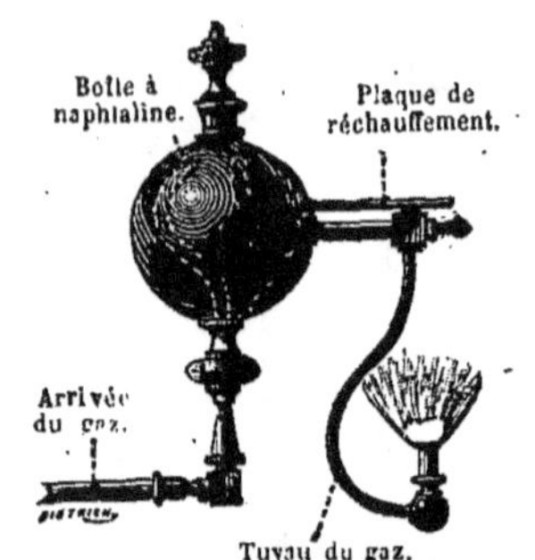

Appareil à naphtaline, pour *augmenter le pouvoir éclairant du gaz de la houille*. — Le flamme du gaz chauffe une plaque métallique placée un peu au-dessus; la chaleur de cette plaque va par conductibilité jusqu'à la naphtaline qui, un peu chauffée ainsi, se volatilise lentement et augmente le pouvoir éclairant.

sortie du bec, traverse un petit réservoir renfermant de la naphtaline; là il se charge d'une faible quantité de vapeurs de naphtaline, qui augmentent l'éclat de sa flamme. Mais la naphtaline est surtout employée en grandes masses pour la fabrication de plusieurs matières colorantes importantes en teinture.

naphte. — On donne le nom de *naphte* à divers composés de carbone et d'hydrogène employés à l'éclairage. Ils sont, les uns retirés du goudron (voy. **paraffine**), les autres naturels (voy. **pétrole**).

narcéine. — *Alcaloïde* qu'on retire de l'opium, après qu'on en a enlevé la *morphine* et la *codéine*. Comme tous les alcaloïdes de l'opium, la narcéine est un poison énergique et un soporifique puissant; mais elle est moins toxique que la morphine, tandis que son action soporifique est au contraire plus puissante; en outre les nausées, la diarrhée, la pesanteur qui suit le réveil sont beaucoup moins fréquentes avec la narcéine qu'avec la morphine. Aussi préfère-t-on aujourd'hui fréquemment la narcéine à la morphine pour calmer et endormir les malades; elle produit en particulier de bons effets dans les maladies des bronches.

narcisse. — Plante *monocotylé-*

done dont un grand nombre d'espèces sont cultivées pour la beauté de leurs fleurs et leur parfum agréable. On les reproduit par *bulbes*. Le *narcisse des poètes* a des fleurs blanches, avec une couronne jaune bordée de rouge; on le rencontre dans les bois à l'état sauvage; dans les jardins il se montre très rustique. Le faux *narcisse*, ou le *narcisse des bois*, ou *coucou*, a des fleurs jaunes; on le trouve dans les bois plus abondamment que le

Narcisse des bois (hauteur, 0ᵐ,35).

premier (*fig.*). Le *narcisse jonquille* a des fleurs d'un jaune d'or, à odeur très pénétrante; il est assez délicat dans le nord, mais réussit très bien dans le midi. Le *narcisse à bouquet*, aux fleurs d'un blanc jeaunâtre, est l'espèce la plus délicate, et aussi la plus recherchée.

narcotine (grec, *narcè*, assoupissement). — Alcaloïde qui se trouve dans l'opium, en même temps que la *morphine*. Elle n'a pas d'usages.

narval. — *Cétacé* muni d'une défense, longue de 2 à 3 mètres. Cette défense est une très grande dent qui sort horizontalement de la mâchoire supérieure; elle a une surface cannelée en spirale. La longueur de l'animal, non compris la défense, est de 4 à 6 mètres (*fig.*).

Narval (longueur totale, 7ᵐ).

Le *narval* habite les mers du nord; il vit par troupes, plus ou moins nombreuses (de quelques individus à plusieurs centaines d'individus). C'est un animal paisible, qui se nourrit de mollusques et de poissons. La femelle met bas un seul petit à la fois.

On pêche le narval pour les produits qu'il donne; les Groenlandais mangent sa chair, sa graisse, sa peau même; ils alimentent leur lampe avec son huile, font du fil et divers ustensiles avec les tendons et les intestins. Les défenses fournissent un ivoire de qualité supérieure.

nautile. — Mollusque marin *céphalopode* répandu seulement dans les mers chaudes; sa coquille fournit une nacre de belle qualité. Les nautiles existent sur la terre depuis les époques géologiques les plus anciennes, et on en trouve de nombreuses coquilles fossiles.

navet. — Espèce de plante du genre *choux* dont la racine, très développée, est charnue, sucrée et comestible. Le navet est cultivé en grand dans tous les climats où les étés ne sont pas trop secs; en Angleterre la culture du navet a une grande importance; en France elle est prospère dans les régions pluvieuses de l'Ouest. Les variétés sont nombreuses; elles diffèrent les unes des autres par la forme des racines et la coloration de la partie supérieure. On donne souvent aux na-

Navet rond.　　　Navet long des Vertus.

vets à racines courtes le nom de *raves*, réservant plus spécialement le nom de *navets* à ceux dont la racine est longue (*fig.*).

Les navets constituent une plante fourragère très précieuse pour l'alimentation du bétail; mélangés avec des fourrages secs, ils donnent d'excellents résultats en hiver; cependant les navets ne se conservent pas aussi bien que les betteraves. Les feuilles sont également consommées avec plai-

Navet plat hâtif de Milan.

sir par les bœufs, les porcs, les moutons. Les services rendus par les navets ne sont pas moins grands dans la cuisine; aussi les cultive-t-on dans tous les jardins potagers de l'Europe. Tendre et bien cuit, le navet se digère aisément.

navette. — Espèce de navet dont la racine reste grêle, non comestible, mais dont les graines, très abondantes, fournissent une huile dite *huile de navette*. Inférieure au *colza* dans les terres fertiles et les climats doux, la navette peut encore être cultivée dans les sols secs et sous les climats rigoureux (départements de l'Est de la

sont très recherchés pour l'alimentation du bétail (*fig.*).

Navette (rameau fleuri; hauteur de la plante, 1 m).

navire. — Bâtiment propre à la navigation sur mer (*fig.*). Les formes comme les dimensions des navires varient à l'infini. D'après leur mode de propulsion on les divise en *navires à voiles* et *navires à vapeur*; d'après leur destination, on les divise en *navires de commerce* et *navires de guerre*. Dans les navires de commerce il faudrait encore distinguer les navires destinés

Navire à voiles.

France). L'huile de navette sert à l'éclairage, à la fabrication des savons, à l'apprêt des cuirs. Les tourteaux qui restent après l'extraction de cette huile au transport des marchandises et ceux destinés au transport des voyageurs; il faudrait aussi ajouter les navires de plaisance.

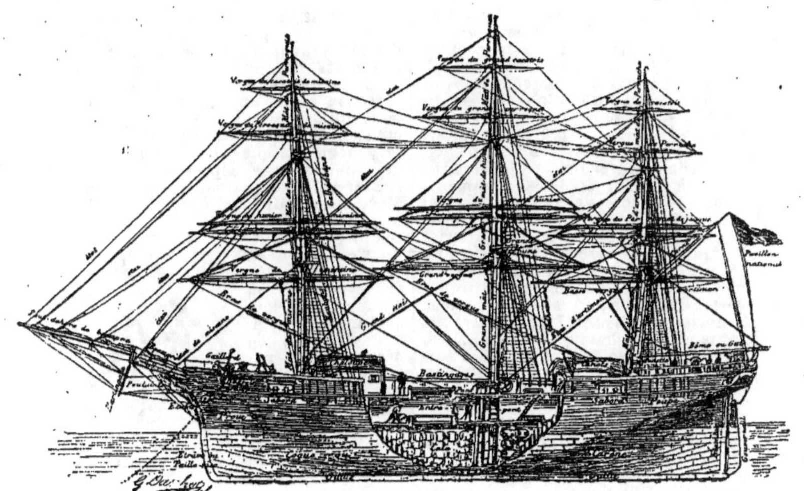

Navire de commerce, à voiles.

Les plus pesants navires sont les navires de guerre (voy. **vaisseaux cuirassés**). Les plus grands navires de commerce sont ceux destinés au transport des voyageurs ; ils atteignent actuellement 160 mètres de longueur. L'un d'eux, construit en Angleterre, le *Great-Eastern*, avait 210 mètres de longueur ; ses dimensions lui interdisaient l'entrée de la plupart des ports ; depuis plusieurs années il n'existe plus. Presque tous les navires de guerre sont actuellement à vapeur, mais munis de voiles qui peuvent à l'occasion venir en aide à la vapeur, produisant ainsi une notable économie.

Il serait impossible de donner la définition des innombrables modèles de navires de guerre et de navires de commerce. Disons seulement que la marine de guerre française comprenait, en 1889, un nombre de 278 bâtiments ; la marine marchande française était composée à la même époque de 493 bâtiments à vapeur et 2 343 bâtiments à voiles. La marine de guerre anglaise comprenait 385 bâtiments ; sa marine marchande a 6 090 bâtiments à vapeur et 15 384 bâtiments à voiles. Nos forces navales comportent (en 1889) : 33 cuirassés d'escadre, 12 cuirassés de station, 3 batteries flottantes cuirassées, 22 croiseurs, 18 éclaireurs d'escadre, 2 croiseurs-torpilleurs, 16 canonnières, 45 transports, 34 avisos, 22 avisos à roues, 8 avisos-torpilleurs, 7 torpilleurs de haute mer, 41 chaloupes canonnières, 3 vaisseaux à voiles, 4 frégates, 3 corvettes, 5 goélettes, 2 cutters, 1 transport à voiles, 20 garde-pêche.

nébuleuse. — A une distance de nous plus grande que celle des *étoiles* que nous distinguons nettement, plus loin même que la *voie lactée*, on voit des taches lumineuses, d'un aspect laiteux, qu'on nomme *nébuleuses*. Une nébuleuse est un amas considérable d'étoiles, comparable à la voie

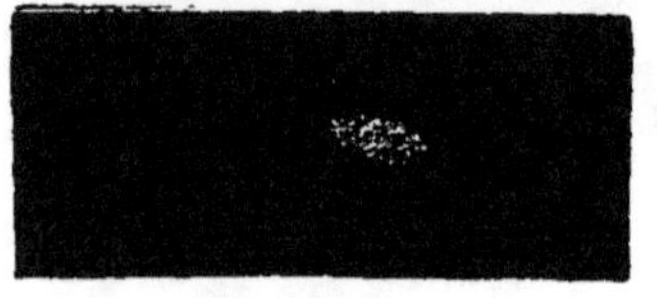

Notre **nébuleuse**.

lactée, mais qui semble plus petit à cause d'un plus grand éloignement. Ces nébuleuses ont les formes les plus variables ; elles sont si loin que la lumière, qui met seulement 8 minutes pour venir du soleil à la terre, met peut-être un million d'années pour venir d'une nébuleuse (*fig.*).

En résumé, la totalité des étoiles existantes est répartie en un certain nombre de groupes considérables constituant autant de *nébuleuses*. Avec notre soleil, nous faisons partie de la nébuleuse appelée *voie lactée* ; toutes les étoiles visibles à l'œil nu en font également partie ; notre système planétaire, ayant pour centre notre soleil, est comme un faible point dans la voie lactée ; et la voie lactée elle-même est comme un faible point au milieu des espaces infinis qui contiennent les autres nébuleuses.

nécrophore (grec : *nécros*, mort ; *phero*, je porte). — Insecte *coléoptère* d'assez grande taille, se nourrit de charognes. Quand le moment de la ponte est arrivé, les femelles se mettent à la recherche du cadavre d'un petit animal, oiseau, rat, taupe ; elles creusent la terre au-dessous du cadavre, jusqu'à ce que celui-ci soit enseveli ; puis elles y déposent les œufs. Les larves, à leur naissance, trouveront ainsi leur nourriture à portée : après leur croissance complète, ces larves s'enfoncent en terre pour s'y transformer en nymphes. On connaît un grand nombre d'espèces de nécrophores, répandues dans presque toutes les parties du monde ; ce sont des insectes utiles, puisqu'ils font disparaître un assez grand nombre de cadavres,

Nécrophore
(Longueur, 0ᵐ,02).

cause d'infection de l'air (*fig.*).

nécrose (grec : *nécros*, mort). — La plus grave des maladies de l'os ; sorte de gangrène de l'os, dans laquelle la partie malade est tout à fait privée de vie et devient comme un corps étranger qui doit forcément être enlevé. La nécrose provient de causes externes, comme un coup, une brûlure profonde, la congélation, ou elle est une conséquence de maladies générales, comme la scrofule ou l'empoisonnement par le phosphore.

néflier. — Arbrisseau assez répandu en France. Le fruit, gros comme une belle noix, est brun, acerbe, mais pulpeux et sucré lorsqu'il est blet ; c'est toujours à cet état qu'on le consomme. Ce fruit renferme cinq petits noyaux osseux très durs. On cueille les nèfles en octobre ou novembre, on les étend sur la paille, et on les mange à mesure qu'elles deviennent molles;

Néflier commun, fleur et fruit (hauteur, 4ᵐ).

elles sont astringentes. Le néflier est peu cultivé, car les nèfles sont assez peu estimées (*fig.*).

neige. — La *neige* est de la pluie congelée par le froid. Elle tombe par *flocons* plus ou moins gros, constitués par l'assemblage d'étoiles hexagonales dont le dessin varie à l'infini. Quelques flocons de neige, reçus sur une étoffe noire et examinés à la loupe, étonnent par la variété et la délicatesse de leurs dispositions (*fig.*).

La neige est très légère, car les flocons enchevêtrés laissent entre eux

Neige : Quelques formes de flocons.

de grands vides. Elle conduit très mal la chaleur (voy. **conductibilité**); quand elle recouvre la terre, elle la préserve de l'action du froid extérieur, elle agit comme un manteau de fourrure qui serait posé sur le sol. C'est pour cette raison que les grands hivers sans neige sont les plus désastreux pour la végétation.

Dans les pays froids il tombe beaucoup de neige. Il en est de même sur les montagnes élevées; là elle peut rester constamment, constituant ce qu'on nomme les *neiges éternelles*. En réalité ce n'est pas la même neige qui reste éternellement; la neige est incessamment fondue, puis remplacée par d'autre, de telle sorte qu'il y en ait toujours (voy. **glaciers** *). La fonte progressive des neiges éternelles et des glaciers alimente un grand nombre de fleuves dans leur source.

nématodes. — Grand groupe de *vers* au corps allongé, dont certaines espèces vivent en parasites dans les animaux, tandis que d'autres s'attaquent aux plantes. A partir du moment

Nématodes. — Ascaride ou ver intestinal.

de leur naissance, les nématodes éprouvent souvent des métamorphoses compliquées de migrations, de telle sorte que beaucoup se trouvent sur des animaux différents dans leur jeune âge et à l'âge adulte.

Parmi les nématodes citons les suivants. Le **strongle géant**, dont la femelle atteint un mètre de longueur, vit dans les reins de différents carnivores. Le **trichocéphale**, est très commun dans l'intestin de l'homme, de même que l'**ascaride** (*fig.*); ce dernier est celui qui se rencontre si souvent chez les enfants,

Nématodes. — A, trichine du porc (très grossie) B, loge des trichines dans l'épaisseur de la chair.

chez lesquels il détermine parfois des désordres de santé assez graves (voy. **vers intestinaux**). La **trichine** (*fig.*) *, la **filaire** *, l'**anguillule** du vinaigre sont des nématodes. Les nématodes qui s'attaquent au blé, à la betterave, au colza, produisent de grands dégâts dans les cultures.

nénuphar. — Plante *dicotylédone* dont on rencontre un grand nombre d'espèces dans l'hémisphère boréal, depuis les régions tropicales jusqu'aux régions tempérées.

En France il n'y en a que deux espèces, le **nénuphar jaune** et le **nénuphar blanc** (*fig.*), grandes herbes aquatiques, dont les feuilles flottent sur l'eau tandis que les fleurs, très belles, s'élèvent à une petite hauteur au-dessus de la surface. On les cultive dans les parcs pour l'ornementation des pièces d'eau, mais elles croissent spontanément dans un grand nombre de rivières et d'étangs.

La tige souterraine des nénuphars est riche en tannin; elle est employée en Russie pour le tannage des peaux;

Nénuphar blanc.

on en fait aussi des décoctions efficaces contre la diarrhée. Ces tiges souterraines, de même que les graines, renferment de la fécule; aussi les Egyptiens, les Arabes peuvent-ils les faire intervenir dans leur alimentation.

Neptune. — Planète dont la distance au soleil est 39 fois plus grande que celle de la terre; son volume est 110 fois supérieur à celui de la terre;

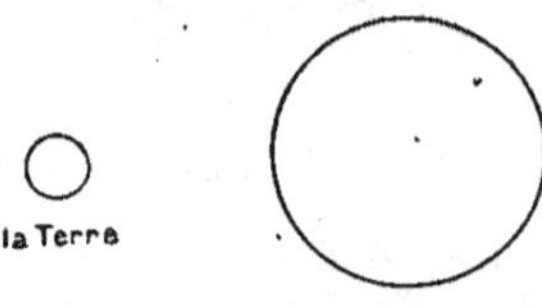

Neptune. — Grandeurs comparées de la terre et de la planète Neptune.

la durée de sa révolution est de 165 ans. A cause de son très grand éloignement, cette planète n'est jamais visible à l'œil nu (*fig.*).

néphrite (grec : *nephros*, rein). — Inflammation des reins causée par des refroidissements, les excès d'alcool, la goutte, etc. Elle est indiquée par de la douleur dans la région des reins, de mauvaises digestions, des urines fortement colorées en rouge, l'affaiblissement. Cette maladie est grave, de longue durée; elle se termine souvent par la mort.

nerfs. — Voy. **système nerveux.**

néroli. — Voy. **essence de fleurs d'oranger.**

nerprun. — Arbrisseau dont plusieurs variétés croissent dans le midi de la France, en Espagne, en Perse, et surtout dans la Turquie d'Europe. Les

Nerprun (hauteur, 8m).

fruits renferment un suc rouge-violet très foncé qui, combiné avec de la chaux, donne la couleur connue sous le nom de *vert de Venise*. L'écorce peut servir à la teinture en jaune. Les fruits sont purgatifs; on utilise cette propriété dans la médecine vétérinaire (*fig.*).

névralgie (grec : *neuron*, nerf; *algos*, douleur). — Douleur vive, survenant par accès, siégeant sur le trajet des nerfs; cette douleur apparaît spontanément et s'exaspère par la pression, surtout si cette pression s'exerce en certains points. La névralgie est fréquente surtout à la face, sur les côtes, sur les jambes; elle est souvent rebelle à tout traitement. Dans les accès on calme la douleur par des sinapismes, des vésicatoires, le chloroforme, le laudanum, la morphine. Mais cela n'empêche pas la maladie de revenir, et les accès de se reproduire.

névrite (grec : *neuron*, nerf). — Inflammation d'un nerf. Quand cette inflammation porte sur un nerf de la sensibilité, elle détermine des douleurs vives; si elle porte sur un nerf du mouvement, elle produit des contractures souvent suivies de paralysies. La névrite peut survenir à la suite d'un coup, d'un froid humide, d'une brûlure; elle résulte plus souvent de la propagation d'une inflammation voisine. On traite la névrite au début avec des sangsues, des ventouses, des compresses émollientes..., pour calmer l'inflammation, puis on applique des vésicatoires, de la teinture d'iode. Les bains sulfureux produisent aussi de bons effets.

névrose. — État maladif dû à une perturbation du système nerveux, et déterminant des troubles de l'intelligence, de la sensibilité ou des mouvements.

Les diverses névroses, car les manifestations de cet état maladif sont multiples, s'observent surtout chez les individus faibles, débiles, et en particulier chez les femmes. Elles sont parfois héréditaires ; les travaux intellectuels exagérés, les émotions morales, les altérations du sang peuvent les provoquer. Les *névralgies*, la *gastralgie*, la *migraine*, le *vertige*, les *anesthésies*, les *spasmes*, les *crampes*, les *convulsions*, les *palpitations*, les *tremblements*, l'*épilepsie*, la *catalepsie*, l'*hystérie*, etc., sont autant de névroses, de gravités bien diverses.

nez. — Cet organe est soutenu par

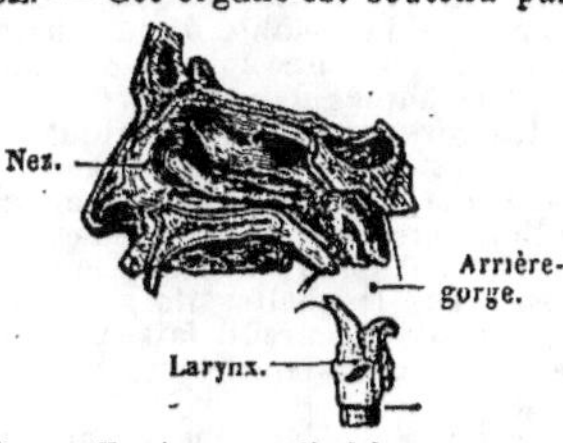

Nez (coupe verticale).

des cartilages nommés les *os du nez* ; sur ces cartilages sont des muscles

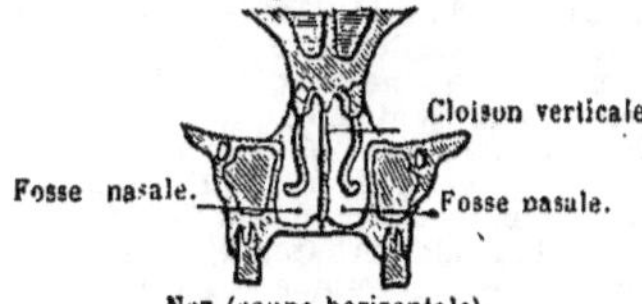

Nez (coupe horizontale).

recouverts d'une peau à l'extérieur, et d'une muqueuse à l'intérieur. Cette

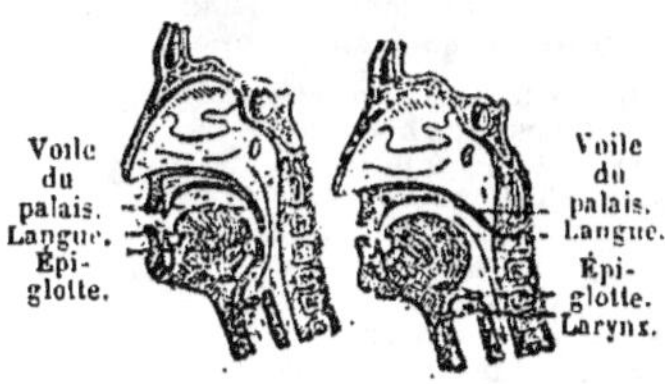

Coupe montrant la position de l'épiglotte et du voile du palais pendant la respiration (l'air entre par le nez et arrive jusqu'aux organes de la respiration), et pendant la déglutition (le voile du palais bouche l'ouverture de communication du nez avec l'arrière-bouche).

muqueuse est le siège du sens de l'*odo-*

rat ; en même temps elle sécrète une mucosité, qui augmente par le rhume, et empêche de sentir les odeurs (*fig.*).

Le nez communique avec l'arrière-bouche ; l'air de la respiration peut donc passer par cette route pour arriver aux poumons ; ce chemin, moins direct que celui de l'ouverture de la bouche, fournit aux poumons un air moins froid, car il s'est échauffé par son passage dans le nez ; les personnes délicates de la gorge et de la poitrine doivent s'efforcer de respirer toujours par le nez.

Le *coriza**, le *saignement de nez** sont les maladies les plus habituelles de cet organe.

nickel. — Métal d'un blanc d'argent, huit fois plus dense que l'eau. Il est très ductile, très malléable, et se forge avec une grande facilité. Il est plus tenace que le fer ; un fil de nickel supporte sans se rompre une charge plus forte qu'un fil de fer de même grosseur. Il est inaltérable à l'air à la température ordinaire. Les minerais renfermant du nickel sont assez abondants dans l'Europe centrale ; les mines de nickel les plus riches sont celles de la Nouvelle-Calédonie. Le traitement de ces minerais, pour obtenir le métal, est assez laborieux.

Le *nickel* prend chaque jour une importance plus grande, importance qui est due à l'aspect du métal, et à son inaltérabilité à l'air, propriétés qui le rendent comparable à l'argent. Le nickel communique ces propriétés aux alliages dans lesquels on l'introduit. De plus sa dureté, qui est considérable, sa ténacité, donnent aux objets fabriqués avec les alliages de nickel une grande solidité. D'ailleurs beaucoup des objets que l'on donne comme étant en nickel sont en un alliage de ce métal. Le plus important de ces alliages est le *maillechor*. Voyez aussi *monnaies* pour les alliages de nickel. Le *nickelage** des objets en fer a acquis aujourd'hui une grande importance.

nickelage. — Opération qui a pour but de recouvrir des objets en fer, en acier, en cuivre, en laiton, d'une mince couche de nickel, ce qui les préserve de l'oxydation et en même temps de l'usure, quand ces objets sont faits en un métal mou comme le cuivre. Le nickelage a pris depuis peu une telle extension qu'on voit arriver le moment où tous les petits objets en fer ou en acier d'un usage courant seront nickelés.

Le *nickelage* se fait par l'action du courant électrique, et par un procédé tout à fait analogue à celui employé pour l'*argenture*. Le bain dans lequel on plonge l'objet à nickeler, puis que l'on décompose par le courant, est une

Nickelage. — Les petits objets à nickeler sont placés dans une sorte d'écumoire qui communique avec l'électrode négative ; une plaque de nickel communique avec l'électrode positive. On renue constamment les petits objets, qui sont nickelés en quelques instants.

dissolution dans l'eau de sulfate double de nickel et d'ammoniaque (*fig.*).

nicotine. — *Alcaloïde* qu'on retire du *tabac*. C'est un liquide huileux, incolore quand il est pur, d'une odeur âcre. La nicotine est un poison violent ; une seule goutte suffit pour tuer un chien ; ses effets sont très rapides. C'est à la puissance toxique de cette base qu'il faut sans doute attribuer les propriétés narcotiques et souvent délétères du tabac.

Dans les manufactures de tabac on obtient, par suite du traitement des feuilles, de grandes quantités d'eau riche en nicotine. Cette eau est vendue par l'état aux agriculteurs pour combattre les insectes.

nids. — Un grand nombre d'animaux se construisent une demeure plus ou moins confortable, nommée *nid*, soit pour y déposer leurs œufs et y élever leurs petits, soit pour en faire une habitation permanente, dans laquelle toute une famille, ou même une grande collectivité d'individus, se met à l'abri (*fig.* p. 531, 532).

On connaît surtout les nids des *oiseaux*, bâtis avec un instinct admirable et une grande habileté. Quelques palmipèdes se contentent de déposer leurs œufs sur le sable ; tous les autres oiseaux bâtissent des nids. Il n'est pas deux nids d'oiseaux qui se ressemblent ; chaque espèce a son architecture particulière, emploie ses matériaux spéciaux et place son nid dans une situation qui lui est propre ; la femelle se charge de l'édification de la demeure, le mâle se contentant d'apporter des matériaux.

Les nids les plus remarquables sont ceux des oiseaux qui nichent sur les arbres, et en général des plus petits oiseaux ; les espèces qui nichent par terre, ou sur les rochers, mettent beaucoup moins d'art dans leurs constructions. Le plus souvent les oiseaux recherchent la solitude pour nicher. Cependant, chez un assez grand nombre d'espèces, les familles se réunissent pour former de véritables colonies. Les mouettes et les goélands établissent leurs nids les uns à côté des autres ; les hérons vivent et nichent en colonies nombreuses, les *héronières*, devenues maintenant très rares en France ; les moineaux du Cap de Bonne-Espérance, dits républicains, bâtissent leurs nids en commun, et donnent à l'ensemble de la construction la forme d'une toiture de chaume disposée autour d'un arbre.

Plusieurs *mammifères*, surtout parmi les insectivores et les rongeurs, se construisent des nids. Le campagnol, le lapin creusent des galeries et amassent dans l'une d'elles des herbes sèches sur lesquelles ils mettent bas leurs petits ; l'écureuil fait sur le haut des arbres un nid qui ressemble à celui de la pie.

Un *poisson*, l'épinoche, se fait un nid composé d'herbes sèches collées les unes aux autres à l'aide d'un mucus qui sort de la peau de l'animal. Ce nid est bâti par le mâle ; les femelles viennent y déposer leurs œufs.

Les *insectes* ne sont pas de moins merveilleux architectes que les oiseaux. Mais, au lieu de se bâtir une demeure provisoire, destinée à être abandonnée au moment où les petits n'ont plus besoin de l'aide des parents, les insectes font des constructions permanentes, dont les dimensions sont parfois considérables à côté des dimensions du constructeur. Les fourmis, les guêpes, les abeilles sont particulièrement remarquables sous ce rapport.

nielle. — La *nielle des blés* est une herbe annuelle de la famille des *caryophyllées*, portant de grandes fleurs d'un rouge violet ; c'est une des plus mauvaises herbes qui puissent se rencontrer dans les moissons. Sa graine noire, très reconnaissable à sa forme et au dessin dont elle est ornée, mêlée en trop grande quantité aux céréales, communique à la farine des propriétés nuisibles (*fig.*).

La nielle des blés, fleurs et feuilles (hauteur de la plante, 0m,50).

nigelle. — Herbe de la famille des

QUELQUES VARIÉTÉS DE-NIDS

Chat-huant et son nid.

Loriot et son nid.

Fauvette des roseaux et son nid.

Mésange et son nid.

Nid de l'alouette.

Nid du chardonneret.

QUELQUES VARIÉTÉS DE NIDS (*suite*).

Troglodyte et son nid.

Torcol et son nid.

Nid du républicain.

Salangane et son nid.

Flamand et son nid.

Épinoche (poisson) et son nid.

Nid de la guêpe.

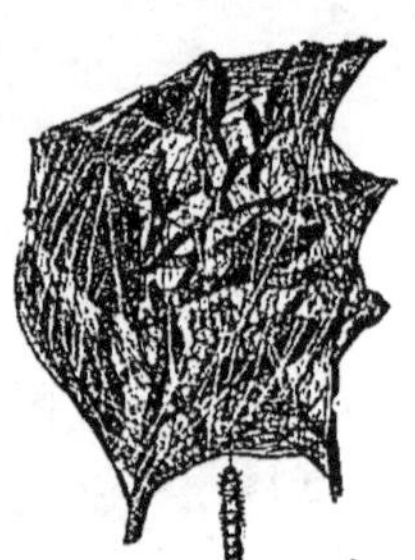

Nid de chenilles.

renonculacées, à fleurs bleues, commune dans les champs et les moissons. Plusieurs espèces sont cultivées dans les jardins, où elles servent à l'ornementation des plates-bandes.

nitrates. — Voy. azotates.

nitre. — Voy. salpêtre.

nitrobenzine. — Voy. benzine.

nitroglycérine. — Voy. dynamite.

niveau. — Pour le *niveau d'eau* et le *niveau à bulle d'air*, voy. vases communicants.

nivellement. — Le *nivellement* est une opération que l'on fait sur le terrain, et qui a pour but de déterminer le relief du sol, de mesurer les différences de niveau qui existent d'un point à un autre.

Les instruments employés en topographie pour faire un nivellement sont le *niveau d'eau* et la *mire*. Le niveau d'eau est destiné à donner une direction horizontale; la *mire* sert à évaluer les hauteurs. La mire est constituée par une règle graduée, à coulisse, le long de laquelle peut se

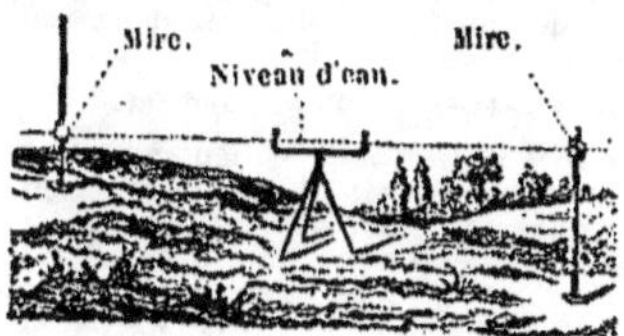

Nivellement au *niveau d'eau* et à la *mire*.

déplacer une plaque de tôle nommée *voyant*, divisée en 4 petits rectangles colorés en blanc et en rouge; cette coloration vive permet de voir nettement de loin le point d'intersection des 4 rectangles, point qui servira de repère.

Supposons qu'on veuille savoir quelle différence de niveau existe entre deux points du sol. On établit le niveau d'eau à peu près au milieu de la distance séparant les deux points. Un aide pose verticalement la mire en l'un des points, et l'opérateur regarde horizontalement à travers le *niveau*, faisant monter ou descendre le *voyant* jusqu'à ce que le rayon visuel en rencontre le centre. L'opérateur et le niveau restant en place, l'aide se transporte au second point du terrain et y place la mire. Pour que l'opérateur puisse viser horizontalement le *voyant*, il faut descendre ou monter celui-ci le long de la règle justement d'une quantité

qui indique la différence de niveau cherchée (*fig.*).

Dans les nivellements précis, on remplace le niveau d'eau par un niveau à pinnules, ou par un niveau à lunette dont on règle l'horizontalité à l'aide d'un niveau à bulle d'air.

noctuelle. — Les *noctuelles* constituent un groupe important d'insectes *lépidoptères*, contenant plusieurs centaines d'espèces, dont beaucoup sont très nuisibles à l'agriculture. Les papillons et les chenilles des noctuelles ont des aspects et des dimensions variant avec les espèces, mais un genre de vie qui est à peu près le même pour toutes. Ces insectes mangent surtout la nuit; ils se nourrissent du suc des fleurs et du jus sucré des fruits. C'est surtout à l'état de chenilles que les noctuelles sont nuisibles.

Parmi les innombrables espèces de noctuelles nuisibles, nous en citerons seulement deux.

La **noctuelle du blé** a une chenille blanche avec quatre raies brunes, et un papillon de couleur cendrée. Elle

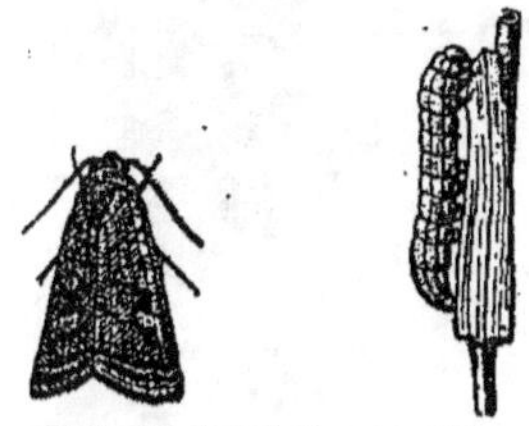
Noctuelle du blé et sa *chenille*.

attaque le blé sur pied, au moment de la floraison, puis, après la floraison, elle dévore les jeunes grains (*fig.*).

La **noctuelle des moissons** a une chenille terne (*ver gris*) de 5 centimètres de longueur, et un papillon dont les ailes supérieures sont brunes, tandis que les inférieures sont blanches; 4 centimètres d'envergure. Les chenilles s'attaquent principalement à la betterave, dont elles coupent parfois le collet complètement; des récoltes de betterave ont été entièrement compromises par les noctuelles, dont la destruction est très difficile.

noir animal. — Charbon très impur résultant de la calcination des *os* en vase clos. On le prépare industriellement dans le voisinage des grandes villes, là où il est facile d'avoir à bon compte les os des animaux abattus pour la boucherie. Pour obtenir le noir, il suffit de calciner les os dans de grandes cornues, à l'abri du contact

30.

de l'air; la matière organique des os est décomposée, et laisse un résidu de charbon mélangé aux matières minérales des os. Puis on pulvérise.

Le *noir animal* ne renferme guère que 10 pour 100 de son poids de charbon, le reste étant constitué par du phosphate de chaux et du carbonate de chaux. Sa propriété essentielle est d'absorber en grande quantité les matières colorantes et les substances minérales en suspension dans les liquides, telles que la chaux et la potasse. Du vin que l'on agite avec du noir animal, puis que l'on filtre, est devenu tout à fait incolore.

Le principal usage est celui qu'on en fait dans la fabrication du sucre, pour purifier les sirops et les rendre tout à fait incolores (*fig.*). On s'en sert aussi comme matière colorante; le *noir d'ivoire*, le *noir de Cassel*, le *noir de*

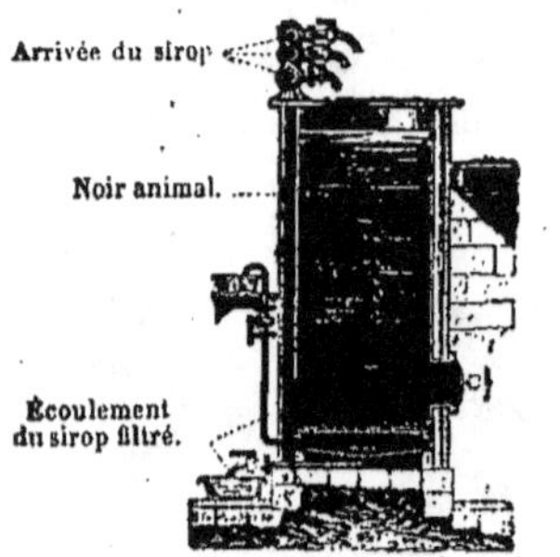

Filtre à noir animal, pour décolorer le sirop de sucre.

velours, sont constitués par du noir animal obtenu en calcinant des rognures d'ivoire ou des os de pieds de mouton. Le *cirage* est un mélange de noir d'ivoire avec de l'acide sulfurique, du sucre en poudre, de l'huile de lin et du vinaigre. Le noir animal qui a servi dans les raffineries de sucre est livré à l'agriculture sous le nom de *noir d'engrais*.

noir de fumée. — Charbon en poussière impalpable, obtenu par la combustion imparfaite des matières résineuses, bitumineuses ou grasses, telles que goudron, résine, bois résineux, huile de qualité inférieure.

Pour le préparer, on fait brûler la substance choisie dans un courant d'air insuffisant, et on fait aller la fumée dans une chambre sur les parois de laquelle se dépose le charbon non brûlé (*fig.*).

Le noir de fumée est consommé en grande quantité comme couleur noire en peinture; on en fait de l'*encre* d'imprimerie et de l'encre de Chine.

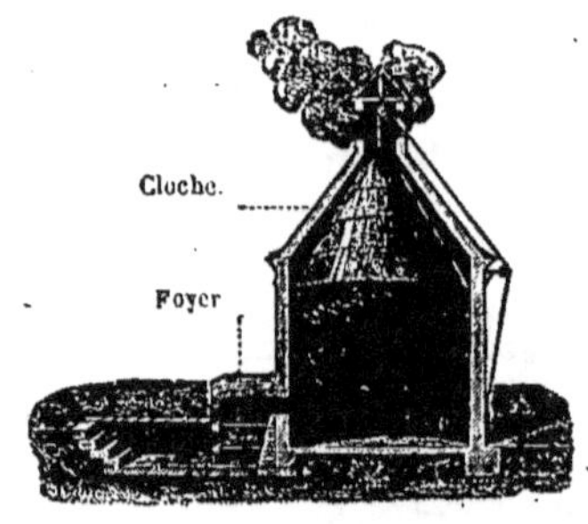

Fabrication du noir de fumée. — La matière résineuse subit dans le foyer une combustion incomplète; la fumée va déposer son charbon sur les parois de la chambre. Le noir ainsi déposé est enlevé par la descente du cône, qui frotte contre les murs.

Les crayons noirs employés pour le dessin sont faits par agglomération de noir de fumée très fin avec deux tiers de son poids d'argile.

noisetier. — Voy. **coudrier**.

noix vomique. — Semence d'une plante qui croît aux Indes. Cette semence est extrêmement vénéneuse; elle est quelquefois employée en médecine comme amer et comme purgatif. On en retire la *strychnine* (voy. **vomiquier**).

nomenclature. — Les mots tirés de la *chimie* sont actuellement si souvent usités dans le langage courant, qu'il est bon de connaître les règles les plus simples de la *nomenclature chimique*, c'est-à-dire les règles qui permettent de former le nom d'un corps composé à l'aide des noms des corps simples constituants.

1° Quand le nom d'un corps commence par le mot *oxyde*, ce corps est une combinaison d'*oxygène* et du corps simple dont le nom est indiqué à la suite du mot oxyde. Ex. : *Oxyde de plomb*, combinaison d'*oxygène* et de *plomb*.

2° Quand le nom d'un corps commence par le mot *acide*, ce corps est généralement une combinaison d'*oxygène* et du corps simple dont le nom forme la première partie du mot suivant. Ex. : *Acide phosphorique*, combinaison, ayant des propriétés acides, d'*oxygène* et de *phosphore*. Le mot *acide phosphoreux* indiquerait aussi une combinaison d'*oxygène* et de *phosphore*, mais moins riche en oxygène que la précédente. Si le nom qui suit le mot *acide* se termine en *hydrique*, c'est que l'acide renferme de l'hydrogène au lieu d'oxygène. Ex. : *Acide chlorhydrique*, combinaison d'*hydrogène* et de *chlore*.

3º Quand le premier mot constituant le nom d'un corps se termine par *ure*, ce corps est une combinaison de deux corps simples, dont les noms sont indiqués par les deux mots dont le nom du corps est formé. Ex.: *Chlorure d'argent*, combinaison de *chlore* et d'*argent*.

4º Quand le premier mot constituant le nom d'un corps se termine par *ate*, ce corps est un *sel* : il résulte de la combinaison d'un *acide* et d'une *base*; le nom de l'acide s'obtient en remplaçant *ate* par *ique* dans le premier mot; le nom de la base s'obtient en mettant *oxyde* devant le second mot. Ex. : *Azotate de cuivre*, sel dont l'acide est l'*acide azotique* et dont la base est l'*oxyde de cuivre*.

Ces quatre règles ne sont pas les seules, mais elles suffisent, dans l'usage courant, pour le plus grand nombre des cas.

nopal. — Plante de la famille des *cactées*, dont la tige, qui s'élève parfois à plus de 2 mètres, est composée d'articulations ovales, très grandes,

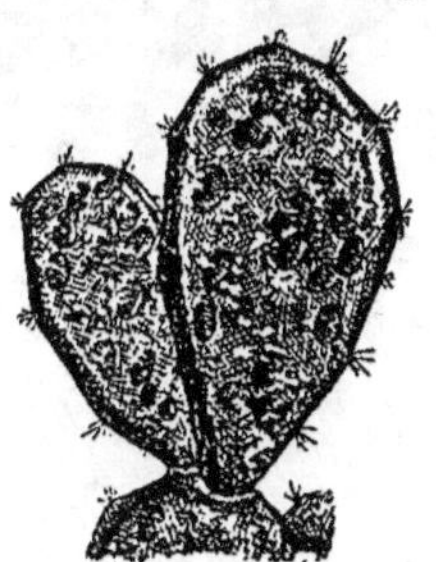

Nopal, avec larves de cochenilles (hauteur de la plante, 2ᵐ).

portant quelques épines; sur ces articles, nommés *raquettes*, poussent de grandes fleurs. Le fruit est une baie comestible, nommée *figue de Barbarie*, qui est très astringente.

Le nopal est originaire de l'Amérique; c'est la principale plante sur laquelle on peut élever la *cochenille*. Le nopal est actuellement parfaitement acclimaté sur les côtes européennes et africaines de la Méditerranée (*fig.*).

nostalgie. — Désir violent de revoir sa patrie qui, sans être une maladie, prédispose cependant à diverses maladies, et peut par suite déterminer la mort. La nostalgie amène fréquemment, en effet, à la suite d'une grande tristesse, la perte de l'appétit, les digestions pénibles, la diarrhée, la dyspepsie, les maux de tête, les hallucinations, la perte des forces et enfin un dépérissement général. Le seul traitement efficace est le retour au pays natal.

noyer. — Grand arbre dicotylédone cultivé pour ses fruits, les *noix*, et pour son bois. L'espèce la plus répandue est le *noyer commun*, qui atteint une hauteur de 25 mètres. Il porte des fleurs mâles, disposées en chaton, et des fleurs femelles portées

Noyer : Feuilles, fleurs, fruit complet, fruit dépouillé du brou, fruit ouvert (hauteur, 18ᵐ).

sur un réceptacle en forme de sac. Le fruit est une drupe constituée par une enveloppe verte, appelée *brou*, et une coque dans laquelle est l'amande. Les feuilles et le brou du noyer répandent une odeur forte, assez désagréable; froissées entre les doigts, les feuilles et le brou les noircissent (*fig.*).

On multiplie le noyer par semis; il craint les hivers rigoureux et les gelées tardives du printemps. En France il est surtout abondant dans le Dauphiné, le Limousin et le Périgord, pays où le commerce des noix a une assez grande importance. Le noyer commence à produire à l'âge de 15 ans, et il peut aller, dans un sol favorable, jusqu'à l'âge de 75 ans, s'il n'est pas tué par les hivers très vigoureux.

Toutes les parties du noyer sont utilisées. Les noix, qui sont bonnes en septembre et octobre, sont mangées fraîches ou sèches; mais la plus grande partie sert à l'extraction de l'huile. L'huile de noix est surtout employée pour l'alimentation (voy. **huiles**); les tourteaux qui restent après l'action de la presse sont estimés pour engraisser le bétail. On fait également manger des noix aux dindes, en les introduisant de force dans l'œsophage, pour les engraisser. Avec le brou, traité par l'alcool, on fait une liqueur de ménage qui est digestive ; on utilise encore le brou dans la teinture des étoffes et des bois blancs. Les feuilles sont employées en médecine, dans le traitement des affections scrofuleuses.

Le bois de noyer a des usages importants. Il est assez bon pour le chauffage ; on en fait des sabots. Enfin il est très recherché dans l'ébénisterie et la menuiserie ; il est en effet facile à travailler, il prend aisément un beau poli et ses nervures présentent des dispositions variées qui font très bel effet sur les meubles quand elles sont habilement disposées par le placage.

nuages. — Comme les *brouillards*, les nuages se forment dans l'atmo- hauteurs très variables et ils ont des aspects également variables. Ils disparaissent en reprenant l'état gazeux quand ils arrivent dans des régions plus chaudes, ou bien, si le refroidissement augmente, ils se résolvent en *pluie* parce que les gouttelettes grossissent et ne peuvent plus rester suspendues dans l'air.

Les principales formes des nuages sont les suivantes :

1º Les **cirrus** : petits nuages blancs, à filaments déliés et transparents ; ils sont toujours plus élevés que 500 mètres ; ils sont formés de fines aiguilles de glace. Dans nos contrées, les cirrus indiquent fréquemment l'arrivée des vents du sud-ouest (*fig.*).

2º Les **stratus** : longs nuages étroits, sous forme de bandes horizontales, très souvent colorées ; se voient à l'horizon, au moment du lever ou du coucher du soleil. Ce n'est pas autre

Nuages. — 1, *cirrus* ; 2, *cumulus* ; 3, *stratus* ; 4, *nimbus*.

sphère quand un refroidissement vient déterminer la condensation de la vapeur d'eau sous forme de fines gouttelettes liquides. Les nuages ne diffèrent pas des brouillards ; tel nuage qui semble, pour les habitants de la plaine, entourer la cime d'une montagne, est un brouillard pour celui qui gravit la pente. Les nuages se trouvent à des chose que des nuages des autres types, et surtout des cumulus, vus par la tranche (*fig.*).

3º Les **cumulus** : masses arrondies, blanches, ressemblant à des montagnes couvertes de neige ; on les nomme aussi *balles de coton*. Leur hauteur est entre 1,000 et 3,000 mètres. Leur formation indique, dans nos climats, l'approche du vent, et un temps assez incertain (*fig.*).

4° Les **nimbus** : gros nuages sombres, qui sont situés à une faible hauteur, et couvrent souvent les collines peu élevées. Les nimbus se résolvent généralement en pluie. Un nuage quelconque, lorsqu'il augmente d'épaisseur, qu'il s'abaisse, qu'il est près de se résoudre en pluie, devient un nimbus (*fig.*).

nutrition (*des animaux*). — Le sang, formé par l'*absorption* des matières qui résultent de la *digestion*, circule dans tous les organes pour les nourrir : c'est la fonction de *nutrition*. Dans chaque partie du corps le sang dépose les éléments qui lui ont été fournis par l'alimentation, et détermine l'accroissement de l'organe. Mais en même temps il se produit un autre phénomène, la *désassimilation*. Les matériaux qui, dans le corps, sont devenus hors d'usage doivent être éliminés ; le sang les brûle. L'oxygène, transporté par l'*hémoglobine* des globules (voy. **sang**) détermine la combustion lente de ces matériaux inutiles, de manière à les transformer en *acide carbonique*, en *urée*, en *acide urique*, etc., qui se répandent dans le sang. Après son passage à travers les *vaisseaux capillaires*, là où le sang a accompli sa fonction, il a donc changé de composition ; d'une part il est privé des éléments nutritifs qu'il vient de déposer ; d'autre part il s'est chargé des impuretés (acide carbonique, urée, acide urique, etc.), qui ont pris naissance dans la désassimilation. L'alimentation lui rendra les éléments nutritifs qui lui manquent. Quant aux impuretés, elles doivent être rejetées à l'extérieur ; cette élimination se fait par la *respiration* (le sang, en arrivant dans les poumons, perd son acide carbonique et refait sa provision d'oxygène), par l'*urination* (le sang, en passant dans le *rein*, est dépouillé de l'*urine*, qui entraîne l'*urée*, l'acide urique), et par la *sécrétion biliaire* (le sang, en passant dans le *foie*, est dépouillé des impuretés qui constituent la bile).

Notre corps est ainsi constamment renouvelé par la *nutrition* et la *désassimilation* ; il augmente, diminue de poids, ou reste stationnaire suivant que la première ou la seconde de ces fonctions l'emporte, ou qu'elles se compensent exactement.

nutrition (*des végétaux*). — Les plantes puisent dans l'air et dans le sol les matériaux nécessaires à leur développement et à la formation de toutes leurs parties. Les racines trouvent dans le sol les sels et les substances organiques fournis par la terre et les engrais ; les feuilles absorbent les gaz et les vapeurs répandues dans l'air. Parmi les corps simples qui entrent dans la constitution des plantes, l'hydrogène, l'oxygène, l'azote, le phosphore, le soufre, le potassium, le calcium, le fer pénètrent dans les racines, à divers états de combinaison, tandis que les feuilles servent à l'absorption du carbone, à l'état d'acide carbonique (voy. **racines, feuilles**).

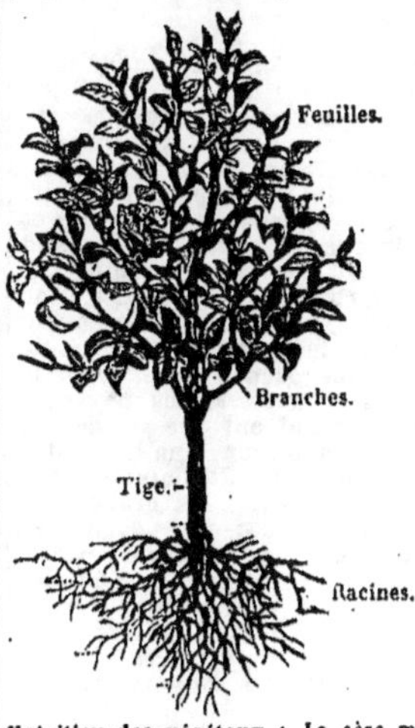

Nutrition des végétaux : La sève monte des racines par la tige jusqu'aux feuilles. Là elle devient sève élaborée, et redescend pour nourrir les diverses parties du végétal.

La racine absorbe l'eau qui mouille le sol autour de ses extrémités les plus fines ; c'est l'*absorption*. Elle absorbe en même temps une partie des sels qui se trouvaient en dissolution, de sorte que le liquide introduit à la partie inférieure de la plante est un liquide nutritif : il constitue la *sève* (*fig.*). La sève s'élève de la racine jusqu'aux parties supérieures du végétal ; c'est par toutes les parties de la tige, sauf l'écorce, que se produit cette ascension. Très peu concentrée à son entrée dans la racine, la *sève ascendante* change de composition à mesure qu'elle s'élève. Elle dissout les matériaux que les tissus tiennent en réserve, et arrive aux feuilles. Là elle perd par *transpiration* une partie de son eau et augmente notablement de densité ; en même temps elle prend le charbon qui lui vient de l'acide carbonique de l'air (voy. **feuilles**). Alors, de *sève brute* qu'elle était, elle devient *sève élaborée*, renfermant dorénavant tous les éléments nécessaires à la formation des différentes parties de la plante. Elle se rend alors dans les organes en voie d'accroissement ; comme elle est dans les feuilles, généralement situées à la partie supérieure des rameaux, elle doit ordinairement descendre pour continuer sa route ; de là le nom de *sève descendante* qui lui est alors donné. C'est principalement par l'écorce que se fait le transport pendant cette descente.

O

obésité. — L'obésité, quand elle arrive à un certain degré, constitue une infirmité fort gênante ; elle expose les individus qui en sont atteints aux congestions pulmonaires ou cérébrales, à la mort subite par rupture du cœur.

Elle est souvent héréditaire, et débute alors dans le jeune âge. Quand elle ne vient pas des parents, elle apparaît surtout à l'âge adulte. Une vie sédentaire, une alimentation abondante, l'abus de la bière et même de l'eau y prédisposent ; aussi est-elle rare chez les ouvriers, les paysans, les personnes qui ont une vie active. L'exercice, la sudation, une alimentation peu abondante, de laquelle sont exclus les féculents, les graisses et les matières sucrées, un usage très modéré de toutes les boissons permettent souvent de combattre l'obésité avec succès.

obus. — Les projectiles lancés actuellement par les *canons* ont la forme de cylindres terminés en pointe à une extrémité. Ils sont en fonte ou en acier, massifs s'ils doivent traverser une cuirasse de navire, creux au contraire, et remplis de poudre, s'ils sont destinés à éclater dans les rangs ennemis. A l'extrémité de l'obus est une *fusée*, disposée de manière à mettre le feu à la poudre intérieure au moment où l'obus frappera le but (*fig.*).

La fusée est un tube en bronze, fermé à sa partie supérieure par un *bouchon* en acier B, vissé dans les parois du tube. Ce bouchon est terminé par une pointe P, appelée le *rugueux*. Dans l'intérieur de la fusée est un autre petit tube creux M, également en bronze, que l'on nomme *masselotte*. La masselotte s'appuie par sa partie supérieure contre le ressort SSS (*ressort de sûreté*) et repose à la partie inférieure sur un second ressort RR (*ressort à pinces*). Sur une *rondelle en carton* I est placé un porte-amorce en laiton FO qui se divise en deux chambres : la chambre du haut reçoit le *fulminate* F, la chambre du bas la *poudre* O. Une petite rondelle X ferme la fusée à la partie inférieure (*fig.*).

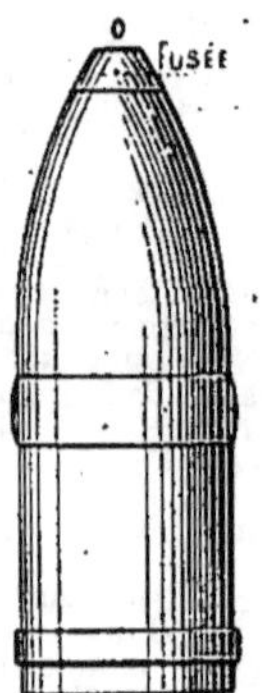

Obus avec sa fusée.

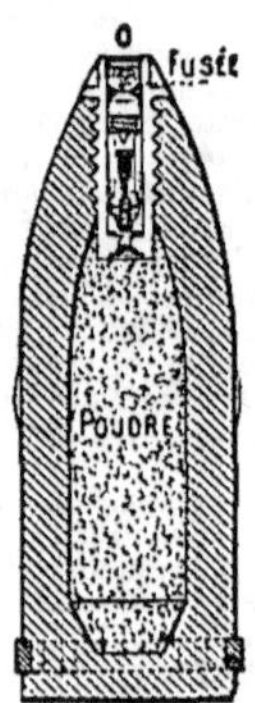

Coupe de l'obus.

Quand l'obus est rapidement lancé en avant hors du canon, il se produit dans la fusée un recul de la masselote M; elle écrase le ressort à pince RR et arrive jusqu'à la rondelle de carton inférieure. Au contraire, quand l'obus arrive au but et s'arrête brusquement, la masselotte continue à s'avancer, elle écrase le ressort de sûreté SSS et vient frapper fortement contre le rugueux P; sous ce choc, le fulminate détone, il met le feu à la poudre O, et celle-ci, défonçant la petite rondelle X, met le feu à la poudre qui remplit l'obus; celui-ci éclate aussitôt (*fig.*).

La charge complète d'un canon se compose de trois parties: la *gargousse*, remplie de poudre, destinée à lancer un obus; l'*obus* ou projectile; et l'*étoupille*, qui doit faire partir le coup. La *gargousse* est constituée par un petit sac rempli de poudre. L'*étoupille* est constituée par un petit tube métallique renfermant du fulminate à une extrémité et de la poudre à l'autre; entre les deux une tige métallique dentelée K, appelée le *rugueux*. Ce rugueux communique avec l'extérieur par une ficelle terminée en boucle B (*fig.*). Pour charger le canon on ouvre la *culasse* (voy. canon); dans le trou central de la culasse on met l'*étoupille*. Puis dans le canon lui-même on met d'abord l'*obus* O et la *gargousse* G; enfin on ferme la culasse, ce qui amène le fond B de l'étoupille en contact avec la gargousse. Si alors on tire vivement la ficelle du rugueux, celui-ci frotte contre le fulminate, qui détone; la poudre de l'étoupille s'enflamme, enfonce la rondelle de bois B, et va mettre le feu à la gargousse; alors le coup part (*fig.*).

Dans les *canons de campagne* du calibre de 80 millimètres (80 millimètres de diamètre à la bouche), l'obus pèse 7 kilogrammes, et la charge

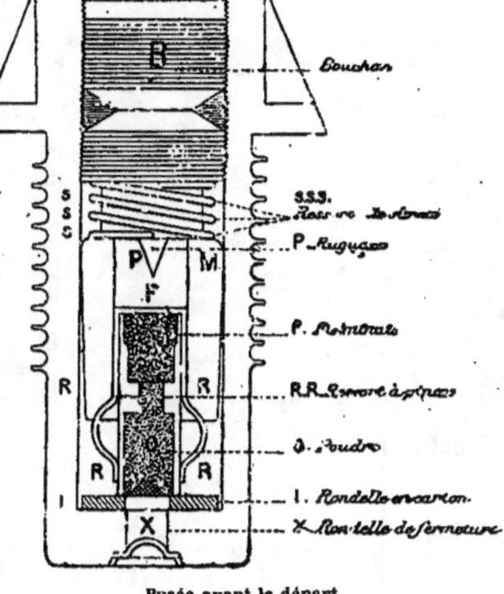

Fusée avant le départ.

Fusée après le départ.

de poudre de la gargousse est de 1500 grammes.

mètre de longueur, non compris la queue; sa fourrure fauve, avec des

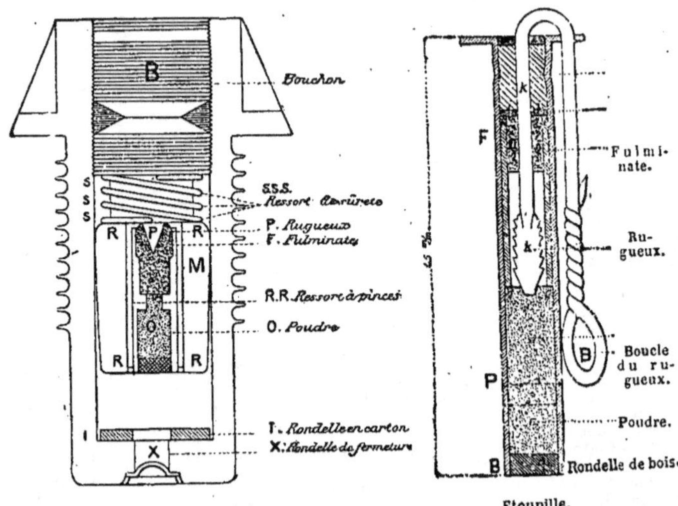

Fusée à l'arrivée.

Étoupille.

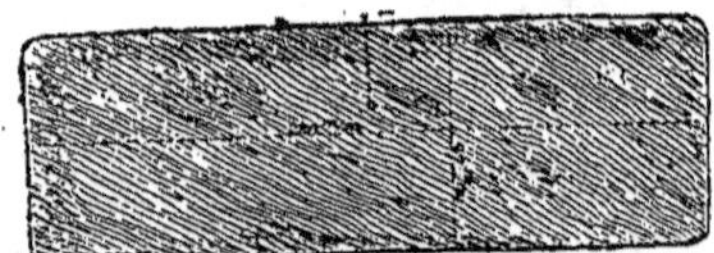

Gargousse.

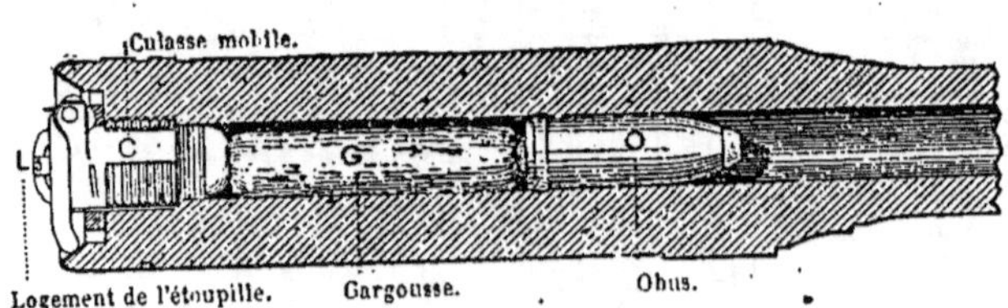

Coupe d'un canon chargé.

ocelot. — Mammifère *carnassier* de la famille des chats, qui habite l'Amérique du Sud. Il a plus de un rayures et des taches plus foncées, est analogue à celle du tigre. Il chasse la nuit et fait la guerre aux oiseaux et aux petits mammifères (*fig.*). Craintif,

Ocelot (longueur du corps, 1^m,30).

bien que relativement fort, il est peu redoutable pour l'homme.

ocre. — Terre argileuse colorée en rouge terne ou en jaune par une proportion d'oxyde de fer assez forte pour qu'on puisse l'employer comme matière colorante. On retire cette terre d'un grand nombre de carrières répandues dans toutes les parties du monde; en France les carrières d'ocre les plus nombreuses sont situées dans les départements de la Nièvre, du Cher, de l'Yonne. On pulvérise finement l'ocre naturelle, on la lave à l'eau ou à l'huile, pour la mettre en état d'être utilisée. Les variétés d'ocre sont fort nombreuses, elles se distinguent les unes des autres par leur nuance et leur consistance.

Les *ocres jaunes* sont les plus abondantes; les peintres les emploient sous des noms très divers (terre de montagne, terre d'Italie, etc.). Calcinées, les ocres jaunes prennent une coloration rouge (terres rouges, rouge indien, rouge d'Angleterre, etc.).

On trouve aussi, mais en moins grande quantité, des ocres rouges naturelles (*sanguine*, *rouge d'Almagro*, *bol d'Arménie*). Le *brun Van Dyck*, la *terre de Sienne*, la *terre d'ombre* sont des substances analogues aux ocres, mais d'une composition un peu plus complexe.

Les ocres sont surtout employées dans la coloration des papiers peints, dans les peintures communes à l'huile et à l'eau. Quelques-unes ont d'autres usages; ainsi le *rouge d'Angleterre*, réduit en poudre fine, sert à polir le verre, les métaux; avec la *sanguine* on fait des crayons rouges.

odorat. — Le sens de l'odorat est localisé sur la muqueuse des fosses nasales. Deux nerfs partis du cerveau, (nerfs olfactifs), nerfs susceptibles de faire éprouver la sensation des odeurs, se terminent par un grand nombre de filaments aux différents points de cette muqueuse; ils sont impressionnés par les *vapeurs* des corps odorants qui pénètrent dans le nez avec l'air destiné à la respiration.

œil. — Voy. vue.

œillet. — Genre de plantes de la famille des *caryophyllées*. Plusieurs espèces de ce genre croissent sponta-

Œillet des fleuristes (hauteur, 0^m,50).

nément dans l'hémisphère boréal; les fleurs sont tantôt réunies en corymbe, tantôt solitaires. Parmi les nombreuses espèces cultivées pour l'ornementation des jardins, à cause de la beauté de leurs fleurs doubles, et de leur parfum, les unes sont indigènes, les autres exotiques. La plus importante de ces espèces est l'*œillet des fleuristes* (*fig.*), dont l'odeur est très agréable;

Fleur de l'œillet simple.

la coloration des fleurs varie beaucoup, selon les variétés. Les œillets sont en général des plantes très rustiques, d'une culture facile; on les obtient par semis ou par marcottage.

œillette. — Voy. pavot.

œsophage. — Tube cylindrique qui descend verticalement du pharynx à l'estomac, en passant derrière la trachée-artère, le cœur, les poumons et traversant le diaphragme; chez l'homme fait, il a à peu près 25 centimètres de longueur, et 3 centimètres de diamètre. Les aliments le traversent vivement pendant la *déglutition*. L'inflammation de l'œsophage, ou *œsophagite*, est une maladie assez fréquente; elle peut être causée, en particulier, par l'ingestion de boissons brûlantes.

œstres. — Genre d'insectes *diptères* au corps velu, présentant tous les caractères des mouches, offrant des colorations parfois très vives. Le trait caractéristique de ces insectes est que leurs larves sont des parasites qui se développent sous la peau ou les muqueuses des mammifères, et en particulier des animaux domestiques. Voici quelques-unes des espèces du genre œstre.

L'**œstre de cheval** est une mouche de 14 millimètres de longueur. La femelle dépose ses œufs sur le corps des chevaux, aux endroits qu'ils ont l'habitude de lécher; de ces œufs sortent des larves que le cheval, en se léchant, introduit dans son tube digestif; là les larves se fixent à la muqueuse stomacale au moyen de leurs mandibules; elles subissent plusieurs mues, puis sont rejetées avec les excréments; elles s'enfoncent alors en terre, se transforment en nymphes, et enfin en insectes parfaits. Quand les œstres sont en grand nombre dans l'estomac du cheval, elles déterminent un amaigrissement et une débilité générale qui peut se terminer par la mort. On ne connaît aucun moyen réellement efficace d'en débarrasser l'animal.

L'**œstre du mouton** (*fig.*) dépose ses œufs dans les narines de cet animal; la larve, une fois éclose, remonte jusque dans les sinus frontaux, et détermine une maladie analogue au *tournis*; elle ne sort, pour prendre l'état de nymphe, qu'au bout de plusieurs mois.

Œstre du mouton.

L'**œstre du bœuf** (*fig.*) dépose ses œufs sur le poil; les larves pénètrent sous la peau et déterminent l'apparition de petites tumeurs, dont elles sortent quand elles sont sur le point de se transformer en nymphes; un grand nombre de

Œstre du bœuf.

ces petites tumeurs occasionnent un rapide amaigrissement de l'animal.

Dans l'Amérique du Sud, certaines œstres peuvent s'introduire sous la peau de l'homme, et y produire aussi des tumeurs.

œufs. — L'œuf est une substance organique qui renferme le germe des animaux dits ovipares (Voy. en particulier **oiseaux**). Chez les oiseaux; l'œuf a une *coquille*; contre la paroi interne de cette coquille une *membrane* est collée; à l'intérieur est le *blanc*, qui est principalement constitué par de l'eau et de l'albumine, et le *jaune*, qui renferme de l'eau, des matières grasses, et une matière azotée nommée vitelline. C'est à l'*albumine* que le blanc d'œuf doit la propriété de durcir sous l'action de la chaleur; la même propriété est communiquée au jaune par la vitelline. Le poids moyen d'un œuf frais de poule est de 65 grammes.

Les œufs constituent un de nos aliments les plus importants. On estime à 5 milliards la consommation annuelle des œufs en France.

Outre leur usage dans l'alimentation, les œufs sont employés dans l'industrie. La préparation de l'albumine consomme chaque année en France plus de 40 millions de blancs d'œufs; les jaunes sont employés par les mégissiers pour l'apprêt des peaux.

La grosseur et la forme des œufs des oiseaux varient d'une espèce à l'autre (*fig.*). Un œuf d'autruche pèse en moyenne 1 600 grammes, tandis qu'un œuf d'oiseau-mouche pèse moins d'un gramme.

Un grand nombre d'autres animaux pondent aussi des œufs. Chez les *poissons*, la femelle pond en général un nombre considérable d'œufs de petite dimension, que le mâle vient ensuite féconder en faisant tomber dessus sa laitance. Chez les *insectes*, les œufs sont enveloppés d'une coque; ils sont de formes très diverses et présentent souvent à leur surface des saillies qui donnent lieu à des dessins variés (*fig.*).

ohm. — Voy. **électriques** (*unités*).

oïdium. — Maladie parasitaire de la vigne, due au développement d'un champignon; la réunion de ces champignons sur les fleurs et les fruits malades forme une efflorescence farineuse qui frappe à première vue.

Quand une vigne est envahie par ce parasite, elle dépérit promptement; les grains ne grossissent plus, et un peu avant leur maturité ils se fendent en laissant apercevoir les pépins qui sont mis à découvert. Bientôt les

DIVERSES FORMES D'ŒUFS D'OISEAUX, D'INSECTES ET DE POISSONS.

Œuf sphérique de
chevêche.

Œuf ovalaire de
perdrix.

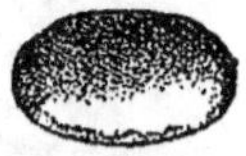

Œuf elliptique de
grèbe.

Œufs d'araignée.

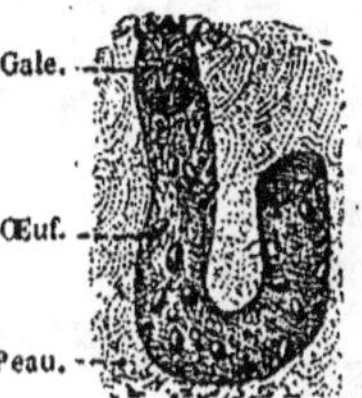

Œufs déposés dans la peau par
le sarcopte de la gale.

Coque à œufs d'hydrophile.

Œufs de grenouille.

Œufs de raie.

raisins prennent un goût amer et se putréfient.

C'est à partir de 1849 que cette ma-

Oïdium. — Tige, feuille et fruit de la vigne atteints par l'oïdium.

ladie a envahi successivement tous les vignobles de France, et y a fait de grands ravages. On la combat très efficacement en soufrant la vigne, c'est-à-dire en répandant sur les ceps,

Oïdium. — Soufflet pour le soufrage de la vigne. — A, ouverture par laquelle on introduit la *fleur de soufre*, et que l'on ferme ensuite à l'aide d'un bouchon; B, ouverture munie d'une grille pour la sortie du soufre.

à plusieurs reprises au printemps, une mince couche de *fleur de soufre* (*fig.*).

oie. — Oiseau *palmipède* au bec large et assez long, terminé par un onglet; cou long et mobile.

Oie sauvage. — Gros oiseau dont l'envergure atteint 1ᵐ,70; n'est que de passage en France et n'y niche jamais. Elle passe en automne, allant vers le Midi, et repasse en mars pour se rendre dans l'extrême Nord, jusqu'au Groenland et au Spitzberg. Dans ses migrations, l'oie vole en bandes et se tient toujours à de grandes hauteurs; ces bandes font, dans les prairies où elles se reposent, des dégâts considérables.

Oie domestique. (*fig.*). — Descend de l'oie sauvage; elle a été connue des Grecs et des Romains. C'est un animal rustique, facile à élever et à engraisser, d'un excellent rapport.

L'*oie de petite race*, qui se rapproche beaucoup de l'oie sauvage, se rencontre dans toute la France. L'*oie de Toulouse*, beaucoup plus grosse et plus trapue, est surtout élevée dans l'Ouest, où on lui fait acquérir par l'engraissement un embonpoint extraordinaire. La ponte des oies commence en février; elle se compose

Oie (longueur, 0ᵐ,60).

d'une quinzaine d'œufs. Le petit mange et court au sortir de l'œuf.

L'oie domestique est un précieux oiseau de basse-cour. Elle nous donne sa chair, qui est estimée, sa graisse, qui est de qualité supérieure, sa plume et son duvet, qui est très fin; enfin on livre sa peau au mégissage, couverte de son duvet, et on la vend dans le commerce comme peau de cygne. Le foie de l'oie grasse pèse souvent plus d'un kilo : il est très estimé.

oignon. — Plante de la famille des *liliacées*, appartenant au genre *ail*; le bulbe souterrain de l'oignon est comestible et fort employé en cuisine. Cultivée depuis la plus haute antiquité par les Hébreux et les Égyptiens, cette plante se trouve aujourd'hui dans tous les jardins potagers. On en connaît au moins 40 variétés, différant par la grosseur, la couleur, la forme, et le goût du bulbe (*fig.*). On sème les oignons au printemps, et on les repique en automne.

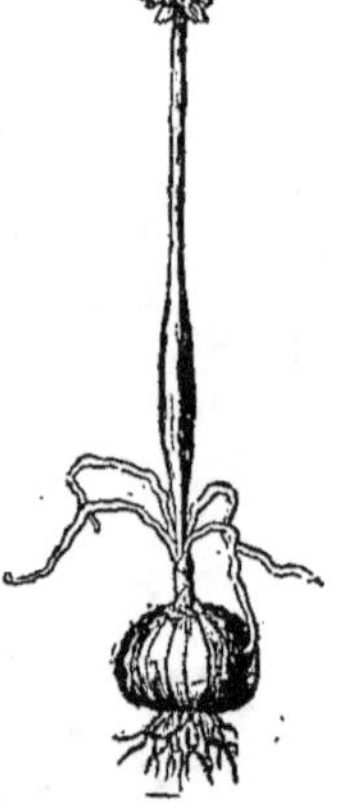

Port de l'oignon (hauteur totale, 1ᵐ).

L'oignon doit son âcreté, son odeur piquante, qui excite le larmoiement, ses propriétés stimulantes, à une essence qui renferme du soufre dans

Oignon jaune des Vertus.

sa composition. Cuit, l'oignon est d'assez facile digestion; c'est un ali-

Oignon blanc hâtif.

ment sain, et un bon tonique émollient. La médecine l'utilise parfois comme

Petits oignons de Mulhouse, à repiquer au printemps.

diurétique et vermifuge.

oiseaux. — Les *oiseaux* forment la seconde classe des vertébrés. Corps couvert de plume (*fig.* p. 546), conformation générale appropriée au vol; membres antérieurs transformés en ailes. Les oiseaux pondent des œufs, qu'ils couvent jusqu'à l'éclosion; les petits sont nourris d'insectes, de vers et de graines. Le squelette des oiseaux est complet comme celui des mammifères. L'appareil digestif présente des dispositions particulières; les dents sont remplacées par un bec corné; il y a généralement deux estomacs, le *jabot* et le *gésier*; l'extrémité inférieure du canal digestif sert à la fois à expulser les excréments et les urines. Le régime des oiseaux, et par suite la manière de vivre varient beaucoup de l'un à l'autre; les uns sont granivores, d'autres insectivores, d'autres carnassiers; il en est beaucoup, comme le corbeau, qui sont à la fois granivores, insectivores et carnassiers.

L'*œuf* de l'oiseau est recouvert d'une *coque calcaire*, renfermant deux parties bien distinctes, le *blanc* et le *jaune*. Ces deux parties servent de nourriture au *germe* ou *embryon*, qui apparaît comme une tache opaque à la surface du jaune, et se développe pendant l'incubation. Pour que le développement s'effectue dans l'œuf fécondé, il faut qu'après la ponte il soit soumis à une température d'environ 40 degrés. Dans certains cas la chaleur solaire peut suffire (autruche), mais presque toujours la mère et quelquefois le père *couvent* les œufs. La durée de l'incubation varie d'une espèce à l'autre : colibris 12 jours, autruche 56 jours. Après l'éclosion, certains petits sont très faibles, à peine développés; d'autres sont couverts de duvet et capables de rechercher eux-mêmes leur nourriture. Les œufs sont en nombre variable : aigle, grue : un œuf ou deux; passereaux : cinq ou six; perdrix : vingt. Ces œufs sont déposés dans des nids bâtis par l'oiseau avec un art admirable; les nids les plus simples sont ceux des oiseaux qui nichent à terre; les plus beaux sont ceux des oiseaux qui nichent sur les arbres (*fig.* p. 531, 532).

Utilité des oiseaux. — Peu d'oiseaux doivent être considérés comme réellement nuisibles; il n'y a guère que les oiseaux de proie diurnes (autour, buse, jean-le-blanc). Tous les autres sont utiles par la guerre qu'ils font aux animaux nuisibles; et si beaucoup causent des dégâts, ces dégâts sont grandement compensés par des services importants.

Beaucoup d'oiseaux nous servent d'aliments (volailles, nombreux gibiers). Nos oiseaux domestiques nous fournissent en outre des œufs en abondance, des plumes et du duvet, et un fumier souvent très estimé. Mais les oiseaux sont surtout utiles par la chasse incessante qu'ils font tous aux insectes, et quelques-uns aux petits mammifères rongeurs. Le *héron* coupe le cuir du bœuf pour en extraire un ver parasite; les *bergeronnettes*, les *étourneaux* rendent les mêmes services aux moutons; les *hirondelles* détruisent des milliers de cousins, de libellules, de tipules, de mouches; les

ORGANISATION DES OISEAUX

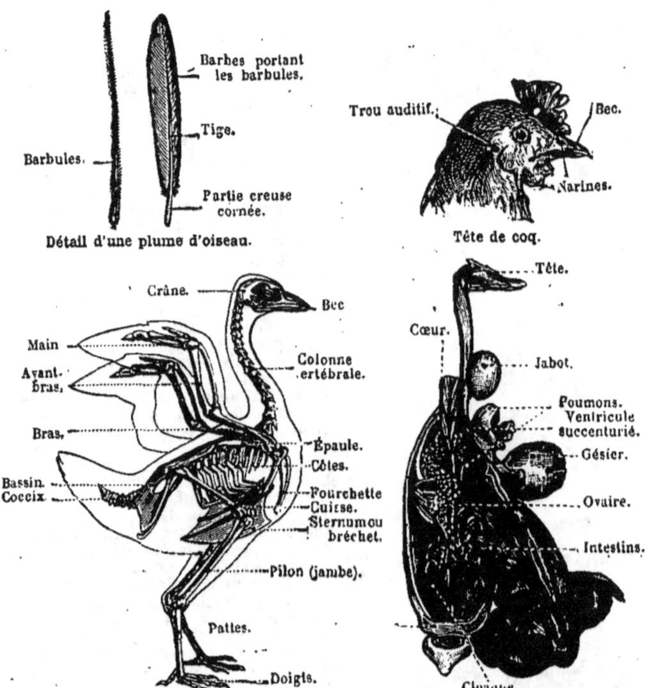

Œuf de l'oiseau.

Développement du poulet dans l'œuf.

Quatrième jour.   Neuvième jour.   Douzième jour.   Vingtième jour.   Vingt et unième jour.

engoulevents, les *martinets* font disparaître les hannetons, les blattes, les phalènes et beaucoup de petits rongeurs; le *pic* attaque les insectes destructeurs du bois; les *fauvettes*,

Un grand nombre d'oiseaux font la chasse aux insectes.

pinsons, bruants dépouillent nos arbrisseaux et nos arbres de pucerons, chenilles, scarabées; les *merles*, les *roitelets*, les *troglodytes* s'attaquent aux œufs et aux larves d'insectes. Et de même de beaucoup d'autres. Sans les oiseaux, la terre serait envahie par les insectes. Le mal que font à nos récoltes, en certains moments, les oiseaux qui se nourrissent de grains, est compensé, et au delà, par la consommation d'insectes qu'ils font au printemps pour nourrir leurs petits.

On connaît actuellement à peu près 8 000 espèces d'oiseaux dont 500 se rencontrent en France. La classification est basée sur la forme des pattes. Nous admettrons les huit ordres suivants (*fig. p.* 548, 549).

1° Coureurs. — Oiseaux de grande taille, ayant des ailes rudimentaires, impropres au vol. Leur *sternum* est aplati et ne possède pas de *bréchet* (voy. *fig.* du squelette). Pattes grosses, robustes; trois doigts dirigés en avant (quelquefois deux seulement). Se rencontrent dans les plaines désertes des régions chaudes de l'hémisphère sud; pas de représentant en Europe. Régime végétal. Ex. : *autruche, casoar.*

2° Palmipèdes ou nageurs. — Animaux aquatiques, dont les pattes, quelquefois longues, sont toujours *palmées*, les doigts étant réunis les uns aux autres par des membranes; quelques-uns ne peuvent voler (manchots) ; d'autres ont une grande puissance de vol (mouette). Vivent souvent en bandes. Les plumes sont constamment enduites d'une sorte de graisse qui empêche l'eau de les mouiller; ils ont sous les plumes un épais duvet capable de les garantir de la fraîcheur de l'eau. Ex. : *pingouin, manchot, plongeon, pétrel, albatros, goéland* ou *mouette, frégate, cormoran, pélican, cygne, oie, canard.*

3° Echassiers. — Très longues jambes, sans plumes; les pattes ont les doigts tantôt séparés, tantôt unis à la base par une membrane peu étendue; parfois le doigt postérieur est rudimentaire ou nul. Le bec et le cou sont également très longs, ce qui permet à l'animal de prendre sa nourriture sans se baisser. La forme du bec varie avec le régime. Ils volent bien, mais n'ont pas d'ailes très étendues. Ex. : *grue, cigogne, héron, outarde, pluvier, vanneau, râle, poule d'eau, bécasse, bécassine.*

4° Gallinacés. — Oiseaux terrestres aux formes lourdes, ramassées. Pattes fortes, de longueur médiocre, ayant les doigts antérieurs réunis à la base; doigt postérieur petit, placé à un niveau plus haut que les autres; les mâles ont souvent un ergot dont ils se servent comme d'une arme. Ongles un peu recourbés, propres à gratter le sol. Bec ordinairement court, bombé, à pointe recourbée, à base molle et membraneuse; tête petite, souvent armée chez les mâles de crêtes ou de houppes colorées. Ailes courtes, impropres à donner un vol rapide et prolongé. Les petits mangent seuls dès la naissance. Ex. : *dindon, paon, faisan, pintade, coq, perdrix, caille.*

5° Colombins. — Bec plus long et plus faible que celui des gallinacés; pattes courtes, mais terminées par des doigts libres, avec un pouce bien conformé, situé au même niveau que les doigts antérieurs; ailes développées, pouvant produire un vol rapide et prolongé, queue courte. Les petits ne mangent pas seuls à la naissance. Ex. : *pigeon, tourterelle.*

6° Rapaces. — Ce sont des oiseaux carnassiers; leur conformation est en rapport avec leur genre de vie, et ils sont puissamment armés pour la chasse. Pattes robustes, avec quatre doigts munis d'ongles solides et crochus (*serres*); bec court, à bords tranchants, avec la mandibule supérieure recourbée en crochet et pointue à son extrémité; la base est occupée par une membrane qui a reçu le nom de *cire* et dans laquelle sont percées les narines. Les ailes, grandes et longues, fournissent un vol rapide et soutenu; les yeux voient à une très grande distance. Animaux vivant par couples;

CLASSIFICATION DES OISEAUX

Coureurs (ex. : autruche).

Patte et tête de coureur (autruche).

Palmipèdes (ex. : canard).

Patte et tête de palmipède (canard).

Échassiers (ex. : cigogne).

Patte et tête d'échassier (cigogne).

Gallinacés (ex. : coq).

Patte et tête de gallinacé (coq).

CLASSIFICATION DES OISEAUX

Colombins (ex. : pigeon).

Patte et tête de colombin (pigeon).

Rapaces (ex. : faucon).

Patte et tête de rapace (faucon).

Passereaux (ex. : rossignol).

Patte et tête de passereau (rossignol).

Grimpeurs (ex. : pic).

Patte et tête de grimpeur (pic).

31.

leur nid, de construction solide, est nommé *aire*. Ex. : *vautour, aigle, autour, épervier, faucon, cresserelle, milan, buse, grand-duc, hibou, chat-huant, effraie.*

7° **Passereaux**. — L'ordre des passereaux renferme un nombre énorme d'oiseaux de taille petite ou moyenne, qui ont surtout pour caractère commun de ne présenter aucune des particularités propres à chacun des autres ordres. Ce sont en général des animaux au vol rapide, gracieux et vif ; ils ont un appareil vocal bien développé. Ex. : *grive, merle, alouette, engoulevent, corbeau, pie, geai, pie-grièche, gobe-mouches, becfigue, moineau, verdier, pinson, linotte, chardonneret, bouvreuil, fauvette, hirondelle, martinet.*

8° **Grimpeurs**. — La patte présente deux doigts dirigés en avant et deux doigts dirigés en arrière. Cette disposition leur permet de s'accrocher plus aisément au tronc et aux branches des arbres. Ex. : *pic, torcol, coucou, perroquet.*

oléine. — Corps gras, combinaison d'*acide oléique* et de *glycérine*. Se rencontre dans les huiles et les graisses. Quand l'huile d'olive se fige sous l'action du froid, la partie qui reste liquide est justement l'oléine.

oléique (acide). — Acide gras contenu dans l'oléine ; il est liquide. On l'obtient industriellement en très grande quantité comme résidu de la fabrication des bougies (voy. **stéarine**) ; il est employé à la préparation du savon.

olive (huile d'). — La plus importante de toutes les huiles ; on la prépare en pressant les fruits de l'*olivier*. On a diverses qualités d'huile, suivant le procédé employé pour la préparation.

Si on comprime d'abord modérément les fruits, de façon à faire sortir seulement une partie du jus, on a l'*huile vierge*, très douce, un peu verte, très recherchée pour la table. En pressant plus fort on a l'*huile ordinaire*, jaune, la plus usitée pour la table. Enfin en additionnant d'eau le résidu de la première compression, et pressant de nouveau, on a l'*huile tournante*, bonne pour l'éclairage et la fabrication des savons.

L'huile n'est bonne que si elle provient d'olives parfaitement mûres, récoltées en novembre ou décembre. Elle rancit facilement et ne peut pas se conserver longtemps.

L'huile d'olive est l'objet de fraudes constantes, difficiles à reconnaître, même pour le chimiste. Il est maintenant presque difficile d'obtenir de l'huile d'olive qui n'ait pas été frauduleusement additionnée d'huiles plus communes (navette, noix, faîne, arachide et surtout œillette).

olivier. — Arbre originaire de l'Asie, cultivé dans le midi de la

Port de l'olivier (hauteur, 7ᵐ).

France et de l'Europe (*fig.*). En Provence il ne dépasse pas dix mètres de

Olivier (rameau fleuri).

hauteur, avec un tronc qui peut atteindre deux mètres de tour. Son bois est propre à la petite ébénisterie. Les fruits ont une saveur âcre et désagréable ; mais qui devient plus douce quand ils sont conservés dans la saumure. Mais on cultive surtout l'olivier pour extraire l'huile des fruits (voy. **olive (huile d')**.

Olive.

ombellifères. — Plantes *dicotylé-*

dones * *dialypétales*, à pétioles libres, à étamines fixées avec les pétales sous le calice ; plantes aromatiques à fleurs disposées en ombelle, à ovaire adhérent, à feuilles alternes, sans stipules, souvent engaînantes ; graines à albumen (*fig.*). Ces plantes sont importantes au point de vue alimentaire ou médical.

Les principales espèces alimentaires

Ombellifère (exemple : cerfeuil).

sont la *carotte*, le *panais*, le *céleri*, le *cerfeuil*, le *persil*, l'*angélique*, l'*anis*, le *fenouil*. Des espèces vénéneuses, comme la ciguë, peuvent déterminer des accidents.

ombre-chevalier. — Poisson d'eau douce présentant les caractères généraux du saumon. Corps comprimé latéralement ; très petites écailles ; dents assez fortes ; dos gris bleuâtre, ventre argenté. Se trouve dans la Meurthe, l'Ain, le Doubs, le Rhône,

Ombre-chevalier (longueur, 0ᵐ,60).

et surtout dans les lacs de l'Europe centrale. Sa longueur peut atteindre 60 centimètres. Fait la chasse aux petits poissons. Frai en octobre ; les œufs sont assez gros. La chair est des plus délicates, supérieure encore à celle de la truite (*fig.*).

ombre commune. — Poisson d'eau douce différent de l'*ombre-chevalier* * ; corps allongé, légèrement

comprimé, écailles larges, dos blanc teinté de gris, flancs d'un blanc d'argent ; taille rarement supérieure à 40 centimètres. Se trouve dans toute l'Europe orientale ; se rencontre en France dans la Meurthe, la Moselle, la Meuse, le Doubs, l'Ain, le Rhône... A l'inverse des autres poissons de la famille du saumon, il ne fraye pas en hiver, mais au printemps. Très bon poisson.

ongles. — Lames cornées provenant du durcissement de la couche superficielle de l'épiderme ; ils croissent constamment, et, chez les personnes qui ne les coupent ni ne les usent par le travail, ils arrivent à une grande longueur.

Parmi les maladies des ongles, la plus importante est l'*ongle incarné* ; à la suite d'une inflammation chronique d'un doigt du pied, la chair se boursoufle autour de l'ongle et devient très douloureuse ; la guérison s'obtient en évitant toute pression sur le pied et en faisant diminuer l'inflammation par des bains et des cautérisations à la pierre infernale ; parfois une petite opération chirurgicale est nécessaire.

onguent. — Médicament composé surtout de corps gras et de résines, auxquels on adjoint des substances actives. Les onguents ne s'emploient qu'à l'extérieur, par exemple pour la guérison des plaies. C'est ainsi que l'*onguent de la mer*, employé pour faire suppurer, renferme de l'huile, de la graisse, du beurre, du suif, de la cire jaune, avec de la litharge et de la poix. L'*onguent* qu'on étend sur la tête des enfants pour détruire les *poux* contient de la graisse, du mercure et une poudre végétale provenant de la graine d'une plante de la famille des renonculacées, la *staphisaigre*.

onyx. — Variété de *silice* * présentant des couches successives de diverses couleurs ; c'est donc une espèce d'*agate* *. Les graveurs sur pierres fines s'en servent pour faire des camées, en utilisant habilement les colorations variées des couches.

opale. — Variété de *quartz* * remarquable par un éclat résineux particulier. Les plus beaux échantillons sont translucides, avec des teintes irisées assez agréables qui les font rechercher en joaillerie.

ophrys. — Groupe de plantes de la famille des *orchidées*, qu'on rencontre dans les bois, les terrains secs. Ces plantes, abondantes surtout sur le littoral de la Méditerranée, et dont un petit nombre croissent dans les environs de Paris, ont des fleurs dont les formes et les colorations sont singulières, rappelant un insecte (mouche, bourdon,...).

ophtalmie (grec : *ophthalmos,* œil). — Mot qui désigne les inflammations superficielles du globe oculaire, c'est-à-dire les inflammations de la *conjonctive,* de la *sclérotique* et de la *cornée* (voy. **vue**). En particulier l'*ophtalmie purulente,* maladie fort grave, et contagieuse d'un œil à l'autre, est caractérisée par un gonflement de la paupière supérieure, une inflammation considérable du blanc de l'œil, une coloration jaune des larmes, qui coulent constamment sur la peau.

On traite par l'application de sangsues, des purgations, des lavages fréquents de l'œil avec des liquides divers. Dans l'ophtalmie purulente, l'œil est souvent perdu, et même complètement détruit.

ophtalmoscope (grec : *ophthalmos,* œil; *scopein,* examiner). — Instrument qui permet d'éclairer le fond de l'œil et par suite de l'examiner avec attention. La lumière d'une lampe,

Ophtalmoscope. — La lumière de la lampe arrive sur le miroir que le médecin tient à la main, et de là va dans l'œil du malade; le médecin, placé derrière le miroir, regarde l'œil à travers un petit trou pratiqué dans le miroir; la loupe l'aide à mieux voir.

réfléchie par un miroir, entre dans l'œil à examiner; l'opérateur regarde l'œil à travers une ouverture du miroir, en se servant d'un verre grossissant.

opium. — L'*opium* se retire du *pavot* somnifère, cultivé en grand pour cet usage dans les régions chaudes (Indoustan, Perse, Asie Mineure, Turquie, Egypte) ; la variété qu'on préfère est généralement le pavot somnifère blanc. En Europe on cultive aussi le pavot, mais uniquement pour les usages de la pharmacie et l'extraction de l'*huile d'œillette* (voy. **pavot**).

La récolte de l'opium se fait par des procédés simples (*fig.*). L'*opium* est le suc laiteux de la capsule du pavot, évaporé et épaissi par suite de son exposition à l'action de la lumière et de l'air, exposition pendant laquelle il prend une couleur foncée et la consistance de la gomme. Pour avoir ce suc, dans le courant de l'été, quand les capsules ont toute leur grosseur, on y pratique des entailles ; le suc sort et s'épaissit rapidement ; on le prend par très petites parcelles sur la capsule. Ces parcelles, rassemblées en grand nombre, se soudent entre elles en une seule masse.

Opium. — Capsule de pavot incisée, d'où s'écoule l'opium.

La composition de l'opium est très complexe. On y trouve surtout un grand nombre d'alcaloïdes (*morphine*, *codéine,* *narcotine,*...), dont le plus important et le plus abondant est la morphine.

L'opium est un des médicaments les plus précieux de la médecine, à cause de ses propriétés calmantes et soporifiques. Il est administré à faible dose, car il est très vénéneux. Les peuples de l'Orient ne le considèrent pas seulement comme un médicament ; ils le mâchent, le fument et en préparent des boissons. Ils se procurent une sorte d'ivresse accompagnée d'insensibilité et d'hallucinations agréables. Mais cette ivresse est suivie de prostration, de perte des forces, d'un abrutissement physique et moral grandissant chaque jour, et qui amène chez beaucoup une mort rapide (voy. aussi **morphine**).

opoponax. — Gomme-résine produite par une plante de la famille des *ombellifères;* cette substance nous vient de Syrie. Elle a une odeur suave qui la fait employer en parfumerie.

or. — *Métal* très brillant, d'un jaune un peu rougeâtre quand il est pur; sa couleur est notablement changée par l'adjonction de quantités très petites de métaux étrangers. Presque aussi mou que le plomb, sans élasticité et par suite peu sonore, peu tenace; mais c'est le plus ductile et le plus malléable des métaux. On peut, par l'action du marteau, le réduire en feuilles qui n'ont pas un millième de millimètre d'épaisseur ; ces feuilles si minces sont transparentes et laissent passer une lumière verte. On a étiré à la filière des fils d'or dont il aurait fallu plus de 3 kilomètres pour peser un gramme ; et cependant l'or est très lourd, 19 fois plus dense que l'eau. Il est bon conducteur de la chaleur et de l'électricité. Il se dissout dans le mercure avec une grande facilité. Sa température de fusion est de 1250°.

L'or est un métal très inaltérable. Il ne s'oxyde à l'air ni à froid, ni à chaud ; il résiste à l'action de presque tous les réactifs de la chimie ; mais l'*eau régale* l'attaque. L'eau régale est un mélange d'acide azotique, d'acide chlorhydrique et d'eau.

Extraction. — Connu dans l'antiquité la plus reculée, l'or est très répandu dans la nature, mais presque partout on ne le trouve qu'en quantités fort petites. On le rencontre ordinairement à l'*état natif*, c'est-à-dire qu'il n'est combiné à aucun autre corps ; cet or natif est rarement pur, mais allié à de petites quantités d'autres métaux, et principalement à un peu d'argent.

La difficulté de l'extraction de l'or consiste à séparer les *pépites* de l'énorme quantité de matières terreuses

Or. — Lavage des sables aurifères en Australie.

au milieu desquelles elles sont disséminées. Les plus importants gisements d'or sont situés dans les sables des terrains d'alluvion (*fig.*).

Les gisements aurifères les plus productifs sont ceux de Sibérie (monts Ourals et Altaï) et ceux découverts depuis 1848 en Californie, Australie, Tasmanie, Nouvelle-Zélande, Colombie anglaise. Les grains, ou pépites, atteignent rarement la grosseur d'une noisette ; on en a trouvé cependant quelques-unes de grosseur extraordinaire (une pépite pesait 67 kilogrammes).

Un grand nombre de rivières charrient un sable contenant des paillettes d'or (Ariège, Garonne, Rhin, Rhône, Gardon, Ardèche, Hérault,...). Dans tous ces cas, la teneur en or est trop faible pour permettre une exploitation régulière ; mais les habitants recherchent quelquefois le métal précieux quand ils n'ont pas d'autres travaux.

Pour séparer l'or des sables on peut employer deux procédés. Ou bien on agite le sable dans l'eau courante ; l'eau entraîne le sable, et l'or, plus lourd, reste. Ou bien, après un premier lavage qui a entraîné une partie du sable, on agite avec du mercure, qui dissout l'or et forme un amalgame liquide, très lourd, qui coule au fond et qu'on sépare aisément. En chauffant ensuite cet amalgame, le mercure se volatilise et l'or reste.

La production totale annuelle de l'or ne s'éloigne pas beaucoup de 400 000 kilogrammes, dont la moitié vient d'Amérique, un quart de l'Australie et un dixième de la Russie.

Usages. — Les principaux usages de l'or sont la fabrication des monnaies, des bijoux et des objets d'orfèvrerie ; pour ces usages, l'or n'est pas employé pur, il ne serait pas assez solide ; il est allié à une petite quantité de cuivre ou d'argent (voy. **monnaies, bijoux**). On utilise une quantité notable d'or pour la *dorure* de l'argent, du cuivre, du zinc, du verre et de la porcelaine. Le *plaqué* d'or est constitué par une lame très mince d'or appliquée solidement à la surface d'une plaque de cuivre. L'or en feuilles minces, qu'on trouve dans le commerce intercalées dans de petits cahiers de papier, sert à pratiquer la dorure à l'huile ou à la colle, sur bois, sur papier, sur carton, sur cuir, sur fer et sur fonte, dans la reliure des livres, la dorure des lambris, des cadres, des glaces et autres objets d'ornementation, des grilles en fer ou en fonte. L'*or en coquilles*, broyé finement avec du miel, est employé en peinture.

Quelques composés de l'or ont des usages. Ainsi le *chlorure d'or* (or et chlore) sert en photographie ; le *pourpre de Cassius*, qui sert dans la peinture sur verre et sur porcelaine, est un composé complexe qui renferme de l'or, de l'oxygène et de l'étain.

On désigne sous le nom d'*or potable* une dissolution de chlorure d'or dans l'éther. Etendue au pinceau sur un objet en fer ou en acier, cette dissolution laisse une couche d'or qu'on peut polir au brunissoir ; cette dorure n'est pas solide.

orages. — Les *orages* sont dus à l'existence, dans l'atmosphère, de nuages chargés d'électricité positive, et de nuages chargés d'électricité négative. Quand deux nuages chargés d'électricités de noms contraires s'approchent l'un de l'autre, les fluides se recombinent et produisent une immense étincelle, qui est l'*éclair* ; le bruit de cette étincelle est le *tonnerre* .

Quand un nuage s'approche du sol à une distance assez faible, une étincelle part entre le nuage et le sol : c'est la *foudre* , dont on peut se préserver, dans certains cas, avec le *paratonnerre* .

Les orages ne se forment pas à l'endroit où on les observe ; ils s'avancent, comme les *cyclones* des régions tropicales, faisant sentir leur action sur une surface relativement étroite, et souvent fort longue.

Dans notre pays les orages sont plus fréquents en été qu'en hiver, le jour que la nuit, le soir que le matin.

oranger. — Arbre du genre *citronnier*, cultivé dans tout le midi de l'Eu-

Port de l'oranger franc (hauteur, 15ᵐ).

rope (littoral de la Méditerranée, Algérie). En Europe, la hauteur de l'oranger ne dépasse pas 10 mètres. Abandonné à lui-même il n'atteint son maximum de production que vers

l'âge de 15 ans, et porte alors une quantité considérable de fruits (*fig.*). Mais par la greffe on le fait produire plus tôt, et en le taillant convenablement, de façon que sa hauteur ne dépasse pas 3 mètres, on a moins de fruits, mais ces fruits sont beaucoup plus beaux et plus savoureux. Le nombre des variétés d'orangers est considérable.

Les usages des différentes parties de cet arbre sont variés. Les feuilles sont employées en infusion (pour cet usage on préfère les feuilles

Oranger (fleurs et fruit).

du *bigaradier*). Les fleurs servent à faire l'*eau et l'essence de fleurs d'oranger* (ou essence de *néroli*) ; là encore on préfère les fleurs de bigaradier. — Mais le produit le plus important est le fruit, dont on fait une énorme consommation. Il y a trois récoltes : la première a lieu en octobre, alors que les fruits n'ont pas toute leur maturité; la seconde se fait en décembre, les fruits sont presque mûrs et peuvent encore voyager; enfin on fait la troisième au printemps, alors que les fruits sont tout à fait mûrs, qu'ils ont toute leur qualité ; mais à cette époque ils ne peuvent plus se conserver au delà de quelques jours. L'écorce de l'orange est tonique, excitante ; elle entre dans la composition de la liqueur nommée *curaçao*.

orcanète. — Matière colorante rouge provenant de la racine de plusieurs plantes de la famille des *borraginées*. L'orcanète est employée pour teindre le coton en lilas, en violet, en gris... selon la nature du mordant. Elle a peu d'importance, surtout depuis qu'on emploie les couleurs d'*aniline* *.

orcéine. — Matière colorante rouge préparée en partant de l'*orseille* *. Ses usages en teinture sont assez restreints.

orchidées. — Plantes *monocotylédones* * herbacées, dont la corolle est irrégulière ; l'étamine, ordinairement unique, est soudée au pistil ; les graines sont petites, dépourvues d'al-

Orchidées (exemple vanille).

bumen. Les orchidées sont des plantes ornementales, recherchées pour la singularité de leurs fleurs (*fig.*). Exemples : *orchis, ophrys, vanille*.

orchis. — Genres de plantes de la famille des *orchidées*, habitant principalement les régions chaudes, mais

Orchis avec sa fleur.

dont on trouve cependant en France, surtout dans le midi, un assez grand nombre d'espèces. Ces plantes se reproduisent par bulbes ; elles sont surtout remarquables par la singularité, la beauté et la variété de leurs fleurs, qui unissent les couleurs les plus éclatantes aux formes les plus changeantes. Chez nous on rencontre les orchis dans les clairières des bois, les prairies, sur les coteaux herbeux (*fig.*).

Le bulbe des orchis renferme une grande quantité de fécule alimentaire. C'est ainsi que le *salep* * provient des bulbes d'orchis. Mais les orchis de nos pays, et surtout les orchis indigènes, ont surtout de l'importance comme plantes ornementales. On en cultive dans les serres des centaines d'espèces et certaines d'entre elles se vendent des prix réellement fabuleux ; c'est un engoûment, justifié en partie par la splendeur incomparable des fleurs, par leur durée et la délicatésse de leur parfum ; aucune autre plante ne jouit à un tel degré de la faveur des amateurs et de la passion des collectionneurs.

oreille. — Voy. **ouïe**.

oreillons. — Maladie de l'oreille, souvent épidémique. Elle est caractérisée par des douleurs, de la chaleur, un gonflement autour de l'oreille ; le malade a la fièvre, il a soif, il est sans appétit. La guérison arrive au bout de quelques jours ; quelquefois il se forme de petits abcès sous la peau. On doit maintenir l'oreille chaude avec de la flanelle ; repos, séjour à la chambre, tisanes douces.

orfraie. — Nom donné, selon les pays, tantôt à la *pygargue* *, tantôt à l'*effraye* *, qui sont des oiseaux de proie de forme très différente.

orge. — Céréale qui sert en France presque exclusivement à la nourriture des bestiaux, et en particulier des volailles, et à la fabrication de la bière (*fig.*). Dans les pays du nord de l'Europe on en fait un pain grossier, lourd et épais, médiocrement nutritif. Cette céréale est sans doute originaire de l'Asie occidentale, mais sa culture est fort ancienne en Europe.

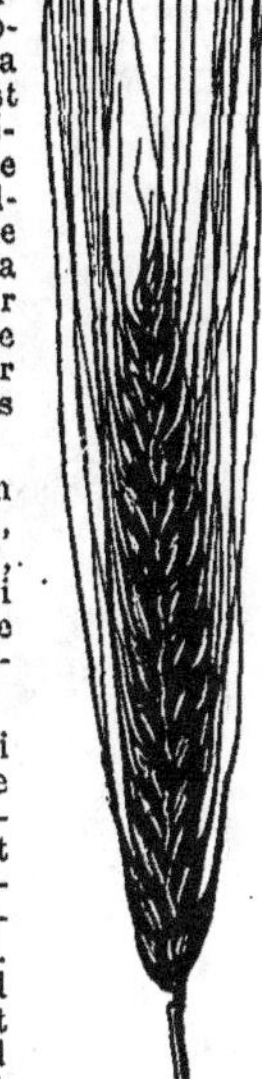

Épi d'orge (hauteur de la plante, 1ᵐ).

Dépouillé de sa pellicule par la meule, le grain d'orge se nomme *gruau* ou *orge mondé* ; il sert à préparer une tisane rafraîchissante. Le grain d'orge mondé, quand il est poli et arrondi, se nomme *orge perlé* et est employé pour faire des potages. On sème l'orge au printemps, et on moissonne en juillet ou août.

orgeat. — Sirop rafraîchissant qui doit son nom à ce qu'il renfermait autrefois une décoction d'*orge*. Aujourd'hui on le fait avec de l'eau, du sucre, de l'eau de fleurs d'oranger, et des amandes pilées.

orgelet. — Petite grosseur enflammée qui apparaît sur le bord d'une paupière ; elle cause une gêne momentanée de la vision, mais se guérit rapidement, et spontanément. On peut favoriser sa disparition par des lotions d'eau tiède et des cataplasmes émollients. Chez les personnes lymphatiques, ou celles dont la vue est fatiguée, les orgelets se succèdent parfois les uns aux autres.

origan. — Voy. **marjolaine**.

orme. — Grand arbre qu'on rencontre dans toute l'Europe ; on en connaît beaucoup d'espèces, dont la plus importante est l'*orme champêtre* (*fig.*).

Port de l'orme (hauteur, 25ᵐ).

C'est un bel arbre, dont la hauteur peut dépasser 25 mètres ; on l'emploie beaucoup pour la plantation des belles avenues, car il résiste également bien à la chaleur et au froid ; de plus son feuillage donne une ombre épaisse et se conserve longtemps.

Le bois de l'orme est grossier, mais solide, résistant très bien à l'air et à l'humidité ; il est recherché par les charrons, par les tourneurs.

ornithorynque. — L'*ornithorynque* est un mammifère *édenté* plus singulier encore que l'*échidné* *. Son corps est aplati, à jambes courtes, terminées par des doigts palmés, ce qui en fait un animal aquatique ; mais il est aussi parfaitement organisé pour fouir. Le corps est couvert de poils ; la queue est courte et aplatie. Pas de dents, mais des tubercules fibreux ; le museau est allongé en forme de bec de canard. La longueur de l'animal est de 36 centimètres avec une queue de 14 centimètres (*fig.*).

Ornithorynque (longueur du corps, 0ᵐ,40).

Il habite le bord des fleuves de l'est de l'Australie. Il se creuse un terrier près de la rive. Sa nourriture est constituée par des mollusques et de petits insectes aquatiques. Comme tous les mammifères, il met au monde ses petits vivants ; ses mamelles sont nombreuses et à peine visibles. Les Australiens mangent sa chair.

orobanche. — Genre de plantes qui vivent en *parasites* sur les racines des autres végétaux ; elles enfoncent sur ces racines des suçoirs par lesquelles elles puisent les sucs nécessaires à leur accroissement ; il en résulte un arrêt dans le développement de la plante nourricière et parfois même sa mort (*fig.*). Il est très difficile

Orobanche sur la racine d'un pied de chanvre.

de détruire ces parasites, qui compromettent quelquefois les récoltes.

L'une des espèces les plus nuisibles est l'*orobanche rameuse*, qui se développe sur les racines du chanvre et du tabac, et cause quelquefois de tels ravages qu'on est forcé d'abandonner momentanément, pendant plusieurs années, la culture de ces plantes dans les champs envahis. Une autre orobanche étend ses ravages dans les champs de luzerne, une autre dans les champs de trèfle, de carottes.

orphie. — Poisson de mer au corps allongé; les mâchoires se prolongent en un long bec garni de nombreuses dents coniques. Se trouve

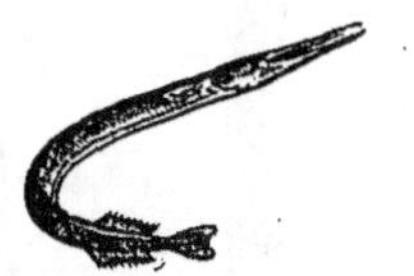

Orphie (longueur, 1ᵐ).

dans toutes les mers d'Europe; on le pêche sur les côtes de France. La longueur peut atteindre 1 mètre. Chair assez estimée (*fig.*).

orpin. — Genre de plantes grasses à feuilles très épaisses dont on rencontre en France un grand nombre d'espèces. On les trouve dans les taillis, les vignes, les buissons, les endroits pierreux, et jusque dans les murailles, les toits de chaume. On se sert des feuilles de l'*orpin commun* pour hâter la cicatrisation des plaies; on mange en salade celles

Orpin.

de l'*orpin blanc*; celles de l'*orpin âcre* (*fig.*), au contraire, sont vomitives, purgatives, et vénéneuses à haute

dose; on s'en sert contre les cors et les verrues. Dans l'ornementation, les orpins cultivés sont employés pour garnir les rocailles et les rochers des jardins, et pour faire des mosaïques.

orseille. — Pâte molle, d'un rouge violet, employée en teinture. On la prépare à l'aide de plusieurs espèces de *lichens* ˙. Cette matière donne en teinture des couleurs très altérables, aussi l'emploie-t-on rarement seule, mais on la mélange à d'autres matières colorantes pour les aviver.

Les marbriers s'en servent pour produire des veines bleues dans le marbre blanc.

orthopédie (grec : *orthos*, droit; *païs*, enfant). — Ensemble des manipulations et des opérations chirurgicales qui ont pour but de remédier aux difformités du corps des enfants.

ortie. — Genre de plantes *dicotylédones* immédiatement reconnaissables à ce qu'elles portent, sur la tige et les feuilles, des poils raides dont la piqûre cause une vive démangeaison, accompagnée de sensation de brûlure. Le genre comprend 30 espèces, disséminées dans les régions tempérées des deux mondes.

L'espèce la plus répandue en France est l'*ortie brûlante* (*fig.*), haute de 30 à 50 centimètres; c'est une de nos mauvaises herbes les plus répandues; ses fleurs sont verdâtres; on s'en sert parfois pour fouetter un membre paralysé et y déterminer une action salutaire.

Ortie brûlante (hauteur de la plante, 0ᵐ,30).

Nous avons aussi, en France, la **grande ortie**, dont les feuilles et les fleurs ont des usages en médecine, et deux autres espèces moins importantes.

La brûlure des orties est due à un liquide particulier contenu dans les poils. Chez certaines espèces tropicales, ce liquide est assez actif pour déterminer des accidents graves; la blessure est douloureuse pendant des mois entiers et peut même occasionner la mort.

Les orties ne sont pas sans utilité pour l'agriculture. Fauchées et un peu fanées, elles perdent leurs propriétés urticantes et constituent une excellente nourriture pour les oies, les dindes; on peut aussi les mêler au foin et les donner aux bœufs, qui en sont avides. Les volailles mangent les fruits. Enfin les orties seraient susceptibles de fournir une fibre textile analogue à celle du lin, capable d'entrer dans la confection des étoffes, et surtout du papier.

Dans les campagnes, on donne au *lamier** le nom d'ortie blanche.

ortolan. — Oiseau de petite taille, du genre *bruant*, recherché pour la délicatesse de sa chair. On le trouve dans les contrées méridionales de l'Europe ; au printemps il remonte vers le nord pour aller nicher en Allemagne, en Bourgogne ; puis en septembre il retourne dans les pays chauds, et c'est alors qu'on le prend au piège, en abondance : il est alors très gras.

Ortolan (longueur totale, 0m,16).

Les ortolans capturés au printemps, sont maigres, au contraire ; mais les oiseleurs les prennent vivants et les engraissent avant de les livrer à la consommation (*fig.*).

orvet. — Lézard ayant l'apparence d'un serpent à écailles luisantes, d'un jaune argenté, dont la longueur ne

Orvet (longueur, 0m,40).

.dépasse guère 40 centimètres. On le rencontre dans toute l'Europe (*fig.*). Il est absolument inoffensif (voy. lézards).

os. — Organes durs et solides qui constituent le squelette. Les os sont formés de sels minéraux (carbonate de chaux et phosphate de chaux) qui leur donnent leur solidité, et d'une substance organique, l'*osséine*, qui en est la partie vivante, et leur com-

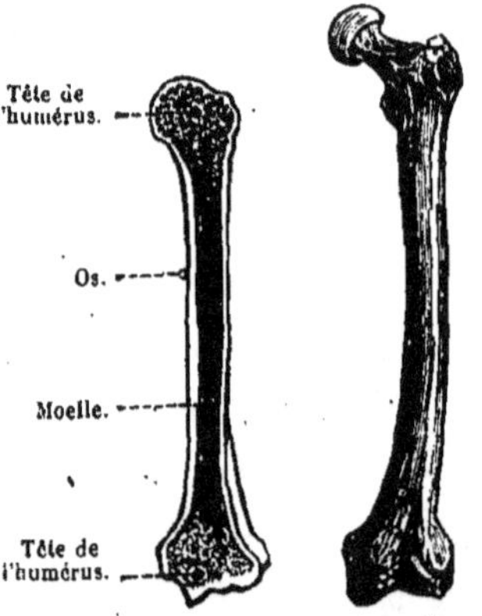

Tête de l'humérus.

Os.

Moelle.

Tête de l'humérus.

Os du bras (coupe longitudinale pour montrer la moelle)

Os long (fémur).

munique une certaine élasticité sans laquelle il seraient trop fragiles. A l'intérieur le tissu est moins serré ou même il présente une cavité remplie d'une matière grasse, la *moelle* (*fig.*) ; à la surface ils sont recouverts d'une membrane nommée *périoste*.

A la naissance, les os sont très mous, formant seulement des *cartilages** ; puis ils se durcissent peu à peu, en devenant plus riches en sels minéraux ; en même temps ils s'allongent et grossissent. Les os, comme toutes les autres parties du corps, reçoivent du sang destiné à leur *nutrition**. C'est grâce à cette nutrition qu'un os cassé peut se se souder.

Rotule.

Fémur. Membrane synoviale.

Tendon.

Tibia.

Os court (rotule).

La forme des os est variable ; les uns sont *longs*, les autres *plats*, d'autres sont *courts*, c'est-à-dire qu'ils ne sont ni allongés dans un sens, ni aplatis (rotule). Leur surface est irrégulière ; elle porte des prolongements plus ou moins considérables nommés *apophyses*, qui servent à l'insertion des muscles (*fig.*). Les os sont articulés les uns aux autres (voy. arti-

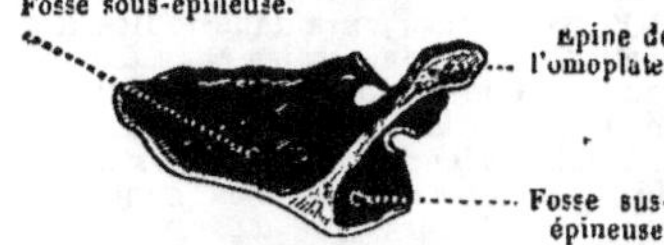

Os plat (omoplate).

culations ') pour former le *squelette* '.

Pour les maladies des os (voy. fracture, luxation, périostite, ostéite, rachitisme, carie des os, nécrose).

oseille. — On connaît un grand nombre d'espèces d'*oseille*, répandues dans toutes les régions tempérées et même froides. La plus importante est l'*oseille des jardins*, herbe cultivée pour ses feuilles. On la trouve à l'état

Oseille.

sauvage dans les prairies, les bois ; mais l'oseille cultivée a une saveur moins fortement acide (*fig.*). On en fait grand usage dans l'alimentation.

osier. — On comprend sous le nom d'*osier* toutes les espèces de *saules* ' dont les rameaux flexibles servent à faire les liens qu'emploient les vignerons, les tonneliers et les jardiniers ; ils constituent la matière première de toute vannerie.

Pour ces usages les saules se cultivent en grand dans des terrains frais, formant des *oseraies*. La plantation se fait par boutures ; on coupe les jeunes rameaux tous les ans, à l'automne et en hiver, de façon à ne laisser que la souche, de laquelle repoussent chaque année des rameaux nouveaux. La vannerie, qui trouve dans l'osier sa matière première, est une industrie qui a en France une grande importance.

ostéite (grec : *osteïn*, os). — Inflammation des os ; se rencontre surtout chez les enfants, à la suite de plaies, de contusions ou d'une affection scrofuleuse. La maladie a généralement une marche lente ; elle peut être

guérie, mais elle se termine souvent à la *carie* ' et à la *nécrose* '.

otarie. — Voy. phoques.

otite. — Inflammation de l'oreille ; l'*otite* est *externe, moyenne* ou *interne*, selon que l'inflammation porte sur l'oreille externe, l'oreille moyenne, ou l'oreille interne.

Cette maladie, caractérisée par un gonflement, une suppuration, des maux de tête, des bourdonnements, une surdité passagère, est extrêmement douloureuse ; elle détermine parfois la surdité. La gravité est d'autant plus grande que l'inflammation atteint une partie plus profonde de l'oreille. Tantôt la guérison est rapide, tantôt la maladie devient chronique ; il arrive même que, pour les otites moyenne ou interne, des complications surviennent qui mettent en danger la vie du malade.

ouïe. — Le sens de l'*ouïe* s'exerce par l'*oreille* (*fig.*). La partie la plus importante de l'oreille est le *nerf de l'ouïe*, qui part du cerveau, et vient aboutir dans le *labyrinthe*, ou *oreille*

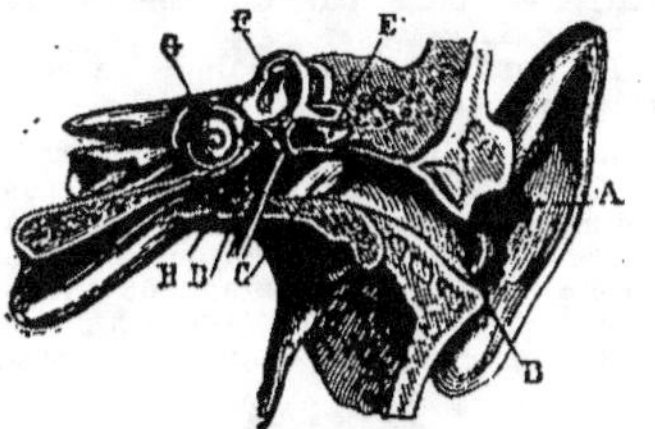

Appareil de l'ouïe.

A, pavillon.
B, tube auditif.
C, membrane du tympan
D, cavité pleine de liquide.
E, chaîne de petits osselets.

F, canaux semi-circulaires.
G, colimaçon dans lequel s'épanouit le nerf auditif.
H, membrane de la cavité pleine de liquide.

interne, situé dans l'épaisseur d'un des os du crâne appelé *rocher*. L'oreille interne est mise en communication avec l'extérieur par l'*oreille moyenne*, renfermant les *osselets de l'ouïe*, et fermée par la membrane du *tympan*, analogue à la peau d'un tambour. Après le tympan arrive le conduit auditif, qui s'ouvre dans le *pavillon* extérieur.

Les vibrations de l'air, produites par le son, arrivent sur le pavillon ; elles sont renvoyées dans le conduit, et viennent alors frapper le tympan. Cette membrane, ainsi mise en mouvcment, communique les vibrations aux osselets, puis au nerf de l'ouïe, et de là au cerveau, qui ressent l'impression d'un bruit plus ou moins fort, d'une note plus ou moins grave ou aiguë. Le conduit de l'oreille doit toujours être tenu propre ; l'accumulation de la substance jaune qui s'y forme (*cérumen*) rend l'ouïe plus dure.

L'oreille moyenne communique avec

Quand on se bouche les oreilles, et qu'on tient une montre entre les dents ou posée sur une règle tenue entre les dents, les vibrations arrivent à l'oreille par les os du crâne, et on entend le son.

l'arrière-bouche par un conduit, la *trompe d'Eustache*.

La *surdité* est la maladie la plus fréquente de l'oreille.

ours. — Les *ours* sont des *carnivores plantigrades*. Ce sont de gros animaux, au corps trapu, lents dans leurs allures. Ils habitent les grandes forêts des régions montagneuses ; ils se réfugient dans des cavernes naturelles ou dans des trous qu'ils creu-

Petit ours brun des Pyrénées (longueur, 1ᵐ,60).

sent eux-mêmes. Une espèce habite les côtes et les glaces des mers polaires. Ces gros animaux, aux mœurs relativement douces, ont une nourriture mixte, animale et végétale ; en général ils aiment les racines, les fruits, le miel et l'alimentation végétale domine. Aussi les dents sont-elles moins tranchantes que celles des animaux plus carnassiers. Ils grimpent facilement aux arbres.

L'ours sort souvent la nuit, pour chasser ou chercher des aliments végétaux. Il dort d'un sommeil léthargique pendant presque tout l'hiver.

Pendant ce temps il ne mange pas, maigrit beaucoup ; aussi au printemps, quand il sort, est-il très redoutable, car il s'attaque à tout.

On trouve des ours dans toutes les parties du monde. On les chasse activement. Leur graisse est employée en parfumerie, leur chair est comestible, et leur fourrure très estimée.

Les espèces principales sont les suivantes. L'**ours brun d'Europe** (*fig.*), qu'on trouve dans les Alpes, les Pyrénées, les Carpathes, les Balkans, la Norwège. La longueur de son corps atteint 1ᵐ,60, il peut vivre 50 ans. La femelle porte 7 mois et met bas 3 petits. Il attaque rarement l'homme. Il est facile à apprivoiser, et vit longtemps en domesticité. L'**ours noir d'Amérique** (Amérique septentrionale) ; l'**ours terrible**, de 3 mètres de longueur, qui habite les parties élevées du Missouri ; l'**ours malais**, l'**ours du Thibet**... L'**ours blanc** (*fig.*) des mers polaires dépasse 2 mètres de longueur ; il poursuit sous l'eau les poissons, les phoques et les jeunes cétacés ; pendant l'été il se retire dans les forêts et vit

Ours blanc (longueur 2ᵐ).

de fruits. Il est très redoutable ; sa fourrure est fort estimée ; sa chair est comestible.

L'ours blanc attaque souvent l'homme.

De grands ours, d'une taille supérieure aux espèces actuelles, ont vécu en Europe à une époque préhistorique.

ourse. — On nomme **grande ourse** une des *constellations* les plus aisées à distinguer; elle frappe de suite les regards par son éclat et sa grandeur; voisine du pôle, elle est d'ailleurs visible dans nos régions pendant toute l'année et à toute heure de la nuit. Il suffit, pour la voir, de se tourner vers le nord; elle est composée de sept étoiles principales, dont six de seconde grandeur; quatre sont à peu près disposées en trapèze et les trois autres forment une ligne brisée qui part de l'un des sommets (*fig.*).

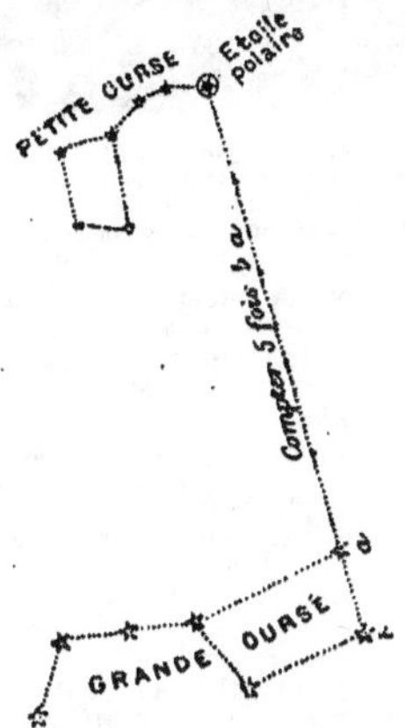

La grande ourse et la petite ourse.

La **petite ourse** (*fig.*) a à peu près la même disposition; mais les sept étoiles qui la constituent sont plus rapprochées les unes des autres, et elles sont moins brillantes. Elle est voisine du pôle, comme la grande ourse. L'étoile qui termine la queue est la plus brillante, et elle est très voisine du pôle : on la nomme pour cette raison *étoile polaire*.

Quand on sait trouver dans le ciel l'*étoile polaire*, ce qui est facile, on peut s'orienter. Qu'on se tourne vers l'étoile polaire; on a le nord devant soi et le sud derrière.

oursin. — Animal rayonné, au corps globuleux, recouvert d'un test calcaire hérissé d'aiguillons; à la partie inférieure sont situées cinq séries rayonnantes de ventouses qui servent à l'animal

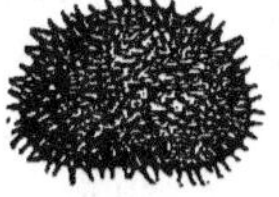
Oursin (diam., 0m,08).

pour se déplacer et se fixer; au milieu de cette face inférieure est la bouche. L'oursin vit dans la mer; il est abondant sur nos côtes (*fig.*).

outarde. — Gros oiseau *échassier*. La **grande outarde** (*fig.*), qu'on trouve en Europe, en Afrique et en Asie (très rare en France), a plus de 1 mètre de long et de 2m,50 d'envergure; son poids dépasse 14 kilogrammes. Elle habite les plaines; se nourrit de plantes vertes et de grains. La **cane-**

Grande outarde (longueur, 1m).

petière, ou **petite outarde**, est plus commune en France; elle a 50 centimètres de long. Elle n'est que de passage chez nous, où elle demeure pendant l'hiver, dans les plaines humides et les forêts. La chair est exquise.

outremer. — Belle matière colorante bleue qu'on trouve dans la nature, et que les minéralogistes nomment *lapis-lazuli*. Cette pierre, très dure, sert à la bijouterie et à l'ornementation. Pour l'employer en peinture on la calcine, on la pulvérise; la poudre ainsi obtenue est une matière colorante très belle, absolument inaltérable à l'air et à la lumière. Mais son prix est très élevé.

Aujourd'hui la chimie fabrique un *outremer artificiel* employé dans l'impression des étoffes, en peinture, en imprimerie, en lithographie, dans l'*azurage* du linge, de la pâte à papier.

oxalates. — Voy. acide oxalique.

oxalique (**acide**). — Acide très répandu dans les végétaux; c'est une combinaison de carbone, d'oxygène et d'hydrogène. Les feuilles de l'oseille contiennent de l'*oxalate de potasse*, qu'on en retirait autrefois, et qui porte encore le nom de *sel d'oseille*.

L'acide oxalique est un solide cristallisé, incolore, d'une saveur aigre et piquante; il est très peu soluble dans l'eau froide, et extrêmement soluble dans l'eau chaude. C'est un poison assez violent.

On le retirait autrefois du sel d'oseille, extrait lui-même de l'oseille. Aujourd'hui on prépare chimiquement l'oxalate de soude en faisant réagir un mélange de potasse et de soude sur de la sciure de bois; cet oxalate de soude, traité par l'acide sulfurique, donne l'acide oxalique.

La teinture et l'impression des étoffes utilisent l'acide oxalique comme mordant ou rongeant; on s'en sert aussi pour aviver les couleurs. Il est employé pour blanchir la paille des chapeaux, pour enlever les taches d'encre et de rouille sur le linge, pour découper les métaux. L'*eau de cuivre*, qui sert à nettoyer les ustensiles de cuivre ou de laiton, est une dissolution d'acide oxalique. Le *sel d'oseille* peut remplacer l'acide oxalique pour une partie de ces usages.

oxydes. — Combinaisons de l'oxygène avec un métal ou avec un métalloïde; quand cette combinaison a des propriétés acides on lui donne le nom d'*acide*.

oxygène. — L'oxygène est, de tous les corps, le plus répandu dans la nature; il existe à l'état de liberté dans l'air, et fait partie d'un grand nombre de composés; l'eau, en particulier, en renferme les huit neuvièmes de son poids.

C'est un gaz incolore, sans saveur ni odeur; il est un peu plus lourd que l'air; peu soluble dans l'eau, très difficilement liquéfiable. Sa principale propriété est d'entretenir la *combustion*; un grand nombre de métalloïdes, de métaux et de corps composés

Dans l'oxygène, le fer brûle avec éclat.

sont combustibles, c'est-à-dire capables de brûler vivement dans l'oxygène, ou dans l'air, à cause de l'oxygène libre qu'il renferme (*fig.*).

Parmi les nombreux procédés employés dans les laboratoires pour préparer l'oxygène, le plus simple consiste à chauffer du *chlorate de potasse*. Ce sel, très riche en oxygène, est décomposé par la chaleur; il abandonne son oxygène (*fig.*).

Les combinaisons que forme l'oxygène avec les métaux sont le plus souvent des *bases;* on les nomme *oxydes*. Ainsi l'*oxyde de plomb* est une

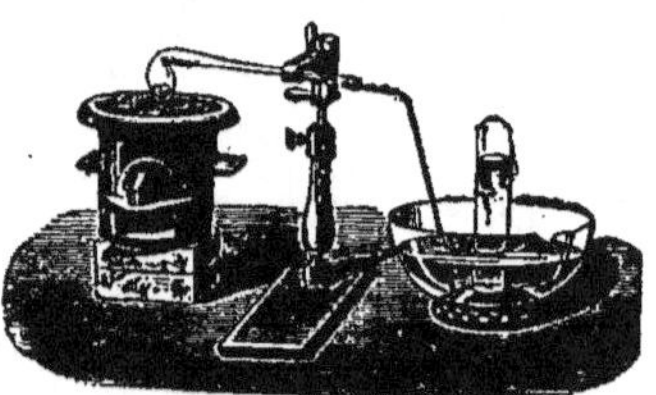

Préparation de l'oxygène. — On chauffe du *chlorate de potasse* dans une cornue; l'oxygène qui se dégage se rend dans une éprouvette retournée sur l'eau d'une cuvette.

combinaison de *plomb* et d'*oxygène*. Les combinaisons avec les métalloïdes sont le plus souvent des *acides;* ainsi l'*acide phosphorique* est une combinaison de *phosphore* et d'*oxygène*.

Le rôle de l'oxygène est prépondérant dans la nature. La plupart des altérations, désagrégations, fermentations, putréfactions des matières organiques d'origine animale ou végétale sont accompagnées d'oxydations lentes. L'oxydation des matières organiques est généralement favorisée par la lumière; plus souvent elle est la conséquence de l'action des *ferments* vivants, animaux ou végétaux. L'oxygène est donc l'agent essentiel de la destruction des matières organiques. Mais il n'est pas moins indispensable à leur formation. Il intervient dans la germination des graines, comme dans la respiration des animaux et des plantes. Nous utilisons aussi directement l'oxygène de l'air. C'est l'agent principal de toutes les combustions vives desquelles nous retirons la chaleur et la lumière artificielles. Nous le faisons intervenir dans la fabrication d'une foule de composés. Si on avait un moyen de préparer l'oxygène pur à très bas prix, on l'emploirait dans l'industrie pour activer les combustions chaque fois qu'on aurait besoin de produire une température très élevée.

oxyure. — L'*oxyure vermiculaire* est un ver blanc; très petit, long de 8 à 10 millimètres pour la femelle, de 2 à 3 millimètres pour le mâle, qui habite, en grand nombre, la partie inférieure du gros intestin de l'homme et de l'enfant ; il détermine des démangeaisons insupportables, des douleurs sourdes à l'anus.

ozène. — Ulcération purulente de la membrane des fosses nasales. Cette ulcération répand une très mauvaise odeur, analogue à celle des punaises (de là le nom de *punais* donné aux personnes atteintes de cette maladie). L'ozène est grave, souvent incurable.

ozothérite. — Matière bitumineuse qu'on rencontre dans la terre, principalement dans l'Europe centrale. On l'emploie en grande quantité à la fabrication d'une *cire minérale* dont les usages sont nombreux. Et surtout on en retire la *paraffine* *, qui forme souvent la moitié de son poids.

ozone (grec : *ozeïn*, avoir de l'odeur). — Gaz qui n'est autre chose que de l'oxygène condensé ; cette transformation de l'oxygène en ozone se fait surtout sous l'influence de l'électricité. L'*ozone* a une odeur pénétrante ; il a des propriétés oxydantes beaucoup plus actives que celles de l'oxygène.

Il existe de l'ozone dans l'air, en très petite quantité. Il n'est pas douteux que l'ozone de l'atmosphère n'y produise constamment des actions oxydantes ; il contribue sans doute à la destruction des *miasmes*, des *germes* au moyen desquels se propagent certaines fermentations et diverses maladies épidémiques.

P

pachydermes. — On nomme *pachydermes* un ordre d'animaux renfermant tous ceux que nous avons compris sous les dénominations de *proboscidiens*, de *porcins*, et une partie des *jumentés*. C'est dans cet ordre que se trouvent les plus gros mammifères terrestres. Ils sont caractérisés par leur structure lourde et massive ; leur corps est recouvert d'une peau épaisse, à soies éparses et souvent très rares.

Ces animaux ont apparu dès l'époque tertiaire, et ils peuplaient autrefois toute la surface de la terre. Ils sont aujourd'hui beaucoup moins répandus.

pain. — Le pain est fait avec la farine des *céréales* depuis une antiquité très reculée. Pour préparer du pain on commence par mélanger intimement la farine avec de l'eau, de façon à donner une pâte ferme ; cette pâte, si elle était cuite en cet état, donnerait un pain fade, lourd et indigeste. On y ajoute du sel, pour obtenir un goût plus agréable et faciliter la conservation du pain. En même temps on introduit dans la pâte, par un nouveau pétrissage, un *ferment* * capable d'agir sur la *glucose* * renfermée dans la *farine* * et d'en déterminer le dédoublement en acide carbonique et alcool (voy. **fermentation**). Par suite de cette fermentation, qui se produit en quelques heures, avant la cuisson, la pâte *lève;* c'est-à-dire que le dégagement d'acide carbonique produit à l'intérieur des boursouflures nombreuses. Par la cuisson, ces boursouflures augmenteront beaucoup, par suite de la dilatation de l'acide carbonique, de la volatilisation de l'alcool et de la vapeur d'eau. Après la cuisson, la masse sera donc criblée de petites cavités provenant de la dilatation des gaz et de la formation des vapeurs ; ces cavités persisteront après le refroidissement ; elles donneront de le légèreté au pain, le rendront d'une mastication et d'une digestion plus faciles. Les *yeux* produits seront d'autant plus nombreux, distribués d'une façon d'autant plus régulière, que le mélange de la pâte avec le ferment aura été plus intime, et que la farine soumise à la panification sera plus riche en gluten.

Le ferment que l'on ajoute à la pâte est le *ferment alcoolique ;* il est introduit à l'état de *levain*, ou à l'état de *levure de bière* *. Le *levain* est constitué par une portion de pâte prélevée de la panification précédente ; il est conservé dans un endroit à température modérée ; les ferments qu'il renfermait déjà se développent de plus en plus et deviennent assez abondants pour agir sur la grande quantité de pâte avec laquelle on doit le mélanger.

Dans la fabrication du pain, le

pétrissage se fait à la main ou à la mécanique (*fig.*). Quant à la *cuisson*,

Pain. — Le pétrissage se fait ordinairement à la main.

bien on ajoute quelques substances supplémentaires. Ainsi le *pain vien-*

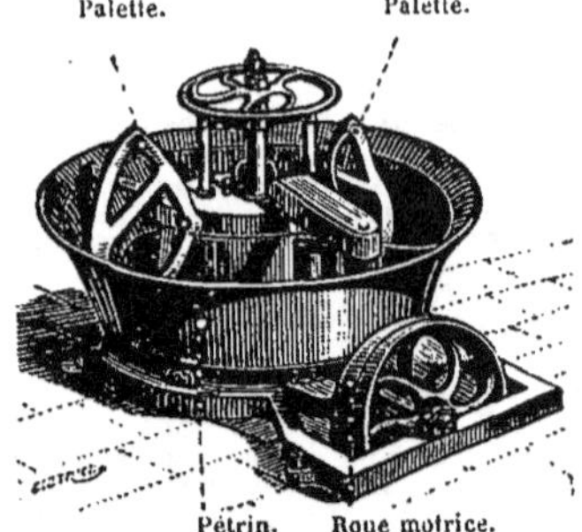

Pain. — Le pétrissage peut se faire à la mécanique.

elle a lieu dans des *fours* de forme variable (*fig.*). Le four le plus ordinaire est en brique, avec une voûte surbaissée; il a une porte et une cheminée. On chauffe d'abord le four en y faisant du feu à l'aide d'un bois brûlant rapidement et avec flamme. Quand le four est chaud on enlève la braise, on enfourne le pain, on ferme la porte. On défourne quand la croûte est suffisamment formée, durcie et colorée.

Le rendement de la farine en pain est variable. Grâce à l'eau et au sel que l'on ajoute, on obtient un poids de pain supérieur à celui de la farine. A Paris, on a

Pain. — Mise du pain au four pour la cuisson.

130 kilogrammes de pain blanc bien cuit pour 100 kilogrammes de farine; dans les campagnes, où l'on fait moins cuire le pain et où les farines sont moins fines, on a jusqu'à 146 kilogrammes de pain pour 100 de farine.

Les variétés de pain sont innombrables; on en fait un grand nombre de sortes rien qu'avec la farine de froment, différant par la forme, le degré de cuisson, la finesse de la farine. Ou

nois renferme un peu de lait, le *pain anglais* de la fécule de pommes de terre; le *pain de gluten* se fait par adjonction de gluten à la pâte au moment du pétrissage.

Le froment est, de toutes les céréales, celle qui donne le meilleur pain.

Le pain de farine de *seigle* est brun, savoureux, d'une odeur agréable, mais de digestion assez difficile; il forme la base de la nourriture en Suède, en Russie, dans une partie de l'Allemagne. En France, le *pain de méteil* renferme un mélange de farine de froment et de farine de seigle. Le *pain d'orge* est lourd, grossier, de digestion difficile, mais il est en somme assez nutritif; on le consomme en Allemagne; en Hollande, en Norvège, en Espagne. L'*avoine* donne un pain noir et lourd, mauvais au goût, de digestion difficile; on en consomme un peu en Norvège. Les farines de *maïs*, de *sarrasin*, de *sorgho*, de *millet*, de *riz*, et celles des légumineuses comme la *fève*, la *vesce*, la *lentille*, le *haricot*..., sont impropres à faire du pain. Elles ne peuvent qu'être consommées en bouillie et en galette non levées ; elles entrent dans la composition du pain quand on les ajoute, en quantités modérées, aux farines de blé et de seigle.

pains à cacheter. — Ils sont faits avec de la pâte de farine de froment, colorés avec des substances souvent vénéneuses. Pour cette raison on doit préférer les pains à cacheter blancs à tous les autres.

paléothérium. — Grand *pa-*

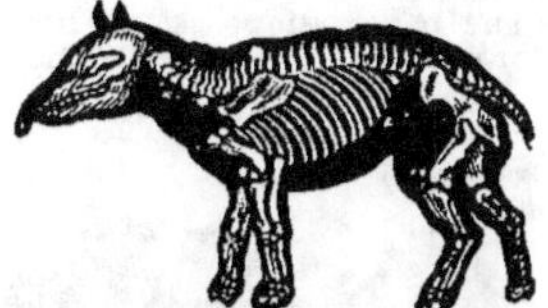

Paléothérium (hauteur, 1ᵐ,30).

chyderme fossile très analogue à nos rhinocéros et à nos tapirs actuels (*fig.*).

palmiers. — Plantes *monocotylé-*

Coupe transversale d'un tronc de palmier. — Pas de moelle, pas de couches annuelles, pas d'écorce.

Coupe longitudinale d'un tronc de palmier, montrant les filaments noirs et durs, qui donnent de la solidité à la tige.

dones vivaces, arborescentes, à tige pleine, cylindrique, rarement ramifiée, feuilles disposées en une vaste touffe terminale, fleurs petites, six pétales coriaces, six étamines, ovaire à trois carpelles et trois styles ; le fruit est une drupe ou une noix à une seule loge. Cette famille renferme un grand nombre d'espèces, qu'on rencontre presque uniquement dans les pays chauds. Exemples : *dattier* (*fig.*),

Tronc de palmier. — Les cicatrices indiquent la place d'anciennes feuilles qui sont tombées.

sagoutier, cocotier, rotangs. Les palmiers ont des usages très nombreux

Palmier-dattier.

au point de vue alimentaire et industriel.

palpitations. — Les *palpitations,* ou *battements de cœur,* proviennent de contractions anormales de cet organe, assez fortes pour causer une impression pénible et des mouvements parfaitement sensibles pour le malade. Elles apparaissent sous forme d'accès ; on éprouve de l'étouffement, de l'angoisse, le pouls devient fort et rapide, la région du cœur est fortement agitée.

Les palpitations sont souvent l'indice d'une grave maladie du cœur, mais elles peuvent être aussi purement nerveuses, et sans grande gravité. Une course forcée, un grand effort, l'action de mets ou de liquides excitants peuvent les déterminer ; les anémiques, les chlorotiques ont des palpitations sans avoir de maladie de cœur. Le traitement varie avec la cause du mal.

pamplemousier. — Arbres du genre *citronnier* dont les fruits, analogues à de très grosses oranges, sont très employés comme comestibles sous le nom de *pamplemousses* ou *citrons des Barbades.*

panais. — Plante bisannuelle de la famille des *ombellifères,* à racine charnue. On la rencontre à l'état sauvage parmi les moissons, sur les bords des chemins, dans les prairies humides.

On en cultive deux variétés, le *panais long* et le *panais rond* (*fig.*), principalement en Bretagne, comme plantes fourragères ; le panais est surtout une bonne nourriture pour les

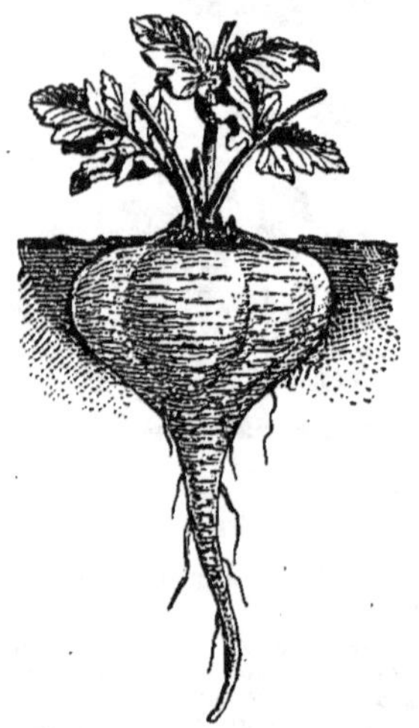

Panais rond hâtif.

vaches laitières ; il est aussi recherché pour les chevaux ; c'est une excellente nourriture d'hiver, car il se conserve parfaitement bien.

panaris. — Tumeur inflammatoire des doigts ou des orteils qui se produit entre l'épiderme et la peau, ou bien sous la peau, ou même sur les tendons. Le *panaris* qui réside sous l'épiderme résulte d'une petite piqûre, de l'arrachement d'une de ces petites peaux qui se soulèvent dans le voisinage des ongles ; il est douloureux, avec gonflement, puis il crève soit naturellement, soit parce qu'on le perce ; à la suite de ce panaris l'ongle tombe fréquemment. On le soigne par des sangsues, des cataplasmes. Les deux autres variétés, étant plus profondes, sont beaucoup plus douloureuses ; elles causent des suppurations profondes et même des caries des os, accidents très graves ; l'intervention du chirurgien, pour faire une incision profonde, est généralement nécessaire.

Cette incision faite, on tient la main plongée dans un bain local émollient et l'on panse ensuite avec des topiques relâchants et narcotiques.

pancréas. — *Glande* en grappe très analogue aux glandes salivaires, située contre la paroi inférieure de l'estomac ; elle est longue de 14 à 16 centimètres et de faible épaisseur. Elle sécrète le *suc pancréatique*, qu'elle verse dans l'*intestin grêle* par un canal spécial ; c'est aussi dans cette même région de l'intestin que se déverse la bile.

Le suc pancréatique est un liquide incolore, visqueux, dont la partie ac-

Œsophage. Vésicule du fiel.
Estomac. Foie.
Cardia
Gros intestin. Pylore. Gros intestin.

Pancréas. — Le pancréas est situé directement sous l'estomac ; il verse le suc pancréatique dans la portion de l'intestin qui vient immédiatement après l'estomac.

tive est constituée par un ferment, sorte de *diastase*, nommé *pancréatine*. C'est le plus important peut-être de tous les sucs digestifs, car sa fonction est multiple. Il digère les *matières grasses*, sur lesquelles la salive et le suc gastrique sont sans action ; pour cela il les *émulsionne*, c'est-à-dire les réduit en gouttelettes assez fines pour qu'elles puissent être absorbées par les parois du canal digestif (voy. **absorption**). En outre le suc pancréatique digère les matière féculentes qui auraient échappé à l'action de la salive, et les matières azotées qui auraient échappé à l'action du *suc gastrique* (voy. **estomac**).

pangolin. — Le *pangolin* est un mammifère *édenté* fouisseur qu'on trouve en Afrique et en Asie.

Sa forme est celle du fourmilier, mais le corps, au lieu d'avoir des poils, est recouvert d'écailles. Le *pangolin de Guinée* a 44 centimètres de long, avec une queue de 66 centimètres ; sa hauteur est de 14 centimètres. Il vit solitaire dans des trous qu'il se creuse lui-même; il se nourrit d'insectes.

Pangolin (longueur totale, 1ᵐ).

Il y a plusieurs espèces de pangolin (*fig.*).

panic. — Genre de plantes de la famille des *graminées* renfermant des espèces alimentaires, comme le *millet*, des espèces fourragères et des espèces ornementales. On cultive, en particulier, dans le Midi, le *panic froment*, qui donne un bon fourrage dans les terrains humides. On trouve beaucoup d'espèces du genre panic à l'état sauvage.

panicaut. — Genre de plantes de la famille des ombellifères, dont plusieurs espèces se trouvent à l'état sauvage dans les lieux arides. Le *panicaut des champs*, très répandu, est employé dans la médecine populaire comme expectorant. On cultive le panicaut dans les jardins pour orner les pelouses et les rocailles.

panthère. — Voy. léopards.

paon. — Oiseau *gallinacé* de grande taille; le mâle a les couleurs les plus vives et une queue splendide, qu'il peut relever et déployer en éventail; il n'est peut-être aucun oiseau qui soit aussi beau (*fig.*). Se nourrit de graines, vers, insectes, herbages.

Paon (longueur totale, 2ᵐ,05).

L'incubation dure quatre semaines; les petits sont très sensibles au froid et à l'humidité.

Le paon est élevé surtout comme ornement; on ne le rencontre pas en France à l'état sauvage; sa chair est très estimée.

papavéracées. — Plantes *dicotylédones dialypétales* à corolle et à étamines fixées sur un réceptacle commun, ovaire libre; plantes herbacées, calice à deux sépales caducs; corolle à quatre pétales chiffonnés dans le bouton, étamines nombreuses,

Papavéracées (ex. : coquelicot).

graines à albumen huileux. Ces plantes sont surtout utiles par leurs graines, qui sont oléagineuses. Exemples : *pavot, coquelicot* (*fig.*).

papayer. — Genre d'arbres analogues aux palmiers, qu'on rencontre dans les régions chaudes du nouveau monde. Le *papayer commun* (*fig.*)

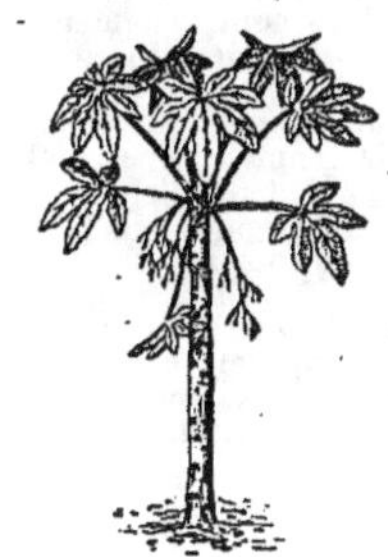

Papayer commun (hauteur, 6ᵐ).

est cultivé dans toutes les parties tropicales de l'Amérique, où il atteint une hauteur de 6 mètres. Son fruit, la *papaye*, est ovoïde, d'un jaune orangé, pulpeux; on le mange cru quand il est mûr, ou cuit à l'eau avant la maturité ; on le fait aussi confire. Encore vert, ce fruit renferme une substance la *papaïne*, employée en médecine pour activer la digestion. Le latex fourni par le fruit vert participe aux propriétés de la papaïne ; il est employé, après cuisson, comme vermifuge.

papier. — Le papier se fabrique avec les chiffons de lin, de chanvre, de coton et diverses substances filamenteuses végétales.

Les chiffons, d'abord triés, puis lavés par une vive agitation dans l'eau, sont soumis au *lessivage*. Après le lessivage on verse les chiffons dans une grande cuve, où on fait l'*effilochage*, qui a pour but de diviser le chiffon en ses fibrilles constituantes. L'effilocheuse se compose d'un cylindre armé de lames peu tranchantes qui agissent, par suite d'une rotation rapide, sur les chiffons immergés dans l'eau, et les réduisent en pâte. La pâte est alors *blanchie* à l'aide d'une dissolution de *chlorure décolorant*.

Quand la pâte est finie, il faut la convertir en papier. Cela se fait *à la main*, ou *à la mécanique*. Dans le premier cas on introduit un peu de pâte bien claire dans un tamis rectangulaire en toile métallique, auquel on fait éprouver un mouvement oscillatoire. L'eau s'égoutte, la pâte s'étend d'une manière uniforme, et constitue une lame résistante de faible épaisseur, résultant de l'enchevêtrement, dans tous les sens, des fibres de *cellulose* qui constituaient les chiffons. Les feuilles sont fortement pressées entre des draps de laine, puis portées au séchoir. Après la dessiccation, on procède au *collage*, qui a pour but de rendre le papier imperméable et de l'empêcher de *boire* l'encre. Le collage se fait en trempant les feuilles dans une dissolution faible de colle forte, additionnée d'alun.

Le procédé *à la mécanique* est plus rapide. L'appareil employé est fort complexe. La pâte tombe constamment sur une toile métallique sans fin, qui l'entraîne avec elle et la fait égoutter. La feuille, ayant déjà acquis une certaine consistance, passe successivement entre plusieurs paires de cylindres faisant office de laminoirs, qui la pressent, la dessèchent et la polissent. La fabrication est continue ; à l'une des extrémités de l'appareil s'écoule la pâte fluide, à l'autre s'enroule constamment le papier terminé ; on obtient 30 mètres carrés de papier par minute. Le collage du papier à la mécanique se fait dans la pâte même,

au moyen d'un mélange de résine, de soude caustique et de fécule. La variété des papiers que fabrique actuellement l'industrie est innombrable (papiers à écrire, à imprimer, à cigarettes, à filtrer, à calquer, à emballer, papier de tenture, cartons...).

La consommation de cet article de première nécessité est telle, que les chiffons ont cessé depuis longtemps de suffire à la fabrication. On utilise maintenant les fibres végétales les plus diverses. La paille des céréales, les feuilles de maïs, l'alfa d'Algérie, le bois lui-même (peuplier, tilleul, sapin) sont réduits en pâte par des procédés mécaniques assez complexes, et convertis en papiers. Le plus souvent on mélange ces pâtes, de seconde qualité, avec une quantité plus ou moins grande de pâte de chiffons ; on leur donne même du *corps* en y ajoutant du kaolin. La production annuelle du papier en France, dans 356 papeteries, dépasse actuellement 100 millions de kilogrammes. L'Angleterre, et surtout les Etats-Unis, en produisent plus encore.

papier parchemin. — *Papier* auquel on a donné l'aspect, et presque la solidité du *parchemin*, en le trempant dans de l'acide sulfurique convenablement étendu d'eau, puis le lavant largement à l'eau et le laissant sécher. Ce papier est très employé pour y écrire les documents qui ont besoin d'être longtemps conservés (tels que diplômes, actes importants).

papilionacées. — Plantes *dicotylédones* *dialypétales*, à pétioles

Papilionacées (ex. : genêt). Gousse du pois ouverte.

libres, à étamines fixées avec les pétales sur le calice ; feuilles presque toujours composées; corolle formée par cinq pétales, irrégulière; dix étamines à filets soudés, pistil constitué par un ovaire à une seule loge, fruit constituant une gousse, graines sans albumen (*fig.*).

Cette famille est importante par le

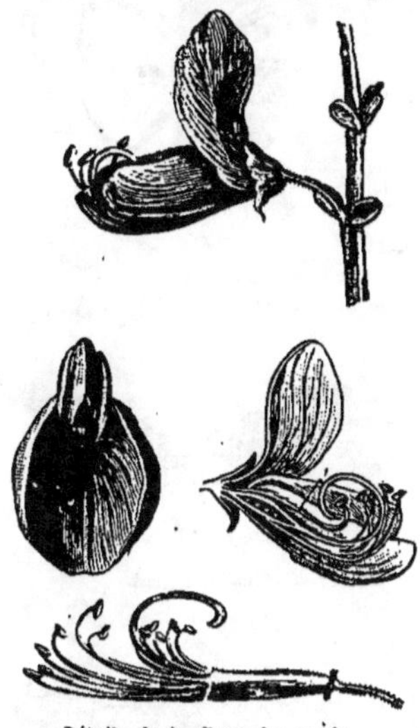

Détails de la fleur du genêt.

nombre des espèces et leurs divers usages. Les unes sont alimentaires et fourragères (haricot, pois, lentille, fève, gesse, vesce, trèfle, luzerne, sainfoin); d'autres sont industrielles (indigotier, campêche, bois de rose, de palissandre).

papillons. — On nomme papillons les insectes *lépidoptères* arrivés à leur dernière métamorphose (*fig.*). C'est à ce moment de leur existence qu'ils pondent des *œufs*, desquels sortiront des *chenilles* qui, après quelques semaines de croissance, prendront l'état immobile de *chrysalides*, état duquel elles sortiront *papillons*. Souvent la chenille, avant de se transformer en chrysalide, se tresse un

Tête grossie du papillon.

cocon dans lequel elle se met à l'abri (voy. **ver à soie**). Les papillons sont les plus beaux des insectes, mais, à

l'état de *chenilles*, ils peuvent passer pour les plus malfaisants.

papyrus. — Voy. **souchet.**

pâquerette. — Voy. **marguerite.**

parachute. — Cet appareil, plus amusant que réellement utile, sert aux aéronautes à descendre dans les airs en abandonnant leur ballon. Il est constitué par un grand dôme de toile résistante, auquel est suspendue une petite nacelle. L'air, s'engouffrant sous le dôme, l'ouvre comme un parapluie, et rend la chute assez lente pour qu'elle soit sans danger (*fig.*).

Parachute.

paradisier — Famille de beaux oiseaux *passereaux*, nommés aussi *oiseaux de paradis*; ils habitent la Nouvelle-Guinée (*fig.*).

Par leur constitution et leur manière de vivre, les oiseaux de paradis se rapprochent beaucoup des corbeaux. Ils sont remarquables surtout par la splendeur de leur plumage, qui est employé pour l'ornementation des chapeaux de dames, et est par suite l'objet d'un commerce important avec l'Europe. Cette famille comporte de nombreuses espèces.

Paradisier.

paraffine. — Combinaison de carbone et d'hydrogène. C'est un corps solide, blanc, analogue à la cire, sans odeur, ni saveur, qui fond très facilement. La paraffine est facilement combustible; elle brûle avec une flamme blanche, éclairante, ne produisant aucune fumée et ne dégageant pas d'odeur.

L'extraction s'en fait en grand; on la retire du *pétrole*, de l'*ozokérite*, du *bitume* et des *goudrons* provenant de la distillation du liquide; le goudron de houille n'en renferme pas.

Les usages de la paraffine sont nombreux. Mélangée à l'*acide stéarique*, elle sert à la préparation des bougies; il s'en fait de ce chef, une grande consommation. Mais on la mélange aussi à la cire blanche pour la confection des cierges. Comme sub-

LES PAPILLONS

Piéride du chou.

Chenille.

Chrysalide.

Insecte parfait.

Sphinx tête de mort.

Chenille.

Chrysalide.

Insecte parfait.

Pyrale de la vigne.

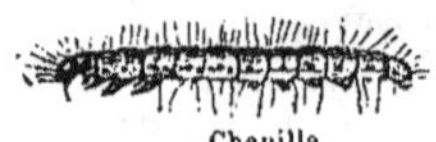

Chenille.

Chrysalide.

Insecte parfait.

Diversité des papillons.

stance antiseptique elle est employée pour la conservation du bois, de la viande, des œufs (qu'on recouvre d'une mince couche de paraffine). Les allumettes paraffinées remplacent avantageusement les allumettes soufrées ; cette fabrication a beaucoup d'importance, et consomme beaucoup de paraffine.

parallèle. — Voy. longitude.

paralysie. — Affaiblissement ou abolition complète des mouvements volontaires dans un organe ; la cause de la paralysie est toujours une affection du système nerveux (*fig.*). Ainsi une paralysie qui arrive subitement et qui immobilise tout le corps est due à

Paralysie. — Démarche dans la paralysie générale progressive.

une attaque d'*apoplexie* foudroyante.

Une paralysie qui arrive subitement, mais qui est limitée à un côté du corps, annonce une *hémorragie du cerveau* ou une *congestion cérébrale* ; si au contraire cette paralysie d'un côté du corps arrive lentement, c'est qu'elle provient d'un *ramollissement cérébral*.

D'autres fois la paralysie provient de la *moelle épinière*, et alors elle se porte sur la partie inférieure du corps. Toutes les paralysies, de quelque nature qu'elles soient, sont des maladies graves, d'une guérison lente et souvent impossible ; on les traite par des bains de vapeur, des frictions excitantes, les courants électriques.

paratonnerre. — Appareil imaginé par Franklin en 1752 pour préserver les maisons de la foudre. Un *paratonnerre* se compose d'une longue tige métallique terminée en pointe, et

dressée verticalement à l'endroit le **plus**

Paratonnerre au sommet d'un clocher.

élevé de la maison. Pour qu'un paratonnerre soit efficace, il est indispensable en outre qu'il soit mis, par des tiges de fer, en parfaite communication avec le sol (*fig.*). Si ces conditions sont satisfaites, l'électricité ne peut s'accumuler dans la maison, car elle se perd constamment par la pointe du paratonnerre (voy. électricité) ; la foudre ne tombera donc pas sur l'édifice.

Dans les forts orages, la pointe ne suffit pas pour écouler toute l'électricité, et la foudre peut tomber ; mais elle tombe alors sur le paratonnerre, qui est au point le plus haut de la maison, et comme ce paratonnerre est en parfaite communication avec le sol, la foudre suit les chaînes sans produire aucun dégât. On admet qu'un paratonnerre bien construit préserve efficacement un espace qui s'étend, tout autour de son pied, à une distance double de sa hauteur.

Détail du **paratonnerre** installé sur le faîte d'une maison. — Il a de 6 à 12 mètres de hauteur ; l'extrémité supérieure est terminée en pointe ; l'extrémité inférieure est mise en communication avec le sol par une tige métallique.

Le *paratonnerre Melsens*, peut-être plus efficace, est constitué par un grand nombre de petites pointes, dissé-

Paratonnerre Melsens composé d'un grand nombre de petites tiges, en communication entre elles et avec le sol.

minées presque sur toute la toiture, au lieu d'une seule grande pointe, placée au sommet de la maison.

parchemin. — Le *parchemin* est fait avec de la peau de mouton, qu'on nettoie et qu'on épile avec soin, puis qu'on fait sécher sans la tanner. Le *vélin*, qui est le parchemin le plus fin, est obtenu avec des peaux de très jeunes veaux, de chevreaux, d'agneaux mort-nés.

Le parchemin, ne sert plus guère pour écrire; il est employé pour la reliure des livres, pour la confection des cribles, des tambours.

paresseux. — Le *paresseux* (*fig.*) est un mammifère *édenté tardigrade* propre à l'Amérique du Sud. Il a des pattes longues, armées de très grands ongles recourbés; les poils sont longs et grossiers comme du foin sec; il n'a presque pas de queue. Le paresseux habite les grandes forêts. Lent et mala-droit quand il est à terre, il est au con-traire agile sur les arbres. Les bour-geons, les jeunes pousses, les fruits, forment sa nourri-ture. La femelle met bas un seul petit.

Paresseux.

Cet animal ne cause aucun dom-mage, car il habite seulement les forêts vierges et disparaît partout où s'établit l'homme. Les Indiens seuls mangent sa chair et font de sa peau un cuir assez fort.

pariétaire. — Plante de la famille des orties, répandue dans les régions tempérées des deux mondes; elle est très commune dans nos contrées,

dans les fissures des vieux murs, sur les décombres.

parisette. — Plante des bois humides, dont les différentes parties sont purgatives ou vomitives, et véné-néuses à haute dose.

pas d'âne. — Le *pas d'âne*, ou *taconnet*, est une herbe de la famille des *composées*, qui croît surtout dans les terrains dont le sous-sol est hu-mide et argileux. Il a une tige souter-raine qui se ramifie et envahit rapide-ment les vignes, les champs; c'est une plante nuisible à l'agriculture, qu'il est difficile de détruire quand elle s'est bien établie dans un terrain.

passerage. — Genre de plantes de la famille des *composées*, dont un grand nombre d'espèces sont répandues dans toutes les parties du monde, dans

Passerage cultivée, ou cresson alénois (hauteur, 0m,15).

les terrains incultes, sur les décombres, au bord des chemins (*fig.*). La passe-rage cultivée, plus souvent nommée *cresson alénois*, est mangée en salade.

passiflore. — Plante grimpante, originaire du Pérou, dont plusieurs espè-ces sont cultivées, surtout en serre, comme ornementales; la *passiflore à fleurs bleues* prospère en pleine terre sous le climat de Paris (*fig.*).

pastel. — Plante bisannuelle de la fa-mille des *crucifères*, qui croît spontané-

Passiflore (rameau fleuri).

ment dans les contrées méridio-nales et tempérées de l'Europe; on la cultive pour les usages de la teinture. La matière colorante du pastel est la même que celle de l'*indigotier*, mais elle est en moins grande quantité; elle est contenue dans les tiges et les

Pastel, rameau fleuri (hauteur de la plante, 1ᵐ).

feuilles. Le pastel n'est presque plus employé en teinture (*fig.*).

pastèque. — Plante de la famille des *cucurbitacées*, dont le fruit, qui peut avoir jusqu'à 60 centimètres de longueur, a une chair rouge vif, avec des graines noires. La pastèque, cultivée principalement sur le littoral de

Pastèque à graines noires, ou melon d'eau.

la Méditerranée, a un goût sucré, un peu fade. On la mange en abondance dans le midi de la France, comme on fait du melon; on en fait aussi des confitures. On la nomme souvent *melon d'eau* (*fig.*).

patate. — Plante alimentaire de la famille des *convolvulacées*, cultivée depuis les temps les plus reculés dans les pays chauds, et actuellement très répandue en Europe (*fig.*). Dans les régions intertropicales, la patate pousse presque sans culture et donne des produits très abondants; plus au nord, la culture demande, au contraire, d'assez grands soins. La reproduction s'en fait surtout par boutures.

La partie alimentaire de la patate

est constituée par des renflements charnus de racines, présentant une grande analogie de forme avec les tubercules de la pomme de terre; dans certaines variétés le poids des renflements atteint 3 et 4 kilogrammes. La

Patate rouge longue.

patate a une valeur alimentaire un peu moindre que celle de la pomme de terre; elle constitue le fond de l'alimentation dans plusieurs régions chaudes. Chez nous les tubercules, cuits de différentes manières, sont un mets agréable, un peu trop sucré.

patchouli. — Plante de la famille des *labiées*, cultivée aux Indes. Toutes les parties de cette plante ont une odeur très forte, qui la fait employer pour éloigner les insectes qui attaquent les fourrures et les lainages; on s'en sert aussi en parfumerie.

patelle. — Mollusque *lamellibranche* dont la coquille est dure, rugueuse, de forme ovalaire, conique, et percée d'un trou à la partie supérieure. La *patelle* porte un grand nombre de noms vulgaires : *jambe, brinic, bernic, œil-de-bouc*, ... Elle se fixe sur les rochers du rivage, en y adhérant très fortement. On la détache pour l'alimentation, et aussi pour servir d'appât à la pêche.

pâtes alimentaires. — Les *pâtes alimentaires* (vermicelle, macaroni, nouilles, lasagnes, semoule, …) sont constituées essentiellement par de la farine de froment. On fait une pâte très ferme, puis on procède au moulage. Pour cela, on place la pâte dans un cylindre en bronze, dont la base inférieure est percée de trous de forme convenable.

Sur la pâte on exerce une forte pression à l'aide d'un piston mû par une presse hydraulique. Tandis que le piston descend très lentement, la pâte s'écoule par les ouvertures en fils plus ou moins gros, pleins ou évidés, ou en rubans plats. Les petites pâtes se préparent de la même manière. Un couteau, animé d'un mouvement régulier de va-et-vient, les coupe à 2 millimètres d'épaisseur à mesure qu'elles sortent du cylindre.

Les pâtes alimentaires sont dites *pâtes d'Italie* parce qu'elles ont été préparées d'abord dans ce pays. Mais les pâtes de Lyon et celles de Clermont, fabriquées avec les blés d'Algérie et d'Auvergne, ne le cèdent en rien aux pâtes venant d'Italie.

patience. — Plante voisine de l'*oseille*, dont une espèce est commune chez nous dans les bois frais, sur le bord des fossés et des rivières; une autre, la *grande patience*, assez rare en France à l'état sauvage, est cultivée à cause de ses usages. La patience a une racine assez grosse, qui s'enfonce profondément dans le sol; cette racine a une saveur amère; elle est dépurative, antiscorbutique; on s'en sert beaucoup, surtout en médecine populaire, pour traiter les maladies du système digestif.

patine. — Couche verte qui se dépose à la longue sur les objets en bronze, par suite de l'action de l'air humide. La formation de cette couche est lente; on y supplée en *bronzant* artificiellement la surface des objets en bronze.

paturin. — Genre de plantes de la famille des *graminées*, dont les espèces répandues en France sont très nombreuses.

Plusieurs de ces espèces ont une grande importance comme plantes fourragères et peuvent être considérées comme les graminées les plus estimées des prairies naturelles. Les plus répandues de ces espèces fourragères sont les suivantes : le **paturin commun**, répandu dans les prairies fraîches et humides de toutes les parties du monde; on ne le cultive, dans les prairies, que mélangé à d'autres graminées; le **paturin des prés** est plus

rustique; il résiste mieux au soleil et au froid, aussi est-il plus cultivé (*fig.*). Le **paturin des Alpes** prospère dans toutes les parties du monde, presque

Paturin des prés (hauteur, 0ᵐ,60).

jusqu'à la limite des neiges éternelles; sa production est faible, mais il est extrêmement nutritif.

paulownia. — Arbre du Japon, dont les feuilles sont très grandes, les fleurs assez belles et d'agréable odeur; il est assez rustique, ce qui permet de le cultiver en France pour l'ornementation des parcs, des jardins et des promenades publiques.

pavot. — Herbe de la famille des *papavéracées*; il en existe plusieurs espèces. La plus importante est le *pavot somnifère*, qui fournit plusieurs variétés : le *pavot somnifère noir*, dont la hauteur ne dépasse guère un mètre et dont les graines sont noires, et le *pavot somnifère blanc*, haut parfois de deux mètres, dont les graines sont blanches (*fig.*).

Les fruits du pavot, séchés, sont employés en médecine pour faire des décoctions calmantes. Les graines fournissent une bonne huile, l'*huile d'œillette*, qui n'est pas narcotique, quoique venant du pavot, qui est narcotique; cette huile joue un grand rôle dans l'alimentation, où elle remplace, souvent frauduleusement, l'huile d'olive. Elle est siccative, et est employée en peinture. La culture du pavot, et surtout du pavot noir, se fait en grand dans le nord de la France, en Belgique, en Allemagne, en vue de l'extraction de l'huile d'œillette.

Les graines du pavot blanc sont

usitées comme aliment en Perse, en

Pavot œillette ordinaire, tige portant un bouton, une fleur et un fruit (hauteur de la plante, 1ᵐ).

Grèce et en Italie; en Toscane on en

Pavot œillette ordinaire, capsule de la grosseur d'une noix (ouverte pour montrer les les graines à l'intérieur).

fait une espèce de gâteau appelé paverata.

Fleur du coquelicot.

Le pavot est aussi cultivé dans les régions chaudes, mais alors c'est en vue de la production de l'*opium*

Le pavot somnifère est également cultivé dans les jardins comme plante d'agrément. Il en est de même de plusieurs autres espèces.

Le *coquelicot*, plante annuelle très commune dans les moissons, à belles et grandes fleurs rouges, est aussi une espèce du genre pavot (*fig.*).

peau. — La *peau* (*fig.*) recouvre le corps; c'est un organe complexe qui, outre sa fonction de protection des organes internes, a d'autres fonctions également importantes. Elle se compose de deux couches : l'*épiderme*, ou couche superficielle, et le *derme*, ou partie profonde.

L'épiderme, de très faible épaisseur, s'use constamment au contact des corps extérieurs, mais il est constamment renouvelé. Le *derme* a une épaisseur beaucoup plus grande; il est très vivant, car il reçoit de nombreux

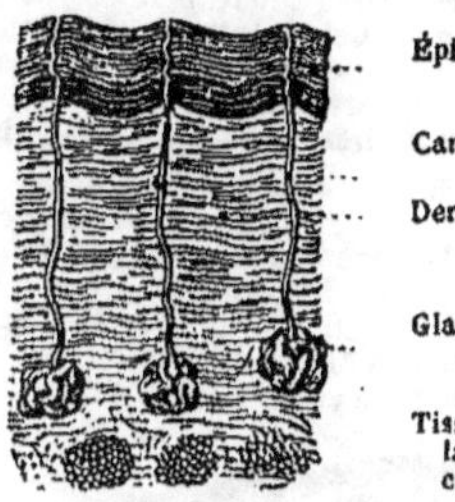

Peau (figure montrant les couches de la peau et les glandes sudorifiques grossies).

vaisseaux sanguins et des nerfs ; il repose sur une couche souvent fort épaisse d'un tissu gras, qui, chez certains animaux, forme le lard.

Dans le derme sont implantés les *poils*; les poils sont très nombreux surtout sur la tête, où ils constituent les *cheveux*; à la base de ces poils, et cachées dans le derme, sont de petites glandes appelées glandes *sébacées*, qui sécrètent une matière grasse lubrifiant la base du poil et l'épiderme tout entier.

Outre son rôle de protection, la peau est l'organe du sens du *toucher*, de la production de la *sueur*. Elle est en outre perméable aux gaz, ce qui lui permet de jouer un rôle analogue à celui des poumons; des animaux inférieurs, comme la grenouille, ont une véritable respiration cutanée fort importante; la peau est également perméable aux matières grasses, et divers médicaments, incorporés dans la graisse, peuvent être introduits dans l'organisme par la peau, à la suite de frictions.

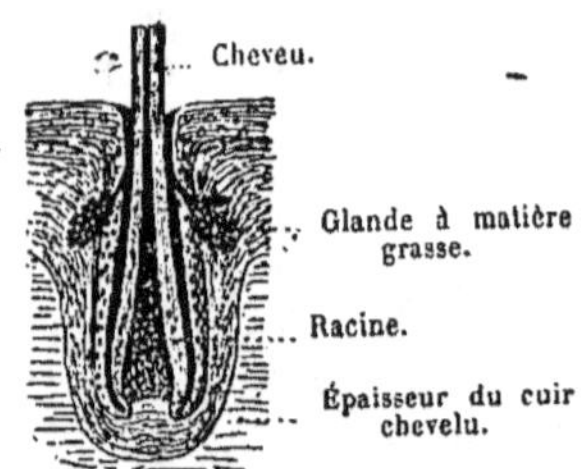

Peau (montrant le bulbe d'un poil, en prenant pour exemple un cheveu grossi).

Toutes ces fonctions ne peuvent être remplies normalement que si la peau est maintenue, par des soins constants de propreté, nette et privée des matières étrangères susceptibles de la souiller (voy. **bains, lotions, ablutions**).

Pour les maladies de la peau, voyez : **cors, durillons, verrues, dartres, eczéma, gale, herpès, teigne, urticaire.**

pécari. — Le *pécari* (*fig.*) est un mammifère *porcin* propre aux régions chaudes de l'Amérique. Il a de grandes analogies avec le porc. Sa queue est petite ; il a sur le dos une glande particulière d'où suinte une humeur fétide. Ses formes sont assez élégantes ;

Pécari (hauteur, 0m,40).

sa hauteur ne dépasse pas 40 centimètres. Il est d'un brun noirâtre, avec des soies épaisses et assez longues. Très sociable, il parcourt les forêts en troupes nombreuses, mangeant des fruits et des racines, s'attaquant aussi aux serpents, lézards, vers, chenilles. Les pécaris causent de grands dommages dans les plantations. La femelle met bas deux petits. La chair est assez bonne ; le cuir est solide.

pêcher. — Arbre de la famille des *rosacées*, originaire de la Chine, introduit en Europe par les Grecs et les Romains au commencement de l'ère chrétienne. On le cultive en France, surtout dans le Centre et le Midi. Certaines variétés peuvent cependant réussir dans le Nord, lorsqu'on les abrite par des murs contre les gelées tardives du printemps, car le pêcher fleurit toujours de bonne heure.

Pour obtenir cette protection, on cultive le pêcher en *espalier*, c'est-à-dire appliqué contre des murs exposés au midi ; dans le sud de la France, les espaliers ne sont pas indispensables, et la culture réussit très bien en plein vent (*fig.*).

Les différentes variétés de pêchers se rapportent à deux groupes ; les pêchers à fruits velus, comme la pêche ordinaire (pêche de Montreuil), et les pêchers à fruits lisses, comme le brugnon. La multiplication de l'arbre se fait surtout par semis et par greffage.

Pêcher (rameau fleuri et rameau avec un fruit).

La *pêche* est un fruit rafraîchissant, très agréable au goût, mais froid à l'estomac ; les estomacs robustes peuvent seuls se le permettre en assez grande quantité. Les autres la mangeront avec du sucre, du vin, ou encore cuite. Les noyaux, consommés en quantité même assez faible, seraient toxiques, car ils renferment une notable quantité d'acide prussique. Les fleurs entrent dans la composition d'un sirop légèrement purgatif.

peigne. — Genre de coquilles (mollusques *lamellibranches*) dont plusieurs espèces sont comestibles. La plus importante est celle qu'on nomme *coquille de Saint-Jacques* ; elle est surtout abondante dans la Méditerranée, où elle forme des bancs importants. On la nomme aussi *pèlerine*, parce qu'elle servit d'emblème aux pèlerins qui se rendirent en Terre Sainte.

peinture. — La *peinture* se distingue de la *teinture* en ce que la matière colorante, au lieu de se combiner chimiquement à la substance avec laquelle on la met en contact, se dépose seulement à sa surface en une couche plus ou moins épaisse, plus ou moins adhérente. Il en résulte que les opérations de la peinture sont exclusivement mécaniques.

Les *couleurs*, préparées industriellement dans l'état où elles doivent être employées, sont simplement mises en suspension dans de l'huile siccative, de l'eau, de la colle..., et déposées au pinceau ou par impression sur la surface à peindre.

pelade. — Voy. teigne.

pélargonium. — Plante ornementale voisine du *géranium* ', dont elle se distingue par l'irrégularité de ses fleurs; il n'est guère de plante qui soit plus répandue dans les jardins; le nombre des variétés en est considérable (*fig.*). La multiplication se fait principalement par boutures. En hiver,

Pélargonium (hauteur, 0ᵐ,40).

les pélargoniums doivent être placés en serre, car, sans avoir besoin d'une température élevée, ils craignent beaucoup le froid. Une variété de pélargonium, cultivée en Algérie et en Orient, sert à fabriquer une *fausse essence de rose* avec laquelle on falsifie la vraie.

pélican. — Oiseau *palmipède* muni d'une énorme poche sous la mandibule inférieure du bec qui est très grand. Habite la zone torride et les parties voisines des zones tempérées (*fig.*).

La plus grande espèce mesure 1ᵐ,80 de long et 3ᵐ,20 d'envergure. Sur les bords du Nil, en particulier, on rencontre parfois ces oiseaux en bandes si grandes, qu'ils recouvrent un carré d'une lieue de côté. Le pélican

Pélican (longueur, 1ᵐ,80).

s'établit aussi bien sur les eaux douces que sur les eaux salées. Se nourrit de poissons, et aussi de petits oiseaux, qu'il avale d'un seul coup.

pellagre. — Maladie endémique dans certaines régions de l'Italie, de l'Espagne et des départements français touchant les Pyrénées; cette maladie attaque surtout les individus débilités par la misère et les maladies. Elle débute au printemps par des taches sur la peau; au printemps suivant, l'inflammation de la peau augmente, des douleurs de tête apparaissent; puis arrivent, la troisième année, des vertiges, une paralysie partielle des jambes, des désordres cérébraux qui aboutissent à la démence. En même temps on constate des troubles graves dans les organes de la digestion.

D'après certains médecins, la pellagre provient d'une alimentation dans laquelle entre du maïs envahi par une maladie nommée *verdet*.

pelleteries. — Les *pelleteries* sont les peaux des mammifères et des oiseaux qui ont été tannées en conservant les poils ou les plumes; elles servent, sous le nom de *fourrures*, à la confection de vêtements chauds, indispensables surtout dans les pays froids; on en fait aussi des tapis. Pour la préparation des pelleteries, voyez **tannage.**

Les pelleteries les plus chaudes, et en même temps les plus belles, sont généralement empruntées aux animaux des pays froids; les animaux doivent en outre être tués pendant l'hiver, car c'est seulement dans cette saison qu'ils ont leur pelage le plus épais.

Les animaux carnassiers, surtout ceux de petite taille, ont les plus belles fourrures; les herbivores, tels que chèvres, moutons, rennes, etc., ne donnent que des fourrures très communes.

Parmi les plus belles fourrures sont les suivantes : la *martre* zibeline, dont une seule peau vaut plus de 400 francs ; la *martre du Canada*, le *vison*, la *martre d'Europe*. Parmi les putois, l'*hermine*, la *loutre* du Canada, la *loutre commune*. Parmi les rongeurs, le *petit-gris*, le *chinchilla*, le *rat musqué*, le *castor*.

Les belles pelleteries ont un prix croissant, à cause de la chasse acharnée qu'on fait aux animaux qui les fournissent, et de la diminution qui en résulte dans le nombre des individus. Ce sont surtout la Russie et le Canada qui nous envoient les belles fourrures ; la martre zibeline, celle de Sibérie, l'hermine, l'écureuil, le petit gris, viennent surtout de Russie ; la martre d'Amérique, le vison, la loutre, le renard, la marmotte viennent surtout du Canada.

pendule. — Un *pendule* est consti-

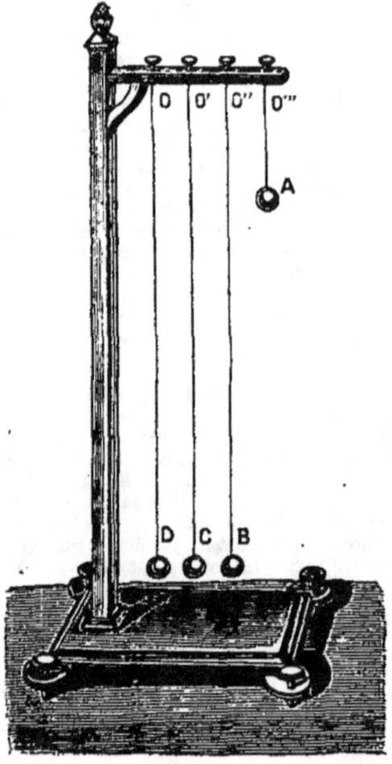

Pendule. — Les trois pendules de même longueur OD, O'C, O''B oscillent dans le même temps, quoique les boules D, C, B, faites de substances différentes, n'aient pas le même poids. Le pendule O'''A, quatre fois plus court, oscille dans un temps deux fois moins long.

tué par un corps lourd, suspendu à un fil ou à une mince barre métallique, de telle manière qu'il puisse se produire des *oscillations* autour de l'extrémité supérieure du fil ou de la barre de suspension (*fig.*). Les lois suivant lesquelles s'effectuent ces oscillations ont été énoncées par Galilée. Elles sont les suivantes : 1° La durée des oscillations est indépendante de la substance qui constitue le pendule. — 2° Les petites oscillations d'un pendule sont *isochrones*, c'est-à-dire qu'elles se font dans des temps égaux, même lorsqu'elles ont des amplitudes différentes. — 3° La durée des oscillations est proportionnelle à la racine carrée de la longueur du pendule ; c'est-à-dire

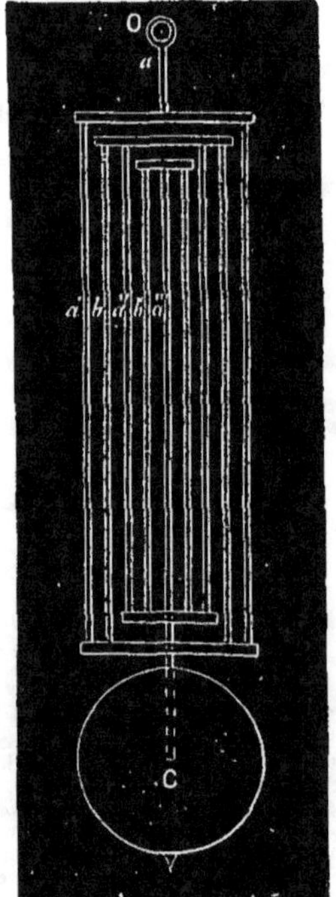

Pendule compensateur à gril. — Les tiges de fer a, a', a'', a''' se dilatent de haut en bas sous l'influence de la chaleur ; les tiges de *laiton* b, b' se dilatent de bas en haut. Ces deux dilatations se compensent, et la longueur OC reste invariable, malgré les variations de la température.

que si la longueur du pendule devient quatre fois plus grande, la durée d'une oscillation devient deux fois plus grande.

Le pendule, ou *balancier*, est employé depuis Huyghens (1657) à régulariser le mouvement des *horloges* à poids et des horloges à ressort d'appartement, qui ont justement reçu le nom de *pendules* (au féminin).

La durée des oscillations dépend de la longueur du pendule. Aussi diverses dispositions sont prises dans les horloges pour faire varier cette longueur (voy. **horloges**); si l'horloge retarde on raccourcit le pendule et le mouvement s'accélère; si l'horloge avance, on allonge le pendule et le mouvement se ralentit.

Mais il faut, en même temps, que le pendule ne puisse pas s'allonger ou se raccourcir de lui-même, ce qui ferait varier la marche de l'horloge. On doit donc éviter les allongements qui se produisent par *dilatation*, en été, sous l'action de la chaleur, et les raccourcissements quand la température s'abaisse. On y arrive par des dispositions qui constituent ce qu'on nomme les *pendules compensateurs* (*fig.*).

A Paris, le pendule qui fait une oscillation par seconde, a une longueur de 0^m,993.

pensée. — Plante voisine de la *violette*. Une espèce, la *pensée tricolore* (*fig.*), est commune dans les moissons et les champs en friche. Mais la culture en a tiré, depuis un temps immémorial, des variétés à grandes

Pensée (hauteur de la plante, 0^m,10).

fleurs dans lesquelles les colorations varient à l'infini.

Les pensées sont ordinairement multipliées par semis; elles réussissent dans tous les jardins; et c'est là une des causes de la faveur dont elles jouissent.

pepsine. — Substance contenue dans le *suc gastrique* (voy. **estomac**) et qui a la propriété de digérer les substances azotées (*viande, caséine, gluten, fibrine, ...*), c'est-à-dire de les transformer en substances solubles qui puissent ensuite être absorbées à travers les parois de l'intestin pour contribuer à la formation du sang.

Pour les besoins de la médecine, on extrait de la pepsine de l'estomac du mouton, du veau; on l'administre, en effet, dans certaines maladies d'estomac, pour faciliter la digestion.

perce-oreille. — Insecte *orthoptère* nocturne; il a des ailes, mais vole rarement; abdomen terminé par des pinces (*fig.*). Malgré son nom et les préjugés qui y sont attachés, le perce-oreille est absolument inoffensif. Il est nocturne, se cachant sous les pots de fleurs, les écorces; cause des dégâts en rongeant les jeunes plantes et les fruits. Pond ses œufs sous les pierres; les larves se nourrissent surtout de substances végétales.

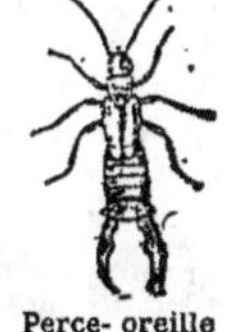

Perce-oreille (long., 0^m,03).

perche. — Poisson fluvial au corps oblong, couvert d'écailles dont le bord est pourvu de fines dentelures; ouïes largement ouvertes; dents assez puissantes; couleurs variables, mais généralement brillantes, surtout à l'époque de la ponte. Sa longueur dépasse rarement 40 centimètres, et son poids 2 kilos; on a vu cependant des perches de 3 et 4 kilos (*fig.*).

On la trouve en Europe et en Asie. Commune dans la plupart des eaux

Perche (longueur, 0^m,35).

douces de France, surtout dans les eaux claires. Elle est carnassière et très vorace, se nourrissant de vers, d'insectes, de petits crustacés, de petits poissons. Le frai se fait au printemps; les œufs ont la grosseur des graines de pavot; une femelle de moyenne taille a 200 grammes d'œufs, et leur nombre s'élève à 300,000. Sa chair est une des plus délicates de celles des poissons de rivière.

percussion. — Méthode d'exploration médicale à l'aide de laquelle, en frappant sur les parois d'une cavité du corps, on peut reconnaître, par les qualités du son produit, les lésions des parties contenues dans cette cavité. Elle se fait le plus souvent en frappant avec un doigt de la main droite sur les quatre doigts de l'autre main appliqués sur la cavité.

perdrix. — Oiseau *gallinacé* qu'on trouve dans toute la France, et qui constitue un gibier très estimé. Malheureusement le nombre en diminue rapidement. La ressource qu'elle offre à notre alimentation mise de côté, la perdrix devrait être considérée comme un animal nuisible à l'agriculture. C'est un oiseau constitué pour vivre à terre, pour gratter, pour courir; il ne se sert de ses ailes qu'en cas de nécessité.

Les perdrix sont très défiantes, très timides; elles vivent en petites bandes. La nourriture est très variée : graines diverses, feuilles de graminées, petits insectes, petits mollusques, raisin, baies de myrte, mûres. Fécondité très grande; la mère pond, sur la terre, de 16 à 20 œufs. Au sortir de la coquille, les petits courent et mangent seuls;

Perdrix rouge (longueur totale, 0m,37).

ils ont acquis leur grosseur en trois ou quatre mois. Les perdreaux jeunes se nourrissent de nymphes de fourmis, de petits insectes; ils ne prennent des graines qu'en grossissant.

Les principales espèces sont les suivantes :

La **bartavelle**, longue de 37 centimètres, grise avec la gorge blanche; elle niche sous les buissons, sous les pierres. C'est la perdrix des montagnes, de même que le lagopède. Elle est abondante en Corse; on la trouve aussi dans les Vosges, le Jura, le Cantal, les Alpes, les Pyrénées.

La **perdrix grise**, longue de 33 centimètres, abonde dans les plaines des pays riches en céréales; c'est le gibier de la grande culture et des climats frais. Sa chair est particulièrement estimée.

La **perdrix rouge** (*fig.*), longue de 39 centimètres, présentant des couleurs plus belles. Elle affectionne les ajoncs et les bruyères, les garrigues pierreuses du Midi. Surtout abondante dans le sud-ouest de la France.

péridot. — Minéral vitreux, d'un vert jaunâtre, qui est parfois taillé en pierre précieuse, pour la parure. Mais sa dureté est trop faible pour qu'il puisse conserver un beau poli; aussi n'a-t-il pas grande valeur.

périostite (grec : *péri*, autour; *ostéon*, os). — Inflammation du *périoste*, la membrane qui recouvre les os; elle est produite par un coup, le froid humide, le voisinage d'un ulcère, surtout chez les enfants scrofuleux. C'est une maladie grave, comme toutes les maladies des os.

péripneumonie (grec : *péri*, autour; *pneumon*, poumon). — Maladie de poitrine du gros bétail, causée par l'inflammation de la plèvre. Cette maladie est contagieuse et cause de grands ravages dans les troupeaux de bœufs. Mais une inoculation semblable à celle employée pour la *variole* met les animaux à l'abri. On prend du sang dans le poumon d'un animal mort de la maladie même, on le met sur une lancette, et on fait avec cette lancette une incision à la queue de l'animal à préserver. Il en résulte de la fièvre, une perte d'appétit de quelques jours, et l'immunité est acquise. La petite plaie faite à la queue est tuméfiée pendant quelques jours; le pus pris dans le voisinage de cette petite plaie peut servir à la vaccination des autres bestiaux.

péritoine (grec : *péri*, autour; *teineïn*, étendre). — Membrane mince, de grande étendue, située dans le

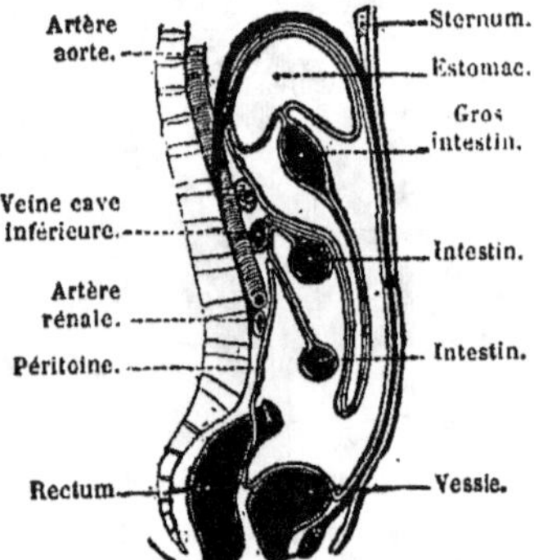

Péritoine. — Coupe transversale du corps, montrant les replis du péritoine.

ventre, qui enveloppe presque tous les organes situés dans cette partie du corps, et leur permet de se mouvoir, de glisser les uns sur les autres sans se mêler (*fig.*).

La portion du péritoine qui soutient l'intestin grêle se nomme *mésentère*; un repli du péritoine, tombant de l'estomac, se nomme *épiploon*; chez les personnes obèses, il se charge d'une quantité considérable de graisse.

La *péritonite* est une maladie du péritoine.

péritonite. — Inflammation du *péritoine*, qui résulte le plus souvent d'un coup sur le ventre, d'un refroidissement, ou bien est la conséquence d'une maladie d'un des organes de l'abdomen, ou d'une blessure pénétrante dans la même région. Elle débute par une fièvre intense, de vives douleurs de ventre, du ballonnement, des hoquets et des vomissements incoercibles.

Les sangsues, le sulfate de quinine, les cataplasmes sur le ventre, les bains, l'administration de boissons glacées, prises par gorgées, ou même de glace que le malade suce constamment, peuvent amener la guérison.

Dans la *péritonite aiguë*, la guérison est rare, et la mort survient avec une rapidité effrayante.

perles fines. — Les perles fines se trouvent dans l'intérieur des mollusques à coquilles, et principalement des grosses huîtres des Indes occidentales. Elles sont le résultat d'une sécrétion semblable à celle qui donne naissance à la coquille elle-même. La moule, notre huître ordinaire, peuvent aussi produire des perles, mais moins estimées (*fig.*).

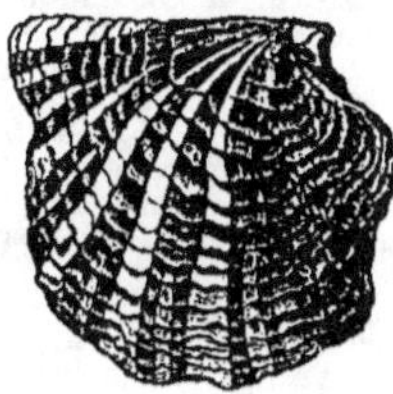

Huître perlière, ou pintadine.

Une perle est constituée par une masse calcaire dure, arrondie, ordinairement incolore; certains mollusques donnent des perles roses, jaunes, grises, noires.

Les perles doivent être rangées parmi les pierres les plus précieuses employées en bijouterie; les plus grosses et les plus régulières atteignent une grande valeur, parfois de plusieurs dizaines de milliers de francs. Les principales pêcheries de perles sont à Ceylan; on cherche les huîtres en plongeant sous l'eau. On trouve aussi des perles sur les côtes de l'Amérique du Sud, dans quelques rivières de la Grande-Bretagne (elles sont alors portées par des moules).

Huître ouverte, contenant des perles.

On fabrique des *perles artificielles* avec des boules de verre soufflées, auxquelles on donne l'éclat des perles en y introduisant un vernis qui renferme des écailles d'ablettes. Ces perles ont un bel aspect, mais elles n'ont aucune solidité; leur valeur est à peu près nulle.

perroquets. — Les *perroquets* sont des *oiseaux grimpeurs* qu'on rencontre dans toutes les parties du monde, l'Europe exceptée. Ils n'habitent que les pays chauds. Ils constituent un genre bien défini par la forme toute particulière de leur bec, plus épais, plus fort que celui de l'oiseau de proie. Le plumage est très divers, mais on peut dire que le vert y domine presque toujours. Ce sont des animaux intelligents, qui ont un genre de vie particulier. Avec leurs formes massives, ils grimpent bien et volent assez rapidement. Leur voix est forte et désagréable, mais elle arrive à bien imiter la voix humaine. Dans les forêts, ils vivent en bandes nombreuses, mangeant des fruits et des graines, et souvent aussi des insectes, se servant à la fois des pattes et du bec. Dans les endroits où ils sont nombreux, ils causent d'immenses dégâts, détruisant plus encore qu'ils ne mangent. Ils nichent dans le creux des arbres; pondent, selon les espèces, de deux à quatre œufs; la durée de l'incubation est de 16 à 25 jours. Les jeunes éclosent très imparfaits, mais se développent rapidement.

Les perroquets sont acclimatés en Europe depuis un grand nombre de siècles; mais ils y vivent en captivité. Ils s'habituent à toute espèce de régimes et ils peuvent même se reproduire quand on leur donne de l'espace, du repos et un nid qui leur convienne.

La chair des perroquets est très estimée; on en fait un excellent bouillon. Mais on chasse plus souvent ces oiseaux pour leurs belles plumes.

La nomenclature des perroquets serait trop longue. Citons seulement quelques espèces.

Parmi les **espèces à courte queue** : le *jaco*, à queue rouge de sang, tout le reste du corps étant gris, 33 centimètres de long et 70 centimètres d'envergure. Se rencontre en Afrique; c'est l'espèce que l'on voit le plus souvent en captivité en Europe; doux, intelligent, beau parleur. Le *perroquet amazone*, long de 40 centimètres, vert clair; il vient de l'Amérique du Sud; s'apprivoise parfaitement. Le *lori des dames*,

Perroquet ara, à longue queue.

long de 33 centimètres, d'un rouge écarlate très vif; vient de Bornéo; très estimé des amateurs. Les *cacatoès* des Indes, au plumage blanc, ornés d'une grande huppe qu'ils peuvent abaisser ou redresser à volonté; certaines espèces ont 45 centimètres de long. Parmi les **espèces à longue queue** : les *aras* de l'Amérique du Sud (*fig.*), dont une espèce a 68 centimètres de long, la queue comptant pour 33 centimètres; les *perruches*, dans lesquelles la couleur verte domine, venant de l'Amérique du Sud; la plus grande a 35 centimètres de long, dont 16 centimètres pour la queue; d'autres espèces sont beaucoup plus petites.

persicaire. — Plante *dicotylédone* commune dans les champs humides, dans les fossés et sur les bords des eaux.

persil. — Herbe *dicotylédone* de la famille des *ombellifères*; c'est une plante bisannuelle, cultivée dans les jardins à cause de ses feuilles aromatiques, qui sont très employées en cuisine comme assaisonnement (*fig.*). Le persil offre le danger

Persil commun (hauteur, 0m,20).

de pouvoir être facilement confondu avec la *petite ciguë* qui est très vénéneuse. Le *persil frisé*, très répandu dans les jardins, ne présente pas ce danger. Le persil a des usages en médecine; le suc est employé dans les fièvres intermittentes; des graines on retire une huile qui sert aussi pour combattre la fièvre; les racines sont diurétiques.

La médecine populaire emploie des cataplasmes de feuilles de persil pour soigner les contusions et les piqûres d'insectes.

pervenche. — Plante *dicotylédone* à fleurs bleues, quelquefois violettes ou blanches. Plusieurs espèces se rencontrent dans les haies, les bois,

Petite pervenche (hauteur, 0m,20).

les lieux ombragés. On cultive la *grande* et la *petite pervenche* dans les jardins (*fig.*).

pesanteur. — On nomme *pesanteur* la cause de la chute des corps à la surface de la terre. Newton a montré que la pesanteur est un cas particulier de la *gravitation universelle:* c'est-à-dire que la cause de la chute des corps est la même que la cause des mouvements des astres les uns par rapport aux autres.

La pesanteur agit de la même manière sur tous les corps, puisque tous tombent avec la même vitesse (voy. **chute des corps**). Mais les corps les plus gros, ou les plus denses, ont naturellement un poids total plus lourd, puisque la pesanteur agit sur un nombre plus grand de parties. Il ne faut donc pas confondre le *poids* d'un corps, qui est la somme des actions de la pesanteur sur ses diverses parties, avec la *pesanteur* elle-même, force agissant sur chaque partie constituante du corps.

peste. — Fièvre très contagieuse,

caractérisée surtout par l'apparition d'abcès graves, l'engorgement des vaisseaux lymphatiques, des vésicules qui apparaissent sur la peau et produisent des plaies gangréneuses. Elle règne à l'état endémique en Orient et devient souvent épidémique; elle est appelée à disparaître devant les progrès de l'hygiène, et déjà on ne la redoute plus en Europe. C'est en effet une maladie miasmatique due aux émanations de matières animales corrompues et qui se propage ensuite par contagion; des mesures hygiéniques peuvent donc l'arrêter. Les *lazarets*, les *quarantaines*, les *cordons sanitaires* ont une grande efficacité pour s'opposer à l'extension de la peste.

Cette maladie est le plus souvent mortelle, et sa durée ne dépasse pas dix ou douze jours; parfois elle est presque foudroyante.

pétrel. — Oiseau marin, *palmipède*, au vol très puissant. Il se nourrit exclusivement de poissons et ne dédaigne pas les cadavres qui flottent à la surface de la mer. Les femelles nichent dans des terriers et pondent un

Pétrel (longueur, 0ᵐ,60).

seul œuf. On rencontre souvent les pétrels au large à plus de 600 kilomètres des côtes. Plusieurs espèces de pétrels habitent les mers d'Europe (*fig.*).

pétrification. — Remplacement d'une matière organique par une matière pierreuse. C'est ainsi qu'on rencontre dans les terrains anciens des morceaux de *silex* ayant absolument l'apparence de troncs d'arbres. La substance végétale qui constituait autrefois le tronc d'arbre a été éliminée et remplacée par le silex, sans changement de forme ni d'apparence; on a ce qu'on nomme du bois pétrifié. Dans les *incrustations*, au contraire, la matière organique n'a pas été enlevée; elle est simplement recouverte de pierre.

pétrole. — Le *pétrole*, tel qu'on le trouve dans la nature, est une sorte de bitume, composé par le mélange de divers *carbures* d'hydrogène. Il est très abondant dans la nature. Dans un grand nombre de localités il sort de terre comme une source. Ailleurs il constitue des nappes souterraines qu'on exploite par des puits qui sont souvent jaillissants (*fig.*). Connu depuis longtemps, il n'a pris d'importance qu'à partir de 1859, époque à laquelle furent découvertes les sources abondantes de Pensylvanie.

Sorti de terre, il se présente sous forme d'un liquide huileux, d'une couleur brune plus ou moins foncée, ayant la consistance d'une mélasse claire. Il brûle avec une flamme fumeuse et puante. Ce pétrole brut est soumis à la *distillation*, ce qui permet d'en retirer toute une suite de produits divers. Il est mis dans d'immenses cornues, communiquant avec des réfrigérants, et on élève progressive-

Pétrole. — Source jaillissante de pétrole, à Backou (Caucase).

ment la température; de cette manière, les divers carbures contenus dans le liquide s'en vont les uns après les autres, selon qu'ils sont plus ou moins volatils, et se condensent séparément dans l'appareil réfrigérant.

Au début, quand la température est inférieure à 70°, on a l'*éther de pétrole*, liquide très volatil, d'un maniement dangereux; sa vapeur, mêlée à l'air, forme un véritable gaz d'éclairage employé sous le nom de *gaz Mille*.

Entre 70° et 120° on obtient l'*essence de pétrole* du commerce, appelée aussi *luciline*, *essence minérale*, *naphte*.

L'essence de pétrole est encore assez volatile; elle est fort employée pour l'éclairage dans les *lampes à éponge*.

C'est le plus dangereux des liquides employés pour l'éclairage. Quand la température de la cornue est comprise entre 120° et 280°, on obtient l'*huile de pétrole* ou *huile minérale*. C'est là le produit le plus important, celui qui rend le plus de services pour l'éclairage; on le brûle dans les lampes sans éponge.

Au-dessus de 280° et jusqu'à 400° distillent les *huiles lourdes*. Ces huiles lourdes, abandonnées au refroidissement, se divisent en deux parties: une partie liquide, qui sert à lubrifier les machines, qui peut être employée au chauffage des chaudières; et une partie solide qui est la *paraffine*.

Pétrole. — Lampe à huile de pétrole, sans éponge.

Quand on a chauffé à 400°, on arrête la distillation; il reste dans l'appareil un goudron propre au chauffage.

La consommation du pétrole va chaque jour grandissant, mais il n'est pas certain qu'elle ne doive quelque jour s'arrêter, car les gisements souterrains ne semblent pas inépuisables; bien des régions ont dû être abandonnées parce que les puits d'extraction tarissaient. Pour le moment, les principaux gisements exploités sont ceux

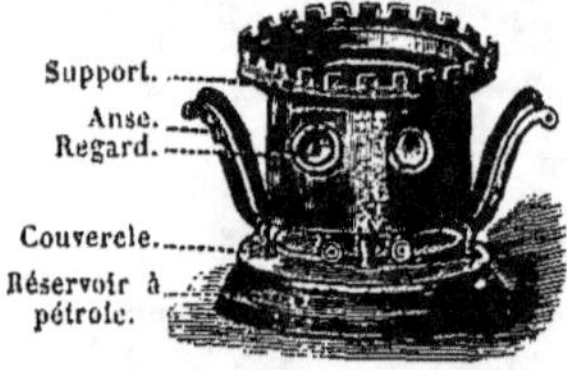

Pétrole. — Fourneau à pétrole.

de l'Amérique du Nord (parallèlement aux monts Alleghanys), ceux de Backou (dans le Caucase, près de la mer Caspienne), qui sont peut-être les plus abondants du globe, et enfin ceux de Rangoon, en Birmanie.

pétunia. — Plante dicotylédone de la famille des *solanées*, voisine du tabac. On en cultive plusieurs variétés dans les jardins: chez quelques-unes les fleurs sont très grandes, avec de riches colorations où dominent le blanc, le rose et le rouge violacé. La

Pétunia (hauteur, 0m,50).

multiplication se fait par semis et par boutures (*fig.*).

peuplier. — Arbre dicotylédone de grande taille, très cultivé à cause de son bois. Ce bois est léger, blanc; comme bois de chauffage il est médiocre; on en fait un charbon léger propre à la fabrication de la poudre; on le réduit surtout en planches avec lesquelles on fait les caisses d'emballage, les objets communs de menuiserie et d'ébénisterie; les charpentiers s'en servent pour les charpentes qui ne sont pas exposées à l'humidité. Avec les branches on fait des échalas pour le houblon et pour la vigne. La pâte à papier, les allumettes, se font aussi assez souvent avec du peuplier.

Peuplier d'Italie (hauteur, 35m).

Les espèces indigènes ou exotiques sont très nombreuses. Le **peuplier blanc**, répandu dans toute l'Europe, vit très longtemps. Le **tremble**, ou **peuplier tremble**, ne vit au contraire pas plus de 70 ans et sa taille ne dépasse pas 20 mètres; c'est le seul peuplier qui se reproduise spontanément dans nos forêts; son bois est surtout excellent pour la fabrication de la pâte à papier. Le **peuplier noir** atteint 25 mètres. Le **peuplier d'Italie** (*fig.*) s'élève à 35 mètres, avec des rameaux qui restent très près du tronc ; il aime les terrains humides ; son bois est le moins estimé. Le **peuplier du Canada** va jusqu'à 40 mètres ; c'est aujourd'hui le plus estimé, avec celui **de la Caroline** ; mais ce dernier exige un climat qui ne soit pas trop rigoureux en hiver. La multiplication des peupliers se fait par bouturage.

phalène. — Nombreuse famille de *papillons nocturnes* dont les chenilles sont généralement nuisibles. Les unes s'attaquent au chêne, à l'orme, au bouleau et aux divers arbres forestiers ; d'autres rongent les feuilles des arbres fruitiers. Dans les vergers on doit faire avec soin la chasse aux phalènes à la fin du printemps. La *pyrale* de la vigne est une phalène

phanérogames (grec : *phaneros*, apparent ; *gamos*, mariage). — Grand groupe botanique dans lequel sont comprises toutes les plantes qui portent des fleurs, et par suite des graines.

Ce groupe se divise en deux autres de moindre importance.

Phanérogame gymnosperme
(exemple : *Sapin*).

On nomme **phanérogames angiospermes** toutes les plantes dont les *ovules* sont emprisonnés à l'intérieur d'un sac appelé *ovaire* (voy. **fleurs**) ; on peut les reconnaître, parce qu'il faut toujours couper l'ovaire en travers ou en long pour apercevoir les ovules. On nomme au contraire **phanérogames gymnospermes** les plantes dont les ovules ne sont pas protégés par un ovaire ; le fruit de ces plantes est formé par des écailles imbriquées les unes sur les autres, et il suffit d'enlever les écailles pour apercevoir les ovules ; les mélèzes, les cyprès, les ifs, les cèdres, les pins, les sapins sont dans ce groupe.

Phanérogame angiosperme (exemple : *Orme*).

Les *phanérogames angiospermes* forment le groupe le plus important des plantes qui portent des graines ; on peut les diviser en deux catégories, suivant que la graine a deux cotylédons (*dicotylédones*), ou n'en a qu'un seul (*monocotylédones*).

phare. — Appareil destiné à envoyer au loin en mer la lumière d'une

Phare.

lampe puissante (*fig.*). Cette lampe est, soit une forte lampe à pétrole, à plusieurs mèches concentriques, soit une forte lumière électrique. Tout autour de cette lampe sont disposées des *lentilles* * convergentes , qui

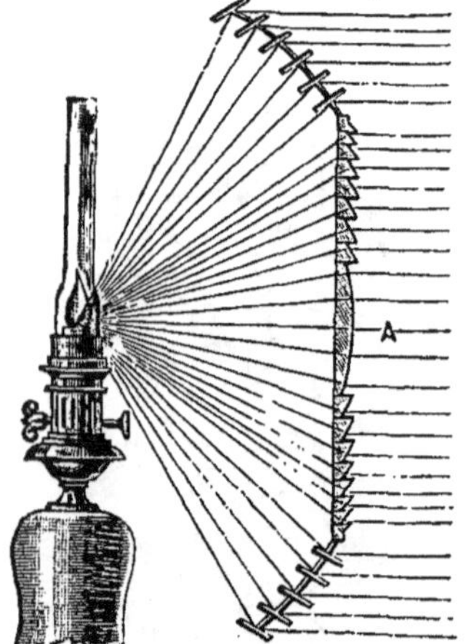

Phare. — Lentille à échelons, additionnée d'une série de petits miroirs, pour envoyer au loin la lumière d'une lampe.

reçoivent la lumière et la dirigent en faisceaux parallèles qui peuvent aller à une grande distance. Les grandes lentilles qui entourent la lampe sont

Phare. — La lanterne, placée à l'extrémité supérieure du phare, renfermant le foyer lumineux et le système tournant des huit lentilles à échelons.

taillées d'une façon particulière, qui diminue l'*aberration* *; elles sont nommées, à cause de leur forme, *lentilles à échelons* (*fig.*).

La lanterne du phare comporte ordinairement huit lentilles, de sorte que huit faisceaux cylindriques de lumière sortent du phare. Le système de ces huit lentilles tourne d'un mouvement uniforme autour des foyers lumineux : la surface de l'Océan est ainsi balayée tout entière, jusqu'à une grande distance, successivement par chaque faisceau réfracté.

Toutes les côtes fréquentées par les marins sont éclairées par des phares; les phares voisins se distinguent les uns des autres par la rapidité plus ou moins grande de la rotation de la lanterne, rotation qui produit des *éclipses* et des *éclats* de durée variable; on les distingue aussi par des colorations diverses, dues à l'interposition de verres de couleur. Les marins reconnaissent ainsi les parages dans lesquels ils se trouvent, et savent par suite les dangers qu'ils ont à éviter.

pharyngite. — Inflammation du pharynx, plus ordinairement désignée sous le nom d'*angine* *.

pharynx. — Le *pharynx* (*fig.*), ou *arrière-bouche*, est un canal situé au fond de la bouche; il communique en avant avec la bouche, en haut avec les fosses nasales, en arrière avec la *trachée-artère* * et avec l'*œsophage* *.

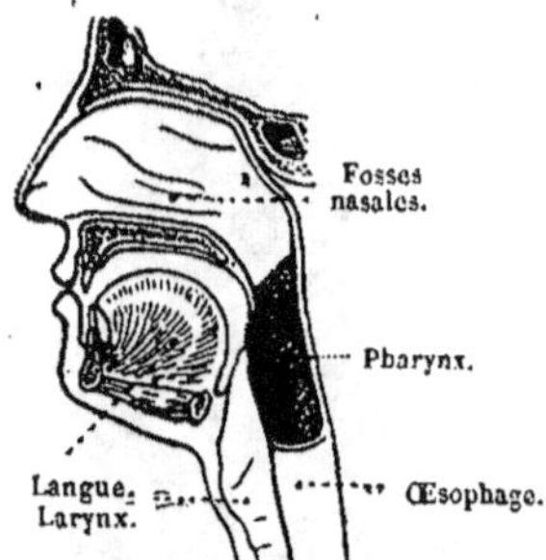

Le **pharynx**, ou **arrière-bouche**, est placé derrière la luette.

Les aliments venus de la bouche le traversent pour se rendre dans l'œsophage; l'air venu du nez ou de la bouche le traverse pour aller dans la trachée-artère.

phénique (*acide*). — Voy. **phénol**.

phénol. — Le *phénol*, ou *acide phénique*, est solide et incolore quand il est absolument pur; mais, en général, il renferme un peu d'eau et quelques impuretés, et il se présente en un liquide plus ou moins fortement coloré en brun.

On le retire, par distillation, du *goudron* de houille, qui en renferme parfois jusqu'à 20 0/0 de son poids.

Le phénol est surtout employé à la préparation de l'*acide picrique* et de diverses autres matières colorantes; ces préparations consomment au moins la moitié du phénol.

C'est un antiseptique puissant. Comme tel, le phénol brut, non purifié, sert à l'injection des bois que l'on veut conserver longtemps, à la désinfection des eaux provenant des usines insalubres. Il est constamment employé à l'assainissement des hôpitaux, des navires, des abattoirs; à la conservation des substances animales, telles que les peaux non encore tannées. En médecine, il sert aux pansements des plaies et des ulcères; il agit à la fois comme caustique et comme antiseptique.

phlébite (grec : *phlébos*, veine). — Inflammation des veines; se développe sous l'influence d'une ligature de la veine, d'un coup, d'un refroidissement; on la voit apparaître comme suite de la fièvre typhoïde, de la phtisie pulmonaire, du cancer. Tantôt l'inflammation détermine la formation de caillots adhérents; c'est la forme la moins grave, bien qu'elle puisse déterminer une mort subite; tantôt il se forme du pus, et la mort arrive fréquemment par infection du sang.

La maladie, heureusement rare, débute par une vive douleur à l'endroit enflammé, un gonflement; on voit un réseau bleuâtre sous la peau. Le traitement exige un repos absolu; on applique des sangsues, des compresses très froides, des cataplasmes de farine de lin, des purgatifs, des diurétiques; il faut soutenir les forces du malade par une alimentation substantielle, s'il peut la supporter. La guérison, s'il ne survient pas d'accident, arrive après 2 ou 3 semaines.

phlegmon. — Inflammation du tissu placé sous la peau, ou bien sous l'aponévrose qui enveloppe les muscles. Il résulte ordinairement de coups, contusions, chutes, plaies, piqûres, etc.; l'inflammation se traduit par une enflure, de la rougeur et de la chaleur à la peau, une douleur vive; puis il s'établit une suppuration et la tumeur s'ouvre pour laisser écouler du pus; il est généralement bon d'ouvrir au bistouri l'abcès qui termine le phlegmon. Avant l'époque où l'on ouvre l'abcès, on traite la maladie par des sangsues, des onctions mercurielles, le repos absolu de la partie malade.

Quelquefois, surtout chez les personnes diabétiques, chez les alcooliques, chez ceux qui ont une constitution délicate, l'inflammation du phlegmon envahit les parties voisines et s'étend considérablement; alors les douleurs sont atroces, le gonflement énorme, la chaleur brûlante, la peau se crève en plusieurs points, par lesquels sortent du pus. En même temps, il y a de la fièvre, des douleurs de tête, des vomissements, de la stupeur. La maladie, dans ce cas, est très grave.

phléole. — Herbe de la famille des *graminées* dont on rencontre diverses espèces dans les champs arides, les dunes, les collines sablonneuses. Une espèce, la phléole des prés, est abondante dans les prairies et constitue un bon fourrage.

phlox. — Genre de plantes *dicotylédones* cultivées dans les jardins à

Phlox de Drummond.

cause de la beauté de leurs fleurs, qui sont en même temps odorantes. La multiplication se fait par semis, par division des touffes et par boutures; la culture en est facile et peut réussir dans tous les terrains (*fig.*).

pholade. — Mollusque marin*lamellibranche* qui creuse, pour s'y loger,

Pholade (longueur, 0m16).

des trous dans les pierres moins dures que la substance de ses coquilles. On en connaît de nombreuses espèces *(fig.)*. Les pholades sont alimentaires ; on en fait une certaine consommation sur les bords de la Méditerranée, où elles sont abondantes.

phonographe (grec : *phonè*, voix ; *graphein*, écrire). — Le *phonographe*, imaginé en 1878 par le physicien américain Edison, est une machine parlante extrêmement simple, qui permet

feuille d'étain un peu épaisse est enroulée tout autour de ce cylindre, de manière à cacher la rainure. Quand on fait tourner le cylindre au moyen de la manivelle M, la pointe enfonce la feuille d'étain dans la rainure et trace ainsi une hélice régulière. Mais si, en même temps, on parle à haute voix dans l'entonnoir O, la plaque vibrera, la pointe oscillera, et l'hélice régulière sera remplacée par un trait de même

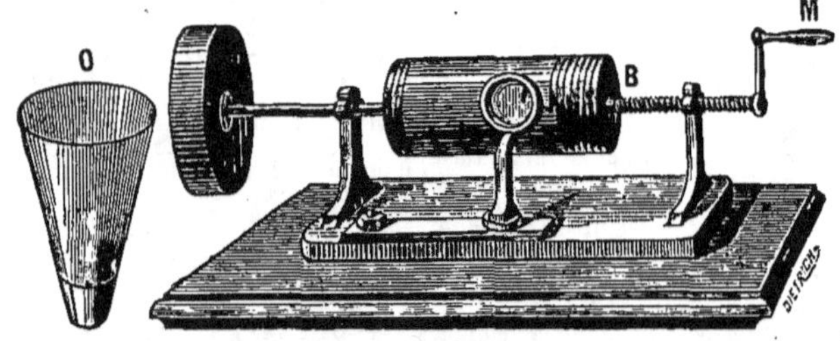

Phonographe d'Edison

de reproduire la parole. Une plaque mince d'acier, fixée au fond d'un entonnoir O, vibre sous l'action de la parole ; une pointe légère, fixée au

forme générale, mais de profondeur variable, présentant l'apparence d'un gaufrage irrégulier. Les creux et les reliefs successifs de ce gaufrage repré-

Phonographe d'Edison perfectionné.

centre de cette plaque, participe à ses vibrations. En face de la pointe se meut, d'un mouvement hélicoïdal, un cylindre horizontal B sur lequel on a pratiqué une rainure, dans laquelle passe constamment la pointe. Une

senteront exactement les mouvements de la pointe vibrante.

Qu'on relève alors la pointe vibrante, et qu'on la ramène à l'origine du gaufrage hélicoïdal ; si on tourne la manivelle comme précédemment, la pointe reprendra, sous l'influence du gaufrage lui-même, son mouvement primitif, et la plaque reproduira exactement les vibrations que lui avait communiquées la parole. L'oreille, appliquée en O, entendra alors les paroles primitives avec toutes leurs intonations ; le timbre seul sera devenu nasillard, et l'intensité aura été fortement diminuée. Une fois enregistrée sur la feuille d'étain, la parole pourra être répétée à volonté, après un intervalle de temps quelconque, avec une fidélité absolue (*fig.*).

Malgré des perfectionnements importants apportés en 1888 par Edison à son invention primitive (*fig.*), le phonographe semble devoir rester un appareil plus intéressant qu'utile.

phoque. — Le *phoque* est un mammifère *carnivore amphibie*, c'est-à-dire vivant ordinairement dans l'eau. Sa forme générale est celle d'un poisson, mais il respire seulement dans l'air, par des poumons. Les phoques font leurs petits vivants et les allaitent. Leurs mamelles sont ventrales. Ils ont des pieds, mais si courts qu'ils ne peuvent s'en servir que pour ramper ; d'ailleurs leurs doigts palmés font de ces pieds d'excellents organes de natation. Le corps est entièrement recouvert de poils ; les dents sont de trois sortes (incisives, canines, molaires), comme chez tous les carnivores. La tête est ronde, avec de grands yeux et de grandes moustaches.

Ces animaux sont intelligents et très sociables ; ils vivent en grandes bandes sur les côtes désertes ; la femelle produit annuellement un petit, qui ne peut pas d'abord aller à l'eau. Les phoques se nourrissent de poissons, de crustacés, de mollusques et quelquefois de plantes marines. On les rencontre dans toutes les grandes mers, et même une espèce habite la mer Caspienne et le lac Baïkal ; mais ils ne sont réellement abondants que dans le voisinage des pôles, où ils sont détruits par l'ours blanc et par l'homme, qui les chasse pour les produits précieux qu'il en tire. Leur peau fait un excellent cuir, leurs dents sont d'un bel ivoire. Ils sont entourés d'une forte couche de graisse, de laquelle on retire une huile estimée. Les phoques fournissent aux habitants des régions polaires le cuir, la viande et l'huile nécessaires à leurs besoins. On utilise même leurs intestins ; on en fait des vitres, des habits et des rideaux, après les avoir soigneusement nettoyés et lissés ; on les consomme même pour l'alimentation. Le sang sert à faire la soupe ou des gâteaux ronds séchés au soleil. On utilise aussi les os, **pour** en confectionner des outils, et les tendons, qui deviennent des cordes d'arc.

Nous ne ferons que citer les espèces principales :

L'arctocéphale, ou **ours marin,** peut dépasser deux mètres de longueur ; les poils dont son corps est couvert sont assez semblables à ceux de l'ours. On le trouve à l'extrême sud et à l'extrême nord. On a fait de ces animaux une telle destruction qu'ils sont devenus très rares.

L'otarie, ou **lion de mer,** a une couleur d'un jaune fauve ; c'est un animal redoutable quand on l'attaque. Sa chair est estimée et constitue une partie de la nourriture des habitants des régions du Nord.

Phoque ou veau marin.

Le phoque proprement dit (*fig.*) se divise en plusieurs espèces distinctes, qu'on rencontre surtout dans le Nord. L'espèce la plus connue est le *veau marin,* ou *chien de mer,* ou *phoque commun* (1m,50 de longueur), qu'on rencontre parfois sur les côtes de France, dans la baie de la Somme.

Éléphant marin.

Le **macrorhine,** ou **éléphant marin,** est beaucoup plus gros (*fig.*). Sa longueur peut atteindre 10 mètres. Le mâle possède une trompe de 30 centimètres de longueur. Ces animaux fournissent une grande quantité de bonne huile.

phormium. — Grande herbe vivace qui nous vient de la Nouvelle-Zélande, cultivée dans les appartements à cause de ses feuilles, qui atteignent parfois deux mètres de longueur, et qui sont panachées de diverses nuances. Les phormiums fleurissent rarement dans nos cultures (*fig.*).

Phormium. (hauteur totale, 3ᵐ).

Les indigènes de la Nouvelle-Zélande utilisent depuis fort longtemps les fibres du phormium comme matière textile. Cette fibre est aujourd'hui importée en Europe sous le nom de chanvre de la Nouvelle-Zélande ; on en fait des cordages et des tissus grossiers.

phosphate de chaux. — Combinaison d'*acide phosphorique* avec de la *chaux*. Ce corps forme la plus grande partie de la substance des os ; on en retire le phosphore qui sert à la fabrication des allumettes.

On trouve abondamment le phosphate de chaux dans la terre, en rognons constitués par des ossements et des excréments fossiles (Angleterre, France, Russie, Espagne, etc.). Ces rognons, pulvérisés, fournissent un *amendement* des plus précieux pour l'agriculture. Il vaut mieux, au lieu de les employer tels qu'ils sont, les traiter d'abord par l'acide sulfurique ; ce traitement a pour effet de mettre le phosphate de chaux sous un état nouveau, plus facilement assimilable par les plantes. On a alors ce qu'on nomme les *superphosphates*.

On fabrique aujourd'hui chaque année les superphosphates par centaines de millions de kilogrammes.

phosphore (grec : *phos*, lumière ; *phoros*, qui porte). — Métalloïde solide, d'un jaune pâle, translucide, odorant, insoluble dans l'eau. Il fond à 44°, dans l'eau chaude ; mais il faudrait bien se garder de le chauffer à l'air. C'est un des corps les plus facilement oxydables que l'on connaisse (*fig.*). Abandonné à l'air à la température ordinaire, il se combine peu à peu à l'oxygène, par l'effet d'une combustion lente qui élève fort peu sa température, mais qui répand une lueur vague, parfaitement visible dans l'obscurité ; cette propriété du phosphore se nomme *phosphorescence*. Mais si la température s'élève un peu, la combustion lente se change en combustion vive,

Phosphore. — Combustion du phosphore.

le phosphore s'enflamme et brûle avec une flamme blanche très éclairante, en répandant d'épaisses fumées blanches d'acide phosphorique (combinaison de phosphore et d'oxygène). Il suffit de tenir à la main un morceau de phosphore pendant quelques instants pour qu'il s'allume de lui-même ; aussi ce corps ne doit-il être manié qu'avec les plus grandes précautions,

D'ailleurs les brûlures par le phosphore sont parfois très graves ; elles sont profondes et ne guérissent qu'avec une grande lenteur. Elles sont encore aggravées par ce fait que le phosphore est un poison violent, qui détermine la mort à la dose de quelques centigrammes. Les vapeurs de phosphore, auxquelles sont exposés constamment les ouvriers des fabriques de phosphore, exercent. aussi une funeste influence sur leur santé.

Il existe dans le sol un assez grand nombre de *phosphates*, c'est-à-dire de combinaisons de l'acide phosphorique avec des bases. Mais c'est des *os* qu'on retire toujours le phosphore. Le traitement est trop complexe pour pouvoir être indiqué ici.

Le seul usage important du phosphore est la préparation des *allumettes chimiques*. Encore cet usage est-il regrettable, à cause des dangers d'empoisonnement et d'incendie que présentent les allumettes phosphorées. Il est à espérer, d'ailleurs, qu'on cessera bientôt la fabrication des allumettes phosphorées ordinaires. La chimie fournit, en effet, maintenant, plusieurs recettes de bonnes allumettes qui ne renferment pas de phosphore. D'autre part on peut employer le phosphore sous un état différent appelé *phosphore rouge* ou *phosphore amorphe*. état sous lequel il présente moins de chances d'incendie. Malheureusement les allumettes sans phosphore et les allumettes au phosphore rouge sont d'un prix un peu plus élevé; en outre on les trouve moins commodes, car elles ne s'enflamment que par friction sur un frottoir spécial.

Sauf le *phosphate de chaux*, les composés dans lesquels entre le phosphore n'ont que peu d'importance au point de vue pratique.

phosphorescence. — On nomme *phosphorescence* la lumière faible qui se répand autour d'un bâton de phosphore non enflammé, abandonné au contact de l'air; cette lueur est assez faible pour n'être vue que dans l'obscurité.

Par analogie, on dit encore qu'il y a phosphorescence, chaque fois que, sans être chaud, un corps quelconque émet de la lumière. C'est le cas, par exemple, du *sulfure de calcium*, qui luit dans l'obscurité pendant plusieurs heures, quand il a été préalablement exposé à la lumière du jour; c'est avec cette substance qu'on enduit les cadrans de montre, les boîtes d'allumettes, qu'on veut rendre lumineux dans l'obscurité.

De même certains animaux vivants émettent des lueurs plus ou moins vives auxquelles on a donné aussi le nom de phosphorescence. Tels sont les *lampyres* ou *vers luisants*; un grand nombre de petits animaux marins qui parfois rendent la mer phosphorescente.

photographie. — Art de fixer les images des objets, données par les lentilles convergentes. Les premiers procédés photographiques ont été imaginés en 1838 par Niepce et Daguerre; ils ont été depuis grandement perfectionnés.

L'obtention des images photographiques sur papier se compose aujourd'hui de deux séries distinctes d'opérations.

1° Production de l'épreuve négative ou cliché. — On prend une plaque de verre sur laquelle on a fixé, à l'aide d'une mince couche de *gélatine*, des substances décomposables par l'action de la lumière (principalement du *bromure d'argent*). Cette plaque sensible est placée dans une *chambre*

Photographie. — Chambre noire.

noire préalablement mise au point; l'image qui se forme à sa surface détermine un commencement de décomposition du bromure d'argent. Après quelques secondes (ou même moins d'une seconde) d'exposition, on reporte la plaque dans une pièce obscure. Elle ne présente encore rien de particulier; la décomposition par la lumière a été à peine commencée, et on ne voit rien. Mais si on lave la plaque avec une dissolution d'*acide pyrogallique*, on voit presque immédiatement l'image se développer; partout où, dans l'objet, étaient des parties très éclairées, on voit dans l'image des taches noires; aux ombres de l'objet correspondent, au contraire, les blancs de l'image, parce que, en ces points, il n'y a pas eu décomposition du bromure d'argent. Cette image renversée porte le nom d'*épreuve négative* ou *cliché*.

Quand l'image est *développée*, on la *fixe* en la lavant avec une dissolution d'*hyposulfite de soude*, qui la rend insensible à l'action ultérieure de la lumière. Il ne reste plus qu'à laver à l'eau, et à faire sécher.

2° Production de l'épreuve positive sur papier. — Le cliché de verre peut servir à *tirer* un nombre aussi grand qu'on le veut d'épreuves positives sur papier. On pose le cliché sur une feuille de papier *sensible* (contenant une substance décomposable par la lumière, du *chlorure d'argent* par exemple), et on expose le tout à l'action de la lumière.

Photographie. — *Châssis négatif :* Après la mise au point, on enlève la glace de la chambre noire, on la remplace par le châssis négatif, fermé. Puis on ouvre le volet du châssis de façon à découvrir la plaque sensible. Il ne reste qu'à enlever *l'obturateur* qui fermait la chambre noire, pour permettre à la lumière d'entrer et d'impressionner la plaque.

Les rayons lumineux sont arrêtés par les noirs de l'épreuve négative, mais ils passent librement à travers les parties blanches et déterminent la décomposition du chlorure d'argent dans les régions correspondantes du papier sensible. On aura donc une épreuve inverse du cliché, c'est-à-dire une épreuve positive, reproduisant les clairs et les ombres de l'objet.

Après une exposition suffisante à la lumière, on enlève la feuille de papier : l'image a alors une teinte rouge désagréable, qu'on fait *virer* au violet par une immersion de 20 minutes dans une dissolution de *chlorure d'or*. On

Photographie. — Châssis-presse pour maintenir le cliché appliqué contre la feuille de papier sensible sur laquelle doit se développer l'image positive.

fixe enfin l'image, c'est-à-dire qu'on la rend inaltérable à la lumière, par un lavage avec une solution d'hyposulfite de soude. Après plusieurs lavages à l'eau pure, la photographie est terminée.

photogravure. — Voy. **gravure.**

photomètre. — Un *photomètre* est un instrument destiné à comparer entre eux les pouvoirs éclairants de deux sources lumineuses. Le principe de l'appareil est le suivant : *une lumière éclaire un écran quatre fois moins qu'auparavant, quand on la place deux fois plus loin de cet écran ;* c'est-à-dire que l'*intensité de la lumière varie en raison inverse du carré de la distance.*

L'appareil est formé d'une boîte dont une des faces est en verre dépoli ; elle est divisée en deux compartiments par une cloison verticale, qui est perpendiculaire à la face en verre dépoli. Supposons qu'on veuille comparer une lampe à une bougie. On les met dans la boîte, la lampe dans un compartiment et la bougie dans l'autre, et on

Photomètre. — Les deux sources de lumières sont placées de manière à éclairer également les deux moitiés du petit cercle de verre dépoli placé en avant de la boîte du photomètre.

regarde, du dehors, le verre dépoli ; ses deux moitiés ne sont pas également éclairées. Laissant la bougie en place, on éloigne la lampe de plus en plus, jusqu'à ce que l'éclairement du verre soit le même des deux côtés. Alors on mesure les distances des deux lumières à la plaque ; si la lampe est trois fois plus loin que la bougie, c'est que son pouvoir éclairant est neuf fois plus grand (9 étant le carré de 3).

phrygane. — Insecte *névroptère* nocturne qu'on rencontre principalement dans les endroits marécageux.

Phrygane et son fourreau.

La nuit, les phryganes volent en immenses bandes au-dessus des ruisseaux et des mares. La larve, qui vit dans l’eau, se construit un étui soyeux blindé intérieurement avec des brins de bois, des petites pierres, ce qui la met à l’abri des attaques des insectes carnassiers et des poissons. Cette larve est recherchée comme amorce par les pêcheurs à la ligne (*fig.*).

phtisie (grec : *phtisis*, consomption). — Toute lésion du poumon qui tend à produire une désorganisation progressive de ce viscère, à la suite de laquelle survient son ulcération. Les lésions des poumons pouvant être très variées, il y a aussi un grand nombre de sortes de phtisie. La maladie se développe chez les personnes qui y sont prédisposées par une constitution faible, maladive, ou par l’hérédité, ou par l’exercice de certaines professions, la privation du grand air et de la lumière, une mauvaise alimentation ; les pauvres y sont beaucoup plus sujets que les riches, les femmes que les hommes ; elle survient surtout de 18 à 30 ans. Elle apparaît, chez les personnes ainsi prédisposées, à la suite d’une bronchite ou d’une autre maladie inflammatoire, du diabète, de la scrofule, de l’alcoolisme, etc. Le début passe souvent inaperçu ; puis apparaît une toux opiniâtre, et l’auscultation montre au médecin l’existence de bruits particuliers (râles) dans le sommet d’un poumon, ou des deux ; une fièvre modérée s’élève chaque soir, l’amaigrissement survient. L’auscultation montre des ravages de plus en plus considérables à l’intérieur ; la respiration devient plus fréquente, la toux plus rauque, les crachats sont plus abondants ; de temps en temps il y a des crachements de sang pendant les accès de toux ; on observe des sueurs nocturnes, de la diarrhée, la fièvre augmente, ainsi que la pâleur, et le malade succombe, après un temps souvent considérable.

Tous ces accidents sont dus à une destruction progressive des poumons ; dans le tissu de ces organes se sont développés d’abord de petits grains durs, qui en grossissant ont formé des *tubercules ;* puis les tubercules en suppuration disparaissent et laissent dans les poumons des vides, ou *cavernes*, qui entravent et finissent par empêcher complètement la respiration.

Le traitement est généralement impuissant. Chez les personnes prédisposées à la phtisie par hérédité ou par la faiblesse de constitution, on empêchera l’arrivée de la maladie par une bonne alimentation, une habitation saine, bien éclairée, la vie au grand air, les ablutions d’eau froide, la gymnastique ; tous les rhumes seront soignés avec attention. Quand la maladie est reconnue dès le début, l’hiver doit être passé dans le Midi et l’été dans les montagnes élevées, car les remèdes ne sont presque d’aucune action. Enfin quand les progrès de la maladie n’ont pu être enrayés, le médecin s’applique surtout à diminuer les souffrances du malade, et contribue ainsi à la prolongation de son existence.

La phtisie pulmonaire est contagieuse. Aucune maladie n’exerce, à beaucoup près, d’aussi grands ravages.

phylloxera. — Le *phylloxera vastatrix* est un petit insecte *hémiptère* du groupe des *pucerons*. C’est le plus terrible ennemi de nos vignobles. Venu d’Amérique, il a commencé à exercer ses ravages en France depuis 1868, mais c’est seulement à partir de 1875 que ses progrès ont été rapides. En 1889, *la moitié* des vignobles français avaient déjà été détruits par le phylloxera, soit 1,200,000 hectares, sur 2,500,000 hectares plantés en vigne en 1875. Heureusement la reconstitution semble en bonne voie.

Description et mœurs. — Le phylloxera (*fig.*) est un puceron de très petite taille,

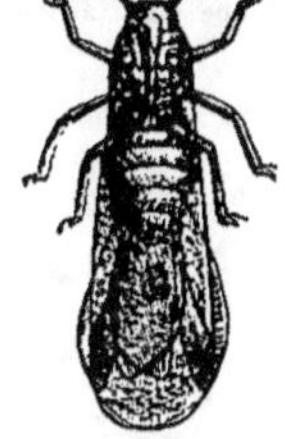

Phylloxera sans ailes (très grossi).   **Phylloxera ailé** (très grossi); il va au loin infester les vignobles.

ayant moins d’un millimètre de longueur. Son corps est de forme ovale. Les variétés en sont nombreuses, de même que le mode de reproduction (voy. *pucerons*). Pendant la belle saison, des individus sans ailes vivent en quantité considérable sur les racines des vignes malades, qu’ils épuisent. Les femelles pondent des œufs, qui éclosent au bout de quelques jours, donnant naissance à des larves qui subissent plusieurs mues ; ces larves sont bientôt insectes parfaits, capables de pondre aussi des œufs, qui éclosent sans avoir besoin d’être fécondés. Huit générations se succèdent ainsi dans un été. Quand arrive le froid, les femelles meurent, mais les larves, engourdies, n’attendent que le printemps pour reprendre la suite de leurs générations successives. Mais ces femelles sans ailes, demeurant toujours sur les racines, ne sont pas les seules. D'autres femelles, ailées celles-là, naissent à la quatrième ponte; elles sortent du sol et s'en vont déposer leurs œufs au loin sur les bourgeons velle. C'est par l'œuf d'hiver, duquel sortent tous les insectes féconds de l'année, que se perpétue l'espèce.

La carte ci-contre donne l'état actuel des vignobles français, au point de vue des ravages du phylloxera.

Lutte contre le phylloxera. — Les pertes causées en France par le phyl-

Racine de vigne attaquée par le **phylloxera**.

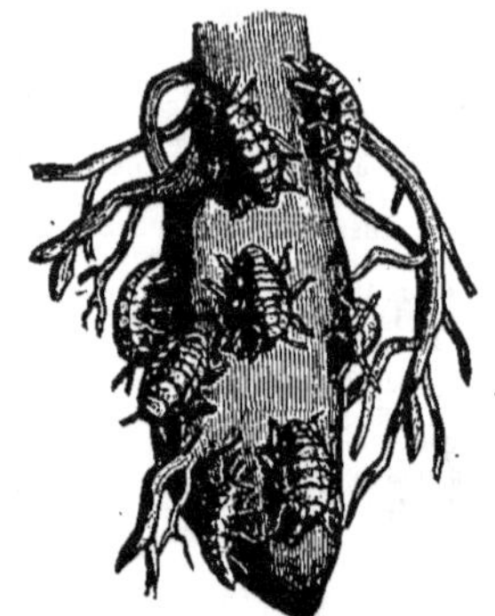

Amas de phylloxera sur l'extrémité d'une racine (grossie).

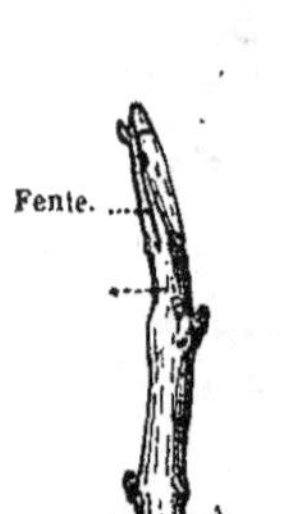

.*Sujet* pris sur une vigne américaine.

Greffon pris sur une bonne variété de la localité.

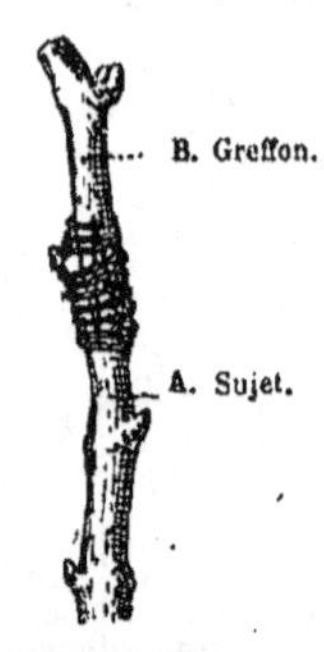

Le *sujet* A et le *greffon* B réunis et ligaturés.

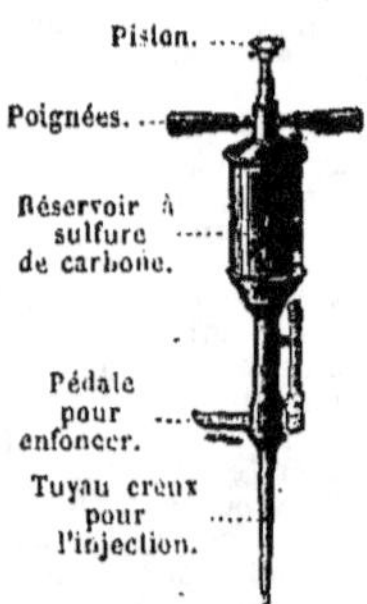

Pal injecteur, pour injecter le sulfure de carbone au pied des vignes.

Greffage des variétés françaises de vigne sur les cépages américains qui résistent au phylloxera.

et les jeunes feuilles de vigne; c'est par elles que se propage la maladie d'une région à une autre. Des œufs de ces femelles naissent des individus non ailés, les uns mâles, les autres femelles; la femelle, fécondée, pond un seul œuf, l'*œuf d'hiver*, puis elle meurt. A leur éclosion au printemps, les œufs d'hiver produiront la génération nou- loxera depuis 15 ans se chiffrent par plusieurs milliards. On conçoit l'importance qu'il y a à combattre un pareil ennemi. Divers moyens de préservation ont été successivement essayés, non sans succès.

Des insecticides ont été introduits dans le sol à l'aide d'appareils spéciaux. Le *sulfure de carbone*, employé avec certaines précautions, tue l'insecte sans porter atteinte à la vigne; il a donné en maintes circonstances des résultats très satisfaisants. Il en est de même du *sulfo-carbonate de potasse*, qui est cependant d'un usage plus difficile et plus coûteux.

La *submersion* complète du sol, la mer, ont résisté à l'insecte. Il en est de même, dans le département du Rhône, des vignes dans lesquelles on répand un engrais spécial, renfermant du phosphore en nature.

Enfin on a tenté la *destruction de l'œuf d'hiver*, sans lequel l'espèce serait vite éteinte. Pour cela on a pra-

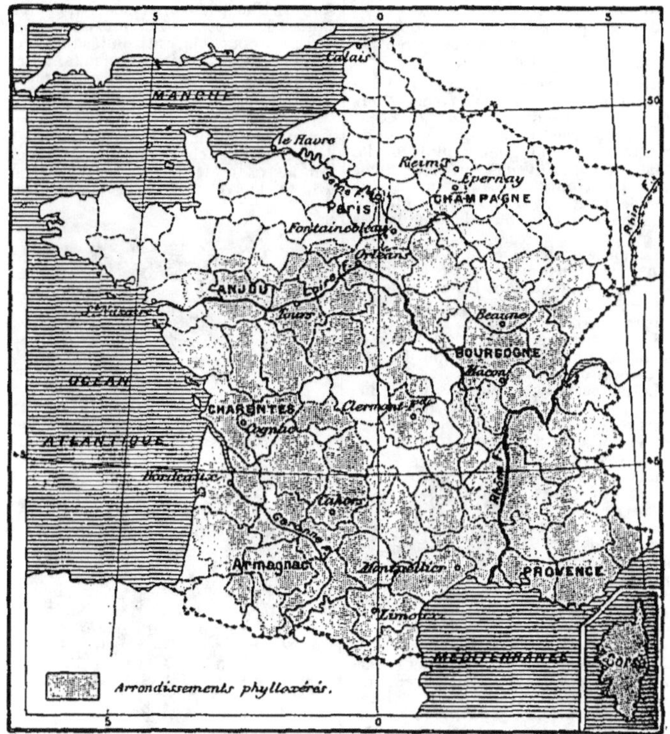

Carte des ravages du phylloxera (en 1892). — On voit qu'un très petit nombre des arrondissements dans lesquels on cultive la vigne a échappé complètement à l'insecte.

prolongée pendant au moins deux mois d'hiver, est le meilleur remède, chaque fois qu'elle est possible. Malheureusement la plupart des vignes sont dans une situation telle qu'elles ne peuvent pas être submergées.

Divers *procédés de culture* ont aussi permis de sauver la vigne. C'est ainsi que les vignes plantées dans les terrains très sablonneux du Gard et de la Charente-Inférieure, sur les bords de

tiqué le badigeonnage des ceps avec un liquide insecticide, mélangé d'eau, de chaux vive, de naphtaline et d'huile lourde de goudron de houille.

Malgré tous ces moyens de défense, qui ne sont appliqués que par un nombre relativement petit de viticulteurs, l'insecte continue ses ravages. Mais d'autre part on régénère les vignes détruites. Pour cela on plante des vignes américaines, qui ont échappé jusqu'à ce jour, aux attaques du phylloxéra. Malheureusement ces vignes donnent un vin très médiocre; aussi a-t-on eu l'idée de greffer des cépages français sur des pieds américains. On a pu ainsi, depuis quelques années, régénérer presque partout, mais surtout dans les départements du Midi, une notable partie des vignobles détruits par l'insecte (*fig.*).

Il n'est pas douteux que tous ces moyens réunis ne nous permettent de triompher bientôt du mal.

pic. — Oiseau *grimpeur* qui fait aux insectes une guerre acharnée. Nous en avons en France plusieurs espèces:

Le **pic noir** est noir avec le dessus de la tête rouge; longueur totale 0m,45. C'est un habitant des forêts; il niche dans les troncs des arbres, à une grande hauteur; 4 à 5 œufs blancs. Friand surtout de fourmis et de larves de guêpes.

Le **pic épeiche**, moins foncé, niche dans les troncs d'arbres; 5 à 6 œufs blancs. Mange surtout les chenilles.

Le **pic mar**, long de 0m,24, ne se rencontre que dans le Midi.

Le **pic épeichette**, très petit, long de 0m,15, est un animal de plaine. Détruit beaucoup d'insectes.

Le **pic vert** (*fig.*) est le plus répandu; longueur 0m,31. Niche dans les troncs d'arbres; 5 à 8 œufs blancs. C'est un insectivore éminemment utile; les trous qu'il pratique dans certains arbres deviennent des refuges pour la multiplication et la conservation des petits oiseaux insectivores.

Pic grimpeur.

Les mœurs des pics ont des caractères très particuliers. Ils vivent isolés. Pour chasser les fourmis, l'oiseau les attend au passage, allonge sa longue langue gluante et la retire portant quelques insectes. Pour faire sortir les divers insectes réfugiés sous l'écorce des arbres, il frappe violemment avec son bec, qui est très dur, et va de suite voir derrière si quelque insecte, effrayé du bruit, est sorti.

picrates. — Voy. **picrique (acide)**.

picrique (acide). — Solide jaune clair qu'on obtient en traitant l'*acide phénique* par l'acide azotique. Ce corps est très employé en teinture; il teint en effet la laine et la soie, sans l'intermédiaire d'aucun mordant, en un jaune très vif, très brillant, qui résiste bien à l'air et au soleil, mais qui pâlit beaucoup au lavage.

Chauffé très rapidement, l'acide picrique se décompose avec détonation; on utilise cette puissance explosive. Les composés que l'acide picrique forme avec les bases, les *picrates*, donnent, quand on les mélange avec le salpêtre, des poudres détonantes très puissantes. Une poudre formée par poids égaux de *salpêtre* et de *picrate de potasse* est cinq fois plus puissante que la poudre ordinaire. Cependant les poudres au picrate ne sont plus guère employées; on leur préfère en général la *dynamite*.

pie. — Oiseau *passereau*, noir avec des parties blanches; très longue queue; longueur totale 0m,50. Bel oiseau à la taille svelte et dégagée (*fig.*). Ha-

Pie (longueur, 0m,50).

bite les lisières des forêts et les champs. Niche au haut des grands arbres; son nid, fait de branchages, est construit

Nid de la pie.

avec art et solidité. Ponte de 6 ou 7 œufs vert-bleu, tachetés de brun, surtout au gros bout; une seule ponte par an.

La pie est susceptible d'éducation; elle devient alors un animal presque domestique.

C'est une espèce nuisible, elle mange, il est vrai, des larves de hannetons, des mulots, des campagnols;

elle se contentè même de la charogne, mais elle détruit une quantité considérable d'œufs d'oiseaux et des petits oiseaux; dans nos basses-cours, les petits poulets ne sont pas épargnés.

pied. — Voyez jambe.

pied-d'alouette. — Plante de la famille des *renonculacées* qu'on rencontre à l'état sauvage dans les moissons; elle y fleurit pendant tout l'été; les fleurs sont bleues, et quelquefois

Pied d'alouette (hauteur, 0ᵐ,50).

blanches. Plusieurs espèces ou variétés sont cultivées dans les jardins; ce sont de belles plantes, d'une culture facile dans tous les terrains et qui fleurissent surtout en juin et juillet (*fig.*).

pied-de-veau. — Voy. arum.

pied-d'oiseau. — Plante de la famille des *papilionacées* qu'on rencontre dans les terrains sablonneux. On le cultive parfois comme espèce fourragère, surtout dans le Midi, où il réussit même dans les terrains très médiocres.

pie-grièche. — Oiseau *passereau* aux couleurs ternes; grande queue; longueur totale 0ᵐ,24. Oiseau querelleur qui se défend avec succès contre les oiseaux beaucoup plus forts. Est surtout abondant dans le Nord de la France. Niche sur les arbres; 4 à 7 œufs gris, avec taches brunes.

Malgré une importante destruction d'insectes,

Pie-grièche (longueur, 0ᵐ,24).

la pie-grièche est nuisible par la guerre qu'elle fait aux petits oiseaux. Le genre présente plusieurs espèces

analogues à la précédente, et également nuisibles (*fig.*).

piéride. — Insecte *lépidoptère* dont la chenille est très nuisible. La *piéride du chou*, en particulier, détruit des

Chenille.

Chrysalide. Papillon.

Piéride du chou.

champs entiers (*fig.*). La *piéride du navet* n'est pas moins à redouter.

pierre. — Voy. calculs.

piétin. — Maladie du pied des brebis qui occasionne un décollement de la corne, avec un léger suintement. Prise au début, la maladie est aisée à guérir; on enlève la corne, les tissus altérés, et on cautérise la plaie avec du sulfate de cuivre pulvérisé.

pigeon. — Le *pigeon*, appelé aussi *colombe*, est un oiseau *colombin*, qui présente tous les caractères de cet ordre. Les pigeons sont répandus dans les deux hémisphères; ils sont si communs en Amérique que, dans leurs passages, ils embrassent d'immenses surfaces, interceptent la lumière du soleil, couvrent la terre de leurs déjections, et que les chasseurs les abattent par milliers. En Europe, l'espèce sauvage devient de plus en plus rare.

Ce sont des oiseaux exclusivement granivores, et par suite nuisibles; mais les dégâts qu'ils font chez nous sont presque insignifiants, parce que les individus sont peu nombreux. Ils vivent par couples qui ne se séparent à aucune époque, construisent un nid fort grossier, dans lequel la femelle dépose deux œufs. La durée de l'incubation est de 17 jours. Les petits ne quittent le nid que fort tard, quand ils sont couverts de plumes; le père et la mère les nourrissent avec une sorte de bouillie sécrétée dans le jabot. Les pigeons sauvages font deux ou trois couvées par an; les pigeons domestiques en font davantage.

Au point de vue de leur alimentation les pigeons doivent être considérés comme des animaux nuisibles, car ils sont exclusivement granivores. Mais ils nous rendent d'autres services. Les pigeons domestiques offrent à l'alimentation publique une ressource notable ; leur chair est assez estimée ; ils fournissent de plus un excellent engrais, la *colombine*. Enfin on a su profiter de leur vol rapide et soutenu, de la faculté qu'il ont de reconnaître leur chemin, pour les employer comme messagers, précieux surtout en temps de guerre.

Nous examinerons en particulier quelques espèces.

Pigeon ramier, ou palombe (*fig.*). — C'est le plus gros des pigeons ; longueur totale 0ᵐ,45. Son plumage est d'un gris cendré plus ou moins bleuâtre. Arrive au printemps, repart à l'automne. Passe tout l'été dans les bois, soit en plaine, soit en montagne ; l'émigration

Pigeon ramier (ou palombe); pigeon de roche.

se fait en grandes bandes. Ces pigeons se nourrissent de toute espèce de graines, surtout de faînes et de glands; ils mangent aussi les feuilles de chou et de colza. Ils nichent sur les grands arbres, même dans les villes.

Pigeon fuyard. — Plus petit, longueur totale 0ᵐ,35. Se montre en France dans la belle saison ; niche dans le creux des

Pigeon fuyard, ou biset.

arbres ; passe l'hiver en Afrique. On le chasse activement au moment de son départ (*fig.*).

Pigeon biset. — Plus petit encore ; longueur 0ᵐ,35. Se rencontre surtout dans le Midi de la France. On le retient aisément dans les colombiers ; mais il est moins fécond que nos pigeons domestiques, dont il est la souche.

Pigeons domestiques. — Le pigeon est domestiqué depuis bien longtemps.

Pigeon mondain.

On en connaît une foule de variétés plus curieuses les unes que les autres, différentes par la forme, la grosseur, la coloration ; les plus fécondes et les plus grosses doivent être préférées au point de vue du produit. Les plus gros sont les *pigeons mondains* (*fig.*). Les

Pigeonnier.

pigeons volants, qui fournissent les races de pigeons voyageurs, sont les plus petits, mais ils ont une grande puissance de vol.

pigment. — Matière de teinte noire, brune ou roussâtre, qui donne des nuances diverses à la peau de l'homme et des animaux ; cette matière est constituée par des granulations placées dans les cellules de la couche la plus profonde de l'épiderme. Chez les hommes de la race blanche ces granulations sont peu nombreuses et fort petites ; chez les hommes de la race noire, au contraire, le pigment est beaucoup plus abondant.

Les *taches de rousseur*, qu'on rencontre surtout chez les personnes blondes, et qui augmentent d'intensité pendant l'été, par suite de l'action de la lumière solaire, sont dues à du pigment ; les *envies*, les *taches de vin* proviennent aussi d'une localisation plus abondante de pigment, de même que la coloration des yeux. Chez les *albinos* [1], il n'y a pas de pigment.

piles. — Appareils producteurs d'électricité, dont l'invention est attribuée à Volta (1790), à la suite d'une expérience première de Galvani. Dans les piles, le développement de l'électricité résulte de l'action chimique qui se produit entre les substances constituant la pile. (Voy. **électricité**.)

La plus simple de toutes les piles est constituée de la manière suivante. Dans un vase isolant (verre ou grès) est de l'eau acidulée par un peu d'acide sulfurique; dans le liquide plongent une lame de zinc (métal qui se dissout lentement dans l'acide sulfurique pour donner du *sulfate de zinc*) et une

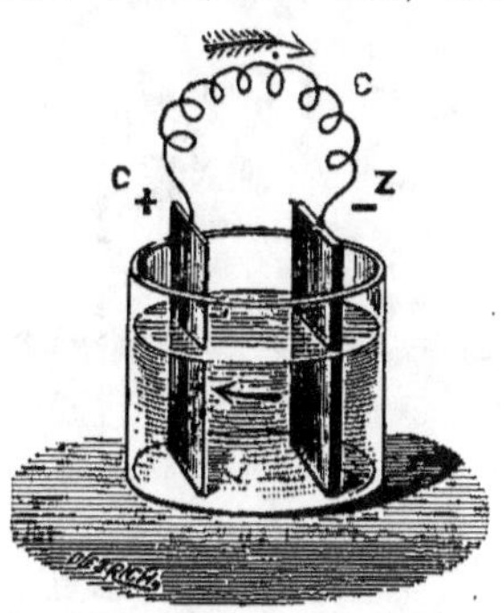

Pile. — Pile simple, à *zinc* et *cuivre*. L'électricité positive parcourt le fil en allant du cuivre au zinc.

lame de cuivre (métal sur lequel l'acide sulfurique étendu n'a pas d'action); ces deux lames ne se touchent pas. Dans ce système il se produit de l'électricité, par suite de l'action de l'eau acidulée sur le zinc. Le *zinc* prend une très faible charge d'électricité négative, ce qui fait donner à la lame de zinc le nom de *pôle négatif;* le cuivre prend une très faible charge d'électricité positive, ce qui fait donner à la lame de cuivre le nom de *pôle positif.* Si l'on joint par un fil métallique les deux lames, ce fil est traversé par les fluides, qui vont à la rencontre l'un de l'autre; on donne le nom de *courants* à ces passages des deux électricités dans le fil conducteur. Comme l'action chimique ne cesse pas, la production d'électricité est continue, et les courants passent constamment dans le fil conducteur. Généralement on met le mot *courant* au singulier, et on appelle

alors *sens du courant* le sens dans lequel marche l'électricité positive, allant du pôle positif au pôle négatif.

Les piles aujourd'hui employées ne sont plus aussi simples que celle dont nous venons de parler. Le plus souvent elles comportent deux liquides, séparés l'un de l'autre par un vase en porcelaine poreuse, qui ne permet pas à ces liquides de se mélanger, mais ne s'oppose pas aux communications électriques du pôle positif avec le pôle négatif, communications sans lesquelles il n'y aurait pas de courant. Les piles à deux liquides donnent des courants plus puissants et plus réguliers que les piles à un seul liquide. Les principales sont les suivantes :

Pile de Daniell. — Un vase de grès ou de verre renferme un vase en porcelaine poreuse de même hauteur, mais de plus petite largeur. Le vase poreux contient une dissolution concentrée de

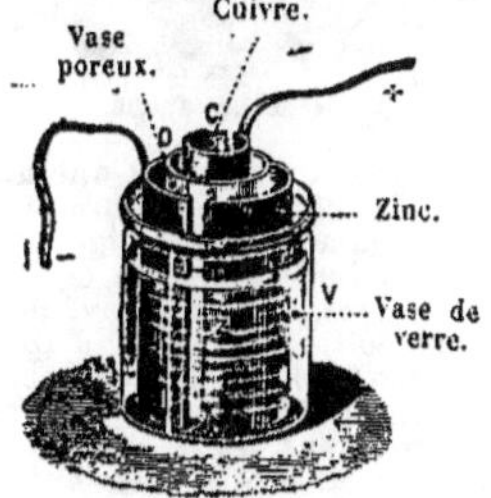

Pile de Daniell.

sulfate de cuivre, dans laquelle plonge une lame de *cuivre*, qui est le pôle positif; le vase de grès renferme de l'eau acidulée par l'acide sulfurique, avec une lame de *zinc*, pôle négatif.

Pile de Bunsen. — Même disposition; mais le vase poreux D renferme de l'*acide azotique* au lieu de sulfate de

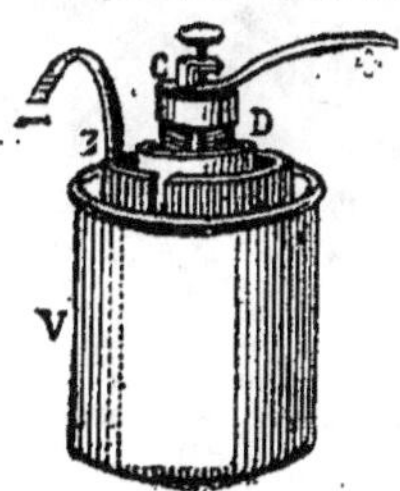

Pile de Bunsen.

cuivre, et un bloc de *charbon des cornues* C, pôle positif, au lieu d'une lame de cuivre.

Pile Grenet. — Même disposition; mais le vase poreux renferme une dissolution concentrée de *bichromate de potasse*, dans laquelle plonge un bloc de charbon des cornues, pôle positif.

Pile Leclanché. — Même disposition; mais le vase poreux renferme une bouillie épaisse, faite avec du *coke* concassé, du *bioxyde de manganèse* pulvérisé et de l'eau; cette bouillie entoure un bloc de charbon des cornues, pôle positif.

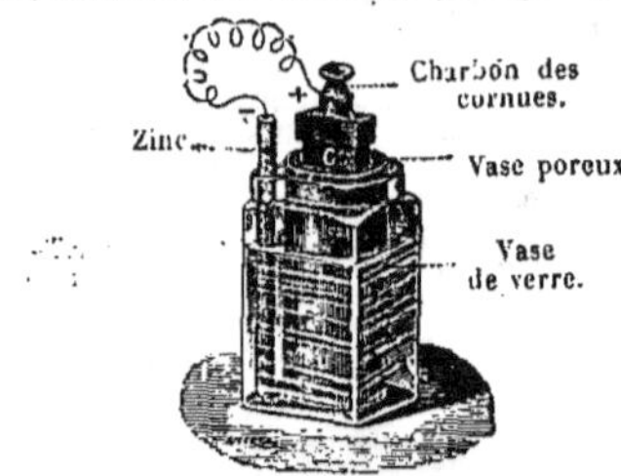

Pile de Leclanché.

Dans le vase de grès est une dissolution de *chlorhydrate d'ammoniaque*, avec une lame ou une tige de *zinc*, pôle négatif. Chacune de ces piles a ses avantages et ses inconvénients, et le choix doit en être fait d'après les usages auxquels on les destine.

Groupement des piles. — Nous avons décrit ci-dessus un *élément* de pile. Pour avoir une pile puissante, fournissant un fort courant, il faut associer plusieurs éléments, quelquefois plusieurs centaines d'éléments. Il y a plusieurs manières de grouper les éléments. Par exemple on fait communi-

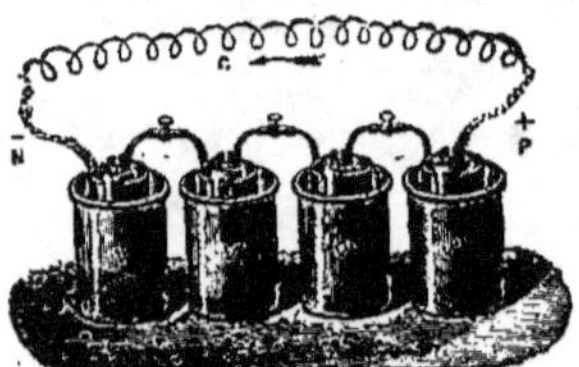

Pile. — Quatre éléments groupés à la suite les uns des autres.

quer entre eux tous les pôles positifs, à l'aide d'une lame métallique, et entre eux tous les pôles négatifs, à l'aide d'une seconde lame métallique; avec ce groupement, tout se passe comme si on avait un seul élément, mais de dimension considérable. Dans un autre procédé, on fait communiquer le pôle positif du premier élément avec le pôle négatif du second, le pôle positif du second avec le pôle négatif du troisième, etc. On a ainsi une longue file d'éléments, constituant une pile dont le pôle négatif est le pôle négatif du premier élément, et dont le pôle positif est le pôle positif du dernier élément. Ou bien enfin on a un groupement mixte, dérivant des deux précédents.

piles (effets des). — Le courant électrique des piles produit des effets intéressants, qui ont reçu pour la plupart des applications importantes.

Effets calorifiques. — Un courant assez puissant qui passe à travers un fil métallique fin et court l'échauffe assez pour le rendre incandescent, et souvent pour le fondre. Les métaux médiocrement conducteurs de l'électri-

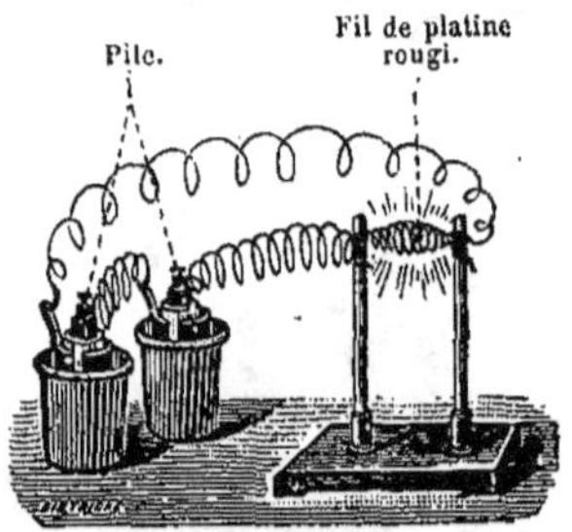

Le courant rougit un fil de platine.

cité, comme le platine, s'échauffent davantage que les très bons conducteurs, comme l'argent. On se sert en chirurgie de fils de platine rougis par le courant pour certaines opérations. On les utilise aussi pour déterminer à distance l'explosion des mines.

Effets lumineux. — Aussi près qu'on approche l'un de l'autre les deux fils conducteurs d'une pile, on n'a pas d'étincelle, car les pôles ne sont jamais chargés à la fois d'une assez grande quantité d'électricité. Si on approche les fils conducteurs jusqu'à ce qu'ils se touchent, et qu'on les sépare l'un de l'autre, on a une petite étincelle au moment de la séparation. Mais les choses se passent d'une autre manière si les fils sont terminés par des baguettes de charbon des cornues. Dès que les baguettes se touchent, il apparaît un point lumineux très brillant, parce que les pointes des baguettes rougissent comme le ferait un fil de platine fin et court. Puis, si on éloigne progressivement les baguettes l'une de l'autre, on voit jaillir un *arc lumineux* très brillant, lançant autour de lui une lumière éblouissante, qui dure indéfiniment si le courant conserve toujours la même puissance, et si l'on maintient ces deux pointes à une distance invariable. Cet arc métallique est non seulement très lumineux (Voy. **lumière électrique**), mais il est assez chaud pour fondre les substances les plus réfractaires.

Effets physiologiques. — Une pile de quelques éléments ne donne aucune commotion quand on touche à la fois les deux pôles avec les mains; mais les commotions apparaissent quand le nombre des éléments est assez grand; avec une pile de 2 000 couples on peut foudroyer un cheval. On utilise en médecine l'action physiologique des courants assez puissants.

Effets chimiques. — Le courant électrique produit un grand nombre de décompositions chimiques. Quand on le fait passer à travers l'eau, rendue conductrice par l'adjonction d'un peu

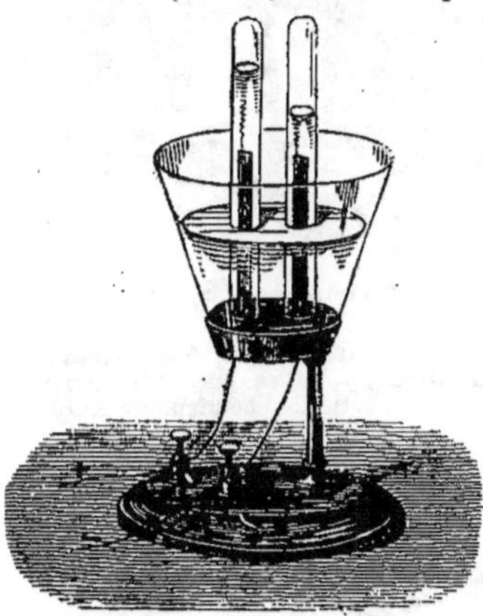

Décomposition de l'eau par le courant électrique. — L'eau est décomposée en oxygène et hydrogène.

d'acide sulfurique, l'eau est décomposée en ses éléments : *hydrogène* qui se dégage le long du fil qui communique avec le pôle négatif, et *oxygène* qui se dégage le long du fil positif.

Une dissolution de *sulfate de cuivre* est également décomposée. Dans cette dissolution on fait plonger deux lames de **platine**; on met l'une en communication avec le pôle positif d'une pile, l'autre en communication avec le pôle négatif. Quand le courant passe, le sulfate de cuivre est décomposé en ses éléments : le *cuivre* se dépose sur le fil négatif, l'*oxygène* et l'*acide sulfurique* se portent au pôle positif. Au lieu de plonger dans la dissolution de

sulfate de cuivre deux lames de platine, on peut y plonger deux lames de cuivre. Dans ce cas il se dépose encore du cuivre sur le pôle négatif; mais l'oxygène et l'acide sulfurique, en arrivant sur la lame de cuivre qui com-

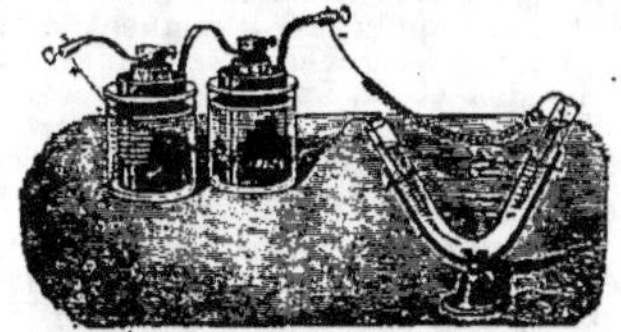

Décomposition du sulfate de cuivre par le courant électrique. — La dissolution de sulfate de cuivre donne du *cuivre*, qui se rend au pôle négatif, de l'*oxygène* et de l'*acide sulfurique*, qui se rendent au pôle positif.

munique avec le pôle positif, se combinent au cuivre de cette lame, pour reformer le sulfate de cuivre que le courant vient de décomposer. Il en résulte que la dissolution reste toujours la même, puisqu'il se reforme une quantité de sulfate de cuivre égale à celle qui a été décomposée; mais la lame positive diminue de poids tandis que la lame négative augmente : on croirait que le courant a pris le métal de la première lame pour le porter sur la seconde. C'est cette propriété importante, ou des propriétés analogues, qui sont utilisées dans la *galvanoplastie* *, la *dorure* *, l'*argenture* *, le *nickelage* *, etc.

piment. — Plante de la famille des *solanées*, originaire d'Amérique. On le

Piment rouge long.

cultive dans les jardins à cause de son

fruit, qui doit à sa saveur très forte d'être employé en cuisine comme condiment. Il existe aussi des piments doux qu'on consomme comme légumes, cuits à la manière des tomates et des aubergines. Avant la maturité ces fruits sont verts, puis ils deviennent d'un beau rouge, et quelquefois jaunes. La dimension et la forme sont très variables. La culture des diverses sortes de piment réussit en particulier très bien dans le Midi de la France (*fig.*).

pimprenelle. — Herbe de la famille des *rosacées*, qu'on rencontre dans les pâturages des montagnes. On la cultive dans les jardins comme plante potagère ; elle sert en effet de condiment, surtout dans la salade.

pingouin. — Oiseau *palmipède* aujourd'hui presque complètement disparu. Grande taille, ailes presque absentes et absolument impropres au

Pingouin (longueur, 0ᵐ,60).

vol. Longueur 60 centimètres. Dos noir avec ventre blanc. Habite les pays du Nord (*fig.*).

pins. — Arbres *conifères** dont les fruits sont à écailles épaissies au som-

Rameau de pin.

met. Ces arbres ont une grande importance parce qu'ils prospèrent dans les

régions montagneuses, jusqu'à des altitudes assez considérables, et dans les sables des rivages océaniques. On en compte un grand nombre d'espèces.

Pin sylvestre (hauteur, 40ᵐ).

Le pin sylvestre atteint 40 mètres d'élévation (*fig.*) ; il se rencontre dans une grande partie de l'hémisphère boréal ;

Pin d'Italie (hauteur, 20ᵐ).

on le trouve en France dans les hautes montagnes, excepté dans les Ardennes et le Jura ; il vit 200 ans. Son bois est connu dans le commerce sous le nom de sapin rouge ; il est employé pour le chauffage ; il sert aussi beaucoup dans les constructions et en menuiserie ; on en fait des poteaux télégraphiques. Celui provenant des sapins du Nord fournit les meilleurs mâts de navire, à cause de sa légèreté et de son élasticité.

Le **pin maritime** ou *pin de Bordeaux* existe surtout en France dans le Sud-Ouest, principalement dans les Landes, dont il a servi à fixer les dunes. Son bois est très estimé, mais l'arbre est surtout exploité pour la résine qu'il contient. Du bois on fait des traverses, des pilotis, des charpentes ; on en chauffe les fours des boulangers.

Le **pin pignon**, ou **pin d'Italie**, se rencontre surtout sur le littoral de la Méditerranée (*fig.*) ; sa graine est comestible, et on le considère plutôt comme arbre fruitier que comme arbre forestier. Son bois sert en charpente et en menuiserie.

Le **pin cembro** habite les régions montagneuses les plus élevées de la Savoie, du Dauphiné et de la Provence. C'est dans les Alpes et les Carpathes le dernier représentant de la flore forestière, car il s'élève jusqu'à 2,500 mètres.

pinson. — Oiseau *passereau* ; longueur totale 17 centimètres. Le mâle a des couleurs assez vives ; la femelle est moins belle. Bon chanteur. On le trouve dans les bois, les vergers, les jardins. Il niche sur les arbres et construit son nid avec beaucoup d'art. Deux ou trois couvées par an, de 5 à 6 œufs blanc-verdâtre, parsemés de points brun-rougeâtre ; l'incubation dure treize jours. Cet oiseau est répandu dans toute l'Europe et en Algérie (*fig.*).

Pinson (longueur totale, 0^m,16).

Le *pinson des Ardennes* n'est de passage en France qu'en hiver. Le pinson est utile, grand destructeur de larves, de chenilles ; mais il ne se prive pas non plus de grains et de fruits, comme tous les passereaux à bec dur.

pintade. — Oiseau *gallinacé* qui nous vient d'Afrique ; sa domesticité remonte à une date fort ancienne. La pintade est vive, querelleuse, sa voix est discordante. Grande fécondité. Ses pontes se succèdent sans interruption pendant des mois entiers ; elle dépose toujours ses œufs assez loin de la maison. La chair est estimée (*fig.*).

Pintade (longueur, 0^m,45).

pipette. — Petit instrument qui sert à puiser une faible quantité de liquide dans un vase, et à le laisser écouler ensuite goutte à goutte, si besoin est.

Il est constitué par un tube de verre ou de métal, présentant une petite ouverture à chacune de ses extrémités. Ce tube étant plongé dans un liquide, on aspire par l'extrémité supérieure, de façon que l'appareil se remplisse presque entièrement ; puis on ferme le trou supérieur avec le doigt, et on enlève la pipette. Bien que le trou inférieur soit resté ouvert, le liquide ne s'é-

Pipette.

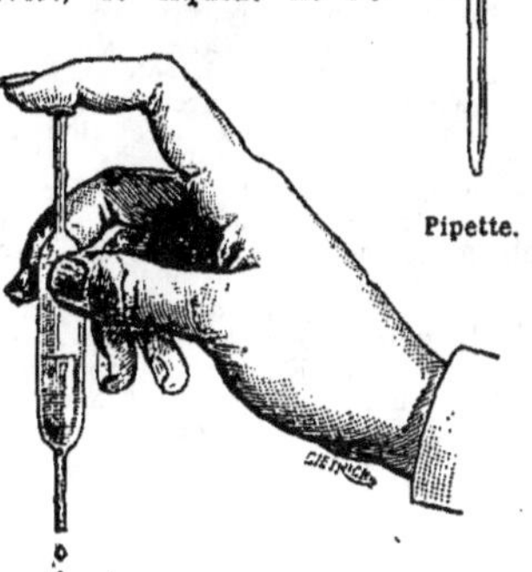

Pipette fonctionnant. — Le liquide s'écoule goutte à goutte quand on débouche et qu'on bouche successivement plusieurs fois l'orifice supérieur.

coule pas, soutenu qu'il est par la *pression atmosphérique*.

Pour déterminer l'écoulement, il faut

enlever le doigt qui ferme l'orifice d'en haut ; si on enlève le doigt et qu'on le

Pipette compte-gouttes, en forme de flacon.

remette aussitôt, on obtient un écoulement aussi petit qu'on le veut (*fig.*).

pipit. — Oiseau *passereau* aux couleurs peu éclatantes. Commun en France ; niche à terre, dans les buissons. Utile, car s'il mange quelques graines, il fait surtout la guerre aux insectes. Quand il est gras sa chair est estimée ; il partage alors le nom de becfigue avec le gobe-mouche.

pique-bœuf. — Oiseau *passereau* insectivore, voisin de l'étourneau, qu'on rencontre en Afrique ; il y rend service aux troupeaux en venant se poser sur le dos des bœufs, pour y manger les larves des *œstres* logées dans la peau.

pisciculture. — La *pisciculture* est l'ensemble des procédés employés pour faire produire aux eaux douces ou salées la plus grande quantité possible de poissons. Tantôt on se contente de favoriser la reproduction des poissons, en plaçant ceux-ci dans les conditions les plus favorables : on fait alors de la *pisciculture naturelle* ; tantôt on intervient directement en produisant l'éclosion des œufs dans des appareils spéciaux : c'est alors de la *pisciculture artificielle*.

Pisciculture naturelle. — Un grand nombre des étangs de France, convenablement aménagés, fournissent beaucoup de poissons. Ils sont disposés de façon à pouvoir être aisément mis à sec, de telle sorte que tout le poisson vienne se rendre dans un trou plus profond, mais de petite dimension, et soit aisé à prendre. Un étang donné est plus ou moins propre, suivant ses dispositions, à l'élevage de tel ou tel poisson. C'est ainsi qu'un *étang à truites* doit être alimenté par des sources, des ruisseaux, des rivières à eaux vives, avec une température qui ne s'élève guère en été ; il ne doit renfermer aucun poisson carnivore (brochet, perche, anguille). Il sera au contraire abondamment pourvu de gardons et autres poissons blancs de reproduction facile, pour servir à la nourriture de la truite. Pour l'empoissonner en truite on y mettra des mâles et des femelles de deux à trois livres,

à peu près une douzaine par hectare de superficie. A l'époque du frai, c'est-à-dire au commencement de l'hiver, on veillera à écarter de l'étang les hérons, les rats d'eau, et on couvrira les œufs, aux endroits où ils auront été déposés, de filets ou de claies d'osier.

Pour un *étang à carpes* il faudra un fond vaseux, une eau presque stagnante, chaude en été ; on mettra des carpes de 2 livres, mâles et femelles ; on favorisera la poussée des plantes aquatiques sur lesquelles ce poisson dépose ses œufs ; on donnera pour nourriture des grains bouillis, des débris de salades, etc. Souvent on a plusieurs étangs dans lesquels on transporte successivement les petits à mesure qu'ils grandissent. La pêche de tous ces étangs se fait ordinairement une fois l'année.

On peut aussi favoriser le développement du poisson dans les fleuves et les rivières en organisant des *frayères* convenables, ou en favorisant la migration des poissons à l'aide d'*échelles*.

Les *frayères* artificielles varient selon les poissons dont on veut favoriser la multiplication ; ce sont des végétaux aquatiques qu'on laisse pousser dans certains endroits de la rivière, ou des agglomérations flottantes de plantes diverses, ou des couches de sable, bien disposées aux meilleurs endroits du courant, ou simplement des régions de la rivière dans lesquelles on interdit la pêche.

Les *échelles* (*fig.*) sont constituées par des plans inclinés munis de cloi-

Échelle à saumons. — Grâce à cette échelle, les saumons peuvent franchir les barrages de la rivière et remonter le courant.

sons transversales, établis aux endroits où la rivière est obstruée par des barrages, pour permettre aux poissons migrateurs, tels que les saumons, de remonter aisément pour frayer dans le cours supérieur.

Pisciculture artificielle. — La pisciculture artificielle a pour base la fécondation artificielle des œufs. Elle a pour but de repeupler facilement, à peu de frais, les cours d'eau restés jusqu'ici improductifs ou à peu près ; et de multiplier les espèces recherchées, en les introduisant parfois dans des endroits où elles étaient auparavant inconnues. Ces résultats sont obtenus en prenant la nature pour guide dans les différentes manipulations de la fécondation artificielle.

Au moment du frai on se procure quelques mâles et quelques femelles de l'espèce à multiplier. On saisit une femelle de la main gauche et on en presse très doucement le ventre, de façon à faire tomber les œufs dans un

Comment on fait sortir les œufs ou la laitance.

vase sans eau (*fig.*). On prend ensuite un mâle et on opère de la même façon pour obtenir la laitance que l'on fait couler dans un autre vase, également sans eau. On verse alors un peu d'eau sur la laitance, et on arrose les œufs avec ce liquide. Ce procédé produit une bonne fécondation chez les poissons dont les œufs ne sont pas adhérents les uns aux autres (saumon, truite). On opère autrement avec les poissons dont les œufs restent adhérents entre eux (carpe, perche) ; dans ce cas on fait tomber les œufs sur des brins d'herbes, sur lesquels ils se fixent, et on les agite pendant quelques instants dans de l'eau blanchie par la laitance.

Les œufs étant fécondés, on les transporte dans les appareils à éclosion. Les œufs de truites, de saumons, doivent être placés dans une eau vive, courante et froide, tandis que ceux de

carpes, de tanches ont besoin d'une eau dormante, et à température plus élevée. Pour les truites et les saumons, l'appareil le plus employé est celui de Coste (*fig.*) ; il est formé d'une ou de plusieurs séries d'auges superpo-

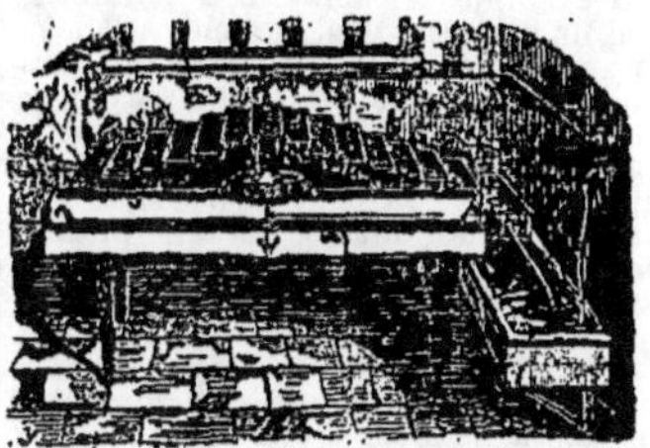

Bassins à eau courante, pour l'éclosion des œufs de truite ou de saumon.

sées en forme de gradins, de manière que le trop-plein de l'une se déverse dans celle qui lui est inférieure, et ainsi de suite. L'alimentation des auges se fait soit par un courant naturel, soit par le moyen d'un réservoir. Pour les œufs de carpes ou de tanches, on les met, avec les herbes sur lesquelles ils sont attachés, dans des paniers à claire-voie, que l'on dépose en pleine eau, là où le courant est assez faible et la température assez élevée.

Souvent on vend directement les œufs fécondés, pour les placer dans les étangs où les rivières dans lesquels se fait l'éclosion. Mais ordinairement on fait éclore comme il vient d'être dit. Les jeunes poissons sont connus sous le nom de *feuilles* ou *alevins* (*fig.*). Le jeune poisson ne mange pas de suite après sa naissance ; il possède sous le corps une vésicule qui lui fournit ses aliments pendant plusieurs semaines ; c'est seulement après la disparition de la vésicule que

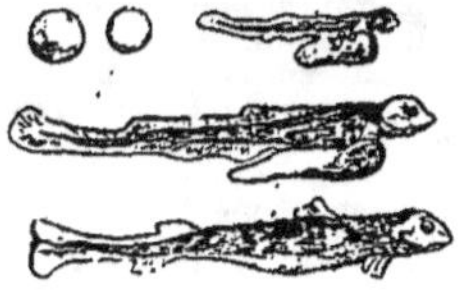

Transformations des jeunes truites.

l'on doit donner de la nourriture : vers, larves, insectes très petits, pois cuits, pain, etc. Dès que les poissons sont assez grands on les dissémine dans les eaux qu'ils doivent repeupler ; quelques pisciculteurs opèrent la dissémination dès que la vésicule est résorbée.

Pisciculture maritime. — La pisciculture maritime a pour but de faciliter la multiplication, l'élevage et l'engraissement des poissons de mer. Par exemple les *viviers à poissons*, établis sur les côtes, servent à l'élève et à l'engraissement de plusieurs espèces. Dans les viviers d'Arcachon, on élève surtout la *muge*. De même on a tiré parti des étangs en communication avec la mer, pour élever des anguilles, des muges sur une grande échelle, et en faire des pêches abondantes (voy. **anguille**). Enfin on a tenté en Amérique de multiplier les morues sur les côtes en employant les procédés de la pisciculture artificielle ; les œufs de morue, une fois fécondés artificiellement, sont placés dans la mer dans des appareils spéciaux qui les mettent à l'abri des principales causes de destruction : on a obtenu ainsi des résultats importants.

pissenlit. — Plante de la famille des *composées* qu'on rencontre à l'état sauvage dans toutes les prairies humides de la France, où on la recherche pour la manger en salade. Cette plante a en effet une saveur amère assez agréable. Depuis une cinquantaine d'années on cultive le pissenlit dans les jardins, et on a créé des variétés dont les feuilles sont plus abondantes et d'un goût plus agréable. La multiplication se fait par semis ; on récolte surtout en hiver. On emploie le pissenlit en médecine comme plante tonique, apéritive et diurétique.

pistachier. — Petit arbre *dicotylédone* répandu sur le littoral de la Méditerranée, en France, en Espagne et en Italie. Le fruit, la *pistache*, est une drupe qui a une chair peu épaisse et un mince noyau renfermant une grosse graine charnue ; la forme du fruit est analogue à celle de l'olive. L'amande, qui est la partie comestible, a un goût agréable, surtout quand elle provient d'un climat chaud.

On l'emploie en confiserie et en pâtisserie ; les charcutiers l'utilisent également. Les pistaches de Tunis sont particulièrement estimées.

pistolet. — Voy. **revolver.**

pityriasis (grec : *pityron*, son, à cause de l'apparence de pellicules). — Le *pityriasis* du cuir chevelu est une exfoliation de la peau de la tête, qui se traduit par la production de ces petits débris blancs nommés ordinairement *pellicules*. C'est une maladie sans gravité.

pivoine. — Genre de plantes de la famille des *renonculacées* dont on cul-

Pivoine des jardins à grandes fleurs rouges.

tive plusieurs espèces pour l'ornemen-

Pivoine double des jardins (hauteur, 1ᵐ).

tation des jardins ; on en connaît plus de vingt espèces (*fig.*).

planètes. — La terre n'est pas le seul astre qui tourne autour du soleil. Les *planètes* sont d'autres astres, non lumineux par eux-mêmes, qui, comme la terre, tournent autour du soleil. De même que la terre a un *satellite*, la lune, de même plusieurs autres planètes ont elles-mêmes des satellites qui tournent autour d'elles. Chaque planète tourne sur elle-même, pendant qu'elle tourne autour du soleil et que ses satellites, si elle en a, tournent eux-mêmes. Situées moins loin de nous que les étoiles, les planètes nous semblent plus grosses que les étoiles ;

elles se distinguent en outre des étoiles par ce fait qu'elles se transportent, comme le soleil, à travers les constellations, tandis que les étoiles ont toujours la même situation les unes par rapport aux autres.

On connaît 8 grosses planètes : *Mercure**, *Vénus**, la *Terre**, *Mars**, *Jupiter**, *Saturne**, *Uranus** et *Neptune**, et en outre un grand nombre de petites planètes nommées *astéroïdes**. Ces planètes sont à des dis-

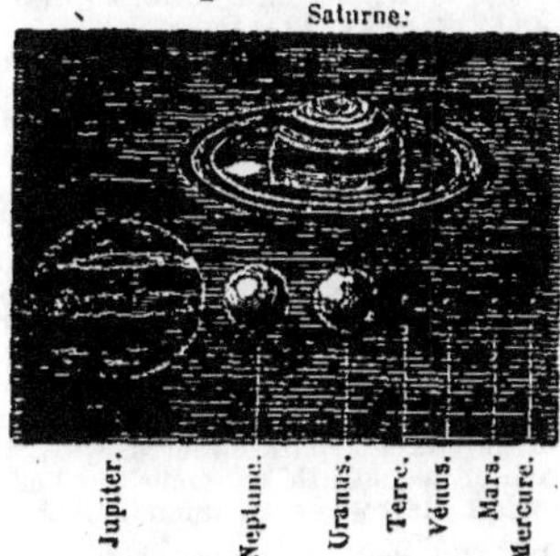

Grandeurs relatives des plus grandes planètes.

tances différentes du soleil, *Mercure* étant la plus rapprochée et *Neptune* la plus éloignée, en suivant l'ordre ci-dessus. Les *astéroïdes** sont tous à une distance comprise entre celle de Mars et celle de Jupiter. Quant à la grosseur, elle est également variable; Mercure est la plus petite et Jupiter la plus grosse; le soleil, à lui seul, représente à peu près 700 fois les masses réunies de toutes les planètes et de leurs satellites. La durée de la révolution autour du soleil est plus longue à mesure que la planète est plus éloignée; elle est de 88 jours pour Mercure et de 165 ans pour Neptune.

Parmi les planètes, deux (Mercure et Vénus) sont plus rapprochées du soleil que n'est la terre; elles présentent des *phases* comme la lune, car elles tournent vers nous tantôt leur partie éclairée, tantôt leur partie obscure. Les autres, plus éloignées du soleil que n'est la terre, tournent toujours vers nous leur face éclairée; elles n'ont pas de phases.

planorbe. — Genre de mollusques* *gastéropodes* vivant dans les eaux douces, ayant de 2 à 3 centimètres de diamètre. On trouve de nombreux planorbes fossiles dans les anciens terrains (Voyez **limnée**).

plantain. — Plante vivace des bords des chemins, sans tige appa-

rente, avec des feuilles entières munies d'un long pétiole. Les fleurs, disposées en longs épis, s'épanouissent de mai à octobre (*fig.*). Les graines contiennent un mucilage abondant; les décoctions sont émollientes et employées surtout pour laver les yeux dans diverses maladies de ces organes. Les oiseaux sont friands de graines de plantain. Certaines espèces, comme le *plantain lancéolé*, sont d'assez bonnes herbes.

Plantain (hauteur, 0ᵐ,80).

plaqueminiers. — Petits arbres des régions chaudes du globe, fournissant un bois lourd, dur, souvent noir, et un fruit comestible, qui est une baie globuleuse. Quelques espèces sont cultivées dans les jardins de France pour l'ornementation. Une autre, le *plaqueminier du Japon*, plus souvent appelée *kaki*, commence à être cultivée dans le midi de la France et en Algérie comme arbre fruitier. Les *kakis* présentent de nombreuses variétés, très rustiques, qui réussissent bien dans les régions chaudes de l'Europe; les fruits, d'un rouge brun, d'une saveur douce, sont assez agréables.

Le plus important des plaqueminiers est le *plaqueminier ébénier*, grand arbre des Indes et de Ceylan; c'est lui qui nous fournit le bois d'*ébène**.

platane. — Grand arbre *dicotylédone*, dont la hauteur peut dépasser 25 mètres, remarquable par son écorce mince, qui se détache en larges plaques (*fig.*). Le bois, assez dur, susceptible d'un beau poli, est employé par les tourneurs et les ébénistes. Le platane, originaire des régions chaudes, est depuis longtemps acclimaté en Europe; on le recherche pour l'ornementation des parcs et des promenades publiques, à cause de la rapidité de sa croissance et de la beauté de son feuillage. Il a l'inconvénient de répandre autour de lui

Rameau de platane.

un fin duvet, qui provient de la face inférieure des feuilles; ce duvet reste en suspension dans l'air quand

Platane commun (hauteur, 30ᵐ).

le temps est sec et chaud, il entre dans les organes de la respiration et détermine des irritations de la gorge.

platine. — Métal presque aussi blanc que l'argent, très brillant, ductile, malléable, tenace, assez mou; on peut le réduire en fils d'une extrême ténuité. C'est le plus lourd des corps usuels; sa densité est 22 fois plus grande que celle de l'eau. Il est très difficile à fondre; on ne peut le liqué-

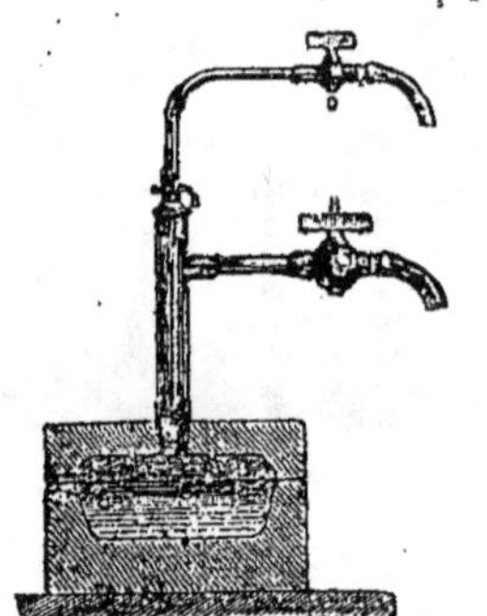

Fusion du platine à l'aide de la flamme de l'hydrogène alimentée par l'oxygène.

fier qu'avec la flamme très chaude de l'*hydrogène* alimentée par un courant de gaz oxygène (*fig.*). Le platine est complètement inaltérable à l'air à toute température; il résiste à l'action de presque tous les agents chimiques.

Le platine est assez peu répandu dans la nature. Le traitement de son minerai pour obtenir le platine pur est très laborieux, aussi le prix de ce métal est-il élevé. Il nous vient presque en totalité des monts Ourals.

Ce métal n'est guère employé que pour faire des instruments de chimie. C'est en un alliage de *platine* et d'*iridium* qu'on a confectionné les *mètres étalons* distribués aux nations qui ont adopté notre système métrique.

Enfin on utilise un peu le platine en orfèvrerie et en bijouterie.

Les composés du platine n'ont pas d'importance.

plâtrage. — Le *plâtrage*, ou adjonction de plâtre comme *amendement* dans les terres qui manquent de calcaire, produit les meilleurs effets, principalement sur les prairies artificielles. Au printemps, on répand le plâtre à la volée sur les luzernes, les sainfoins, les trèfles. C'est Franklin, l'inventeur du paratonnerre, qui, le premier, a conseillé en Amérique l'emploi du plâtre comme amendement.

plâtre. — Le plâtre est obtenu avec du *sulfate de chaux*, autrement nommé *gypse*, ou *pierre à plâtre*; cette pierre

Four à plâtre. — La pierre à plâtre est empilée dans un grand four en forme de hangar; on la cuit par un feu de fagots, allumé à la partie inférieure.

est une combinaison d'acide sulfurique, de chaux et d'eau. Chauffée modérément sous des hangars, avec un feu de fagots, la pierre à plâtre laisse partir cette eau, et il reste du sulfate de chaux sans eau, qui n'est autre chose que le plâtre (*fig.*).

C'est un solide blanc, que le commerce livre à l'état de poussière. Cette poussière, additionnée d'eau, forme d'abord un lait blanc qui durcit peu à peu ; on a ainsi une sorte de pierre tendre, qui recouvre les surfaces sur lesquelles on avait étendu le liquide au moment où la solidification commençait à se produire. A Paris et aux environs il existe d'énormes gisements de pierre à plâtre, qui constituent une des richesses de la ville.

Le plâtre sert dans les constructions pour cimenter les briques, dalles, faire les plafonds et les moulures ; il sert à confectionner par moulage un grand nombre d'objets. L'agriculture l'utilise comme *amendement*; on en ajoute aux vins médiocres pour assurer leur con-

la tendance aux hémorragies, la somnolence, les vertiges, le gonflement des veines du cou, qui font craindre une congestion cérébrale.

pleurésie (grec : *pleura*, plèvre). —Inflammation de la *plèvre* (Voy. **poumons**); affecte plusieurs formes distinctes. Débute par des frissons, de la fièvre, la soif, le dégoût des aliments ; puis apparaît un *point de côté*, douleur déterminée par l'inflammation ; la respiration est gênée ; ordinairement des quintes d'une toux sèche fatiguent beaucoup le malade. Le médecin reconnaît surtout la maladie à l'*auscultation*, qui lui fait reconnaître la présence d'un liquide accumulé dans la plèvre, liquide qui amène la gêne de la respiration par la pression qu'il exerce sur les poumons.

La pleurésie se termine par la résorption du liquide et la cessation de l'in-

Plâtre. — Moulin à broyer le plâtre cuit.

A A', Fours pour la cuisson du plâtre. B, Moulin à broyer le plâtre.

servation ; on en introduit dans la composition de beaucoup de pâtes à papier.

Additionné d'*alun*, le plâtre est susceptible de durcir d'avantage et de mieux résister aux intempéries de l'air ; additionné de colle forte, il constitue le *stuc*, qu'on peut polir comme le marbre.

pléthore (grec: *plétheïn*, être plein). — Sous ce nom on désigne une surabondance de sang, soit dans l'organisme entier, soit seulement dans un organe. La pléthore générale se reconnaît à la rougeur de la peau, le gonflement des veines, la dureté du pouls.

flammation. C'est une maladie grave ; la guérison arrive, dans les cas favorables, au bout de 15 à 20 jours ; mais il reste une grande susceptibilité à récidiver.

La pleurésie se traite par le repos, l'application de vésicatoires, les purgatifs, la diète. Si l'épanchement est trop abondant, et qu'il y ait menace d'asphyxie, on pratique une ponction au *trocart*, instrument semblable à celui qui sert dans le cas de *météorisation* des animaux herbivores, mais plus petit.

plie. — Poisson plat très commun

dans la Manche et dans l'Océan, se rapprochant de la sole ; sa chair est médiocrement estimée. L'espèce la plus répandue est la *plie franche*, nommée

Plie franche, ou carrelet (longueur, 0ᵐ,60).

aussi *carrelet* (*fig.*), dont la taille peut aller jusqu'à 0ᵐ,70. La *limande* est aussi une espèce du genre *plie*.

plomb. — Métal d'un gris bleuâtre, très brillant, mais se ternissant rapidement au contact de l'air. Il est assez mou pour qu'on puisse le rayer facilement avec l'ongle ; frotté sur le papier, il y laisse une trace grise. Il a une très faible ténacité ; on peut le réduire aisément en lames minces. Sa densité est onze fois et demie plus grande que celle de l'eau ; c'est le plus lourd des métaux usuels non précieux (le mercure, l'argent, l'or, le platine sont plus lourds). On le fond très aisément, à la température de 350°. Exposé à l'air humide, il s'oxyde et se ternit ; mais l'altération reste toujours superficielle ; le plomb fondu s'oxyde beaucoup plus rapidement et se recouvre d'une sorte de cendre, qui est de l'oxyde de plomb.

Le *plomb* forme avec les corps auxquels il se combine des composés généralement très vénéneux. Les ouvriers qui travaillent le plomb sont souvent atteints par un empoisonnement chronique très grave. Les empoisonnements par le plomb sont fréquents, non seulement chez les ouvriers qui travaillent ce métal et ses composés, mais aussi chez les autres personnes. Un grand nombre de matières alimentaires sont en effet rendues accidentellement toxiques parce qu'elles ont été placées dans des vases en plomb, ou falsifiées avec des substances renfermant du

plomb. Ainsi les bonbons et le beurre sont parfois colorés avec un composé de plomb ; les papiers d'étain qui servent à plier le chocolat, les boîtes éta-

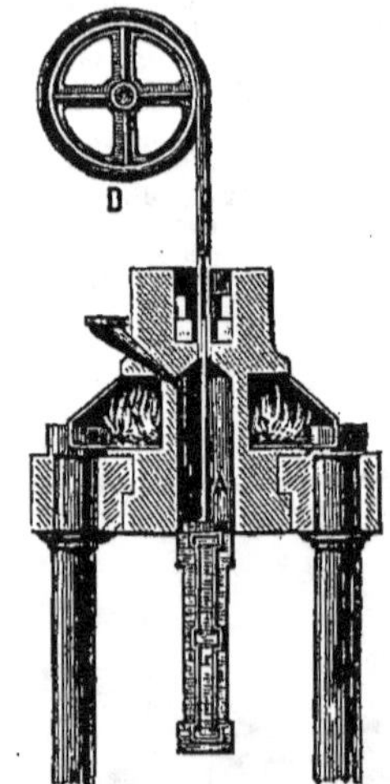

Fabrication des tuyaux de plomb. — Le plomb, placé dans le réservoir A, et doucement chauffé, est poussé vers le haut par le piston d'une presse hydraulique figuré audessous. Il s'écoule par une ouverture supérieure annulaire et se solidifie en un tuyau qu'on enroule sur le tambour D.

mées dans lesquelles sont les conserves alimentaires, contiennent parfois assez de plomb pour déterminer des accidents. On fait en plomb beaucoup de conduites d'eau (*fig.*) ; cela n'a pas d'inconvénient si les conduites doivent porter des eaux de source ou de rivière ; mais les eaux de pluie peuvent devenir toxiques en traversant des conduites de plomb.

On retire industriellement le plomb d'un minerai abondant en Angleterre, en Espagne, en Italie et dans l'Europe centrale. Ce minerai est la *galène*, ou *sulfure de plomb*, combinaison de plomb et de soufre. Le procédé le plus

Four à réverbère pour l'extraction du plomb de son minerai. — La galène est soumise à l'action de la flamme, qui brûle le soufre et laisse le plomb.

simple pour traiter ce minerai consiste à le chauffer dans un courant d'air, qui brûle le soufre et laisse le plomb (*fig.*).

Les usages du plomb sont nombreux. On en fait des tuyaux pour conduite d'eau et de gaz, un grand nombre d'appareils employés dans l'industrie, du plomb de chasse, des balles de fusil, la chemise des projectiles des canons rayés.

Un grand nombre d'alliages renferment du plomb; tels sont la soudure des ferblantiers (plomb et étain), les caractères d'imprimerie (plomb et antimoine).

Enfin plusieurs composés renfermant du plomb ont des usages.

La *litharge*, ou oxyde de plomb, sert à la fabrication du *cristal*, au vernissage des poteries, à la peinture sur porcelaine.

Le *minium*, autre oxyde de plomb plus riche en oxygène que le précédent, est une poudre très lourde, d'un très beau rouge; il sert aussi à la fabrication du cristal; il entre dans la composition d'un grand nombre de mastics; on l'emploie en peinture et dans la préparation des papiers peints; avec le minium on colore la cire rouge à cacheter.

Mais le composé du plomb le plus important est la *céruse*.

plombagine. — Voy. graphite.

plongeon. — Oiseau *palmipède* marin, d'un vol difficile. Les plus grandes espèces ont 1 mètre de long et 1m,65 d'envergure (*fig.*). Habite les régions du Nord en été et se dirige un peu vers le Sud en hiver. Est presque toujours sur la mer, où il pêche avec ardeur; peut plonger et rester plus de 8 minutes dans l'eau. Peut parcourir à la nage d'immenses espaces avec une grande rapidité; lutte de vitesse

Plongeon (hauteur, 1m).

avec les poissons les plus rapides. Son vol est pénible. Niche sur le bord des petits étangs d'eau douce; la ponte est de deux œufs. La chair ne paraît pas comestible.

pluie. — La *pluie* est constituée par des gouttes d'eau, plus ou moins grosses, plus ou moins nombreuses, qui tombent d'un *nuage* soumis à un refroidissement progressif. La pluie provient, en somme, de la vapeur d'eau qui se trouve toujours contenue dans l'atmosphère. Elle est le plus souvent occasionnée par l'arrivée d'un vent chaud et *humide*, venant de la mer, sur une région continentale plus froide. Aussi le vent chaud et humide du Sud-Ouest, qui a traversé l'Atlantique, amène quatre-vingt-dix fois sur cent la pluie en France et en Angleterre.

La répartition des pluies à la surface du globe est très irrégulière. 1o La quantité annuelle de pluie décroît le plus souvent à mesure qu'on s'éloigne de l'équateur pour se rapprocher des pôles; sous les tropiques, les pluies tombent avec une grande régularité, et elles sont le plus souvent torrentielles. — 2o Les pluies sont généralement plus abondantes sur les bords de la mer qu'à l'intérieur des terres. — 3o Les pluies sont plus abondantes sur les hauteurs que dans les plaines; les montagnes arrêtent et refroidissent les nuages, et déterminent ainsi la chute de la pluie; le versant tourné du côté de la mer est donc généralement fortement arrosé, tandis que le versant opposé est remarquable par sa sécheresse. — 4o Enfin l'abondance des pluies dépend des vents dominants de la région, de la situation topographique, de la présence des forêts ou des plaines dénudées.

A Paris, le nombre annuel moyen des jours de pluie est de 147, et la hauteur moyenne de l'eau tombée 570 millimètres.

plumes. — Les *plumes des oiseaux* sont des sortes de *poils* d'une architecture plus compliquée. Au milieu est une *tige* creuse, qui s'enfonce dans la peau; de cette tige partent des *barbes* qui, elles-mêmes, portent des barbules à peine visibles à l'œil nu. La forme, la couleur des plumes est très variable (*fig.*). Le *duvet*, caché sous les plumes,

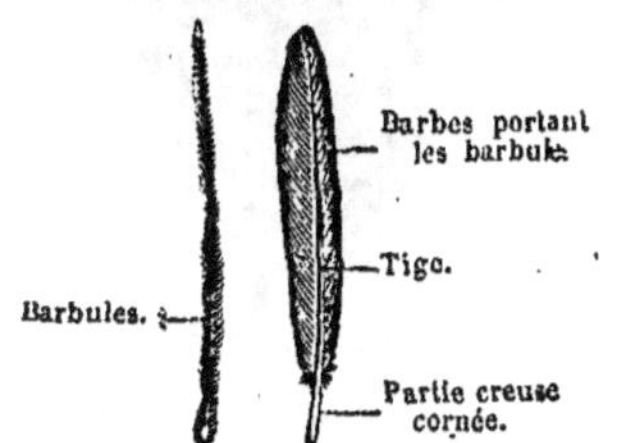

Plumes. — Détails d'une plume d'oiseau.

n'est pas sans analogie avec la laine.

Deux fois par an l'oiseau *mue*, c'est-à-dire renouvelle ses plumes, et dans plusieurs espèces le plumage d'hiver n'est pas semblable à celui d'été.

Les plumes des oiseaux constituent une fourrure chaude, qui la fait employer pour faire des matelas, des oreillers, des édredons (pour ce dernier usage on prend seulement le duvet), des garnitures de vêtements (peau de cygne). Nombre d'oiseaux aux riches couleurs fournissent leurs plumes ou même leur peau entière pour servir de parure aux dames (principalement l'autruche).

Plumes d'oie. — La tige des plumes de l'oie, taillée en pointe, sert à écrire ; cet usage est aujourd'hui bien délaissé.

Plumes métalliques. — Ce sont les plumes aujourd'hui les plus employées pour l'écriture.

pluvier. — Oiseau *échassier* long de 0m,28. Vit en grandes bandes ; ne passe que le commencement de l'hiver en France, venant du Nord. Cherche sa vie dans les plaines humides ou limoneuses ; se nourrit de vers, de limaces.

Pluvier (longueur, 0m,28).

Niche en été en Suède, en Norvège, en Laponie, en Islande. Bon gibier, à la condition d'être gras (*fig.*).

pluviomètre. — Instrument destiné à mesurer la quantité de pluie qui tombe en un lieu donné pendant un certain espace de temps (*fig.*).

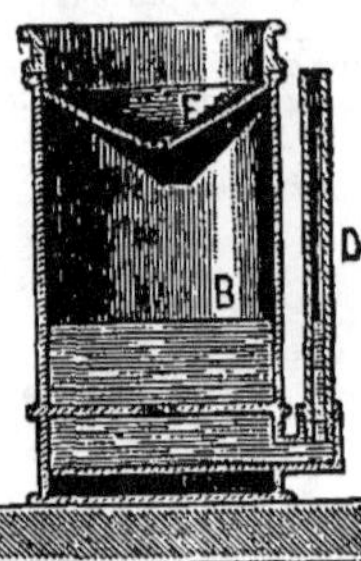

Pluviomètre. — L'eau de pluie est recueillie par l'entonnoir E ; elle tombe dans le réservoir B ; on mesure sa hauteur dans le tube D.

On en construit de plusieurs systèmes. Le plus simple consiste en un vase cylindrique, fermé à sa partie supérieure par un entonnoir de même diamètre. La hauteur d'eau qui tombe est donnée par la hauteur du liquide réuni dans le vase ; cette hauteur se lit sur un tube de verre.

pneumatique (machine). — Imaginée en 1620 par Otto de Guericke. Elle est destinée à retirer l'air des vases qui le contiennent. Il en existe plusieurs systèmes, dont un seul sera sommairement décrit ici. Un ou deux cylindres de verre, nommés *corps de pompe*, sont fermés chacun par un piston. Chaque corps de pompe communique par un canal avec la cloche A dans lequel on veut faire le vide. Des soupapes s'ouvrant de l'intérieur à l'extérieur ferment le canal de communication, ainsi que des conduits qui traversent les pistons. L'appareil fonctionne comme une pompe à eau. Supposons qu'il n'y ait qu'un piston et

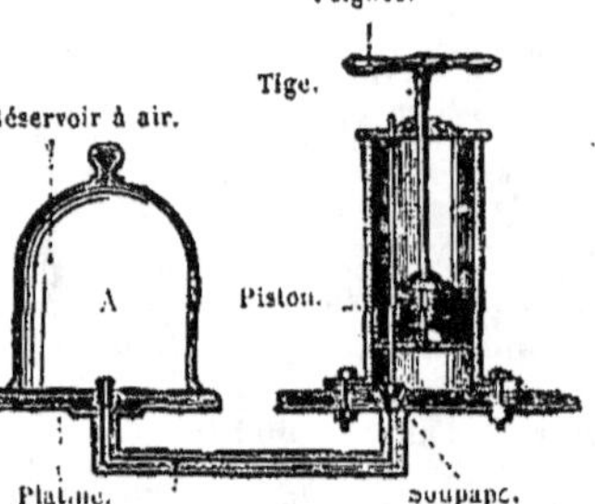

Principe de la machine pneumatique. — Le piston, en montant et descendant, fait fonctionner les soupapes, aspire l'air du réservoir et le refoule au dehors.

qu'il soit en bas de sa course. On le soulève : sa soupape reste fermée, maintenue par la pression atmosphérique extérieure ; mais la soupape du canal de communication s'ouvre, et une partie de l'air du récipient A passe dans le corps de pompe. Quand on abaisse le piston, cet air ne peut retourner d'où il vient, car la soupape se referme ; il force donc la soupape du piston à s'ouvrir à son tour, et il se répand à l'extérieur. Et ainsi, à chaque coup de piston, on enlève une partie de l'air du récipient, bientôt il n'en reste presque plus (*fig.*).

La machine pneumatique rend de grands services dans les laboratoires ; mais elle sert aussi dans l'industrie. Elle a alors des dimensions plus considérables et elle est disposée pour faire rapidement un vide partiel dans un grand récipient; une machine à vapeur la met en mouvement. Ainsi, dans les sucreries, on fait le vide dans les chaudières de concentration du sirop pour déterminer l'évaporation du jus à une température peu élevée. Dans les fabriques de drap, on emploie le vide pour faire passer à travers les tissus

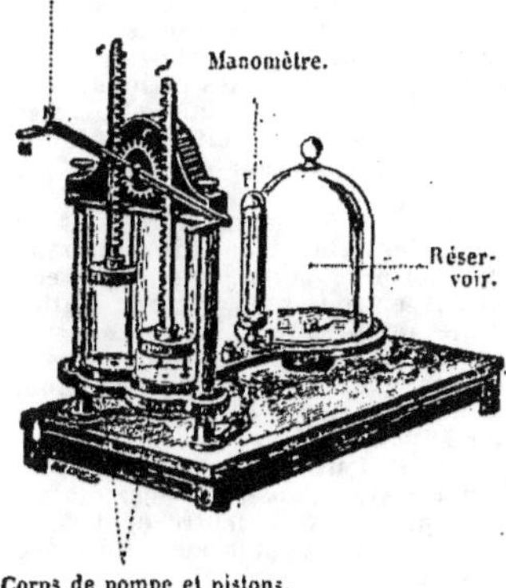

Machine pneumatique de laboratoire.

le gaz enflammé destiné à les flamber. On a même construit, en 1854, un *chemin de fer atmosphérique* près de Paris; il était mis en mouvement par la pression atmosphérique, s'exerçant à la surface d'un piston derrière lequel on faisait le vide. Ce chemin de fer a fonctionné pendant plusieurs années.

pneumonie. — La *pneumonie*, ou fluxion de poitrine, est l'inflammation du tissu du poumon; c'est donc une maladie plus profonde, et par suite plus grave que la pleurésie, ou inflammation de la plèvre, et la bronchite, ou inflammation des bronches.

C'est surtout une maladie de l'âge adulte, produite par un refroidissement, ou par une autre maladie (fièvre typhoïde, érysipèle, etc.). Débute par le frisson, la fièvre, le point de côté, la gêne de la respiration, une toux accompagnée de crachats visqueux renfermant du sang.

La terminaison est souvent fatale; ou bien la convalescence arrive au bout de deux ou trois semaines. Quelquefois il persiste une toux qui peut conduire à la phtisie. On traite par la saignée, la diète, les boissons émollientes et des remèdes très variés (émétique, kermès, calomel, etc.).

podomètre (grec : *pous*, pied; *métron*, mesure). — Instrument servant à mesurer le chemin parcouru par un piéton. Cet instrument a la forme et la dimension d'une montre; l'organe essentiel est un balancier qui est mis en mouvement par le choc du pied contre le sol; chaque oscillation du balancier correspond à un pas. Un compteur à rouages, qui donne le nombre des oscillations du balancier, donne donc aussi le nombre des pas. Si le marcheur connaît la longueur de son pas, ce qui est aisé, il en conclura le chemin parcouru. D'ailleurs chaque marcheur peut régler l'appareil d'après la longueur de son pas, de telle sorte qu'une aiguille donne immédiatement le chemin parcouru.

poêles. — Appareils en fonte ou en faïence dans lesquels on brûle le combustible destiné à chauffer les

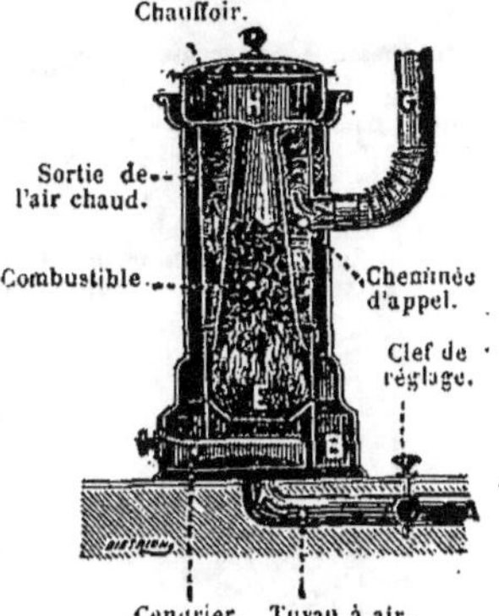

Poêle ventilateur, à combustion progressive. — Ce poêle a trois enveloppes concentriques; la cavité intérieure reçoit le combustible, qui ne brûle que progressivement, à mesure qu'il descend vers la grille du foyer E. Autour circulent les produits de la combustion, qui s'écoulent par la cheminée d'appel, C.
Enfin l'espace compris entre les deux enveloppes extérieures est rempli d'air qui, venu du dehors par le tuyau inférieur A, se chauffe au contact du poêle, et vient sortir par des ouvertures pratiquées à la partie supérieure. Le chauffoir H peut recevoir de l'eau.

appartements; à la sortie du poêle, la fumée se rend dans un tuyau, sorte de cheminée très étroite, qui la conduit au dehors. Les poêles chauffent beaucoup plus et beaucoup plus économiquement que les cheminées, mais ils produisent dans l'appartement une ventilation insuffisante; ils sont surtout employés dans les pays froids (*fig.*).

Les **poêles mobiles** en usage depuis quelques années constituent pour nos climats le procédé de chauffage à la fois le plus commode et le plus économique (*fig.*).

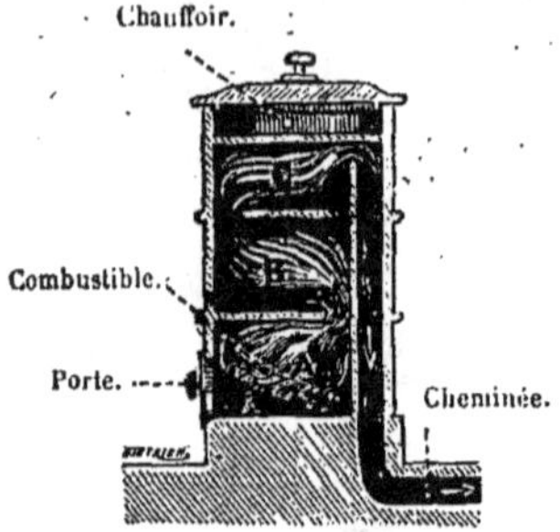

Poêle sans cheminée apparente. — Le combustible brûle en A; la flamme et la fumée passent en B, C et se rendent dans la cheminée d'appel. Dans le chauffoir, on peut mettre de l'eau, pour répandre un peu d'humidité dans l'atmosphère.

mique (*fig.*). Mais leur usage présente, quoi qu'en puissent dire les nombreux fabricants, de tels dangers que la plus

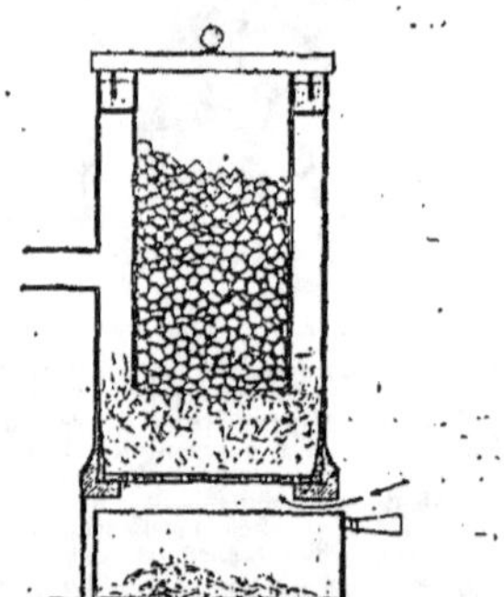

Poêle mobile. — Le poêle mobile ne diffère pas beaucoup, comme construction, du poêle ventilateur à combustion progressive. Mais il n'a que deux enveloppes, celle destinée à la ventilation étant supprimée. De plus la combustion y est trop lente, et il est par suite *impossible* d'éviter la production de *l'oxyde de carbone*, poison violent, et la diffusion de ce poison dans l'air de l'appartement. Poêle à repousser d'une façon absolue, en toutes circonstances.

élémentaire prudence devrait les faire proscrire *tous* d'une manière absolue.

poils. — Chez l'homme, la peau est nue, ou simplement recouverte d'un léger duvet; les véritables *poils* ne se rencontrent que par places, et encore assez rares, sur les bras, les jambes, la poitrine, et surtout à la tête (cheveux, barbe, sourcils).

Chez les mammifères, le corps est à peu près entièrement couvert de poils. Ces poils sont tantôt très gros, constituant alors de véritables *piquants*, comme dans le *hérisson*, et plus encore le *porc-épic*; tantôt raides, comme dans les *soies* du cochon; tantôt très longs, comme dans les *crins* du cheval; tantôt souples et fins, et diversement colorés, comme dans les animaux qui nous fournissent de belles fourrures.

Les poils des mammifères ont des usages importants; la *laine* des moutons, sorte de poils longs, fins, contournés en tous sens, est une matière textile de première importance; les peaux d'un grand nombre d'animaux, tannées avec leurs poils, nous fournissent des *fourrures* (voy. **pelleteries**); avec le poil du lièvre et celui du lapin on fait le feutre des chapeaux (voy. **chapellerie**); le poil de castor sert aussi pour faire le feutre et des pinceaux; on fait les pinceaux raides avec les soies du cochon.

On trouve aussi des poils sur un grand nombre de végétaux.

poiré. — Voy. **cidre**.

poireau. — Plante potagère dont la partie comestible est un bulbe peu renflé; on s'en sert surtout comme condiment, comme assaisonnement des potages; parfois on en fait des

Poireau.

plats (*fig.*). La multiplication se fait par semis, puis on repique les petits plants en ligne, à des distances convenables. Le poireau cru est diurétique, mais il est très indigeste.

poirée. — Nom de deux variétés de plantes du genre *bette*, la *bette poirée* et la *carde poirée*, cultivées comme plantes potagères. La première se mélange souvent à la salade; ses feuilles servent aussi à faire des cataplasmes émollients et à panser les vésicatoires; les côtes des feuilles de la seconde se mangent surtout cuites.

poirier. — Arbre de la famille des *rosacées* dont les fruits, petits et acerbes à l'état sauvage, ont été considérablement grossis et adoucis par la culture (*fig.*). La culture du poirier se fait dans tous les vergers, surtout en vue de la consommation directe des fruits; la reproduction s'en fait par greffe sur poirier ou sur coignassier. Parmi les innombrables variétés de poires, citons : la *louise-bonne* et le *bon-chrétien William* qui mûrissent en septembre; la *duchesse d'Angoulême*, en octobre; le *beurré magnifique* et le *doyenné d'hiver*, en décembre.

Poirier (rameau fleuri). Poirier (rameau portant des fruits).

Par fermentation du jus des poires on fabrique le *poiré*, boisson analogue au cidre. Toutes les variétés ne sont pas également bonnes à la production du poiré.

Le bois de poirier, à grain fin, susceptible de recevoir un beau poli, prenant bien la teinture en noir, est très employé pour la sculpture, la gravure sur bois (à défaut du buis et du cormier), la confection des règles, des équerres de dessinateurs, l'ébénisterie. C'est un bon bois de chauffage.

pois. — Le *pois des jardins*, ou *petit pois*, est une plante de la famille des *légumineuses*, originaire du Caucase, et cultivée depuis un temps immémorial (*fig.*). Les variétés en sont nombreuses; chez les unes, la tige peut s'élever à plus de deux mètres, quand elle est soutenue par un tuteur; chez les autres elle reste très courte. On divise ses variétés en *pois à écosser* et *pois mange-tout*, dans lesquels on mange les gousses en même temps que les

graines. On mange les pois à l'état frais (*petits pois*) ou secs (*pois secs*). Les pois frais sont de facile digestion;

Pois, avec une fleur et une gousse (hauteur de la plante 0m,30 à 2m, selon les variétés). Fleur du pois.

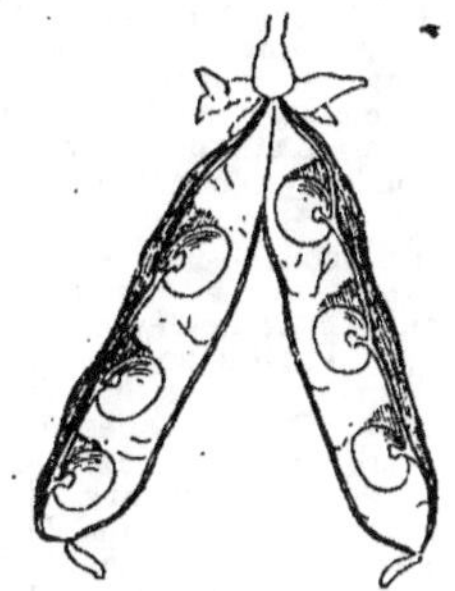

Gousse de pois ouverte.

il n'en est pas de même des pois secs.

pois chiche. — Plante de la famille des *légumineuses*, voisine des *pois*. Elle est surtout cultivée en Grèce, en Italie, en Espagne, et, en France, sur le littoral de la Méditerranée; les graines, alimentaires, sont d'une grande ressource pour la nourriture des peuples méridionaux. Torréfiés, les pois chiches sont employés comme succédanés du café.

poisons. — Substances dont l'introduction dans le torrent circulatoire détermine les accidents qui caractérisent l'*empoisonnement*. On les divise en poisons *irritants, narcotiques, narcotico-âcres* et *septiques.*

Poisons irritants. — Ces poisons causent d'abord une grande sensation de chaleur allant de la bouche à l'estomac ; des vomissements très douloureux ; des douleurs de ventre aiguës ; des suffocations, des déjections sanguinolentes, des convulsions, des sueurs froides ; même dans le cas de mort, le malade conserve ses facultés intellectuelles presque jusqu'au dernier moment. Parmi ces poisons il faut ranger les acides minéraux (acide sulfurique, acide arsénieux,...), les alcalis et les sels métalliques (potasse, sels de zinc, de cuivre et de plomb), l'iode, le brome, le chlore, le phosphore, beaucoup de végétaux (bryone, euphorbe), deux substances animales (cantharides et moules toxiques).

Poisons narcotiques. — Les principaux de ces poisons sont l'opium, la morphine et les sels de morphine. Ils ne causent généralement pas de vomissements ni de douleurs de ventre ; mais il y a constipation, vertiges, assoupissement, relâchement des muscles, pâleur, démangeaisons, refroidissement de la peau. L'acide cyanhydrique et les cyanures sont aussi des poisons narcotiques ; ils produisent de l'engourdissement, des vertiges, puis des convulsions, une insensibilité générale et enfin un anéantissement qui va souvent jusqu'à la mort.

Poisons narcotico-âcres. — Ces poisons déterminent une forte congestion du visage, la soif, la fièvre, le délire accompagné d'hallucinations, parfois de terribles convulsions, qui arrivent par accès, quelquefois des coliques et des vomissements. Dans les cas graves, la mort survient dans un anéantissement général ou dans un accès de convulsions. Parmi ces poisons se trouvent : aconit, belladone, atropine, jusquiame, ciguë, tabac, nicotine, strychnine, brucine, noix vomique, champignons vénéneux, oxyde de carbone.

Poisons septiques. — Ce sont les venins de serpents, le pus et le sang altéré, les matières putréfiées, l'acide sulfhydrique.

poissons. — Les *poissons* forment la cinquième classe des vertébrés. Ce sont des vertébrés ovipares, à sang froid et rouge, respirant toujours par des *branchies* et jamais par des *poumons*. Ces animaux sont organisés pour vivre toujours et uniquement dans l'eau. Le corps est généralement allongé et comprimé latéralement ; la locomotion se fait à l'aide de nageoires,

les unes paires, correspondant aux membres, les autres impaires, sur la ligne médiane du corps (*fig.*).

La bouche est munie de mâchoires, et disposée pour la mastication, sauf chez un petit nombre d'espèces, où elle est disposée pour la succion. Le cœur est composé seulement d'une oreillette et d'un ventricule, et il est placé sur le trajet du sang veineux. La respiration branchiale se fait pour les uns dans l'eau douce, pour les autres dans l'eau salée, quelques espèces pouvant alternativement vivre dans l'eau douce ou l'eau salée. Beaucoup de poissons, auxquels la respiration aquatique ne fournit pas assez d'oxygène, viennent souvent à la surface de l'eau respirer l'air en nature. Un grand nombre de poissons ont une vessie aérienne ou *vessie natatoire* ; on appelle ainsi une poche remplie de gaz, de forme variable, située au-dessous de la colonne vertébrale ; c'est un organe accessoire de respiration. Les gaz de la vessie natatoire ne proviennent pas du dehors ; ils se dégagent du sang. Le poisson n'a aucune action sur sa vessie ; celle-ci augmente ou diminue de volume suivant la pression ; quand le poisson monte, il est soumis à une pression moindre, et sa vessie se gonfle ; le contraire se produit quand le poisson descend. La vessie natatoire manque chez un grand nombre de poissons, qui alors sont toujours plus lourds que l'eau et ne peuvent rester immobiles sans descendre ; la plupart de ces poissons reposent sur le fond de la mer (raies, soles), ou sont des poissons de rapine (requins) effectuant des mouvements brusques de montée ou de descente.

Les poissons se reproduisent par des œufs. En général la femelle dépose ses œufs, en fort grand nombre, au fond de l'eau, et le mâle, pour les féconder, les arrose de sa *laitance*. Presque toujours les œufs sont abandonnés à eux-mêmes ; cependant certains poissons en prennent soin. Ainsi les mâles des épinoches construisent des nids pour la ponte, gardent les œufs, protègent les petits. Chez certaines espèces, les mâles possèdent une poche d'incubation pour les œufs. Les lamproies et les congres subissent des métamorphoses.

La progression des poissons dans l'eau est due aux mouvements de flexion du corps. La nageoire caudale, par ses mouvements, agit à la manière d'une hélice située à l'arrière d'un bateau. Les nageoires latérales servent surtout au maintien de l'équilibre et à la marche en arrière. Quelques poissons à nageoires pectorales énormes

LES POISSONS.

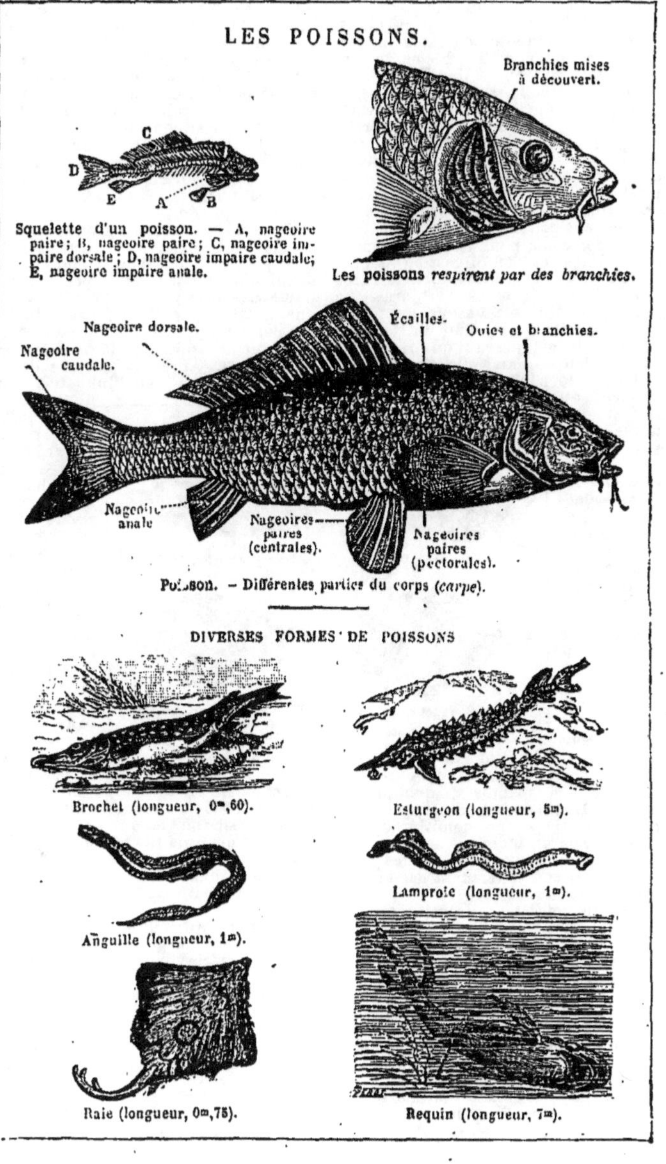

Poisson. — Différentes parties du corps (carpe).

DIVERSES FORMES DE POISSONS

Brochet (longueur, 0ᵐ,60).

Esturgeon (longueur, 5ᵐ).

Anguille (longueur, 1ᵐ).

Lamproie (longueur, 1ᵐ).

Raie (longueur, 0ᵐ,75).

Requin (longueur, 7ᵐ).

peuvent sortir de l'eau, monter sur le vent, à la manière d'un cerf-volant, après s'être donné une vitesse initiale plus ou moins considérable en agitant fortement leur queue dans l'eau ; on les nomme *poissons volants*.

La peau est généralement recouverte d'écailles ; rarement nue (lamproie, congre). On distingue plusieurs sortes d'écailles. Quelques poissons émettent de véritables sons qui paraissent se produire dans la vessie aérienne (grondins, harengs). Les sens sont généralement peu développés.

Les poissons, pour la plupart, sont comestibles et de digestion facile, mais leur chair est moins nourrissante que celle des autres vertébrés. La chair de certains poissons peut être toxique ; telle est la chair du thon, du germon, du maquereau, qui détermine des accidents quand elle commence à s'altérer ; le barbeau est nuisible au moment du frai et doit à ses œufs ses propriétés délétères. D'une façon générale, les œufs de poissons sont indigestes. La chair de plusieurs espèces est toxique en tous temps. L'ingestion des poissons vénéneux détermine des vomissements, une dilatation de la pupille, des crampes suivies d'une paralysie partielle des membres, quelquefois la mort. L'infusion concentrée de café, employée après les vomitifs, passe pour un bon antidote.

Voyageant souvent en grandes bandes, les poissons effectuent des migrations lointaines.

Certains poissons causent, quand on les touche, une commotion électrique très douloureuse ; tels sont la *torpille*, le *gymnote*, le *silure*. L'organe qui produit ce phénomène varie de position et de structure avec les espèces. Il se compose de cellules prismatiques recevant de nombreux vaisseaux et des nerfs d'une grosseur plus considérable que ceux qui se rendent aux autres parties du corps. Ces appareils électriques servent aux animaux qui les portent à paralyser leur proie, ou à se défendre contre leurs ennemis.

Chez certains poissons, la durée de la vie est très considérable. On connaît actuellement à peu près 10,000 espèces différentes de poissons ; et il est bien certain que beaucoup d'espèces marines sont encore inconnues, surtout celles des eaux profondes. La classification d'un nombre si considérable d'espèces est difficile ; elle ne trouverait pas sa place ici. Nous nous sommes contentés de parler, à leur ordre alphabétique, des espèces les plus importantes (*fig.*).

Les poissons ont une grande valeur économique, car la fertilité de la mer peut être considérée comme indéfinie. L'industrie de la pêche et les industries qui s'y rapportent font vivre une notable partie de la population des côtes et apportent à l'alimentation publique un appoint de la plus grande importance. Après la culture de la terre, la pêche est l'industrie qui donne lieu au mouvement commercial le plus considérable. La flottille de pêche maritime de la Grande-Bretagne, seule, se compose de plus de 37,000 bateaux, montés par plus de 100,000 matelots. Tous ces bateaux pêchent annuellement plus de 600,000 tonnes de poissons. En France, plus de 30,000 bateaux sont montés par plus de 80,000 pêcheurs ; 50,000 personnes pratiquent en outre la pêche sur les grèves ; la valeur en argent des produits obtenus dépasse 110 millions. La pêche, en eau douce, sans être aussi importante, occupe aussi un grand nombre d'individus.

Poissons plats.

Plie (longueur, 0m,60). Sole (longueur, 0m,25).

Turbot (longueur, 0m,80). Barbue (longueur, 0m,75).

poissons plats. — Les *poissons plats* forment un groupe tout à fait à part, caractérisé par la forme singulière du corps, qui est comprimé latéralement, et non symétrique. Le côté supérieur, qui porte les yeux et regarde la lumière, est fortement coloré, tandis que le côté inférieur ne l'est pas. La vessie natatoire manque. Ce sont des poissons marins qui affectionnent les fonds de sable et s'y tiennent ordinairement appliqués ; ils sont répandus dans toutes les mers, surtout dans les régions chaudes. Ces poissons, dont la chair est généralement très savoureuse, ont une grande importance dans l'économie domestique. Les espèces les plus répandues sur les côtes de France sont les suivantes.

La **limande**, 30 centimètres de long, très abondante dans la mer du Nord et la Manche ; moins abondante dans le golfe de Gascogne ; chair relativement peu estimée.

Le **carrelet** ou la **plie** a la même distribution géographique ; remonte les fleuves dont le fond est sablonneux. Chair également assez peu estimée (*fig.*).

La **sole**, couverte d'écailles dures, raboteuses et ciliées, peut atteindre 50 centimètres de longueur ; commune sur les côtes de France ; très estimée (*fig.*).

Le **turbot** est beaucoup plus large ; sa forme est celle d'un losange ; la longueur peut dépasser 80 centimètres avec une largeur presque aussi grande ; se trouve surtout dans la mer du Nord et la Manche. Extrêmement vorace, il vit principalement de petits poissons et de crustacés. Sa chair, blanche, ferme, savoureuse, est des plus recherchées. On le prend surtout au printemps. La pêche en est fort importante (*fig.*).

La **barbue**, un peu moins large que le turbot, couverte de petites écailles minces, arrondie, peut atteindre presque la longueur du turbot. Sa chair est au moins aussi estimée (*fig.*).

poivre. — Fruit desséché du *poivrier*, récolté avant sa maturité ; il a une saveur âcre, brûlante ; c'est un condiment dont on ne doit pas abuser. Le *poivre blanc* est le même que le *poivre noir*, mais débarrassé de son enveloppe.

poivrier. — Plante sarmenteuse de la famille des *pipéracées*, croissant

Poivrier noir (hauteur, 4ᵐ).

dans les tropiques, et principalement à Java, Sumatra, Bornéo, Cayenne. On plante le poivre sur l'emplacement de

forêts incendiées ; les plants grimpent aux arbres morts, qui leur servent de tuteurs ; on fait la récolte des fruits toute l'année, à mesure qu'ils arrivent à maturité (*fig.*).

poix. — On désigne sous ce nom diverses substances visqueuses. La *poix de Bourgogne* est le suc résineux du *faux sapin*. Elle est employée en médecine.

La *poix noire* des cordonniers se prépare en brûlant les copeaux des pins et des sapins qu'on a enlevés à ces arbres pour faire les entailles par lesquelles s'écoule la *térébenthine*. Par suite d'une combustion incomplète, la résine dont ces copeaux sont imprégnés donne la poix.

polygonées. — Plantes *dicotylédones* à *pétales*, ayant un calice à quatre ou six pièces ; fleurs contenant ordinairement à la fois les étamines et le pistil ; pistil formé d'un ovaire libre, à une seule loge terminée par

Polygonée (exemple : *oseille*).

deux ou trois stigmates, fruit à trois angles. Les polygonées fournissent des plantes alimentaires ou médicinales (oseille (*fig.*), patience ou rhubarbe, sarrasin).

polype. — En médecine, un *polype* est une tumeur développée sur une membrane muqueuse et présentant un aspect très variable. On guérit les polypes en les enlevant par divers procédés chirurgicaux (excision, ligature, cautérisation,...). Il se développe des polypes dans les fosses nasales, qui peuvent déterminer la mort par asphyxie ou hémorragie, des polypes dans l'oreille.

polypes. — On nomme *polypes* des animaux *rayonnés* cœlentérés vivant en colonie sur un support commun, qui est un produit de leurs sécrétions. La colonie présente alors

Polypes. — Petit fragment de *polypier*, portant un *polype* (ou corail) épanoui.

l'aspect d'un petit arbuste, dont chaque feuille serait un animal (*fig.*). Le support commun à tous les polypes se nomme un *polypier*. (Voy. **coraux, madrépores**).

pomme de terre. — Plante *dicotylédone* de la famille des *solanées*, remarquable surtout en ce que ses tiges souterraines se renflent en certains *points et emmagasinent ainsi des matières nutritives, pour former des tubercules capables de donner ensuite naissance à des pieds nouveaux*. Elle est originaire du Chili, où on la trouve encore à l'état sauvage, *et fut introduite en France après la découverte de l'Amérique*. Elle était plantée en Allemagne, dans les Vosges, dès le xvııe siècle, mais sa culture à titre de plante alimentaire n'a commencé à prendre de l'extension qu'à la fin du siècle dernier, grâce aux efforts de Parmentier; aujourd'hui elle est devenue, au point de vue agricole, aussi importante que les céréales les plus anciennement cultivées (*fig.*).

Port de la pomme de terre (hauteur de la plante, 0m,50).

Les tubercules de la pomme de terre sont surtout riches en fécule; ils renferment fort peu de matière azotée et constituent par conséquent une matière nutritive inférieure à celle qui nous est fournie par les céréales et les légumineuses; mais ils rendent cependant d'énormes services aux populations rurales. Du reste la pomme de terre se prête à la confection de plats si variés qu'elle figure aussi constamment sur les tables les plus riches. Outre leurs usages dans l'alimentation de l'homme, les pommes de terre sont également consommées par les animaux domestiques, et principalement par les porcs. On en retire de la *fécule*, ou l'utilise pour la fabrication de l'*alcool*.

En France, on cultive surtout ce tubercule dans toute la région du Nord, de l'Est ou de l'Ouest. La reproduction se fait par les tubercules mêmes, qu'on enfouit sous terre, et dont chacun donne naissance à une plante nouvelle. Les terrains meubles, bien perméables à l'eau, sont particulièrement propres à cette culture. Les variétés sont véritablement innombrables, donnant des tubercules plus farineux ou plus fermes, à chair blanche ou colorée, de forme ronde ou ovale, régulière ou irrégulière, de petite ou de grande taille; de ces variétés, les unes sont hâtives, les autres tardives (*fig.* p. 621).

pommier. — Arbre de la famille des *rosacées*, dont la culture remonte à la plus haute antiquité. On en connaît un grand nombre de variétés, qu'on reproduit par *greffage*, sur des pieds obtenus eux-mêmes de graines.

Récolte des pommes en Normandie.

Avec certaines variétés (*barbarie, médaille d'or, rouge bruyère, reine des pommes*) on fait le *cidre*. Les variétés destinées à l'alimentation directe sont fort nombreuses (*reinette de Caux, pomme Calville*).

Les pommes sont d'une conservation facile pendant tout l'hiver, surtout celles qui arrivent tard à maturité.

Rameau fleuri du pommier.

Le pommier demande un climat tempéré, brumeux et humide: il réussit mal sous le climat du Midi (*fig.*).

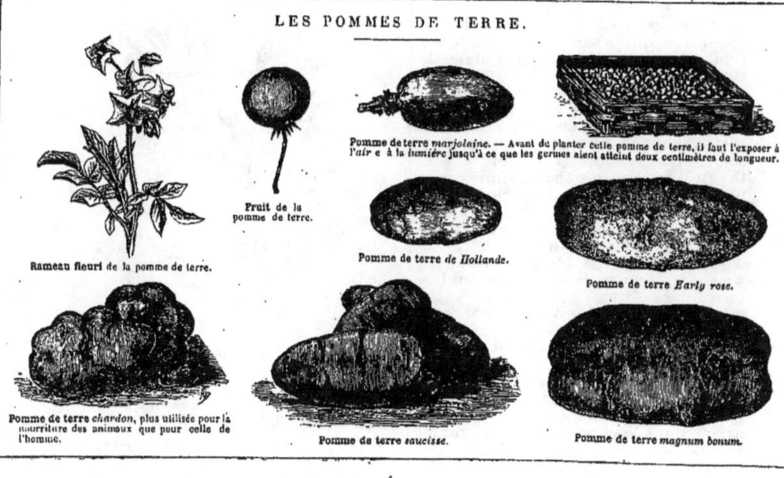

LES POMMES DE TERRE.

Rameau fleuri de la pomme de terre.

Fruit de la pomme de terre.

Pomme de terre marjolaine. — Avant de planter cette pomme de terre, il faut l'exposer à l'air e à la lumière jusqu'à ce que les germes aient atteint deux centimètres de longueur.

Pomme de terre de Hollande.

Pomme de terre Early rose.

Pomme de terre chardon, plus utilisée pour la nourriture des animaux que pour celle de l'homme.

Pomme de terre saucisse.

Pomme de terre magnum bonum.

pompes. — Les *pompes* ont pour objet d'élever l'eau ou tout autre liquide. Elles sont de plusieurs formes et agissent de plusieurs manières; les plus souvent employées sont les suivantes (*fig.* p. 623) :

Pompe aspirante (*fig.*). — Un corps de pompe, placé à une certaine distance au-dessus de l'eau, communique avec le liquide par un tuyau d'aspiration. Il renferme un piston. Une soupape est au sommet du tuyau, une autre ferme un conduit percé dans le piston; toutes deux s'ouvrent de bas en haut. Un tuyau supérieur, au-dessus du piston, sert au déversement du liquide soulevé. La pompe, d'abord pleine d'air, fonctionne comme une machine pneumatique (voy. ce mot). A mesure que l'air est expulsé, la pression atmosphérique qui s'exerce sur l'eau du puits fait monter le liquide dans le tuyau d'aspiration.

Bientôt la pompe est amorcée, c'est-à-dire pleine d'eau. A partir de ce moment, l'eau passe au-dessus du piston chaque fois que celui-ci descend; elle est soulevée et sort par le tuyau d'écoulement chaque fois que le piston monte. Dans cette pompe, la pression atmosphérique est la cause de l'ascension du liquide : il en résulte que le tuyau d'aspiration ne devra pas dépasser 10^m,33 de hauteur. Dans la pratique, à cause des fuites possibles, on ne dépasse pas 8 mètres.

Pompe foulante (*fig.*). — Le corps de pompe est plongé dans l'eau même du puits. Il est muni d'un piston plein. Deux ouvertures, fermées par des soupapes, communiquent avec l'eau du puits et avec le tuyau d'ascension. Quand le piston monte, l'eau du puits arrive dans le corps de pompe; quand le piston descend, l'eau est refoulée dans le tuyau d'ascension. Ici la pression atmosphérique n'intervient pas.

Pompe aspirante et foulante (*fig.*). — En mettant le corps de pompe au-dessus du niveau de l'eau, et le munissant d'un tuyau d'aspiration, on peut transformer la pompe foulante en pompe aspirante et foulante.

Pompe à incendie (*fig.*). — C'est une double pompe aspirante et foulante, qui refoule l'eau dans un réservoir à air. L'arrivée du liquide dans le réservoir comprime l'air qui s'y trouve contenu. Celui-ci, par sa pression, refoule alors l'eau à l'extérieur, en un jet puissant et continu. La manœuvre de cette pompe est très pénible.

Les pompes destinées aux usages domestiques sont généralement des pompes aspirantes. Elles sont manœuvrées à bras, soit à l'aide d'un levier oscillant autour d'un point fixe, ou bien d'une manivelle tournant d'un mouvement continu.

La pompe à modérateur, si universellement employée, est la pompe foulante, dont le piston est mis en mouvement par un ressort. Les pompes industrielles sont plus grandes, mues par des machines à vapeur; dans les travaux de dessèchement qui s'effectuent constamment en Hollande, les pompes sont souvent mises en mouvement par des moulins à vent.

populage. — Herbe de la famille des *renonculacées*, qu'on rencontre souvent dans les prairies humides et les marécages. Elle est vénéneuse;

Populage des marais (haut. de la plante, 0^m,30).

les bestiaux évitent de la manger, mais elle détermine parfois des empoisonnements accidentels (*fig.*).

porcelaine. — Voy. **céramique**.

porcelaine. — *Mollusque* marin *gastéropode* dont la coquille, de forme très régulière, offre de belles colorations. On rencontre diverses espèces de *porcelaines* dans toutes les mers du globe; les plus belles sont entre les tropiques. Beaucoup de peuplades sauvages font intervenir les belles coquilles des porcelaines dans leur parure (*fig.*).

Porcelaine.

porc-épic. — Le *porc-épic* (*fig.*) est un mammifère *rongeur* au corps ramassé et à la queue courte. Le corps est recouvert presque complètement de piquants creux, en tuyaux de plumes. On en connaît plusieurs espèces. Le porc-épic commun se rencontre en Afrique, le long des

DIFFÉRENTES SORTES DE POMPES.

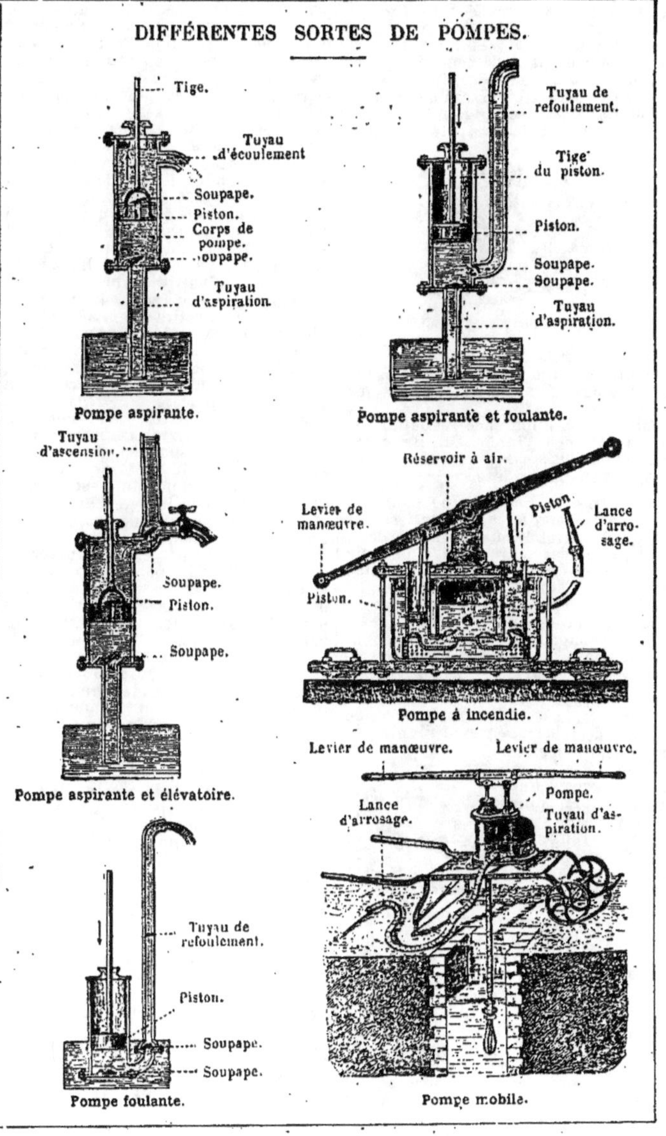

Pompe aspirante.

Pompe aspirante et foulante.

Pompe aspirante et élévatoire.

Pompe à incendie.

Pompe foulante.

Pompe mobile.

côtes de la Méditerranée; en Europe il est plus rare (Italie, Sicile, Grèce). Ses piquants sont très forts et très longs; son corps a 66 centimètres de longueur, sa queue 16 centimètres; il pèse de 10 à 15 kilos. L'animal peut à volonté abaisser ses piquants, ou les dresser pour sa défense; ils sont peu

Porc-épic (longueur, 0ᵐ,70).

solidement fixés et ils tombent facilement. Cet animal vit seul, mangeant des racines, des fruits, l'écorce des arbres.

Malgré son apparence redoutable il est absolument inoffensif. Sa chair est comestible; ses piquants ont des usages peu importants.

porcins. — Les *porcins* sont des animaux mammifères caractérisés par un pied fourchu ou fendu en deux parties égales; leurs dents, de trois sortes, sont disposées pour un régime omnivore; leur estomac est simple, ou peu compliqué, et non disposé pour la rumination.

Les principaux porcins actuellement vivants sont le *cochon domestique*, le *sanglier*, le *pécari*, l'*hippopotame*.

porphyre. — Roche analogue au *granit*. Mais les cristaux de *mica*, de *quartz*, de *feldspath* y sont réunis par un ciment non cristallisé. Sert aux mêmes usages que le granit. La plus belle variété est le porphyre rouge antique dont les anciens ont fait un grand usage comme pierre de décoration. A Paris, le porphyre commun

Fragment de porphyre.

est employé à faire des pavés, des dalles de trottoirs (*fig.*).

potasse. — La *potasse caustique* est de l'*oxyde de potassium*, ou combinaison de *potassium* et d'*oxygène*. C'est un solide blanc, opaque, qui fond au rouge; ce solide est très soluble dans l'eau, déliquescent à l'air. A l'état solide, comme à l'état de dissolution, c'est un caustique puissant, qui dissout rapidement la peau et perfore les membranes. On prépare la *potasse caustique* en traitant une dissolution bouillante de carbonate de potasse par de la chaux; on a une dissolution de potasse, qu'il ne reste plus qu'à évaporer. La potasse caustique est utilisée comme caustique, en médecine, sous le nom de *pierre à cautère*.

Mais dans le commerce et l'industrie on donne en outre le nom de *potasse* au *carbonate de potasse* (combinaison de l'acide carbonique avec la potasse). Le carbonate de potasse pur est un sel blanc, d'une saveur âcre; il est très soluble dans l'eau; il est déliquescent à l'air. L'industrie le prépare ordinairement impur, sous le nom de potasse. On le retire des *cendres* des végétaux et surtout des végétaux terrestres; cette extraction se fait principalement en Russie et dans l'Amérique du Nord. On a ainsi ce qu'on nomme la *potasse de Russie*, la *potasse d'Amérique*, qui sont en masses dures, grises; la *potasse perlasse* est la plus blanche. On en retire aussi du suint de la *laine*. Mais la source la plus importante est la préparation qu'on en fait en chauffant un mélange de sulfate de potasse, de craie et de charbon.

Par tous ces procédés de préparation, on obtient des *potasses* composées de carbonate de potasse, mélangé à de nombreuses impuretés. On les emploie pour la fabrication du cristal, du verre de Bohême, du salpêtre, de l'alun, du chlorate de potasse, des savons mous, de l'eau de Javel, pour le blanchiment et le blanchissage des toiles. Ces *potasses* commerciales constituent donc un produit important.

potassium. — Métal dont les composés sont très répandus dans la nature et très importants par leurs usages. C'est un métal blanc, mou comme la cire, plus léger que l'eau, tellement oxydable qu'on doit le conserver à l'abri de l'air, dans du pétrole. On ne peut même pas le conserver sous l'eau, car il décompose ce liquide pour s'emparer de son oxygène, de telle sorte qu'il s'enflamme au simple contact de l'eau. On le prépare en chauffant fortement un mélange de charbon et de carbonate de potasse. Il n'a d'ailleurs aucun usage à l'état métallique. Mais ses composés sont au contraire importants.

Les principaux de ces composés sont la *potasse* (voy. ce mot), le *carbonate de potasse* (voy. **potasse**), l'*azotate de potasse* (voy. **salpêtre**), le *chlorure de potasse* ou *eau de Javel* (voy. **chlo-**

rures **décolorants et désinfectants**), et quelques autres dont nous disons deux mots ici.

Le *chlorure de potassium* (chlore et potassium) se retire des cendres de varechs (voy. **iode**), et aussi des eaux de la mer (voy. **sel marin**). En médecine il est employé comme digestif; impur, il sert en agriculture comme engrais; c'est en parlant de ce chlorure qu'on prépare le *salpêtre*, l'*alun*, le *carbonate de potasse*.

Le *bromure de potassium* (brome et potassium) et l'*iodure de potassium* (iode et potassium) rendent de grands services en médecine.

Le *cyanure de potassium* (cyanogène et potassium) sert en photographie, en galvanoplastie, en médecine. C'est un poison extrêmement violent, qui ne peut être manié qu'avec les plus grandes précautions.

Le *sulfate de potasse* se retire des cendres de certains végétaux; on le prépare aussi en faisant agir l'acide sulfurique sur le chlorure de potassium; il sert à préparer le carbonate de potasse.

Le *chlorate de potasse* (combinaison d'*acide chlorique* et d'*oxyde de potassium*) entre dans la composition de plusieurs *poudres* employées en pyrotechnie (voy. **feux de Bengale**); en médecine il est employé contre le mal de gorge.

Le *silicate de potasse* (*acide silicique* et *oxyde de potassium*), étendu en dissolution sur la pierre calcaire, la rend capable de résister beaucoup mieux à l'humidité et à la gelée; on l'emploie pour coller la pierre, le verre, la porcelaine. En chirurgie on le fait intervenir pour préparer les bandages destinés à immobiliser les membres fracturés.

poteries. — Voy. **céramique.**

potiron. — Voy. **citrouille.**

pou. — Les *poux* sont de petits insectes de la famille des *hémiptères*. Ils n'ont pas d'ailes et ne subissent pas de métamorphoses. Vivent en parasites sur les animaux à sang chaud, dont ils sucent le sang. Le *pou humain de la tête*, long au plus de 0ᵐ,002, se rencontre sur la tête des personnes malpropres; les œufs (*lentes*) sont de

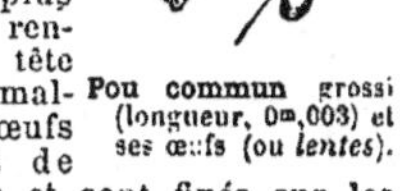

Pou commun grossi (longueur, 0ᵐ,003) et ses œufs (ou *lentes*).

forme allongée et sont fixés sur les cheveux (*fig.*); les petits qui naissent bientôt sont eux-mêmes en état de se reproduire au bout de 18 jours.

La pullulation des poux est donc très rapide. Des soins de propreté sont suffisants pour les anéantir.

Un grand nombre de mammifères ont des poux qui leur sont particuliers. Ces poux ont des dimensions peu différentes de celles des poux humains; l'un des plus grands, le pou du porc, atteint 0ᵐ,005 de longueur.

poudre. — La *poudre à tirer* (poudres de guerre, de chasse, de mine) est un mélange intime d'*azotate de potasse*, ou *salpêtre*, de *charbon* et de *soufre*. Le soufre et le charbon sont deux corps combustibles, c'est-à-dire deux corps capables de se combiner vivement à l'oxygène de l'air, pour donner des gaz nommés *acide carbonique* et *acide sulfureux*. Le *salpêtre*, au contraire, n'est pas combustible; c'est au contraire un composé qui renferme beaucoup d'oxygène, et qui, par suite, est capable de remplacer l'air pour faire brûler le soufre et le charbon. Si donc on mélange les trois corps, ils formeront une poudre capable de brûler en vase clos, sans air, puisque le salpêtre fournira l'oxygène qui est d'habitude fourni par l'air. Dans cette combustion en vase clos il se forme un grand volume de gaz acide carbonique provenant de la combustion du charbon, et de gaz azote provenant du salpêtre; ces gaz, qui se produisent ainsi dans un petit espace, y prennent une forte pression capable de briser le vase; de là la force explosive de la poudre.

Les proportions des trois substances qui forment la poudre varient légèrement d'un pays à l'autre. En France, la poudre de guerre renferme 75 0/0 de salpêtre, 12,5 0/0 de soufre et 12,5 0/0 de charbon. La poudre de chasse renferme un peu plus de charbon, la poudre de mine un peu plus de soufre.

Fabrication de la poudre. — Les trois substances, parfaitement pulvérisées, sont mélangées dans les proportions convenables, arrosées avec un peu d'eau et soumises pendant plusieurs heures à l'action de pilons en bois; on obtient ainsi un mé-

Pilon.

lange parfaitement homogène. La galette humide que les pilons ont produite

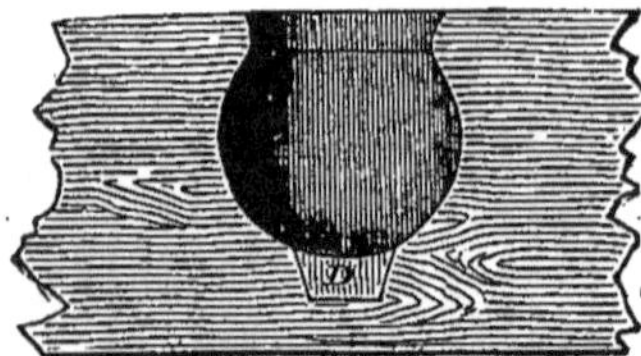

On *pile* la poudre dans un *mortier* de chêne, à l'aide d'un pilon mû par une roue hydraulique.

est passée à travers un crible (*fig.*), qui la réduit en grains de grosseur très ré-

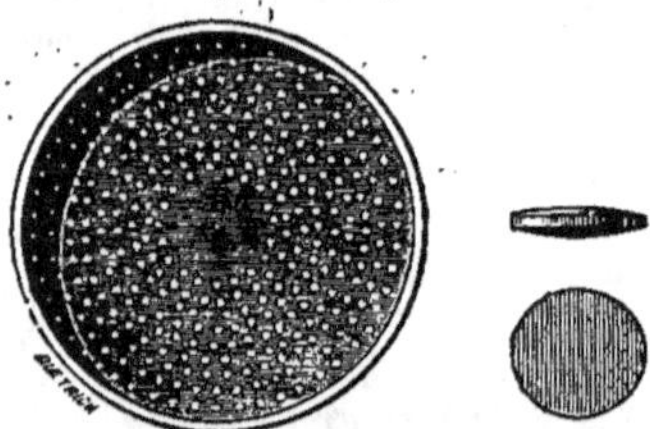

On *granule* la poudre par passage à travers un crible ; un lourd disque de bois, tournant sur le crible, force le passage.

gulière ; il ne reste plus qu'à *lisser* ces grains, en les faisant tourner doucement

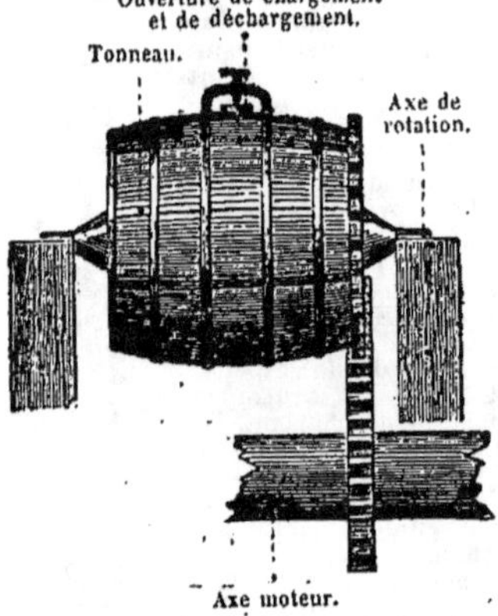

On *lisse* la poudre en la faisant tourner longtemps dans un tonneau, de manière que les grains glissent doucement les uns sur les autres.

dans une barrique pendant plusieurs heures (*fig.*) : alors la poudre est terminée. Elle doit être conservée à l'abri de l'humidité, dans des tonneaux bien fermés.

La meilleure poudre, pour une arme donnée, est celle qui brûle d'une manière complète dans le temps que le projectile met à parcourir l'âme de la pièce, de manière à lui imprimer, non instantanément, mais successivement, toute la force de projection dont elle est susceptible. C'est pour arriver à régler, par cette condition, la rapidité de la combustion, qu'on change pour chaque usage particulier les proportions des substances constituantes de la poudre, ainsi que la forme et la grosseur des grains.

Poudres diverses. — La poudre ordinaire, dite *poudre noire*, n'est pas la seule en usage. Il y a un grand nombre d'autres formules. Ainsi on nommé *poudre blanche* une poudre qui renferme du *sucre en poudre*, du *chlorate de potasse*, et un autre sel nommé *prussiate de potasse*. Cette poudre, d'une grande force, était autrefois employée pour charger les obus et les torpilles ; elle est bien délaissée depuis qu'on possède la dynamite. Pour l'armée française on fabrique maintenant une poudre nouvelle, dite *poudre sans fumée*, qui est de beaucoup supérieure à l'ancienne poudre noire.

pouillot. — Petit oiseau *passereau* ; longueur totale 12 centimètres. Niche à terre, dans les herbes. Très utile, car il se nourrit exclusivement d'insectes.

poule. — Voy. coq.

poule d'eau. — Oiseau *échassier* très commun en France, surtout dans le Nord et le Centre ; coloration générale grise ; longueur 33 centimètres. Habite le bord des rivières et des étangs, les marais. Nage avec facilité, mais reste ordinairement sur la rive ; elle plonge aisément, surtout quand un danger la menace. Se nourrit de

Poule d'eau (longueur, 0ᵐ,33).

graines, herbes, petits poissons, mollusques et reptiles aquatiques. Elle niche par terre, sur le bord ; 5 à 8 œufs d'un blanc jaunâtre, irrégulièrement tachetés de brun, les petits courent et mangent en naissant. N'émigre pas ; en hiver elle se tient près des sources et des eaux vives qui ne gèlent pas. Gibier fort peu estimé (*fig.*).

poulie. — Une *poulie* est formée d'un disque circulaire creusé, autour de sa tranche, d'une *gorge* dans laquelle s'engage une corde; la poulie est mobile autour de l'axe qui la traverse en son milieu, et qui est porté par une *chape*. L'effort à exercer,

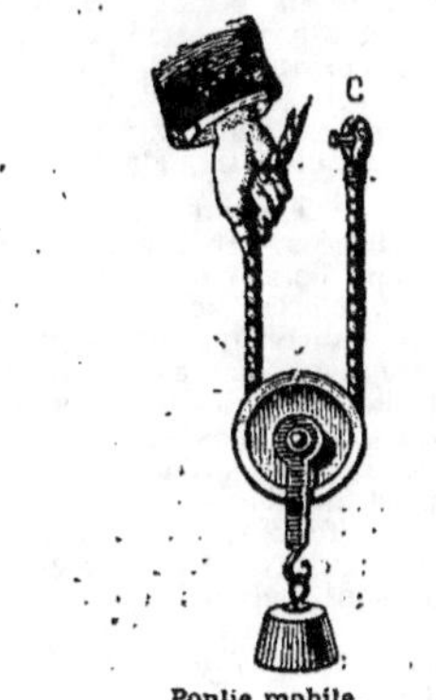

Poulie mobile.

pour monter un poids à l'aide d'une poulic, est égal à la moitié de la valeur de ce poids (*fig.*).

La *moufle* est formée par la réunion de plusieurs poulies sur une même

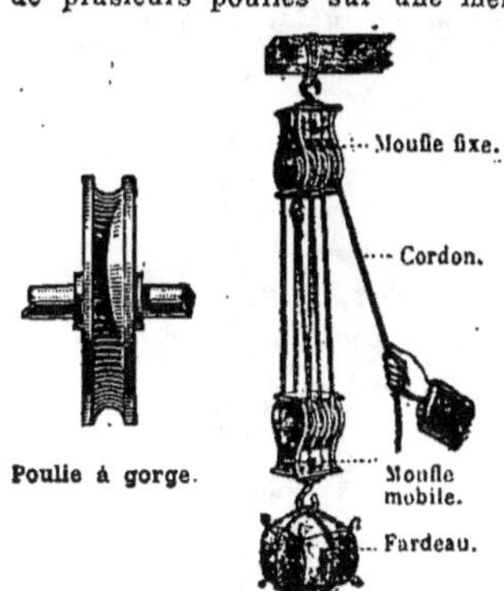

Poulie à gorge.

Poulies mouflées.

chape. Pour soulever les lourds fardeaux, on se sert d'un assemblage de deux moufles, l'une fixe, l'autre mobile. L'effort à exercer est égal à la valeur du poids, divisée par le nombre des cordons qui vont d'une moufle à l'autre (*fig.*).

poulpe. — Mollusque *céphalopode*, nommé aussi *pourpre*, *pieuvre* (*fig.*). Ses huit bras portent chacun deux rangées de ventouses. Quand l'animal est excité, son corps prend des colorations diverses et se hérisse de sortes de petites verrues jaunâtres. Vit dans la mer, dans les trous des rochers, où il guette sa proie, composée de mollusques et de crustacés; mais, malgré sa taille souvent assez grande, il n'est pas redoutable pour l'homme.

Poulpe commune (longueur, les bras complètement étendus, 0m,80).

Le poulpe se trouve abondamment sur nos côtes, où il est pêché pour l'alimentation, et aussi pour servir d'amorce aux pêcheurs. Pour échapper à ses ennemis, le poulpe répand dans l'eau, autour de lui, un liquide noir qu'il sécrète dans une poche spéciale.

pouls. — Mouvement alternatif des artères, dû à la contraction des ventricules du cœur, qui poussent d'une façon intermittente le sang dans les canaux artériels; les veines n'ont généralement pas de mouvements semblables, à cause de leur éloignement de l'impulsion primitive (voy. **veines**) et de leur défaut d'élasticité. On sent aisément la dilatation qui constitue le pouls aux artères du poignet, de la tempe. L'étude du pouls fournit au médecin des indications précises sur la puissance et la faiblesse des contractions du cœur; cette étude peut, dans certains cas, être faite à l'aide d'instruments de précision qui en détaillent tous les caractères.

Le nombre des battements chez le nouveau-né est supérieur à 160 par minute; puis il diminue progressivement et arrive à 100 à deux ans, 90 à sept ans, 70 dans l'âge adulte; ce ne sont là que des nombres moyens. Chez la femme les battements sont un peu plus rapides que chez l'homme.

Dans la maladie le pouls change. La fièvre le rend plus rapide, plus fort et plus brusque; dans la syncope, il devient plus lent et moins fort. Dans les maladies du cœur, le pouls est irrégulier.

poumons. — Organes situés dans le thorax, au nombre de deux, à droite et à gauche du cœur; jouent un rôle essentiel dans la *respiration*. Ils sont entourés et protégés par une membrane séreuse double, la *plèvre*, dont la partie externe est collée aux parois du thorax et la partie interne aux poumons ; de sorte que, dans les mouvements de respiration, il y a seulement frottement des deux parties de la *plèvre* l'une *contre* l'autre ; ce frottement est rendu plus doux par la sérosité qui est sécrétée entre les deux faces internes de la plèvre ; l'inflammation de la plèvre constitue la *pleurésie*.

La constitution des poumons est complexe (*fig.*). Les *bronches*, en se

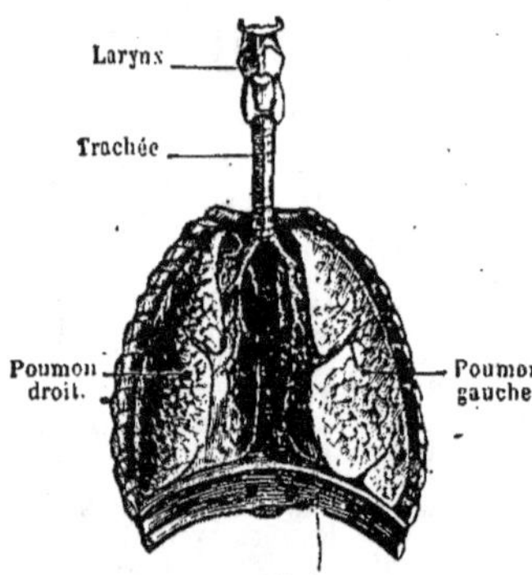

Poumons de l'homme.

ramifiant de plus en plus, en forment comme le squelette et en déterminent la forme générale. D'autre part, les artères pulmonaires, qui mènent le sang du cœur vers les poumons, se ramifient à leur tour et constituent un second système de canaux, terminés par des vaisseaux capillaires, qui entourent les dernières ramifications des bronches ; ces vaisseaux capillaires, en se réunissant, forment les veines pulmonaires qui retournent au cœur. Enfin les vides laissés entre les canaux remplis d'air (bronches) et les canaux remplis de sang (artères capillaires, veines) sont comblés par le tissu propre du poumon.

Pour la fonction des poumons, voy. **respiration**.

Pour les maladies des poumons, qui sont nombreuses, et souvent très graves, voy. **asthme, catarrhe, crachement de sang, phtisie, pleurésie, pneumonie, congestion pulmonaire**.

pourpier. — Herbe *dicotylédone* originaire de l'Inde, mais naturalisée depuis longtemps en Europe. On la rencontre dans les endroits sablon-neux. On cultive le pourpier dans les jardins, à cause de ses feuilles, qu'on mange en salade, confites dans du vinaigre ou cuites. On en fait aussi un cataplasme émollient.

pourpre. — On donne ce nom à un grand nombre de matières colorantes. La pourpre antique était tirée de deux mollusques qu'on rencontre en abondance dans la Méditerranée. La teinture de la laine en pourpre était surtout pratiquée à Tyr et à Sidon ; cette belle couleur était non seulement très riche, mais extrêmement solide ; son prix était très élevé.

prairie. — Terrain couvert de plantes herbacées fourragères. On les divise en deux catégories. Les *prairies artificielles* sont faites de *sainfoin*, et d'autres plantes légumineuses analogues, comme la *luzerne*, le *trèfle* ; le caractère des prairies artificielles est d'être composées seulement d'une ou deux espèces d'herbes, et de durer un petit nombre d'années, pour être ensuite défoncées et remplacées par d'autres cultures. Les *prairies naturelles* sont celles où croissent de nombreuses *graminées* d'espèces variées ; elles restent indéfiniment à l'état d'herbages.

Tout terrain cultivé abandonné à lui-même se transforme, après plusieurs années, en prairie naturelle ; mais on obtient rapidement la prairie par un semis convenable ; parmi les plantes qui composent les prairies naturelles, citons : les *agrostides*, des *fétuques*, la *flouve*, le *pâturin*, l'*ivraie*, le *brome*, l'*achillée millefeuille*, etc. (Voy. **foin**, p. 306).

prêle. — Plante *cryptogame*

Prêle des champs, ou *queue de cheval*.

vivant dans les endroits humides ; la tige creuse, cannelée, est formée d'un grand nombre d'articles emboîtés les uns dans les autres. Cette tige est incrustée de silice, ce qui la fait employer pour polir le bois ; c'est surtout la *prêle d'hiver*, ou *prêle des tourneurs*, qui est employée à cet usage ;

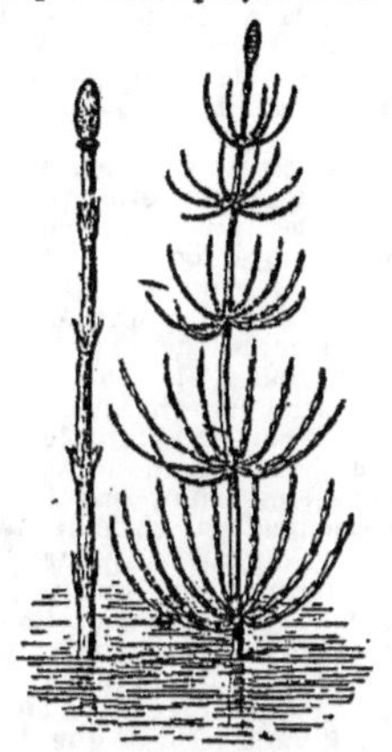

Prêle des marais, qui contribue à la formation de la tourbe. Les immenses prêles des premiers âges de la terre ont contribué à la formation de la houille.

elle atteint plus d'un mètre de hauteur. La prêle des champs, celle des marais (*queue-de-cheval*) sont plus petites (*fig.*).

presbytie. — Infirmité des personnes qui ne voient pas distinctement les objets placés à une petite distance ; pour lire, le presbyte est obligé d'éloigner le livre de son œil. C'est surtout une infirmité des vieillards, et elle augmente avec l'âge. On corrige la presbytie à l'aide de *lunettes* convergentes, c'est-à-dire dont les verres sont bombés au milieu.

presse hydraulique. — Pascal a le premier énoncé le principe suivant, qui porte son nom : *Toute pression exercée sur une portion quelconque de la surface d'un liquide se transmet dans tous les sens et avec une égale intensité.* Supposons donc deux vases cylindriques, l'un gros, l'autre petit, communiquant entre eux, remplis d'eau et fermés par des pistons ; si on exerce une pression de 1 kilogramme sur la surface du petit piston, cette pression se transmettra à travers le liquide jusqu'au gros piston ; et ce dernier recevra une pression de 1 kilogramme sur chaque portion de la surface égale à la surface du petit piston. Si donc la surface du gros piston est cent fois plus grande que celle du petit, ce gros piston sera capable de soulever un poids de 100 kilogrammes. C'est là le principe de la *presse hydraulique* (*fig.*).

La presse hydraulique est en réalité un appareil assez complexe, car on est obligé de la munir de plusieurs organes

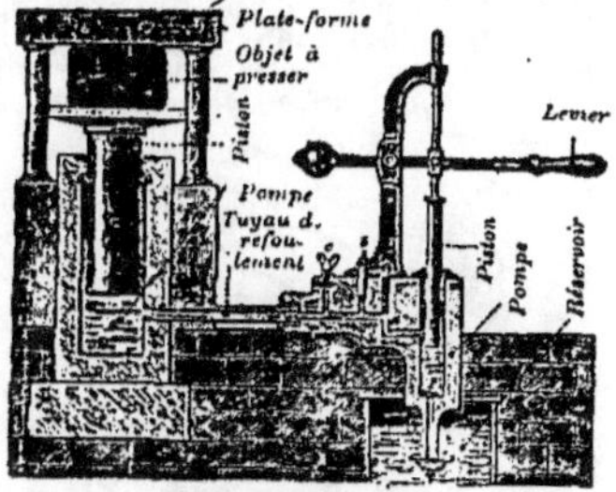

Presse hydraulique.

supplémentaires destinés à assurer son fonctionnement. On lui donne des formes très diverses ; ses usages sont nombreux dans l'industrie. Avec elle, un homme peut aisément exercer une pression de 30,000 kilogrammes ; certaines sont capables de soulever un poids de plus de 300 tonnes. La presse hydraulique est employée pour exprimer l'huile des plantes oléagineuses, le jus de la pulpe de betteraves dans la fabrication du sucre, pour comprimer le papier, les étoffes, les fourrages, qu'on veut réduire à un petit volume ; on la rencontre dans les fabriques de bougies, de vermicelle, de tuyaux de plomb, dans tous les ateliers de mécanique ; partout, en un mot, où l'on a besoin de grandes pressions.

Les *ascenseurs hydrauliques* qui accompagnent les escaliers dans nombre de maisons actuelles, sont des presses hydrauliques à piston très long, dans lesquelles le petit piston est supprimé et remplacé par la pression qui provient des conduites d'eau de la ville. Pour monter on fait arriver l'eau sous le gros piston ; pour descendre, on ouvre un robinet qui permet au liquide de s'écouler.

pression atmosphérique. — Notre globe est entouré d'une couche d'air de grande épaisseur, formant ce qu'on nomme *l'atmosphère*. La hauteur de l'atmosphère est inconnue, mais elle est certainement supérieure à 20 kilomètres. On nomme *pression atmosphérique* la pression que l'atmosphère, par suite de son poids, exerce à la surface de la terre. A mesure qu'on s'élève dans l'air, cette pression va en diminuant parce qu'on a au-dessus de soi une couche moindre d'air. De plus les gaz étant compressibles, l'air pris au fond de l'atmosphère, près du sol, fortement comprimé par le poids des couches supérieures, doit avoir une plus grande densité que celui, moins comprimé, des hautes régions. Le poids d'un litre d'air va, en effet, en diminuant à mesure qu'on s'élève. Quand on s'élève à une grande hauteur, on souffre de la raréfaction de l'air.

La pression atmosphérique soutient l'eau dans le verre.

La pression atmosphérique agit avec une force de 1 kil. 033 sur chaque centimètre carré pris à la surface du sol. Cela fait 10 330 kilogrammes par mètre carré. Une si énorme pression ne nous incommode pas parce qu'elle s'exerce également sur toutes les parties de notre corps, et même à l'intérieur. Mais on peut la mettre en évidence par quelques expériences simples. Si, à l'aide d'une machine pneumatique, on fait le vide dans un cylindre de verre fermé par une vessie fortement attachée, la vessie se crève avec un grand

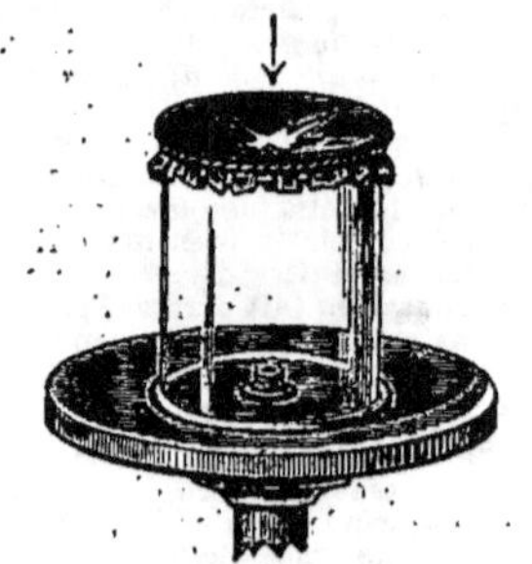

La pression atmosphérique crève la vessie quand on fait le vide au-dessous.

bruit quand la pression extérieure qu'elle supporte n'est plus compensée par une pression intérieure égale. On connaît aussi l'expérience célèbre des hémisphères de Magdebourg.

La **pipette**, où **tâte-vin** (*fig.*), est une application de la pression atmosphérique. C'est un vase de fer-blanc, de forme allongée, présentant à chacune de ses extrémités une toute petite ouverture. On enfonce le vase dans l'eau; le liquide entre par le bas, et l'air sort par le haut. Quand l'instrument est plein on ferme l'ouverture supérieure avec le doigt et on retire du liquide. La pipette reste pleine, malgré l'ouverture inférieure, le liquide étant soutenu par la pression atmosphérique, car le trou est trop petit pour que l'air puisse rentrer pendant que l'eau sort. Mais si on ouvre le trou du haut, l'écoulement commence; on le fait cesser en rebouchant par en haut. On se sert du tâte-vin pour soutirer le vin d'un tonneau par la bonde, lorsqu'on veut le goûter. On comprend, pour la même raison, pourquoi le vin ne s'écoule régulièrement par le robinet d'une barrique que lorsqu'on a eu soin d'ouvrir la bonde, pour laisser entrer l'air à mesure que sort le vin.

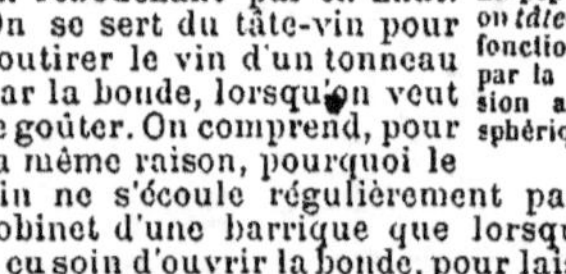

La pipette, où *tâte-vin*, fonction ne par la pression atmosphérique.

pression barométrique. — L'observation du *baromètre* montre que la *pression atmosphérique* éprouve, en chaque lieu, des changements constants, atteignant parfois plusieurs centimètres. Ces variations sont causées par l'agitation constante de l'air qui constitue l'atmosphère terrestre; elles nous renseignent sur cette agitation, et on peut concevoir par suite qu'il existe des relations entre les changements de temps et les variations de la pression barométrique. Malheureusement ces relations ne sont pas encore connues, et elles sont sans doute fort complexes. Tout ce qu'on peut dire, actuellement, c'est qu'une baisse prolongée, et bien accentuée, de la pression barométrique, précède fort souvent le mauvais temps; qu'une baisse très rapide annonce ordinairement une tempête, un orage. Au contraire une hausse continue du baromètre permet de présager le beau temps. Mais ces prévisions sont souvent en défaut, et il s'en faut qu'on puisse prévoir le temps avec quelque certitude, par la seule inspection d'un baromètre (voy. **prévision du temps**).

pression dans les liquides. — Un liquide enfermé dans un vase *presse* par son poids sur les parois et sur le fond; si le vase n'est pas assez résistant il cède à cette *pression*, et le liquide s'écoule.

Supposons que le vase ait un fond horizontal : la pression sur ce fond

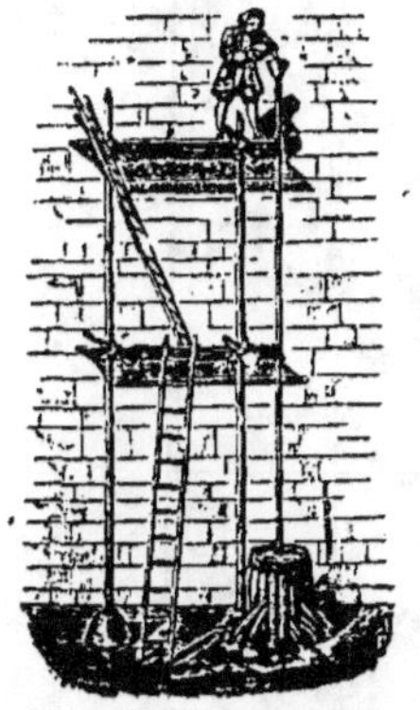

Expérience du crève-tonneau. — Un peu d'eau, versée dans un tube étroit, élève considérablement la hauteur du liquide, et par suite la pression sur le fond ; le tonneau est crevé par cette augmentation de pression.

est aisée à calculer. Elle ne dépend pas de la forme du vase et est toujours égale au poids d'un cylindre de liquide ayant le fond pour base, et pour hauteur la hauteur du liquide, comptée verticalement. Ainsi les vases 1,2,3 (*fig.*)

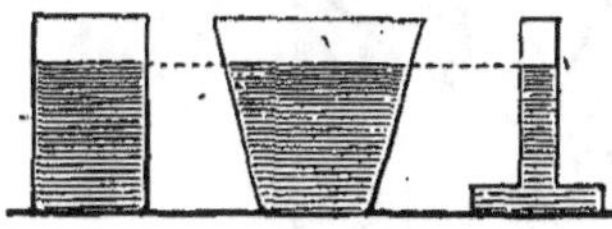

Pression sur le fond des vases.

renferment des poids très différents de liquide ; cependant la pression sur le fond est la même dans les trois, car le fond des trois vases a la même surface, et la hauteur du liquide y est la même.

pressoir. — Machine destinée à extraire par pression le jus contenu dans un fruit, dans une graine ; tels sont les pressoirs à vin, à cidre, à huile... qui pressent les raisins, les pommes, les olives ou les diverses graines oléagineuses.

Un pressoir se compose d'une table en bois, légèrement creusée, nommée *maie*, supportant une *caisse* à claire-voie dans laquelle on met les fruits à presser ; dans cette caisse on fait descendre un *disque* solide, fortement pressé par un système de vis et d'engrenages. Les dispositions de ces pièces sont très variables d'un pressoir à l'autre. Les anciens pressoirs, dépour-

Pressoir.

vus de caisse, sont très simples, mais lourds et encombrants ; on en fait actuellement de beaucoup plus légers, quoique au moins aussi puissants (*fig.*).

présure. — La *présure* est une substance qui a la propriété de déterminer la coagulation presque instantanée du lait ; elle est employée dans la fabrication du *fromage*. On la prépare en râclant l'intérieur du quatrième estomac, nommé *caillette*, du jeune veau (voy. **ruminants**).

prévision du temps. — On aurait le plus grand intérêt à prévoir longtemps à l'avance les changements de temps ; mais dans l'état actuel de la météorologie, cette prévision ne peut se faire que deux ou trois jours à l'avance ; encore est-elle difficile et incertaine. La prévision est basée sur ce fait que les changements de temps ne sont pas des phénomènes accidentels, survenant dans une région isolée ; ils résultent des mouvements généraux de l'atmosphère sur toute la surface du globe. Si donc on connaissait chaque matin, à Paris par exemple, l'état qu'avait l'atmosphère la veille au soir, dans toutes les régions du globe (direction et force du vent, pression atmosphérique), il serait possible de suivre chaque jour la marche de l'atmosphère ; on verrait s'avancer vers la France, plus ou moins rapidement des différentes régions du globe, les vents, les pressions atmosphériques qui amènent avec eux le beau et le mauvais temps. C'est ce que l'on tâche de faire. Chaque jour, le *Bureau central météorologique de France*, à Paris, reçoit par le télégraphe le résultat des observations faites à une même heure dans un grand nombre de points du globe ; on se sert de ces renseignements pour dresser une *carte du temps* sur le globe, au jour et à l'heure où les observations la distribution des pressions et dans la direction des vents ; et on peut prévoir,

Carte du temps, montrant la direction du vent, l'état du ciel, les lignes d'égale pression atmosphérique (785ᵐᵐ, 780ᵐᵐ,...) sur l'Europe.

ont été faites. En dressant ainsi chaque jour la carte du temps, on voit, par avec une certaine probabilité, quand et dans quelles proportions ces change-

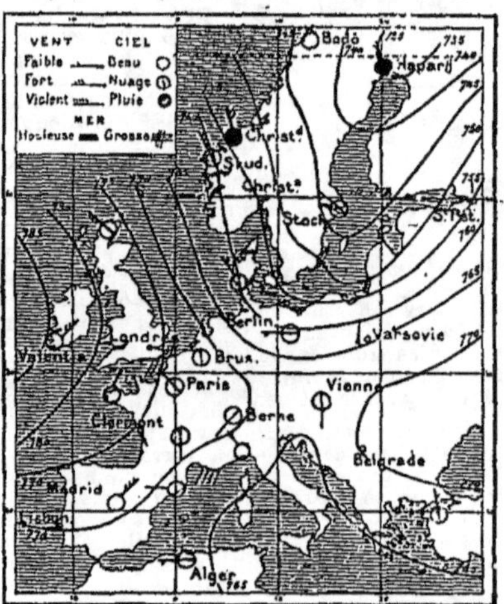

Le lendemain les fortes pressions se sont avancées sur le continent, en même temps que la forme des lignes d'égale pression a changé.

comparaison, les changements qui surviennent du jour au lendemain dans ments arriveront sur notre pays et quelle influence ils auront sur le temps.

On voit, par ces quelques mots, combien la prévision du temps est chose complexe; ce qui n'empêche pas certaines personnes d'avoir la prétention de prévoir le temps à la seule inspection de leur baromètre (sans parler de la singulière erreur de ceux qui pensent le prévoir d'après les phases de la lune ou d'après l'aspect du café qu'ils dégustent après leur déjeuner). Cependant il est possible à un observateur isolé de pressentir, quelques heures à l'avance, les modifications atmosphériques qui doivent se produire. Dans ce cas, la prévision ne peut être basée sur aucune règle certaine; son degré de probabilité reposera, en grande partie, sur la sagacité de l'observateur, sur les relations qu'il aura su démêler entre l'aspect du ciel, la direction du vent, les variations du thermomètre et du baromètre à chaque moment de la journée.

Le marin et l'homme des champs, qui n'ont le plus souvent à leur disposition ni thermomètre, ni baromètre, acquièrent parfois une grande habileté dans la prévision du temps quelques heures à l'avance : l'examen attentif du ciel et du vent leur suffit.

primevère. — Plante *dicotylédone*

Primevère auriculée.

de la famille des *primulacées*. On la

Primevère de Chine.

rencontre dans les bois, les prairies, qu'elle émaille de ses petites fleurs jaunes; on la nomme souvent *coucou*. D'autres espèces de primevères, de plus grande taille et à belles fleurs, sont cultivées dans les jardins comme plantes d'ornement (*fig.*).

primulacées. — Plantes *dicotylédones* gamopétales herbacées à feuilles opposées ou en rosette; étamines opposées aux divisions de la corolle; ovaire à une loge contenant un grand nombre d'ovules fixés à une colonne centrale;fruit constitué par une capsule. Cultivées surtout comme plantes d'ornement (primevère, cyclamen).

printemps. — Voy. **saisons.** — Dans nos climats, le *printemps* est la saison la plus agréable à cause de la température et de la reprise de la végétation; malheureusement elle est fort souvent troublée par la fréquence des pluies. En agriculture, c'est la saison des semailles (blés de printemps, plantes fourragères et légumes de toutes sortes); les gelées tardives y sont fort à craindre et font surtout des dégâts dans les vignes, dont elles détruisent les bourgeons à fruits, et dans les vergers, alors que les arbres fruitiers sont en fleurs. Les inondations, dues à la fonte des neiges et à l'abondance des pluies,sont aussi redoutables dans les vallées.

Au point de vue de la santé, le printemps n'est pas une bonne saison. Les variations de la température qui se produisent du matin au milieu du jour et du milieu du jour au soir sont considérables et occasionnent des rhumes nombreux rendus plus fréquents encore par la hâte que l'on a de quitter les lourds vêtements d'hiver. Rhumes, angines, croups, rhumatismes sont les conséquences les plus habituelles des imprudences que nous commettons au printemps; il faut y joindre les congestions cérébrales et pulmonaires, les fluxions de poitrine, les inflammations d'estomac, les embarras gastriques, les fièvres éruptives. On devra donc, au printemps, redoubler de précautions hygiéniques, et abuser d'autant moins du soleil et du grand air qu'on sera resté plus enfermé pendant les rigueurs de l'hiver.

prisme. — En optique on nomme prisme une masse de verre à trois faces latérales, qui a la propriété de décomposer la lumière solaire de façon à donner les colorations du spectre (Voy. **spectre.**).

proboscidiens. — On nomme *proboscidiens* des mammifères de grande taille munis d'une grande trompe très mobile, qui leur sert à la fois d'organe de préhension et d'arme offensive et défensive. L'ordre des proboscidiens ne forme qu'un seul genre, celui des *éléphants*.

processionnaires. — *Chenilles* du genre *bombyx* qui cherchent leur nourriture le soir et forment, pour cela, des *processions* singulières, marchant les unes derrière les autres; les premières sont sur un rang, les suivantes, sur deux, les suivantes sur trois rangs, jusqu'à ce qu'il y ait des rangées de cinq, six et sept chenilles allant de front. La première chenille marche-t-elle, toutes les autres marchent; si elle s'arrête, la colonne entière s'arrête.

Pendant le jour, ces chenilles se tiennent dans leur nid. Ce sont des animaux très nuisibles.

La *chenille processionnaire du chêne* (*fig.*), longue de 4 centimè-

Chenilles processionnaires du chêne.

tres, donne un papillon gris brunâtre; elle est velue et les poils causent à l'homme et aux animaux domestiques des piqûres très douloureuses; elle produit de grands dégâts en mangeant les feuilles des chênes. La *chenille processionnaire du pin* a les mêmes mœurs et à peu près le même aspect.

propriétés générales des corps. — Les *propriétés* des corps consistent dans leur faculté d'exciter en nous des sensations variées qui révèlent leur existence.

États physiques. — Les corps nous apparaissent sous l'état solide, l'état liquide et l'état gazeux. Les *solides* ont une forme qui leur est propre et qui ne peut être modifiée sans un certain effort. Les *liquides* n'ont pas de forme qui leur soit propre, ils se moulent sur les vases qui les renferment. Les parties qui constituent le liquide sont parfaitement mobiles les unes par rapport aux autres. Les *gaz* se moulent aussi exactement sur les vases qui les renferment; mais, tandis que les liquides ont un volume fixe, les gaz, au contraire, s'étendent indéfiniment, augmentent ou diminuent très facilement de volume, de manière à remplir toujours complètement l'espace qui leur est abandonné. Il n'y a cependant aucune différence essentielle entre ces trois états de la matière, car un même corps peut les prendre successivement tous les trois. Nous connaissons l'eau et bien d'autres corps, à l'état solide, à l'état liquide et à l'état gazeux. La mobilité des particules, commune aux liquides et aux gaz, leur a fait donner le nom de *fluides*.

Sur l'étude des propriétés particulières des liquides et des gaz, voyez **vases communicants, pression dans les liquides, presse hydraulique, Archimède (principe d'), liquides, gaz**.

Inertie. — L'*inertie* est l'impossibilité qu'ont les corps de se mettre d'eux-mêmes en mouvement, sans l'intervention d'une force étrangère. De même un corps en mouvement conserverait indéfiniment ce mouvement si aucune force étrangère ne venait l'accélérer, le ralentir, ou l'arrêter; cette propriété de conserver un mouvement, sans pouvoir le modifier, c'est encore de l'inertie.

Étendue. — C'est la propriété qu'ont les corps d'occuper une portion déterminée de l'espace. On ne se figurerait pas un corps sans *étendue*.

Impénétrabilité. — Tous les corps sont *impénétrables*, c'est-à-dire que jamais deux corps ne peuvent exister en même temps dans un même endroit. Les exceptions à la loi de l'impénétrabilité ne sont qu'apparentes. Un clou enfoncé dans une planche repousse le bois pour prendre sa place; l'eau qui pénètre dans une éponge se loge dans les petits trous appelés *pores*.

Compressibilité. — C'est la propriété qu'ont tous les corps de changer de volume, soit par l'effet d'un effort mécanique, soit par l'action de la chaleur. Les solides et les liquides n'éprouvent, quand on les presse fortement, qu'une petite diminution de volume; de même leur dilatation sous l'action de la chaleur est faible. Ce sont des corps peu compressibles. Au contraire les gaz éprouvent, quand on les presse ou qu'on les chauffe, des variations de volume considérables : ils sont très compressibles (voy . **gaz, dilatation**).

Élasticité. — L'*élasticité* est la propriété que possèdent la plupart des corps comprimés de reprendre leur forme et leur volume primitifs dès que la cause qui avait amené la modification a disparu. Les gaz ont une élasticité parfaite; si on diminue le volume d'un gaz en le pressant, il reprend *exactement*, quand on cesse de presser, le volume qu'il avait auparavant. Il en est de même des liquides. Les solides, au contraire, ont toujours une élasticité imparfaite; un ressort d'acier, un fil de caoutchouc finissent par éprouver une déformation permanente quand on les soumet à une pression longtemps prolongée. D'autres solides, comme le plomb, sont à peu près dépourvus d'élasticité ; déformé, un morceau de plomb ne revient presque pas à sa forme primitive.

Divisibilité. — On appelle *divisibilité* la propriété que possèdent tous les corps de pouvoir être divisés en particules de plus en plus petites, sans perdre aucune des propriétés caractéristiques de leur substance. On se fera une idée de la divisibilité des corps par les exemples suivants. On peut obtenir par martelage des feuilles d'or dont l'épaisseur est la dix-millième partie d'un millimètre. Un milligramme de fuchsine suffit pour colorer un litre d'eau, dont chaque goutte renferme par suite de la matière colorante. Cinq centigrammes de musc suffisent pour répandre une odeur sensible pendant plusieurs années dans un appartement où l'air est fréquemment renouvelé. Un millimètre cube de sang humain contient plus d'un million de globules rouges, dont chacun est un organe complexe, certainement divisible en un grand nombre de parties. On admet cependant que la matière n'est pas physiquement divisible à l'infini. On nomme *atomes* ou *molécules* les dernières parcelles de matière dont sont peut-être constitués les corps. Ces dernières parcelles de matière sont inaccessibles à tous nos moyens d'observation, et leur existence est hypothétique. Les molécules dont on suppose les corps constitués en dernière analyse ne doivent pas être en contact les unes avec les autres, car alors il serait impossible de comprendre la compressibilité. On appelle *pores moléculaires* les distances, extrêmement petites, qui séparent les différentes molécules les unes des autres ; ces pores moléculaires sont, comme les molécules, inaccessibles à nos moyens d'observation, et leur existence est également hypothétique.

Porosité. — Il ne faut pas confondre la porosité moléculaire, dont l'existence n'est pas certaine, avec la porosité observable d'un grand nombre de corps solides. Certains solides présentent, en effet, des lacunes visibles, plus ou moins grandes, qu'on nomme aussi *pores*. Tels sont les pores de l'éponge, de la pierre ponce ; cette porosité est plus répandue qu'on ne pense, et beaucoup de corps qui nous semblent continus sont *perméables* aux liquides et aux gaz à cause des pores qui les traversent. La *perméabilité* est donc une conséquence de la porosité sensible et un moyen de la dévoiler. Ainsi il est possible de faire passer du mercure à travers une peau de chamois, dans laquelle on ne distingue aucun trou ; l'eau suinte à travers les parois de la terre des alcarazas. Les filtres destinés à clarifier les liquides sont basés sur la perméabilité des matières filtrantes.

prothèse (grec : *pro*, au lieu de ;

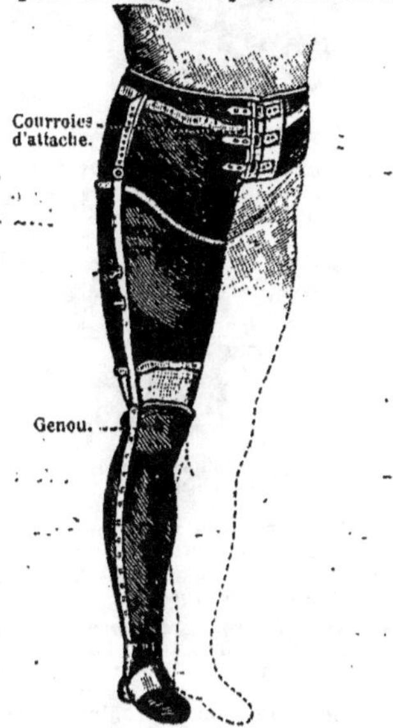

Prothèse. — Jambe artificielle.

Prothèse. — Bras artificiel.

tithémi, je pose). — Ensemble des procédés employés pour remplacer par une préparation artificielle un organe qui a été enlevé en totalité ou en partie, ou de cacher une difformité. Le remplacement des bras et des jambes amputés par des bras et des jambes artificiels est une opération de *prothèse*.

Prothèse. — Dentier artificiel.

La prothèse dentaire a pour but de remplacer les dents absentes par de fausses dents; les dents artificielles

Prothèse — Appareil pour remplacer deux dents absentes.

les plus employées sont moulées en pâte à porcelaine; elles se conservent bien, sans altération, et peuvent être teintées à volonté (*fig.*).

protozoaires (grec : *protos*, premier; *zoon*, animal). — Les *protozoaires* constituent l'embranchement le plus simple, en organisation, des *animaux*. Ce sont les animaux les plus simples; ceux qui présentent l'organisation la plus rudimentaire. Chacun d'eux paraît formé d'un seul de ces petits éléments qu'on appelle *cellules*, et qui constituent le corps de tous les animaux et de toutes les plantes.

Protozoaires (*infusoires* invisibles à l'œil nu, contenus dans une goutte d'eau de marais).

Les protozoaires sont presque tous des animaux aquatiques. Les plus simples ne présentent pas, à l'observation, les caractères qui permettent ordinairement de distinguer les organismes animaux des organismes végétaux; on pourrait presque les placer indifféremment dans l'un ou l'autre règne. Les protozoaires sont remarquables par leur nombre et la variété des formes qu'ils nous présentent (voy. **infusoires, foraminifères**). Quant aux *microbes*, on peut dire qu'ils sont véritablement sur la limite du règne animal et du règne végétal, et ils son classés pour la plupart parmi les végétaux (*fig.*).

prunellier. — *Arbrisseau épineux* du genre *prunier*, plus souvent appelé *épine noire*. On le plante très souvent dans les campagnes pour former des haies qui sont très résistantes; ses rameaux, coupés et secs, forment des fagots épineux avec lesquels on bouche les vides laissés dans les haies par les pieds qui sont morts. Le prunellier a une petite fleur blanche, et un fruit rond, moins gros qu'une cerise, d'un vert bleuâtre très foncé, d'une saveur très acerbe. Quand la gelée a passé sur ces fruits, on les emploie dans les campagnes à la préparation d'une boisson économique. Les noyaux, macérés dans l'eau-de-vie, lui communiquent un goût très agréable.

prunier. — Genre d'arbre de la famille des *rosacées*, cultivé dans toutes les régions tempérées, et particulièrement en France. La fleur est blanche, le fruit charnu, savoureux, avec un noyau relativement petit. Le nombre des espèces et des variétés de pruniers cultivés est très considérable (*fig.*). Ces pruniers cultivés proviennent du centre de l'Asie; dans ces

Prunier (rameau fleuri et fruits).

régions on trouve même des pruniers à l'état sauvage. Les prunes se mangent crues; on en fait de bonnes confitures, des conserves dans l'eau-de-vie; on les fait sécher pour en faire des *pruneaux*. Parmi les *prunes à pruneaux*, citons la *prune quetche*, la *prune Sainte-Catherine* (pruneau de Tours), la *prune d'Agen* (pruneau d'Agen); parmi les prunes à confitures et les prunes de table, la *prune de Reine-Claude*, le *perdrigon*, la *mirabelle*, la *prune de Monsieur*,... Le prunier réussit surtout dans les terres légères exposées au midi. Le bois du prunier est dur et capable de recevoir un beau poli; il a peu d'importance, car l'arbre n'atteint jamais une grande taille.

prurigo. — Éruption de la peau accompagnée de démangeaisons extrêmement vives, et souvent presque continuelles, qui mettent le malade dans un grand état d'agitation. Des bains, des boissons rafraîchissantes guérissent la maladie.

prurit. — Sensation comparable à un chatouillement, ressentie sur la peau, dans la bouche, le nez, dans certaines maladies de la peau, ou après l'introduction dans le sang de certaines substances alimentaires ou toxiques. Le prurit est, en somme, une variété de la démangeaison, variété souvent très pénible.

prussique (*acide*). — Voy. cyanogène.

ptérodactyle. — Ancien reptile saurien volant, qui n'existe plus de nos jours, mais qu'on rencontre à l'état fossile dans les *terrains jurassiques* (*fig.*).

Ptérodactyle.

puce. — Les *puces* sont de petits *insectes* de la famille des *diptères*, dans lesquels les ailes n'existent pas. La bouche est armée d'un suçoir portant une languette aiguë qui sert à faire la piqûre. Les larves ont la forme de vers, sans pattes ; sorties d'œufs déposés dans la poussière, elles se développent en une quinzaine de jours et filent un petit cocon dans lequel elles se transforment en nymphe, puis en insecte parfait (*fig.*).

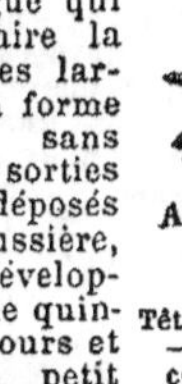

Tête grossie de la puce. — A, B, gaine du suçoir ; C, soie du suçoir.

Larve (très grossie). *Nymphe* (très grossie).

Insecte parfait (très grossi).

Puce commune (longueur, 0ᵐ,002).

Les puces sont des insectes parasites qui se nourrissent du sang de l'homme et des animaux. **Puce de l'homme** : brune, longue de $2^{mm},5$; **puce du chien** : presque pareille à la précédente ; **puce du chat** : plus petite ; **puce pénétrante, ou chique** : propre aux régions chaudes. Cette dernière pénètre sous la peau de l'homme ou des animaux pour sucer le sang en telle quantité que le corps de l'insecte gonflé prend le volume d'un petit pois. Dans tous ces insectes, la femelle est plus

Puce pénétrante, très grossie (longueur, 0ᵐ,001) ; à droite, puce pénétrante quand elle est fixée sous la peau.

grosse que le mâle. On se débarrasse des puces à l'aide de poudres insecticides ; une rigoureuse propreté des maisons en chasse les puces. Pour les animaux, on peut frictionner le corps avec de l'huile, mélangée de tabac en poudre.

pucerons. — Les *pucerons* sont de très petits insectes *hémiptères* dont le corps, de forme ovale, est souvent recouvert d'une matière farineuse ; leur abdomen est pourvu à son extrémité de deux mamelons d'où s'échappent des gouttelettes d'une humeur mielleuse. Ces animaux sont également remarquables par leur mode de reproduction, leur extrême fécondité et les métamorphoses qu'ils subissent. Les femelles sont de deux sortes. Les unes, privées d'ailes, pondent des œufs fécondés ; elles se montrent en automne, en même temps que les mâles, qui sont ailés. Les œufs pondus par elle passent l'hiver et éclosent au printemps. Les femelles écloses de ces œufs sont vivipares ; elles se reproduisent pendant tout l'été, sans avoir besoin d'une fécondation nouvelle ; de

Puceron *sans ailes*, et puceron *ailé*, très grossis.

sorte que, pendant toute la belle saison, les générations succèdent aux générations, toujours par des femelles vivipares. Les femelles ovipares reparaissent seulement à l'automne (*fig.*). Chez certaines espèces les phénomènes se compliquent encore, et les formes diverses deviennent plus nombreuses.

Le nombre des espèces de pucerons est très considérable, et il n'est guère de végétaux qui n'en nourrissent une ou plusieurs espèces. Ils épuisent les plantes en suçant la sève; on les combat à l'aide de poudres et de lotions insecticides. Le *phylloxera* (voy. ce mot) est le puceron de la vigne.

puits. — Les eaux pluviales pénètrent sous le sol; dans leur descente, elles rencontrent bientôt quelque roche *imperméable*, calcaire compact, argile ou marne, qui les arrête. Alors elles forment une *nappe* souterraine dont la couche imperméable est le fond. Les eaux de pluie ne sont d'ailleurs pas les seules qui s'infiltrent dans le sol. Les eaux des rivières et

Le puits reçoit les eaux souterraines.

celles des lacs pénètrent aussi dans les couches perméables qui avoisinent

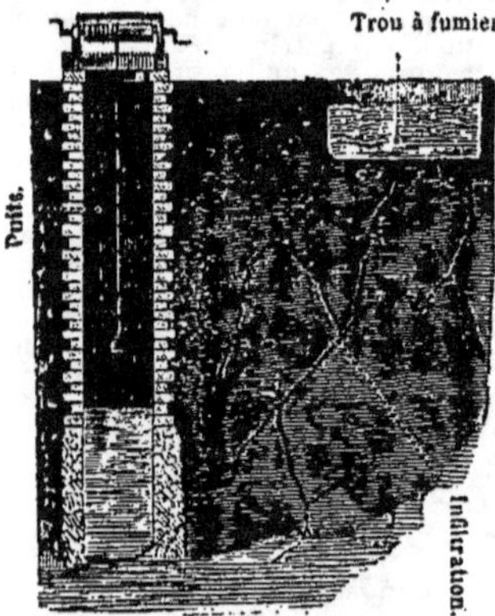

Le puits ne doit jamais être placé dans le voisinage trop-immédiat des maisons, des étables, des fosses d'aisance, car il recevrait par infiltration des eaux ménagères, du purin, qui en souilleraient l'eau au point d'en rendre la consommation dangereuse pour la santé.

leurs rives, et s'étendent à de grandes distances.

Un *puits* est un trou creusé en terre pour aller chercher l'eau d'une nappe souterraine. Quand on a creusé un puits, on en soutient les parois par un mur en pierres sans maçonnerie, qui empêche les éboulements sans empêcher l'eau d'arriver. On retire cette eau avec des seaux ou avec une pompe (*fig.*).

Pour puits artésien, voy. **vases communicants.**

pulmonaire. — Plante de la famille des *borraginées*, qu'on rencontre dans les buissons et les clairières des bois, où elle fleurit au printemps. On l'employait autrefois, dans la médecine domestique, pour le traitement des affections de poitrine.

punaises. — Les *punaises* sont des insectes *hémiptères* au corps mou, aplati, répandant une odeur extrêmement désagréable. Certaines espèces n'ont pas d'ailes; chez d'autres le mâle seul est ailé. Il est des espèces aquatiques, d'autres terrestres.

La **punaise des bois** (*fig.*) a plusieurs espèces, assez grosses, et dont l'odeur est parfois insupportable; l'une d'elles, la punaise du choux, a des couleurs très vives, variées de rouge et de noir (long., 10mm); à tous ses âges cette punaise suce la sève du végétal; elle est nuisible.

La **punaise des lits** (*fig.*) se nourrit du sang de l'homme; elle est beaucoup plus petite; n'a que des rudiments d'ailes. Elle peut vivre plus d'un an sans prendre aucune nourriture. Sa piqûre est douloureuse et donne lieu à une petite ampoule. Elle pond plusieurs fois par an. C'est un animal noc-

Punaise des bois (long., 0m,01).

Punaise des lits, *très grossie* (long., 0m,004).

turne, qui fuit la lumière et se réfugie dans les fentes des boiseries, sous les papiers de tenture, dont il est difficile de le chasser.

purgatifs. — Médicaments destinés à déterminer des selles abondantes; les purgatifs agissent surtout en accroissant considérablement la sécrétion du suc intestinal, et causant une irritation plus ou moins vive, mais passagère, des voies digestives. On administre des purgatifs au début d'un grand nombre de maladies, et aussi dans les embarras intestinaux, les constipations. L'huile de ricin, l'aloès, l'ellébore, le sulfate de soude, les eaux minérales de Sedlitz, de Pullna sont des purgatifs.

Les purgatifs doux, qui ne déterminent pas d'irritation de l'intestin, sont appelés *laxatifs* (miel, manne, tamarin, pruneaux,...). Les purgatifs plus énergiques, généralement employés pour produire les véritables purgations, sont dits *cathartiques* (sulfates de potasse, de soude, de magnésie, rhubarbe, huile de ricin,...). Enfin les purgatifs *drastiques* sont ceux qui produisent une irritation considérable; on ne les emploie que pour obtenir des effets très prompts (jalap, coloquinte, ellébore, scammonée,...).

pustule maligne. — Maladie virulente qui survient chez l'homme à la suite de l'inoculation des matières provenant du *charbon* des mammifères, ou provenant d'un animal en voie de putréfaction. Les mouches qui viennent de sucer le sang des animaux charbonneux peuvent communiquer la pustule maligne.

La maladie débute par la démangeaison, de la chaleur au point atteint, puis une inflammation considérable, une douleur vive; le mal s'étend et la mort arrive en quelques jours. Le seul traitement qui puisse sauver le malade est une cautérisation violente de la plaie, avec du sublimé corrosif.

putois. — Mammifère *carnivore* analogue à la fouine et à la martre, dont il se distingue par un pelage plus brun, fauve sous les flancs et jaunâtre sous le ventre; museau blanc et queue assez longue, bien velue. Une glande ovale répand une odeur fétide et repoussante. Longueur du corps 40 centimètres, longueur de la queue 20 centimètres (*fig.*).

On le trouve dans toute l'Europe moyenne, dans l'Asie. En France, le putois commun est surtout abondant dans les Pyrénées, les Vosges, l'Auvergne. L'été il vit dans les forêts et s'établit dans les vieux troncs d'arbres, où il élève ses petits que la femelle met bas en avril. L'hiver il se réfugie souvent dans les fermes. Il détruit une grande quantité d'oiseaux, qu'il va prendre sur les arbres, et d'œufs de faisans, de perdrix, etc. Il est d'autant plus redoutable pour les bassescours que ses ongles acérés lui permettent de grimper aisément le long des murailles, et de franchir ainsi tous les obstacles. Sa fourrure est recherchée, mais surtout parmi les espèces qui vivent dans le Nord.

putréfaction. — Décomposition des matières organiques très azotées (principalement des matières animales) accompagnée d'un dégagement de produits volatils d'une odeur infecte. C'est le dégagement de ces gaz à mauvaise odeur qui distingue la putréfaction des *fermentations* ordinaires. Comme les fermentations, d'ailleurs, la putréfaction est le résultat du développement de divers *ferments* dont les germes ont été déposés dans la matière organique. Les ferments qui concourent à la putréfaction sont nombreux; ils sont répandus partout, mais ils ne se développent et n'accomplissent leur action destructive qu'après la mort de l'animal ou de la plante qui les porte.

Pour que la putréfaction se produise, il faut que la température ne soit ni inférieure à 0°, ni supérieure à 40°. La présence de l'humidité n'est pas moins indispensable, de même que celle de l'air et des germes de ferments. Il sera donc possible de conserver les matières alimentaires, soit par l'action du froid ou de la chaleur, soit par privation d'air ou d'humidité. On les conserve surtout en détruisant les germes et en empêchant qu'il ne s'en dépose de nouveau, ou en additionnant les substances à conserver de produits *antiseptiques* qui détruisent les ferments ou s'opposent à leur développement (voy. **conservation des matières alimentaires**).

pygarque. — Oiseau *rapace* diurne,

Pygarque (longueur, 1ᵐ).

long de 1 mètre, avec une envergure

de 2ᵐ,50. Se rencontre sur les côtes en Europe, en Asie et dans le nord de l'Afrique. Se construit sur les rochers une aire de 1ᵐ,50 de large sur 1 mètre de hauteur, avec de gros branchages ; la femelle pond deux œufs. Se nourrit d'oiseaux de mer, de mammifères marins et de poissons (*fig.*).

pyrale. — Petit insecte *lépidoptère* analogue aux teignes. Les pyrales vivent sur les végétaux ; leurs chenilles se logent généralement dans des feuilles, qu'elles tordent et réunissent avec de la soie, de manière à en faire un tuyau.

La *pyrale de la vigne*, en particulier, cause fréquemment de grands dégâts dans nos vignobles. La chenille en est verte avec des bandes et des taches ; le papillon est jaunâtre à reflets d'un vert doré ; l'envergure est de 20 à 25 millimètres. Le papillon

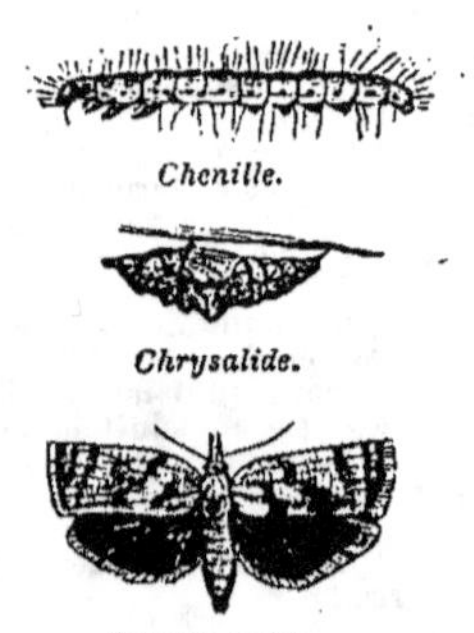

Chenille.

Chrysalide.

Insecte parfait.

Pyrale de la vigne (grandeur réelle).

apparaît en juin et pond sur les feuilles ; bientôt les chenilles sortent de l'œuf et se réfugient sous l'écorce, pour y passer l'hiver dans un petit cocon. En avril elles sortent et commencent leurs ravages sur les bourgeons. On a grandement diminué les ravages de cette pyrale, depuis 1840, en *échaudant* les ceps et les échalas à l'eau bouillante, pendant l'hiver (*fig.*).

pyrèthre. — Plante de la famille des *composées*, répandant une odeur aromatique ; on l'utilise en médecine comme remède stimulant, irritant, vermifuge. Plusieurs espèces se rencontrent en France, dans les terrains secs (*fig.*). Les racines, les fleurs... donnent par pulvérisation une poussière impalpable qui est très employée pour la destruction des insectes, et principalement des punaises, qui s'établissent dans nos demeures et y exer-

cent leurs ravages. Plusieurs plantes du genre pyrèthre sont cultivées dans

Pyrèthre.

les jardins, comme plantes d'ornement, sous le nom de *chrysanthèmes*.

pyrite. — Combinaison de *soufre* et de *fer* très abondante dans la nature ; on s'en sert pour la fabrication de l'acide sulfurique.

pyrotechnie. — Art de préparer les composés ou mélanges détonants, incendiaires, lumineux ou colorés utilisés dans l'art de la guerre ou pour la confection des feux d'artifice. Les mélanges explosifs ou simplement combustibles employés en *pyrotechnie* sont fort nombreux.

Ainsi, parmi les pièces pyrotechniques, les plus simples sont les *fusées*, fréquemment en usage en guerre pour faire des signaux. Ce sont de longues cartouches en carton chargées d'une poudre spéciale, qui brûle progressivement, mais assez vivement. La fusée, attachée à une baguette en bois destinée à régler son ascension, est suspendue la mèche en bas. Quand on allume, les gaz sortent rapidement par l'ouverture de la fusée ;

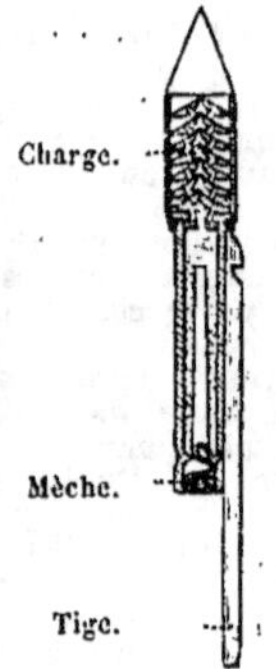

Fusée de signal

la résistance que l'air extérieur oppose à la sortie de ces gaz donne naissance à une réaction vive qui communique à la fusée un rapide mouvement d'ascension. Quand la combustion de la poudre fusante est terminée, l'ascension s'arrête. Mais on a eu soin de mettre au fond de la fusée une poudre explosive mélangée d'étoiles colorées; le tube fait alors explosion et il se produit à ce moment une **grande lumière**, visible la nuit de très loin et présentant un aspect qui varie avec la composition colorée (*fig.*). On conçoit qu'en adoptant plusieurs couleurs on ait pu établir un véritable système de télégraphie optique. (Voy. aussi **feux de Bengale**).

Q

quadrumanes. — Voy. **singes**.

quarantaine. — Plante de la famille des *crucifères*, nommée aussi *giroflée des jardins*, cultivée comme ornementale dans les jardins.

quartz. — Le *quartz* ou *cristal de roche* (*fig.*) est de la *silice* pure; il est cristallisé, très dur. On en rencontre dans les Alpes du Valais et du Dauphiné. Dans son plus grand état de pureté, le quartz est incolore et limpide; mais il renferme quelquefois de très petites quantités de matières étrangères qui lui communiquent de belles colorations. On trouve

Cristaux de quartz.

des cristaux jaunes, roses, bleus, verts qui ressemblent aux pierres précieuses (*topaze*, *rubis*, *saphir*, *émeraude*), et ils en usurpent souvent les noms. Les plus beaux quartz colorés sont violets (*améthystes*).

Autrefois le quartz était employé pour l'ornementation, malgré la difficulté qu'on éprouvait à le tailler; on lui préfère souvent aujourd'hui le cristal

Enorme cristal de quartz du Jardin des Plantes de Paris.

artificiel (voy. **verre**), bien plus aisé à travailler.

quassie amère. — Arbrisseau de la famille des *rutacées*, dont la racine nous vient de la Guyane. Cette racine est un des amers les plus énergiques que la médecine ait à sa disposition; elle se rapproche de la gentiane par l'absence de toute astringence. On l'emploie en macération dans l'eau ou dans le vin, contre la dyspepsie, la chlorose, les vomissements nerveux.

quercitron. — Le *chêne jaune* ou *quercitron* est une grande espèce de chêne qui croît dans les forêts de la Pensylvanie. L'écorce broyée de ce chêne est connue dans le commerce sous le nom de quercitron et est employée pour tanner les peaux, et aussi comme matière colorante, dans la teinture en jaune.

quinine. — Alcaloïde végétal contenu dans le *quinquina*. C'est une substance blanche, sans odeur, très amère, peu soluble dans l'eau. Cet alcaloïde a des propriétés antiseptiques très prononcées, mais c'est surtout le meilleur de tous les fébrifuges. On n'emploie guère la quinine pure. La médecine se sert, soit du quinquina, soit des sels de quinine, c'est-à-dire des combinaisons que la quinine forme avec les acides.

Le plus important de ces sels est le *sulfate de quinine*, qui est l'objet d'une fabrication considérable dans la plupart des contrées de l'Europe; on le prépare avec les différentes sortes de quinquina : le procédé de fabrication est assez complexe. Ce sel se présente en aiguilles soyeuses, blanches. C'est un remède essentiel pour combattre toutes les maladies périodiques, c'est-à-dire dont la crise revient à heure fixe (fièvre, névralgie,...); c'est aussi un tonique puissant. On consomme en France 25,000 kilogrammes de sulfate de quinine par an.

quinquinas. — On nomme *quinquinas* (*fig.*) un grand nombre d'écorces douées de propriétés fébrifuges; ces écorces sont données par des arbres nommés *cinchona*, de la famille des rubiacées. Le quinquina est un des articles les plus importants du commerce de l'Amérique tropicale, et principalement de la Bolivie. Les arbres se trouvent isolés au milieu des forêts vierges, aussi leur recherche est-elle fort difficile, et possible seulement pour les indigènes. Quand l'arbre est trouvé, on le coupe, on enlève l'écorce et on la fait sécher. Mais les quinquinas des forêts d'Amérique deviennent de plus en plus rares; aujourd'hui on commence à les cultiver régulièrement à Java, à Ceylan, à la Jamaïque, à l'île de la Réunion. Les variétés d'écorces qui arrivent en France sont pour ainsi dire innombrables ; on les divise en quinquinas gris, quinquinas rouges et quinquinas jaunes. Ces derniers sont les plus estimés, et en particulier le *quinquina calisaya*. Un quinquina est d'autant meilleur qu'il renferme une plus forte proportion de *quinine*,

Rameau à fleurs.　　Rameau à fruits.

Quinquina du Pérou.

Le quinquina est un des agents les plus importants de la médecine ; il est à la fois fébrifuge, tonique, astringent et antiseptique. On l'administre sous forme de poudres, d'extrait, de vin, de sirop. Les quinquinas jaunes sont surtout employés comme fébrifuges, de même que le *sulfate de quinine*. Les quinquinas gris sont plus spécialement toniques et astringents. Les poudres et extraits de quinquina sont amers ; ils produisent un sentiment de chaleur et de pesanteur à l'estomac; une dose trop forte produirait le vomissement et la diarrhée.

R

racahout. — Aliment considéré comme réparateur, excellente nourriture pour les enfants. Il est constitué par un mélange de salep, de cacao, de glands doux, de fécule de pommes de terre, de farine de riz, de sucre blanc et de sucre vanillé, dans des proportions convenables.

races humaines. — On n'admet l'existence que d'une seule *espèce* d'hommes, mais on reconnaît dans cette espèce plusieurs variétés, ou *races* bien distinctes. Ces races se distinguent les unes des autres par des caractères extérieurs, tels que la couleur de la peau, la disposition des cheveux, la forme et la position des

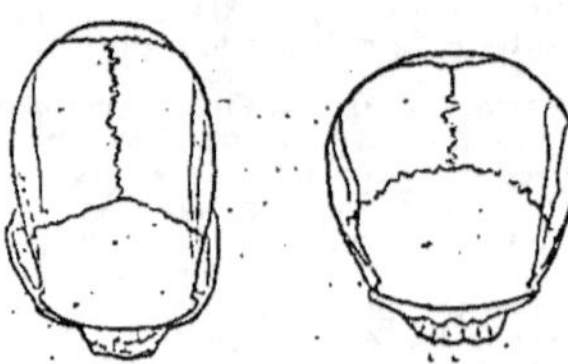

Crâne dolichocéphale.
(Vu en dessus.)　　**Crâne brachicéphale.**
(Vu en dessus.)

yeux, et par des caractères anatomiques tirés surtout de la forme de la tête. C'est ainsi que les habitants de la

Nouvelle-Calédonie ont un crâne droit et allongé nommé crâne *dolichocéphale;* les Lapons, au contraire, ont un crâne large et court, nommé crâne *brachicéphale:* entre ces deux extrêmes on trouve tous les intermédiaires. La capacité intérieure du crâne n'est pas moins variable. Les races humaines sont encore très différentes par l'*angle facial;* c'est un angle déterminé par deux lignes se croisant au bord de la mâchoire supérieure, pour aboutir l'une au front et l'autre à l'ouverture du conduit auditif externe. Cet angle est d'autant plus grand que la capacité du crâne est plus considérable. Il est de 85° chez les Bas-Bretons et de 62° seulement chez certains nègres; cet angle dépend surtout de la proémi-

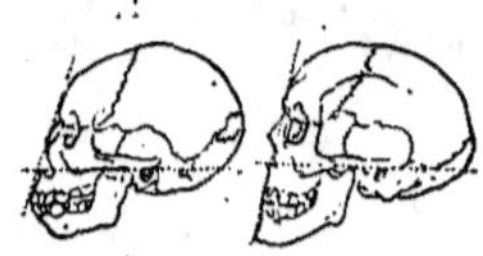

Petit angle facial.　　Grand angle facial.

nence plus ou moins grande des mâchoires *(fig.)*.

Entre l'homme blanc le plus caractérisé et le nègre qui en est le plus éloigné, il y a tous les intermédiaires;

RACES HUMAINES

Race blanche (Europe).

Européen à *peau blanchâtre*.

Race jaune (Asie).

Chinois, homme à *peau jaune*, à *cheveux noirs
et raides* (Asie).

Race nègre (Afrique).

Nègre, homme à *peau noire* et à *cheveux la
neux* (Afrique).

RACES HUMAINES (*suite*).

Race rouge (Amérique).

Homme à *peau rougeâtre et à cheveux noirs et raides* (Amérique).

l'établissement des races humaines présente donc en somme beaucoup d'arbitraire. Les races principales sont les suivantes :

Race blanche. — La race blanche comprend surtout les Européens, les Arabes, les Egyptiens; elle occupe aussi l'ouest de l'Asie. On lui donne encore le nom de *race caucasique.* Peau blanche, barbe assez fournie, cheveux soyeux, front large, crâne bien développé, yeux fendus horizontalement, nez étroit, pommettes peu saillantes, tête ovale, lèvres peu proéminentes : angle facial voisin de 80° (*fig.*).

Race jaune. — Elle peuple surtout l'Asie centrale et les régions polaires, Chinois, Japonais, Mongols, Esquimaux, Samoyèdes. On la nomme aussi *race asiatique* ou *mongolique.* Peau jaune, cheveux noirs, longs et raides, barbe noire et peu fournie, face aplatie et très large au niveau des pommettes qui sont franchement saillantes; le nez est assez large mais peu allongé; les lèvres sont proéminentes ; enfin les paupières sont fendues obliquement de dehors en dedans (*fig.*).

Race nègre. — Elle se rencontre en Afrique et en Océanie. On la nomme aussi *race éthiopique.* Peau noire ou brune, luisante, à odeur forte; cheveux noirs, crépus et laineux, barbe noire et frisée ne poussant qu'assez tardivement, et toujours peu fournie; face étroite, crâne allongé d'avant en arrière; yeux presque à fleur de tête; nez large et écrasé, lèvres lippues très proéminentes, talon saillant, bras longs. L'angle facial descend souvent à 65°. Les Américains à peau rouge d'avant la conquête se rapprochent de la race blanche par leur visage régulier, leurs cheveux soyeux, les belles proportions de leur corps (*fig.*).

rachitisme. — Maladie des os, qu'on ne rencontre que chez les enfants. Elle apparaît le plus souvent avant l'âge de trois ans, chez les enfants mal nourris, exposés à l'humidité, au froid, et privés de lumière.

Les *os* ne contenant pas une quantité suffisante de substances minérales, se ramollissent; ils deviennent incapables de supporter le poids du corps, et éprouvent par suite des déformations. L'enfant rachitique est morose, pâle, maigre; il a une fièvre

Tête d'enfant rachitique.

continue, des sueurs presque incessantes; la poitrine est étroite, la respiration difficile ; le ventre est gros; puis arrivent des douleurs constantes, un dépérissement rapide et une déformation croissante.

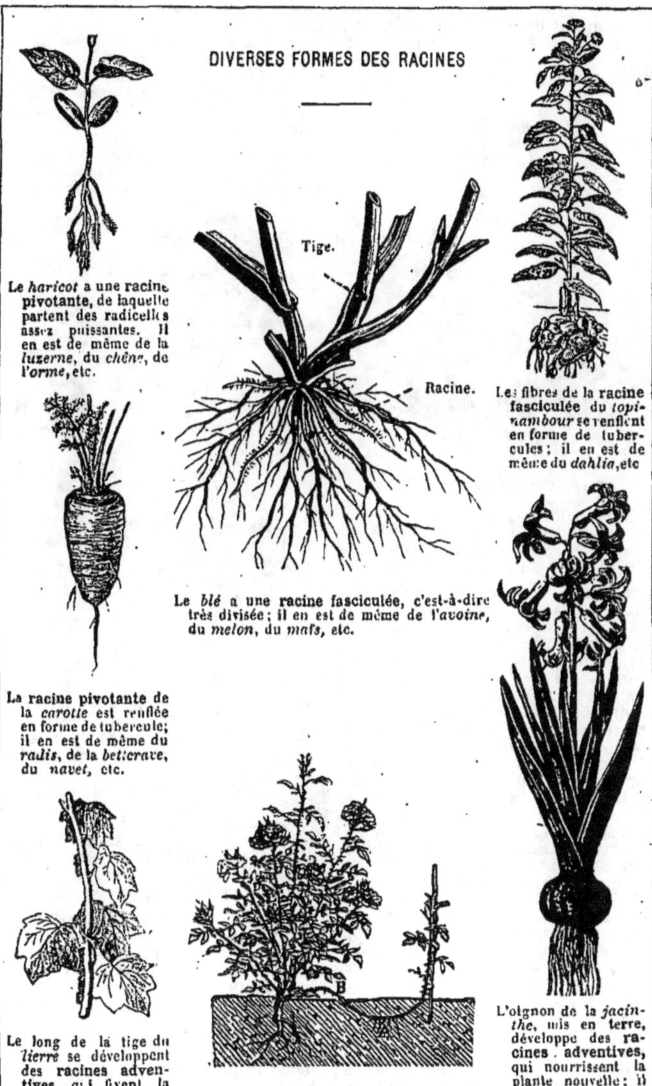

Le *haricot* a une racine pivotante, de laquelle partent des radicelles assez puissantes. Il en est de même de la *luzerne*, du *chêne*, de l'*orme*, etc.

Le *blé* a une racine fasciculée, c'est-à-dire très divisée ; il en est de même de l'*avoine*, du *melon*, du *maïs*, etc.

Les fibres de la racine fasciculée du *topinambour* se renflent en forme de tubercules ; il en est de même du *dahlia*, etc

La racine pivotante de la *carotte* est renflée en forme de tubercule ; il en est de même du *radis*, de la *betterave*, du *navet*, etc.

Le long de la tige du *lierre* se développent des racines adventives, qui fixent la plante aux arbres et aux murs.

On peut déterminer le développement des racines adventives par le *marcottage*.

L'oignon de la *jacinthe*, mis en terre, développe des racines adventives, qui nourrissent la plante nouvelle ; il en est de même de la *tulipe*, etc.

. On traite les enfants rachitiques en leur donnant du soleil, de l'air, une habitation saine, un régime fortifiant, des exercices modérés ; peu de remèdes (huile de foie de morue). Les os défor-

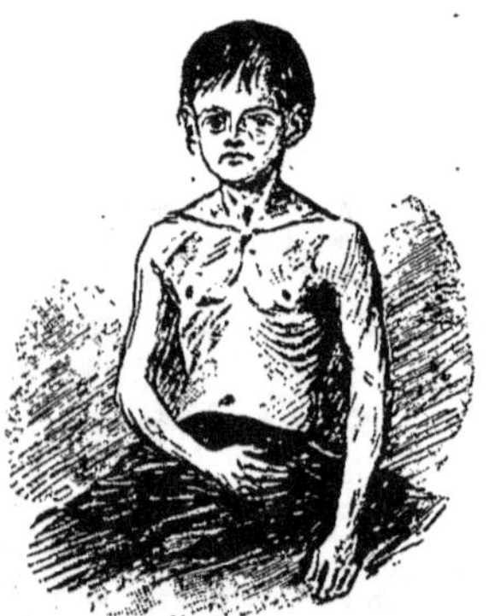

Corps d'enfant rachitique.

més sont redressés par des appareils appropriés. Un séjour prolongé au bord de la mer est la meilleure garantie de guérison du rachitisme (*fig.*).

racines. — Organes des plantes qui s'enfoncent dans le sol (*fig.* p. 645). Les racines proviennent du développement de la *radicule* de la *graine*. Leur forme varie d'une plante à l'autre ; il y a ordinairement une racine principale, de laquelle partent des *radicelles* de plus en plus fines ; souvent la racine principale disparaît et est remplacée par de petites racines qui partent du bas de la tige (blé). Les racines servent à puiser dans le sol les matières nutritives destinées à la plante ; les parties par lesquelles se fait l'absorption sont les extrémités ; quand on coupe la pointe de toutes les racines d'une plante, elle meurt. Pour que les racines remplissent leur fonction, il faut qu'elles s'enfoncent dans un sol renfermant de l'*humidité*, des *matières nutritives* et de l'*air* ; lorsque le sol est trop fortement tassé autour de la plante, l'air ne va pas jusqu'aux racines et la plante meurt.

Les racines servent en outre à fixer la plante au sol. D'autres (betterave, carotte, dahlia) grossissent beaucoup et constituent une provision de nourriture, qui sera ensuite consommée à l'époque de la formation des fleurs et des fruits. Dans le *lierre*, il se développe sur la tige de petites racines *adventives* qui fixent la plante aux arbres ou aux murs, comme autant de crampons.

Plusieurs racines sont utilisées dans l'alimentation (*navet, carotte, radis, betterave*), ou dans l'industrie (betterave avec laquelle on fait du sucre et de l'alcool), ou en médecine (guimauve).

radis. — Plante de la famille des *crucifères*, peut-être apportée de Chine. Sa racine, renflée, est alimentaire. Les

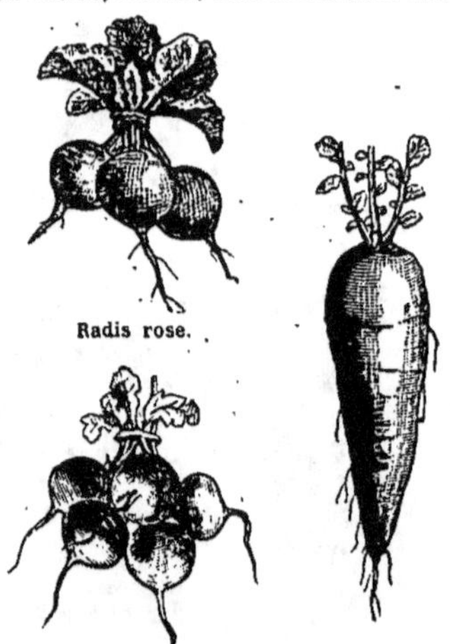

Radis rose.

Radis jaune d'été.   Radis d'hiver.

diverses variétés se divisent en deux groupes principaux, comprenant les *radis de petite race*, ou radis proprement dits, qui se mangent principalement au printemps, et les *radis de grosse race* (*radis noir, raifort*), qui se mangent surtout en hiver (*fig.*). La saveur piquante des radis excite l'appétit, mais la digestion en est généralement assez difficile, surtout celle des radis de grosse race. Les graines des radis sont oléagineuses.

rage. — Maladie virulente, toujours mortelle, propre aux animaux du genre chien et du genre chat. La rage se communique par morsure à l'homme et à d'autres animaux, par suite de la virulence de la salive de l'animal malade.

Le chien enragé est d'abord triste, agité ; il a la queue pendante, la gueule béante, la langue rouge et pendante ; la vue d'un autre chien le met en fureur ; il pousse des hurlements rauques, il cherche à manger les substances les plus diverses. Puis il a des convulsions, de l'abattement et enfin meurt (*fig.*).

Un homme mordu par un chien enragé peut ne pas devenir enragé lui-même, mais, si la maladie se déclare,

Physionomie du chien enragé.

elle est fatalement mortelle, car on n'a pas constaté un seul cas de guérison. Quand la maladie se produit, elle apparaît après une incubation généralement supérieure à 20 jours, et

Autrefois le seul traitement préventif consistait en une cautérisation de la plaie au fer rouge, cautérisation qui devait être faite aussitôt que possible. Les personnes mordues, cautérisées à temps, contractaient la rage bien moins souvent que celles qui ne l'avaient pas été. Aujourd'hui on empêche la maladie de se déclarer par une vaccination due à Pasteur (voy. **virus**). Pasteur démontra d'abord que le cerveau d'un chien mort enragé est virulent comme sa salive, c'est-à-dire qu'une parcelle de ce cerveau, introduite dans une plaie faite à un lapin, rend ce lapin enragé au bout de quelques jours. Mais si la substance cérébrale d'un chien ou d'un lapin mort enragé est exposée à l'air pendant un temps convenable, cette substance devient beaucoup moins virulente, et devient ainsi un *virus atténué*. Si le virus est assez atténué, on peut l'introduire sous la peau par une piqûre

— Inoculation préventive *après morsure*, par la méthode Pasteur.

souvent beaucoup plus longue. Le malade devient triste, il ne peut ni manger ni boire, il a des convulsions terribles, des hallucinations, puis il meurt.

faite au moyen d'une fine seringue, sans que l'animal devienne enragé; qu'on introduise quelques jours après un virus moins atténué, et l'animal, rendu déjà un peu réfractaire par sa première vaccination, le supportera. En vaccinant ainsi plusieurs fois successivement, avec des virus de moins en moins atténués, jusqu'à arriver au plus virulent, on finit par rendre l'animal tout à fait incapable de contracter la rage.

Après ces premières découvertes, Pasteur constata qu'un chien mordu par un chien enragé, alors qu'il n'a pas été vacciné, peut être vacciné avant que la maladie ne se soit déclarée, et être ainsi préservé de la rage. Le premier essai sur l'homme de ce procédé de préservation fut fait en 1885, avec un plein succès. Aujourd'hui on traite dans le monde entier, par la méthode Pasteur, les malheureux qui ont été mordus par des chiens enragés, et presque tous sont sauvés (*fig.*).

raie. — La *raie* est un poisson marin au corps aplati et en même temps un peu allongé, avec une queue bien distincte du tronc. La peau n'est pas protégée par des écailles. On ne connaît pas moins de 180 espèces différentes de raies. Ces poissons vivent

Raie (longueur, 0ᵐ,75).

au fond de l'eau, se nourrissant de mollusques, de vers, de crustacés. On les rencontre surtout sur les côtes. Leur chair est assez estimée, et on en fait une grande consommation. Le foie donne une huile recherchée par l'industrie (*fig.*).

Les *raies proprement dites* sont répandues sur les côtes de France, et sont activement pêchées. L'une d'elles, la *raie cendrée*, atteint parfois un poids de 50 kilogrammes. La *raie bouclée*, plus abondante et plus recherchée, est moins grosse; elle a le corps couvert en dessus par des aspérités, parmi lesquelles se trouvent de petits os très pointus nommés boucles.

raifort. — Voy. **cochléaria**.

rainette. — Voy. **batraciens**.

raiponce. — Plante de la famille des *campanulacées*, qu'on rencontre en France dans les prairies, sur la lisière des bois. Sa racine, charnue et d'une saveur douce, présente la forme d'une petite rave de la longueur et de la grosseur du doigt; on la mange en salade. Moins importante aujourd'hui qu'autrefois, la raiponce est encore

Raiponce cultivée.

cultivée dans quelques jardins maraîchers (*fig.*).

râle. — Oiseau *échassier* à bec assez long, queue très courte, couleurs sombres, assez commun en France. On en connaît plusieurs espèces, qui sont des gibiers estimés.

Le râle de genêt a 25 centimètres de longueur totale. Se rencontre dans les prairies fraîches et touffues, puis dans les trèfles, luzernes, céréales, bruyères, genêts, quand les herbes sont coupées. Mange des insectes, mollusques, vermisseaux. Oiseau de

Râle de genêt (longueur, 0ᵐ,25).

passage; arrive au commencement de mai et repart en septembre, comme la caille. Fait son nid par terre, au milieu des prés; 10 œufs d'un jaune brunâtre, tachetés de brun roux. Les petits courent et mangent seuls au sortir de la coquille (*fig.*).

Le râle d'eau a 27 centimètres de long. A les mêmes mœurs que le précédent; habite les marécages, fait sa demeure des joncs, glaïeuls, roseaux et autres plantes aquatiques; il nage bien, mais n'entre dans l'eau que par nécessité. Plus sédentaire en

Râle d'eau (longueur, 0ᵐ,27).

France; beaucoup cependant vont passer l'hiver en Afrique (*fig.*).

La **marouette** est grosse seulement comme une alouette; c'est aussi un oiseau de marécage et un oiseau de passage.

ramie. — Arbrisseau de la famille des *urticées*; un grand nombre d'espèces sont cultivées dans les régions chaudes des deux mondes, pour la fibre textile qu'elles fournissent, qui est plus résistante et plus souple que celle du lin et du chanvre; cette fibre textile ne tardera sans doute pas à prendre une grande importance industrielle en Europe.

Ramie blanche (hauteur, 3ᵐ).

Deux variétés surtout sont cultivées. La première, appelée **chinagran** par les Anglais, est répandue dans les Indes et en Chine; la fibre textile, comprise entre l'écorce et le bois, est grossièrement séparée et sert à la préparation de cordes très solides; mieux séparée, cette fibre donne une filasse très belle, avec laquelle on confectionne des tissus d'une finesse, d'une solidité, d'une blancheur et d'un brillant extraordinaires.

La seconde variété, plus particulièrement nommée **ramie** (*fig.*), est cultivée surtout dans les îles de la Sonde, les Moluques les Mariannes, en Chine et au Japon; sa fibre est encore plus solide que la précédente, mais moins fine et moins brillante. La circonstance qui s'est opposée jusqu'ici à une grande extension de l'usage de la ramie, est la difficulté de la décortication.

ramollissement. — Diminution progressive du poids et de la consistance du cerveau, due à un défaut de nutrition, parce que le sang n'arrive plus à l'organe en assez grande quantité; c'est surtout une maladie des vieillards ou des individus vieillis avant l'âge par les excès.

Il peut survenir brusquement et déterminer une mort rapide. Plus souvent il apparaît graduellement; il s'annonce par une douleur de tête en un point, de l'engourdissement, des fourmillements, de la tristesse, une paralysie lente d'un côté du corps, un affaiblissement progressif des forces et de l'intelligence; cette décrépitude croissante aboutit au gâtisme, ou à une mort plus ou moins prochaine. Les soins sont surtout hygiéniques; régime réparateur, repos physique et moral.

rapporteur. — Instrument employé pour mesurer les angles; il est constitué par un demi-cercle en corne transparente, ou un demi-cercle en

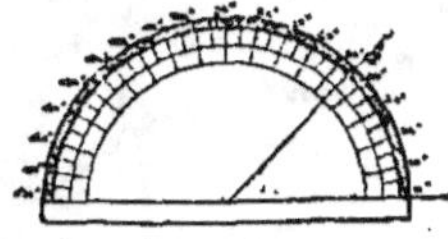

Rapporteur.

laiton, évidé sur la plus grande partie de sa surface, et divisé en degrés (*fig.*).

ratanhia. — Racine employée en médecine, qui provient de plusieurs arbustes de l'Amérique du Sud. La poudre de ratanhia sert aussi à préparer des poudres dentifrices.

rate. — Organe de forme ovale, situé dans l'abdomen, à gauche de

l'estomac; sa longueur est de 12 centimètres. Il est certain que la rate
exerce une modification sur le sang

La rate.

qui la traverse,
mais on n'est
pas encore bien
fixé sur la
fonction remplie
par cet organe
(*fig.*).

rateau. —
Appareil ser-
vant à ramasser
les herbes, à
nettoyer les al-
lées. En agricul-
ture on se sert
souvent d'un ra-
teau à cheval
(*fig.*). Le foin sec
est ramassé par
les *dents*. Lors-
que la quantité
de foin accu-
mulé par les
dents est suffi-
sante, celles-ci,
soulevées par le
conducteur,, au
moyen du *levier*,
passent par-dessus le tas, s'abaissent de nouveau et continuent le
ramassage. Le *régulateur* sert à
régler l'inclinai-
son des dents
suivant la taille
du cheval.

ration. — On
nomme *ration
alimentaire* la
quantité d'ali-
ments néces-
saire chaque
jour à un hom-
me, à un animal,
pour l'entretien
des forces et de
la santé. Cette
ration dépend,,
dans chaque es-
pèc). animale,
du poids de l'a-
nimal, des tra-
vaux qu'il doit effectuer; en outre,
pendant l'âge de la croissance, la
ration nécessaire est plus forte, pro-

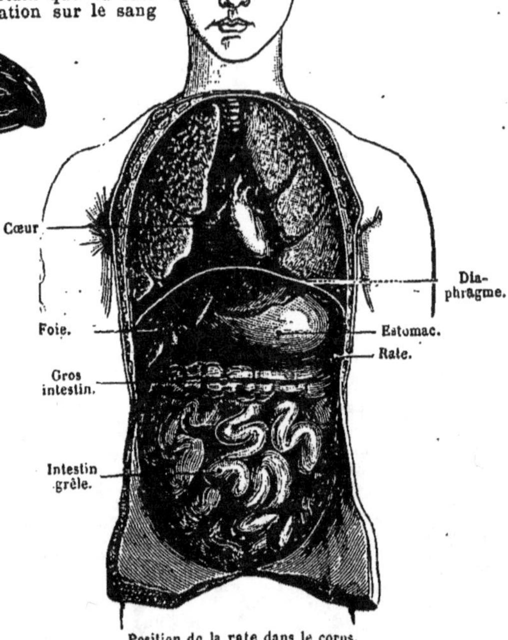

Position de la rate dans le corps.

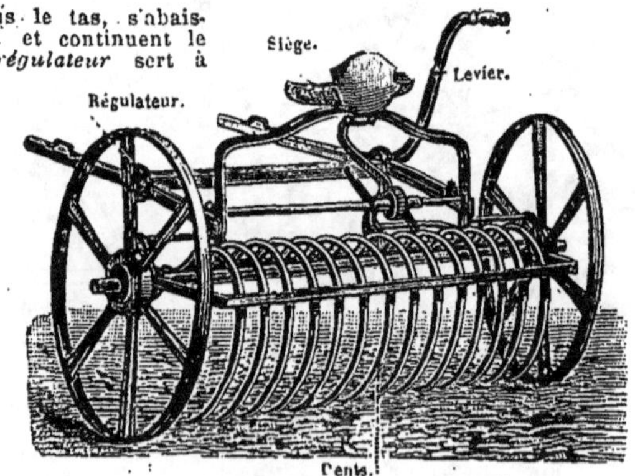

Rateau à cheval.

portionnellement au poids, que dans
l'âge adulte.

En France, la ration normale du

soldat est la suivante. En temps de paix : pain, 1 450 grammes; viande non désossée, 300 grammes; légumes frais, 400 grammes; légumes secs, 300 grammes; sel, 16 grammes. En temps de guerre la ration y est nécessairement plus variable; elle comporte du biscuit au lieu de pain, de la viande, des légumes, du sucre, du café, du vin, de l'eau-de-vie.

rats. — Le *rat* est un mammifère *rongeur* de petite taille, extrêmement répandu à la surface du globe. Le nombre des espèces de rats est considérable, et plusieurs de ces espèces se rencontrent partout où est l'homme. Ces animaux ont un museau pointu, des yeux grands, des oreilles larges, une queue longue, quelquefois poilue, plus souvent nue et écailleuse, un pelage court et mou. Ils habitent, selon les espèces, les champs, les bois, les maisons, les étables, les jardins. Partout ils sont malfaisants ; d'autant plus qu'ils ont une grande fécondité et qu'ils se réunissent parfois en troupes innombrables. Leur petite taille les met du reste à même de trouver aisément des abris et de se soustraire ainsi à leurs ennemis. Pour se nourrir ils s'attaquent à toutes les substances animales et végétales, graines, fruits, racines, écorces, feuilles, insectes, viandes, provisions de ménage, peaux, papier, etc. Par contre ils ne nous fournissent aucun produit utile.

Les espèces les plus importantes de ce nombreux groupe sont les suivantes. Le **rat ordinaire** (*fig.*), d'un brun foncé,

Rat ordinaire ou rat noir (longueur 0ᵐ,20, sans la queue qui a 0ᵐ,16).

pouvant avoir 0ᵐ,20 de longueur, avec une queue de 0ᵐ,16. Il est répandu sur toute la terre, les régions les plus froides exceptées; il a suivi l'homme dans tous les climats. On le distingue ordinairement du *surmulot*, qui dépasse parfois 0ᵐ,25, mais qui est bien peu différent par son aspect et ses habitudes. Ces deux rats se trouvent dans nos greniers, nos granges, nos habitations, nos jardins; on les rencontre partout, causant constamment des dégâts, car ils rongent et dévorent tout, même les oies grasses, les dindes, les cochons, les cadavres; on en a vu manger des enfants au berceau. Ils se multiplient avec une telle rapidité qu'ils pullulent en certains endroits par centaines de milliers. Leur agilité et leur intelligence les rendent encore plus à craindre. La femelle porte un mois; elle met bas de 5 à 21 petits. On a employé des moyens innombrables pour combattre les rats. Le poison, si usité, est dangereux pour les autres animaux et même pour les substances alimentaires sur lesquelle les animaux peuvent vomir. Les chats, les chiens ratiers, les oiseaux de proie, les corbeaux, les belettes, ennemis naturels des rats, constituent de beaucoup nos meilleurs armes contre ces hôtes malfaisants. Un chat éloigne les rats par sa seule présence.

Les **souris** (*fig.*), beaucoup plus petites (0ᵐ,10 et 0ᵐ,10 de queue), plus gracieuses, sont de même les fidèles compagnes de l'homme. On les ren-

Souris domestique (longueur 0ᵐ,10, sans la queue qui a aussi 0ᵐ,10).

contre dans toutes les maisons et aussi dans les champs. Mais la souris fait en somme beaucoup moins de mal que le rat, quoiqu'elle ne respecte rien dans nos demeures, et qu'elle puisse, grâce à ses dents et sa petite taille, pénétrer absolument partout. La fécondité de la souris domestique est plus grande encore que celle du rat; ce petit animal couvrirait bientôt la terre s'il n'avait à compter avec de nombreux ennemis : chat, belette, putois, hérisson, musaraigne, hibou, etc.

Le **mulot**, ou **souris des bois** (*fig.*), est un peu plus gros que la souris domestique; il est répandu dans presque toute l'Europe. On le trouve surtout dans les bois et les jardins, rarement dans les champs; l'hiver il vient sou-

Mulot ou souris des bois (longueur 0ᵐ,11, sans la queue qui a 0ᵐ,10).

vent dans les maisons. Il vit d'insectes, de vers, de petits oiseaux, de fruits, noyaux, glands, etc. Il n'a pas de sommeil hivernal, aussi amasse-t-il de nombreuses provisions d'hiver.

La **souris noire** n'a que 0ᵐ,08 de longueur, avec 0ᵐ,06 de queue ; elle pèse au plus 7 grammes. On la trouve aussi un peu partout, dans les bois et les champs cultivés. Elle bâtit son nid aussi habilement que les oiseaux.

Le **hamster** (*fig.*), plus gros (0ᵐ,30 de longueur) et plus trapu, est aussi un rongeur du groupe des rats. Il est commun dans tout le nord de l'Europe.

Hamster commun (longueur 0ᵐ,30, sans la queue qui a 0ᵐ,08).

C'est un mammifère très nuisible à l'agriculture par la quantité de grains qu'il dévore et qu'il amasse dans son terrier.

rave. — *Navet* de forme ronde. Le *choux-rave* est un choux dont la tige est renflée à la base, au-dessus de la racine, et porte des feuilles sur cette partie renflée. Peu estimé à Paris, ce légume est très apprécié en Angleterre ; il est en réalité d'un goût plus délicat que le navet.

ray-gras. — Herbe de la famille des *graminées*, qui est une espèce fourragère du genre *ivraie*. C'est un fourrage assez médiocre, mais qui donne un rendement abondant dans les terrains fertiles et suffisamment humides.

rayonnement de la chaleur. — La *chaleur rayonnante* est la chaleur qui nous arrive des corps chauds à travers l'air, ou même à travers le vide.

Cette chaleur se propage dans l'espace en suivant une ligne droite ; elle chauffe d'autant moins qu'on est placé plus loin de la source de chaleur ; elle va aussi vite que la lumière, puisque la chaleur du soleil nous arrive en même temps que sa lumière. Tous les corps chauds ne rayonnent pas également bien la chaleur. Un corps dépoli, comme du noir de fumée, rayonne autour de lui beaucoup plus de chaleur qu'un corps recouvert d'un métal poli, qui serait cependant aussi chaud. D'où il faut conclure qu'un corps se conservera chaud plus longtemps s'il est recouvert d'un métal poli, que s'il est recouvert d'une substance dépolie, telle que du noir de fumée.

La chaleur rayonnante est capable de se *réfléchir* à la surface d'un miroir comme le fait la lumière, et en obéissant aux mêmes lois (Voy. **réflexion**). Aussi la chaleur du soleil est-elle concentrée au foyer d'un *miroir* concave tout aussi bien que sa lumière.

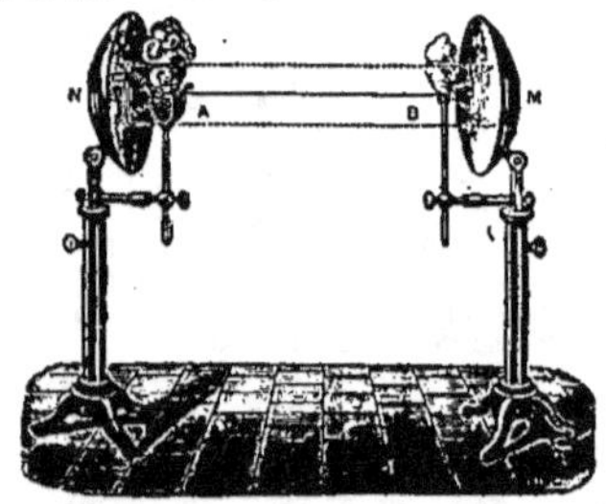

Expérience des miroirs ardents. — Les rayons calorifiques du foyer B réfléchis sur les deux miroirs M et N viennent converger sur l'amadou A et l'enflamment.

De même que la lumière, la chaleur rayonnante peut traverser certains corps sans être arrêtée ; les corps qui se laissent traverser par la chaleur sont nommés *corps diathermanes*. Ce passage est accompagné d'une *réfraction* qui obéit aux mêmes lois que celle de la lumière. Ainsi la chaleur solaire, concentrée comme sa lumière au foyer A d'une lentille convergente, suffit à fondre les métaux et à enflammer les substances combustibles. Le

Concentration de la chaleur solaire par une lentille.

verre, cependant, ne laisse passer qu'une partie de la chaleur qu'il reçoit ; il se laisse traverser par les rayons calorifiques venant d'une source lumineuse, comme le soleil, mais il arrête les rayons calorifiques venant d'une source obscure, comme un poêle. Ceci permet d'expliquer ce qui se passe dans les serres. La chaleur lumineuse du soleil entre dans la serre à travers les vitres, et elle échauffe l'intérieur ; mais les objets intérieurs ne rayonnent que de la chaleur obscure, qui ne peut traverser le verre ; la chaleur est donc entrée dans la serre, mais elle n'en peut pas ressortir. De même, les appartements dont les fenêtres fermées sont tournées du côté du soleil, laissent entrer les rayons calorifiques lumineux et empêchent de sortir les rayons obscurs. La température s'y élève rapidement.

Enfin la chaleur rayonnante qui arrive sur un objet est absorbée, au moins en partie, et l'objet s'échauffe. Sous l'influence d'un même rayonnement, un corps dépoli s'échauffe plus vite qu'un corps poli. Deux cafetières sont placées devant le feu; l'une est recouverte de noir de fumée; l'eau sera rapidement portée à l'ébullition; l'autre est en cuivre poli, bien propre, l'eau bouillira bien plus tard. Sous l'action du soleil, une étoffe noire s'échauffe beaucoup plus qu'une étoffe blanche. C'est pour cette raison que les jardiniers peignent en noir les murs le long desquels ils disposent des espaliers. Inversement, les vêtements blancs préserveront, en été, contre l'ardeur des rayons du soleil.

rayonnés. — Animaux inférieurs, dont les différentes parties sont grou-

Rayonnés échinodermes

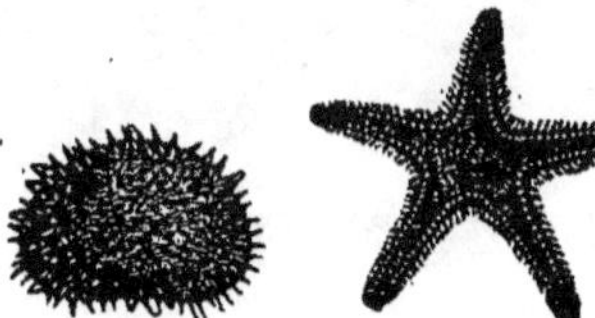

Oursin.   Étoile de mer.

Rayonnés cœlentérés.

Méduse.   Anémone.

pées comme les pétales d'une fleur régulière autour d'un centre (*fig.*). On les divise en : *échinodermes*, qui ont le corps protégé par une enveloppe dure

ou *test* et possèdent un tube digestif distinct, ouvert à ses deux extrémités; et *cœlentérés*, dont le corps est nu, et qui sécrètent quelquefois une sorte de support solide nommé *polypier* : ils manquent de tube digestif; c'est la cavité du corps qui en tient lieu. Parmi les *échinodermes* on remarque les *oursins* et les *étoiles de mer*; parmi les *cœlentérés*, les *hydres*, les *polypes*, les *méduses*, les *anémones de mer*, les *madrépores*, le *corail*.

raz. — Dans un grand nombre de parages marins, les oscillations des marées sont accompagnées de courants changeant régulièrement de sens, et se portant alternativement dans le même sens que le flux et le reflux. Ces courants qui ont la marée pour cause prennent le nom de *raz* s'ils se forment en mer, et de *mascaret* s'ils remontent les fleuves. Les courants de marée s'observent surtout dans les détroits; ils sont parfois extrêmement rapides; et, par leurs brusques changements, leurs remous, leurs tourbillons, ils peuvent être rangés parmi les plus dangereux phénomènes de l'Océan. Ainsi l'entrée du golfe des îles normandes est à bon droit redoutée des navigateurs à cause de l'effrayante vitesse qu'y atteignent les courants de marée; le *raz de Blanchard*, détroit qui sépare le cap de la Hague et l'île anglaise d'Aurigny, et, au sud, le passage de la Déroute, sont les plus terribles de ces défilés marins.

On donne aussi le nom de *raz de marée* à un phénomène accidentel et complètement différent des courants réguliers dont nous venons de parler. Il arrive parfois, surtout dans les ré-

Raz de marée.

gions tropicales, que la mer, en l'absence de toute tempête et même de tout vent sensible, par un calme plat, se soulève le long des côtes en lames furieuses, qui arrachent les vaisseaux de leurs ancres et envahissent les terres, y portant la désolation et la mort. Au loin, au contraire, on voit la mer absolument tranquille. Le phénomène, accompagné d'une grande baisse du baromètre, dure plusieurs heures ou même plusieurs jours ; puis il se calme et tout rentre dans l'ordre, à moins que, ce qui arrive souvent, le vent ne s'élève furieux et que le raz de marée ne soit suivi d'une grande tempête. On ignore la cause de ces phénomènes singuliers ; mais, contrairement à ce que semblerait indiquer le nom de *raz de marée*, la marée n'y joue aucun rôle. Peut-être des tremblements de terre souterrains, survenus dans des régions lointaines, produisent-ils ces mouvements de la mer (*fig.*).

réflexion de la lumière. — Quand un faisceau lumineux tombe sur une surface polie (un miroir), il

Réflexion de la lumière.

est renvoyé dans une nouvelle direction : on dit qu'il y a *réflexion de la lumière* (*fig.*). Si, par le point où le rayon

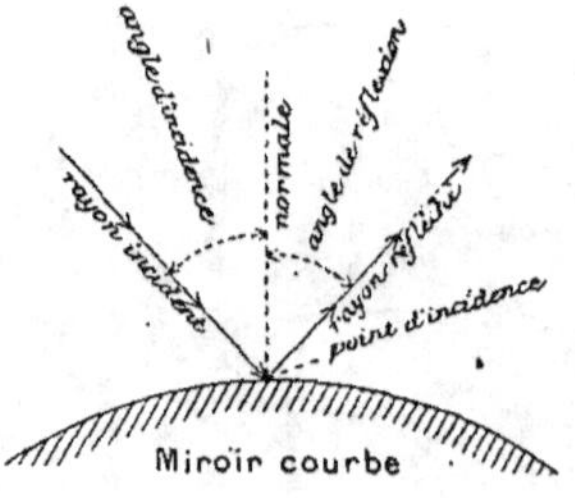

Lois de la réflexion.

lumineux rencontre la surface (*point d'incidence*), on mène une perpendiculaire à cette surface, cette perpendiculaire se nomme la *normale* ; l'angle du *rayon incident* avec la *normale* se nomme *angle d'incidence* ; l'angle du rayon *réfléchi* avec la *normale* se nomme *angle de réflexion* ; le plan qui passe par le rayon incident et la normale se nomme *plan d'incidence* ; il est perpendiculaire à la surface réfléchissante (*fig.*).

Lois de la réflexion : 1° Le rayon réfléchi est situé dans le plan d'incidence ; 2° l'angle de réflexion est égal à l'angle d'incidence.

Toutes les surfaces polies ne réfléchissent pas également bien la lumière, mais toutes la réfléchissent d'après ces deux lois.

Pour les conséquences de la réflexion, voy. **miroirs**.

réfraction de la lumière. — Un rayon lumineux qui passe de l'air dans un corps transparent change de direction au moment où il entre dans le corps transparent : on dit qu'il est *réfracté*, ou qu'il a subi une *réfraction*.

La réfraction explique pourquoi les objets plongés dans l'eau nous semblent toujours moins profondément

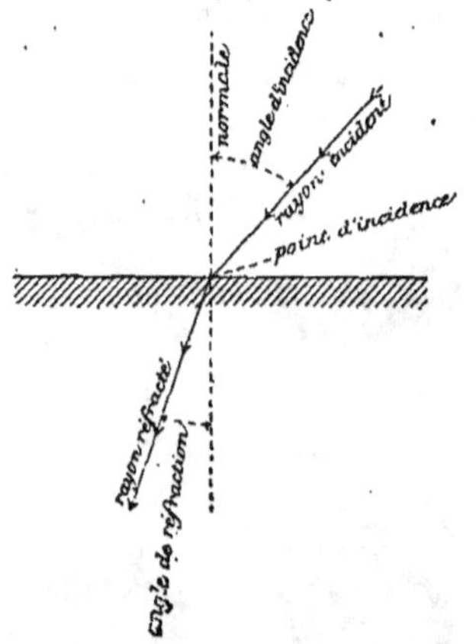

Lois de la réfraction. — Par suite de la *réfraction*, un rayon lumineux change de direction en passant de l'air dans l'eau.

enfoncés qu'ils ne sont en réalité ; pourquoi notre main, placée sous l'eau, nous semble plus étroite ou plus courte, suivant qu'on la place horizontalement ou verticalement ; pourquoi un bâton, plongé obliquement dans l'eau, nous paraît brisé au point d'immersion. Nous voyons, en effet, que les rayons lumineux partis d'un point A ont à leur sortie la même direction que s'ils parvenaient du | l'eau constitue une boisson économique, le *coco*.

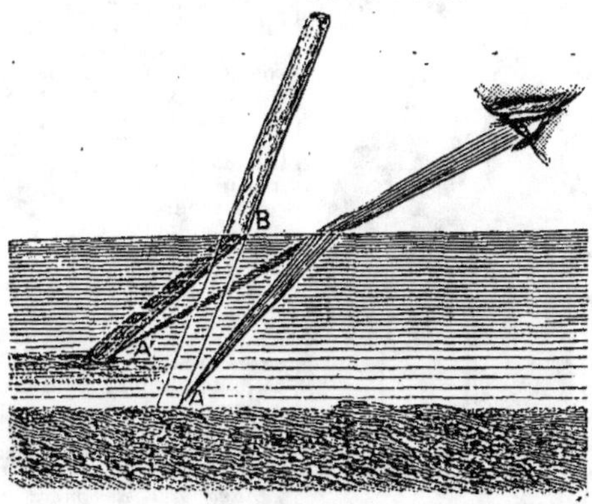

Réfraction : expérience du bâton brisé. — Le bâton va de B en A, en ligne droite; mais on le voit comme s'il était brisé dans la direction BA'.

point A' situé plus haut; le point A nous semblera donc être placé en A'.

régime. — Usage raisonné et méthodique des aliments, tant dans l'état de santé que dans celui de maladie. Le régime dans l'état de maladie est ordonné dans chaque cas particulier par le médecin.

Dans l'état de santé chaque personne doit régler son régime d'après son *tempérament*. Mais d'une façon générale on peut poser les quelques règles suivantes : se garder d'une alimentation trop abondante et trop épicée, ne consommer que des aliments de bonne qualité et préparés avec soin, éviter ceux de digestion difficile, prendre ses repas à des heures très régulières et convenablement espacées, faire après le repas un exercice modéré et suffisamment prolongé. Les exercices violents et plus encore le travail intellectuel doivent être évités aussitôt après les repas.

réglisse. — Plante de la famille des *papilionacées* qui croît dans le midi de la France et de l'Europe; fleurit en juin et juillet. Elle est aussi cultivée dans les jardins. Les fleurs sont rougeâtres et disposées en épis lâches (*fig.*). On utilise les parties souterraines de cette plante, dites *racines de réglisse*, pour sucrer les tisanes; on les emploie à la fabrication du *suc de réglisse*, vulgairement nommé *sucre noir*. L'infusion dans

C'est surtout en Espagne et dans le midi de l'Italie qu'on cultive la réglisse

Réglisse.

pour ces différents usages. Le *sucre noir* se prépare en faisant bouillir plusieurs fois la racine, en l'exprimant fortement, et en faisant évaporer la liqueur obtenue.

reins. — Glandes qui sécrètent l'*urine*; elles sont au nombre de deux, situées près de la colonne vertébrale, à la hauteur du milieu du ventre. Leur forme est celle d'un haricot, leur poids voisin de 150 grammes chez l'homme, leur longueur de 0^m,10 (*fig.*). Le sang arrive dans les reins, qui sécrètent l'*urine* à ses dépens; le liquide, à mesure qu'il se forme, s'écoule dans la *vessie* par deux conduits, lés *urelères*, longs de 0ᵐ,25. De la vessie le liquide sera rejeté de temps en temps à l'extérieur. Les *calculs*,

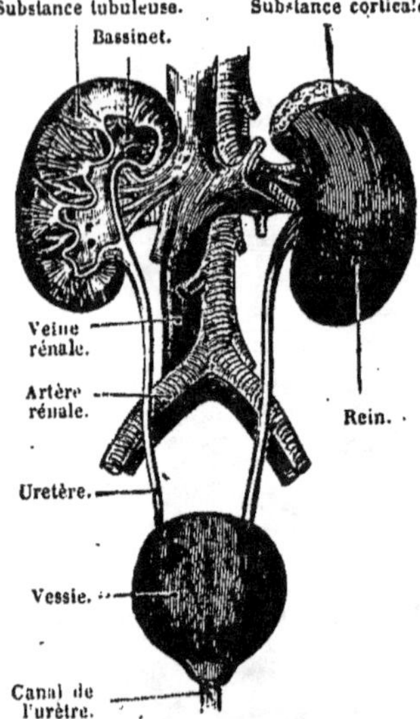

Les reins et la vessie.

la *néphrite* sont des maladies des reins.

renard. — Cet animal appartient, comme le loup, au genre chien et à l'ordre des *carnassiers*. Il se distingue par une queue longue et touffue, un museau pointu assez semblable à celui du lévrier. Sa couleur est fauve, avec la queue terminée par un bouquet de poils blancs. Longueur du renard de France, 75 centimètres du bout du museau à la naissance de la queue ; queue 40 centimètres ; hauteur au garrot 38 centimètres.

Le renard est très robuste, très léger ; il a l'ouïe fine, l'odorat sensible, la vue perçante. Il habite les bordures des bois et des taillis, à petite distance des habitations. Il se terre et creuse ses terriers sur un sol en pente pour éviter l'envahissement des eaux. Un terrier de renard se compose de galeries nombreuses se croisant dans tous les sens et terminées par plusieurs issues. C'est dans la partie la plus profonde que la femelle se retire pour mettre bas, en avril, de 3 à 6 renardeaux.

Le renard vit solitaire et chasse ordinairement seul. Il se nourrit de gibier et aussi de volailles qu'il va chercher pendant la nuit dans les habitations voisines. Il tue tout ce qu'il ne peut pas manger et l'emporte dans son terrier. Il fait aussi la guerre aux rats et aux mulots, même aux insectes, mais il nous fait en somme beaucoup plus de mal que de bien.

Le renard vulgaire habite toute l'Europe, l'Afrique du Nord, l'Asie septentrionale et même l'Amérique. Sa fourrure, au moins

Renard (longueur du corps, 0ᵐ,75).

celle des animaux du Nord, est assez estimée (*fig.*).

D'autres espèces, assez nombreuses, sont voisines du renard vulgaire ; telles sont le *renard du Brésil*, le *renard bleu des mers polaires*, dont la fourrure est l'objet d'un grand commerce.

renne. — Le *renne* (*fig.*) est un mammifère *ruminant* de la famille des *cervidés*. Le mâle et la femelle portent de grands bois recourbés en arc et terminés par des ramifications fourchues. Il habite les régions les plus froides de l'hémisphère boréal ; c'est un animal de grande taille ; hauteur 1ᵐ,15 au garrot. A l'état sauvage son pelage est très épais et assez long, ce qui lui permet de supporter le froid. Il est d'un brun foncé. Il

Renne (hauteur, 1ᵐ,15).

n'habite que les hauteurs, au-dessus de la limite des forêts ; il vit sur des plateaux nus, les plantes les plus chétives, les lichens suffisant à sa nourriture. Les rennes vont en grandes bandes, de 300 à 400 têtes. La femelle fait un petit par an. La chasse du renne sauvage est difficile.

La domestication du renne est incomplète, car l'animal est toujours indocile et à demi-sauvage. La conduite des troupeaux est extrêmement difficile. Tous les peuples du Nord,

Lapons, Finnois, Sibériens, Samoïèdes, Tungouses..., sont adonnés à l'élève du renne. Des milliers de propriétaires réunissent parfois leurs animaux pour en faire des troupeaux de 50,000 têtes. Le renne domestique est toute la richesse du Lapon; il est plus petit, plus laid que le renne sauvage.

Le renne est pour les habitants des régions du Nord une bête de trait; son dos est trop faible pour qu'il puisse servir de bête de somme, sauf pour les vieux mâles très vigoureux. Il fait aisément 10 kilomètres à l'heure avec sa charge; deux rennes attachés à un traîneau font fréquemment 90 kilomètres tout d'une traite. Après sa mort le renne est aussi précieux que vivant; on utilise toutes ses parties. Sa chair, son sang, la moelle des os, les bois encore cartilagineux sont des aliments très recherchés, dont les Lapons font, surtout au mois de septembre, une grande consommation. Avec la peau on fait des fourrures et du cuir; on file et on tisse le poil fin qui recouvre certaines parties du corps; avec les os on fabrique toutes sortes d'instruments; les tendons sont transformés en fils. Les rennes sauvages sont plus estimés encore pour tous ces usages.

renonculacées. — Plantes *dicotylédones dialypétales* à corolle et à étamines fixées à un réceptacle commun, ovaire libre; plantes ordinairement herbacées, à feuilles souvent alternes, sans stipules, fleurs ayant

Renonculacées (ex. : anémone).

des étamines nombreuses, hypogynes, à loges s'ouvrant vers l'extérieur, carpelles ordinairement libres, graines pourvues d'albumen. Exemples : *re-*

noncule, anémone (*fig.*), *clématite, hellébore, pied d'alouette, ancolie, aconit, pivoine* .

renoncule. — Plante de la famille des *renonculacées*, à fleurs jaunes ou blanches. Une espèce, nommée vulgairement *bouton d'or*, à cause de ses jolies petites fleurs jaunes, se rencontre

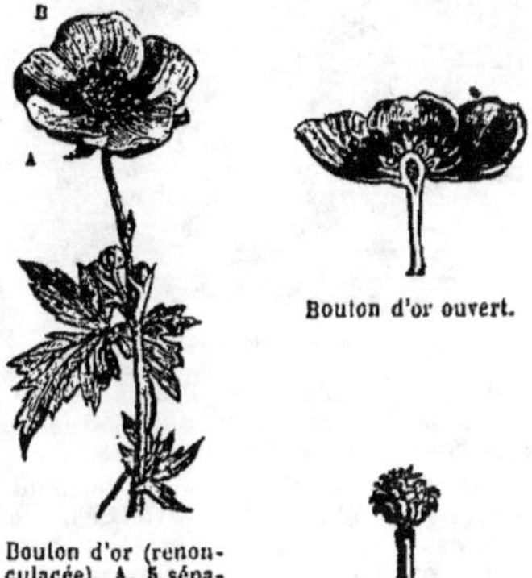

Bouton d'or ouvert.

Bouton d'or (renonculacée). A, 5 sépales libres. B, 5 pétales libres.

Ovaires du bouton d'or.

Renonculacées (détails de la fleur du *bouton d'or*).

abondamment en France dans les prairies et sur les coteaux. Un grand nombre d'autres espèces émaillent les champs cultivés, les prairies humides, les bords des mares. La plupart de

Renoncule.

ces espèces contiennent un principe âcre qui les rend rubéfiantes, très irritantes et dangereuses; il faut éviter de laisser paître des bestiaux dans les prairies renfermant beaucoup de renoncules ; après dessiccation, le principe âcre disparaît et le fourrage

Renoncule aquatique.

n'est plus à redouter. Plusieurs renoncules sont cultivées dans les jardins comme ornementales (*fig.*).

reptiles. — Les *reptiles* forment la troisième classe des vertébrés. Ce sont des vertébrés à respiration toujours pulmonaire et à température variable ; peau écailleuse ou couverte de plaques osseuses ; ils sont ovipares ou ovovivipares ; n'ont jamais de métamorphoses analogues à celles des batraciens. Quelques-uns (tortues) ont un bec corné, comme les oiseaux ; les autres possèdent des dents. La gueule des serpents peut s'élargir de façon à laisser passer une proie souvent énorme. Le cœur des reptiles n'est pas aussi complet que celui des mammifères ; il a toujours deux oreillettes, mais souvent un seul ventricule.

Les reptiles pondent ordinairement des œufs ; mais quelques-uns, tels que les vipères et les lézards, font des petits vivants parce que les œufs éclosent dans le corps de l'animal, avant d'être pondus. Certains reptiles ont des membres, d'autres n'en ont pas. Les organes des sens sont généralement peu développés.

Peu de reptiles présentent pour nous de l'utilité (tortues, lézards) ; la plupart des serpents, au contraire, sont nuisibles.

On a divisé les reptiles en quatre ordres. Les *chéloniens* ou *tortues* ; les *crocodiliens* ou *crocodiles* ; les *ophidiens* ou *serpents* ; les *sauriens* ou *lézards* (*fig.* p. 659). Nous étudions ces animaux aux mots *tortues*, *crocodiles*, *serpents* et *lézards*.

On connaît aujourd'hui à peu près 1 900 espèces différentes de reptiles.

requin. — Voy. **squales.**

réséda. — Plante *dicotylédone*

dont les fleurs, disposées en grappes, sont remarquables par leur odeur agréable. Le réséda est originaire de

Réséda.

l'Egypte et de l'Orient. On le cultive beaucoup dans les jardins ; on en fait un grand commerce pour la confection des bouquets, où il supplée au manque de parfum des autres fleurs. En Angleterre on le cultive fréquemment en orangerie ; il prend alors la taille d'un sous-arbrisseau (*fig.*).

La *gaude**, employée en teinture, est une plante voisine du réséda.

résines. — Les *résines* sont des corps solides, durs, moins fragiles, à cassure vitreuse. Elles ont généralement une couleur brune, due à des substances étrangères ; leur saveur est brûlante ; leur odeur est souvent très forte (benjoin), et quelquefois extrêmement désagréable (assa fétida *). Elles sont insolubles dans l'eau, solubles dans l'alcool, dans l'éther et dans les essences. Elles sont combustibles et brûlent avec une flamme fuligineuse. Chauffées en vase clos, elles se décomposent ; il se dégage des *carbures d'hydrogène** combustibles qu'on peut employer pour l'éclairage, et des *huiles lourdes* qu'on utilise pour lubrifier les organes des machines.

Les résines proviennent de l'oxydation des *essences** au contact de l'air ; aussi accompagnent-elles les essences dans un grand nombre de végétaux. Le mélange d'essence et de résine s'écoule souvent du tronc, soit naturellement, soit par des incisions pratiquées artificiellement.

Ainsi lorsqu'on pratique des incisions le long du tronc du pin maritime (principalement dans les Landes de

ORDRE DES REPTILES.

Chéloniens ou tortues.

Tortue de mer.   Tortue de rivière.   Tortue terrestre.

Sauriens ou lézards.

Lézard gris.

Caméléon.

Ophidiens ou serpents.

Crocodiliens.

Gavial du Gange.

Boa constrictor.

Gascogne), il s'écoule un mélange gluant d'une résine sèche la *colophane,* avec une essence liquide, l'essence de térébenthine. Ce mélange porte le nom de *résine* ou de *térébenthine.* Abandonné à l'air, il se durcit progressivement par suite de l'évaporation et de l'oxydation lente d'une partie de l'essence. C'est à la forte proportion d'essence qu'elles renferment que certaines résines (térébenthine, styrax) doivent leur mollesse.

Un grand nombre de résines ont des usages importants. Quelques-unes sont employées en parfumerie (benjoin), quelques autres servent de matières colorantes (gomme-gutte) ; on en utilise pour la préparation de la cire à cacheter (colophane) ; les résines communes donnent des *huiles lourdes* par distillation, des savons économiques par combinaison avec les alcalis, du noir de fumée par combustion incomplète. La fabrication des *vernis* constitue l'application la plus importante des résines.

résolutifs. — Médicaments qui font disparaître les engorgements ; ces médicaments sont de nature très diverse, de même que les engorgements qu'il s'agit de résoudre (carbonate de soude, iodure de potassium, extrait de ciguë, etc.).

respiration. — Fonction qui a pour but de fournir au sang l'oxygène dont il a besoin pour opérer la *nutrition* du corps. En même temps la respiration permet de rejeter à l'extérieur l'acide carbonique qui prend naissance pendant la nutrition.

Les organes qui servent à cet échange gazeux, entrée de l'oxygène et sortie de l'acide carbonique, constituent l'*appareil de la respiration.* L'air entre par la bouche, traverse le *pharynx* et arrive dans la *trachée-artère* ; de là il passe dans les *poumons* , qui reçoivent, d'une part l'air atmosphérique, d'autre part le sang, et par la paroi desquels s'effectue l'échange des gaz. Ces organes sont situés dans le thorax, cavité presque close, limitée sur les côtés par la colonne vertébrale, les côtes et le sternum, et en bas par le diaphragme (*fig.* p. 661).

L'entrée de l'air dans l'appareil respiratoire constitue l'*inspiration.* Les côtes se soulèvent, le diaphragme se contracte et s'abaisse, et la capacité de la cavité thoracique se trouve augmentée ; cette augmentation de capacité produit une véritable aspiration, de l'air entre dans les poumons. Puis, peu après, se produit l'*expiration* ; les côtes reprennent leur position normale, le diaphragme reprend sa cour-

bure, et la cavité thoracique diminue : l'air se trouve ainsi expulsé. A chaque inspiration un demi-litre d'air entre dans les poumons ; la même quantité sort à l'expiration ; il se fait à peu près 15 inspirations par minute, ce qui fait que 10 mètres cubes d'air s'introduisent dans les poumons en 24 heures. Dans une inspiration forcée, nous pouvons aspirer de 3 à 4 litres d'air (*fig.*).

L'air qui est entré pendant l'inspiration arrive par les bronches dans les *poumons* ; là il est en contact avec le sang venant du cœur. A travers les parois des bronchioles, l'oxygène passe dans le sang ; il est absorbé par l'*hémoglobine* des *globules* (voy. **sang**), et il va pouvoir ainsi être entraîné dans l'organisme pour contribuer à la *nutrition* . Quant au sang, il était arrivé aux poumons chargé d'acide carbonique provenant de la nutrition ; cet acide carbonique a passé en sens inverse à travers les parois des bronchioles, de manière à être chassé à l'extérieur au moment de l'expiration. L'air expiré doit donc renfermer moins d'oxygène et plus d'acide carbonique que l'air inspiré. L'échange de gaz change le sang veineux, riche en acide carbonique, qui arrivait dans les poumons, en sang artériel, riche en oxygène, qui va retourner au cœur (voy. **sang**).

La présence de l'acide carbonique dans l'air expiré explique comment l'*air confiné* peut être à la longue souillé par la respiration des personnes ou des animaux.

La respiration est une fonction dont la suspension, même pendant quelques minutes seulement, détermine la mort (voy. **asphyxie**). Quand elle se fait dans un air impur, il en résulte des désordres graves ; aussi doit-on veiller à aérer avec soin les appartements, surtout quand ils sont petits, et que plusieurs personnes y sont enfermées.

rétention d'urine. — Grande difficulté ou même impossibilité d'uriner ; la rétention d'urine est très douloureuse et peut déterminer des accidents graves de la vessie.

rêve. — Pendant le sommeil, les facultés intellectuelles ne sont pas absolument suspendues, elles conservent une certaine activité qui constitue le rêve. Le sommeil normal est toujours accompagné de rêves, qui sont généralement oubliés au réveil ; les mauvais rêves, qui troublent le sommeil, sont à peu près les seuls dont on conserve le souvenir. Ces mauvais rêves, et surtout les cauchemars, sont souvent occasionnés par des troubles de la

PHASES DE LA RESPIRATION.

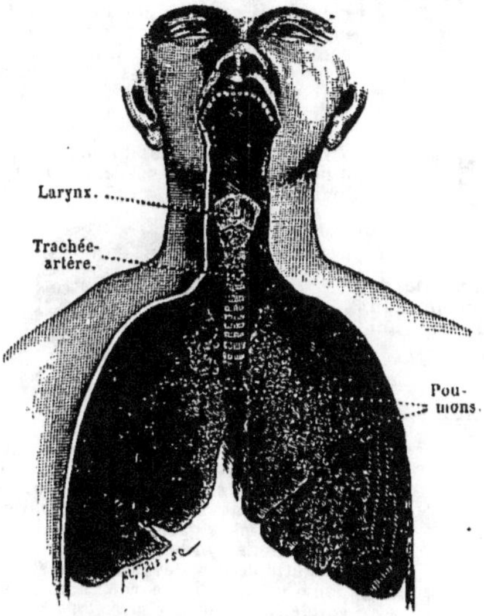

Principaux organes de la respiration.

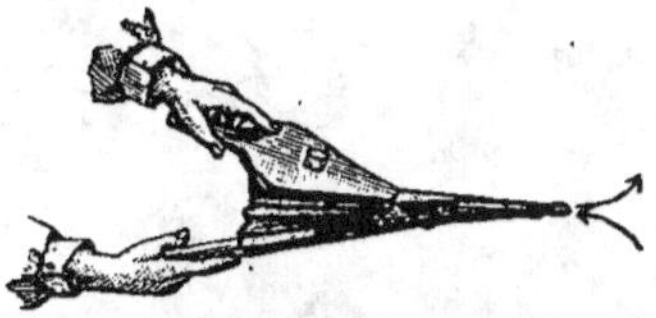

L'entrée et la sortie de l'air pendant *l'inspiration* et *l'expiration*, se produisent comme dans un soufflet.

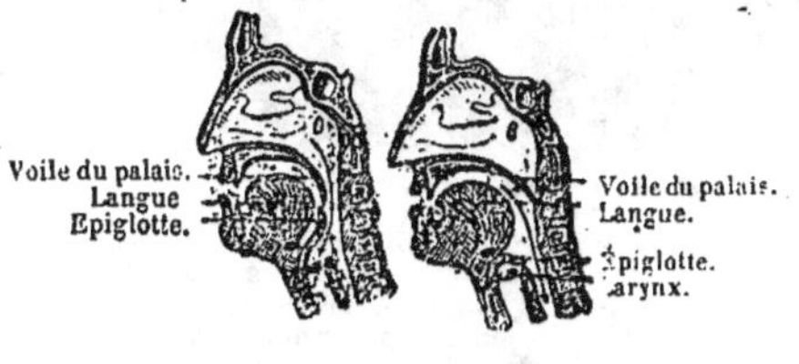

Dispositions comparées du **pharynx** pendant l'inspiration et pendant la déglutition.

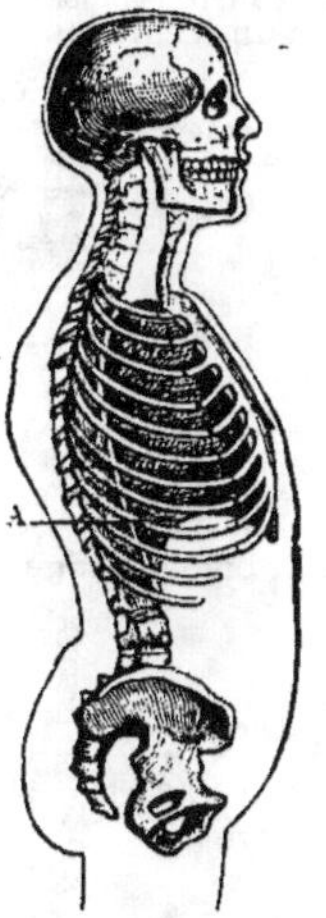

A l'inspiration, les côtes
(A) se soulèvent.

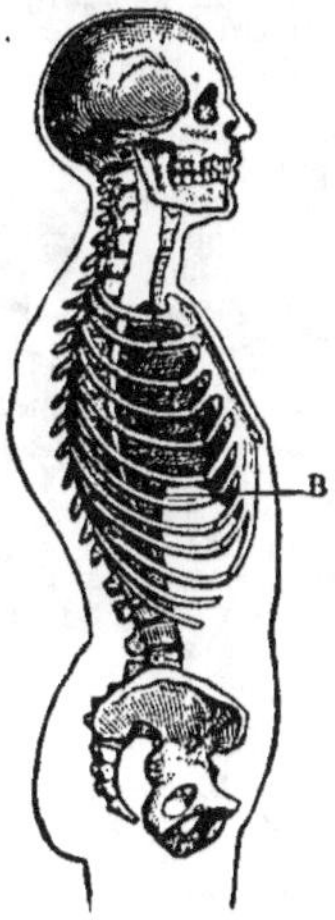

A l'expiration, les côtes
(B) s'abaissent.

circulation, de la digestion ou de la respiration ; c'est pour cela qu'une mauvaise position au lit suffît pour les déterminer.

revolver. — Arme à feu portative, assez courte et assez légère pour être tirée d'une seule main.

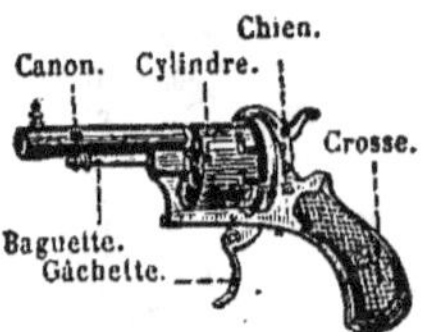

Revolver.

Le **pistolet** à un seul coup date de 1545, et il ne diffère pas, en somme, du fusil ordinaire à baguette. Aujourd'hui

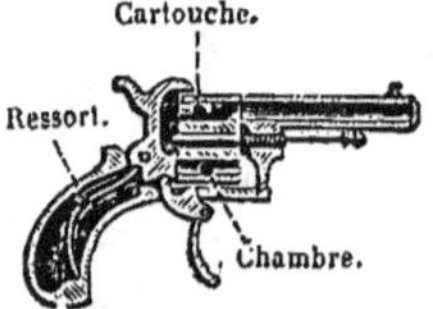

Revolver (coupe).

les pistolets se chargent fréquemment par la culasse.

Comme armes de défense et de guerre, ils sont remplacés par les revolvers, qui sont des pistolets à plusieurs coups, se chargeant par la culasse. Dans les modèles les plus en usage, le revolver n'a qu'un seul canon. Entre le canon et le chien se trouve un cylindre métallique percé de six chambres dans chacune desquelles se place une cartouche. Ce cylindre tourne sur lui-même, de telle façon que chaque chambre puisse venir successivement se placer sur la ligne du canon. Le chien et le cylindre ont des mouvements automatiques ; il suffît de presser sur la gâchette pour pouvoir tirer successivement les six coups (*fig.*).

révulsifs. — Médicaments employés pour éloigner les humeurs des organes dans lesquels elles s'étaient déposées (vésicatoires, saignée,...).

rhinocéros. — Le *rhinocéros* (*fig.*) est un mammifère de l'ordre des *jumentés*. Il se distingue des autres jumentés (voy. ce mot) par l'absence de canines, une peau épaisse et une ou deux cornes sur le nez. C'est un animal de grande taille, massif et mal bâti ; on le rencontre en Asie et en Afrique.

Le **rhinocéros de l'Inde**, long de 3 mètres, haut de 1m,50 au garrot, n'a qu'une corne, qui peut atteindre un

Rhinocéros (hauteur, 1m,50).

mètre. Il est féroce et très redoutable, quoiqu'il se nourrisse exclusivement d'herbages ; sa peau dure et épaisse le met souvent à l'abri de la balle. Il cause les plus grands ravages dans les plantations. On le chasse donc pour se garantir de ses dévastations et aussi pour utiliser sa corne, son cuir si solide, manger sa chair et sa graisse, qui est fort estimée des indigènes.

Le rhinocéros de Sumatra et le rhinocéros d'Afrique ont deux cornes.

rhinocéros. — Grand insecte *coléoptère*, dont la larve, analogue à celle du hanneton, mange les racines des plantes et fait ainsi des ravages importants.

Chasse au rhinocéros.

rhinoplastie. — Opération qui a pour but de refaire un nez, lorsque cet organe a été détruit par une maladie, ou enlevé par une opération chirurgicale. L'un des procédés employés consiste à découper dans la peau du bras un lambeau de grandeur suffisante, qu'on soulève en le laissant attaché au bras par un de ses côtés ; ce lam-

beau est appliqué sur la plaie du nez
et maintenu par un bandage ; il continue à recevoir sa nourriture du bras

Rhinoplastie avec la peau du bras.

auquel il reste adhérent, ce bras étant
fixé à la tète par des attaches ; quand
la greffe a pris sur le visage, on coupe
la communication qui retenait la peau

Rhinoplastie avec la peau du front.

au bras. On préfère généralement
prendre le lambeau sur le front, le
retourner, et l'appliquer sur le nez (fig.).

rhizome. — Se dit de toute *tige*

Rhizome du *carex*.

souterraine de laquelle part une tige
aérienne ; exemples : *sceau de Salomon*
et *carex* (fig.).

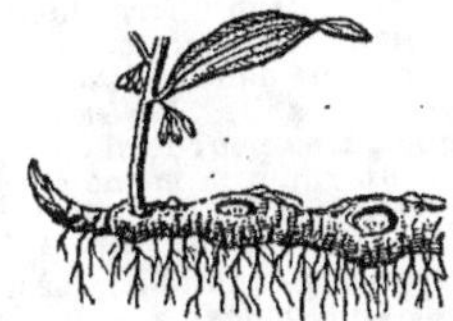
Rhizome du *sceau de Salomon*.

rhododendron. — Arbuste *dicotylédone* toujours vert, dont les nombreuses espèces se rencontrent dans
les hautes montagnes des deux mondes,
s'élevant au-dessus de la zone des
forêts. On cultive plusieurs espèces
comme ornementales dans les jardins,
l'horticulture en a obtenu de splen-
dides variétés, formant les plus beaux
massifs qui se puissent voir. La culture se fait en plein air ; la multiplication a lieu par graines, par marcottes
ou par greffes.

rhubarbe. — Plante *dicotylédone*
originaire de l'Asie centrale, dont plusieurs espèces sont cultivées en France
dans les grands jardins comme plantes
d'ornement (fig.). Une espèce a sa place
dans les jardins potagers ; avec le
pétiole de ses jeunes feuilles on fait,
surtout en Angleterre, des tartes, des
confitures et même une espèce de vin
semblable au vin de groseilles. Mais

Rhubarbe officinale (hauteur, 2ᵐ).

la rhubarbe est surtout connue par ses
tiges souterraines qui, sous le nom de
racines de rhubarbe, sont employées en
médecine pour ouvrir l'appétit, stimuler la digestion, entretenir la liberté
du ventre. A dose un peu plus forte,
la rhubarbe purge sans irriter l'intestin, et en causant à peine quelques-

coliques. La racine de rhubarbe nous arrive d'Asie.

rhum. — Liqueur alcoolique qu'on prépare en faisant fermenter, puis en distillant la *mélasse* qui reste comme résidu dans la préparation du *sucre de canne*. Le rhum de la Jamaïque passe pour le meilleur. On peut dire du rhum la même chose que de l'*eau-de-vie* et des diverses liqueurs alcooliques; l'abus en est très pernicieux, et l'usage quotidien, même modéré, fait plus de mal que de bien ; le rhum le plus authentique, le moins falsifié, est encore nuisible. Considéré comme remède, plutôt que comme liqueur, il rend des services dans certaines maladies, et pendant les convalescences.

rhumatisme. — Inflammation particulière des articulations ou des muscles, qui provoque fréquemment un gonflement des articulations. Le rhumatisme articulaire est *aigu* ou *chronique*. Aigu, il arrive à la suite d'un refroidissement accompagné d'humidité; les articulations enflent, deviennent très douloureuses et ne peuvent plus supporter de mouvement; la fièvre est intense; au bout de quelques jours les articulations atteintes les premières reviennent à l'état normal et d'autres articulations sont prises. La guérison arrive après quelques semaines, mais en laissant des prédispositions à la maladie.

On traite par de fortes doses de quinine, par le salicylate de soude, par des injections sous-cutanées d'acide phénique. Le rhumatisme articulaire chronique n'est pas accompagné de fièvre; il dure des années, avec des exacerbations et des époques de calme.

Le rhumatisme musculaire est moins fréquent; les muscles qui en sont atteints sont peu douloureux pendant le repos, mais la douleur devient beaucoup plus vive dans le mouvement. On le traite par les ventouses, les cataplasmes sinapisés, les frictions irritantes et les jets de vapeur chaude; l'électricité donne aussi de bons résultats.

rhume. — Pour le rhume de poitrine, voy. **bronchite**. Le *rhume de cerveau*, ou *coryza*, est une inflammation de la muqueuse nasale, qui sécrète alors un liquide d'abord aqueux, puis muqueux; l'inflammation peut remonter jusqu'aux muqueuses intérieures des cavités de l'os frontal, gagner le larynx et même les bronches. Le coryza cause des douleurs de tête, de l'enchifrènement, des éternuements, une gêne sensible de la respiration.

Survient surtout à la suite d'un refroidissement. On le traite par des bains de vapeur, par des inhalations de vapeurs humides et chaudes, par des injections avec de faibles solutions d'alun et de tannin. C'est ordinairement une simple indisposition. Mais négligé il peut devenir chronique, surtout chez les scrofuleux ; alors il peut être accompagné d'une fort mauvaise odeur et causer des ulcérations profondes; dans ce cas, c'est une maladie grave, qu'on traite par des injections journalières, avec une solution de nitrate d'argent.

ricin. — Plante de la famille des *euphorbiacées*, cultivée surtout dans le Midi (*fig.*). Le fruit renferme une graine oblongue qui contient une amande très riche en huile; cette huile de ricin s'extrait par expression à froid des

Ricin commun (hauteur, 2ᵐ).

graines. Elle a un goût désagréable. Elle est très employée en médecine comme purgatif; elle sert aussi à combattre les vers intestinaux, sur lesquels elle semble exercer une action vénéneuse.

rire. — Acte caractérisé par des aspirations résonnantes et saccadées, qui se succèdent avec rapidité. Le *sourire* n'est qu'une expression particulière due à la contraction de certains muscles du visage, à laquelle les phénomènes de la **respiration** restent étrangers.

riz. — Céréale originaire de la Chine (*fig.*); sa culture date des plus anciennes civilisations connues. Les espèces, peu nombreuses, habitent tous les pays chauds. Sans importance en France, la culture du riz occupe au contraire de grands espaces en Italie, en Amérique (Caroline) et en Chine.

Cette céréale fait la base de l'alimentation de la plupart des peuples inter-tropicaux de l'ancien et du nouveau monde ; elle a une importance comparable à celle du froment. Cependant le riz est, de toutes les céréales, la plus pauvre en matières azotées ; elle renferme seulement 5 0/0 de gluten, et est par suite peu nutritive.

La culture du riz nécessite une grande abondance d'eau stagnante, ce qui rend très malsain les endroits où elle se pratique : les rizières engendrent des fièvres intermittentes. Les semailles se font en avril, puis on inonde le terrain (*fig.*) ; quand la plante a atteint une taille suffisante, on maintient sur le sol une couche d'eau de 12 à 16 centimètres d'épaisseur. A la maturité on laisse écouler l'eau pour procéder à la récolte. La moisson se fait à la faucille et le battage au fléau.

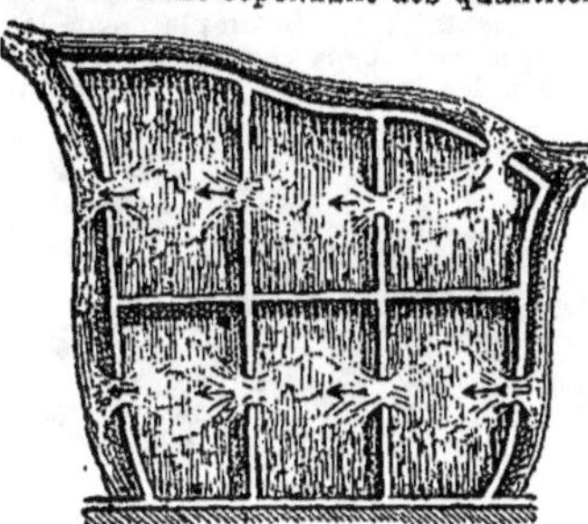
Épi de riz (hauteur de la plante, 1ᵐ).

Dans les contrées où le riz ne forme pas la base de l'alimentation, on en consomme cependant des quantités

Rizière.

assez considérables. La paille de riz sert à fabriquer des chapeaux dits en paille d'Italie.

robinier. — Le *robinier*, ou *faux acacia* (*fig.*), est un arbre de la famille des *papilionacées* qu'on désigne ordinairement dans nos pays sous le nom d'acacia. Il est cultivé comme arbre ornemental à cause de la rapidité de sa croissance et de l'odeur agréable de ses fleurs. Le bois du faux acacia, assez dur, est employé en menuiserie,

Robinier (rameau fleuri).

en ébénisterie ; il se laisse aisément travailler au tour.

rocouier. — Arbrisseau des contrées méridionales de l'Amérique La pulpe de ses fruits fournit une matière colorante rougeâtre employée dans la teinture sur lin, laine, coton et surtout sur soie. Le rocou sert à préparer quelques couleurs à l'eau et à l'huile, à colorer les vernis, les huiles, le beurre, le fromage.

roitelet — Oiseau *passereau* ; le plus petit oiseau d'Europe. D'une couleur terne ; longueur totale 10 centimètres. Se trouve actuellement dans toute l'Europe, et aussi en Asie, en Amérique. Il est vif, actif, toujours sur pied. Sa nourriture consiste en petits insectes qu'il prend partout. Niche quelquefois en France, mais plus souvent dans le Nord ; son nid, très petit, est aussi bien établi que celui du chardonneret ; il est placé très haut, sur un arbre vert. La femelle pond de 6 à 8 œufs, gris clair avec des points plus foncés ; deux couvées par an. Nous arrive ordinairement en hiver. Oiseau essentiellement utile, grand destructeur d'insectes (*fig.*).

Roitelet (long., 0ᵐ,10).

rollier. — Oiseau analogue au *geai*, ayant un très beau plumage, qui passe l'hiver dans les régions chaudes de l'Afrique ; en été il remonte en Algérie et arrive même jusqu'en France, où on le rencontre seulement dans les grandes forêts. On peut le considérer comme un animal nuisible, car il consomme, outre des insectes, un grand nombre d'œufs de petits oiseaux.

romarin. — Arbuste de la famille des *labiées*, qu'on trouve en abondance sur les coteaux arides du midi de la France (*fig.*). On le cultive dans les jardins comme plante d'ornement. Les fleurs sont utilisées en médecine

Romarin (hauteur, 1m,50).

comme stomachiques et stimulantes. On en retire une essence d'odeur agréable, l'*essence de romarin*, qui entre dans la composition de l'eau de Cologne.

ronce. — Arbrisseau sarmenteux de la famille des *rosacées*, présentant plusieurs espèces ordinairement armées de piquants, avec des fleurs blanches ou roses et des fruits souvent comestibles (*fig.*).

Ronce (rameau fleuri).

On rencontre les diverses espèces de ronces dans les deux mondes, en grande abondance ; plusieurs sont cultivées dans les jardins pour l'ornementation. La *ronce commune* de France se trouve dans tous les buissons ; son fruit, nommé *mûre*, est une drupe noire, renfermant un très petit noyau ; ce fruit est comestible ; on en fait parfois des confitures. La décoction des feuilles, légèrement astringente, est employée en gargarisme contre les inflammations légères de la gorge ;

avec les fruits on prépare un sirop

Ronce (rameau avec fruit).

également astringent.

ronflement. — Bruit causé par la résonnance anormale de l'air dans les fosses nasales et le pharynx ; se produit presque uniquement pendant le sommeil. Le rhume de cerveau, le mal de gorge, déterminent accidentellement le ronflement ; chez un grand nombre de personnes le ronflement pendant le sommeil est fréquent même dans l'état de santé. Le ronflement se produit quand on respire par la bouche, la langue étant portée en arrière et en haut.

rongeurs. — Les *rongeurs* sont des mammifères caractérisés par leur système dentaire, qui correspond à un régime herbivore particulier. Ce système dentaire est incomplet, car les canines manquent constamment ; par contre les incisives sont fortes, lon-

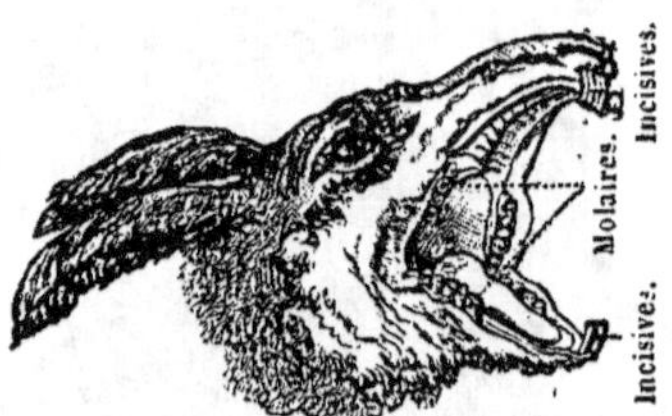

Dents d'un rongeur (ex. : lapin).

gues, arquées, solidement implantées dans les alvéoles, taillées en biseau (*fig.*). Ces incisives sont ordinairement au nombre de deux à chaque mâchoire ; elles se distinguent de toutes les dents des autres mammifères en ce que leur croissance est indéfinie, de sorte qu'elles repoussent à mesure qu'elles sont usées par l'usage continuel qu'en fait l'animal ; le tranchant de ces dents est conservé par le frottement continu qu'elles exercent l'une sur l'autre. Ces incisives ne peuvent guère saisir une ceux qui n'hibernent pas amassent des provisions pour passer la mauvaise saison.

LES RONGEURS.

proie vivante, ni déchirer de la chair; elles ne peuvent pas même couper les aliments, mais elles servent à les limer, à les ronger. Les molaires, au nombre de 3 ou 4 paires, sont à couronne large et plate avec des éminences transversales; elles sont parfaitement propres, de même que serait une meule, au broiement des aliments rongés. Si tous les rongeurs se ressemblent par les dents, ils ont au contraire des formes très variées.

Ils sont généralement d'assez petite taille. On les trouve dans toutes les parties du globe, dans tous les climats, à toutes les altitudes, partout où la végétation n'est pas absolument éteinte; ils sont plus nombreux là où la végétation est plus riche. Ils se nourrissent de racines, d'écorce, de feuilles, de fruits, d'herbes, de légumes; ils font le plus grand tort à la végétation, et nous les considérons pour la plupart comme des animaux nuisibles; leur grande fécondité les rend particulièrement redoutables. Ce sont les mammifères les plus habiles dans l'art des constructions. La plupart passent l'hiver dans une léthargie à peu près complète (hibernation);

On connaît au moins 400 espèces de rongeurs, parmi lesquels les *écureuils*, les *marmottes*, les *castors*, les *campagnols*, les *rats*, les *gerboises*, les *lièvres*, les *lapins*, les *porcs-épics*, les *chinchillas*, les *agoutis*, les *cochons d'Inde* (*fig.*). Peu d'espèces nous rendent des services réels, mais toutes nous font plus ou moins de mal, par leurs dégâts sur la végétation.

rorqual. — Mammifère marin de l'ordre des *cétacés*, voisin de la baleine, et pouvant dépasser comme elle 30 mètres de longueur et un poids de 150 tonnes. Comme la baleine, on le rencontre dans les régions septentrionales; il est relativement abondant sur les côtes de Norvège; les harengs constituent sa principale nourriture. On lui fait la chasse à cause de l'huile et des fanons qu'on en retire.

rosacées. — Plantes *dicotylédones* *dialypétales*, à pétales libres, à étamines fixées avec les pétales sur le calice; fleurs régulières, étamines nombreuses, ovaire libre, feuilles simples ou composées, dentées, pourvues de stipules. Cette famille renferme un grand nombre d'espèces importantes au point de vue alimentaire, des plantes d'ornement ; plusieurs fournissent des bois très estimés pour la menuiserie et l'ébénisterie. Exemples : *frai-*

Le *roseau à quenouille* est une belle espèce, haute parfois de 5 mètres, qu'on rencontre beaucoup sur le littoral de la Méditerranée (*fig.*). Ce ro-

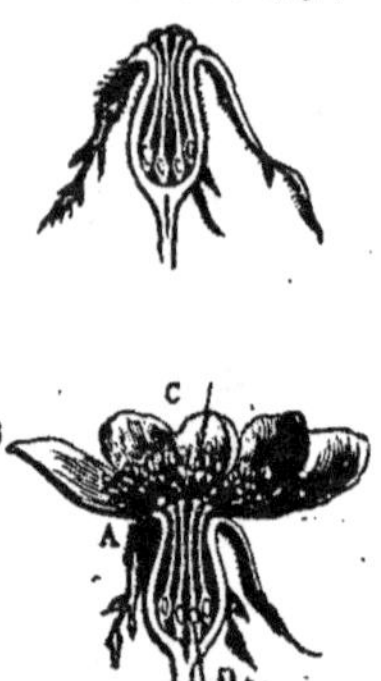

Rosacées (details de la fleur du *rosier sauvage*).
A, sépales ; B, pétales ; C, étamines ; D, ovules.

sier, ronce, reine-des-prés, rosier (fig.), amandier, cerisier, pêcher, pommier, poirier, sorbier, aubépine, prunier, framboisier, cormier.

roseau. — Genre de plantes de la famille des *graminées* ; ce sont de

Roseau à quenouille (hauteur, 5ᵐ).

grandes plantes herbacées qui habitent les régions tempérées et chaudes.

seau est précieux pour consolider les terres ; de ses tiges on fait des tuteurs, des échalas, des claies, des quenouilles à filer, des lignes à pêcher, des hanches d'instruments de musique, etc. Les feuilles constituent un assez bon fourrage ; les jeunes pousses sont comestibles pour l'homme. On le cultive dans les jardins pour l'ornementation. (Voy. aussi **acore**.)

rosée. — La formation de la *rosée* à la surface du sol s'explique de la manière suivante. Le soir, après le coucher du soleil, le sol se refroidit rapidement parce qu'il rayonne sa chaleur autour de lui : c'est ce qu'on nomme le rayonnement nocturne. Aussi le sol est-il bientôt plus froid que l'air. Ce sol froid refroidit la couche d'air qui le touche et détermine la condensation de la vapeur d'eau contenue dans cette couche d'air. Les causes qui influent sur la production de la rosée sont les suivantes : 1° La rosée se dépose de préférence sur les corps qui, comme l'herbe, se refroidissent le plus rapidement par suite du rayonnement nocturne. 2° Tout abri qui empêche le refroidissement du sol empêche la production de la rosée ; ainsi il ne se forme pas de rosée sous les hangars, sous les arbres, dans le voisinage des bâtiments. 3° La rosée est surtout abondante par un ciel serein, car les nuages empêchent en grande partie le rayonnement nocturne, 4° Un vent léger favorise la production de la rosée ; mais un vent fort s'y oppose, en entraînant les **cou-**

ches d'air en contact avec le sol avant qu'elles aient eu le temps de s'y refroidir.

En temps de sécheresse la rosée remplace en partie la pluie. Elle a aussi pour action de diminuer le refroidissement du sol par l'effet du rayonnement nocturne, car le fait même de la condensation de la rosée produit de la chaleur, comme cela a lieu chaque fois qu'un gaz revient à l'état liquide.

Cependant il arrive que, par un temps clair, le sol se refroidit au-dessous de zéro, alors même qu'il ne gèle pas dans l'air, à un mètre au-dessus du sol. Dans ce cas la rosée se congèle sur les feuilles : on a la *gelée blanche*. Les gelées blanches qui arrivent au printemps, à l'époque où les feuilles à peine formées sont sensibles au froid, où les arbres sont en fleurs, font le plus grand mal aux récoltes. Les bourgeons atteints se fanent et roussissent : de là le nom de *lune rousse*, donné à la pleine lune d'avril, qu'on croit être la cause de ces dégâts. La lune n'y est pour rien, cependant; c'est le rayonnement nocturne qui fait le mal; mais le rayonnement nocturne n'est intense que par les nuits sereines, par les nuits, dès lors, où l'on voit la lune briller; de là l'accusation absurde qui pèse sur la lune. Les horticulteurs et les viticulteurs, qui connaissent la vraie cause du mal, sauvent les plantes en empêchant le rayonnement nocturne ;

Paillasson pour garantir les plantes des jardins contre les gelées tardives du printemps.

pour cela ils les recouvrent de paillassons (*fig.*), ou bien ils font brûler dans les vignes de la paille humide et des substances goudronneuses qui recouvrent les plants d'un nuage artificiel de fumée.

rose (essence de). — *Essence* extraite de plusieurs espèces de *roses* très odorantes, et qui sont plus particulièrement odorantes dans les pays chauds. On fabrique surtout l'essence de rose dans la Turquie d'Europe, la Turquie d'Asie, dans l'Inde. La Turquie d'Europe ne produit pas moins de 2 000 kilogrammes d'essence par an,

ce qui suppose une récolte d'environ 3 millions de kilogrammes de feuilles.

Pour avoir l'essence on met dans un appareil à distillation des feuilles de rose et de l'eau, et on distille; on recueille à la distillation un mélange d'eau et d'essence ; mais l'essence vient à la partie supérieure et on peut la séparer. Dans le midi de la France, avec la rose de Provence, on fabrique l'essence de rose par le même procédé.

L'odeur de l'essence de rose est forte et très agréable ; mais comme son prix est très élevé, elle est souvent falsifiée.

rose trémière. — Plante voisine

Rose trémière (hauteur, 2ᵐ).

de la guimauve, cultivée pour l'ornementation des jardins (*fig.*).

rosier. — Arbrisseau de la famille des *rosacées* (*fig.*). Le genre rosier com-

Rose cultivée.

porte un grand nombre d'espèces à fleurs blanches, jaunes, roses ou rouges. Ces espèces, modifiées par la culture, ont donné naissance à des variétés innombrables ; les nuances des fleurs ont été modifiées à l'infini, et le nombre des pétales a été accru considérablement. Les modifications n'ont pas été moins importantes dans le port général de la plante. Toutes ces modifications, une fois obtenues, se perpétuent par la greffe.

rossignol. — Oiseau *passereau* de petite taille ; longueur totale 18 centimètres ; couleurs ternes (*fig.*). Très commun dans toutes les parties de la France, où il ne passe que l'été. Arrive à la belle saison, pour repartir aux premiers froids. C'est le plus habile de tous les oiseaux chanteurs ; sa voix a une puissance extraordinaire pour un si petit animal. Chante surtout la nuit, alors que tous les autres oiseaux se taisent. Passe l'hiver dans les con-

Rossignol (longueur, 0ᵐ,18).

trées méridionales. Niche dans les buissons touffus et quelquefois même à terre ; 4 ou 5 œufs de couleur olivâtre, sans taches. Oiseau très utile ; au printemps il vit surtout de mouches, de chenilles, de petites larves de toutes sortes. Vers la fin de l'été, il se rabat sur les groseilles, les figues, les mûres et les baies de sureau.

rotang. — Genre de plantes de la famille des *palmiers*, à tiges simples, très allongées, qui croissent parmi les arbres en se soutenant sur leurs troncs ; les diverses espèces habitent surtout les Indes orientales. Dans certaines espèces, la tige, très grêle, semblable à une corde, peut atteindre 300 mètres de longueur. Des tiges de rotang on fait des cordes, des cravaches, très solides ; divisée en lanières, elle sert à fabriquer les chaises dites *cannées*.

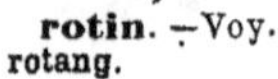

Roue de voiture.

rotin. — Voy. rotang.

roue. — Un grand nombre d'organes de diverses machines portent le nom de *roue*. Outre les roues des voitures, nous voyons les *roues dentées* qui s'engrennent les unes dans les autres, de telle manière que l'une

étant mise en mouvement, les autres s'y mettent aussi ; si une roue a 20 dents, une autre 10 dents seulement, la seconde fera exactement deux tours

Roues dentées.

autour de son axe pendant que la première n'en fera qu'un seul. On conçoit donc qu'on puisse, à l'aide de roues dentées convenablement disposées,

ROUES HYDRAULIQUES

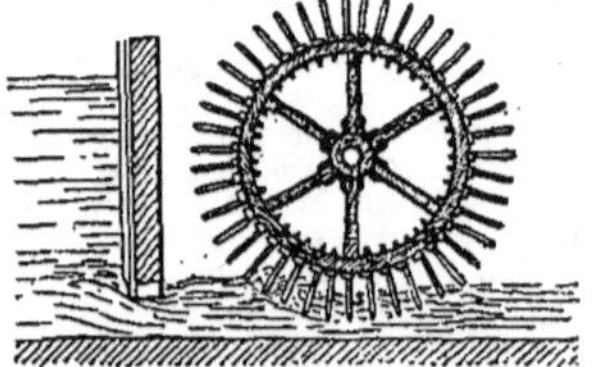

Roue plongeant dans un courant.

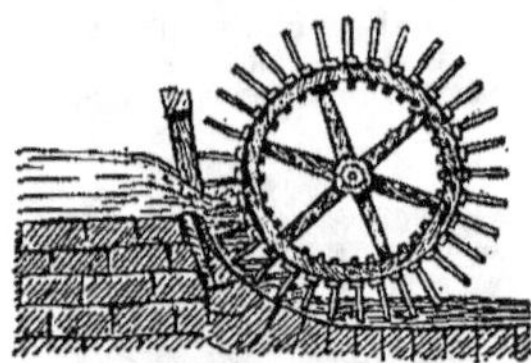

Roue en dessous.

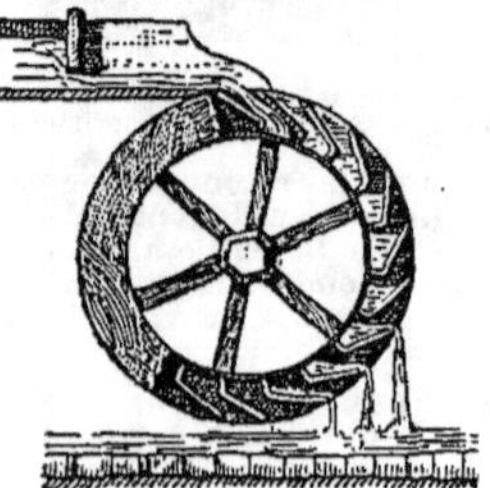

Roue en dessus, à augets.

transformer un mouvement lent et régulier, en un autre également régulier, mais plus rapide ; ou inversement. C'est par des roues dentées qu'on obtient dans une montre le mouvement des deux aiguilles, de telle manière que la grande marche exactement douze fois plus vite que la petite (*fig.*).

Les *roues hydrauliques*, mises en mouvement par un courant ou une chute d'eau, tournent sur elle-mêmes et sont capables de produire un travail utile, comme de moudre du blé, de faire fonctionner une pompe ou une machine dynamo-électrique. Les roues hydrauliques peuvent affecter un grand nombre de formes (*fig.*).

rouge-gorge. — Oiseau *passereau* commun en France, de petite taille; longueur totale 15 centimètres. Couleurs relativement brillantes.

Rouge-gorge (longueur, 0ᵐ,15).

Niche à terre, dans une touffe d'herbe. Oiseau très utile, par la guerre qu'il fait aux insectes, aux vers, aux araignées, aux petites limaces (*fig.*).

rougeole. — Maladie caractérisée par une éruption particulière, une inflammation des muqueuses des yeux, du nez et du larynx. Après une période d'incubation de neuf à dix jours, survient de la fièvre, des éternuements, du larmoiement, une toux sèche; puis l'*éruption* commence par la face, puis le cou, le tronc et les membres; les boutons ont une apparence caractéristique; après quelques jours la fièvre diminue, les boutons pâlissent et la peau se pèle.

La maladie dure de 3 à 5 semaines; elle peut se compliquer gravement de coqueluche, de bronchite, de diphtérie, etc. Est quelquefois mortelle, quoiqu'on ait des tendances à la considérer comme une maladie peu dangereuse.

Le malade doit être tenu au lit dans une chambre chaude; il reçoit des boissons exclusivement chaudes et surtout du lait; on évite avec soin le froid pendant la convalescence.

Presque tout le monde a la rougeole, et souvent deux ou trois fois; les enfants y sont particulièrement sujets; elle est extrêmement contagieuse.

rouge-queue. — Petit oiseau *passereau* assez commun en France; couleurs ternes; longueur totale 0ᵐ,17.

Niche dans les trous des arbres; 5 ou 6 œufs blancs. Très utile; fait

Rouge-queue (longueur, 0ᵐ,17).

une guerre continuelle aux petits insectes (*fig.*).

rouget. — Poisson marin nommé aussi *mulle*, estimé à cause de la délicatesse de sa chair; il a à peu près la forme de nos *perches* de rivière, avec une coloration rouge sur le dos et argenté sous le ventre (*fig.*). On le rencontre en assez grande abondance dans la Méditerranée.

Parmi les espèces européennes les plus estimées se trouvent le surmulet et surtout le **rouget-barbet**. Ce dernier

Rouget.

est célèbre par les changements de couleur qu'il présente en mourant, et pour lesquels il était recherché par les Romains qui trouvaient, paraît-il, un plaisir particulier à ce spectacle.

A Paris, le *grondin* est souvent nommé *rouget*.

rouille. — La *rouille* dont se couvre le fer est une combinaison du métal avec l'oxygène et l'humidité de l'air. On préserve le fer de la rouille en le garantissant de l'action de l'humidité, ou en le recouvrant d'une couche mince d'un métal moins altérable, zinc (*fer galvanisé*), étain (*fer étamé*), cuivre (*fer cuivré* ou *bronzé*), nickel (*fer nickelé*).

On nomme aussi *rouille* une maladie qui apparaît au printemps sur les céréales, surtout dans les années humides, et qui est due au développement d'un champignon parasite.

rouleau. — Le *rouleau* est un instrument d'agriculture qui sert à resserrer, autour des racines, la terre que les gelées de l'hiver ont soulevée,

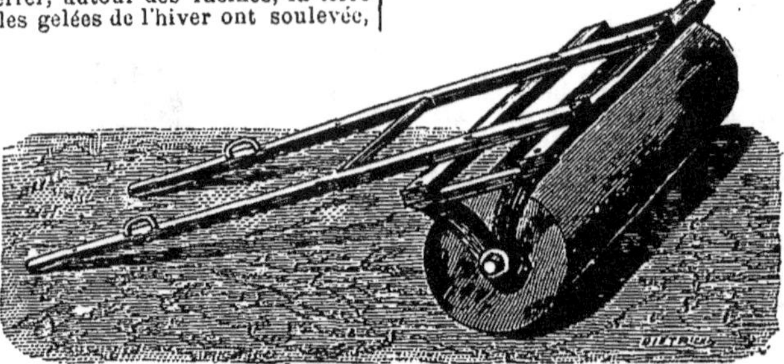

Rouleau uni en bois.

Rouleau brise-mottes.

ou à briser les mottes de terre trop grosses soulevées par la charrue (*fig.*). Le roulage se pratique au printemps.

rubiacées. — Plantes *dicotylédones* gamopétales à tiges carrées, à feuilles opposées, avec stipules simulant souvent des feuilles verticillées; ovaire adhérent, à deux loges, portant deux stigmates; fruit globuleux. Les espèces de nos pays sont des herbes (caille-lait, aspérule; garance); quelques-unes de celles des pays chauds sont des arbres (caféier, quinquinas).

rubis. — Pierre précieuse d'un rouge de feu. Le *rubis oriental* (Indes, Thibet, Ceylan,...) a une valeur souvent supérieure à celle du diamant; c'est une variété de *corindon*. Le *rubis spinelle*, ou *rubis balai*, est aussi assez estimé; il est formé d'*alumine* combinée à de la *magnésie*. Le *rubis de Bohême*, de moindre valeur, est du cristal de roche.

rue. — Plante vivace qui croît dans la région méditerranéenne et aux Canaries; on la cultive dans les jardins. On en retire une essence très

Rue commune (hauteur, 1^m).

vénéneuse utilisée parfois en médecine.

LES RUMINANTS.

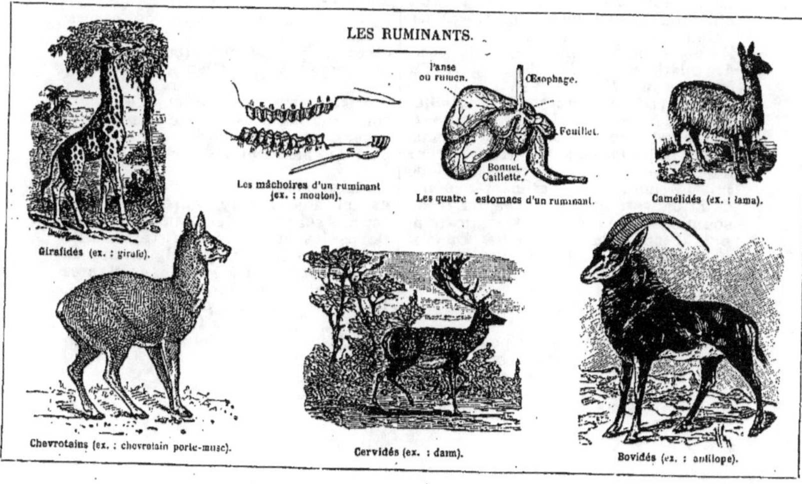

Giraflidés (ex. : girafe).

Les mâchoires d'un ruminant (ex. : mouton).

Les quatre estomacs d'un ruminant.

Camélidés (ex. : lama).

Chevrotains (ex. : chevrotain porte-musc).

Cervidés (ex. : daim).

Bovidés (ex. : antilope).

Les feuilles de la rue servent aussi à faire des tisanes (*fig.*).

ruminants. — Les *ruminants* forment une classe de mammifères très nombreux et parfaitement bien caractérisés. Leur mâchoire supérieure est dépourvue d'incisives (excepté chez les camélidés); leur estomac est complexe, composé de trois ou quatre poches. Mamelles inguinales; les petits naissent peu nombreux, le plus souvent capables de suivre leur mère quelques heures après la naissance.

Les membres sont généralement à deux doigts enfermés dans des sabots (*bisulques*). Le plus souvent d'assez grande taille; ils comprennent nos principaux gibiers, nos principaux animaux domestiques, nos principaux animaux de boucherie. Outre la chair, ils nous fournissent du lait, du suif, des matières cornées, de la laine, du cuir (*fig.* p. 673).

Tous ces animaux sont essentiellement herbivores, et ils *ruminent*. Lorsque l'animal broute, l'herbe, mastiquée imparfaitement, s'arrête d'abord dans la *panse* (*fig.*). Au moment où se fait la rumination, l'aliment remonte de la panse dans la bouche, où il est soumis à une nouvelle mastication, puis il tombe dans le *feuillet*. De là il passe dans la *caillette*, ensuite dans les intestins, qui ont *une très grande longueur*.

On divise les ruminants en cinq familles (*fig.*) :

1° Les **camélidés**, dépourvus de cornes, avec des incisives à la mâchoire supérieure; leurs pieds sont munis de semelles cornées et s'appuient sur le sol par toute leur étendue; les sabots, placés aux extrémités, sont si petits, qu'ils ressemblent plutôt à des ongles (chameau, lama, vigogne, alpaca);

2° Les **chevrotains**, dépourvus de cornes, qui possèdent des canines saillantes (chevrotain porte-musc);

3° Les **cervidés**, munis de cornes pleines, souvent velues, qui tombent quand elles ont fini leur croissance, pour être remplacées par d'autres (cerf, chevreuil, daim);

4° Les **girafidés**, ayant des cornes courtes, pleines, persistantes, revêtues d'une peau velue (girafe);

5° Les **bovidés**, munis de cornes creuses, s'emboîtant dans un noyau osseux, persistantes (bœuf, buffle, mouton, chèvre, antilope).

rutabaga. — Variété de *navet* constituant une excellente plante fourragère, très recherchée pour la nourriture des bœufs et des vaches.

rutacées. — Assez grande famille de plantes *dicotylédones* dont les espèces sont répandues dans les régions tempérées et chaudes. Cette famille renferme un assez grand nombre de plantes utiles en médecine, de plantes tinctoriales, de plantes alimentaires. Parmi les genres les plus importants des rutacées citons : la *rue*, la *fraxinelle*, le *citronnier*, l'*oranger*, le *bigaradier*, etc.

S

sable. — Le *sable* se compose d'une multitude de petits quartiers de *silice*, tantôt arrondis et tantôt anguleux. Ils proviennent de l'altération lente des pierres sous l'action de l'air et de la pluie. Le lit des rivières est souvent formé de sable amené par les pluies des collines voisines. Le sable est un des éléments des *mortiers*; il entre dans la composition du *verre*. C'est avec du sable qu'on fabrique les moules dans lesquels sont coulés les objets de fonte et de bronze.

sabot. — Terminaison des membres antérieurs et postérieurs d'un grand nombre de mammifères, due à l'épaississement des ongles qui se soudent en une seule masse (cheval) ou en deux masses cornées (bœuf, mouton). En histoire naturelle on nomme *on-*

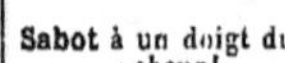

Sabot à un doigt du cheval.

Sabot à deux doigts des *ruminants* (bœuf, mouton, cerf, etc.).

gulés (du latin *ungula*, sabot) les animaux pourvus de sabots et *onguiculés* ceux qui ont des griffes (*fig.*).

saccharine. — Poudre blanche,

très fine, peu soluble dans l'eau, douée d'une saveur sucrée extrêmement prononcée; cette saveur est tellement intense qu'elle est encore fort sensible dans le mélange d'un gramme de saccharine et de 70 litres d'eau. Elle communique aux liquides et aux solides avec lesquels on la mêle une saveur sucrée 280 fois supérieure à celle d'un même poids de sucre.

On la retire du *goudron de houille* à l'aide d'un traitement chimique très long et très complexe.

La *saccharine* est peut-être appelée à prendre une grande importance, car elle est susceptible de remplacer le sucre dans l'édulcoration des aliments. Ce serait peut-être un malheur car, en admettant même que la saccharine soit un produit complètement inoffensif, elle n'a cependant pas la valeur alimentaire du sucre. Il est donc à désirer que l'usage de la saccharine se restreigne au cas où on a à masquer une saveur amère. Il n'y aurait peut-être pas d'inconvénient à édulcorer certaines pâtisseries avec la saccharine, à adoucir les vins aigres, à masquer le mauvais goût des remèdes, mais il y en aurait un grand à sucrer le café, le thé, les entremets avec ce produit, qui n'a aucune qualité nutritive.

safran. — Matière colorante jaune constituée par les étamines desséchées de la fleur du *crocus sativus*. Le crocus qui fournit le safran croît spontanément sur les montagnes de l'Attique et en Asie Mineure; on le cultive en France, en Espagne, en Autriche. Il faut près de 100 000 plantes pour fournir un kilogramme de safran desséché.

Le safran est presque complètement abandonné en teinture, mais les confiseurs l'utilisent encore beaucoup pour la coloration des bonbons. Il est employé comme assaisonnement dans plusieurs pays, et notamment en Pologne, en Italie, en Espagne et dans le midi de la France.

sagoutier. —Genre de *palmiers* qu'on rencontre dans les régions tropicales des deux mondes (*fig.*). La moelle de ces arbres est

Sagoutier (hauteur, 10ᵐ).

constituée par une substance alimentaire riche en amidon, qu'on consomme chez nous sous le nom de *sagou*. Cette matière alimentaire est d'abord lavée à l'eau, puis séchée, granulée et légèrement torréfiée, ce qui lui donne une couleur rougeâtre. Le sagou, préparé dans du lait et du bouillon, fournit des potages agréables, de facile digestion, précieux pour les jeunes enfants et les estomacs délicats.

saignée. — Petite opération qui a pour but d'enlever du corps une certaine quantité de sang. On la pratique ordinairement au pli du bras, à l'aide

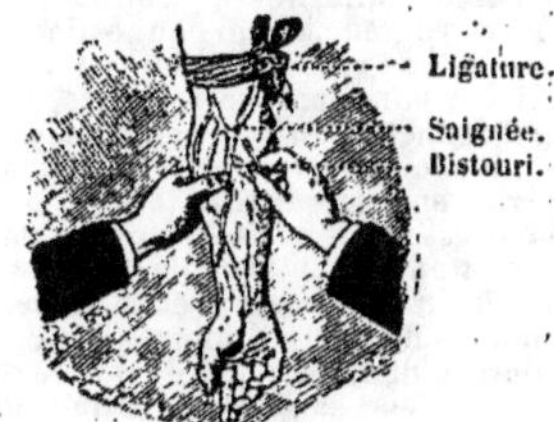

Saignée du bras.

d'une lancette. On fait une ligature au bras, au-dessus du coude, de façon à ce que la veine grossisse et devienne plus apparente. Le médecin prend le coude du malade dans la main gauche, tend légèrement la peau et perce la veine avec le bistouri tenu de la main droite. Le sang qui s'écoule est reçu dans un vase de capacité connue; quand la saignée est jugée suffisante, on détache la ligature, on rapproche les lèvres de la petite plaie et on applique une compresse et un bandage.

Cette opération, si simple qu'elle semble, ne doit être faite que par le médecin. On peut aussi pratiquer la saignée sur la veine du dos de la main, sur une veine du pied, une veine du

Saignée du pied.

cou, une veine du front (*fig.*). Les sangsues, les scarifications produisent aussi une saignée, mais au lieu d'être pratiquée sur une veine elle est pratiquée sur les vaisseaux capillaires; cette saignée enlève peu de sang, mais elle dégorge l'organe sur lequel on la pratique.

saignement de nez. — Se produit dans une foule de circonstances; survient accidentellement, sans qu'on puisse en démêler la cause. D'autres fois, il est produit par un choc. L'action d'un soleil ardent, d'un brusque changement de température peut l'occasionner. Quand les saignements de nez sont abondants, ou fréquemment répétés, et qu'ils sont accompagnés d'autres phénomènes morbides, ils permettent au médecin de reconnaitre le début d'une fièvre éruptive, d'une fièvre typhoïde, d'une congestion cérébrale, d'une chloro-anémie, etc.

Il est bon, presque toujours, d'arrêter l'épanchement du sang en plaçant le malade dans un endroit frais, la tête élevée, en refroidissant le front par des compresses aussi froides que possible, en mettant un objet froid dans le dos; au besoin on introduit dans le nez des tampons de charpie imprégnés de perchlorure de fer étendu de moitié d'eau.

Après les saignements de nez on observe parfois des crachements de sang, provenant du liquide qui s'est introduit dans l'estomac; il n'y a pas lieu de s'en inquiéter.

sainfoin. — Herbe de la famille des *papilionacées*, cultivée comme fourrage. Avec la *luzerne* (appelée improprement sainfoin dans le midi de la

Sainfoin (hauteur de la plante, 0,40).

France) et le *trèfle*, le sainfoin constitue les prairies dites artificielles.

Le *sainfoin commun* est cultivé en France sur une étendue de 700 000 hectares. On le sème au printemps, dans les terrains calcaires, et autant que possible un peu frais. Ce fourrage peut occuper le terrain pendant cinq ou six ans, fournissant deux coupes par an. Loin d'épuiser la terre, il contribue au contraire à accroître sa fertilité. C'est d'ailleurs un excellent fourrage.

saisons. — La succession des *saisons* est due au mouvement de la terre

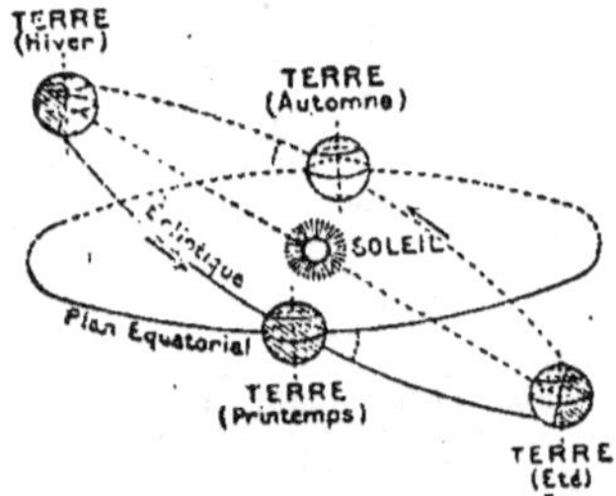

Les saisons résultent de la rotation de la terre autour du soleil, et de l'obliquité de l'axe des pôles par rapport au plan de l'écliptique.

autour du soleil, de même que la succession des jours et des nuits est due au mouvement de la terre autour de la ligne qui passe par les pôles.

Voyons ce qui se passe à l'époque où la terre est en un certain point de l'orbite qu'elle décrit autour du soleil. La ligne des pôles est oblique par rapport au plan de l'orbite (plan qu'on nomme *écliptique*); il a une position comme celle qu'indique la figure. Il en résulte que le pôle boréal est tourné du côté du soleil, dont il reçoit la lumière, tandis que le pôle austral n'en reçoit pas. Pendant la durée d'un jour, l'axe de la terre peut être considéré comme ne se déplaçant pas le long de l'orbite, et tournant simplement sur lui-même; le pôle austral sera donc, pendant toute cette journée, tourné vers le soleil; il recevra la lumière tout le temps, pendant 24 heures; il en sera de même pour tous les points peu éloignés du pôle. Pour les points un peu plus éloignés, la rotation les conduira dans la région située derrière la terre, qui ne reçoit pas de lumière, et pour ces points il y aura un jour et une nuit; mais le jour sera long et la nuit sera courte. A mesure que le point considéré s'éloigne du pôle austral pour s'approcher de l'équateur, la durée du jour diminue et la durée de la nuit augmente. A l'équateur, le jour a la même durée que la nuit. Pour les points, au contraire, qui sont sur l'hémisphère austral la nuit est plus longue que le jour, et, au pôle austral, ainsi que dans la région voisine, la durée de la nuit est de 24 heures.

Si nous considérons la terre six mois après, elle sera dans une situation inverse, au point opposé de l'orbite terrestre; dans l'hémisphère boréal les nuits seront plus longues que les jours, dans l'hémisphère austral les jours seront plus longs que les nuits. Et pendant le déplacement de la terre autour de son orbite, la durée des jours et celle des nuits aura régulièrement varié en passant de la première position que nous venons de considérer à la seconde. Il en résulte que, dans le courant d'une année, la durée des jours, en un point quelconque de la surface de la terre, va régulièrement en diminuant, puis en augmentant, pour reprendre toujours la même valeur à la même date. Il n'y a que sur l'équateur que la durée des jours est constamment égale à celle des nuits.

Il y a deux points de l'orbite terrestre tels que, lorsque la terre s'y trouve, la longueur du jour est égale à celle de la nuit dans toutes les régions du globe; ces deux points se nomment points *équinoxiaux*. La terre passe au premier de ces points vers le 21 mars (*équinoxe de printemps*), au second vers le 21 septembre (*équinoxe d'automne*). Quand la terre se déplace le long de l'orbite à partir de l'équinoxe de printemps, les jours augmentent sur l'hémisphère boréal : on est au *printemps*. Vers le 22 juin, les jours ont pris, sur cet hémisphère, leur plus grande longueur : on est au *solstice d'été*, et l'*été* commence. Puis les jours diminuent jusqu'à l'équinoxe d'automne, époque à laquelle l'*automne* commence. A partir du début de l'automne, les jours continuent à diminuer jusqu'au 22 décembre. A cette date, la durée des jours a pris sa plus petite valeur pour tous les points de l'hémisphère boréal; on est au *solstice d'hiver* et l'*hiver* commence. Du solstice d'hiver à l'équinoxe de printemps, les jours augmentent pour redevenir égaux aux nuits.

salade. — Les diverses salades de végétaux crus, assaisonnés à l'huile, au vinaigre, au sel et au poivre, constituent des aliments très peu nutritifs, de digestion difficile, et qui de plus irritent l'estomac. Les personnes d'une santé parfaite devraient seules en user et encore avec une grande modération. Les viandes en salade, les légumes à l'huile et au vinaigre, tels que pommes de terre, haricots,... sont encore plus indigestes.

salamandre. — Voy. **batraciens.**

salangane. — Oiseau *passereau* voisin des *martinets* et des *hirondelles*, qui habite sur les côtes des mers de la Chine, de Java, de Sumatra. Les salanganes bâtissent leur nid sur les parois des rochers, avec des algues qui ont subi une sorte de digestion. Ces nids, détachés par les habitants des côtes, sont l'objet d'un grand com-

Salangane et son nid.

merce; ils sont en effet comestibles et on en fait des potages de grand luxe. Leur prix est très élevé, principalement à cause de difficultés qu'on éprouve à aller les chercher aux flancs des rochers abrupts sur lesquels ils sont fixés (*fig.*).

salep. — Fécule obtenue en pulvérisant le bulbe de plusieurs *orchis* de Turquie, d'Anatolie et de Perse. C'est un aliment léger, employé aussi en médecine.

salicylique (acide). — Solide cristallisé, incolore, inodore, d'une saveur d'abord sucrée, puis âcre et désagréable. Ce composé, qui est une combinaison de charbon, d'oxygène et d'hydrogène, se prépare industriellement en grand, en partant du *phénol*, qu'on transforme par une série d'opérations chimiques.

C'est un antiseptique et un antifermentescible puissant; aussi reçoit-il depuis quelques années une foule d'applications pour la conservation de tous les produits organiques altérables spontanément. On l'administre dans un grand nombre de maladies de caractère infectieux. En hygiène, il est utilisé comme agent de désinfection et d'assainissement. Les compagnies de chemins de fer lavent avec une dissolution d'acide salicylique les wagons ayant servi au transport des bestiaux. On introduit frauduleusement de l'acide salicylique dans la bière pour assurer sa conservation.

L'acide salicylique se combine à la soude pour donner le *salicylate de soude*, sel blanc employé en médecine pour combattre les fièvres paludéennes le rhumatisme aigu, la goutte et certaines douleurs nerveuses.

salive. — Liquide produit par trois paires de *glandes* et versé dans la bouche. Les *glandes salivaires*, au nombre de trois de chaque côté de la tête, se nomment *glandes parotides*, *glandes sous-maxillaires* et *glandes sublinguales* (*fig.*). Le sang circule dans ces glandes, qui en retirent la salive. C'est un liquide transparent contenant un certain nombre de sub

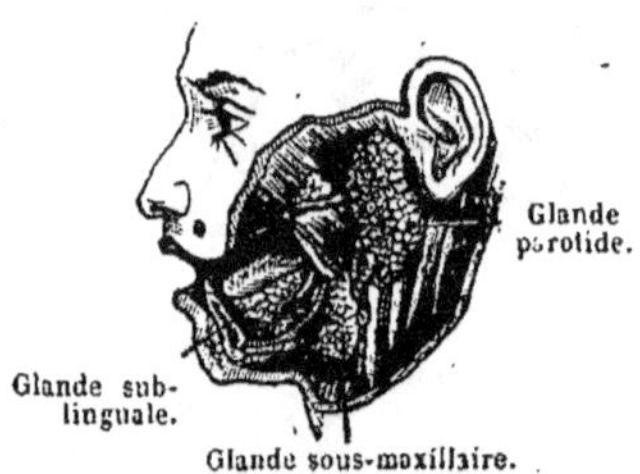

Glandes salivaires.

stances en dissolution, et principalement un ferment nommé *ptyaline*, ou *diastase salivaire*, qui agit sur les *aliments féculents* pour les transformer en un sucre soluble dans l'eau, la *glucose*. Pendant la mastication, les aliments sont mélangés avec la salive, qui arrive en abondance; mais l'action digestive, qui n'a pas le temps de se produire dans la bouche, a lieu surtout dans l'estomac.

salpêtre. — Le *salpêtre*, ou *nitre*, ou *azotate de potasse*, est une combinaison de potasse et d'acide azotique. C'est un solide cristallisé, peu soluble dans l'eau froide, très soluble dans l'eau chaude. Sa propriété principale est d'être un corps *oxydant*, c'est-à-dire que, renfermant beaucoup d'oxygène, il est susceptible d'en fournir aux corps combustibles, de façon à leur permettre de brûler sans le concours de l'air. C'est là ce qui explique le rôle du salpêtre dans la *poudre*.

On le rencontre tout formé dans la nature. Dans les pays chauds (aux Indes, en Égypte), il apparaît à la surface du sol, pendant les chaleurs qui suivent la saison des pluies. Chez nous il se forme dans les lieux humides, caves, écuries, fumiers, partout où se rencontrent des matières animales azotées. Pour l'obtenir on n'a alors qu'à layer à l'eau chaude les terres, les fumiers, les râclures de murailles qui le contiennent; l'eau chaude dissout le salpêtre. On le sépare ensuite de l'eau en évaporant partiellement celle-ci, puis la laissant refroidir.

Mais on prépare de plus grandes quantités de salpêtre en traitant l'*azotate de soude* par le *chlorure de potassium* (*fig.*). Le salpêtre sert principalement à la fabrication de la poudre; il est employé dans la fabrication de

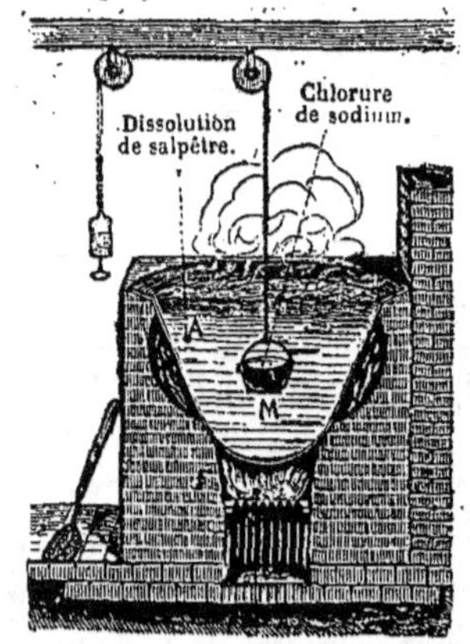

Foyer.

Fabrication du salpêtre. — On chauffe une dissolution de *chlorure de potassium* et d'*azotate de soude*. Il se forme du *chlorure de sodium*, peu soluble, qui se dépose dans le chaudron M, et qu'on enlève, et une dissolution de *salpêtre*, qui donnera le sel cristallisé par refroidissement.

l'*acide azotique* le plus concentré, on l'utilise dans plusieurs opérations métallurgiques : mélangé avec du sucre ou du sel marin, il sert à la conservation de la viande. La médecine l'utilise comme diurétique, c'est-à-dire pour activer la sécrétion de l'urine.

salsepareille. — Racine qui provient de plantes sarmenteuses de la famille des *liliacées* nommées *smilaces*. La salsepareille est employée en médecine comme sudorifique et dépuratif.

salsifis. — Plante de la famille des *composées* qu'on cultive dans les jardins pour sa racine comestible, qui est longue, charnue et d'un goût délicat. La culture du salsifis exige un sol profond, un peu frais et ameubli par un labour très soigné; la plante est d'ailleurs très rustique. Le semis se fait au printemps dès que les gelées ne sont plus à craindre; les racines sont bonnes à manger à l'automne, et pendant toute la durée de l'hiver.

On en distingue deux espèces principales : le *salsifis blanc*, dont la racine est blanche à sa surface comme à l'intérieur; le *salsifis noir*, plus communément appelé *scorsonère (fig.)*, dont la racine est noire à la surface. Ce dernier est plus estimé. Le salsifis et le scorsonère sont des aliments sains, agréables, mais peu nutritifs. On en trouve de nombreuses espèces sauvages, à racines fort peu charnues, dans les prai-

Salsifis noir ou scorsonère.

ries humides, les bois tourbeux; les feuilles constituent alors un assez bon fourrage.

sandaraque. — Matière résineuse produite par un arbre des montagnes de l'Atlas, en Algérie et au Maroc. La sandaraque réduite en poudre, étendue sur le papier empêche ce dernier de boire l'encre.

sang. — Liquide nutritif de l'organisme; la *circulation* le porte dans toutes les parties du corps pour qu'il y accomplisse sa fonction de *nutrition*; c'est aussi lui qui est chargé d'entraîner et de rejeter au dehors les résidus organiques. Il est constitué par un liquide, le *plasma*, dans lequel flottent des corpuscules arrondis, les *globules*.

Le *plasma* est un liquide presque incolore, de composition très complexe, puisqu'il renferme tout ce qui est nécessaire à la nutrition (*eau, albumine, fibrine, sels acalins, peptones, glucose, graisse, oxygène, azote, acide carbonique* en dissolution) et aussi les éléments qui sont destinés à être rejetés à l'extérieur (*urée, bile*, etc.).

Les *globules* sont des corpuscules ayant la forme d'une lentille qui serait déprimée en son milieu ; dans l'homme ils ont à peu près 7 millièmes de millimètre de diamètre, et une épaisseur trois fois moindre. Ils sont colorés en rouge par une matière nommée *hémoglobine*. Leur nombre est tel que dans un millimètre cube de sang il y en a à peu près cinq millions. Outre ces globules rouges, le sang renferme des globules incolores, un peu plus gros, et mille fois moins nombreux : on les nomme *leucocytes*. Le poids total des globules du sang est un peu inférieur à celui du plasma dans lequel ils flottent (*fig.*).

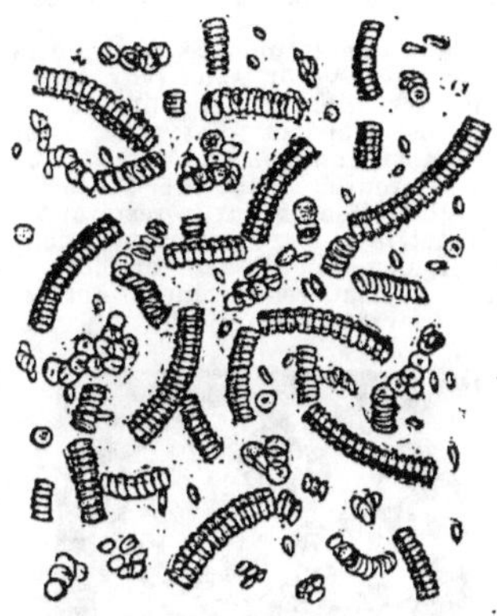

Globules de sang humain (très grossi)
(4 500 000 globules dans un millimètre cube).

Quand le sang est sorti du corps et qu'on l'abandonne au refroidissement, la *fibrine* qu'il renferme se solidifie et tombe au fond du vase en entraînant les globules; on dit que le sang se coagule. La masse solide obtenue se nomme *caillot;* le liquide restant, qui

Hémoglobine du sang de l'homme.

est du plasma dépouillé de sa fibrine, se nomme *sérum*. Sous l'influence de divers désordres intérieurs, il peut se produire dans le corps des caillots qui entravent la circulation (voy. **embolie, phlébite**). Quand on bat le sang avec un petit balai pendant son refroidissement, la fibrine se coagule sans emprisonner les globules et s'attache au balai : on la retire, on la lave, et on a une substance élastique, grise. Le sang ainsi *défibriné* ne se coagule plus.

On peut aussi déterminer la coagulation du sang en le chauffant. C'est alors l'albumine qui se coagule, à la manière du blanc d'œuf qu'on fait cuire.

Tandis que le plasma constitue la partie nutritive du sang (voy. **nutrition**), les globules constituent un véritable magasin d'oxygène. Leur matière colorante, *hémoglobine* ', a en effet la propriété d'absorber l'oxygène qui lui est fourni par la respiration, de manière à le porter ensuite dans les organes, où il sera employé à brûler les matières devenues inutiles, et qui devront être rejetées à l'exté-

Hémoglobine du sang du cochon d'Inde.

rieur (voy. **respiration**). On nomme *sang artériel* celui dont l'hémoglobine est chargée d'oxygène ; ce sang se rencontre à la sortie des poumons, dans les veines pulmonaires, dans la partie gauche du cœur et dans les artères qui vont aux organes : il est d'un rouge vermeil. On nomme *sang veineux* celui dont l'hémoglobine a perdu une partie de son oxygène, par suite de la nutrition ; c'est dans les *vaisseaux capillaires* ' que le sang artériel se change en sang veineux ; ce dernier, qui est d'un rouge brun, et qui paraît bleu à travers la peau, se rencontre donc dans les veines qui le ramènent à la partie droite du cœur, puis dans les artères pulmonaires qui le conduisent aux poumons pour y reprendre une nouvelle provision d'oxygène.

Le poids total du sang est à peu près le treizième du poids du corps.

sang-dragon. — Suc résineux extrait des fruits d'un palmier du genre des *rotangs*. Ce suc, bien sec

est d'un rouge foncé, donnant une poussière rouge vermillon. Il est employé surtout dans la fabrication des vernis rouges.

sanglier. — Le *sanglier* (*fig.*) est un mammifère *porcin*, caractérisé par des canines recourbées dans le haut et latéralement, et par sa ressemblance avec le cochon domestique, dont il est la souche. C'est un gros animal, ayant jusqu'à 1m,80 de long, avec une queue de 0m,30 ; sa hauteur est de 1 mètre ; il peut peser 250 kilos. Sa couleur, variable, est toujours foncée ; le jeune, ou marcassin, a des bandes longitudinales. Le corps est couvert de soies longues et roides.

Sanglier (hauteur, 1m).

Établi dans toute l'Europe, il est menacé d'une disparition complète ; il est plus abondant en Asie et en Afrique. C'est un animal brutal et sauvage, parfois dangereux, qui habite les grandes forêts, dans le voisinage des mares. Il est très nomade, ordinairement solitaire. Sa nourriture consiste en fruits, racines et souvent en animaux vivants : lièvres, lapins, jeunes faons de cerfs, œufs de perdrix, jeunes oiseaux, mulots, insectes. Essentiellement nuisible, le sanglier s'attaque à la fois aux forêts, au gibier et aux champs riverains. Un petit nombre de ces animaux suffit pour retourner en quelques heures un champ d'une grande étendue.

La femelle ou *laie* est dépourvue de défenses ; elle met bas en juin de 4 à 10 marcassins, qui ont achevé leur croissance à trois ou quatre ans. La chasse au sanglier n'est pas sans danger, car l'animal tient fréquemment tête aux chiens et au chasseur. La chair est fort estimée ; la peau et les soies trouvent aussi leur emploi. Mais les produits de l'animal sont loin d'égaler les dégâts qu'il cause.

sanglot. — Il est déterminé par une convulsion du diaphragme. Est souvent accompagné de pleurs, et persiste quelquefois assez longtemps chez les enfants, quand les pleurs ont cessé. Il survient dans les émotions vives et annonce un profond ébranlement du système nerveux.

sangsue. — *Ver* * au corps annelé, muni d'une bouche armée de mâchoires et disposée en ventouse ; la partie postérieure a aussi une ventouse arrondie qui sert à l'animal à se fixer. Dix yeux sont portés sur la lèvre supérieure (*fig.*).

Les sangsues se reproduisent par des œufs, qui donnent, au bout de 28 jours, de petites sangsues longues de 2 millimètres.

Les sangsues sont employées en médecine. Elles se fixent par leur ventouse antérieure sur le corps des malades, font avec leurs mâchoires

Sangsue (longueur, 0ᵐ,10).

Suçoir de la sangsue.

une blessure triangulaire par laquelle elles pompent le sang ; c'est ce qui les fait employer dans un grand nombre de circonstances. On utilise la *sangsue grise*, la *sangsue verte*, qu'on rencontre surtout en Europe, et la *sangsue dragon*, qui vient d'Algérie. D'ailleurs, on ne se contente pas de chercher ces sangsues où elles se trouvent, on les *élève* aussi dans les marais, les tourbières, surtout dans le département de la Gironde ; on les nourrit en faisant entrer dans l'eau des chevaux, des ânes, des mulets hors de service, auxquels les sangsues s'attachent.

sansonnet. — Voy. étourneau.

santal. — On nomme *santal* un bois d'odeur agréable, fort employé, surtout dans les pays orientaux, en parfumerie, en ébénisterie, en tabletterie. On en retire une essence très suave utilisée en médecine, comme stimulante et sudorifique, et qui entre dans la composition de plusieurs parfums. Le santal nous est fourni par plusieurs arbres différents des pays chauds, de là les variations d'odeur, d'aspect, de couleur, que présente ce bois dans le commerce. L'une des variétés les plus estimées, le *santal citrin*, provient d'un assez grand arbre qu'on rencontre surtout sur la côte de Malabar ; il est recherché pour la fabrication d'ouvrages de marqueterie ; on le brûle dans les temples et dans les appartements pour les parfumer. Il est utilisé en médecine.

santonine. — Voy. semen-contra.

saperde. — Genre d'insectes *coléoptères*, portant des antennes aussi longues que le corps. Les différentes espèces de saperdes sont nuisibles aux arbres, dont elles sillonnent le bois de nombreuses galeries (*fig.*). D'autres

Saperde et sa *larve* (longueur, 0ᵐ,027).

espèces rongent les chaumes des céréales, de façon à déterminer la chute des épis. Ces insectes malfaisants sont très difficiles à détruire quand ils se sont installés dans une région.

saphir. — Pierre précieuse d'un beau bleu. Le *saphir oriental* (Indes orientales, Thibet, Ceylan,...) est du *corindon* *. Le *saphir d'eau*, de valeur bien moindre, n'a pas la même composition ; c'est du *silicate* * d'alumine et de magnésie.

sapin. — Arbre *conifère*, toujours vert, voisin du *pin*. On en rencontre

Sapin commun (hauteur, 50ᵐ).

dix-huit espèces dans les régions tempérées et froides de l'hémisphère boréal ; il forme surtout de grandes forêts dans les pays montagneux. L'espèce la plus importante en France est le *sapin pectiné*, dit aussi *sapin commun* (*fig.*); on le rencontre sur toutes les hautes montagnes d'Europe, et principalement sur les Vosges, les Pyrénées, les Alpes, où il s'élève jusqu'à une altitude de 1 500 mètres. A l'âge de 200 ans, le sapin commun atteint 40 mètres de hauteur.

Son bois est tendre, grossier, brillant, facile à fendre, léger; il est durable, même lorsqu'il est enfoncé dans le sol, mais il craint l'humidité. On en fait pour la marine des mâts et des vergues; il sert beaucoup en menuiserie, en charpente; son écorce est employée au tannage des peaux, surtout en Suisse.

Il fournit, comme le *pin*, des produits résineux; la *térébenthine* qu'on en extrait est connue sous le nom de térébenthine de Strasbourg. Ses jeunes pousses sont employées en médecine sous le nom de *bourgeons de sapin*.

saponaire. — La *saponaire*, ou *savonière* (*fig.*), est une herbe vivace, répandue dans toute l'Europe, assez commune en France, sur les berges des rivières, le long des chemins. La racine, qu'on récolte au printemps ou en automne, donne à l'eau dans laquelle

Saponaire (hauteur, 0 m,50).

on l'agite une apparence savonneuse, et lui communique la propriété de mousser; elle facilite ainsi le blanchissage du linge. Les anciens s'en servaient pour laver les étoffes et pour les préparer à la teinture. Elle est aussi employée en médecine.

saponification. — La *saponification* est une opération chimique qui a pour but de décomposer un *corps gras*

pour séparer la *glycérine* des *acides gras*. On peut opérer la saponification en chauffant le corps gras avec la *potasse* ou le *carbonate de potasse*; la potasse se combine aux acides gras pour former un *savon* et la glycérine devient libre. On peut aussi chauffer le corps gras avec de l'*acide sulfurique*, qui décompose la glycérine et met les acides gras en liberté. Voy. **corps gras, glycérine, savons, bougie.**

sarcelle. — Oiseau *palmipède* analogue au canard sauvage, plus petit (*fig.*). Originaire des étangs du nord et du centre de l'Europe, elle arrive dans nos contrées en bandes peu nom-

Sarcelle (longueur, 0m,40).

breuses en octobre. Les sarcelles vont jusqu'à la Méditerranée, puis repassent au printemps. La chair est très estimée.

sarcopte. — Voy. gale.

sardine. — Petit poisson de mer au corps allongé, assez épais et arrondi vers le dos, comprimé vers le ventre, couvert d'écailles minces, mais grandes, et se détachant aisément. La longueur dépasse rarement 20 centimètres (*fig.*). C'est un poisson de l'ouest de l'Europe; se trouve sur les côtes d'Angleterre, de France, d'Espagne, de Portugal et aussi un peu dans la Méditerranée. Il est probable que la sardine, comme le hareng, vit d'habitude dans de grandes profondeurs, ne se rapprochant des côtes que pour frayer. Poisson très vorace, se nourrissant de petits mollusques, de petits crustacés

Sardine (longueur, 0m,12).

et surtout du frai des autres poissons. C'est au commencement de l'automne que la sardine fraye sur nos côtes. La pêche se fait alors sur les côtes méditerranéennes d'Italie et de France, mais surtout sur les côtes de l'Océan. Chez nous, la pêche est tout particulièrement active, depuis l'embouchure de la Loire jusqu'à la baie du Morbihan. Le nombre des bateaux qui, sur les côtes de Bretagne et de Vendée, se livrent à la pêche de la sardine, est au moins de 2 000, montés par 25 000 marins. Les filets sont des nappes non plombées, de 30 mètres de longueur sur 6 mètres de hauteur, à mailles fines ; la partie supérieure est munie de lièges qui lui permettent de flotter. On part de grand matin, et on lance le filet à la mer au point du jour, puis on le fait avancer, tandis qu'on jette à la mer, en avant du filet, un appas nommé *rogue*, constitué par des œufs de morue fermentés. Les poissons, pour atteindre la rogue, se précipitent dans les mailles du filet et s'accrochent par les ouïes, de façon qu'ils ne puissent plus avancer ni reculer. Quand le filet est bien garni de sardines on le tire.

On consomme la sardine à l'état frais, salée et conservée à l'huile. La préparation de la sardine à l'huile donne lieu, principalement sur les côtes de Bretagne, à un commerce très important.

sardoine. — Pierre précieuse ; sorte d'*agate* de couleur fauve, qui nous vient d'Orient.

sargasse. — Algue marine dont la tige peut atteindre plusieurs centaines de mètres de longueur ; ces algues flottent à la surface grâce à des vésicules pleines d'air, dont elles sont pourvues. Une partie notable de l'océan Atlantique, nommée *mer des Sargasses*, est encombrée par une grande quantité de sargasses.

sarigue. — Voy. marsupiaux.

sarrasin. — Céréale de la famille des *polygonées*, originaire de l'Asie centrale, et cultivée comme plante ali-

Sarrasin fleuri (hauteur de la plante, 0ᵐ,60).   Grain de sarrasin (grossi).

mentaire. La graine du *sarrasin commun* ou *blé noir* (*fig.*) donne un pain peu nutritif, usité dans les régions où

la culture du blé n'existe pas, notamment dans la Bretagne, le Morvan, car cette plante réussit dans les terrains pauvres ; le plus souvent on ne lui donne même pas de fumure directe. Avec la farine de sarrasin on fait aussi des galettes, des bouillies. La graine est employée à la nourriture des volailles, des porcs. Enterrée avant la floraison, la plante constitue un bon engrais vert.

sarriette. — Herbe de la famille des *composées*, qu'on rencontre dans les champs et les bois humides. On tire de ses feuilles une teinture jaune.

sassafras. — On désigne sous ce nom la racine et le bois d'un *laurier* originaire de l'Amérique septentrionale. Ce bois, et surtout l'écorce, a une odeur forte et agréable, due à une essence que l'on prépare pour les besoins de la parfumerie. La médecine utilise le bois, la racine et l'écorce.

saturne. — Grosse planète, dont la distance au soleil est 10 fois celle de la terre ; sa grosseur est 734 fois celle de la terre, la durée de sa révolution est de 29 ans. Nous voyons Saturne comme une étoile pâle ; huit satellites, visibles seulement au télescope, gravitent autour de Saturne ;

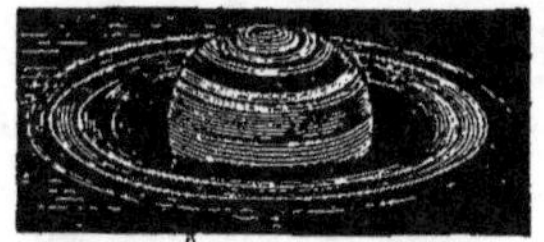

Planète Saturne et son *anneau*.

le plus gros de ces satellites a un volume qui est 9 fois celui de la lune. En outre, la planète est entourée d'un anneau circulaire, aplati, très large

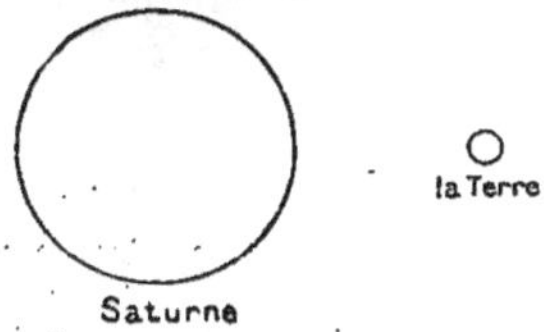

Grosseur comparée de *Saturne* et de la *Terre*.

et relativement fort mince, qui ceint la planète par le milieu sans la toucher nulle part. Cette couronne satellite accompagne Saturne dans sa rotation autour du soleil (*fig.*).

sauge. — Herbe vivace de la famille des *labiées*, qu'on rencontre surtout sur les collines stériles du

Sauge (hauteur, 1ᵐ).

Midi. Elle a une odeur forte, agréable, et est employée en médecine à cause de ses propriétés stimulantes (*fig.*).

saule. — Arbre *dicotylédone* à croissance rapide, qui prospère surtout dans les prairies humides, sur le bord des eaux ; les espèces en sont très nombreuses.

Les plus importantes de ces espèces sont les suivantes. Le **saule blanc** dont le feuillage est d'un blanc soyeux, peut atteindre une hauteur de 25 mètres.

Fleur à étamines du saule.

Le saule fragile (*fig.*) ne dépasse pas 12 mètres, mais on le taille fréquemment en têtard, de manière à provoquer la formation de longues verges qu'on emploie comme osier ; l'écorce peut servir à tanner le cuir. Le **saule viminal** est très commun au bord des rivières, et très fréquemment cultivé dans les oseraies (voy. **osier**); ses verges servent en grande quantité à la confection de paniers et d'objets de vannerie de toute espèce. Le **saule**

mouseau n'atteint pas non plus une grande taille ; son bois est grossier,

Fleur à pistil du saule.

mou, facile à fendre, assez brillant et

Saule fragile en têtard (hauteur, 12ᵐ).

durable ; on en fait des échalas, des

Saule pleureur (hauteur, 15ᵐ).

fagots, des cercles de tonneaux ; les bestiaux, notamment les chèvres, en mangent volontiers les feuilles. Le **saule pleureur** atteint 15 mètres ; il est surtout cultivé pour l'ornementation des parcs (*fig.*).

saumon. — Le *saumon* (*fig.*) est le type de tout un groupe de poissons (saumon, truite, ombre chevalier, éperlan), caractérisé par un corps fusiforme, généralement coloré de teintes vives qui souvent varient aux divers âges. Ils ont deux nageoires dorsales, dont une dépourvue de rayons. Ils sont voraces et ont la bouche armée de dents nombreuses ; nagent avec beaucoup de rapidité ; recherchent les eaux les plus limpides. Les uns sont migrateurs, vivant alternativement dans la mer et dans les eaux douces ; les autres ne quittent pas celles-ci.

Le type du groupe est le *saumon*, grand et beau poisson, dont on connaît plusieurs espèces. Nous parlerons seulement du *saumon commun*. Corps fasiforme, écailles lisses, adhérentes ;

Saumon (longueur, 1ᵐ,50).

museau largement fendu, dents fortes ; dos bleu ardoise, ventre argenté, flancs marqués de taches noires. Longueur ordinaire de 60 à 80 centimètres ; cependant la longueur dépasse assez souvent 1 mètre et le poids peut aller à 40 kilogrammes. Abonde surtout dans les mers du nord de l'Europe ; assez répandu sur nos côtes occidentales ; n'existe pas dans la Méditerranée. Poisson très carnassier. Au printemps les saumons, réunis en troupes, passent de la mer dans les fleuves et les rivières pour y frayer. Ils remontent ces cours d'eau très haut, vers leur source, et si dans leur marche ils rencontrent quelque obstacle, digue ou cascade, ils le franchissent en exécutant des sauts parfois très étendus. Pendant la première période de leur vie, les jeunes demeurent aux lieux de leur naissance ; à un moment donné, ils se modifient dans leur aspect et se forment en troupes pour gagner l'Océan ; ils y séjournent un certain temps, et quand vient l'époque du frai, ils reparaissent dans les eaux douces.

La fécondité des saumons est grande ; le frai a lieu en novembre et décembre.

La nature des eaux et le climat exercent une influence marquée sur la qualité du saumon. Ceux d'Ecosse jouissent en particulier d'une grande réputation ; d'ailleurs le saumon abonde prodigieusement en Ecosse, en Suède, en Norvège, où il forme l'un des éléments les plus essentiels de la nourriture du peuple. En France le saumon est relativement rare ; les

Echelle à saumons. — Grâce à cette échelle, les saumons peuvent franchir les barrages de la rivière et remonter le courant.

barrages créés en grand nombre dans nos rivières sont la principale cause de cette diminution (voy. **pisciculture**). Chair grasse, nourrissante, très estimée ; aussi la pêche du saumon est-elle partout très importante.

sauricus. — Voyez lézards.

sauterelles. — Insectes *orthoptères* qui se distinguent des criquets, avec lesquels on les confond souvent, par un corps plus allongé, des antennes plus longues et plus fines, et un abdomen terminé par un appendice en forme de sabre (*fig.*). La *grande sauterelle verte* (improprement appelée cigale), est très répandue en France.

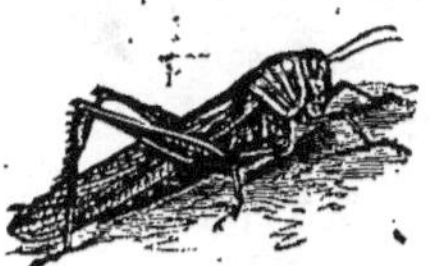

Sauterelle (longueur, 0ᵐ,05).

Le mâle fait entendre un bruit strident résultant du frottement des élytres l'une contre l'autre. La femelle dépose ses œufs dans le sol. Les sauterelles ne sont jamais aussi nombreuses que les criquets ; elles ne font pas d'invasions ; bien qu'elles se nourrissent de végétaux, les dégâts qu'elles causent sont relativement peu importants.

savon. — Pour obtenir un *savon*

on chauffe un *corps gras* avec du carbonate de potasse ou de soude; il se produit une *saponification*, c'est-à-dire que les acides du corps gras se combinent avec la potasse ou la soude pour former un mélange de *margarates*, *oléates*, *stéarates* de potasse ou de soude; c'est ce mélange de divers sels qui constitue un savon.

Les corps gras employés pour la fabrication des savons sont les huiles de palme, de coco, d'olive, d'arachide, de poisson, de chènevis, de lin, de colza, la graisse de porc, le suif de bœuf et de mouton.

Il existe un grand nombre de variétés de savon. Le **savon marbré de Marseille** est fait avec diverses huiles végétales et de la soude; les marbrures bleuâtres sont dues à quelques impuretés. Le **savon blanc de Marseille** n'a pas ces impuretés, mais il contient souvent plus d'eau, et il est alors moins avantageux. Les **savons mous**, tantôt verts, tantôt noirs, sont faits avec des huiles de chènevis, de colza, de lin, etc., et de la potasse; ces savons sont d'un usage bien moins général que les précédents. Les **savons de toilette** sont faits ordinairement avec les plus belles pâtes de savon blanc de Marseille, et on les colore, en même temps qu'on les aromatise, avec les substances les plus diverses.

Ces différents savons ont la propriété de se dissoudre dans l'eau. La solution obtenue enlève et dissout les substances grasses et les diverses impuretés qui souillent le linge, le visage et les mains. Une simple dissolution de *cristaux de potasse* ou de *soude* produirait le même effet, mais serait trop caustique; c'est pourquoi on préfère le savon, quoique son prix soit plus élevé.

L'industrie du savon produit en France près de 200 millions de kilogrammes de savon par an, dont presque la moitié dans le département des Bouches-du-Rhône et le quart dans celui de la Seine.

saxifrage. — Genre de plantes *dicotylédones*, dont les nombreuses espèces sont surtout répandues dans les régions tempérées et arctiques de l'hémisphère boréal. Quelques-unes de ces espèces sont des herbes très communes dans nos contrées. On en cultive plusieurs pour l'ornementation des jardins; elles forment sur les rocailles des touffes d'un bel aspect (*fig.*).

scabieuse. — Genre de plantes *dicotylédones* dont plusieurs espèces sont cultivées dans les jardins pour l'ornementation (*fig.*). A l'état sauvage,

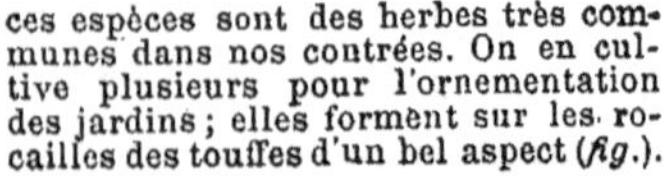

Scabieuse des jardins.

les scabieuses sont surtout abondantes dans la région méditerranéenne et en Orient.

scalpel. — Voy. **bistouri.**

scammonnée. — Gomme résine qu'on retire de la racine d'une plante vivace qui croît en Grèce et dans le Levant, dans les haies et les broussailles. Elle est employée en médecine, à cause de ses propriétés purgatives

scaphandre. — Sorte de vêtement imperméable dont se servent les plongeurs pour séjourner et travailler au fond de l'eau. De grosses semelles de plomb maintiennent toujours les pieds en bas; un casque à visière de verre permet d'y voir. Un tuyau de caoutchouc fait communiquer ce casque avec l'extérieur; on y fait arriver

Saxifrage retombante.

constamment un courant d'air, à l'aide d'une pompe, de sorte que le plongeur

Scaphandrier.

respire librement (*fig.*).

scarabées. — Insectes *coléoptères*, de forme ramassée, avec les antennes en forme de massue (*fig.*). Quelques espèces sont célèbres par l'espèce de culte que leur rendaient les anciens Égyptiens. Ils ont l'habitude de déposer leurs œufs dans de petites boules de fiente, qu'ils font rouler avec leurs pieds de derrière, jusqu'à ce qu'ils aient trouvé un lieu propre à les en-

Scarabée (longueur, 0ᵐ,04).

fouir. D'autres vivent dans les excréments des ruminants, mais sans faire de boules. Les *cétoines*, les *hannetons* (voy. ce mot) sont des insectes très voisins des scarabées.

scarification. — Petite opération qui a pour but de dégager un organe malade en lui enlevant un peu de sang ou d'une humeur qui s'est infiltrée. On pratique la scarification avec un *scarificateur*, appareil qui porte plusieurs petites lancettes qui, sous l'action d'un ressort, percent toutes à la fois la peau à l'endroit que l'on veut scarifier; par ces petites plaies s'écoule le sang ou l'humeur. Ordinairement on commence par poser une ventouse et on pratique la scarification à l'endroit où le sang a été attiré par la ventouse.

scarlatine. — Maladie épidémique et contagieuse, caractérisée par une *angine*, et une altération particulière de la peau. Frappe surtout les enfants de deux à quatre ans. Après une période d'incubation de quelques jours, il se déclare des frissons, de la fièvre, des maux de tête, de la lassitude et un commencement d'angine.

Puis apparaissent, sur le cou, la poitrine, et enfin tout le corps, des taches rouges, très serrées, faisant très peu saillie sur la peau; toute la peau devient rouge; l'angine augmente et la soif est ardente. Après trois ou quatre jours la peau pâlit, la fièvre disparaît, puis la peau tombe.

La maladie, souvent assez grave, peut se compliquer de *néphrite*, de *pleurésie*, etc. Quand la maladie est légère, on se contente du repos au lit, dans une chambre modérément chaude et bien aérée; les complications à craindre, qui mettent si souvent en danger la vie du malade, ne peuvent être prévues que par le médecin.

schistes. — On donne le nom de *schiste* à toutes les roches qui peuvent se diviser en feuillets plus ou moins minces. Un grand nombre de minéraux, différant les uns des autres par leur composition chimique, se divisent ainsi en feuillets, et sont par suite des schistes. Les *ardoises* sont justement des roches schisteuses.

sciatique. — *Névralgie* de la jambe, avec douleur très vive, qui augmente ordinairement par la pression, la marche, la toux. Comme toutes les névralgies, elle est souvent d'une guérison très longue et très difficile.

scie. — Voy. squale.

scille. — Plante qui croît en Espagne, en Italie, en Afrique et en Syrie. Les bulbes de cette plante sont employés en médecine pour accroître la sécrétion de la salive et celle de l'urine.

scolopendre. — *Myriapode* com-

Scolopendre (longueur, 0ᵐ,10).

mun dans le midi de la France (*fig.*). Sa morsure est douloureuse.

scolopendre. — Voy. fougères.

scolyte. — Insecte *coléoptère* qui creuse dans les arbres des galeries qui déterminent assez fréquemment la mort du végétal. Les arbres déjà malades sont ceux qu'attaquent de préférence les scolytes; quand une portion de forêt est infestée par les scolytes, il est parfois nécessaire d'abattre tous les arbres atteints, pour préserver les autres.

scorbut. — Maladie non contagieuse qui se rencontre sous tous les climats et atteint les individus débilités par les fièvres paludéennes, la dysenterie, le typhus, la misère; voilà pourquoi elle décime surtout les équipages des vaisseaux qui entreprennent de longs voyages de découvertes, les armées en campagne, les villes assiégées, les prisons, les populations pauvres. C'est un véritable étiolement de l'organisme, qui frappe toutes les parties du corps; comme aspect extérieur, la peau est parsemée d'extravasations d'un sang bleuâtre, les gencives sont ramollies et de couleur bleuâtre. La maladie fait son évolution assez lentement; le malade guérit au bout de 8 à 16 semaines, ou bien il meurt par épuisement.

Une bonne alimentation (aliments légers, frais, mais reconstituants, légumes frais, fruits légèrement acides) est le remède le plus efficace contre le scorbut; malheureusement, les circonstances dans lesquelles la maladie prend naissance ne donnent généralement pas la possibilité d'accorder ce régime aux malades. D'ailleurs le scorbut est actuellement relativement rare.

scorpion. — Animal *articulé* de la classe des *arachnides*, qu'on rencontre dans les pays chauds; plusieurs espèces habitent l'Algérie et le midi de la France. Les scorpions se tiennent sous les pierres, sous les pièces de bois, dans les endroits humides et frais, dans les celliers et les caves; sortent la nuit pour chercher leur nourriture (araignées, cloportes, divers insectes). La femelle porte de 50 à 60 œufs, qui éclosent dans le corps; elle est donc *ovovivipare* (*fig.*).

Scorpion (longueur, 0m,03 à 0,m10).

Le scorpion a une longue queue terminée par un appareil venimeux; ce venin agit sur le système nerveux. La piqûre de celui du midi de la France n'est jamais bien grave; les scorpions d'Afrique peuvent occasionner la mort des personnes débiles. On soigne la piqûre à l'aide de la cautérisation au fer rouge, ou simplement de compresses imbibées d'alcali volatil.

scorsonère. — Voy. salsifis.

scrofulariées. — Plantes *dicotylédones* * *gamopétales* herbacées, à corolle irrégulière à cinq divisions; ordinairement quatre étamines; ovaire à deux loges contenant un grand nombre d'ovules. Ces plantes sont peu utiles, beaucoup sont vénéneuses. Exemples : muflier ou gueule-de-

Scrofulariées (ex. : muflier).

loup (*fig.*), linaire, scrofulaire, digitale, bouillon-blanc, véronique.

scrofule. — Maladie générale qui se manifeste par une tendance de la peau, des muqueuses, des ganglions lymphatiques et des os, à être le siège d'inflammations longues et opiniâtres; commune surtout chez les enfants.

La fréquence de la scrofule diminue de nos jours, tandis qu'augmente celle de la phtisie pulmonaire. Tantôt la scrofule vient de famille, tantôt elle se rencontre chez des enfants de parents bien portants. Les scrofuleux sont généralement gras, mais boursouflés, faibles; les extrémités sont maigres. L'accident le plus fréquent de la scrofule est l'engorgement des ganglions lymphatiques du cou. Ces ganglions se gonflent, deviennent durs, bosselés, et ils sont bientôt le siège d'une suppuration qu'il est très difficile d'arrêter (*écrouelles, humeurs froides*), et qui laisse après elle une cicatrisation très apparente, qui défigure plus ou moins le malade.

Le traitement de la scrofule est surtout hygiénique; alimentation par le lait et la viande, avec prohibition des sucreries, habitation saine, aéréo ensoleillée, exercice au grand air, bain, long séjour sur les bords de la mer. Comme remède, l'huile de foie de morue.

seiche. — Mollusque * *céphalopode* portant dix bras, dont deux ont une plus grande longueur que les autres; les huit petits bras ont des ventouses sur toute leur longueur, les

deux grands n'en ont qu'à leur extrémité (*fig.*). Quand l'animal est excité,
son corps prend des colorations diverses ; dans le danger, il trouble l'eau autour de lui en y répandant une matière brune qu'il sécrète dans une poche
spéciale. Cette ma-
tière brune est la
base de la couleur
connue sous le nom
de *sépia*. A l'inté-
rieur du corps de la
seiche est une pièce
calcaire plate nom-
mée *os de seiche*,
qu'on rencontre en
abondance sur nos
plages, ce qui in-
dique que la seiche
est commune sur

Seiche (long., 0ᵐ,30).

toutes nos côtes. Cet os de seiche est
souvent mis dans les cages de nos
petits oiseaux, qui aiment à s'y aiguiser le bec. La seiche est comestible,
mais elle constitue un aliment peu
recherché.

seigle. — Céréale qui paraît originaire des régions situées au nord du
Danube et qu'on n'a guère cultivée
qu'au commencement de l'ère chrétienne. Le pain de *seigle*
est notablement moins
nourrissant que celui du
froment ; il est gluant,
compact, brun, mais il
se maintient frais plus
longtemps. On fait un très
bon pain en mélangeant-la
farine de froment avec
celle de seigle. Dans les
terrains peu fertiles, le
seigle prospère mieux que
le blé ; il résiste encore
mieux au froid et redoute
moins les mauvaises her-
bes. Pour cette raison, il
est cultivé dans un grand
nombre de pays ; il forme
en Allemagne la base de
l'alimentation des classes
pauvres. On sème le seigle
en automne ; il passe l'hiver en terre et arrive à
maturité au commence-
ment de l'été, plus tôt que
le froment (*fig.*).

La paille de seigle est
recherchée pour divers
usages ; on en garnit les
chaises, on en fait des paillassons, des couvertures de
chaumières. Il est em-
ployé pour nourrir les bestiaux, et
en particulier les chevaux. Souvent on
fait manger l'herbe de seigle en vert,
avant la maturité.

Épi de seigle
(hauteur de la
plante, 1ᵐ,20).

sel marin. — Le *sel marin*, ou
chlorure de sodium, est une combinaison de *chlore* et de *sodium*. C'est un
solide blanc, sans odeur, d'une saveur
salée. 100 grammes d'eau en dissolvent à peu près 36 grammes ; il n'est
presque pas plus soluble dans l'eau
chaude que dans l'eau froide. Quand
on fait évaporer l'eau de sa dissolution,
il se dépose en cristallisant au fond du
vase. Ce corps est très abondant dans
la nature. Beaucoup de sources sont
salées, surtout en Allemagne ; en
France, il y en a dans les départements
de la Moselle, de la Meurthe, du
Doubs, des Basses-Pyrénées. De ces
sources salées on retire du sel ; mais
ce mode d'extraction n'a pas beaucoup
d'importance.

Le sel se trouve en masses solides
considérables dans le sein de la terre :
on lui donne le nom de *sel gemme*. Les
plus importantes mines de sel gemme
sont celles de Viéliczka en Pologne (*fig.*),
de Cordona en Espagne, de Vic et de
Dieuze en Alsace-Lorraine. Les mines

Mines de sel gemme.

de Viéliczka, exploitées depuis six
cents ans, sont si grandes qu'on dirait
une ville souterraine avec ses maisons,
ses rues, ses chapelles taillées dans le
sel. Dans les mines où le sel est très
pur, comme à Viéliczka, on l'extrait
en gros blocs ; puis on le pulvérise et
on le livre à la consommation. Quand
le sel est mêlé avec de la terre, on le
dissout dans l'eau, en versant le
liquide dans un trou de soude qui descend jusque dans la mine ; et quand
cette dissolution a été élevée du fond
de la mine au moyen de pompes, on la
fait évaporer dans des chaudières
jusqu'à cristallisation.

Mais ce sont encore les eaux de la
mer qui renferment le plus de sel. Il y
a à peu près 27 kilogrammes de sel
marin par mètre cube d'eau de mer, et,
en outre, d'autres sels comme le *chlorure de potassium* (voy. **potassium**).
Si tout le sel de l'Océan était répandu

à la surface des continents, il y formerait une couche de plus de 200 mètres d'épaisseur. Voici comment on retire le sel sur les bords de l'Océan. L'eau est amenée par la marée dans un vaste réservoir, nommé *vasière*. Là elle dépose presque toutes les matières qu'elle tient en suspension et devient parfaitement limpide. Quand l'eau a séjourné assez longtemps dans la vasière, on la fait écouler dans une série de compartiments séparés les uns des aueres par de petits sentiers unis. Dans cte parcours, elle est échauffée par les rayons du soleil et soumise aussi à l'action desséchante du vent, et elle s'évapore peu à peu, Ces nombreux bassins d'évaporation, qui, sur

Le sel entre dans la préparation de presque tous nos aliments ; les besoins de l'alimentation en consomment en France 300 millions de kilogrammes par an. L'industrie et l'agriculture emploient aussi le sel. On en fait manger aux bestiaux ; on s'en sert pour amender certaines terres. Le sel entre dans la préparation de nombreux produits chimiques, et principalement du sulfate de soude (voy. **sodium**), dont on fabrique chaque année des centaines de millions de kilogrammes.

sélection. — On donne le nom de *sélection naturelle* à l'ensemble des circonstances qui déterminent, dans des conditions données, le dévelop-

Marais salants.

les bords de la mer, couvrent d'immenses étendues, forment ce qu'on nomme la *saline* ou le *marais salant*. Au bout de deux jours, la concentration est suffisante pour que la plus grande partie du sel se dépose sous forme de cristaux gris. On retire ce sel avec des râteaux, et on le laisse s'égoutter sur le bord, avant de le mettre en sac et de l'expédier. L'exploitation dure seulement pendant l'été.

En France, les marais salants établis sur toutes les côtes de la Méditerranée sont au nombre de 82 et occupent une surface totale de 25 000 hectares. Il y en a beaucoup moins sur les bords de l'Océan ; les plus importants sont à Marennes (Charente-Inférieure) et au Croisic (Loire-Inférieure).

pement des espèces animales ou végétales dont l'organisation est le mieux appropriée au milieu qui les entoure ; c'est la sélection naturelle qui détermine la modification progressive des espèces, en assurant toujours la survivance des individus les mieux doués pour résister aux dangers qui les entourent. La *sélection artificielle* est l'art de diriger la reproduction des animaux et des végétaux de manière à obtenir rapidement cette transformation des espèces qui ne se produit dans la nature qu'avec une extrême lenteur. C'est grâce à la sélection qu'on peut créer les variétés si belles des fleurs et des fruits cultivés, les animaux domestiques spécialement propres au travail, à la course, à la boucherie.

sels. — En chimie, on nomme *sels* les composés qui se forment quand un *acide* se combine avec une *base*. Ainsi le *carbonate de chaux*, ou calcaire, est un sel qui résulte de la combinaison de *l'acide carbonique* (qui est un acide), avec la *chaux*, ou oxyde de calcium (qui est une base) ; de même le *sulfate de fer* est un sel résultant de la combinaison de l'acide sulfurique avec l'oxyde de fer.

Seltz (eau de). — L'usage de *l'eau de Seltz artificielle* est aujourd'hui très répandu. Cette eau est une dissolution, faite sous pression, d'une grande quantité de gaz acide carbonique. Dans l'industrie, on prépare le gaz acide carbonique en faisant réagir de *l'acide sulfurique* sur de la *craie* pulvérisée,

Siphon à eau de Seltz. — Quand on presse sur la soupape, le gaz, qui est dans le siphon à une forte pression, chasse l'eau et la fait sortir par le tuyau.

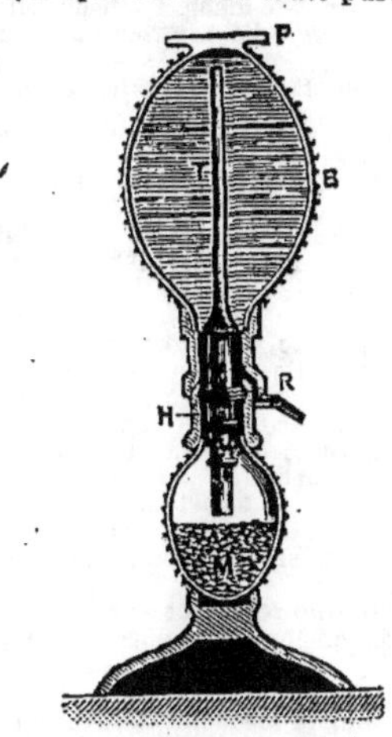

Appareil Briet. — L'*acide tartrique* et le *bicarbonate de soude* sont en M. Un peu d'eau, tombant du réservoir B, par le tube T, arrose ces substances et détermine la production de l'*acide carbonique*. Ce gaz passe par de très petites ouvertures ménagées dans le bouchon H, et va se dissoudre dans l'eau. L'écoulement a lieu par R, quand on presse sur la soupape.

Fabrication industrielle de l'eau de Seltz. — L'*acide carbonique* est produit dans les réservoirs A et B, par l'action de l'*acide sulfurique* sur la *craie*, il se rend dans le *gazomère* C. Une pompe D, mise en mouvement par une machine à vapeur E, comprime ce gaz avec l'eau, dans le réservoir sphérique qui est à côté de la pompe D. Du réservoir, la dissolution entre dans les siphons E et E'.

et on introduit la dissolution dans des *siphons* de verre fermés par un bouchon à ressort (*fig.*). Il suffit d'appuyer sur une tige métallique pour ouvrir le siphon et déterminer l'écoulement de l'eau de Seltz. Dans les familles on peut préparer soi-même l'eau de Seltz en faisant réagir l'*acide tartrique* sur le *bicarbonate de soude;* on se sert pour cela de l'*appareil Briet* (*fig.*).

semen-contra. — Médicament très employé contre les vers intestinaux, constitué par les fleurs non épanouies de plusieurs *artémises*, plantes de la famille des composées. Ce produit nous vient de la Perse, du Turkestan, de la Russie, de la Barbarie.

La poudre de semen-contra a une odeur très forte, aromatique, une saveur amère; elle est très bonne pour chasser les vers; on la donne surtout aux enfants, incorporée dans du miel, de la confiture, des dragées, du pain d'épices. Le principe actif du semen-contra est une substance nommée *santonine*, qu'on en retire sous forme d'un solide cristallisé, sans odeur, un peu amer.

La santonine remplace avantageusement le semen-contra comme vermifuge; elle a une action bien plus énergique et ne doit être administrée qu'à la dose indiquée par le médecin, dose toujours inférieure à un décigramme, pour les enfants; on fait des dragées et des biscuits à la santonine, qui sont des médicaments efficaces. La personne qui a absorbé de la santonine voit les couleurs des objets très altérées; il voit presque tout en vert; c'est là un effet constant du médicament, et dont il n'y a pas à concevoir d'inquiétude.

semoir. — Dans la grande culture, la *volée*), on les fait à l'aide de semoirs métalliques qui disposent les graines en ligne, à une profondeur régulière. Ce mode d'ensemencement permet d'économiser un bon tiers de la semence; en outre les sarclages et les binages sont beaucoup plus faciles à exécuter. Les graines contenues dans la caisse A sont versées par des cuillers dans des tubes B qui les amènent à terre. Ces tubes portent à leur extrémité : 1o des *socs* C qui ouvrent les sillons dans lesquels tombent les graines; 2o une sorte de *herse* qui recouvre les graines de terre (*fig.*). Le semoir mécanique ne peut être utilisé dans les terres trop humides ni dans les terres trop pierreuses.

séné. — Produit pharmaceutique, purgatif puissant, constitué par les feuilles et les fruits de plusieurs arbrisseaux nommés *casses*, de la famille des légumineuses. Ces arbres croissent dans les pays chauds.

séneçon. — Genre d'herbes de la famille des *composées*, dont les espèces, extrêmement nombreuses, sont répandues sur presque tout le globe. Le *séneçon vulgaire*, qu'on rencontre dans tous les lieux cultivés, a de petites fleurs jaunes. Il passe pour émollient. Ses graines sont mangées avec avidité par les oiseaux de volière, aussi bien que ses feuilles charnues. Plusieurs espèces exotiques de séneçon sont cultivées pour l'ornementation des jardins.

sensitive. — Plante appartenant au genre *mimosa*, originaire des pays chauds, et qu'on cultive chez nous en

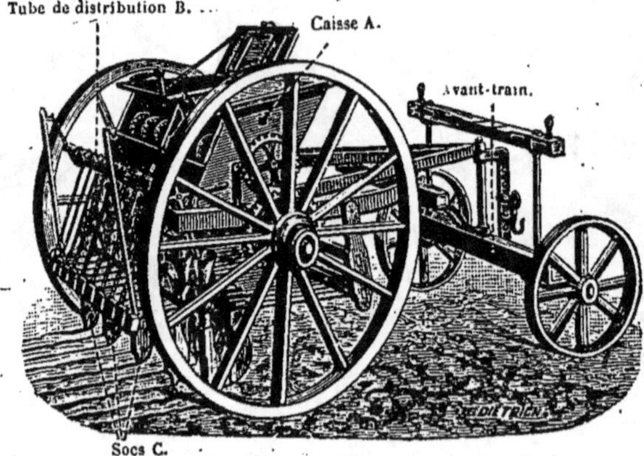

au lieu de faire les semis à la main (à | serre. Elle est surtout remarquable par l'extrême irritabilité de ses feuilles, qui exécutent des mouvements très apparents sous l'influence d'un attou-

sibles pour désinfecter leurs instruments, avant de les employer, et qu'ils appliquent sur la plaie un pansement

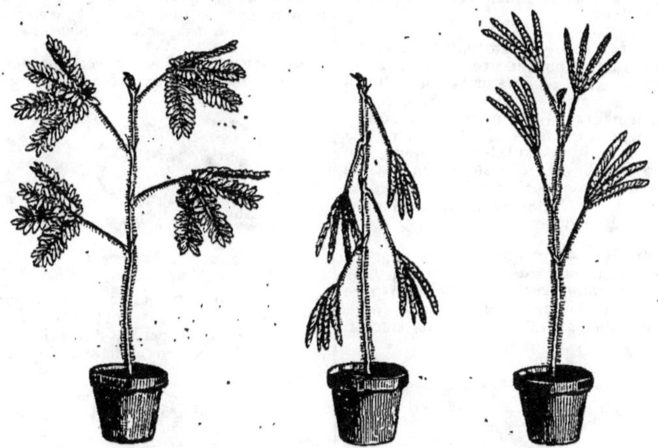

Sensitive intacte. Sensitive après un choc. Sensitive la nuit.

chement, d'un changement brusque de température, sous l'action d'une substance caustique. (*fig.*).

sépia. — Voy. **seiche**.

septicémie. — Accidents fébriles qui surviennent par suite de l'action de l'air sur les plaies, et en particulier sur les plaies qui résultent des opérations chirurgicales. Une plaie exposée à l'air entre souvent en grande suppuration, elle guérit mal, elle détermine autour d'elle un érysipèle gangréneux ; le malade a de la fièvre, des vomissements, et les complications sont quelquefois assez graves pour déterminer la mort.

Sous sa forme la plus grave, cette complication des plaies constitue ce qu'on nomme l'*infection purulente*, presque toujours mortelle. Quand l'infection est plus lente, que le pus devient fétide, que la plaie pâlit et se sèche, on a l'*infection putride*, moins grave, mais souvent encore mortelle après un temps plus long. Les accidents de la septicémie sont dus au développement, dans la plaie, de microbes dont les germes sont apportés par l'air ; ces microbes pénètrent dans le sang, s'y multiplient et déterminent une sorte d'empoisonnement. Les accidents de la septicémie sont devenus beaucoup plus rares depuis que les chirurgiens prennent toutes les précautions pos-

antiseptique qui empêche d'une part l'arrivée des germes contenus dans l'air, et d'autre part le développement de ceux qui auraient pu se déposer pendant l'opération.

septique. — On nomme *matière septique* une matière qui, introduite dans le sang d'un animal en bonne santé, détermine la mort de cet animal en y propageant des *microbes* funestes.

sequoia. — Arbre *conifère*, voisin du pin, dont les dimensions sont considérables (*fig.*). Le sequoia du Mexique et de la Californie atteint une hauteur de 130 à 140 mètres ; le diamètre du tronc peut dépasser 10 mètres.

Sequoia (haut., 140ᵐ)

serein. — Pluie très fine qui tombe par un ciel sans nuages, quand un refroidissement rapide se produit dans une atmosphère chargée de vapeur d'eau. Les causes qui produisent le serein sont en somme les mêmes que celles qui déterminent la formation du *brouillard* *.

séreuse. — Toute membrane intérieure du corps qui produit une sécrétion nommée *sérosité*, destinée à lubrifier la surface et à diminuer les frottements qu'elle peut avoir contre les organes voisins. C'est ainsi que la *plèvre*, qui entoure les poumons, est une membrane séreuse; il en est de même des poches synoviales qui adoucissent les frottements des os dans les articulations.

serin. — Petit oiseau *passereau* qui a des représentants en Europe, en Asie et en Afrique. La plus importante espèce est celle du *serin des Canaries* (*fig.*), acclimaté partout depuis trois siècles.

Serin des Canaries (longueur, 0ᵐ,16).

A l'état sauvage on le trouve aux îles Canaries; il est plus petit que le serin domestique d'Europe; il a le dos vert jaune rayé de noir, la tête vert jaune, de même que le ventre. Il se plaît dans les buissons, dans les vignobles. Mange des petites graines, des feuilles tendres, des figues. Il niche sur les arbres, à des hauteurs moyennes; 4 ou 5 œufs d'un vert pâle, avec des taches brunes; quatre couvées par an; la durée de l'incubation est de 13 jours. Le chant des canaris sauvages est à peu près le même que celui de nos canaris domestiques.

Du serin sauvage des Canaries sont descendues toutes nos variétés de serins domestiques. On sait combien facilement ces variétés se reproduisent en cage.

seringa. — Arbrisseau dont les fleurs blanches ont une odeur très pénétrante, presque enivrante; on le cultive dans les jardins. Plusieurs espèces exotiques, à odeur plus douce, sont également cultivées.

sérosité. — Liquide qui suinte sur la surface d'une membrane séreuse, pour la lubrifier; il facilite le jeu et le déplacement des organes les uns par rapport aux autres. Dans un grand nombre de maladies, les sérosités sont sécrétées en quantité surabondante, comme cela a lieu dans l'*hydropisie*, l'*épanchement de synovie*, la *pleurésie*.

serpents. — Les *serpents* (*fig.*) sont des *reptiles écailleux*, à corps allongé,

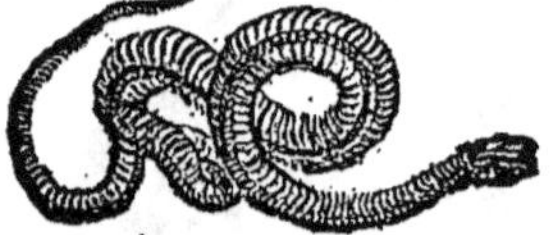

Squelette de serpent.

cylindrique et sans pattes. Leur langue est bifurquée à l'extrémité. Un caractère important qui permet de distinguer les serpents d'autres animaux dépour-

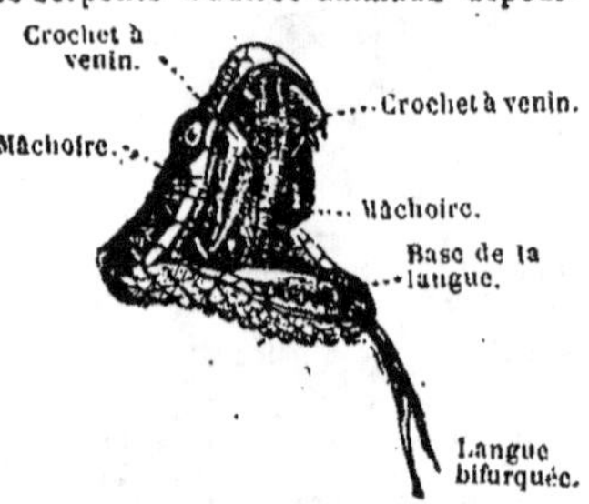

Bouche ouverte du serpent.

vus de pattes (comme l'orvet et certains batraciens), est tiré de la mobilité des pièces osseuses qui composent la charpente de la bouche; de cette mobilité

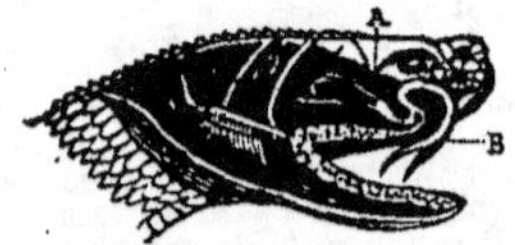

Appareil à venin de la vipère. — En A est la poche à venin; en B le crochet percé d'un canal, par lequel s'écoule le venin.

résulte pour les serpents la possibilité de dilater leur bouche d'une façon parfois extraordinaire, pour avaler des proies relativement énormes, sans les mâcher. Les dents sont nombreuses, en forme de crochets, non pas propres à la mastication, mais destinées à retenir leur proie.

Beaucoup de serpents ont à la mâchoire supérieure des crochets très développés qui communiquent avec une glande à venin; la disposition de ces crochets varie d'une espèce à l'autre, mais elle est toujours telle, qu'elle permet à l'animal de verser dans les

Tête de vipère.

Tête de couleuvre.

morsures, qu'il fait un venin redoutable (*fig.*). Ce venin est le même chez tous les serpents venimeux, mais la quantité en est variable, ce qui explique la plus ou moins grande gravité des morsures. La répulsion qu'inspirent les serpents est bien justifiée par les dangers auxquels ce venin nous expose. Le venin n'a pas d'action sur la muqueuse buccale et la muqueuse digestive lorsqu'elles sont saines, ce qui permet de sucer les plaies sans danger pour en extraire une partie du venin. La dessiccation ne fait pas perdre au venin ses propriétés, ce qui explique qu'on puisse l'employer pour empoisonner des armes. L'action est plus grande sur les animaux à sang chaud, et particulièrement sur les oiseaux, que sur les animaux à sang froid; il est sans action sur les serpents eux-mêmes.

Les principaux symptômes auxquels donnent lieu les morsures venimeuses sont la tuméfaction inflammatoire, l'abaissement de la température du corps, des nausées, des vomissements, de la diarrhée, des sueurs froides. Si le malade résiste, la fièvre se montre, la chaleur revient et les symptômes locaux disparaissent peu à peu. Aussitôt après la morsure, il faut pratiquer la succion et la cautérisation à l'ammoniaque ou à l'acide phénique; à défaut de ces drogues, on se servira du jus de citron, appliqué sur la plaie et pris en boisson. Ces remèdes, généralement efficaces quand il s'agit d'une vipère, sont sans effet pour la morsure du crotale ou du trigonocéphale, morsure qui est presque toujours mortelle.

La locomotion, chez les serpents, s'effectue par reptation, grâce aux mouvements de la colonne vertébrale; ils peuvent même exécuter des bonds assez considérables.

Les serpents sont carnivores. Ils se nourrissent de proies qu'ils tuent, soit en les empoisonnant au moyen de leurs crochets à venin, soit en les étouffant et les broyant sous la pression des replis dont ils les entourent. Ils exercent d'ailleurs sur leurs victimes une fascination qui les empêche de fuir. Puis ils les engloutissent en entier, grâce à la dilatabilité de leur bouche; mais cela se fait souvent avec une grande lenteur, quoique la déglutition soit favorisée par la sécrétion d'une salive abondante. Tant que dure la digestion, qui est fort lente, le serpent reste plongé dans la torpeur. Peu d'espèces se contentent de cadavres.

Ces reptiles habitent surtout les pays chauds; ils y sont plus gros, plus abondants et plus venimeux. Dans les climats tempérés ils sont plus petits et souvent inoffensifs. Très sensibles au froid, ils s'engourdissent pendant l'hiver après s'être enfouis dans le sol. En été ils vivent sur le sol, dans les endroits secs; il existe cependant des espèces aquatiques.

La plupart des serpents pondent des œufs; quelques-uns, tels que la vipère, sont ovovivipares, c'est-à-dire que les petits éclosent dans l'intérieur de la mère. Les œufs sont revêtus d'une coque parcheminée qui n'a jamais beaucoup de consistance.

La plupart des serpents doivent être considérés comme des animaux nuisibles. Les petites espèces non venimeuses nous sont utiles en détruisant des insectes et des rats. Beaucoup sont comestibles.

On connaît actuellement à peu près 600 espèces de serpents. L'Europe n'en possède que 26 espèces, qui se rapportent principalement aux couleuvres et aux vipères. Toutes ces espèces sont groupées en grandes familles; nous en citerons un très petit nombre.

Le **crotale**, ou **serpent à sonnettes,** (*fig.*) est peut-être le plus dangereux des serpents. Il a la queue garnie d'écailles cornées emboîtées les unes dans les autres; ces écailles sont mobiles; en se choquant, elles produisent un bruit particulier qu'on entend d'assez loin. La morsure est généralement mortelle en peu d'heures; l'agonie est très douloureuse. Se rencontre dans les deux Amériques; longueur de 1 à 2 mètres. Habite les endroits secs, se nourrit de petits mammifères, d'oiseaux, de reptiles; mange aussi des cadavres de rats et de lapins.

Le **trigonocéphale** (*fig.*) a la queue pointue, sans grelots; presque aussi dangereux; même genre de vie; fait beaucoup de victimes dans les rizières. Habite les Antilles, la Martinique, où

LES SERPENTS.

Crotale ou serpent à sonnettes (long., 1ᵐ à 2ᵐ).

Trigonocéphale (longueur, 1ᵐ).

Naja (longueur, 1ᵐ).

Couleuvre à collier (longueur, 1ᵐ,50).

Python (longueur, 12ᵐ).

Boa (longueur, 5 à 10ᵐ).

il est connu sous le nom de *vipère fer.
de lance*. Ne dépasse pas beaucoup
1 mètre de longueur.

Le **sururucu**, de l'Amérique du Sud,
est le plus grand des serpents venimeux ;
sa longueur peut dépasser 2 mètres.

La **vipère ordinaire** ou *vipère aspic*
(*fig.*) répandue dans toute l'Europe, est
à peu près le seul reptile dangereux
que nous ayons en France. Dans certaines années, elle se multiplie tellement qu'il a été nécessaire de mettre sa
tête à prix. Sa morsure est seulement
mortelle une fois sur trente, et presque
uniquement pour les enfants ; elle occasionne cependant un grand nombre
d'accidents graves. Elle dépasse rarement 80 centimètres de longueur ;
queue courte, obtuse, arrondie ; la couleur générale du corps varie entre le
brun cendré et l'olivâtre, plus foncée
sur le dos que sur les flancs. Le long de
l'échine une chaîne en zigzag, noirâtre,
accompagnée, de chaque côté, d'une
rangée de taches noires symétriquement espacées ; son ventre ressemble
au bleu d'ardoise ou à l'acier bruni ; sa
tête, obtuse en avant, élargie en
arrière, dépasse la largeur du tronc ;
elle présente à son sommet deux lignes
noires en forme de V. Elle habite les
lieux boisés, montueux et pierreux,
plus rarement la plaine. Se montre
plus fréquemment au printemps qu'en
toute autre saison ; elle devient plus
rare aux grandes chaleurs, revient en
septembre et disparaît aux premiers
froids pour se retirer sous terre, sous
des tas de pierres ou dans le creux des
arbres et des rochers ; elle passe là
l'hiver dans l'engourdissement. La
vipère se reproduit au printemps ; les
œufs sont enfermés dans son corps, au
nombre de 8 à 12 ; elle ne les pond
pas ; au bout de 3 mois les œufs éclosent
et les petits sortent. La nourriture
de la vipère est composée de grenouilles
et de petits mammifères tels que mulots, souris, musaraignes ; la vipère
mange du reste rarement et supporte
le jeûne des semaines entières. La plupart des animaux redoutent la vipère ;
cependant le sanglier, le cochon, le
faucon, le héron, la cigogne l'attaquent
et en font une grande destruction. Elle
fuit ordinairement devant l'homme,
mais se défend si elle est attaquée,
ou si on marche sur elle. Alors elle se
dresse sur sa queue, siffle et s'élance
comme une flèche sur son agresseur,
qui n'a pas le temps d'éviter la morsure. La *petite vipère*, ou *péliade*, est
plus commune dans le nord de la France
que la vipère ordinaire.

Le **naja** ou **serpent à lunettes** (l'*aspic*
des anciens) (*fig.*) est remarquable par
la propriété qu'il a de gonfler considérablement son cou ; se dresse sur la
queue quand il est attaqué et se raidit
comme un bâton. Cette espèce très
redoutable (c'est l'aspic de Cléopâtre)
se rencontre en Asie et en Égypte.

La **couleuvre de Montpellier**, malgré
son nom, est venimeuse, surtout pour
les petits mammifères. Se rencontre sur
le littoral de la Méditerranée, où elle
atteint une assez grande taille.

Les **couleuvres** de France ne sont
pas venimeuses, sauf la précédente.
Elles se distinguent de la vipère par
une tête plate et plus longue, une
queue longue et terminée en pointe
et les plaques plus grandes qui recouvrent le sommet de la tête. Les principales sont les suivantes : la *couleuvre
lisse*, rousse avec des marbrures noires
formant deux séries longitudinales et
parallèles ; des points très noirs sur la
tête ; se nourrit de lézards et d'orvets,
c'est-à-dire d'animaux utiles ; fréquente
les endroits ombragés. La *couleuvre
d'Esculape* ou *surgeton*, d'un brun olivâtre, une tache noire derrière l'œil ;
elle atteint parfois 1ᵐ,60, commune
dans le Midi et dans la forêt de Fontainebleau ; se plaît dans les endroits
frais ; grimpe aux arbres ; détruit les
oiseaux et les petits rongeurs, la *couleuvre verte et jaune* se plaît dans les
lieux arides et secs ; elle atteint 1ᵐ,20 ;
d'un vert foncé, le dessus de la tête
noir avec des marques jaunes ; quatre
séries de taches brunes le long du
corps ; très commune en France ; elle
est réellement malfaisante, car elle
mange surtout des oiseaux, des lézards
et des orvets. La *couleuvre à collier*
(*fig.*) peut atteindre 1ᵐ,70 ; elle a deux
taches noires, triangulaires sur la nuque,
derrière un collier de couleur claire. Se
trouve dans les endroits humides et va
souvent à l'eau pour poursuivre les
grenouilles et les poissons. Elle dépose
souvent ses œufs sur les tas de fumier
près des habitations.

Le **python** (*fig.*) se trouve dans l'Inde
et en Afrique, dans les lieux chauds et
humides ; se tient surtout sur les arbres.
Sa taille atteint parfois 13 mètres ;
aussi est-ce un animal redoutable par
sa force. Il n'est pas venimeux. Il s'attaque aux gros mammifères : gazelles,
antilopes, sangliers..... ; il les broie
dans ses replis et les avale lentement,
sans les mâcher, d'un seul morceau.

Le **boa** (*fig.*) n'est pas aussi grand ;
il peut arriver à 7 et 8 mètres ; on le
trouve dans l'Amérique du Sud. Il n'est
pas venimeux. Se tient dans les localités les plus sèches des forêts, au
milieu des broussailles ; n'attaque jamais l'homme et ne songe même pas à
se défendre. Il avale sa proie d'un seul
coup, sans la mâcher ; aussi on le tue

très aisément pendant sa digestion qui est fort laborieuse. Se nourrit de petits mammifères, rats, agoutis ; quelquefois il mange le chevreuil.

serpolet. — Voy, **thym.**

serradelle. — Herbe de la famille des *papilionacées*, commune en France dans les lieux sablonneux et arides. Les animaux domestiques en sont très friands.

sésame. — Herbe originaire de l'Inde, qu'on cultive aujourd'hui dans un grand nombre de pays chauds (*fig.*). De sa graine on retire l'huile de sésame, comestible, et d'un goût assez

Rameau fleuri de sésame.

agréable. En Orient, on la consomme beaucoup pour la cuisine ; on s'en sert comme cosmétique. En France, on s'en sert surtout pour la fabrication du savon.

séséli. — Herbe de la famille des *ombellifères* qui croît dans les sols pierreux de tout le midi de l'Europe. Ses graines ont une odeur aromatique ; on en fait une liqueur de table, par infusion dans l'eau-de-vie. On s'en sert en médecine pour le traitement des maladies de l'estomac.

sésie. — Insecte *lépidoptère*, assez semblable à une abeille. La chenille de cet insecte creuse dans les arbres, surtout à la partie inférieure du tronc, des galeries allant jusqu'au cœur de l'arbre. Quand ces chenilles sont nombreuses, elles peuvent causer des dégâts sérieux, et rendre fort malades les arbres aux dépens desquels elles vivent.

séton. — Plaie sous-cutanée qu'on pratique à dessein en une partie du corps et dans laquelle on entretient une suppuration constante à l'aide d'une mèche en coton enduite de cérat, passée dans la plaie. Le séton s'établit ordinairement à la nuque. La médecine vétérinaire fait grand usage des sétons ; chez les chevaux on les place au poitrail.

sève. — Voy. **nutrition des végétaux.**

silex. — Le *silex* ou *pierre à fusil*, est une variété de *silice*. On le rencontre presque partout en rognons arrondis. C'est une pierre dure, terne, noirâtre, grise ou blonde. Elle fait feu très facilement au *briquet*. Avant l'invention des *capsules*, le silex était très employé comme *pierre à fusil*,

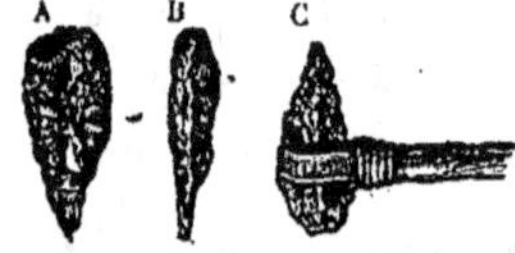

Hache en silex taillé. — A, vue de face ; B, de profil ; C, même hache emmanchée à un morceau de bois de chêne.

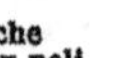

Hache en silex poli.   **Hache en bronze emmanchée.**

pour produire par le choc des étincelles capables d'enflammer la poudre. On s'en sert maintenant surtout pour l'empierrement des routes.

C'est en silex que les hommes de l'époque de la pierre, qui ne connaissaient pas encore les métaux, faisaient leurs armes et leurs instruments de travail (*fig.*).

silicates. — Voy. **silice.**

silice. — La *silice*, ou *acide silicique*, est une combinaison du *silicium* avec l'oxygène. Ce composé est très répandu dans la nature où il affecte les formes les plus variées. C'est toujours un corps solide, difficilement fusible. On trouve la silice soit seule, soit combinée avec des *bases* et formant alors des sels qu'on nomme des silicates.

Les principales formes sous lesquelles on trouve la silice seule sont le *quartz*, l'*agate*, le *jaspe*, le *silex*, le *sable*, l'*onyx*. Parmi les *silicates*, plus nombreux encore, il y a le *mica*, le *feldspath*, l'*amiante*, le *granit*, le *porphyre*, le *basalte*, les *laves volca-*

niques`, le *grenat*`, la *tourmaline*`,
l'*émeraude*`, l'*aigue-marine*`, le *saphir
d'eau*`, l'*outremer*`, le *jade*`, l'*argile*`.

Aucune substance n'est plus répandue à la surface du sol que la silice et les silicates.

silicium. — Métalloïde qui n'a aucune importance par lui-même, ni aucune application ; mais, combiné à l'oxygène, il forme l'*acide silicique*`, l'un des corps les plus abondants dans la nature.

silo. — Très ancien moyen de conserver les grains et les racines (pomme de terre, betterave), qui consiste à creuser, sur un terrain sec, une excavation profonde destinée à recevoir les produits à conserver ; puis

Silo. — Coupe d'un silo, destiné à la conservation des plantes racines.

ces produits sont recouverts de terre. La terre doit être placée de manière à assurer une bonne circulation d'air dans le silo, afin d'éviter l'échauffement, la moisissure, la viciation de l'air intérieur (*fig.*).

silure. — Genre de *poissons* sans écailles, à la bouche largement fendue, qui habitent surtout les eaux douces des pays chauds. Le *silure électrique* du Nil et du Sénégal possède un appareil électrique, grâce auquel il peut donner des commotions. Le *silure glanis* (*fig.*) habite les eaux douces

Silure glanis (longueur, 4ᵐ).

des rivières et des lacs d'Europe, dont il est un des plus grands poissons ; il pèse jusqu'à 200 kilogrammes, avec une longueur de 4 à 5 mètres. On le trouve dans le Rhin, l'Elbe, le Danube, les fleuves de Russie, les lacs de Morat et de Neufchâtel. Sa chair est médiocrement estimée.

silurien (terrain). — Voy. terrains primaires.

similor. — Alliage analogue au *laiton*, formé de 80 0/0 de cuivre avec du zinc, de l'étain et du plomb.

sinapisme. — Cataplasme renfermant de la poudre de graines de moutarde et qui a pour effet d'attirer le sang dans la partie de la peau sur laquelle il est appliqué.

Un sinapisme léger est constitué par un cataplasme de farine de graines de lin sur lequel on a répandu un peu de poudre de moutarde. On a un sinapisme plus actif en le faisant uniquement avec de la poudre de moutarde et de l'eau tiède. On a un sinapisme plus actif encore en ajoutant de la cantharide à la poudre de moutarde. Le *sinapisme de Rigollot* est composé de poudre de moutarde fixée sur une feuille de papier.

singes. — Les *singes*, ou *primates*, ou *quadrumanes*, constituent le premier ordre de la classe des mammifères. Ce sont les animaux qui se rapprochent le plus de l'homme par l'aspect extérieur du corps, par l'ensemble des organes, comme aussi par l'intelligence. Ils sont surtout caractérisés par la possession de quatre mains (*fig.*) c'est-

Main de singe.

à-dire de quatre membres dans lesquels le pouce est plus ou moins facilement opposable aux autres doigts. Les yeux sont, comme chez l'homme, au-devant de la face, et non sur les côtés, comme chez les autres mammifères. Les dents (incisives, canines, molaires) sont analogues à celles de l'homme. Chez les espèces les plus élevées, l'intelligence semble être supérieure à celle de tous les autres animaux. Les singes sont susceptibles de recevoir une réelle édu

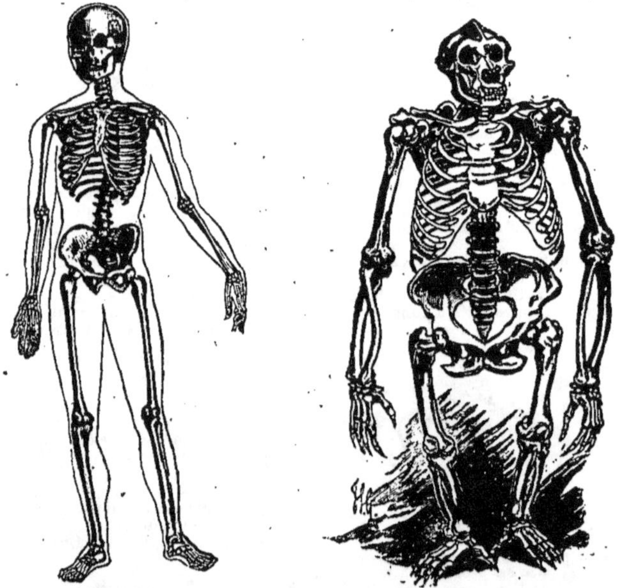

Squelette de l'homme, comparé à celui du gorille.

Gorille (taille, 1ᵐ 60).

Chimpanzé. (taille, 1ᵐ,80).

cation ; leur agilité, leur adresse, leur force musculaire est relativement considérable. Ils vivent surtout sur les arbres, se nourrissant de fruits, de bourgeons, d'insectes, d'œufs d'oiseaux. La plupart des espèces se réunissent par bandes, dans les forêts ; ils ont une véritable vie sociale. Ils se rencontrent presque exclusivement dans les régions tropicales de l'ancien et du nouveau monde. Les singes n'ont qu'un ou au plus deux petits par portée ; on croit que, chez les plus grandes espèces, la durée de la vie peut atteindre une quarantaine d'années. Ces animaux n'ont presque aucune utilité ; la chair en est peu estimée, et la fourrure grossière. Par contre, ils sont très nuisibles et occasionnent des dégâts considérables dans les forêts et dans les cultures. Les espèces de singes sont nombreuses et très différentes les unes des autres pour la taille et l'aspect général. Les plus gros, qui sont aussi les plus semblables à l'homme par les proportions générales du corps et par le développement du cerveau, ont reçu le nom de *singes anthropomorphes*, ce qui signifie : à forme d'homme. Les principales espèces sont les suivantes :

Gorille (*fig.*). — Le plus grand, le plus fort de tous les singes ; celui dont les formes sont les plus parfaites. Sa taille égale celle de l'homme, mais il a la tête plus grosse, les épaules plus larges, les bras plus longs et plus gros, les jambes plus courtes. Il n'a ni queue ni callosités ; son corps est couvert d'un poil long et noir, sauf au visage, à la partie interne des mains et en une région de la poitrine. Il habite les forêts qui couvrent les deux rives du Gabon ; il vit de fruits, de feuilles, d'œufs d'oiseaux et même de jeunes oiseaux. Ses mœurs sont encore assez peu connues ; il ne vit pas en troupe, est très féroce et capable de se défendre contre les plus terribles adversaires. Les chasseurs le redoutent beaucoup. Il vit ordinairement à terre, et ne monte sur les arbres que pour y chercher sa nourriture. Il marche presque toujours à quatre pattes. Jamais aucun gorille, même pris jeune, n'a pu être longtemps conservé en captivité, ni réellement domestiqué.

Chimpanzé (*fig.*). — Moins grand, moins fort que le gorille ; il ne dépasse guère 1m,50. Ses bras sont plus grêles et moins longs. Il n'a non plus ni queue ni callosités ; ses poils sont noirs, longs et grossiers. Habite les côtes de Guinée dans les grandes forêts. Il est plus doux et plus intelligent que le gorille et vit en grandes bandes. Sa nourriture est exclusivement végétale. Il se tient fréquemment dans la position verticale, mais ne peut marcher longtemps et courir qu'à quatre pattes. Les chimpanzés ont été souvent réduits en domesticité dans leur patrie ; ils sont alors doux, dociles et susceptibles de rendre quelques services. Mais le climat de la France les fait rapidement périr de phtisie.

Orang-outang (*fig.*). — Atteint 1m,35. Il a les bras extrêmement longs. Les poils, de couleur foncée, sont rares sur le dos et sur la poitrine, mais longs sur les bras et les jambes ; sur la face ils forment une barbe assez fournie.

Orang-outang (taille, 1m,35).

Ne se rencontre guère que dans l'île de Bornéo et très rarement à Sumatra, habitant les grandes forêts. Il ne forme jamais de bandes bien nombreuses. Il monte très habilement aux arbres, ne marche presque jamais qu'à quatre pattes et se nourrit de végétaux, comme tous les autres singes. Les orangs possèdent une grande force, mais ils sont paisibles. Beaucoup ont été réduits en domesticité ; ils montrent une grande douceur et sont très dociles.

Ces trois grandes espèces, qui constituent les singes anthropomorphes, sont caractérisées par l'absence de queue, de callosités et d'abajoues.

Gibbons (*fig.*). — Des diverses espèces de gibbons, aucune ne dépasse la taille de trois pieds. Plus que chez tous les autres singes, les bras sont longs, et les jambes relativement courtes. Les gibbons ont une tête petite, présentant une grande ressemblance avec celle de l'homme ; le poil est épais,

Gibbon (taille, 1ᵐ).

soyeux, de couleur foncée. La queue est encore absente ; la partie postérieure du corps porte des callosités peu développées. On trouve ces espèces dans l'Inde, la Cochinchine, la Malaisie, les îles Philippines et les Moluques. Ils sont doux en captivité.

Semnopithèques (*fig.*). — Ils sont un peu moins grands que les gibbons,

Semnopithèque (taille, 0ᵐ,80).

possèdent de petites callosités et une queue dont la longueur dépasse parfois celle du corps. Leur régime est frugivore et même herbivore. La distribution géographique est la même que celle des gibbons. Les formes sont grêles, le pelage assez souple et de couleur moins sombre.

Quelques espèces sont en grande vénération chez les Hindous.

Colobes (*fig.*). — Ils habitent l'Afrique, et sont analogues aux précédents. Queue longue, petites callosités, poils

Colobe (taille, 0ᵐ,70).

soyeux et de couleurs relativement vives. Ne supportent pas la captivité, et ne sont jamais arrivés vivants en Europe.

Cercopithèques (*fig.*). — Les cercopithèques ou guenons habitent les régions équatoriales de l'Afrique. Ils ont des formes légères et gracieuses, une longue queue, des callosités très développées. Ils ont également des abajoues : on nomme ainsi des cavités situées dans chaque joue, formées

Cercopithèque (taille, 0ᵐ,70).

d'une peau très extensible, dans lesquelles les singes entassent les aliments qu'ils n'ont pas le loisir de manger. Les cercopithèques vivent en grandes bandes, se nourrissant de tous les végétaux qu'ils rencontrent

Ils sont gais, vifs, actifs, très sociables et faciles à domestiquer. Leur taille est peu élevée. Craignant peu le voisinage de l'homme, ils produisent de grands dégâts dans les cultures.

Macaques (*fig.*). — Ils sont plus petits encore que les précédents ; chez certaines espèces, la taille est inférieure à un pied. Très trapus, à bras relativement courts, pourvus de callosités et d'abajoues. La queue, suivant les espèces, est tantôt longue, tantôt

Macaque (0m,30).

courte. On les trouve en Asie, en Afrique et même dans le midi de l'Europe. Ils vivent parfaitement, et se reproduisent en captivité. Le *magot*, qui est une des espèces de macaques, se trouve dans les rochers de Gibraltar.

Cynocéphales (*fig.*). — Ces singes doivent leur nom, qui signifie tête de chien, à la ressemblance qu'ils offrent avec cet animal. Ils sont relativement

Cynocéphale (taille, 1m).

grands, leur taille dépassant ordinairement 1 mètre. Ils sont trapus, forts, agiles, de mœurs farouches. Leurs poils sont longs, de couleur grise, formant autour du cou une épaisse crinière. Les abajoues sont assez développées ; les callosités qui entourent la queue sont d'un aspect repoussant par leur grandeur et leur

vive coloration. Ils habitent l'Afrique et les régions de l'Asie les plus voisines de l'Afrique. Peu habiles à grimper aux arbres, on les rencontre surtout dans les rochers des hautes montagnes. Commettent de grands dégâts dans les plantations. Malgré leur naturel féroce, ils sont, au moins dans leur pays, facilement réduits à l'état de domesticité. Le *babouin*, en particulier, se rencontre souvent en Europe. Le *mandrille*, au contraire, demeure toujours sauvage ; avec sa taille, qui atteint 1m,50 en station verticale, son pelage noir et hérissé, ses membres trapus, son naturel violent, c'est un animal redoutable.

Les espèces de singes qu'il nous reste à indiquer habitent le nouveau continent. Nous les trouvons de taille et de force moins grandes, d'intelligence moins développée. On les rencontre seulement dans les régions plus chaudes de l'Amérique méridionale. Ils séjournent surtout dans les forêts vierges, se nourrissant de préférence d'insectes, d'œufs d'oiseaux, d'oiseaux, et moins souvent de substances végétales ; ils restent presque constamment sur les arbres. Ils se distinguent encore par des narines larges, séparées par une forte cloison, et s'ouvrant sur les côtés du nez. Enfin, ils ont souvent une queue *prenante*, formant comme un cinquième membre, plus important encore que les autres pour la locomotion sur les arbres. Les singes de l'Amérique ne présentent ni callosités ni abajoues. En captivité, ils sont souvent très familiers et très gentils, et peuvent être dressés à rendre des services. Leur chair est uu des principaux aliments des indigènes de l'Amérique ; leur peau donne une fourrure assez belle et un cuir assez solide. Les principales espèces sont les suivantes :

Hurleurs (*fig.*). — Ils ont à peu près 55 centimètres de hauteur, une

Hurleur (taille, 0m,55).

queue très longue et prenante, un larynx très développé, qui donne à leur voix une puissance considérable.

Se rencontrent dans presque toutes les régions tropicales de l'Amérique du Sud. Mangeant à peu près tout ce qu'il rencontre dans les forêts, le singe hurleur ne dévaste pas les plantations ; n'a guère été domestiqué.

Atèles. — Beaucoup moins trapus : membres longs et grêles. Atteignent jusqu'à 65 centimètrès de longueur, avec une queuè très longue. La chair en est relativement délicate et la fourrure assez estimée.

Ouistitis ((*fig.*). — Ce sont presque les plus petits des singes : leur longueur ne dépasse pas 25 centimètres, avec une queue plus longue que le corps. Remarquables par cette queue, longue et touf-

Ouistiti (taille, 0ᵐ,25).

fue, et des oreilles garnies de pinceaux de poils. Ne se trouvent qu'au Brésil. Vivent par bandes nombreuses, habitant continuellèment sur les arbres, comme les écureuils. Se conservent aisément en captivité ; mais le climat de la France leur est rapidement mortel.

Sapajous (*fig.*). — Leur corps a une forme assez régulière ; leur queue n'est plus prenante. On les rencontre surtout au Brésil. En domesticité, ils se montrent vifs, intelligents et dociles.

Sapajou (taille, 0ᵐ,40).

Ils sont toujours petits ; chez les plus grandes espèces, la taille est inférieure à 45 centimètres. Vivent en bandes nombreuses, dans les forêts.

Sagouins (*fig.*). — Corps élancé, membres grêles, taille petite, souvent

inférieure à 1 pied. Très sociables.

Sagouin (taille, 0ᵐ,30).

Leur chair est délicate à manger.

Sakis (*fig.*). — Les sakis, ou singes à queue de renard, ont un corps trapu, un pelage très long. Longueur com-

Sakis (taille, 0ᵐ,45)

prise entre 40 et 50 centimètres. Chair estimée.

Nyctipithèques. — Présentent beaucoup d'analogie avec les sagouins. Taille de 1 pied, avec une queue plus longue que le corps.

Tamarins (*fig.*). — Ils sont analogues aux ouistitis ; leur taille est encore moindre ; ce sont les plus petits

Tamarin (taille, 0ᵐ,20).

des singes. Habitent la Guyane et le Brésil. Vivent par troupes, dans les bois ; se nourrissent surtout d'insectes.

Lémuriens. — Voy. ce mot.

siphon. — Le *siphon* (*fig.*) est destiné à transvaser les liquides, sans agitation, par-dessus les bords des vases. Il est tout simplement formé d'un tube recourbé, à branches inégales. Quand on remplit ce tube avec un liquide, et qu'on plonge sa petite branche dans un vase contenant le même liquide, il s'établit aussitôt un écoulement de la petite branche vers la grande, écoulement qui dure tant qu'il reste du liquide dans le vase. Le fonctionnement du siphon se produit sous la double action de la pression atmosphérique et du poids du liquide. Ce fonctionnement s'arrête si, par suite de la variation du niveau du

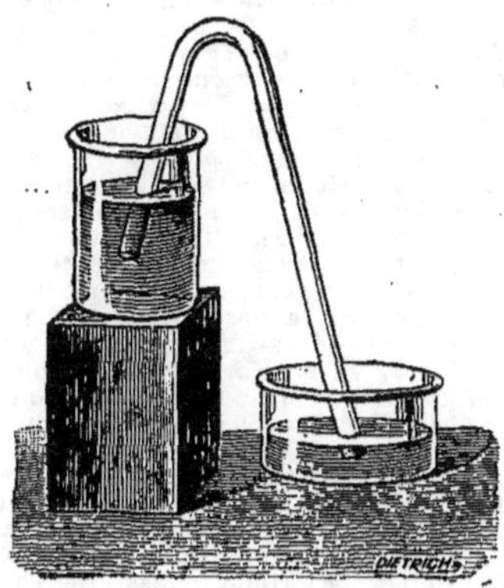

Siphon.

liquide, les deux branches arrivent à être égales. Une autre condition nécessaire, c'est que le siphon n'ait pas des dimensions trop considérables; la petite branche doit être inférieure à la hauteur à laquelle la pression atmosphérique ferait monter le liquide dans un tube de Torricelli (voy. **baromètre**), c'est-à-dire à 10^m,33 s'il s'agit d'eau, et à 0^m,76 s'il s'agit de mercure.

Le siphon est fort employé dans les arts, dans les travaux hydrauliques, lorsqu'il s'agit de détourner le cours des rivières ou de vider des étangs sans endommager les digues. A quelque usage qu'on destine le siphon, il faut pouvoir, pour le faire fonctionner, le remplir d'abord de liquide, c'est-à-dire l'*amorcer*. Les dispositions employées pour amorcer le siphon varient avec les dimensions de l'appareil et l'usage auquel il est destiné.

sirènes. — Les *sirènes*, ou *vaches de mer*, sont des animaux intermédiaires entre les phoques et les baleines. Les animaux de ce groupe n'ont pas de membres postérieurs, et leurs membres antérieurs ne sont que des nageoires; ils ont deux mamelles pectorales situées entre les nageoires. On utilise leur chair, leur graisse, leur peau et leurs dents.

Parmi les sirènes on remarque :

Le **dugong**, long de 3 à 5 mètres ; il se nourrit de plantes marines. On le trouve dans l'océan Indien. C'est un animal massif, maladroit et stupide.

Le **lamantin**, long de 3 à 5 mètres ; il habite dans l'océan Atlantique, sur

Lamantin austral (longueur, 4^m).

les côtes de l'Amérique. C'est aussi un herbivore (*fig.*).

Ce sont sans doute ces animaux qui ont donné, malgré leurs formes massives et leur stupidité, naissance à la fable antique des sirènes, de là le nom qui a été donné à leur groupe par les naturalistes.

sirex. — Insecte *hyménoptère* aux ailes transparentes, au corps d'un bleu d'acier; la femelle a 27 millimètres de longueur; le mâle, plus petit, a aussi une coloration différente. La femelle est armée d'une tarière avec laquelle elle perce un trou dans les troncs des arbres, pour y déposer ses œufs.

Sirex (longueur, 0^m,027).

Les larves, une fois écloses, creusent de longues galeries pendant deux ans, avant de sortir à l'état d'insectes parfaits. Les dégâts de ces larves sont rarement mortels pour les arbres, mais ils diminuent la valeur marchande du bois. Les pins, sapins, épicéas, sont surtout attaqués.

sodium. — Métal mou comme la cire, d'un blanc d'argent, plus léger que l'eau, fusible à 96°. Comme le *potassium* ', avec lequel il a les plus grandes analogies, il s'oxyde si facilement qu'on doit le conserver à l'abri de l'air, dans du pétrole. On ne peut pas le conserver dans l'eau, car il s'enflamme immédiatement au seul contact de ce liquide, qu'il décompose pour lui enlever son oxygène. Sa préparation est assez complexe ; elle revient, en somme, à chauffer fortement un mélange de carbonate de soude et de houille. Cette préparation a une assez grande importance industrielle, parce que le sodium intervient dans l'extraction de deux métaux usuels, l'*aluminium* et le *magnésium*. Parmi les composés qui renferment du sodium, il en est quelques-uns qui ont une grande importance. Tels sont les suivants :

La *soude* caustique ou *oxyde de sodium*, combinaison de sodium et d'oxygène (voy. **soude**).

Le *chlorure de sodium* (voy. **sel marin**).

L'*azotate de soude* (combinaison d'acide azotique et de soude) est un sel déliquescent dans l'air humide, qui existe en bancs épais presque à la surface du sol dans certaines contrées du Pérou ; c'est de là qu'on retire tout ce qu'en utilise l'industrie. Il est surtout employé à la préparation de l'*acide azotique* et du salpêtre. Mêlé aux fumiers, il en augmente les propriétés fertilisantes.

Le *carbonate de soude* (voy. **soude**).

Le *sulfate de soude* (combinaison d'acide sulfurique et de soude) est un sel incolore qui se retire du sein de la terre, des eaux de la mer ; on le prépare aussi au moyen du sel marin. Il est employé à la préparation du carbonate de soude et de certains verres.

Le *chlorure de soude* (voy. **chlorures décolorants et désinfectants**).

Le *borate de soude* (voy. **bore**).

Le *bicarbonate de soude* est, comme le carbonate de soude, une combinaison d'acide carbonique et de soude, mais qui contient deux fois plus d'acide carbonique que le carbonate. C'est un sel solide, incolore, qu'on prépare en combinant du carbonate de soude avec de l'acide carbonique. Il existe à l'état naturel dans plusieurs eaux minérales (Carlsbad, Vichy), qui lui doivent une partie de leurs propriétés curatives. Il est la base des pastilles de Vichy, destinées à faciliter la digestion. Il entre dans un grand nombre de médicaments. On en consomme d'assez grandes quantités pour la préparation de l'eau de seltz.

soie. — La plus fine et la plus résistante de nos matières textiles. Elle est produite directement à l'état de fil extrêmement ténu, et de grande longueur, par les larves de plusieurs insectes du genre *bombyx*, dans le but de construire un cocon destiné à les abriter pendant leur vie à l'état de nymphe. Le *bombyx du mûrier* ', ou *ver à soie* ', produit la plus grande partie de la soie ; d'autres bombyx, vivant sur le ricin, sur le chêne, ont moins d'importance et ne sont pas acclimatés en Europe.

Pour le dévidage des cocons, voyez **ver à soie**.

Les principales étoffes de soie portent les noms suivants : *taffetas, gros de Naples et de Tours, serge, faille, satin, étoffes façonnées (droguet, reps, damas, péquin...), velours, peluche, gaze, crêpe*, et de nombreuses *étoffes mixtes*, soie et coton, soie et laine.

Les étoffes de soie sont remarquables par leur douceur, leur souplesse, leur éclat, la facilité avec laquelle elles se teignent en toutes nuances.

Les Chinois connaissaient la soie et savaient la tisser plus de 2,500 ans avant Jésus-Christ ; cette industrie n'arriva en Europe qu'au commencement de l'ère chrétienne. Aujourd'hui l'industrie de la soie est répandue dans le monde entier et ses produits se sont abaissés à un prix relativement très faible. La production annuelle de la soie dans le monde entier peut être évaluée approximativement à 40 millions de kilogrammes, représentant une valeur de presque un milliard et demi.

En France, nous produisons peu de soie, mais, avec le produit importé d'Italie, d'Espagne, de Turquie, de Syrie, de Perse, de Chine, nous fabriquons les plus belles étoffes. Pour cette industrie, nous tenons de beaucoup le premier rang ; Lyon est le plus grand centre d'industrie de la soie du monde entier ; plus de 50,000 ouvriers y sont employés.

solanées. — Plantes *dicotylédones* ' *gamopétales* à feuilles alternes, simples, sans stipules ; fleurs régulières dont les pièces sont disposées par cinq ; pistil dont l'ovaire présente deux loges qui contiennent un grand nombre d'ovules ; fruit constituant une baie ou une capsule.

Au premier abord, les solanées semblent présenter une exception à la correspondance de structure et de propriétés qui est le principal caractère des familles naturelles bien définies. En effet, elles renferment, d'une part, la belladone, la jusquiame, etc., qui sont vénéneuses à un haut degré, et, de l'autre, la pomme de terre (*fig.*), la tomate, etc., qui s'emploient comme aliments. Mais cette anomalie disparaît devant un court examen : les feuilles et les baies de la pomme de

Solanées (exemple : pomme de terre).

terre sont narcotiques, on ne peut manger que ses tubercules. En fait les feuilles de toutes les solanées sont narcotiques, mais à différents degrés.

soldanelle. — Petite plante de montagnes, qu'on rencontre à une assez grande hauteur dans les Alpes et les Pyrénées ; on en cultive plusieurs espèces comme plantes d'ornement.

sole. — Voy. poissons plats.

soleil. — Le *soleil* est le centre de notre système planétaire. C'est une des *étoiles* qui, au nombre de plus de 40 millions, constituent la *nébuleuse* connue sous le nom de *voie lactée*. Autour du soleil tournent les *planètes*; la *terre* est l'une d'elles.

Des mesures astronomiques ont permis de déterminer quelle est la grosseur du soleil et la distance qui le sépare de la terre (*fig.*); les nombres qui

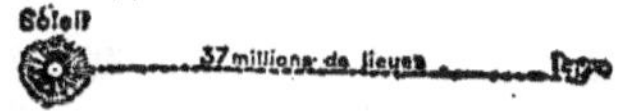

Translation de la terre autour du soleil.

expriment ces quantités sont tellement grands que, si on les exprimait en mètres ou en kilomètres, ils ne diraient

rien à l'esprit ; on les mesure en prenant pour unité le rayon de la terre.

La distance du soleil à la terre est à peu près 25,000 fois plus grande que le rayon de la terre ; un train de chemin de fer, allant à la vitesse de 50 kilomètres à l'heure, mettrait trois siècles et demi pour franchir une pareille distance ; la lumière, qui fait 300 000 kilomètres par seconde, met 8 minutes pour venir du soleil jusqu'à nous.

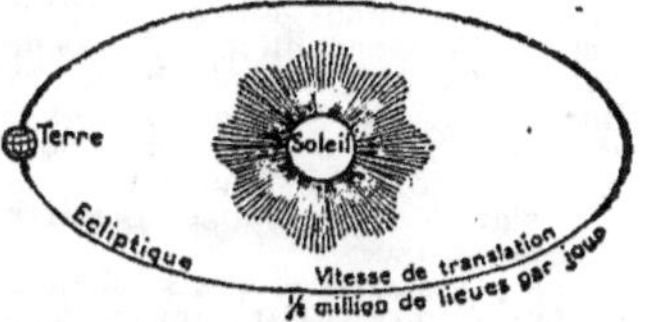

Translation des planètes et des comètes autour du Soleil.

Le rayon du soleil est à peu près 112 fois plus grand que celui de la terre ; il en résulte que la surface du soleil est 12 544 fois celle de la terre, et que son volume est 1 404 928 fois le volume de la terre. Si le centre du soleil coïncidait avec le centre de la terre, la surface du soleil serait encore deux fois plus loin de nous que n'est la lune. Le rapport des grosseurs entre la terre et le soleil est le même qui existe entre un grain de blé et un tas de blé d'un sac et demi. C'est l'attraction de cette masse solaire énorme (voy. **gravitation universelle**) qui détermine le mouvement de la terre et des planètes. A la surface du soleil la pesanteur serait 28 fois plus grande qu'à la surface de la terre.

Quand on examine le soleil avec une lunette munie d'un verre noir, on voit que sa surface est parsemée de *taches* plus ou moins nombreuses, mais uniquement dans une large zone équatoriale. Ces taches sont mobiles ; on les voit s'avancer peu à peu d'occident en orient; disparaître d'un côté pour reparaître de l'autre côté quelques jours plus tard ; il en faut conclure que le soleil tourne sur lui-même, d'occident en orient. La durée de sa rotation est un peu supérieure à 25 jours. Les taches du soleil d'ailleurs ne sont pas permanentes, elles changent de forme; elles ont parfois des dimensions énormes.

On s'est demandé bien souvent à quel état est le soleil, et qu'est-ce qui entretient sa chaleur. La science actuelle permet de répondre à peu près exactement à ces questions.

Le soleil est sans doute constitué

par une masse énorme de matière à une température extrêmement élevée ; cette masse centrale, de laquelle principalement proviennent la chaleur et la lumière du soleil, est entourée d'une couche épaisse de vapeurs incandescentes, presque aussi chaudes, mais beaucoup moins lumineuses. Cette couche de vapeurs porte le nom de *photosphère*, et elle est constituée à peu près des mêmes substances que celles qui forment la terre. D'ailleurs, toute la masse solaire n'est pas immobile. Dans certaines circonstances, et en particulier pendant les éclipses de soleil, on voit partir de la masse solaire des gerbes de flammes qui s'élèvent à une hauteur qui peut atteindre 30 000 lieues, et qui indiquent une activité très grande : on nomme ces gerbes des *protubérances*.

On ne peut admettre que la chaleur du soleil soit le résultat d'une combustion analogue à celle de la houille dans nos foyers. S'il en était ainsi, le soleil serait bientôt entièrement brûlé, ne laissant plus que des cendres. On admet que, plus probablement, la masse solaire se contracte de plus en plus autour du centre, et que cette contraction produit de la chaleur, comme en produit la compression rapide d'un gaz. Si telle est la cause de la chaleur produite, le soleil doit chaque jour diminuer de grosseur mais on a calculé que cette diminution ne saurait être sensible qu'après un grand nombre de siècles. Quand cette contraction ne pourra plus se produire, le soleil deviendra, comme la terre, un astre mort, sans lumière ni chaleur propres ; mais cela n'arrivera pas, sans doute, avant plusieurs milliers de siècles.

On a pu mesurer approximativement la quantité de chaleur que le soleil envoie sur la terre. Cette quantité de chaleur serait capable de fondre en un an une couche de glace de trente mètres d'épaisseur, recouvrant toute la surface de notre globe. Et ce n'est là qu'une très faible portion de la chaleur totale du soleil ; car il y aurait place autour du soleil, à la distance où nous sommes de lui, pour deux milliards de sphères égales à la nôtre. La chaleur du soleil empêche notre globe de se refroidir progressivement par rayonnement dans l'espace. De plus, elle est la cause de tout mouvement et de toute vie à la surface de la terre. Les vents, les courants marins, les eaux qui descendent le long des pentes sous forme de torrents ou de rivières, constituent des mouvements qui ont leur origine dans la chaleur solaire ; en les utilisant comme forces motrices, nous ne faisons pas autre chose que d'utiliser la chaleur du soleil. C'est aussi sous l'action du soleil que croissent les végétaux ; la plante n'est pas autre chose qu'un réservoir de chaleur solaire. Lorsque nous brûlons un morceau de bois ou de charbon, nous ne faisons qu'user une provision de chaleur que le soleil nous avait préparée de longue date. La chaleur que le soleil envoyait sur la terre il y a des milliers et des milliers d'années se dégage aujourd'hui de la houille par combustion et fait marcher nos usines et nos chemins de fer. Les mouvements des animaux ont la même origine, car ils sont dus à la chaleur de combustion des aliments végétaux qu'a fait pousser le soleil.

soleil. — En botanique, grande plante herbacée de la famille des *composées*, cultivée dans tous les jardins de l'Europe comme ornementale (*fig.*). On cultive en grand le soleil en Russie

Soleil (hauteur, 2ᵐ).

pour retirer de ses graines une huile d'assez bonne qualité. Cette huile est comestible ; elle sert en outre dans la fabrication des savons et aussi dans la préparation des couleurs, car elle est siccative.

solidification. — Un liquide que l'on refroidit devient solide : c'est la *solidification*. La solidification se fait d'après les lois suivantes :

1° *Un liquide commence toujours à se solidifier à une température fixe, qui est précisément la même que la température de fusion du même corps à l'état solide* (voy. **fusion**).

2° *La température d'un liquide qui se solidifie demeure invariable pen-*

*dant toute la durée de la solidifica-
tion.* — Puisque, pendant la solidification, la température des corps cesse de s'abaisser, c'est que le fait de la solidification dégage de la chaleur, comme le fait inverse de la fusion en avait absorbé.

Il y a des liquides très difficilement solidifiables ; ainsi l'alcool se solidifie seulement à 130° au-dessous de zéro.

En général, un liquide qui se solidifie diminue de volume, c'est-à-dire que le solide formé a une densité supérieure à celle du liquide. L'eau fait exception ; en se solidifiant, elle augmente de volume, ce qui détermine souvent la rupture des vases dans lesquels elle est renfermée (voy. aussi **surfusion, cristallisation**).

solstice. — Voy. **saisons**.

sommeil. — Suspension de l'activité cérébrale, accompagnée du repos des sens et des muscles ; pendant le sommeil, les organes de nutrition (organes dépendant de la circulation, de la respiration et de la digestion) continuent seuls à fonctionner. Ce repos périodique est indispensable, et nul ne peut se passer de sommeil sans qu'il en résulte de graves désordres. La durée du *sommeil* doit être de six à sept heures par jour pour l'homme adulte, de huit heures pour la femme, de huit heures pour l'adolescent, de dix heures pour l'enfant de huit à douze ans. L'enfant très jeune doit dormir plus longtemps.

La régularité dans le sommeil est aussi indispensable que dans les repas ; à l'âge adulte, le coucher doit avoir lieu au moins deux heures après le dernier repas ; une bonne hygiène commande de rester au lit de 11 heures du soir à 6 heures du matin (voy. **rêves, insomnie**).

somnambulisme. — État de sommeil pendant lequel le dormeur exécute certains actes aussi bien, et parfois mieux, que s'il était éveillé. Le *somnambule* marche dans l'obscurité presque complète en évitant les obstacles, il se promène sur les toits sans aucune crainte de tomber, il récite des vers, peut résoudre un problème dont la solution lui avait échappé la veille. Ces actes accomplis, il n'en conserve aucun souvenir.

Le somnambulisme est causé par une excitation générale du système nerveux ; la folie, l'épilepsie, y prédisposent. Les enfants et les femmes y sont surtout sujets. Tout ce qui calme les nerfs, et en particulier l'hydrothérapie, peut être employé contre le somnambulisme (voy. **hypnotisme**).

son. — Le *son* est la sensation particulière que nous donne l'organe de l'ouïe. Cette sensation est produite par un mouvement vibratoire qui provient du corps sonore, et qui est transmis jusqu'à notre oreille par l'intermédiaire des corps élastiques interposés entre le corps sonore et l'oreille.

L'expérience montré, en effet, que tout corps sonore possède un mouvement vibratoire sensible (corde de violon, timbre...) ; dès qu'on arrête ce mouvement vibratoire, par exemple en posant la main sur le corps sonore, le son cesse aussitôt (*fig.*). D'autre part,

Une verge métallique qui rend un son est en *vibration.*

ce mouvement vibratoire ne peut arriver à notre oreille que s'il y a, entre celle-ci et le corps vibrant, un milieu capable de vibrer lui-même (air, eau, poutre de bois). Le son ne se transmet pas dans le vide (*fig.*) ; il est faible au sommet d'une montagne, où l'air est raréfié.

La vitesse avec laquelle le son se transmet dans l'air est de 340 mètres par seconde ; c'est beaucoup moins que la vitesse d'un boulet de canon. Quand il fait froid, cette vitesse est un peu moindre ; quand il fait chaud, elle est un peu plus grande. Dans l'eau, la

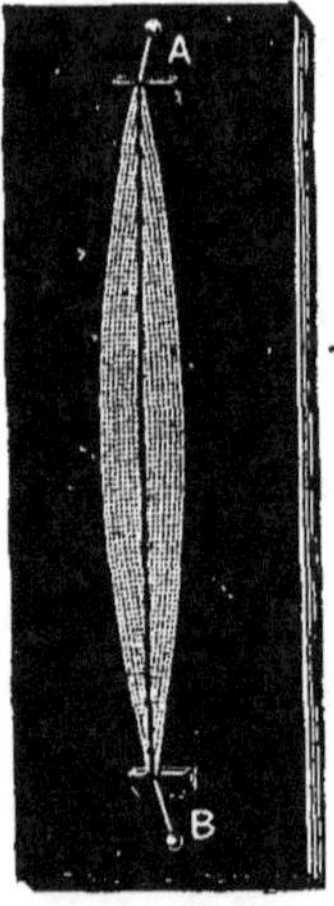

Une corde AB qui rend un son est en vibration.

vitesse de transmission du son est 1 435 mètres par seconde ; elle est encore plus grande dans les solides.

Le son ne se transmet pas dans le vide. — On n'entend pas le son de la cloche placée dans le vide.

A mesure que l'on s'éloigne du corps sonore, le son s'affaiblit, parce que les vibrations qui se transmettent dans l'air s'écartent de plus en plus les unes des autres, à mesure qu'elles s'éloignent de leur point de départ. Pour empêcher que le son ne s'affaiblisse en se propageant au loin, il faut faire

Une caisse de renforcement, comme celle du violon, augmente l'intensité du son produit par une corde.

en sorte qu'il se propage dans une direction unique, de manière à n'ébranler qu'une colonne d'air cylindrique. Chacun a remarqué avec quelle facilité le son se propage d'un bout à l'autre d'un tuyau long de plusieurs centaines de mètres. Les *tubes acoustiques* (*fig.*) en usage dans un

Cornet acoustique.   Porte-voix.

grand nombre de maisons sont fondés sur ce principe. Les *porte-voix* (*fig.*) dont se servent les marins pour converser d'un navire à l'autre ont pour effet de déterminer la propagation du son dans une direction unique. Les *cornets acoustiques* (*fig.*), sortes d'entonnoirs dont l'extrémité effilée se place dans l'oreille, recueillent les vibrations qui arrivent sur toute l'étendue du pavillon et les font converger vers l'oreille. Ils augmentent l'intensité du son perçu. Les sourds s'en servent fréquemment.

Tuyau acoustique.

Diapason donnant le *la*.

Qualités du son. — Les sons se distinguent les uns des autres par trois qualités : l'*intensité*, la *hauteur* et le *timbre*.

L'*intensité* est cette qualité qui permet au son d'impressionner plus ou moins fortement l'oreille ou d'être perçu jusqu'à une distance plus ou moins grande. L'intensité du son est d'autant plus grande que les vibrations du corps sonore ont plus d'amplitude ; elle est encore augmentée si la vibration se produit dans le voisinage de corps élastiques qui puissent s'y associer. De là l'usage des *caisses de renforcement* (boîte du violon, par exemple), sur lesquelles sont presque toujours tendues les cordes des instruments de musique.

La *hauteur* d'un son ne peut pas être définie, pas plus qu'aucune sensation. C'est de cette qualité que dépend la sensation de gravité ou d'acuité, qui différencie les notes de la gamme les unes des autres. La hauteur du son dépend du nombre de vibrations que le corps sonore exécute en une seconde. Plus ce nombre est considérable, plus grande est la hauteur du son. En France, toutes les notes de musique se règlent sur l'une d'elles, le *la* du diapason, qui a 870 vibrations par seconde (*fig.*).

Le *timbre* est la qualité qui permet de distinguer l'un de l'autre les sons

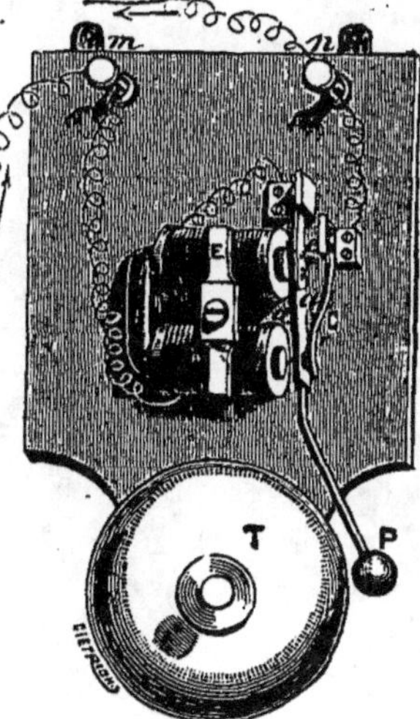

Sonnerie électrique. — Quand le courant de la pile, arrivant par les fils *m n*, traverse l'électro-aimant *E*, la lame de fer doux *a* oscille, et le marteau P frappe à coups précipités le timbre T.

émis par deux instruments différents, même lorsqu'ils ont la même intensité et la même hauteur. Quand on tire successivement la même note, avec la même intensité, d'un violon, d'un piano et d'un cornet à pistons, les sons obtenus se distinguent les uns des autres : ils n'ont pas le même timbre. Les différences de timbre d'un instrument à l'autre sont dues à la cause suivante : Un corps vibrant ne produit jamais un son unique. En même temps que le son principal, qui donne l'impression de hauteur, résonnent des sons supplémentaires, beaucoup plus faibles, dont on n'a pas distinctement conscience, qui forment au son principal comme une sorte d'accompagnement. La sensation de timbre dépend de cet accompagnement, variable d'un instrument à l'autre.

son. — Le *son*, ou *recoupe*, est l'écorce des graines de céréales, dont on a débarrassé la farine par le tamisage. Aussi bien fait que soit ce tamisage, le son retient toujours une certaine quantité de farine, qui en fait une nourriture excellent pour les animaux domestiques. On se sert aussi du son pulvérisé, sous le nom de *fleurage*, pour recouvrir la pâte du pain avant la cuisson, afin de l'empêcher d'adhérer aux pelles à enfourner.

sonnerie électrique. — La plus simple des sonneries électriques est celle usitée dans les appartements et dans les bureaux télégraphiques. La figure montre sa disposition. En face d'un *électro-aimant* est un morceau de fer doux mobile autour de son point inférieur ; ce morceau de fer est appuyé sur un ressort. Quand on presse sur un bouton pour envoyer le courant d'une pile dans la sonnerie, le courant arrive dans le ressort, va de là dans le morceau de fer, puis dans l'électro-aimant, et revient à la pile. Aussitôt l'électro-aimant attire le morceau .de fer, qui cesse de toucher le ressort, et le courant ne passe plus ; l'électro-aimant cesse donc d'être aimanté ; le morceau de fer n'est plus attiré et retombe sur le ressort. Alors le courant passe de nouveau et produit une nouvelle attraction. On a ainsi des oscillations rapides du morceau de fer ; et, à chaque oscillation, le marteau qu'il porte à son extrémité supérieure vient frapper sur un timbre.

sophora. — Plante de la famille des *papilionacées.* C'est un arbre de grande taille, produisant de belles fleurs, peu odorantes, cultivé pour l'ornementation des parcs. Les fleurs, séchées, fournissent une matière colorante employée en Chine et au Japon.

sorbier. — Voy. cormier.

sorgho. — Grand roseau de la famille des *graminées ;* plusieurs

Sorgho sucre (hauteur, 2m,50).

espèces annuelles peuvent être cultivées comme fourrage, de la même manière que le maïs (*fig.*). On cultive en Amérique, aux Etats-Unis, des variétés très productives, et dont le suc est aussi sucré que celui de la canne ; il est à croire que la préparation du sucre à l'aide du sorgho est appelée à prendre dans ces pays une grande extension ; il est même à craindre qu'il n'arrive à menacer un jour notre industrie de la fabrication du sucre de betterave.

souchet. — Genre de plantes *monocotylédones*, d'une famille voisine de celle des graminées. Plusieurs espèces de cette famille sont utilisées. Le **souchet comestible** est cultivé dans le midi de l'Europe ; il possède une tige souterraine qui produit de petits tubercules, de la grosseur d'une amande, qui sont comestibles ; de ces tubercules on peut retirer de l'huile. Le **souchet long** et le **souchet rond**, ainsi nommés de la forme des tubercules de leur tige souterraine, croissent dans la région méditerranéenne ; ils sont utilisés en médecine. En Chine, on fabrique une grande quantité de nattes, de chapeaux, de paniers, avec les tiges d'une espèce de souchet ; ces chapeaux sont exportés en grande quantité dans l'Amérique du Sud. Plusieurs souchets sont cultivés dans les jardins pour orner les pièces d'eau.

Mais l'espèce la plus importante, au point de vue historique, est le **souchet papyrus** (*fig.*), plante aquatique qui

Papyrus.

croît en abondance dans les marais des pays chauds, et particulièrement d'Égypte, d'Abyssinie, de Syrie. Le souchet papyrus n'est plus aujourd'hui cultivé que comme plante d'ornement, à cause de la beauté de sa tige, de la légèreté de ses fleurs. Autrefois on en faisait le papier dit *papyrus*; on se servait pour cela des tiges, qu'on découpait en rubans très minces, aussi larges que possible; cette fabrication était d'ailleurs assez difficile. C'est encore avec les tiges de diverses plantes voisines des souchets que l'on fait aujourd'hui le *papier de Chine*.

souci. — Herbe de la famille des *composées* très commune dans les champs et les vignes; ses fleurs jaunes se montrent pendant la plus grande

Souci.

partie de l'année (*fig.*). On considère le souci comme une mauvaise herbe; les bœufs en sont friands. On se sert parfois du suc des fleurs pour colorer le beurre.

soude. — La *soude caustique* ou *oxyde de sodium*, est une combinaison de sodium et d'oxygène. C'est un solide blanc, opaque, extrêmement soluble dans l'eau, déliquescent à l'air. A l'état solide, comme à l'état de dissolution, c'est un caustique énergique, qui dissout rapidement la peau et perfore les membranes. On prépare la soude caustique en décomposant le carbonate de soude par la chaux. Comme la potasse, avec laquelle elle présente les plus grandes analogies, la soude est utilisée en médecine comme caustique, sous le nom de *pierre à cautère*.

Mais sous le nom de *soude* on désigne plus souvent dans le commerce et l'industrie les produits d'origines très diverses qui sont constitués par du *carbonate de soude* plus ou moins impur. A l'état pur, le carbonate de soude (combinaison d'acide carbonique et de soude caustique) est un sel solide formé de gros cristaux; il a une saveur âcre. Il est très soluble dans l'eau. Ce carbonate de soude est décomposé par les acides gras (acide stéarique, acide margarique...); il forme avec eux des sels (stéarate de soude, margarate de soude) solubles dans l'eau, qu'on nomme des *savons*[*]. Cette propriété rend le carbonate de soude éminemment propre au lessivage : quand on trempe du linge sale dans une dissolution chaude de carbonate de soude, il se forme des sels solubles avec la graisse du linge; dès lors, cette graisse s'en va, entraînant avec elle les poussières qu'elle maintenait sur le tissu.

Le carbonate de soude, qui, sous le nom de *soude*, a une importance industrielle considérable, s'obtient de deux manières. Par le premier procédé, on a le *carbonate naturel*, ou *soude naturelle*. Les cendres des végétaux qui croissent sur les bords de la mer renferment beaucoup de carbonate de soude et servent à préparer ce produit. Les végétaux, séchés au soleil, sont brûlés dans de grandes fosses. Les cendres à moitié fondues que l'on obtient sont cassées en morceaux et livrées au commerce sous le nom de *soude brute*.

Mais on prépare aussi des *soudes artificielles* (*fig.*) par un procédé com-

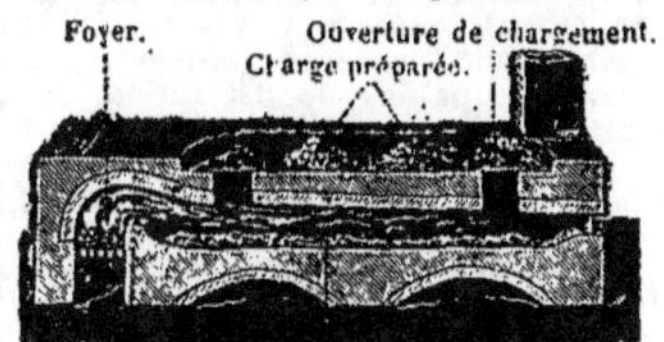

Fabrication de la soude artificielle. — Le mélange de sulfate de soude, de carbonate de chaux et de charbon, préparé au-dessus du four, est introduit sur la sole du four à réverbère. Quand les réactions sont terminées, on retire la matière par l'ouverture pratiquée à l'extrémité du four opposée au foyer.

plexe, qui consiste à décomposer le *sulfate de soude* (voy. sodium) par un mélange de *carbonate de chaux* et de *charbon*.

Les soudes brutes naturelles et artificielles sont très impures. Si on les purifie, on a ce qu'on nomme le *sel de soude*. Si on purifie encore davantage, on a du carbonate de soude presque pur, qu'on nomme *cristaux de soude* (c'est le produit que les ménagères appellent peu correctement *potasse* ou *cristaux*).

Les *soudes brutes*, et principalement les soudes artificielles, sont fabriquées chaque année par centaines de millions de kilogrammes. Elles servent à la préparation des *verres* et des *savons*. Le *sel de soude* entre dans la composition des glaces et de la verrerie fine. Les *cristaux de soude* sont employés dans le blanchiment et le lessivage, ainsi que dans la teinture.

soufrage. — Opération dans laquelle on utilise le soufre pour détruire des animaux ou des végétaux nuisibles. Ainsi, pour faire mourir l'*oïdium*', qui attaque la vigne, on répand sur les feuilles de la *fleur de soufre*'; cette opération fait mourir le champignon parasite; en outre, le soufre semble fortifier les ceps et en éloigner les insectes nuisibles. Dans le soufrage de la vigne, on répand la fleur de

Soufrage. — Soufflet pour le soufrage de la vigne. — A ouverture par laquelle on introduit la *fleur de soufre*, et que l'on ferme ensuite à l'aide d'un bouchon; B, ouverture munie d'une grille pour la sortie du soufre.

soufre à l'aide d'un soufflet spécial, de manière qu'elle se dépose sur toutes les feuilles (*fig.*). L'opération se fait au printemps.

On fait brûler du soufre dans les barriques destinées à contenir du vin; l'*acide sulfureux* qui résulte de la combustion, tue les organismes qui seraient capables de déterminer les maladies du vin. Pour soufrer une barrique, on y introduit une *mèche soufrée*, préalablement enflammée; cette mèche constituée par une bandelette de toile qu'on a trempée dans du soufre fondu, puis qu'on a laissée se refroidir.

C'est aussi par un véritable *soufrage* qu'on guérit différentes maladies de la peau, et en particulier la *gale*'.

soufre. — Solide métalloïde qu'on rencontre, généralement mélangé à la terre, dans les régions volcaniques (Sicile, Italie). On trouve aussi dans la nature de nombreux composés de soufre et en particulier des *sulfures métalliques*' et des *sulfates*'.

Le soufre est un solide d'un jaune clair, sans odeur, ni saveur; il est cassant, mauvais conducteur de la chaleur et de l'électricité. Il est à peu près deux fois plus dense que l'eau; sa température de fusion est de 115°, sa température d'ébullition de 440°. Ce métalloïde est facilement combustible; il brûle avec une flamme bleu pâle, en produisant du gaz *acide sulfureux*' dont chacun connaît l'odeur piquante.

On extrait le soufre industriellement des gisements d'Italie et surtout de Sicile. Dans ces gisements, il est sim-plement mélangé à des matières terreuses, dont il faut le séparer. Pour cela, on met le minerai dans de grands vases en grès, que l'on chauffe; le soufre se volatilise, ses vapeurs sortent du vase et vont se condenser dans d'autres vases, froids, placés près du four, et la terre reste dans les premiers vases (*fig.*).

On le trouve dans le commerce tantôt en bâtons nommés *canons de soufre*, tantôt en une poussière impalpable appelée *fleur de soufre*.

La production de soufre de la Sicile et de l'Italie atteint annuellement 400 millions de kilogrammes. On s'en sert pour la préparation de l'*acide sulfurique*', de l'*acide sulfureux*',

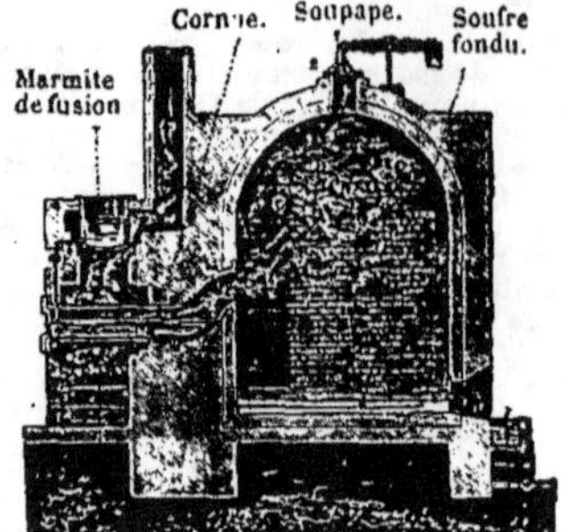

Extraction du soufre par distillation.

Raffinage du soufre par seconde distillation. — Le soufre fond dans la marmite supérieure; le liquide s'écoule dans la marmite inférieure, plus fortement chauffée. Là il distille et les vapeurs vont se condenser dans la grande chambre voisine.

du *sulfure de carbone*', du *caoutchouc*'

vulcanisé et durci, de la *poudre* * à tirer, des *allumettes* *, des *mèches soufrées* destinées à être brûlées dans les tonneaux pour empêcher le vin de s'altérer. On s'en sert pour prendre des empreintes, mouler des médailles, sceller le fer dans la pierre. La *fleur de soufre* sert surtout à traiter la maladie de la vigne nommée *oïdium* *. Le soufre est aussi employé en médecine ; il sert à combattre les maladies de la peau, et en particulier à guérir la *galle* en tuant le petit animal qui la produit.

Le soufre a un grand nombre de composés importants (voy. **acide sulfurique, acide sulfureux, sulfates, sulfures, acide sulfhydrique**).

soupape de sûreté. — *Soupape* placée sur les chaudières des machines à vapeur, et disposée de telle manière qu'elle s'ouvre dès que la pression de la vapeur dépasse une certaine limite. Un levier, fixé à l'une de ses extrémités, s'appuie sur une ouverture de la chaudière, de façon à la fermer ; quand la pression devient trop forte, elle soulève le levier, la vapeur s'échappe, et vient frapper sur un timbre qui fait entendre un sifflement.

Soupape de sûreté.

Il y a dans les machines à vapeur une autre soupape de sûreté, qui s'ouvre quand le niveau de l'eau s'abaisse trop dans la chaudière. Un levier est placé *dans* la chaudière ; il porte à son extrémité une boule creuse qui flotte sur l'eau, et soulève le levier, de façon à l'appliquer contre une ouverture de la chaudière, et à en déterminer la fermeture. Si le niveau de l'eau s'abaisse trop, la boule descend, le levier descend aussi, et l'ouverture se trouve ouverte ; la vapeur s'en va par là et vient faire sonner un timbre.

sources. — Les eaux de pluie qui sont tombées sur les hauteurs pénètrent dans le sol, et forment des nappes souterraines, qui descendent le long des couches imperméables jusque dans les vallées. Là, elles trouvent souvent une issue, et s'échappent en *sources*. Les sources sont plus abondantes en temps de pluie qu'en temps de sécheresse ; cependant celles qui proviennent de nappes d'eau considérables ont toute l'année un débit presque constant.

Avant de sourdre à la surface, les eaux de sources descendent parfois assez profondément pour n'être plus influencées par les variations de la température extérieure ; elles sont toute l'année à la même température, et nous semblent, pour cette raison, relativement fraîches en été et chaudes en hiver.

Quand l'eau est descendue plus bas, dans les couches souterraines à température élevée (voy. **température**), elle ressort très chaude ; on a une *eau thermale*. Comme toutes les eaux de source, les eaux thermales ont d'abord été fournies par les pluies ; ensuite, à travers une couche perméable, elles se sont enfoncées à une très grande profondeur. Sur leur trajet elles se sont échauffées, en même temps qu'elles ont rencontré des substances qu'elles ont dissoutes ; puis elles sont revenues vers la surface. Elles sortent alors, souvent très chaudes, et tenant en dissolution des substances très diverses, qui leur donnent une puissante action sur bien des maladies. Les eaux thermales de Chaudes-Aigues, qui sont presque brûlantes, viennent de couches qui descendent à une profondeur de plus de 2,000 mètres.

sourd-muet. — Les individus *sourds* de naissance, ou étant devenus complètement sourds dès leur première enfance, n'ont pu entendre la parole des autres, et par suite n'ont pas appris le mécanisme de l'articulation des sons ; il en résulte qu'ils sont *muets*. Ils sont muets non parce qu'ils sont incapables de produire des sons, mais parce que, n'ayant jamais entendu de sons, ils ne savent comment faire pour en produire, et que surtout ils ignorent absolument ce qu'est la parole articulée.

Autrefois, l'intelligence des sourds-muets restait inculte ; aujourd'hui, grâce à l'abbé de l'Epée (1712-1789), des méthodes d'instruction ont été imaginées, qui permettent de donner au sourd-muet la même éducation intellectuelle et morale qu'aux personnes qui parlent et entendent.

Alphabet des sourds-muets.

Les sourds-muets peuvent communiquer entre eux par un langage mimique qui leur permet d'entretenir des conversations (*fig.*). On étudie actuellement des procédés qui permettent d'enseigner à *parler* aux sourds-muets.

sparadrap. — *Emplâtre* composé simplement d'une matière collante n'ayant aucune propriété médicinale. On applique du sparadrap sur les parties de la peau qu'on veut préserver des frottements, du contact de l'air.

sparterie. — Tissu grossier (nattes, chapeaux, tapis), mais très résistant, fait avec le chaume de deux plantes de la famille des *graminées*, le *sparte* et le *stipe*. Le *sparte* est une sorte de jonc, cultivé principalement sur tout le littoral de la Méditerranée (Espagne, nord de l'Afrique), dont la hauteur est de 0m,30. La *stipe* est plus importante; elle est cultivée en grand dans le midi de l'Europe; avec ses chaumes on fait non seulement les tissus de sparterie, mais aussi des cordes très solides et du papier (voy. **alfa**).

spasmes. — Contractions brusques des muscles intérieurs; la toux, le hoquet, les crampes d'estomac, les coliques, les vomissements, les palpitations, sont des phénomènes dus à des contractions musculaires brusques, anormales : ce sont des spasmes.

On arrête ces contractions à l'aide des médicaments qui calment le système nerveux, médicaments qu'on nomme *anti-spasmodiques* (tisanes de tilleul, de menthe, de mélisse, de feuille d'oranger, eau de mélisse, éther, camphre).

Dans le langage courant le mot *spasmes* est pris aussi pour *vapeurs*.

spectre solaire. — Quand on fait passer un faisceau de lumière solaire à travers un bloc de verre taillé en forme de coin (ce bloc se nomme un *prisme*), on observe le phénomène désigné sous le nom de spectre solaire. Le faisceau lumineux est non seulement *dévié* par *réfraction*, mais il est encore *décomposé*. Après son passage à travers le prisme, le faisceau lumineux forme sur une feuille de papier une bande brillante, constituée par des couleurs variées, se fondant insensiblement les unes dans les autres. Ces couleurs sont les suivantes : *violet, indigo, bleu, vert, jaune, orangé, rouge*.

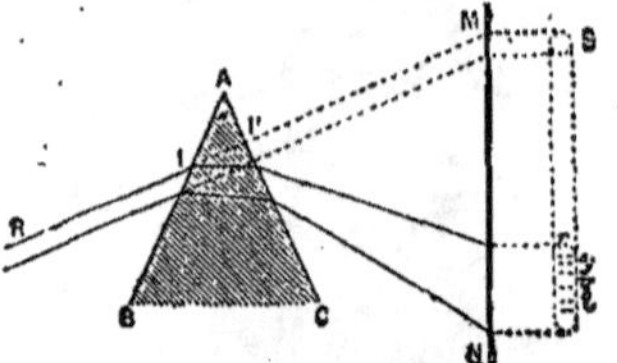

Le prisme dévie la lumière qui arrive dans la direction R I, et donne sur un écran M N une bande composée de *sept* couleurs *r, o, j, v, b, i, v.*

La lumière blanche du soleil est donc formée par la superposition de rayons diversement colorés, qui sont séparés les uns des autres par l'action du prisme. Et, en effet, on peut reconstituer la lumière blanche en superposant les couleurs dont elle est formée. En mélangeant, en proportions convenables, des poudres de diverses couleurs, on obtient une poudre d'un blanc parfait.

Voyez aussi **arc-en-ciel**.

spergule. — Herbe annuelle qui croît dans les champs dans les régions tempérées de l'Europe; on la cultive comme fourrage, principalement en Allemagne et en Hollande. Ce fourrage est bon pour les vaches laitières; les graines broyées au moulin donnent un tourteau excellent pour le bétail. La culture dans les terrains humides est très simple; très facile, et la récolte abondante.

sphex. — Insecte *hyménoptère* voisin des guêpes, nommé aussi *guêpe fouisseuse*. L'insecte parfait vit du suc des fleurs; la larve est carnassière, mais, comme elle est incapable de se mouvoir, l'insecte parfait lui apporte sa nourriture, composée de criquets, charançons, chenilles, grillons... La femelle perce sa proie de son aiguillon pour la tuer et la porter à ses larves.

spirée. — Genre de plantes reufermant plusieurs espèces cultivées dans les jardins pour leurs fleurs. Parmi ces espèces est la *reine-des-prés*, qu'on rencontre dans les prairies humides, avec ses petites fleurs blanches, odorantes, la *spirée filipendule*, la *spirée barbe de bouc...*

spondias. — Arbre des régions tropicales. Le *spondias rouge* donne, dans les parties chaudes de l'Amérique, un fruit rouge, gros comme une prune, avec lequel on fait des gelées et des confitures. Le *spondias doux*, de Taïti, donne des grappes de fruits gros comme des citrons, dits pommes de Cythère, dont le noyau est hérissé d'épines. Avec le bois blanc et dur du spondias doux, les indigènes font des pirogues qu'ils calfatent à l'aide du suc résineux qui découle de l'écorce.

spongieuse. — Insecte *lépidoptère* dont le papillon, de taille moyenne, est de couleur terne, et dont la chenille est noirâtre et très velue. La femelle dispose ses œufs sur les troncs d'arbres, en un petit paquet qu'elle recouvre de poils. Les chenilles qui naissent au printemps rongent les feuilles; les dégâts qu'elles exercent sont considérables sur les arbres fruitiers et les arbres forestiers; elles dévastent même, à l'occasion, les vignes, le maïs, le millet, et jusqu'aux herbes des prairies.

sporadique (maladie). — Maladie qui se développe accidentellement sur un ou plusieurs individus, mais sans être ni *épidémique*, ni *endémique*.

squales. — On donne le nom de *squales* à des poissons marins essentiellement carnassiers, répandus dans toutes les mers, recouverts d'une peau dure et rugueuse. Ils ont une chair très coriace, mais qui est cependant, pour quelques espèces, employée à l'alimentation. Plusieurs sont vivipares, mais la plupart produisent des œufs revêtus d'une coque jaune et transparente. On chasse les squales plutôt pour leur foie que pour leur chair; ce foie volumineux fournit en abondance une huile qui est utilisée dans l'industrie des cuirs. Leur peau sert à préparer le *chagrin* avec lequel on recouvre un grand nombre de petits objets. En ébénisterie, on utilise la peau rugueuse de certains squales pour le polissage du bois.

Le plus connu des squales est le **requin**, qui atteint 8 à 9 mètres de longueur. Il a la bouche ouverte au-dessous de la tête; chaque mâchoire est armée de dents redoutables en forme de triangle; derrière la première rangée de dents s'en trouvent plusieurs autres destinées à la remplacer si les premières venaient à être brisées. Le requin nage ordinairement à la surface de l'eau; c'est de tous les poissons le meilleur nageur: il suit les navires les plus rapides. Il mange tout ce qui tombe à la mer. Redoutable pour l'homme qu'il attaque et tue rapidement, il est aussi à éviter pour le pêcheur, dont il dévaste les filets.

La **peau bleue**, dont la taille peut aller à 4 mètres, est plus commune encore sur les cotes de l'ouest de la France, a la même manière de vivre et est tout aussi détestée des pêcheurs.

Le **requin géant** des mers du nord est au contraire beaucoup plus gros (*fig.*); on en a vu de 14 mètres de longueur, pesant jusqu'à 8 000 kil. Mais il est moins vorace et se nourrit de petits animaux marins. Son foie donne une très grande quantité d'huile.

Requin (longueur, 7 à 9ᵐ).

La **roussette**, longue de 1 mètre au plus, vit en grandes bandes; elle fait d'immenses ravages dans les bancs de harengs.

La **scie**, longue de 4 à 5 mètres, porte un très long museau en forme de lame d'épée, armé de chaque côté de dents de scie; elle s'attaque même à la baleine, et parvient à la tuer.

LE SQUELETTE

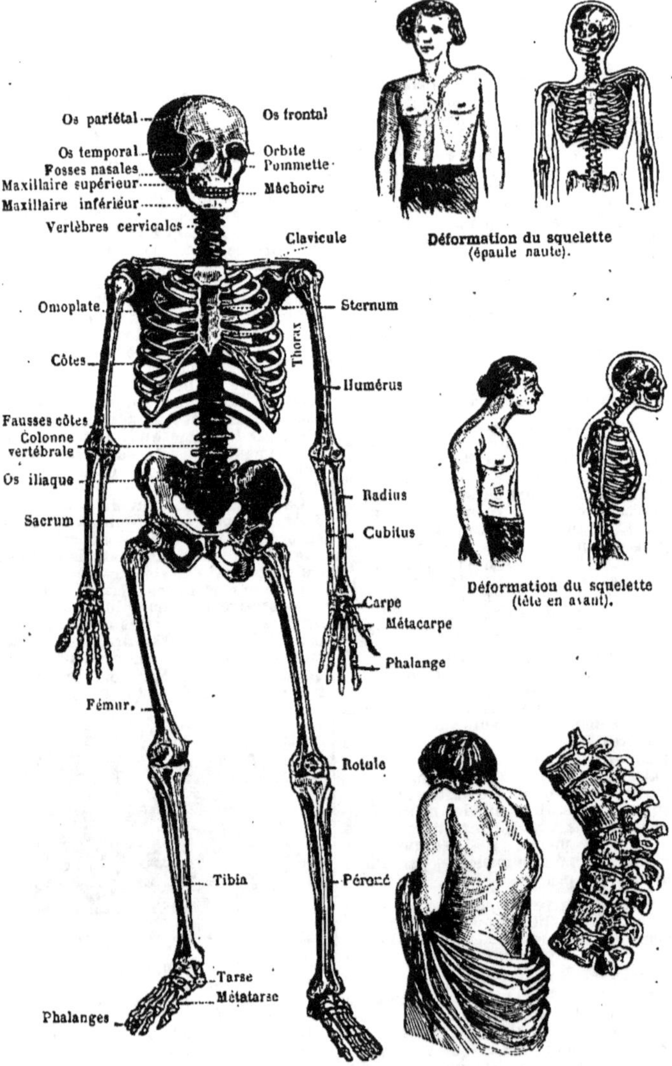

Squelette de l'homme.

Déformation du squelette
(épaule haute).

Déformation du squelette
(tête en avant).

Déformation du squelette
(bosse du dos).

squelette. — Charpente solide qui soutient les parties molles du corps des animaux vertébrés. Chez l'homme, le nombre total des os est de 240, en y comprenant les 32 dents, répartis entre la *tête*, le *tronc* et les *membres* (*fig.*). Ces os, diversement articulés entre eux, soutiennent les parties molles, protègent les organes les plus délicats(cerveau) et,grâce aux *muscles*, peuvent effectuer les mouvements qui nous mettent en rapport avec le monde extérieur (voy. os, articulation, tête, tronc, bras, jambe, main, pied, vertèbres.

squirrhe. — L'une des variétés des tumeurs cancéreuses.

stalactite,stalagmite.—Quand une eau d'infiltration suinte goutte à goutte à la voûte d'une caverne, elle éprouve une évaporation partielle en même temps qu'elle perd une portion du gaz acide carbonique qu'elle tenait en dissolution. Par suite de ces deux circonstances, l'eau abandonne à la voûte une certaine quantité des sels et particulièrement du *calcaire* qu'elle renfermait. Il se forme ainsi une concrétion allongée, de forme conique, qui

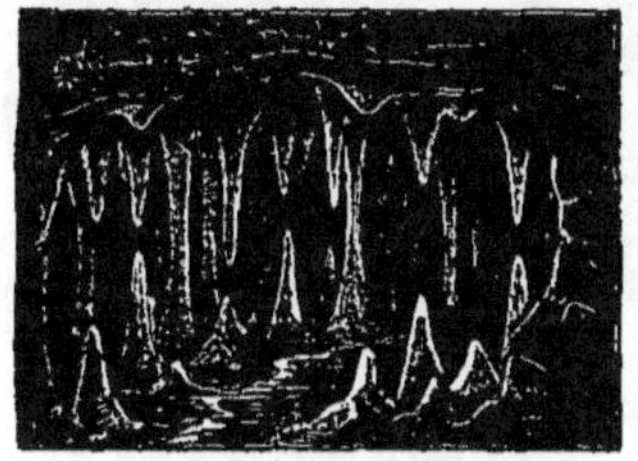

Stalactites et stalagmites.

descend de la voûte : on la nomme *stalactite*. En outre, les gouttes de liquide, en tombant sur le sol, y forment un second dépôt, qui s'élève et monte à la rencontre du premier : c'est une *stalagmite*. Il arrive parfois que stalactites et stalagmites se rejoignent pour former des colonnes qui semblent soutenir la voûte (*fig.*).

staphylins. — Insecte coléoptère

Staphylin (longueur, 0m,025).

qui dégage une odeur prononcée d'éther; cet insecte est aussi remar-
quable par l'habitude de redresser son abdomen comme une queue quand on le touche (*fig.*). Les staphylins vivent dans les excréments, les charognes, les fumiers : ils sont carnassiers, et détruisent beaucoup d'insectes nuisibles; ils nous sont donc utiles.

stéarine. — Corps gras, combinaison d'*acide stéarique* et de *glycérine*. Se trouve dans les huiles et les graisses.

stéarique (acide). — Corps solide blanc, qui fond à 70°; il est combustible, et brûle avec une flamme blanche éclairante. On le retire du suif de mouton, qui, comme tous les *corps gras*, renferme de la *stéarine*, de la *margarine*, de l'*oléine*. Avec l'acide stéarique on fabrique, depuis 1825, les *bougies* actuellement usitées partout. Pour fabriquer les bougies, il faut d'abord obtenir l'acide stéarique. Pour cela, on chauffe du suif de mouton ou de bœuf avec de la *chaux*, ce qui produit une *saponification*; la *glycérine* se sépare, et on a un savon constitué par un mélange des acides stéarique, margarique et oléique combinés à la chaux. Après avoir enlevé la glycérine, on ajoute de l'acide sulfurique, qui

Moulage des bougies. — L'acide stéarique fondu est coulé dans des moules dans l'axe desquels sont tendues des mèches.

s'empare de la chaux pour former du sulfate de chaux, qui tombe au fond du vase, tandis que les trois acides restent à la surface, à l'état de fusion. Si on faisait les bougies avec ces trois acides réunis, elles seraient trop fusibles; alors on laisse refroidir et on presse fortement le solide obtenu, de façon à exprimer l'acide oléique, qui est liquide. Il ne reste donc qu'un mélange, moins aisément fusible, d'acide stéarique et d'acide margarique. C'est ce mélange qu'on fait fondre et qu'on coule dans des moules cylindriques, au milieu desquels sont tendues des mèches de coton (*fig.*).

On fabrique annuellement en France plus de 30 millions de kilogrammes de bougies stéariques. Ces bougies éclairent beaucoup mieux que les anciennes chandelles, elles ne sont pas malpropres et elles ne répandent ni fumée, ni mauvaise odeur.

On fait aussi, mais en moindre quantité, des bougies de *paraffine*, de *cire*, de *blanc de baleine*.

stimulant. — Médicament qui excite le fonctionnement des divers organes du corps de l'homme ou des animaux.

stomachiques. — Médicaments qui favorisent l'exercice des fonctions de l'estomac ; ces médicaments, parmi lesquels sont les *stimulants*, les *amers*, sont propres à combattre les troubles digestifs, et en particulier la dyspepsie.

stomatite. — Inflammation de la muqueuse de la bouche et des gencives. Cette inflammation présente des variétés très diverses et se montre dans un grand nombre de circonstances, mais elle exige toujours les mêmes soins. Il faut cesser complètement de fumer, et surtout de mâcher du tabac, se laver plusieurs fois par jour la bouche avec des décoctions émollientes, renoncer à toutes les boissons alcooliques et à tous les aliments épicés.

strabisme (grec : *strabos*, louche). — Difformité et infirmité qui consiste dans une fausse direction d'un œil. Une opération chirurgicale qui ne présente aucun danger, guérit à coup sûr le strabisme.

stramoine. — Voy datura.

strass. — Sorte de *verre* très propre à l'imitation des pierres précieuses ; c'est un cristal renfermant un peu de *borax* et d'*acide arsénieux*. On lui donne les plus belles colorations en l'additionnant de très petites quantités de matières étrangères. Ainsi on obtient une belle imitation de rubis en fondant du strass blanc avec un peu d'*oxyde de manganèse*. Le strass, une fois coloré, reçoit la taille qui lui donne tout son éclat.

strychnine. — Alcaloïde végétal qui existe dans beaucoup de plantes de la famille des strychnées et en particulier dans la *noix vomique*, qui est employée pour sa préparation. C'est une poudre blanche dont le goût a une extrême amertume. C'est un des poisons les plus violents que l'on connaisse. Les Malais savent extraire depuis longtemps de la racine d'une plante à strychnine un poison violent qui leur sert à rendre sûrement et promptement mortelles les moindres blessures de leurs flèches.

La strychnine est employée en médecine, à doses très faibles, pour combattre certaines paralysies. Dans les Indes anglaises, on en dépense plus de 600 kilogrammes par an pour tâcher d'arriver à l'anéantissement des grands carnassiers, et particulièrement des tigres, qui font de si grands ravages.

L'amertume extraordinaire de la strychnine a été utilisée pour remplacer le houblon dans la fabrication de la bière ; cette fraude criminelle ne saurait être trop rigoureusement poursuivie.

strychnos. — Arbres de l'Inde et de l'Amérique du Sud dont les fruits sont résineux et utilisés en médecine sous le nom de *noix vomique*, de *fève de Saint-Ignace*.

stupidité. — En médecine, maladie caractérisée par la *stupeur*, c'est-à-dire une suspension brusque et momentanée des facultés intellectuelles ; le malade, immobile, muet, à la physionomie hébétée, n'a plus conscience de ce qui se passe autour de lui, et il n'en conserve par la suite aucun souvenir.

Un grand nombre de maladies déterminent des accès de stupeur de durée plus ou moins longue : telles sont la folie sous toutes ses formes, l'épilepsie, l'alcoolisme, la paralysie générale, la fièvre typhoïde. Le traitement de la stupeur varie avec la cause qui l'a produite.

sublimation. — Cas d'un corps

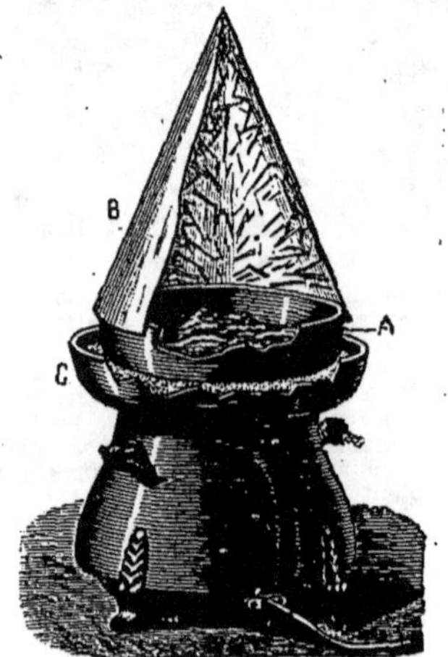

Sublimation de la naphtaline. — La *naphtaline*, chauffée en A, à l'aide du bain de sable C, fournit des vapeurs qui vont se condenser dans le cornet B.

solide qui prend l'état gazeux sans passer par l'état liquide. Ainsi du camphre, que l'on chauffe très doucement dans un ballon de verre, produit, sans se fondre, des vapeurs qui se répandent dans tout le ballon, et vont reprendre l'état solide sur les parois supérieures, qui ne sont pas chauffées. C'est en cela que consiste la sublimation. La reformation du solide sur les parois froides est accompagnée d'une *cristallisation* * (*fig.*).

sublimé corrosif. — Voy. mercure.

succin. — Matière combustible, brûlant avec une flamme blanche, en dégageant de la fumée, difficilement combustible, s'électrisant très bien par le frottement. On le nomme aussi *ambre* * *jaune.*

suc gastrique. — Voy. estomac.

suc intestinal. — Voy. intestin.

suc pancréatique. — Voy. pancréas.

sucre. — Le sucre ordinaire est un composé qui renferme du charbon, de l'oxygène et de l'hydrogène; on le retirait d'abord exclusivement de la *canne à sucre* * (*fig.*), qui ne peut être cultivée que dans les régions très chaudes. Aujourd'hui on fabrique le sucre avec la *betterave* * (*fig.*), ce qui a créé une

Canne à sucre.

nouvelle industrie très importante pour la France et l'Allemagne. Le sucre tiré de la betterave est d'ailleurs absolument le même que celui tiré de la *canne.* On rencontre aussi le même sucre dans un grand nombre de végétaux (sorgho, palmier, érable, bou-

leau, panais, carotte, patate, melon, citrouille, dattes, bananes, ananas, abricot, pomme, prune, orange, citron). De tous ces végétaux, quelques-uns seulement servent à la préparation du sucre; en Chine, au Japon, et maintenant en Amérique, on en tire du

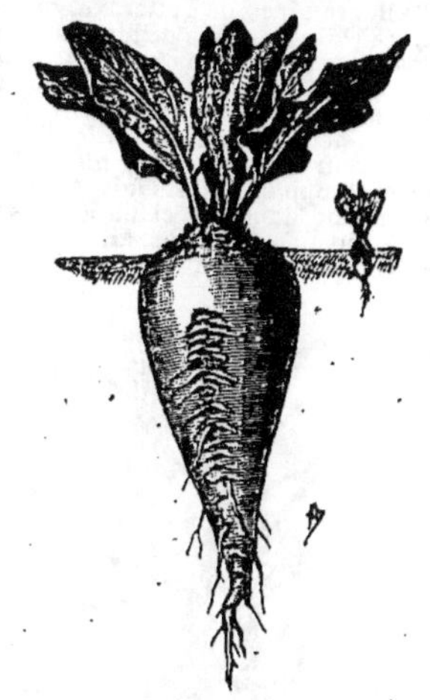

Betterave à sucre.

*sorgho** (*fig.*); dans les Indes anglaises, on l'extrait d'un *palmier**; dans l'Amérique du Nord, on le retire de la sève de l'*érable**; en Hongrie, on le retire de la *citrouille**. Mais il s'agit là de quantités relativement faibles.

Le sucre du commerce est en pains coniques, formés par la juxtaposition d'un grand nombre de petits cristaux. Mais on a aussi le sucre en gros cristaux formant le *sucre candi.* Quand il est bien pur, le sucre est blanc et sans odeur. Il est très soluble dans l'eau. Le *sucre d'orge* s'obtient en faisant dissoudre du sucre dans une très petite quantité d'eau bouillante, en évaporant cette eau sur le feu, et en coulant le liquide épais qu'on obtient sur une plaque de marbre huilée; on aromatise ce sucre de diverses manières: ainsi le *sucre de pomme* est du sucre d'orge aromatisé avec de la gelée de pomme et de l'essence de citron.

Quand on chauffe le sucre un peu trop, il se décompose en partie et donne du *caramel.* On sait que le sucre fermente facilement (voy. **fermentation**) quand il est mélangé à d'autres substances, mais le sucre pur se conserve indéfiniment sans altération.

Extraction du sucre de betterave. — Les betteraves sont réduites à l'état de *pulpe* par une râpe mécanique. Cette pulpe est mise dans des sacs et pressée fortement à la presse hydraulique pour faire sortir le jus ; pour 100 kilogrammes de betterave, on fait sortir 80 kilogrammes de jus. La pulpe pressée constitue une excellente nourriture pour le bétail. Le jus obtenu est impur ; on le purifie en le chauffant avec un peu de chaux et en le filtrant sur du noir animal ; il est alors incolore et limpide. On le fait évaporer rapidement dans les chaudières spéciales, jusqu'à ce qu'on ait un sirop très concentré qu'on laisse refroidir ;

Sorgho sucré (hauteur, 2m,50).

le sucre se dépose sous forme de petits cristaux légèrement colorés. On a ainsi le sucre brut.

Extraction du sucre de canne. — La canne est coupée un peu avant l'époque de la floraison, et on l'écrase entre des cylindres disposés comme ceux d'un laminoir ; on obtient ainsi un jus très sucré. Le résidu des cannes est employé comme combustible, sous le nom de *bagasse*. Le jus extrait des cannes se traite comme le jus de la betterave.

Raffinage du sucre brut. — Le sucre brut renferme quelques impuretés qui altèrent son goût et nuisent à sa conservation. Il faut le raffiner ; cette opération se pratique dans des usines spéciales nommées *raffineries*. On fait dissoudre le sucre dans un peu d'eau chaude, on décolore complètement le sirop en l'agitant avec du noir animal et du sang de bœuf, on filtre dans des filtres en coton, on concentre rapidement par la chaleur, et on verse ce sirop dans les formes coniques, où il cristallise en pains.

Production du sucre, usages. — Au xviiie siècle, le sucre se vendait seulement comme remède. En 1800, il valait encore plus de 3 francs la livre ; la fabrication du sucre de betterave a fait baisser considérablement le prix. On produit actuellement, chaque année, plus de 5 millions de tonnes de sucre, dont plus de la moitié de sucre de canne, venant des colonies. Pour le sucre de betterave, la France, l'Allemagne et l'Autriche tiennent la tête de la production.

Le sucre est un aliment précieux ; il sert dans la cuisine, chez les confiseurs, les distillateurs, les pharmaciens ; on s'en sert pour améliorer et même fabriquer le vin. En France, la consommation moyenne annuelle de sucre est de 10 kilogrammes par habitant ; cette consommation augmente chaque année.

sucs. — On désigne sous le nom de *sucs* les liquides que l'on peut extraire des diverses parties des végétaux. Ces liquides sont très divers. Ainsi les sucs du *citron*, de la *groseille* ..., sont acides ; ceux de la *betterave*, de la *carotte*, de la *canne*, de l'*érable*, du *palmier*, du *melon*, de la *prune* ..., sont sucrés. D'autres sont gommeux (voy. **gommes**), d'autres sont résineux (voy. **résines, baumes**), d'autres sont huileux (voy. **huiles**), d'autres enfin constituent les *essences*.

sudorifiques. — Médicaments et moyens employés pour accroître la sécrétion de la sueur. Parmi les moyens employés pour produire la sueur se trouvent les bains de vapeur, les boissons chaudes..... Les médicaments sont le jaborandi, les bois de gaïac, de sassafras, de salsepareille, de squine, et un certain nombre de compositions pharmaceutiques.

suette. — Maladie accompagnée de fièvre, dont le caractère essentiel est la production d'une grande quantité de sueur. Plusieurs épidémies de cette maladie ont fait de grands ravages.

Autrefois la **suette anglaise**, aujourd'hui disparue, a ravagé l'Angleterre, où elle faisait mourir presque toutes les personnes atteintes. La **suette miliaire moderne**, dans laquelle les sueurs sont accompagnées d'une éruption dont les boutons ressemblent à des grains de millet, a apparu en France en 1718, où elle se montre encore; surtout dans les campagnes, à l'état sporadique; certaines épidémies ont été très meurtrières ; les cas sont alors foudroyants. Mais, en dehors de ces épidémies, la maladie, qui dure de quinze jours à un mois, se termine plus souvent par la guérison.

sueur. — Liquide qui se répand à la surface de la peau quand il fait chaud ou que l'on fait un exercice fatigant. Elle est secrétée par de petites glandes appelées *glandes sudoripares* (*fig.*) contenues dans l'épaisseur

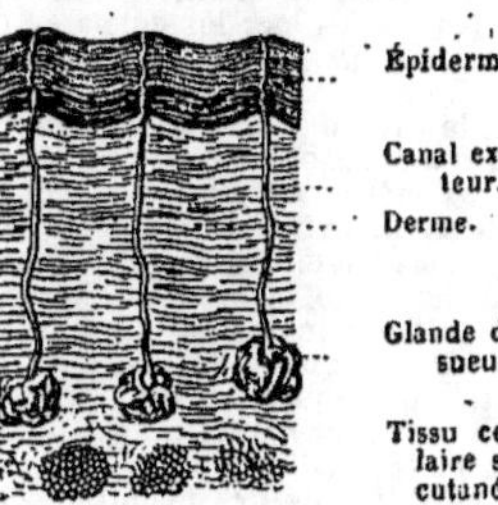

Glandes sudoripares (très grossies).

de la peau; il y en a de cent vingt à trois cents par centimètre carré. La sueur est constituée principalement par de l'eau, avec des sels minéraux et un peu d'*urée*; cette dernière substance, qu'on retrouve aussi dans l'urine, est un produit excrémentiel (voy. **nutrition**); la sueur est donc, comme l'urine, un liquide excrémentiel. Mais elle a une autre fonction importante : celle de régulateur de température. Quand la température du corps a une tendance à s'élever au-dessus de son degré normal, la sécrétion de la sueur augmente; l'évaporation du liquide à la surface de la peau produit alors le rafraîchissement nécessaire; c'est grâce à la sueur qu'un homme peut entrer et séjourner dans une atmosphère dont la température est supérieure à 100°.

La sueur apparaît dans certaines maladies; dans la fièvre, sa disparition favorise l'élévation anormale de la température. Certains agents agissent sur le système nerveux de façon à activer la production de la sueur. On les nomme des *sudorifiques* : telles sont à peu près toutes les tisanes très chaudes; la *policarpine*, principe actif des feuilles du *jaborandi*, provoque, en injection sous-cutanée, une abondante sudation.

suggestion. — Opération qui consiste à produire, chez une personne en état d'*hypnotisme*, un effet quelconque par un ordre qu'on lui donne, ou une idée qu'on lui *suggère*. Lorsque, par exemple, on inculque au sujet l'idée que la paralysie frappe son bras, ce bras se trouve en effet paralysé, si on a affaire à un sujet propre à ce genre de phénomènes. Car toutes les personnes auxquelles on communique le sommeil hypnotique ne sont pas également aptes à recevoir des suggestions.

Les personnes sensibles à la suggestion sont généralement caractérisées par une inertie mentale plus ou moins complète et par une grande excitabilité cérébrale. On peut faire naître chez elles les hallucinations les plus variées; on leur présente par exemple une feuille de papier en leur disant que c'est un gâteau et elles la mangent avec délices *à leur réveil*. On peut aussi les déterminer à accomplir, après leur réveil, les actes les plus variés et même les plus extraordinaires. On peut donner au sujet hypnotisé l'ordre de voler, dans huit jours, la montre d'une personne qu'on lui désigne; et, au jour dit, la montre est volée par le sujet, qui agit automatiquement, tout en ayant l'air parfaitement conscient de son acte. On voit que la suggestion peut avoir des conséquences redoutables.

suif. — Voyez **graisses**.

suint. — Matière grasse animale dont est imprégnée la laine de mouton ; cette matière est onctueuse, odorante, fusible comme la graisse. Le suint est en général d'autant plus abondant que la laine est plus fine. Sa composition est très complexe; outre des matières grasses, le suint renferme une grande quantité de *carbonate de potasse*. On doit donc considérer le suint comme une source assez importante de matières grasses et de potasse.

sulfates. — Les *sulfates* sont des combinaisons de l'*acide sulfurique* avec des bases. On trouve dans la nature un grand nombre de sulfates, et surtout le *sulfate de chaux* (voy. **plâtre**); l'industrie en prépare un grand nombre d'autres.

Parmi les sulfates, les plus importants sont les suivants : sulfate de potasse (voy. **potassium**); sulfate de soude (voy. **sodium**); sulfate de chaux (voy. **plâtre**); sulfate de magnésie (voy. **magnésium**); sulfate de fer (voy. **fer**); sulfate de cuivre (voy. **cuivre**).

sulhydrique (acide). — Combinaison de *soufre* et d'*hydrogène*. C'est un gaz incolore, ayant l'odeur des œufs pourris; il est très facilement combustible. On le rencontre assez souvent dans la nature; les eaux minérales sulfureuses de Barèges, de Cauterets, de Luchon..... dans les Pyrénées, celles d'Aix en Savoie, celles d'Enghien près de Paris..., en renferment de petites quantités, ce qui leur donne leur mauvaise odeur. Toutes les matières organiques qui renferment du soufre (particulièrement les matières fécales) produisent de l'acide sulfhydrique pendant leur putréfaction. Il en résulte qu'il y a toujours un peu d'acide sulfhydrique dans l'air, et surtout dans l'air des villes.

Ce gaz est un poison violent, et, comme beaucoup d'autres poisons, il est employé en médecine; les eaux thermales sulfureuses lui doivent une partie de leur efficacité. Mais, quand on le respire en quantité notable, il détermine la mort. Lorsque l'acide sulfhydrique s'accumule dans les fosses d'aisances, ce qui arrive fréquemment, il peut causer la mort des ouvriers vidangeurs, qui le désignent sous le nom·de *plomb*, à cause de la rapidité de son action.

L'acide sulfhydrique a d'autres mauvais effets; il noircit les métaux, et même l'argent. Dans le voisinage des fosses d'aisances, tous les métaux usuels noircissent; une fourchette d'argent sur laquelle on a laissé du jaune d'œuf noircit parce que ce corps, en se putréfiant, a produit de l'acide sulfhydrique. Les peintures à l'huile noircissent aussi peu à peu, sous l'action de l'acide sulfhydrique contenu dans l'air.

sulfure de carbone. — Combinaison de *carbone** et de *soufre**. C'est un liquide incolore, d'une odeur repoussante, très volatil, très combustible. L'industrie le prépare en grande quantité en faisant passer du soufre réduit en vapeur sur du charbon de bois fortement chauffé.

Ce liquide a des usages importants. On en consomme beaucoup pour fabriquer le *caoutchouc vulcanisé* et le *caoutchouc durci*; il est employé dans le dégraissage de la laine des moutons. On l'utilise aussi pour combattre le *phylloxera* de la vigne. Pour cela, on le combine avec du *sulfure de sodium* pour former une combinaison qu'on nomme *sulfocarbonate*. On arrose les ceps malades, en prenant certaines précautions, avec une dissolution de ce sulfocarbonate.

sulfures. — Le soufre se combine avec les métaux pour donner des composés qu'on nomme des *sulfures*. Beaucoup de ces sulfures se rencontrent dans la nature, et constituent souvent des minerais importants desquels on retire les métaux. Parmi ces sulfures naturels, on peut citer : le sulfure de fer (ou *pyrite*), le sulfure de zinc (ou *blende*), le sulfure de plomb (ou *galène*), le sulfure de mercure (ou *cinabre*). Ces sulfures naturels ont souvent l'éclat métallique.

sulfureux (acide). — Combinaison de *soufre* et d'*oxygène*, renfermant une proportion d'oxygène moindre que celle contenue dans l'acide sulfurique. C'est un gaz incolore, d'une odeur vive et caractéristique; il n'est pas combustible et même il éteint et rend plus difficiles à rallumer les corps en combustion. Ce gaz se produit quand on fait brûler du soufre, et c'est par cette méthode qu'on l'obtient chaque fois qu'on en a besoin. Ainsi la propriété qu'il a d'éteindre les corps en combustion le rend précieux pour combattre les feux de cheminée. Quand le feu est à une cheminée, on jette quelques poignées de fleur de *soufre** dans le foyer et on ferme l'ouverture avec un drap mouillé; le soufre brûle, donne de l'acide sulfureux qui monte dans le tuyau et éteint l'incendie.

Un certain nombre de matières colorantes sont détruites par l'acide sulfureux. Une rose, une violette, une tache de vin imprégnée d'eau, perdent leur coloration quand on les place au-dessus d'une allumette enflammée. Des écheveaux de laine ou de soie, trempés dans l'eau, puis abandonnés à l'action de l'acide sulfureux dans une chambre bien close où brûle du soufre, perdent leur coloration bise. un lessivage complète le *blanchiment*. C'est là un des usages les plus importants de l'acide sulfureux. Il sert aussi à fabriquer l'acide sulfurique et un certain nombre d'autres produits chimiques. En économie domestique, on s'en sert pour enlever les taches de vin et de fruits sur le linge. Il est employé en médecine comme antiseptique contre les maladies contagieuses; il sert quelquefois au traitement de la gale et des autres affections parasitaires, ainsi qu'à la désinfection des locaux malsains.

En se combinant aux bases, l'acide sulfureux forme des sels qu'on nomme des *sulfites*. Ces sulfites ont quelques usages analogues à ceux de l'acide sulfureux; ils sont surtout antiseptiques et désinfectants.

sulfurique (acide). — Combinaison de *soufre* et d'*oxygène* renfermant une proportion d'oxygène plus grande que celle contenue dans l'acide sulfureux. C'est un liquide incolore, sans odeur, un peu visqueux, presque deux

FABRICATION DE L'ACIDE SULFURIQUE

Fabrication de l'acide sulfurique. — La fabrication se fait dans d'immenses *chambres de plomb*, dans lesquelles on fait arriver : 1° de l'acide *sulfureux* produit en faisant brûler du soufre; 2° de la *vapeur d'eau*; 3° de l'air; 4° de l'acide *azotique*. Il se produit des réactions complexes qui fournissent à l'acide sulfureux une plus forte proportion d'oxygène, et le transforment ainsi en acide sulfurique.

fois plus dense que l'eau. On peut le goûter lorsqu'il est extrêmement étendu d'eau : il a alors un goût piquant, analogue à celui du vinaigre. Il bout à 325 degrés. Cet acide attaque facilement la plupart des métaux. Il est très avide d'eau, et, quand on l'abandonne à l'air, il attire et absorbe l'humidité atmosphérique ; quand on le mélange avec de l'eau, il s'échauffe jusqu'à la température de 100 degrés. Cet acide est extrêmement caustique ; répandu sur une étoffe, il y fait une tache rouge, puis un trou. Sur la peau, sur les muqueuses, il produit presque instantanément des brûlures horribles. On sait combien sont nombreux les crimes commis à l'aide du *vitriol*, qui n'est pas autre chose que l'acide sulfurique. Avalé par imprudence, comme cela ne se voit que trop souvent, il détermine la mort, sans remède possible, au milieu d'atroces souffrances. Cependant, quand il est assez étendu d'eau pour n'être plus caustique, ce n'est pas un poison. L'industrie le prépare en énormes quantités ; pour cela, on fait brûler du soufre, ce qui donne de l'acide sulfureux ; puis on transforme cet acide sulfureux en acide sulfurique en fixant sur lui un excès d'oxygène par des procédés trop complexes pour être indiqués ici (*fig.*).

L'acide sulfurique se trouve dans la nature ; certains torrents des Andes en renferment ; mais il y a surtout dans la nature de nombreux *sulfates** .

La France, à elle seule, consomme annuellement presque 100 millions de kilogrammes d'acide sulfurique. Les usages de ce corps sont innombrables : préparation d'un grand nombre de *sulfates** , des *acides carbonique** , *azotique** , *chlorhydrique** , *tartrique** , *stéarique** , des *aluns** , du *phosphore** , de la *garance** . Les *piles électriques* en consomment de grandes quantités. On peut dire qu'on le rencontre partout dans l'industrie.

sumac. — Genre de plantes comprenant un assez grand nombre d'arbres ou d'arbrisseaux croissant dans les régions tempérées ; plusieurs espèces sont cultivées comme ornementales. Une espèce a une assez grande importance : c'est le *sumac des corroyeurs* (*fig.*), arbuste d'un mètre de haut, dont les feuilles, extrêmement astringentes, sont employées pour la teinture en noir et pour le tannage des cuirs. On le cultive dans le midi de la France ; les plantations de sumac, très rustiques, vivent presque sans nécessiter aucun soin, et fournissent une récolte de feuilles tous les deux ans. Les feuilles, séchées à l'ombre, sont

réduites en poussière par le moulin et

Sumac des corroyeurs (hauteur, 1ᵐ).

livrées au commerce.

surdité. — Abolition plus ou moins complète du sens de l'ouïe ; elle peut provenir d'un grand nombre d'affections de l'oreille. Les inflammations du tympan (voy. ouïe), la paralysie des muscles qui meuvent les osselets, celle du nerf acoustique lui-même, une

Surdité : cornet acoustique.

malformation de l'organe, déterminent une surdité temporaire ou permanente. Le traitement varie avec la cause de l'infirmité, qui est bien souvent incurable, surtout chez les vieillards. L'emploi du *cornet acoustique* (*fig.*), qui fait converger dans l'oreille les vibrations sonores, remédie efficacement à une surdité partielle.

sureau. — Genre de plantes dont les diverses espèces (herbes ou arbrisseaux plus ou moins grands) sont répandues dans toutes les régions chaudes et tempérées du globe.

Le sureau hyèble (*fig.*) est une herbe à fleurs blanches et à fruits noirs, luisants, commune dans les lieux incultes, humides.

Le **sureau noir** est un arbrisseau à fleurs blanches odorantes, à fruits noirs, commun dans les haies, les

Feuilles et fleurs du sureau yèble ou *sureau herbacé sauvage.*

taillis, les bois, souvent planté dans les parcs. Ce sureau est très cultivé comme plante d'ornement, ainsi que diverses espèces exotiques ; il se multiplie aisément par rejets, par boutures, par graines. La décoction de ses fleurs est employée en médecine à l'intérieur (comme émolliente) et à l'extérieur (comme résolutive). Les baies servent à préparer un médicament employé comme sudorifique et comme purgatif.

Les jeunes branches du sureau sont remplies d'une moelle abondante, très homogène, qui est employée, quand elle est sèche, pour le polissage des pièces d'horlogerie.

surfusion. — Un liquide peut souvent être refroidi à une température inférieure à sa température normale de *solidification* et cependant ne pas se solidifier. On dit alors qu'il est en état de *surfusion*. Ainsi l'eau reste parfois liquide à 4 ou 5 degrés au-dessous de zéro. Mais dans cet état toute agitation un peu forte, ou le contact d'un petit fragment de glace, suffisent pour déterminer une solidification rapide : la surfusion cesse.

surmulet. — Le *surmulet* (*fig.*), aussi nommé *rouget*, est un poisson marin dont la longueur atteint 35 centimètres. Corps arrondi vers le dos, recou-

Surmulet (longueur, 0m,35).

vert de larges écailles ; grands yeux ; le corps est rouge sur le dos, rosé sur les côtés, d'un blanc rose sur le ventre. On le trouve sur toutes les côtes de France, mais surtout dans la Méditerranée. Vit de mollusques, de petits crustacés et de cadavres en putréfaction. Chair extrêmement délicate.

syncope. — La *syncope* ou *faiblesse*, ou *évanouissement* est une suspension plus ou moins complète des mouvements du cœur et de ceux de la respiration. Les personnes et surtout les femmes au tempérament nerveux, les personnes débilitées par une maladie chronique grave sont particulièrement sujettes aux syncopes ; une hémorragie, une vive émotion, une forte douleur, une indigestion…, déterminent aussi la syncope.

On traite la syncope en enlevant tous les vêtements de nature à gêner la respiration, en exposant le malade à l'air, dans une position horizontale, en arrosant le visage d'eau froide, lui faisant respirer de l'éther, de l'alcali volatil, des sels anglais, en frictionnant la peau.

système nerveux. — La boîte formée par les os du crâne est entièrement remplie d'une masse molle et blanche, appelée *cerveau*. A la partie inférieure du cerveau commence un gros cordon blanc, la *moelle épinière* *, qui descend le long du dos, à l'intérieur de la colonne vertébrale. Enfin, du cerveau et de la moelle épinière partent un grand nombre de cordons blancs plus petits, qui se répandent dans toutes les parties du corps, en se ramifiant de plus en plus : ce sont les *nerfs* *. Les dernières ramifications des nerfs sont extrêmement nombreuses, et si ténues qu'on ne peut les voir, perdues qu'elles sont dans la masse des muscles. Cet ensemble constitue le *système nerveux cérébro-spinal* (*fig.*). Ses fonctions sont multiples. Les nerfs font communiquer le cerveau avec les différentes parties du corps. Sous l'excitation des nerfs se produisent les contractions des muscles, et par suite les mouvements volontaires ; cette excitation des nerfs se transmet *depuis le cerveau* jusqu'aux extrémités des nerfs, là où a lieu l'action sur les muscles.

D'autre part, les sensations de plaisir et de douleur sont transmises au cerveau par l'intermédiaire des nerfs. La peau, les muscles, sont *sensibles* au plaisir et à la douleur, grâce aux nerfs qui viennent s'y ramifier ; une main dans laquelle n'arriverait aucun nerf, ou dont les nerfs seraient paralysés, ne serait capable d'éprouver aucune sensation de douleur. Lorsqu'on se pique avec une pointe d'aiguille, certains filets nerveux sont atteints et il en résulte une sensation de douleur.

Mais le cerveau seul a la faculté de nous donner conscience de cette douleur. L'ébranlement qu'a éprouvé le filet nerveux piqué a remonté le long du nerf jusqu'au cerveau : c'est seulement au moment où l'ébranlement est arrivé au cerveau que la douleur a été ressentie. Les filets nerveux le long desquels *remonte* l'ébranlement qui

mouvement ou de ressentir aucune douleur; chacun de ces nerfs ne peut nous faire éprouver que l'impression particulière du sens dont il porte le nom. Si l'œil peut se mouvoir et souffrir, c'est qu'il renferme, outre le nerf de la vue, des nerfs moteurs et des nerfs sensitifs.

Donc, dans le cerveau réside la

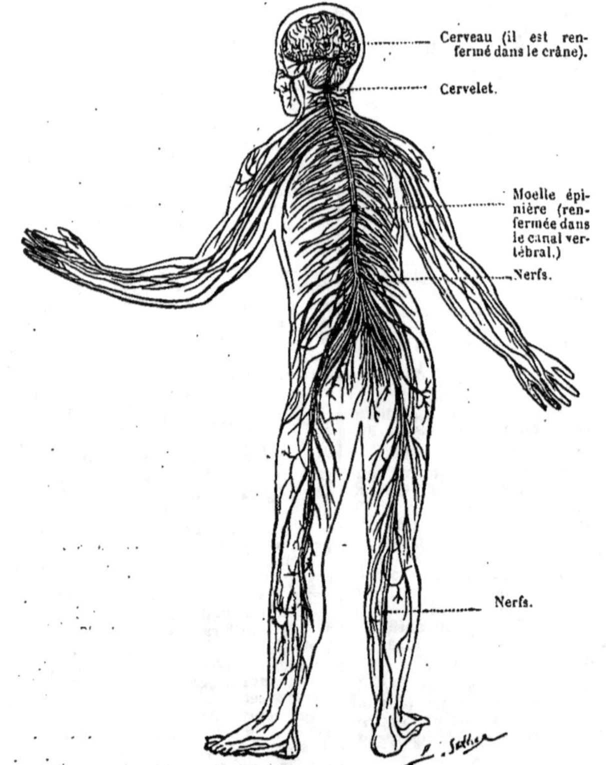

Ensemble du **système nerveux** *cérébro-spinal.*

donne naissance à la douleur ne sont pas les mêmes que les filets nerveux le long desquels descend l'excitation au mouvement; il y a, dans chaque partie du corps, des *nerfs sensitifs* et des *nerfs moteurs*. Enfin, les sensations de la *vue*, de l'*ouïe*, de l'*odorat* et du *goût* sont transmises au cerveau par l'intermédiaire des nerfs spéciaux, qui sont incapables de produire aucun

faculté de sentir le plaisir et la douleur, d'éprouver les impressions du goût, de l'odorat, de l'ouïe et de la vue; du cerveau aussi dépendent nos mouvements : nerfs et muscles sont les serviteurs du cerveau. C'est aussi le cerveau qui ordonne, qui a la *volonté*. Enfin, le cerveau est le siège de l'*intelligence*.

Outre le système nerveux cérébro-spinal, nous trouvons dans l'organisme des *ganglions nerveux*, sorte de renflements nerveux qui communiquent l'autre, agit principalement sur les organes de la nutrition, dont il règle le fonctionnement, qui est indépendant

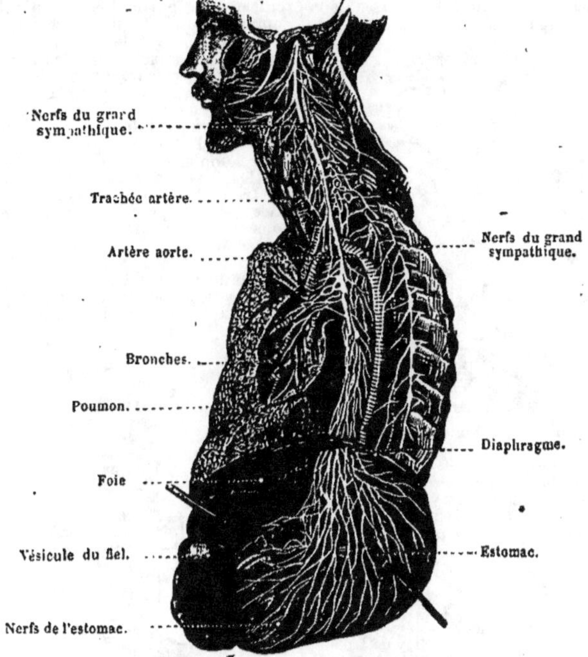

Système nerveux du *grand sympathique.*

avec les nerfs proprement dits, et dont l'ensemble constitue ce qu'on nomme le *système du grand sympathique.* Ce système, intimement relié à de notre volonté; ainsi les mouvements du cœur, de l'estomac, des intestins sont principalement réglés par le système du grand sympathique (*fig.*).

T

tabac. — Le *tabac* est fourni par différentes plantes de la famille des *solanées*, plantes originaires de l'Amérique tropicale. En France, on a commencé à priser le tabac en 1560, pour faire éternuer; on le considérait comme un remède souverain contre la migraine. Aujourd'hui on le fume, on le prise, on le mâche. L'État s'est réservé en France le monopole de son exploitation; les agriculteurs le cultivent avec sa permission, sous son contrôle, et sont obligés de lui vendre toute leur récolte.

L'exploitation du tabac est aujourd'hui, dans presque tous les pays civilisés du globe, une industrie agricole importante. On cultive des variétés très diverses. Le *tabac de Virginie* atteint 1^m,60 de hauteur; le *tabac rustique* (*fig.*) ne dépasse pas 1 mètre; le *tabac de Maryland* est intermédiaire. Le tabac peut être cultivé dans les régions tempérées, mais les pays chauds fournissent les meilleurs produits. En France, la culture, faite sous la direction de l'Etat, est localisée dans les départements suivants : Ille-et-

Tabac rustique (hauteur totale, 1ᵐ).

Vilaine, Lot, Lot-et-Garonne, Nord, Pas-de-Calais, Bouches-du-Rhône, Var, Gironde, Dordogne, Puy-de-Dôme, etc. Elle occupe actuellement plus de 20,000 hectares. On sème le tabac dans

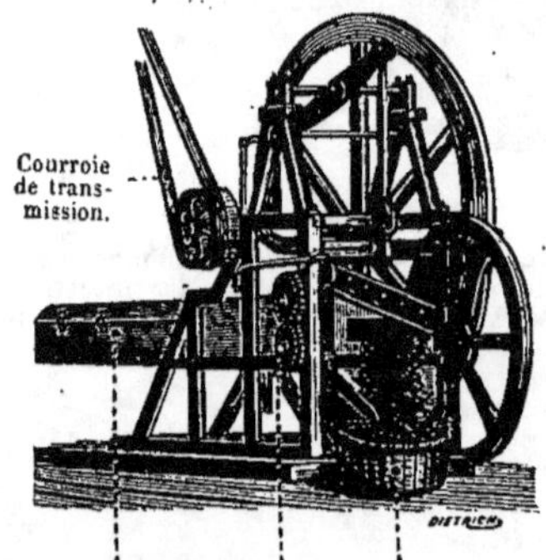

Machine à hacher le tabac. — Le tabac, s'avançant doucement dans un canal horizontal, est coupé à la sortie par un couteau qui monte et descend d'une façon continue.

une terre bien meuble, puis on le plante en ligne et on lui donne des soins continuels pendant toute sa croissance. A·la maturité, qui arrive en France en août et septembre, on coupe les pieds et on les suspend dans des séchoirs.

La feuille sèche du tabac a une composition chimique complexe : elle renferme en particulier un alcaloïde nommé *nicotine*, qui donne au tabac les propriétés qui le font rechercher, mais qui est aussi cause des inconvénients que présente l'abus du tabac.

En France, le tabac indigène, comme celui provenant de l'étranger, est travaillé et préparé dans seize manufactures de l'Etat. La préparation est assez complexe: il faut faire sécher les feuilles, les faire fermenter doucement, les trier, les mouiller avec de l'eau salée, puis on procède aux manipulations qui doivent les transformer définitivement.

·Pour le tabac à fumer, on hache les feuilles avec une machine spéciale (*fig.*), puis on sèche et on met en paquets. Les cigares se font directement à la

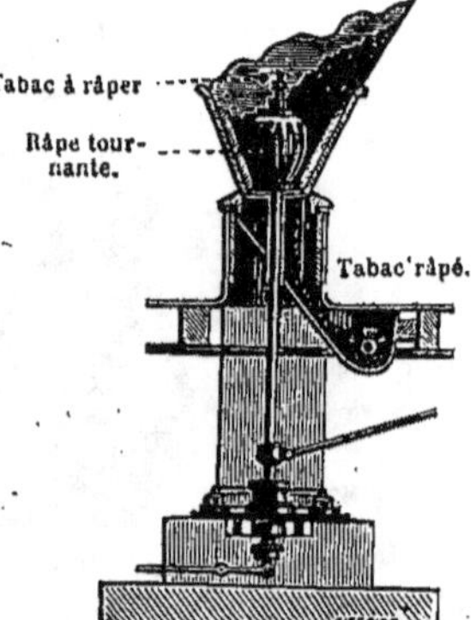

Machine à râper le tabac.

main, avec des feuilles de diverses provenances; une ouvrière habile peut faire 750 cigares à 5 centimes par jour. Dans un cigare de 5 centimes, il y a cinq espèces de tabac (Kentucky, Hongrie, Alsace, Algérie, tabac indigène). Le tabac à fumer est constitué par un mélange analogue. Les cigares à 10 centimes renferment surtout des tabacs du Brésil et du Mexique. Les cigares d'un prix supérieur à 10 centimes ne sont fabriqués qu'à la manufacture de Paris, ou bien sont expédiés directement de l'étranger; on les confectionne avec des feuilles de Maryland, de Java, du Brésil et de la Havane. Les cigarettes, en France, sont faites à la mécanique; à la Havane, on en produit beaucoup

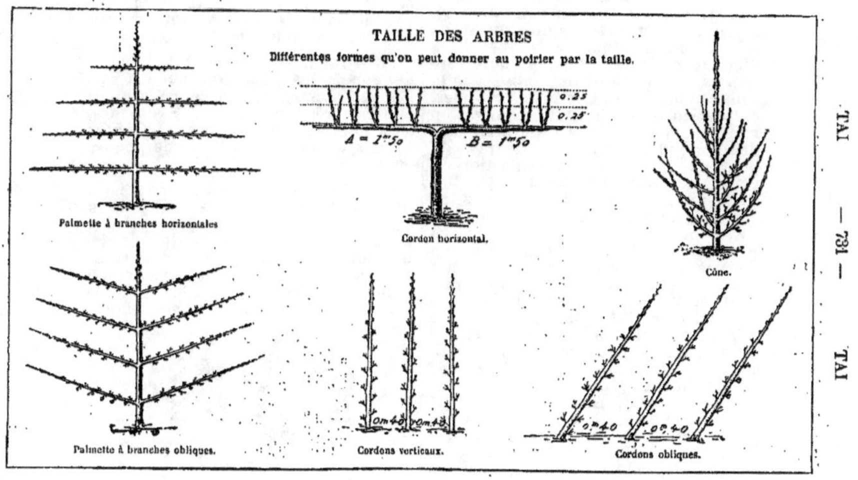

TAILLE DES ARBRES
Différentes formes qu'on peut donner au poirier par la taille.
Palmette à branches horizontales
Palmette à branches obliques.
Cordon horizontal.
Cordons verticaux.
Cône.
Cordons obliques.

plus, car les créoles de l'île de Cuba et l'Espagne entière en consomment beaucoup. On fabrique les cigarettes avec les débris des feuilles de tabac ayant servi à la fabrication des cigares.

La fabrication du tabac à priser est plus difficile; les opérations durent dix-huit mois. Il faut d'abord hacher les feuilles, puis les faire longuement fermenter, et enfin les pulvériser (*fig.*). On les fait alors fermenter encore pendant plusieurs mois.

Le tabac à mâcher, ou à chiquer, est préparé avec des feuilles roulées de façon à former des sortes de cordes, qui constituent comme un cigare sans fin; cette corde est coupée en morceaux d'égale longueur.

L'usage du tabac est devenu presque général, et sa consommation ne fait que s'accroître chaque année. Le tabac étant très toxique, à cause de la nicotine qu'il renferme, produit certainement une mauvaise action sur la santé publique. L'habitude de fumer, en particulier, produit une salivation trop abondante, la détérioration des dents, l'inflammation des lèvres, du pharynx, des troubles dans l'action du cœur, des tremblements, des troubles de la vision... Tous ces accidents ne sont généralement sensibles qu'après un long abus, mais il n'en est pas moins vrai que la généralisation de l'usage de cette plante doit être considérée comme funeste pour le présent et l'avenir des populations. Si l'on excepte l'Afrique, la Chine et le Japon, où les indigènes cultivent le tabac pour leur usage, on peut estimer la production annuelle du monde à 700 millions de kilogrammes de feuilles *séchées*. En France, la consommation annuelle est de 35 millions de kilogrammes, dont 22 millions pour les feuilles indigènes. Le produit de la vente des tabacs est, en France, de 360 millions de francs, laissant à l'Etat un bénéfice net de 200 millions.

taille des arbres. — Opération qui consiste dans la suppression annuelle d'une partie des rameaux d'un arbre. Cette opération est délicate, et elle demande, pour être bien conduite, la connaissance des règles du développement de la tige et des branches des arbres.

La taille permet de donner aux arbres la forme qu'on désire; elle les débarrasse des branches inutiles ou mal placées; elle favorise et régularise la production; par elle, on obtient des fruits plus gros et de meilleure qualité. On taille les arbres fruitiers du mois de novembre au mois de mars, c'est-à-dire pendant que la végétation est en repos (*fig.* p. 731).

tamarin. — Arbre de la famille des *légumineuses*, cultivé dans les régions tropicales de l'Asie et de l'Amérique. Son fruit est une gousse longue de 12 centimètres, contenant, au milieu d'une pulpe abondante, trois ou quatre semences rouges. Cette pulpe, légèrement séchée dans des bassines de cuivre, est employée en médecine comme laxatif et antiputride. L'écorce du tamarin peut servir pour le tannage, et son bois pour la confection des meubles.

tamaris. — Arbrisseau des pays chauds. On le trouve abondamment dans le midi de la France, où il atteint de 5 à 6 mètres de hauteur; cultivé dans les jardins pour son port élégant et ses fleurs rouges; il forme de bonnes haies de clôture; son bois est bon pour le chauffage.

tanaisie. — Herbe de la famille des *composées*, commune sur les berges des rivières, les bords des routes; elle est très aromatique. Ses fleurs, d'un goût très amer, sont employées comme vermifuges, à l'état de poudre ou en infusion.

tanche. — Poisson d'eau douce qui présente les caractères généraux de la carpe. Ecailles extrêmement petites, barbillons fort courts. Couleur variable, toujours sombre, mais cependant brillante; écailles enfouies sous un mucus abondant qui enduit tout le corps. Fraye à la fin du printemps;

Tanche (longueur, 0ᵐ,30).

les œufs ne sont pas longs à éclore, et les petits se dispersent presque aussitôt après leur naissance. La longueur atteint exceptionnellement 60 centimètres et le poids 5 à 6 kilogrammes.

Commune dans toute l'Europe (*fig.*), et aussi dans une grande partie de l'Asie. Aime les eaux stagnantes et se plaît sur les fonds vaseux. On ne sait pourquoi la tanche est toujours respectée des poissons voraces de nos eaux douces, comme le brochet et la perche. Chair assez délicate quand la tanche a vécu dans les eaux vives, mais ayant bien plus souvent le goût de vase.

tanin. — Le *tanin* ou *acide tannique* est un corps solide, léger, très soluble dans l'eau, qu'on rencontre dans un grand nombre de végétaux, et particulièrement dans les écorces et les feuilles ; la *noix de galle*, l'*écorce du chêne*, renferment beaucoup de tanin. C'est un astringent puissant ; appliqué sur les plaies saignantes et sur les surfaces en suppuration, il coagule le sang, ainsi que le pus. Appliqué sur la peau d'un animal récemment écorché, il est rapidement absorbé par celle-ci et forme avec elle un composé imputrescible : c'est sur cette propriété qu'est basé l'emploi de diverses écorces et en particulier de l'écorce de chêne (*tan*), dans le *tannage* *.

La teinture utilise constamment le tanin, soit isolé, soit encore contenu dans les tissus végétaux. Les substances astringentes employées dans la teinture en noir et en gris (noix de galle, sumac, brou de noix, cachou...), concurremment avec les sels de fer, agissent par le tanin qu'elles renferment : de là l'emploi du tanin dans la fabrication de l'encre. En médecine, le tanin est employé à l'intérieur et à l'extérieur comme astringent.

tannage. — Opération qui a pour but de transformer la *peau* en *cuir*, c'est-à-dire en une substance qui reste maniable et élastique après la dessiccation, et qui est à peu près imputrescible. Si on se contentait de faire sécher la peau sans lui faire subir aucune manipulation, elle serait dure, non flexible, et s'altérerait très promptement. Aussi a-t-on toujours soin de la rendre imputrescible et de lui conserver sa souplesse par une série d'opérations qui constituent l'art du corroyeur, du mégissier et du tanneur. Le tannage des peaux est basé sur ce fait, que le *tanin* * a la propriété de se combiner au *derme* de la peau pour former un composé imputrescible. Cette combinaison s'obtient par une macération prolongée de la peau au contact de l'écorce pulvérisée du chêne, écorce très riche en tanin. On tanne, en vue de les transformer en cuir, les peaux des bœufs, vaches, buffles, chevaux, veaux, moutons, tantôt fraîches, tantôt salées ou séchées.

L'opération est longue et complexe. Les peaux sont d'abord ramollies par un lavage de plusieurs jours dans une eau courante, puis débarrassées de tout fragment de graisse et de muscle par un grattage énergique de la surface interne. Il faut ensuite procéder au débourrage, c'est-à-dire à l'enlèvement des poils et de l'épiderme. Pour cela, on fait macérer les peaux pendant deux ou trois semaines dans un lait de *chaux* * ; on les lave à l'eau et à l'eau acidulée, pour faire partir ou neutraliser la chaux qui avait pénétré dans les pores, puis on les râcle de haut en bas avec un couteau émoussé. Alors les peaux sont placées dans une fosse ; là elles sont disposées les unes au-dessus des autres, alternant avec des couches d'écorce pulvérisée (tan) ; quand la fosse est pleine, on y fait arriver de l'eau déjà chargée de tan, de manière que toute la masse soit humectée. On abandonne le tout pendant fort longtemps, en ayant soin de renouveler le tan tous les trois mois. La durée du séjour dans la fosse varie avec l'épaisseur du cuir ; les cuirs forts destinés aux semelles de souliers y restent pendant plus de deux ans. Il est possible d'abréger considérablement la durée du tannage, mais c'est toujours aux dépens de la qualité des produits obtenus. Au sortir des fosses, les cuirs forts ont une consistance spongieuse. Pour les rendre compacts, on les soumet, lorsqu'ils sont secs, à un martelage énergique.

Dans certains cas, on soumet en outre le cuir à des traitements supplémentaires. Pour le cuir destiné à la fabrication des souliers et des bottes, on teint en noir le côté de la chair.

Le *cuir de Russie*, remarquable par sa souplesse, sa solidité, son imperméabilité, son inaltérabilité dans l'air humide, son odeur agréable qui le préserve de la piqûre des insectes, est fabriqué en Russie avec les peaux de bœuf, de cheval, de veau, de chèvre. On le tanne avec l'écorce de saule, à laquelle on ajoute des écorces de bouleau et de pin, puis on imprègne le cuir, d'un côté avec du goudron provenant de la distillation de l'écorce de bouleau, de l'autre avec une dissolution d'alun ; enfin, on teint en rouge ou en noir.

taon. — Insecte *diptère* long de 3 centimètres, commun surtout dans les bois (*fig.*). Il apparaît en été ; le mâle butine les fleurs ; la femelle s'attaque à nos animaux domestiques (bœufs, chevaux...), dont elle perce la peau pour sucer le sang. La piqûre des taons exaspère les animaux et les rend difficiles à conduire).

Taon (longueur 0ᵐ,025)

tapioca. — Voy. **manioc.**

tapir. — Le *tapir* (*fig.*) est un mammifère *jumenté* (voy. ce mot) ayant quatre doigts aux pieds et le nez terminé par une petite trompe charnue.

Deux espèces habitent l'Amérique,

une troisième habite l'Inde. Le *tapir à dos blanc* de l'Inde a 1 mètre de hauteur au garrot; le *tapir d'Amérique*, d'un gris brun noirâtre, a à peu près la même taille. Ce sont des animaux nocturnes, qu'on rencontre seulement dans

Tapir (hauteur 1 mètre).

les forêts. Ils ont un régime herbivore; par leur manière de vivre, ils se rapprochent du sanglier, quoiqu'ils soient plus paisibles. On chasse le tapir avec ardeur pour se procurer sa chair et sa peau.

tarentule. — Araignée des régions méridionales de l'Europe (Italie, Espagne, Grèce, midi de la France) dont

Tarentule (longueur totale 0m,08).

la morsure, regardée bien à tort comme mortelle, ne cause que de l'enflure sans accident grave (*fig.*).

taret. — Le *taret*, ou ver de vaisseau, est un mollusque *lamellibranche* de forme très singulière; c'est une sorte de ver, ayant parfois 3 décimètres de longueur, dont la tête est munie de deux petites valves assez semblables aux deux moitiés d'une coque de noisette; elles ne protègent qu'une faible partie du corps proprement dit.(*fig.*).

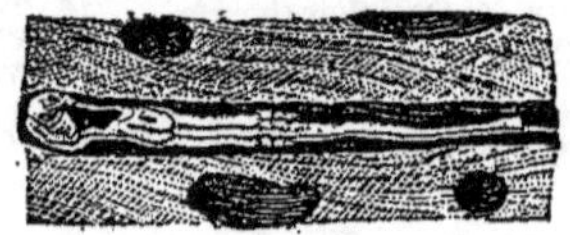
Taret (longueur 0m,30).

Ce mollusque cause aux bois plongés dans la mer (navires, pilotis) des dégâts considérables; il creuse de longues galeries. En 1731, il s'attaqua aux digues de Hollande, qu'il menaça de destruction. Il est très difficile de préserver les bois qui sont dans la mer de l'atteinte des tarets.

tarin. — Petit oiseau *passereau*, long de 14 centimètres. Originaire des régions du Nord, il n'est chez nous qu'un oiseau de passage. Habite les forêts d'arbres verts; vit de graines et d'insectes. Niche dans les sapins. Se reproduit très bien en captivité (*fig.*).

Tarin (longueur 0m,14).

tartrates. — Les *tartrates* sont des composés qui prennent naissance quand l'acide tartrique se combine avec les bases.

tartre. — Le jus de raisin contient de l'acide tartrique en combinaison avec de la potasse, c'est-à-dire un sel nommé *tartrate de potasse*. Ce tartrate se dépose peu à peu dans les barriques, en même temps qu'un peu de tartrate de chaux et de matière colorante. On obtient donc sur les parois des tonneaux une croûte saline plus ou moins épaisse qui constitue le *tartre brut des vins*. Ce tartre est rouge ou blanc, selon la couleur du vin qui l'a déposé. On s'en sert pour la préparation de l'*acide tartrique* et aussi du *tartre pur*.

Le *tartre pur*, nommé aussi *crème de tartre*, est du tarte brut qu'on a purifié pour en enlever les matières colorantes et le tartrate de chaux. On s'en sert dans la teinture et l'impression des laines; on l'utilise en médecine comme purgatif.

En économie domestique, on se sert, pour nettoyer l'argenterie, d'une poudre fine qui est un mélange de crème de tartre, de blanc d'Espagne et d'alun. Ajoutée en très petite quantité à la farine, la crème de tartre lui donne la propriété de lever beaucoup plus facilement, de fournir un pain plus léger et plus blanc.

L'*émétique*, médicament énergique

qui est, de tous les vomitifs, le plus employé en médecine, est une combinaison de *tartrate de potasse* et de *tartrate d'antimoine;* c'est un poison violent, qu'on doit administrer avec prudence.

tartrique (acide). — Composé très répandu dans les plantes, dans lesquelles il est toujours combiné à une base, formant ainsi des *tartrates* (raisins, tamarins, mûres, racines de betteraves,...). C'est un solide transparent, incolore, inodore, ayant une saveur acide, assez agréable ; très soluble dans l'eau.

L'industrie le retire en grande quantité du *tartre* (voy. **tartrates**). Il est employé comme rongeant dans la teinture et dans l'impression des tissus, la préparation de certaines matières colorantes. On s'en sert pour la fabrication des boissons gazeuses, et en particulier pour la fabrication domestique de l'eau de seltz. En médecine, on utilise l'acide tartrique pour préparer une limonade rafraîchissante. Les *tartrates* sont plus souvent employés.

tatou. — Le *tatou* (*fig.*) est un mammifère *édenté* fouisseur de l'Amérique du Sud, qui a le corps recouvert d'une cuirasse, le museau pointu, les pattes munies d'ongles propres à fouir; la queue, de longueur moyenne, est aussi cuirassée. Il a la taille d'un lapin. C'est un animal très nomade; il se creuse un terrier de 1 à 2 mètres de long, qu'il abandonne souvent. Il se nourrit de fourmis, de termites, de coléoptères, de chenilles, de sauterelles, de vers de terre. Sa démarche est lente et embarrassée. Pour se défendre de ses ennemis, il se cache en terre ; poursuivi, il ne lui faut pas plus de trois minutes pour creuser un terrier assez profond pour le dissimuler. Il s'enroule comme le hérisson, présentant sa carapace à l'ennemi. La femelle met bas de trois à neuf petits, qui vont vivre seuls dès qu'ils sont un peu grands, car le tatou est toujours solitaire.

Tatou (longueur, sans la queue, 0^m,40).

Les tatous sont des animaux utiles, qui détruisent beaucoup d'insectes. On les chasse cependant, car leur chair est comestible; de la carapace on fait des petits paniers.

Plusieurs édentés fouisseurs sont analogues au tatou.

tatouage. — Opération qui consiste à imprimer sur la peau des figures indélébiles, au moyen de matières colorantes (charbon, poudre, vermillon), introduites par piqûre ou incision (*fig.*). Cet usage remonte à la plus haute antiquité, et, aujourd'hui encore, il est suivi par un grand nombre de peuplades de l'Asie, de l'Océanie et de l'Afrique.

Dans le tatouage par incision, on fait de petites plaies, avec un instru-

Tatouage.

ment tranchant, dans lesquelles on introduit la poudre colorante; après la cicatrisation, le tatouage est légèrement en relief.

Dans le tatouage par piqûre, on pique la surface de la peau avec une aiguille, on étend la matière colorante sur la région piquée, et on presse pour faire pénétrer la couleur dans les piqûres.

taupes. — La *taupe* est un mammifère *insectivore* dont la vie est exclusivement souterraine. Son organisation est appropriée à ce genre de vie. Elle a le membre antérieur (bras) très court, fortement attaché, muni d'une main large, dont la paume est toujours tournée en dehors et en arrière; les doigts sont courts, mais terminés

Taupe commune (longueur 0^m,12).

par des ongles longs, forts et tranchants. C'est avec cet instrument que la taupe creuse des galeries sous terre, et repousse les déblais à l'extérieur. Elle est aidée dans ce travail par une tête allongée, pointue, dont le museau est armé au bout d'un osselet particulier; avec la tête, la taupe perce et soulève la terre. Œil très petit et vue faible; mais l'ouïe est très fine. La taupe se meut difficilement sur terre. Sous terre elle construit des galeries souterraines très étendues, près de la surface. De petites buttes ou taupinières, faites avec la terre qui en provient, décèle dans les champs la présence des galeries. Chaque individu a son terrier, aboutissant à un carrefour central. La taupe met bas, après un mois de gestation, de trois à cinq petits très faibles, gros comme des pois; elle a deux portées par an; les petits sont déposés dans un nid central, bien à l'abri du froid. La longueur de la *taupe commune* est de 12 centimètres; elle est ordinairement noire; sa fourrure a peu de valeur (*fig.*).

Les agriculteurs n'aiment pas les taupes, qu'ils considèrent comme des ennemis de leur culture. Cet animal est au contraire pour nous un puissant auxiliaire, qu'il faudrait défendre et non combattre. Certainement elle coupe bien des racines en creusant ses gale-

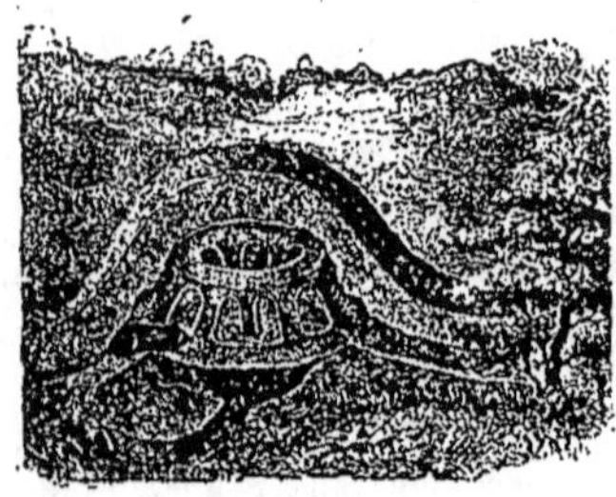

Terrier de la taupe.

ries, et elle rejette à l'extérieur une terre souvent nuisible aux cultures, mais ces galeries constituent une sorte de drainage qui n'est pas sans utilité. Mais la taupe détruit surtout un nombre considérable de vers de terre, vers blancs, larves d'insectes nuisibles. Elle fait en général beaucoup plus de bien que de mal. On la rencontre dans presque toute l'Europe, et aussi en Asie.

taupin. — Genre d'insectes *coléoptères* dont il existe en France plusieurs espèces. Ces insectes sont de forme allongée, de couleur foncée, reconnaissables aux sauts qu'ils font constamment, accompagnés d'un petit bruit sec bien distinct. La femelle pond ses œufs au pied des plantes; les larves, qui ont la forme de petits vers, rongent les racines pendant cinq années avant de prendre la forme d'insectes parfaits;

elles font souvent des dégâts importants.

teck. — Grand arbre qui forme des forêts étendues dans l'Inde, la Birmanie et le Siam; il est aujourd'hui soumis à une culture régulière dans l'Inde et à Java. Son bois dur, dense, d'une coloration rouge assez foncée, résiste admirablement à l'humidité et aux attaques des insectes; il dure trois fois plus que le meilleur chêne; aussi est-ce, de tous les bois, le plus estimé pour les constructions navales.

Les pays de production en font un commerce considérable, principalement avec la Hollande, l'Angleterre et la Chine. Le teck est aussi cultivé dans les pays chauds comme arbre d'ornement.

teigne. — Nom désignant les maladies cutanées qui déterminent la formation de croûtes ou de pellicules sur le cuir chevelu; comme ces maladies sont très diverses, il convient de les distinguer par des noms divers.

Ainsi la **teigne tondante**, due à un parasite, donne naissance à des plaques tuméfiées, recouvertes de petites croûtes; après sa guérison elle laisse sur la tête des régions plus ou moins étendues dépourvues de cheveux; elle est contagieuse. On traite par des pommades appropriées; il est bon aussi d'isoler les plaques malades en arrachant les cheveux tout autour.

Le favus, autre sorte de teigne, est aussi contagieux; il est produit par le développement d'un champignon spécial. Cette maladie est déterminée par la formation de disques jaunes, creusés en forme de godets et traversés par un cheveu; il se développe en même temps une odeur spéciale. Le favus atteint surtout les enfants; on le traite par des pommades appropriées; en même temps on épile les parties malades et on rase la tête; la guérison est longue à obtenir, et il reste souvent des parties chauves.

La **pelade** est sans doute aussi contagieuse et due à un parasite; les cheveux deviennent ternes, secs, puis ils tombent très rapidement, et en quelques mois la tête peut devenir complètement chauve; mais, si le traitement, est convenable (pommades, arrachage des cheveux, etc.), les cheveux peuvent repousser.

teignes. — Les *teignes* sont des insectes *lépidoptères* de très petite taille. Leurs chenilles sont très vives et causent de grands dégâts dans nos habitations. Elles se construisent, avec diverses matières, des fourreaux dans lesquels elles se logent, et qu'elles transportent souvent avec elles. Devenues insectes parfaits, elles constituent de petits papillons qui pondent à l'endroit qui sera ensuite le plus favorable à la vie de la larve.

Le nombre des espèces de teigne est considérable. Les teignes qui s'attaquent aux étoffes et aux fourrures sont vulgairement connues sous le nom de *vers*.

Teigne du pommier (grandeur naturelle).

La **teigne tapissière** est d'un gris argenté ; elle ronge les draps et les tissus de laine ; la **teigne des pelleteries**, grise avec des points noirs sur les ailes, s'attaque aux fourrures ; la **teigne à front jaune** ravage les collections d'histoire naturelle ; la **teigne des grains** ronge les céréales dans les greniers ; la **teigne des ruches** se nourrit de cire. D'autres teignes vivent sur les végétaux, dans lesquels elles creusent des galeries : ce sont les **teignes mineuses**.

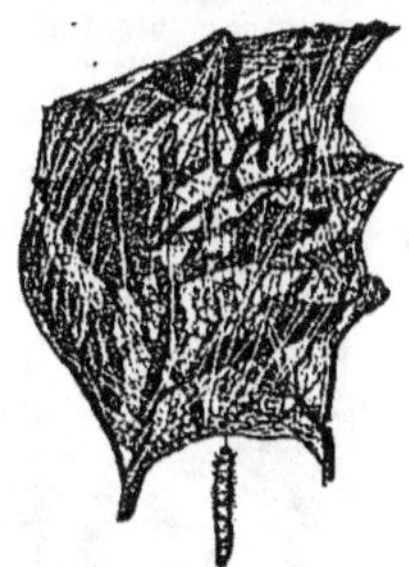

Une colonie de teignes du pommier.

Ainsi la **teigne du pommier** (*fig.*) fait d'énormes ravages ; les œufs éclosent au printemps, et on voit le pommier se couvrir de toiles de soie blanche filées par les chenilles, qui rongent en même temps toutes les feuilles.

teinture. — La teinture des *matières textiles* se fait par deux procédés bien différents. Ou bien on teint d'une manière uniforme toute la fibre textile, en la trempant dans le bain de teinture : c'est la *teinture par immersion* ; ou bien on teint seulement une des faces du tissu : c'est la *teinture par impression*.

Teinture par immersion. — Les matières colorantes s'unissent aux tissus et forment des composés capables de résister au frottement, au grattage, au lavage, au lessivage. Même les couleurs qui étaient d'abord solubles dans l'eau deviennent insolubles quand elles se sont unies au tissu, et ne partent pas par le lavage.

Souvent il suffit de plonger le tissu dans une dissolution de la matière colorante pour que la combinaison se produise et ait une solidité suffisante ; dans ce cas, la teinture se fait par *simple immersion*. Mais toutes les matières colorantes ne peuvent pas être appliquées de la sorte. Il faut alors faire intervenir une nouvelle substance capable de fixer la couleur. Lorsque,

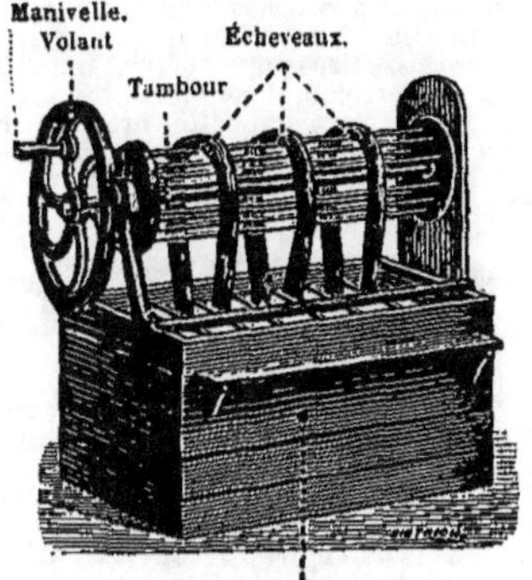

Cuve de teinturier.

par exemple, on trempe un écheveau de coton dans une dissolution d'*alun*, puis dans une décoction de *garance*, on obtient une teinture en rouge très solide.

Les matières usitées pour fixer les matières colorantes sont appelées *mordants*. Les mordants les plus employés sont les *sulfates* et les *acétates d'alumine*, de *fer*, d'*étain*, de *cuivre* et de *chrome*.

La soie et la laine se teignent assez souvent par *simple immersion* ; les couleurs d'*aniline*, d'*anthracène*, de *naphtaline*, l'*indigo*, l'*orseille*, ne demandent aucun mordant pour se fixer sur ces matières textiles.

Le coton, le lin et le chanvre, qui prennent la couleur moins facilement, exigent presque toujours un mordant. La dissolution du mordant, convenablement concentrée, est maintenue dans une chaudière à une température assez élevée. Le tissu, agité dans cette dissolution, puis lavé à l'eau ordinaire, est ensuite plongé dans le *bain de teinture* (*fig.*). Souvent on mêle la dissolution du mordant à la dissolution de

Planche à impression.

la matière colorante, et on immerge le tissu dans le mélange, ce qui est plus simple.

Teinture par impression. — La teinture par impression a pour but de déposer, sur l'une des faces d'un tissu, des couleurs variées constituant un dessin. La série complète des opérations nécessaires pour opérer l'impression est fort complexe; mais les principes généraux de cette branche de l'art de la teinture sont très simples.

L'impression s'effectue soit à la *planche*, soit au *rouleau* (*fig.*).

Rouleau à impression.

La *planche* est constituée par une pièce de bois dur, parfaitement rabotée, sur laquelle on a gravé, en *relief*, le dessin à imprimer. Cette planche, appuyée légèrement sur la surface d'un châssis en drap recouvert uniformément de la préparation à imprimer, se charge de cette préparation sur ses reliefs. Si on l'applique ensuite sur le tissu bien tendu, elle y dépose le mordant ou la couleur. La planche a généralement une largeur égale à la largeur de la pièce d'étoffe à imprimer; on la porte alternativement sur le châssis et sur le tissu, jusqu'à ce que toute la longueur de la pièce soit imprimée.

La méthode du *rouleau* est plus expéditive. Le rouleau est un cylindre en cuivre, sur lequel le dessin est gravé en *creux*. Ce rouleau, tournant sur lui-même, frotte contre un autre rouleau, garni de cuir, qui tourne lui-même en passant dans la préparation à imprimer; dans ce frottement, le rouleau gravé s'imprègne de la préparation. Une lame d'acier bien dressée, appliquée exactement contre ce dernier, enlève régulièrement toute la préparation étendue sur la surface, laissant seulement celle qui remplit les creux de la gravure. Au-dessus, et fortement appliqué contre le rouleau d'impression, se trouve un troisième cylindre, recouvert de drap, qui roule aussi sur

lui-même; la pièce d'étoffe à imprimer, serrée entre les deux rouleaux, passe comme dans un laminoir. Fortement pressée contre le rouleau gravé, l'étoffe pénètre dans les creux de la gravure et s'y imprime. On obtient de la sorte une impression continue.

Il y a plusieurs manières d'appliquer l'impression au rouleau ou à la planche. Dans l'*impression par mordants*, on se sert de la planche ou du rouleau pour imprimer le *mordant* sur le tissu; puis on trempe la pièce entière dans le bain de teinture; la couleur s'attache solidement sur les parties *mordancées*, tandis qu'il ne se dépose sur les fibres non mordancées qu'une nuance fugace, qu'on enlèvera facilement par un lessivage et un lavage à l'eau courante.

Quand on a affaire à une couleur qui se fixe sur le tissu sans avoir besoin de mordant, on *imprime avec réserves*. C'est-à-dire qu'on imprime, à la planche ou au rouleau, une matière capable d'empêcher la fixation de la couleur. Ces *réserves* faites, on immerge le tissu dans le bain de teinture; la couleur se fixe seulement aux endroits où il n'y a pas de réserves.

D'autres fois enfin, on teint uniformément le tissu, puis on fait l'impression avec un *rongeant* capable de détruire la matière colorante aux endroits où il est appliqué.

Rouleau.   Étoffe.
Engrenage.

Machine à impression.

Ces divers procédés sont d'une exécution facile quand on veut imprimer une seule couleur; mais ils deviennent généralement très compliqués si l'on veut exécuter un dessin en plusieurs nuances. Il faut opérer *successivement* avec autant de planches ou de rouleaux que l'on veut obtenir de nuances.

Mais aujourd'hui on va plus rapidement. Dans le nouveau procédé, au lieu d'imprimer les mordants, les réserves ou les rongeants, on imprime directement les couleurs. Autour du cylindre le long duquel se déroule le tissu, cylindre qui a alors un grand diamètre, se trouvent placés deux, trois, quatre..., vingt rouleaux d'impression, gravés, dont chacun correspond à une couleur déterminée, et dont les diverses gravures se rapportent exactement les unes aux autres, de façon à former, par leur juxtaposition, le dessin complet avec ses nuances (*fig.*). Sur chaque rouleau on applique la couleur convenable, suffisamment épaissie, et on imprime. Ces couleurs sont constituées, soit par des matières colorantes capables d'adhérer au tissu sans l'intermédiaire d'un mordant, soit par un mélange de matière colorante et de mordant. Après l'impression, la couleur n'est jamais suffisamment fixée ; on soumet le tissu à l'action de la vapeur d'eau, à une température plus ou moins élevée. Agissant à la fois par sa chaleur et par son humidité, la vapeur détermine la réaction de la couleur sur le mordant, et fixe solidement la nuance. C'est par ce procédé, dit de *couleurs-vapeur*, qu'on obtient aujourd'hui toutes ces étoffes imprimées en diverses nuances, à des prix si modérés..

système de communications rapides nommé *télégraphe aérien* (*fig.*). Des tours, placées de distance en distance sur les collines, portaient un système de barres de bois susceptibles de

Un des postes télégraphiques de Chappe.

prendre un grand nombre de positions différentes (*fig.*). Grâce à ces positions, des signaux conventionnels étaient échangés, qui formaient des phrases. Un guetteur, placé sur chaque tour, répétait les signaux qu'il voyait de la

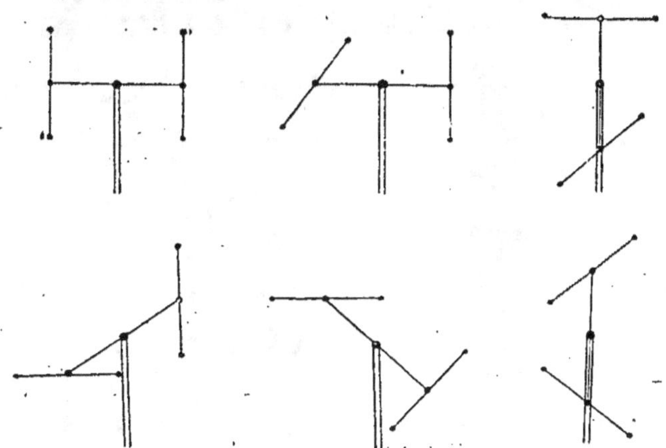

Exemples de quelques-unes des positions que pouvaient prendre les bras du *télégraphe aérien de Chappe.*

télégraphe aérien. — En 1792, Claude Chappe avait imaginé un

tour précédente. Il ne fallait pas plus de 15 minutes à un signal pour être ensuite transmis de Paris à Toulon (840 kilomètres). Mais le système ne fonctionnait pas par les temps de brouillard.

En 1846, quand apparut le télégraphe électrique, on avait établi en France cinq grandes lignes du système Chappe, unissant Paris à Lille, Strasbourg, Toulon, Bayonne et Brest.

télégraphie électrique. — La télégraphie électrique date de 1830 ; le premier télégraphe qui ait fonctionné est dû au savant américain Morse.

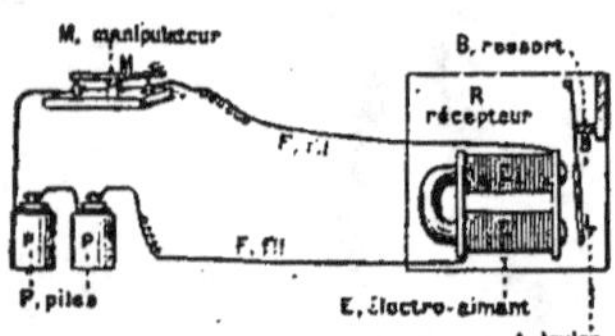

Principe du télégraphe électrique. — Chaque fois que, au poste de départ, on presse sur le bouton du manipulateur M, le courant de la pile est lancé dans le fil de ligne. Il arrive dans l'électro-aimant du récepteur, au poste d'arrivée, et met en mouvement le levier L.

Principe du télégraphe électrique. — Une *pile* est à Paris, un *électro-aimant* est à Marseille, et des fils conducteurs font parvenir le courant de la pile jusqu'à l'électro-aimant. En

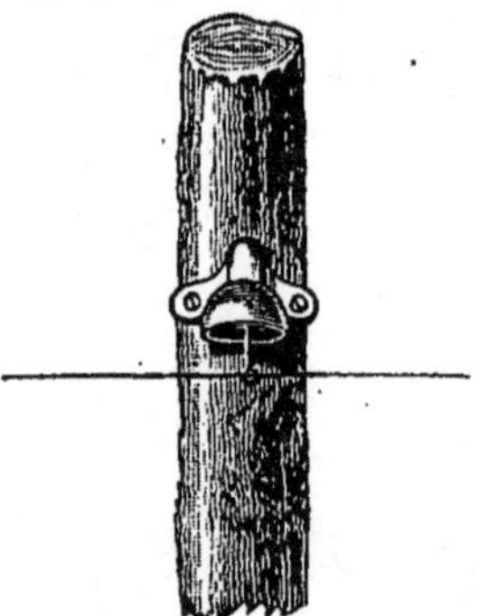

Fil aérien et son mode de suspension.

face de l'électro-aimant est un petit morceau de fer, maintenu à une faible distance des pôles par l'action d'un ressort. Quand passe le courant de la pile, l'électro-aimant attire le morceau de fer ; mais, si on vient à interrompre le courant, l'électro-aimant revient à

l'état naturel, et le ressort soulève le morceau de fer. Il sera donc facile, en établissant et interrompant alternativement, à Paris, le passage du cou-

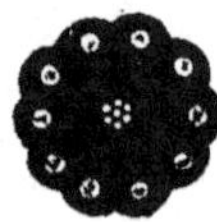

Fil sous-marin, entouré d'une couche isolante de gutta-percha et d'une armature protectrice.

rant de la pile, de faire monter et descendre à Marseille le morceau de fer. En faisant varier convenablement le nombre et la rapidité des mouvements, on pourra transmettre ainsi une série de signaux conventionnels représentant les lettres de l'alphabet, et, par suite, des phrases entières.

C'est là le principe des télégraphes électriques ; mais ce principe a été appliqué de plusieurs manières.

Télégraphe de Morse. — Ce système

Manipulateur de l'appareil de Morse. — Il suffit de presser sur le bouton pour lancer le courant dans le fil de ligne.

est très employé par l'administration des télégraphes français.

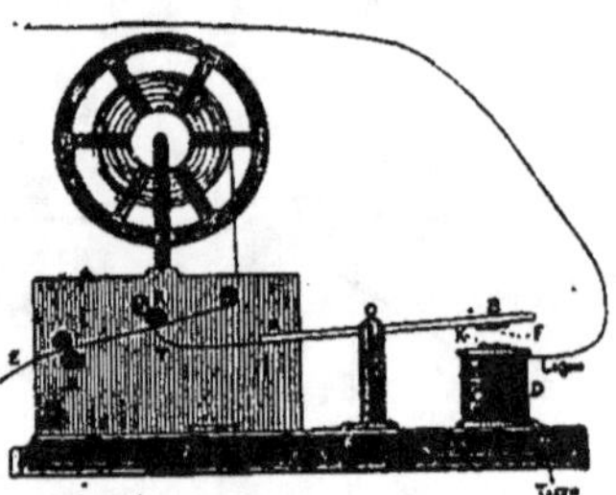

Récepteur de l'appareil de Morse. — Quand le courant arrive dans l'électro-aimant, ce dernier fait basculer le levier, dont la pointe trace alors un trait plus ou moins long, sur une bande de papier qui se déroule.

Au poste de départ est un levier,

par lequel passe le fil de la pile. Quand on presse sur le levier, le courant passe dans le fil, et s'en va au poste

pointe trace un trait sur une bande de papier qui se déroule par l'action d'un mouvement d'horlogerie. Quand

ALPHABET MORSE.

A	· —		N	— ·		,	· — · — · —
B	— · · ·		O	— — —		.	— · — · — ·
C	— · — ·		P	· — — ·		:	— — — · · ·
D	— · ·		Q	— — · —		1	· — — — —
E	·		R	· — ·		2	· · — — —
F	· · — ·		S	· · ·		3	· · · — —
G	— — ·		T	—		4	· · · · —
H	· · · ·		U	· · —		5	· · · · ·
I	· ·		V	· · · —		6	— · · · ·
J	· — — —		W	· — —		7	— — · · ·
K	— · —		X	— · · —		8	— — — · ·
L	· — · ·		Y	— · — —		9	— — — — ·
M	— —		Z	— — · ·		10	— — — — —

d'arrivée ; quand on cesse de presser, le courant ne passe plus.

Au poste d'arrivée est un électro-aimant, au-dessus duquel est un levier. Quand le courant passe, le levier est attiré, il se soulève, et sa

le courant cesse de passer, il n'y a plus de trait tracé ; on voit que les signaux sont ainsi *imprimés* par l'appareil lui-même.

Manipulateur de l'appareil Bréguet.

Récepteur de l'appareil Bréguet.

Les signaux sont au nombre de deux seulement : le point (.) et le trait (—). En combinant le point et le trait de différentes manières, on forme toutes les lettres de l'alphabet.

Divers systèmes télégraphiques. — Il y a bien d'autres télégraphes que celui de Morse.

Le *système Bréguet*, en usage dans les chemins de fer, n'écrit rien ; une aiguille indique les lettres qui doivent composer les mots de la dépêche.

Le *système Hughes* est le plus parfait ; il imprime la dépêche en caractères d'imprimerie ordinaires.

Quant aux fils qui servent à transmettre l'électricité, ils sont tantôt dans l'air, tantôt sous terre, tantôt sousmarins ; mais ils doivent toujours être bien *isolés*, pour ne pas laisser perdre le fluide en route.

télégraphie optique. — En l'absence de communications télégraphiques, il est possible d'envoyer des signaux conventionnels d'une colline à une autre, même fort éloignée, à l'aide de la simple lumière. L'ancienne *télégraphie aérienne* de Chappe le montre suffisamment. De nos jours, ce système n'est plus employé qu'exceptionnellement, en guerre par exemple. D'une station à l'autre, on lance un rayon de soleil, comme font les enfants à l'aide d'un petit miroir, et, à défaut de soleil, un rayon provenant d'une lampe ou de la lumière électrique (*fig.*). Le miroir étant disposé de telle

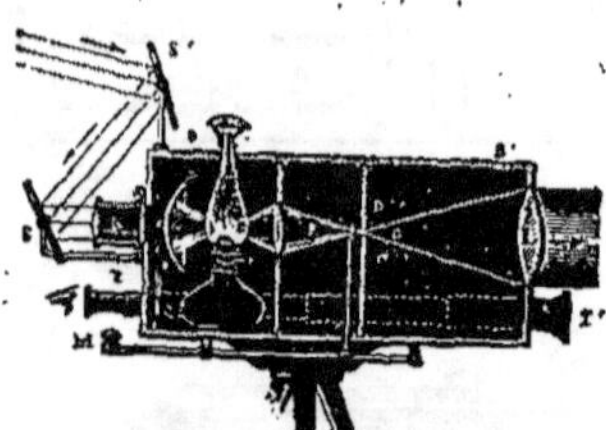

Appareil de télégraphie optique. — A l'aide de la *lunette TT'*, on dirige l'appareil vers le but à atteindre. La lumière de la lampe est alors envoyée au loin grâce à la lentille L. En enlevant la lampe, on peut également envoyer les rayons du soleil, à l'aide des miroirs SS' placés derrière la caisse. La lunette TT' sert aussi à recevoir les signaux du poste correspondant. Avec la poignée M on fait mouvoir un obturateur qui permet d'interrompre à volonté le passage de la lumière.

manière que le rayon lumineux atteigne l'autre station, il suffit de le dévier très peu pour déplacer le rayon et pour que la personne qui le recevait cesse de le voir. On peut ainsi produire des apparitions courtes ou longues, séparées par des éclipses. Il n'en faut pas davantage pour constituer un alphabet.

Aujourd'hui tous les forts de nos

frontières sont reliés entre eux au moyen de télégraphes optiques. Leur portée est telle qu'on peut faire communiquer la France avec la Corse.

téléphone. — Instrument imaginé en 1876 par l'Américain Graham Bell. Il permet de transmettre la parole à une grande distance. Le téléphone est aujourd'hui aussi répandu que le *télégraphe électrique*.

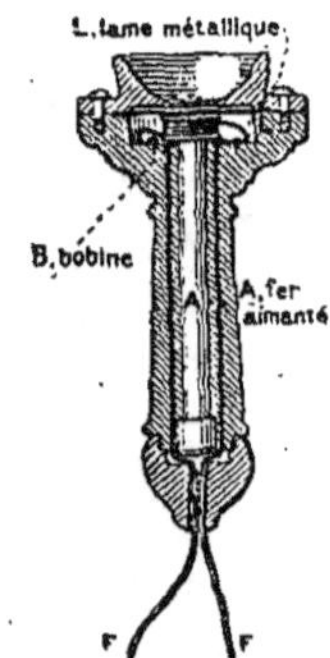

Forme primitive du téléphone de Graham Bell.

Autour de l'une des extrémités d'un aimant est enroulé un fil de cuivre recouvert de soie ; à quelques milli-

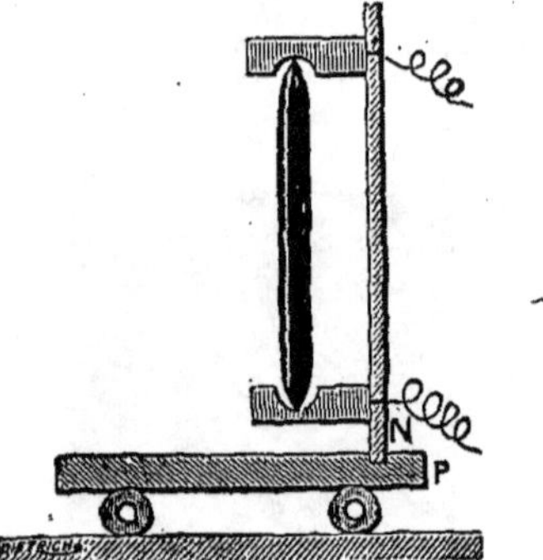

Transmetteur du téléphone actuel (réduit à sa plus simple expression).

mètres devant la même extrémité de cet aimant est une petite plaque de fer, très mince, fixée au fond d'une sorte d'entonnoir en bois. C'est là tout l'instrument. Deux téléphones semblables, l'un à Paris, l'autre à Versailles, sont reliés par des fils de cuivre qui s'attachent aux extrémités des fils enroulés autour des aimants. Si on parle dans l'entonnoir du téléphone de Paris, la voix est répétée par le téléphone de Versailles, et on n'a, pour l'entendre, qu'à approcher l'oreille de l'entonnoir du téléphone de Versailles. L'effet tient à ce que la voix a fait vibrer la plaque métallique de Paris; cette vibration, en approchant et éloignant la plaque du pôle de l'aimant, a fait naître des courants d'*induction* dans le fil enroulé sur l'aimant. Ces courants d'induction, en arrivant à Versailles, ont agi sur l'ai-

Poste du téléphone Ader, montrant la caisse qui renferme le *transmetteur*, les *récepteurs* suspendus à des crochets, et la sonnerie avertisseuse.

mant de Versailles, qui a éprouvé des variations de puissance, ce qui a fait vibrer la plaque voisine et lui a fait rendre un son.

C'est là l'appareil primitif. Le téléphone actuel n'est plus aussi simple; l'appareil devant lequel on parle n'est plus le même que celui devant lequel on écoute; de plus, il y a une pile électrique, tandis qu'il n'y en avait pas à l'origine. Le *transmetteur* se compose d'une baguette de charbon des cornues soutenue par deux godets de même substance. Le *récepteur* est un téléphone comme celui que nous venons de décrire. Une pile fournit un courant, qui passe dans le transmetteur, va de là au récepteur, situé à une grande distance, puis revient à la pile.

Tant que le courant passe normalement, on n'entend aucun son. Mais, si on parle devant la baguette de charbon, cette baguette se met à vibrer : ses vibrations changent les conditions du passage du courant, ce qui fait que le récepteur reçoit un courant de force variable. Cela suffit pour faire vibrer la plaque de fer du récepteur, et lui faire répéter le son.

télescope. — Instrument d'optique destiné à nous montrer les objets très éloignés comme s'ils étaient plus rapprochés de nous. Au fond d'un grand tube de laiton est fixé un *miroir* sphérique concave, qui donne des objets une image renversée et très petite.

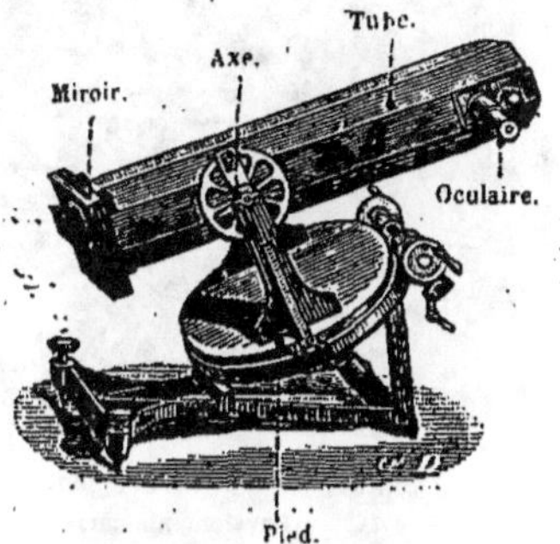

Télescope de Newton. — La lumière partie de l'astre entre dans le *tube*, se réfléchit sur le *miroir*, et donne une image qu'on regarde avec un *oculaire* placé sur le côté. On peut placer l'appareil dans la direction convenable grâce à une double rotation autour du pied, et autour d'un *axe* horizontal.

Une lentille convergente, servant de *loupe*, est disposée sur le côté de l'instrument, et permet de regarder cette petite image en l'amplifiant. On voit que le télescope se rapproche beaucoup d'une *lunette* astronomique; la lentille objective de la lunette y est remplacée par un miroir concave produisant le même effet.

On construit des télescopes puissants, qui ont d'énormes dimensions; on ne peut les mettre en mouvement qu'au moyen de tout un système de poulies et de manivelles.

tempéraments. — On nomme *tempérament* d'une personne une manière d'être qui résulte de l'ensemble de ses organes, de la prédominance d'action de tel ou tel d'entre eux, et qui fait que cette personne est plus ou moins sujette, ou plus ou moins rebelle, à telle ou telle maladie. Nous citerons les quatre tempéraments les plus distincts actuellement admis en médecine (*fig.*).

Le **tempérament lymphatique** provient du développement considérable des vaisseaux lymphatiques et de l'abondance de la lymphe. C'est le tempérament de presque tous les enfants, et d'un grand nombre de femmes. Les chairs sont blanches, molles, le teint

culatoire. L'homme sanguin est généralement petit, trapu, le cou est court et gros, le teint est haut en couleur, l'œil brillant ; le caractère est violent, mais souvent généreux ; les passions sont vives et impérieuses. Il y a prédisposition aux maladies de peau, aux hémorragies, aux inflammations, à la fièvre, aux affections du cœur et des artères. Les enfants ne sont jamais

Physionomie correspondant à divers tempéraments.

pâle, le caractère est lent et souvent flegmatique. Chez les lymphatiques, les maladies évoluent lentement et ont une grande tendance à devenir chroniques ; la scrofule, les maux d'yeux et de gorge, la diarrhée, la phtisie pulmonaire, attaquent souvent les personnes lymphatiques. C'est surtout pendant les premières années de la vie qu'on peut remédier, par une bonne hygiène, aux dangers d'un lymphatisme exagéré : la vie au grand air, l'endurcissement progressif au froid et à la chaleur, le séjour sur les bords de la mer, l'action des eaux minérales, l'hydrothérapie, sont souverains.

Le **tempérament nerveux** est caractérisé par la prédominance des fonctions nerveuses sur les fonctions de nutrition. Les personnes de tempérament nerveux sont le plus souvent maigres, d'une grande vivacité de mouvements et de caractère, elles ont une grande sensibilité physique et morale ; elles résistent avec énergie aux maladies qui les atteignent. Ce tempérament prédispose à la folie, à toutes les formes de l'hystérie.

Le **tempérament sanguin** est celui dans lequel prédomine le système cir-

sanguins ; mais ils le deviennent à l'époque de l'adolescence. Un jeune homme qui a des dispositions à devenir sanguin devra avoir une alimentation simple, ni trop abondante, ni trop substantielle ; les exercices devront être de ceux qui n'activent pas trop la circulation ; il restera peu au lit.

Le **tempérament bilieux** vient d'une prédominance de la sécrétion du foie. Les gens bilieux sont maigres, bruns, à figure mobile, à peau jaunâtre ; le caractère est violent ; ils sont souvent jaloux, ambitieux. Les maladies de l'appareil digestif, du foie surtout, sont surtout à craindre ; les personnes bilieuses craignent les grandes chaleurs. Une grande sobriété, l'usage des purgatifs, la privation des aliments gras, leur sont nécessaires.

Le plus souvent aucun de ces tempéraments ne prédomine d'une façon absolue sur les autres ; on rencontre ordinairement des tempéraments mixtes, tels que *bilioso-nerveux, nervoso-sanguin*, etc. Les conditions les plus favorables de la santé seraient celles où il n'y aurait aucune prédominance d'aucun organe ; c'est-à-dire celles où il y aurait absence de tempérament.

température. — On nomme *température* l'état calorifique de l'atmosphère, ou encore le degré de chaleur d'un lieu. La température est indiquée par le *thermomètre*. On a, en physique et en chimie, à mesurer à chaque instant des températures; mais les variations de la température de l'air sont plus particulièrement intéressantes. Ces variations ont leur origine dans les mouvements de la terre par rapport au soleil.

Janvier	$+ 1°,8$	Juillet	$+ 18°,1$
Février	$+ 3°,2$	Août	$+ 17°,6$
Mars	$+ 5°,9$	Septembre	$+ 14°,4$
Avril	$+ 9°,4$	Octobre	$+ 10°,2$
Mai	$+ 12°,9$	Novembre	$+ 5°,7$
Juin	$+ 16°,2$	Décembre	$+ 3°,1$

Quand on se déplace à la surface de la terre, la température éprouve des variations considérables; en général, il fait plus chaud quand on s'approche de l'équateur, et plus froid quand on

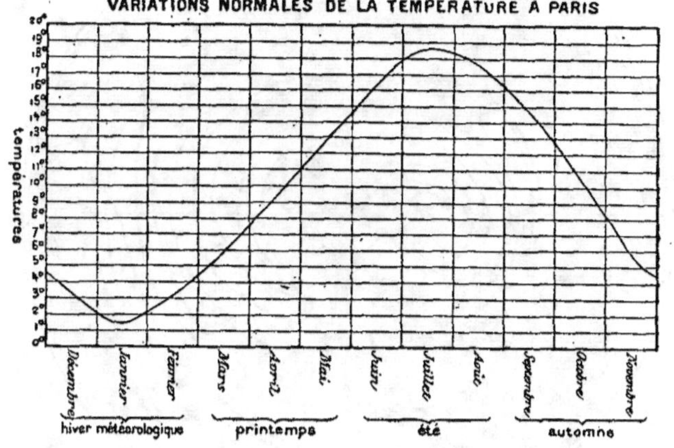

Courbe indiquant les variations annuelles de la température moyenne à Paris.

En chaque endroit, la température s'élève en général depuis le moment où se lève le soleil jusqu'à deux ou trois heures de l'après-midi; à ce moment-là, il y a *maximum*. Puis la température s'abaisse jusqu'au moment du lever suivant du soleil : à ce moment, il y a *minimum*. Mais très souvent les changements survenus dans la direction du vent et dans l'état du ciel amènent des perturbations accidentelles, qui rendent beaucoup moins régulière la variation diurne.

Les saisons amènent dans la température des variations plus importantes encore; la température est plus élevée en été qu'en hiver; dans nos climats, l'époque la plus chaude est en général vers le milieu de juillet, et l'époque la plus froide vers le milieu de janvier.

A Paris, la *température moyenne* des douze mois de l'année est la suivante (résultant d'un fort grand nombre d'années d'observation) :

s'approche des pôles. Ainsi la *température moyenne* de l'année est de — 19° à l'île Melville (Amérique du Nord), de $+ 9°,9$ à Paris, et de $+ 30°$ à Massaoua (Abyssinie).

Sur les bords de la mer, il fait généralement moins chaud l'été et moins froid l'hiver que sur les continents.

Sur les montagnes, il fait d'autant plus froid qu'on s'élève davantage: de là l'existence des glaciers et des neiges éternelles sur les montagnes très élevées. Dans le Thibet, les neiges sont persistantes à partir de 5 000 mètres d'altitude; sur les Alpes et sur les Pyrénées, elles le deviennent vers 2 800 mètres.

Quand on s'enfonce dans le sol, ou dans l'eau de la mer, la température éprouve aussi des variations remarquables. A une profondeur de quelques mètres au-dessous de la surface du sol, la chaleur de l'été et le froid de l'hiver cessent complètement de se faire sentir. Les caves, les puits, jouissent aussi, ou à peu de chose près, de cette constance de température. Si on s'enfonce davantage dans le sol, on trouve des couches successives dont la température augmente à peu près de 1° quand on s'enfonce de 30 mètres. Aussi est-il à croire qu'à

entre eux en recherchant les poids qui déterminent la rupture de fils ayant exactement le même diamètre, c'est-à-dire ayant passé par le même trou de la filière. Un fil de fer d'un millimètre carré de section ne se rompt que sous une charge de 62 kilogrammes; un fil

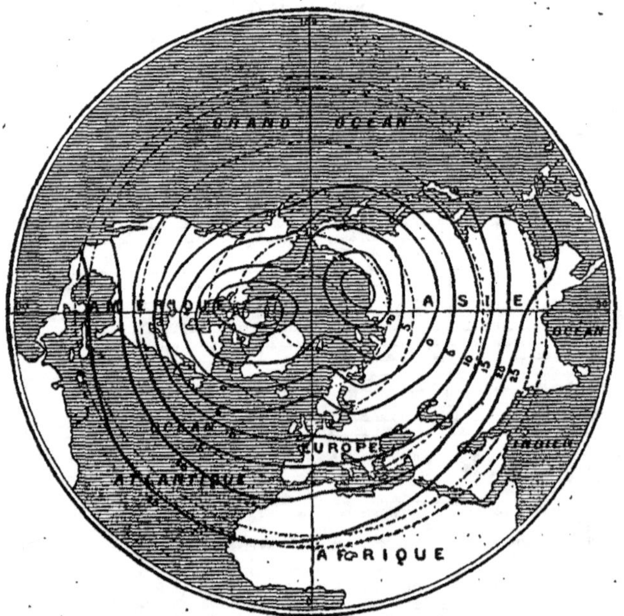

Lignes isothermes de l'hémisphère boréal. — Chacune des lignes tracées sur cette carte indique les régions où la température moyenne de l'année est la même. Ainsi la ligne marquée 10, qui passe dans le voisinage de Paris, coupe la mer Noire, la mer Caspienne, traverse le nord de la Chine, les États-Unis d'Amérique, montre en quelles régions du globe la température moyenne de l'année est de 10 degrés centigrades.

une certaine profondeur toutes les roches terrestres sont fondues.

Dans les profondeurs de l'Océan, les différences de la température viennent surtout des *courants marins*.

ténacité. — Propriété que possèdent les corps de résister, sans se rompre, à des efforts de traction plus ou moins considérables. Les métaux et les matières textiles sont les corps qui ont la ténacité la plus considérable; cette propriété a une importance considérable au point de vue des applications.

On compare la ténacité des métaux

de cuivre de même grosseur supporte seulement 34 kilogrammes, un fil d'argent 21, un fil de zinc 12, un fil d'étain 4 et enfin un fil de plomb se rompt sous un poids à peine supérieur à 2 kilogrammes.

ténébrion. — Genre d'insectes

Ténébrion et sa larve (grandeur naturelle).

coléoptères dont une espèce, le *téné-*

brion de la farine, est vulgairement désignée sous le nom de *cafard* (*fig.*). La larve, nommée *ver de la farine*, vit et se métamorphose dans la farine, où elle produit des dégâts considérables. Le ver de la farine constitue une excellente nourriture pour les rossignols, fauvettes..., élevés en captivité.

ténia (grec : *taïnia*, ruban). — Les *ténias* (*fig.*) sont des vers plats formés par des anneaux successifs. Une espèce de ténia se rencontre fréquemment dans l'intestin de l'homme ; on la désigne sous le nom de **ver solitaire**, bien qu'assez souvent il y ait plusieurs individus dans le même intestin ; le ténia de l'homme peut atteindre jusqu'à dix mètres de longueur.

Ténia ou ver solitaire (longueur atteignant 20 mètres).

Il détermine l'irrégularité de l'appétit, des douleurs de ventre, des étourdissements ; on guérit ordinairement les malades en les débarrassant du ver à l'aide de vermifuges appropriés. Un autre ténia vit dans l'intestin du chien, d'autres dans le cheval, le bœuf, le mouton...

Le mode de reproduction de ces animaux singuliers doit être connu. Voici ce qui se passe pour le ténia de l'homme.

Chacun des anneaux de l'animal renferme des œufs ; ces anneaux se détachent et sont expulsés au dehors avec les excréments. Les œufs sont avalés par le porc. Dans l'estomac du porc, il sort de ces œufs des *embryons* armés de six crochets, qui traversent les parois de l'estomac ou du tube digestif, arrivent dans les vaisseaux sanguins et sont entraînés par le sang dans les diverses parties du corps de l'animal ; ils se fixent dans le lard, dans les muscles, perdent leurs crochets et deviennent ce qu'on nomme des *cysticerques*, qui causent la *ladrerie* du porc (*fig.*). Le cysticerque reste dans cet état tant qu'il demeure dans les organes du porc. Mais, si la chair du porc ladre, crue ou mal cuite, est avalée par un homme, il se produit un nouveau développement. Du cysticerque sort une sorte de tête, armée de crochets et de

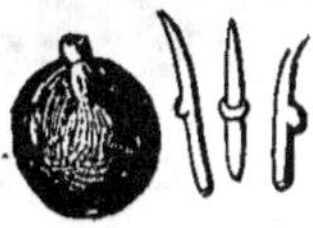

Cysticerque du cochon, causant la *ladrerie*.

ventouses, qui se fixe à la paroi intestinale ; de cette tête partent des anneaux, qui se développent successivement, et forment un ténia semblable à celui qui avait donné les œufs primitifs.

D'autres ténias, qui ont un mode de développement analogue à celui-là, se rencontrent dans les intestins de l'homme et de divers animaux. Ainsi le **ténia inerme** habite aussi l'intestin de l'homme ; il est même plus répandu en France que le précédent ; son cysticerque se trouve dans le bœuf, et c'est en mangeant la viande du bœuf que l'homme acquiert le parasite. Le **ténia cucumérin** se trouve dans le chien ; son cysticerque a été découvert chez un pou du chien ; le chien, en se léchant, avale le pou, et le ténia se développe. Le **ténia cœnure** habite l'intestin du chien ; sa forme intermédiaire se rencontre dans le cerveau du mouton, et plus rarement du bœuf, où il détermine la maladie connue sous le nom de *tournis*. La démarche de l'animal devient chancelante, il a la vue trouble ; le mouton tourne sur lui-même ; l'amaigrissement arrive ; puis la mort. Les moutons prennent le tournis en mangeant des herbes sur lesquelles sont des excréments de chiens malades, et les chiens prennent leur ver en mangeant les têtes des moutons morts du tournis.

Un certain nombre de ténias habitent l'intestin de nos animaux domestiques. On n'a pas, jusqu'à présent, signalé d'accidents sérieux dus à la présence de ces parasites.

térébenthine. — Les *térébenthines* sont des mélanges de *résines* et d'*essences* qui s'écoulent des incisions faites au tronc de plusieurs espèces de conifères (*fig.*).

Les deux variétés les plus importantes sont la *térébenthine de Venise* et la *térébenthine de Bordeaux*, ou térébenthine commune.

La **térébenthine de Venise** est retirée du *mélèze* ; elle nous vient de Suisse et du Tyrol. Elle est demi-liquide, verdâtre, presque transparente ; odeur forte, saveur aromatique, âcre et amère. Elle est employée en médecine.

La **térébenthine de Bordeaux** a bien plus d'importance ; on la retire du *pin maritime*, cultivé surtout dans les landes de Gascogne. On fait des incisions à l'arbre, et la térébenthine s'écoule lentement dans de petits pots. Un pin peut vivre de soixante à quatre-vingts ans, en fournissant 3 à 4 kilogrammes de térébenthine par an. La térébenthine de Bordeaux est epaisse, grasse, odeur forte et désagreable, saveur très amère ; elle se sèche à l'air. On en retire plusieurs produits importants, tels que la *colophane*, la *poix*, le *goudron végétal*...

Sous le nom de résine, la térében-

Récolte de la térébenthine dans les landes de Gascogne.

thine de Bordeaux entre dans la composition d'un grand nombre de vernis, de la cire à cacheter. Distillée, elle donne l'*essence de térébenthine*, en laissant la *colophane*.

térébenthine (essence de). — Essence qu'on retire de la *térébenthine* par distillation. C'est une combinaison de carbone et d'hydrogène. C'est un liquide plus léger que l'eau, bouillant à 155°. Elle est très aisément combustible, et brûle avec une flamme très fumeuse. On s'en sert pour le dégraissage des étoffes, dans la fabrication des vernis, pour le délayage des peintures ; on s'en sert même pour l'éclairage. Elle est souvent employée en médecine.

termites. — Insectes *névroptères* connus aussi sous le nom de *fourmis blanches*. Vivent en sociétés très nombreuses dans des habitations qui tantôt sont établies dans des troncs d'arbres, tantôt sont construites avec de la terre à la surface du sol (*nids* ou *termitières*). Dans la termitière il y a un couple fécond (*roi* et *reine*) et un grand nombre de neutres, qui se divisent en *ouvriers* et *soldats*. Les ouvriers, à tête petite et arrondie, s'occupent des travaux domestiques ; les soldats, à la tête armée de fortes mandibules, défendent le nid. Les neutres n'ont pas d'ailes, les mâles et les femelles en ont. La femelle fécondée perd ses ailes ; elle a un abdomen énorme, et pond un grand nombre d'œufs.

Les espèces sont nombreuses. Le **termite lucifuge** (*fig.*) du sud-ouest de la France établit sa demeure dans les bois de charpente, dans lesquels il creuse les galeries qui en compro-

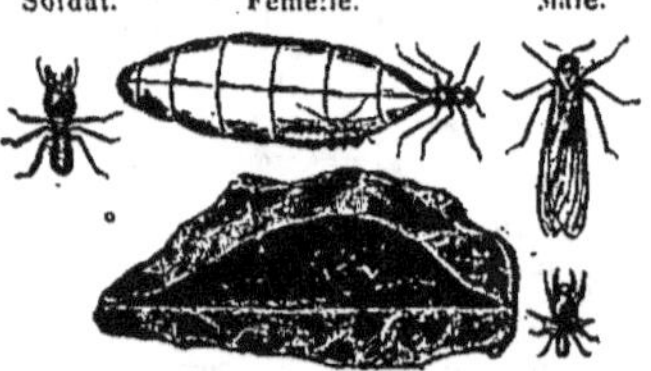

Termite lucifuge (femelle : longueur 0m,009 ; ouvrier : longueur 0m,007 ; soldat : longueur 0m,008).

mettent la solidité. Le **termite belliqueux** de l'Afrique tropicale construit des nids en terre en forme de monticules ayant 3 ou 4 mètres de hauteur. Les ravages causés par les termites sont considérables. Par contre, ils sont recherchés comme comestibles par les Hindous et les Hottentots, qui en sont très friands.

terrains. — On nomme *terrain*, en géologie, l'ensemble des couches terrestres qui se sont formées pendant une grande époque géologique ; les terrains se divisent en *étages*, les étages en *assises*, les assises en *zones*. Les terrains se divisent en deux grandes catégories : les *terrains ignés* et les *terrains de sédiment*.

Les **terrains de sédiment** (*fig.*) sont

Carrière à ciel ouvert, montrant la disposition des terrains de sédiment ou terrains stratifiés (A, terrain calcaire, B terrain argileux, C terrain sablonneux).

ceux qui ont été formés par les eaux. Les eaux courantes ravinent le sol et elles vont porter au loin les débris arrachés ; elles les déposent au loin, dans les endroits où le courant est plus faible. Les dépôts actuellement formés par les eaux se nomment *allu-*

vions [*]; les. dépôts formés aux anciennes époques géologiques se nomment terrains de sédiment. Les terrains de sédiment se reconnaissent aux caractères suivants : 1° ils sont tous disposés en couches sensiblement parallèles, superposées les unes aux autres ; on dit qu'ils sont *stratifiés*. 2° ces couches renferment des *fossiles* [*], débris d'animaux et de végétaux anciens, dont les parties solides les plus incorruptibles se sont conservées jusqu'à nous. A chaque instant, dans les carrières, dans les tranchées des chemins de fer, on voit ces terrains stratifiés, situés au-dessous des alluvions modernes. Les terrains de sédiment ne diffèrent des alluvions modernes que par un point : tandis que les couches de celles-ci sont toujours sensiblement horizontales, les assises de ceux-là sont souvent relevées, contournées, rompues, ou même dressées verticalement. Ces différences de disposition sont dues aux bouleversements qui se sont produits à la surface de la terre depuis la formation des couches. Là où ces assises n'ont pas été troublées depuis leur origine, on les trouve horizontales. Mais souvent le sédiment a subi, depuis son dépôt, une dislocation due aux forces intérieures qui ont fait émerger les terres, et qui out creusé des mers là où auparavant se dressaient des continents. De là les directions si diverses et les formes si variées que présentent les sédiments qu'on rencontre dans les pays de montagnes.

Les **terrains ignés**, au contraire, ressemblent beaucoup aux terrains qui sont encore actuellement formés par les volcans.

Ils ne sont pas *stratifiés*, ils ne renferment pas de *fossiles*, et ils contiennent des *cristaux* plus ou moins volumineux. On admet qu'ils sont sortis de la terre à l'état de fusion, à une

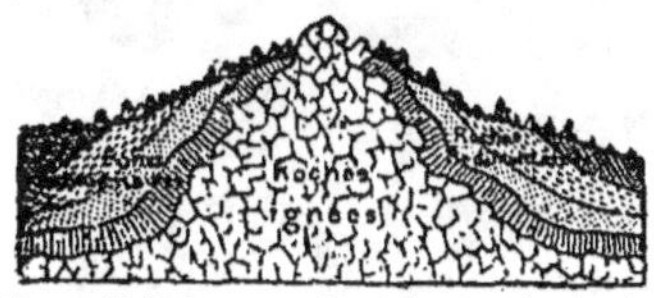

Coupe théorique, montrant des terrains ignés, entourés de terrains de sédiment.

époque très reculée, comme sort actuellement la lave des volcans. C'est par un refroidissement lent qu'ils ont pris leur forme actuelle. De là leur nom de terrains *ignés*. Les terrains ignés constituent la plus grande partie de l'écorce terrestre et forment la base sur laquelle s'appuient tous les terrains sédimentaires. Le *granit* [*] et le *porphyre* [*] forment les terrains ignés les plus importants ; puis viennent les *basaltes* [*] et les *trachytes* [*], produits par les volcans anciens et actuels (*fig.*).

Les différents *terrains* qui constituent l'écorce terrestre ne se rencontrent pas partout, c'est-à-dire qu'en un point déterminé du globe on ne trouve

Granit.

pas toute la série des terrains connus, superposés les uns aux autres. On a pu cependant classer les différentes

Basalte.   Porphyre.

sortes de terrains sédimentaires par rang d'ancienneté de formation, à l'aide des *fossiles* [*] qui s'y trouvent contenus. Les éléments les plus simples de cette classification sont les suivants, en commençant par les terrains les plus anciens.

Au début se trouve un terrain d'origine ignée, par conséquent sans fossiles, nommé *terrain primitif* [*]. Puis les terrains sédimentaires se succèdent dans l'ordre suivant :

Terrains primaires [*]	silurien. dévonien. carbonifère.
Terrains secondaires [*]	triasique. jurassique. crétacé.
Terrains tertiaires [*]	eocène. miocène. pliocène
Terrains quaternaires [*]	

terrains primaires. — Les terrains primaires sont les plus anciens des *terrains* [*] stratifiés ; ils nous fournissent beaucoup de minéraux précieux, tels que les ardoises, les grès, les pierres meulières, les marbres blancs statuaires, et les beaux marbres colorés, la houille, l'anthracite. Dans ces terrains sont beaucoup de gîtes de minerais métalliques (cuivre, fer, étain). Ils sont fréquemment traversés par des *granits* et des *porphyres* provenant d'éruptions fort anciennes (voy. **terrains**). On y ren-

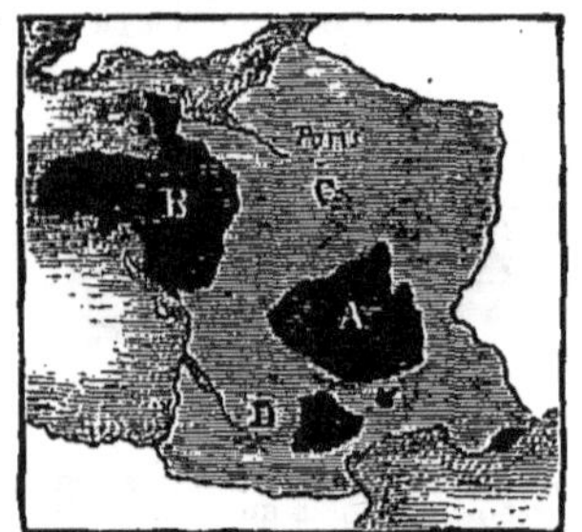

Carte de France à l'époque primaire : A, B, *terres émergées ;* **C, D,** *terres qui étaient alors* **sous les eaux.**

contre un grand nombre de *fossiles* ', parmi lesquels des *trilobites*, des *poissons*, des *reptiles*, des *fougères*, des *prèles* (*fig.*).

Le **terrain carbonifère** est le principal gisement du charbon minéral ; on y trouve aussi des marbres, des grès, employés pour le pavage, des minerais de fer, de cuivre. Les éruptions volcaniques ont été très nombreuses pendant la période carbonifère. La *houille*, l'*anthracite*, sont les principaux produits du terrain carbonifère (voy. **houille** ', **anthracite** ').

terrain primitif. — Le *terrain* ' *primitif* constitue l'assise la plus profonde de l'écorce terrestre, celle qui sert de support aux terrains de sédiment ; on le rencontre dans toute l'étendue du globe. On n'y trouve pas de fossiles, mais beaucoup de roches cristallisées, dont la plus importante est le *gneiss*, pierre analogue au *granit* '. En France, le terrain primitif se rencontre principalement en Bretagne, dans le plateau central, le Morvan, les Cévennes.

terrains quaternaires. — Les *terrains quaternaires* sont ceux qui se sont déposés dans la dernière période géologique, presque jusqu'à l'époque actuelle. Pendant la période où se sont déposés ces terrains, apparaissent des espèces animales et végétales de plus en plus semblables à celles d'aujourd'hui ; enfin nous voyons

FOSSILES DES TERRAINS PRIMAIRES

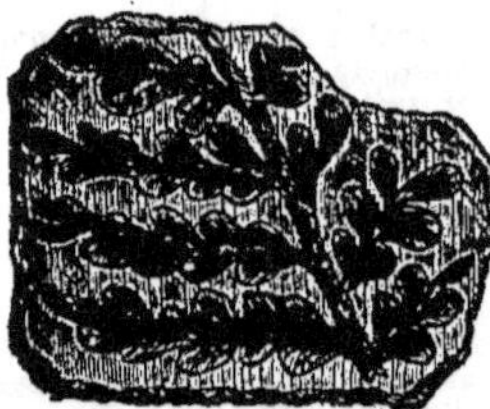

Morceau de houille portant l'empreinte d'une feuille de fougère.

Trilobite

Poisson fossile.

Fragment de tronc de sigillaire.

Les divisions des terrains primaires sont les suivantes :

Le **terrain silurien**, très développé dans le nord de l'Europe, en Russie, en Scandinavie. En France il existe surtout en Bretagne ; les ardoisières d'Angers sont du terrain silurien.

Le **terrain dévonien**, qui nous donne surtout des ardoises, des marbres, des minerais de fer, se rencontre dans la vallée du Rhin, dans le nord de la France et la Belgique, dans les Vosges, le Var, les Pyrénées.

pour la première fois l'homme luimême. Alors les continents avaient acquis une configuration qui n'a guère été modifiée ; les reliefs montagneux avaient atteint leur aspect actuel (*fig.*). Des pluies abondantes marquent cette période, ayant pour résultat une grande extension des glaciers, le creusement des vallées, le développement et la formation définitive des cours d'eau. Sur toute la surface de la terre surgissent de nombreux volcans, comme ceux d'Auvergne.

FOSSILES DES TERRAINS QUATERNAIRES

1. Le mammouth.
2. Crâne du grand ours des cavernes.
3. Ossements de renne travaillés.
4. Haches de silex taillées par les premiers hommes.

FOSSILES DES TERRAINS SECONDAIRES

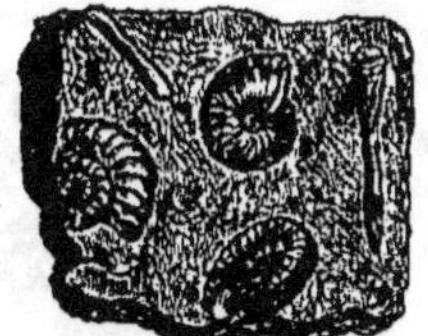

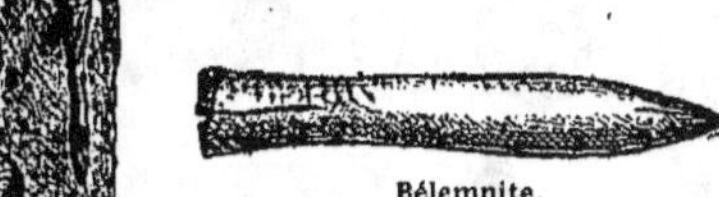

Bélemnite.

Ammonite, vue de
face et de profil.

Pierre avec bélemnites et ammonites.

Ichtyosaure (grand reptile de la grosseur d'une baleine).

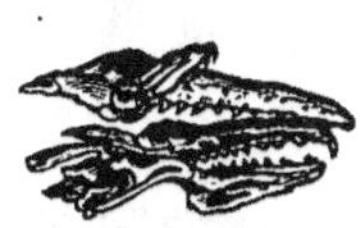

Ptérodactyle (un des pre-
miers oiseaux ; de la grosseur d'un pigeon).

Tête de mosasaure (taille
d'une petite baleine).

Plésiosaure
(grand reptile).

terrains secondaires. — Les *terrains secondaires* renferment des roches importantes. Ils sont très riches en calcaire ; on y trouve des marnes, des argiles, du sable, des grès, du gypse, du sel gemme, du lignite ; les

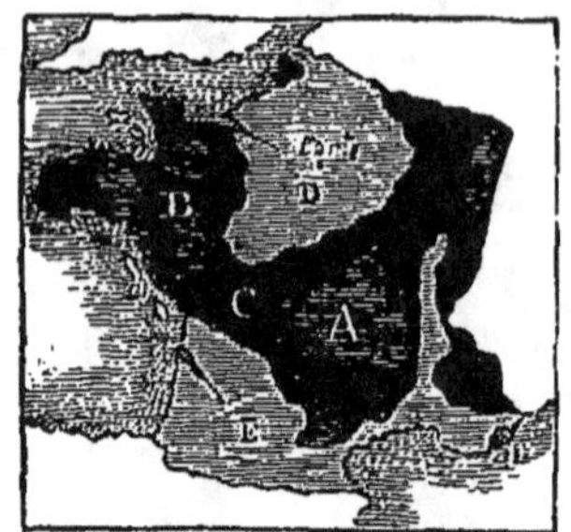

Carte de France à l'époque secondaire. — A, B, C, terres émergées ; D, E, terres submergées.

roches éruptives qui ont pénétré ces terrains sont des porphyres, des filons de minerais métalliques, et principalement de minerais de plomb.

Les *fougères*, les *prêles*, s'y rencontrent, mais des arbres d'une organisation plus élevée arrivent, analogues à nos pins, nos sapins, aux palmiers, aux saules, aux chênes, aux érables.

Les divisions des terrains secondaires sont les suivantes :

Le **terrain triasique**, dans lequel on trouve du sel gemme, du gypse, des grès. Très développé en Allemagne, le terrain triasique est au contraire rare en France.

Le **terrain jurassique**, au contraire, se rencontre beaucoup en France, en particulier dans le Jura. On y trouve surtout des marnes, des argiles, des calcaires.

Le **terrain crétacé** contient de la craie, des calcaires plus durs, de l'argile, du sable, du phosphate de chaux. Il est très répandu, et en particulier en France.

terrains tertiaires. — Les *terrains tertiaires* datent de l'époque de l'établissement définitif des continents actuels. Les roches qui les constituent ont généralement une moindre consistance que celles des terrains secondaires. Ces roches sont la marne, le sable, le grès, le calcaire, l'argile,

FOSSILES DES TERRAINS TERTIAIRES

Coquilles du terrain tertiaire.

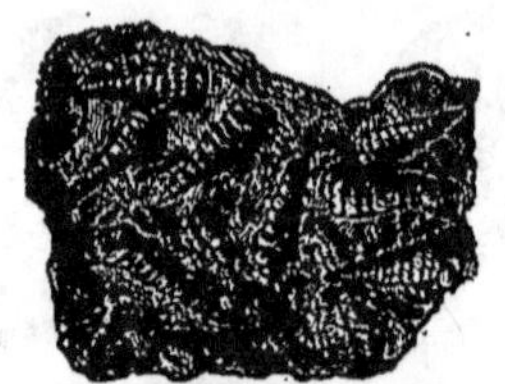

Fouillis de coquilles (*cérithes*) dans un morceau de pierre de Paris.

Paléothérium (hauteur 1m,80).

Mastodonte (hauteur 6 mètres).

Les *fossiles* de cette époque sont principalement des *ammonites*, des *bélemnites*, de grands *reptiles*. C'est là qu'apparaissent les *oiseaux* et même les *mammifères* (*fig.*).

le gypse, le sel gemme, la pierre meulière, le phosphate de chaux, le lignite. On y trouve des trachytes et des basaltes provenant d'éruptions volcaniques. Les animaux qui vivaient à l'époque tertiaire étaient nombreux et se rapprochaient déjà beaucoup des animaux actuels ; on y voit apparaître beaucoup de *mammifères* que nous reconnaissons à leurs fossiles, animaux analogues au *tapir*, à l'*éléphant* (*fig.*). Les oiseaux étaient abondants. Les forêts sont alors composées d'un grand nombre de plantes tout à fait analogues à nos plantes actuelles.

Les divisions des terrains tertiaires sont les suivantes :

pôles les deux extrémités de l'*axe* de la terre. L'axe de la terre est la ligne imaginaire autour de laquelle la terre accomplit sa révolution sur elle-même.

Les dimensions de la terre sont connues très exactement à la suite de mesures précises. On a pris justement pour unité de longueur (*mètre*) la quarante millionième partie de la ligne faisant le tour de la terre en passant par les pôles. Il en résulte que le tour de la terre est exactement de

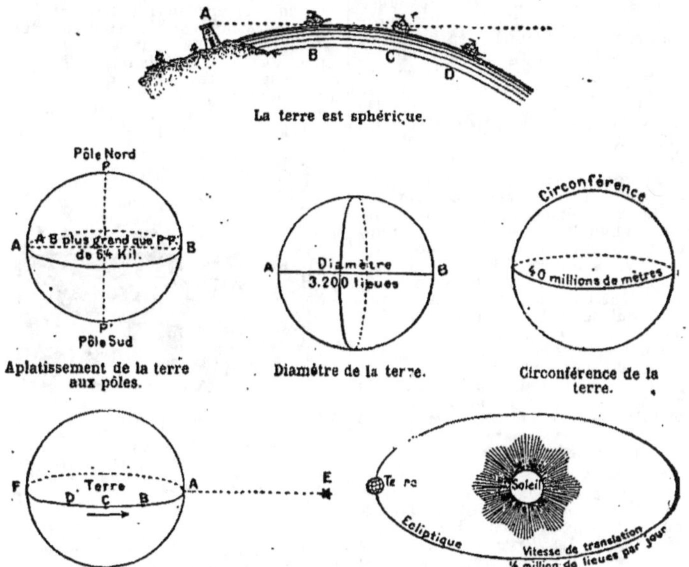

La terre est sphérique.

Aplatissement de la terre aux pôles.

Diamètre de la terre.

Circonférence de la terre.

La terre tourne sur elle-même de l'est à l'ouest.

La terre tourne autour du soleil.

Le **terrain éocène**, le **terrain miocène**, le **terrain pliocène**. Ils sont très répandus, et en particulier en France.

terre. — La terre est sensiblement sphérique (*fig.*), de même que tous les astres ; les montagnes, les plateaux élevés, sont beaucoup moins sensibles sur la terre, prise dans son ensemble, que les rugosités ne le sont sur la peau d'une orange. Elle est isolée dans l'espace, tournant sur elle-même en vingt-quatre heures, pendant qu'elle tourne autour du soleil dans l'intervalle d'une année.

En réalité, la terre n'est pas exactement sphérique, car elle est légèrement aplatie aux *pôles* (*fig.*). On nomme

40 000 kilomètres, ou 10 000 lieues. Le rayon de la terre à l'équateur est de 6 377 398 mètres ; à cause de l'aplatissement, le rayon au pôle est un peu plus petit, égal seulement à 6 356 080 mètres. La surface de la terre est de 509 950 820 kilomètres carrés, et son volume 1 082 841 000 000 kilomètres cubes (*fig.*).

De la rotation de la terre sur elle-même résultent le jour et la nuit ; il nous semble que le soleil monte au-dessus de l'horizon et se couche, mais en réalité le soleil reste immobile et la terre tourne. La rotation de la terre se fait d'occident en orient, et il en résulte que le soleil, de même que les étoiles, semble tourner autour d'elle d'orient en occident, c'est-à-dire que le soleil se *lève* vers l'est et se *couche* vers l'ouest (*fig.*).

En même temps que la terre tourne sur elle-même, son axe de rotation se déplace rapidement, de façon à parcourir en une année une grande course autour du soleil (*fig.*). L'orbite ainsi décrite par la terre est presque sphérique ; plus exactement, elle a la forme d'une ellipse ; il en résulte que la terre n'est pas toujours à la même distance du soleil. Si l'axe de rotation de la terre sur elle-même était perpendiculaire au plan de l'orbite, les jours seraient toute l'année, en tous les points de la terre, égaux aux nuits ; il n'y aurait pas de saisons. Mais, comme cette condition n'est pas remplie, il en résulte l'inégalité des jours et des nuits, l'inégalité de chaleur reçue aux différentes époques de l'année, c'est-à-dire les *saisons* *.

terreau. — Le *terreau* ou *humus* est le résultat de la décomposition des matières végétales et de quelques matières animales. Les feuilles qui tombent, les plantes herbacées qui meurent, les petites branches, les racines, le fumier enfoui dans la terre, forment, dans leur décomposition lente, le terreau qui se mélange aux autres éléments de la *terre végétale* *.

Pur, le terreau est une masse poreuse de couleur noire ; il contient presque tout ce qui est nécessaire à la végétation ; mais à lui seul il constituerait une terre infertile, parce qu'elle serait trop meuble, trop humide et trop sujette à la putréfaction.

terres. — On donne le nom de terre à un grand nombre de substances. Ainsi la *terre anglaise* est une faïence fine, nommée aussi *cailloutage* (voy. **céramique**). La *terre arable* est la *terre végétale* *. La *terre à foulon* est une *argile* qui sert au dégraissage des draps et des autres étoffes de laine, parce qu'elle a la propriété d'absorber les huiles dont on a imprégné ces tissus pour faciliter les premières opérations de la filature et du tissage. La *terre à porcelaine* est le *kaolin* *. La *terre de pipe* est une argile servant à faire des faïences fines. La *terre glaise* est une argile qui sert aux poteries communes.

terre végétale. — La *terre végétale* est un mélange qui renferme essentiellement quatre substances : 1° du *terreau*, formé de débris végétaux très divers ; 2° du *sable* ; 3° de l'*argile* ; 4° du *calcaire pulvérulent*, c'est-à-dire du calcaire réduit en une poussière assez fine pour se délayer dans l'eau (*fig.*).

Ce mélange complexe s'est formé à la longue, par suite de la désagrégation progressive des roches sous l'action de l'air, de l'humidité et des variations de la température ; les végétations qui commencent à se produire sur une terre en formation encore dépourvue de terreau y ajoutent peu à peu ce dernier élément. Sur les plateaux élevés, la terre se forme sur place, par l'altération des roches du sous-sol : si le sous-sol est calcaire, la terre sera riche en calcaire pulvérulent ; si le sous-sol est argileux, la terre renfermera beaucoup d'argile ; si le sous-sol est sablonneux, la terre sera sablonneuse. Sur les pentes, la terre végétale, entraînée par les pluies, n'atteint jamais qu'une faible épaisseur ; elle descend dans les vallées, où elle s'accumule.

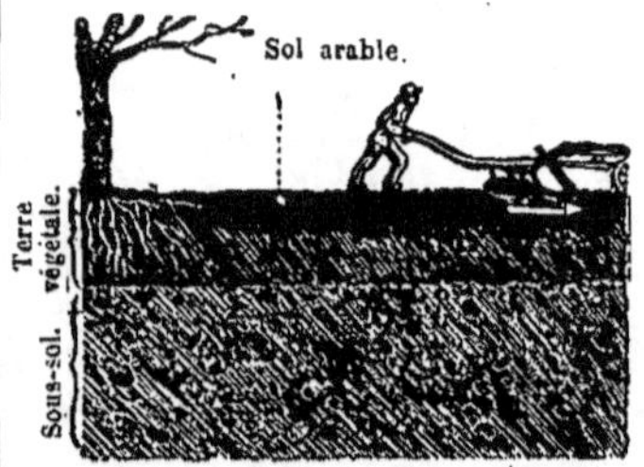

Couches du sol. — La partie supérieure peut être atteinte par la charrue. Au-dessous est encore un *sol végétal*, mais que la charrue ne peut retourner. Enfin le sous-sol, peu propre à la végétation, est constitué par du sable, du calcaire, de l'argile…, selon les régions ; il n'a plus du tout la composition de la terre végétale.

Pour être parfaite, une terre végétale doit contenir en abondance toutes les substances qui sont nécessaires à la vie des plantes. Elle doit être perméable à l'air, à l'eau et à la chaleur ; l'air et la chaleur sont aussi nécessaires aux racines des plantes qu'à leurs feuilles ; quant à l'eau, elle a pour fonction de dissoudre les substances nutritives que contient la terre et de permettre qu'elles soient absorbées par les racines. La terre, enfin, doit se laisser facilement traverser par les racines, et leur offrir en même temps un point d'appui assez résistant. La terre possède toutes ces qualités, quand elle contient des quantités convenables de *terreau*, d'*argile*, de *calcaire pulvérulent* et de *sable*.

Le **terreau** (ou **humus**) est l'ensemble des matières d'origine organique qui se trouvent accumulées dans la terre végétale. Ces matières proviennent des engrais et des débris des plantes que le sol a portées. Le terreau contient presque tout ce qui est nécessaire à la végétation. C'est la matière alimentaire des végétaux. Mais un excès de terreau serait nuisible. Le terreau est trop *meuble*, il n'a pas une ténacité suffisante pour que les plantes s'y fixent solidement. De plus, il retient trop l'eau de pluie, ce qui provoque sa putréfaction et celle des racines.

L'**argile** fournit peu de nourriture aux plantes mais, elle a la propriété d'absorber les matières nutritives qui proviennent de la décomposition lente du terreau et des engrais. Sans l'argile, ces aliments seraient entraînés par les eaux, sans pouvoir être pompés par les racines. De plus, l'argile absorbe l'oxygène de l'air et contribue ainsi à l'aération de la terre. Enfin, l'argile, qui est tenace, permet aux racines de s'attacher fortement.

Le **calcaire pulvérulent** a pour rôle d'activer la décomposition des engrais et du terreau, décomposition sans laquelle le terreau ne serait pas propre à nourrir le végétal.

Le **sable** n'a pas de rôle bien particulier, il empêche chacun des éléments précédents d'agir trop énergiquement. Il se laisse aisément traverser par l'eau et empêche le terreau et l'argile de retenir trop d'humidité ; il est très meuble, et il s'oppose à ce que l'argile durcisse trop la terre ; il est enfin très perméable à l'air, à l'eau et à la chaleur.

On admet que la meilleure terre renferme, sur 100 parties, 10 de terreau, 10 de calcaire pulvérulent, 25 d'argile, et 55 de sable.

Les terres qui renferment trop d'argile (terres argileuses, terres fortes, terres glaises) sont difficiles à travailler ; elles sont trop humides en hiver, car l'eau ne peut les traverser ; trop dures en été, car le soleil fait durcir l'argile ; elles ne sont perméables ni à l'air, ni à la chaleur. On les améliore, quand l'argile n'y est pas en quantité trop forte, en y ajoutant comme *amendement* de la *chaux* (en les chaulant).

Les terres qui renferment trop de calcaire sont trop légères, elles sont trop sèches en été et épuisent rapidement les engrais en les décomposant. On les améliore difficilement.

Les terres qui renferment trop de sable sont aussi trop légères, trop meubles, trop perméables à l'eau, qu'elles ne retiennent pas du tout. On les abandonne souvent à la culture des pins. La *terre de bruyère* ou *terre de jardinier*, très mauvaise pour l'agriculture, mais excellente pour certaines plantes des jardins, est un mélange de sable et de terreau, qui ne renferme presque pas d'argile ni de calcaire.

Les terres humifères qui renferment trop de terreau, sont trop humides. Quand l'excès de terreau est considérable, on les nomme *tourbes*, ou *terres marécageuses*, parce qu'elles sont formées par l'accumulation au fond des marais des débris de la végétation des plantes aquatiques. Elles sont infertiles.

Les efforts de l'agriculteur doivent tendre, non seulement à faire produire de fortes récoltes aux bonnes terres, mais aussi à améliorer progressivement les terres médiocres ou même mauvaises, pour arriver à en faire des terres meilleures, ou même tout à fait bonnes. On y arrive en ajoutant à la terre des *amendements* destinés à corriger ses principaux défauts dans la limite du possible, et aussi en faisant intervenir certaines opérations de culture, telles que le labourage, le drainage, l'irrigation.

testacelles. — Genre de *mollusques gastéropodes* assez semblables aux *limaces*, mais qui s'en distinguent par la présence, sur l'extrémité postérieure du corps, d'une petite coquille. Loin d'être nuisibles, comme les limaces, les testacelles sont au contraire utiles, car elles ne s'attaquent pas aux plantes, mais uniquement aux animaux, et en particulier aux vers de terre.

tétanos. — Maladie fort grave et fort rare, caractérisée par une contraction permanente de tous les muscles soumis à l'action de la volonté ; cette contraction permanente est accompagnée de redoublements convulsifs qui, s'étendant aux muscles de la respiration, amènent souvent la mort par asphyxie.

Le tétanos se produit à la suite de fréquents changements de température, à la suite de lésions qui n'auraient quelquefois par elles-mêmes aucune gravité. Lorsque le tétanos est complet, le corps entier est raide et immobile, et les efforts les plus puissants sont incapables de le fléchir. La terminaison est ordinairement fatale.

tétard. — Voy. batraciens.

tête. — Partie supérieure du corps ; elle renferme un grand nombre d'organes importants (*fig.*). Le squelette de la tête est formé de 22 os, auxquels il faut ajouter l'*os hyoïde*, dans le cou, qui soutient le larynx, les osselets des *oreilles* et les 32 *dents*. De ces 22 os, huit forment la cavité du *crâne*, qui renferme le *cerveau*, et 14 constituent la face.

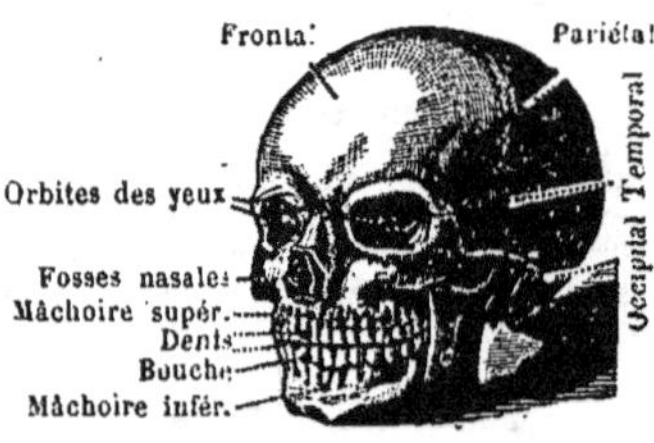

Os de la tête.

C'est dans la tête qu'est le cerveau, la partie principale du système nerveux ; c'est là que se trouve la bouche,

Se trouve dans les grandes forêts des pays montagneux. Ce gros oiseau est un excellent gibier ; se nourrit de feuilles, de baies, d'insectes.

Tétras, ou coq de bruyère (longueur 0ᵐ,80).

Le *petit coq de bruyère*, long de 66 centimètres, a la queue tout à fait fourchue. Il est presque aussi rare.

La *gélinotte*, longue de 47 centi-

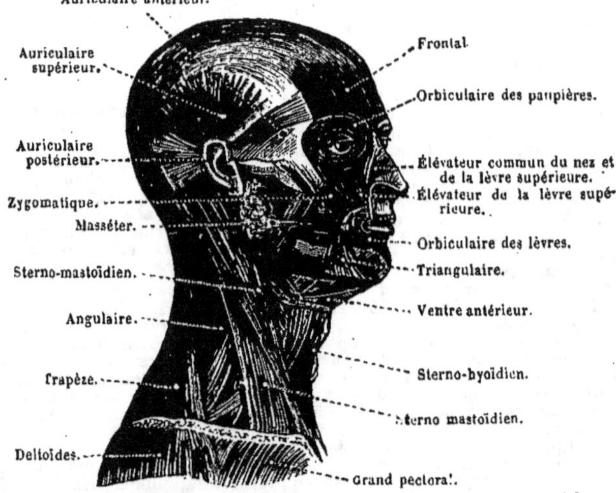

Muscles de la tête.

entrée du canal digestif ; tout près, dans le cou, est le larynx, organe de la voix.

Des cinq sens, quatre (la vue, l'ouïe, l'odorat et le goût) sont localisés dans la tête.

tétras. — Les tétras sont des *oiseaux gallinacés* au corps épais, aux ailes courtes. Ils ne sont pas très abondants en France. Les principales espèces sont les suivantes :

Le *coq de bruyère*, long de 80 centimètres (*fig.*). Son plumage est brillant. La femelle, plus petite, est plus terne.

mètres, n'est pas beaucoup plus abondante. Se trouve aussi dans les forêts des pays montagneux.

thapsia. — Plante de la famille des *ombellifères* qui croît sur tout le littoral de la Méditerranée ; le suc de cette plante est caustique ; il agit, quand on l'absorbe, comme un purgatif violent et même comme un poison. De la racine du thapsia on retire une matière résineuse qui est employée en médecine ; incorporée dans les emplâtres et les pommades, cette résine

produit sur la peau une violente éruption de vésicules.

thé. — Le *thé de la Chine* (*fig.*) est
un arbrisseau toujours vert, qui a
quelque ressemblance avec le myrte
du midi de l'Europe. Abandonné à lui-
même, il atteint une hauteur de 8 à
10 mètres, mais la culture en arrête la
croissance, et il ne dépasse pas alors
2 mètres. Il est particulièrement cultivé en Chine, pour ses feuilles avec
lesquelles on prépare une infusion pro-

Rameau fleuri du thé.

duisant un effet utile sur l'organisme.
On commence la récolte des feuilles
quand l'arbre a quatre ans. On fait deux
récoltes par an, au printemps et à l'au
tomne. Les feuilles de thé, avant d'être
livrées au commerce, subissent une
manipulation assez longue, qui a pour
but d'assurer leur conservation et de
leur ôter le principe âcre qu'elles contiennent; puis on les enferme dans des
caisses à l'abri de l'air et de la lumière.

On distingue dans le commerce un
grand nombre de variétés de thé, plus
ou moins estimées. Toutes les sortes
peuvent se diviser en deux groupes :
les *thés verts* et les *thés noirs.* On
suppose que les thés verts et les thés
noirs proviennent des mêmes arbres,
mais que la coloration des thés noirs
provient d'un commencement de fermentation, à laquelle les feuilles ont été
soumises avant la dessiccation.

En Europe, le thé est toujours pris
en infusion. C'est une boisson alimentaire, dont la valeur nutritive est au
moins égale à celle du bouillon de
viande. Cependant c'est surtout comme
boisson hygiénique que le thé doit être
considéré. Même en Chine et au Japon,
l'usage du thé semble s'être généralisé
surtout pour masquer les mauvaises
qualités des eaux saumâtres et mal-
saines de ces pays. Le thé pris en infusion stimule l'appareil digestif, active
la circulation, provoque la sueur et
l'excrétion urinaire. Son action sur le

système nerveux se rapproche beaucoup de celle du café. Surtout dans les
pays chauds, c'est une excellente boisson. Le thé noir est beaucoup moins
excitant que le thé vert.

En Chine et au Japon, le thé constitue la principale boisson de toutes les
classes de la société. On prend l'infusion sans y ajouter ni lait, ni sucre,
ni alcool; souvent on mange la feuille
qui a servi à préparer l'infusion.
L'exportation du thé fournit à la Chine
un revenu annuel de plus de 200 millions de francs. L'Angleterre consomme
annuellement 25 millions de kilogrammes de thé, l'Amérique 20 millions; en France la consommation en
est presque nulle, seulement 50 000 kilogrammes par an.

théridion. — Genre d'animaux
arachnides dont on connaît un grand
nombre d'espèces. Le *théridion bien-
faisant* est très commun dans les jardins, il fait souvent son nid dans les
grappes de raisin et sa toile, très fine,
préserve le raisin de la morsure des
insectes. Le *théridion malmigratte*,
répandu dans les pays chauds, remarquable par son corps noir, marqué de
taches rouges, passe pour avoir une
morsure venimeuse.

thermomètre. — On nomme *thermomètre* tout appareil destiné à nous
renseigner sur les variations du chaud
et du froid. Le plus ordinairement, un
thermomètre est constitué par une
petite ampoule de verre, munie d'un
tube long et étroit, dans laquelle on
a introduit du mercure ou de l'alcool
coloré en rouge et qu'on a fermé. Par
suite de la dilatation qu'il éprouve, le
liquide s'élève d'autant plus haut qu'il
fait plus chaud. Une *graduation* marquée sur la tige permet de mesurer aisément les déplacements du liquide.
Quand ce dernier s'arrête en face de la
division 25, on dit que la *température*
est de 25 degrés. Pour que les différents
thermomètres donnent des indications
comparables entre elles, il est nécessaire qu'ils soient tous gradués d'après
la même règle. La graduation adoptée
en France est appelée graduation *centigrade;* son zéro correspond à la température de la glace fondante, son point
100 correspond à la température de
l'eau bouillante (voyez *ébullition*);
l'intervalle compris entre 0 et 100 a été
divisé en cent parties égales, et les
divisions, toujours de même longueur,
ont été prolongées au-dessus de 100 et
au-dessous de 0. Tous les thermomètres
gradués d'après ces principes marquent
la même température quand ils sont
placés les uns à côté des autres; qu'ils
soient grands ou petits, d'une forme

ou d'une autre, à mercure ou à alcool, il n'en résulte aucune différence dans

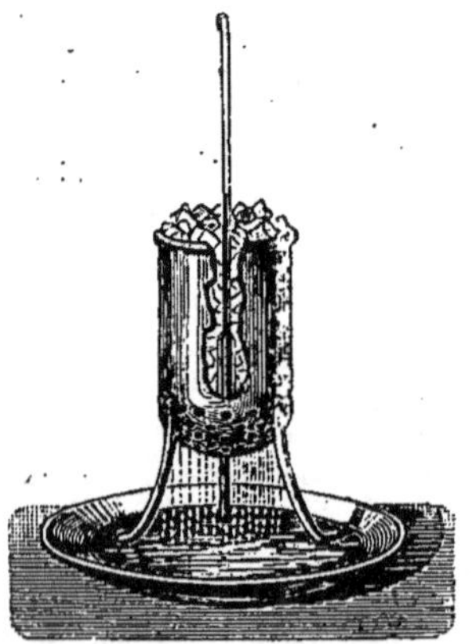

On fixe le zéro du *thermomètre* en le plongeant dans la *glace fondante*.

les indications. On préfère d'habitude le thermomètre à·mercure; mais il ne

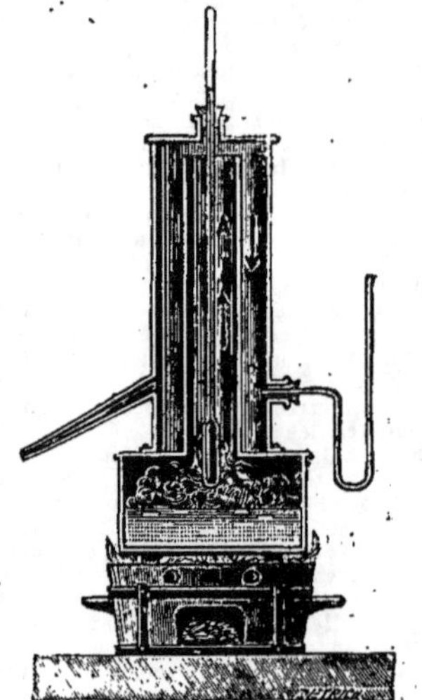

On fixe le point 100 du *thermomètre* en le plongeant dans la *vapeur d'eau bouillante*.

peut pas servir pour les températures plus froides que 40 degrés au-dessous

de zéro, car le mercure se congèle à cette température; il faut. prendre alors le thermomètre à alcool.

La graduation centigrade est la plus répandue, non seulement en France, mais aussi à l'étranger. Toutefois on rencontré encore dans les pays de langue allemande la graduation Réaumur, et dans les pays de langue an-

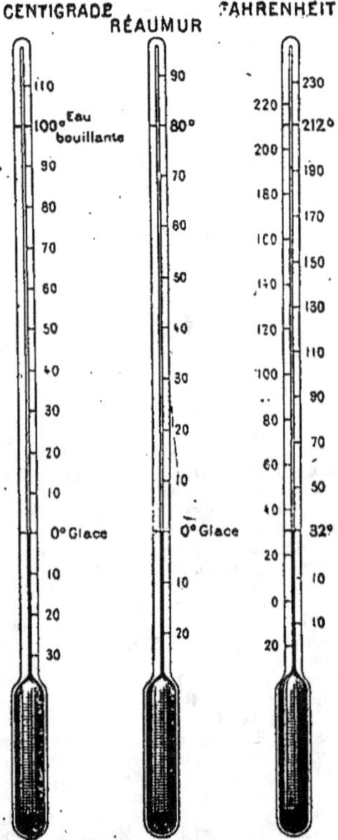

Graduation comparée des thermomètres cen igrade, Réaumur et *Fahrenheit*.

glaise la graduation Fahrenheit. La figure indique la correspondance des degrés fondamentaux dans ces trois systèmes. Si un thermomètre marque une température Réaumur, il suffit de multiplier cette température par 5, puis de diviser le résultat par 4 pour avoir la température centigrade. Si on a une température .Fahrenheit, on en retranche d'abord 32, puis on multiplie le nombre restant par 5, et on divise le résultat par 9 : on a alors la température centigrade.

D'autres thermomètres, d'une forme différente des précédents, sont appelés *thermomètres métalliques*; ils sont bien moins usités. Pour mesurer les *températures* très élevées, telles que celle d'un feu de forge, on se sert d'autres instruments, dits *pyromètres*, que nous ne pouvons décrire ici.

thorax, se trouvent les principaux organes de la respiration (poumons) et de la circulation (cœur); le diaphragme sépare le thorax de l'abdomen (*fig.*).

thon. — Les *thons* (*fig.*) forment un genre de poissons assez nombreux en espèces.

Le **thon commun** est le plus grand de nos poissons comestibles d'Europe; il peut dépasser 4 mètres de long et peser plus de 600 kilos. Forme de fuseau, très

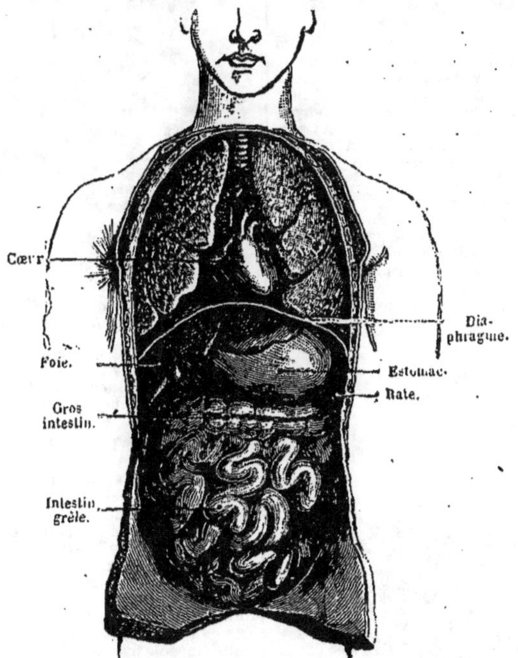

Cavité thoracique et abdomen, séparés par le *diaphragme*.

thlaspi. — Genre de plantes de la famille des *crucifères*, dont les diverses espèces se rencontrent surtout dans les régions tempérées et froides de l'hémisphère boréal. On cultive divers thlaspis dans les jardins comme plantes d'ornement. On s'en sert en médecine comme hémostatique dans diverses hémorragies.

thorax. — Le *thorax*, ou *cavité thoracique*, ou *poitrine*, est limité, dans l'homme et les animaux vertébrés, par la colonne vertébrale, les côtes, le sternum et le diaphragme. Dans le

renflé vers la poitrine; dents très aiguës; couleur d'un bleu foncé. Se trouve sur toutes les côtes de la Médi-

Thon (longueur 2 mètres).

terranée, ainsi que dans le golfe de Gascogne. La pêche se fait en grand dans la Méditerranée. La chair est

estimée; non seulement on la mange fraîche, mais aussi marinée dans l'huile d'olive. On prépare de l'huile avec les os et avec la peau. Quand elle n'est pas bien fraîche, la chair du thon peut occasionner des accidents graves. La **bonite** est une espèce plus petite, dont la longueur ne dépasse pas 75 centimètres. Le **germon** n'est pas beaucoup plus gros.

thridace. — Suc de laitue extrait des feuilles fraîches et des tiges de laitue; ce suc est employé en médecine comme calmant. Voyez aussi **lactucarium**, qui est le suc épaissi.

thuya. — Petit arbre *conifère* des régions froides de l'Amérique et de l'Asie; plusieurs espèces sont cultivées dans les jardins à cause de l'élégance de leur port et de leur verdure perpétuelle. Le bois, très résistant, est employé en menuiserie fine. On se sert quelquefois en médecine de l'extrait alcoolique du thuya.

thym. — Plante vivace, commune sur les collines sèches, dans le midi de la France, et cultivée dans les jardins. Elle possède une odeur agréable, forte et pénétrante, qui la fait employer dans la cuisine comme assaisonnement (*fig.*). Entre aussi dans la préparation d'eaux vulnéraires, d'eaux de Cologne.

Thym.

Le *serpolet* est une espèce voisine du thym ordinaire.

Du thym on retire l'*essence de thym*. Cette essence de thym, et surtout le *thymol* qu'on en extrait, sont employés en chirurgie, comme antiseptiques, à la place de l'acide phénique, dont ils n'ont ni l'odeur désagréable, ni les propriétés toxiques. Malheureusement leur prix est bien trop élevé pour que cet usage se généralise.

thyroïde. — Le cartilage *thyroïde* est un cartilage placé en avant du larynx, qu'il protège; c'est lui qui forme la *pomme d'Adam*. Un peu au-dessous du pharynx, et près du carti-

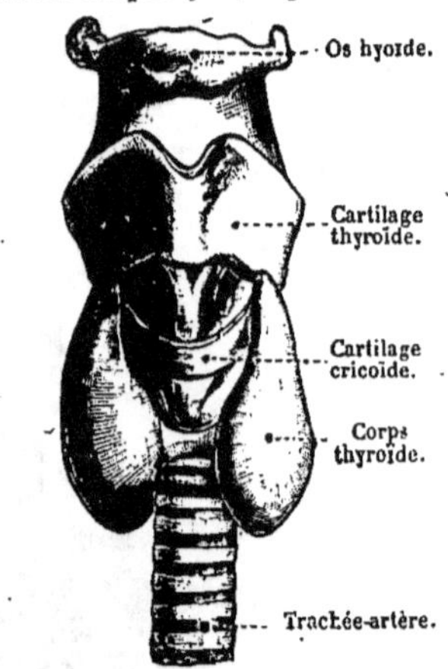

Larynx, avec le *cartilage thyroïde* et le *corps thyroïde (ou glande thyroïde).*

lage thyroïde, est une glande, nommée *glande thyroïde*, dont le rôle dans l'économie est inconnu; cette glande pèse en moyenne 70 grammes chez l'homme.

tige. — Partie de la plante qui porte les feuilles; c'est cette partie qui, dans les arbres, forme le bois. Au centre est la moelle, au milieu le bois, et autour l'écorce; la partie moyenne est traversée par des canaux très fins, ou *vaisseaux*, qui partent des racines et vont jusqu'aux feuilles. C'est dans ces vaisseaux que circule la *sève*, destinée à porter les matières nutritives dans les différentes parties de la plante. Les substances alimentaires puisées dans le sol par les racines montent aux *feuilles*; arrivée là, la sève éprouve une modification par suite de la décomposition de l'acide carbonique (voy. **feuilles**); elle est devenue apte à nourrir le végétal, et elle redescend par d'autres vaisseaux pour aller dans les différents organes remplir cette fonction.

Dans beaucoup de plantes, la nourriture est mise en réserve en certains points de la tige; cette réserve, qui se conserve pendant la mauvaise saison, est ensuite utilisée par la plante à la reprise de la végétation. Ainsi la pomme de terre a une *tige souterraine* sur laquelle se développent des renflements (tubercules) ; de même le sucre de la tige de la canne à sucre est une réserve qui est employée au développement des fleurs et à la formation des graines.

au lieu de vivre dans l'air, sont enfouies dans le sol ; on les nomme *tiges souterraines* ou *rhizomes ;* on peut toujours les distinguer des racines, parce qu'elles portent des feuilles et des bourgeons, tandis que les racines

DIFFÉRENTES FORMES DE TIGES

Tige he bacée (exemple : *paturin des prés*).

Tige ligneuse (exemple : *orme*).

. Tige souterraine (exemple : *chiendent*).

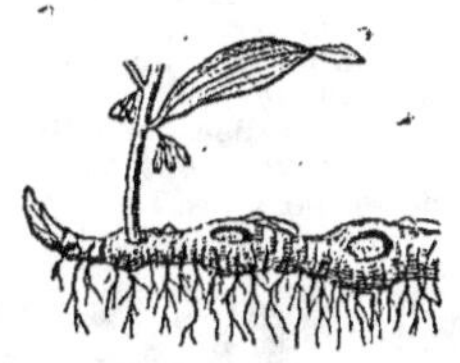

Tige souterraine (exemple : rhizome du *sceau de Salomon*).

Les tiges de diverses plantes présentent entre elles des différences très grandes (*fig.*). Elles sont *herbacées*, c'est-à-dire vertes et molles, et périssent chaque année dans le haricot, la pomme de terre ; elles sont *ligneuses*, résistantes et de longue durée, dans les arbres tels que le chêne (voy. âge des arbres). En outre certaines tiges,

n'en ont jamais. Certaines tiges souterraines sont longues (*iris, carex*), d'autres sont courtes (*glaïeul, safran*).

Les tiges des plantes nous sont fort utiles. Celles des arbres nous fournissent le *bois* à brûler, et celui destiné aux travaux de menuiserie, d'ébénisterie, de charpente, etc. ; l'écorce du chânvre, du lin nous donne une matière textile; de la tige de la canne à sucre on tire le sucre, etc.

tigre. — Le *tigre* (*fig*.) est un félin aussi grand que le lion, mais de forme plus gracieuse encore, avec une robe plus élégante. Il a le dos et les flancs d'un jaune fauve, les parties inférieures, les joues, la gorge d'un beau blanc, avec des bandes noires en

Tigre royal (longueur du corps, 1ᵐ,60).

zébrures; queue longue et annelée; tête ronde, petite; membres très robustes. Plus beau que le lion, le tigre est moins franc dans ses allures, moins courageux et plus cruel. C'est le plus redoutable des félins; il ne fuit pas, comme le lion, les lieux habités, et fait par suite beaucoup plus de ravages. Il est propre aux Indes, dont il est la plaie; le nombre d'hommes qui y sont annuellement dévorés par les tigres est considérable; les troupeaux sont décimés par ce redoutable ennemi.

Le **tigre royal** est plus gros que le lion; longueur 1ᵐ,60; queue 0ᵐ,73; hauteur au garrot, 0ᵐ,80. Certains vieux tigres sont plus gros encore. La femelle est plus petite; elle porte cent jours et fait deux ou trois petits. Ce tigre vit surtout dans les Indes, mais s'étend au delà des limites de cette contrée. Il habite les forêts, les jungles, les terrains couverts de hautes herbes; il chasse même le jour, et plus encore la nuit; son audace est considérable, et tous les mammifères tombent sous sa griffe. Il attaque l'homme, même en plein jour, au milieu des villages.

Tous les moyens ont été employés sans succès dans les Indes anglaises pour en exterminer l'espèce; le nombre

Chasse au tigre en Afrique.

des individus commence cependant à diminuer. On tire parti de la peau, des griffes, des dents et de la graisse du tigre; la fourrure est estimée et sert à faire des tapis, des couvertures de voiture, de selle ou de traîneau.

Le **tigre longibande**, qu'on trouve à Bornéo, à Java, à Sumatra, est beaucoup moins gros et moins redoutable.

tilleul. — Très bel arbre fort répandu dans toute l'Europe. Il est cultivé pour l'ornementation des parcs et des promenades publiques à cause de son port majestueux, et du parfum très agréable de ses fleurs (*fig*.). Malheureusement il est souvent attaqué par un petit *acare* qui l'empêche de vieillir beaucoup. Plusieurs espèces exotiques sont également cultivées.

Rameau de tilleul (hauteur de l'arbre, 20 mètres).

Les feuilles et l'écorce sont utilisées en médecine comme mucilagineuses et émollientes; la fleur donne une infusion d'un goût fort agréable, qui constitue une excellente tisane calmante.

Le liber du tilleul est composé de fibres très résistantes avec lesquelles on fait, surtout en Russie, des cordes et des nattes qui sont l'objet d'un commerce important. Le bois, qui dure longtemps quand il n'est pas exposé à l'action de l'humidité, entre en ébénisterie dans la confection des meubles, pour les parties intérieures.

tiliacées. — Plantes *dicotylédones dialypétales* à corolle et à étamines fixées à un réceptacle commun, ovaire libre; arbres ou arbrisseaux à feuilles alternes, simples; calice ordinairement à 5 sépales, corolle à 4 ou 5 pétales. Exemple : tilleul.

tipule. — Insecte *diptère* qui a l'apparence d'un grand *cousin*, mais qui ne fait pas de piqûres; la taille de certaines espèces atteint presque 4 centimètres. Les larves vivent dans la terre, où elles attaquent les racines des plantes potagères et aussi celles des fleurs des jardins; les insectes parfaits sont inoffensifs.

tiques. — Petits animaux *arachnides* qui se fixent sur le corps des mammifères (chien, mouton, et quelquefois homme) pour en sucer le sang. Ils se fixent par leurs pattes, munies de crochets, au corps des animaux, et percent la peau avec un suçoir composé de pièces cornées très dures. Le corps de l'animal, petit et très plat

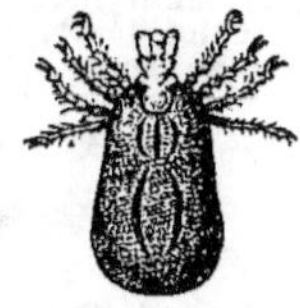

Tique du chien, très grossie (longueur, 0ᵐ,006).

quand il n'est pas rempli de sang, devient rond et relativement énorme quand la tique est gorgée (*fig.*).

toluène. — Combinaison de carbone et d'hydrogène. C'est un liquide incolore, d'une odeur analogue à celle de la benzine. On le retire des *huiles légères* qui proviennent de la distillation du *goudron* de houille. Ce liquide sert en grande quantité à la préparation de la *toluidine* avec laquelle on prépare des matières colorantes. On sait quelle importance ont pris de nos jours les matières colorantes dérivées du goudron de houille (voy. **anthracène, aniline**).

tomate. — Plante de la famille des *solanées*, dont le fruit est constitué par une grosse baie rouge remplie d'un suc acide assez agréable, alimentaire (*fig.*). La plante elle-même dégage une odeur très forte, assez désagréable. La culture de la tomate exige un cli-

Fruit

Rameau de tomate portant des fruits (hauteur de la plante 1 mètre).

mat assez chaud; le midi de la France lui convient particulièrement. Le nombre des variétés est considérable; la multiplication se fait par semis. La tomate est surtout utilisée pour la préparation des sauces.

tombac. — Alliage analogue au *laiton**, qui contient 90 0/0 de cuivre, avec un peu de zinc, d'étain et d'arsenic.

toniques. — Médicaments ou agents divers qui augmentent les forces d'une manière durable; bien distincts des excitants, des stimulants, qui agissent plus rapidement, mais dont l'action ne dure pas. L'*air*, surtout celui de la campagne et de la mer, la *lumière* vive du soleil, sont des agents toniques dont personne ne peut se passer. Une *alimentation tonique* comporte du vin vieux, et surtout du vin de Bordeaux, des viandes grillées ou rôties, des œufs, du laitage. Parmi les *médicaments* toniques, le *fer*, le *quinquina*, l'*huile de foie de morue*, le *phosphate de chaux*, les *amers* sont les principaux.

tonnerre. — Bruit, le plus souvent prolongé, que produit l'éclair. Un temps assez long sépare d'habitude la lueur de l'éclair du bruit du tonnerre, parce que la lumière de l'éclair arrive à nous à peu près instantanément, tandis que le son ne parcourt que 340 mètres par seconde. Aussi peut-on juger facilement la distance d'un orage par le nombre de secondes qui sépare la vue de l'éclair de la perception du bruit du tonnerre.

La durée du roulement du tonnerre nous est expliquée aussi par ce fait que le bruit produit au point de l'éclair le plus éloigné de nous, arrive à l'oreille plusieurs secondes après le bruit produit au point le plus rapproché.

topaze. — Pierre précieuse jaune, La *topaze orientale* (Indes, Thibet, Ceylan, etc.) est du *corindon**. La *topaze ordinaire* ou *topaze du Brésil*, beaucoup moins estimée, est simplement du cristal de roche.

topinambour. — Plantes vivaces de la famille des *composées*, dont la racine produit des bourgeons charnus, alimentaires pour l'homme et les animaux; le goût de ces tubercules est analogue à celui des artichauts, mais plus sucré.

Le topinambour (*fig.*) nous est venu du Canada au XVIIᵉ siècle; il est aujourd'hui cultivé en grand comme plante fourragère, car il n'est guère utilisé pour l'alimentation de l'homme. Il est plus employé encore pour la fabrication de l'alcool.

Port du topinambour (hauteur, 2ᵐ,5).

torcol. — Petit oiseau *grimpeur;* longueur 18 centimètres. Ne reste en France que pendant l'été. Remarquable par la particularité qu'il possède de pouvoir tourner la tête de tous les côtés. Ses mœurs sont analogues à celles des pics. Niche dans le creux

Torcol (longueur, 0ᵐ,18).

des arbres : 7 à 11 œufs blancs. Il ne grimpe pas, mais s'accroche aux écorces, pour y rechercher les insectes. Mange beaucoup de fourmis, des chenilles, toutes sortes de larves. Sa chair est estimée (*fig.*).

tordyle. — Herbe de la famille des ombellifères, qu'on trouve en France dans les lieux incultes, les haies, sur le bord des champs. Sa tige a 1 mètre de hauteur; ses fleurs sont blanches.

tormentille. — Herbe de la famille des *rosacées,* qu'on rencontre surtout dans les bois; les racines en sont fébrifuges et très astringentes. Elles sont utilisées en médecine, et aussi dans le tannage des peaux.

torpille. — Les *torpilles* sont des engins chargés de *dynamite* *, destinés à produire au moment opportun une explosion redoutable. Pour la défense

D'autres fois la *torpille* (*fig.*) est portée par un petit vaisseau, le *torpilleur,* d'une longueur de 20 à 30 mètres, très effilé, sortant à peine de l'eau (*fig.*). Monté par quelques hommes seulement, et muni d'une puissante machine, qui lui fait faire jusqu'à 45 kilomètres à l'heure, le torpilleur s'approche du vaisseau ennemi et va accrocher à ses flancs la torpille portée

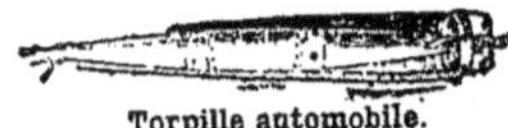

Torpille automobile.

par une *fourche* (*fig.*). Ou bien il lance, quand il est à 300 ou 400 mètres, une torpille en forme de cigare, munie d'une hélice que fait mouvoir de l'air comprimé renfermé dans ses flancs. La torpille s'avance ainsi d'elle-même, et si elle rencontre le vaisseau, elle éclate comme un formidable *obus* *, et détermine la perte du navire.

torpille. — La *torpille* (*fig.*) est un poisson marin analogue à la raie.

Torpille (longueur, 0ᵐ,50).

On la trouve surtout dans les régions chaudes; elle est rare sur les côtes de France; sa longueur ne dépasse guère 50 centimètres.

Elle possède la faculté de dégager de l'électricité et de donner souvent de violentes secousses. L'organe qui

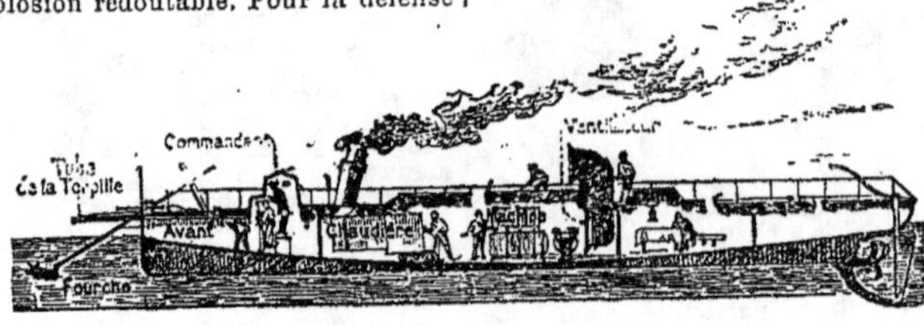

Coupe d'un bateau torpilleur.

des côtes on place des torpilles au fond de la mer; ces torpilles sont en communication avec un poste duquel on peut en déterminer l'explosion par une étincelle électrique, au moment où s'approchent les vaisseaux ennemis.

produit l'électricité se compose d'un série de tubes placés de part et d'autre du corps, et serrés les uns contre les autres. Elle peut à volonté diriger la décharge sur tel point qu'il lui plaît et foudroyer ainsi à l'instant les petits poissons dont elle fait sa proie; les décharges affaiblissent l'appareil, qui ne reprend toute son intensité qu'après un repos plus ou moins prolongé.

torticolis. — Rhumatisme musculaire passager, qui force la tête à prendre une position anormale et rend ses mouvements très difficiles. Est produit ordinairement par le froid ou l'humidité ; il passe en quelques jours par l'action de la chaleur (lit, couche de ouate sur le cou) et de quelques frictions avec un mélange d'huile de camomille, de chloroforme et de laudanum. Une sorte de torticolis chronique, moins douloureux, peut donner à la tête une position vicieuse permanente ; la guérison est plus difficile et plus lente.

tortues. — Les *tortues* ou *chélo-*

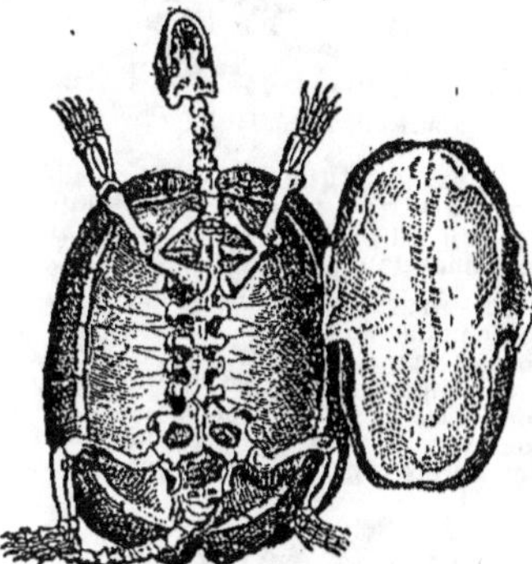

Squelette de tortue.

niens sont des reptiles caractérisés par l'existence d'une carapace qui recouvre entièrement le corps. Elles

carapace est formée par de grandes plaques épidermiques constituant l'*écaille*, et par le derme qui s'ossifie et s'applique sur le squelette *(fig.)*. La partie inférieure de la carapace ou plastron est formée par le sternum et la région sternale des côtes auxquelles viennent aussi s'ajouter des plaques d'écaille. La tête, le cou et les membres sont les seules parties du corps qui sortent de la carapace, et encore peuvent-elles d'ordinaire y rentrer complètement. Les tortues sont ovipares ; elles pondent des œufs revêtus d'une coque dure qu'elles déposent d'ordinaire dans les trous, ou qu'elles enfouissent dans le sable. Elles se nourrissent de matières végétales; cependant celles qui fréquentent les eaux mangent aussi des poissons, des mollusques ou des crustacés. Elles habitent les régions chaudes. Le genre de vie de ces animaux varie beaucoup et coïncide avec des différences dans leur conformation, suivant qu'elles sont marines, fluviales, paludines ou terrestres.

Ce sont les seuls reptiles véritablement comestibles. Les œufs des grandes espèces sont estimés. Enfin la carapace fournit l'*écaille* *, qui a une grande valeur.

Tortues marines *(fig.)*. — La tête ni les membres ne peuvent rentrer dans la carapace; les pattes ont la forme de rames natatoires, les antérieures beaucoup plus longues que les postérieures. Ne quittent les eaux marines qu'à l'époque de la ponte pour venir déposer leurs œufs à terre, où elles les enfouissent dans des trous qu'elles creusent sur le rivage. Elles retournent ensuite à la mer, où se rendent également les jeunes aussitôt après l'éclosion. Une tortue pond jusqu'à 100 œufs blancs sphériques ayant, dans les grandes espèces, de 6 à 8 centimètres

Tortue de mer.
(Long., 1 à 2 mètres.)

Tortue paludine.
(Long., 0ᵐ,20 à 0ᵐ,80.)

Tortue terrestre.
(Long., 0ᵐ,15 à 0ᵐ,40.)

ont quatre pattes, pas de dents, mais un bec corné analogue à celui des oiseaux. La partie supérieure de la

de diamètre ; c'est le soleil qui se charge de l'incubation (15 à 20 jours). Les tortues marines vivent en bandes dans les mers des pays chauds (Antilles, Cuba, golfe du Mexique, océan Indien). Elles se nourrissent de plantes marines, de crustacés, de mollusques. On en trouve de fort grandes espèces. Ainsi la *tortue franche* de l'océan Atlantique atteint 2ᵐ,30 de long, 1ᵐ,30 de large, et un poids de 500 kilos ; exceptionnellement on en trouve de plus grandes ; le *caret* de l'océan Indien est moins grand. Les tortues marines donnent beaucoup d'*écaille* ; leur *chair* est délicate, leurs *œufs* très recherchés. De la carapace les indigènes font de petits canots, des toits pour leurs huttes, des réservoirs d'eau.

Tortues fluviales. — La carapace et le plastron sont incomplètement ossifiés et recouverts d'une peau dépourvue de lames cornées (*tortues molles*) ; la tête et le cou ne sont pas rétractiles. Les pattes portent des doigts libres et mobiles, mais unis par une membrane natatoire. Habitent les grands fleuves de l'Afrique, de l'Inde, et de l'Amérique ; vivent de mollusques, de reptiles et de poissons. Ce sont de véritables carnassiers ; peuvent atteindre 1 mètre de longueur ; chair délicate et estimée.

Tortues paludines (*fig.*). — Les pattes sont terminées par cinq doigts libres, mais plus ou moins palmés ; la carapace et le plastron sont entièrement ossifiés et recouverts de plaques cornées. La tête et les membres peuvent se cacher sous la carapace. Ce sont des tortues de petite taille ; animaux carnassiers, gloutons, sauvages, colères ; leur écaille n'est pas assez belle pour être utilisée. L'Europe possède plusieurs tortues de marais. Ainsi la *cistude* est répandue dans les marais et les étangs de Grèce, d'Italie, d'Espagne, de Portugal, du midi de la France ; elle se nourrit de vers, de petits poissons, d'insectes, de mollusques ; sa carapace est très foncée ; longueur 25 à 30 cent. ; on mange parfois sa chair.

Tortues terrestres (*fig.*). — La carapace est très bombée ; elle est complètement ossifiée, ainsi que le plastron ; la tête et les membres sont rétractiles ; ceux-ci ont la forme de moignons. Se nourrissent de végétaux. Parfois de taille moyenne, mais ordinairement petites ; vivent dans les bois et dans les lieux couverts d'une herbe abondante, surtout dans les régions chaudes. Creusent dans la terre des trous peu profonds où elles s'engourdissent pendant l'hiver. La plus grande espèce est la *tortue éléphantine* des îles du canal de Mozambique, qui atteint jusqu'à 1ᵐ,30 de longueur. L'Europe renferme plusieurs tortues

terrestres. **La tortue grecque** (Grèce, Italie, Espagne, département des Pyrénées-Orientales) a 25 à 30 centimètres de longueur. **La tortue mauresque**, à peu près de même taille, est commune en Algérie. On la place quelquefois dans les jardins, espérant lui voir détruire les mollusques et les insectes, mais en réalité elle semble avoir une grande préférence pour les végétaux, et elle dévore en particulier les salades.

toucan. — Oiseau *grimpeur* de l'Amérique du Sud, remarquable par la grosseur du bec, presque aussi grand

Toucan (longueur totale, 0ᵐ,50).

et aussi gros que le corps ; ce bec, d'ailleurs, n'est ni lourd ni puissant, et l'oiseau est obligé d'avaler sa nourriture sans la mâcher (*fig.*).

toucher. — Le *sens du toucher* qui nous donne la notion de la forme des corps, de leur dureté, de leur température, est répandu sur toute la surface de la peau. mais il n'a toute sa délicatesse qu'à l'extrémité des doigts (*fig.*). Ce sens est dû aux

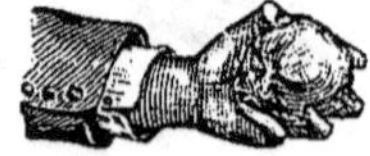

Le sens du toucher réside surtout dans la main.

nerfs de la sensibilité, qui, traversant le derme, viennent se terminer dans l'épiderme, c'est-à-dire presque à la surface, en un grand nombre de

Le toucher par une autre partie du corps ne donne que des notions vagues et incertaines.

fibrilles fort ténues qui sont excitables par la pression, la chaleur, etc. Les sensations tactiles ne sont réellement perçues qu'à la suite de phénomènes cérébraux, éveillés par l'excitation des nerfs ; il peut se faire qu'un contact ne soit pas senti, même violent, lorsque le cerveau est absorbé par un travail quelconque.

tourbe. — La *tourbe* est produite par des matières végétales qui se carbonisent lentement sous l'eau ; il s'en forme sur le bord des rivières, des étangs, des lacs, mais surtout dans les terrains marécageux.

Les tourbes de marais proviennent principalement de végétaux inférieurs (*mousses* et *sphaignes*) qui conservent des végétaux plus élevés et jusqu'à des troncs d'arbres. Près de Dunkerque on emploie pour l'ébénisterie des troncs de chêne ensevelis dans les tourbières, où ils ont pris la couleur noire du bois d'ébène.

On trouve des *tourbières* en Picardie, en Champagne, dans les Vosges, mais surtout dans les grandes plaines des régions septentrionales. En Irlande, la tourbe couvre un dixième de la surface ; en Ecosse, dans l'Allemagne du Nord, ce sont des milliers de kilomètres carrés qui sont recouverts par les marais tourbeux. De même en Hollande, la tourbe est à peu près le seul combustible des Hollandais. On exploite les tourbières en enlevant à la pelle des mottes de tourbe, qu'on fait sécher, puis qu'on utilise comme combustible.

tourne-pierre. — Oiseau échassier voisin de la *bécasse*, qui retourne avec son bec les pierres des rivages pour chercher les vers qui sont cachés dessous. Il n'est que de passage en France.

tournesol. — Nom vulgaire souvent donné à la plante nommée *soleil*.

On nomme aussi *tournesol* une matière colorante, d'un bleu violet, employée en teinture. Une variété de tournesol est retirée de la *maurelle*, plante de la famille des *euphorbiacées*, qui croît spontanément dans le midi de la France ; en Espagne, en Italie et dans l'Orient ; la préparation de cette variété a une certaine importance dans les départements du Gard et de l'Hérault ; ce tournesol, dit *tournesol en drapeaux*, est employé surtout en Hollande, pour teindre les fromages, les conserves et les liqueurs. Une autre variété, le *tournesol en pains*, se retire de divers *lichens*. La *teinture de tournesol*, si employée dans les laboratoires de chimie, est une dissolution de tournesol en pains.

tournis. — Voy. **ténia**.

tourterelle. — Oiseau *colombin* analogue au pigeon, mais plus petit. Longueur totale 0^m,30. La *tourterelle* est très élégante, et son plumage est nuancé de jolies teintes, son vol est très rapide. Elle n'est que de passage en France, et va hiverner en Afrique.

Tourterelle (longueur 0^m,30).

Habite les bois frais, voisins des champs cultivés ; sa nourriture se compose de petits mollusques et de graines de toute espèce. Elle bâtit sur les arbres un nid grossier dans lequel elle dépose deux œufs (*fig.*).

tourteaux. — On donne le nom de tourteaux aux résidus durs que laissent les plantes oléagineuses dont on a extrait l'huile. Les tourteaux de lin,

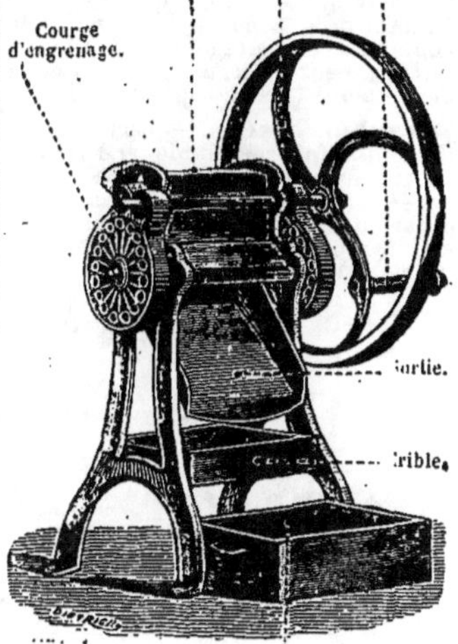

Brise-tourteaux. — Le tourteau passe entre des cylindres cannelés, mis en mouvement par une manivelle : il est finement concassé.

de chènevis, de colza, de navette, de noix..., servent à l'alimentation des bestiaux. Pour les employer on les réduit en très petits morceaux à l'aide d'un concasseur nommé *brise-tour-tèaux* (*fig.*). Beaucoup de .tourteaux sont également employés comme engrais, mélangés le plus souvent avec du fumier de ferme.

toux. — Survient généralement à la suite d'une irritation ou d'une gêne sur un point de l'appareil respiratoire ; consiste en une *expiration* brusque et sonore, précédée d'une *inspiration* profonde (voy. **respiration**). Le bruit est déterminé par les lèvres de la *glotte*, mises en vibration par le courant presque instantané de l'expiration.

Quand la toux n'est pas accidentelle, comme celle qui se produit quand on avale de travers, elle est l'indice d'une maladie aiguë ou chronique d'un des organes de la respiration. Suivant la nature du son et la fréquence de la toux, le médecin diagnostique telle ou telle maladie (*laryngite, phtisie, croup, rougeole, coqueluche. bronchite, catarrhe, pleurésie, fluxion de poitrine, rhume*, etc.).

Les boissons chaudes et adoucissantes calment la. toux (tisanes de gomme, mauve, guimauve, lichen) ; il en est de même des préparations renfermant de la codéine, de l'aconit, de l'opium, de la belladone... : d'ailleurs, le traitement de la toux dépend de la maladie qui l'accompagne.

trachée-artère. — Conduit vertical, qui fait communiquer l'arrière-bouche avec les poumons. Sa partie supérieure constitue le *larynx* ou organe de la voix ; sa partie inférieure se bifurque pour former les *bronches*, qui vont aux deux poumons.

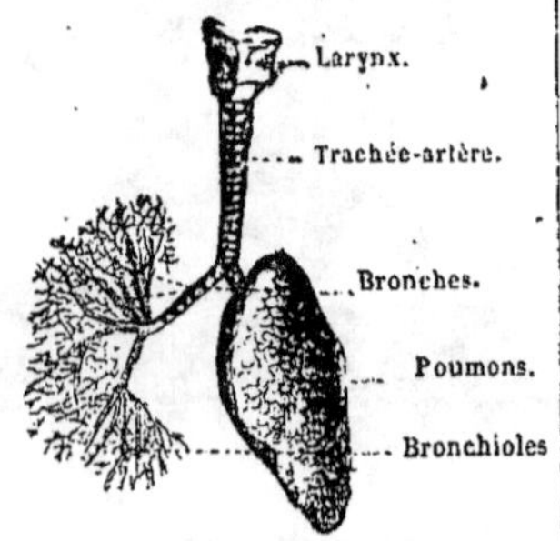

La trachée-artère commence au larynx et se termine aux bronches.

La *trachée-artère* (*fig.*) est située devant l'œsophage ; elle est constituée par des arcs cartilagineux assez résistants, dont les extrémités situées en arrière, contre l'œsophage, sont reliées par une membrane souple ; ces arcs cartilagineux sont reliés les uns aux autres par une membrane extérieure et une membrane intérieure. La longueur est d'une douzaine de centimètres, le diamètre de deux centimètres.

La trachée-artère est sujette à diverses maladies, et surtout à des maladies inflammatoires (voy. **bronchite, rhume, croup**).

trachéotomie. (grec : *trachéïa*, trachée ; *tomé*, section). — La trachée-artère, qui conduit l'air dans les poumons, peut s'obstruer dans diverses circonstances (corps étranger qui s'est introduit dans le larynx, au lieu de

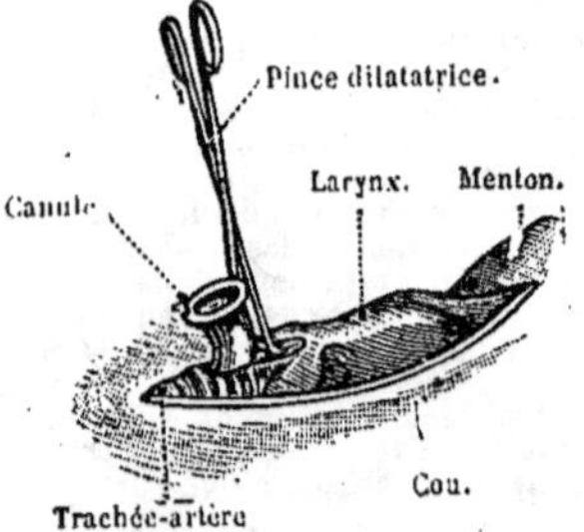

Trachéotomie. — On incise la trachée-artère au-dessous du larynx pour permettre la respiration.

passer dans l'œsophage, cancer du larynx, fausses membranes de l'angine couenneuse ou du croup). Alors l'as-

Trachéotomie. — On pose une canule, pour permettre la respiration jusqu'au moment où les voies respiratoires seront redevenues libres.

phyxie devient imminente, et il faut ouvrir chirurgicalement le larynx, pour faire arriver l'air aux poumons ; l'opération se nomme *trachéotomie* (*fig.*).

Le malade étant couché horizontalement, on incise au bistouri la trachée, puis on introduit dans l'ouverture un tuyau ou canule qui doit être laissé en place jusqu'à ce que l'ouverture de la trachée soit redevenue libre. Cette opération sauve fréquemment les malades d'une mort certaine; elle a fait diminuer d'un tiers la mortalité des enfants par le croup.

transfusion du sang. — Quand un malade est épuisé par une grande perte de sang, on peut souvent le ramener à la vie en lui injectant dans les veines le sang d'une personne en bonne santé.

sectes; très utile. Le genre renferme

Traquet (longueur 0ᵐ,12).

plusieurs espèces (*fig.*).

trèfle. — Genre d'herbes de la famille des *légumineuses*, dont plu-

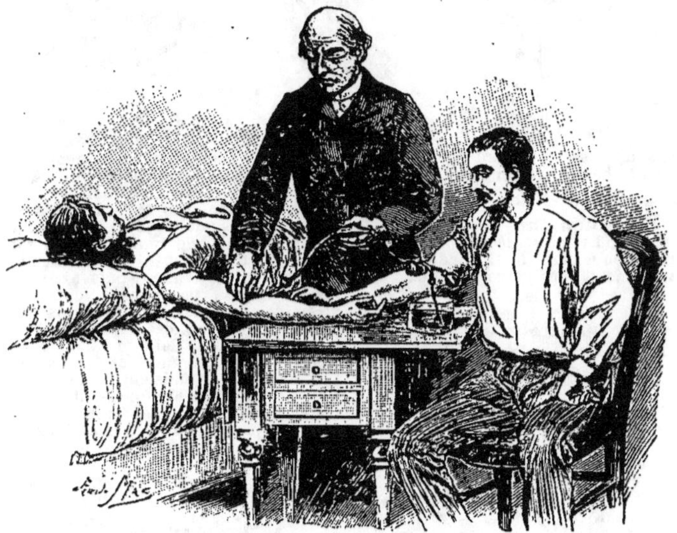

Transfusion du sang.

L'opération se pratique avec un appareil qui fait passer le sang directement d'une personne à l'autre en évitant le refroidissement et le contact de l'air; 100 à 200 grammes de sang nouveau suffisent en général (*fig.*). La transfusion a, depuis vingt ans, véritablement ressuscité plusieurs centaines de malades.

traquet. — Petit oiseau *passereau* d'un gris clair, avec des ailes brunes, la queue noire. Ne se plaît que dans les lieux découverts, peu fertiles; ne va jamais dans les bois. Vit toujours seul. Se nourrit surtout de vers et d'in-

sieurs espèces ont une grande importance comme plantes fourragères.

Le *trèfle rouge* (*fig.*) ou *trèfle des prés* se sème en mars, dans une céréale de printemps (orge ou avoine) qui, une fois enlevée, laisse le trèfle croître. Le *trèfle incarnat* (*fig.*), aux fleurs d'un rouge vif, se sème en août ou septembre; il craint les gelées de l'automne et du printemps. Le *trèfle blanc* (*fig.*) ou *triolet* a des fleurs blanches à odeur de miel; on le sème au printemps; c'est le plus rustique et le moins difficile sur le choix du terrain. Ordinairement on fait manger vert le trèfle incarnat, on fane le trèfle rouge pour le faire manger sec, et on fait pâturer le trèfle blanc... Le trèfle vert

Trèfle incarnat.

Trèfle rouge.

Trèfle blanc.

produit assez souvent la *météorisation* chez les ruminants.

tremble. — Voy. peuplier.

tremblements de terre. — En un grand nombre de régions, le sol a un mouvement lent, rendu sensible seulement par une longue série

Mouvements lents du sol. — Colonnes d'un temple à Pouzzoles (Italie). Des coquilles marines incrustées, en B, indiquent que le sol, qui s'était affaissé, a été baigné par la mer.

d'observations : ainsi, les côtes du Nord de l'Europe subissent depuis plusieurs siècles un exhaussement de plus d'un centimètre par année (*fig.*).

Mais ces mouvements ne sont pas toujours lents. Des *tremblements de terre* bouleversent quelquefois des pays entiers (comme récemment l'île d'Ischia, dans le golfe de Naples, et l'île de Chio, dans l'Archipel).

L'apparition des tremblements de terre est presque toujours précédée de bruits sourds, de roulements souterrains, qui fréquemment se font entendre longtemps à l'avance ; puis arrive le tremblement proprement dit. Les tremblements de terre les plus violents renversent des villes entières. Ainsi, en 1783, la Calabre fut dévastée. Le cours des rivières fut interrompu et changé ; des maisons furent soulevées et d'autres s'enfoncèrent dans le sol ; il se forma des crevasses qui avaient jusqu'à 150 mètres de largeur.

Les tremblements de terre s'étendent

Tremblement de terre. — Des maisons s'écroulent, des crevasses se forment.

parfois sur une grande étendue de pays, mais plus souvent ils sont pour ainsi dire locaux. En 1856, un tremblement secoua tous les pays riverains de la Méditerranée, depuis la Syrie jusqu'à la Corse (*fig.*).

La cause des tremblements de terre est imparfaitement connue.

trépanation. — Opération chirurgicale qui consiste à pratiquer dans les os, et en particulier dans les os du crâne, une ouverture régulière qui permette d'enlever ou de laisser sortir des substances nuisibles contenues à l'intérieur (pus, esquilles, corps étrangers). La trépanation se pratique à l'aide d'un instrument nommé *trépan*, analogue au vilebrequin qui sert à percer le bois.

treuil. — Le *treuil*, ou *tour*, est destiné à soulever les lourds fardeaux. Il se compose d'un cylindre en bois, qu'on peut faire tourner sur lui-même à l'aide d'une manivelle sur laquelle s'exerce l'effort de l'ouvrier. Quand le cylindre tourne, la corde à laquelle le fardeau est attaché s'en-

des treuils; la *chèvre* ou *grue* est formée par l'assemblage d'un treuil et d'une poulie (*fig.*).

triasique (terrain). — Voy. terrains secondaires.

trichine. — Ver *parasite* de petite

Trichine, dans les muscles d'un porc.

taille, cylindrique, dont les œufs, avalés par le rat, se développent en

Chèvre. — Le cylindre du treuil est horizontal; il est semblable au treuil ordinaire; mais la corde passe sur une poulie élevée, et est disposée pour soulever des fardeaux au-dessus du sol.

Cabestan. — Le cylindre du treuil est vertical; il est mis en mouvement par des bras, sur lesquels poussent des hommes.

Treuil. — Le cylindre du treuil, horizontal, est mis en mouvemer. par des roues dentées, et une manivelle.

Treuil des carrières. — Ce treuil soulève des pierres jusqu'au niveau du sol. Le cylindre est mis en mouvement par une grande roue, le long de laquelle monte un homme.

roule sur lui, et le fardeau monte. Le *cabestan*, la *roue des carriers*, sont

embryons dans le corps de cet animal, sans jamais pouvoir y arriver à l'état de complet développement. Mais, si le rat (ou simplement ses déjections) est mangé par un porc, les jeunes embryons sont entraînés dans les muscles par la circulation, les trichines se développent et se reproduisent, en sorte que les muscles en sont bientôt infestés (*fig.*). L'homme vient-il à manger de la viande de porc imparfaitement cuite, les trichines envahissent les muscles et donnent lieu à la *trichinose*, maladie fort grave et souvent mortelle.

trigonelle. — Herbe de la famille des *papilionacées* que l'on trouve dans le midi de la France. Quelquefois cultivée dans les jardins à cause de son odeur agréable.

tripoli. — Sable extrêmement fin, mais très dur, que l'on emploie pour polir les métaux et le verre. Le tripoli est ordinairement formé du test d'animaux *infusoires* fossiles extrêmement petits.

troène. — Le *troène*, ou *bois noir*, est un arbrisseau qui produit des baies noires, d'une saveur amère; il est commun dans les haies, les buissons. Son bois est fin, dur, brillant, durable. Les grives et les merles se nourrissent des baies du troène. On le cultive pour faire des haies et des palissades; les fraudeurs se servent de ses fruits pour donner de la couleur aux vins.

troglodyte. — Petit oiseau analogue au *roitelet*, faisant une guerre constante aux petits insectes; l'été, il se tient dans les bois humides, l'hiver

. **Troglodyte** (longueur 0ᵐ,10).

dans les jardins, au bord des eaux abritées de buissons.. Niche dans les trous; il pond de six à huit œufs (*fig.*).

trombe. — La *trombe* (*fig.*) est une sorte de très petit *cyclone* qu'on observe assez souvent dans nos régions. Par suite d'une rotation très rapide du vent autour d'un axe, on voit se former une colonne de poussière qui monte vers le ciel, tandis qu'une colonne de brouillard descend des nuages et vient rejoindre la colonne de poussière; on a ainsi, bien visible, l'axe autour duquel se fait le tourbillonnement du vent. Et cet axe

Trombes en mer.

s'avance avec une certaine rapidité, de telle sorte que la trombe fait sentir ses effets sur une petite largeur, mais sur une bande souvent longue de quinze à vingt kilomètres, puis elle disparaît. Les arbres et les maisons sont renversés, et leurs débris portés au loin par suite du mouvement de progression de la trombe. On a vu l'eau d'un étang entièrement soulevée par une trombe, et portée à plusieurs centaines de mètres plus loin, l'étang étant ainsi mis à sec.

tronc. — Partie du corps dans laquelle sont contenus les organes de la nutrition. Le squelette du tronc comprend la *colonne vertébrale*, les *côtes* et le *sternum* (*fig.*). La colonne vertébrale va de la tête à l'origine des membres inférieurs; elle est constituée par trente-trois *vertèbres* superposées, appelées successivement, en commençant par le haut, vertèbres *cervicales* (formant le cou), *dorsales*, *lombaires* et *sacrées*; ces dernières sont soudées entre elles pour former le *sacrum*, qui s'articule aux os du bassin, et est terminé par le *coccyx*. .

L'ensemble de la colonne vertébrale forme une colonne creuse dans laquelle est contenue la moelle épinière; les vertèbres qui la constituent sont assemblées les unes aux autres par un tissu élastique qui donne à la colonne une certaine flexibilité. A chacune des douze vertèbres dorsales est attachée une paire de côtes, os longs qui entourent la partie supérieure du tronc.

Sur le devant de la poitrine est le *sternum*, os plat qui relie entre elles les côtes, de façon à former une cavité fermée.

Le tronc se divise en deux parties : la partie supérieure, *thorax*, limitée sur les côtés par les vertèbres dorsâles, les côtes et le sternum, fermée en bas par le *diaphragme*. Le thorax

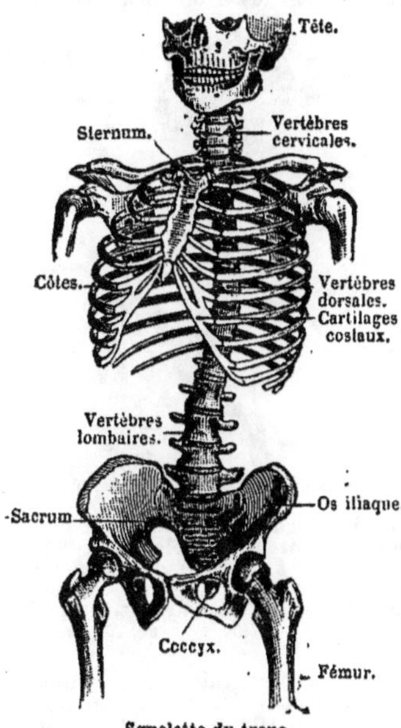

Squelette du tronc.

renferme le cœur et les poumons. La partie inférieure, *abdomen* ou *ventre*, renferme l'estomac et les intestins, le

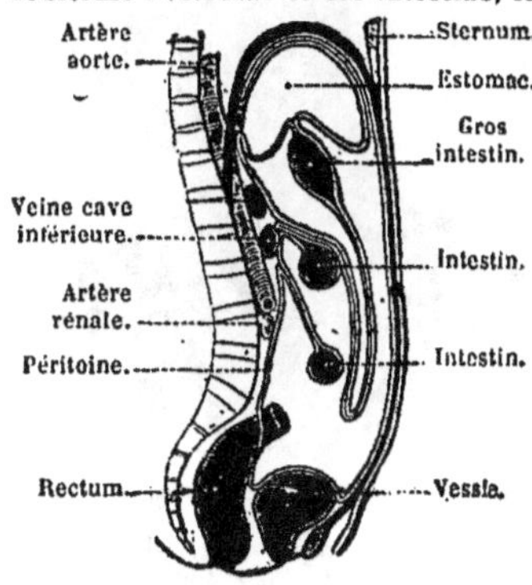

Coupe du tronc.

foie, le pancréas, la rate, les reins et la vessie.

tropiques. — Les *tropiques* sont deux *parallèles* terrestres (voy. **longitude**) distants environ de 23° de l'équateur, l'un dans l'hémisphère nord, l'autre dans l'hémisphère sud; le premier a reçu des anciens le nom de *tropique du Cancer*, l'autre de *tropique du Capricorne*.

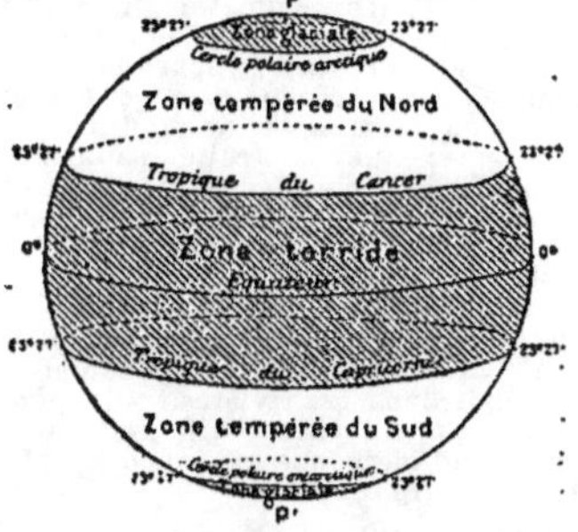

Tropiques.

Dans toute la région comprise entre les tropiques, les jours sont sensiblement égaux aux nuits pendant toute la durée de l'année; cette région est très chaude, car les rayons du soleil y tombent d'aplomb, au lieu de tomber obliquement, comme cela a lieu pour les points plus rapprochés des pôles (*fig.*).

truffe. — Voy. champignons.

truite. — *Poisson* d'eau douce présentant les caractères généraux du saumon. Corps comprimé latéralement; écailles très petites, dos verdâtre, ventre jaunâtre, taches noires et taches rougeâtres; du reste, la coloration est extrêmement variable. Peut atteindre une longueur de 60 centimètres (*fig.*).

Truite (longueur, 0m,35).

Commune dans toute l'Europe, la truite aime l'eau claire, froide, au courant rapide sur fond pierreux; on la trouve surtout dans les pays montagneux; nage contre le courant avec une grande rapidité, à la chasse des petits poissons dont elle fait sa nourriture. La taille de la truite, en eau profonde, peut atteindre 60 centimètres avec un poids de 7 à 8 kilos. Le frai se fait en hiver; la fécondité est moyenne, car les œufs sont très gros; le poisson les dépose dans le gravier; l'éclosion a lieu au bout de cinquante à soixante jours.

La chair de la truite est très estimée; avec l'ombre-chevalier, la truite est le meilleur de nos poissons d'eau douce. Aussi la pêche-t-on partout avec une grande activité.

La truite des lacs de la Suisse est particulièrement délicate; elle arrive à une grande taille. On nomme truite saumonée la truite dont la chair orangée est analogue comme aspect à celle du saumon. Il ne faudrait pas s'imaginer que la truite saumonée résulte d'un croisement entre truite et saumon; dans les lacs où jamais n'a paru un saumon, se trouvent des truites tout à fait saumonées.

La *truite de mer*, différente de la truite commune, se rapproche beaucoup du saumon; comme le saumon, elle naît dans les rivières, puis, parvenue à une certaine taille, elle descend à la mer; elle atteint un poids de 15 kilogrammes.

tuberculose. — Nom de la variété la plus commune de la *phtisie* pulmonaire.

tubéreuse. — Plante de la famille des *papilionacées*, cultivée dans les jardins à cause de la beauté et du

Tubéreuse des jardins.

parfum pénétrant de ses fleurs (*fig.*). La culture s'en fait par bulbes; elle exige des soins entendus.

tulipe. — Plante de la famille des *liliacées*, dont la fleur est belle, mais sans odeur. Elle est originaire de l'Europe méridionale; on la rencontre en abondance à l'état sauvage dans les prairies montueuses de la France.

On cultive depuis longtemps les tulipes dans les jardins comme plantes d'ornement; les Hollandais surtout

Tulipe (hauteur de la plante, 0m,40).

font des oignons de tulipe un commerce important, dont le centre est à Haarlem. La passion des amateurs pour la tulipe leur a permis d'obtenir un nombre infini de variétés. La multiplication se fait par semis et par caïeux (*fig.*).

tumeurs. — On nomme ordinairement *tumeur* toute grosseur anormale et persistante développée dans une partie quelconque du corps. Les

Exemple d'une tumeur au cou.

tumeurs sont de natures très diverses; les *anévrismes*, les *loupes* formées par des dépôts graisseux, les *kystes*, les *cancers* sont autant de tumeurs (*fig.*). Certaines tumeurs sont sans gravité, comme les loupes; d'autres, au contraire, sont très graves, comme le cancer.

turbith. — Racine purgative, fournie par une plante qu'on rencontre dans les Indes, en Australie et dans les îles du Pacifique.

turbot. — Voy. poissons plats.

turquoise. — Pierre précieuse d'un beau bleu, opaque, ou simplement translucide sur les bords. On la trouve en Perse.

tuyaux sonores. — L'air enfermé dans un tuyau à parois solides entre facilement en vibration et produit alors des sons puissants : aussi les tuyaux sonores sont-ils employés dans un grand nombre d'instruments de musique. Pour faire vibrer un *tuyau sonore*, il faut insuffler de l'air à l'intérieur par l'intermédiaire d'une

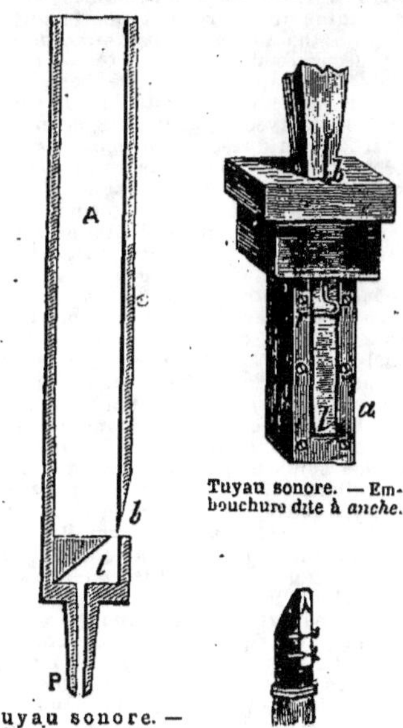

Tuyau sonore. — Embouchure dite à *anche*.

Tuyau sonore. — Coupe montrant l'embouchure dite de *flûte*.

Embouchure de la clarinette (A, languette).

disposition nommée *embouchure*. Les embouchures peuvent toutes se ramener à deux types.

Embouchure de flûte (*fig.*). — Dans l'embouchure de flûte, le vent arrive par une petite ouverture P dans une chambre ; il pénètre dans le tuyau par une fente *l*, la *lumière*, et ren-

contre la *lèvre supérieure b*, taillée en biseau. Au-dessous de cette lèvre, le tuyau possède une ouverture étroite, la *bouche*, qui le met en communication avec l'extérieur. Le jet d'air, qui vient à chaque instant se briser contre la lèvre, prend un mouvement de vibration duquel résulte un son ; ce mouvement de vibration se communique à la masse d'air du tuyau A qui résonne à son tour, mais avec une intensité bien plus grande. Parmi les instruments à vent, l'orgue, le flageolet et la flûte possèdent l'embouchure que nous venons de décrire. Dans la flûte, les lèvres du musicien forment la *lumière*, tandis que l'ouverture circulaire de l'instrument remplace les lèvres de l'embouchure.

Embouchure à anche (*fig.*). — Dans les tuyaux à anche, le son est produit par une *languette* ou *anche* métallique *l*, fixée à l'une de ses extrémités. Cette languette peut vibrer devant l'ouverture d'une petite caisse *r*. La partie inférieure de cette caisse est enfermée dans un *porte-vent*, qui reçoit l'air de la soufflerie ; la partie supérieure ouverte *b* est surmontée d'un tuyau de renforcement. Certains tuyaux d'orgue sont munis d'embouchures à anche ; l'embouchure de la clarinette est à anche. Dans le cor, le cornet à piston et tous les instruments analogues, les lèvres du musicien remplacent l'anche, l'intérieur de la bouche forme le porte-vent ; les lèvres vibrent comme la languette de la clarinette.

Lois des vibrations. — L'embouchure que l'on adapte à un tuyau fait varier le timbre du son, mais n'a aucune influence sur la hauteur, c'est-à-dire sur les notes produites. Les lois suivantes s'appliquent donc également aux tuyaux à anche et aux tuyaux à embouchure de flûte :

1° *Le son rendu par un tuyau ne dépend pas de la substance qui constitue ses parois* ;

2° *Le son rendu par un tuyau ne dépend ni de sa forme, ni de ses dimensions transversales, mais seulement de sa longueur, pourvu que cette longueur atteigne au moins sept ou huit fois la plus grande des dimensions transversales* :

3° *Les sons rendus par deux tuyaux correspondent à des nombres de vibrations qui sont en raison inverse de leur longueur.* C'est-à-dire que, de deux tuyaux, le plus court rend le son le plus aigu ;

4° *Le son rendu par un tuyau fermé par le haut est le même que celui d'un tuyau ouvert de longueur double* ;

5° *Quand on souffle de plus en*

plus fort dans un tuyau sonore, il rend successivement plusieurs sons qui vont en montant rapidement depuis le plus grave, ou son fondamental, auquel s'appliquent les lois précédentes.

Instruments de musique. — Dans l'orgue, on n'emploie que le son fondamental de chaque tuyau. La longueur de ces tuyaux varie de 5 mètres à quelques centimètres. Chaque note est, du reste, produite par un grand nombre de tuyaux, qui diffèrent par leur forme, leurs parois et leur embouchure, et donnent ainsi des timbres différents; aussi l'orgue est-il un orchestre complet plutôt qu'un instrument simple. L'orgue de l'église Saint-Sulpice, à Paris, renferme 7 000 tuyaux fixés sur une soufflerie qu'alimentent quatre grandes pompes à air. A côté de l'orgue, le plus complexe des instruments à vent, plaçons la trompette et le cor de chasse, les plus simples. Ces instruments n'ont qu'un seul tuyau, duquel on tire une série de sons, en soufflant de plus en plus fort. Dans les autres instruments, on a un tuyau de longueur variable et on utilise les divers sons que peut donner chaque longueur de tuyau. Les trous et les clefs de la flûte et de la clarinette servent à mettre l'air du tuyau en communication avec l'extérieur en divers points de la longueur de l'instrument. De plus, pour chaque disposition des doigts qui ferment ou ouvrent les clefs ou les trous, on peut, en forçant le vent, obtenir plusieurs sons. Dans le cornet à piston, des tuyaux supplémentaires que l'on met à volonté en communication avec le tuyau principal, font varier la longueur de ce tuyau.

typhlite. — Inflammation du *cæcum* (voy. **intestin**), résultant le plus souvent d'une constipation opiniâtre. Souvent une fièvre intense se déclare et il se produit un abcès dans la région cæcale (*pérityphlite*).

typhus. — Maladie dont le caractère essentiel est une fièvre continue intense. Elle affecte diverses formes, selon les climats et les circonstances dans lesquelles elle se produit, mais c'est toujours une maladie microbienne (voy. **microbes**) et par suite *contagieuse*, qui peut être d'ailleurs *sporadique*, *endémique* ou *épidémique*.

Fièvre typhoïde. — La fièvre typhoïde est pour ainsi dire le typhus sporadique, mais elle peut être épidémique. Elle se développe sous l'influence d'un microbe qui se propage surtout par les eaux de mauvaise qualité (eau de la Seine, à Paris); elle attaque surtout les adolescents et les adultes. Dans les grandes villes, dans les endroits encombrés, tels que les casernes, elle est souvent épidémique. Les fatigues morales et physiques, qui laissent l'organisme sans défense contre la première invasion du microbe, y prédisposent. De là la nécessité d'une sévère hygiène en temps d'épidémie typhoïde; on s'abstiendra surtout de toute eau suspecte, et on fera bouillir l'eau, même non suspecte, avant de la boire. On n'a ordinairement qu'une fois la fièvre typhoïde, mais cependant les récidives ne sont pas très rares. Cette maladie se présente sous quatre formes bien distinctes par leurs symptômes. La fièvre typhoïde à *forme muqueuse* est caractérisée par une fièvre continue, des douleurs de tête, perte d'appétit, nausées, douleur dans le côté droit, perte de force avec pâleur; après trois ou quatre semaines, elle se termine ordinairement par la guérison. Dans la *forme inflammatoire*, il y a encore douleurs de tête, perte d'appétit, douleur de ventre, mais la pâleur est remplacée par la rougeur du visage, avec saignements de nez, diarrhée; la durée est à peu près la même, et la guérison est la terminaison habituelle. Dans la *forme adynamique*, il y a douleur de tête, saignement de nez, diarrhée, douleur et ballonnement du ventre, avec taches rosées; grande fièvre avec agitation, stupeur. Dans la *forme ataxique*, l'agitation est accompagnée de tremblement musculaire, les mains se meuvent comme pour saisir un objet posé sur le lit, le délire est parfois furieux. Ces deux dernières formes sont plus graves, et ont souvent une terminaison fatale. Dans toutes les formes, la convalescence exige de grands soins et présente des dangers. Le traitement est variable et complexe.

Fièvre jaune. — La *fièvre jaune*, ou *vomito negro*, est une variété du typhus qui règne à l'état endémique sur le littoral de certaines parties de l'Amérique. Elle a pu accidentellement être transportée en Europe par des navires, bien qu'elle soit peu contagieuse; elle est alors toujours restée dans les ports. Cette fièvre est accompagnée de jaunisse, avec vomissements noirs, selles noires. La fièvre jaune tue parfois en quelques heures, mais ordinairement elle dure quelques jours et se termine le plus souvent par la guérison.

Typhus proprement dit. — Le typhus proprement dit est la forme la plus contagieuse, la plus épidémique de cette fièvre. Comme la fièvre typhoïde, c'est une maladie microbienne qui se propage surtout par les eaux, puis, quand l'épidémie est apparue, par la contagion directe due aux malades. Apparaissant surtout dans les camps, les prisons trop remplies, les villes assiégées, où les conditions hygiéniques sont déplorables, il y fait de nombreuses victimes. Les symptômes et les formes du typhus se rapprochent beaucoup de ceux de la fièvre typhoïde, mais ils sont généralement plus accentués; aussi les terminaisons fatales sont-elles plus nombreuses.

U

ulcère. — Plaie qui n'a aucune disposition à se fermer et à se cicatriser d'elle-même. Les plaies ordinaires se transforment souvent en ulcères chez les personnes diabétiques ou bien quand elles ne sont pas tenues proprement, quand elles sont envenimées par des frottements, des pansements trop fréquents. Le traitement des ulcères dépend de la cause qui a déterminé leur production.

ulmacées. — Famille de plantes voisine des *urticées* *, renfermant les diverses espèces d'ormes.

upas. — Substance vénéneuse dont les Javanais se servent pour empoisonner leurs flèches; ce poison, introduit même en très petite quantité dans une plaie, donne la mort presque instantanément. L'upas semble être fourni par deux plantes distinctes.
L'**upas antiar** provient d'un grand arbre de l'île de Java; il est constitué principalement par le suc qui s'écoule des incisions faites à cet arbre, suc auquel les indigènes ajoutent diverses autres substances; c'est une substance d'apparence cireuse, d'un goût très amer. C'est un poison narcotico-âcre qui provoque la mort au milieu de terribles convulsions.
L'**upas tieuté** semble plus terrible encore; il provient d'une liane des forêts montagneuses d'une île voisine de Java, liane qui appartient au genre *strychnos* *; c'est la racine qui fournit le poison. L'upas tieuté renferme une forte proportion de strychnine, qui en constitue la partie active.

uranus. — *Planète* dont la distance au soleil est 19 fois celle de la Terre (*fig.*); sa grosseur est 82 fois celle de la Terre; la durée de sa révolution est de 84 ans; elle est rarement visible à l'œil nu. Elle a huit satellites.

Uranus. — Grosseurs comparées de la *Terre* et d'*Uranus*.

urine. — Liquide sécrété par le *rein* *, et qui se rassemble dans la *vessie* avant d'être expulsé à l'extérieur. Elle est constituée par de l'eau, qui tient en dissolution des matières diverses provenant de la *désassimilation* de nos tissus (voy. **nutrition**); ces matières sont surtout l'*urée*, l'*acide urique* et des sels *minéraux*.
Dans l'état normal l'homme sécrète par jour à peu près 1,400 grammes d'urine, renfermant 30 grammes d'urée, 1 gramme d'acide urique.
Dans certains cas, l'urine renferme du *glucose*, qui est une matière sucrée; cela constitue la maladie du *diabète;* l'*albuminurie* est une autre maladie caractérisée par la présence de l'*albumine* dans les urines.

urticaire. — Maladie de la peau caractérisée par la production rapide d'élevures blanches ou rouges, en forme de plaques, de la grosseur d'un haricot. Cette éruption peut être produite par le grattage, par les piqûres des mouches, des puces, des punaises, par l'ingestion de certains aliments (groseilles, champignons, écrevisses, huîtres, moules, etc.); elle se développe aussi sans cause appréciable. La guérison est rapide; on traite par des bains tièdes, des purgatifs, et surtout on évite les causes de production de la maladie.

urticées. — Plantes *dicotylédones* * *apétales;* fleurs ayant un calice; les étamines et le pistil sont souvent séparés; les fleurs ne sont pas disposées en chaton; ovaire à une loge, à une seule graine pourvue d'un albumen. Un grand nombre d'espèces importantes, *ortie, pariétaire, ramie* *, *chanvre, houblon* *, sont utilisées en médecine et dans l'industrie.

V

vaccine. — Les vaches sont sujettes à une maladie nommée *vaccine* ou *cowpox*, caractérisée par l'apparition de pustules sur les mamelles. Cette

Vaccine. — Inoculation de la petite vérole par *vaccination*.

maladie est contagieuse, et peut être transmise à l'homme. Si on prend à l'extrémité d'une lancette un peu du pus contenu dans les pustules, et qu'on

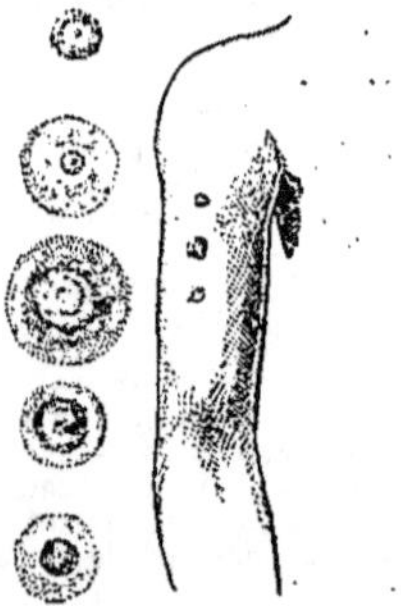

Vaccine. — Les boutons de la vaccine. — Le bras avec trois boutons. A gauche, les divers états d'un bouton ; en haut, le bouton deux jours après l'inoculation ; en bas, le bouton presque sec, l'inflammation ayant à peu près disparu.

fasse des piqûres à une vache ou à un homme avec cette lancette, on voit apparaître aux points piqués des pustules semblables aux premières. En 1776, le médecin anglais Jenner

démontra que les personnes auxquelles on a ainsi communiqué la maladie de la vaccine, deviennent réfractaires à la *petite vérole* (voy. **variole**), et il établit l'habitude, qui s'est généralisée depuis, de vacciner les enfants pour les préserver de la terrible maladie qui faisait autrefois de si grands ravages.

On nomme *vaccin* le pus retiré des pustules du cowpox, pus qui sert à opérer la vaccination. Souvent ce vaccin est employé frais ; alors on le prend directement sur le bras d'un enfant qui a été vacciné quelques jours auparavant, ou bien on le prend sur les pustules d'une génisse vaccinée pour cet objet. D'autres fois, le vaccin a été recueilli d'avance et conservé dans de très petits tubes de verre ; si les petits tubes sont bien fermés et conservés à une température modérée, le vaccin peut y séjourner sans s'altérer pendant des années entières.

Pour vacciner, on met un peu de vaccin à l'extrémité d'une fine lancette. On fait à l'aide de cette lancette des piqûres au bras, et on abandonne les petites plaies sans aucun pansement. Au bout de deux ou trois jours, les piqûres rougissent, puis on voit apparaître un petit bouton, qui s'élargit, se remplit de pus, et se creuse en son milieu ; c'est à peu près vers le dixième jour que le bouton est le plus gros, la peau le plus enflammée ; on éprouve de la chaleur au bras, une vive démangeaison et un peu de fièvre (*fig.*). La dessiccation commence le douzième jour et se termine vers le vingt-septième.

La vaccination n'entraîne presque jamais d'accidents sérieux ; on doit la pratiquer sur les enfants vers l'âge de trois ou quatre mois ; deux ou trois revaccinations, à dix ans, vingt ans, trente ans, sont indispensables pour une préservation presque certaine.

vairon. — Très petit poisson d'eau douce, présentant les caractères généraux de la carpe ; corps à peu près cylindrique, très petites écailles, coloration foncée. Taille maxima, 8 cent.

Se trouve dans toute l'Europe, dans les rivières, les lacs, les fossés, mais surtout dans les ruisseaux herbeux. Vit en troupe, mangeant des vers, petits insectes, débris de végétaux

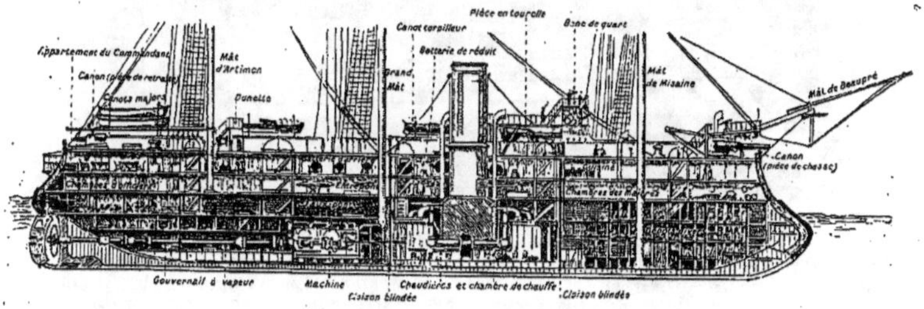

Coupe d'un vaisseau cuirassé.

Ponte en mai ; les œufs, fort nombreux, éclosent au bout de six jours. Chair tendre, mais d'un goût légèrement amer.

vaisseau cuirassé. — Les vaisseaux cuirassés actuels sont de formidables engins. Les plus grands dépassent 100 mètres de longueur, ils possèdent jusqu'à 800 hommes d'équipage, et sont armés de canons de très gros calibre, en petit nombre. Ils ont des noms différents selon leur forme, leurs dimensions, le but pour lequel ils ont été construits (*cuirassés d'esca-*

ramifications, répandues partout, sont extrêmement fines, ce sont les *vaisseaux capillaires*, dont le diamètre est généralement inférieur à un centième de millimètre (*fig.*). C'est à travers les parois très minces de ces vaisseaux que se produit la *nutrition* [*] proprement dite. A sa sortie des capillaires, le sang entre dans les veines qui le ramènent au cœur.

vaisseaux lymphatiques. — Ensemble très complexe de vaisseaux contenus dans le corps, et dans lesquels circule la *lymphe* [*]. Dans les

Garde-côte.

dre, *garde-côtes, croiseurs, canonnières, avisos, torpilleurs*).

Tous sont en acier, et, de plus, recouverts, au niveau de la ligne de flottaison, d'une cuirasse d'acier ayant jusqu'à 80 centimètres d'épaisseur (*fig.* p. 779 et 780). Ces cuirasses, cependant, peuvent être transpercées par les obus des grands canons de marine,

vaisseaux capillaires. — Les *artères* [*], en s'éloignant du cœur, se

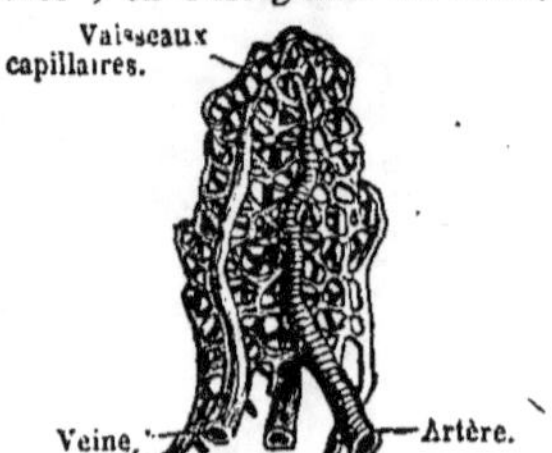

Vaisseaux capillaires vus au microscope.

divisent en des ramifications de plus en plus déliées, qui conduisent le sang dans tous les organes. Les dernières

vaisseaux, la lymphe va des organes vers le cœur. La lymphe semble prendre naissance au sein des organes, entrer d'abord dans des vaisseaux capillaires très petits ; puis ces vaisseaux capillaires se réunissent en des vaisseaux plus gros, qui avoisinent les veines ; finalement ils forment deux grands vaisseaux : la *grande veine lymphatique*, qui verse la lymphe dans la veine sous-clavière droite, et le *canal thoracique*, qui verse la lymphe dans la *veine sous-clavière gauche*. La lymphe vient donc ainsi se verser dans le sang, d'où elle provient ; car la naissance du liquide dans les capillaires lymphatiques ne peut se faire qu'aux dépens du sang des capillaires sanguins voisins (*fig.*)

Sur le trajet des vaisseaux lymphatiques sont des renflements nombreux, constituant ce qu'on nomme les *ganglions lymphatiques* ; ces ganglions se trouvent surtout aux aisselles, aux aines, au cou ; d'autres sont situés plus profondément. C'est dans ces ganglions, traversés par la lymphe, que se produisent les globules blancs, lesquels, peut-être, deviendront des globules rouges quand la lymphe aura été versée dans le sang. Les ganglions lymphatiques s'enflamment aisément (voy. **glandes**). Les *vaisseaux chylifères*, qui puisent dans l'intestin une partie des produits de la digestion (voy. **absorption**), ressemblent beaucoup aux vaisseaux lymphati-

Canal thoracique.   Veine sous-clavière gauche.

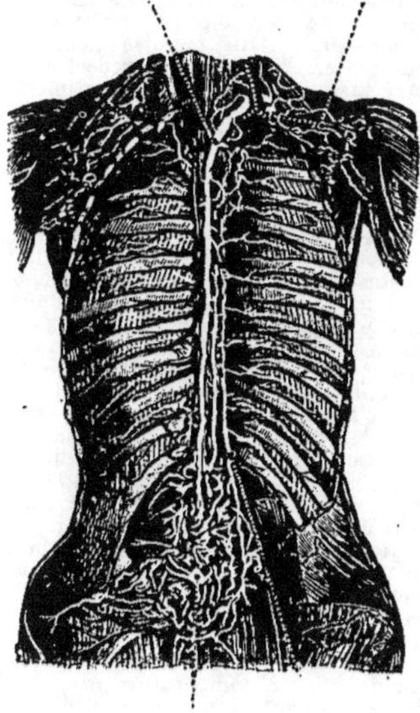

Ganglions abdominaux.

Vaisseaux lymphatiques du tronc.

ques; d'ailleurs, quand la digestion est terminée, et qu'ils ne contiennent plus de chyle, ils sont envahis par la lymphe; puis, quand la digestion reprend, ils se remplissent de nouveau de chyle, qui va, comme la lymphe, se verser dans le sang par le canal thoracique.

valériane. — Plante herbacée, vivace, qui croît spontanément dans presque toute l'Europe et en Asie. On la cultive pour l'usage médical en Angleterre, en Hollande, en Allemagne, dans l'Amérique du Nord; mais la valériane sauvage, et surtout celle poussée dans les lieux secs, est plus estimée que la valériane cultivée (*fig.*).

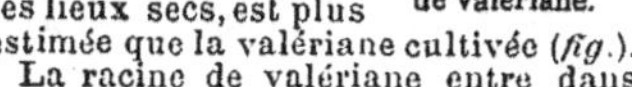

Racine de valériane.

La racine de valériane entre dans

un grand nombre de préparations officinales; elle combat un grand nombre d'accidents nerveux. Associée au quin-

Valériane (hauteur 1 mètre).

quina, elle guérit les fièvres intermittentes.

vanille. — La *vanille* (*fig.*) est une plante de la famille des *orchidées*, des régions tropicales de l'Asie et de l'Amérique; c'est une plante grimpante et sarmenteuse dont le fruit, improprement appelé *gousse*, est une capsule qui s'ouvre en deux valves. On la cultive au Mexique, en Colombie, en Guyane, à l'île de la Réunion. On récolte la vanille avant sa maturité complète et on la fait sécher d'abord

Vanille (fleurs et fruits).

au soleil, puis à l'ombre; on l'enduit ensuite avec une légère couche d'huile.

On trouve dans le commerce diverses sortes de vanille; la plus estimée est la *vanille de Ley* ou *légitime*, longue de

44

16 à 20 centimètres ; la surface en est ridée et sillonnée longitudinalement, recourbée en crosse à sa base. Elle est onctueuse au toucher, souple, même un peu molle et visqueuse, d'un brun noirâtre. Son odeur est très suave. Elle se couvre peu à peu de petits cristaux blancs appelés *givre ;* elle constitue alors la *vanille grillée,* la plus estimée.

La vanille est employée en parfumerie, en confiserie, en cuisine, à cause de son odeur suave. En médecine, elle est employée comme tonique et excitant.

vanneau. — Oiseau *échassier ;* longueur totale, 36 centimètres (*fig.*). C'est un des plus richement vêtus parmi les oiseaux de rivage. Vit par grandes troupes au bord des rivières, dans les grandes plaines découvertes, les prairies marécageuses. Se nourrit de vers, d'insectes, de limaces, d'araignées. Son vol est très léger et très

Vanneau (longueur 0m,36).

soutenu. C'est un oiseau de passage, restant seulement la fin de l'hiver. Mais beaucoup demeurent chez nous et s'y reproduisent. La femelle pond trois ou quatre œufs qu'elle couve vingt et un jours ; les petits courent et mangent seuls le lendemain de leur naissance.

Bon gibier ; les œufs sont fort estimés et se vendent des prix élevés, vu leur rareté.

vapeurs. — Un liquide que l'on chauffe, ou simplement un liquide que l'on abandonne à lui-même à la température ordinaire, disparaît peu à peu ; on dit qu'il s'est *vaporisé.* En d'autres termes, il s'est répandu dans l'air sous forme gazeuse ; on nomme *vapeur* du liquide le gaz qui a ainsi pris naissance. Une vapeur ne diffère pas d'un gaz. On nomme *vapeur* tout *gaz* provenant de la vaporisation d'un corps que nous connaissons surtout à l'état liquide (eau, éther, alcool). On nomme *gaz* toute *vapeur* dont le liquide n'existe pas normalement dans les conditions ordinaires (oxygène, acide carbonique). Il n'y a donc aucune différence essentielle entre un gaz et une vapeur. De même que les gaz, les vapeurs reviennent à l'état liquide soit quand on les refroidit, soit quand on les comprime (voy. **liquéfaction,** **vaporisation**).

vapeurs. — Etat nerveux dans lequel il monte au visage de subites rougeurs, ou bien où la personne devient subitement pâle. Ces changements de coloration du visage sont accompagnés d'un malaise général, avec resserrement au creux de l'estomac, jusqu'à produire un sentiment d'angoisse. En même temps se produit une tristesse sans motif, un besoin de pleurer ; la moindre contrariété détermine un emportement soudain. Les vapeurs constituent une *névrose*.

vaporisation. — On nomme ainsi le passage d'un corps solide ou liquide à l'état de gaz ou de vapeur. Quand un liquide volatil est introduit dans un espace clos, il se vaporise plus ou moins rapidement ; la vaporisation est rapide si l'espace est vide d'air ; elle est lente si l'espace renferme de l'air, ou un autre gaz, ou des vapeurs d'un autre liquide. Puis la vaporisation s'arrête au bout d'un certain temps ; on dit alors que l'espace est *saturé* de vapeurs, ce qui signifie qu'il en contient autant qu'il peut en contenir. Un liquide très volatil, comme l'éther, répand ainsi dans l'espace clos beaucoup plus de vapeur que ne le ferait un liquide peu volatil, comme l'eau.

La quantité de vapeur qui prend ainsi naissance est d'autant plus grande que la température est plus élevée. Au contraire, si on refroidit un espace qui était saturé de vapeur, une partie de la vapeur se *condense* pour reprendre l'état liquide. Cette influence de la température est bien mise en évidence par les nombres suivants, relatifs à l'eau. Pour l'eau, la vaporisation s'arrête quand la pression de la vapeur répandue dans l'espace clos (pression mesurée au *manomètre*) est devenue égale à :

4mm,6 si l'eau est à la température de 0°.
760mm — — — 100°.
20,926mm — — — 230°.

Cette augmentation rapide de la pression de la vapeur d'eau quand la température s'élève est utilisée dans les machines à vapeur.

La vaporisation peut se produire par trois procédés différents : par *sublimation*, par *évaporation* et par *ébullition*.

varec. — Voy. algues.

varices. — Dilatations permanentes des veines, telles que ces vaisseaux deviennent plus longs et se replient sur eux-mêmes, en même temps que leur calibre augmente (*fig.*). Elles proviennent d'une circulation veineuse ralentie par un obstacle, et s'observent surtout sur les membres soumis à un travail prolongé, principalement sur les jambes.

Le meilleur traitement à employer contre les varices est une compression exercée par un bas élastique. On a pu guérir radicalement des varices très grosses et très douloureuses par des compresses de perchlorure de fer. Les varices, outre les douleurs et la lourdeur des membres qu'elles occasionnent, peuvent présenter des accidents graves tels que inflammation de la veine (voy. **phlébite**), rupture suivie d'hémorragie, transformation de la varice en ulcère, gangrène.

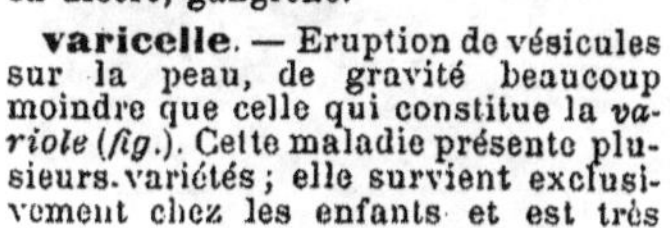

Varices.

varicelle. — Eruption de vésicules sur la peau, de gravité beaucoup moindre que celle qui constitue la *variole* (*fig.*). Cette maladie présente plusieurs variétés ; elle survient exclusivement chez les enfants et est très

Varicelle.

contagieuse. L'éruption apparaît souvent au cours d'une parfaite santé, et l'enfant n'éprouve aucun malaise bien grave. Au bout de huit à dix jours le rétablissement est complet, sans aucune médicamentation.

variole. — La *variole*, ou *petite vérole* (*fig.*), est une maladie contagieuse, accompagnée de fièvre, dans laquelle se produit sur la peau et sur les muqueuses un grand nombre de pustules. On n'a ordinairement cette maladie qu'une fois ; elle est souvent épidémique et se propage par contagion, soit par contact avec les malades, soit par l'air. La maladie couve d'abord pendant quelques jours, puis arrive la fièvre, le mal de tête, la soif, des vomissements, des douleurs de reins ; les pustules font *éruption* sur la face, puis sur tout le corps. Ces pustules sont pleines d'un pus jau

Variole.

nâtre, avec enflure tout autour. Bientôt ces pustules suppurent, puis se dessèchent, laissant souvent des cicatrices rondes et profondes.

La maladie est très grave ; la mort survient souvent pendant la période de suppuration. Quand il y a guérison, le malade est parfois défiguré. Dès le début de la variole, le malade doit rester au lit, à la diète, et boire des tisanes sudorifiques tièdes ; on frotte les pustules avec de l'axonge fraîche, pour qu'elles laissent moins de cicatrices. Quant au traitement même de la maladie et des complications qui peuvent survenir, il varie avec les circonstances.

De nos jours, grâce à la *vaccine*, la variole, qui faisait autrefois de si grands ravages, est devenue relativement rare.

vaséline. — Substance semblable à l'axonge, nommée aussi *graisse minérale*. On la retire du pétrole brut ; quand le *pétrole* a été distillé, il reste dans la cornue des goudrons de pétrole : c'est de ces goudrons qu'on retire la *vaseline*.

Ce composé peut souvent être sub

stitué aux corps gras, sur lesquels il présente l'avantage de ne pas se rancir. En pharmacie, on remplace, dans la composition des pommades, l'axonge par la vaseline. On s'en sert aussi pour l'extraction des parfums des plantes qui les renferment. Enfin, on en graisse les armes, les objets métalliques pour les préserver de la rouille.

vases communicants. — Quand un liquide est en équilibre dans un vase, sa surface libre forme un plan horizontal. *Quand plusieurs vases communiquent par leur partie inférieure, et qu'on y verse un liquide, ce liquide s'élève dans les vases de telle manière que tous les niveaux soient dans un même plan horizontal.* C'est là ce qu'on nomme le principe des vases communicants. Les applications de ce principe sont innombrables.

5° **Jets d'eau.** — Les fontaines jaillissantes naturelles sont reproduites artificiellement dans les jardins. Un réservoir placé à une certaine hauteur et rempli d'eau porte à sa partie inférieure un tuyau qui s'abaisse, entre dans le sol, et vient s'ouvrir au centre d'un bassin. Si de là le tuyau s'élevait verticalement jusqu'à la hauteur du réservoir, l'eau y monterait jusqu'au niveau de celui-ci. Mais le tuyau s'arrête au niveau du sol, l'eau va donc s'élever en une gerbe verticale et retomber dans le bassin.

6° **Distribution de l'eau dans les villes.** — C'est par un procédé analogue, avec des conduites montantes, que l'eau est distribuée dans les villes à tous les étages des maisons. Le réservoir central doit être placé plus haut que le toit des maisons les plus élevées.

7° **Puits artésiens** (*fig.*). — Ce sont

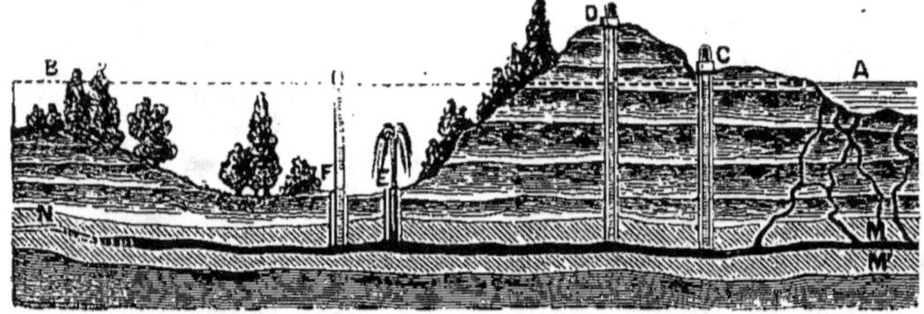

Puits, puits artésien, source jaillissante. — L'eau d'un lac A communique, par des fissures, avec une couche de sable MN, comprise entre des couches imperméables d'argile. — Si on creuse un puits en C ou en D, l'eau y arrive dès que le fond du puits a atteint la couche MN, et elle s'élève jusqu'au niveau AB du lac. Un puits creusé en E fournit une source jaillissante; un puits creusé en F, puis muni d'une colonne montante, forme un puits artésien.

1° **Eaux courantes.** — Les eaux de pluie coulent le long des pentes pour arriver à la mer parce que le niveau tend toujours à devenir horizontal.

2° **Niveau des mers.** — Les mers ont toutes le même niveau; seules, les mers intérieures (Caspienne) peuvent avoir un niveau différent de celui des autres. Ce niveau commun, considéré dans toute son étendue, forme une sphère presque parfaite.

3° **Sources.** — L'eau des pluies qui a pénétré dans la terre continue à descendre pour ressortir en une source.

4° **Sources jaillissantes.** — Si l'eau d'infiltration n'a pour s'échapper qu'un chemin trop étroit, elle est forcée de s'accumuler dans les couches supérieures, ou même de rester à la surface des plateaux. L'eau qui s'échappe alors à l'ouverture inférieure tend à s'élever jusqu'au niveau supérieur duquel elle est partie : la source est jaillissante.

d'immenses fontaines jaillissantes, à moitié naturelles, à moitié artificielles. La croûte terrestre est formée en grande partie de couches parallèles de terrain, qui suivent les sinuosités de la surface. Admettons qu'une couche de sable, parfaitement perméable à l'eau, soit comprise entre deux couches d'argile, imperméables. L'eau de pluie qui tombe sur le plateau entre dans la couche de sable par sa partie supérieure ; elle s'y accumule, empêchée qu'elle est de sortir par la présence des couches d'argile. On a alors comme un grand réservoir d'eau. Si on perce la couche supérieure d'argile d'un trou de sonde, l'eau emprisonnée jaillira par l'ouverture, et on pourra, soit la laisser librement s'élever en jet d'eau, soit la conduire par un tuyau jusqu'à une hauteur presque égale à la hauteur du niveau supérieur. Les puits artésiens doivent leur nom à ce que le premier qui ait été creusé en

France l'a-été dans. l'Artois. — La disposition du sol que nous venons d'indiquer est en réalité très fréquente.

Puits artésien de Grenelle (à Paris).

En quelque point d'une vallée que l'on creuse un trou de sonde, on est presque assuré de rencontrer, si l'on va assez profondément, une source jaillissante. Le puits de Grenelle (à Paris) a une profondeur de 546 mètres; il élève ses eaux à 37 mètres au-dessus du sol. Les puits artésiens étaient connus dès la plus haute antiquité des Egyptiens et des Chinois. Actuellement ils rendent les plus grands services. On en a creusé un grand nombre dans la plaine sablonneuse du Sahara.

8° **Ecluses** (*fig.*). — Les canaux de

Aspect d'une écluse.

navigation sont formés de *biefs* horizontaux, qui se succèdent à des hauteurs différentes comme les marches d'un escalier. Les biefs sont mis en communication par des *écluses* destinées à faire passer les bateaux d'un niveau à un autre. L'écluse est une portion de canal fermée par deux portes A et B. Le bateau est dans le bief d'amont (*fig.* 1). — On ouvre la porte A, l'écluse se remplit d'eau jusqu'au niveau d'amont, et le bateau peut entrer (*fig.* 2). On ferme A, on

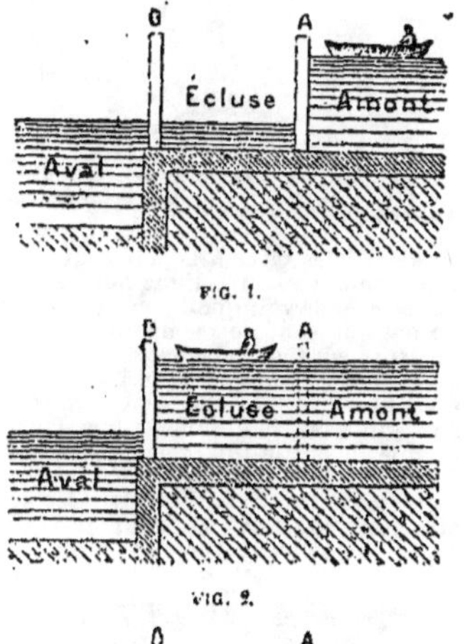

Ecluse. — Les trois phases du fonctionnement d'une écluse.

ouvre progressivement B; l'écluse se vide jusqu'au niveau d'aval (*fig.* 3); le bateau descend en même temps et peut sortir. Pour la montée, la manœuvre est inverse.

9° **Niveau d'eau** (*fig.*). — Cet instrument, employé par les géomètres pour les opérations de nivellement, est basé sur le principe des vases communicants. Il se compose de deux fioles de verre sans fond, mises en communication par un tube de fer-blanc de 1^m,20 de longueur. Ce tube est porté en son milieu par un trépied articulé qui s'appuie sur le sol. On verse dans l'appareil de l'eau colorée (pour qu'elle soit plus facilement visible). Quand le liquide s'est mis en équilibre, les deux surfaces libres sont dans un même plan horizontal. En plaçant l'œil de

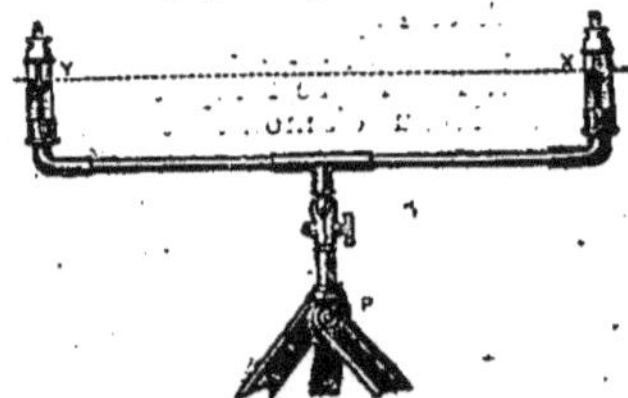

Niveau d'eau. — La ligne de visée XY, déterminée par le niveau en A et en B, est toujours horizontale.

manière à les viser à la fois toutes les deux, on obtient une ligne horizontale qui permet de voir quels sont les points du sol qui sont au même niveau que l'instrument (voy. **nivellement**).

10° **Niveau à bulle d'air** (*fig.*). — Quand un liquide et un gaz sont enfermés dans un vase, le liquide, plus dense, occupe la partie inférieure, et sa surface libre est horizontale. C'est le principe du niveau à bulle d'air. Cet instrument se compose d'un tube de verre légèrement courbé; on l'a

Niveau à bulle d'air. — Quand la ligne CD est horizontale, la bulle AE se place à la partie supérieure du niveau, en O.

presque rempli de liquide, de façon à n'y laisser qu'une bulle d'air, puis on l'a fermé et fixé dans une garniture de laiton. Quand on le place sur une ligne horizontale, la bulle vient se loger au milieu du tube, entre deux traits de repère. Si la ligne n'est pas horizontale, la bulle d'air se porte vers l'une des extrémités, à droite ou à gauche des repères. En soulevant peu à peu la ligne, si elle est mobile, on finira par faire venir la bulle dans sa position normale : on aura alors obtenu l'horizontalité cherchée.

vautour. — Oiseau rapace diurne, au cou long, à la tête nue. Il est grand et fort, au vol lourd, mais puissant. Habite les deux continents, surtout les pays chauds; rare en France. Se nourrit de cadavres en putréfaction, et accomplit ainsi une œuvre

de salubrité. Répand une odeur infecte.

Vautour fauve (longueur, 1ᵐ,10).

Dans le midi de la France on trouve le vautour arrian, au plumage brun

Condor, (longueur 1ᵐ,30).

foncé, et le vautour à huppe, ou percnoptère; le vautour fauve (*fig.*) ne se

Gypaète des Alpes, (longueur 1ᵐ,20,

trouve que dans les Alpes. Le **condor** de l'Amérique du Sud (*fig.*) atteint 1ᵐ,30

Vautour dévorant les charognes.

de longueur, de la pointe du bec à l'extrémité de la queue, avec une enver.

gure de 4 mètres. Le **gypaète** (*fig.*), ou **vautour des agneaux**, qu'on trouve dans les Alpes, est presque aussi grand : il a des plumes sur la tête.

veines. — Vaisseaux qui ramènent le sang des organes vers le cœur ; elles sont plus nombreuses que les artères ; aussi dans les veines le sang progresse-t-il moins rapidement que dans les artères.

Les petites veines du corps se réunissent pour en former de plus grosses qui, en définitive, produisent deux gros

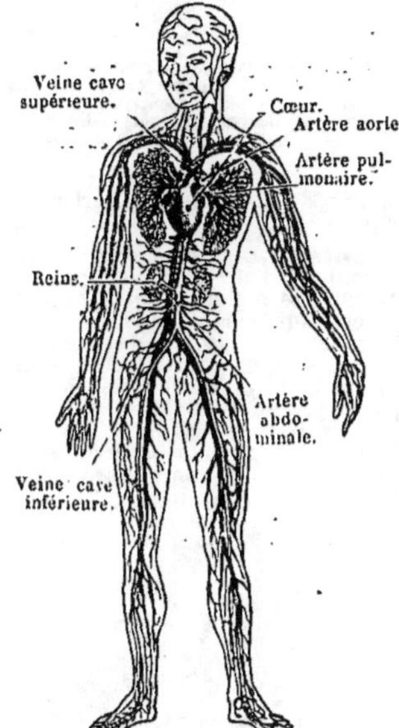

Veines. — La circulation du sang dans les *artères* et dans les *veines*.

troncs, la *veine cave inférieure*, et la *veine cave supérieure* qui apportent le sang dans l'oreillette droite. La structure des veines diffère de celle des artères ; leur paroi est mince, non élastique ; à l'intérieur sont, de distance en distance, des *valvules*, sortes de soupapes qui permettent au sang de progresser dans sa direction normale, vers le cœur, mais qui s'opposent à sa rétrogradation.

Le mouvement du sang dans les veines est causé uniquement par l'arrivée du sang artériel, qui pousse le liquide placé devant lui (*fig.*).

La *phlébite*, l'*embolie*, la *gangrène*, les *varices*, les *hémorroïdes*, sont des maladies des veines.

venin. — Liquide toxique sécrété par divers animaux, et en particulier par les serpents et les abeilles. Dans les végétaux, et en particulier dans les orties, on trouve des liquides ayant des propriétés analogues à celle des venins animaux.

Le venin des serpents, sécrété par une glande spéciale, est un liquide incolore, sans odeur ni saveur ; il est visqueux comme de l'huile ; il semble que le venin soit le même dans tous les serpents, et que les dangers de la morsure dépende uniquement de la quantité de venin produite par l'animal.

ventilation. — Quand une salle est habitée par un grand nombre de

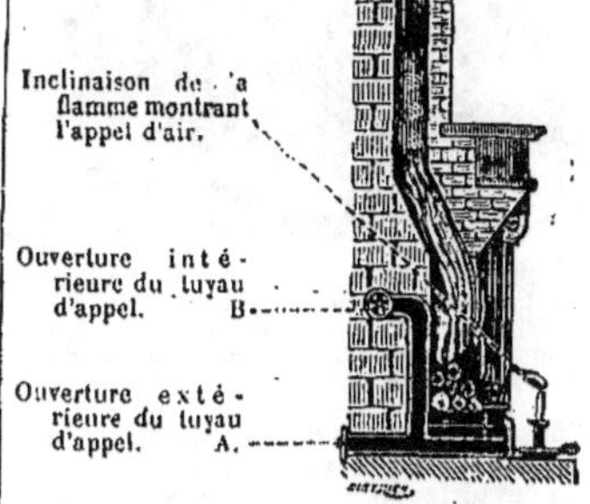

Ventilation par une cheminée. — L'air vicié de l'appartement s'échappe par le tuyau de la cheminée, par suite du tirage. L'air pur de l'extérieur pénètre par le *tuyau d'appel* A, et se répand dans l'appartement par l'extrémité B.

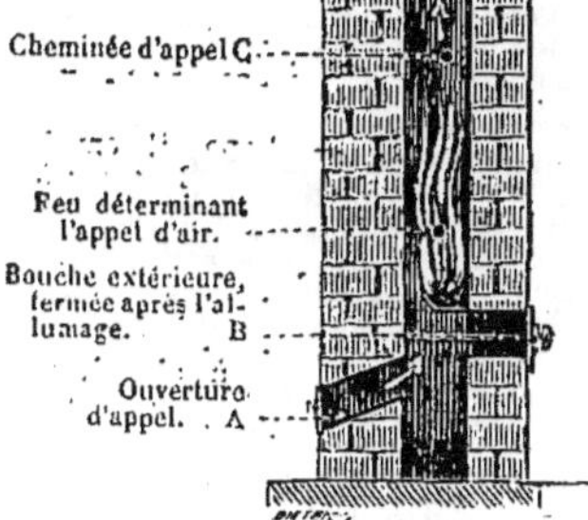

Ventilation par une cheminée d'appel. — Le feu étant allumé, on ferme la bouche B. L'air intérieur est alors appelé en A par le tirage, et se répand au dehors par C.

personnes, il est indispensable d'en assurer la ventilation, c'est-à-dire un renouvellement rapide de l'air. Si on peut ouvrir largement les portes et les fenêtres, la ventilation se fait d'elle-même ; autrement il faut avoir recours à des procédés particuliers.

Les meilleurs appareils de ventilation sont les *cheminées* ; le feu détermine un *tirage*, qui fait sortir rapidement l'air de l'appartement, tandis que l'air extérieur entre par les fissures des portes et des fenêtres ; une cheminée fumerait nécessairement, faute

Ventilateur à force centrifuge. — L'axe central tourne rapidement, entraînant avec lui les ailettes l, l, l, l. L'air vicié entre par A, est entraîné vers le bas, vers T, et sort à l'extérieur par le tuyau B.

d'un tirage suffisant, si la pièce était assez hermétiquement close pour que l'air extérieur ne puisse entrer.

En été, on assure la ventilation par des cheminées d'appel disposées de manière que le feu ne soit pas dans l'appartement, mais que le tirage se fasse cependant par l'air de l'appartement (*fig.*). Dans les grands établissements publics, dans les mines, la ventilation est assurée par des appareils plus compliqués.

ventouse. — Appareil employé en médecine pour attirer le sang à la peau en une partie quelconque du corps. La plus simple des ventouses est constituée par une petite cloche de verre. Pour l'employer, on la place pendant un moment au-dessus de la flamme d'une lampe à alcool, pour déterminer la dilatation de l'air contenu dans la cloche ; puis on applique fortement celle-ci sur la peau. L'air, se refroidissant, diminue de pression, ce qui équivaut à un vide partiel qu'on aurait pratiqué sous la cloche. Alors la peau se gonfle, par suite d'un apport de sang : c'est ce qu'on nomme la *ventouse sèche*.

On dit que la ventouse est *scarifiée* (voy. **scarification**) quand on a opéré

une scarification sur la peau, avant de poser la ventouse ; alors, sous

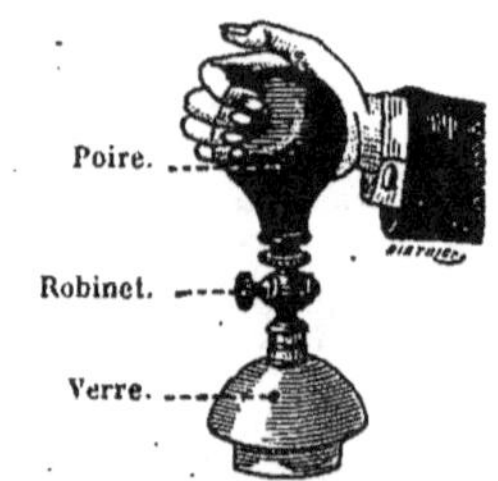

Ventouse à poire de caoutchouc. — On presse la poire, pour en expulser l'air ; on applique le verre sur la peau, et on laisse la poire se gonfler de nouveau, ce qui aspire l'air du verre, et y fait un vide partiel ; on ferme alors le robinet.

l'action du vide, le sang sort par les piqûres.

vents. — Les vents sont des mouvements de l'air atmosphérique (*fig.*). Quand une région est plus échauffée que celles qui l'entourent, l'air y devient plus léger : il s'élève, et de cette ascension résulte un vide partiel, une diminution de la pression atmosphérique, qui *appelle* l'air froid du voisinage. C'est là la cause générale des vents. On divise les vents observés sur la terre en *vents constants, vents périodiques, vents irréguliers*.

Vent. — La direction du vent est donnée par une *girouette* qui, semblable à une banderole, fuit dans le sens du courant d'air.

Les **vents alizés** sont des vents *constants ;* ils soufflent, rasant la surface du sol, des deux zones tempérées vers la zone tropicale ; dans le voisinage de l'équateur, ces deux alizés se rencontrent, se neutralisent et forment la région des *calmes équatoriaux*. Au-dessus des alizés, soufflent les *contre-alizés*, vents qui vont de l'équateur vers les pôles ; d'abord très élevés, les contre-alizés s'abaissent peu à peu ; le contre-alizé de notre hémisphère descend jusqu'à la surface du sol à la hauteur de l'Espagne : c'est le vent dominant de nos climats.

Les **moussons** sont des vents périodiques ; ils soufflent l'été, sur la plupart des continents, de la mer vers la terre, et l'hiver de la terre vers la mer. C'est surtout dans l'Inde que les moussons sont bien marquées.

splendide étoile, qu'on voit précéder l'aurore ou suivre le soleil couchant ; il n'est même pas rare de la voir à l'œil nu en plein jour ; c'est elle qu'on nomme parfois l'*étoile du berger*.

On a reconnu sur Vénus des montagnes et une atmosphère analogue à la nôtre.

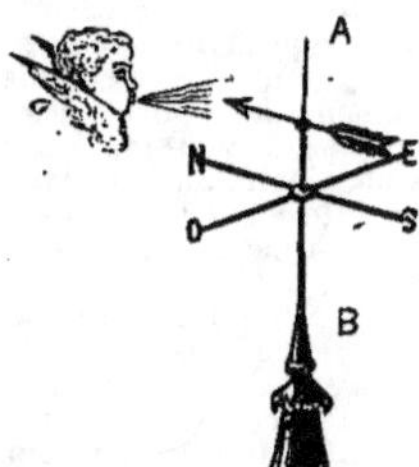

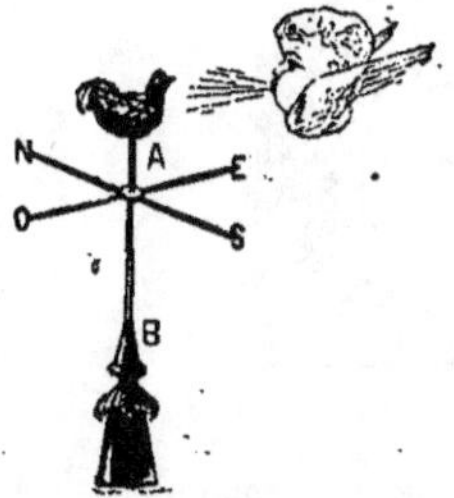

Vent. — La girouette porte deux tiges fixes perpendiculaires l'une à l'autre, indiquant les directions des quatre points cardinaux. Au-dessus est une *flèche*, un *coq*, un *drapeau* qui peut tourner sous l'action du vent. Quand la pointe de la flèche ou le bec du coq est tournée vers le nord, c'est que le vent vient du nord.

Certains vents locaux sont aussi périodiques : tels sont le **mistral**, vent froid de la France méridionale ; le **siroco** de la Syrie, et le **simoun** de l'Arabie, le vent le plus chaud du globe entier.

Enfin, la **brise**, qui, sur les bords de la mer, souffle le matin de la mer vers la terre, et le soir de la terre vers la mer, est aussi un vent périodique qu'on observe sur toutes les côtes.

Les **vents irréguliers**, dont les causes sont multiples et souvent difficiles à démêler, masquent souvent les vents constants et les vents périodiques.

vents. — Voy. gaz intestinaux.

vénus. — *Planète* dont la distance au soleil est les 7 dixièmes de celle de la terre (*fig.*) ; sa grosseur est à peu près la même que celle de la terre ; la durée de sa révolution est de 255 jours.

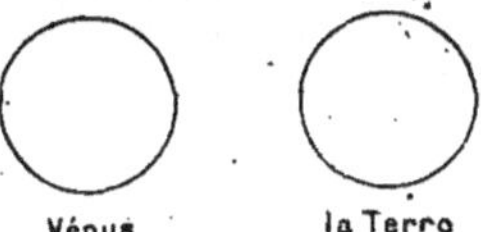

Vénus. — Grandeurs comparées de Vénus et de la Terre.

Elle présente des phases aussi nettes que celles de la lune (voy. **planètes**), mais observables seulement au télescope. Elle nous apparaît comme une

L'étude du passage de Vénus sur le disque du soleil, quand la planète se place exactement entre le soleil et la terre, fournit le moyen le plus précis de mesurer la distance du soleil à la terre.

ver à soie. — Le *bombyx du mûrier* ou *ver à soie* (*fig.*) est le plus important de tous les insectes utiles. A l'état adulte, c'est un papillon blanchâtre, lourd, ayant à peu près 40 millimètres d'envergure. Sa chenille, ou ver à soie, est glabre et porte, sur l'avant-dernier anneau, une corne recourbée en arrière. Elle possède une paire de glandes séricigènes occupant une grande partie de la longueur du corps, sur les côtés du tube digestif. Par l'orifice d'un canal commun à ces

Ver à soie. — Larve (longueur maximum 0^m,08)

deux glandes sort une matière visqueuse qui se solidifie bientôt, constituant la soie, qui sert à la construction du cocon.

Voici quelles sont la vie et les métamorphoses de l'animal : à la sortie de l'œuf, la chenille est noire et petite; elle grossit assez rapidement en changeant plusieurs fois de peau, et peut atteindre 8 centimètres de longueur; pendant sa vie larvaire, l'insecte consomme une grande quantité de feuilles de mûrier. Parvenue à son

Cocon de ver à soie.

Chrysalide renfermée dans le cocon.

développement complet, la chenille s'enveloppe dans un cocon de soie, pour se changer en chrysalide. La chrysalide devient bientôt un papillon, qui sort du cocon une douzaine de jours après son achèvement. La ponte commence presque aussitôt après, puis les papillons meurent.

Ver à soie. — Papillon pondant ses œufs.

Elevage des vers à soie. — Originaire du Sud de l'Asie, le bombyx du mûrier est maintenant élevé en grand en Chine et dans le Sud de l'Europe pour la production de la soie. Cette industrie remonte au moins à 3 000 ans avant Jésus-Christ. L'élevage des vers à soie, ou *sériciculture*, est pratiqué en France dans 24 départements, principalement du Midi; après être montée à 26 millions de kilogrammes de cocons, la production actuelle est inférieure à 10 millions de kilogrammes. L'élevage est lié à la culture du mûrier; il se pratique dans des établissements

nommés *magnaneries*. Les œufs, ou *graines*, se conservent au frais dans une cave jusqu'au moment où les feuilles du mûrier sont bien développpées. Alors on expose les œufs à une température voisine de 30° et l'éclosion se fait rapidement. A sa naissance, le ver a 2 millimètres de longueur; en trente-trois jours il a accompli ses quatre mues et il est arrivé au terme de son développement; à mesure qu'il grandit, il mange davantage de feuilles de mûrier. Quand le ver commence à grimper, on met à sa portée des balais de même bois; il y prend les points d'attache nécessaires à la construction du cocon; cette construction dure trois à quatre jours. Chaque cocon est entouré d'une couche extérieure floconneuse (*bourre*) qui recouvre un seul fil ayant quelquefois plus d'un kilomètre de longueur. Quinze jours après, la nymphe étant devenue papillon, ce dernier ramollit la soie par l'émission d'un liquide, puis écarte les brins pour se frayer un passage. Les cocons ainsi percés par le papillon sont cardés et servent à faire la *filoselle*. Si on veut avoir la *soie grège*, ou soie dévidée, il faut renoncer aux œufs et tuer la chrysalide; pour cela, on étouffe les chrysalides en exposant les cocons à l'action de la vapeur d'eau. Quand les cocons sont ainsi bien étouffés, on peut les filer; pour cela on enlève la bourre supérieure, on met les cocons dans de l'eau chaude qui ramollit la sorte de colle qui agglomère les fils; on prend alors de quatre à huit bouts ensemble, on les met sur un tour, et on dévide, de manière à obtenir un fil tordu constitué par quatre, cinq, six, sept ou huit brins.

Maladies des vers à soie. — Depuis 1849, la sériciculture a été, particulièrement, en France, fortement éprouvée par plusieurs maladies qui ont attaqué le ver. Ces maladies ont été surtout étudiées par Pasteur, qui a en même temps indiqué les remèdes à y apporter : de la sorte, la sériciculture a été sauvée d'une ruine imminente.

La *pébrine* est due à la présence dans les tissus de corpuscules brillants qui se transmettent des vers malades aux vers sains, puis qui passent ensuite du corps de la mère dans les œufs, lesquels produisent dès lors des vers contaminés. On combat la pébrine en ne faisant éclore que les œufs provenant de femelles dans lesquelles on a constaté par le microscope l'absence de tout corpuscule.

La *flacherie* se manifeste dans les vers adultes; elle est due à un ferment qui se développe dans le tube digestif

Pour empêcher la flacherie de se généraliser, on sacrifie tous les vers qui montent lentement dans les brindilles pour faire leurs cocons.

Enfin, la *muscardine* est produite par un champignon qui infeste les organes internes du ver. On lutte contre cette maladie, quand elle est constatée, en désinfectant soigneusement la magnanerie.

vératrine. — Alcaloïde qu'on retire des fruits de la *cécadille*, plante bulbeuse du Mexique et de l'Amérique centrale. C'est un médicament irritant, et très vénéneux, qu'on emploie, avec une extrême prudence, contre le rhumatisme articulaire aigu.

ver de terre. — Voy. lombric.

verdier. — Oiseau *passereau* très commun en France; longueur totale 15 centimètres (*fig.*). Habite les champs, les bois humides; niche sur les arbres; quatre à cinq œufs blancs avec de

Verdier (longueur 0ᵐ.15).

petites taches brunes. Mange les graines des mauvaises herbes; mais, en grandes troupes, il dévaste les champs de chanvre. Nuisible plutôt qu'utile.

verglas. — Le *verglas* est constitué par une pluie fine qui tombe, en hiver, sur un sol très froid, et qui se prend immédiatement en glace. Le sol se recouvre ainsi d'un vernis glissant, très dangereux pour les marcheurs. Par suite de circonstances exceptionnelles, le verglas atteint parfois une assez grande épaisseur; les arbres, surchargés par cette forte couche de glace, se brisent alors sur le poids, et les dégâts sont considérables.

ver luisant. — Le *ver luisant* ou *lampyre* (*fig.*) est un insecte *coléoptère* à peau molle. Le mâle a la tête en partie cachée sous le corselet, et garnie de longues antennes d'un gris jaunâtre; les élytres sont bien dévelop-

pés. Longueur 11 millimètres. La femelle est très différente; elle est dépourvue d'ailes et a la forme d'un ver qui aurait des pattes; sa longueur est de 15 à 17 millimètres.

Ver luisant (femelle).

Ces insectes, et surtout la femelle, ont la propriété de répandre la nuit une lueur phosphorescente; cette lumière est émise par des taches situées sur le dessus des deux ou trois derniers anneaux de l'abdomen. Les lampyres se nourrissent de mollusques, et sont par suite des insectes utiles.

Dans les pays chauds, on trouve un grand nombre d'espèces d'insectes phosphorescents, qui volent dans l'air pendant les nuits d'été, y produisant une sorte d'illumination naturelle.

vermifuges. — Médicaments employés pour tuer et éliminer du corps les différents *vers* qui se rencontrent dans l'intestin, et en particulier le *ténia*, ou *ver solitaire*. Le semen-contra, la santonine, le cousso..., sont des vermifuges.

vermillon. — Voy. mercure.

vermout. — Liqueur apéritive constituée par du vin blanc additionné d'alcool, dans lequel on a fait macérer un grand nombre de produits végétaux, tels que : écorce d'orange, badiane, quassia, muscade, absinthe, petite centaurée, sureau, tamarin, cannelle, quinquina, aunée.

vernis. — On donne le nom de *vernis* à des liquides qui, étendus en couches minces sur les corps solides, donnent à leur surface un aspect brillant et agréable, tout en les préservant de l'action de l'humidité et de l'air qui pourrait les altérer. Ce sont des dissolutions de résines, de gommes résines ou de baumes dans l'éther, l'alcool, l'essence de térébenthine ou l'huile de lin cuite.

Les **vernis à l'éther** sont ceux qui sèchent le plus vite, car l'éther s'évapore très rapidement; ils sont peu importants.

Les **vernis à l'alcool** sèchent aussi très vite; ils laissent une surface brillante, très adhérente, qui n'est pas gluante; cette surface est très transparente et admet un grand nombre de colorations; mais ces vernis se gercent et se fendillent assez fréquemment.

Les **vernis à l'essence de térébenthine** sèchent beaucoup moins rapidement; mais ils sont plus souples, plus élastiques, plus solides que les vernis à l'alcool ; ils sont moins brillants ; mais ils se prêtent mieux au polissage ; ils s'écaillent moins.

Les vernis gras aux huiles siccatives, et en particulier à l'huile de lin, sont encore moins siccatifs que ceux à l'essence. Ils sont très souples, très solides ; ils ne s'écaillent pas et se prêtent mieux que tous les autres au polissage.

Il existe une quantité innombrable de recettes diverses de vernis.

véronique. — Plantes croissant dans les régions tempérées et froides des deux hémisphères. Parmi les nom-

Véronique à épis (hauteur, 0ᵐ,50).

breuses espèces de véronique, plusieurs sont cultivées dans les jardins comme ornementales (*fig.*).

verre. — Le verre est constitué chimiquement par un mélange de *silicates*. En faisant fondre ensemble,

Pour obtenir un verre, il faut donc chauffer de l'*acide silicique* (*sable, quartz...,*) et des bases capables de se combiner avec l'acide silicique pour donner des silicates.

Quand ces bases sont la *soude* et la *chaux*, on a le verre commun, verre à vitre, à bouteilles.

Quand les bases sont la *potasse* et la *chaux*, on a le verre de Bohême. Ces deux verres sont remarquables par leur légèreté.

Quand les bases sont la *potasse* et l'*oxyde de plomb*, on a le *cristal* et le *stras*, beaucoup plus lourds. L'*émail* est un cristal rendu opaque au moyen du bioxyde d'étain et coloré par divers oxydes métalliques.

La qualité des verres dépend non seulement de la nature des substances qui entrent dans leur composition, mais encore du degré de pureté de ces substances.

Le verre est un corps transparent, fragile, sonore, résistant à l'action de la plupart des liquides. Quand on le chauffe, il devient mou, ce qui le rend facile à façonner par le *soufflage*, le *moulage* ou le *coulage*. C'est là ce qui, pour le verre, correspond à la plasticité de la pâte dans la fabrication des poteries. Refroidi brusquement, le verre devient extrêmement fragile : il se *trempe*. De là la nécessité de soumettre le verre, après sa fabrication, à un refroidissement très lent. Les oxydes métalliques se dissolvent aisément dans le verre fondu et lui communiquent des colorations souvent très vives. Cette propriété est utilisée dans la fabrication des verres colorés.

La fabrication du verre se fait dans

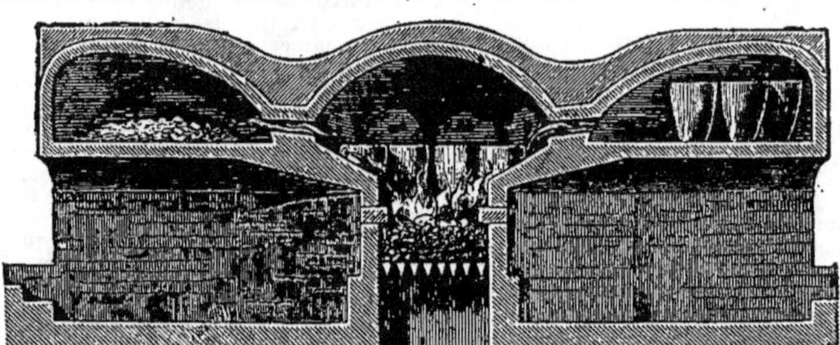

Four de verrerie.

par exemple, du *silicate de potasse* avec du *silicate de chaux*, on obtient une substance transparente, assez difficilement fusible, insoluble dans l'eau, qui est justement ce qu'on nomme le *verre*.

des fours spéciaux (*fig.*). La partie centrale, placée près du foyer, a une température très élevée ; sur les côtés, deux *arches* plus éloignées du feu sont beaucoup moins chauffées. Les matériaux (acide silicique, chaux, potasse, soude, oxyde de plomb, selon les cas), sont d'abord chauffés dans les arches, puis placés dans des creusets au centre du four. La fusion se produit lentement, et on a le verre fondu.

La façon est donnée par *soufflage*, *moulage* ou *coulage*.

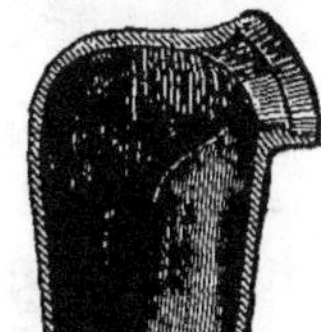

Creuset de verrerie.

Le *soufflage* s'exécute au moyen d'une longue *canne* de fer percée d'un canal étroit suivant son axe. L'ouvrier plonge l'extrémité de la canne dans la masse pâteuse, et la retire chargée d'une certaine quantité de verre (*fig.*). En soufflant dans la canne, et en lui imprimant des mouvements convenables,

et le moulage se pratiquent souvent simultanément ; quand on a fait par soufflage un cylindre de verre, on l'introduit dans un moule de forme déterminée, puis, en soufflant, on force le cylindre à prendre la forme du moule. On opère de la sorte dans la fabrication des bouteilles et des carafes (*fig.*).

Les grandes pièces, telles que les

Formes successives prises par une masse de verre, dans la fabrication des vitres.

glaces, se font par *coulage* du verre liquide sur une table de bronze.

Quant aux objets d'ornementation faits en verre et qui ont des formes si merveilleuses, avec des colorations si riches et si variées, leur fabrication est nécessairement plus complexe.

L'industrie du verre a une grande

Ouvriers travaillant le verre.

il arrive à obtenir des objets creux de forme très complexe. On obtient les carreaux de vitre en fabriquant par soufflage de gros cylindres de verre, qu'on fend ensuite longitudinalement, et qu'on étend sur une plaque de fonte.

On opère le *moulage* en coulant dans un moule le verre pâteux. Le soufflage

importance dans la plupart des Etats de l'Europe et de l'Amérique. L'empire d'Allemagne, l'Autriche-Hongrie, l'Angleterre, les Etats-Unis, la France, la Russie, tiennent les premiers rangs. En France, on fabrique du verre dans quarante-trois départements ; notre production est actuellement d'une centaine de millions de francs par an.

verrue. — Petite tumeur qui se développe à la surface de la peau, et qui est constituée surtout par un grossissement exagéré des papilles du derme. Les verrues se développent souvent en grand nombre et sans causes connues; elles sont surtout fréquentes au dos de la main. On les guérit en les cautérisant avec l'acide nitrique ou l'acide acétique.

vers. — Animaux *annelés* dont le corps est divisé en anneaux nombreux, semblables les uns aux autres, et ne supportant jamais de membres. On les rencontre dans les eaux douces ou marines, dans la terre humide, ou à l'état de parasites dans les animaux les plus variés, parfois dans les végétaux.

Vers (exemple, *lombric*).

Le groupe le plus élevé des vers est celui des *annélides*, vers à corps mou, allongé, nettement annelé; chacun des anneaux porte ordinairement des soies raides, acérées, servant soit à la locomotion, soit d'armes défensives et offensives; les *lombrics* ou *vers de terre* sont des annélides (*fig.*).

vers intestinaux. — *Vers* qu'on rencontre dans les intestins de l'homme et des animaux. Ces vers sont de trois espèces : le *ver solitaire* ou *tenia* (*fig.*), l'*ascaride* et enfin l'*oxyure*

Vers intestinaux (exemple, *ténia*).

vermiculaire. Les vers intestinaux peuvent déterminer des troubles assez graves de la santé. On obtient leur expulsion par l'administration des *vermifuges*.

ver solitaire. — Voy. ténia.

vertèbres. — Petits os qui, par leur superposition et leur jonction à l'aide d'un tissu élastique, forment la *colonne vertébrale*. Chacune est constituée par un os plat, percé en son centre d'une large ouverture et présentant autour de cette ouverture divers prolongements.

La première des vertèbres, l'*atlas*, est celle qui supporte la tête; elle

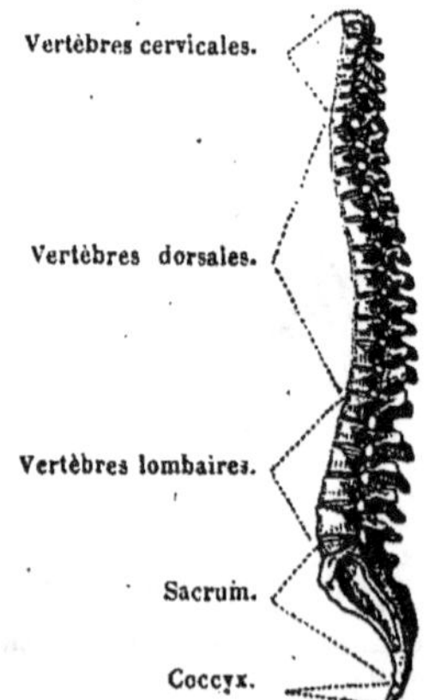

Colonne vertébrale.

repose sur la seconde, l'*axis*, autour de laquelle elle peut tourner très librement, ce qui permet les mouvements de la tête autour du tronc (*fig.*).

vertébrés. — Les animaux vertébrés sont caractérisés par l'existence d'un *squelette intérieur*, comparable à celui de l'homme, et dont on ne retrouve l'analogue dans aucun autre embranchement du règne animal. Ce squelette est formé d'un *axe*, ou *rachis*, ou *colonne vertébrale*, ainsi nommée parce qu'elle est formée d'une série d'os nommés *vertèbres*; à l'une des extrémités de la colonne vertébrale se trouve le *crâne* et, le long des vertèbres, on rencontre le plus souvent des *côtes* et des *membres* (voy. *squelette*). Le crâne et la colonne vertébrale renferment le cerveau et la moelle épinière, d'où partent les *nerfs*. Tous les organes qu'on rencontre dans le corps de l'homme se trouvent aussi dans les vertébrés, plus ou moins modifiés, mais servant aux mêmes usages. Tous les vertébrés ont un *canal digestif* composé d'une bouche, d'un estomac, d'intestins et d'un anus; leur *sang* circule dans des artères et des veines, sous l'impulsion d'un cœur musculaire capable de se contracter; les organes de la respiration sont des *poumons* ou des *branchies*; la respiration n'étant pas également active pour tous, les uns sont à sang chaud, les autres à sang froid (poissons, reptiles). Ils ont les cinq sens bien nettement distincts.

Les vertébrés ont été divisés en cinq grandes classes, bien distinctes les unes des autres. Ce sont :

1º Les **mammifères**, qui font des petits vivants et les nourrissent du lait de leurs mamelles ; ils ont la peau couverte de poils (*fig.*) ;

VERTÉBRÉS.

Type de mammifère : le mouton.

Type d'oiseau : le dindon.

Type de reptile : le crocodile.

Type de batracien : la salamandre.

Type de poisson : le brochet.

2º Les **oiseaux**, qui pondent des œufs, et ont la peau toujours couverte de plumes (*fig.*) ;

3º Les **reptiles**, qui pondent des œufs et ont le corps écailleux; ils respirent par des poumons, comme les mammifères et les oiseaux (*fig.*);

4º Les **batraciens**, à peau nue, non écailleuse; qui respirent par des branchies dans le jeune âge, et par des poumons dans l'âge adulte; ils subissent des métamorphoses (*fig.*);

5º Les **poissons**, dont le corps est couvert d'écailles. Ils vivent dans l'eau et ont toute leur vie une respiration branchiale; ils pondent des œufs (*fig.*).

vertige. — Etat dans lequel il semble que tous les objets tournent et que l'on tourne soi-même. Un grand nombre de personnes en bonne santé éprouvent la sensation du vertige quand elles sont placées à une grande hauteur, par exemple sur un balcon, sur le bord d'un précipice; il leur semble que le vide les attire et qu'elles vont tomber ; elles deviennent dès lors incapables du moindre effort, et souvent du moindre mouvement. Une rotation rapide produit le même effet.

Mais le vertige se produit souvent sans que la personne soit sur un point élevé; il est alors le plus ordinairement le symptôme de maladies du cerveau, ou de troubles passagers dans cet organe. L'appauvrissement du sang, la convalescence des maladies graves, l'ivresse, le mal de mer, etc., amènent le vertige. Les troubles de l'estomac produisent aussi le vertige.

Le traitement du vertige dépend de la cause qui le fait naître.

verveine. — Herbe dont on connaît un grand nombre d'espèces différentes. La *verveine officinale* fleurit tout l'été dans les lieux incultes, sur les bords des chemins. Les anciens lui attribuaient un grand nombre de pro-

Verveine cultivée.

priétés merveilleuses. Les feuilles, écrasées dans du vinaigre, servent encore à faire des cataplasmes employés contre la pleurésie. Plusieurs variétés sont cultivées dans les jardins comme plantes d'ornement (*fig.*).

vesce. — Herbe de la famille des *légumineuses*, dont plusieurs espèces poussent spontanément dans les

Vesce, rameau portant des fruits (hauteur de la plante, 0ᵐ,80).

champs, les haies, les buissons (*fig.*). La *vesce commune* est cultivée comme fourrage vert, bon surtout pour les bœufs de travail; la culture en est facile, et convient à presque tous les climats. La graine ronde, noire, lisse et farineuse, est alimentaire ; elle peut

servir à préparer une espèce de pain, de qualité inférieure. Elle est employée pour l'alimentation du bétail; les pigeons en sont friands.

vésicatoire. — Médicament qui, appliqué sur la peau, détermine une inflammation qui soulève l'épiderme, par suite de la production d'une ampoule de grande dimension, remplie de liquide. Cette ampoule est ensuite crevée, de manière que le liquide en puisse sortir; ou bien même on enlève l'épiderme soulevée, de façon à former une plaie qui suppure pendant un temps plus ou moins long, si on maintient à sa surface un pansement destiné à entretenir cette suppuration.

On obtient une vésication immédiate en employant tout simplement l'eau bouillante, ou une compresse d'alcali volatil, mais plus souvent un vésicatoire est constitué par une préparation qui renferme de la poudre de cantharides. On laisse ce vésicatoire en place pendant plusieurs heures, pour qu'il produise tout son effet. Les *mouches de Milan* sont de petits vésicatoires.

vessie. — Réservoir dans lequel se

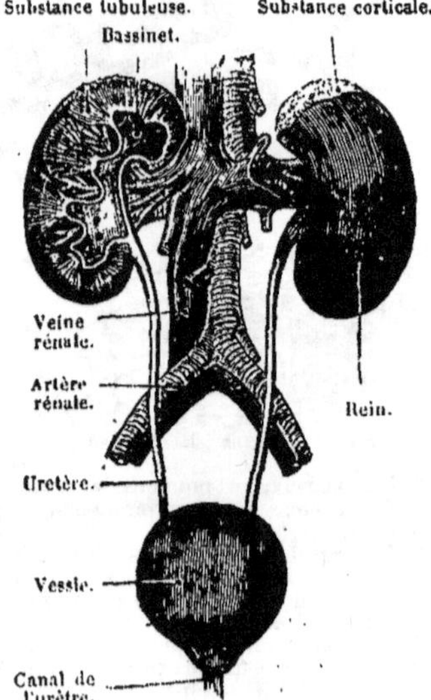

La vessie et les reins.

rassemble l'urine avant d'être rejetée à l'extérieur; est située à la partie inférieure du ventre (*fig.*). L'*incontinence,*

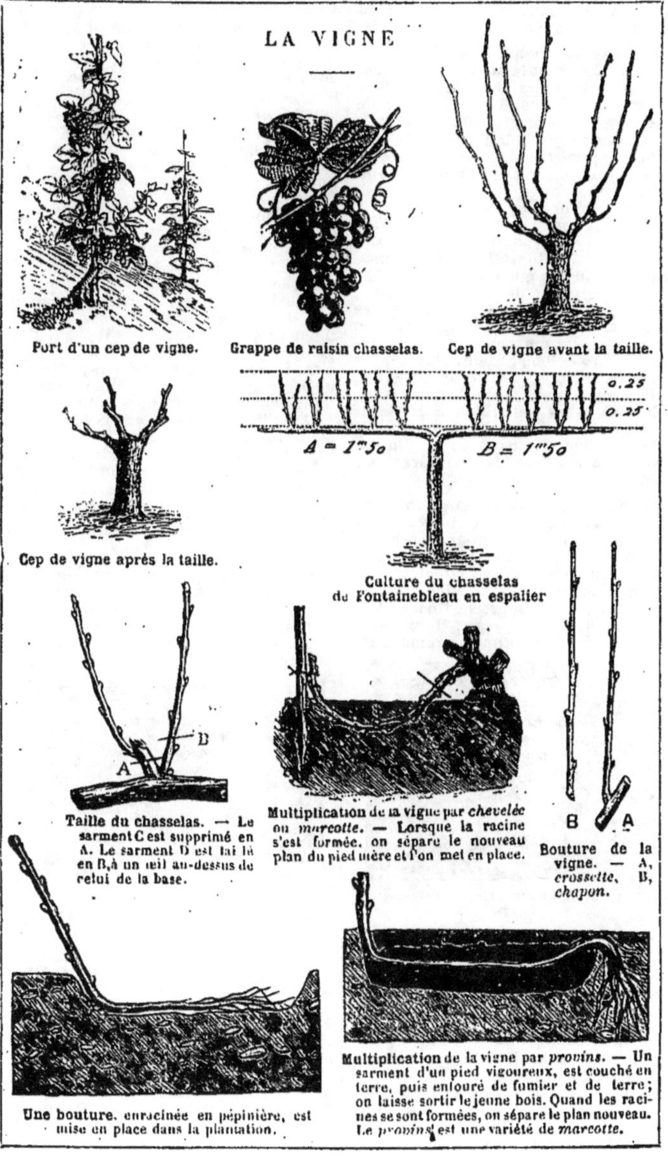

Port d'un cep de vigne.

Grappe de raisin chasselas.

Cep de vigne avant la taille.

Cep de vigne après la taille.

Culture du chasselas
de Fontainebleau en espalier

Taille du chasselas. — Le sarment C est supprimé en A. Le sarment D est laissé en B, à un œil au-dessus de celui de la base.

Multiplication de la vigne par *chevelée* ou *marcotte*. — Lorsque la racine s'est formée, on sépare le nouveau plan du pied mère et l'on met en place.

Bouture de la vigne. — A, *crossette*, B, *chapon*.

Une bouture, enracinée en pépinière, est mise en place dans la plantation.

Multiplication de la vigne par *provins*. — Un sarment d'un pied vigoureux, est couché en terre, puis entouré de fumier et de terre; on laisse sortir le jeune bois. Quand les racines se sont formées, on sépare le plan nouveau. Le *provins* est une variété de *marcotte*.

la *rétention* d'urine, la *cystite*, la *pierre* sont des maladies de la vessie.

viande. — La matière alimentaire appelée *viande* est la substance musculaire des animaux de boucherie, du gibier et de la volaille, entourée de plus ou moins de graisse. La viande est d'autant plus nutritive qu'elle renferme une plus grande quantité d'azote ; mais il faut tenir compte aussi de la facilité plus ou moins grande avec laquelle elle est digérée.

On consomme rarement la viande crue. Nous la trouvons d'un aspect répugnant ; de plus, elle est d'une mastication difficile ; mais finement hachée et sucrée, elle est de facile digestion ; de plus, elle est bien absorbée par les intestins, et par suite très réparatrice. Cependant la cuisson est indispensable, non seulement pour développer dans la viande un goût plus agréable, mais encore pour tuer les parasites et les microbes nuisibles à la santé qu'elle peut contenir.

Pour la conservation de la viande, voyez **conservation des matières alimentaires**.

vigne. — Arbrisseau à tige noueuse, tortue et sarmenteuse, qui produit du raisin pour la table et pour la fabrication du vin (*fig.* p. 797). Les variétés en sont fort nombreuses, et elles donnent des raisins qui diffèrent les uns des autres par la couleur, la forme et la grosseur des grains, par leur goût. Parmi les raisins blancs on remarque :

Culture de la vigne en serre, en Belgique et à Jersey.

le *chasselas*, très fin de goût, la *madeleine*, le *muscat blanc* qui demande beaucoup de chaleur pour arriver à maturité. Parmi les raisins noirs : le *cuisant*, délicat de goût, le *frankenthal*, encore plus estimé, le *muscat noir*, le *pineau*, très bon, donnant un très bon vin, mais en quantité faible, le *gamay*, qui produit davantage.

La vigne réussit bien dans tous les terrains, pourvu que le sous-sol soit calcaire et perméable. La multiplication se fait par *bouturage*, par mar-

cottage ; ces deux opérations peuvent être dirigées de plusieurs manières. Les soins de culture sont assez délicats ; au printemps, il faut procéder à la *taille*, puis, plus tard, enlever les bourgeons inutiles, les extrémités des pousses, soutenir les sarments en les palissant, procéder à des binages et des sarclages. Tous les trois ans on doit fumer la vigne. La vendange se fait, selon les climats, en septembre ou octobre (voy. **vin**) (*fig.*).

La vigne a à lutter contre un grand nombre d'ennemis, et en particulier contre l'*oïdium*, le *mildew*, le *phylloxera*, la *pyrale*. Elle est aussi exposée à divers dangers : au printemps, la récolte peut être compromise par des gelées tardives ; en juin, au moment de la floraison, s'il vient des pluies persistantes, le fruit *coule*, c'est-à-dire ne se forme pas ; enfin la grêle peut, en quelques instants, détruire complètement la récolte.

Dans les jardins, on cultive la vigne sous forme de treilles ; la maturité arrive alors plus tôt.

En France, la Champagne, la Bourgogne, les départements du centre, ceux de l'ouest et du midi produisent beaucoup de raisins.

vigogne. — Voy. **lama**.

vin. — Le vin est, après l'eau, la plus importante des boissons. Il n'est pas indispensable à l'entretien de la santé, mais, pris en petite quantité, il constitue un excellent aliment. La culture de la vigne date de la plus

Vin : la vendange.

haute antiquité, et la fabrication du vin était pratiquée par les Hébreux et les Égyptiens (*fig.*). La France est le pays qui produit le plus de vin, malgré les ravages de l'*oïdium*, du *phylloxera* et du *mildew* : Les vins de France, exportés dans toutes les parties du monde, sont les meilleurs qui existent.

Fabrication du vin. — Le vin résulte de la *fermentation* alcoolique du jus, ou moût de raisin. La fermentation est déterminée par les germes de ferments qui sont déposés par l'air sur la pelure du raisin ; il suffit, pour qu'elle commence, d'écraser les grains, de manière à mêler le ferment avec le jus sucré. Lorsque la *vendange* est faite, on jette le raisin dans la *cuve*; on l'écrase en le foulant aux pieds et on l'abandonne à lui-même. La fermentation commence ; l'acide carbonique se dégage en bulles nombreuses, soulevant les pulpes du raisin, en même

Vin : la cuve à fermentation.

temps qu'il se produit une écume épaisse. Après quelques jours, le liquide cesse complètement de bouillir ; il s'éclaircit et prend le goût de vin ; on le soutire dans des tonneaux. Le vin, renfermé dans les tonneaux, fermente encore très doucement pendant plusieurs semaines ; il faut donc laisser la bonde ouverte pour permettre à l'acide carbonique de se dégager. Quand cette fermentation insensible est terminée, toutes les matières qui troublaient le vin se déposent au fond du tonneau en formant la lie. A ce moment, le vin est parfaitement clair, et il a complètement perdu toute saveur sucrée : la fabrication est terminée.

Vin : le pressoir, qui sert à extraire les dernières portions du jus.

La composition du vin est fort complexe. Il contient d'abord des principes qui étaient dans le moût : eau, albumine, matières grasses, matières colorantes, tanin, acide tartrique : de plus, certaines substances nouvelles ont pris naissance dans la fermentation : alcool, glycérine, et des principes inconnus constituant le *bouquet*. On conçoit que, suivant les proportions relatives de ces diverses substances, la couleur et le goût des vins, de même que leur action sur l'organisme, puissent varier à l'infini. C'est ainsi que les vins riches en alcool sont particulièrement stimulants ; ceux qui renferment beaucoup de tanin sont âpres, mais ils peuvent se conserver longtemps sans altération.

Voici la teneur en alcool de quelques vins :

Marsala	24	pour cent.
Madère	20	—
Banyuls	19	—
Malaga	15	—
Champagne	13	—
Beaune (Bourgogne)	12	—
Bordeaux	10	—

Vin blanc et vin mousseux. — Le vin fabriqué avec des raisins blancs est

Vin : les grands foudres du Midi, d'une contenance de trois à quatre cents hectolitres.

toujours blanc ; mais on peut obtenir du vin blanc avec des raisins noirs, en séparant le jus de la pulpe aussitôt que la vendange a été pilée. On met ce jus dans des tonneaux, et on le laisse fermenter. La matière colorante, qui est dans la pulpe, n'a pas eu le temps de se dissoudre avant la séparation et le vin reste blanc.

Les vins mousseux s'obtiennent en mettant le vin en bouteilles avant qu'il ait achevé sa fermentation. L'acide carbonique, qui continue à se produire, ne pouvant plus s'échapper, s'accumule dans le vin. Quand, plus tard, on enlève le bouchon, l'acide carbonique, en se dégageant rapidement, fait mousser le liquide. Le meilleur des vins mousseux est le vin de Champagne ; sa fabrication est fort complexe. Ce n'est pas, du reste, un vin entièrement naturel, car il est additionné d'eau-de-vie et de sucre candi.

Conservation du vin. — Le vin n'acquiert toutes ses qualités que plusieurs années après sa fabrication. C'est alors seulement qu'il a un goût véritablement délicat. Sa conservation nécessite des manipulations diverses. Quand la lie s'est déposée, il faut éviter qu'elle ne se mêle au vin par suite de l'agitation ou des variations de la température : car elle le ferait tourner à l'aigre. On *soutire* dans une autre barrique, pour séparer la lie. Quand le vin n'est pas parfaitement clair, on le *colle*. Le collage au *blanc d'œuf*, par exemple, se fait en ajoutant au vin des blancs d'œufs battus en neige ; l'albumine du blanc d'œuf se coagule sous l'influence de l'alcool, et elle entraîne en se déposant toutes les matières qui troublaient la transparence.

Enfin on met en bouteilles.

Le vin ne s'améliore pas toujours en vieillissant ; souvent des maladies se déclarent qui le rendent aigre, amer, visqueux... M. Pasteur a démontré que ces maladies sont dues à diverses fermentations qui déterminent la formation de nouveaux produits. Pour prévenir les maladies du vin, il suffirait donc de détruire les germes des ferments de ces maladies. M. Pasteur a montré qu'on arrive à ce résultat en chauffant les vins à l'abri du contact de l'air, pendant quelques minutes, jusqu'à la température de 60°. Le *chauffage* des vins se fait actuellement en grand dans beaucoup de départements français; il a rendu possible la conservation des vins du Midi, qui, auparavant, s'altéraient au bout de très peu de temps.

Falsifications du vin. — Il s'en faut de beaucoup que tous les vins livrés à la consommation soient des vins naturels. Voici quelques-unes des manipulations supplémentaires les plus communes, prises parmi celles qui sont relativement licites.

Le *vinage* consiste à ajouter de l'alcool rectifié aux vins trop faibles, de manière à les rendre plus spiritueux, et à leur permettre de se conserver plus longtemps. Le *sucrage* consiste à additionner le moût d'une certaine quantité de sucre ou de glucose, qui, en fermentant, se change en alcool. En ajoutant à la fois de l'eau et de l'alcool, ou de l'eau et du sucre, on peut doubler la quantité du vin, mais au détriment de sa qualité. Le *plâtrage* se fait en ajoutant du plâtre dans le moût. Cette addition retarde la fermentation ; elle exalte la couleur en déterminant une macération plus prolongée des pellicules dans le moût. Les *vins de couleur* obtenus par plâtrage servent à colorer les vins blancs qu'on veut changer en vins rouges. — Ce ne sont là que les falsifications les plus inoffensives, celles qui sont pratiquées par tous les commerçants, et même par un grand nombre de vignerons.

vinaigre. — Voy. acide acétique.

violariées. — Plantes *dicotylédones dialypétales* à corolle et à étamines fixées sur un réceptacle commun, ovaire libre; herbes à feuilles entières stipulées, alternes, à corolle irrégulière, un des pétales formant un éperon; ovaire à une loge, avec ovules fixés aux parois, capsule s'ouvrant en trois valves. Cette famille renferme des plantes d'ornement ou des plantes employées en médecine (pensées, violettes).

violette. — Herbe de la famille des *violariées* commune dans les bois, les buissons, sur les bords des chemins, très aimée à cause surtout de son parfum (*fig.*). On en fait un grand commerce. La culture a créé plusieurs variétés. La *violette des quatre saisons* fleurit à peu près toute l'année, surtout en automne ; elle a des variétés doubles,

Violette odorante.

blanches ou violettes. La belle *violette de Parme*, et surtout la *violette suave*, sont cultivées en grand à Grasse et à Nice. Les violettes des champs sont souvent dépourvues de parfum; Les feuilles de violette servent en médecine à faire par infusion une tisane adoucissante.

viorne. — Bel arbrisseau cultivé dans les jardins comme ornemental. L'une des variétés les plus belles est l'*obier boule-de-neige*, ainsi nommé à cause de la forme et de la couleur de sa magnifique inflorescence.

vipère. — Voy. serpent.

virus. — Un *virus* est un agent qui, provenant d'un homme ou d'un animal malade, est capable de communiquer la même maladie à un homme ou à un animal bien portant. Cette communication se fait soit par l'introduction de ce virus dans l'estomac, soit par inoculation, c'est-à-dire quand on introduit ce virus dans une plaie. La propriété qu'a le virus de donner la maladie est due ordinairement à ce fait qu'il renferme le *microbe* capable de donner cette maladie.

Pasteur, qui a étudié les virus, a établi deux faits d'une grande importance.

Le premier fait est le suivant. Quand on inocule un virus à un animal, puis qu'on inocule à un second animal le virus provenant du premier, alors qu'il est devenu malade, qu'on inocule ensuite à un troisième animal le virus provenant du second, et ainsi de suite, on détermine chez ces animaux successifs la maladie sous une forme de plus en plus grave ; en un mot, le virus qui passe successivement d'un animal à un autre devient de plus en plus dangereux, de plus en plus virulent.

Le second fait est plus important. On peut, par des procédés convenables de *culture*, diminuer de plus en plus la virulence d'un virus, de façon à n'avoir plus qu'un *virus atténué*. C'est ainsi que, si on abandonne un virus au contact de l'air pendant plusieurs jours, tout en maintenant sa température dans le voisinage de 40°, il devient moins dangereux et ne communique plus qu'une maladie elle-même atténuée, et par suite peu dangereuse.

Ce second fait a reçu une application très importante dans l'art vétérinaire et la médecine. On sait qu'il y a un certain nombre de maladies infectieuses qu'on n'a généralement qu'une seule fois ; une seule atteinte, si faible qu'elle soit, préserve presque à coup sûr d'une atteinte suivante. Si donc on pouvait donner volontairement une première atteinte de la maladie, atteinte très légère et sans aucun danger, on préserverait la personne ou l'animal de toute atteinte plus grave. Ce mode de préservation, analogue à celui qu'on obtient contre la petite vérole par la vaccination, a reçu également le nom de *vaccination* (voy. **variole, rage, péripneumonie, charbon**).

vis. — Instrument ordinairement employé pour vaincre une résistance

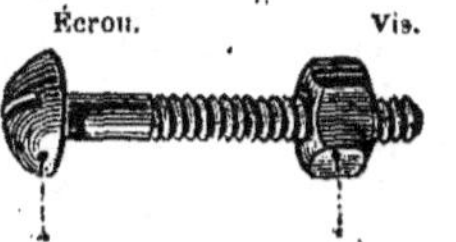

Vis et son écrou.

considérable, par exemple pour exercer une forte pression. Quand on tourne

la *tête* de la vis, celle-ci s'enfonce avec force dans son *écrou* (*fig.*). La vis est employée dans la *presse des relieurs* et dans le *pressoir à vin*.

Le *tire-bouchon* n'est autre chose qu'une vis qui se taille elle-même un écrou dans le bouchon fixe qu'il s'agit d'enlever. De même une vis qu'on enfonce dans une planche, en la faisant tourner sur elle-même, se creuse elle-même son écrou.

vison. — Le *vison* (*fig.*) est un mammifère *carnivore* qu'on rencontre surtout dans l'Europe orientale et septentrionale ; il est rare en Allemagne et en France. Sa longueur totale, queue comprise, est de 57 centimètres. Sa robe est d'un beau brun en dessus et légèrement plus clair en dessous,

Vison (longueur totale 0ᵐ,57).

avec une tache blanche près du menton. Il a entre les doigts des membranes analogues à celles de la loutre, aussi nage-t-il très bien et se nourrit-il surtout d'animaux aquatiques.

Sa fourrure est recherchée, surtout celle du vison d'Amérique, qui possède un pelage plus épais et plus doux.

vive. — Poisson au corps allongé, fortement comprimé, couvert de petites écailles minces.

La *vive commune*, longue parfois de 40 centimètres, est commune sur toutes les côtes de France. Se tient surtout sur les fonds sablonneux ; se nourrit de poissons ; puissamment armée d'aiguillons qui bordent sa première nageoire dorsale.

La *petite vive*, qui ne dépasse pas 15 centimètres, se rencontre dans les mêmes régions que la grande. Les piqûres occasionnées par les vives sont douloureuses, et occasionnent même parfois des accidents très graves.

voie lactée. — La *voie lactée* est une bande lumineuse, vague, visible seulement dans les belles nuits où il n'y a pas de lune ; cette bande va à peu près du nord au sud. Elle est constituée par un nombre d'étoiles qu'on évalue au moins à 40 millions, mais qui sont si éloignées qu'on les distingue à peine au télescope. L'ensemble de toutes ces étoiles de la voie lactée forme ce qu'on nomme une *nébuleuse*. Notre soleil, la terre, les planètes, font justement partie de cette nébuleuse de la voix lactée.

voix. — Voy. larynx.

volcan. — Un *volcan* (*fig*.) est une ouverture plus ou moins considérable du sol, par laquelle sortent des gaz et des solides venant des régions profondes et chaudes du globe. Le cratère s'ouvre toujours au sommet ou sur les flancs d'une montagne plus ou moins élevée, qui est formée des matières vomies par le volcan même. Il y a actuellement plusieurs centaines de volcans en activité à la surface du globe (*Vésuve, Etna, Stromboli*). L'activité n'est pas toujours la même ; on peut parfois descendre dans le cratère du Vésuve ; il en sort seulement des vapeurs, à travers de petites crevasses ; mais de temps en temps se produit une *éruption*. On entend d'abord des grondements sourds ; des tremblements de terre ébranlent le sol ; le cratère se remplit d'une masse fondue qui s'élève

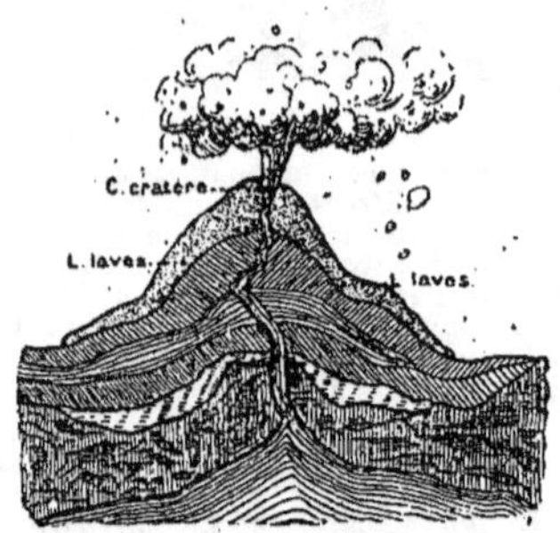

Volcan.

de plus en plus et finit par déborder par l'ouverture, à moins qu'elle ne s'ouvre un passage à travers les flancs mêmes de la montagne. Alors, au milieu de vapeurs embrasées, le volcan vomit d'énormes blocs de pierre, des nuées de cendres, pendant que des flots d'un liquide incandescent coulent sur les versants. Un fracas très grand accompagne les projections de pierres, qui se succèdent presque sans interruption. Ils ne sont pas de flammes ; mais la réverbération des laves incandescentes éclaire vivement les vapeurs

et la poussière projetées. Puis, après une éruption plus ou moins longue, arrive un repos relatif.

Les principales matières qui sortent des volcans sont les suivantes. La *lave* est la matière fondue qui coule du cratère sur les flancs de la montagne ; à mesure qu'elle descend, elle se refroidit ; mais sa masse est parfois si considérable, que le refroidissement n'est complet au centre qu'après plusieurs années. Toute la lave évacuée par le *Skaptar*, volcan d'Islande, dans une seule éruption, en 1783, équivalait à 500 milliards de mètres cubes, le volume entier du mont Blanc. Les laves volcaniques ne sont pas toutes identiques entre elles ; le plus souvent c'est une pierre analogue au porphyre, nommée *trachyte* : c'est une roche rude au toucher, dans laquelle sont enchâssés un grand nombre de petits cristaux ; de plus, la lave est généralement poreuse.

Les *pierres*, parfois très grosses, lancées par le cratère, ressemblent à la lave, mais elles sont plus poreuses : la *pierre ponce* est une de ces pierres. Enfin, en même temps que des gaz suffocants, et *beaucoup de vapeur*

Eruption volcanique.

d'eau, il sort de la *poussière* et des *cendres* abondantes, arrachées aux parois même du volcan. Ces cendres forment au-dessus de la montagne des nuages immenses, qui interceptent la lumière du soleil, et retombent sur les campagnes voisines ; c'est ainsi qu'en l'an 79 le Vésuve a enseveli sous une pluies de cendres les trois villes de Pompéi, de Stabies et d'Herculanum. Ce sont justement ces matières vomies par le volcan qui forment la montagne au sommet de laquelle s'ouvre le cratère. Pour donner une idée de la gran-

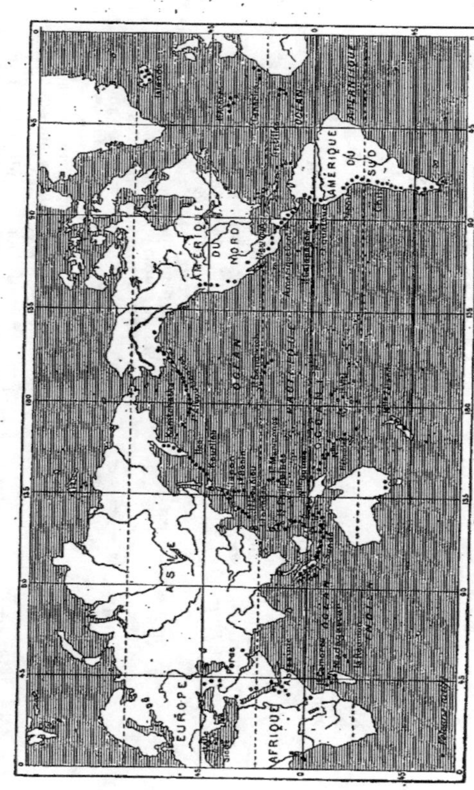

Carte de la distribution des volcans actuels.

deur des phénomènes volcaniques, disons que le *Cotopaxi* des Andes, qui se dresse à plus de 6 000 mètres de hauteur, est entièrement formé de déjections volcaniques. Le *Mauna-Loa*, dans l'île Howaï (archipel des Sandwich), a une hauteur de 4253 mètres ; son cratère a 12 kilomètres de tour ; il forme un immense lac, constamment rempli de laves incandescentes ; dans les périodes d'éruption, le lac déborde et recouvre la montagne entière d'une nappe de feu qui éclaire les nuits d'une vive lumière.

En regardant une carte des volcans actuellement en activité, on remarque qu'ils sont presque tous situés sur le bord de la mer (*fig.*). On admet dès lors que les éruptions sont causées par l'infiltration des eaux qui, arrivant à une grande profondeur, au contact de la masse fluide très chaude qui constitue sans doute l'intérieur de la terre, se trouvent subitement volatilisées. La vapeur produite prend une pression énorme, qui lui permet de se frayer un passage à travers la croûte terrestre pour ressortir, entraînant des débris de toutes sortes, et faisant monter par la cheminée le fluide lui-même, qui constitue la lave. A l'époque où les volcans d'Auvergne, aujourd'hui éteints, étaient en activité, et l'Océan arrivait à une petite distance de la chaîne des Puys.

volt. — Voy. **électriques** (*unités*).

volubilis. — Espèce de *liseron* ; le volubilis est très cultivé dans les jardins, à cause de ses grandes fleurs rouges ou violettes.

vomiquier. — Arbre de l'Inde, de Ceylan, de Malabar, nommé aussi *strychnos noix vomique* qui porte un fruit, la *noix vomique*, ovoïde, gros comme une orange. Ce fruit renferme des graines riches en *strychnine*, et qui sont par suite des poisons violents.

vomissement. — Le *vomissement* est causé par des contractions anormales de l'estomac ; sous l'influence de ces contractions, qui commencent par le bas, les aliments sont poussés vers le cardia (voy. **estomac**), qui les empêche de sortir ; mais il en résulte des sensations pénibles (nausées, mal de cœur). Puis, si les contractions augmentent, si le ventre lui-même y participe et presse sur l'estomac, le cardia cède à l'effort et le contenu de l'estomac est rejeté à l'extérieur par la bouche.

Le vomissement est très pénible ; il survient surtout dans les diverses maladies de l'estomac (indigestion, embarras gastrique, gastralgie, cancer,

dyspepsie) ; mais on l'observe au début et dans le cours d'un grand nombre de maladies (péritonite, fièvres graves, fluxion de poitrine, méningite, congestion cérébrale, phtisie pulmonaire, coqueluche, etc.).

On combat les vomissements, quand on ne juge pas plus à propos de les laisser se produire librement (indigestion), par l'abstinence des aliments et l'absorption d'un liquide froid et gazeux (champagne frappé pris par gorgées).

vomitifs. — Médicaments qui déterminent des vomissements. Tels sont l'émétique, l'ipéca, le sulfate de zinc.

vue. — Le sens de la vue s'exerce par l'intermédiaire de l'*œil* (*fig.*). La

Vue extérieure de l'œil.

sensation de la *vision* des objets extérieurs est due à l'excitation d'un nerf spécial, le *nerf de la vue*. L'œil (*fig.*) est un organe fort complexe. La lumière, partant des objets lumineux, entre dans l'œil par l'ouverture de la *pupille*, au centre de l'*iris* ou partie colorée de l'œil ; elle traverse ensuite les substances transparentes qui remplissent le globe de l'œil, et vient

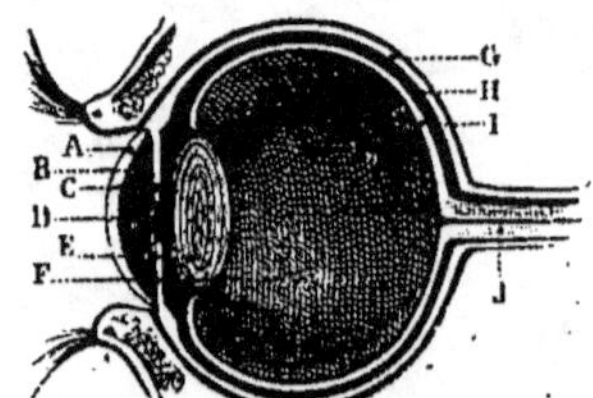

Coupe de l'œil.

A, cornée transparente. — B, chambre antérieure de l'œil pleine de liquide (humeur aqueuse). — C, iris. — D, pupille. — E, cristallin. — F, humeur vitrée — G, sclérotique. — H, choroïde. — I, rétine. — J, nerf optique.

former au fond de l'œil l'*image* des objets extérieurs. C'est sur la *rétine* que se produit cette image. La rétine tapisse le fond du globe ; elle est formée par l'ensemble des filets nerveux, très fins, qui constituent par leur réunion le nerf de la vue ; les images qui se peignent à la surface de la rétine lui communiquent une vibration qui, remontant jusqu'au cerveau, y détermine la sensation de la vision des objets extérieurs.

L'œil est un organe extrêmement délicat, qui exige des soins hygiéniques

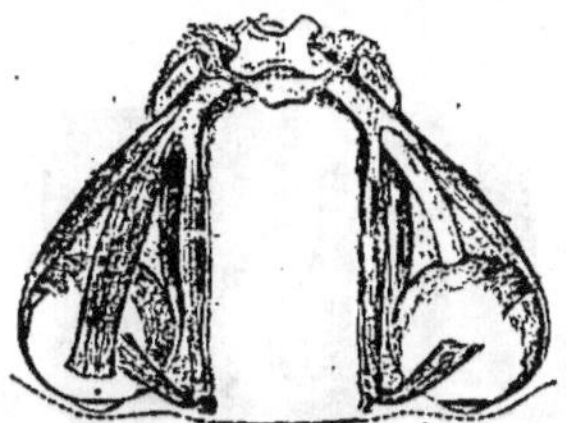

Les deux yeux, avec les muscles moteurs et les nerfs optiques.

constants. Il est sujet à des infirmités dont les principales sont : la *myopie**, la *presbytie**, le *strabisme** et à des maladies nombreuses : *cataracte**, *conjonctivite**, *ophtalmie**, *granulations**.

vulnéraire. — Médicament capable de guérir les blessures et les contusions, et d'en conjurer les suites fâcheuses. Un grand nombre de plantes sont considérées comme vulnéraires; elles sont le plus souvent employées en infusions qui servent à faire des compresses qu'on applique sur la blessure. Tels sont : feuilles et fleurs d'absinthe, bétoine, hysope, lierre terrestre, millefeuille, romarin, sauge, thym, véronique, fleurs d'arnica.

vulpin. — Genre de la famille des *graminées*, renfermant une vingtaine d'espèces, qui croissent dans les

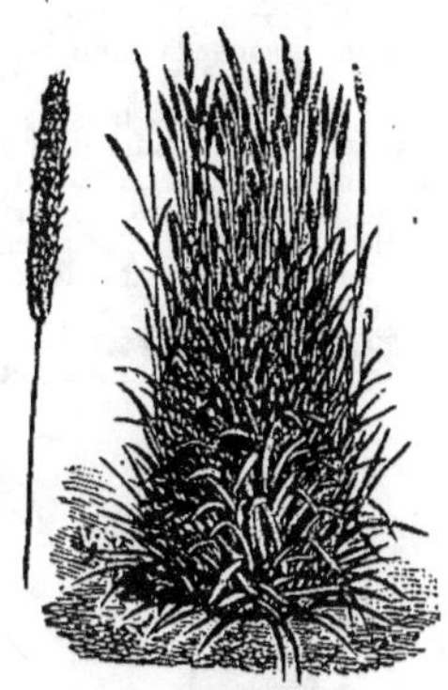

Vulpin des prés (hauteur, 0m,70).

champs et les lieux humides. Le *vulpin des prés* est cultivé comme fourrage, il donne une herbe abondante, assez nutritive (*fig.*).

W X Y Z

whisky. — Liqueur très fortement alcoolique, provenant de la distillation de l'orge ou du seigle fermenté en présence de l'eau.

yeuse. — Voy. chêne.

zèbre. — Le *zèbre* (*fig.*) est un

Zèbre, (hauteur 1m,30).

mammifère analogue au cheval, de l'ordre des *jumentés*. Il a la forme de l'âne, avec un pelage agréablement rayé. Il habite le sud de l'Afrique. C'est un animal sobre et vigoureux, mais très sauvage, et par suite difficile à dresser. Sa hauteur est de 1m,30 au garrot. Les zèbres vivent en troupeaux assez nombreux; ils sont pour nous de peu d'utilité. On les chasse surtout pour la beauté de leur peau. Le *couagga* et l'*onagga* sont des espèces de zèbre peu différentes du zèbre proprement dit.

zinc. — Métal d'un blanc bleuâtre, à peu près sept fois plus dense que l'eau; il est assez mou, d'une faible *ténacité*, d'une faible *ductilité*, d'une *malléabilité* plus grande que celle du fer. Il fond à la température de 410°. Dans l'air humide, le zinc se recouvre rapidement d'une couche terne, mais l'altération reste toujours superficielle. Cette quasi-inaltérabilité à l'air fait employer le zinc, sous forme de lames minces, à la couverture des maisons, à la construction des gouttières, des baignoires, des seaux, de divers ustensiles de ménage. Elle le rend parfaitement propre aussi à préserver le fer de l'oxydation (*fer galvanisé*). Mais les vases de zinc ou les vases de fer galvanisé ne doivent jamais être employés ni à la préparation, ni à la conservation des substances alimentaires. Ce métal est, en effet, attaqué par le vinaigre, le verjus, le vin, le cidre, la bière, l'eau salée, les corps gras : il se forme alors des composés vénéneux.

Le zinc se retire de deux minerais, le *sulfure de zinc* (ou blende), et le

Extraction du zinc. — Le minerai est chauffé mélangé à du charbon, dans des cornues ; le zinc distille et vient se condenser dans des allonges placées hors du four, à la suite des cornues.

carbonate de zinc (ou calamine), assez répandus en Silésie et en Belgique ; il y en a peu en France. Pour traiter, par exemple, le carbonate de zinc, on le chauffe fortement avec du charbon ; le zinc est mis en liberté, il se volatilise et va se condenser dans des vases froids (*fig.*).

Parmi les composés du zinc, citons les suivants. L'*oxyde de zinc*, solide blanc qu'on prépare en faisant brûler du zinc, sert en peinture sous le nom de *blanc de zinc* (*fig.*). Le *sulfate de zinc* (oxyde de zinc et acide sulfurique) est employé en médecine et en teinture. D'ailleurs les composés du zinc n'ont pas une grande importance.

Fabrication de l'oxyde de zinc. — On fait brûler du zinc dans un four ; l'oxyde de zinc formée vient se déposer dans des galeries qui communiquent avec le tuyau de dégagement A.

Le zinc entre dans un certain nombre d'alliages ; ainsi le *laiton* *, le *similor* *, le *bronze* *, le *maillechort* * renferment du zinc.

Outre les usages indiqués plus haut, et la préparation des alliages que nous venons d'énumérer, le zinc sert à la confection d'objets d'art imitant le bronze. Les *piles électriques* en consomment de grandes quantités. L'Europe produit annuellement à peu près 200 000 tonnes de zinc ; c'est peu de chose à côté de la production du fer.

zodiaque. — Le soleil, dans son mouvement *apparent* autour de la terre, semble se lever chaque matin et se coucher chaque soir. De plus, aux différentes époques de l'année, il occupe des positions différentes par rapport aux étoiles, comme s'il se déplaçait dans le ciel, pour y accomplir un large circuit pendant la durée d'une année. On nomme *zodiaque* ce cercle céleste que le soleil semble parcourir ainsi dans une année. Cette zone zodiacale a été divisée par les anciens en douze parties égales, auxquelles on a donné les noms des constellation, qui s'y trouvent placées. Ces constellations sont les suivantes : lo *bélier*, le *taureau*, les *gémeaux*, lo *cancer*, le *lion*, la *vierge*, la *balance*, le *scorpion*, le *sagittaire*, le *capricorne*, le *verseau*, les *poissons*. Elles sont indiquées dans deux vers latins faciles à retenir (*fig.*).

Sunt Ariès, Taurus, Gemini, Cancer, Léo,
[*Virgo.*]

Libraque, Scorpius, Arcitenens, Caper, Am-
[*phora, Pisces.*]

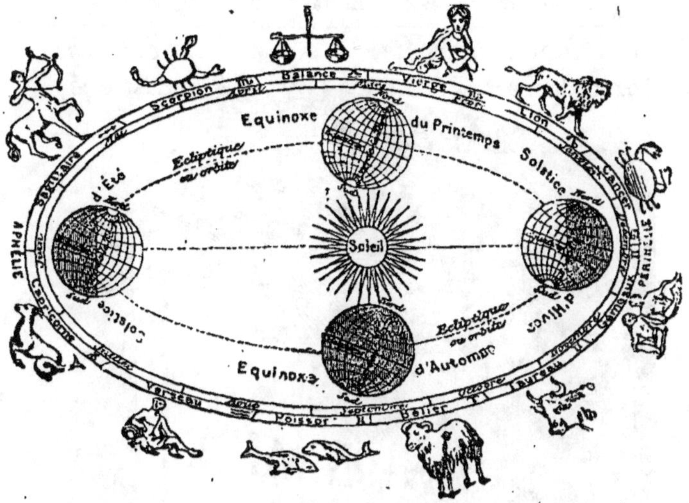

Signes du zodiaque.

zona. — *Herpès* dont les vésicules sont disposées en demi-ceinture. La maladie débute par des douleurs vagues, puis arrive, à l'endroit occupé par l'herpès, une sensation de brûlure assez intense. La guérison survient au bout de douze à quinze jours, mais la maladie laisse quelquefois des névralgies rebelles qui subsistent pendant des mois entiers. On traite le zona tout simplement en répandant de la poudre d'amidon sur les vésicules.

Paris. — Imp. E. Capiomont et Cie, rue des Poitevins, 6.

Vocabulaire français;   *Sciences;*
Agriculture;   *Histoire;*

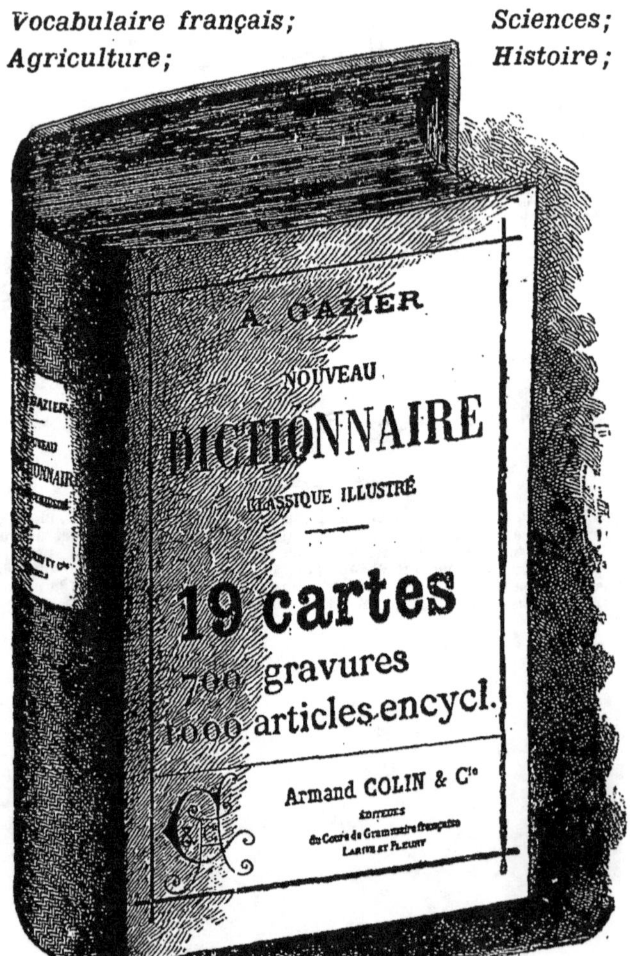

Géographie; Hygiène; Industrie;
Législation; Vie pratique.

2 fr.**60**, cartonné; relié toile, **3** fr.**30**